KB051112

과학자는 생각의 벽을 어떻게 넘어서는가

과학자의 생각법

DISCOVERING

DISCOVERING
: Inventing Solving Problems at the Frontiers of Scientific Knowledge

과학자의 생각법

로버트 루트번스타인 지음 | 권오현 옮김

과학자는
생각의 벽을
어떻게
넘어서는가

을유문화사

옮긴이 권오현

대학에서 국문학을, 대학원에서 과학철학을 공부했다. 옮긴 책으로 리처드 도킨스의 『확장된 표현형』(공역, 2016), 『도덕과 진화생물학』이 있다.

과학자는 생각의 벽을 어떻게 넘어서는가
과학자의 생각법

발행일
2017년 7월 30일 초판 1쇄
2023년 3월 25일 초판 4쇄

지은이 | 로버트 루트번스타인
옮긴이 | 권오현
펴낸이 | 정무영, 정상준
펴낸곳 | (주)을유문화사

창립일 | 1945년 12월 1일
주소 | 서울시 마포구 서교동 469-48
전화 | 02-733-8153
팩스 | 02-732-9154
홈페이지 | www.eulyoo.co.kr

ISBN 978-89-324-7357-4 03400

* 값은 뒤표지에 표시되어 있습니다.

한국어판 서문

『과학자의 생각법*DISCOVERING : Inventing Solving Problems at the Frontiers of Scientific Knowledge*』은 1975년에 여러 저명한 과학자가 어떻게 발견을 이루었는지 논하는, 서로 관련 없는 일련의 에세이를 쓰면서 시작되었다. 나는 과학자들이 남긴 노트, 서신, 자서전, 회고록을 이용해 그들이 문제를 인식하고 돌파구를 찾는 과정을 재창조하려고 했다. 또 최고의 과학자들처럼 생각하는 법을 배움으로써 과학적으로 생각하는 법을 습득하기를 바랐다! 『과학자의 생각법』은 이런 목표의 결과물로서 1989년에 영어로 첫 출판되었다.

30년이 지났지만 『과학자의 생각법』에서 바꿀 내용은 별로 없다. 핵심 주장 대부분은 여전히 유효하다. 과학자로서 30년 동안 연구해 보니 이전보다 과학사회학을 더 강조하고 싶다. 즉, 동료 집단이 가하는 압력과 집단행동이 과학적 사고를 형성하는 데(특히 통제하는 데) 아주 큰 역할을 한다고 생각한다. 안타깝게도 과학자 역시 다른 전문가 집단과 마찬가지로 '집단적 사고'에 취약하며 인기와 유행에 휩쓸린다. 특히 돈이 되는 분야라면 말이다.

더불어 나는 (고독한 연구자가 그저 무엇이 있는지 보려고 과학의 황무지를 향해 떠나는) 개척 또는 탐사 과학, (개척한 연구를 입증하고 그 잠재력을 탐구하는) 입증 연구, (새로운 돌파구에 잠재해 있는 활용법을 탐구하는) 개발 연구, (개발한 성과물을 공리에 맞게 최적화하고 시장에 내놓는) 이행 연구, (어떤 분야에서 더 이상 흥미로운 결과가 나오지 않는) 노쇠 연구를 더 명확히 구분하고 싶다. 이들 각각은 연구비를 지원하는 형식과 금액, 동료 평가, 훈련, 제도화하는 방식에서 달라야 한다.

나는 『과학자의 생각법』에서 제시한 많은 개념을 더 발전시켰고, 이제는 1989년 때보다 훨씬 강력해진 논증도 있다. 예를 들어 『과학자의 생각법』에서 과학자들이 문제를 고안하고 해결할 때 비상징적이고 직관적인 생각법을 활용한다는 발상을 논의했다. 이 생각법은 관찰하기, 추상화하기, 상상하기, 유형화하기, 유비하기, 공감하기 또는 그 대상이 되어 보기, 몸으로 생각하기, 놀이 등 대략 12가지의 '생각도구'로 이루어진다. '생각도구'라는 개념은 이후 10년 동안 진행한 연구의 기초가 되어 아내 미셸 루트번스타인과 함께 쓴 책, 『생각의 탄생: 다빈치에서 파인먼까지 창조성을 빛낸 사람들의 13가지 생각도구*Spark of Genius*』로 결실을 맺었다. 『생각의 탄생』은 과학뿐만 아니라 모든 분야의 창의적인 사람들이 다른 사람들과 똑같은 '생각도구'를 사용하며, 이런 '도구'를 쓰는 데 필요한 기술을 배우고 연습할 수 있다는 사실을 보여 주었다.

『과학자의 생각법』에서 제시한 또 다른 주제는 최고의 과학자들은 미술, 음악, 무용, 소설, 희곡, 시 창작, 그 밖에도 여러 창조적 분야에 적극적으로 참여하는 경향이 있다는 사실이다. 아내와 나는 이런 견해를 더 밀고나가 노벨상 수상자와 미국 국립 과학 아카데미 회원같이 매우 큰 집단에 속한 사람들이 어떤 취미 활동을 하는지 조사했다. 우리는 창의적인 사람들은 박학다식하고 잡다하면서도 숙련된, 여러 가지 독특한 기술을 가진 사람이라고 주장했다. 우리 연구는 일찍부터 한 분야에서 집중적으로 훈련받아 고도로 전문화된 사람들을 배출하는 일에 전력하는 현 세태에 반대한다.

또 나는 『과학자의 생각법』에서 '과학지리학'이라는 분야가 가능하다고 제안했다. 과학에서 일어나는 혁명, 새로운 과학의 탄생은 지리적 변두리나 전에 없던 기관에서 유래한다. 놀랍지만 지금도 이렇게 중요한 주제를 다룬 연구는 얼마 되지 않는다. 그중 하나가 나와 켄들 파웰렉 Kendall Pawelec이 노벨상 수상자와 미국 국립 과학 아카데미 회원이 어디서 왔는지 조사한 연구다. 과학에 재능이 있는 사람들은 미국과 영국에 있는 학부 중심 대학과 종합 대학에 무작위로 분포한다. 탁월한 재능을 발휘할 가능성은 대개 연구 기회에 얼마나 빨리, 많이 접할 수 있느냐에 달려 있다. 이런 상황은 대학원생과 박사 후 연구원 단계에서 완전히 달라져, 가장 많은 연구비를 보유한 기관에 들어가는 것이 미래의 과학적 명성을 쌓는 데 중요하다. 그러나 과학자가 처음으로 독립된 직장을 얻으면 상황은 일부 뒤바뀐다. 성공한 많은 과학자는 신흥 대학이나 하위권 대학, 신생 기업에 자리 잡는다. 이곳에는 최상위 기관에서 일자리를 얻는 대신에 자신만의 독특한 과학을 전개해 나갈 자유가 있다. 이처럼 장소가 어떻게 혁신의 성격을 규정하는지 밝히는 작업에는 여전히 배울 내용이 많다.

마지막으로 나는 『과학자의 생각법』에서 독단적 원리에 반대하는 수많은 과학적 사상을 전개했다. 나는 내 동료 패트릭 F. 딜런 Patrick F. Dillon, 빅 노리스 Vic Norris와 함께 다른 여러 이론이 공백으로 남겨둔 많은 간극을 채우는 생명의 기원과 분자 진화를 다루는 새로운 이론을 전개했다. 당뇨병, 류머티스성 관절염, 다발성 경화증 같은 자가 면역 질환의 원인을 밝히는 새로운 이론을 개발하는 일에 30년을 바쳤다. 두 가지 작업 모두 생각을 거꾸로 뒤집어 보기, 여러 가설을 정교화하고 비교하기, 터무니없는 이유로 추정해 보기 등 『과학자의 생각법』 끝에서 열거한 전략들을 따랐다. 이제는 이런 전략들이 정말로 효과가 있다고 확신한다! 물론 전략들을 사용하다 동료와 깊은 갈등을 겪을 수도 있다. 하지만 논쟁은 언제나 혁신을 추동하는 원동력이었던 반면에 합의를 종용하는 연구는 중요한 결과를 산출해 내지 못했다.

결론적으로 말해 나는 처음 『과학자의 생각법』을 썼을 때보다 지금, 이 책이 더 긴요하다고 말하고 싶다. 이 책이 처음 출판된 이래로 30년 동안 과학 연구 계획은 어마어마하게 성장했다. 그러나 이런 성장은 과학에서 더 많은 탐사와 개척 연구에 쏟는 새로운 기회를 창출하기보다 확실한 기술에만 주력해 보수적인 투자 전략이 지배하는 거대한 사업이 되었다. 내가 『과학자의 생각법』에서 보여 주었듯이 가장 우수하고도 실용적인 발명품은 거의 언제나 이미 기술적 목표나 응용법을 염두에 두어서가 아니라 그저 자연이 어떻게 작동하는지 알고 싶은 기초 연구의 순수성에서 생겨났다. 현대 과학의 정책을 입안하는 사람은 이해가 발휘하는 힘을 알지 못한다. 기초 원리는 필요가 만드는 연구가 아니라 호기심이 이끄는 연구로 발견되며, 이것이 훨씬 강력하다. 『과학자의 생각법』을 읽으면 왜 그런지 알게 될 것이다!

서문

사실과 허구에 대하여

책은 작가가 품은 정신이 통제하고 구체화하는 현실의 유형을 드러내도록 설계된다. 사람들은 시나 소설이 바로 그렇다고 쉽게 이해하지만 사실을 다루는 책도 마찬가지라고 깨닫는 일은 드물다.

– 존 스타인벡(John Steinbeck, **소설가**)**과 에드워드 리케츠**(Edward Ricketts, **해양생물학자**) **공저, 『코르테즈의 바다***Sea of Cortez*』(1941)

과학적 발견에 따르는 사고 과정은 그 본성상 관찰자와 수행자 모두에게 숨겨져 있다. 과학적 창조성에 관한 지식이 없는 상황은 과학이 무엇이고 어떻게 기능하느냐를 묻는 광범위한 사회적 인식뿐만 아니라 과학 연구자를 선발하고, 훈련하고, 재정을 지원하는 방식에도 영향을 끼친다. 과학적 발견의 과정을 알고 나서야 이런 일들을 잘 해낼 수 있다.

도대체 무엇이 과학적 발견을 이토록 신비하게 만드는 걸까? 여기에는 과학자에게도 일정 부분 책임이 있다. 자신들이 어떻게 연구하는지 의식하는 일에 시간이나 노력을 들이는 과학자는 별로 없다. 그렇게 하는 것이 오히려 과학 활동에 방해가 된다고 주장하는 사람도 있다. 테니스를 칠 때 의식적으로 공을 맞히려 하면 할수록 실수를 더 하게 되듯이 말이다. 여하튼 과학 활동이 어떻게 이루어지느냐 하는 문제 자체가 과학적 연구의 대상이 될 수 있다고 생각하는 사람은 많지 않으며 그저 무시할 뿐이다. 그 결과, 새로운 과학자 세대는 숙련된 연구 방법에 있는 미묘한 차이들을 매번 시행착오를 거쳐 다시 배워야 한다. 마치 신참 테니스 선수가 경험 많은 코치의 지도 없이 다른 선수를 지켜보며 배워야 하는 것처럼.

과학적 발견의 과정이 불분명한 두 번째 장애물은 좀 더 악의적이다. 결정학자 J. D. 버널John Desmond Bernal은 다음과 같이 말했다. "출판하는 책에서 과학이 작동하는 방식을 자유롭고도 엄밀하게 논하는 일은 불가능하다. 명예훼손법, 공익상 이유, 더욱이 과학 협회가 준수하는 암묵적 규약은 특정 사례를 놓고 높이 평가하거나 잘못을 탓하는 행위를 금지한다."[1] 실제로 나는 출판 논문의 차분한 외양 밑에 뭔가 복잡한 문제가 있다며 자신이 어떻게 통찰을 얻었는지, 연구를 이끈 동기가 무엇이었는지 말하지 않으려는 과학자를 자주 보았다.[2] 자신의 논평이 동료 평가 위원회에 속한 구성원을 불쾌하게 하거나 다른 동료의 감춰진 약점을 폭로할지도 모른다며 난색을 표하는 사람도 있다. 과학에서 비판은, 설사 그것이 건설적인 방식이라 해도 발견의 우선권이 문제가 될 경우를 제외하고는 드문 일이다. 과학자에게는 현상을 유지하려 한다는 이미지가 있는데 그 이미지 역시 유지하고자 하며, 정치인처럼 난해한 수사법과 편리한 뒷구멍과 감추기 공작을 쓴다. 이런 장애물을 뛰어넘는 유일한 방법은 (속이려는 의도가 아니라 단지 과학자 공동체가 강제하는 규약 때문에) 많은 과학자가 말하지 못했던, 어떻게 발견을 이루었는가에 관한 진실을 드러내는 원래의 연구 기록을 살피는 것이다.

과학이 따르는 철학, 방법론적 관습도 발견의 과정을 이해하는 작업에 놓인 세 번째 장애물이다. 중세의 회의주의에 대응하여 출현한 현대 과학에서 그 대변자들은 과학이란 객관적인 주체가 수행하는 객관적인 연구 계획이라고 규정했다. 과학 교육은 편견에 치우치지 않은 정신을 기르는 가장 효과적인 방법으로 널리 퍼졌고, 지금도 그러하다. 과학자는 그런 훈련의 일부분으로 자신이 연구한 결과가 그 연구를 둘러싼 독특한 역사, 사회, 심리적 측면과는 상관없는 듯이 전달하도록 배운다. 과학적 발표의 목적은 무언가를 보여 주는 일이 아니라 납득시키는 일이라고 말이다. 일반적으로 과학자들이 다른 사람들에게, 자기 자신에게 인정하지 못하는 착각은 이렇게 발견의 과정이 지닌 독특한 측면을 없애 버리는 행동이 과학을 객관적으로 보이게 만들지 모르나, 사실은 그저 허구를 창조하는 일에 불과하다는 점이다. 이런 객관적 허구는 소설이나 건물처럼 인간의 상상력이 낳은 소산이다. 과학자는 다른 모든 사람과 마찬가지로 주관적이다.

위대한 과학자들은 이런 문제를 알았다. 예를 들어 아인슈타인Albert Einstein은 다음과 같이 썼다. "현재 완성된 과학은 인간이 아는 지식 중 가장 객관적이다. 그러나 진행 중인 과학, 목표를 가지고 탐구 중인 과학은 주관적이며 인간이 추구하는 다른 모든 영역처럼 심리적 영향을 받는다."[3] 과학자이자 소설가 C. P. 스노Charles Percy Snow는 "과학에 종사하는 개인들만큼이나 과학적 세계에 접근하는 방식도 다양하다"라고 말했다. "과학이 독창적인 문학보다 더 보편적으로 보이는 이유는 그저 모두가 똑같은 언어로 표현하고 똑같은 통제 방식을 사용하기 때문이다. 그 결과 과학은 훨씬 보편적이다. 그러나 우리가 수많은 사람을 연결해 과학적 사고 과정을 수행한다면 상상 가능한 온갖 종류의 정신적 어우러짐을 볼 것이다. 이런 일은 실제로 일어나고 있으며 일이 벌어진 뒤에는 평소처럼 말할 수 없다."[4]

이것이 내가 『과학자의 생각법』을 쓰면서 염두에 둔 목적이다. 즉, "실제로 일어나는, 수많은 사람을 연결한 과학적 사고 과정"을 조명하고, 그럼에도 이런 주관적이고 오류 가능한 인간 정신이 어떻게 과학같이 강력한 무언가를 만들 수 있는지 조사하고자 한다. 그렇다면 무지와 대중적 이미지, 객관주의라는 장애물을 넘고 어떻게 목적을 성취할 것인가?

나는 다양한 사람이 쓴 글에서 조언을 얻었다. 소설가 레오 톨스토이Leo Tolstoy는 말했다. 게임을 하라. "게임에서는 진실을 말하기 쉽다. 그러나 실제 생활에서는 (…) 감히 진실을 말할 용기가 없다."[5] 시인 스티븐 스펜더Stephen Spender는 말했다. 현실주의를 포기하라. "지식의 측면에서 상상 속에 있는 무엇이 진짜인지 논하는 일은 어리석다."[6] 생리학자 L. J. 헨더슨Lawrence Joseph Henderson은 말했다. 발견자의 입장에 서라. "발견자는 (…) 상상하려고 노력해서만 **알** 수 있다."[7] 물리학자 빅토어 바이스코프Victor Weisskopf는 말했다. 허구에 의지하라. 특히 인간 존재를 이해하고 싶다면 "그림 한 점, 잘 쓴 소설 한 편이 어떤 과학 연구보다 더 많은 사실을 보여 준다."[8]

그 결과 독자가 손에 쥔 이 책이 나왔다. 이 책은 과학자가 어떻게 생각하는지 이해하고자 여섯 명의 허구적 인물이 벌이는 논쟁과 반성, 게임을 꾸며 재구성한다. 그들은 과학에 대해 말하고, 생각하고, 행동한다. 그들은 역사적 인물을, 서로를, 스스로를 검토한다. 그들은 칭찬하고, 비교하고, 비난하며, 조롱하고, 흉겨워하고, 즐겁게 조사하며, 심사숙고하고, 속죄하고, 얼버무리며, 찬성하고, 반대하고, 회유하고, 요약한다. 요컨대 그들은 과학을 설명할 때 자주 사용되는 터무니없는 일화나 겉만 번지르르한 홍보물에 나오는 인물보다 더 진짜 같이 행동한다.

그러나 허구적 형식에도 불구하고 이 책은 사실을 다룬다. 단지 이 책은 허구적 구조가 암시적이 아니라 명시적이라는 점에서 사실을 다루는 여느 책과 다르다. 이 경우는 정말로 매체 자체가 메시지다. 나는 과학자들이 주관적 요소, 즉 성격, 경험, 자기표현에 의지한다고 생각한다. 따라서 발견의 과정을 이해할 수 있는 유일한 방법은, 내가 여기서 하려는 것처럼 마음의 대화, 비언어적 이미지와 느낌, 불현듯 내려오는 계시를 상상하여 재창조하는 것이다. 실제로 나는 책을 쓰면서 이 같은 정신적 재창조가 훌륭한 과학자가 늘 실천하도록 배우는 전략이며, 과학을 이해하는 방식 또한 규정한다는 사실을 깨닫고 놀랐다. 이런 의미에서 『과학자의 생각법』은 개인의 내밀한 정신 안에서 무슨 일이 벌어지는가를 바깥으로 공표한다.

그래도 독자에게 경고한다. 이 책은 평범한 모험이 아니다.

> 이 이야기들은 경험할 수 없는, 믿을 수 없는, 심신이 지친 독자가 소리치는 게 당연한, 읽을 수도 없는 사건을 다룬다. 서술자는 일이 어떻게 일어났는지 말하지 않고 그냥 일어났다고만 말하며, 그 일은 달을 뛰어넘는 소나 자기 목을 쳐 버리는 내성적인 사람의 이야기와 같다. 요컨대 믿거나 말거나 한 이야기다. 믿거나 말거나 한 이야기가 참일 수도 있지만 믿거나 말거나라는 말에는 그런 뒤죽박죽인 세계에 어울리는 무언가가 있다. 아마 논리학자는 믿거나 말거나 한 이야기를 뚱뚱한 문장이나 긴 다리를 가진 글과 같다고 분류하리라.[9]

그렇다. 창조는 논리가 아닌 상상으로 이루어진다. 이는 과학에서도 마찬가지다. 이 책이 지닌 여러 특징이 누군가를 만족시키는 만큼 다른 누군가를 짜증 나게 할 수도 있다는 사실을 아울러 경고한다. 가장 중요한 특징은 대화 참여자들이 설명하는 과정에 따라 논증이 점점 진화해 간다는 점이다. 따라서 논의를 이끌어 가는 동력은 사후 정당화, 단계적 발전, 학술적 글쓰기가 가진 객관적 형식이 아니라 섞어 넣기, 길에서 벗어나기, 우회로 찾기, 새로운 영역을 탐험하며 겪는 놀라움이다. 이 책은 말하고자 하는 바를 예를 들어 보여 준다. 그러니 두서없어 보이는 내용이 사실은 꼭 필요한 시도였고, 결국 이 책의 다양한 구성 요소가 일관적인 이론과 함께 묶여 있음을 믿어도 좋다.

내가 계획한 이 여정을 따라오기 전에 미리 결론을 알고 싶은 사람과, 내가 어디에 다다를지 알지 못해도 이미 내가 내릴 결론을 다 안다고 생각하는 사람은 곧장 「여섯째 날: 보완적 관점」을 읽어도 좋다. 이 절은 대화에 등장하는 각각의 인물이 제출한 최종 보고서를 담았다.

불필요한 실망을 방지하고자 한 가지 경고를 더 하겠다. 이 책은 발견을 다루는 완벽한 논문이 아니다. 『과학자의 생각법』은 이 주제에 대해 질문하는 새로운 방법을 제시하려 했다. 이는 새로운 가능성을 산출하기 위해 이미 알려진 내용을 다시 생각하고 유형화하는 것이다. 따라서 내가 개인적으로 내린 결론은 후속 연구로 검증받아야 할 가설이다. 이 책은 작업을 실행하는 데 필요한 지시문이다. 이 책이 새로운 연구를 촉발하고 논쟁을 일으키는 것만큼 나를 기쁘게 하는 일은 없으리라. 그렇게 된다면 이 책은 그 역할을 다한 것이다.

차례

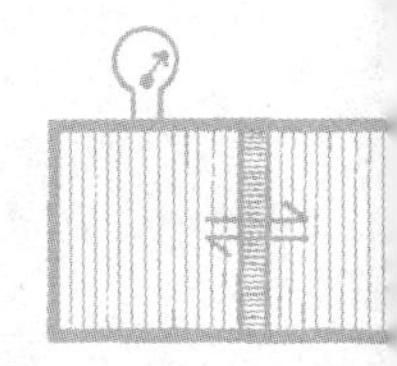

MgSO4

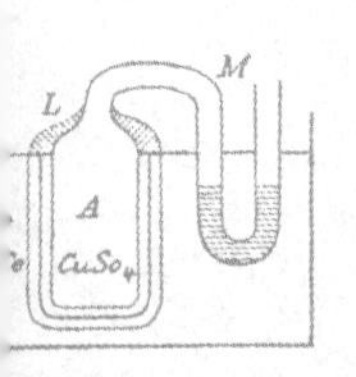
MgSO4
L
M
A
CuSo4

셋째 날 연구의 논리, 발견의 놀라움 _ 246

넷째 날 다양성에서 통일성 만들기 _ 354

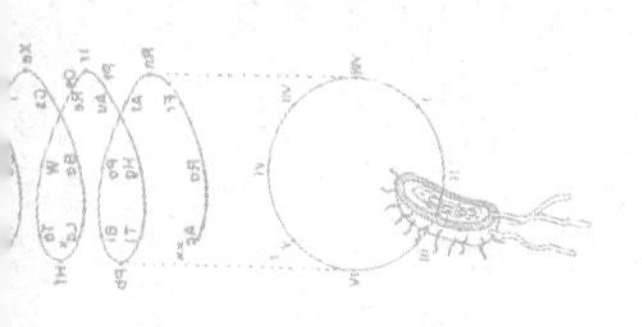

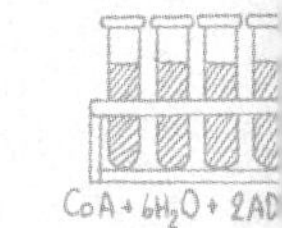

일러두기

1. 본문의 각주는 옮긴이의 주며, 후주는 원주다.
2. 원서의 편집자 주는 [ ]로 표시했다.
3. 본문에 소개된 책 중에서 국내 출간 도서는 원어를 병기하지 않았고, 국내 미출간 도서만 처음 표기 시에 원어명을 병기했다.

오늘날 과학의 진보를 위협하는 요인은 재정 지원과 (심각한 문제인)
훌륭한 연구자가 줄어들고, 기초 지식으로 제대로 뒷받침하지 않은 채
과학의 동력을 무리하게 공학 기술에 응용하는 현상만이 아니다.
(…) 그렇다. 내가 생각하기에 과학이라는 지적 생태학에서
가장 민감하고 깨지기 쉬운 부분은 과학자가 하는 일이자 과학의
본질인 이해와, 특히 거의 연구한 적이 없는 과학적 발견의 본성이
무엇이냐는 문제다. 이런 문제를 해결하려고 할 때,
우리 선조들이 주는 역사적 틀을 이용할 수 있지만,
우리가 과학자로서 날마다 겪는 일도 도움이 될 것이다.

- 제럴드 홀턴(Gerald Holton, **물리학자 · 과학사학자**)

준비

과학에 대한 과학을 향하여

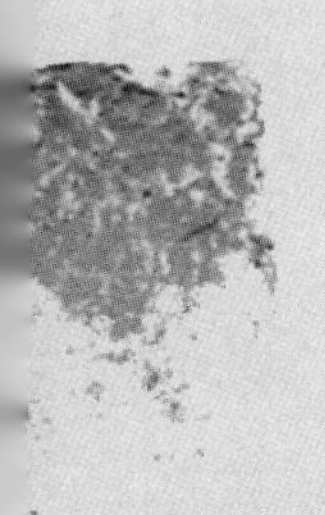

과학에 대한 과학이 품은 희망은 과거에 이룬 발견을 주의 깊게
분석해서 순전한 행운과 잘 준비해 얻는 결과를 구별하고,
맹목적 우연에 기대기보다 위험을 예측해 조정하는 방법을 찾는 것이다.

– J. D. 버널(John Desmond Bernal, 결정학자 · 과학사학자)

과학에 대한 과학을 연구하는 단 한 가지 방법이 있다.
즉 미래를 가늠하는 일에 유용한 흐름을 파악하고자
과거에 수행한 탐구를 살펴보는 것이다.

– 마틴 하위트(Martin Harwit, 천문학자 · 과학사학자)

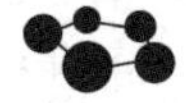

제니의 수첩: 개구쟁이의 이상

오늘 밤 임프Ernest Imp가 책을 읽다가 물었다. "과학에서 **가장 중요한** 문제가 뭔지 알아?" 임프는 수수께끼를 좋아한다. 특히 수수께끼로 책 읽기를 방해하고 싶을 때 말이다. 임프가 소년 같은 천진난만한 미소를 짓고 있기에 나는 장단을 맞춰 주었다. "글쎄, 통합된 장이론場理論을 만드는 거? 암을 치료하는 방법을 찾는 거? 우주에 생명이 있음을 발견하는 거? 잘 모르겠어." 나는 이런 문제에 별 관심이 없다.

"아니야, 아니야! 그런 생각은 너무 편협해." 임프는 진부한 대답을 떨쳐 버리려는 듯 머리를 흔들면서 말했다. "아니야. 다시 **생각해 봐!**" 임프는 이 상황을 즐기는 게 확실했다. 나는 왜 임프가 이미 답을 아는 질문을 하는지 이해되지 않았다. 한때는 자신의 지적 우월성을 과시하려 한다고 생각했으나, 오래전에 그런 오만함을 용서했다. 지적인 문제에 관해서라면 임프는 새로운 장난감을 가진 어린아이 같다. 단지 차이가 있다면 자연에 있는 모든 사물이 임프의 장난감 상자라는 것이다. 우리가 대학에서 처음 만났을 때, 나는 임프가 천치 아니면 천재라고 생각했다. 왜냐하면 그는 늘 권위에 저항하고 우주를 설명하는 거대한 체계를 발명하려 했기 때문이다. 어떤 교수님이 냉소적으로 깔본 임프의 그런 '노고들'은 그의 동료들뿐만 아니라 윗사람들까지 불쾌하게 만들었다. 그러나 우리와 달리 임프는 자신에 대해 생각하고 자신의 생각을 말하는 일에 아무 거리낌이 없었다. 나아가 열의와 즐거움까지 느끼며 그렇게 행동했고, 나는 곧 그를 지켜보는 일에서 큰 기쁨을 맛보았다. 심지어 임프에게 존경을 표하는 5행시까지 지었다(물론 우리가 서로 사랑하게 된 후에 말이다).

그 언젠가 세상에서 가장 불경한 남자가 있었다
그는 우리에게 저항하는 것을 천직으로 알았고
우리 모두는 그를 개심시키려 했다
공상적인 농지거리에서
우리의 허위를 드러낼 뿐인 생각으로

임프의 불경함과 충동적이고 개구쟁이 같은 성격, 깊은 반골 기질에서 나는 그의 이름 어니스트Ernest*가 지닌 진지함, 올곧음의 뜻을 느꼈고, 오래지 않아 잘했든 못했든 내 남편이 되었다.

하지만 이런 기질 때문에 임프와 함께 사는 나날은 쉽지 않다. 확실히 임프는 까다로운 남자다. 결혼한 지 10년이나 지났는데도 나는 그의 들

* 어니스트 임프(Ernest Imp)라는 이름은 저자가 의도한 언어유희다. 'Imp'라는 성은 불경함(impious), 충동성(impulsive), 개구쟁이(impish)의 어간이며, 'Ernest'라는 이름은 진지함, 진심 어린, 성실함, 올곧음을 뜻하는 독일어 'ernst'에서 유래했다. 따라서 임프는 감히 과학적 발견의 과정을 파헤치려는, 권위에 저항하는 개구쟁이면서 아주 진지한 인물이기도 하다.

썩이는 마음을 진정시키지도, 이해하지도 못한다. 나는 어깨를 으쓱하고는 말했다. "그래서 답이 뭐야?"

임프는 밝게 미소 지으며 말했다. "그야 과학에서 가장 중요한 문제는 발견이 어떻게 이루어지느냐 하는 거지! 우리가 이전에 다른 사람들이 무엇을 발견했는지 써 놓은 목록을 가르치는 대신에 어떻게 하면 그런 발견을 할 수 있는지 가르친다고 생각해 봐."

예상은 했었다. 우리는 전에도 같은 이야기를 한 적이 있다. "왜 교육은 미래 지향적이면 안 되는 거야?" 임프는 물었다. "왜 우리는 이미 배운 조그마한 지식에 안주하지 않고 앞으로 무엇을 해야 하는지 가르치면 안 되는 거야? 젠장! 지식과 무지를 저울에 달아 보면 지식은 조금도 눈금을 움직이지 못하겠군!"

"너무 터무니없는 요구를 하는 거 아니야?" 나는 조심스럽게 말했다. "어떻게 발견을 해낼 수 있는지 가르치는 건 위대한 소설 쓰는 법을 가르치는 문학 수업이나 걸작 그리는 법을 가르치는 미술 수업을 요구하는 거랑 같지 않을까?"

"늙은 브로노우스키Jacob Bronowski**가 한 말이로군! 그리스 문학과가 소포클레스Sophocles***를 배출하고 영문학과가 셰익스피어William Shakespeare를 배출한다면 나는 내 연구실에 뉴턴Isaac Newton이 있는지 찾아봐야겠네.[1] 하지만 아니야. 나는 뉴턴을 찾는 게 아니라고. 나는 그저 남의 생각을 복사하는 대신에 **창조**하는 사람을 찾는 거야. 문학 수업이 위대한 소설을 어떻게 쓸 수 있는지 가르쳐야 하냐고? 물론이지!" 임

** 제이콥 브로노우스키, 1908~1974. 폴란드 출신의 영국 수학자, 과학사학자. 책으로도 출판된 BBC 다큐멘터리 『인간 등정의 발자취』로 과학 대중화에 공헌했다.

*** 소포클레스, BC. 496?~405?. 아이스퀼로스, 에우리피데스와 함께 고대 그리스의 3대 비극 작가. 대표작으로 『오이디푸스 왕』, 『안티고네』 등이 있다.

프는 내 말을 몰아붙여 당황스럽게 했다. "적어도 노력이라도 해야지! 최고를 향해 가는 게 중간에서 만족하는 것보다 나으니까. 어쨌든 대학이나 고등학교에서는 창의적인 글쓰기나 조각, 작곡을 가르치지 않아. 그래, 대부분의 학생은 걸작을 **만들지 못해**. 걸작을 만드는 일이 얼마나 어려운지는 배우겠지. 그런데 말이야, 나한테 발견이라는 주제를 다루는 교과서가 하나라도 있는지 보여 줘 볼래? 교과서에 '과학적 방법'이라는 제목 아래 달린 단 두 문단짜리 허튼소리를 말하는 게 아니야. 문제를 만들고 이를 어떻게 해결할지 고안하는 법, 자료를 해석하는 법에 대해 말하는 거야. 자료가 일반적인 이론에 맞지 않으면 무엇을 해야 하는지, 완전히 새로운 이론을 발명하려면 어떻게 해야 하는지, 이 우주가 어떻게 **존재해야 하는지**, 자기가 가진 알량한 선개념preconception, 先概念과 불일치하는 결과에 화내는 회의주의자의 마음을 어떻게 돌릴 수 있는지를 말이야!" 임프는 점점 심각해졌다.

"내 동료 조지 케스터George Kester가 쓸 만하고 창의적인 화학공학자를 찾지 못했다는 사실, 나 역시 창의적인 생물학자를 찾을 수 없다는 사실이 이상하지 않아? 우리는 과학을 미술 감상 수업처럼 가르쳐. 아니, 더 정확히 말하면 각각 다른 색을 칠하도록 칸을 나눠 놓은 색칠 세트처럼 가르치지! '여기 온갖 색이 있고 각각의 칸이 있다. 빈칸을 칠하라'라고 말이야. 실험실에서 하는 훈련은 그저 원하는 결과를 얻는 데 실패한 무능력자를 위해서만 존재한다니까. 이런 걸 가리켜 요리책 과학이라고 부르지! 우리는 언제쯤 자기만의 도구 상자를 사용해, 자기만의 방식으로 답을 찾을 수 있게 학생들을 가르칠까? 이거야말로 실제로 과학을 하려면 꼭 필요한 자질인데! 미지의 지식에는 안내서가 없어. 우리는 우리만의 방식을 생각해야 해!"

"그래 맞아. 하지만 당신 생각은 새롭지 않아. 스노의 책 『탐구*The Search*』에 나오는 등장인물도 똑같은 말을 했어. 만일 학생이 어떻게 발견을 이루어 내는지 배우기를 원한다면, 그들을 발견자의 입장에 세워라. 그러자 다른 인물이 말하지. 웃기지 마! 과학자는 예측하지 못한 실수나 번뜩이는 통찰로 어쩌다 우연히 발견을 하는 거라고. 그런 걸 어떻게 가르칠 수 있겠어?"[2]

"그렇지도 않아." 임프가 반박했다. "우연이나 실수에서 조금도 암시를 받지 못하는 학생들은 절대로 새로운 과학을 고안하지 못해. 학생들에게는 조리법이 필요한 게 아냐. 애매모호함이나 모순에 대처하는 전략과 술수가 필요하지. 학생들은 순전한 우연이 주는 효과를 최소화해서 발견의 확률을 높일 수 있는 법을 알아야 해. 그리고 그런 전략과 술수를 탐구하는 게 과학자인 우리의 의무지."[3]

임프는 계속해서 말했다. "물론 나도 과학 교육에는 우리가 이미 아는 지식을 가르치는 방식이 가장 효율적이라는 점에 동의해. 내가 반대하는 건 과학에서 발견이 무엇인지를 전혀 배우지 못한 사람에게 학위를 주는 거야. 그런 사람들은 그저 자랑스러운 기술자일 뿐이야! 할 수 있는 일이라곤 이미 아는 내용을 반복하는 거지. 아니면 아주 조금 정밀성을 높이는 수준이든가. 그런 사람들이 그림을 그리거나 음악을 만든다면 우리는 그 작품이 모조품이나 표절작과 다를 게 없다고 평가할 거야. 소설을 쓴다면 고딕 로맨스나 살인 미스터리를 쓰는 삼류 작가, 아류 작가, 형편없는 모방자겠지. 그런 사람들이 바로 우리가 훈련시킨 학생이라고 생각해 봐! 그런데 정말로 과학에서는 단지 학위를 받을 때까지 끈기 있게 버텼다는 이유로(이들에게 머리를 **조아려야 할걸**!) 곧장 과학자, 발견자, 이학사가 된다니까. 이 자칭 과학자들의 99%는 독창적인 생각을 해 본 적이 없을걸."[4]

"그게 그들 탓이야, 아니면 제도 탓이야?" 나는 내가 쓴 책이 얼마나 진부할까 생각하면서 물었다.

"둘 다 어느 정도 책임이 있겠지." 약간 기분이 누그러진 임프가 대답했다. "우리는 과학에서 누가 창의적인지 알 수 없고, 이미 준비된 답이 있는 손쉬운 질문을 해결하는 것만으로 보상을 주는 데도 없어. 빌어먹을! 만약 무언가를 발견하고자 한다면 발견하는 방법을 훈련해야 해. 수백만 명의 세금을 낭비하는 것보다 나으니까!

그리고 바로 여기에 또 다른 문제가 있어. 이건 단지 교육 문제가 아니라 과학의 모든 단계에 영향을 주는 문제야. 생각해 봐. 우리는 어떻게 발견이 이루어지는지, 누가 발견을 하는지, 어떤 교육, 경제, 제도적 조건에서 이루어지는지도 모르는 채 과학자를 훈련시키고, 자원을 배분하고, 과학 정책을 만들어. 이건 마치 하나의 익살극 같아!"

그렇다면 남은 말은 이것이다. "그래서 이제 뭘 하려고 하는데?"

"발견에 관한 안내서나 그 비슷한 책을 써 볼까 해." 임프가 대답했다.

"잘됐으면 좋겠네." 나는 미소 짓고서 다시 미셸 푸코Michel Foucault와 자크 데리다Jacques Derrida가 쓴, 무엇을 뜻하는지 이해하기 힘든 글(어떻게 감히 이들의 글을 허튼소리라 할 수 있을까?)을 해독하는 일로 돌아갔다. 프랑스 철학이 낳은 사상은 얼마나 놀라운지! 임프는 노트에다 무언가를 쓰면서 남은 밤 시간을 조용히 보냈다.

무슨 일이 일어날지 궁금하다.

임프의 일기: 불만족

과학을 발전시키는 문제는 오늘날에도 해결되지 않은 가장 큰 문제다. 언젠가 T. H. 헉슬리Thomas Henry Huxley*는 과학의 새로운 진리는 이설로 시작해 정

---

* 토머스 헨리 헉슬리, 1825~1895. 영국의 생물학자. 특히 다윈의 진화론을 열렬히 옹호해 '다윈의 불독'이라는 별명을 얻었다.

> 설로 발전하며 미신으로 끝난다고 말한 적이 있다. 마지막 두 국면에 있는 과학은 우리가 발전시키려는 과학이 아니다. 이런 종류의 과학은 알아서 잘 진행된다. 문제는 아직 어린 과학, 새로운 과학, 이설 상태에 있는 과학이다. 우리는 이를 어떻게 키울 것인가?
>
> – 개릿 하딘(Garrett Hardin, 생물학자 · 과학사학자, 1959)

출발점으로 돌아오자. 모든 것이 밝혀진 과학은 더 이상 흥미롭지 않다. 그것도 아주 조직화되고, 통제되고, 특수화된 과학은. 우리에겐 젊은 갈릴레오Galileo Galilei, 다윈Charles Darwin, 파스퇴르Louis Pasteur, 아인슈타인이 몹시 필요하다. **그들이** 하는 과학만이 나를 흥분시킨다. 개척하는 과학! 탐험하는 과학! 독단에 저항하는 과학!

그런데 현 상태는 어떠한가? 무수히 많은 하찮은 사람이 과학이라는 거대한 체계에 작은 벽돌 하나를 보태는 게 고작이다. 진흙으로 벽돌을 만들고 건조해, 이미 세워진 구조 어딘가에 잘 맞도록 넣어라. 그리고 보아라! 너도 기여했다!

헛소리! 그건 그냥 진흙 더미를 쌓아 놓은 것에 불과하다![1] 의미 없는 사실의 더미일 뿐. 수학자이자 과학사학자 트루스델Clifford Truesdell이 뭐라고 했더라? 피그미족같이 짧은 다리로 서서 멀리 보지 못하는 그저 그런 재주꾼이 자신처럼 변변찮은 사람들에게 과학의 역사를 뭉뚱그려 주입했다고 했다.[2] 동감한다. 모든 사람이 다 재능과는 상관없이 과학이라는 계획의 일부로 들어간다. 물론 어떤 이는 효소 X나 기질 y의 상세한 사항 하나하나를 전부 해결하면서(우리는 이런 사실들을 알아야 한다) 젠장, 사실들을 **이치**에 맞게 통합하는 체계까지 설계한다. 이 두 가지는 어떤 관계가 있을까. 그래, 이게 **내가** 바라는 바다. 즉, 앞으로 어떤 형태의 건물이 지어질지 예측하는 건축가가 되는 것, 작은 벽돌이 어디에 들어맞을지 아는 사람이 되는 것. 더 정확히 말하면 아름다운 건물을 설계하고 그 구조적 통일성을 평가하는 건축가이자 공학자가 되는 것. 진정으로 나는 통합자, 종합자, 창조적 사상가를 원한다. 나는 어떻게 하면 구성 요소들이 서로 잘 들어맞는지 알고 싶다. 또 구성 요소들이 무엇을 **의미**하는지 알고 싶다

아니다. 다시 말하겠다. 나는 단지 아는 데 그치고 싶지 않다. 나는 **이해**하기를 원한다. 앎과 이해는 근본적으로 구별된다. 무언가를 아는 상태는 수동적이다. 그러나 무언가를 이해하는 상태는 능동적이다. 이해는 대상에 영향을 미치고, 대상을 이용하고, 나아가 창조하기까지 한다.[3] **이해**야말로 내가 과학에서 바라는 것이다. 자연을 이해하는 것뿐만 아니라 과학 그 자체를 이해하는 것.

어떻게 **하면** 이해할 수 있을까? 어떻게 하면 영원히 지속되는 생각을 남길 수 있을까? 그런 위대한 일을 하려면 자유와 시간과 돈이 있어야 할까? 일이 잘 안 되면(아마 잘 안 될 것이다) 어떻게 해야 할까? 이미 알고 있는 걸 할 때만 보상을 주는 체계라면 어떻게 해야 할까? 어떻게 학문의 경계를 넘나들 수 있을까? 어떻게 전문화된 지식만이 가치 있는 상황을 뛰어넘을까? 진짜 독창적인 연구를 이끌어 가기 위한 지식을 배울 수 있는 곳은 어디일까? 과학자 공동체에 등을 돌리고 미지의 개척지를 개발하는 데 필요한 자기 완전성, 확신은 어떻게 얻을 수 있을까? 바로 이것들이 어떤 방식으로든 내가 논의하고자 하는 질문이다.

언젠가 센트죄르지Albert Szent-Györgyi*는 큰 낚싯바늘을 써서 월척을 낚지 못하는 것이 작은 낚싯바늘을 써서 피라미를 잡지 못하는 것보다 낫다고 말했다.[4] 그 말이 맞다!

---

* 얼베르트 센트죄르지, 1893~1986. 헝가리 출신의 미국 생화학자. 비타민 C를 발견하고, 세포 호흡의 기제를 밝혀 1937년에 노벨 생리의학상을 받았다.

제니의 수첩: 문제가 되는 영역 정의하기

오늘 임프가 다음과 같은 메모를 주었다. 그래서 이제야 임프가 고심하는 문제가 무엇인지 알았다.

메모: Re: 발견하기
보낸 이: 임프 박사
받는 이: ?

친애하는 친구들과 동료들에게
최근에 저는 제 기분을 유쾌하게 하면서 정말 진리라고 인정할 수밖에 없는 네 개의 문장이 떠올랐습니다. 첫 번째는 약 400년 전에 프랜시스 베이컨Francis Bacon 경이 쓴 것입니다. "발견이란 두 가지 아주 다른 분야로 나뉜다. 하나는 기예와 지식을 발견하는 분야고, 다른 하나는 표현과 논거를 발견하는 분야다. 전자는 아주 부족한 상태다. 이는 마치 고인의 유산 목록을 작성하면서, 현금이 한 푼도 없다라고 쓸 때 느끼는 부족에 비유할 수 있다. 다른 모든 상품을 구입할 수 있는 것이 현금이듯, 이 분야의 지식은 다른 모든 지식을 구입할 수 있는 것이기 때문이다. (…) 따라서 기예를 발견하는 일을 지금껏 소홀히 여겨 왔음을 생각하면, 지식을 발견하는 일에서 별다른 진척이 없었던 것도 그리 이상한 일은 아닌 셈이다."[1]
그러나 저는 400년이나 지났는데도, 여전히 현금은 한 푼도 없다고 말하고 싶습니다! 기예를 발견하는 일은 지금도 소홀합니다! J. V. 매코널James V. McConnell**은 이렇게 썼습니다. "오늘날 과학에서 일어나는 대부분의 잘못은 (과학자가 하는 과학적 행동을 보지 않고서) 과학자가 객관적이고 사심 없이 자연 현상을 연구하리라는 착각에서 연원한다. 우리는 편형동물을 연구하는 사람보다 편형동물에 대해 더 많은 사실을 안다."[2] 마찬가지로 노벨상 수상자 피터 메더워Peter Medawar*** 경은 최근에 다음과 같이 썼습니다. "과학자가 무엇을 하느냐는 여태껏 과학적 (…) 탐구의 주제가 아니었다."[3] 마지막으로, 과학사의 거두 토머스 쿤Thomas Kuhn****은 과학사학자들이 "과학자가 아닌 사람들에게 과학을 이해시키는 데 완전히 실패했"을 뿐만 아니라 "과학이 어떻게 진화하는지, 즉 과학적 과정이 무엇인지를 설명하는 어떤 유용한 개념도 갖지 못했다"[4]라고 말했습니다.

그럼 이제 여러분께 묻겠습니다. 과학자들에게 과학을 어떻게 수행하는지에 대한 개념이 없고 과학사학자나 관련 연구자들도 과학자가 과학을 어떻게 수행하는지를 모른다면, 누가 이런 일을 해야 합니까? 우리는 그저 눈먼 채로 헤매야 합니까? 지팡이로 바닥을 두드리면서 우리 앞에 놓인 길을 가야 합니까? 아니면 우리가 사용하는 과학적 도구들을 주의 깊게 응시함으로써 이 어두운 세상에 빛을 비추겠습니까? 라이너스 폴링Linus Pauling*****은 말

** 제임스 매코널, 1925~1990. 미국의 생물학자, 동물 심리학자. 실험실에서 특정 학습을 시킨 편형동물 플라나리아를 잘게 썰어 학습받지 않은 다른 플라나리아에게 먹이면 학습한 기억이 전달된다는 주장을 했다. 그러나 실험이 재현되지 않아 거짓으로 판명났다.

*** 피터 메더워, 1915~1987. 영국의 생물학자. 현대 진화론에 이론적으로 기여했으며, 유기체의 면역 반응이 후천적으로도 획득 가능하다는 사실을 밝혀, 면역학자 맥팔레인 버넷(Macfarlane Burnet, 1899~1985)과 함께 1960년에 노벨 생리의학상을 받았다.

**** 토머스 쿤, 1922~1996. 미국의 물리학자, 과학사학자, 과학철학자. 과학 지식은 누적적으로 진보하는 것이 아니라 세계관 자체가 변화하는 '패러다임 전환'을 주기적으로 겪는다고 주장해 큰 논쟁을 일으켰다.

***** 라이너스 폴링, 1901~1994. 미국의 화학자. 화학 결합을 설명하는 이론을 세워 1954년에

했습니다. "젊은 실험 과학자에게 실험실에서 쓰는 기술을 가르치는 것만큼이나 탁월한 실험에 필요한 생각을 떠올리는 기술을 가르치는 것도 가치 있는 일이 아니겠는가?"[5] 체코 출신의 미국 천문학자 마틴 하위트는 말했습니다. "과학의 진보, 즉 위대한 발전을 만드는 과정, 태도, 연구 조건 등을 설명하는 신뢰할 만한 연구는 (…) 더 나은 진보를 성취하는 데 유익하며 (…) 궁극적으로 우리가 과학을 수행하는 방식에 영향을 미치지 않겠는가?[6] 바로 그렇습니다! 우리는 '과학에 대한 과학'을 생각해야 합니다. 저와 함께 현금을 버는 일에 참여해 주십시오!

저는 여러분처럼 무엇을 공부하고 누굴 고용할지, 의문을 제기하고 답을 찾는 일에 유용한 좋은 조건이 무엇인지, 답을 찾는 일에 얼마나 많은 시간과 돈을 들일지 등에 이르는 수많은 문제에 늘 직면합니다. 요컨대 언제, 어디서, 어떻게, 누가 발견하는가, 누가 발견하지 못하는가, 왜 못하는가, 발견에 이를 확률을 높이고자 사람이나 문제, 자원을 연결하기에 유용한 어떤 양식(교육, 심리, 제도, 경제적 양식이나 창의력과 관련 있는 뇌 부위가 있을까?)이 있는가, 나 자신의 창의력을 높이는 방법이 있는가, 가망 없는 문제를 해결하는 데 시간을 허비하지 않도록 해결이 가능하거나 불가능한 문제를 결정할 선험적인 방법이 있는가, 그리고 최선의 해결책이 나타난다면 나는 이를 알아챌 수 있는가를 고민합니다.

여러분도 알듯이, 이런 질문들은 아주 이론적이면서 실천적인 문제이기도 합니다. 이 질문들은 "발견이란 무엇인가?"와 "발견에

노벨 화학상을 받았으며 분자생물학에도 기여했다. 1962년에는 핵실험에 반대하는 운동가로서 노벨 평화상을 받았다.

는 공통 유형이 있는가?"와 같은 문제를 다룬다는 점에서 이론적입니다. 이 질문들은, 답을 안다면 시간과 돈, 장비를 너 효율적으로 사용하거나 기술자보다 발견자에 걸맞은 새로운 과학 교육을 실행해 과학과 기술의 발전 속도를 높일 수 있다는 점에서 실천적입니다. 하다못해 우리는 더 좋은 쥐덫을 만들려면 어떻게 해야 하느냐까지도 이해하게 될 것입니다!

이런 목적을 이루고자 저는 여러분을 '발견하기discovering'(제가 동명사를 사용한 데 주목해 주십시오. 저는 발견이라는 구체적 산물이나 개인이 아니라 진행 중인 과정에 관심이 있습니다)라는 토론회에 참석해 주십사 초대합니다. 토론회는 다음 달 토요일 아침에 제 집에서 시작하겠습니다. 여러 가지 문제와 일화, 사례 연구, 여러분께서 소유하신 지식과 이해를 가져와 주시기 바랍니다. 가장 중요한 준비물은 적극적인 지성입니다(특히 여러분만의 지성을)!

하지만 한 가지 주의 사항이 있습니다. "여러분이 (···) 과학은 단지 사실을 축적하고 계산이나 하는 사회적 과정이라 믿는다면, 그런 사람이 맞이할 미래는 상상력도 꿈꿀 능력도 없는 나날일 것이 분명하며, 결국 관료화되어 쉽게 무너질 계획밖에는 남지 않을 것입니다. 그렇다면 돌아가십시오."[7] 제가 가진 목적은 낡은 수사를 되풀이하거나 돈이나 '조직' 같은 오래된 우상에 굴복하는 것이 아닙니다. 저는 과학자들이 자신이 무엇을 한다고 말하느냐 또는 과학이 무엇이라고 말하느냐를 알고 싶은 게 아닙니다. 오히려 과학자들이 실제로 무엇을 하느냐, 그리고 어떻게 하느냐를 이해하고자 합니다. 따라서 반복해 말하지만, 여러분만의 특이한 관점에서 나오는 새로운 방식으로 사물을 바라보지 않는다면 참석하지 않는 편이 좋습니다.

이런 말을 하는 저를 용서해 주시기 바랍니다. 하지만 여러분이 저를 믿지 않으신다면 발견하기를 탐구하는 저의 여정에 함께할 수 없습니다. 가능한 한 빨리 회답 주시기 바랍니다.

"어떻게 생각해?" 내가 다 읽고 나자 임프가 물었다.
"좀 주책없는 것 같지만 뭐 나쁘지 않아. 제안 하나 해도 될까?"
"조건이 있어."
"뭔데?"
"토론회 대화록 만드는 일 좀 도와줘."
"그렇게까지 하는 이유가 뭐야?" 내가 물었다.
"신념이지. 중국에 이런 속담이 있어. 천리길도 한 걸음부터……."

임프의 일기: 아무도 신경 쓰지 않아

젠장! 사람들이 얼마나 멍청하고 자기중심적인지. 오늘 올리펀트 Oliphant와 '발견하기 프로젝트Discovering Project'에 관해 이야기를 나누었다. 그는 말했다. "솔직히 말할게, 시간 낭비야. 발견하고 싶으면 그냥 과학을 해. 그걸 어떻게 하는지 토론하지 말고." 데이비슨은 올리펀트보다 더했다! "미안해 친구, 시간이 없어. 케임브리지에 있는 내 지도 교수가 그랬어. '시간이 곧 자료야!' 성공한 과학자가 되려면 딱 하나만 있으면 돼, 바로 끈기지. 하루에 14시간씩 일주일을 일해 봐. 그러면 뭔가가 팍 하고 튀어나올걸. 그게 평균의 법칙이야. 내가 '발견이란 무엇이지?'라고 질문하기 위해 일을 멈추면, 그건 철학이지 과학이 아니야! '발견은 누가 하는 거지?' 이런 질문도 심리학자에게 맡겨 둬. 어린애처럼 호기심 부리지 말고 어른이 되려고 해 봐. 난 시간 없어."

나는 데이비슨이 정말 하려던 말이 무엇이었는지 이해할 수 있었다. "날 봐, 친구. 내가 어떻게 지금보다 더 성공할 수 있을까? 마흔 두 살에 정교수가 됐고, 100편 이상의 논문을 썼고, 연구실은 박사 후 연구원과 대학원생, 기술자로 넘쳐 나고, 1년에 수십억짜리 연구비가 들어오고, 내가 편집하는 학술지가 있고, 미국 국립 보건원과 다른 재단 여섯 곳에서 검토위원회 의장을 맡고 있어! 내가 뭘 더 바라겠어?"

'발견하는 것을 바라야 한다.' 나는 데이비슨과 헤어져 나오면서 생각했다. 데이비슨은 단 한 번도 진짜 연구를 해 본 적이 없다. 그저 안전하고 확실한 연구만 했을 뿐이다. 그는 획기적인 발견을 어떻게 하는지 들어 보지도 못한 형편없는 사람 몇몇에게 일을 맡기거나 아첨꾼이 즐비한 학술지에 실리도록 논문을 낸다. 어느 쪽이든 그는 명성과 연구비를 얻었다. 그러나 놀랄 것 없다. 그의 연구실에서는 뜻밖의 결과란 단 한 건도 나오지 않으니까! 늘 똑같은 결과뿐이다. 그는 자기 대학원생에게 좋은 생각과 결과를 넘기면 일자리를 주겠다고 약속하는 교수다. 그런데도 그의 평판은 날로 좋아진다!

데이비슨 같은 사람은 연구비 없이도 조금씩 논문을 쓴 멘델Gregor Johann Mendel, 실직 상태일 때 인슐린 연구를 한 밴팅Frederick Grant Banting,* 가장 창조적이었던 7년을 특허청에서 보낸 아인슈타인을 어떻게 생각할까? 패배자라고 생각하겠지. "어떻게 사는지 알 수 없는 사람들이로군, 친구." 그러나 데이비슨이 이미 조연으로라도 조명되지 못할 때 그들은 영원히 기억된다. 나는 데이비슨이 이런 점을 생각이나 해봤는지 궁금하다.

* 프레더릭 밴팅, 1891~1941. 캐나다의 의사, 의학자. 혈당을 조절하는 호르몬인 '인슐린'을 발견해 1923년에 노벨 생리의학상을 받았다.

그리고 손더스Saunders까지도! 맙소사! “하지 마.” 손더스는 경고했다. “네 과학적 명성을 망치게 될 거야.[1] 『이중나선』**이 출간되고 벌어진 온갖 난리법석을 생각해 봐! 더는 과학자 사회의 은밀한 부분을 보지 못할 거고 결국 쫓겨나고 말 거야. 제정신인 사람은 네 프로젝트에 오지 않을 거야. 정말이야, 하지 마! 나중에 후회해.” 뭐 C. P. 스노가 말했듯이, 세상에는 두 종류의 조언이 있다. 그중 하나만 조언받는 사람에게 도움이 된다. 손더스가 숨긴 조언이 무엇인지 궁금하다.

그나마 헌터가 긍정적으로 반응했다.

제니의 수첩: 헌터와 함께한 저녁 식사

오늘 임프의 친구 헌터 스미스슨Hunter Smithson이 저녁을 함께하러 왔다. 임프에게 얼마나 힘이 됐는지! 임프는 늘 헌터는 흔한 화학자가 아니며 그가 가진 역사 지식에 놀랄 거라고 말했다. 임프가 발견하기 프로젝트라고 부르는 이 모임의 내용을 기록하려고 헌터에게 저녁 식사에서 나누는 대화를 녹음해도 되겠는지 물었다. “너무 심하다고 생각하지 않아?” 조금 당황스러워하며 내가 말했다. 하지만 헌터는 흔쾌히 동의했다. “내 학생들이 늘 하는 일인걸. 그렇게 해.”

** 프랜시스 크릭과 함께 DNA의 이중나선 구조를 발견한 미국의 분자생물학자 제임스 왓슨(James Dewey Watson, 1928~)이 발견을 회고하며 쓴 자서전. DNA 구조 발견의 우선권을 쟁취하고자 과학자들이 벌이는 경쟁, 갈등, 시기, 질투 등을 가감 없이 풀어내 많은 논란을 일으켰다.

대화록: 새로움 얻기(클로드 루이 베르톨레)

헌터 자, 쓸모 없는 잡담으로 녹음테이프를 낭비하지 말자. 임프가 제니Geneviéve Imp에게 말했는지 모르겠지만, 나도 발견하기 프로젝트 비슷한 걸 연구했어. 물리화학에서 일어난 여러 발견을 살펴봤지. 그런 발견이 어떻게 일어났는지 이해하려고 말이야. 알겠지만, 발견의 구조에는 과학혁명의 구조와 비슷한 데가 있어. 내 입으로 말하긴 그렇지만 무척 흥미로운 사례들을 보았거든.

임프 예를 들면?

헌터 어디 보자. 네 입맛을 동하게 할 이야기 하나 해 볼게. 제니, 너도 이 이야기가 프랑스와 관련 있어서 좋아할 거야. 또 이 이야기는 근본적으로 재미있는 발견이기도 해. 적어도 나한테는.

임프 계속해.

헌터 좋아. 이야기를 시작하려면 너를 발견자 입장에 세워야겠어. 너

프랑스 혁명기의 클로드 루이 베르톨레(파리 프랑스 과학 아카데미)

는 이제 의사에서 화학자로 변신한 클로드 루이 베르톨레Claude Louis Berthollet야. 그러니까 너는 이제 쉰 살이 되겠네.

임프 잠깐만! 쉰 살이나 먹은 화학자가 했던 발견을 들려준다고?

헌터 맞아. 베르톨레는 자기 이론을 구성하는 세부 사항을 쉰한 살에서 쉰네 살 사이에 완성했어.

임프 하지만 과학자는 서른 살이 되면 더 이상 쓸모 있는 이론을 생산하지 못한다는 게 상식이지. 특히 물리과학자는 말이야![1]

헌터 그건 미신이야. 베르톨레는 아니야. 그런 사람은 몇 명 더 있어. 예를 들면 파스퇴르, 폴링, 찬드라세카르Subrahmanyan Chandrasekhar*가 있지. 물론 이들이 어떻게 수십 년 동안 창조력을 유지할 수 있었는지도 내가 이해하려고 애쓰는 문제긴 해. 그게 베르톨레가 흥미로운 이유지. 베르톨레는 프랑스 혁명과 나폴레옹 전쟁 때문에 늘 하던 일에서 말 그대로 쫓겨나 실용적으로 새로운 사실을 알아야만 했거든. 베르톨레가 중세 화학자가 늘 하던 연구 방법을 따랐다면 아무것도 발견하지 못했을 거야. 이런 생각은 뜻하는 바가 많아.

임프 있는 그대로 말해 봐!

헌터 좋아, 너는 베르톨레야. 키가 크고 활기 넘치며, 회색 눈에 금발이고, 모험을 열망하는 남자지. 극장과 도박에 열정을 바치면서도 뉴턴 물리학에서 순수 미술까지 백과사전처럼 모르는 게 없어. 하지만 해석적이고 추상적인 사고에는 의심을 품는 유물론자이며 합리론자, 무신론자야. 진정한 계몽주의의 아들이지.[2] 1798년, 나폴레옹은 너에게 군사 원정대 소속으로서 167명으로

---

* 수브라마니안 찬드라세카르, 1910~1995. 인도 출신의 미국 천체물리학자. 별의 내부 구조와 진화를 연구해 1983년에 노벨 물리학상을 받았다.

구성된 예술과 과학 위원회를 인솔하도록 명해. 당시 파리에서는 나폴레옹의 인기가 점점 높아져 혁명 정부가 그를 어딘가로 멀리 보내고 싶어 한다는 소문이 들릴 때야. 한데 그건 나폴레옹이 품은 계획과도 일치했어. 이에 프랑스 학사원 회원이면서(맞아, 나폴레옹은 황제가 되기 전에도 과학적 명성이 높았지) 이미 2년 전에 이탈리아로 원정을 떠나 그곳 공국을 정복하며 비슷한 예술과 과학 위원회를 이끈 지휘관인 나폴레옹은 너를 택하고 의지하지.

제니 그러니까 나폴레옹은 루브르 박물관에 가져다 놓으려고 이탈리아의 보물들을 약탈했으면서, 이제는 문명의 발상지를 문명화하겠다고 나서는 거지.

헌터 맞아. 위원회에는 예술가, 극단, 경제학자, 물리학자, 화학자, 의사와 그들이 활동하는 데 필요한 장비도 포함되었어.[3]

제니 장화 신은 늙은 고양이*가 몹시 기고만장했었지. 그렇지?

임프 어떻게 일반 병사가 황제로 올라설 수 있었을까? 이건 과학적 선구자란 어떤 사람이냐는 문제에도 뜻하는 바가 있어.

헌터 너도 할 수 있어. 자, 이제 너, 베르톨레는 이집트에 도착했어. 무엇을 할까? 너는 프랑스 학사원처럼 이른바 이집트 학사원을 조직해. 의사이자 화학자로서 네가 수행 할 주요 임무는 세 가지야. 첫 번째는 의료 문제를 해결하는 것. 군대는 이질, 전염병, 눈병에 고생하니까. 두 번째는 물을 조사하는 것. 너는 사막 국가를 침략했어. 따라서 수원이 있는 곳을 모두 찾아내서 그 물을 마셔도 되는지 결정해야 해. 세 번째는 염료야. 왜 염료냐고? 이집트는 염

* '나폴레옹'을 말한다.

료를 만들 때 쓰는 연지벌레가 많고 식물들도 다양했거든. 그리고 이건 네 전문 분야기도 하지.[4] 1784년에, 너는 고블랭 국립 태피스트리 제작소의 소장이자 통상부 염색산업과의 조사관인 스승 피에르 조제프 마케Pierre Joseph Macquer의 뒤를 이어 양 기관에 임명되었으니까.

제니 그 예쁜 태피스트리**를 만들었고, 지금도 만들고 있는 바로 그 고블랭 제작소가 맞아?

헌터 그래 맞아. 루이 14세 때 장관이었던 콜베르Jean Baptiste Colbert는 이미 17세기에 이른바 '과학적 방법'을 도입하여 프랑스 산업을 근대화하고자 했어. 소다 생산, 세브르*** 도자기 작업장, 여러 제지 공장이 그런 목적에 포함되었지.[5] 이 같은 노력은 1800여 년까지 영국이나 독일 산업가들에 비해 프랑스 산업가들에게 큰 이익을 주었어. 그리고 과학과 산업의 연계는 과학 자체에도 득이 되었고, 후에 다시 산업에 응용할 수 있는 원리를 제공했지.

임프 벨 연구소랑 똑같은데!

제니 뭐?

임프 AT&T****에 있는 연구소, 벨 전화 연구소 말이야. 벨 연구소는 아마 세계에 있는 어떤 대학보다 더 많은 노벨상 수상자를 냈을걸. 나는 저번에 벨 연구소가 '마흔 살 이전의 아주 창창한 과학자'를 그 어떤 기관, 학교, 기업보다 더 많이 고용한다는 조사를 봤어![6] 벨

** 여러 가지 색실로 그림을 짜 넣은 직물 공예품. 15세기 중엽 프랑스의 염색업자인 고블랭가(家)에서 만든 태피스트리가 유명하다.

*** 프랑스 파리 교외에 자리한 도시, 세브르에서 생산하는 도자기.

**** 미국의 통신 회사로 전화기를 발명한 알렉산더 그레이엄 벨(Alexander Graham Bell, 1847~1922)이 1885년에 설립한 벨 전화 회사가 전신이다.

연구소는 연구자들에게 하고 싶은 연구는 무엇이든 하도록 자유를 보장하고(혹은 보장했거나. 지금은 AT&T가 분할되어 연구소가 위태로운 상황이래), 가능한 한 폭넓게 의사소통해서 순수 이론 연구라도 실천적 응용성이 높은 이론으로, 평범한 연구라도 뛰어난 이론으로 발전시킨대.

헌터 IBM 연구소도 그렇지. 듀폰사社도 마찬가지고. 흥미로운 비교 사례가 될 거야.

어쨌든 베르톨레는 두 가지 작업으로 유명해. 첫 번째는 직물을 염색하는 이론을 다룬 책을 낸 것. 그 책은 이제 고전이지.[7] 두 번째는 염소계 표백을 발견한 것. 1785년에 C. W. 셸레Carl Wilhelm Scheele*는 그가 염소라 이름 붙인 기체를 분리해냈어. 더불어 셸레는 이 기체가 식물성으로 된 물질을 표백한다는 사실을 알았지. 네가 베르톨레라면, 이 새로운 기체가 가진 잠재성을 단박에 알아차려야 해. 면과 리넨도 식물로 만들어진 직물이지. 따라서 염소가 이것들도 표백할 수 있는지 궁금할 거야. 어쩌면 울까지도? 현재로서는(우리는 지금 1785년에 있다고 하자) 직물을 동물 오줌에 담가 여러 번 빨아 준 뒤 햇빛에 말려야 했어. 이 방법으로 직물을 하얗게 하고 냄새를 없애는 데는 6개월이나 걸려! 염소를 사용하면 단 하루 만에 직물을 하얗게 만들 수 있지. 하지만 불행히도 염소는 독성이 있고 다루기도 어려워.

임프 그래서 1차 세계 대전 때 독가스로 사용했지.

헌터 맞아. 하지만 너, 베르톨레는 염소를 양잿물(이게 바로 탄산칼륨, 때로는 수산화칼륨이라고 불리기도 하는 물질이지)에 녹이면 표백력은

---

* 카를 벨헬름 셸레, 1742~1786. 스웨덴의 화학자. 염소, 망간, 바륨, 텅스텐산, 타르타르산, 황화수소 등 수많은 원소와 화합물을 발견했다.

그대로인데, 독성은 약해진다는 사실을 발견해. 이 화합물은 용해 가능했고 따라서 너는 표백 효과를 내는 그 유명한 **자벨수**Eau de Javelle를 발명했어. 얼마 후에는 염소와 소다를 섞어(탄산나트륨Na_2CO_3) 더 효과 좋고 사용하기도 쉬운 파우더로 된 표백제를 만들기도 했지. 1785년에 했던 최초 실험 때부터 지켜본 너의 친구 제임스 와트James Watt**는 이 과정을 잉글랜드에 소개했고 네가 이집트로 떠나는 1798년에 이 방법은 두 나라에서 표준화되었어.[8] 우리는 오늘날에도 조금 변형된 형태로 여전히 이 표준화된 방식을 사용하고 있어.

자, 이제 고블랭 제작소와 통상부는 표백제뿐만 아니라 비누와 매염제의 생산을 표준화하고 개선할 것을 요구해.

제니 매염제가 뭐야?

헌터 매염제는 직물을 염색하기 전에 염료가 잘 배도록, 즉 염료가 직물에 고착되게 해 주는 화학 물질이야. 모든 염료가 염색하려는 직물에 잘 맞는 건 아니기 때문이지. 그런데 매염제가 어떻게 작용하느냐는 18~19세기까지도 수수께끼였어. 물론 오늘날에는 옛날보다 더 많은 사실을 알지만 여전히 우리가 현재 가진 이론으로는 설명이 되지 않는 매염제도 있어. 각종 촉매제나 흔하게 사용하는 여러 화학 물질도 마찬가지고. 이론에는 아직도 많은 실험이 필요해!

그래서 너는 매염제, 비누, 표백제, 염료, 옷감 만드는 일 등으로 고민이 많았어. 특히 소다 생산에 관심이 있었지. 소다는 표백제, 비누, 유리, 다른 여러 생활필수품을 만드는 데 사용되었고 프랑

** 제임스 와트, 1736~1819. 영국의 기계공학자, 발명가. 초기 증기 기관을 개량해 산업 혁명의 동력을 만들었다.

나트론 호수로 가는 행렬(『이집트 안내기(*Description de l'Egypte*)』에서 발췌, 시카고대학교 도서관의 허락을 받아 게재함)

스는 매년 스페인에서 수백만 킬로그램의 소다를 수입했거든. 이런 물량이 혁명 기간에는 끊어지고 말았는데, 너는 소다 생산 과정과 관련한 특허를 심사해 달라는 요청을 받았지.[9]

제니 아, 특허청에 천재가 또 있었네.*

헌터 나의 멘토 도러시 호지킨Dorothy Crowfoot Hodgkin**도 특허청에서 근무했었지. 최신 화학 지식에도 관심을 기울여 주면 고맙겠어. 어쨌든 너, 베르톨레는 이집트에 가서도 이런 고심을 계속해. 너는 이집트 학사원에 제출하기 위해 인디고, 헤나, 연지벌레를 건

* 아인슈타인은 특허청에서 일하면서 저녁 시간에 연구를 해 현대 물리학사의 기념비적인 논문들을 썼다.

** 도러시 호지킨, 1910~1994. 영국의 화학자. X선 회절 기술을 이용해 단백질 구조를 밝혀 1964년에 노벨 화학상을 받았다.

조해 나온 코치닐 같은 토착 염료를 분석한 광범위한 보고서를 준비했고, 이는 프랑스 염료 산업에서 경제적으로 중요한 역할을 했어. 또 군대에 도움을 주는 과학 조언자로서 카이로 주변의 지역들을 정기적으로 탐험하기도 했지. 1799년 1월에 너는 앙드레오시Andréossy 장군과 함께 이집트에서 가장 장엄한 곳인 나트론 호수에 갔어. 이 호수는 석회암에서 나오는 물로 형성된 곳이었는데, 너는 그 물을 표준적 기법으로 분석해 소금과 소다(그래서 나트론이라는 이름은 천연 소다를 의미해)가 높은 비율로 섞여 있음을 알게 되지. 이때 너는 화학사에 길이길이 남을 발견을 한 거야!

임프 잘 이해가 안 되는데.

제니 베르톨레가 소다를 구할 값싼 원천을 발견한 거잖아. 그치? 프랑스는 소다가 무척이나 필요했고, 그래서…….

헌터 음, 그 발견에 경제적 측면이 있는 건 사실이야. 베르톨레는 즉각 파리에 이 사실을 보고했어. 하지만 그게 전부는 아니야.[10]

임프 제발 헌터, 우리를 깨우쳐 줘. 나폴레옹이 이집트를 깨우쳤듯이!

헌터 나폴레옹은 실패했어! 하지만 그건 상관없는 문제고, 혹시 질량작용mass action의 원리라고 들어 본 적 있어?

제니 반란*** 같은 데 쓰는 말 아냐?

헌터 임프는?

임프 모르겠는걸. 화학 결합이나 화학 구조에 대해서는 조금 알지만.

헌터 생물학자가 물리화학의 기초를 모르면 대학은 뭐가 되지? 좋아, 내가 가르쳐 줄게. 베르톨레의 관점에서 시작하자. 베르톨

*** mass에는 질량 외에 군중, 대중의 의미가 있다.

레는 호수 속에 있는 소금이 소다와 동시에 존재할 수 없다고 보았어.

제니 누굴 따라서?

헌터 베르톨레와 당시의 화학 전문가 모두 그렇게 생각했어.

제니 모두가? 과학은 **그렇게** 단일하지 않잖아? 역사도 그렇고.

헌터 그 말도 일리가 있긴 해. 소다가 일으키는 반응에 대해서 잘 알지 못하는 화학자가 많았어. 그리고 잘 알던 사람 중에서도 베르톨레만이 거대한 자연의 화학 실험장으로서 나트론 호수가 가진 중요성을 깨달을 만한 배경지식을 갖춘 유일한 사람이었고. 자 임프, 여기에 너의 발견하기 프로젝트와 관련해 생각해 보면 좋을 유용한 사실이 있어.

제니 그 말은 어느 정도는 발견이 발견자를 선택한다는 거야? 그 반대가 아니라?

헌터 그렇다고 말할 수 있지. 혹시 넌 연구하면서 네가 아는 지식을 얼마나 활용하는지 아니? 피에르 뒤앙Pierre Duhem은 한 과학자를 형성하는 교육, 취미, 철학, 성격을 포함한 모든 요인이 그가 발명하는 이론을 낳는다고 말했어.[11] 푸앵카레Jules Henri Poincaré*나 그 밖의 많은 사람도 이와 똑같은 말을 했고. 뒤앙은 물리화학자였을 뿐만 아니라 철학자, 과학사학자, 화가이기도 했어. 그리고 뒤앙은 자신이 아는 모든 지식을 연구에 활용했지. 베르톨레 역시 마찬가지야. 그래서 다른 사람이 아닌 베르톨레가 질량 작용의 원리를 생각해 내지 않았을까. 베르톨레만이 최초로 이미 보유한 지식, 경험, 물리, 화학, 산업 그리고 (뭐라고 말해야 할까?) 지리학?

---

* 앙리 푸앵카레, 1854~1912. 프랑스의 수학자, 물리학자, 천문학자. 위상수학, 열역학, 천체역학 등 수학과 물리학에서 많은 업적을 남겼다.

지질학? 뭐 그런 수단을 결합한 사람이었으니까.

제니 개인적이고 정치적인 요인도 빼놓을 수 없지. 베르톨레는 이집트에 갈 수 있었고 그러면서 나폴레옹과 친해졌으니까. 그런데 소금과 소다가 동시에 있을 수 없다는 사실로 뭘 말하려는 거야?

헌터 미안, 미안. 내가 옆길로 좀 샜지. 그래도 옆길로 새다가 흥미로운 사실을 발견할 수도 있으니까. 실제로 이런 방식으로 발견을 하기도 했고. 하지만 네 말대로 다시 소금과 소다로 돌아갈게.
두 물질의 공존이라는 문제가 왜 너, 베르톨레의 눈길을 끌었을까? 그건 네가 화학 물질은 '선택적 친화성elective affinities'에 따라 화합한다고 배웠기 때문이야.

임프 정치 활동 위원회처럼 말이지?

제니 또는 연인처럼! 괴테Johann Wolfgang von Goethe가 화학적 친화성을 사랑에 비유한 소설을 쓰지 않았나? 어떤 사람들은 서로 끌리지만 또 어떤 사람들은 서로 멀어지지.

임프 "비탄에 빠진 나를 구할, 그대는 어디에 있는가."

헌터 흐음, 예를 하나 들어 볼게. 기름하고 물을 섞으면 어떻게 되지? 서로 분리되지. 왜 그럴까? 기름 속에 있는 분자들은 물보다 자기들끼리 더 높은 친화성, 즉 끌림을 갖기 때문이야. 마찬가지로 물속에 있는 분자들은 기름보다 자기들끼리 더 높은 친화성을 갖지. 18세기에는 이런 친화성이 '선택적'이라고 보았어. 어떤 두 물질이 있는 곳에 다른 물질 하나를 두면, 그 다른 물질은 **배타적으로** 친화성이 더 높은 물질과 화합하고자 '선택'돼. 따라서 C가 B보다 A와 친화성이 더 높다면 C는 화합물 AB에서 B를 대체할 거야. 베르톨레의 스승 마케는 이런 선택적 친화성이 일어나는 규칙을 목록화했어.[12] 하지만 임프, 네가 친화성에 모순되는 사례를 찾아보기 전에, 선택적 친화성이라는 개념은 이미 오래전에 폐기되었어. 부분적으로는 베르톨레가 제시한 개념 덕분에 말이야.

친화성 이론이 가진 기본 문제는 대부분의 화학자가 침전 반응만을 연구했다는 점에 있는 것 같아. 침전 반응은 연구하기에 가장 쉬운 화학 반응이었어. 용액에서 생기는 산물을 볼 수 있으니까. 침전 반응에는 연구하기에 유용한 또 다른 성질이 있는데, 바로 그 반응이 완결된다는 점이야.

제니 지금 뭐**하는 거야**, 임프?

임프 침전 반응을 만드는 중이야! 여기 산(레몬주스)이 있고, 용해 가능한 단백질(우유)과 뜨거운 물(없어도 되지만, 열은 반응 속도를 높여주지)이 있어. 뜨거운 물에 우유를 부어(아니면 그냥 우유를 데우든가). 그런 다음 레몬주스를 붓고 저으면, 짠! 똥이 생기지. 혹은 헌터가 말한 대로 침전물.

제니 그래, 알겠어. 하지만 오늘 밤 설거지 당번은 당신이야!

임프 실험을 해 봐야 알잖아!

헌터 괜찮은 실험인데 뭘. 자, 이런 점을 생각해 보자. 여기에 산acidic 분자(레몬주스에 있는 분자)보다 더 많은 우유 단백질이 있다고 하자. 그럼 **모든** 산 분자가 우유 분자와 화합해 침전물을 만들겠지. 이제 용액, 즉 물속에는 산 분자가 하나도 없어. 그러니 우유를 더 부어 봤자 화합할 수 있는 산 분자가 없기 때문에 '똥'은 생기지 않아. 그래서 용액 속에 산이 남아 있지 않다고 생각할 수 있지. 이해됐지?

화학자들은 으레 침전 반응을 친화성을 알아내는 수단으로 사용했어. 침전 반응은 언제나 완결되었기 때문이지. 침전 반응으로는 언제나 하나의 산물이나 다른 산물을 얻을 뿐, 뒤죽박죽

섞인 혼합물이 생기지 않으니까. 이런 상황은 결국 동어 반복적으로 변모해. 침전 반응이 있기 때문에 친화성을 선택적이라 여기면서, 친화성의 선택적 성질을 측정하는 수단으로 침전 반응을 사용하는 거야. 그러나 사실 친화성이 선택적으로 보이는 현상은 침전 반응이라는 방법이 만든 인공 사실이지. 그 방법은 다른 결과를 생성할 수 없었어. 화학자들은 친화성의 상대적 강도를 다루는 자료가 거의 없었기 때문에 많은 평형 반응을 무시했지. 무엇이 얼마나 형성되었는지 알아내는 일은 너무나 어려웠어.

임프 그러니까 쿤이 말했듯이, 현존하는 패러다임에 잘 맞는 기술을 갖고서 해결 가능한 문제에만 공을 들인다는 거로군. 너도 알다시피, 나는 우리가 모든 걸 멘델 법칙에 맞추려고만 하기 때문에 유전학의 얼마나 많은 부분이 아직도 수수께끼로 남아 있을까 궁금해했지. 만약 유전하는 다른 방식이 있다면 어떨까? 우리는 그저 멘델 법칙에 맞는 사례에만 집중해서 멘델 유전을 '입증'할 뿐이야. 정말로 다른 종류의 유전 방식이 있더라도 너무 복잡하다(유전자의 침투도나 표현도*처럼)는 이유로 무시해 버릴걸. 이것도 실은 평형 반응과 다름없이 그렇게 복잡하지 않을지도 몰라! 독특한 속성을 분석하려면 그에 맞는 다른 개념과 도구가 필요해.

제니 당신의 불온한 발상처럼?

헌터 다른 관점을 가지려고 노력하는 건 분명 유익한 일일 거야. 특히 네가 무엇을 찾는지는 너만 아니까 말이지. 나는 학부생 때

---

* 유전자의 침투도와 표현도는 단순히 말해 두 개체가 동일한 대립 유전자 조합을 가지더라도 여러 요인에 따라 달라지는 형질 표현의 정도를 나타낸다.

헬륨 계열에 있는 모든 원소(헬륨, 네온, 아르곤 등등)는 화합물을 형성할 수 없다고 배웠던 게 기억나. 왜 이런 원소들이 비非반응성을 띠는지 설명하는 이론도 있었지. 화학자 닐 바틀릿Neil Bartlett은 이런 '비활성 기체'가 적절한 조건에서는 화합물을 형성할 수 있음을 입증했어.[13] 이 연구는 복잡하지도 않았어. 대개는 어떻게 바라보고 무엇을 찾을 것이냐는 질문에 맞는 답을 아느냐의 문제였지. 그래 맞아. 때로는 불가능한 것이 가능하다고 생각할 필요가 있어.

다시 베르톨레로 돌아가자. 베르톨레와 동시대 연구자들은 소다가 들어간 반응이 정확히 침전 반응이라고 생각했어. 그 당시 소다는 보통 탄산나트륨을 가리켰지만, 불순물인 탄산수소나트륨과 수산화나트륨도 포함되었지. 탄산나트륨을 염화칼슘과 혼합하면 일반적인 소금(염화나트륨)과 석회(탄산칼슘 또는 수산화칼슘)가 생겨.

$$Na_2Co_3 + CaCl_2 \rightarrow 2NaCl + CaCO_3 \downarrow$$

NaOH(수산화나트륨, 배관 청소하는 세제로 쓰이지)도 침전물로 $Ca(OH)_2$(수산화칼슘)가 생기는 똑같은 반응이 일어나.

알겠니, 제니? 왼쪽에서 오른쪽으로 가는 화살표는 반응이 일어나는 방향을 표시해. 다시 말해서, 친화성이 더 강한 쪽을 가리켜. 아래로 내려간 화살표는 탄산칼슘이 침전되었다는 사실을 표시해. 이해 가지?

중요한 점은 너, 베르톨레가 특허청 근무와 표백 연구로 이런 반응에 아주 익숙했다는 거야. 너는 화학자 기통 드 모르보Guyton de Morveau가 제시한 이론과 소다 생산에 관한 특허 내용을 잘 알고 있었어. 너는 소다 생산을 혁명적으로 바꾸지만, 아직 실행 가능하지 않은 르블랑Nicolas Leblanc* 소다 생산 과정도 검토했었지. 그래서 나트론 호수의 물을 조사했을 때 깜짝 놀랐어. 수많은 소다 반응을 보았고 이집트 전역의 물을 조사했는데, 이런 결과는 도저히 이치에 맞지 않았거든. 물속에는 소다, 소금과 함께 석회와 염화칼슘도 있었어. 다시 말하면 반응이 예측한 대로 완결되지 않은 거지. 변칙 현상이었어. 현재 통용되는 이론에 모순되는 관찰을 한 거야.[14]

임프 쿤은 이론에서 일어나는 중요한 전환은 변칙 현상과 함께 시작한다고 말했지.[15] 한데 발견이 발견자를 선택한다는 제니의 지적을 다시 생각해 보자. 그 결과가 변칙 현상이라는 사실을 눈치챌 수 있었던 사람은 또 누가 있을까?

헌터 자신 있게 말하기는 좀 어려운데. 아마 그때 소다 과정을 다루는 모든 문헌을 검토했던 기통 드 모르보, 장 다르세Jean Darcet ** 정도가 아닐까. 어쩌면 와트도. 마케와 셸레도 알 수 있었을 거고. 그들이 살아 있었다면 말이야. 아마 르블랑은 아닐 거야. 르블랑은 명성을 얻은 뒤에 아주 게으른 화학자가 되었거든. 사실 그는 의사기도 했고. 그런데 이게 중요해. 삼류 과학자로 보이는 사람이 어째서 소다 생산에 독창적이고도 훌륭하게 기여하는 방법을 생각해 냈을까?[16] 내가 보기에 르블랑은 잘 훈련받은 과학자들이 쓸모 없고 미쳤다고 보는 생각에 기꺼이 시간과 에너지를 투자했어. 르블랑은 그냥 해 본 거지. 하지만 같은 설명이 베르톨레에게

---

* 니콜라 르블랑, 1742~1806. 프랑스의 화학자. 소금(염화나트륨)으로 탄산나트륨을 만드는 르블랑 소다 공정법을 만들었다.

** 장 다르세, 1724~1801. 프랑스의 화학자. 소금에서 탄산나트륨을 제조하는 데 기여했다.

는 통하지 않아. 베르톨레는 당대 일급의 과학자니까. 이게 발견하기 프로젝트와 관련한 또 다른 수수께끼야…….

임프 맞아. 왜 모든 발견을 그런 전문가가 하지 않는 걸까?

헌터 그런데 변칙 현상을 인식하는 건 단지 첫걸음에 불과하다는 사실을 알아야 해. 베르톨레는 변칙 현상을 해결하는 데 제 몫을 담당할 독특한 지식을 수없이 제시했어.

제니 예를 들면?

헌터 어디 보자, 베르톨레가 했던 초기 연구 중에는 강철의 구성 요소를 분석하는 작업이 있었어.[17] 강철은 화학적 화합물이라기보다는 합금이어서, 탄소에 철이 다양한 비율로 섞여 이뤄져. 그러나 18세기 화학자들은 아직 혼합물, 합금, 화합물을 명확히 구별하지 못했어. 그래서 베르톨레는 금속 '화합물'에서 나타나는 친화성은 선택적이지 않다고 생각했지. 구성 성분이 어떤 비율로 섞여 있든 상관없었으니까. 베르톨레의 친구 라부아지에Antoine Laurent Lavoisier*도 똑같은 생각을 했어. 라부아지에는 상호 친화성을 가진 여러 원소가 함께 있을 때, 그런 다양한 친화성 사이에서 평형 상태가 생기고 그 결과 하나 이상의 산물이 형성된다고 주장했지.[18] 라부아지에가 이런 생각을 발전시키기 전에 혁명가들이 그를 처형해 버렸지만.

제니 아, 그래! "혁명에는 과학자가 필요하지 않다"라는 헛소리 때문에.

헌터 라부아지에와 동료들이 화약과 대포, 기타 발명품을 만드는 일에 필요한 전문 지식을 주었는데도 말이야. 또 라부아지에는 베르톨레가 선택적 친화성에 의문을 품게도 만들었지.

---

* 앙투안 라부아지에, 1743~1794. 프랑스의 화학자. 연소 현상을 설명하는 플로지스톤설을 폐기하고 산소를 발견했으며, 질량 보존의 법칙을 정식화했다.

베르톨레가 고블랭 국립 태피스트리 제작소에서 겪은 경험도 곰곰이 생각해 봐야 할 미해결 문제를 안겼어. 베르톨레는 염색을 다루는 책을 쓰면서 도입부에다 소규모 생산에서는 잘 작동하는 실험 과정이 대규모 생산에서는 곧잘 실패한다는 점을 언급했어.[19] 이건 모든 화학 기술자가 겪는 고전적이고도 **유명한** 문제였지. 좋아, 시험관에서는 제대로 되는군. 그런데 수천 리터짜리 탱크에서는 왜 안 될까? 어째서 반응물의 물리적 양인 반응의 규모가 반응의 결과를 바꿔 버릴까?

제니 그런데 왜 산업에서 나타나는 변칙 현상이 선택적 친화성 이론을 버리도록 이끌지 못한 거야?

헌터 좋은 질문이야. 왜냐하면 어느 누구도 금속 안에서 무슨 일이 벌어지는지, 염료가 어떻게 직물에 부착되는지, 심지어 염료를 구성하는 요소가 무엇인지도 몰랐거든.[20] 결국 무지는 편협하고 형편없는 지식을 만들어 내고야 말았지. 과학자는, 아니 인간 존재는 늘 아무런 설명이 없는 상태보다 부적절한 설명이라도 갖길 원하니까.

자, 말하자면 너, 베르톨레는 선택적 친화성을 따르지 않는 수많은 반응을 보았지만 왜 그런지는 몰랐고, 단순히 이론에 의구심만 품을 뿐이었어. 네가 고심한 문제는 막연했고(구체적인 건 하나도 없었어) 해결책도 없었기에 이론을 버릴 수는 없었어.

그러다가 너는 나트론 호수를 분석한 자료를 다시 검토했어. 거기서 무엇을 보았을까? 너는 침전이 일어나지 않는 그 익숙한 반응이 아름다울 정도로 단순하고 생생하게 드러나는 사례를 보았지. 그리고 그 반응이 낳는 결과는 규모에 따라 변하는 것처럼 보였어. 당시에는 그런 반응이 무엇이냐는 질문은 하지 못했지. 대신에 라부아지에가 말한 대로 반응물과 생성물 사이의 평형이 있음을 알았지. 이제 문제는 명확해졌어.

임프 그럼 네가 말하고 싶은 게 이런 거야? 나는 변칙 현상을 보았고, 이 변칙 현상은 흔해 빠진 변칙이 아니라 아주 특별한 종류였다, 즉 분명히 어떤 **부류**에 들어가는 변칙 현상(산업적 목적으로 시도한 반응과 합금이 선택적 친화성을 따르지 않는다는 사실)이었다는 거지. 그리고 단순하고 명확한 특징을 지닌 변칙 현상은 해결책을 떠오르게 할 가능성이 있다는 것. 따라서 단순한 변칙 사례를 해결함으로써 더 복잡하고 막연한 모든 부류의 변칙 사례를 해결할 통찰력을 얻을 가능성이 있다는 것.

헌터 정확해. 그래서 어쩌다 일어나는 이상한 일보다 정말 중요한 문제에 집중해야 하는 거야.

제니 그럼 헌터, 이제 너의 문제는 어떻게 풀 거니? 발견이란 뭐야?

헌터 거의 다 왔어! 그전에 하나만 더 말하자. 다음의 사실을 기억해 줘. 베르톨레는 그때 쉰한 살이라서 해결책을 찾는 일에 도움이 될 만한 경험을 수없이 했다는 걸.

자, 문제를 해결하는 핵심 열쇠는 베르톨레가 일찍부터 라부아지에와 '프랑스의 뉴턴'이라 불리는 수학자 피에르 시몽 드 라플라스Pierre Simon de Laplace와 밀접하게 지냈다는 사실에 있어. 라부아지에와 라플라스는 1782년에 열과 친화성을 다룬 연구를 함께했어. 그들은 산과 염기가 물에 반응해 열을 발산한다는 중요한 사실을 발견했지. 예를 들어 순수한 나트륨이 물을 만나면 폭발하고 말아! 결과적으로 이 화학 물질들은 물에 대해 친화성이 있어야 해. 그때까지만 해도 수동적이고 비반응성을 띤다고 생각했던 물질들이 말이야. 이런 관찰은 친화성 연구의 모든 분야에서 새로운 문제를 제기했어. 왜냐하면 대개 친화성을 수용액으로 쟀는데, 이제는 화합물에 대해 물이 가진 친화성을 설명해야 했기 때문이지. 게다가 많은 산이 마르거나 결정화되었을 때 반응하지 않아. 이런 사실은 산의 반응성이 내재적인 친화성 때문이 아니라 용매화에 달려 있다는 점을 드러내지. 또 다른 변칙 현상인 거야.[21]

이런 변칙 현상이 1783년부터 1792년까지 계속 쌓이자 결국 라부아지에는 '선택적 친화성'이라는 개념을 아예 포기해 버려.[22] 라부아지에가 아는 한, 어떤 정해진 조건에서 반응이 일어나는 데는 온도나 농도, 그 밖의 요인이 영향을 미치기 때문에 절대적 친화성을 재는 일은 불가능했어.

그리고 이미 라플라스는 1784년에 머지않아 물리학은 화학적 상호 작용을 지배하는 법칙을 설명하게 될 거라는 말을 했지.[23] 또 설명에 사용하는 개념적 도구는 우주의 역학을 설명하는 도구, 즉 중력이라 했고. 라플라스는 화학적 친화성을 단순히 중력 끌림의 한 형태로 볼 수 있다면, 궁극적으로 화학 결합이 산출하는 모든 물리학적 결과를 설명할 수 있다고 주장했어.[24] 물론 아주 복잡하겠지. 당시 사람들은 모든 원소에 있는 원자가 제각기 크기와 형태가 달라서 서로 화합할 때 필요한, 근접 거리에 있는 중력장에 영향을 미친다고 믿었어. 하지만 원자의 기초적 형태에 대해서는 알려진 게 없었지. 원자는 눈에 보이지 않고 따라서 실제로 불가능하지 않더라도 화학 반응에 중력 이론을 적용하는 일은 꽤나 복잡했으니까.[25]

제니 잠깐 한 가지 짚고 넘어갈 게 있어. 라플라스가 정말로 화학 반응을 분석하는 데 중력 이론의 수학을 쓰려 했다는 거야, 아니면 중력은 그냥 유비인 거야?

헌터 '그냥 유비'라고 말할 때는 좀 더 신중해야 해. 과학자들은 유비를 신뢰하지 않는 경향이 있지만, 제대로 사용하기만 하면 아주 강력한 도구가 되거든. 하지만 맞아. 내가 보기에 라플라스는 정말로 화학에 중력 이론의 수학을 적용하려 했어. 적절한 자료를 확보한다면 말이야.
지금까지 말한 모든 내용은 매우 중요해. 왜냐하면 베르톨레는 1796년에는 친화성을 중력 끌림에 유비하는 것을 탐탁지 않아 했지만, 1799년에는 나트론 호수라는 변칙 현상을 해결하려고 이 이론을 사용하거든.[26] 이게 내가 특히 관심을 두는 또 하나의 주제야. 즉, 지식에 저항하는 행동을 어떻게 봐야 하는가. 베르톨레가 보여 준 행동은 이론을 받아들이는 일이 그 이론을 적용하는 방법을 아느냐에 달려 있다고 말하는 것 같아.

임프 아니면 다른 어떤 방법으로도 문제를 풀기 어려울 때겠지.

헌터 맞아. 그런데 베르톨레가 라부아지에와 라플라스가 제안한 생각을 알았다는 건 확실하거든. 게다가 베르톨레는 1758년에 두 사람과 활발하게 공동 연구를 하기도 했지.[27] 다시 한 번 문제가 연구자를 선택한 것이고, 이는 베르톨레를 특권적 위치에 서게 했어. 오직 프랑스에 있는 화학자 몇 명만 공유하는 어디에도 없는 위치를.

제니 좋아. 그런데 베르톨레는 언제 그런 위치에 서게 된 거야?

헌터 곧바로. 나트론 호수를 조사한 며칠 동안 베르톨레는 머릿속에 떠오르는 수수께끼 조각들을 맞춰 보는 보고서를 썼어. 일반적으로 관찰하는 반응은 소다+염화칼슘은 소금+석회 침전물을 만든다는 거야. 베르톨레는 물이 있는 곳에서 반대의 반응을 관찰했어. 석회+소금이 소다+염화칼슘을 만드는 거지. 어째서? 답을 제시해 보자. 나트론 호수는 석회암으로 형성된 소금 호수야. 다시 말해, 실험실에서는 정확히 반대의 상황이 벌어지지. 실험실에서는 소다와 염화칼슘으로 시작해 소금과 석회를 얻어. 반대로 나트론 호수에서는 소금과 석회석에서 시작해…….

제니 소다와 염화칼슘을 얻지.

헌터 그래. 우리가 고전적으로 생성물(소금과 석회)이라 생각했던 물질이 반응물(소다와 염화칼슘)로 바뀌는 상황이 너무 많은 거야. 선택적 친화성을 보여 주는 교과서적 사례가 평형 상태를 산출하려고 갑자기 무너지지.

베르톨레가 기여한 가장 중요한 통찰은 선택적 친화성이 어떻게 무력화되는지를 설명한 데 있어. 베르톨레는 화학 물질의 '질량'이 생성물이나 반응물로 가는, 반응이 일어나는 쪽에 영향을 미친다고 제안했지. 나머지 통찰은 이보다 중요하지 않아. 마침내 베르톨레는 자신의 발상이 친화성 개념에 혁신을 일으킬지 모른다고 넌지시 말했어.[28]

이제 남은 중요한 질문은 베르톨레가 나트론 호수 반응을 논의하면서 '수량quantity'이나 더 넓은 의미의 '양amount'을 쓰지 않고 왜 '질량mass'이라는 단어를 사용했느냐는 거야.[29]

임프 별 뜻 없지 않았을까?

제니 나폴레옹은 어떤 일의 중요도를 논할 때 이렇게 말하기를 좋아했지. "모든 것은 사소한 일에 달려 있다." 괴혈병을 막으려고 영국 해군 '라이미Limeys'*들이 라임을 먹은 걸 생각해 봐. 아니면 나폴레옹이 군사 원정 동안 통조림을 발명했던 거라든지. 체력은 전투력과 직결되지. 작은 것이 큰 결과를 가져오는 법이야.

---

* 영국 해군이 괴혈병을 막고자 라임을 먹은 것에서 유래한 단어로 영국인을 비하하는 말로도 사용된다.

헌터 베르톨레의 경우 '질량'이라는 단어는 심사숙고해서 사용한 거라고 확신해. 이후에 출간한 책이나 진행한 강연에서 '질량'은 물리학에서 사용하는 '중력 질량'을 가리킨다고 상세히 설명하면서 이 단어를 반복해 사용하거든. 화합 결합은 친화성이라는 끌림뿐만 아니라 화학 물질에 있는 질량으로도 결정된다고 말이야.

베르톨레가 말한 건 정상적 조건에서 반응이 일어날 때 두 개의 경쟁하는 친화성 집합이 있다는 점이었어. 임프의 '똥' 실험에서 한 가지 집합은 물과 우유 사이에, 그리고 물과 레몬주스(산) 사이에 있어. 이 친화성 집합은 물과 레몬주스를 용액으로 유지하지. 다른 친화성 집합은 레몬주스와 우유 사이에 있고 더 강력해. 친화성이 순수하게 선택적이라면 화합할 수 있는 모든 우유와 산은 화합할 거야. 생성물이 물에 대해 약한 친화성을 가진다면 침전물이 생길 거고. 반면에 반응물과 생성물이 가진 양이 반응에 영향을 미친다면 친화성 집합 사이에 평형 상태를 만들 수 있어.

아, 임프가 또 그 짓을 해!

임프 해 봐야 알지! 네가 말한 것의 의미를 다음과 같이 보여 줄 수 있어. '똥'이 가득 찬 컵에서 '똥'은 그대로 둔 채 액체만 전부 쏟아 버리는 거야. 그런 다음에 물(역시 뜨거운 게 좋아)을 더 부어. 그럼 무슨 일이 일어날까? '똥'이 용해되지! 많이는 아니지만 뜨거운 물을 탁하게 만들기에는 충분해. 물을 버리고 다시 물을 넣고, 물을 버리고 다시 물을 넣고 끝없이 반복할 수 있어. 어째서? 많은 양의 물이 침전된 우유에 대해 낮은 친화성이 있어서 우유나 레몬주스 일부가 용액으로 되돌아가게 만들기 때문이지. 우리가 욕조 전체를 뜨거운 물로 가득 채운다면 '똥' 전부를 용액으로 돌릴 수 있을 거야!

제니 그럼 내가 질량 작용을 반란으로 말한 것도 틀린 말은 아니네. 그치? 힘센 사람 소수가 하지 못하는 일도 약한 사람 다수가 모이면 쉽게 해낼 수 있으니까. 프랑스 혁명이 바로 그렇잖아!

헌터 그래, 분명히 적은 양의 물로 할 수 없는 일을 수백만 리터짜리 물로는 별 어려움 없이 할 수 있지. 정확히 이것이 베르톨레가 나트론 호수에서 관찰한 거야. 많은 양의 물은 소다를 형성하기에 충분한 석회를 분해해. 1801년에 베르톨레는 약한 친화성을 만회할 정도로 충분한 질량을 가진 화합물이 있다면 모든 화학 반응은 가역적이라고 주장했어. 그리고 1803년에 실제로 친화성을 중력 끌림과 동일시했지.[30]

임프 라플라스가 했던 말을 단순한 방식으로 다시 풀었군!

헌터 완전히 같지는 않아. 같은 것처럼 보여도 개념을 어떻게 적용했는지 잠깐 생각해 봐. 라플라스와 이전 사람들은 중력 끌림을 개별 원자 사이에 작용하는 힘을 설명하는 유비로 활용했어. 그들은 원자의 형태가 어떻게 가까운 거리에 있는 중력장을 변화시키느냐는 질문에 몰두했지. 이런 생각은 미시적 사례에 해당한다고 볼 수 있어. 그런데 베르톨레는 질량 작용을 들여옴으로써 중력 끌림을 거시적 의미에서 활용한 거야. 베르톨레는 개별 원자 사이에 작용하는 끌림을 말하는 게 아니라, 한 유형의 화합물이 지닌 전체 질량이 다른 화합물에 작용하는 끌림을 말했어. 바로 이것이 화학 물질의 양이 개별적인 약한 친화성을 무력화하는 유일한 방법이야. 따라서 베르톨레는 원자의 모양이나 개별적인 친화성은 신경 쓰지 않았지.

제니 이제 알겠어. 이건 마치 게슈탈트 전환이랑 똑같네! 같은 그림이지만 전혀 다른 두 개의 모양으로 보이는 현상 말이야.

헌터 그래, 토머스 쿤은 그런 정신적 모형으로 과학혁명을 묘사했지.[31]

임프 하지만 뭔가 잘못된 게 있어.

제니 뭐가?

임프 나도 잘 모르겠어. 그냥 내가 심리학적 개념에 동의하지 않아서일 수도 있지만, 뭔가 맞지 않는 것 같아. 내가 아는 게슈탈트 그림, 그러니까 두 얼굴이 보이는 화병 같은 건 베르톨레 사례와 전혀 동일하지 않은 것 같아. 생각해 봐. 화병-얼굴 전환에는 양쪽을 규정하는 똑같은 기준점이 있거든. 하지만 베르톨레 사례는 아니야. 베르톨레에게는 새로운 정보가 있어. 말하자면 그림에다 새로운 요소를 추가한 거야. 그리고 이런 요소는 베르톨레가 지각하는 내용을 바꾸지 않아. 다만 **관점**을 바꿀 뿐이야. 베르톨레는 그림이 지닌 새로운 특징에 주목한 거지.

제니 진부하게 들릴지 모르겠지만, 베르톨레가 단지 나무 하나하나가 아니라 숲을 보는 위치에 섰기 때문에 개별적인 끌림 대신 질량 작용을 본 거라고 말할 수 있지 않을까?

헌터 그렇지. 하지만 많은 사람이 쿤의 주장을 너무 심각하게 받아들여서 새롭고 더 좋은 모형이 나올 때까지 비판에 귀를 기울이지 않으려 해.

임프 좋았어! 해 볼 만한 일이 생겼군!

헌터 그거 잘됐네. 하지만 베르톨레의 발견에는 그 밖에도 '발견하기 프로젝트'에 뜻하는 바가 많아. 예를 들어 발견하기에 필요한 장비가 그리 많지 않다는 것. 베르톨레가 쓴 장비는 상자에 넣고 낙타 등에 얹어 다니기에 충분했어. 물을 분석하는 기술도 아주 단순했지. 즉, 발견하기에 드는 총비용은 무시해도 될 정도라는 거야. 베르톨레에게 정말 필요했던 것은 적절한 변칙 현상, 단순하고 잘 알려진 변칙 현상이었지. 과학에서 일어나는 중요한 혁신에 이런 일은 얼마나 일반적으로 발생할까?

임프 거기에다 제니가 말한 더 일반적인 질문도 있어. 즉, 과학자가 발견을 **하는지**, 아니면 발견에 있는 구조가 과학자를 '선택'하는지 말이야. 선택이 일어나는 기제는 과학자가 더 폭넓게 훈련받으면 받을수록, 중요한 문제를 해결하는 지식을 얻게 될 확률도 더 증가한다는 점을 나타내. 혹은 처음부터 중요한 문제를 인지하는 능력이 있다든가.

헌터 발견에는 흔치 않은 배경지식이나 동료가 하지 못한 경험이 필요할 수 있지. 베르톨레는 염료에도 밝았지만 금속 화학자이기도 했고, 특히 그의 동료들은 대개 프랑스 밖으로 나가 본 적이 없었지.

제니 그럼 같은 논리로 발견이나 발명에 있는 경제적 측면도 중요하다고 말해야지. 프랑스 정부가 경제적 이익을 높이 평가하지 않았다면 베르톨레는 자신의 이론을 생각해 내지 못했을 거야.

헌터 베르톨레가 나폴레옹과 친교를 쌓지 않았다면 나트론 호수에 가 보지도 못했겠지. 그리고 나폴레옹은 혁명이 아니라면 이집트에 갈 일도 없었을 거고. 또 여러 사회적 힘이 없었다면 혁명 역시 일어나지 않았을 거야. 그리고 제도적 측면도 있어. 혁명이 낡은 제도를 모두 뒤집어 버리지 않았다면 고루한 과학 아카데미는 나폴레옹이 프랑스 학사원 회원이 되도록 인정하지 않았겠지. 그리고 나폴레옹이 없었다면 이집트로 가는 예술과 과학 위원회도 없었을 거고.

제니 내 말을 너무 확대하는 것 같은데. 그렇다면 프랑스는 프랑스가 겪어 온 그 모든 역사가 없다면 국가로서 존재하지 않을 거고, 나트론 호수는 지질학적 기원과 역사가 없다면 역시 존재하지 않을 거고, 우주 또한 역사가 없다면 이 모든 게 존재하지 않을 거잖아. 이런 논증은 베르톨레의 발견이 빅뱅 때부터 이미 결정되어 있다는 결론으로 이어져! 역사적 추론에는 설명이 필요한 경계선을 어디에 긋느냐는 문제가 생기지.

임프 흠, 나는 모든 것이 어떤 수준에서는 관련이 있다고 생각해. 문제는 우리가 찾는 대상이 어느 수준에 있느냐는 거지. 좀 더 가 보자. 베르톨레가 정말로 나트론 호수를 볼 필요가 있었을까? 아니면 다른 변칙 현상으로도 같은 결과에 이르렀을까? 베르톨레가 질량 작용을 생각하지 못했더라도 결국에는 어떤 방식으로든 다른 누군가가 생각해 냈을까? 그렇다고 한다면, 어떤 조건에서 가능할까? 그리고 그 조건이 다르다면, 발견을 결정하는 사회 경제적 조건은 무엇일까?

제니 그게 반反사실적으로 역사를 보는 거지. 나폴레옹이 성홍열로 죽었으면 어땠을까? 역사가 달라졌을까? 이런 질문에 어떻게 답할 수 있어?

헌터 과학에서는 늘 이런 일을 해. 다른 매개 변수를 주고 문제에 어떤 변화가 생기는지를 보는 거. 이게 바로 실험이잖아.

제니 역사를 어떻게 실험할 건지 이해가 안 돼. 이미 일어난 일에 무슨 일이 또 일어나는데.

임프 무슨 일이 일어나느냐고? 역사학자 단턴Robert Darnton이나 망드루Robert Mandrou는 이걸 말하고, 당신은 저걸 말할 뿐이야. 같은 자료를 다르게 해석하는 거지. 우리가 가능한 설명이나 재해석을 시도하는 게 실험이라고는 생각 안 해?

제니 알았어. 당신이 옳다고 해. 그런데 말이야, 어째서 그냥 베르톨레가 적절한 시간에 적절한 장소에 있었던 적절한 인물이라고는 말하지 못하는 거야?

임프 나도 몰라. 역사학자는 당신이잖아. 당신은 왜 못하는데?

제니 글쎄. 그건 당신이 설명으로 뭘 의미하느냐에 달렸지. 모든 역사적 사건은 특별하니까.

임프 모든 과학적 사건도 마찬가지야!

제니 말 끊지 마! 그래, 문제는 당신이 사건의 독특한 측면이나 일반적 측면 중 어디에 초점을 맞추느냐가 되겠지. 예컨대 나폴레옹을 보자. 어째서 나폴레옹은 특정 전투에서 승리했을까, 즉 권력을 잡았을까? 당신은 이 사건이 독특하면서 되풀이되지 않는 조건(많은 역사가가 역사를 보는 방식이지)에서 발생한다고 볼 수 있어. 다시 말해 당신은 (나폴레옹 전쟁을 연구한) 패튼George Smith Patton처럼 군사 전략의 관점을 취하거나 (프랑스 혁명에서 러시아 혁명의 전범을 찾으려 한) 레닌Vladimir Il'ich Lenin처럼 정치적 전략의 관점을 취할 수 있지. 패튼과 레닌은 아마 성공한 전투나 성공한 혁명을 특징짓는 유형을 찾았을 거야. 그런 다음에 그들은 자신만의 독특한 역사적 조건을 세우려고 유사한 유형을 재창조하거나 장려할 수 있는 기회를 알아보고 방법을 찾으려 했지. 그런데 당신이 발견을 설명하면서 이와 똑같은 일을 할 수 없다는 선험적 이유는 없어. 당신은 먼저 유형을 찾아야 해. 그다음엔 유형을 통제하는 게 무엇인지 이해해야 하고.

임프 그럼 본질적으로 당신은 역사에 교훈이 있다고 믿느냐, 없다고 믿느냐가 문제라고 말하는 거네. 그건 내가 보기에 당신이 역사에 흥미를 가지는 이유가 무엇이냐에 달려 있는 것 같은데. 역사란 쓸모 없는 인본주의적 소일거리인지, 현재를 비추는 거울인지, 아니면 마키아벨리적인 권모술수를 가르치는 지식이 나오는 곳인지?

제니 파우스트식 거래기도 하지!

헌터 자, 제니의 질문에 대한 내 대답은 이거야. 나는 베르톨레가 적절한 시기에 있었던 적절한 인물이라고 생각하지 않아. 왜냐하면 그건 유용한 가설이 아니거든. 그런 가설은 전혀 도움이 되지 않아. 그건 그냥 베르톨레가 질량 작용을 우연히 생각해 냈다든지, 신이 그렇게 했다는 식으로 말하는 방식과 별다를 게 없어. 과학은 유형, 규칙, 인과적 행위자를 탐색해. 과학은 오직 신 같은 제일 원인이나 비인과적인 설명을 배제할 때만 진보해. 그리고 과학의 역사는 예컨대 지구의 역사(지질학)나 생명의 역사(진화론)보다도 더 많은 분석이 필요해. 뭐 이걸 두고 미쳤다고 말할 수도 있지만, 난 그렇게 믿어. 따라서 나는 베르톨레에 관해서는 특정 종류의 답만 인정할 거야. 제니, 네 말처럼 베르톨레가 연구자로서 겪은 경험과 그가 인식하고 해결하려 한 문제 사이에는 겹치는 부분이 있어. 이건 다른 사례를 조사해서 검증할 수 있는 부분이야.

임프 좋네. 왜냐하면 난 뼛속까지 마키아벨리주의자거든. 난 헌터, 네가 다른 사례도 알고 있을 거라 생각해.

헌터 많지. 나는 1920년에 일어난 모든 물리화학적 발견을 살펴봤어. 하지만 나한테 전적으로 의지하지는 마. 과학사를 잘 아는 건 아니니까. 그냥 취미일 뿐이야.

제니 아마 그게 네가 전혀 새로운 관점을 가진 이유일걸. 넌 대학원에서 세뇌 교육을 받지 않은 거야. 그런데 말이야, 우리끼리 하는 사담에 몇 사람 더 초대하는 게 어때? 다른 관점도 들어 보자.

임프 말이야 쉽지.

제니 그래? 당신 동료들이 시간 낭비라고 말해서 그런 거야? 그래서 그만할 거야?

임프 아니. 그 반대야. 끝까지 할 거야.

헌터 한번 해 보자. 나도 할 만한 사람을 몇 알아.

임프 당연하지!

제니의 수첩 : 과학자와 예술

우리는 '발견하기 프로젝트'에 참여할 사람을 세 명이나 찾았다. 나는 토요일날 주립 미술관에서 아리아나Ariana Parergon와 점심을 먹었다. 그러고 나서 새롭게 지어진 아르망 해머 미술관을 둘러봤다. 인상적이었지만 임프가 다음과 같이 말할 것 같았다. "그걸 짓는 데 쓴 돈의 절반으로 지원할 수 있는 예술가들을 생각해 봐. 그런데도 사람들은 전 세계 미술관 어디에나 걸린 그 밥에 그 나물인 예술가들을 기념하려고 또 다른 성전을 짓는단 말이지. 그러는 사이에 예술의 미래는 어떻게 되겠어, 누가 내일의 대가를 키우겠어?"

그럼에도 아르망 해머 미술관의 개막 전시회, '예술의 정신'은 굉장히 멋졌다.[1] 사람들은 문화적 유행이 예술의 내용에 얼마나 많은 영향을 미치는지 결코 깨닫지 못한다. 과학에서도 마찬가지다. 한 탁자 공예품을 지나쳤을 때, 나는 그 위에 주기율표를 변화무쌍한 환등같이 꾸며 놓은 애니 베전트Annie Besant*의 책 한 쪽이 펼쳐져 있는 걸 보았다.[2] 아니, '표'라는 단어는 적절하지 않았다. 주기율은 8자형으로 선회하며 기묘한 고리를 반복하도록 표현되었다. 그건 내가 대학 화학 시간에 기억하는 모습과 완전히 달랐다! 얼핏 보기에 1920년대 예술가들은 이런 '자연의 형상'에 강한 호기심을 느낀 듯했다.

나는 아리아나에게도 화학이 떠오르도록 그 책이 있는 곳으로 데려갔다. 그러면서 지난주 헌터와 했던 저녁 식사와 우리의 발견하기 프로젝트에 대해 말했다.

"아, 그러면 제니, 네가 봐야 할 게 있어." 아리아나가 나를 갤러리 뒤편

---

* 애니 베전트, 1847~1933. 영국의 작가, 사회 운동가, 페미니즘 운동가다.

으로 데려가 마르셀 뒤샹Marcel Duchamp*의 「회전 부조Rotorelief」 연작을 보여 주었다.[3] 이 작품은 마치 레코드판이 턴테이블에서 돌아가듯 둥근 종이에다 검은색과 하얀색 나선을 그려 놓은 것이었다. "뒤샹은 1935년에 이걸 20개나 만들면서 시각적 착시를 진정한 예술 형식으로 발전시키려 했지." 아리아나가 설명했다. "운동 지각을 연구할 때 이 회전 부조를 이용하는 시각 심리학자도 있어. 이 그림들 중 몇 개는 두 나선이 서로 반대 방향으로 움직이는 듯한 인상을 줘. 마치 이발소에 있는 간판처럼. 하지만 두 나선은 한 방향으로 돌아. 심리학적으로 흥미로운 문제지. 무엇보다도 나는 연구에 쓰는 실험 장치를 만든 게 예술가라는 점이 흥미롭다고 생각해."[4] 고백하자면 나는 예술이 과학에 유용하게 쓰일 거라고 생각해 본 적이 없다. 내가 예술과 과학은 무관하다고 생각했을 때, 헌터는 베르톨레가 태피스트리 도안과 제조를 잘 알았다는 사실이 과학적 문제가 흘러나오는 중요한 원천이라고 말했지만 말이다.

나는 아리아나에게 베르톨레 이야기를 했다. "그래, 맞아." 아리아나가 말했다. "슈브뢸Michel Chevreul이라는 아주 유명한 화학자가 있는데 (내가 기억하기로는 베르톨레의 뒤를 이어 고블랭 국립 태피스트리 제작소의 소장을 역임했을걸), 슈브뢸이 마주친 문제 중에 염색업자나 방직공이 늘 똑같은 색채를 얻을 수 없다고 불평하던 일이 있었어. 파란색이나 노란색이 언제는 밝다가 또 언제는 어두운 거야. 그가 무엇을 했을까? 연구를 시작한 지 오랜 세월이 지나, 슈브뢸은 문제가 염료에 있지 않다는 사실을 발견해. 색을 조절하는 변수는 실에 있는 색이 다음에 어떤 실과 엮이느냐에 있었어. 오렌지색과 파란색처럼 서로 대비되는 색깔은 함께 있을 때 매우 밝게 나타나는 반면, 보라색과 검푸른 색처럼 비슷한 색깔은

---

* 마르셀 뒤샹, 1887~1968. 프랑스의 예술가. 기성품인 소변기를 뒤집어 전시한 작품 「샘」으로 전통적인 미술 개념에 혁명을 일으켰다.

서로가 내는 시각적 효과를 약하게 만들어. 결과적으로 슈브뢸은 보색과 대비색이라는 개념을 발명했고, 이는 다른 색채 이론과도 잘 들어맞았지.[5] 예술과 도안에 끼친 영향이라는 측면에서 슈브뢸의 연구는 헬름홀츠Hermann von Helmholtz,** 루드Ogden N. Rood,*** 오스트발트Wilhelm Ostwald 만큼 중요하고, 지각에 대한 물리학과 생리학을 이해하는 데도 중요해. 어때, 미술관에서 배울 수 있는 것도 굉장하지 않아?" 나는 내가 가르칠 '혁명과 반동' 수업 자료로 쓰려고 이 내용을 마음의 노트에 기록해 놓았다. 학생들이 좋아할 것이다.

그러나 이게 끝이 아니었다. 다음으로 아리아나는 나를 길 건너에 있는 공예 및 민속 예술 박물관으로 데려갔다. 창문에 붙은 포스터에는 '오래된 수수께끼와 새로운 수수께끼: 머리 깨는 것, 인내심 시험기, 눈치 문제'라고 쓰여 있었다. 내가 어리둥절해하자 아리아나는 웃음을 터뜨렸다. "들어가자." 아리아나가 이끌었다. "금방 알게 될 거야."

과연, 전시장을 돌아다니다 보니 이 전시가 여러 과학자나 수학자와 관련 있음을 알았다. 여기 있는 수많은 수수께끼는 폴리오미노Polyomino라는 게임을 발명한 수학자 솔로몬 골롬Solomon W. Golomb이 수집한 것이었다. 또 다른 수학자 윌리엄 해밀턴William Hamilton 경은 새로운 형식의 계산법을 보여 주는 아이코지언Icosian 게임을, 프랑스의 수학자 에두아르 뤼카Edouard Lucas는 하노이 탑The Tower of Hanoi 퍼즐을 발명했다. 이론물리학자 리처드 파인먼Richard Feynman, 이론물리학자이자 수학자 로저 펜로즈Roger Penrose, 이론물리학자 P. A. M. 디랙Paul Adrien Maurice Dirac도 과학과 관련된 수수께끼를 발명했다.[6]

** 헤르만 폰 헬름홀츠, 1821~1894. 독일의 생리학자, 물리학자. 시각 이론과 색체 지각 이론에 기여했으며, 열역학 분야에도 많은 업적을 남겼다.

*** 오그던 루드, 1831~1902. 미국의 물리학자. 색채 이론에 기여했다.

나는 나폴레옹이 바둑돌 게임이나 그와 비슷한 전략 게임을 좋아했다는 일화처럼 내가 개인적으로 좋아하는 가십거리를 우연히 보기도 했다. 나는 생각했다. 사람들이 즐기는 게임은 그의 성격이나 관심사를 반영하는 좋은 수단이지 않을까? 과학자에게도 마찬가지겠지? 결국 헌터가 말한 것은 베르톨레가 게임과 과학 모두에서 도박꾼이라는 점이었다. 확실히 임프도 연구할 때 사물을 거꾸로 뒤집어 보는 일을 좋아하는데, 이건 그의 일상생활에서도 마찬가지다. 그렇게 생각하자 놀라울 정도로 다방면의 지식을 갖춘 아리아나가 눈에 보였다. 나는 아리아나가 자신의 의학 연구를 어떤 형태로 수행하는지 궁금해졌다.

마치 내 마음을 읽은 것처럼 아리아나가 말했다. "이제 알겠지만, 과학적 창조성을 연구한다면 과학자가 노는 방식을 알아야 해. 어떤 사람이 실험실 가운을 입으면 갑자기 그가 객관적이고 진지하게 보여. 하지만 그건 사실이 아니지. 사람은 가운을 입든 벗든 똑같으니까. 도박꾼은 도박꾼, 전략가는 전략가, 장난꾸러기는 장난꾸러기, 노동자는 노동자지. 나는 골롬, 해밀턴, 뤼카가 게임을 발명해서 자신의 수학적 통찰을 예증했다는 사실에 중요하고도 흥미로운 무언가가 있다고 생각해. 그들에게 과학은 게임인 거야. 꼬마들이 진지하게 게임에 몰두하는 건 의미심장한 일이지. 그렇지 않니?"

자기 일로 바쁜 아리아나에게 우리의 토요일 아침 토론에 참여해 달라고 부탁하기는 그리 어렵지 않았다.

다른 두 사람도 온다는 약속을 어제 받았다. 헌터는 과학사를 공부한 재미있는 지인을 데려온다고 했다. 그녀가 자기 연구에 도움을 주었다고 한다. 그리고 임프는 동료 리히터 츠바이펠Richter Zweifel을 초대했다. 나는 좀 별로였다. 리히터는 시끄럽고, 눈치 없고, 오만하고, 때로 공격적이기까지 한 사람이다. 하지만 리히터는 자기가 그런다는 걸 알았고, 임프도 마찬가지 성격이다. "리히터는 반골 과학자의 전형이라니까!" 임프가 말했다. "진심으로 말하지만," 임프가 덧붙였다. "우리는 리히터 같은 회의적인 독일적 정신이 필요해. 그리고 그가 가진 방법론과 과학철학 지식도. 당신은 그런 냉철하고 사악한 성격이 나를 제어할 수 있다고 생각하지 않아?" 그건 맞는 말이다.

그래서 A. A. 밀른Alan Alexander Milne*이 말했듯이 "이제 우리는 어린아이가 되는 거야."

---

* 앨런 밀른, 1882~1956. 영국의 아동 문학 작가. 대표작으로 『곰돌이 푸』가 있다.

첫째 날

문제에 대한 문제

캐러더스가 코넬대학에 다니는 대학원생이었을 때 아주 흥분되는 일이 시작되었다. 그는 양자장 이론을 연구했는데, 이 주제는 단순하고 우아한 방정식이 아니라 독단으로 가득해 보여 그를 무척 힘들게 했다. 캐러더스는 "저는 악몽 때문에 늘 생기 없이 일어났어요"라고 회상했다. "수업에 들어가면 학생들은 교탁에서 내려오는 주술 같은 소리에 규칙적으로 고개를 끄덕거려요. 그리고 저는 앉아서 생각하죠. '쟤들은 다 아는데 나만 몰라.' 저는 그들이 저보다 더 똑똑하다고 생각했어요." 혼란스러움에 그는 수업을 중단하고 코넬대학으로 부임한 노벨상 수상자 리처드 파인먼이 가르치는 입자물리학으로 도피했다. "파인먼은 장이론의 터무니없는 문제들을 완벽하게 조롱했어요. 저는 생각했죠. '이럴 수가, 어쩌면 내가 옳을지도 몰라. 내가 문제를 이해하지 못한 이유가 있었던 거야.' 그 경험은 내가 도약하는 전환점이 되었죠."

– 윌리엄 브로드(William J. Broad, 과학 저널리스트)가 피터 캐러더스(Peter Carruthers, 이론물리학자 · 바이올린 연주자)와 진행한 인터뷰(1984)

카미유 조르당은 앙리 푸앵카레가 했던 연구에 대해 다음과 같이 썼다. "이 연구를 찬미할 말을 다 못 찾겠다. 그리하여 야코비가 아벨에게 했던 말이 생각나지 않을 수 없다. 그는 감히 누구도 꺼내지 못했던 문제들을 해결했노라고."

– 르네 타통(René Taton, 과학사학자, 1957)

임프의 일기 : 문제 발견하기

발견하는 과정이란 무엇일까? 어떻게 발견에 도달할 수 있을까? 어디서부터 시작해야 할까?

이런 질문은 지워 버리자. 너무 일반적이고 너무 이론적이다. 이런 질문으로 연구를 시작해서는 어디에도 갈 수 없다. 내가 이해하는 것에서부터 시작하자. 즉, 내가 하는 과학 말이다. 내 연구는 어디서 시작했나?

문제. 언제나 문제가 있다. 이해 가지 않는 현상. 수수께끼. 변칙 현상. 불일치가. 아미노산 짝짓기amino acid pairing*처럼. **문제**는 경험에서 나온다!

생명과학을 전공하는 학생들에게 란트슈타이너Karl Landsteiner**가 했던

---

* 이 책의 저자 로버트 루트번스타인이 1982년에 발표한 연구로 단백질에서 단백질로 정보가 이동할 가능성을 제시한다. 쉽게 말해 DNA에서 상보적인 염기가 쌍을 이루는 방식과 유사하게 단백질에서는 상보적인 아미노산이 쌍을 이룬다는 것이다.

** 카를 란트슈타이너, 1868~1943. 오스트리아 출신의 미국 병리학자. ABO 혈액형과 MN형, Rh 인자 등을 발견해 혈액학에 공헌했다.

고전적인 ABO 혈액형 연구에 대해 다음과 같은 입문 강의를 했다. 란트슈타이너는 단백질을 분석해 모든 개인이 독특하다는 점을 입증하려고 했다. 이는 오늘날 우리가 하는 조직 적합성* 검사와 다르지 않다. 그런데 당시는 핵산이 아니라 단백질이 유전 원리를 설명하는 요인이라 생각했다. 혈액은 수많은 개인에게서 쉽게 얻을 수 있는 데다, 단백질도 매우 높은 비율로 포함되어 단백질을 분석하기에 편리한 물질이다.

연구는 간단하다. 사람의 혈액을 동물에 주입한다. 동물은 그 혈액에 있는 단백질에 특이한 항체를 만든다. 다음번에 동물에게 똑같은 혈액을 주입한다. 그럼 항체는 즉각 혈액이 응고되어 한데 뭉치도록 한다. 그러나 혈액이 다른 유형이라면 응고는 일어나지 않는다. 언뜻 보기에 란트슈타이너는 각각의 사람이 가진 혈액은 독특한 면역 반응을 만든다는 점을 보여 주려 했다.

하지만 놀라지 마라! 혈액 단백질은 개인마다 독특하지 않다. 오히려 몇 가지 주요 집단으로 나뉜다. 즉, A형과 B형, O형, M과 N형, Rh형 등등. (흥미로운 건 베르톨레도 왜 질량 작용이 일어나는지는 설명하려 하지 않았다. 이것이 전형적인 건가?) O형인 사람에게 A형이나 B형을 주입하면, 그가 가진 항체는 주입한 혈액을 이물질로 인식해서 덩어리를 만들고, 그리하여 심장 마비나 뇌졸중, 출혈을 일으킨다. 그러나 O형인 사람에게 O형을 주입하면 면역 반응이 일어나지 않는다. 같은 유형의 혈액은 서로를 '자기 자신'으로 인식한다. 사실 O형은 어떤 형에 주입해도 반응을 일으키지 않는다. 따라서 O형을 가진 사람은 '만능 공혈자'다. A형이 A형에게, B형이 B형에게 주입하는 것도 안전하다. 그러나 B형인 사람에게 A형을 주입하면 위험하고 그 반대도 마찬가지다. 이 모든 현상은

* 공여자의 백혈구 항원이 수여자와 맞는지를 확인하는 일.

나중에 특정 혈액 단백질에 붙는 특별한 화학 물질 집단 때문임이 밝혀졌다. O형은 곁사슬**이 없고, A형과 B형은 서로 다른 곁사슬을 가진다. 면역 체계는 이런 곁사슬이 있는지를 알아낼 수 있고, 또 몸에 있는 곁사슬과 동일한지 아닌지도 알 수 있다. 시험관 실험은 수혈이 가능한 혈액형을 가리는 데 사용되었다. 여기까지 잘 따라왔는가?

그런데 충격적인 일이 있었다. 필리스Phyllis가 손을 든 것이다. 아, 필리스는 내 학생 중 제일 똑똑한데. 날카롭고, 재치 있고, 창의적인 학생인데. 필리스가 모르면 아무도 모른다.

"이건 바보 같은 질문일지도 모르겠는데요." 필리스가 말했다. "분자생물학의 중심 원리central dogma에 따르면 (나는 여기만 듣고도 어안이 벙벙했다. 중심 원리가 면역학과 어떤 관계가 있을 거라고는 생각해 본 적이 없기 때문이다) 어떻게 단백질에 면역학적으로 반응할 수 있죠?" 나는 무슨 말인지 이해가 안 됐다. "좋아요. 이렇게 말하면 어떨까요." 필리스가 말했다. "선생님께선 정보가 DNA에서 RNA로, 그리고 단백질로 이동(단백질 번역의 경우)하는 현상, 그리고 때로 RNA에서 DNA로(바이러스 복제의 경우) 이동하는 현상이 중심 원리라고 말씀하셨죠. 중심 원리에 따르면 정보는 단백질에서 단백질로, 단백질에서 RNA로 또는 DNA로 절대 가지 않죠. 맞죠?" "그렇습니다." 내가 말했다. 크릭Francis Crick***은 중심 원리를 일단 정보가 단백질로 가면 다시는 뒤로 갈 수 없다는 말로 요약했다. "좋아요." 필리스가 말했다. "그러면 어떻게 이질적인 단백질이 그 단백질에 (역시나 단백질인) 특이적 항체를 만들도록 면역 체계를 자극하는 거죠? 이건 단백질에서 단백질로 가는 정보 이동이나 단백질에서

** 사슬 모양을 이루는 화학 구조에서 주사슬에 붙는 곁가지 사슬.

*** 프랜시스 크릭, 1916~2004. 영국의 생물학자. 제임스 왓슨과 함께 DNA의 이중나선 구조를 밝혀 1962년에 노벨 생리의학상을 받았다.

DNA로 가는 정보 이동이 있다는 점을 암시하는 게 아닌가요? 그러니까 제 말은요, 한 단백질이 다른 특이적 단백질을 만들게 하는 건 아닌지, 그리하여 단백질은 면역 세포에 자신의 정보를 보내고 면역 세포는 그 정보를 이용해 (단백질이 외부에서 온 거라면) 항체라는 단백질을 생산하거나 (단백질이 '자기 자신'이라면) 하지 않는 게 아닌가요? 한데 '자기 자신'은 유전자, 즉 DNA를 통해 결정되는 것 아닌가요? 따라서 어떻게 단백질 배열을 DNA 배열과 비교할 수 있나요?"

나는 안심했다. 필리스는 수업을 이해했다. "좋은 질문입니다." 내가 말했다. 그러고서는 할 말이 없었다. 필리스는 매우 잘 이해했다. 필리스는 분명히 지령론자처럼 사고했지만, 클론 다양성과 인지라는 수준에서 일어나는 정보 이동 논의는 클론 선택론*에서도 까다로운 문제다. [면역학에서 지령론은 항원이 항체를 만드는 주형처럼 작용한다고 가정한다. 클론 선택론은 이런 가정을 뒤집었다. 클론 선택론은 가능한 모든 항체가 태어난 직후 생성되며 항원은 적합한 항체를 생산하는 세포를 '선택'하거나 활성화시킨다고 가정한다.] 나는 필리스에게 어떻게 대답해야 할지 몰랐다. 필리스가 말한 논리는 논박할 수 없는 것이었다. 필리스가 잘못된 가정에 바탕을 두었을 수도 있다. 그러나 어떤 가정? 정보에 대한 정의? 중심 원리 자체에 대한 정의? 면역학에 대한 오해? 뭐라 말할 수 있을까? 하지만 나는 생각했다. 이건 **굉장**하군! 아주 **근본적**이야! 필리스의 질문은 비록 잘못된 것일지라도 중요했다. 왜냐하면 어딘가에 분명하지 않은 개념이 있어 혼동이 발생했기 때문이다. 이건 모두 학생들에게 세상에 멍청한 질문이란 건 없다고 가르쳐 온 결과다. 고마워, 필리스!

---

* 호주의 면역학자 맥팔레인 버넷이 세운 이론. 몸에 이미 특정 항원에 반응해 항체를 생산하는 세포군(림프구)이 있어, 항원이 세포를 자극하면 세포는 항체를 생산하는 자신의 클론을 증식해 면역 반응을 수행한다고 설명한다.

이것이 아미노산 짝짓기 연구의 시작이었다. '멍청한' 질문은 사실 멍청하지 않다고 밝혀졌다. 크릭은 '정보'가 무엇인지 정의하지 않았다. 그래서 중심 원리를 적용하는 방식을 제약하는 조건은 불명확하다.[1] 몸이 어떻게 '자기'와 '비자기'를 구별하는지도 미해결 문제다. '클론 선택론'에는 아직도 큰 구멍이 있다. 예를 들어 어떻게 최초 클론이 발생하는지, 무엇이 최초 클론을 촉발하는지, 그게 어떻게 가능한지? 많은 가설은 그저 희망 사항 외에는 어떤 사실에도 바탕을 두고 있지 않다. 따라서 면역 체계를 통해 '자기'와 '비자기'에 관한 정보가 어떻게 암호화되고 처리**될까**? 처리 과정은 중심 원리에 따를까? 누구도 알지 못한다. 나조차도. 나는 10년 동안 이 문제를 설명하려고 노력했다. 그리고 베르톨레와 란트슈타이너처럼 그 과정에서 다른 문제까지도 해결하려고 했다.

그렇지만 '문제 발생'이라는 문제로 돌아가자. 페르미Enrico Fermi**가 신입생들에게 물리학 입문을 가르쳐야만 재직할 수 있는 시카고대학교 대학원 교수직에 응한 데는 어떤 이유가 있지 않을까? 그런 일에서 무언가를 얻을 수 있기에 승낙한 건 아닐까? 파인먼은 연구에 관한 착상을 얻는 데 학생들의 질문이 비옥한 원천이라고 쓰지 않았나(찾아보자)? 신경생물학자 조지 월드George Wald와 생리학자 월터 B. 캐넌Walter Bradford Cannon도 비슷한 말을 했다.[2] 실 한 가닥이 아니라 과학이라는 직물의 기본 구조에 주의를 기울이게 하는 무언가가 있다. 때론 아주 작은 사안이 전체 유형이 서로 잘 들어맞지 않는다는 사실을 가린다. 그런 구멍을 보지 못할 정도로 미숙한 사람을 위해 전체를 짜 나갈 때 그 조그마한 문제를 볼 수 있다.

** 엔리코 페르미, 1901~1954, 이탈리아 출신의 미국 물리학자. 양자론, 핵물리학, 통계역학 등에 기여했으며, 유도 방사능 연구 및 초우라늄 원소 발견으로 1938년에 노벨 물리학상을 받았다.

여기서 얻을 수 있는 교훈은 무엇인가. 기초를 생각하라? 자기 분야에 있는 모든 이론이 다른 모든 이론과 얼마나 잘 맞는지 따져 보라? 이를 누구나 알 수 있게 잘 가르쳐라? 이 모든 질문을 하나로 묶어 보자. 과학에서 일어난 가장 중요한 진보는 입문자도 이해할 수 있는 수준에서 일어난다. 이것이 교과서 도입부에 가장 중요한 통찰이 담겨 있는 이유, 실험을 배울 때 고전적인 실험부터 하는 이유다. 그러므로 나에게 맞는 새로운 규칙을 만들자. 대학 신입생에게 설명할 수 없는 문제는 연구하지 않는다. 내 연구를 기초에 중점을 두어 해 나가지 않으면 미래는 없다!

대화록: 과학은 어떻게 성장하는가?

임프 리히터 왔구나! 안 오는 것보다 늦는 게 낫지.

리히터 참석해야 할 회의가 있어서…….

임프 자, 이제 시작하자. 모두들 헌터한테 지난번 저녁 식사 때 있었던 대화록 받았겠지? 그럼 모두들 대화를 녹음하는 데 찬성하는 걸로 알겠어. 좋아. 먼저 발견하기를 논하는 토론회에 참여해 줘서 고마워. 우리는 여기서 생리학자 월터 B. 캐넌이 딱 맞게 말한 '집단의 창조성'[1]을 실천하려고 모인 거야. 캐넌은 말했지. 우리가 해야 할 건 사람들을 모으는 일뿐이라고. 그러면 새로운 무언가가 나타난다고. 우리는 서로의 정신을 풍요롭게 하는 거야!
우선 소개부터 할게. 내 아내, 이름은 프랑스 식으로 주느비에브지만, 프랑스어 실력은 그저 그런 제니는 알고들 있지? 늘 그렇듯, 제니는 나와 함께 이 지적 모험을 하는 중이야.

아리아나 임프, 너도 제니의 지적 모험에 동참한 적 있니?

임프 허! 나한테 프랑스 혁명기의 대중문화, 아니면 나폴레옹, 아니면 디드로Denis Diderot에 대해 물어보라고.

제니 그건 사실이야. 임프가 좋아하는 주제를 토론하는 것보다 내 연구에서 그를 쫓아내는 게 더 힘들거든. 우리가 격론을 벌이는 주제는 역사에 과학적 방법론을 얼마나 적용할 수 있을까야. 그리고 이게 내가 여기 있는 이유지. 나는 임프를 제외한 사람들이 과학자가 하는 연구를 어떻게 생각하는지 알고 싶어. 내가 받은 첫 인상은 비非과학자인 대부분의 우리는 과학적 과정이 어떤지 잘 모른다는 거야.

임프 과학자 탓도 있지. 소개 계속할게.

제니 오른편에 있는 친구는 아리아나 파레르곤이라고 해. 아리아나는 탁월하고 열정 넘치는 과학적 인본주의자야. 게다가 미술가, 사진작가, 아마추어 첼리스트(의사들이 모인 교향악단에서 연주해), 내분비학자기까지 해. 요컨대 '르네상스 여성'의 현대적 화신이라 할 수 있지. 아리아나는 오랜 친구일 뿐만 아니라 창의성에 깊은 흥미를 갖고 있기 때문에 나중에 혼나지 않으려면 반드시 초대해야 할 사람이야. 그리고 나는 발견을 창조적 행위로서 논의하고 싶거든. 게다가 우리는 토론회에 약간의 조화(아리아나의 아름다움을!)가 필요했어.

아리아나 늘 그랬지만, 정말 임프 넌 구제 불능이야. 하지만 맞아. 난 예술이든 과학이든 어디에서 표현되건 창의성은 창의성이라고 생각하기 때문에 여기 왔어. 하나를 이해하면 다른 하나를 이해할 수 있지. 나는 심지어 예술이 과학을 이해하는 생각도구를 제공한다고 봐.

임프 좋아! 이 토론회가 끝나기 전에 그 가설도 검증해 보자.

아리아나 옆에 앉은 사람은 리히터 츠바이펠이라고 해. 리히터의 비관적인 눈빛을 보면 알겠지만, 그는 우리 토론에서 전문적인 회의주의자 역할을 할 거야. 리히터는 이미 순수 예술과 과학에 어떤 관계가 있는지 의문을 품고 연구를 한 끝에 아무 관계도 없다고 결론 내렸어. 하지만 걱정하지 마. 리히터가 가진 회의주의가 우리에게 그렇게 가치 있는 건 아닐 테니까. 리히터는 정신을 향유하는 사람, 조금이라도 이상한 맛이 나면 마음의 미뢰가 움찔대 평범하고 진부한 맛을 혐오하는 지적 미식가, 겉만 그럴듯한 논증에는 몸서리치는 사람이지. 누구든 리히터 옆을 지나가면 '조각조각' 날지 몰라!

리히터 그만, 그만. 임프가 날 오해하는군. 난 회의주의자가 아니야. 다만 자기만족에 빠진 상대를 깨우치려고 일부러 악역을 맡는 거야. 나는 스스로 납득이 될 때까지 어떤 주장도 받아들이지 않을 뿐이야. 물론 나를 납득시키기는 무척 어렵지만.

하지만 임프가 하나는 제대로 말했어. 나는 예술과 과학을 비교하는 방식을 좋아하지 않아. 쿤도, 포퍼Karl Popper*도, 미술사학자 곰브리치Ernst Gombrich의 책도 읽어 봤는데[2] 그들은 두 분야 사이에 어떤 유의한 유사성도 없다고 하더군. 나도 그렇게 생각해.

아리아나 그런데 제이콥 브로노우스키 같은 훌륭한 과학자나 MIT에 있는 금속공학자이자 과학사학자 시릴 스탠리 스미스Cyril Stanley Smith, 의사이자 연극 연출가 조너선 밀러Jonathan Miller까지도 둘 사이에는 유사성이 있다고 하던데.[3]

헌터 화학자 로알드 호프만Roald Hoffmann, 물리학자 빅토어 바이스코

---

* 칼 포퍼, 1902~1994. 오스트리아 출신의 영국 과학철학자. 과학 이론은 귀납적으로 증명 불가능하며 오로지 가설을 제기하고 이를 반증함으로써 진보한다는 '반증주의'를 제창했다.

프, 천체물리학자 수브라마니안 찬드라세카르 같은 노벨상 수상자도 역시 있다고 말했지.[4]

임프 알겠지만, 우리가 조심해야 할 최후의 요건은 의견이 만장일치로 통일되는 거야! 리히터에 대해 좀 더 소개하자면, 그는 생의학 분야, 특히 생의학의 이론적 측면을 연구 중이고 또 과학철학에도 발을 조금 담갔어.

리히터 옆에 앉은 사람은 화학자 헌터 스미스슨이라고 해. 헌터는 싱크대에서 고약한 화학 물질을 다루는 데 지쳐서 왜 어떤 사람은 발견을 하고 어떤 사람은 그러지 못하는지를 이해하고 싶대. 그래서 헌터는 화학 연구와 수업도 하면서 물리화학이 어떻게 하나의 분과 학문으로 고안되었는지를 다루는 책을 쓰고 있어. 누가 그렇게 했고, 또 어떻게, 왜 그런 일을 했지, 헌터?

헌터 거의 다 썼어. 조금만 기다려 줘. 그건 그렇고 네가 잘 알아야 할 게 있는데, 물리화학자들은 "싱크대에서 고약한 화학 물질"을 만들지 않아. 우리는 화학 물질을 통계로 바꾸는 일을 해. 더 흥미로운 변화이자 훨씬 깔끔하지!

임프 미안. 헌터 옆에 앉은 마지막 손님은 콘스탄스 딜레이니Constance Delaney라고 해. 헌터에게 콘스탄스를 소개하는 영광을 주지.

헌터 콘스탄스의 직업은 특허 전문 변호사고, 과학사학자로서도 훈련받았어. 우리는 내가 실험실에서 쓰는 장치 몇 개를 개발해 이것들에 특허를 낼 수 있는지 알아볼 때 처음 만났어. 어느 날 내가 콘스탄스한테 뭘 전공했느냐고 물었지. 콘스탄스가 법뿐만 아니라 화학에도 조예가 있어 보였거든. 콘스탄스는 대학에서 화학을 전공하고 과학사로 박사 학위를 받은 뒤 일자리를 찾았는데, 갈 데가 없었다고 하더군. 그래서 재능과 지식을 살리려고 다시 특허법을 공부했다는 거야. 나한테는 좋은 일이지. 콘스탄스는 정보가 넘치는 금광이거든. 특허와 화학사 양쪽에서. 하지만 난 콘스탄스가 자신을 위해 대학에서 일자리를 찾을 거라 믿어. 그렇지, 콘스탄스?

콘스탄스 뭐, 네가 믿는 대로 되면 좋겠지. 나는 늘 과학을 좋아했어. 사실 나는 재미로 과학 전기를 읽는 꼬마였지. 지금도 그렇고. 내가 가져온 연구 노트 박스만 봐도 알 거야. 어쨌든 나도 과학이 어떻게 진보하는지에 관심 있어. 그래서 대학원에 간 거고. 나머지는 뭐, 말 안 해도 알겠지.

나는 하나만 지적하고 싶어. 모두 이미 알고 있는지도 모르겠지만, 과학에 대한 과학이라는 개념은 새로운 게 아냐. 내 말은, 헌터나 임프를 공격하는 게 아니라 '과학에 대한 과학'이라는 용어는 사회학자 스타니스와프 오소프스키Stanislaw Ossowski와 마리아 오소프스카Maria Ossowska가 1935년에 발표한 논문에서 유래했다는 거지.[5] 전통적으로 폴란드는 이 주제를 활발히 연구했어. 또 물리학자이자 과학사학자 데릭 드 솔라 프라이스Derek de Solla Price가 쓴 『작은 과학, 거대과학*Little Science, Big Science*』 같은 책이나 J. D. 버널이 한 많은 연구도 빼먹으면 안 되지. 심지어 '과학에 대한 과학'만을 연구하는 『미네르바*Minerva*』라는 잡지도 있는걸.

임프 그래. 하지만 그런 작업들은 과학자의 마음속에서 무슨 일이 벌어지는지는 고사하고 과학자가 실험실에서 실제로 무엇을 하느냐도 많이 다루지 않아.

헌터 과학자를 어떻게 훈련시키는가도 마찬가지지. 나는 말이야, 좋은 연구를 하는 것뿐만 아니라 좋은 연구를 하도록 가르치는 것도 내 일이라고 생각해. 좋은 과학과 나쁜 과학을 가르는 지식도 없이 내가 이런 일을 어떻게 할 수 있을까?

리히터 그럴 필요 없어. 위대한 과학자는 태어나는 거지 만들어지는 게 아니니까.[6] 필요한 건 평범한 사람을 솎아 내는 거지.

아리아나 아인슈타인도 평범하다고 솎아지고 말았을걸.

리히터 아인슈타인에 관한 일화는 신화일 뿐이야!

헌터 글쎄, 반트 호프Jacobus Henricus van't Hof, 오스트발트, 아레니우스Svante Arrhenius도 거의 솎아진 것과 마찬가지였지만 후에 노벨상을 받았으니 꼭 신화라 할 수는 없지 않나. 천재는 태어난다는 말이 옳다면 여전히 우리가 그런 사람을 어떻게 인식할 수 있느냐는 문제가 생길 게 확실해. 하지만 나는 네 말이 옳다고는 생각하지 않아. 그저 우리는 무엇을, 어떻게 가르쳐야 하는지 알 수 없는 것에 불과하니까!

임프 게다가 리히터, 과학자가 태어난다면 과학적 천재를 위한 유전자가 존재한다는 말이나 똑같아. 증거 있어?

리히터 네가 수업하는 교실에 들어오는 사람을 봐. 그들 중에 있을 거야. 게다가 생물학자 E. O. 윌슨Edward Osborne Wilson은 이타주의를 위한 유전자를 가정했는데, 과학적 천재를 위한 유전자라고 가정하지 못할 게 뭐야.

콘스탄스 사실 증거가 있긴 해. 예컨대 사회학자 주커먼Harriet Zuckerman은 노벨상 수상자만 따로 연구한 적이 있었지.[7] 위대한 생리학자 크리스티안 보어Christian Bohr의 아들은 닐스 보어Niels Bohr(1922년 노벨 물리학상 수상)고, 닐스 보어의 아들은 아게 보어Aage Bohr(1975년 노벨 물리학상 수상)야. 브래그Bragg가家, 퀴리Curie가, 다윈가, 허셜Herschel가, 베크렐Becquerel가 역시 훌륭한 과학자를 배출했고. 베크렐가는 4세대, 그러니까 앙투안Antoine Becquerel, 에드몽Edmond Becquerel, 1903년에 노벨상을 받은 앙리Henri Becquerel, 장Jean Becquerel이 모두 물리학자야. 또 J. S. 홀데인Jone Scott Haldane과

아들 J. B. S. 홀데인John Burdon Sanderson Haldane, 딸 나오미Naomi Mitchison의 가족인 미치슨가가 생물학과 생리학에 걸출한 기여를 한 걸 생각해 봐! 과학 천재를 위한 유전자가 **있을지도** 몰라.

임프 대단하군그래! 과학을 발전시키려면 우생학이 필요하겠어. 위대한 과학자 가족만 상호 교배하도록 말이야!

헌터 농담으로 하는 말이겠지.

임프 내가?

헌터 콘스탄스가 한 말의 요점은 유전자 전달과 지식 전달, 또는 사고 및 행동 습관의 전달을 서로 구별할 수 있느냐야.

리히터 발암성 음식을 지나치게 많이 먹어서가 아니라 대대로 전해 내려온 암 유발 유전자가 작동하는지 어떻게 알 수 있냐는 거지? 그야 서로 연관지어 보고, 추측하고, 시험해야지.

헌터 그러면 장인-도제 관계에서 이뤄지는 훈련도 가능한 전달 기제의 하나로 중요하게 고려해야지. 뛰어난 과학자 집단에는 혈연 관계로 묶이지 않는 무리가 있고, 또 그런 무리에서 유전적 기초가 무작위적이라고 볼 수도 없잖아.[8] 맞지, 콘스탄스? 네가 19세기 후반에 위대한 물리학자와 화학자를 반이나 길러 낸 유스투스 리비히Justus Liebig*와 윌리엄 톰슨William Thomson**의 실험실 얘기를 해 줬지. 그리고 나 역시 연구하면서 1890~1920년에 활동했던 위대한 물리화학자는 전부 라이프치히에 있는 노벨상 수상자 빌헬름 오스트발트의 실험실과 관계있다는 사실을 알았지.

---

* 유스투스 리비히, 1803~1873. 독일의 화학자. 유기화학에 많은 업적을 남겼고, 기센대학의 교수로 재직하며 실험 위주의 교육을 실시해 과학 교육에 혁신을 일으켰다.

** 윌리엄 톰슨, 1824~1907. 영국의 물리학자. 전기학, 열역학에 기여했으며 그의 작위 이름을 따서 지은 절대온도 켈빈으로 유명하다.

그 위대한 과학자들이 미국, 잉글랜드, 일본에서 연구했더라도 말이야!

리히터 톰슨, 리비히, 오스트발트를 만든 건 탁월한 재능이지.

헌터 하지만 자신이 받은 훈련 덕분에 꽃피운 과학자만 모은 '가계도'를 그릴 수 있는걸. 노벨상 수상자 폰 베이어Johann Friedrich Wilhelm Adolf von Baeyer***는 네 명의 노벨상 수상자에게 훈련받았고, 이 네 명은 또 다른 여섯 명에게 훈련받았고 등등 계속 이어져 열 일곱 명까지 올라가. 그래서 나는 핸스 크레브스Hans Krebs****를 따라 기본 지능이 있다면 과학자는 태어난다기보다 그들에게 연구를 가르쳐 준 사람을 통해 만들어진다고 믿어.[9] 이런 생각이 맞는다면 문제는 그저 훌륭한 사람을 선택하는 것만이 아니라 얼마나 적절히 훈련시킬 수 있느냐야.

임프 나도 동의해. 나는 우리에게 과학사학자 스티븐 데디에Steven Dedijer가 '실천적 지식의 총합'이라 부른 게 필요하다고 봐. 여기에 그가 했던 말을 인용해 볼게. 그게 바로 내가 우리 토론회에서 얻고 싶은 것이거든.

우리는 무엇을 아는가? 14세대의 과학자가 훈련받았다. 그 모든 과학자에게는 스승이 있다. 스승에게는 실천적 지식이 있다. 그러나 그 실천적 지식의 요점을 아는 사람은 얼마 없다. 나는 아홉 명의 노벨상 수상자, 서른 두 명의 왕립 학회 회원, 여든 세 명의

*** 아돌프 폰 베이어, 1835~1917. 독일의 화학자. 천연 염료 인디고를 합성한 공로로 1905년에 노벨 화학상을 받았다. 분젠(Robert Bunsen, 1811~1899), 케쿨레(Friedrich August Kekulé, 1829~1896) 등 뛰어난 화학자에게 지도받았다.

**** 핸스 크레브스, 1900~1981. 독일 출신의 영국 의사, 생화학자. 세포 호흡과 에너지 생산을 연구해 1953년에 노벨 생리의학상을 받았다.

물리학 교수를 길러낸 J. J. 톰슨Joseph John Thomson*의 사례를 곧 잘 인용한다. (…) 하지만 그 사례를 들여다보았자(톰슨이 보유한 경험 법칙rule of thumb은 무엇인가? 그는 어떻게 가르쳤는가?) 실천적으로 유용한 것은 아무것도 발견하지 못한다.[10]

바로 이게 내가 찾는 거야. 위대한 과학자들이 가진 모든 경험 법칙, 암묵적 지식은 한 번도 기록된 적 없이 전달되었어.

리히터 그런 게 있고, 또 **알 수** 있다고 가정해야지.

아리아나 그런데 그런 측면에서 과학과 예술에 다른 점이 있을까? 예술도 직접 경험, 즉 도제 학습을 통해서만 배울 수 있어. 과학적 지식은 명시적이고 공공연하게 접근 가능한 것 같지만, 헌터가 말한 크레브스는 과학을 **수행**하는 일이 여전히 예술과 같다는 점을 보여 줘. 과학에도 여전히 도제 학습이 필요한 거야.

임프 글쎄, 나는 과학이라는 행위가 왜 예술이어야 하는지 모르겠어. 또 왜 오직 소수의 사람만이 위대한 연구자가 다른 연구자로부터 배운 경험 법칙에 접근할 수 있었는지도 모르겠고. 나는 우리가 이 나라의 과학 연구를 발전시키고자 한다면 과학이라는 체계에 쏟아부을 돈이나 장비가 아니라, 탁월한 사람들이 가진 축적된 경험이 필요하다고 생각해. 더 나은 과학을 원해? 모든 사람을 J.J. 톰슨, 러더퍼드 경Ernest Rutherford,** 아돌프 폰 베이어 같은 사

---

* 조지프 톰슨, 1856~1940. 영국의 물리학자. 전자의 발견과 기체의 전기 전도성 연구로 1906년에 노벨 물리학상을 받았다. 케임브리지대학 내 물리학 연구소인 캐번디시 연구소 소장으로 재직하여 많은 학생을 길렀다.

** 어니스트 러더퍼드, 1871~1937. 뉴질랜드 출신의 영국 핵물리학자. 방사선과 원자 구조 연구로 1908년에 노벨 화학상을 받았다.

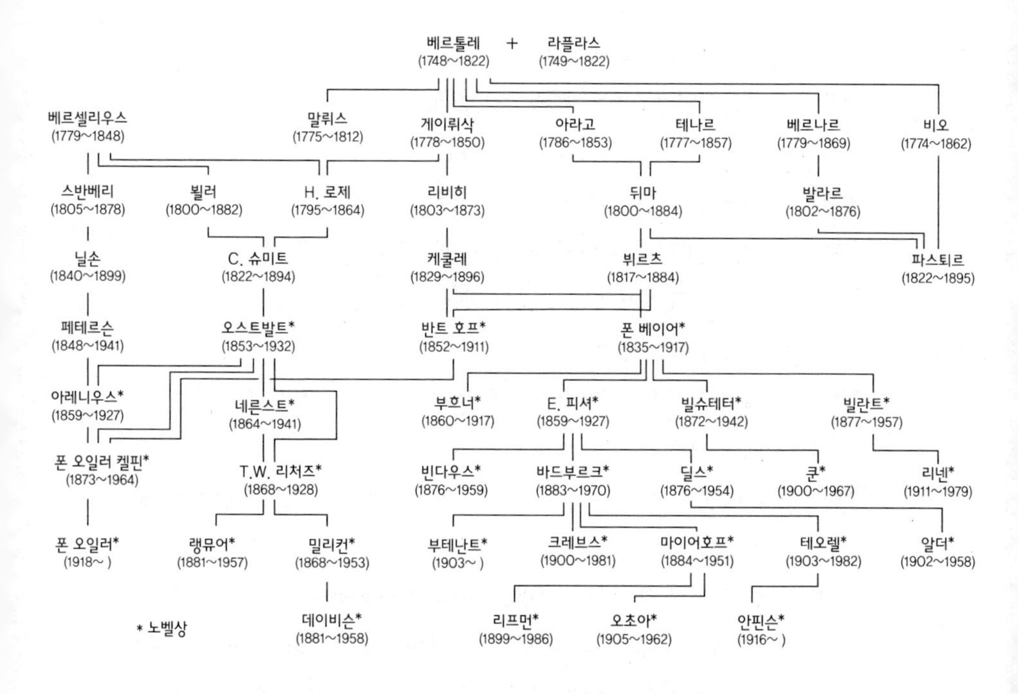

헌터가 위대한 물리화학자와 생화학자의 도제 교육 계통을 정리한 도표

람과 함께 훈련시켜. 그럴 수 없다면 이들이 어떻게 과학하고 어떻게 과학을 가르쳤는지라도 알아야 해!

이런 식으로 생각해 보자. 우리가 과학자는 태어날 뿐 만들어지지 않는다는 리히터의 관점을 선택한다면—

리히터 나만의 관점은 아니야.[11]

임프 누가 말했든 상관없어. 이 관점의 요점은 유전 모형에 있고, 잠재적으로 위대한 연구자가 될 사람은 매우 작은 집단일 거야. 재능은 인구 크기에 비례할 거고.[12] 대부분의 선진국처럼 인구가 더 이상 증가하지 않으면 천재라는 자원도 증가하지 않겠지. 사실 우리가 훈련시키는 과학자 수가 늘거나 과학과 관련한 일자리를 만든다는 건, 능력 없는(아니면 능력이 신통치 않거나) 과학자도 많아진다는 말과 같아!

아리아나 이를테면 뛰어난 능력을 바탕으로 한 계층 구조에서 위쪽이 아니라 아래쪽이 늘어난다는 거겠지.

임프 그게 지난 50여 년 동안 우리가 겪은 일이야.

헌터 맞아. 그렇지만 과학자가 교육 가능한 존재라면 과학의 성장을 제한하는 요인이 얼마나 많은 뛰어난 남성을…….

아리아나 여성을 빼놓지 마!

헌터 그리고 여성을 훈련시킬 수 있는지, 그들을 어떻게 훈련시킬 건지에 달려 있지.

아리아나 아니면 이미 있는 두뇌들을 더 효율적이고도 창의적인 방식으로 이용할 수 있는 방안을 발견하거나.[13]

콘스탄스 헌터, 전에 물리학자 브링크먼W. F. Brinkman이 미국 국립 과학원에 낸 보고서 읽어 본 적 있지? 제목이 「1990년대의 물리학*Physics through the 1990's*」인데, 거기서 수많은 연구비가 대개 100명이나 그 이상의 연구원이 재직하는 대형 실험실에 할당된다고 지적하면서—

임프 바로 거대과학이지!

콘스탄스 하지만 그런 대형 실험실에서는 과학자를 위한 훈련이 거의 없다는 거야. 그래서 보고서는 실제로 물리학자 대다수를 훈련시키는 작은 실험실을 더 많이 지원하라고 말해.[14]

제니 그런데 뛰어난 과학자가 대형 실험실을 운영한다면 이류 과학자를 훈련시키는 작은 실험실을 더 많이 지원할 수는 없지 않을까?

임프 뛰어난 과학자가 대형 실험실을 운영하는 게 맞아? 예를 들어 프랜시스 크릭은 그렇지 않은걸.

헌터 리처드 파인먼도.

아리아나 그럼 우리 앞에는 세 가지 난제가 있겠네. 첫째는 뛰어난 과학자라는 자원은 자연적으로 제한되느냐, 둘째는 뛰어난 과학자는 돈 때문에 제한되느냐, 셋째는 돈은 (그리고 과학자는) 뛰어난 과학자 때문에 제한되느냐.

제니 어떤 게 맞는지 알 수 있어?

임프 그게 내 임무지! 게임을 해서, 또 역설, 모순, 변칙 현상을 만들어서 문제를 푸는 거야! 오스카 와일드Oscar Wilde는 『도리언 그레이의 초상*The Picture of Dorian Gray*』에서 이렇게 썼지. "역설로 가는 길이 진리로 가는 길이다. 현실을 시험하려면 줄 위에 올라타 현실을 보아야 한다. 진실이 곡예를 부릴 때에야 이를 판단할 수 있다."[15]

아리아나 근사한데!

콘스탄스 닐스 보어도 똑같은 말을 했지. "역설과 마주한다는 건 얼마나 경이로운가. 그제야 우리는 진보로 향하는 희망을 품게 된다."[16]

임프 또 역설과 모순, 변칙 현상에서 중요한 개념이나 관찰을 많이 접하면 접할수록 중요한 문제를 만날 기회도 올라가지. 그러니 과학이 어떻게 성장하는지 이해하기 위해 설계한 게임 몇 개를 해 보자.

물론 내가 발명했으니까, 내가 시작해 볼게. 첫 번째 게임은 '함축'이야. 먼저 잘 정립된 관찰이나 이론을 하나 선택해. 그리고 거기에다 자신이 생각하기에 가장 극단적인 사례를 넣어 보는 거야. 그럼 사태는 단순해지거나 아예 무너지거나 어느 하나야. 만약 그 사례가 여전히 타당하다면 원래의 관찰이나 이론이 정확하다고 봐도 돼. 그렇지 않다면 역설, 변칙 현상, 모순을 만드는 거고 내 생각에 있는 한계를 알게 되는 거지.

자, 이 슬라이드를 한번 봐 줘! 아마 다들 이 슬라이드나 비슷한 내용을 봤을 거야. 슬라이드는 1665년부터 현재까지 과학 학술지가 기하급수적으로 증가한다는 사실을 보여 줘. 똑같은 곡선이 시간이 지남에 따라 과학자 수가 증가한다는 사실도 나타내지. 이 자료를 수집한 데릭 드 솔라 프라이스는 이런 기하급수적 증가 덕분에 지금까지 살아온 모든 과학자의 90%가 아직 살아 있고, 출판된 모든 과학 문헌의 90%가 오늘날 살아 있는 과학자가 썼다는 사실을 입증했어. 마찬가지로 과학 교수 직의 80%가 최근 세대에서 생겼으며, 90%가 넘는 연구비가 최근 세대에서 지출되었지. 프라이스는 1660년대 이래로, 잉글랜드에 왕립 학회가

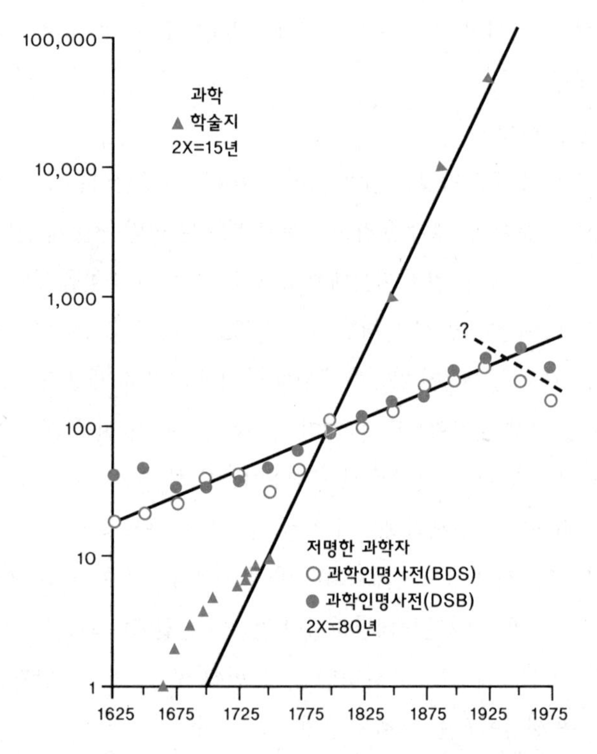

『과학인명사전(*Biographical Dictionary of Science*)』(T. Williams 편저)과 『과학인명사전(*Dictionary of Scientific Biography*)』(C. C. Gillispie 편저)에 수록된 1625~1975년에 활동한 과학자 수. 같은 기간 동안에 출판된 학술지 수량과 비교했다(price, 1963). 크기가 로그값이라는 점에 주목하라.

세워진 이래로, 과학의 '규모'는 무엇으로 측정하든 100만 배나 증가했다고 결론 내렸어.[17]

이제 '함축' 게임을 해 보자. 질문은 이거야. 오늘날 우리가 목격하는 근본적인 발견의 수 역시 100만 배, 아니 1000배라도 증가했다고 할 수 있느냐. 3,400년 전에 갈릴레오나 뉴턴이 목격한 것처럼 말이야. 프라이스는 그렇다고 말해. 프라이스는 중요한 발견이 이루어지는 수는 20년마다 두 배가 된다고 주장했어. 어떻게 이런 수치가 나오는지는 설명하지 않아. 하지만 이 수치가 사실이라면 1665년에 이루어진 모든 주요한 발견은 1985년이 되면 10만이나 증가해야 해! 이러니 내가 의심을 품어도 할 말이 없지! 오늘날 우리에게는 100만 명의 갈릴레오, 아니 1000명의 뉴턴조차도 존재하지 않아. 또 오늘날 우리에게는 『새로운 두 과학*The Two New Sciences*』에 맞먹는 100만 권의 책도, 『프린키피아*Principia*』에 맞먹는 1000권의 책도 없어. 아마 20권도 안 될걸. 요컨대 상식적 관점에서 보면 과학적 발견의 진보는 과학 규모와 함께 가지 않아. 이게 내가 본 변칙 현상이야. 이를 입증하는 게 문제로 남지만 말이야. 리히터, 내 말에 동의해?

리히터 어느 정도는 동의해. 수백 년에 걸쳐 생물학과 의학에서 이루어진 연구 역시 발생학, 발달, 형태학, 생물의 항상성, 세균이 어떻게 질병을 일으키는지, 약물이 실제로 어떻게 작용하는지, 어떻게 몸이 낫는 건지, 잠이란 무엇인지, 고통이나 쾌락을 어떻게 느끼는지, 인지 작용의 기초 등(한다면 30분도 넘게 더 나열할 수 있어)에 어떤 유용한 이해도 산출하지 못했어. 이런 문제에 관심 있다면 『무지 백과사전*Encyclopedia of Ignorance*』이나 미해결 문제에 전념하는 『이론 생물학지*Journal of Theoretical Biology*』 최근 호를 봐. 나는 물리학자들이 정말 부러워. 그들이야말로 무생물 세계를 완전히 이해하는 데 한층 더 가까이 간 듯 보이거든.

헌터 내 동료들은 동의하지 않을걸. 그들은 또 다른 우주 혁명이 진행 중이라고 생각해.

리히터 좋아, 그럼 왜 생물학에는 그런 일이 없는 걸까? 그게 내가 여기 있는 이유지. 왜 생물학과 의학에는 현대의 갈릴레오와 뉴턴이 없는지(또는 조금밖에 없는지)를 이해하려고 말이야. 심지어는 현대의 다윈이나 파스퇴르도 없는 것 같아. 왜 그럴까? 이런 사람들이 가졌던 유전적 조합이 더는 존재하지 않아서 그런 건 분명히 아냐. 임프가 말했듯이, 오늘날에는 16세기에 있었던 천재에 비교해 수백 배, 수천 배가 넘는 천재가 있어야 해. 도대체 그들은 어디에 있는 거야? 그들 모두가 마이크로칩이나 재조합 DNA를 설계하고 있는 걸까? 아니면 다른 뭔가가 더 있는 걸까? 자료는 수없이 많은 데 가치 있는 생각은 별로 없잖아.

임프 그러니까 생각을 만들어 보자고. 두 번째 게임은 '모순'이야. 이건 리히터 취향에 딱 맞을걸. 게임 방법은 내게 주어진 어떤 진술이든 그 반대를 주장하는 거야. 이때 내 주장을 뒷받침하는 어떤 자료도 찾지 못하면 그 반대 가설은 옳지 않으며, 원 가설은 한층 지지받는 거지. 하지만 반대 가설을 지지하는 자료가 있다면 원래 했던 관찰이나 생각이 지닌 타당성은 심각한 의심을 부르게 되고.

아리아나 반대 주장이라는 악마와 거래하는 거네.

임프 자, 프라이스는 시간이 지남에 따라 중요한 과학적 발견이 기하급수적으로 증가한다는 주장을 했어. 그럼 나는 그렇지 않다는 반대 주장을 해서 그의 관찰을 부정하는 거야. 논의를 위해서 중요한 발견의 수는 시간이 지나도 불변한다고 주장하겠어(사실 나는 과학적 성장에 관한 다음과 같은 파킨슨 법칙이 흥미롭다고 생각하지만 말이야. 즉, "실제 진보는 출판되는 학술지 수와 반비례한다").[18] 가설이 엄밀한지는 그 가설이 새로운 자료를 구할 수 있는 원천과 유형을 찾도록 만드는 한 아무래도 좋아.

자, 봐! 과학사학자 I. 버나드 코헨I. Bernard Cohen이 쓴 『과학에서 일어나는 혁명*Revolution in Science*』[19]에서 가져온 자료가 여기 있어. 코헨의 분석은 과학자와 출판물 수량이 기하급수적으로 증가해도, 20세기에 일어난 과학혁명의 수는 17세기와 별반 차이가 없다는 사실을 보여 줘. 17세기에는 역학에 갈릴레이, 우주론에 뉴턴, 생리학에 하비William Harvey*가 있었지. 이는 아인슈타인의 상대론, 플랑크Max Planck**의 양자론, 베게너Alfred Wegener***의 판구조론, 그리고 관용을 베풀어서 왓슨-크릭의 DNA(왓슨과 크릭이 어떤 혁명을 일으켰는지 난 잘 모르겠어. 유전자를 다루는 이전 이론에서 획기적으로 뒤집은 게 없잖아, 그렇지 않아?)와 맞댈 수 있어.

콘스탄스 하지만 컴퓨터 혁명과 통신, 우주여행, 심지어 전쟁 분야에서 일어난 혁명은 어때?

리히터 그건 그냥 기술이지. 컴퓨터는 단지 우리가 어떻게 하는지 좀 더 빨리 알도록 도와줄 뿐이야. 그보다 나는 임프가 결론을 뒷받침하려고 내놓은 근거가 조금 부족한 것 같은데.

---

* 윌리엄 하비, 1578~1657. 영국의 의사, 생리학자. 심장이 펌프 역할을 해 혈액이 순환한다는 사실을 실험으로 입증했다.

** 막스 플랑크, 1858~1947. 독일의 물리학자. 흑체 복사 연구로 빛 에너지가 불연속적인 값을 지닌다는 사실을 입증해 양자 역학의 토대를 만들었다. 이런 공로로 1918년에 노벨 물리학상을 받았다.

*** 알프레트 베게너, 1880~1930. 독일의 지구물리학자, 기상학자. 지구 대륙이 '판게아(pangaea)'라는 하나의 초대륙을 이루고 있다가 점차 갈라져 이동했다는 '대륙 이동설'을 주장했다.

임프 인정해. 하지만 기억하라고. 표본 크기가 작으면 작을수록 무언가를 찾을 수 있는 기회도 많아진다는 사실을 말이야. 표본 크기는 최적이야!

20세기에는 위대한 혁명이 많지 **않다**는 게 내가 지적하고 싶은 요점이야. 다른 분야도 똑같아. 몇 년 전에 미국 화학 학회는 화학에서 일어난 가장 중요한 진보(기초 화학과 응용 화학 둘 다에서)를 조사해 봤어. 그리고 사진 학회 두 곳도 사진에서 일어난 발전의 역사를 평가해 봤지. 이 세 연구 모두 결론은 같아. 지난 150년 동안 각 분야의 연구자 수는 100배나 증가했는데, 발견의 비율은 증가하지 않았다는 거야.[20]

리히터 그래도 나는 회의적인걸. 임프, 너는 중요성을 주관적으로 평가하는 것 같아.

임프 그러면 안 될 이유라도 있어? 너는 매일 과학 논문을 읽을 때나, 연구비나 장학금을 따 오려고 연구 계획서를 그럴듯하게 꾸밀 때나 주관적으로 평가하잖아. 분명히 넌 모든 과학 논문이 동등한 가치를 지녔다거나 각각이 어떤 발견을 성취했다고 말하지 못할걸.

콘스탄스 어니스트, 아니 임프의 말을 지지하는 다른 증거가 있어. 최근에 얻은 증거에서 가장 눈에 띄는 점은 지난 몇십 년간 미국 시민이 제출한 특허 신청 수가 꾸준히 감소했다는 거야. 1960년대에는 연간 5만 건의 특허를 신청했는데, 오늘날에는 4만 건으로 떨어졌어. 또 현재 미국 특허권의 거의 반 정도를 외국인이 받는데, 지난 20년 동안 그 특허권을 공유하는 비율은 20%에 불과했어.[21] 그러니까 과학자와 기술자 인력이 증가한다는 사실이 필연적으로 혁신이나 발견과도 연결된다는 사실을 뜻하지는 않아.

해리엇 주커먼은 이런 해석에 들어맞는 자료를 보여 줘. 오늘날 활동하는 과학자의 수는 수백 배나 증가했는데, 1990년 이래 노벨상 후보로 오른 과학자 수는 단지 2~3배 증가했을 뿐이라는 거야.[22] 따라서 근본적 발견을 성취해 낸 횟수는 다른 지표들이 성장한 것과 함께 가지 않는 게 분명해. 과학사학자 도널드 비버 Donald Beaver는 발견자의 이름을 붙이는 중요한 법칙이나 원리에 관해서도 같은 현상이 일어난다고 보고했어. 이름이 붙는 발견들은 몇백 년 동안 연간 약 두 번 정도의 비율밖에 되지 않아.[23] 그리고 나도 언젠가 인명사전에 오른 인물을 조사하고 나서 르네상스 시대부터 오늘날까지 과학자, 출판물, 그 외 등등이 거의 100만 배 이상 증가했는데, 사전에 오를 정도로 뛰어난 과학자 수는 약 25배 정도 증가했을 뿐이라는 사실을 알았어.

제니 그럼 다른 과학자들은 뭘 하고 있는 거야? 그냥 시간과 돈을 낭비하는 중이야?

헌터 그렇진 않아. 서류 작업도 하고 다른 사람의 연구를 지도하기도 하지(지도 없이 연구하기도 하지만). 내가 봤던 어떤 연구에 따르면, 박사 후 연구원부터 정교수까지를 포함한 영국 화학자의 90%(나는 미국에서도 마찬가지일 거라 생각하는데)가 실험을 하거나 논문을 쓰는 데 들이는 시간이 10% 이하라는 거야.[24] 대부분의 시간은 연구비를 따내거나 행정 업무를 보거나 수업을 하거나 여행하는 데 보낸다면서. 이건 내 추측인데, 결과적으로 평범한 화학자가 실험실에서 시연이나 하며 얼마 안 되는 학생들을 가르칠 뿐이라면, 100년 전처럼 오늘날에도 다섯 명의 화학자만이 대부분의 연구를 이끌어 간다고 봐.

임프 농담 하나가 생각나네. 전구 가는 일에 과학자가 얼마나 필요할까? 답은 스물 한 명이야. 누가 일을 해야 하는지 결정하는 동료 평가 위원회가 열 명, 일이 사용자 지침에 맞게 이루어지는지 감

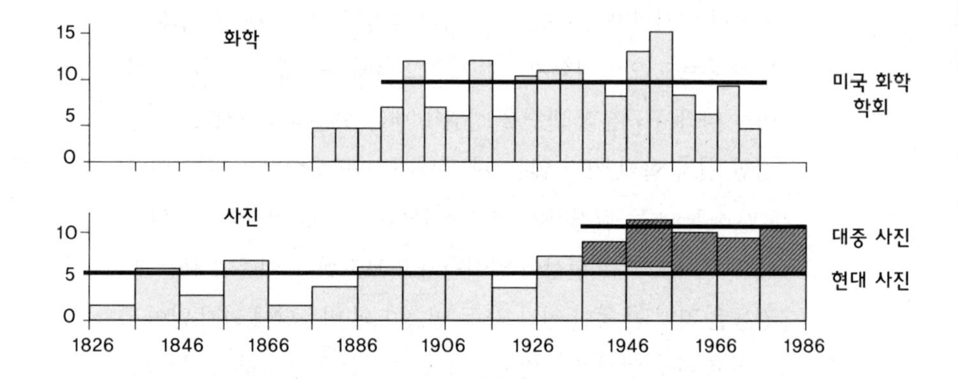

『화학과 공학 뉴스(*Chemical and Engineering News*)』(미국 화학 학회 발행)의 편집인들이 제공한 화학에서 중요한 발견이나 혁신이 이루어진 수. 그리고 『대중 사진(*Popular Photography*)』과 『현대 사진(*Modern Photography*)』의 편집인들이 제공한 사진에서 중요한 발견이나 혁신이 이루어진 수.

시하는 위원회 다섯 명, 미국 국립 보건원과 미국 직업 안전 위생국 지침을 따르는지 감시하는 건강 안전 조사관 한 명, 실험 경험을 위해 참관하는 대학원생하고 박사 후 연구원 세 명, 이름에서 알 수 있듯 작업을 지시하는 실험실 관리자(절대 직접 일하진 않아!) 한 명, 여기까지가 스무 명. 그리고 마지막으로 실제로 전구를 가는, 가장 지위가 낮지만(월급이나 교육 수준에서) 실험실에서 유일한 경력자인 실험실 기술자 한 명!

리히터 레오 실라르드Leo Szilard*가 소설에서 현 제도를 풍자하려고 창조한 '마크 게이블 재단The Mark Gable Foundation'**이라고 들어 봤지? 실라르드는 어떻게 하면 과학이 최고로 지체될 수 있는가를 질문

* 레오 실라르드, 1898~1964. 헝가리 출신의 미국 물리학자. 주로 핵 연쇄 반응, 핵에너지를 연구했으며 원자 폭탄을 개발하는, 이른바 '맨해튼 계획'을 추진했으나 핵무기 사용에는 반대했다.

** 과학적 진보의 속도를 늦추려는 연구를 하는 재단이다.

해. 답은 이렇지. 관료제 같은 체제가 과학을 운영해서 그저 과학을 실행하는 게 아니라 정당화하고, 계획하고, 평가하는 데 온 시간을 다 써 버리는 거야.[25] 과학을 하지 않으니까 아무것도 얻을 수 없지.

헌터 맞아. J. J. 톰슨은 석기 시대에 과학과 기술을 지원하는 정부가 있었다면 우리는 오늘날 감탄할 만한 석기 도구를 가졌겠지만 금속은 알지도 못했을 거라고 말했지.[26] 그런데 이건 문제의 일부일 뿐이야. 제니가 제시한 질문에 다른 답을 하려면 과학자가 실험실에서 정말 무엇을 하는지 봐야 해. 대부분의 과학자는 중요한 발견을 하려고 시도하지 않을뿐더러 성공하지도 못하는데, 이 문제는 역사적으로 볼 수 있어. 언젠가 콘스탄스가 기여한 시대에 따라 주요 화학 교과서에 수록된 인명을 그래프로 정리한 연구를 보여 준 적이 있어. 그래프는 그저 자료로 인용된 과학자와, 개념과 새로운 기술로 인용된 과학자를 구별했는데, 전체적인 인용 횟수는 르네상스에서 1975년으로 시간이 지남에 따라 기하급수적으로 증가했어. 하지만 근본적 개념과 기술로 기여한 과학자 수는 인용된 수에서 아주 작은 부분만 차지할 뿐이었고, 속도도 매우 느린 선형적 증가였지. 기하급수적 증가는 자료로서 인용되었기 때문이라는 사실로 완벽히 설명되는 거야. 새로운 측정값은 늘 오래된 측정값을 대체하니까.

다시 말해 중요한 발견과 개념적 혁신이 일어나는 비율은 그 분야에 종사하는 연구자 수(물론 연구자 수를 최소한도로 가정해서)와 독립적이고, 사람들은 이미 존재하는 개념과 기술에 의존하는 경향이 강해. 임프가 말했듯이, 개념과 기술은 천천히 선형적으로 증가해. 반면에 더 많은 과학자를 훈련시킬수록 더 많은 자료가 생산되고, 더 정확하고 광범위한 자료가 모이게 되지. 그리하여 기초 개념과 기술을 뒷받침하거나 그것에 적용되는 축적 자료는 기하급수적으로 증가하고.

<u>콘스탄스</u> 그리고 자료가 더 빨리 증가할수록 응용 가능한 방법도 더 많이 알게 되지. 이게 바로 쿤이 '혁명기'의 과학과 '정상' 과학을 구별할 때 말했던 요점이 아닐까? 쿤은 대부분의 과학자가 이미 있는 발견, 발명, 이론을 정교화하는 정상 과학에 일생을 바친다고 말했으니까.

<u>임프</u> 하지만 그런 것들은 발견이나 발명이 아니잖아. 그래서 기초 지식을 탐구하는 일은 과학적 진보를 늦출 수 있어. 혁명적인 발견의 비율을 유지하거나 늘리지 않는 한 결국에는 새로운 응용 가능성도 감소하고 말 테니까, 그렇지?

<u>리히터</u> 좋아. 논의를 위해서 네 입장을 받아들여 보자. 내 생각에는 우리가 이미 잘하는 영역에서 더 잘하는 게 좋은 건 분명해. 그렇지만 너는 모든 과학자를 혁명적으로 바꾸는 어떤 방법이 있다는 점을 주장하고 싶은 것 같아.

<u>임프</u> 꼭 **그렇게까지** 생각하는 건 아냐.

<u>리히터</u> 좋아. 그렇다면 네 '함축' 게임이 가진 규칙에 따라 뭔가 잘못된 게 생겨. 그러니 '모순' 게임을 해 보자. 내가 발명이나 발견의 비율을 높이려는 어떤 조치도 할 수 없다고 주장하는 거야. 예를 들어 이론물리학자 프리먼 다이슨Freeman Dyson은 적어도 물리학에서는 발견의 비율이 상대적으로 불변한다고 말했지. 30년 동안은 문제를 적절히 정의하고 풀되 나머지 30년은 그 결과를 계산하고, 예외를 인식하고, 근본적으로 새로운 질문을 제기한다고. 또 이건 고정된 과정이라고 말이야.[27]

<u>콘스탄스</u> 그렇지. 그리고 소설가이자 물리학자 미첼 윌슨Mitchell Wilson도 기술의 역사가 보여 주는 한 가지 교훈은 발명자 개인이든 국가

적인 지원 프로그램이든 발명의 비율을 바꿀 수 있는 건 아무것도 없다고 말했어. 발명은 이미 발명할 준비가 되어 있을 때나 가능한 거라고.[28]

제니 또다시 발견이 발견자를 선택하는구나.

리히터 요점은 주어진 시간에 발견하거나 발명**할 수 있는** 것의 수는 유한하고, 또 어떤 체계에 따라서만 발견된다는 거야.[29] 따라서 발견의 비율을 높이기 위해 할 수 있는 일은 없어.

임프 이런! 내가 말한 게 그거야! 특정한 발견이 어떤 정해진 시간에서만 가능하고, 발견할 가능성 역시 이미 보유한 개념과 축적된 정보 체계의 함수라는 말은 분명히 타당해. 베르톨레 때랑 같은 거야. 그렇지 헌터?

헌터 물론이지.

임프 그러므로 어떤 종류의 자료를 갖고 있느냐는 상관없어. 내게 올바른 문제, 올바른 이론과 연관된 적절한 변칙 현상, 올바른 자료가 없는 한 발견에 이르지 못하는 거야. 그렇지 않다면 자료가 의미하는 바를 모르는 거야.

하지만 너는 틀렸어, 리히터! 99%의 과학자는 똑같은 기술을 사용해서 똑같은 문제에 속한 하위 문제를 연구하고 똑같은 현상을 관찰해. 과학자 회의 아무 데나 들어가 봐. 논문 주제가 얼마나 한결같은지. 그리고 매년 똑같은 일을 얼마나 반복하는지도! 발표는 늘 '뜨거운' 주제에 집중되고 나머지 흥미로운 거대한 영역은 완전히 무시되지. 과학에는 좋든 싫든 인간이 활동하는 다른 모든 영역과 마찬가지로 변덕스러운 유행이 있어.[30]

리히터 그러고 싶지 않아. 내가 암 치료나 에이즈 연구비, 국방 관련 연구비에만 득달같이 달려드는 사람을 어떻게 생각하는지 잘 알잖아. 해결 가능한 문제라면 해결하게 돼 있어. 돈으로는 생각을 사지 못해. 오로지 현재 있는 생각을 적용할 수 있을 뿐이지.

아리아나 하지만 돈은 무시받는 다른 영역을 연구하게 **만들 수 있는걸**. DNA가 이중 구조라는 사실이 밝혀졌을 때 대부분의 연구자와 연구비는 단백질 화학에서 철수했잖아.[31] 오늘날 생화학은 사실상 DNA 재조합 기술에만 몰두해. 마치 DNA 재조합 기술에 무지를 치료하는 만병통치약이 있는 것처럼. 현실은 해결되지 못한 문제는 해결되지 못한 채로 남는다는 거야. 예를 들어 포도상 구균 감염을 생각해 봐. 1940년대에 페니실린이 개발되었을 때, 의사들은 포도상 구균이 어떻게 질병을 일으키느냐는 문제에 흥미를 잃었어. 아직도 모를걸. 물론 항생제에 내성을 가진 변종이 나타나 다시 그 문제로 우리의 주의를 끌 수도 있지만.[32] 그러니까 과학적 진보의 과정은 그저 어떤 문제를 해결하느냐만이 아니라 어떤 문제를 무시하느냐에 따라 결정된다는 거지. 네가 말하려는 게 이거지, 임프?

임프 바로 그거야. 그걸로 임프의 제일 원리를 정해 보겠어. 즉, 대부분의 자료는 현재 있는 기술을 사용하는 현존 이론을 확인하기 위해서만 축적될 뿐이다. 따라서 발견을 이끌거나 새로운 이론을 구축하지는 못한다. 간단히 말해 볼까. 자료는 지식 주위에 무리를 짓는다. (모순을 통해) 이것이 함축하는 바는, 과학적 혁신은 우리가 아는 곳을 떠나 모르는 곳으로 연구 노력을 집중시킬 때 최고로 촉진된다는 것이다.

아리아나 이건 과학을 지식의 나무, 그러니까 언제나 이미 있는 가지에서 성장하는 나무로 보는 거네. 나뭇잎은 새 가지보다 오래된 가지에서 더 빠르게 축적되지. 하지만 우리가 아는 건 그런 나무는 흥미롭지 않다는 거야. 연구는 예술가들이 그림에서 '여백'이라고 부르는 곳에 집중해야 해. 다시 말해 가지와 잎 사이에 있는 공간 말이야. 여기가 바로 깜짝 놀랄 일이 벌어질 곳이니까.

리히터 그럴지도. 한데 나는 이 모든 소란이 이해가 안 돼. 지금 우리는 매년 다른 곳보다 더 많이 노벨상 수상자를 배출하는 나라에서 살아. 과학 논문도 더 많이 내고. 그런데도 현 체제가 제대로 작동하지 않는다고 생각하는 이유가 뭐야? 도대체 뭘 찾는 건데?

헌터 너랑 똑같아, 리히터. 근본적이고 혁명적인 혁신을 찾고 있어. 출판물 수는 폭발적으로 증가했지. 그래, 알아. 하지만 정보도 그럴까? 난 그렇게 생각 안 해. 논문 수는 증가했지만 중요한 논문 수는 증가하지 않았어.[33] 그래, 우리는 노벨상 수상자를 많이 배출해. 하지만 이런 과학자들이 대개 어디에서 훈련받았지? 잉글랜드, 독일, 오스트리아, 프랑스지 미국이 아니야.

아리아나 그렇지. MIT, 칼텍, 하버드, 스탠퍼드 같은 대학에서 자기들 교수진에 노벨상 수상자가 얼마나 많은지 광고하는 거 본 적 있지? 그런데 그런 사람들이 어디에서 훈련받았는지 찾아보면 오벌린, 러트거스, 스워스모어, 뉴욕시립대, 케이스, 라파예트, 오리건 같은 대학이야. 왜 그럴까?

헌터 내가 공부한 물리화학 분야도 마찬가지야. 처음엔 이름 없는 대학에서 훈련받다가 베를린이나 하버드에서 공부를 마치지. 그곳에는 돈도 명성도 있으니까. 그렇다고 해서 이런 곳만이 창의적인 괴짜를 잘 길러 내는 곳은 아니지만.

내가 미국에 말하고 싶은 건 나라당 노벨상 수상자를 각 나라의 인구수로 나누면, 미국은 1등이 아니라는 거야. 미국은 덴마크, 스위스, 스웨덴, 네덜란드, 영국 같은 작은 나라보다 뒤처질걸.

콘스탄스 그건 사실이야. 인구수로 따지면 1962년에 미국은 8등이었어. 아마 요즘은 조금 더 높겠지만. 인구 대신에 GNP로 나누면 순위는 더 떨어져. 다른 어느 국가보다도 더 많은 박사 학위자를 배출하는 소련은 인구와 GNP로 나눈 두 가지 순위표에서 일본과 함께 거의 꼴등으로 떨이져. 출판 논문의 영향력, 즉 논문이 인용된 비율로 봐도 마찬가지야. 미국은 덴마크, 스웨덴, 스위스 등등에 이어 6등이야.[34]

헌터 그래서 노벨상 수상자를 배출하는 것, 일급의 과학자를 배출하는 것은 어떤 사회가 길러 내는 과학자 수에서 나오는 직접적인 결과가 아니야. 오히려 과학자가 재능을 꽃피울 수 있는 적절한 조건이 필요하고, 일자리 없는 과학자가 넘치는 것보다 독립적이면서도 충분한 재정 지원을 받는 소수의 과학자가 나아.

임프 돈으로는 아무것도 못해. 생각이 과학을 추동하는 거야. '생리적 스트레스'라는 개념을 발명한 한스 젤리에Hans Selye가 했던 말을 들어 봐.

> 해가 지남에 따라 나는 가장 최신의 기록 기술, 화학, 약리학같이 현대 과학이 제공하는 모든 수단을 용케 얻을 수 있었다. 나는 실험 의학과 수술을 연구하는, 세계에서 가장 좋은 장비를 갖춘 연구소를 꾸리도록 지원받았고, 쉰 세 명이나 되는 숙련된 보조, 기술자, 비서를 채용했다. 그렇지만 1936년에 했던 초기의 관찰들을 지금 되돌아본다면, 부끄럽게도 다음과 같이 말할 수밖에 없다. 이 모든 도움에도 불구하고, 처음으로 했던 원시적인 관찰만큼이나 중요한 어떤 결과도 생산하지 못했다고 말이다.[35]

얼베르트 센트죄르지도 비슷한 말을 했지.[36]

아리아나 정직해질 수 있다면 얼마나 많은 과학자가 똑같이 고백할까?

제니 좋아. 그러니까 돈과 인력은 과학적 혁신을 촉진하기에는 충분치 않다는 거네. 그럼 뭐가 있어야 돼?

리히터 아무것도 필요 없을지도. 아리아나가 말한 나무 비유로 돌아가 보자. 과학이 진보해도 문제가 사소해지지는 않을 거라는 점을 어떻게 알 수 있을까? 큰 가지는 점점 작은 가지들로 뻗어 나가고 이내 잔가지가 되는데 말이야. 그럼 더 사소하고 더 어려운, 그렇지만 덜 흥미로운 문제를 해결하려면 더 많은 시간과 에너지, 돈, 사람이 필요하겠지.

아리아나 네가 풀려고 애쓰는 미해결 문제가 아무것도 아니라는 말이네.

리히터 내가 말한 걸 전부 믿는다고 하지 않았어. 그런데 말이야, 우리는 왜 과학이 그저 변동하는 역사적 변칙 현상(석기 시대 같은)이 아니라고 생각해야 하는 거야? 임프는 과학이 곧 성장을 멈추고 침체될지 모른다고 경고했지. 그럴 수 있어. 지금 우리는 알 수 있는 것의 끝에 다다라 있을지도 모르니까. 우리는 그저 이미 아는 지식의 정확도를 높이는 일을 하게 될 수 있어. 예컨대 유전학자 벤틀리 글래스Bentley Glass는 생물학에선 더 이상 놀라운 현상이 없다고 생각하지. 면역학자 맥팔레인 버넷과 닐스 예르네Niels Jerne는 면역학의 종말을 기다린다고 선언했고. 생물학에 남은 문제는 모두 화학과 물리학에 환원된다고 말이야.[37]

임프 리히터, 너 정말로 그걸 믿는 건 아니지?

리히터 요점은 그게 아냐. 버넷과 예르네가 옳을 수도 있다는 거지. 그렇다면 우리가 어째서 발견의 비율을 높이려고 애써야 하는 거야? 또 왜 우리는 더 많은 과학자를 훈련시키고, 그들에게 연구비를 줘야 하는 거야?

헌터 버넷과 예르네가 옳다면 그렇게 해야 할 이유가 없지. 하지만 똑같은 말이 그전에도 있었어. 다윈 이전에도, 아인슈타인과 플랑크, 슈뢰딩거Erwin Schrödinger,* 하이젠베르크Werner Karl Heisenberg** 이전에도 말이야. 화학에서 여러 번 되풀이된 말이지. 그리고 우리가 지식의 한계에 도달했다고 생각할 때마다 실제로는 그저 자연을 보는 특정 시각의 한계에 다다른 것뿐이었어. 역사가 어떤 가르침을 준다면 글래스, 버넷, 에르네가 했던 선언은 단지 다음 혁명을 예고한다는 거야.

콘스탄스 재미있는 일화가 있어. 1890~1910년에 앨버트 마이컬슨Albert Michelson***은 시카고대학 신문에 켈빈 경의 다음과 같은 문구를 인쇄해 놓았지. "이제 물리학에서 새로운 업적을 기대하기는 힘들다. 남은 일이라곤 기존 값들의 소수점 이하 자릿수를 늘려 가는 것뿐이다."[38]

헌터 시카고대학 신문이 마이컬슨과 켈빈 경의 엄밀성을 찬양하던 시대는 현대 물리학에서 가장 혁명적인 시기였다는 점도 지적해야겠지. 그런데 켈빈 경은 1907년에 사망할 때까지 방사능의 존재를 부정했어.[39] 완전히 허튼소리였지.

제니 완전히 **허튼소리**는 아니야. C. P. 스노의 소설 『탐구』에서 본 구절이 생각나네. 거기서 스노는 1930~1940년대 물리학자들이 물리학과 화학의 근본 법칙들이 영원히 고정되어 물리학과 화학이 과

---

* 에르빈 슈뢰딩거, 1887~1961. 오스트리아의 물리학자. 물질을 파동으로 기술하는 '슈뢰딩거 방정식'으로 양자 역학의 체계를 세웠다. 이런 공로로 1933년에 노벨 물리학상을 받았다. 양자 역학의 불확정성을 비판하는 사고 실험인 '슈뢰딩거의 고양이'로도 유명하다.

** 베르너 하이젠베르크, 1901~1976. 독일의 물리학자. 양자 역학을 기술하는 행렬 역학과 입자의 위치 및 운동량을 동시에 정확히 측정할 수 없다는 '불확정성 원리'로 양자 역학에 기여했다. 이런 공로로 1932년에 노벨 물리학상을 받았다.

*** 앨버트 마이컬슨, 1852~1931. 폴란드 출신의 미국 물리학자. 빛의 속도를 측정하고 마이컬슨-몰리 실험으로 빛이 파동이라면 이를 전달하는 매질인 '에테르'는 실존하지 않는다는 사실을 입증했다. 광학 연구에 기여한 공로로 1907년에 노벨 물리학상을 받았다.

학을 완성했다고 선언한 이야기를 들려줘. 네가 메모한 노트에 이런 이야기는 없지, 콘스탄스?

콘스탄스 난 소설 안 읽어. 그럴 시간이 없거든……. 그래도 비슷한 뜻을 표현하는 글을 적어 놓은 적은 있어.

프랑스의 위대한 수리물리학자 라그랑주Joseph Louis Lagrange가 한 말을 들어 봐. 그는 뉴턴을 이렇게 평가해. "지금껏 존재한 가장 위대한 천재일 뿐만 아니라 가장 운 좋은 사람이다. 존재하는 단 하나의 우주에서 그 우주의 법칙을 해석할 수 있었던 세계 역사의 단 한 사람뿐이기 때문이다."[40]

리히터 그렇지.

콘스탄스 여기에 전자가 지닌 전하를 측정해 노벨상을 수상한 로버트 밀리컨Robert Millikan이 답했어. "이 무슨 억측인가!" 밀리컨은 후에 마이컬슨이 켈빈의 말을 인용한 것에 자책했다는 말도 덧붙여. 밀리컨은 과학을 헌터처럼 바라보았고, 계속해서 이렇게 말했어. "물론 뉴턴은 어리석은 실수를 저지르기에는 너무나 위대한 사람이다. 왜냐하면 뉴턴은 (…) 자신을 지식이라는 거대한 바다가 있는 해변에서 조개껍데기를 줍는 어린아이로 묘사했기 때문이다."[41]

밀리컨과 뉴턴을 비롯한 많은 과학자에게 해답 하나하나는 새로운 질문을 만들어 내는 거야. 끝은 존재하지 않지.

헌터 이건 관점의 문제야. 임프가 원리를 발명한다면 나도 또 다른 원리를 추가할 수 있어. 가령 더 많이 알수록 더 적게 아는 것이다. 또는 무지는 지식과 정비례해 증가한다.

임프 내가 사랑해 마지않는 역설이군!

헌터 나도 좋아해. 물리학을 공부하면서 생긴 취향이지. 보어는 두 종류의 진리가 있다고 말했어. 바로 얕은 진리와 깊은 진리. 얕은 진리는 그 반대가 거짓인 반면 깊은 진리는 그 반대 역시 참이라서 두 진리는 서로 상호 보완적이라고.

임프 내 모순 게임이랑 똑같은데!

제니 이 생각은 임프나 보어보다 더 오래된 거야. 사상가 보브나르그 Luc de Clapiers Vauvenargues도 두 세기 전에 비슷한 말을 했지. 하지만 여기서는 스노의 책에서 본 구절을 인용할게.

> 지식을 탐구하는 인간을 해변에서 조약돌을 줍는 어린아이로 묘사한 뉴턴 이래로 200년이 지났다. '완성된 과학'을 말하는 이 사람은 뉴턴의 후예다. 자신에게 무엇이 명백한 사실인지를 말하는 그의 똑 부러지고 사심 없는 목소리를 들었을 때, 나는 처음으로 과학이 어디까지 왔는지 깨달았다. 우리는 더 이상 해변에서 조약돌을 줍지 않는다. 그 대신 얼마나 많은 조약돌이 있는지, 얼마나 많은 조약돌을 주웠는지, 얼마나 많은 조약돌을 주울 수 있는지 안다. 우리는 지식의 경계를 발견한 것이다.[42]

헌터 그게 바로 원자물리학과 결정학에서 거대한 진보가 일어나고 있을 때 스노를 물리학에서 빠져나오게 만든 사고방식이지. 스노 역시 모범이 되는 통찰력을 지니진 못했어.

아리아나 그럼 모든 게 성격 문제로 내려오는 거 아닌가. 우리 중 누군가는 소설가 스티븐 빈센트 베넷Stephen Vincent Benét이 단편소설 「스쿠너 페어차일드의 교실*Schooner Fairchild's Class*」에 등장하는 인물처럼 천방지축이고, 또 누군가는 꿈쩍도 안 하는 고루한 사람이겠지.[43]

새로움을 찾는 사람이 있는가 하면 새로움에 저항하는 사람이 있어. 닫힌 우주를 좋아하는 사람이 있는가 하면 무한한 우주를 그리는 사람도 있고. 게다가 이런 극과 극의 유형은 서로 반목하고 말이야.

제니 하지만 성격은 다양하잖아, 그렇지? 사람들은 어떤 분야에 들어갈 때 서로 다른 이유로 들어가니까. 어떤 사람은 연구 자체가 좋아서, 어떤 사람은 경력을 쌓으려고, 어떤 사람은 그저 잘할 수 있는 일을 원해.[44] 임프가 제시한 자료, 특히 과학이 기하급수적으로 성장한다는 프라이스의 자료를 떠올려 봐. 아마 프라이스는 전문화된 과학만을 기록하지 않았을까. 하지만 나는 19세기 중반이나 후기는 돼서야 과학을 전문 직업으로 삼는 사람들이 생겼다고 봐. 위대한 과학자는 그저 좋아서 과학을 할 뿐 생계는 다른 일로 잇는 그야말로 헌신적인 아마추어였어. 지금은 모두가 직업 과학자가 되려 하지. 또 그래야만 하고. 종신 재직권은 연구의 질이나 통찰력이 아니라 연구비와 출판 논문 수에 달려 있으니까. 임프가 그랬어.

콘스탄스 무조건 그런 건 아냐. 1850년 이전에도, 특히 18세기 프랑스에서는 연구 대가를 받는 과학자가 있었어. 베르톨레가 그렇지.

제니 그래도 대부분의 과학자는 라부아지에 같았잖아. 돈 많고 자유로운 귀족이거나 그런 이들을 친구로 두었지. 요점은 과학자들이 아마추어 연구와 후원이라는 오래된 체제 안에서 연구를 수행하는 흔치 않은 자유를 누렸다는 거야. 동료 평가를 통한 인정이 있어야 연구가 가능한 오늘날과는 크게 다르지.

콘스탄스 그래, 1870년대 이전에는 분명히 화학자를 직업으로 생각하지 않았지. 최초의 『네이처*Nature*』 편집자였던 노먼 로키어Norman Lockyer는 전문 과학자가 아니라 공무원이었어. 그리고 다윈, 멘델, 레일리John William Strutt Rayleigh* 등은 정말 완전한 아마추어였

* 존 레일리, 1842~1919. 영국의 물리학자. 하늘이 파란 이유를 설명하는 '레일리 산란(Rayleigh Scattering)'을 규명했으며, 원소 '아르곤'을 발견해 1904년에 노벨 물리학상을 받았다.

지. 1930년대까지도 그랬어.[45] 어느 누구도 그들에게 무엇을 연구하라고 종용하거나 인기 없고 돈 안 되는 연구를 한다고 해고할 수 없었지. 그건 사실이야.

리히터 그래? 그래서 요점이 뭔데? 이게 발견이랑 무슨 관계가 있다는 거야?

아리아나 관계야 많지. 누가 발견자인가라는 문제에 흥미가 있다면 말이야! 소수점 계산이나 하는 사람과 "모든 문제는 열 가지, 아니 그 이상의 다른 문제를 만든다"라고 말하는 사람이 하는 발견은 다르지 않을까? 발견을 이뤄 내려면 전문 과학자가 되어야 할까? 아마추어주의는 여전히 가능할까? 심지어 아마추어주의가 바람직한 연구 자세기까지 할까? 혼자 연구하는 과학자가 조직화된 '거대과학'과 경쟁할 수 있을까?

임프 과학 정책에 주는 영향은 어떨까? 내 말은, 더 많은 과학자를 훈련시키면 더 많은 발견에 이르게 될까, 아니면 무례하게 천방지축 날뛰는 과학자에 맞서서 서로 뭉쳐 꿈쩍도 안 하는 고루한 과학 인력을 더 키우게 될까? 어떤 사람에게 어떤 결과물을 생산해 달라고 돈을 지불하면, 그건 그 사람이 결과를 내놓는 데 방해가 되지 않을까? 우리는 우리가 원하는 결과만을 생산하는 아마추어가 되어야 할까? 동료 평가와 연구비 심사 절차는 있어야 할까? 논문 수나 연구비 규모가 과학자의 연구 중요도를 재는 수단(우리 모두는 그렇지 않다는 걸 알지만)이 아니라면 어떻게 될까? 그러면 무엇으로 중요성을 잴까? 게다가 오늘날 워드프로세서와 컴퓨터에서 흘러나오는 모든 쓰레기 논문에서 멘델이나 아인슈타인이 쓴 중요한 논문을 어떻게 알아볼까?

리히터 그만, 그만! 너 지금 너무 흥분했어. 위대한 과학자라는 이 낭만적 신화는 도대체 어디에서 온 거야? 너는 정말로 네가 시시하다고 생각하는 사람들을 과학에서 쫓아내고 나면 멘델과 다윈, 아인슈타인이 생겨날 거라고 믿는 거야? 난 그렇게 생각 안 해. 상상력이 부족한 영혼들이 해 놓은 풍부한 기초 작업도 위대한 이론적 도약만큼이나 중요할 수 있어. 지금 넌 성급하게 너무 많은 결론으로 넘어가고 있어.

자! 너는, 발견하기라는 일반적 개념 아래에 어떤 가정들이 있는지 질문하고자 했어. 나도 찬성해. 너만큼 그 주제에 관심이 있으니까. 그렇지 않다면 여기 오지도 않았을 거야. 그렇지만 내가 원하는 건 답을 낳는 문제지, 문제를 낳는 문제가 아니야.

임프 답이야 찾을 수 있지. 이건 바늘 위에서 몇 명의 천사가 춤을 출 수 있느냐를 계산하는 문제보다 쉬우니까. 하지만 네 말이 맞아, 친구. 우리는 너무 많은 문제를 생산 중이야. 우리에게 필요한 건 올바른 문제야. 그러니 네가 열광하고 우리 마음을 예리하게 만들어 줄 문제를 제시해 볼래?

헌터 아니면, 네가 다루려는 문제가 해결 가능한 문제인지를 어떻게 정의할 수 있는지 그 방법을 제시하는 게 더 나을 수도 있고. 어쨌든 이 토론회가 가진 목표는 해답만이 아니라 일반적인 방법론적 문제가 무엇이냐를 파악하는 데도 있으니까.

제니 아주 좋은 생각이야! 하지만 잠깐 쉬면서 커피도 마시고 생각을 모으는 게 어때? 모든 논의를 한 번에 다 이해하기에는 한계가 있어서 말이야.

제니의 수첩: 함축, 모순

나는 할 수 있을 때마다 아리아나에게 몸을 돌려 목소리를 낮춰 물었다. "리히터 때문에 힘드니?"

"나는 리히터가 한 말이 뭘 의미하는지, 뭘 자극하려고 하는 건지 모르겠어." 아리아나가 말했다. "리히터는 원리를 논하는 모든 말에 동의하지 않는 것 같은데, 원래 그래?"

"더 심할 때도 있어." 나는 웃었다. "그런데 나는 리히터가 우리 시대가 변칙 사례가 되어 간다는 점을 이해하지 못하는 게 아닐까 생각해. 당연히 리히터가 의도하는 방식이 아니라 사회적 변화라는 측면에서 말이야. 우리가 오늘 오후까지 들은 내용은 좋건 나쁘건, 과학이 가진 본성은 지난 몇 세대 동안에 일어난 폭발적인 성장으로 규정된다는 거였지. 이건 거대한 계획의 성격을 바꾸는 거야."

"계몽주의 사상가 디드로도 『달랑베르의 꿈*D'Alembert's Dream*』에서 이와 비슷한 논의를 했어. 디드로는 수도원이나 종교 단체가 천천히 그 구성원을 바꾸면서 자기 성격을 유지하는 방식을 이야기했는데, 신참 수도승마다 일의 요령을 알려 주는 고참 수도승이 100명이나 있대.[1] 내가 공부한 바에 따르면 이건 과학이 사용하는 방식이기도 해. 도제 관계가 그렇잖아. 그런데 고참 수도승 한 명 한 명이 갑자기 스무 명의 신참 수도승을 훈련시켜야 한다면 어떤 일이 일어날지 생각해 봐! 새로움이 전통을 압도할 수 있겠지. 그럼 조직에는 어떤 일이 생길까? 고참 수도승이 자신들의 통제권을 유지하는 제도를 만들려고 하지 않을까? 연구비 제도가 바로 그렇다고 생각하지 않아?"

아리아나는 고개를 끄덕였다. "종신 재직권도 수많은 신참을 통제하는 방법이지. 아이러니한 점은 연구란 신참들이 하는 게임이란 말이야. 제도에서 잘려 나가야 할 사람은 늙은이들이지."

"헌터는 반드시 그렇지는 않다고 했어." 내가 지적했다. "어떤 과학자는 창조성을 계속 발휘하니까."

"그럴지도." 아리아나가 말했다. "예술가도 마찬가지야. 피카소가 그런 사람이지. 피카소 같은 예술가들은 끊임없이 한 주제에서 다른 주제로 넘어가. 과학에서든 예술에서든 진부한 것보다 더 나쁜 일은 없어. 그런데 성공한 거물이 더 이상 연구할 수 없을 때 자신이 좋아하는 일을 포기할 거라고 확신해?"

"임프가 물어뜯을걸!"

임프가 정말로 다른 방에서 과학의 최후를 논하며 리히터를 물어뜯고 있었다(헌터에게는 매우 즐거운 일이었다). "면역학의 종말이 앞에 있다는 버넷-예르네의 주장에 동의하는 건 아니겠지!" 임프가 소리 질렀다.

리히터가 대답했다. "버넷이 제시한 클론 선택론은 좋은 이론이란 어떠해야 하는지를 보여 주는 훌륭한 사례야. 클론 선택론은 단순하고도 일관성 있게 이미 알려진 사실을 설명하지. 또 생물학자 메더워가 면역 관용성*을 획득하는 현상을 입증할 수 있도록 여러 사실을 예측했고, 특히 이 발견으로 장기 이식도 가능해졌어. 예르네가 한 T세포**, B세포*** 연구와 왜 우리 면역계가 자기 몸을 공격하지 않는지 설명하는 그물망 이론에서 우리가 정말로 모르는 건 거의 없어.[2]"

"미쳤구나!" 임프가 웃으며 소리쳤다. "몸이 스스로를 공격할 때도 **있잖아**. 자가 면역 말이야. 버넷은 물론 누구도 이건 설명하지 못할걸……."

"물론 그렇지." 리히터가 임프의 말을 가로채며 말했다. "버넷은 자가 면역은 자기 교차 반응을 하는 클론이 우연히 자기 단백질과 구조적 동

---

* 면역 체계가 면역 반응을 일으키는 조직이나 물질에 반응하지 않는 상태를 말한다.

** 백혈구의 일종인 림프구로, 살해 T세포나 B세포를 활성화해 항원을 죽이는 세포성 면역 기능을 한다.

*** 백혈구의 일종인 림프구로, 항체를 생산하여 항원을 죽이는 체액성 면역 기능을 한다.

형성을 지닌 박테리아나 바이러스 항원을 통해 활성화될 때 일어난다고 말했어.”

“우연이라니 말도 안 돼!” 임프가 소리쳤다. “그건 자가 면역이 어떻게 일어나는지 몰라서 하는 말이거나 아니면 자가 면역을 인정하지 않는 거겠지. 실상 버넷은 물론 다른 어느 누구도 자기 인지라는 아주 단순한 사실조차 설명하지 못하니까. 왜 임신부는 보통 자기 태아를 거부하지 않는데, Rh 부적합 임신부는 태아를 거부할까. 항체는 태반까지 전달되지 않아야 하잖아, 맞지? 또 왜 자신의 정자를 이물질로 인식할까? 정자가 자기 자신의 DNA와 단백질로 이루어져 있는데도 말이야.”

“임프, 언제나 그렇듯이 조그만 지식이 널 위험하게 만들었군.” 리히터가 투덜거렸다. “예르네가 제시한 그물망 가설은 가능한 모든 항체 배열은 태어날 때부터 정해진다고 말했어. 그렇다면 자가 반응하는 클론은 면역계가 활성화되기 전에 제거돼. 이식 역시 억제 T세포*가 발생해 살해 T세포**를 제거하기 때문에 가능하고.

“하지만 억제 T세포라는 생각도 말이 안 돼! 이제는 면역계가 **두 개** 있는 거야! 하나는 외부에서 온 항원을 제거하고, 다른 하나는 자가 반응 클론을 제거하는 거지! 억제 T세포는 뭘 억제해야 하고 언제 해야 하는지 어떻게 알아? 왜 억제 T세포는 면역학적으로 큰불을 질러서 살해 세포를 단박에 끝내 버리지 않는 거야? 억제 T세포를 이용한 설명은 어떻게 자기 인지가 일어나느냐라는 질문을 뒤로 미루는 것에 불과해. 여전히 어떤 클론을 제거할지 어떻게 결정하느냐는 문제가

* 면역 질환을 막는 면역 억제 반응을 하는 T세포의 한 종류.

** 암세포나 바이러스에 감염된 세포를 죽이는 T세포의 한 종류.

남지. **그리고** 억제 T세포 역시 어떻게 자가 면역을 우회할 수 있느냐는 문제까지!"

"아니." 리히터가 대답했다. "넌 잘 모르는 것 같은데……."

나는 두 사람 모두 끊임없이 '함축'과 '모순' 게임을 하는 중이라는 사실을 깨달았다. 그들은 서로 스타일이 달랐다. 임프는 늘 현재 이루어진 합의에 회의적이다. 리히터는 뭐든지 새로운 주장에 회의적이다. 나는 그들이 자신이 말한 내용을 정말로 믿는지 의심스러웠다. 그들에겐 그저 게임일 뿐이었다. 그렇지만 게임이라니! 그들은 다시 자리에 앉기 전까지 오랫동안 마치 신과 예수처럼 장황하게 말을 늘어놓았다.

대화록 : 연구 가치가 있는 문제는 무엇인가?

임프 자, 다시 시작하자! 의사이자 작가 제럴드 바이스만Gerald Weissman과 루이스 토머스Lewis Thomas는 우리를 자랑스러워할 거야. 그들은 의식적으로 '무지의 시대Age of Ignorance'로 들어가 배워야 한다고 말했어.[1] 우리는 우리가 무엇을 하는지 이해할 수 있기 전에 무엇을 모르는지 아는 법을 배워야 해.

헌터 맞아. J. C. 맥스웰James Clerk Maxwell***도 연구의 목적은 "우리가 지금까지 의지한 가설에서 벗어나 과학의 진정한 진보를 이끄는 완전히 의식적인 무지의 상태로 들어가는 것"이라고 말했지.[2] 난 이 구절을 연구실 문에 걸어 놨어.

*** 제임스 맥스웰, 1831~1879. 영국의 물리학자. 전기 및 자기 현상을 수학적으로 정리한 '맥스웰 방정식'으로 전자기학을 확립했다.

제니 뭐, 그렇다면 우리는 잘한 거야! 과학에 대해 내가 이해한다고 여긴 얼마 안 되는 지식도 이제는 불확실해졌으니까.

리히터 좋아. 그럼 이제 우리는 이 과정을 완성해야 해. 제니, 너는 문제를 제기했어. 기초에서부터 시작하는 문제를 말이야. 제니, 임프, 헌터, 아리아나는 '발견', '혁신', '창의성', '천재' 같은 단어들을 말했어. 마치 이 단어들이 무엇을 뜻하는지 아는 것처럼. 하지만 나는 아니야. 물론 너희도 그렇다고 생각해. 솔직히 말해 나는 이런 단어들이 어떤 토론에서나 탈 없이 쓰일 수 있다고 생각지 않아. 발견이 뭐야? 누가 창의적이야? 그런 게 있다는 사실을 어떻게 알지? 나는 이것들이 우리의 무지를 보여 주는 '신'이나 '사랑', '생기력' 같은 단어와 같다고 봐. 설명해 볼게.

창의성부터 시작하자. '과학과 의학에서 나타나는 창조적 과정The Creative Process in Science and Medicine'이라는 주제로 열린 학회에서 오갔던 논의를 인용해 볼게. 물리학자 하인츠 마이어라이프니츠Heinz Maier-Leibnitz는 다음과 같이 말했어.

이제 우리가 창조적 과정을 가르칠 수 있느냐는 질문에 가까이 다가간 것 같습니다. 나는 자기 삶에서 무언가를 발견한 우리 모두가 불행하다고 생각합니다. 왜냐하면 우리가 가르치는 학생들은 아무것도 발견하지 못하기 때문입니다. 우리는 왜 학생들이 아무 발견도 못하는지 이해하지 못합니다. 즉, 학생들을 어떻게 가르쳐야 할지 모르는 것입니다. 따라서 나는 내 학생들이 무언가를 발견하도록, 창의적이도록 가르칠 수 있는 방법이 무엇인지 정말 배우고 싶습니다.

헌터, 임프, 어떻게 생각하니? 자크 모노Jacques Monod*는 이렇게 답하지.

나는 창의성을 가르치는 게 불가능하다고 믿기 때문에, 논의 자체를 할 수 없다고 생각합니다. 미국 대학에서 공부한 경험이 있는 사람이라면 미국 교육의 기초 원리가 어떤 주제든 가르칠 수 있고, 공부할 수 있다는 언명 아래 세워져 있다는 걸 알지요. 미국에는 창의적 글쓰기라는 과목이 개설되지 않은 대학이 없습니다. 그런데 그걸 어떻게 가르치나요, 레온?

하버드 의과대학 정신의학과 학과장을 맡고 있는 유일한 미국 대표 레온 아이젠버그Leon Eisenberg는 대답했지. "그에 맞는 답은 절대로 찾을 수 없을 겁니다."[3] 이게 내가 지금 여기서 말하고 싶은 거야. 그에 맞는 답은 절대로 찾을 수 없어. 창의성은 개인마다 독특하고, 모든 사람의 행동은 특별해. 창의성을 정의하기는 어려워. 창의성 개념을 사소하게 만들지 않는 한 창의성과 관련된 어떤 유용한 논의도 할 수 없고, 가르칠 수도 없는 거야.

아리아나 미안한데, 너는 답이 없는 문제와 답하기가 불가능한 문제를 혼동하는 거야. 창의성을 정의하는 일에 여러 문제가 있다는 네 말에는 동의해. 하지만 그게 창의성을 정의하는 일이 불가능하다는 뜻은 아냐. 또 교육에 관해서는, 내 개인적 경험과 창조적 분야에

---

* 자크 모노, 1910~1976. 프랑스의 생화학자, 분자생물학자. 효소 합성을 제어하는 유전자군 '오페론(operon)'이 작동하는 기제를 규명해 프랑수아 자코브(Francois Jacob, 1920~2013)', 앙드레 르보프(Andre Michel Lwoff, 1902~1994)와 함께 1965년에 노벨 생리의학상을 받았다.

서 과거의 위대한 장인들에게 배운 모든 장인의 경험으로 확신하건대, 창의성은 가르칠 수 있어. 최소한 모범을 보이는 방법으로써 말이야. 헌터가 과학은 도제 관계를 통해 학습한다고 말한 게 바로 이런 방식이지. 과학이 지닌 창조적 측면도 무엇이든 배우기를 좋아하는 정신 속에 심고 키울 수 있어.

헌터 나도 아리아나의 말에 전적으로 동의해. 하지만 창의성이란 단어가 무엇을 뜻하는지 파악해야 한다는 점, 그리고 가르칠 수 있는 것과 가르칠 수 없는 것을 가르는 요소가 무엇인지 파악해야 한다는 점을 인정하고 나서 리히터의 말을 계속 들어 보자.

리히터 좋아. '발견'이란 단어에도 똑같은 문제가 있어. 내 동료가 들려준 이야기가 있는데, 내가 고민하는 지점을 잘 보여 주는 것 같아. 바로 화학자이자 이스라엘 건국의 지도자 하임 바이츠만Chaim Weizmann의 일화야. 어느 날 바이츠만의 대학원생 중 한 명이 연구실에 와서 자기가 방금 발견한 화학 반응의 기제에 대해 조잘조잘 떠들었대. 바이츠만은 훌륭하다고 말해 줬지. 그러고 나서 한 주 뒤에 그 학생이 추가 실험을 해 보고 다시 온 거야. 학생은 슬프게도 일주일 전의 발견이 실수였다고 말했지. 그때 바이츠만이 머리를 긁으며 이렇게 말했다는 거야. "좀 혼란스럽네. 발견을 하나 했다고 말하는 건가, 아니면 두 개 했다고 말하는 건가?"[4] 둘 다 아니면 그 학생은 아무것도 발견하지 못한 걸까? 이 학생은 창의적인 걸까, 아니면 바보인 걸까?

임프 혹은 그냥 전형적인 학생일 수도?

콘스탄스 나도 비슷한 이야기를 알아. 화학자 리하르트 빌슈테터Richard Willstätter가 자기 스승 아돌프 폰 베이어에 관해 한 이야기인데, 들어 봐.

예비 실험이 성공해서 베이어 선생님이 얼마나 좋아하셨는지! 그리고 얼마나 낙관적이셨는지! 선생님은 일어나셔서, 머리를 깊이 숙이시고는 말씀하셨다. "문제는 다 풀렸다." 그러고는 실험실에서 늘 쓰고 계시던 모자를 벗어 (19세기 독일 실험실은 대개 난방이 되지 않았다) 흔드셨다. (…) 물론 잠시 뒤 강의하러 가시기도 전에 내 책상으로 오셔서, 다음과 같이 말씀하시곤 했지만. "미안하네. 또 속았네."

제니 그러니까 오류는 발견이라는 과정에서 불가피하다고 할 수 있겠네.

이스트랜싱이라는 곳에서 연구하는 과학자가 있었네
마침내 자신을 유명하게 해 줄 발견을 이루었다네
"유레카!" 그는 외쳤지
그러나 다음 날 다시 한숨을 쉬었네
오류가 연구를 빛바래도록 만들었기 때문에.

콘스탄스 하지만 빌슈테터는 계속해서 이렇게 말했어.

우리보다 더 위대하고 똑똑한 사람이 저지르는 실수는 교훈과 위로를 준다. 앙페르André Marie Ampère(전기 역학의 아버지)는 고양이 두 마리를 친구로 길렀는데, 하나가 다른 하나보다 더 컸다. 그런데 가끔은 고양이들이 이 위대한 물리학자가 하는 연구를 방해했다. 앙페르는 문을 열어 놓아야 했는데, 이 문으로 고양이들이 자꾸 드나들었기 때문이다. 그래서 앙페르는 문 아래에 조그만 구멍을 만들었는데, 큰 고양이에게 큰 구멍을, 작은 고양이에

게 작은 구멍을 만들어 주었다. 우리는 앙페르에게 감사하자.[5]

임프 그거 재밌군! 그러니까 발견이라는 문제는 어떤 문제를 푸는 가장 간단하면서 검증 가능한 답을 생각해 냈다는 사실을 어떻게 알 수 있느냐는 문제로 환원된다는 거지. 또 어떤 사람이 그러한 답을 생각해 냈다는 **믿음**과 어떤 사람이 멍청하게 문에다 구멍 두 개를 파 놓은 경우를 어떻게 구별하느냐는 거고? 더 알기 쉽게 말하면, 아리아나가 우리에게 가르쳤듯이, 나의 창의성이 '오류'에 불과하거나 통찰력이 없는 거라도 창의적이라 할 수 있을까?

아리아나 아니면 제니가 말한 요점으로 돌아갈 수도 있어. 즉, 오류 없이도 창의적일 수 있을까?

리히터 바로 그게 내가 막으려고 하는 거야. 그러니까 너희 둘이 베이어처럼 왔다 갔다 하기 전에 내가 제기한 문제를 끝까지 말해 볼게. 누가 발견자일까? 이건 누가 천재냐는 질문보다 더 어려워. 내 생각에 너희들이 보는 발견자는 자기 통제를 넘어서는 사건이나 상황을 자신의 공으로 삼는 간판에 불과해.

임프 역사적 결정론이 또 들어왔군.

제니 톨스토이가 『전쟁과 평화』에서 묘사한 나폴레옹이랑 똑같아!

리히터 아니면 DNA의 이중나선 구조를 자신과 제임스 왓슨이 발견했다고 말한 프랜시스 크릭의 말을 생각해 봐. 실제로는 그들의 발견이 아니었지.[6]

임프 잠깐만! 어떤 대상이 지닌 속성을 발견하는 일(예를 들어 DNA의 구조나 전자의 전하 같은)과 새로운 이론이나 설명을 발명하는 일(자연 선택을 통한 진화나 시간과 공간의 상대성 같은) 사이에 차이가 있다는 건 분명해. 전자는 관찰 가능한 물리적 실체고, 후자는 머릿속에서만 떠올릴 수 있는 개념, 관계야. **대상**은 결국 발견되지.

그래서 발견은 발견자를 만들 수 있어. 반면에 **개념**은 반드시 발명되지는 않아. 그래서 발명은 발명자가 만드는 거야.

리히터 나는 우리가 그 문제를 이해하려고 여기 모인 거라고 생각하는데. 넌 지금 네가 알고 싶은 문제를 이미 사실이라 주장하고 있어.

임프 좋아. 네 말이 맞아. 그럼 내 문제를 다시 말해 볼게. 나는 우리가 오늘 다음과 같은 질문을 해결하는 연구 프로그램을 정의했으면 해. 즉, 발견의 과정은 이해 가능한가? 그렇다면 발견의 확률을 높이는 전략과 술수가 있는가? 이런 지식을 최상으로 활용할 수 있는 사람은 누구인가? 그들을 어떻게 훈련시킬 수 있는가? 그들은 무엇을 알아야 하는가? 그들의 연구를 증진하는 조건은 무엇이고, 이를 방해하는 건 무엇인가?

리히터 넌 또다시 너무 많은 문제를 사실이라 가정하고 있어. 네가 제기한 질문이 타당하다는 사실을 어떻게 알아? 타당하다면 대답할 수 있는지, 대답할 수 있다면 유용한지 어떻게 알아?

임프 왜 이래, 리히터! 타당하냐고? 이 질문들은 우리가 하는 일의 핵심을 정확히 찌르고 있어! 대답할 수 있냐고? 누가 알겠어? 새로운 것을 시작해야 알 수 있는 거지. 그게 연구의 본성이야. 우리 연구의 일부분, 아니 **모든** 연구의 일부분은 그 질문들이 타당한지 아닌지를 이해하는 일에 초점을 맞춰야 하고, 타당하다면 만족스럽게 답해야 해. 개인적으로, 남보다 더 창의적인 과학자를 키우고 중요한 사실을 발견할 확률을 높일 가능성이 전혀 없다는 상황을 알아내는 일도 유익하다고 봐. 정말 그렇다면 말이야(나는 그렇게까지 생각하지는 않지만). 그럼 적어도 이런 일을 더는 고민하지 않겠지. 반면에 이런 일을 더 잘 해낼 수 있는 방법이 있다면, **그** 지식으로 이익을 얻는 위치에 있고 싶어!

리히터 좋아. 하지만 그 질문들을 어떻게 연구할래?

콘스탄스 제안 하나 해도 될까? 내 생각에는 아는 것에서 출발해 모르는 것까지 연구하려면 언제나 내가 가장 잘 아는 분야에서 시작하는 방식이 최선인 것 같아.

리히터 그래도 오늘 토론의 요점은 우리가 모르는 걸 자세히 설명하는 거잖아.

아리아나 "네가 모른다는 사실을 의식하는 것이 지식으로 가는 위대한 한 걸음이다." 정치가 디즈레일리Benjamin Disraeli가 말했지!

콘스탄스 어쨌든 나는 지난 몇 달간 신중하게 내 노트에 수집한 글들을 추리고 모으면서 컴퓨터로는 발견과 과학적 창조성, 혁신, 과학적 사기, 연구비 등등의 자료를 검색했어. 이렇게 공부한 내용을 말하고—

리히터 세상에, 몇 년은 걸릴 텐데!

콘스탄스 —여기서부터 논의를 계속할 수 있을 거야. 이런 접근법에 뭐 잘못된 게 있니?

리히터 친구, 넌 베이컨의 오류를 범한 거야. 즉, 너는 그저 모든 사실을 모으기만 하면 답은 저절로 명백해질 거라고 가정해. 그런데 네가 수집한 사실은 어떤 거지? 어떤 사실이 적합하고 어떤 사실이 그렇지 않은지 말할 수 있어? 아니지. 이론은 사실들로 결정되지 않아. 오히려 그 반대야. 귀납은 단지 가능성만을 산출할 뿐이야. 넌 거의 모든 자료를 읽은 것 같으니, 헐, 헴펠, 포퍼, 푸앵카레, 카마이클[7]이 쓴 글이 노트에 있나 찾아봐. 그들도 똑같은 말을 했으니까.

아리아나 철학은 아니지만, 나도 그 생각에 동의해. 시인 폴 발레리Paul Valéry는 다음과 같이 말했지. "라신Jean Racine의 삶에 관해 모을 수 있는 사실을 모두 모아 봐라. 그래도 라신의 시에 숨은 기술을 배우지는 못할 것이다."[8] 똑같이 말해 볼까. 발견과 발견자에 관한 모든 사실을 모아도 어떻게 발견자가 발견에 이르는지, 아니면 발견이 무엇인지조차도 배우지 못할 것이다. 지금 여기서 필요한 건 사실들을 나열하는 게 아니라 그런 사실이 생기는 과정을 이해하는 거야. 어떻게 치료하는지 읽는 거랑 실제로 해 보는 건 달라.

헌터 또한 수학적 증명을 읽는 거랑 실제로 증명을 고안하는 것도 다르다고 할 수 있지.

아리아나 콘스탄스, 네 일을 생각해 봐. 넌 날마다 특허권을 처리하니까 조언을 구하러 오는 발명자보다 무엇이 발명되어 왔는지 더 잘 알잖아. 그렇지만 너 자신은 아무것도 발명해 본 적이 없을 테고 말이야.

콘스탄스 물론 그렇지. 발명은 내 일이 아니니까.

제니 잠깐만. 과학자야 사실만 가지고 설명할 수 없다는 말에 동의하겠지만, 나 같은 역사학자나 사회과학자, 심리학자는 일상적으로 콘스탄스가 쓰는 방법론을 사용하는데, 왜 역사학자가 손때 묻지 않은 완전한 자료를 발견하기를 꿈꿀까? 모든 사실을 자신의 손안에 쥐기 위해서지! 그리고 심리학을 연구하는 내 친구에게서 들었는데, 나중에야 자료가 무엇을 의미하는지 밝히려고 어느 시험에나 사용 가능하고 통계 분석에 집어넣는 자료를 죄다 모으는 건 매우 흔한 일이래. 이는 진리가 상관관계에서 나타날 거라는 생각인 거야. 이런 의미의 완전성과 정량화 가능성, 바로 이것이 우리의 목표지!

리히터 그렇지만 측정을 안내하는 이론이 없다면 무엇을 측정했는지 어떻게 알아? 어떤 기대도 없이 무엇과 무엇이 상관관계를 맺는지 어떻게 알아? 개념적 틀 없이 어떻게 결과를 해석할 수 있어?

제니 그럼 반대로 이전에 무엇을 했는지 모르면서 어떻게 새로운 연구를 할 수 있어?

임프 잠깐, 잠깐! 콘스탄스가 먼저야. 콘스탄스가 제기한 주장이 공격받았고 아직 대답을 듣지 못했잖아.

콘스탄스 아, 헷갈려. 방금 논의한 게 뭐였지? 우리가 축적된 사실들을 무시한다면 쓸데없이 시간을 낭비할 위험이 없다는 거였어?[9]

헌터 물론이지. 그렇지만 새로운 사실을 보지 못할 위험도 있기는 해. 나는 이 문제를 조금 연구했는데, 아직까지 발견이나 발명에 필요한 예비 작업으로 기존 연구를 잘 알아야 한다는 주장을 지지하는 과학자는 못 찾았어. 물리학자 마흐Ernst Mach는 독서광은 창의력이 없다고 폄하했지. 아인슈타인은 문헌을 인용하기는커녕 좀처럼 읽는 일이 드물었고. J. J. 톰슨과 그의 아들이자 물리학자 G. P. 톰슨George Paget Thomson은 문헌을 읽는 게 독창적인 생각을 방해한다고 경고했지. 그들은 J. J. 톰슨의 스승 오즈번 레이놀즈Osborne Raynolds를 따라 문헌을 읽기 전에 떠오르는 생각으로 연구하라고 권고했어.[10]

임프 생물학자 사이에서도 그런 주장은 흔해. 샤를 리셰Charles Richet,* 맥팔레인 버넷, 피터 메더워가 그랬지.[11]

제니 하지만 너희 **둘 다** 문헌을 인용했어. 이건 옹호하고자 하는 바와 반대되는 거 아냐?

임프 왜 그래, 제니. 당신이 나보다 더 잘 알잖아. 내가 프로젝트를 시작할 때 참고 문헌에 의지한 적 있어? 나는 두 가지 정보, 즉 주제가 품은 함축을 생각해 보고, 다른 사람이 어떻게 말하는지를 살핀 다음에 결론으로 넘어가잖아. 이게 내가 연구하는 방식이라서

---

* 샤를 리셰, 1850~1935. 프랑스의 생리학자. 알레르기성 쇼크인 '아나필락시스'를 발견해 1913년에 노벨 생리의학상을 받았다.

나는 다른 사람들도 이렇게 할 거라고 생각했어. 보니까 정말로 남들도 나와 같아. 이건 그저 어디에서 시작하느냐(사적 지식에서냐, 공적 지식에서냐)는 문제야. 어느 방식이든, 당신이 내린 결론은 현재 이용 가능한 자료에 들어맞는다니까.

헌터 요점은 이거야(그리고 이 교훈을 학생들에게 이해시키려고 너무 많은 시간을 들였지). 나중에 바꾼다 하더라도 우리는 어떤 견해에서 시작해야 한다는 것. 그러지 않으면 자기가 가진 자료를 어떻게 평가하는지도 모를 테니까.

이런 식으로 생각해 봐, 콘스탄스. 네 노트에서 우리가 상상할 수 있는 어떤 모순되는 명제 쌍을 모두 옹호하는 전문가를 찾을 수 있다고 말이야.

콘스탄스 그럴 수 있지.

헌터 과학적 자료도 마찬가지야. 한 관점에서는 이렇게 보이고, 다른 관점에서는 저렇게 보이기 마련이지. 한 기술을 사용하면 x를 얻고, 다른 기술을 사용하면 y를 얻어. 자료 자체에는 이 모순을 해결할 수 있는 게 없어. 그래서 자료를 평가하거나 이해하기 전에 자료를 **보는** 견해와 관점, 이론을 들여와야 해.

콘스탄스 그럼 내가 한 모든 일이 시간 낭비였다는 말이야?

임프 아니, 그렇지 않아. 네가 모은 정보보다 더 가치 있는 건 없어. 하지만 그건 상상력이 풍부한 가설을 보완할 때나 사변적인 허튼소리를 검사할 때 사용해야지, 연구의 출발점으로 두어선 안 돼.

제니 하지만 임프, 사실들을 모아 재발견하는 일이 시간 낭비냐는 콘스탄스의 질문에 아직 답하지 않았어.

임프 왜냐하면 그건 정말로 대답이 필요 없는 문제거든.

제니 대답해 줘!

임프 내 말은, 이미 아는 사실을 재발견하는 일에 누가 신경이나 쓰겠냐는 거지. 나도 10대 때부터 많이 해 본 거야! a가 참이라면 b도 참이라고 예측해. 그러고는 증거를 찾아. 물론 말할 것도 없이 내가 옳지! 이건 발견하기를 연습하면서, 나도 어느 누구 못지않게 문제를 해결할 수 있다는 자신감을 줘. 무엇보다 이미 인정된 답을 알지 못해도 돼. 답을 어떻게 고안하는지 이해하기 시작했으니까! 어떤 권위에 의지할 필요도 없어. 먼저 자신을 믿기 시작했으니까.

리히터 게다가 내 경험으로는, 혼자서 생각하면 합의된 답에 이르는 경우가 거의 없어.

아리아나 그럼 당신이 말하는 그 귀한 보편적 진리에 어떻게 다가갈 수 있어? 당신이 바라는 일과 반대지 않아?

임프 왜 그래야 하는데? 센트죄르지는 새로운 방향으로 연구를 시작할 때 두 가지 생산적인 방식이 있다고 말했어. 첫째는 새롭고도 거대한 이론을 발명한 다음에 이를 반증하는 것. 두 번째는 아주 오래되고 잘 확립된 관찰을 내 손과 눈을 사용해 비판적인 관점에서 재현해 보는 것. 센트죄르지는 연구란 알려진 사실을 재발견하는 일을 두려워하지 않고, 알려진 발견으로 이끌도록 연구를 재창조하는 과정으로 시작해야 한다고 말했어. 이전 연구자가 간과한 것이 무언지를 발견하려는 눈으로 실험과 관찰을 재현하는 연구자는 무언가 다른 결과를 낼 수 있다는 거지. 그는 무언가 다른 사실을 찾는 거니까.[12]

제니 물론 역사학자가 세대마다 역사를 다시 쓴다는 건 사실이야. 정신사를 연구하는 역사학자는 프랑스 혁명을 계몽주의라는 철학적 관념에 도사린 물적 운동으로서 살펴보지. 사회 경제적 관점에서 연구하는 역사학자는 마르크스가 제시한 계급 의식으로 다루고. '신新 역사' 관점은 양적 분석을 하고, '신신新新 역사' 관점은 대중문화를 해석하는 인류학적 접근에 초점을 맞추지. 이렇게 같은 대상에도 다른 관점이 많아.

임프 내 말도 그거야. 센트죄르지가 한 가장 중요한 발견은 근육에서 미오신myosin을 추출하는 50년 전의 실험을 재현했을 때 일어났어. 미오신은 근육을 수축하는 단백질인데, 센트죄르지가 그 실험을 재현할 때까지 분리한 근섬유를 수축하는 데 필요한 전기화학적 조건은 이미 근육생리학자가 밝혀 놓았어. 한데 센트죄르지가 그런 조건에서 미오신을 실험했지만 어떤 일도 일어나지 않았지. 그래서 센트죄르지는 되돌아가 미오신을 추출하는 오랜 방법부터 다시 시작한 거야. 그 과정에서 뭔가 간과한 요소가 없는지 살피면서 말이지. 그 결과 액틴actin, 즉 또 다른 근육 단백질을 발견했어. 수축성 근섬유는 미오신과 액틴의 결합으로 만들어지는 거였지. 따라서 미오신이 **유일한** 수축성 근육 단백질이라는 50년이나 된 지식은 단지 부분적으로만 사실이었고, 맨 처음 미오신 추출로 돌아가 미처 보지 못하고 넘어간 게 뭐였는지 이해하는 일이 필요했던 거지.

리히터 문제를 다른 방식으로 논의해 볼게. 모든 자료가 타당하다 해도, 그 자료들은 평가를 받아야 한다고 말이야. 자료는 이론과 관련해서만 사실이 되니까.[13]

제니 무슨 말인지 모르겠어. 구체적인 사례가 있어?

리히터 이론에는 경계 조건을 설정하고 자료를 평가하는 기준을 제시하는 역할이 있어. 경계 조건은 어떤 조건에서 자료를 수집하고 해석할 수 있는지 그 한계를 정하는 거야. 갈릴레오의 낙체 법칙을 생각해 봐. 그 법칙은 크기, 모양, 무게에 상관없이 두 물체는 진공 상태에서 동일한 속도로 낙하한다고 말해. 여기서 '진공 상태에서'가 바로 경계 조건이야. 따라서 지금 여기서 깃털과 납으로 된 추를 떨어뜨려 두 물체가 떨어지는 속도가 다르다는 사실을 관찰하는 건 갈릴레오의 법칙에 관해 아무것도 말해 주지 못해. 자료는 타당해. 하지만 이 맥락에서 자료는 무의미하지. 안타깝게도 모두가 경계 조건을 명확히 밝히는 건 아니야. 특히 사회 과학에서는. 혼란은 이론에 맞는 타당한 시험이 무엇이냐는 질문 때문에 생겨.

임프 전적으로 동의해. 클로드 베르나르Claude Bernard*가 한 척추 신경 감각 연구도 바로 그런 사례야. 1822년에 베르나르의 스승 마장디François Magendie는 척추 전근에는 감각이 없다는 사실을 발견했는데, 1839년에는 다시 감각이 있다고 말했어. 1839년에 이 실험을 재현한 롱제François Achille Longet라는 생리학자는 척수 전근에 감각이 있다는 사실을 발견했지만, 1841년에는 다시 감각이 없다고 말했지. 롱제는 마장디가 1839년에 감각이 있다고 보고해 모두를 오해하게 만들었다고 말했어. 그래서 이 실험을 또 재현한 베르나르는 신경에 언제는 감각이 있다가 또 언제는 없다는 사실을 발견한 거야. 무엇이 맞는 것일까?

베르나르는 아주 기발한 답을 했어. 즉, 특정 조건에서 모든 관찰은 사실이라고 말이야. 문제는 베르나르도 마장디도 롱제도 이런 결과나 저런 결과를 내는 조건을 이해하지 못했다는 점에 있었어. 추가 실험을 해서 마침내 베르나르는 양성과 음성 결과를 내는 데 필요한 엄밀한 조건을 알았고, 그 덕분에 롱제나 다른 생리학자도 마음대로 이 결과를 재현할 수 있게 되었지.[14]

아리아나 존 에클스John Eccles**도 비슷한 경험을 했어. 에클스는 자신의

---

* 클로드 베르나르, 1813~1878. 프랑스의 생리학자. 무생물과 달리 생물에는 물리학과 화학 법칙으로 파악할 수 없는 특별한 생명력이 있다는 '생기론'을 거부하고, 엄격한 관찰과 실험으로 인체를 탐구한 실험의학의 창시자다.

** 존 에클스, 1903~1997. 호주의 신경생리학자. 신경 세포 사이에서 일어나는 전기 화학적 신호 전달을 규명해 1963년에 노벨 생리의학상을 받았다.

골머리를 썩인 어떤 문제에 답을 얻고자 실험하고 그 결과를 출판했지. 다른 과학자들도 결과가 옳다고 받아들였어. 하지만 4년 뒤에 에클스는 주장을 철회했어. 해당 결과가 오직 특별한 하위 사례에서만 옳다는 게 밝혀졌거든.[15]

헌터 그러니까 어려운 점은 그가 옳거나 그르다는 게 아니라 이론에 있는 경계 조건을 인식하는 일에 실패했다는 거지.

그런데 리히터, 너한테 궁금한 게 또 있어. 인공 사실은 어때? 인공 사실은 이런 도식에 어떻게 들어맞아?

임프 아, 그건 과학의 진보를 막는 중대한 (유일한 장애물은 아니지만) 장애물이지.

리히터 인공 사실(어떤 현상을 의미하는 실험 결과로 보이지만 사실은 다른 현상을 의미하는 결과)은 관찰 조건을 통제하지 않거나 시험하고자 수집한 자료를 이론의 경계 조건을 헤아려 이해하지 못했기 때문에 생겨. 다시 말해 인공 사실은 주어진 이론을 시험하고자 적용할 수 없는 자료야. 예를 들어 깃털이 같은 무게의 납 알갱이보다 천천히 떨어지는 현상을 관찰하는 건 갈릴레오 법칙을 시험하는 실험 조건이 내놓는 인공 사실이야. 그러나 이는 공기 역학 이론에서는 엄청나게 중요한 사실이지.

제니 그러니까 모든 자료가 어떤 이론에서는 사실이고, 다른 이론에서는 인공 사실이라는 거지?

리히터 아주 중요한 예외도 있어. 바로 변칙 현상이지. 변칙 현상은 자료를 적절한 조건에서, 그리고 이론의 경계 조건을 잘 알고서 수집했더라도 이론과 모순되는 자료를 뜻해. 이런 변칙 현상은 이론이 자연을 설명하기에 부정확하거나 불완전하다는 점을 나타내지. 사실 모든 이론은 궁극적으로 실패하게 돼 있어. 우리 같은 이론가에게는 원통한 일이지만. 물론 그렇지 않으면 과학은 진보할 수 없겠지.

콘스탄스 좋아. 하지만 정말 혼란스러운데. 처음에 너는 자료에 있는 유형을 살펴보는 일로는 생각을 이끌어 낼 수 없다고 말했어. 그런데 지금 내가 들은 건 이론으로도, 이론에서 결론을 연역하는 방식으로도 연구를 시작할 수 없다는 거야. 순수한 이론은 순수한 자료에서 귀납하는 방식과 마찬가지로 불완전하거나, 또는 틀릴 테니까.

아리아나 그리고 우리더러 한 가지 방식으로만 세상을 보게 하고, 모순되는 사실이나 생각을 열린 마음으로 대하지 못하게 해.

제니 우리 토론에도 별 도움이 안 되는 것 같아.

리히터 아니, 그 반대야. 우리는 우리가 원하는 곳, 즉 역설이라는 곳에 도달했어. 우리는 이론에서도 자료에서도 시작해선 안 된다는 사실을 알았지. 이게 우리가 아예 시작할 수 없다는 걸 의미할까? 전혀 그렇지 않아! 과학은 언제나 이론과 자료 사이에서 생기는 불일치로 정의된 문제에서 시작해. 이 불일치에서 나타나는 구체적 성질로 문제를 정의하고 그 해결책을 인식하는 일에 알맞은 기준을 설정하는 거야. 이론을 더 명확히 정의할수록, 그리고 변칙 자료가 더 구체적일수록 해결할 가능성도 올라가지.

헌터 그렇지. 우리는 급조해서 모은 자료가 아니라 이전에 획득한 자료와 이론, 기술 집합에서 과학을 시작해야 해. 베르톨레가 좋은 사례야.

리히터 중요한 건 그렇게 만든 문제는 사소하지 않고, 분명히 정의되었으며, 이해 가능하다는 거지.

콘스탄스 그렇구나. 이제 알겠어. 리히터, 너는 베르너 하이젠베르크의 "올바른 질문은 문제를 반쯤 해결한 것이다"[16]는 말에 동의하겠네. 아니면 앨버트 마이컬슨의 “어떤 문제인지를 알려면 그저 필요한 단계를 하나씩 밟아 가는 것보다 더 중요한 건 없다”[17]는 말에도.

리히터 그래 맞아. 우리는 모두 정식화해서 설정된 문제를 해결하는 법을 배워야 해. 우리 중에 그런 문제를 어떻게 고안하는지 아는 사람은 거의 없으니까.

제니 좋아. 그럼 실제로는 어떻게 하는 거지? 어떻게 문제가 답과 관련되지?

헌터 사례 하나를 들어 볼게.[18] 내 수업에서도 써먹은 건데, 네가 1025명의 선수가 참가하는 테니스 대회를 조직한다고 해 봐. 각 경기에서 진 선수는 경쟁에서 탈락해. 비기는 경우는 없다고 가정할 때 얼마나 많은 경기가 필요할까?

임프 음, 1025는 1+1024지. 1024를 2로 나누면 512고. 그럼 512명의 선수가 짝을 이루겠네. 승자는 둘로 나뉘니까, 512를 2로 나누면 256, 그렇게 계속 나눠야지. 따라서 1 + 512 + 256 + 128 + 64 + 32 + 16 + 8 + 4 + 2 + 1이 되네. 이게 뭐 어쨌다는 거야.

리히터 1024가 멱급수에 해당한다는 사실을 알면 더 빨리 풀 수 있지.

헌터 그렇지만 어떤 방법으로든 어쩔 수 없이 수를 세야 해. 그리고 637명의 선수가 참가하는 또 다른 대회를 조직한다면, 앞에서 들었던 해법은 새로운 문제를 푸는 데 도움이 되지 않아. 모든 경기를 처음부터 다시 계산해야 하니까. 그런데 이런 문제 전체를 해결하는 더 명쾌한 방법이 있어. 계산도, 암산도 필요하지 않은 방법이. 하지만 먼저 문제를 다른 형식으로 재구성해야 해. 누구 아는 사람?

좋아. 이렇게 해 보자. 경기에서 누가 우승할까?

아리아나 한 번도 진 적이 없는 사람.

헌터 그럼 다른 선수들은?

아리아나 한 번이라도 진 사람.

헌터 그럼 답은 뭘까?

아리아나 알았다! 답은 누군가 한 사람은 언제나 다른 선수들보다 경기 하나를 덜 하게 된다는 거야! 승자를 제외한 모든 사람은 지니까, 1025명의 선수가 있으면 1024번의 경기가 있고, 637명의 선수가 있으면 636번의 경기가 있어.

헌터 맞아. 그런데 네가 제시한 답이 어떤 형식을 취하는지 생각해 봐. 넌 구체적인 숫자로 된 답을 고안했을 뿐만 아니라 더 중요하게는 문제 전체에 대한 답을 좌우하는 규칙을 고안했어.

리히터 알고리즘이지.

헌터 알고리즘은 탈락이 있는, 동일한 규칙으로 작동하는 어떤 경쟁에서나 유용해. 우리가 과학에서 찾는 것도 이런 거야. 즉, 더 유용하고, 명쾌한 답으로 쉽게 갈 수 있도록 돕는 질문 말이야.

리히터 맞아. 사람들은 알고리즘을 산출하는 문제 설정을 언제나 더 우선해야 해. 그것이 더 깊은 이해에 도달할 수 있는 유일한 방법이니까. 다른 답, 임시변통으로 만든 사후 정당화식 답은 헌터가 올바르게 지적했듯이 한 가지 문제만을 해결하는 것 말고는 우리에게 어떤 통찰도 주지 않아. 그저 계산에나 몰두하는 고된 작업은 생각하기를 대체하지 못하지. 컴퓨터를 사용하는 사람들이 이런 교훈을 알아야 하는데……. 컴퓨터의 계산 능력과 자동화 장치에 너무 의존하는 건 눈에 보이는 문제를 푸는 데만 마음 쓰게 만들어서 우아한 해답을 만드는 탐구가 이뤄지지 않아. 어떤 이론도, 어떤 단순한 기술도 산출하지 못하고 그저 숫자 처리와 자료 생산만 하는 거지. 그 결과, 자연을 보는 어떤 통찰도 얻지 못해.[19]

콘스탄스 재밌는데. 그건 맥스 퍼루츠Max Perutz*가 제임스 왓슨이 자신의 DNA 구조 발견을 회고한 책 『이중나선』을 읽고 남긴 말이랑 통하는 데가 있어.

> 사람들은 왓슨의 책을 읽고 비웃었다. 왓슨이 케임브리지에서 한 일이라곤 테니스를 치거나 여자를 꼬시는 것밖에 없었다고 말이다. 그러나 여기에 중요한 사실이 있다. 나는 때로 왓슨이 부러웠다. 내가 가진 문제는 고된 연구, 측정, 계산에만 수천 시간을 보낸다는 것이다. 나는 이를 중단하는 방법이 있을 거라고 자주 생각했고, 있어야만 했다. 방법을 알았다면 내게도 우아한 해답이 떠올랐을 텐데. 내게는 답이 떠오르지 않았다. 그러나 왓슨에게는 내가 감탄하는 우아한 해답이 있었다. 왓슨이 답을 찾을 수 있었던 이유는 그가 부지런한 연구와 부지런한 생각을 혼동하는 실수를 하지 않았다는 점에 있다. 왓슨은 언제나 하나를 다른 하나로 대신하려 하지 않았다. 물론 테니스와 여자에 몰두하는 자유 시간도 있었고 말이다.[20]

리히터 테니스와 여자는 제쳐 놓고, 네가 인용한 구절은 핵심을 찌르네. 퍼루츠가 한 결정학 연구가 중요했어도, 여전히 각각의 단백질을 촬영하고 분석하는 일은 따로따로 할 수밖에 없다는 거지. 우리는 아직도 단백질 구조를 이해하는 알고리즘을 몰라.

헌터 완전히 그렇지는 않아. 퍼루츠는 예컨대 중원자 치환 같은 몇 가

* 맥스 퍼루츠, 1914~2002. 오스트리아 출신의 영국 분자생물학자. 단백질 분자 '헤모글로빈'의 구조를 규명해 영국의 생화학자 존 켄드루(John Kendrew, 1917~1997)와 함께 1962년에 노벨 화학상을 받았다.

지 기술을 발명했는데, 이건 단백질 연구에서 광범위하게 사용 중이야. 그리고 폴링과 생화학자 코리Carl Cori가 했던 연구도 단백질 속에 있는 특정 구조, 예를 들어 알파 나선, 감마 나선, 베타 병풍 구조*를 이해하는 일반적인 답을 제공하는 데 도움이 되었어.

리히터 하지만 왓슨-크릭이 밝힌 DNA의 이중나선 구조와 같은 일반적인 답은 아니지. 우리가 찾고 싶은 건 알고리즘적 해답이야. 이 경우에는 단백질 접힘을 설명하는 알고리즘이지.

임프 그건 질문 잘하는 법을 배워야 한다는 뜻이지. 간단히 말해 문제에 대한 문제를! 그럼 어떻게 할 수 있을까?

리히터 내가 말한 문제니까 계속 말해 볼게. 난 사실 문제를 제기하고 정의하는 문제를 다루는 논문을 발표했었어.[21] 완벽한 답을 제시한 논문은 아니지만 여기서 말해 볼게. 세부 사항을 모두 다뤄서 부담 주고 싶지는 않으니까 우리에게 도움이 될 요점만 살펴보자.
먼저, 대부분의 사람은 문제에도 여러 종류가 있다는 사실을 모르고, 각각의 종류에는 서로 다른 해결책이 필요하다는 사실도 잘 몰라. 가장 중요한 열 가지 종류의 문제와 그에 상응하는 해결 방법은 다음과 같아. 임프, 분필 어딨어?
그런데 문제의 종류가 더 있을 가능성도 있어(아니면 더 적을 수도 있고). 말하자면 이건 근본적으로는 분류학의 방법론이 필요한 정의 문제라는 거지. 여기서 내가 주장하려는 건 똑같은 방법을 써서는 열 가지 종류의 문제를 해결하기에 충분하지 않다는 거야. 이런 사실은 명백한 것 같지만—

아리아나 명백한 건 없다, 이게 내가 의대에서 배운 첫 번째 규칙이야.

---

* 알파 나선, 감마 나선, 베타 병풍 구조는 아미노산이 나선 모양으로 꼬이거나 병풍처럼 접힌 2차 구조를 말한다.

리히터 —명백하지 않지. 실험과학자들은 특히 자신이 사용하는 방법론이 전능하다고 생각하는 것 같아. 그들이 이렇게 말하는 걸 자주 들었거든. "추측은 필요하지 않다." (그들은 언제나 이론화하는 일에 경멸적인 단어를 사용하지.) "모든 자료를 손에 넣을 때까지 말이다. 그리고 이론도 필요하지 않다. 답은 저절로 나타나니까." 이런 허튼소리를 아무렇게나 내뱉는다니까!

임프 리히터, 여기서 사적인 감정은 넣어 둬!

리히터 너하고 나는 예외야. 넌 적어도 이론이 지닌 가치를 인정하니까. 늘 이론을 이해하는 건 아니지만.

임프 내가 들은 칭찬 중에 제일 영혼 없이 들려!

리히터 요점은 아무리 많은 관찰이나 실험도 자료 문제 말고는 아무것도 해결하지 못한다는 거야. 어떤 화학 물질이 발하는 스펙트럼의 자외선 영역에 이런저런 효과가 있음을 예측하는 이론을 생각해 보자. 이 화학 물질의 스펙트럼은 다른 화학 물질의 스펙트럼과 상호 작용해서 이런저런 효과를 내지만, 그 상호 작용은 현재 있는 장비로 측정하기에는 너무 빠르다고도 해 보자. 그럼 우리가 원하는 실험과 관찰은 할 수 있겠지만, 사실 그건 다 헛짓이야. 이 문제를 해결하려면 새로운 측정 기술을 발명해야 하니까.

헌터 에너지와 엔트로피, 속도 같은 개념도 관찰에 반드시 필요한 건 아니지만 관찰을 설명하려고 발명한 것처럼 말이지.

리히터 바로 그렇지. 몇 가지 어처구니없는 사례를 생각해 보자. 어떤 사람은 새로운 실험 기술을 발명해도 주어진 조건에서 통계역학과 열역학이 동등하다는 점을 입증하지 못할 수 있어. 그런데 어떤 사람은 두 이론이 동일한 예측을 이끈다는 점을 분명히 입증할 것이고. 이건 비교의 문제야. 어떤 사람은 새로운 이론을 유도해서도 측정 기술의 민감도를 높이지 못할 수 있어. 어떤 사람은 어떤 방법을 사용하든 인공 사실 문제를 해결하지 못할 수도 있고. 이런 문제는 처음부터 부정확하게 제시된 거니까.

콘스탄스 질문 있어. 네가 방금 말한 인공 사실 문제는 막스 플랑크가 말한 '팬텀 문제phantom problem'[22]와 같은 거야?

리히터 예를 들어 줄래?

콘스탄스 음, 플랑크는 팬텀 문제를 "그 어떤 해결책도 전혀 소용없는 문제, 이를 풀 수 있는 명백한 방법도 없고 차가운 이성으로 생각했을 때 아무 의미도 없는 문제"라고 정의했어. 플랑크는 계속해서 "팬텀 문제는 많다. 내 생각으로는 흔히 생각하는 것보다 더 많은 영역에서, 심지어 과학에서도"라고 말했지.

아주 간단한 예로, 플랑크는 자기 옆에 있는 벽을 보라고 말했어. 내 시각에서는 여기에 오른쪽 벽이, 저기에 왼쪽 벽이 있어. 하지만 나를 보는 다른 사람에게는, 가령 아리아나에게는 정확히 그 반대지. 그럼 우리 중 누가 옳은 걸까? 우리 둘 다 옳거나 아니면 틀리거나. 이건 네가 상호 보완적인 두 답 중 무엇을 받아들일 거냐에 달려 있어. 아니면 사람은 자기가 아니라 문을 기준으로 오른쪽과 왼쪽을 나눈다는 관례를 택해서 질문 자체를 피할 수도 있고. 이건 어떤 경우에는 문제에 맞는 단 한 가지 답이 없는 거고, 다른 경우에는 문제 자체가 없는 거지.

리히터 이해했어. 플랑크가 말한 팬텀 문제는 인공 사실 문제와 비슷하게 보이네.

계속해 볼게. 종류란 건 문제가 지닌 두 속성 중 하나일 뿐이야. 두 번째 속성으로 순서라는 게 있어. 모든 문제는 생물학자 제임스 다니엘리James Danielli가 '문제 영역' 또는 '주요 문제 또는 1차 문제'[23]라고 부른 순서 안에 있다는 거지. 주요 문제 또는 1차 문제는 다음과 같은 질문으로 표현되는 문제야. "면역계는 어떻

〈문제 유형〉

유형	예시	해결 방법
정의	에너지란 무엇인가 종이란 무엇인가	개념이나 분류 체계 발명
이론	종의 분포를 어떻게 설명하는가 물체는 어떤 원인으로 떨어지는가	이론의 발명
자료	이론을 시험하거나 구축할 때 어떤 정보가 필요한가	관찰, 실험
기술	어떻게 자료를 얻을 수 있는가 자료를 어떻게 분석할 수 있는가 어떻게 하면 현상을 가장 잘 보여 줄 수 있는가	분석과 표현에 유용한 도구나 방법 발명
평가	정의, 이론, 관찰, 기술이 얼마나 적절한가 변칙 현상이나 인공 사실이 있는가	평가 기준 고안
통합	서로 다른 두 이론이나 자료 집합을 통합할 수 있는가 멘델은 다윈과 모순되는가	현재 있는 개념과 이론을 재해석하고 재사고
확장	이론은 얼마나 많은 사례를 설명하는가 기술이나 이론을 적용하는 데 필요한 경계 조건은 무엇인가	예측과 시험
비교	어떤 이론이나 자료 집합이 더 유용한가	비교 기준 고안
응용	이런 관찰과 이론, 기술을 어떻게 이용할 수 있는가	연관된 미해결 문제에 대한 지식
인공 사실	이 자료는 이론을 반증하는가 자료 수집을 위한 기술이 적절한가	제시된 문제를 해결할 수 없다는 점을 인지

게 작동하는가?", "암이란 무엇인가?"

임프 또는 "과학자는 어떻게 발견하는가?"

리히터 바로 그거야. 그런 일반 문제는 직접적 다룰 수 있는 게 아니지. 조심해! 일반 문제는 하위 문제로, 또 더 아래 순서에 있는 문제로 쪼개지니까. 수학자 조지 폴리아George Polya*는 수학에서 일반 문제를 푸는 방법을 다루는 아름다운 책 『수학적 발견 Mathematical Discovery』[24]을 썼어. 한번 읽어 봐. 고등학생도 읽을 수 있는 책이니까.

예를 들어 보자. 면역학에 있는 문제 영역은 다음과 같아. 면역계를 구성하는 게 무엇이냐는 정의 문제, 그 체계를 어떻게 서술하느냐는 기술 문제, 면역계를 구성하는 부분의 기능을 어떻게 설명하느냐는 이론 문제, 면역 반응의 기제가 다른 세포 기능과 양립하느냐는 통합 문제, 면역학적 '기억'이 심적 기억을 이해하는 기초를 제공하느냐는 확장 문제 등등. 분명히 자료 없이는 이론화할 수 없고, 이론 없이는 통합할 수 없고, 기억에 대한 정의 없이는 확장할 수 없어. 따라서 어떤 특정 문제는 다른 사람들과 함께 논의할 수밖에 없는 거야. 그 결과, 질문을 '순서화한 문제 나무 ordered problem tree'라 부르는 도식으로 그릴 수 있어.

임프 그렇군, 멋진데!

리히터 자, '문제 나무'에서 어떤 문제가 차지한 위치는 굉장히 중요해. 다니엘리와 폴리아는 문제는 그 문제를 해결할 기술이 있을 때만 풀 수 있다고 지적했어. 이건 모든 걸 기술 문제로 만들어 버려. 나는 다니엘리와 폴리아가 보지 못한, 서로 다른 **종류**의 하위 문제들을 아니까 좀 더 폭넓게 말해 볼게. 내가 말하려는 건 문제는 그 문제를 해결할 적절한 기술, 자료, 이론, 개념을 발명할 때만 풀 수 있다는 거야. 문제를 해결하는 요령은 하나 혹은 그 이상의 가지를 이미 알려진 가지와 연결하는, 논리적으로 연

---

* 조지 폴리아, 1887~1985. 헝가리 출신의 미국 수학자로 정수론, 확률론, 수학 교육에 많은 공헌을 했다. 헝가리식으로 부르는 원래 이름은 포여 죄르지(Pólya György)다.

결된 문제 나무를 그리는 능력에 있는 거지. 그런 연결은 자료 집합에서 직접적으로 이루어지거나, 이미 답을 아는 유사한 문제 나무에 유비하는 방식으로 간접적으로 이루어질 수 있어. 실제든 상상이든 모형이란 건 비교적 높은 수준의 순서에서 나무를 접목할 수 있는 이론, 개념적 틀을 제공해. 그리고 특별히 잘 짜이고 끈끈하게 연결된 문제 나무를 구성했다면, 어떤 수준에 있

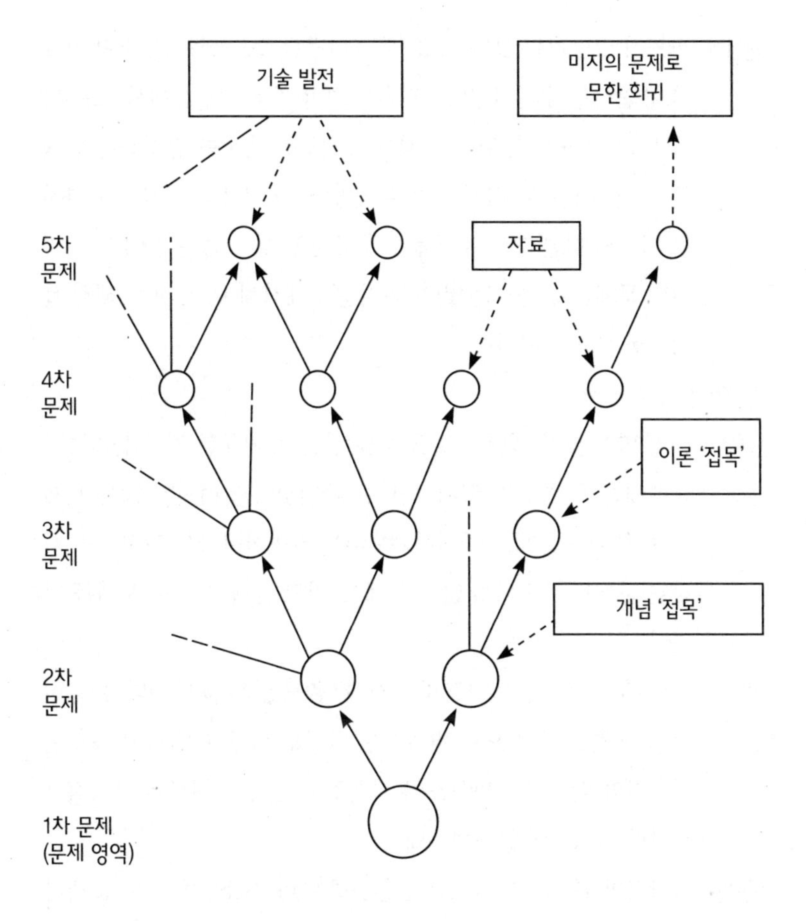

'문제 나무' 도식(Root-Bernstein, 1982c; Danielli, 1966에서 변형)

는 하위 문제 하나를 해결하는 답은 문제 영역 전체를 해결하는 '연쇄 반응'을 일으킬 수도 있어.

그러나 논리적으로 구성된 문제 나무 전부가 해결 가능한 건 아니야! 이미 알거나 알 수 있는 어떤 문제와도 연결되지 않는 논리적 나무를 구성할 수도 있어. 이건 기능적으로는 쓸모 없는 거지.

콘스탄스 그건 플랑크가 말한 '팬텀 문제'랑 비슷한 것 같네. 아니면 인공 사실이랑?

리히터 반드시 그렇지는 않아. 그 문제는 타당할 수도 있지만, 관련 자료를 관찰하는 수단이 없는 거니까. 화학 반응 속도론에서 쓰는 말을 빌려 말하자면, 일반 문제를 해결하는 속도를 결정하는 단계는 기술과 관련된 하위 문제에 달렸어. 그 문제를 해결할 때까지는 나무의 다른 모든 부분을 연구하는 건 쓸모 없는 일이지. 그렇다면 문제를 평가하는 몇 가지 기준을 제시해 보자. 첫째, 해결 불가능한 문제는 피하라.

아리아나 명백하지.

리히터 네가 명백한 건 없다고 말했던 것 같은데. 아무튼 해결 불가능한 문제에는 두 종류가 있어. 하나는 끊임없이 알려지지 않은 문제로 회귀하는 문제. 다른 하나는 너무 일반적이라서 해결 가능한 하위 문제로 환원되지 않는 문제. 그리고 둘째, 사소한 문제를 피하라.

헌터 잠깐 뭐가 사소한지 어떻게 결정해? 쓸모 없는 줄 알았다가 몇 년 뒤 아주 중요한 것으로 밝혀지는 발견도 많잖아. 전자기 유도는 전동기와 발전기를 만들도록 이끌었고, 상대성 이론은 간접적으로나마 원자력에 일조했는데…….

리히터 즉각적인 유용성과 사소함을 혼동하지 마. 사소함은 어떤 문제가 논리적 문제 나무의 어디에 위치하느냐와 관련 있어. 사소한 문제는 더 아래 순서에 있는 문제나 더 일반적인 문제 영역과 연결되지 않는 하위 문제야. 다시 말해, 어떤 가지에도 붙지 않은 잔가지나 잎이라고 할 수 있지. 사소한 문제는 앞에서 논의했던 비非알고리즘적 유형의 해결책보다 더 큰 답은 주지 못해.

반면에 전자기 유도와 상대성 이론은 아주 일반적인 자연의 문제와 관련 있어. 전자기 유도는 과거에 이질적이었던 두 가지 일반 문제 영역, 즉 전기와 자기를 연결하지. 상대성 이론은 시간과 운동에 있는 기초 가정들에 질문을 제기함으로써 시간과 운동이라는 일반 문제 영역의 형식을 바꾸었고. 사실 이런 발견들이 가진 일반성은 즉각적인 응용을 막는 역할을 하기도 해. 이 발견들이 품은 함축은 매우 일반적이어서 그 유용성은 여러 수준의 하위 문제에 담겨 있는 거지.

얼마나 이론적이든 또는 보기에 얼마나 쓸모 없든, 일반 문제 영역이나 1차 문제와 끈끈하게 연결되어 있다면, 사소하다는 건 전혀 문제가 안 돼. 아인슈타인이 연구하던 시대에 이미 공학자들은 시간과 운동 이론을 이용하고 있었기 때문에, 아인슈타인이 이뤄 낸 재정식화는 언젠가 그 응용법을 찾을 거라 확신할 수 있었지. 물리학은 사소하지 않아. 상대성 이론은 물리학에서 사소하지 않고. 따라서 응용법은 나오기 마련이야. 내가 생각하기에 이건 과학사에서 얻을 수 있는 몇 안 되는 교훈인 것 같아.

제니 그럼 (최소한 오래된 지식을 새롭게 다루는 일을 포함해서) 중요한 문제를 식별하는 방법은 역사적으로 중요한 과학자가 연구했던 주제가 무엇인지 아는 거라고 말하는 거야?[25]

리히터 그럴 수 있지. 중요한 문제는 수학과 철학에 위대한 업적을 남긴 대가의 후세대들이 이어받은 연구잖아. 근본적인 것은 근본적인 채로 남아 있으니까. 그렇지, 헌터?

헌터 나도 동의해. 위대한 연구자를 규정하는 특징은 그 혹은 그녀에게 중요한 문제를 찾는 '직감'이 있느냐 하는 거야. 아직 그런 능력이 없다면, 즉 아직 계발 중이라면 현재 있는 문제 설정에 의존하는 편이 좋아. 우리가 따져 봐야 할 질문은 역사적으로 위대한 연구자가 실제로 리히터가 제시한 기준을 사용했느냐는 거지. 그래서 질문하고 싶은 게 있어. 내가 리히터를 제대로 이해했다면, 진짜 질문은 쓸데없이 유익하다고 밝혀진 (리히터가 사용한 의미로) 사소한 문제가 있느냐는 건데.

콘스탄스 흐음. 내 노트에서 찾아볼게. 하지만 사소한 문제는 유익한 결과를 내지 못하는 거라고 했는데…….

임프 **쓸데없이** 유익한 결과 말이야. 어쨌든 새로운 쥐덫을 설계하고 덫이 제대로 작동했다면 사소한 문제는 유익한 결과를 낸 거지. 중요하지 않은 결과라도 말이야.

콘스탄스 아, 그래. 좋아. 그런데 내 노트에 사소한 관찰에서 출발해 중요한 발견에 이른 사례에 대한 기록이 **정말** 있어. 이걸 학부 시절에 내 지도 교수인 심리학자 마이클 머호니Michael Mahoney는 '일상의 숭고sublimity of the mundane'라고 불렀는데, 말하자면 이런 거야. 에든버러대학 동물유전학과의 학과장 F. A. E. 크루Francis Albert Eley Crew는 포유류의 몸에서 언제나 바깥에 위치한 고환을 보고 왜 그럴까 궁금해했고, 결국 체온이 정자 형성을 방해한다는 사실을 발견했어. 앞서 임프가 언급한 얼베르트 센트죄르지는 다음과 같이 물으며 산화 반응을 연구했지. "바나나에 생채기가 생기면 왜 갈색으로 변할까?" 센트죄르지는 이를 연구해 비타민 C가 산화를 방지한다는 사실과 비타민 C의 구조를 밝혀 노벨상을 받았어. 아원자 입자를 연구하는 데 매우 중요한 구름상자를 발명해 1927년에 노벨상을 받은 물리학자 C. T. R. 윌슨Charles Thomson Rees Wilson은 광환(구름 낀 해나 안개 자욱한 달을 둘러싼 색깔 있는 고리)과 광륜(구름 주위에 드리워진 원형의 무지개)을 관찰하면서 연구를 시작했어. 윌슨은 이런 현상을 J. J. 톰슨의 실험실에서 재현하려 했고, 구름상자에서도 이온의 궤적을 볼 수 있다는 사실을 관찰했지.

리처드 파인먼이 노벨상을 수상한 연구도 대학 식당에서 공중으로 던져진 접시에 새겨진 코넬대학 상징 문양의 흔들림을 보고 시작한 거야. 파인먼은 일종의 게임으로서 접시가 흔들리는 비율을 수학적으로 기술하려 했어. 후에 그는 동일한 방정식을 해결하지 못한 물리학의 근본 문제인, 원자를 도는 전자의 스핀에 적용할 수 있다는 사실을 알았지. 이런 '일상의 숭고' 사례는 아주 많아. 그럼 내가 하고 싶은 질문은 일상의 사건이 이렇게 중요한 결과를 낸다면, 어떤 것이 사소하거나 사소하지 않다는 말은 도대체 무슨 뜻일까?[26]

제니 나도 그와 관련된 질문이 있어. 사례로 나온 사람들은 전부 다른 문제를 연구하다가 의도치 않게 어떤 발견에 이른 것처럼 보이는데, 이건 문제 나무라는 도식에 어떻게 들어맞아?

리히터 논리적 나무의 연결성으로 설명할 수 있어. 나무는 끈끈하게 연결되어 있기 때문에 겉보기에 관련 없어 보이는 많은 잎이 가지와 몸통에서 논리적으로 연결되는 거야. 따라서 '일상의 숭고'는 내 분석과 모순되지 않아. 예기치 않게 한 가지 사건이 다른 사건으로 이어지는 일은 없어. 반대로, 자연에 있는 근본적인 무엇이든 그건 우리가 흔하게 보는 대상, 즉 나무에 달린 수많은 잎과 같고 이는 또 몸통에서 통합되는 기본 원리들에 영향을 미칠 게 분명해. 이런 원리가 무엇인지 배우면 아주 중요하고도 유용한 지식을 생산하게 될 거야. 몸통은 수많은 방향으로 나뉘고, 그 각각이 바로 응용이 되니까. 이런 응용은 일반적이라서 중요할 거고, 자연이 이미 유용하게 사용하기 때문에 쓸모 있을 거야.

헌터 그 말은 자연이 아주 제한된 수의 원리를 아주 기발한 방법과 조합으로 무수히 만들어 사용한다는 학설을 지지하는 것처럼 들리는데.

리히터 맞아. 관찰한 현상이 흔할수록 사용하는 원리는 더 단순하고 기초적이지.

임프 게다가 연구하기도 쉬워지고.

아리아나 먼저 그런 현상들을 지각할 수 **있다면** 말이야! '일상의 숭고'에는 또 다른 측면이 있어. 우리는 습관적으로 너무 흔한 사건은 못 보고 넘어가기도 한다는 거지. 고전적인 사례로 생리학이나 의학적인 처치에서 표준적으로 사용하는 식염수, 즉 링거액의 발명이 있어. 의사이자 약리학자 시드니 링거Sydney Ringer는 심장 생리학을 공부하는 다른 동료들처럼 삼중으로 증류한 물에다 염화나트륨을 첨가해 만든 용액으로 실험을 했어. 이 용액을 개구리 심장에 넣으면 약 30분 동안 심장이 살아 맥박이 뛰었거든. 그런데 어느 날 링거 실험실의 보조가 귀찮아서 수돗물로 용액을 만들었어. 그랬더니 이 용액에 담긴 심장은 몇 시간이고 맥박이 뛰었지. 링거는 곧바로 원인을 찾았고(수돗물에는 칼슘, 마그네슘, 칼륨, 세포 생성에 필수적인 이온들이 있었던 거야), 이후에 링거액을 만드는 최적 성분 비율을 확립했지.[27] 나는 수업할 때 학생들에게 우리가 얼마나 습관에 의존하는지 가르쳐 주려고 이 사례를 인용하곤 해. 심장에 용액을 넣는 누구라도 왜 굳이 증류수와 염화나트륨을 써야 하는지 물을 수 있었어, 아니 물어야 **했어**. 그랬다면 무슨 일이 일어날까……. 아마 이런 대답을 들었을 거라 생각하는데. "다른 사람들도 다 그렇게 하잖아." 여기에 뭔가 배울 만한 중요한 사실이 있지.

분명히 발견하기, 즉 문제와 해결책(말장난하자면 말이야)*을 발견한다는 건 부분적으로 언제나 그곳에 있지만 습관, 흥미 없음, 훈련되지 않은 눈 때문에 그냥 지나치는 현상을 보는 거야. 흔들거리는 접시에서 해결되지 않은 물리학 문제를 보기 위해 파인먼을 데려올 필요가 있을까?

콘스탄스 음, 한 가지 대답은 철학자 앨프리드 화이트헤드Alfred Whitehead가 한 다음과 같은 말이 아닐까. "중요한 모든 것은 이를 발견하지 못한 누군가가 이미 봤던 것이다."[28]

아리아나 그거 괜찮은데. 발견이란 무언가 새로운 사실을 보는 게 아냐, 그게 무엇을 **뜻하는지** 인식하는 거지.

임프 좋아. 그럼 우리 문제가 뭘 뜻하는 지도 알아보자. 우리에게는 일반 문제 영역이 있어. 발견의 과정이라는 것 말이야. 우리가 습관 때문에, 또는 제한된 관점으로 주제를 바라봐서 지나쳐 버린 숨겨진 가정이 있을까? 그럼 어떻게 그걸 알 수 있을까? 언제, 어디에서 그걸 포착할 수 있을까? 반증을 위한 거대하고 새로운 이론을 발명하라는 센트죄르지의 조언을 따라 몸통에서 시작할까? 아니면 우리가 아는 주요 이론과 끈끈하게 연결된 중요한 관찰을 통해, 새로운 사실을 발견하길 희망하는 방법에 따라 잎에서 시작할까? 함축이나 모순에서 시작할까?

헌터 둘 다 할 수도 있지. 몸통과 잎은 한 몸이고 연구의 중심이니까. 그래야 순수 경험론과 순수 이론 때문에 빠지는 곤경에서 벗어날 수 있어. 우리가 다시 조사해 볼 만한 발견과 발명에 관한 역사적 사례가 아주 많아. 문제는 우리가 사례들을 조사할 때 무엇을 찾

---

* solution에는 '해결책'과 '용액'이라는 두 가지 의미가 있다.

고 싶으냐는 거겠지. 우리가 가진 거대 이론은 무엇인가?

콘스탄스 제안 하나 더 해도 돼? 아까 것보다 더 나을지 몰라.

임프 물론이지.

콘스탄스 좋아. 내가 틀렸다면 지적해 줘. 나는 지금까지 들은 내용으로 미루어 네가 정말 좋아하는 건 역설이나 모순이라고 생각해.

임프 그보다 좋은 건 없지!

콘스탄스 그럼 들어 봐. 어떤 과학자는 발견하기와 발명하기에 논리가 있다고 생각하지만, 어떤 과학자는 그렇게 생각하지 않아. 또 어떤 과학자는 천재가 있다고 생각하지만, 어떤 과학자는 천재란 그저 누군가가 적절한 시간에 적절한 장소에 있었느냐는 문제에 불과하다고 생각해. 예를 들어 제럴드 홀턴은 과학 천재라는 문제는 겸손한 과학자가 연구하거나 생각하는 법을 특별한 방식으로 정의하는 문제일 뿐이라고 말했어.[29] 하지만 홀턴과 과학사학자 호러스 저드슨Horace Judson에 따르면, 어느 누구도 과학자들이 생각하는 방식을 설명하는 체계적인 구조나 알고리즘을 찾아본 적은 없어.[30]

리히터 친구, 그건 천재들도 생각하는 방식에 특별한 점이 없다는 단순한 이유 때문이야. 천재의 알고리즘 같은 건 없다고.

아리아나 없다고? 안 찾은 게 아니고? 그건 또다시 하지 않은 거랑 할 수 없는 걸 혼동하는 거야.

리히터 넌 그저 시도만 하면 성공한다고 가정하는 거잖아.

아리아나 왜 이래, 리히터.

임프 리히터, 잠깐 멈춰. 회의주의자가 되는 건 좋지만 방해꾼은 되지 말라고. 나는 가능하다고 생각해. 과학적 발견을 규명하는 우리의 거대하고도 새로운 이론은 발견에도 논리가 있다고 제시할 수 있어. 또 과학자들이 실제로 어떻게 연구하는지 주의 깊게 살펴서 그 논리가 뭔지 밝힐 수도 있을 거고.

헌터 너무 광범위해.

리히터 맞아. 임프, 네 말을 반박하면서 네 연구를 발전시켜 볼까. 그건 불가능해. 대부분의 발견은 우연히 일어나지, 계획이 아냐. 역사는 과학에 헛발질과 실수가 가득하다는 걸 보여 주잖아. (네가 뭐라고 부르든) 기술, 알고리즘, 전략 같은 건 존재하지 않기 때문에 배울 수 없어. 발견하기는 가르칠 수도 없어. 네가 할 수 있는 최선은 연구 중인 분야에서 무엇을 바라고 무엇이 중요한 문제인지를 잘 알아서 우연에 대비하는 것뿐이야. 문제들을 모아 짜 맞추고, 순서 짓고, 문제 해결을 결정하는 핵심 요소를 판별하고, 그런 다음에 잃어버린 조각이 운 좋게 손에 들어오기를 기다려야 해. 아니면 게으른 실험실 보조처럼 모든 걸 운에 맡기든가.

아리아나 아, 제발! 링거가 한 발명은 의도적으로 이루어질 수 있었어. 너도 알잖아. 왜 모든 게 오해라고 주장하는 거야? 우리를 통제 불가능한 상황에 빠진 수동적인 사람으로 만들고 싶어? 앉아서 운이 오기를 기다리라고? 리히터, 그때 사람은 도태돼, 앉아서 기다리는 동안 **도태된다고!** 나는 그런 사람들을 매일 봤어. 무지에서 비롯되든 아니든 나는 행동해야 하고, 그러니 기다릴 수 없어.

게다가 나는 네 철학도 받아들일 수 없어. 내게 수술을 가르쳐 준 사람은 이렇게 말했어. "절대로, **절대로** 나를 포함해서 어느 누가 현재 기술에 내리는 평가를 받아들이지 마. 나는 수술에 관해 내가 아는 최선의 방법을 가르칠 거야. 앞으로 50년 뒤에는 내 기술이 미개하다고 생각하겠지만. 그래도 개의치 않고 끝까지 밀고 나가면, 이 방에서 훈련받은 너는 내 기술을 미개하게 만들 유일한 사람일 테지. 그러면 적어도 내 솜씨가 아니라 가르침이 기술을 정당화할 거야. 그러니 내가 보여 주는 기술이 최선의 방법이라고 가정하지 마. 네가 떠올릴 수 있는 어떤 생각도 이미 누군가 시도한 거라고 가정하지 마. 수술은 내가 또 동료가 무엇을 했는지 보고 너 자신에게 이렇게 말할 때만 발전하는 거야. '그저 그렇네. 내가 더 잘할 수 있겠는걸'."

나는 네 분석을 받아들이지 않겠어. 나 자신에게서 답을 찾을래, 고마워!

리히터 부디 그러기를. 하지만 어디서 찾을 건데?

임프 헌터가 도와주겠지. 리히터의 조언에 따라 우리가 토론하는 문제 나무를 그려 보니까, 연구 과정을 이끌어 줄 바람직한 규정들이 따라 나와. 우선 첫째, 발견이나 발견하기를 정의할 필요가 있어. 둘째, 발견하기가 단지 임의적이고 우연한 돌발 현상 때문만은 아니라는 가정을 제기할 필요가 있어. 셋째, 잘 알려지고 중요한 무언가를 새로운 시각으로 연구하는 게 더 나아. 넷째, 연구를 시작하는 자료가 무엇이든 발견하기를 다루는 그 밖의 자료와 분명하고도 명확한 연결이 있어야 해. 그래야 우리가 제기한 다른 하위 문제, 가령 누가 발견하는지, 어떤 조건에서 발견하는지, 발견하기를 촉진하려면 무엇을 해야 하는지에 관해 검토할 수 있을 테니까. 헌터, 네 연구 노트에는 이런 기준에 맞는 사례가 있니?

헌터 여러 개 있지. 책을 쓰려고 연구하다가 우연히 발견이 이루어졌다고 보이는 두어 가지 사례를 찾았어. 1858년에 파스퇴르가 발견한 건데, 임프가 제시한 기준 모두를 만족시켜. 1858년에 파스퇴르는 미생물이 만드는 비대칭 화합물의 선택적 발효를 발견했어. 이건 우연히 이루어진 발견의 고전적 사례야. 또 잘 알려졌으면서도 짐작한 것보다 기록도 잘돼 있는 사례고. 난 파리에 있는 파스퇴르 기록 보관소에서 선택적 발효에 도달한 실험의 발전 과정을 연대순으로 보여 주는 일련의 미출간 원고와 미인용 원고를 찾았어. 그러니 오래되고 잘 알려진 자료를 새로운 연구 관점에서 다시 볼 수 있지. 또 우리가 관심을 두는 특정 발견은 파스퇴르가 수행한 일련의 발견에 속하는 일부이기 때문에, 발견하기에 맞는 여러 정의를 시험해 볼 수 있는 자료로 충분해. 게다가 파스퇴르는 베르톨레의 전통 안에서 연구를 시작했어(그래서 우리가 이미 논의한 자료를 발전시킬 수 있는 거야). 이런 점은 몇 가지 방향으로 우리를 이끄는데, 그중 두 가지가 과학사에서 아주 중요해. 하나는 반트 호프가 사면체 탄소 원자를 발명해 거기서부터 화학반응에 대한 열역학으로 나아간 것. 다른 하나는 자연 발생설 연구와 질병의 세균 병원론. 따라서 파스퇴르가 한 연구는 그 자체로 중요해.

임프 나는 파스퇴르가 창조적 인물이라는 점에 모두 동의할 거라고도 생각해. 파스퇴르는 의학 공동체가 제기하는 반대에 맞서, 세균 병원론, 백신 등을 발명했으니까.

리히터 그래. 하지만 난 세 가지 점에서 걱정이 되는데. 첫째는, 지난 몇 달 간 발견하기를 다룬 책을 몇 권 읽었는데 I. 버나드 코헨이 말한 대로, 그 책들은 과학 발전에 영향을 끼쳤던 수많은 인물과 사건을 대충 언급하고서 더 이상 논의하지 않더라고.[31] 물론 코헨의 책 『과학에서 일어나는 혁명』도 개괄적인 연구라서 마찬가지지만, 뭐 넘어가자. 어쨌든 우리가 파스퇴르를 연구한다면 제대로 해야 해. 핵심으로 내려가야 한다고.

헌터 물론이지. 실험실에서 쓴 노트, 사적 · 공적 서신, 연구 논문, 자서전, 전기, 역사 연구, 그리고 어떤 경우에는 나와 다른 사람들이 한, 파스퇴르의 최초 관찰이나 발견이 이루어진 조건을 재현한 시도까지 모든 자료를 동원해야 해.

리히터 그게 두 번째, 세 번째 걱정을 만들어. 또 기술이나 방법론적인 문제도 제기하고. 그러니까 두 번째는 사례 연구를 상세히 논의한 다 해도, 이걸 얼마나 의미 있게 일반화해서 나타낼 수 있는 거지? 통계적 평균의 법칙을 만족해? 세 번째는, 무슨 근거로 19세기 과학이 현대 과학에 유익한 통찰이나 현대 과학이 어떠해야 하는지를 조언하는 규범을 줄 수 있다는 거야? 우리가 이미 알듯이 현대 과학은 더 이상 아마추어가 하는 독립된 활동이 아냐. '작은 과학'을 연구해서 '거대과학'에 어떤 말을 할 수 있지?[32]

헌터 먼저 세 번째 질문에 답할게. 아마 그게 발견의 비율이 인력, 연구비, 출판으로 결정되는 성장률에 부응하지 못하는 이유일 거야. 과학은 너무 거대하고 너무 조직화되었으니까. 그러니 19세기 관점이 세 번째 질문에 어떤 통찰을 줄 수 있지 않을까.

임프 그리고 나는 우리가 '작은 과학'에 집중하기를 바라. 나는 내가 무엇을 더 잘할 수 있는지 알고 싶거든. 미국 국립 보건원이나 미국 국가 과학 재단이 무엇을 해야 하는지는 관심 없어.

리히터 두 가지가 따로 떨어진 것처럼 말하네.

헌터 두 번째 질문에는, 우리 모두 내 사례 연구(너희들이 다른 인물을 첨언해도 좋고)가 전형적인지 아닌지 밝히는 데 최선을 다해야 한다고 답할게. 여기서 콘스탄스가 가진 자료를 값지게 쓸 수 있겠지. 물론 과거부터 축적된 지혜에서 시작하고 싶지 않을 수도 있어. 하지만 분명히 그런 지혜 없이는 연구가 불가능하잖아.

임프 경험, 즉 개인적 경험 없이 시작하는 것도 불가능하지. 그거야말로 진짜 시험이니까. 어쨌든 나는 여기 모인 사람들에게 발견하기를 과거로부터 살펴보자고는 하지 않았어. 다만 미래에 발견을 어떻게 더 효율적으로 할 수 있을지 배우자고 했지. 우리가 역사를 이용하고자 한다면, 역사는 그저 분석 도구여야 할 거야.

제니 가능하다면.

임프 가능하지 않다면 뭐하러 해? 요점은 말이야, 우리가 내린 결론이 타당한지 진짜로 시험하는 일은 우리가 조사하는 발견의 수에 달린 게 아니라는 거야. 오히려 우리가 실제 실험실에서 겪는 문제에서 배운 내용을 적용하는 데 달려 있지. 우리가 역사에서 찾는 통찰은 과학자로서 우리가 가진 욕구에 따라 결정돼. 뭐 제니와 콘스탄스에게는 이런 관점이 충격이겠지만.

제니 난 결벽주의자가 아냐. 내 걱정은 마.

콘스탄스 나도 아냐. 사실 나는 과학사에서 쓸모를 찾을 수 있다면, 그건 아주 명백하고 확실한 지식일 거라고 착각했어. 그랬다면 아마 대학원에서 보낸 몇 년간을 낭비했다고 느끼지 못했을 테지만.

임프 낭비가 아냐. 난 그렇게 확신해. 하지만 오늘은 이만 하자. 우리 모두 다 너무 피곤하고 지쳤어. 많은 문제를 토론하기도 했고. 너무 많지 않았을까 싶지만. 그러니 해변에서 놀거나 왓슨처럼 테니스나 치며 나머지 시간을 보내자. 루이 파스퇴르와 비대칭 발효의 발견은 다음 주로 미룰게. 그때까지 훌륭한 생각을 품어 와!

임프의 일기: 독단 거부하기

요즘 내가 하는 실험 대부분은 (한스) 베테가 내린 결론 때문에 촉발되었다. 베테가 어떤 현상이 관찰 불가능하다고 말하면, 나는 그 말이 틀렸음을 입증하려 한 것이다. 이는 우리 둘 다에게 좋은 일이다. 앞으로 4년 동안 중요하게 쓰일 여러 사례를 만들었으니까.

– 루이스 앨버레즈(Luis Alvarez, 물리학자 · 피아니스트 · 비행기 조종사, 1987)

'어리석은' 질문이 문제 영역을 정의한다. 바로 이런 질문이. 생물학적 체계에서는 정보가 이동한다. 하지만 손실 없이 어떻게 이동할까?

연구research의 본래 뜻, 다시 찾기에서 '다시re'를 강조해 보자. 내가 이해했지만 발견하지 못한 것이 무엇인지 되돌아보면서. 그리고 불가능한 것을 염원하면서. 프랜시스 크릭이 무언가 중요한 점에서 틀렸음을 입증하기 바라면서.

혼란. 이게 내가 찾은 거다. 혼란은 '생물학적 정보'라는 용어뿐만 아니라 분자생물학의 중심 원리라는 용어와도 관련 있다. 왓슨(『유전자의 분자생물학*Molecular Biology of the Gene*』)은 DNA가 단백질을 암호화한다는 중심 원리는 사실이라고 말했다.[1] 생화학자 레닌저Albert Lester Lehninger와 세균학자 테민Howard Martin Temin, 생화학자 프랭켈콘라트Heinz Fraenkel-Conrat도 같은 말을 했다.[2] 그러나 중심 원리*는 독단이 아니다. 실험으로 검증되었고, 이론적으로 예측 가능한 사실이다!

중심 원리는 크릭이 말한 것도 아니다. 크릭은 DNA → RNA → 단백질로 가는 현상을 '배열 가설'이라고 불렀지, 중심 원리라고는 하지 않았다.[3] 그러나 크릭은 알아야 한다. 자신이 독단을 만들었다는 사실을!

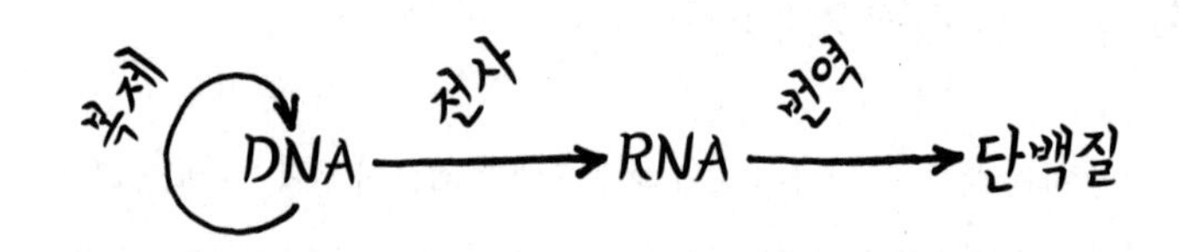

중심 원리(실제로는 많은 교과서에 '배열 가설'이라는 이름으로 실림)

---

* 중심 원리라고 번역하는 단어 central dogma에서 dogma는 맹목적으로 신봉하는 주의나 사상인 '독단'을 일컫는다.

크릭은 말했다. 중심 원리는 "부정적 **가설**이라서 입증하기가 매우, 매우 어렵다. 중심 원리는 특정 정보 이동이 일어날 **수 없다**고 말한다. 정보는 단백질에서 단백질로, 단백질에서 RNA로 가지 않는다. 이는 배열 가설과 같지 않다. 배열 가설보다 훨씬 명확하며, 핵산에서 단백질로 가는 정보 이동이 특정한 방식으로 일어난다고 말한다. 중심 원리는 한층 강력하고 따라서 원리상 입증 불가능하다고 말할 수도 있다……. 나는 독단이란 **합리적 증거**가 없는 신념이라고 생각한다. 그렇지 않은가?"[4]

그러냐고? 부정적 진술은 입증은 고사하고 **시험**조차 할 수 없다!(어떤 증거에도 기반을 두고 있지 않으니까) 예측도 내놓지 못하고 이론적 뒷받침도 없다. 가장 가까운 사례는 열역학에서 영구 운동 연구를 금지한 것이다. 하지만 적어도 수백 명의 사람들이 영구 운동 기관을 만드는 데 실패할 때까지 금지하지 않았다. 그리고 **금지**는 잘 확립된 이론, 즉 열역학 법칙에 기반을 둔다.

생리학자 마이클 포스터Michael Foster는 뭐라고 말했더라? "실험이 가능한 적절한 프로그램 없이 어떤 가설을 구성하려는 사람은 과학과 세계에 짐이 된다. 그리고 근본적으로 시험이 불가능한 가설을 내세우는 사람은 더 나쁘다. 왜냐하면 쓰레기를 퍼뜨리기 때문이다."[5] 쓰레기! 바로 그렇다! 난 시험 불가능하고, 통찰력 없는 가정은 거부한다! 왜 그래야 하냐고? 과학은 종교가 아니기 때문이다! 과학은 독단이어서는 안 된다. 과학에는 시험되지 않은, 시험 불가능한 가정이 있어서는 안 된다(아니면 가능한 한 최소한도로).

그런데 1970년대 후반에 크릭은 다음과 같이 말했다. "**누구도** 단백질에서 핵산으로 가는 이동을 시험하려고 애쓰지 않는다. 그런 건 불가능하기 때문이다. 하지만 이 문제를 **논의**한 적은 없는 것 같다."[6]

논의하지 않고, 그저 가정한다니! 이것이 과학인가?

크릭이 말하는 근거를 들어 보자. "간략히 말해, 입체 화학적인 이유에서 단백질 → 단백질로 가는 이동은 DNA → DNA로 가는 이동과 같은 단순한 방식으로 이루어지기 어렵다. 단백질 → RNA(그리고 단백질 → DNA에서도)로 가는 이동은 (뒤로 가는) 번역이 필요하다. 즉, 하나의 문자에서 구조적으로 전혀 다른 문자로 이동하는 것이다. 앞으로 가는 번역에는 아주 복잡한 기구가 있다. 게다가 이 기구는 일반적인 이유에서 뒤로는 작동하지 않는 것 같다. 그나마 합리적인 대안은 세포가 뒤로 가는 번역을 수행하는 복잡한 일련의 기구와 완전히 분리되어 진화했다는 것인데, 이마저 기원을 추적할 수 없고, 그런 게 필요했다고 믿을 이유도 없다."[7]

크릭이 말한 건 어떤 종류의 근거인가? 다음과 같이 정리해 보자. (1) "나는 어떤 식으로든 단백질을 만드는 주형으로 작용하는 단백질이 있는지 알지 못한다." 그래? 다른 사람들도 그럴 것이다. (2) "단백질 → RNA, DNA로 가는 이동은 문자 전환(번역)이 필요하다." 그래? RNA → 단백질로 가는 이동도 마찬가지다. 이 점은 그 자체로 단백질 → RNA로 가는 이동이 존재할 가능성을 **위한** 논증이지, 반대가 아니다. (3) "번역 기구는 뒤로 가기에는 너무 복잡하다." 그래. 전동기도 복잡하긴 매한가지다. 하지만 약간의 조작을 가하면 뒤로 가서 발전기로 기능할 수 있다. 우리는 분자 기구, 효소가 촉매라는 점을 안다. 촉매는 화학적 평형에 도달하는 **속도**를 높이지만, 평형 상태를 변화시키지는 못한다. 주어진 평형 상태는 베르톨레가 말한 바에 따르면, 앞으로 작용하는 반응과 뒤로 작용하는 반응 사이에서 일어나는 균형이다. 그렇다면 적절한 조건에서 '뒤로 가는 번역'이 가능할 것이다. 크릭이 분자유전학은 화학 법칙을 따른다는 점을 부정하고 싶어 하지 않는 한 말이다. 크릭은 감히 그러지 못할 것이다. 그는 엄격한 환원주의자이기 때문이다![8]

(4) "우리는 뒤로 가는 번역을 본 적이 없고 어떤 기구도 그런 일을 할

수 없다. 해당 기구가 특별하든 아니든 상관없이 말이다." 그러나 어느 누구도 이를 **찾아본 적**은 없다. "**누구도** 단백질에서 핵산으로 가는 이동을 시험하려고 애쓰지 않는다. 불가능하기 때문이다." 찾아본 적도 없는 걸 어떻게 알 수 있는가? (5) "그 이유는 논의하지 않았다. 굳이 필요하지 않기 때문이다." **크릭**은 분명히 이렇게 말했다! 언제부터 과학자가 무엇을 할 수 있고 없는지, 뭐가 필요하고 필요하지 않은지 알고서 자연에 대해 말한 거지? 얼마나 뻔뻔하고, 허튼소린지!

나에겐 필요한 이유가 떠오른다. 즉, 항원 단백질('비자기')인지, '자기' 단백질인지 밝히려면 단백질 배열을 해석해야 한다는 것. 우리는 이미 림프구가 항체 다양성을 산출하는 특별하고 비非특이적인 '기구'라는 사실을 안다. 그 기능과 관련해 아직 이해하지 못한 측면이 있기는 하지만 말이다. 그건 우리가 해결해야 할 문제다.

부질없는 짓일지 모르지만 나는 실험 대신 독단적 신념에 따르는 행동에 넌더리를 내는 사람을 보면서 어떤 만족감을 느꼈다. 바버라 매클린톡Barbara McClintock*은 독단을 믿지 않았다.[9] 어윈 샤가프Erwin Chargaff**는 절대로 독단을 인정하지 않았다. 샤가프는 이렇게 말했다. "나는 21년 전(1953)에 『네이처』에서 DNA를 다룬 두 편의 단신을 읽고 난 첫인상을 생생하게 기억한다. 그 논조는 분명히 유별났다. 신비스럽고 고고했으며, 거의 십계명 같았다. 지금도 잘 이해하기 어려운, 살아 있는 세포라는 조건에서 거대한 이중나선 구조가 풀리는 방식과 같은 어려움은 무시해

---

* 바버라 매클린톡, 1902~1992. 미국의 유전학자. 주로 옥수수 유전자를 연구했으며, 고정된 유전자가 아니라 자리를 바꾸며 작용하는 '전이성 유전 인자', '도약 유전자'를 발견해 1983년에 노벨 생리의학상을 받았다.

** 어윈 샤가프, 1905~2002. 오스트리아 출신의 미국 생화학자. DNA 조성을 정량적으로 분석해 서로 쌍을 이루는 DNA 염기 아데닌과 티민, 구아닌과 시토신의 비율이 1:1임을 입증했다. 이런 사실은 왓슨-크릭이 DNA의 이중나선 구조를 밝히는 데 도움을 주었다.

버렸다. 나중에 과학 문헌에서 너무 두드러지게 나타나기 시작한 만능 해결사 정신에 빠져서 말이다. '중심 원리'를 만든 비탕도 이와 똑같은 정신에 입각했을 것이며, 아마 내가 이에 반대를 표한 첫 번째 비판자였으리라. 박사 학위를 가진 권위자들은 아주 싫어했지만. 나는 이런 현상이 무언가 새로운 것이 떠오르는 여명이라고 이해했다. 즉, 과학자가 만든 모형에 맞게 행동하도록 자연에게 명령하는 규범생물학이."[10] 그렇다! 내가 보고 싶지 않은 것은 존재하지 않고, 보고 싶은 것은 어디에나 있다는 거지. 참 나!

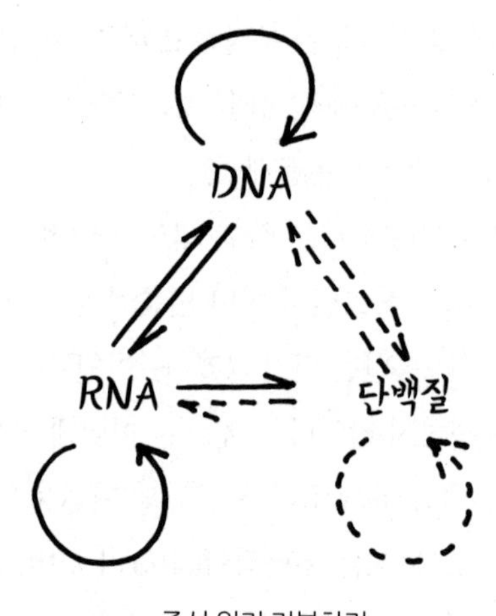

중심 원리 거부하기

할 일은 하나뿐이다. 뒤엎어라. 단백질 → 단백질과 단백질 → RNA로 가는 이동이 가능하다고 주장하라. 이런 반응이 어떻게 일어나는지 예측하는 모형을 발명하라. 최소한 이 모형은 시험 가능하며, 크릭의 독단보다 더 나아야 한다. 누가 알겠는가, 어느 게 맞고 틀린지를. 계속 눈 뜨고 있으면 뜻밖의 사실을 발견하리란 희망을 품을 수 있다. 나를 놀라게 할 발견을!

추가하자면, 나는 이제 왓슨과 다른 사람들이 어째서 그렇게 쉽게 혼란에 빠졌는지를 이해한다. 중심 원리를 나타낸 그림이 문제다. 배열 가설은 화살을 그리지만(굵은 선), 중심 원리는 그리지 않는다(점선).

아리아나가 말했듯이, 문제를 인식하는 요령은 그곳에 무엇이 **없는지**를 보는 것, 명확하지 않은 것을 보는 것이다!

둘째 날

계획인가, 우연인가?

가설이라는 것이 너무 남용된 무기라면, 또 그 수동적인 성격상,
가설이 관찰 없이도 가능한 논리 도구라는 사실을 깨달을 수 있으리라…….
이른바 우연한 발견이라는 현상도 어떤 길잡이가 되는 생각에 신세 지는 경우가
허다하다. 길잡이가 되는 생각은 경험할 수 없지만, 거의 탐사한 적이 없거나
아예 손대 본 적이 없는 영역으로 우리를 데려가는 장점이 있다.
- 산티아고 라몬 이 카할(Santiago Ramon y Cajal, **신경해부학자 · 화가 · 사진가**, 1893)

실험자가 품은 환상이 그가 가진 능력을 형성한다. 이 능력은
실험자를 이끄는 선개념이다. 대부분의 선개념은 실험자가 탐험을 떠나는 길에
거의 사라진다. 그러나 어느 날, 실험자는 그중에서 진리에 맞는 것을
발견하고 입증한다. 그러면 실험자는 자신이 사실과 더불어 새로운 원리의
주인임을 발견하며, 사실과 원리의 응용은 그에게 금전도 준다.
- 루이 파스퇴르(Louis Pasteur, **물리학자 · 화학자 · 면역학자 · 화가**, 1880)

임프의 일기: 대안 가설

과학적 생각에 있어야 할 첫째가는 의무는 참true보다 유용하고 흥미로워야 한다는 점이다. - 아서 파디(Arthur Pardee, 생화학자)

사실상 어떤 초기 가설이라도 독자적인 예측이나 새로운 실험으로 이끈다면 유익하다고 할 수 있다. - 르네 타통(René Taton, 과학사학자)

내가 어떻게 아미노산 짝짓기를 발명했냐고? 유비하고, 모형화하고, 유형을 만들어서.

DNA 구조 및 정보 이동에 유비해 보자. 단백질에 있는 각각의 아미노산은 상호 보완적인 단백질에 있는 아미노산과 '쌍을 이룬'다. 단백질에 있는 상보성에는 오직 두 가지 선택만이 합리적이다. 즉, '평행'이나 '역행' 상호 작용 중 하나다. [다시 말해 두 분자는 같은 방향으로 읽거나 반대 방향으로 읽는다.] 구조화학 교과서를 살펴보기 전에 이런 구조를 고안하는 데 한 주를 보냈다. 사실은 폴링-코리가 제시한 베타 구조*를 거의 재발명할 뻔했으나 굽어지는 모양을 정확히 제시하는 데 실패했다. 하지만 적어도 그런 구조에 다른 어떤 가능성이 없다는 점은 알았다.

평형 베타 리본과 역행 베타 리본은 존재하며 이들은 곁사슬이 쌍을 이루도록 정렬한다. 좋아! 그럼, 아미노산의 곁사슬은 DNA 염기쌍과 유사하게 리본 전체에 걸쳐 쌍을 이루어 상호 작용할 수 있을까?

곧바로, 역행 형태에는 문제가 생긴다. 리본에 있는 몇몇 곁사슬은 서로 마주 보지만, 다른 곁사슬은 떨어져 있다. 서로 마주 볼 때 상호 작용할 수 있는 곁사슬은, 서로 마주 보지 않을 때는 상호 작용할 수 없다. 반면 서로 마주 보지 않을 때 상호 작용할 수 있을 만큼 큰 곁사슬은 서로 마주볼 때는 쌍을 이루기에 너무 크다. 리본을 구부릴 수도 있지만 너무 무리한 구조다. 이건 아니다.

평행 베타 리본은 어떠한가? 이건 매력적이다! (크릭-왓슨이 좋은 모형은 매력적이라고 말하지 않았나?) 모든 곁사슬이 리본 어디에서 쌍을 이루든 자기 쌍과 같은 거리에 있다. 좋은 징조다.

그런데 어느 곁사슬이 쌍을 이루는가? 20개 아미노산의 곁사슬에는 400가지 가능성이 있다. 그리고 이는 가능한 형태가 하나 이상이라는 가정은 무시한 것이다. 모형을 구축하는 일은 몇 달이 걸리겠지만 아무런 통찰도 주지 못한다. 내가 보지 못한 실마리가 있을 것이다.

아! 가정해 보자. 아미노산 짝짓기가 존재한다면, 그에 맞는 유전 암호가 있어야 한다.

좋아. 그러면 왜 어느 누구도 이걸 찾지 못했을까?

---

* 아미노산과 아미노산이 결합한 펩티드 사슬 두 가닥 이상이 나란히 놓여 맺는 수소 결합이 병풍 모양을 이룬 2차 구조. 베타 병풍 구조라고도 한다. 아미노산 곁사슬이 같은 방향을 보는 평행 구조와 서로 마주 보기도 하고 반대 방향이기도 한 역행 구조가 있다.

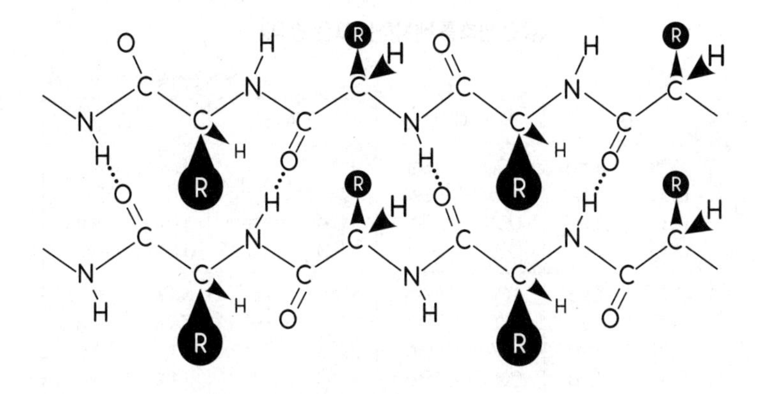

평행 베타 리본. R집단은 아미노산 곁사슬을 나타낸다.

음. 유전 암호를 조사해 보자. 뭔가가 나올 수도 있다.

역시. 유전 암호가 배치된 방식을 보라! 아미노산 쌍에서는 볼 수 없는 그런 유형 말이다! 유전 암호는 공간 절약적이면서 세 번째 염기는 '유동하게wobble' 배치된다. ['동요 가설wobble hypothesis'은 어째서 세 번째 염기가 아미노산의 암호화를 변경하지 않고도 다채로울 수 있는지 설명한다.] 유형은 코돈 쌍codon pairs**과 아미노산을 비교할 어떤 이유도 없다고 **가정한다.**

내가 찾는 것을 드러내도록 암호를 재배열해 보자. 우선 코돈을 표준적인 역행 방식으로 쌍을 이룬 것처럼 읽는다고 하자. 아미노산 곁사슬

** DNA의 염기 서열은 아미노산의 배열 순서를 지정하는 유전 암호다. 유전 암호는 DNA를 주형으로 상보적 염기쌍을 가진 전령 RNA(mRNA)로 전환된다. 이 과정을 '전사'라 한다. 전령 RNA에는 아미노산을 지정하는 세 개의 염기가 한 조를 이룬다. 이를 '코돈'이라 한다. 여러 개의 코돈이 하나의 아미노산을 지정하기도 한다. 예를 들어 글리신의 코돈은 GGU, GGC, GGA, GGG 이렇게 네 개다. (글리신에서 보듯 코돈의 세 번째 염기는 다양하다. 이는 코돈의 세 번째 염기와 결합하는 안티코돈의 염기는 짝짓기 규칙이 유동적이어서 하나 이상의 염기를 번역할 수 있다는 뜻이다. 이것이 동요 가설이다.) 전령 RNA는 단백질을 합성하는 기구 '리보솜'에서 마찬가지로 자신과 상보적인 염기쌍, 안티코돈을 지닌 운반 RNA(tRNA)와 결합해 아미노산을 배열하며 단백질로 '번역'된다.

〈유전 암호를 배치하는 표준 방식〉

아미노산 짝짓기는 표현하지 않음

	U		C		A		G	
U	UUU	Phe	UCU	Ser	UAU	Tyr	UGU	Cys
	UUC	Phe	UCC	Ser	UAC	Tyr	UGC	Cys
	UUA	Lcu	UCA	Ser	UAA	Term	UGA	Term
	UUG	Leu	UCG	Ser	UAG	Term	UGG	Trp
C	CUU	Leu	CCU	Pro	CAU	His	CGU	Arg
	CUC	Leu	CCC	Pro	CAC	His	CGC	Arg
	CUA	Leu	CCA	Pro	CAA	Gln	CGA	Arg
	CUG	Leu	CCG	Pro	CAG	Gln	CGG	Arg
A	AAU	Ile	ACU	Thr	AAU	Asn	AGU	Ser
	AUC	Ile	ACC	Thr	AAC	Asn	AGC	Ser
	AUA	Ile	ACA	Thr	AAA	Lys	AGA	Arg
	AUG	Met	ACG	Thr	AAG	Lys	AGG	Arg
G	GUU	Val	GCU	Ala	GAU	Asp	GGU	Gly
	GUC	Val	GCC	Ala	GAC	Asp	GGC	Gly
	GUA	Val	GCA	Ala	GAA	Glu	GGA	Gly
	GUG	Val	GCG	Ala	GAG	Glu	GGG	Gly

에는 어떤 결과가 생기는가?

엉망진창이다. 프롤린Pro은 글리신Gly처럼 작은 아미노산과 아르기닌Arg이나 트립토판Trp처럼 큰 아미노산과는 어떻게 상호 작용하나? 그리고 발린Val을 보라! 이건 아스파라긴Asn, 아스파르트산Asp, 히스티딘His, 티로신Tyr과 쌍을 이루는가? 이들은 크기가 다를 뿐만 아니라 전하도 다르다! 정말 어리석군! 그리고 글리신Gly은 알라닌Ala, 프롤린Pro, 트레오닌Thr, 세린Ser과 쌍을 이룰 것이다. 하지만 이 또한 좋지 않다. 이 '쌍들'은 입체 화학적으로 또는 결합이라는 관점에서 이치에 맞지 않다. 다시 해 보자.

이제 코돈을 평행 방식으로 쌍을 이룬 것처럼 읽도록 암호를 재배열해 보자. 분명히 새로운 생각이지만, 될 대로 되라는 식이다. 한 가닥이 뜻하는 바는 일반적인 의미에서 '거꾸로' 가겠지만, 왜 보통은 DNA의 한

〈쌍을 이룬 코돈을 역행으로 읽는 방식으로 나타낸 아미노산 짝짓기〉

5′ → 3′			5′ → 3′
UUU	Phe	Lys	AAA
UUC	Phe	Glu	GAA
UUA	Leu	Term	UAA
UUG	Leu	Gln	CAA
CUU	Leu	Lys	AAG
CUC	Leu	Glu	GAG
CUA	Leu	Term	UAG
CUG	Leu	Gln	CAG
AUU	Ile	Asn	AAU
AUC	Ile	Asp	GAU
AUA	Ile	Tyr	UAU
AUG	Met	His	CAU
GUU	Val	Asn	AAC
GUC	Val	Asp	GAC
GUA	Val	His	CAC
GUG	Val	Tyr	UAC
UCU	Ser	Arg	AGA
UCC	Ser	Gly	GGA
UCA	Ser	Arg	CGA
UCG	Ser	Term	UGA
CCU	Pro	Arg	AGG
CCC	Pro	Gly	GGG
CCA	Pro	Arg	CGG
CCG	Pro	Trp	UGG
ACU	Thr	Ser	AGU
ACC	Thr	Gly	GGU
ACA	Thr	Arg	CGU
ACG	Thr	Cys	UGU
GCU	Ala	Ser	AGC
GCC	Ala	Gly	GGC
GCA	Ala	Arg	CGC
GCG	Ala	Cys	UGC

가닥을 읽지 않는지 설명할 수 있다. 해 봐서 나쁠 건 없다.

이건 그리 나쁘지 않다! 프롤린Pro은 오직 글리신Gly과만 쌍을 이루고 (가장 작은 곁사슬이면서 구조적으로 잘 끼어드는), 발린Val은 히스티딘His, 글루타민Gln과만 쌍을 이루고 등등. 한 가지 특이한 점은 류신Leu이 글루탐산Glu, 아스파르트산Asp과 쌍을 이루는 것과 같은 소수성-소수성 쌍

〈쌍을 이룬 코돈을 평행으로 읽는 방식으로 나타낸 아미노산 짝짓기〉

괄호는 유전 암호에서 알려진 '예외'를 말함

		5′ 3′	5′ 3′		
	Pro	CCU	GGA	Gly	
	Pro	CCC	GGG	Gly	
	Pro	CCA	GGU	Gly	
	Pro	CCG	GGC	Gly	
	Gln	CAA	GUU	Val	
	Gln	CAG	GUC	Val	
	(Gln)	UAA	AUU	Ile	
	(Gln)	UAG	AUC	Ile	
	His	CAU	GUA	Val	
	His	CAC	GUG	Val	
	Arg	CGU	GCA	Ala	
	Arg	CGC	GCG	Ala	
	Arg	CGG	GCC	Ala	
	Arg	CGA	GCU	Ala	
	Ser	UCU	AGA	Arg	(term)
	Ser	UCC	AGG	Arg	(term)
	Ser	UCA	AGU	Ser	
	Ser	UCG	AGC	Ser	
	Cys	UGU	ACA	Thr	
	Cys	UGC	ACG	Thr	
	(Trp)	UGA	ACU	Thr	
	Trp	UGG	ACC	Thr	
	Tyr	UAU	AUA	Ile	(Met)
	Tyr	UAC	AUG	Met	
	Phe	UUU	AAA	Lys	
	Phe	UUC	AAG	Lys	
	Leu	UUA	AAU	Asn	
	Leu	UUG	AAC	Asn	
	Leu	CUU	GAA	Glu	
	Leu	CUG	GAG	Glu	
(Thr)	Leu	CUA	GAU	Asp	
(Thr?)	Leu	CUG	GAC	Asp	

이다. 그럼에도 전하를 띠지 않은 카르복시기는 소수성 포켓에 자리 잡을 수 있지 않을까? 아니면 탄소-산소 결합, 수소-탄소 결합? 그럴 가능성이 많다. 모형을 짜 보자.

역행 베타 리본에는 여전히 문제가 있다. 불가능하지는 않지만 매력적이지 않은 문제가. 평행 베타 리본은 훨씬 낫다. 사실 생각보다 괜찮다! 프롤린Pro-글리신Gly 쌍은 입체 화학적이다. 다른 쌍도 마찬가지다. 어떤 이상한 짓을 벌이지 않고도 이치에 맞는 류신-글루탐산 쌍을 만들 수 있다! 이렇게 무엇을 발견해 낼 가능성이 있는 것부터 시작하자![1]

생물학적 함축은 무엇일까. DNA를 읽는 일반적 틀에 따르면, 상호 보완적인 단백질은 거꾸로 암호화될 수 있다는 것. 이는 암호를 읽는 방식이 하나 이상이라는 뜻이다! 유전 암호에서 사람들이 생각하지 못한 질서를 제시해 보자. 특히 암호는 '바꿀 수 없는 사건'에서 발생했다고 주장한 크릭이 생각하지 못한 질서를. 그런 질서는 어떤 종류의 이론일까? 크릭이 "내가 이해하지 못하기 때문에 설명이 불가능하다"라고 말한 그런 이론? 암호는 다양한 화학적 상호 작용의 집합, 즉 가능한 염기쌍 집합(또는 코돈-안티코돈 쌍), 가능한 아미노산, 뉴클레오티드 쌍(또는 결사슬-안티코돈 상호 작용) 집합, 가능한 아미노산-아미노산 쌍의 집합이 서로 교차하는 곳에서 발생한다는 생각을 이치에 맞게 만들어 보자. 이는 화학에 기반을 둔 것이다. 그리고 시험 가능하다.[2]

방법론적 함축은 이렇다. 다시 우회해 돌아가라. 정보 이동의 면역학적 문제에서 시작해 무엇을 논의했는가? 유전 암호의 기원이다! 그러면 안 될 이유라도 있는가? 면역계는 암호에 기반을 두어야 한다. 그렇지 않은가? 그러나 더 중요한 점은 다음과 같다. 왜 다른 사람들은 아미노산 짝짓기라는 문제를 제기하지 않았느냐는 문제로 되돌아가라. 유형은 장애물이다. 그림, 표, 그래프는 위험한 물건으로 변할 수 있다. 이것들은 한 가지 사항을 나타내면서 가정을 숨기고, 가능성을 제거하고, 비교하지 못하게 막는다. 그것도 조용히, 알아차리지 못하게. 따라서 자료를 이해하도록 돕는 유형은 이해로 얻을 수 있는 통찰을 제한한다. 그러나 재배열은 자료를 바꾸지 않고도 새로운 의미를 드러낸다. 새로운 자료 없이도 발견할 가능성을 내비치며 경험의 역할을 제한한다.

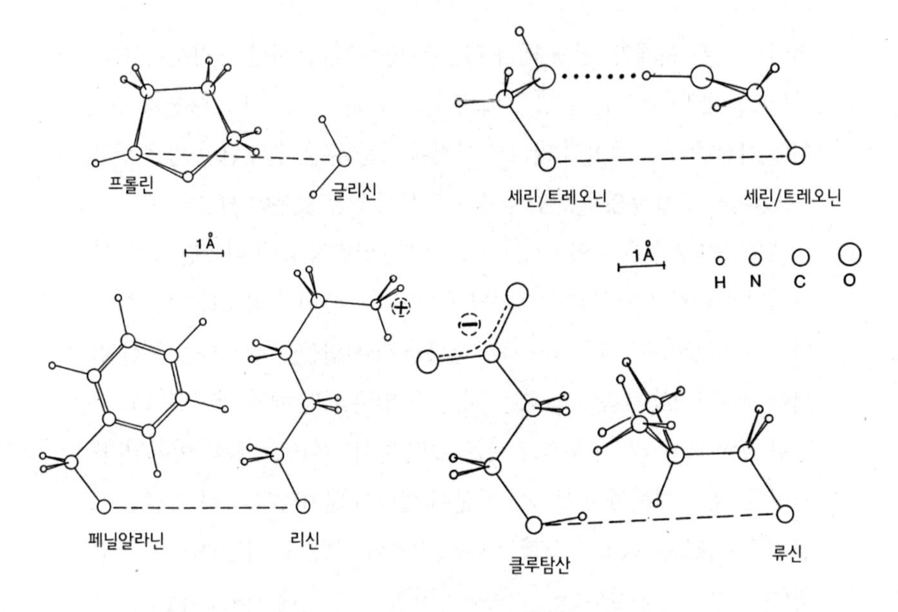

평행 베타 리본과 상호 작용하는 아미노산 짝짓기(Root-Bernstein, 1982a)

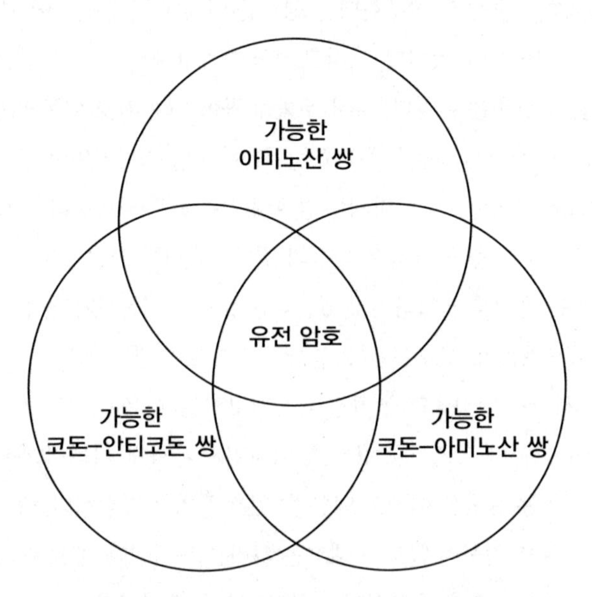

유전 암호의 가능한 기원(Root-Bernstein, 1982b)

교훈은 이렇다. 자료를 배열하는 새로운 방법을 생각할 때까지는 절대로 표, 수치, 유형을 신뢰하지 마라. 대안을 정교하게 고안해서 새로운 정보를 탐색하라! 그렇지 않으면 유형이 내게 보여 주고자 원하는 사실만 보게 될 것이다.

대화록: 계획(루이 파스퇴르)

임프 어서 와, 친구들. 오늘은 약속한 대로 헌터(우리에게 입증 도구를 가져온다고 했었지)가 1857년에 루이 파스퇴르가 우연히 했다고 생각해 온 발견을 다시 설명해 줄 거야. 지난주에 리히터가 한 말을 기억해 봐. 리히터는 발견에는 어떤 알고리즘도, 논리도 없으며 그저 합리적으로 설명이 불가능한 우연한 사건에 불과하다고 말했어. 리히터가 옳다면, 과학적 발견을 유용한 방식으로 이해하려는 내 바람은 쓸모 없는 짓이겠지. 그럼 인공지능 전문가가 '발견하는 기계'를 프로그램하는 시도와 정책 입안자가 과학적 발전을 위해 합리적 계획을 짜는 노력은 모두 성공하기 어려울 거야. 우리는 그저 수많은 연구자, 넘치는 돈, 확률 법칙이 발견을 이루어 내길 기다리는 수밖에 없는 거지.

난 리히터만큼 비관적이지는 않아.

리히터 이렇게 발견에 몸을 바치는데, 비관주의자는 될 수 없을걸.

임프 헌터가 발견의 과정이 합리적으로 이루어진다는 점을 예증하는 좋은 사례를 가져온다고 했으니까. 그렇다면 우리는 그 과정을 가능한 한 명확하게 정의하고, 과정을 구성하는 부분들을 조작할 수 있도록 뽑아내야 해. 요컨대 발견하기를 구성하는 게 무엇이냐는 문제와 그 과정이 합리적이냐 아니냐에 집중해야 해.

내가 요점을 잘 정리했지, 리히터?

리히터 그래. 하지만 시작하기 전에 하나만 분명히 하자. 발견의 논리에 관한 내 회의주의는 그냥 심술을 부리는 게 아냐. 난 튼튼한 철학적 사상에서 그런 생각을 계발해 왔다고. 과학철학에서 표준적으로 읽는 문헌은 거의 모두 발견이란 비논리적이거나 심지어 비합리적 과정이라고 주장해.[1]

제니 네가 쓰는 용어가 무슨 뜻인지 설명해 줄래?

리히터 알았어. 일단 논리라는 건 귀납과 연역만으로 한정할게. 비합리성은 파이어아벤트Paul Karl Feyerabend*를 따라서 논리적으로 시험하고 검증하지 않은 믿음으로 정의하고,[2] 모든 가설은 정의상 비합리적이야. 아직까지는 검증하지 않은 것이니까. 그래서 철학자 실러Ferdinand Canning Scott Schiller가 처음 제안한 대로 '발견의 맥락'과 '정당화의 맥락'을 구분해야 해.[3] '발견의 맥락'은 이례적인 조건에서 우연히 연구자가 그전까지 없었던 생각에 이르는 독특한 심리, 사회, 역사적 맥락이야. 이는 핸슨Norwood Russell Hanson**이 한 말을 다시 표현해 보았어.[4] 반면, '정당화의 맥락'은 이전에 고안한 명제의 상대적 참이나 신뢰성을 결정하고자 사용하는 귀납, 연역적 시험을 말해. 이 모든 걸 이른바 추측과 논박이라고 칭하지. 요점은 발견에는 어떤 설명서도 없고, 과학적 생각을 고안하는 데는 어떤 알고리즘도 없다는 거야. '발견의 맥락'은 비합리적이니까. 우연, 영감, 운, 사고가 과학자의 유일한 친구라는 거지.

---

* 파울 파이어아벤트, 1924~1994. 오스트리아의 과학철학자. 『방법에의 도전(*Against Method*)』에서 단일한 과학적 방법은 존재하지 않는다는 인식론적 무정부주의를 주장했다.

** 노우드 러셀 핸슨, 1924~1967. 미국의 과학철학자. 관찰은 이론에 바탕을 두고 이루어지기 때문에 관찰에 이론이 개입된다는 관찰의 '이론 적재성'을 주장했다.

콘스탄스 그렇지. 많은 과학자가 여기에 동의할걸. 무의식적이고 우연한 사건이 발견의 핵심이야.[5]

제니 잠깐만. 리히터 말이 맞는다면 심리학, 사회학, 역사학이 전부 비합리적 사건을 연구한다는 말이잖아. 그건 말이 안 돼. 왜 역사학에서 연구하는 사건이 과학보다 비합리적이라는 거야? 그리고 어떻게 시험 불가능한 생각에서 시험 가능한 합리적 명제를 얻을 수 있는 거야?

임프 아, 또 내가 좋아하는 역설이 생겼군! 가장 객관적이고 합리적인 기획이며 이성적 사고의 전형인 과학이, 주관적이고 감정적이며 비합리적인 우연한 통찰력의 번뜩임과 예기치 않은 관찰의 산물인 건가![6]

헌터 내가 보기에는 우리가 부정확한 가정에서 논의하는 것 같아. 가령 가설 세우기, 시험하기, 믿기 사이를 연결하는 가정에 관해서 말이야. 리히터가 인용한 철학자들은 이런 요소들을 별개의 단계로 생각했어.

리히터 맞아.

헌터 하지만 난 그렇게 생각 안 해. 난 가설을 세울 때, 현재 있는 문제와 자료, 시험된 이론을 비교해 봐. 문제는 자료와 이론에 선행하지 않아. 네가 문제 나무에서 넌지시 비친 것처럼 말이야. 문제는 나란히 놓아 보는 비교에서 생기는 결과야. 그리고 가설은 시험에 선행하지 않아. 가설은 시험의 결과야. 시험이란 건 자료와 이론이 특정한 방식으로 어울리는 데 실패한 거지. 그러면 이러한 부조화는 문제를 해결할 수 있는 가설의 범위를 결정해. 지난주에 리히터가 말한 것처럼 좋은 문제 설정은 가능한 답을 제한해 주고 이를 평가하는 기준을 제공하지.

내가 말하려는 점은 무언가를 고안할 때 내 머리에는 문제, 가설,

자료가 동시에 들어 있고, 이것들을 비교하고, 시험하고, 정교화한다는 거야. 이건 반복되면서 합리적인 과정이지. 마침내 가설을 얻으면, 나는 이미 문제 설정에 있는 기준과 현재 있는 자료에 따라 내 문제 설정에 맞는 가능한 해결책을 결정한 상태야. 요컨대 나는 내 가설에 확신이 있어. 말하자면 가설을 믿을 만한 이유가 있지. 가설을 만들면서 동시에 시험한 거니까. 따라서 파이어아벤트와 다른 철학자들이 제시한 합리성 정의에 따르면, 가설은 합리적 과정에서 발생할 수밖에 없어.

리히터 그렇지만 우린 너처럼 모든 걸 생각할 수 없잖아. 또 한 가지 지적하고 싶은 점은 최초로 행한 시험은 제한적이라는 사실이야. 최초 시험은 합리적 믿음에 맞는 근거를 주지 못해. 게다가 넌 자료와 비교해 이론을 시험할 때는 가설 하나가 아니라 다수가 생성된다고 말했어. 이 가설들 중 일부는 분명히 다른 가설과 모순될 거고, 대부분 또는 전부가 틀렸다고 판명 날 거야. 따라서 너는 가설을 믿을 수 없어.

헌터 왜 그렇지? 입자-파동 이중성을 생각해 봐. 빛은 입자와 파동 두 성질을 띤다고 믿는 게 그중 하나만 띤다고 믿는 것보다 훨씬 유용하잖아. '둘 다'라는 표현만이 현재 있는 모든 자료를 설명해. 상보성이란 개념이 다시 들어온 거지.
최초 실험이 제한적이라는 말에는 동의해. 하지만 모든 시험은 제한적이야. 하얀 백조를 얼마나 많이 봤든 저 모퉁이에 검은 백조가 있을지도 모르니까. 그럼 넌 가설이 합리적이라고 믿을 수 있는 선을 어디에 그을 거야?

임프 바로 그렇지. 생각해 봐, 리히터! 아리스토텔레스는 현대 논리학의 규칙을 발명했지만, 그가 내린 대부분의 결론은 경험적으로 맞지 않아. 미래의 과학 다수가 틀린 지식으로 판명 날 것처럼 뒤

이은 과학도 거의 틀린 것으로 드러날 거야. 그렇다면 합리성이 나 논리성을 검증하는 시험으로서 올바름을 사용할 수 없어.

리히터 그럼 넌 어떤 기준을 사용할 건데?

헌터 폴리아가 제시한 기준은 어때? 지난주에 폴리아의 책을 읽어 보라고 해서 읽어 봤거든. 폴리아는 합리성을 분명한 이유를 기반으로 해서 단계적으로 연결되는 논증이라고 정의하더라. 그렇다면 느낌이나 직관에 따른 논증까지도 합리적일 가능성이 있지.[7]

리히터 그런 식으로는 철학을 만들 수 없어.

헌터 그럴지도 모르지. 하지만 이건 기준의 문제고, 내 기준은 철학자의 기준이 아냐. 난 과학자잖아. 나는 진리가 아니라, 가능성을 찾고 있어. 내가 도박을 걸 만한 생각을 말이야. 너도 분명히 합리적 과학으로서 통계학을 받아들이겠지? 통계가 확실성을 보장하는 건 아니더라도.

임프 하지만 뭔가 더 있지 않을까. 리히터, 너는 아까 발견을 보증하는 설명서 같은 건 없다고 했잖아. 물론 알고리즘도 없고. 하지만 혼란스러워 말고 잘 구별해 보자. 체스를 둘 때는 알고리즘, 일련의 규칙이 있잖아. 컴퓨터는 게임을 하도록 프로그램될 수 있어. 그러나 알고리즘, 규칙에 대한 지식만으로는 인간도 컴퓨터도 이기는 능력이 있다고 장담할 수 없어. 심지어는 체스 마스터라도 패배할 수 있지. 왜 그럴까? 그건 게임을 이루는 규칙뿐만 아니라 규칙을 이용하는 전략까지도 알아야 하기 때문이야. 언제 왕을 지키고 언제 포기해야 할까? 이게 바로 내가 찾는 전략이라는 건데. 과학의 대가는 어떻게 규칙을 적용할까? 헌터가 말했듯이, 대가는 발견의 확률을 높이도록 어떻게 규칙을 적용할까?

리히터 어떤 논리나 철학을 적용해야 할지 잘 모르겠는데.

헌터 합리성의 기준으로서 입증이나 반증을 내세운다면 별로 가망 없지.

아리아나 솔직히 말해서, 난 철학을 논하는 이 토론 때문에 미칠 것 같아! 어떤 대상에 관한 모든 사실을 아는 사람은 없어. 실제로 증명된 건 아무것도 없단 말이야. 그러니까 철학자가 내린 정의에 따르면, 우리가 논하는 모든 사실은 비합리적인 것처럼 보여. 그런데 철학자들이 주장하듯 과학이 비논리적이고 비합리적인 거라면, 우리가 과학자에게 행하는 형식적 훈련이 무슨 소용인 거야? 훈련은 우리가 새로운 사실을 발견하느냐 마느냐와 아무 관련이 없는 거야? 과학은 전문가가 아니어도 할 수 있는 거야? 모든 발견자는 우연히 어둠 속에서 위대한 생각에 부딪히는 몽유병자인 거야?

임프 아리아나 말이 맞아! 내 말은, 과학이 비합리적이고 비논리적이라면 도제 학습은 무엇 때문에 하느냐는 거야. 하지만 발견을 이끄는 전략을 배울 수 있다면, 과학에 합리적이고 논리적인 요소가 있다는 점을 지지할 수 있지 않을까?

리히터 젠장, 네 말이 맞아. 하지만 오직 시험 단계에서만 그렇지! 발견의 맥락과 정당화의 맥락을 아예 무시할 수는 없어.

헌터 당연히 무시할 수 있지. 그런 구분은 불필요한 문제, 그러니까 네가 말한 인공 사실 문제를 만들잖아. 그런 개념적 분류를 절대적으로 만드는 거라도 있어?

리히터 경험이지. 푸앵카레도 "입증은 논리지만 발견은 직관이다"라고 주장했어.[8]

아리아나 그래? 직관이란 게 정말 비합리적이야?

콘스탄스 사실 과학자나 철학자 중에는 리히터가 가진 입장에 동의하지 않는 사람도 있어. 클로드 베르나르는 다음과 같이 말했지. "우연은 없다. 우리가 우연이라고 생각하는 것도 알려지지 않은 사실로서 이를 설명하려는 노력은 중요한 발견에 도달하는 기회를 줄 수 있다."[9] 또 베이어가 이룬 발견을 두고 어떤 동료가 놀라운 행운이 도왔다며 칭찬할 때, 베이어는 이렇게 답했지. "이건 운 때문이 아냐. 운은 우리 모두에게 똑같아. 유일한 차이는 내가 너보다 더 많이 실험했다는 거지."[10] 마찬가지로, 어빙 랭뮤어Irving Langmuir*는 무엇을 발견할 수 있을지 정확히 예측하지 못해도 발견을 이끌 연구 **계획**은 짤 수 있다고 말했어.[11]

자, 이상의 말들은 발견의 논리가 가설을 시험할 때가 아니라 연구를 계획할 때 적용된다는 점을 시사해. 이런 입장으로 방향을 선회한 철학자도 있어. 예를 들어 철학자 니컬러스 맥스웰Nicholas Maxwell은 발견의 확률을 높이고자 합리적 방법을 쓰는 발견의 논리가 있지만, 이 같은 논리를 만드는 일에는 과학이란 과학자가 개인적으로 추구하는 아름다움, 조화, 단순성, 명료성, 호기심, 즐거움, 가치에 초점을 맞춘 목적 또는 목표 지향적 활동이라는 사실을 인식하는 것도 포함된다고 말했어. 맥스웰은 이런 목적을 발견의 심리학이 아니라 방법론으로서 이해하고 나서야 과학을 이해할 수 있다고 주장했지.[12]

리히터 세상에! 생각해 봐, 내가 아름답게 보는 것이 너에게는 추악할 수 있어. 미美와 여러 개인적 가치는 과학철학은커녕 어떤 철학에도 기반을 두지 않아.

헌터 화학자이자 과학철학자 마이클 폴라니Michael Polanyi는 동의하지 않을걸. 폴라니는 사적 지식이 과학의 기초로 작용한다고 주장했어.[13]

아리아나 리히터, 넌 진리를 찾는 탐구는 미학적 주장을 하는 거라고 말

---

* 어빙 랭뮤어, 1881~1957. 미국의 물리학자. 주로 기체, 액체, 고체 중 두 개의 상이 접할 때 생기는 계면 현상을 연구했다. 특히 텅스텐 전구의 필라멘트가 단시간에 단선되는 원인을 규명해 가스 전구를 발명했다. 계면 화학에 기여한 공로로 1932년에 노벨 화학상을 받았다.

하지 않았니? 왜 너는 유용성보다 진리를 우선하는 거야, 그러니까 왜 사소한 질문보다 깊은 질문을 우선하는 거야?

임프 진리에는 아름다움이, 아름다움에는 진리가 있나니!

리히터 상투적인 말은 하지 마. 내 입장은 아름다움과 관련 없어. 나는 자연에 대한 이해와 통제를 원할 뿐이야.

아리아나 내가 다른 목적을 갖고 너와 같은 문제를 연구한다면? 예를 들어 물리학적 체계에 있는 조화와 아름다움에 감정 이입을 한다면?

리히터 그럼 과학자가 아니라 예술가인 거지.

아리아나 과학자와 예술가가 그렇게 다른 거야?

리히터 나한테는 완전히 달라.

아리아나 적어도 우리 둘의 생각이 얼마나 다른지는 알겠군.

임프 그럼 발견의 논리를 인식하는 다른 방법이 있을지 모른다는 생각은 어떤 것 같아? 아직은 맥스웰만 그런 방법이 있다고 말한 유일한 사람이지만. 그렇지, 콘스탄스?

콘스탄스 음, 그렇지 않아. 사실 발견의 논리를 설명하려는 철학적 관심이 점점 증가하는 중인걸. 하지만 말다툼을 벌일 생각이라면 별로 이야기하고 싶지 않아.

임프 그 반대야. 우리에게 필요한 건 말다툼이라고. 사람들이 차분하고 냉정하게 둘러앉아 흥분하지도 화내지도 않고 문제를 논의한다면, 그건 중요한 문제를 논의하지 않는 거나 다름없어. 너의 욕구, 감정, 이성을 느껴야 해. 아무 느낌도 없는 건 소용없어. 도전하라고.

콘스탄스 음…… 발견의 논리를 다루는 최초 문헌은 N. R. 핸슨이 1961년에 쓴 논문이야. 핸슨은, 과학자는 잘 모르겠지만 어쩐지라고 말하면서 가설을 세우는데, 바로 그 '어쩐지'가 철학적 탐구의 대상이라고 말했어. 마찬가지로, 1967년에 과학철학자 피터 카우즈

Peter Caws는 과학적 발견은 연역만큼이나 논리적이라고 주장했지. 카우즈는 철학자가 어떤 논증을 입증하거나 반증하는 논리를 쓰는 방식은, 과학자(음악가나 아니면 모든 인간도 역시)가 A에서 B를 추론할 때 하는 일과 동일한 행위라고 말했어. 카우즈에 따르면, 철학자가 저지르는 실수는 과학자가 어떻게 A에서 B를 추론하는지 묻는 반면에 자신들에게는 그렇게 묻지 않는 거라고 해. A라는 입장은 어디에서 온 걸까? 결과적으로 철학자는 어떤 사람이 하는 사고 행위가 미, 직관, 창조적 행위로 가득 차 있듯이(맥스웰이 목표 지향적인 행위라고 주장했던), 자신이 하는 연역 추리 또한 그렇다는 사실을 인식하는 데 실패한다는 거야.[14]

임프 그게 철학자가 틀릴 수 있는 이유지.

콘스탄스 카우즈가 인식한 문제는 동료들이 생각이란 무無에서 촉발된다는 견해를 표방했다는 거야. 카우즈는 과학자가 이미 축적된 문제, 기술, 자료, 이전 과학자들이 제시한 이론에서 시작한다는 헌터의 말에 동의해. 이런 의미에서 과학자는 다른 모든 사람처럼 어떤 문화에 속한 존재이자 우리와 똑같은 사고 유형과 과정을 활용하는 사람이야. 요컨대 카우즈에게 발견이나 발명의 논리는 일상적 사고의 논리와 같아.

리히터 **일상적 사고**가 뭐든, 과학을 보는 그런 형식화된 상식적 견해는 옛날 옛적에 반박됐어.

콘스탄스 사고에 있는 내용이야 반박되었지. 하지만 방법 자체는 아냐. 철학자 에롤 해리스Errol Harris도 카우즈와 비슷한 논증을 펼쳤어. 해리스는 과학도 다른 학문처럼 질문하고 답하는 과정으로 이루어지는 학문이라 본다면, 발견의 논리와 입증의 논리(또는 철학 학파에 따라 정당화나 반증이란 용어를 쓰겠지)는 통합된다고 주장했어. 해리스에게 질문과 답, 시험은 모두 귀납이나 연역으로 산출되는 대상이 아니라 구성되고 발명되는 거였지. 과학철학자 개리 거팅Gary Gutting도 똑같은 입장을 취했어. 안타깝게도 과학사학자로서 내 관점에서는, 이 철학자들은 발견의 논리가 가능하다는 점을 주장했으나, 발견의 논리가 어떻게 작용하는지는 보여 주지 못했다고 판단해. 실망스럽지만.[15]

헌터 네 말은 과학을 설명하는 귀납주의 모형도 가설 연역적 정당화 모형도 적절하지 않다는 말을 하고자 혁명가일 필요는 없다는 거지?

콘스탄스 난 전문가는 아냐. 하지만 과학철학자 니클스Thomas Nickles가 쓴 『과학적 발견*Scientific Discovery*』을 봐. 거기서는 수십 명의 철학자가 새로운 모형이 필요하다고 주장해.[16] 분명히 아직 해결되지 않은 문제가 있다는 사실을 아는 거지.

임프 그럼 '함축Implication' 게임을 해서 필요한 건 새로운 모형이 아니라 새로운 철학이라고 제시해 보자. 발견하기, 발명하기, 질문하기, 대답하기를 이해하지 못한 실패는 형식 논리가 이런 과정을 다루기에는 너무 제한적이어서 생긴 결과니까 말이야. 우리에겐 논리가 수학을 돕듯 논리를 돕는 새로운 사고방식이 필요한 거야![17]

리히터 허튼소리. 귀납, 연역, 추리를 창문 밖에 내다 버릴 셈이야?

임프 물론 아니지. 하지만 모든 이론과 기술은 제한적이고 경계 조건이 있어. 네가 말한 거잖아. 철학이라고 왜 안 그러겠어? 심리학자, 역사학자, 사회학자처럼 '비합리적'인 전문가들에게 발견을 맡기고 비난하기보다 과학적 과정에 있는 창조성을 기술하는 논리가 무능력하다는 철학의 실패를 인정하는 게 어때?

아리아나 나도 동의해. 논리에 있는 한계가 무엇인지 아는 것도 중요하지 않겠어?

리히터 그렇지. 하지만 어떤 입장에 있는 가정을 시험하거나 강력한 증거를 도출할 때 회의적인 거하고, 임프처럼 이성의 한계를 넘는 대상에 회의주의를 취하는 건 달라. 우리가 논리를 포기한다면, 담론을 펼치는 기초도 없는 거야.

임프 그건 내가 한 말이 아닌 것 같은데.

리히터 이런 싸움은 우리에게 아무 도움도 안 돼. 구체적 사례로 내려가자. 헌터가 파스퇴르와 파스퇴르가 한 연구에 대해 말하는 걸 듣고 싶어.

고등 사범 학교 시절의 루이 파스퇴르(파리 파스퇴르 박물관)

헌터 이미 시작한 거야. 하지만 판단은 네게 맡길게. 우리는 곧 방금 논의들로 되돌아올 거야. 그리고 역사나 사회 과학이 그저 사실을 수집하는 학문이냐는 질문으로도 되돌아올 거야! 내 입으로 말하긴 그렇지만, 내가 준비한 파스퇴르 연구는 우리 논의에 맞는 완벽한 사례야.

내가 지금 논하려는 발견(혹은 나는 '관찰과 해석'이라고 말하고 싶어)은 파스퇴르가 1857년에 한 건데, 내가 지난주에 말했듯이 이건 소위 우연한 발견을 보여 주는 고전적 사례야. 파스퇴르는 "관찰이라는 분야에서 우연은 준비된 마음에만 온다"[18]는 말로 유명해. 그래서 우리가 살피려는 문제는 '우연'에 방점을 찍어야 하느냐 아니면 '준비된 마음'에 찍어야 하느냐는 거지. 많은 역사학자가 우연에 방점을 찍었어. 그런데 파스퇴르가 말한 다른 경구도 기억해 둬. "이론이 없다면, 실천은 그저 습관에 따르는 반복된 일상일 뿐이다. 이론만이 발견을 이루는 정신이 나타나도록 자극할 수 있다."[19] 이건 이론을 보유한다는 사실은 지성을 사용한다는 점을 내비치고, 지성은 합리성을 내비친다는 뜻이야. 그럼 어느 쪽이 중요할까? 합리성? 아니면 우연?

우선 의사 파스퇴르라는 이미지에서 유래한 잘못된 인상을 없애보자. 파스퇴르가 세균 병원설과 백신을 발명하긴 했지만, 사실 그는 물리학자와 화학자로서 훈련받았어. 파스퇴르는 일련의 장인-도제 관계를 거쳐 내려온 베르톨레 전통의 계승자야. 이런 훈련 과정은 기술과 연구 방식을 전달할 뿐만 아니라 문제까지도 물려받도록 했지. 파스퇴르가 쓴 박사 논문(파스퇴르는 박사 논문을 두 편이나 썼어)은 베르톨레가 제시한 질량 작용 법칙에서 예외적으로 보이는 사례를 논의했어.[20] 이제 파스퇴르가 1857년에 이룬 발견을 이해하기 위해, 먼저 1848년에 그의 머리에 떠올랐던 최초의 통찰을 말해 볼게. 이 통찰은 결국 베르톨레와 맺는 연관성을 이해하는 데 필요하기도 해. J. D. 버널(버널은 파스퇴르가 남긴 노트를 연구했어)은 파스퇴르가 1848년에 한 발견을 "완전히 논리적"이었다고 묘사한 반면, 1857년에 한 발견은 대체로 우연 덕분이라고 말했지. 따라서 이 두 발견을 비교해 보자.[21]

자, 우리가 파리 고등 사범 학교에서 발라르Antoine Jérôme Balard* 교수가 운영하는 작은 실험실에 앉은 스물 네 살 청년 파스퇴르라고 상상해 봐.[22] 그 실험실은 단순성이야말로 최고의 과학적 미덕이라는 발라르의 철학 때문에 장비가 하나도 없어서 모두 자기

* 앙투안 발라르, 1802~1876. 프랑스의 화학자. 원소 '브롬'을 발견했다.

광학 활성과 결정 구조 사이의 관계를 연구하려고 파스퇴르가 만든 편광계(파리 파스퇴르 박물관)

가 직접 만들 수 있는 도구만 이용할 수 있었어.

아리아나 손재주가 중요하겠네.

헌터 그렇지. 또 도구가 어떻게 작동하는지도 알아야 하고. 자, 이곳이 파스퇴르가 결정체의 각도를 재려고 직접 만든 각도계와 편광의 회전을 재려고 만든 편광계가 있는 실험실이라고 상상해 봐.

근시인 이 젊은이는 눈을 가늘게 뜨고 현미경으로 라세미산의 작은 결정체를 보고 있어. 라세미산racemic acid은 타르타르산tartaric acid의 일종으로 포도에서 이름을 따왔어. 즉, 라틴어 라케무스racemus**에서 말이야. 빵 구울 때 사용하는 타르타르영cream of tartar뿐만 아니라 라세미산과 타르타르산 모두 와인을 만들 때 생기는 부산물이야. 이 산들은 포도주 통 속에서 발효되면서 침전

** '포도송이'라는 뜻이 있다.

하는데, 얻기도 쉽고 결정화하기도 편해서 1840년대에 연구 대상으로 흔히 쓰였지. 그 덕분에 이 산들에 관한 지식도 많이 쌓였고.

제니 파스퇴르는 결정체를 왜 연구한 거야?

헌터 결정체에 수수께끼 같은 점이 있어서였지. 파스퇴르는 이미 결정체를 둘러싼 꽤 많은 사실을 알고 있었는데, 1843~1846년 파리 고등 사범 학교 학생이었을 때, 발라르의 동료 들라포스Gabriel Delafosse에게 결정체를 연구하는 기술을 배웠거든. 들라포스는 당시 가장 위대한 광물학자 르네 쥐스 아위René Just Haüy의 학생이었고, 고분자 형태를 미세 분자 조직으로 설명하려 한 최초의 사람이었지. 들라포스는 파스퇴르에게 결정학 원리를 이해시키고 결정체라는 연구 대상에 애정을 느끼도록 고취한 사람이야.

그런데 1844년에 중요한 사건이 일어났어. 물리학자 장 바티스트 비오Jean Baptiste Biot(베르톨레 학파의 일원)가 화학자 미처리히Eilhardt Mitscherlich가 쓴 보고서를 프랑스 과학 아카데미로 전달했는데, 라세미산과 타르타르산, 다시 말해 타르타르산염*을 비교한 문서였어. 미처리히는 라세미산과 타르타르산염이 하나만 제외하고는 모든 속성이 같다고 주장해. 두 물질은 분자량, 구성 원자, 녹는점, 결정 구조에서 모두 동일했어. 타르타르산염은 편광偏光**을 회전시키고 라세미산은 그렇지 않다는 점만 빼고 말이야. 파스퇴르는 두 화학 물질이 편광을 회전시키느냐 그렇지 않느냐는 속성을 제외하고 완벽히 같다는 생각에 흥미를 느꼈지.

---

* 타르타르산 결정체를 말한다.

** 빛은 전자기파 파동으로서 빛이 나아가는 방향과 전기장과 자기장이 진동하는 방향이 서로 수직인 횡파다. 이 중에서 편광계, 편광판 같은 도구를 이용해 한 방향으로만 진동하는 빛을 골라낸 것을 편광이라 한다.

제니 자세히 설명해 줘.

헌터 자, 다들 편광 유리라는 걸 통해 편광이 무엇인지 들어 봤을 거야. 베르톨레와 공동 연구한 젊은 과학자 말뤼스Étienne Malus는 빛을 어떻게 편광시키는지, 즉 어떤 자연 결정체나 아주 작은 평행선을 무수히 그어 놓은 특별한 렌즈를 통과시켜 한 방향으로 가는 빛을 정렬하는 방법을 발견했어. 비오는 편광이 석영石英의 한 결정체를 통과할 때는 오른쪽으로 회전하는 반면 다른 결정체에서는 오른쪽에서 왼쪽으로 회전 방향이 바뀌고, 아예 편광이 회전하는 방향을 바꾸지 않는 석영 결정체도 있다는 사실을 발견했지. 이런 관찰은 결정체에 있는 내적 구조에 어떤 차이가 있다는 점을 시사해. 르네 쥐스 아위는 대부분의 석영 결정체는 모양이 대칭이지만, 일부는 비대칭을 만드는 특별한 결정면을 가진다는 사실을 보고했었어. 즉, 아무리 돌리고 꼬아 봤자 다른 결정체와 포개지지 않는 거울상이 있는 거야. 우리 손은 서로 비대칭이지. 오른손을 왼쪽 장갑에 맞출 수 없잖아.

영국의 천문학자 존 허셜John Herschel은 이 모든 관찰을 모아서 결정면이 우회전성인 결정체는 편광을 오른쪽으로 회전시키고, 좌회전성인 결정체는 오른쪽에서 왼쪽으로 회전시킨다는 사실을 입증했어. 그러고서 1815년이 시작되던 해, 비오는 많은 유기 화합물, 가령 설탕이나 단백질도 편광을 회전시킨다는 사실을 입증했지. 살아 있는 유기체가 만드는 산물은 용액 속에서만 광학적으로 활성화되기 때문에, 비오는 유기 화합물만이, 즉 살아 있는 유기체가 생산한 물질만이 광학 활성을 보유한다고 결론 내렸어.[23] 여기까지 이해했어?

리히터 그럼 타르타르산은 유기물에서 나온 거고, 라세미산은 인공 산물이겠네.

헌터 사실 라세미산은 1820년에 케스트너Kestner라는 기업가가 타르타르산 덩어리, 그러니까 자연적인 유기 화합물에서 처음 분리했는데, 공업적 과정을 거쳐 결정화되었지. 그래서 자연적이기도 하고 인공적이기도 해. 이 점이 파스퇴르가 마주한 문제 중 하나였지. 자, 세 사건이 파스퇴르가 타르타르산과 라세미산에 흥미를 느끼도록 자극했어. 하나는 편광에 미치는 영향을 제외하고 타르타르산과 라세미산의 실질적 동일성을 논하는, 미처리히가 1884년에 쓴 생소한 보고서. 비오가 밝힌 유기 화합물과 광학 활동 사이의 상관관계를 고려하면, 이 보고서는 라세미산이 자연적인가 공업적인가라는 문제를 제기했어. 두 번째 사건은 2년 뒤에 일어났어. 파스퇴르는 벨라르 실험실에서 젊은 화학자 오귀스트 로랑August Laurent을 만나.[24] 로랑은 나중에 온갖 논쟁으로 경력과 건강을 망치긴 했지만 똑똑한 화학자였지. 로랑은 파스퇴르와 자신의 화학 이론을 터놓고 나누면서 파스퇴르에게 영향을 끼쳤어. 특히 로랑은 소다에 있는 텅스템산염의 결정체와 세 가지 결정 형태를 지닌 무기 염류를 파스퇴르에게 보여 주었어. 그리고 화합물이 지닌 물리적 속성은 언제나 결정 형태에 있는 차이를 반영한다는 자기 이론을 설명해 주고, 이런 차이를 입증해 보였지. 근본적으로 로랑은 결정 구조를 연구한 아위의 초기 시도를 발전시켰어. 파스퇴르는 곧 로랑의 이론과 미처리히의 보고서가 불일치한다는 사실을 알아차려. 로랑이 옳다면(로랑은 적어도 파스퇴르에게 보여 준 화합물로 자기 생각의 타당성을 입증할 수 있으니까) 미처리히가 본 라세미산이 결정 구조에서 타르타르산과 동일하지 않아야 해. 광학 비대칭을 보이는 물질은 비대칭 결정체를, 광학 활성을 보이지 않는 물질은 대칭 결정체를 가져야 하는 거야. 물리적 속성은 결정 형태를 반영하는 거울이어야 해. 그러나 미처리히는 라세미산은 타르타르산과 같은 결정 구조를 가졌다고 보고했지. 또 결정학자 M. 드 라 프로보스테이M. de la Provostaye도 같은 발견을 했었고.

임프 모순과 역설! 진실이 줄타기를 하는군!

헌터 바로 그렇지. 여기에는 '가설-자료-시험'이 한꺼번에 싸여 있어. 외부 형태는 내부 구조를 반영해. 편광의 회전 방향 전환은 외부 형태와 상관관계가 있고. 그런데 타르타르산과 라세미산의 형태가 동일하다고 보고되었단 말이야. 그래서 1848년에 파스퇴르는 겉보기에 모순인 이런 현상에 흥미를 느껴 자리에 앉아 미처리히와 드 라 프로보스테이가 한 관찰을 하나씩 하나씩 재현해 봐. 그리고 결국 라세미산과 타르타르산에 있는 **차이**를 발견해 냈지.

아리아나 잘 확립된 실험을 반복해서 새로운 사실을 찾은 사례인 거지!

헌터 맞아. 하지만 파스퇴르는 자신이 바라던 건 찾지 못했어. 파스퇴르는 타르타르산이 광학적으로 활성화되니까 미처리히와 프로보스테이가 보지 못한 비대칭 결정체일 거라고 예상했어. 당연히 타르타르산 결정체는 아주 작은 비대칭 결정면을 가졌지. 반대로 파스퇴르는 라세미산은 대칭일 거라 예상했는데(라세미산은 편광을 회전시키지 않으니까), 라세미산의 결정체 역시 비대칭이었던 거야!

제니 다시 말하면 미처리히와 드 라 프로보스테이가 얻은 '사실'은 틀린 거였고, 로랑 이론에서 사실을 연역한 파스퇴르도 마찬가지로 틀렸던 거네.

헌터 맞아.

제니 하지만 미처리히와 드 라 프로보스테이가 어떻게 그런 실수를 저질렀을까?

헌터 그거야 쉽지. 완벽하게 모양을 갖춘 결정체는 거의 없어서 타르타르산염에 있는 비대칭 결정면은 너무 작았기든. 따라서 잘못 해석하기가 쉬웠지. 또 비대칭을 보려면, 결정체를 정렬해 놓고 대칭인 면을 찾아야 했어. 그러려면 찾는 대상을 특정하는 데 적용할 선개념이 필요하지. 직접 해 봐. 타르타르산 결정체와 파스퇴르가 만든 모형의 사본을 가져왔어.

아리아나 [현미경으로 들여다보며] 그러니까 불완전성을 기대한다면, 그걸 보는 거군. 비대칭성을 예상한다면, 비대칭을 보고 말이야.

헌터 그렇지.

제니 하지만 이게 과학적 객관성에 대해 뭘 말할 수 있지?

아리아나 눈이 아니라 마음으로 보라는 것!

임프 그건 대상을 주관적으로 만드는 거지! 우리가 바라는 사실을 보는 거니까. 그 이상도 이하도 아냐.

콘스탄스 미처리히에게도 선개념이 있었어. 그는 동형성isomorphism이라는 개념을 고안했는데, 이건 글자 그래도 '같은 형태'라는 뜻이야. 근본적으로, 미처리히는 같은 원소 조성을 가진 화합물(타르타르산과 라세미산같이 분자식은 같으나 구조가 다른 이성질체isomer를 말하지)은 같은 결정 구조를 지녀야 한다고 믿었어. 이는 많은 경우에 사실이야.[25] 미처리히는 이런 사실이 라세미 화합물에서도 마찬가지일 거라고 생각했고, 예상은 들어맞았지. 그런데 제니, 네가 흥미로워할 만한 게 있어. 미처리히의 동형성 발명을 연구한 과학사학자 에반 멜하도Evan Melhado는 너처럼 과학자가 개인적으로 지닌 사적 지식과 그가 해결하는 문제가 연결된다고 주장했어. 멜하도는 오직 미처리히만이 동형성 이론을 고안하는 데 필요한 배경지식을 지녔다고 생각해.[26]

제니 [현미경으로 들여다보며] 그거 재밌는데. 하지만 난 미처리히나 파스튀르가 뭘 본 건지 모르겠어! 이 결정체에서 뭐가 비대칭이고 대칭인지 말해 줄 수 있니? 아니면 비대칭이라는 게 어떤 방식으로 비대칭이라는 거야?

아리아나 예술가들이 말하는 '마음의 눈'을 쓸 줄 몰라서 헤매는 거야. 먼저 뭘 보고 싶은지 상상해 봐.

리히터 농담 마!

아리아나 잠깐만! 리히터, 네가 그렇게 회의적이라면 직접 현미경 렌즈(말장난이 아니야)*를 보고, 제니의 질문에 답하는 게 어때? 그럴 수 있다면 말이야.

리히터 관찰 가능하다는 사실만 알면 충분해. 내가 실제로 해 볼 필요는 없어.

임프 그게 바로 이론가라는 거지!

아리아나 그렇군. 그래도 자전거 타는 법을 아는 것과 실제로 자전거를 타는 건 달라. 무지한 눈은 균형을 잡지 못하는 것처럼, 아주 위험하거나 그게 아니라면 신뢰할 수 없는 거지.

콘스탄스 뒤앙의 철학이 바로 그거야. 뒤앙은 말했지. 우리는 그저 현미경으로 본 것을 기록만 할 뿐인가? 그랬다면 엄청난 실수를 저지른 것이라고.[27]

아리아나 현미경 사용법을 가르쳐 본 사람은 알지. 처음에 학생들은 아직 준비 단계에서 생기는 거품이나 유리 덮개에 있는 먼지만 관찰한다니까.

콘스탄스 그렇지. 과학사학자 리터부시Philip C. Ritterbush는 몇 가지 역사적 사례도 제시했어. 예술가적 기질을 지닌 세포생물학자 테오

* 현미경 렌즈를 뜻하는 objective에는 '객관적'이라는 뜻이 있다.

도어 보베리Theodor Boveri*는 이론가인 생물학자 한스 드리슈Hans Driesch가 워낙 관찰 기술이 뒤떨어져서 늘 드리슈가 한 관찰 결과의 오류를 교정해 줬대—

아리아나 리히터, 집중해 주면 고맙겠어.

콘스탄스 —그리고 세포 이론의 창시자 마티아스 슐라이덴Matthias Schleiden은 린트H. F. Lind가 삽화의 정확성을 높이려고 구상 미술가(다시 말해 식물학에 문외한인 사람)를 고용한 일을 비판했었지. 슐라이덴은 린트의 책에 있는 삽화는 오류뿐인 쓰레기에다 작위적이고, 본질이 결여되었다고 혹평했어.[28]

헌터 물리과학에도 똑같은 문제가 있어. 학생들이 X선 회절 사진에서 처음 보는 건 중앙에 있는 커다랗고 검은(또는 하얀) 점인데, 이건 그냥 무의미한 거야. X선 광선이 회절되지 않고 결정체를 통과한 것이니까. 물론 학생들이 보는 건 모두 자료지만, 의미 있는 자료가 무엇인지 가려내는 거야말로 기술이지.[29]

아리아나 화가에게도 추상화하기 같은 기술이 필요해. 추상화하기는 불필요한 요소는 제거해 버리고 중요한 요소만 강조하는 거지. 추상화는 모든 위대한 과학 삽화에 있는 특징이야. 라몬 이 카할, 보베리, 하비의 책에 있는 삽화를 봐.[30]

임프 그 말을 들으니 X선 결정학의 창시자 버널에 관한 책을 읽은 게 생각나. 버널은 많은 예술가와 친하게 지냈는데, 오직 예술가의 눈만이 보는 것을 과학적 훈련을 받은 눈은 얼마나 볼 수 있는지 보여 주려고 벤 니콜슨Ben Nicholson 같은 화가를 생물학자 달링턴Cyril Dean Darlington의 실험실로 데려가는 괴짜 짓을 하곤 했대.[31]

아리아나 파스퇴르도 화가였다는 사실을 알면 놀라겠군그래.

---

* 테오도어 보베리, 1862~1915. 독일의 생물학자. 세포학, 발생학에 많은 업적을 남겼다.

임프 정말? 폴 무니Paul Muni**가 이런 식으로 나를 실망시키다니!

헌터 더 중요한 건 말이야, 발레리라도Louis Pasteur Vallery-Rado***, 뒤보René Dubos****, 그밖의 연구자가 파스퇴르의 전기에서 어떻게 그런 사실을 빠뜨릴 수 있었을까?

루이 파스퇴르가 열 세 살 때 그린 어머니의 초상화

아리아나 빠뜨리지 않았어. 네가 그 사실이 중요하지 않다고 생각해서 못 본 것뿐이지. 발레리라도가 쓴 책에 나와. 파스퇴르가 어린 시절에 어머니를 그린 파스텔화를 언급하는 문장이 있거든. 뒤보가 쓴 책에도 부모님과 친구들을 그린 초상화 이야기가 나오고. 설명이 없어서 그냥 지나치기 쉬워. 뭐, 예술에 관심이 있다면야 그렇지 않겠지만. 그래서 나는 이 부분을 파고들어 루이 파스퇴르 발레리라도가 쓴 『알려지지 않은 파스퇴르*Pasteur Inconnu*』와 과학사학자 드니즈 브로트노프스카Denise Wrotnowska가 쓴 논문 두어 편을 찾

** 우크라이나 출신의 미국 영화배우로, 파스퇴르를 연기한 적이 있다.

*** 루이 파스퇴르 발레리라도, 1886~1970. 파스퇴르의 손자로, 할아버지인 파스퇴르에 대한 전기를 썼다.

**** 르네 뒤보, 1901~1982. 프랑스 출신의 미국 미생물학자로, 파스퇴르 전기를 썼다.

았어. 이걸 보면 파스퇴르가 그린(모두 초상화) 파스텔화나 연필화가 25~30점 정도 있대. 몇 점은 파리 파스퇴르 연구소에 있는 파스퇴르 박물관에 있어. 모두 파스퇴르가 열 여덟 살 이전에 그린 거야. 정말 훌륭한 작품도 있어! 또 파스퇴르의 손기술을 보여주는 10대 시절에 만든 해시계도 있고.[32]

헌터 네 말을 들으니 말뤼스는 시인이었던 게 생각나네. 로랑도 예술가 기질이 있어서 화가이자 음악가였을걸.[33]

리히터 파스퇴르와 로랑이 그림을 그렸으니까, 일반 과학자보다 지각 능력이 더 좋다는 걸 말하려는 거야?

아리아나 그래! 그게 바로 준비된 마음의 일부분이지. 안 그래?

리히터 예술가는 과학자를 훈련시키지 못하니까—

아리아나 고생물학자 퀴비에Baron Cuvier, 라몬 이 카할, 동물학자 에드윈 굿리치Edwin Goodrich 모두 예술가에게 훈련받았어.[34]

리히터 내가 잘못 아는 게 아니라면, 그들 모두는 해부학자일 텐데. 그들은 그냥 예외에 속하지. 일반적인 지각 능력을 가진 사람들(분명히 예술적 훈련은 받지 않은 사람들이지)이 중요한 발견을 한다는 걸 생각해 봐. 예술은 과학 연구에 필수적이지 않아.

아리아나 나는 그렇게 말하지 않았어. 나는 관찰 능력을 훈련하는 게 필요하고, 예술은 훈련의 한 방법이라고 말했어.

리히터 네가 오락가락하는 것 같은데, 이렇게 해 보면 어때? 넌 객관적인 눈이란 존재하지 않는다고 말했어, 맞지? 그리고 실수로 볼 수 있는 걸 놓치기도 해, 그렇지?

아리아나 또 중요하거나 중요하지 않은 특징을 구별하는 데 실패하거나.

임프 그렇지! 그런 입장은 순수한 귀납에 반대하는 또 다른 논증이지.

리히터 맞아. 그런데 대답해 봐. 네가 가진 이론이 틀린 건데도, 그 이론에 존재하지 않는 것을 볼 수 있어? 잘못된 개입으로 오류가 일어날 수 있어?

헌터 잘 알겠지만, 그런 일이 실제로 일어났었어. N선이나 중합수polywater를 떠올려 봐. 발견자의 마음속에만 존재했던 위대하고도 새로운 발견이었지!

제니 누가 N선이랑 중합수를 설명해 줄래?

콘스탄스 내가 할게. X선을 발견한 직후에 블롱들로Rene Blondlot라는 프랑스 과학자가 X선 발생원에서 두 번째 종류의 방사물을 관찰했다고 주장하며, 이를 'N선'이라 이름 붙였어. N선은 전기 불꽃의 밝기에 영향을 미치는 것이 아닐까 생각했었지. 한데 프랑스 과학자들은 모든 종류의 발생원에서 N선이 나온다고 보고했지만, 다른 나라의 과학자들은 이 결과를 재현하지 못했어. 결국 영국의 과학자 R. W. 우드Robert Williams Wood는 블롱들로의 실험실을 방문해 그에게 속임수를 썼는데(전력을 끈다거나 하는 등), 블롱들로는 실험 장치가 잘 작동하든 그렇지 않든 N선을 봤다고 하는 거야. N선은 블롱들로와 친구들의 마음속에만 있었던 거지.[35]

헌터 중합수도 비슷한 이야기야. 한 소련 과학자가 커트 보니것Kurt Vonnegut의 소설 『고양이 요람』에 등장하는 '아이스 9'와 같은 중합체 형태를 띤 물이 있다고 보고했어. 하지만 중합수란 불순물 때문에 생긴 인공 산물이라는 걸 알 때까지 중합수의 속성을 연구하는 데 수백만 달러, 수백만 파운드, 수백만 루블을 낭비했지.[36] 물리학자 어빙 랭뮤어는 이를 두고 '병적 과학'이라고 불렀어. 왜냐하면 연구자는 지각적 한계 내에서 개인적으로만 아는 기술을 이용해 연구했고, 인공 산물일 가능성과 대안적인 해석의 가능성도 무시했으니까.[37]

리히터 그럼 문제는 이렇군. 파스퇴르가 본 것이 미처리히와 드 라 프로보스테이가 본 것보다 사실에 더 가깝다는 걸 어떻게 알 수 있을까?

헌터 간단해. 파스퇴르의 조언자 비오와 미처리히를 포함해, 많은 사람이 결정체를 볼 때 다시금 회의적 태도를 취했다는 사실로 알 수 있지. 그들은 젊은이가 저지른 실수를 찾으려 했지만, 이제야 결정면의 진짜 모습을 보게 되었어. 즉, 우연히 생긴 불완전성이 아니라 의미 깊은 특성을 말이야.

임프 재현 가능성이지, 친구! 더구나 비판자들이 재현하는 연구라니!

헌터 바로 그거야. 하지만 다시 파스퇴르로 돌아가자. 파스퇴르는 이제 광학적으로 활성인 타르타르산염에서 예상되는 비대칭 결정면의 위치를 알았지만, 뜻밖에 광학적으로 불활성인 라세미산에도 비대칭 결정면이 있다는 사실을 확인했지. 따라서 파스퇴르는 또 다른 역설을 마주한 거야. 라세미산 결정체가 비대칭이라면, 왜 이 결정체로 된 용액은 광학 활성을 나타내지 않을까? 파스퇴르는 곧 광학 활성이 없는 현상은 결정체의 대칭성과 관련 있다는 자신의 추론(이제 틀렸다고 입증된)이 가능한 여러 가설 중 가장 간단한 가설임을 깨달았어. 로랑이 보여 준 소다 결정체의 텡스텐염이나 석영 결정체처럼, 라세미산이 하나 이상의 비대칭 결정 형태를 지니고 있을 가능성도 있는 거야. 그래서 파스퇴르는 결정체를 자신이 보기에 결정면이 수직으로 가도록 정렬해 놓고 비대칭성에 따라 집단으로 묶어 분류했어.

제니 파스퇴르는 이런 일을 일일이 손으로 한 거야? 한 번에 하나의 결정체씩?

헌터 맞아. 그때는 그게 유일한 방법이었으니까.

임프 카르나발레 기록 보관소Carnavalet archives나 프랑스 국립 도서관에 있는 자료들을 하나씩 필사하는 것보단 낫지 않겠어, 제니.

헌터 그렇지. 이제 보겠지만 보람 있는 결과를 얻어 냈으니까. 분류 작업이 끝나자 파스퇴르는 우회전성 결정체 한 무더기, 좌회전성

파스퇴르가 만든 라세미산을 구성하는 좌회전성과 우회전성 결정체 모형(파리 파스퇴르 박물관)

결정체 한 무더기를 얻었지. 그리고 우회전성 결정체는 타르타르산과 동일한 형태라는 사실을 발견했어. 둘은 같은 방향으로 편광을 회전시켜. 그 거울상, 즉 좌회전성 라세미산 결정체는 반대 방향으로 빛을 회전시키고.

파스퇴르는 이게 답이라고 생각했어. 라세미산이 편광을 회전시키지 않는 이유는 우회전성 분자와 좌회전성 분자가 서로 내는 효과를 상쇄한 거야. 파스퇴르는 나중에 이렇게 썼어. "내 선개념에서 연역할 수 있는 논리 안에서 그 선개념을 계속 밀고 나갔다." 그는 자기 생각을 시험에 맡겼어.[38] 우회전성과 좌회전성 결정체를 동등한 양만큼 모아서 함께 용액으로 만들어 보았지. 그러자 혼합 용액에서 편광은 회전하지 않는 거야! 이번에는 그가 옳았어.

파스퇴르는 매우 기뻐서 실험실에서 뛰쳐나가 자기가 위대한 발견을 했다고 모두에게 말하고 다녔어. 그러고는 동료 한 명을 카페로 데려가, 이 발견이 결정학이라는 학문의 미래를 어떻게 바꿀 것인지 설명했어.[39]

임프 크릭과 왓슨이 생명의 비밀을 풀었다며 온 동네 술집을 돌아다닌 것처럼![40]

헌터 아니면 코크로프트John Douglas Cockcroft*가 모두가 듣도록 "원자를 쪼갰어요! 원자를 쪼갰어요!"라고 소리치면서 거리를 뛰어다닌 것처럼. 매우 신났겠지!

리히터 우연이냐 논리냐 하는 주제로 돌아가자. 헌터가 특히 내 신경을 긁는 '선개념의 논리'에 관한 말을 인용했으니까. 좋아. 그럼 대답해 봐. 파스퇴르가 그렇게 논리적이었다면, 왜 자신이 찾는 걸 발견하지 못한 거야?

헌터 그게 논리에 관한 질문에서 가장 핵심이지. 하지만 괜찮으면 새로운 질문을 해 보자. 파스퇴르가 비합리적이고, 운 좋고, 뭐 그런 사람이었다면 자신이 본 것을 찾으려 애쓰고, 그것에 중요성을 부여하려고 한 행동은 어떻게 설명할래? 미처리히는 파스퇴르에게 다음과 같은 말을 했다고 해. "나는 내 메모에서 아카데미의 연구 주제로 발전한, 두 염류에 있는 아주 작은 세부 사항을 엄청난 주의와 인내를 가지고 연구했었네. 만일 자네가 내가 발견하지 못한 어떤 사실을 확립했다면, 그 결과는 이미 형성되어 있던 관념이 인도한 것이네."[41] 그렇다면 리히터, 너는 선개념 없이 발견을 이루어 낼 수 있어?

임프 아니면 틀린 선개념을 가진 게 아닌데도 무언가를 보지 못하고 지나칠 수 있어?

헌터 사고하지 않고 어떤 착상을 떠올릴 수 있어? 합리성과 논리성 없이 사고할 수 있어?

---

* 존 코크로프트, 1897~1967. 영국의 물리학자. 양성자를 가속해 리튬 원자에 쏘아 원자를 붕괴시키는 데 성공했다. 이런 공로로 1951년에 노벨 물리학상을 받았다.

리히터 나한테 묻지 말고 아리아나한테 물어 봐. 아리아나는 주관적이고 비합리적인 **예술가**니까. 그저 결정체는 이럴 것이라고 **느끼는** 거잖아. 그렇지 친구?

아리아나 웃기지마, 리히터. 다른 의견은 듣지도 않고 네 말만 할 거면 토론이 무슨 소용이야.

제니 잠깐 잠깐, 뭘 좀 먹으면서 생각해 볼 시간을 갖자. 어때, 헌터?

헌터 나야 좋지. 파스퇴르가 1875년에 한 '우연한' 발견을 말할 때는 쉴 기회가 없을 테니까.

제니의 수첩 : 사적 지식

과학자가 (예술가처럼) 똑같이 사적 관심을 가지고 연구에 임한다는 주장은 이상하게 들릴 것이다. 이는 예술가를 장인의 위치에 세우는 것과 마찬가지로 과학자를 기술자의 위치에 세우는 것이다.

– 제이콥 브로노우스키(Jacob Bronowski, 수학자 · 인문학자 · 시인, 1958)

아리아나는 테이블에서 벌떡 일어나 화난 듯이 방을 나갔다. 내가 아리아나를 따라 나가려는 참에, 헌터가 갑자기 리히터에게로 몸을 돌려 다음과 같이 말했다. "결정체가 되어 느끼는 게 가능하냐고 물었어야지. 물론 네가 말하는 어조로 보면 불가능하다고 생각하는 것 같지만, 확신하지는 마. 피터 디바이Peter Debye**는 실제로 몇몇 문제를 자기 자신이 탄소 원자라고 상상한 다음, 내가 무엇과 결합하고 싶은지 또는 특정

** 피터 디바이, 1884~1966. 네덜란드 출신의 미국 물리학자, 화학자. 비열, X선 회절을 이용한 분자 구조, 전해질 연구에 기여했으며 1936년에 노벨 화학상을 받았다.

조건에서 어떻게 반응하고 재배열할 건지 물으면서 풀었다고 했어."

나는 아리아나를 데려오려고 나갔다.

헌터가 계속 말했다. "내가 기억하는 구절이 맞다면 디바이는 정말로 자기 자신의 "느낌, 즉 탄소 원자는 무엇을 원하는가?"[1] 라고 묻는 방법을 사용한다고 말했어. 디바이만 그런 건 아냐. 양자화학자인 내 동료는 실제로 양자방정식이 무엇을 표현하는지 느낀대. 내 동료가 토론회에 있다면 발언자가 말한 생각을 그가 어떻게 받아들이는지 몸을 보고 알 수 있을 정도야. 만약 분자의 상호 작용을 아주 느슨하게 표현한다면, 그는 의자에서 몸을 폭 파묻고 있거나 제멋대로 퍼져 있지." 아리아나와 나는 때맞추어 헌터가 자신이 말하는 바를 익살맞게 보여 주는 중에 방으로 들어왔다. "상호 작용이 아주 꽉 끼어 이루어진다면, 그는 가만히 앉아 있지 못하고, 마치 너무 작은 옷을 여러 벌 입은 것처럼 보이지." 헌터가 또 흉내를 냈다. 나와 아리아나는 리히터의 얼굴을 보고 싶었으나 뒤에 서 있어 볼 수 없었다.

콘스탄스가 끼어들었다. "화학에만 있는 일은 아냐. 자동차 엔진에 쓰이는 전기 시동기와 여러 유형의 내연 기관, 가솔린 첨가제를 발명하고 프리언 가스를 개발하는 연구를 이끈(여기까지만 해도 대단하지), 그야말로 찰스 '대장'* 케터링은 우리도 자주 그러듯이 동료가 너무 학술적으로만 생각하면 이렇게 말하곤 했대. 디젤 엔진에 있는 피스톤이 되어 본 적이 있느냐고 말이야. 케터링에 따르면 자신이 발명하려는 대상이라고 상상해 보지 않으면 그 대상이 뭔지 알 수 없는 거야.[2]

아리아나도 이 싸움에 참전했다. "바로 그거야. 물리학자이자 과학철학자 에벌린 켈러Evelyn Fox Keller가 쓴 에세이나 바버라 매클린톡의 전기

---

* 미국의 발명가이자 사업가인 찰스 케터링(Charles Kettering)의 별명.

인 『생명의 느낌*A feeling for the Organism*』을 읽어 봐. 매클린톡이 이룬 성공은 붉은빵곰팡이속屬이든 옥수수나무든 연구하는 대상과 자신을 완전히 동일시하는 능력에 있었어. 매클린톡은 체계 밖에 있는 게 아니라 그 속에, 부분으로서 존재했지. 매클린톡이 우리에게 중요하게 충고하는 점은 직접 그 대상이 되어 보라는 거야. 그러고 나서야 대상을 이해할 수 있다고 말이야. 과학사학자 준 굿필드June Goodfield가 쓴 『상상된 세계*An Imagined World*』를 읽어 보면, 안나 브리토Anna Brito라는 과학자는 이런 말을 했어. "종양을 연구하고 싶다면 종양이 되어라. 모든 걸 망쳐 놓은 건 남자들이 발명한 객관주의다"라고.[3]

"잠깐!" 임프가 반대하고 나섰다. "이기적인 남성 우월주의자가 있다는 걸 부정하지는 않아. 하지만 여기서 성차별주의자가 되지는 마. 헌터와 콘스탄스가 이미 연구 대상을 느끼며 연구하는 남성 과학자 사례를 몇 가지 들었어. 나도 몇 가지 사례를 보았고. 라몬 이 카할은 신경들이 서로 연결되려고 분투하는 충동을 **느꼈다고 해**. 조너스 소크Jonas Salk**는 자신이 바이러스나 암세포가 되어, 그들이 어떻게 행동하고 무엇을 하려는지 **느꼈지**.[4] 마이클 폴라니는 『사적 지식*Personal Knowledge*』이라는 책 전체를 연구 대상을 품을 수 있도록 우리 몸을 확장할 필요성을 논하는 데 바쳤어. 그래야 연구 대상을 우리의 외부적 존재가 아니라 그 안에서 살 수 있는 존재로 바꿀 수 있으니까.[5] 그렇지만 가장 주목할 만한 사례는 조슈아 레더버그Joshua Lederberg***가 한 말일 거야." 임프는 책을 찾아 자기가 말한 해당 구절을 읊었다.

"레더버그는 이렇게 썼어. '연구 과정에 있는 어떤 행위자의 본질적 속

** 조너스 소크, 1914~1995. 미국의 바이러스학자. 최초로 소아마비 백신을 개발했다.

*** 조슈아 레더버그, 1925~2008. 미국의 분자생물학자. 세균의 유전 기제 및 유전자 재조합 연구로 1958년에 노벨 생리의학상을 받았다.

성을 드러내는 능력, 스스로 어떤 생물학적 환경 속으로 들어간 듯이 상상하는 능력은 중요하다. 예를 들어, 정말로 내가 박테리아 염색체에 있는 화학적 단편 중 하나라면 어떨까 생각해 봐야 한다. 더불어 내가 자리한 환경이 어떤지 이해하고, 어디에 있는지, 어느 때 특정 방식으로 기능하는지 알고자 노력해야 한다.'[6] 이건 본질상 연극과 같다고 할 수 있지. 자연이라는 장대한 드라마에서 하나의 역할을 배워 자신이 아닌 다른 존재를 완벽히 연기하는 거야. 이게 우리가 논의하려는 문제지, 여자가 남자보다 더 잘하느냐 못하느냐는 아냐."

"네가 말한 과학자들이 심리적으로, 그러니까 물리적으로가 아니라 심리적으로 남성성이 조금 덜하다면, 다시 말해 대부분의 과학자 동료보다 좀 더 예민하다고 말할 수 있다면야." 아리아나가 다시 열을 올리며 대답했다. "하지만 이건 그냥 넘어가자. 처음부터 문제를 제기하지 말았어야 했어. 원래 이 토론에서 논하려는 문제는 다른 거였거든. 바로 언어적이고 수학적인 이해를 초월하는 앎과 이해의 방식이 있느냐 하는 거야."

"'초월하다'를 '확장하다'로 바꾸면 전적으로 동의해." 헌터가 말했다. "자기가 어떻게 생각하는지 설명하는 내용이 적힌, 아인슈타인이 수학자 아다마르Jacques Hadamard에게 보낸 유명한 편지를 알 거야. 아인슈타인은 언어나 기호가 아니라 시각 이미지와 운동 감각적 느낌을 사용한다고 말했지. 빛의 속도로 떨어지는 엘리베이터에 있으면 어떨까, 광파 위에 올라타서 내 옆에 있는 또 다른 빛을 관찰하면 어떨까 같은 질문을 한다고. 아인슈타인은 수학과 언어는 단지 그 과정의 최종 산물일 뿐이며 앞서 말한 수단을 사용해 최초의 통찰에 다다른 후 두 번째 단계에서나 찾아야 할 산물일 뿐이라고 말했어.[7]"

콘스탄스도 노트를 뒤적이더니 다음과 같이 말했다. "수학자 스타니스와프 울람Stanislaw Ulam도 시각 이미지와 운동 감각적 느낌으로 수학 문제를 푼다고 말했어. '숫자나 기호가 아니라 추론과 결합된 촉각으로 계산하는 일은 아주 흥미로운 정신적 노력이다'."[8]

"정말 흥미로워." 내가 말했다. "그런데 왜 누구도 수학과 과학 교육에서 이런 촉각-운동 감각-연기하기라는 방식을 논하지 않은 거지? 진짜 한 번도 들어본 적이 없어."

나는 입을 다물고 있어야 했다. 리히터가 다음과 같이 말했기 때문이다. "보통 사람은 이런 방식으로 생각하지 못하고 오직 소수의 괴짜 천재들만 가능하니까. 그리고 어떻게 가르쳐야 하는지 아는 사람이 한 명도 없으니까. 느낌, 인상, 이미지를 전달할 수 있는 언어는 존재하지 않아."

"그렇지 않아, 그렇지 않다고!" 아리아나가 소리쳤다. "리히터, 잘 모르면서 말하지 말랬지. 난 미국의 저명한 과학자 1/3은 문제를 해결하면서 3차원 이미지를, 또 1/3은 언어적 사고를, 나머지 1/3은 이미지도 언어도 사용하지 않는 방식을 사용해 사고한다는 점을 입증한 연구를 본 적이 있어.[9] 내가 제대로 기억한다면, 아주 소수의 사람만이 운동 감각적 느낌을 사용했어. 하지만 여전히 네가 끌어낼 수 있는 건 단 하나의 결론뿐이야. 대부분의 과학적 사고는 언어적이거나 수학적이지 않으며, 우리가 이를 이해하고 나서야 과학자들이 **정말로** 어떻게 생각하는지, 어떻게 과학을 가르치는지 이해할 수 있다고 말이야!"

"나도 그 연구를 보고 싶군." 리히터가 말했다. 나는 리히터가 진심이 아니라고 확신한다. "하지만 넌 그런 기술을 어떻게 가르칠 수 있는지 아직 말하지 않았어. 아니면 어떻게 가르치는지 모르는 건가?"

"젠장, 리히터. 한 번에 하나만 하자." 아리아나가 불같이 화를 냈다. "너 스스로 우리가 합리적으로 답을 얻으려면 먼저 문제를 정의할 필요가 있다고 말했지. 그래서 난 지금 당장은 딱 맞는 답을 갖지 못했어."

"난 지금 듣고 싶은데."

나는 아직 답이 없는 것에 감사했다. 오늘 토론해야 할 주제로 돌아갈 수 있게 상황이 진정되지 않을까 봐 두려웠기 때문이다. 걱정과 달리 다시 토론이 가능하도록 성질이 누그러지는 건 금방이었다.

나는 리히터가 아리아나를 존중해야 한다고 생각한다. 그런 날이 언제 올까?

대화록 : 우연(루이 파스퇴르)

임프 좋아! 잡담은 여기까지. 계속하겠어, 헌터?

헌터 물론이지! 자, 오늘 이 자리에서 많은 질문이 제기됐어. 발견에도 논리가 있을까? 파스퇴르가 1848년에 이룬 발견이 논리적이라면, 왜 그는 자기가 바라던 것과 다른 현상을 발견한 걸까? 우연한 발견에 있는 구조는 얼마나 다른 걸까? 그리고 일반적인 의미에서, 우리는 논리와 우연을 대조하면서 무엇을 말하는 걸까? 나는 파스퇴르가 1857년에 한 비대칭 발효라는 '우연한' 발견을 이런 질문들을 명확히 제기하는 사례로 준비했어. 그러니 질문에 답하려면 무엇을 할 수 있는지 함께 알아보자.

먼저 우리가 방금 논의한 1848년 관찰에서 두 가지 생각을 전면에 내세워 보자. 첫째, 나중에 라세미산이라고 이름 붙인, 거울상을 가진 유기 화합물, 즉 '라세미 화합물'이 있다는 사실. 둘째, 물리화학적 속성은 결정 구조를 반영한다는 오귀스트 로랑의 가설.

파스퇴르가 1857년에 한 이른바 우연한 발견은 발효를 통해 우회전성인 타르타르산염과 좌회전성인 타르타르산염을 분리하는 방법과 관련 있어. 이를 우연한 발견으로 설명하는 전통적 해석은 파스퇴르가 수행한 일을 다음 두 가지로 구분해. 하나는 1848년에 파스퇴르가 손수 우회전성 결정체와 좌회전성 결정체를 분리한 일. 다른 하나는 1853년에 파스퇴르가 라세미 혼합물에 다른 비대칭 화합물을 넣어서 라세미 화합물의 우회전성 형태나 좌회전성 형태 중 하나를 우선적으로 결정화하는 방법을 발견한 일.[1]

제니 너무 어려워.

헌터 걱정하지 마. 쉽게 말해 파스퇴르는 라세미 화합물을 분리하는 화학적 수단을 찾은 거야. 이건 오늘날에도 사용해.[2] 파스퇴르가 1857년에 관찰한 비대칭 발효는 라세미 화합물을 분리하는 제3의 수단을 제공했지.

제니 왜 파스퇴르는 라세미산을 분리하는 새로운 방법을 찾으려 한 거야? 손으로 하는 게 힘들고 어려워서? 아니면 재현하기가 어려워서?

헌터 그 반대야. 재현하기는 너무 쉬웠어. 사실, 결정체의 비대칭을 관찰하지 않고서 라세미산을 연구한 비오는 파스퇴르의 관찰이 맞는지 검증하려고 파스퇴르에게 라세미산을 준비하도록 했는걸. 라세미산을 분리하는 건 문제가 아냐. 그런데 여기서 잠깐만 건너뛸게.

난 파스퇴르가 했던 비대칭 발효의 발견을 둘러싼 전설이라고 할 만한 것에서 시작하고 싶어. 뒤보가 쓴 고전적인 파스퇴르 전기에서 서술된 설명이 전형적이지. 한 번 읽어 볼게. 뒤보는 라세미산에 있는 구성 요소를 분리하는 방법은,

> 준비된 마음만이 관찰하고 붙잡을 수 있는 우연한 사건이 발생해 생긴 결과였다. 타르타르산염칼슘 같은 불순한 용액이 날씨가 따뜻할 동안 탁해지면서 곰팡이 때문에 발효될 때가 있다는 건 오래전부터 널리 알려진 사실이었다. 어느 날 파스퇴르는 타르타르산염 용액이 그렇게 변한 모양을 보았다. 이런 상황에서 대부분

의 화학자는 실험을 완전히 망쳤다고 생각하며 용액을 개수대에 버릴 것이다. 하지만 파스퇴르의 적극적인 마음에는 갑자기 흥미로운 질문이 떠올랐다. 즉, 두 가지 형태로 구성된 파라타르타르산[다시 말해, 라세미 형태]은 비슷한 조건에서 어떤 영향을 받을까? 아주 열정적으로 연구한 끝에 파스퇴르는 타르타르산의 [우회전성] 형태는 발효 과정으로 쉽게 파괴되고 [좌회전성] 형태는 그대로라는 사실을 발견했다.[3]

콘스탄스 맞아, 나도 파스퇴르를 다룬 그 밖의 여러 전기에서도 같은 식으로 설명하는 걸 봤어.[4]

리히터 그건 상관없어. 역사학자들은 틀리기도 하잖아. 파스퇴르는 자기가 한 일에 대해 뭐라고 말했는데?

헌터 그게 문제야. 파스퇴르는 아무 말도 안했거든. 1857년에 발표한 논문에서도, 발견이 이루어진 1857년에 후원자인 비오와 화학자 J. B. A. 뒤마Jean Baptiste André Dumas에게 보낸 서신에서도. 또 나중에라도 왜 자신이 비대칭 발효에 관해 실험했는지, 어떻게 그런 현상을 알아차렸는지 말하지 않았어.[5] 파스퇴르는 그저 타르타르산 용액이 발효된다면…… 이라고 말할 뿐이었어.[6]

리히터 그럼 뒤보와 다른 역사학자들이 말한 게 맞을 수도 있겠네.

헌터 하나만 빼고. 파스퇴르가 쓴 실험실 노트는 전혀 다른 이야기를 전해 주거든.

제니 역사학자들이 이야기를 날조한 건 아니지?

헌터 이렇게 생각해 보자. 모든 역사학자가 불완전한 자료를 갖고 연구했고, 파스퇴르가 어떻게 비대칭 발효를 관찰했느냐에 관한 증거가 없다고 솔직하게 말하는 대신 우연이라는 개념에 의지했다고. 나는 누군가 어떤 사건이 우연히 일어났다고 말한다면, 그건 단순히 "어떻게 일어났는지 모르겠어요"라는 말을 다르게 하는 거라고 생각해. 모른다는 사실을 인정하지 않는 거지.

임프 '자연 돌연변이'처럼? 유전학자 도브잔스키Theodosius Dobzhansky는 '자연적'이라는 형용사는 그저 돌연변이가 어떻게 일어나는지 전혀 모른다는 말을 미묘하게 하는 방법일 뿐이라고 주장했지.[7] 일단 이름이 붙으면 더 이상 설명이 필요하지 않게 되니까!

아리아나 극작가 몰리에르Jean Baptiste Poquelin Molière도 잠들게 하는 어떤 약의 효과를 약이 잠들게 하는 유전자에 작용한다는 식으로 설명하는 의사를 말하며 같은 점을 지적했어. 의학에는 이런 동어 반복이 가득하다고.

리히터 아직 모르는 문제인 거지. 나도 그런 지적에는 동의해. 하지만 분명히 지금은 모든 것이 결정된 세계상을 주장할 수 없는 시대야. 진화론은 우연에 기반을 둬. 자코브와 모노도 피드백 억제 시스템이라는 원리를 우연 위에 구축했잖아. 현대 물리학도 마찬가지야. 발견이라고 안 그러겠어?

헌터 네 주장에는 중요한 세부 사항이 빠졌어, 리히터.

리히터 사실 내가 한 말이 아냐.

헌터 그런 주장은 우연과 무작위성을 혼동하는 거야. 특정 아원자 입자가 언제 어디에서 붕괴할지는 그 사건이 시간에 따라 무작위로 분포하기 때문에 예측 불가능해. 하지만 붕괴가 일어날 것인가는 확률 문제이면서 필연적이기까지 하지. 붕괴하는 입자가 충분히 주어지면 우리는 아주 높은 정확성으로 붕괴 속도를 예측할 수 있으니까. 따라서 이 사례에서 우연은 예측 가능성이 없다는 말과 동일하지 않아.

임프 생물학에 있는 돌연변이도 똑같아, 리히터. 돌연변이가 생기는 원인은 늘 한결같이 작용하지 않고(이는 화학적 돌연변이 유발이나

X선도 마찬가지야), 균일한 대상들에 작용하지도 않아(각각의 살아 있는 존재는 독특하니까). 그래서 돌연변이는 무작위적이지. 돌연변이가 출현하는 건 우연이 아니라 개체군에 나타나는 특성들이 불규칙하게 분포하는 데 작용하는 인과적 요인이 불규칙하게 분포하기 때문이야.

리히터 결국에는 우연히 특정 유전자 집합이 감수 분열 동안에 분리되고, 우연히 번식할 때 생식 세포가 결합해 돌연변이가 일어나잖아. 그렇게 간단히 말할 수는 없지.

아리아나 너도 간단히 말하지 마. 결과가 독특하다는 사실이 그 결과가 일어나는 기제까지 독특하다는 사실을 뜻하진 않아. 모든 눈송이는 제각각 다르지만, 이를 만들고 가능한 모양을 통제하는 일반적인 물리 규칙이 있잖아. 그렇지, 헌터?

제니 신은 우주와 주사위 놀이를 하지 않는다?

헌터 닐스 보어는 그렇게 생각하지 않았지. 우리 모두 문제를 잘못 보는 게 아닐까. 아인슈타인과 보어는 물리학에서 우연과 확률이 하는 역할에 결코 의견이 일치하지 않았어. 비록 둘 다 물리학에 엄청난 기여를 했지만 말이야. 그럼 의견이 서로 다르다는 데는 의견을 같이 해 보자. 분석을 여러 수준에서 할 때는 두 입장이 모두 유용할 수 있으니까, 리히터가 주장하는 우연한 사건을 인정하고 거기서 무엇을 발전시킬 수 있는지 보는 거야. 나는 좀 더 고전적 설명을 좋아해서 우연으로 무언가를 설명하는 방식을 받아들이지 않아. 사실, 파스퇴르가 남긴 노트에서 내가 찾은 설명은 파스퇴르의 발견을 우연한 사건이라 부르는 건 파스퇴르가 정말로 무엇을 했는지 아무것도 모른다는 점을 드러낸다는 거야. 내가 받아들일 수 있는 역사적 설명의 기준은 이전 역사학자들과 달라. 그래서 나는 다음과 같이 물어야 했지. 파스퇴르가 무엇을

했는지 어떻게 알아낼 것인가? 자료를 얻을 다른 원천이 있는가? 있다면 그 원천에 어떻게 다가갈 것인가?

제니 맞아. 역사 연구는 단지 사실을 모으는 것 이상이야. 자료를 분석하고 질문을 던져야지. 또 어떤 자료를 찾아야 할지 알고자 가설도 세워야 하고.

임프 맙소사, 제니. 서당 개 3년이면 풍월을 읊는다더니, 과학자가 하는 말처럼 들리는데.

리히터 그래서 네가 말하려는 발견은 어떤 식이야?

헌터 음, 이전 설명이 다 같이 기반을 둔 가정은 파스퇴르가 라세미산을 타르타르산염의 구성 요소로 분리하는 방법을 발견하고자 했고, 우연히 비대칭 발효를 관찰했을 때 분리를 이루는 수단으로서 발효가 가진 힘을 알았다는 거야.

내가 하려는 설명은 애초부터 달라. 나는 파스퇴르가 1857년에 라세미산을 분리하는 일에 흥미가 있었다고 생각하지 않아. 파스퇴르는 전혀 다른 무언가를 찾다가 비대칭 발효를 발견했다고 생각해. 라세미산의 결정체가 대칭적이라고 예상했다가 두 가지 형태의 비대칭성을 발견한 방식과 똑같이 말이야.

리히터 하지만 파스퇴르가 첫 번째 발견에서 예상치 못한 사실을 발견할 때는 숨기는 게 없었는데, 왜 비대칭 발효를 발견했을 때는 그러지 않은 거야?

헌터 그게 내가 묘사하는 발견이 설명하려는 문제야. 그런데 네 질문은 어느 쪽에나 적용 돼. 실험이 우연히 생긴 오염으로 일어났다면, 파스퇴르는 솔직히 말했을지 몰라. 하지만 그러지 않았지. 나는 왜 그랬는지 설명할 수 있어.

임프 계속해 봐!

헌터 내가 생각하기에 파스퇴르를 당혹스럽게 한 문제는 비오가 보여 준, 유기체에 있는 분자적 구성 요소는 대개 비대칭인 반면에 실험실에서 나온 화학적 생성물은 늘 라세미 또는 대칭이라는 관찰 결과야. 비대칭 분자는 어떻게 생기는 걸까? 기억해 봐. 비오는 실험실에서 만든 생성물은 결코 편광을 회전시키지 않는다는 사실을 알아냈어. 따라서 파스퇴르가 학생 때 배운 대로 분명히 비대칭 분자는 화학 반응에서 유래하지 않아. 화학에 뭔가가 빠진 걸까. 물리학자로 훈련받은 파스퇴르는 빠진 조각을 찾으려고 물리학으로 눈을 돌렸지.

1852년에 파스퇴르는 비대칭 분자가 생성되는 동안에 작용하는 비대칭적 우주의 힘cosmic asymmetric force이 있다는 가설을 세웠어.[8] 이미 1851년 8월에 파스퇴르는 이렇게 말했지. "내 최근 연구에서 편광에 작용하는 물질은 식물이나 동물계에서 자주 발견하는 그런 물질 집합에 들어가야 한다는 점을 보았다. 식물과 동물에서도 형태는 동일하나 겹쳐지지 않는 비대칭이 있는 것이다."[9] 말하자면, 식물과 동물도 라세미 결정체처럼 거울상 형태로 존재할 거라는 뜻이지. 우회전성을 가진 화합물로 구성된 것이 한 가지 비대칭성을, 좌회전성을 가진 화합물로 구성된 것이 다른 비대칭성을 나타내는 거야. 파스퇴르는 분자 구성과 형태를 연결한 로랑의 이론을 살아 있는 존재로까지 확장했어!

임프 굉장한데! 그러니까 네 말은 파스퇴르가 식물이나 동물이 가령, 평상시 모양 대신에 좌회전성 당과 우회전성 아미노산으로 이루어지는 게 가능하다고 생각했다는 거지?

헌터 내 해석이 바로 그거야.

아리아나 『거울 나라의 앨리스*Through the Looking-Glass*』 같네! 그런 식물과 동물은 평상시 모양의 거울상이라는 거지?

헌터 아마도. 파스퇴르가 명시적으로 말하지는 않았으니까. 하지만 그걸 발견하려고 애썼지. 파스퇴르는 어떤 물리적 힘이 비대칭적인지 고심했어. 분명히 편광은 우회전성과 좌회전성 화합물에 각기 다르게 작용하기 때문에 비대칭적이야. 비오는 룸코르프 코일*이라 부르는 강력한 전자기 기계가 편광을 회전시키는 결정체의 능력을 강화한다는 점을 입증했었어. 파스퇴르는 전자기가 분자의 비대칭성을 만드는 원천이 아닐까 생각했지. 식물과 동물은 지구자기장이 발하는 지자기地磁氣에 날마다 노출되어 있으니까. 그래서 강한 전자기 힘에 영향 받은 화학 반응이나 유기체 반응은 새로운 형태의 비대칭성을 나타내는 게 아닐까 생각했던 거야.

1851년 겨울에 파스퇴르는 거울상을 산출하도록 식물이 비대칭 산물을 형성하는 과정에 영향을 줄 수 있는지 보려고 식물을 대상으로 한 전자기 실험을 남몰래 계획했어. 하지만 겨울이고 필요한 장비에 드는 비용도 많아서 실험을 연기하고 말았지. 그때 파스퇴르는 비오에게 라세미산 연구에 더 많은 돈을 구해 줄 수 있는지 묻기도 했지.[10]

1852년 12월 7일에 비오는 프랑스 과학아카데미가 라세미산 연구를 위해 파스퇴르에게 2500프랑을 지원하기로 했다는 편지를 보내. 파스퇴르는 식물에 대한 전자기 실험을 하는 데 이 돈을 쓰고 싶다고 답장했어. 비오는 결정학자 스나르몽Henry Hureau de Sénarmont 및 아카데미의 다른 회원들과 상의한 뒤 그런 실험에 돈을 쓸 수 없다고 회신해. 너무 터무니없는 생각이었으니까.

파스퇴르는 아주 상세히 답장을 썼어. 12월 28일, 비오와 스나르

* 독일의 전기학자 하인리히 룸코르프(Heinrich Ruhmkorff, 1803~1877)가 만든 것으로, 전자기 유도 현상을 이용해 고전압을 얻는 장치.

몽 그리고 파스퇴르를 후원하는 또 한 명의 저명한 화학자 J. B. A. 뒤마는 비오의 집에 모여 파스퇴르의 세안을 다시 검토하지. 그들은 파스퇴르가 라세미산에 대한 결정학 연구를 완료하고 라세미산의 두 가지 비대칭 구성 요소를 어떻게 분리하는지 알아내는 데 돈을 써야 한다고 결정했어. 돈과 시간이 조금이라도 남으면, 그때야 식물을 구성하는 요소를 비대칭성으로 변화시킨다는 말도 안 되는 연구를 해도 좋다고 말이야.[11]

하지만 뒤마는 지자기로 유기 분자의 비대칭성을 설명할 수 있다는 생각에 흥미를 느껴 사탕무로 설탕을 만드는 제조 공장에 몇 가지 정보를 요청해.

제니 왜 사탕무로 만든 당이야?

헌터 사탕무 당은 비대칭이라고 알려졌거든. 그리고 사탕무는 자연에서 쉽게 볼 수 있는 식물이고. 비오는 제조 공장에서 받은 정보를 뒤마와 파스퇴르에게 전달했는데, 파스퇴르 기록 보관소에 있는 출판되지 않은 편지에 이 일화가 나와.

> 이 공장에 따르면 수직으로 자라는 사탕무는 (…) 반대 면에 수직으로 연결된 일련의 작은 뿌리를 뻗는다. 따라서 횡단면은 (…) 이렇게 연결된 작은 뿌리를 드러낸다. 그는 두 뿌리가 자연스럽게 북쪽과 남쪽으로 서로 향해 있는 모양을 보았다고 한다. 이게 사실이라면, 인공적으로 [전자기] 흐름을 사용해 재현 가능한 지자기의 효과라고 가정할 수 있다.

비오는 말했어. "사실이라면 연구를 진행해도 되겠지."[12] 하지만 비오는 다른 연구를 마칠 때까지 생각도 하지 말라고 충고했어.

아리아나 그럼 파스퇴르가 무엇을 했고, 언제 했는지는 일종의 비공식적인 동료 평가라 할 수 있는 후원자들의 통제를 부분적으로나마 받은 거네.

헌터 맞아. 사실, 2년여가 지나고 파스퇴르는 비대칭성에 관한 기록을 버려. 비오는 그 연구가 너무 사변적이라 느꼈고, 파스퇴르는 자기 후원자를 (문자 그대로) 적으로 만들 형편이 못 됐거든.[13] 곧 보겠지만, 후원자들의 의견은 또 10여 년간이나 파스퇴르에게 중요한 영향을 끼쳤지.

파스퇴르는 비대칭성 연구를 1853년 7월에 다시 시작했어. 그때는 유기물과 무기물을 모두 사용했고, 그 물질들을 '비대칭적 작용물'이라고 불렀던, 편광 및 N극과 S극 자기, +전하와 −전하 전기에 노출시켰어. 파스퇴르는 자신이 비대칭적 힘만 발견하면 새로운 뉴턴이나 갈릴레오가 될 거라고 말했지. 하지만 이 연구를 후원자들이 얼마나 알고 있었는지 알려 주는 자료는 남아 있지 않아.[14]

한데 파스퇴르는 지속적으로 비대칭 결정체를 생성하는 막대자석으로 스트론튬에서 무기 포름산염을 결정화한 것을 제외하고는 실험에서 어떤 성공도 거두지 못했어. 또 타르타르산염이나 당과 같은 유기물에서는 스트론튬에서 얻은 포름산염 결과를 재현하지 못했지. 1853년 12월에 파스퇴르는 연구를 '터무니없다'라고 자평하기 시작했어.[15] 1월에는 완전히 좌절하지.[16] 희망이 사라진 거야. 후원자들이 옳았어. 이 연구에는 아무것도 없었어. 파스퇴르는 비대칭 힘이라는 연구 분야에서 뉴턴이나 갈릴레오가 될 운명이 아니었던 거지.

파스퇴르는 장기 휴가를 보내고 돌아와서 지금껏 연구한 스트라스부르대학을 떠나 프랑스 북부 릴대학에 부임했어. 1854년에 그는 누구에게도 말하지 않고 다시 자신의 꿈을 부활시켜 새로운 실험을 준비했지. 그는 지구의 회전이 식물을 구성하는 요소의 비대칭성에 영향을 미치는지 시험하려고 식물을 계속해서 회전시키는 시계 태엽 장치를 발명했어. 또 동쪽에서 서쪽으로 가로지르는 태양의 움직임이 다른 비대칭성에 우선하는 한 가지 비대칭성을 지닌 분자를 생성하는지 보려고 일광 반사 장치와 태양광을 반사하는 거울을 이용해서 새로 자라나는 식물의 싹을 틔우려 하기까지 했지.[17]

<u>리히터</u> 우스꽝스러운 실험이네. 어느 누구도 거울상 구성 요소로 된 식물을 만들어 본 적이 없을걸. 그건 어느 누구도 실험실에서 비대칭 물질이 아닌 것에서 비非라세미 화합물을 생성한 적이 없는 거랑 똑같지. 기초적인 화학 문제니까.

<u>헌터</u> 네 말이 맞아. 그렇지만 파스퇴르는 그걸 몰랐지. 파스퇴르가 수행한 시험이 잘못 계획되었다고 말할 수 있는 것도 연구 결과가 대체로 좋지 않았기 때문이야. 그래도 파스퇴르는 무지를 인정하고 지식을 얻고자 노력하는 지적 용기가 있었어. 파스퇴르를 괴롭힌 똑같은 수수께끼를 알고 있었던 비오, 뒤마, 스나르몽, 드 라 프로보스테이, 미처리히는 문제를 해결하려는 어떤 시도도 하지 않았으니까. 사실 비오는 적극적으로 파스퇴르의 기를 꺾었어. 그는 역사학자들이 '생기론'이라 부르는, 즉 살아 있는 존재가 내재적으로 보유한 생기적 속성 덕분에 무생물과 근본적으로 다르다는 철학적 관점을 깊이 믿었거든. 그가 보기에 이런 내재적인 생기적 속성 중 하나가 유기적으로 합성된 분자가 지닌 비대칭성이야. 비오는 파스퇴르가 비대칭적 분자를 만들 수 있다고 생각하지 않았어. 만일 성공한다면 자신이 소유한 이론적 선개념을 포기해야만 했지.

<u>콘스탄스</u> 그러니까 신념이나 후원 같은 여러 가지 과학 외적 요인이 파

스퇴르의 연구와 연구 발전에 영향을 끼쳤다는 거네.

헌터 바로 그거야.

리히터 그런데 파스퇴르가 비오의 충고를 귀담아 들었다면, 시간 낭비는 없었을 거 아냐. 파스퇴르는 절대로 성공할 수 없었어. 우리는 아직도 비대칭 분자를 새롭게 합성하는 법을 모르지.

헌터 맞아. 하지만 파스퇴르가 이런 불가능한 일에 도전하지 않았다면, 그 어떤 것도 발견하지 못했을 거야. 바로 이게 파스퇴르가 비대칭 발효를 발견한 사례가 역사적 관점에서 흥미로운 이유지. 적어도 내가 재구성한 발견에 따르면, 파스퇴르는 상상 속에 있는 거울상 식물을 만들려고 실험을 설계하는 동안 비대칭 발효를 발견했어. 불가능한 일을 하는 건 예상하지 못한 방식으로 유용한 시도였다고 밝혀질 수 있는 거야.

사실, 계속되는 좌절에도 파스퇴르는 '다양하면서 자연 그대로인 생명의 원리를 합성'하려는 희망을 계속 품고 다녔어. 게다가 1856년에는 릴대학의 자기 학생에게 그런 희망을 털어놓을 정도로 과감하기까지 했지.[18] 또 당시 스나르몽은 파스퇴르에게 오래된 케이크에 있는 설탕 장식에서 곰팡이 몇 개가 핀 걸 보았다는 편지를 썼어. 스나르몽은 곰팡이를 보고 놀랐는데, 이는 선택적으로 "곰팡이를 발아시키는 데 유리한" 자기만의 생육 배지*를 쉽게 제조할 수 있다는 점 때문이었지. "이로부터 식물의 씨앗이나 동물의 알이 무한한 변이를 나타내면서도 개체로서 분리되는 발생 과정을 추적할 수 있다면 얻을 것이 많다."[19]

파스퇴르는 스나르몽이 말한 개념을 다양한 방식으로 이용했어.

---

* 세균이나 동식물의 조직을 증식, 보존, 운반하고자 영양소를 넣어 만든 액체 또는 고체 재료.

제일 처음에 한 실험은 한 집단의 사탕무는 우회전성인 타르타르산 용액에서 키우고 다른 집단은 좌회전성인 타르타르산 용액에서 키운 거야. 형태는 구성 요소를 반영한다는 로랑 이론에 따라 파스퇴르는 서로 다른 형태, 즉 하나는 좌회전성 구성 요소, 다른 하나는 우회전성 구성 요소를 띤 사탕무를 만들 희망을 꿈꿨지. 실제로는 우회전성 화합물에서 정상 사탕무, 좌회전성 화합물에서는 당이 없는 쭈글쭈글한 사탕무를 얻었지만. 파스퇴르는 이 결과를 실험실 노트에 기록했지만 출판하지는 않았어.[20]

아리아나 그럼 이게 비대칭 발효의 발견이라는 거야? 사탕무는 우회전성 타르타르산염을 물질대사하지만 좌회전성은 하지 못한다. 그리고 이게 비대칭 발효가 뜻하는 바다…….

헌터 음, 그 질문이 문제의 핵심이지. 넌 발견이 무엇을 뜻한다고 생각해? 파스퇴르는 자신이 얻은 결과가 함축하는 게 무엇인지 바로 깨닫지 못했던 것 같아. 파스퇴르가 실험한 이유에 비춰 보면, 그러니까 라세미산 구성 요소를 갖춘 사탕무를 만들려는 목적에 따르면 실험은 완전한 실패야. 그래서 파스퇴르가 보인 최초 반응은 그저 실험 내용을 기록하고는 잊어버린 거지.

임프 나도 그런 적 있는데.

아리아나 다시 말하면, 파스퇴르는 비대칭 발효를 발견했지만, 자신이 가진 선개념이 이를 발견이라고 깨닫는 걸 막은 거네.

헌터 여기서 난 또 '발견'이라는 단어가 적합한지 잘 모르겠어. 파스퇴르는 비대칭 발효를 입증했다고 볼 수 있는 증거를 가졌어. 하지만 파스퇴르는 아직 비대칭 발효가 무엇인지 그 **개념**을 몰랐고, 따라서 자료를 해석할 수 없었지. 내가 보기에 파스퇴르의 실험 그 자체는 발견을 드러내지 못해. 그때는 자료 자체가 해석되지 않았고, 해석되지 않은 채로 남을 수도 있었으니까.

제니 조금 헷갈리는데.

헌터 그러니까 동일한 자료라도 맥락이 다르면 다른 의미를 띨 수 있다는 거야. 사탕무는 우회전성과 좌회전성인 타르타르산염을 동등하게 흡수하며, 그런 흡수는 구조에 있는 차이를 반영한다는 점을 발견하고 싶은데, 자료가 좌회전성 타르타르산염에서는 어떤 흡수도 일어나지 않는다는 사실을 보여 준다면 이론이 틀렸다는 걸 뜻하겠지. 자료가 사실과 모순되니까. 이게 한 가지 의미야. 한데 살아 있는 존재에서는 화학 물질의 흡수가 선택적 과정으로 일어난다는 대안 가설을 제시한다면, 자료는 아주 다른 의미를 지니겠지. 즉, 사탕무는 화합물에 있는 두 거울상 형태 중 하나를 선택할 수 있는 거야. 그럼 이제 자료는 가설을 입증하는 사실이 돼. 앞으로 보겠지만 이게 바로 파스퇴르에게 일어난 일이었어.

콘스탄스 알겠지만, 르네 타통은 『과학적 발견에 나타나는 이유와 우연 Reason and Chance in Scientific Discovery』의 한 장을 아직 해석되지 않았거나 하나의 이론으로 해석은 되었지만 여러 가지 이론적 틀로 더 흥미로운 지식을 얻을 가능성이 높은, 저명한 과학자의 실험을 논의하는 데 바쳤어. 예를 들어 앙페르는 자기장을 움직여서 전류를 유도할 수 있다는 사실을 (돌이켜 생각해 보면) 분명히 입증하는 실험을 관찰했고, 출판까지 했지. 하지만 앙페르는 이후에 그 실험을 재현했으며 전류 유도 현상이 정말 있다고 해석한 패러데이Michael Faraday*에게 전류 유도를 입증하는 시험이 생각나

---

* 마이클 패러데이, 1791~1867. 영국의 물리학자, 화학자. 전기와 자기가 연결된다는 사실을 밝히고, 자기장 변화가 전류 흐름을 유도할수 있다는 전자기 유도를 발견해 전자기학에 크게 기여했다.

지 않는다고 편지를 썼어. 왜냐하면 자신은 전혀 다른 질문을 마음에 품고 그 실험을 설계했었다고 말이야.[21]

임프 새로운 개념에 비추어 오래된 관찰을 재현하는 또 하나의 훌륭한 논증이로군!

콘스탄스 그렇지. 다른 사례도 있어. 갈릴레오는 별 수확 없이 금성의 위성을 찾고 있을 때 금성이 위상 변화하는 모양을 보았지만, 이런 관찰이 중요하다는 사실은 몰랐어. 친구이자 수학자 카스텔리Benedetto Castelli만이 태양계에 관한 지동설이 옳다면, 금성은 달과 같은 위상 변화를 보여 줄 거라고 알리는 편지를 썼지. 갈릴레오는 그제야 이해를 했고, 자신이 관찰한 현상에 있는 중요성을 알고서 관찰 결과를 출판했어.[22]

제니 그러니까 네가 말하고자 하는 요점은 근본적으로 내가 보고자 하는 현상만 볼 수 있다는 거구나. 같은 점을 이전에도 얘기했었지.

헌터 바로 그거야. 사실, 난 항상 긍정적인 결과보다는 대조 실험*이 내놓는 결과에 더 주목해 왔어. 왜냐하면 대조 실험은 정식으로 해석한 자료보다 놀라운 결과를 더 많이 포함할 때가 있거든. 지금 생각해 보면, 그건 사람들이 단지 자신의 선개념을 지지하는 긍정적 결과만을 보고하고 대조 실험을 분석하지 않기 때문이야. 대조 실험에 어떤 중요성이 있을 거라고는 생각하지 않는 거지.

아리아나 그러니까 발견은 사건이 아니라 자료 해석 방법을 고안하는 일을 포함한 지각 과정이라는 주장이네.

헌터 맞아.

---

* 원 실험의 결과와 비교, 대조하고자 원 실험에서 중요한 변수를 통제한 실험.

아리아나 그럼, 파스퇴르가 비대칭 발효를 발견한 건 어느 시점에서야?

헌터 그게 적절한 질문인지 모르겠어. 하지만 파스퇴르가 무엇을 했는지 살피면서, 그 질문을 어떻게 해야 잘 이해할 수 있는지 논의해 보자. 내가 말할 수 있는 건, 별 관련 없어 보이는 사건 때문에 파스퇴르는 다시 사탕무 자료에 관심을 가졌다는 거야. 1857년 8월 이후에는 화학자 M. E. 슈브룈이 『지식인의 잡지*Journal des savants*』에 썼던 서평을 읽기도 했어.

아리아나 슈브뢸은 고블랭 국립 태피스트리 제작소에서 일한 베르톨레의 후임자잖아, 맞지?

헌터 맞아, 어떻게 알았어?

아리아나 미술관에서 봤어!

헌터 그래……. 어쨌든, 파스퇴르는 생각을 적어 두는 작은 노트에다 서평과 관련한 메모를 남겼어.

> 식물에 관한 연구에서 Th. 드 소쉬르Nicolas-Théodore de Saussure는 서로 다른 염류를 동일한 중량으로 동일한 물에 녹이면, 서로 다른 비율로 물을 흡수한다고 말했다.
> 자연에서 필수적으로 일어나는 이런 흡수를 이용하면 라세미 나트륨 암모늄 타르타르산염racemic sodium ammonium tartrate을 분해할 수 있는 방법을 찾는 데 매우 유용할 것이다.
> 그런 방법이 제대로 작용하면 라세미산과는 구성 방식이 다른 구연산 같은 화합물에도 적용할 수 있을 것이다.
> 주의. 막을 통한 삼투 현상[즉, 선택적 흡수]은 나트륨-암모늄 라세미sodium-ammonium racemate 화합물을 분해하는가?[23]

파스퇴르는 '매우 유용하다'라고 쓰고 밑줄까지 그었어. 곧바로 파스퇴르는 연구로 돌아와 사탕무 실험을 다시 검토하고 추가 사항도 기입해 놓았지. 이건 파스퇴르가 실험 결과가 발효를 함축한다는 사실을 깨달은 것처럼 보여. 1857년 12월 21일, 파스퇴르는 프랑스 과학 아카데미에 아주 애매모호한 보고서를 보냈어. 겉으로만 보면 필요한 세부 사항을 자세히 기입하지 않고서 발견의 우선권을 확보하는 게 유일한 목적처럼 보이는 보고서였지. "나는 타르타르산을 발효하는 방법을 발견했다. 이는 특히 일반적인 우회전성 산에 적용 가능하며 좌회전성 산에는 쓸모 없는 결과를 내놓거나 전혀 적용되지 않는다."[24] 파스퇴르는 이런 발효가 순수 좌회전성 산을 산출하도록 라세미산을 분리하는 방법을 알려 준다고 추측하기 시작한 거야.

아리아나 바로 이 시점이 파스퇴르가 비대칭 발효를 발견한 순간이군! 파스퇴르가 '발견하다'와 '발효'라는 단어를 사용했잖아.

리히터 그래. 하지만 지난주에 말했듯이, 발견이 사실은 발견이 아니었다고 말한 대학원생처럼 파스퇴르도 그럴 가능성이 있지.

헌터 그것도 분명히 따져 볼 문제이긴 해. 사실 파스퇴르는 아직 자기 관찰을 재현하거나 주장하는 바가 옳다는 사실을 입증하지 못했어. 아직 자기가 말한 방법으로 순수하게 좌회전성인 타르타르산염을 분리하지 못했고, 단지 가능하다고 말만 한 거지. 그런데 사탕무는 이런 실험에 적합하지 않았어. 사탕무가 자라는 흙에서 좌회전성 산만 분리하기가 쉽지 않았거든. 용액에서 자라는 유기체, 특히 미생물이 필요했지. 여기서 스나르몽이 말한 곰팡이 생장이 파스퇴르의 사고를 촉진하는 촉매제 역할을 해. 파스퇴르는 1852년에 라세미산의 기원(이중 비대칭 분자에 걸맞는 자연적이고 유기체적인 기원)을 찾으려고 유럽을 여행하면서 타르타르산염 용액에 미생물이 자라는 모습을 보았어.[25] 파스퇴르는 슈브럴의 서

평을 메모하고 나서 그걸 관찰했다는 사실을 떠올렸지. 파스퇴르는 다음과 같이 썼어.

우회전성과 좌회전성 타르타르산염으로 미시적인 식물 생장[즉, 곰팡이]을 연구하자. 곰팡이들은 동일한가? 이 연구에서 그들이 형태, 구조, 구성 요소에 있는 차이를 전달한다면 그보다 흥미로운 건 없으리라. (…)
곰팡이들이 다르다면, 작은 동물에게 영양분으로 공급하도록 분리할 수 있을까? 그 결과 어떤 유형의 곰팡이를 먹었느냐에 따라 서로 다른 발달 과정을 겪는지 알아보기 위해 말이다.[26]

리히터 잠깐만. 이건 비대칭 발효 실험이 아니라 또다시 잘못된 거울상 유기체 실험을 반복하는 거잖아!

헌터 사실은 둘 다지. 그런데 이게 내가 너한테 경고했던 거야. 넌 파스퇴르를 연구한 역사학자들처럼 파스퇴르가 비대칭 발효를 찾길 바랐다고 믿어. 왜냐하면 그게 파스퇴르가 발견한 것이니까. 내 요점은 파스퇴르는 무언가 다른 사실을 찾다가 비대칭 발효를 발견했다는 거야. 사탕무에서 우회전성인 타르타르산 용액이 선택적으로 발효하는 모습을 관찰했다고 해도, 그래서 순수한 좌회전성 형태를 분리 가능할지도 모른다는 사실을 깨달았다 해도, 파스퇴르는 여전히 좌회전성 타르타르산염에 미생물을 공급해서 새로운 구조를 지닌 미생물을 생성할 수 있다는 희망을 품었거든.

아리아나 예전에 파스퇴르를 묘사할 때 '끈질긴'이란 단어를 쓴 이유를 이제 알겠네.

헌터 파스퇴르의 끈질김은 성과를 냈지. 하지만 다시 한 번 자신이 예상하지 못한 방식으로 말이야. 새로운 생명 형태를 만들려는 시도의 일환으로 파스퇴르는 발효를 연구할 때 쓴 효모를 선택했어. 1858년 3월 28일에 파스퇴르는 효모는 좌회전성보다 우회전성 타르타르산에 우선해 작용하며, 따라서 라세미산을 그 구성 요소인 우회전성과 좌회전성 형태로 분리할 수 있었다고 프랑스 과학 아카데미에 보고해. 파스퇴르는 자신이 연구를 시작한 이유나 개인적 바람이 담긴 실험이 실패했다는 사실은 보고하지 않았어. 형태는 구성 요소를 반영한다는 로랑의 이론은 새로운 형태의 생명을 생성하지 못했던 거지.

하지만 파스퇴르는 자신이 새롭고도 중요한 관찰을 했다고 결론 내렸어. 그는 유기물 영역에서 비대칭적 힘이 중요한 역할을 한다는 점과 그 비대칭성이 무기물 영역에서 작동하는 것과 똑같은 방식으로 유기물 영역에서도 작동한다는 사실을 입증했으니까. 파스퇴르가 1848년에 손수 분리했던 것처럼, 또 1854년에 퀴닌 quinine* 같은 다른 비대칭 분자를 화학적 분리기로서 사용해 분리했던 것처럼 살아 있는 유기체는 화학적으로 라세미 화합물을 분리해 낼 수 있는 거지.[27]

제니 그럼 파스퇴르가 한 보고가 그의 사적인 생각이나 노트를 알지 못하는 역사학자들의 오해를 불러낸 거야?[28] 비대칭 발효라는 결과와 이전에 시행한 화학적 분리라는 결과를 연결함으로써 파스퇴르는 논리적으로 나아간 거지만 역사적으로는 부정확한 연결이었군.

헌터 내 말이 그거야.

아리아나 중요한 질문은 어떻게 그의 인식이 변화했느냐는 거야. 파스퇴

---

* 기나나무에서 분리한 물질로 질소를 함유한 염기성 유기 화합물이다. 말라리아 치료제로 쓰였다.

르는 자신의 발효 실험을 공공연히 드러내고자 재해석하면서 비대칭성에 관한 자신의 생각까지 재해석하게 된 건가?

헌터 그렇기도 하고 아니기도 해. 파스퇴르가 살아 있는 유기체에 관한 화학을 더 잘 알게 되었다는 면에서는 그렇지. 그는 이제 유기체가 지닌 비대칭적 구성 요소가 화학 물질의 한 비대칭적 형태를 다른 비대칭적 형태 중에서 선택하게 한다는 사실을 이해했어. 하지만 파스퇴르는 여전히 유기체가 지닌 독자적인 비대칭성이 어떻게 만들어지는지는 몰랐어. 그렇기에 서로 다른 비대칭성의 구성 요소에서 새로운 생명 형태를 만들려는 시도를 포기하지 않았다는 면에서는 아니야. 파스퇴르의 노트에는 계획을 계속해서 추진했다는 기록이 있고, 1861년까지 비대칭적 힘에 관한 실험을 해 나갔던 걸로 보여.[29] 예컨대 1860년에 파스퇴르는 페니킬리움Penicillium**도 순수한 우회전성 또는 좌회전성 형태를 산출하도록 라세미산을 분리할 수 있다고 발표했지. 이때도 파스퇴르는 보고서에 왜 이 실험을 했는지 설명하지 못했지.[30]

1883년, 예순한 살이 되어서야 파스퇴르는 딱 한 번 이런 비대칭적 힘 실험을 한다고 공적으로 인정했어.[31] 결과적으로 나처럼 파스퇴르의 사적인 서신과 실험실 노트를 본 사람만이 그의 연구를 이끈, 입증되지 않고 출판되지도 않은 사변을 알 수 있는 거야. 이런 문헌학적 증거를 통해서만이 파스퇴르가 끊임없이 새로운 비대칭적 생명 형태를 만들려는 실패한 시도를 하는 과정에서 비대칭 발효를 발견했다는 사실이 분명해져. 이게 임프가 말한 '과학에 대한 과학'이라는 관점에서 중요한 점이야. 즉, 연구 프로그램

** 푸른곰팡이 속(屬)에 속하는 곰팡이류.

이 대단히 생산적일 필요는 없다는 거지.

임프 기꺼이 다른 길로 우회하고 싶다면 말이지.

제니 좋아. 하지만 잠깐 돌아가 보자. 파스퇴르의 비대칭 발효 발견을 비대칭적 우주의 힘 가설에 연결하는 게 옳다면, 파스퇴르가 자기 실험이 어디서 연원했는지 설명하지 않은 건 개인적인 사변을 밝히길 꺼려서 그런 거겠네. 맞아?

헌터 그렇지. 생각해 봐. 파스퇴르는 이미 여러 번 자기 후원자인 비오와 그 주제를 놓고 반목했어. 게다가 비대칭적 우주의 힘을 보여 주는 확실한 증거도 제시하지 못했지. 그러니 자신의 사변을 왜 드러내겠어?

제니 하지만 넌 파스퇴르가 비대칭 발효를 우연이나 사고로 발견했다고는 생각하지 않잖아?

헌터 음, 파스퇴르가 어느 날 설명 불가능한 기분을 느껴서 타르타르산염으로 가득 찬 플라스크를 집어 올려, 그 속에 곰팡이가 자라는 걸 알아차리고서는, 남은 용액의 광학 활성을 재려고 하지는 않았겠지.

사실, 파스퇴르는 어떤 상황에서도 그렇게 행동할 수 없었을 거야. 파스퇴르는 대조 용액을 만들어 곰팡이가 있을 때뿐 아니라 타르타르산염만 있을 때 얼마나 광학적으로 활성화되느냐를 밝혀야 했고, 곰팡이가 편광 측정에 간섭하지 않는다는 점을 입증해야 했고, 곰팡이가 타르타르산염의 광학 활성을 상쇄하는 방식으로 그 자체 광학 활성을 나타내는지 조사해야 했으니까. 우연히 오염된 용액을 측정하는 단순한 방식으로는 그 어떤 사실도 알 수 없어.

파스퇴르의 노트는 그가 실험을 매우 신중하게 계획했고, 그 실험 결과에 매우 놀라워했다는 사실을 보여 줘. 내가 보기에 놀라워했다는 사실은 발견이란 무엇이고 발견이 우연으로 일어나는지, 계획으로 일어나는지 알려는 우리 논의에서 강조해야 할 사항인 것 같아. 놀라운 결과라는 문제는 파스퇴르가 원래 찾으려던 사실이 아니라 다른 무언가를 발견했을 때 논리적으로 행동했느냐는 리히터의 질문으로 데려가거든.

콘스탄스 버널은 파스퇴르가 한 첫 번째 발견, 라세미산과 관련한 발견이 논리적이었다고 했잖아? 그렇다면 더욱 놀라운데.

헌터 맞아. 그래서 두 발견을 비교해 보고 싶은 거야. 나는 분명히 두 경우에서 파스퇴르가 자신의 연구 프로그램을 논리 위에 세웠다고 생각해. 하지만 파스퇴르의 발견에 있는 핵심 요소는 발견을 사전에 예측할 수 없었다는 거야(혹은 예측하지 않았거나). 파스퇴르의 연역 추리와 귀납 추리는 모두 적합하지 않거나 부정확한 자료에 기반을 두었으니까. 파스퇴르는 물리학자지 생물학자가 아니라는 점을 생각해. 그는 세포생물학이나 생화학의 기초 사실들을 잘 몰랐어. 뭐 당시에는 누구나 그랬지만. 어떤 사변이든 그 사변이 대조 실험을 하게 한다면 무지에서 진보로 가는 거지.

아리아나 좋아. 그러면 가능한 작업 가설은 연구의 논리라는 게 있지만, 발견은 가설을 고안할 때 쓴 정보가 불완전해서 논리로는 예측 불가능한 놀라운 결과였다는 거네.

임프 또는 가능한 모든 가설을 정교화하고 시험하는 데 실패하거나.

아리아나 결과적으로 발견은 내가 바란 유형에 맞지 않는 유형을 인식하는 거지. 그래서 새로운 유형을 고안하게 되는 거고.

임프 그거 마음에 드는데!

헌터 나도 동감이야. 그런데 몇 가지 대안을 생각해 보자. 미처리히와 드 라 프로보스테이가 한 관찰이 옳다고 해 봐. 그러면 파스퇴르는 그들의 이론을 검증하고 로랑의 이론은 의심했을걸. 또는 로랑의 이론이 옳다면 파스퇴르가 예측한대로 라세미산은 대칭이 있겠지. 어느 경우든 놀라운 결과는 생기지 않아. 두 대안에서 나오는 결과는 사전에 예측 가능한 거니까. 그리고 현재 있는 이론을 검증하는 건 새로운 발견이 아니라 단지 확증일 뿐이야. 그럼 연구의 논리가 무엇이냐는 질문은 필요하지 않아. 명백하니까.

임프 그래, 그렇지! 하지만 파스퇴르의 발견에는 네가 지나친 또 다른 요소가 있어. 1848년 라세미산 연구와 1857년 비대칭 발효 연구는 실험 결과가 어떠하든 새로운 사실이 나오기를 기대하고서 진행한 연구잖아? 내 말은 미처리히나 드 라 프로보스테이가 옳든, 로랑이 옳든, 파스퇴르가 한 1848년 연구는 겉보기에 모순된 두 이론과 자료 집합을 시험한 가치 있는 작업이었다는 거야. 그리고 1857년 연구는 훨씬 더 주목할 만한 사례지. 파스퇴르가 사용한 사탕무와 효모, 페니실린이 다른 비대칭 형태에 우선해서 한 비대칭 형태를 물질대사하느냐, 둘 다 똑같이 물질대사하느냐, 심지어 새로운 비대칭 형태를 만드느냐는 어떤 경우든 과학 지식 집합에 새로운 사실을 추가하는 거잖아. 파스퇴르 이전에는 라세미 화합물이 일으키는 물질대사에 관해서 알려진 게 없어, 그렇지? 따라서 파스퇴르를 성공한 과학자로 만든 핵심 요소는 실험 결과에 상관없이 새로운 결과를 내는 것이 보장된 새로운 문제를 인식하는 능력에 있는 거야. 맞든 틀리든 파스퇴르가 제기한 가설은 발견을 산출할 수밖에 없는 거지!

제니 나폴레옹이 말했지. "언제나 계획을 두 가지로 준비하고 나머지는 운에 맡겨라." 전혀 예기치 않은 결과도 전략적으로 타당한 과학이 될 수 있는 거 아닐까.

아리아나 맞아. 연구에 따르면 병을 진단할 때 일찍부터 다양한 가설을 고안하는 의사들이 제일 성과가 좋대.[32] 속담도 있잖아. "가능성을 열어 놓아라.”

콘스탄스 다양한 가설이 지닌 유용성을 입증하는 연구도 많지.[33]

리히터 훌륭하군. 하지만 아직도 나는 틀린 걸로 판명 나는 결과를 예측하거나 아무 결과나 내는 실험을 설계하는 일에 놓인 논리를 이해하지 못하겠는데.

임프 그만 좀 삐딱하게 굴어, 친구! 넌 의도적으로 오해하고 있어. 논리는 결론에 있는 게 아니라 연구를 진행하는 **방식**, 실험을 시작하기 전에 작성하는 계획 안에 있는 거라고. 특히 실험은 단지 아무 결과가 아니라 가령, 가능한 세 가지 결과 중 하나는 새로운, 그런 결과를 산출하려고 설계하는 거야. 게다가 네가 파스퇴르의 능력을 비논리적이라고 말하기도 전에, 너도 그런 종류의 실험을 설계하려고 애쓴 적이 있잖아. 나는 몇 년 동안이나 파스퇴르의 실험 계획에 비견할 만한 실험은 보지 못했어. 어떤 연구 프로그램은 가설 하나가 맞는지 틀리는지 시험해. 그리고 오직 맞는 결과만이 중요하다고 생각하지. 또 대부분의 실험은 미처리히와 드라 프로보스테이가 쓴 타르타르산염 보고서처럼 묘사하고, 규정하고, 측정할 뿐 놀라운 결과는 산출하지 못해. 현재 있는 이론에 비춰 보면 해석은커녕 실험을 설계하는 일 자체가 얼마나 드문지 여기에 있는 어느 누구보다도 네가 더 잘 알거야. 이거야말로 네가 제일 불평하는 거잖아!

리히터 네 말은 대부분의 과학자가 전혀 논리를 사용하지 않는다는 점을 보여 줄 뿐이야. 하지만 난 아직도 파스퇴르의 존재하지 않는 비대칭적 힘처럼 몽상에 기반을 두어 연구 프로그램을 만드는 게 왜 논리적인지 모르겠어. 예감, 직관, 백일몽에 따라 행동하는 건 논리적이지 않잖아! 이런 건 허구니까 당연히 허구처럼 다루어야 한다고.

임프 그럼 하나 물어보자, 리히터. 기하학적 점은 크기가 없고, 이런 크기 없는 점들의 무한성이 선을 형성하고, 평행하는 두 선은 결코 만나지 않는다고 생각해?

리히터 물론이지. 하지만 그게 무슨 관련이 있어?

임프 관련이야 많지. 알겠지만, 난 그런 걸 믿지 않아. 물론 나도 문제를 해결하려고 가정들을 사용해. 하지만 그게 참이라고 생각하지 않아. 비유클리드 기하학에 있는 무한수처럼 유용한 허구일 뿐이지.

리히터 그래, 네가 조금 특이한 걸 생각한다는 사실은 우리 모두가 알아. 그래서 뭐? 무슨 말을 하려는 건데?

임프 나는 믿음, 논리, 합리성을 말하는 거야. 분명히 너를 비롯한 모든 사람은 현대 수학에서 논리와 진리는 완전히 독립적이라는 데 동의한다는 사실을 알아. 순수 수학자는 자신이 상정한 가정이나 가정에서 연역한 결론이 참인지 아닌지 신경 쓰지 않지만, 결론이 처음 가정에서 필연적으로 나오는 논리적 결과인 것이냐는 신경 써.[34] 이런 기준에 따르면 파스퇴르는 명백히 논리적이야. 내가 보기에 파스퇴르가 생각한 비대칭적 우주의 힘이 존재하지 않는 것 같다는 점과 자신의 예측을 선험적으로 입증할 수 없다는 점은 무관해. 파스퇴르가 제시한 가정들을 고려하면 이후에 그런 질문에 답하는 파스퇴르의 연구는 논리적이었어.

수학에서 사례를 찾아보자. 평행하는 두 선은 만나지 못한다는 주장을 증명하는 건 불가능하다고 드러났어. 우리가 가정하는 비유클리드 기하학에서는 평행하는 두 선이 만난다고 가정해. 따라서 네가 평행하는 두 선이 만나지 않는다고 믿는다면, 네 믿음은 비대칭적 우주의 힘을 믿는 파스퇴르처럼 비논리적이고, 비합리적이야. 넌 그저 가정한, 증명할 수 없는 무언가를 믿는 거니까. 내게 논리는 무엇을 믿느냐가 아니라 그 믿음에 따라 행동하느냐는 거야. 누구나 세계가 어떤지 꿈꿀 수 있어. 하지만 파스퇴르처럼 놀라운 결과를 산출하려고 꿈꾼 사람만이 과학이라는 과정을 변화시킬 수 있는 거야.

콘스탄스 맞아. 그래서 J. J. 톰슨은 이렇게 말했지. "설사 이론이 보헤미안 같을 지라도 이론은 아주 훌륭한 사실을 낳는 부모다."[35] 그리고 T. H. 헉슬리는 이렇게 말했어. "위대한 법률가이자 정치가, 철학자 프랜시스 베이컨은, 진리는 혼란보다 오류에서 훨씬 빠르게 탄생한다고 말했다. 이런 말에는 경탄할 만한 진실이 있다. 이 세계에서는 무언가가 옳게 된 다음에 그 최고의 진리도 틀리게 될 것이 분명하다. 왜냐하면 우리가 어딘가에서 그 진리에 반대되는 사실을 밝힐 것이기 때문이다."[36]

아리아나 클로드 베르나르도 똑같은 말을 했지.

헌터 이제 발견의 맥락과 정당화의 맥락을 구별할 때 발생하는 난점으로 돌아오자. 누구나 인정하는 포퍼 추종자 피터 메더워 경의 말을 들어 봐. "부적절하고 잘못된 이론이 보여 주는 것은 이론을 제시하게 이끈 정보의 오류를 발견하는 게 아니다. 우리가 그 이론을 붙들고 있기 **때문에** 새로운 관찰에서 생기는 모순된 증거를 보는 일이 더 많다. 오류나 불충분함은 돌이켜 보는 비판 과정에서 나타난다.[37]" 한 가설의 시험은 다른 가설에서는 발견의 맥락**이며** 그 반대도 마찬가지야. 이런 의미에서 비대칭 발효에 관한 파스퇴르의 발견은 돌이켜 생각할 때만 발견인 거지. 파스퇴르(그리고 동료들)는 자기 연구와 관련된 과학 영역을 다시 생각하고 탐색하고 새로운 증거에 비추어 인식하는 게 필요했어. 파스퇴르가 붙든 이론은 미심쩍었고 지식과 이론도 부정확했으니까. 이론이 틀리고 부적절하다는 점이 나중에, 때로는 매우 오랜 시간이 지난 후에 드러날지라도 틀리고 부적절하다는 바로 그 사실 덕분에 발견은 일어난 거야.

아리아나 논리에 너무 많이 의지하는 일도 정말 위험해. 난 토머스 하디 Thomas Hardy의 장편 소설 『성난 군중으로부터 멀리』에 나오는 한 장면을 말하고 싶어. 소설에서 오크라는 인물이 양을 몰도록 양치기 개를 훈련시키는데, 개는 자기가 양을 더 멀리 몰수록 좋은 거라고 생각했어. 결국에 개는 양들을 절벽 아래로 떨어뜨리고는 자기의 대단한 노력을 보상받으려고 주인에게 돌아갔지. 책 갖고 있니, 제니? 그 구절을 찾을 때까지 잠깐만 기다려 봐. 여기 있네. 개는 "살아도 좋을 만큼 훌륭한 일꾼이라고 보기에는 너무나 철저히 일을 했기에 그날 정오에 총에 맞아 비극적으로 숨졌다. 이는 추론이라는 열차를 논리적 결론의 끝까지 밀고 나가는, 타협으로 이루어진 세계에서 변함없는 행동만을 반복하는, 개와 철학자들이 자주 맞이하는 불행한 운명을 보여 준 또 하나의 사례였다."[38] 과학 연구도 찾고 싶은 사실과 찾은 사실 사이에서 끊임없이 타협하는 거야.

콘스탄스 흐음, 죽음을 부르는 논리를 들으니까 인슐린을 분리하기 전에 당뇨병 환자들을 살리려고 썼던 바보 같은 방법이 생각난다. 대개 당뇨병 환자는 고혈당 때문에 생기는 합병증으로 사망하는데, 그래서 앨런 Frederick Madison Allen이라는 의사는 고혈당 수치를 보통 수준으로 유지하면 당뇨병 환자가 죽지 않을 거라고 생각했어. 혈당을 보통으로 유지하려면 환자들은 식사를 제한해 아주 적은 칼로리만 섭취해야 했고, 결국 환자들은 굶어 죽고 말았지!

리히터 그렇지만, 친구. 내 입장과 모순될 위험을 무릅쓰더라도 앨런의 식사 제한법은 그렇게 비합리적이지 않아. 그래도 당뇨병 환자들은 내키는 대로 먹을 때보다 반기아 상태로나마 몇 년 더 살았어. 인슐린이 실험실 연구 대상에서 목숨을 구할 약으로 나올 동안, 앨런의 식사 제한법은 약이 주는 혜택을 받을 수 있을 만큼 많은 당뇨병 환자를 살려놓았다고.[39] 하지만 당뇨병 환자를 제대로 치료하려고 인슐린 요법을 개발한 사람들이 앨런의 식사 제한법을 거부하면서 다른 방향으로 연구할 필요가 있었다는 점은 인정해.

임프 이제야 제정신이 돌아왔네? 이제 네 논리가 지닌 한계를 알겠지? 의사이자 시인 루이스 토머스는 말했지. "때로 탐구 과정에서 (식당을 안내하는 여행 책자처럼) 훌륭한 우회로가 나타난다. 나는 그때가 정말 중요한 관찰이 이루어진 순간이라고 생각한다."[40]

하지만 너도 알지, 리히터. 우회로는 계획에서 나온다는 사실 말이야. 가령 파스퇴르가 자신의 논리를 고수하고 모든 우회로를 피했다면, 그는 절대로 발견을 해내지 못했을 거야. 파스퇴르는 자신의 연역 논리를 절벽 끝까지 밀고 나갔을걸. 즉, 라세미산은 편광을 회전시키지 않고 따라서 대칭일 수밖에 없다. 아니면 그 비슷한 것이라고 말이야. 파스퇴르가 이런 생각만 고집했다면, 약간 왼쪽 또는 오른쪽으로 시선을 돌리면 그를 기다리는 비대칭성의 세계가 있다는 사실을 몰랐을 거야. 운 좋게도 파스퇴르는 모순된 관찰에 비추어 자신이 지닌 선험적 논리를 버렸지. 내 경험상 그렇게 지혜로운 과학자는 드물어.

콘스탄스 화학자 틸레Johannes Thiele, 면역학자 드리슈와 라이트Almroth Wright는 그런 방향 전환에 실패한 인물이야. 소중히 여긴 이론에 모순되는 증거가 나오자 아니나 다를까 증거를 숨겼지.[41]

리히터 내 원래 입장이 설득력이 없다면, 젠장 그럼 우회로로 가 보자고. 다시 돌아가 갈림길에서 선택하는 거야. 자, 임프는 몇 분 전에 연구의 논리는 몇 가지 가정에 따른다고 했어. 이 가정은 어디서 오는 거야? 이게 우리가 건너뛴 한 가지 문제지. 두 번째로, 너희 모두 계획된 연구와 논리적 사고에 대해 이러쿵저러쿵하지만 그건 무엇에 근거를 두고 말하는 거야? 파스퇴르가 발견했다고 추정하는 단 하나의 사례, 아니 정확하게 말하면 한 쌍의 사례에 근거해서? 헌터는 이 두 발견을 설명하는 후험적 논리를 보여 주었지. 하지만 파스퇴르의 머리에 정말로 떠오른 건 뭐야? 누구도 몰라. 그래서 우리가 무엇을 배웠지? 헌터가 매우 영리하다는 것, 그것 말고는 없지.

헌터 잠깐 잠깐. 한 번에 하나씩 살펴보자. 먼저 내가 파스퇴르의 행동을 재구성한 것부터 시작해 보자. 넌 파스퇴르가 되어 생각해 보는 접근법이 비과학적이라고 보는 것 같아. 그런데 왜 내 방법이 사과는 떨어지고 달은 떨어지지 않는지, 빛의 속도로 운동하거나 탄소 원자처럼 행동하면 어떤 기분일지 생각하면서 통찰을 얻는 방식보다 더 비과학적이라고 생각하는 거야? 같은 원리를 적용한 것뿐인데. 콘스탄스, 네가 내게 보여 준, 다른 사람의 행동을 이해하는 일과 자연을 이해하는 일이 유사하다는 클로드 베르나르의 글을 또 보여 줄 수 있니?

콘스탄스 물론! 잠깐만. 자, 여기 있어.

헌터 고마워. 봐, 베르나르는 다른 사람의 행동을 이해하는 문제를 다음과 같이 명확하게 제시했어.

자기 행동에 있는 이유를 물을 때는 확실한 지침이 있다. 왜냐하면 자신이 무엇을 생각하고 느꼈는지 의식하기 때문이다. 그러나 타인이 하는 행동을 판단하고 그 사람이 행동에 이른 동기를 알고 싶다면, 문제는 전혀 다르다. 우리는 분명히 눈앞에서 타인이 하는 행동을 보며 해당 행동은 그 사람의 느낌과 의지를 표현한 것이다. 게다가 행동과 행동을 일으킨 원인 사이에 필연적인 관계가 있으리라. 그러나 어떤 원인이 있을까? 우리는 그 원인을 느끼지 못하고, 내 원인처럼 의식할 수도 없다. 따라서 우리가 보는 행동이나 듣는 말을 해석하고 상상할 수밖에 없다. 그리하여 우리는 하나하나 타인이 하는 행동을 검증해야만 한다. 타인이 이런저런 상황에서 어떻게 행동했는지 숙고해야 한다. 요컨대, 실험적 방법을 사용해야 한다.[42]

베르나르는 이렇게 관찰 가능한 누군가의 행동 결과에 있는 여러 원인을 상상하는 동일한 과정이 생리학의 실험적 방법을 뒷받침하는 기초로서도 쓰인다고 말했어. 베르나르는 적어도 사람들의 행동을 연구하는 방법과 사람들의 생리학적 작용을 연구하는 방법에는 어떤 차이도 없다고 생각하지.

아리아나 아마도 그게 베르나르가 생리학자가 되기 전에 극작가였던 이유이지 않을까. 베르나르는 연기만이 아니라 레더버그와 폴라니가 말한 의미에서 물질과 함께 마음을 연구하는 방법도 배운 거야.

헌터 예전에 콘스탄스가 토머스 쿤이 한 말을 들려줬는데, 쿤은 자신의 제자들이 과학자가 생산한 연구 기록들을 순서대로 정리하면서 그 과학자의 연구를 재구성하는 작업을 한다고 말했어. 학생들이 실제로 다음 실험은 무엇에 관한 것인가를 예측할 수 있을 때까지 그런 기록을 산출한 사고와 행동의 과정을 한 단계씩 상상하고, 이해 가능한 방식으로 실험하면서 말이야. 그러고 나면 자신이 과학자를 이해한다는 사실을 알게 된다는 거야. 이건 우리가 자연을 이해한다는 사실을 깨달을 때와 똑같지.

콘스탄스 맞아. 하지만 한 가지 단계가 더 있어. 쿤은 우리가 재구성한 과학자의 생각에 어떤 불일치나 간극이 있다면, 이건 우리가 그를 제대로 이해하지 못했다는 사실을 보여 준다고 말했어. 쿤은 자연이 일관된 것과 마찬가지로 사람도 일관적이며 또 역사학자가

하는 일은 과학자의 행동을 설명하는 데서 어떤 불일치도 발생하지 않게끔 그를 올바로 이해하는 것이라 주장했어.

리히터 그건 논쟁적인 지점인데. 사람들은 대개 비일관적이야.

아리아나 중요한 건 그게 아냐.

헌터 어쨌든, 인간 행동을 연구하는 기준이 과학적 주제를 연구할 때 쓰는 기준과 같다는 쿤과 베르나르의 말은 굉장히 인상적이야. 이건 임프가 말한 '과학에 대한 과학'을 구성할 실질적인 가능성을 제시하니까. 우리는 과학자가 어떻게 발견하느냐를 재구성할 때도 과학적 기준을 적용할 수 있어. 파스퇴르의 비대칭 발효 발견은 우연히 오염된 타르타르산염 플라스크를 관찰했기 때문이라는 뒤보 및 다른 역사학자들의 설명과 내가 제시한, 파스퇴르의 연구 프로그램을 합리적으로 재구성한 설명을 고려하면, 현재 있는 자료를 가장 단순하고도 조리 있는 방식으로 논의하는 최선의 설명은 어떤 걸까? 엄청나게 많은 사실을 잘 설명하는 건 어떤 걸까? 가장 일관성 있는 건? 시험 가능한 결론을 이끌어 내는 건? 과학을 이해하고 어떻게 과학을 해야 하는지 안내하는 일에 가장 유용한 건? 나는 내가 제시한 합리적 설명이 우세하다고 생각해.

임프 헌터가 너를 자극하네, 리히터. 헌터, 너도 네 주장이 함축하는 바를 그 한계까지 밀고 나갈 수는 없어. 역사적 설명이 과학적 평가를 받을 수 있다면, 철학적 설명도 마찬가지야. 잠깐 생각해 봐. 그건 우리가 포퍼와 파이어아벤트, 그 밖의 사람이 발견에 있는 비합리성과 비논리성을 두고 한 말을 하나의 이론으로서 간주할 수 있다는 점을 뜻해. 발견이 비합리적이고 비논리적이라는 이론은 포퍼와 파이어아벤트 등이 과학 이론에 부여한 특징을 가져야 하는 거야, 그렇지?

자, 그럼 포퍼와 동료들이 이론에 관해 무슨 말을 했지? 단도직입적으로(너무 단도직입적일지 모르지만) 말하면, 그들은 이론이란 반증 가능한 예측을 내놓아야 한다고 했어. 발견의 맥락은 비합리적이고 비논리적이라는 이론은 이런 방식으로 시험 가능한 것일까? 아니지! 반증 가능성의 왕은 반증 가능하지 않은 이론이야! 그 이론은 어떤 예측도 하지 않고 따라서 반증할 수 없어. 반대로 연구와 관련된 질문은 금지하지. (내가 크릭이 제시한 이론을 반대하는 것도 생명이 외계에서 기원했다는 생각이나 꿈의 기능을 설명하는 새로운 관점이 전부 시험 불가능하기 때문이야.)

요점은 발견하기가 무엇인지 알 수 없다는 주장은 우리를 어디로도 데려가지 않는다는 거야. '어디에도 데려가지 않는다'는 건 모른다는 거고. 그러니 반증주의 철학자와 리히터가 발견에는 논리가 **있고** 이를 반증하고자 가설을 세운다면, 그게 신념과 훨씬 일치하는 행동일 거야.

헌터 음, 나도 임프, 네 의도에는 동의하지만 결론에는 동의하지 않아. 내가 전에도 말했듯이, 나는 발견의 논리가 아니라 **연구**의 논리가 있다는 가설을 더 선호하고 또 발견은 본질적으로 연구의 논리를 부적절하거나 결함 있는 원리, 관찰에 적용한 결과로 생기는 예측할 수 없는 놀라운 결과라고 생각하거든. 따라서 모든 발견은 선험적 논리에서 생기는 예상 불가능한 우회로인 거지. 내가 알고 싶은 건 연구의 논리가 발견을 이룰 확률을 어느 정도까지 높일 수 있느냐, 그리고 연구의 논리를 적절히 사용하지 못하면 어느 정도나 발견을 이루지 못하느냐 하는 거야. 다시 말하면, 예측하지 못한 사실을 발견하는 계획법이 있냐는 거지.

임프 아, 오늘처럼 말이지! 포퍼와 동료들의 말을 받아들인다면, 우리는 절대 발견의 논리를 찾지 못할 거고 연구의 논리도 알아낼 수 없을 거야.

리히터 헌터는 알아냈다고 생각하는데! 하지만 난 아직도 헌터의 작업 가설을 점검하지 전까지는 아무것도 배울 수 없다고 생각해. 두 가지 사례로는 충분하지 않아. 파스퇴르 말고도 순전히 우연한 발견이라 할 수 있는 사례는 많거든. 분명히 헌터는 자신이 가져온 사례는 합리적으로 설명할 수 있겠지만 민코프스키Oskar Minkowski, 리셰, 플레밍Alexander Fleming, 뢴트겐Wilhelm Conrad Röntgen, 베크렐 등이 한 우연한 발견에도 어떤 논리나 계획이 있었는지 입증해야 해. 그때까지는 헌터의 가설은 참은 고사하고 신뢰할 수조차 없는 거야.

아리아나 하지만 가설을 시험하려면 참인 것처럼 생각해야 해.

리히터 이 경우에는 제대로 시험하려면 참이 아니라고 생각해야 할걸.

임프 삶은 즐거운 모순으로 가득 찬 것 아니겠어!

헌터 물론 그렇지. 하지만 리히터가 다시 한 번 아주 제한된 증거에서 추론하지 말아야 한다고 지적한 건 옳아. 통에서 처음으로 꺼낸 사과 몇 개가 붉은색을 띠는 품종이라고 해서 모든 사과가 빨간색이라고 생각하는 함정에 빠지면 안 되지. 하지만 우연한 발견을 다루는 광범위한 문헌을 읽고 질문하기에는 너무 늦은 것 같다. 오늘은 쉬고 다음 주에 다시 모여서 연구의 논리와 놀라운 발견이라는 게 뭘 뜻하는지, 그리고 이런 개념이 우리가 토론하고 싶은 현상을 설명하는 일에 적합한지 논의하자.

임프 좀 더 나아가서 연구의 논리가 무엇이고 어떻게 작동하는지 세밀히 규정해 보자. 우리 생각을 얼마나 멀리까지 밀고 나갈 수 있는지 그 경계를 발견해 보는 거야.
자, 그럼 다음 주에 보자. 준비된 마음이라는 걸 기억하고, 창의력을 발휘해 봐!

제니의 수첩 : 마음의 눈

색, 면, 무게, 대칭성에 있는 차이를 면밀히 관찰하고 추정하는 일에 익숙한 눈은 질병의 징후를 알아채듯이 자신이 상을 비뚤어지게 보고 있다는 사실을 얼마나 빨리 알아낼 수 있을까. 손을 정확히 그리도록 훈련받은 손은 칼이 가는 방향을 얼마나 더 정확하고 안전하게 이끌어 낼 수 있을까(낼 수 있었을까).

– 프랜시스 세이모어 헤이든 경(Sir Francis Seymour Haden, 의사 · 해부학자 · 판화가 · 화가, 1890)

오늘밤에 아리아나가 잠시 들렀다. "잠깐 시간 좀 내줄 수 있어?" 아리아나가 물었다. "리히터에게 설명하기 전에 너희에게 먼저 말하고 싶은 게 있는데." 우리야 좋다고 했다.

"너희도 알겠지만, 난 예술가적 창조성이 과학적 창조성과 다르지 않다고 생각해. 그래서 이런 생각을 얼마나 밀고 나갈 수 있는지 시험해 보고 싶거든. 방금 아주 흥미로운 논문을 읽었는데, 이걸 너희가 어떻게 생각하는지 알고 싶어."

아리아나는 19세기 천문학자 윌리엄 허셜William Herschel을 설명하는 전기적 사실을 간단히 읊었다. 아리아나가 말한 바에 따르면 허셜은 천문학을 연구하고 망원경을 만들기 전에는 음악가이자 지휘자, 작곡가였다.

"알겠지만 나는 마음의 눈이 어떻게 우리 시각을 통제하느냐에 관해서 지겹도록 되풀이해 말해 왔어(말장난은 미안해)*. 여러 모습으로 보이는 토성이 좋은 사례야. 허셜은 나와 다른 방향에서 이런 생각을 하게 됐

* '지겹도록 되풀이하다'라는 harp on에는 악기 harp라는 뜻도 있다.

지. 누군가 허셜에게 다른 천문학자는 관찰할 수 없는 현상을 본다며 비판하자 그는 이렇게 말했어. '보는 행위는 어떤 측면에서 예술 작품을 감상하는 일이며 배워야 하는 기술이다. 보는 능력을 기르는 방식은 마치 헨델Georg Friedrich Händel의 푸가fuga를 연주하는 법을 배우는 일과 같다. 나는 보는 방식을 연습하느라 수많은 밤을 지새웠다. 끊임없는 훈련으로 특별한 기술을 획득하지 못하는 것이야말로 이상하지 않은가."[1]

"이건 다시 파스퇴르 사례로 돌아오는 거야. 리히터는 발견에서 개인적 지각이 맡는 역할을 인정하지 않으려 했어. 그리고 헌터도. 내가 헌터가 하는 말에 대부분 동의하기는 하지만, 헌터는 이론적 조건화로 지각을 제한하고자 했지. 하지만 나는 허셜의 입장을 확장하고 싶어. 즉, 어떤 사람은 특히 파스퇴르처럼 예술가적 훈련을 받은 사람은 폭넓은 연습을 했기 때문에 더 많은 사실을 지각한다고 말이야. 이게 이상하니?"

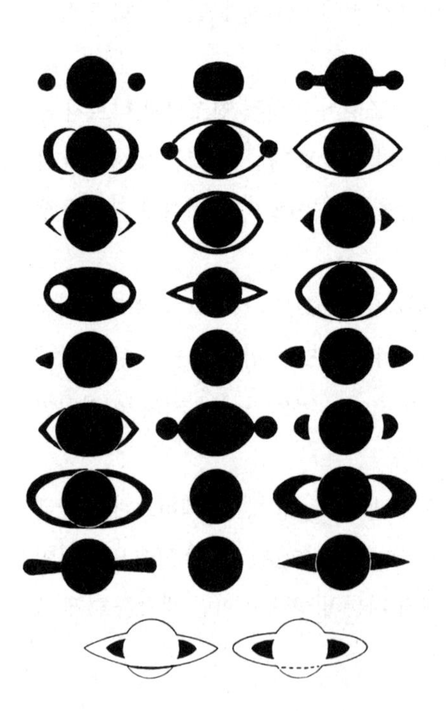

1610~1656년 동안 갈릴레오에서 호이겐스까지 토성을 보는 다양한 모양(Taton, 1959)

"이상하길 바라야지." 임프가 짓궂게 웃으며 말했다. "하지만 말이 되긴 해. 나도 몇 가지 비슷한 예를 본 적이 있는데, 가장 중요한 주제는 75년 전에 활발히 논의된 '개인 오차personal equation'야. 열 명의 과학자한테 똑같은 완두콩 집합, 가령 매끈한 노란색 알맹이가 든 주름진 녹색 껍질 완두콩을 멘델 방식

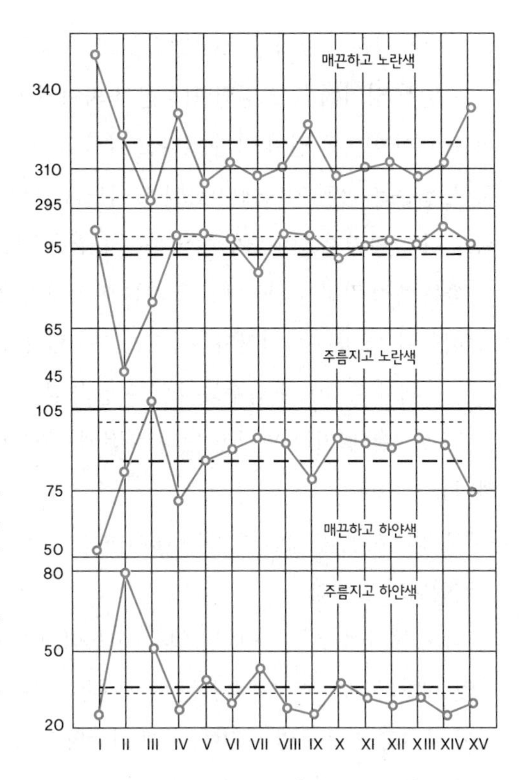

'개인 오차'의 사례. 도표는 열 다섯 명의 관찰자가 옥수수 한 자루에 달려 있는 알맹이 유형을 셈한 것이다. 점선은 멘델 이론이 예측하는 수고, 실선은 관찰자들이 셈한 수의 평균이다(pearl, 1923).

으로 교잡해서 준다고 해 봐. 그럼 우리는 한두 개 정도만 빼면 모든 과학자가 녹색, 노란색, 매끄러운, 주름진 완두콩을 똑같은 수로 발견할 거라고 예상하겠지. 하지만 절대로 그렇지 않아! 모든 연구자는 자기 식대로 독특하게 셈해. 여기 레이먼드 펄Raymond Pearl이라는 통계학자가 연구한 결과를 봐. 펄과 동시대에 연구한 다른 뛰어난 통계학자들도 이를 입증했지. 그리고 어떤 사람들은 너무 훌륭해서 믿기가 어려운, 멘델이 얻은 유명한 결과가 이와 똑같은 현상에서 비롯되었을 거라는 점을 보여 주기도 했어.[2]

"잠깐만." 머리를 흔들면서 내가 말했다. "어떤 두 과학자도, 심지어 똑같은 이론적 배경을 가진 과학자라도 동일한 관찰을 할 수 없다고 말하는 거야?" 임프는 고개를 끄덕였다. "그러면 관찰을 어떻게 검증해?"

"동일한 영역에 놓고 양립 가능한지 봐야지. 이게 바로 이론이 중요한 이유야. 한 이론은 답이 여기 있다고 말하고 다른 이론은 저기 있다고 말하면, 질문은 어떤 영역에 자료가 모이느냐가 되겠지. 서로 다른 시간에 서로 다른 과학자들이 모두 동의하는 관찰은 결코 얻지 못할 테니까. 아주 좋은 측정 장비를 사용해도 결과는 여기저기 흩어져 있어.[3]

"허셜이 한 말로 돌아가자." 임프가 계속해서 말했다. "나는 개인 오차라는 문제가 측정이나 범주화에 있는 단순 불확실성에서 얼마나 발생하는지, 훈련을 받거나 받지 않았다는 점에서 얼마나 발생하는지 물어야 한다고 생각해."

"분명히 허셜은 개인 오차는 대개 연습에서 비롯한다고 말할 거야." 아리아나가 말했다.

"나도 동의해." 임프가 대답했다. "고등학교 때 19세기 동물학자 너새니얼 셰일러Nathaniel Shaler가 쓴 에세이를 읽은 적이 있어. 그것도 생물학이 아니라 영어 수업 시간에. 이게 미국의 교육 체계라니까. 어쨌든, 셰일러는 하버드대학에서 동물학자 루이스 아가시Louis Agassiz에게 훈련받았는데, 자서전에서 이때를 '아가시 선생님은 보는 법을 어떻게 가르쳤는가'라는 제목으로 묘사했어. 기본적으로 아가시는 셰일러를 여러 표본 앞에 앉혀놓고서 관찰한 내용을 보고하게 했지. 거의 예외 없이 아가시는 셰일러더러 무언가를 더 보라고 되돌려 보냈어. 셰일러는 얼마 안 가 어떤 표본에서 볼 수 있는 모든 사실을 다 보려면 한 시간, 하루, 심지어 한 주도 부족하다는 교훈을 배웠지. 눈에 바로 보이는 특징은 그렇게 중요하지 않았던 거야. 셰일러는 아가시가 창안한 분류법에 들어맞지 않는 변칙 현상이 있다는 사실을 관찰하고 나서야 다음과 같은 말로 보상받았어. '이제 이 사실을 아는 사람은 자네와 나 둘 뿐일세'."[4]

아리아나는 고개를 끄덕였다. "나도 비슷한 이야기를 읽은 적이 있어.

T. H. 헉슬리의 제자 패트릭 게디스Patrick Geddes도 헉슬리가 범한 오류를 발견했었지. 헉슬리는 게디스를 칭찬하며 헉슬리의 연구를 올바르게 수정한 게디스의 관찰을 출판했어.[5] 게디스는 곧 유명해졌어. 결국 그런 훈련 방식이 크게 도움이 된 거야.

"하지만 요점은," 임프가 끼어들었다. "셰일러와 게디스가 관찰한 사실을 관찰하지 **못하는** 학생들이야. 바로 이게 우리가 설명해야 할 현상이지."

나는 잠시 생각하다가 말했다. "음, 그건 악기 연주를 배우는 과정하고 똑같아. 피아노를 배우는 사람은 대부분 금방 그만둬. 몇몇 사람만 감정을 좇아 연주하는 단계로 넘어가고. 재능이 있을 뿐만 아니라 매년, 매일 매일, 기꺼이 하루에 4~6시간씩 연습하는 위대한 사람은 아주 드물지."

"악기 말고 다른 도구도 똑같아." 아리아나가 말했다. "그리고 질문은 얼마나 많은 사람이 셰일러나 게디스처럼 인내심을 발휘하느냐, 정말로 도구 다루는 법을 배우느냐는 거야! 그래서 허셜이 한 말을 또 인용하려고 하는데 너희 반응이 궁금해. 여기에도 유비가 있어. 하지만 이번에는 악기를 연주하는 일과 과학적 도구를 다루는 일을 유비하지. 허셜은 자신의 망원경을 두고 이렇게 썼어. '이 도구는 나에게 수없이 많은 장난을 친다. 하지만 끊임없이 도구의 비위를 맞추려고 하지 않는다면, 마침내 나는 도구가 부리는 장난에서 도구를 파악하고 도구가 숨긴 것을 드러내도록 만든다. 나는 힘으로 도구를 괴롭히고, 도구가 작동해 결정적 순간을 찾아낼 때 내가 있음으로써 도구를 돋보이게 한다.' 그리하여 허셜은 말하지. '**어떤 악기를 최고음까지 짜내는 것은 (…) 음악적 표현**에서 용인되는 일이다.'[6] 따라서 허셜은 음악을 연주하려면 귀를 훈련해야 하듯이 관찰하려면 눈을 훈련할 필요가 있다는 사실과 함께 도구를(그리고 우리의 능력을) 그 한계까지 밀어붙여 사용하는 기술을 배워야 한다고 말한 거야. 우리는 도구를 **연주하는** 법을 배워야 해!"

아리아나는 계속해서 말했다. "소련의 물리학자 표트르 카피차Pyotr

Kapitza도 비슷한 유비를 썼어. 과학 연구는 '스트라디바리우스 바이올린을 연주하는 일과 같다. 스트라디바리우스 바이올린은 세계에서 제일 좋은 바이올린이지만, 이를 연주하려면 음악가가 되어 음악을 잘 알아야 한다. 그렇지 않으면 스트라디바리우스 바이올린도 그저 그런 바이올린과 다름없다'[7]라고 말이야. 스트라디바리우스 바이올린을 평범한 바이올린 연주자에게 주면 평범한 소리를 낼 뿐이지. 하지만 위대한 바이올린 연주자가 평범한 바이올린을 켜면 비범한 소리를 내. 음악을 만드는 건 악기가 아니라 바이올린 연주자인 거야. 허셜은 과학도 마찬가지라고 말했어. 혁신을 만드는 건 도구의 질이 아니라 이를 사용하는 과학자의 기술이라고. 위대한 실험과학자는 위대한 음악가처럼 자신이 사용하는 도구와 한 몸이 되지. 예를 들어, 네덜란드의 물리학자 프리츠 후터만스Fritz Houtermans는 실험 도구를 쓸 일이 있을 때 장미를 사와 도구에게 바쳤다고 해![8] 앨버트 마이컬슨은 왜 그래야 하는지 이렇게 설명했지. '도구는 비위를 맞추고, 달래고, 회유하고, 때로는 위협까지도 해야 하는 성격(나는 여성스러운 성격이라고 말해 왔다)을 가진 존재로 다루어야 한다!'"

"그건 여성혐오야." 내가 끼어들어 말했다.

"'하지만 결국 그런 성격을 가진 도구란 복잡하고도 흥미진진한 게임에서 상대가 실수하면 즉각 점수를 얻는, 아주 당황스러운 뜻밖의 사태를 '불쑥 내놓는', 어떤 결과도 운에 맡기지 않는, 그럼에도 게임의 규칙을 엄격히 지키며 공정하게 참여하는, 날렵하고도 노련한 참가자임을 깨닫게 된다. 이런 규칙을 모르는 사람은 아무것도 할 수 없다. 우리가 규칙을 배우고 제대로 활용한다면, 게임은 순리대로 진행된다.'[9] 실제로 헬름홀츠는 도구를 만들거나 도구로 실험을 하기보다 도구를 공부하는 일에 더 많은 시간과 에너지를 쓴다고 말했어."[10]

임프는 고개를 끄덕여 동의를 표했다. "네 말을 들으니 내가 NMR(핵자기공명) 기계 사용법을 배우던 때가 생각나. 이 기계는 주로 병원에서 뇌 영상을 찍을 때 사용하는데, 나는 화합물의 '지문'을 찍을 때 썼었지. 또 어떤 원자가 무엇과 묶여 있는지를 보여 줄 수도 있고 말이야. 그래서 펩티드-펩티드와 펩티드-신경 전달 물질 간의 상호 작용을 연구하는 데 매우 유용했었지.

어쨌든 내가 말하고 싶은 건, 도구를 조작하는 사람 중에는 명민한 사람이 있는 반면에 형편없는 사람도 있다는 거야. 예를 들어, 표본을 균질하게 연구하려면 기계의 자기장을 '동조'해야 해. 목공에 비유한다면 '틈을 메울' 필요가 있는 거지. 이 일을 하는 컴퓨터 프로그램이 있긴 하지만, 내가 아는 한 잘 다루는 사람이 없어. 훌륭한 실험자는 표본에서 나오는 전파 펄스의 형태와 스펙트럼의 특성을 보고서 기계가 얼마나 잘 조정되었는지 **느낄 수 있지**. 이건 경험으로 배우는 거라서 끝내 배우지 못하는 사람도 있어. 그런 사람들은 깔끔한 스펙트럼을 만들지 못하지.

그렇다면 여기서 또 다른 논의를 해 보자. 때로 NMR을 사용한 결과 분석하기 어려운 물결 모양의 기저선을 가진 스펙트럼이 나와서 기저선을 평평하게 만들어야 하는 경우가 생겨. 그럼 스펙트럼을 형성하는 함수에다 연속 함수를 추가한 뒤, 두 함수를 합쳐(물론 컴퓨터가 해) 평탄한 기저선으로 교정해야 해. 나는 계기판 스위치로 조절하는 일련의 사인 함수를 이용해서 이런 교정을 하곤 했어. 스위치를 오른쪽이나 왼쪽으로 돌리면 함수를 일정 정도 추가할 수 있거든. 그런데 이 작업을 하려면 기본적으로 머릿속에 사인 함수를 얼마나 추가할 것이냐는 시각 모형이 있어야만 해. 이게 가능한 사람도 있지만 그렇지 않은 사람도 있지. 나는 2분이면 끝날 교정을 30분이나 붙들고 있는 사람도 봤어. 결국 그 사람은 포기하고 말더군."

"다시 말하면 그런 사람은 기계를 연주할 줄 모르는 거지." 내가 말했다.

"그렇지," 임프가 계속해 말했다. "하지만 운 좋게도 이제는 기저선을 교정해 주는 좋은 컴퓨터 프로그램이 있어. 그래서 숙련된 솜씨는 더 이상 필요하지 않아."

"기술이 추구하는 목적이 늘 그런 거였잖아, 그치?" 내가 물었다. "무언가를 하기에 필요한 개인적 능력, 힘, 자원의 총량을 최소화하는 거 말이야."

아리아나가 만족한 표정으로 바라보았다. "하지만 숙련된 솜씨가 전혀 필요하지 않은 건 아니지. 따라서 어떻게 보고, 과학 도구를 어떻게 '연주하는'지 배워야 한다면, 그 반대, 즉 보는 법을 훈련받지 못하고 학습, 기량, 인내, 끈기가 부족한 사람들은 도구를 연주하지 못하며 원하는 사실을 보지도 못할 거라는 말 역시 참이라고 할 수 있겠지."

"하지만 생각해 봐야 할 게 또 있지 않을까?" 내가 말했다. "그러니까 이론가의 물리적 시각에 상응하는 무언가가 있지 않을까? 예를 들면 내적인 시각 같은 거. 내 말은 방정식을 숫자들의 묶음으로 이해하는 사람도 있고, 우주의 그림(그 밖의 무엇이든)으로 이해하는 사람도 있잖아.

아리아나가 동의하며 말했다. "나도 방정식을 그림으로, 그림을 단어로, 단어를 모형으로 바꾸는 능력이란 게 있다고 생각해. 이것도 연습을 통해 더 나아질 수 있고."

"그래, 하지만 네가 말한 것이 무엇을 **함축**하는가 생각해 봐!" 임프는 일어나 방을 돌아다니며 목청 높여 말하기 시작했다. "생각해 봐! 과학을 어떻게 가르칠 수 있을까? 이런 문제에 맞는 처방이 있을까? 우리는 학생들에게 강의하지만 그걸로는 감각을 사용하는 법을 배우지 못해. 운이 좋다면 학생들에게 NMR과 HPLC(고정밀 액체 색층 분석법)기계를 보여주고, 아주 짧은 시간 동안(1~3시간) 현미경이나 페트리 접시Petri dish*, 초파리가 담긴 병을 건넨 뒤 간단한 임무를 주거나 무엇을 관찰하라고

---

* 세균을 배양하는 둥글고 납작한 접시를 말한다.

시켜. 자, 그러면 학생들은 도구에 관해 무엇을 배울 수 있을까? 짧은 시간에 무엇을 관찰할 수 있을까? 1주일을 주면 가능할까? 아니, 가치 있는 사실은 아무 것도 보지 못하지! 그럼에도 난 수백 명의 학생들에게 이런 일을 했어."

"우리 모두 그래." 아리아나가 말했다. "그렇지만 제니가 배우는 사람이 가진 재능에는 하려는 욕구도 있다고 했잖아. 연습 없이는 위대한 피아니스트가 될 수 없어. 그리고 보통 학생들은 연습하지 않지. 그들은 족집게처럼 집어 주기를 원해. '교수님, 제가 알아야 할 내용을 그릇에 담아 주기만 하세요. 그게 제가 1년에 15,000달러나 내면서 의대를 다니는 이유 아니겠어요?' 물론 나는 학생들이 원하는 걸 줄 수 없지. 학생들은 내가 보는 사실을 보지 못하니까.

동료들도 이런 내 생각을 좋아하지 않아. 교수들 중 누구도 어떻게 보는지 가르치는 일에 시간을 내야 한다고 말하는 사람은 없거든. '배워야 할 사실이 너무 많아서 보는 법과 같은 기본 기술을 가르쳐야 하는지 의문이 들어. 넌 여기가 예술 대학이라고 생각하니?' 누구도 위대한 외과의, 해부학자, 진단의학자는 모두 미술가였다고 지적하는 말을 듣지 않아. 그들은 모두 자기 책에 나오는 삽화를 직접 그렸다니까. 이름을 나열할 수도 있어. 가워스, 브라이트, 샤르코, 리셰, 쿠싱, 히스, 호지킨, 벨, 리스터, 밴팅 등등 수없이 많지.[11] 음악가와 시인, 소설가라고 할 수 있는 과학자도 그만큼 많고. 하지만 오늘날 시행하는 과학 교육에서는 사정이 많이 달라졌어."

"헌터가 말한 논의로 돌아가네." 내가 말했다. "도제 교육이 장인에게 견습 받을 때는 훌륭한 교육법이지만, 자기 도구를 다룰 줄 모르는 윗사람을 따라할 때는 형편없다는 거 말이야. 후자의 경우는 스스로 공부하는 수밖에 없지."

나머지 저녁 시간은 이런 생각을 이리저리 토론하며 즐겁게 보냈다.

우리는 과학적 능력을 구성하는 요소를 재정의하고자 아리아나가 이름 붙인 '생각도구'의 목록을 새로 짜야 한다는 점에 의견을 모았다. 읽기, 쓰기, 계산(컴퓨터가 다 하지만)만으로는 충분하지 않다. 아리아나는 또 다른 과학자가 쓴 글에서 허셜과 같은 견해가 있는지 찾으면서 매우 신나 했다.

유일한 문제는 이러한 대화에서 나만 무능하고 소외되는 것 같다는 점이다…….

임프의 일기 : 놀라운 결과

나는 내가 알지 못한 사실을 제일 찾고 싶다. 여러 사람과 아미노산 짝짓기를 시험하는 일에 관해 대화를 나누었다. 대부분은 쓸모 없는 조언이었다. "컴퓨터로 최소한의 에너지 구조를 계산할 수 있는 모형을 찾아라." 맞다. 난 이미 모형을 만들었다. 고맙군. 내게 필요한 건 더 많은 모형이 아니라 **증거**다. "림프구에서 나온 무세포 효소를 사용해 단백질 주형에서 단백질을 합성하는 걸 보여 주어라." 너무 복잡하다! 나는 생리학적 복잡성으로 넘어가기 전에 화학적 모형이 올바른지 알고 싶다. 마지막으로 대화한 구스타프는 이렇게 말했다. "간단한 생리화학적 기술을 사용해야만 해. 삼투압이나 전기 영동법 같은 거 말이야. 단순하게 시작해서 어떤 결합 관계가 있는지 찾아야 한다고. 네가 말한 대로 화학적 상보성이 있다면, 분자는 다른 분자와 특이적으로 결합할 거야. 이게 바로 50년대에 DNA 구조에서 염기쌍이 갖는 상보성을 시험한 방법이지." 이미 내가 생각한 것이다!

연구로 돌아가 몇 가지를 시도해 보았다. 특이적으로 결합하는 다양한 펩티드를 찾은 것이다. 이 자체로 하나의 발견이다. 대부분의 상호 작용은 예측한 대로였고, 다른 상호 작용도 마찬가지였다. 그렇지만 아무도 믿지 않았다. 우리가 가진 건 인공 사실이라고 되풀이해 말할 뿐이었다. 젠장, 좌절감이 든다! 결국 누군가의 관심을 얻으려면 서로 일치하는 네 가지 자료를 만들어야 했다. 즉, 삼투압 연구, 전기 영동법, 색층 분석법, 핵자기공명 분광법 말이다. 격언이 알려 주듯, 생각이 기상천외하면 할수록 설득력 있는 증거는 더 많아야 한다. 그리고 기술적으로 정교한 시험도 더 많이 해야 한다. 1920년대의 과학자들을 납득시킨 실험은 오늘날에는 받아들여지지 않는다. 수천 달러나 하는 장치를 쓰지 않았기 때문이다. 비싼 장비가 값싼 장비보다 더 신뢰할 만한 결과를 내기라도 하는 것처럼 말이다! 결과의 신뢰성을 보장하는 건 기계 장비가 아니라 실험 설계와 대조군 선택이다.

어쨌든 그 과정에서 또 다른 문제를 해결했다. 아미노산 짝짓기로는 예측하지 **못하는** 상호 작용을 설명하려 애썼다. 내가 생각한 것만이 유일하고 타당한 결합 방식은 아니다. 반대 전하를 띤 펩티드들 사이에서 일어나는 끌림은 명확한 사실인가. 물론 이를 예증하는 사례가 여럿 있다. 하지만 방향성 곁사슬aromatic side chain을 가진 중성 펩티드 사이에서 예상치 못한 상호 작용이 일어난다는 사실도 보았다. 왜 이런 일이? 구스타프는 삽입 현상을 답으로 제시했다. 방향성 잔기가 포개질지도 모른다는 것이다. 구스타프는 분자, 즉 수초 염기성 단백질myelin basic protein을 연구했기에 이를 이용한 설명만을 고수하는 것 같다. 대체로 선형적인 분자 말이다. 방향성 곁사슬들의 삽입이나 아미노산 짝짓기로 상호 작용하는 부분들이 있을지 모른다. 이걸 시험해 보는 게 어떨까?

어떤 가설에도 요행은 없다. 그게 인생이니까. 하지만 수초 염기성 단백질에 관한 자료를 읽다가, 이것이 세로토닌이 결합할 수 있는 장소라고 언급하는 걸 보았다. [세로토닌은 균일하고 순환적인 분자로 트립토판이라는 아미노산이 물질대사해 나오는 생성물이다. 세로토닌은 혈소판에서 분비될 때는 면역 조절을 하고, 신경에서 분비될 때는 신경 전달 물질로서 기능한다.] 가설을 세워 보자. 세로토닌은 단백질에 있는 방향성 잔기 사이에 삽입될 수 있다고 말이다. 초기 연구 덕분에 단백질에 있는 펩티드 단편들을 알기에 가설에 맞는 현상을 찾을 수 있으리라. 가설은 맞았다. 아주 강력하고 특이적인 결합이 있다. 다른 배열을 가진 그 밖의 펩티드로 대조 실험도 했다. 결과는 대개 부정적이었다. 방향성 잔기가 배열된 모양을 수초 염기성 단백질과 매우 유사하게 꾸며 보았다. 그러자 또 하나의 예상치 못한 사실을 알았다. 황체형성 호르몬-방출 호르몬[배란과 정자 형성을 통제하는 호르몬]과 부신피질자극 호르몬['스트레스' 호르몬]도 세로토닌과 결합한다. 두 호르몬은 몸속에 세로토닌이 있을 때 조절된다고 알려졌다. 이 세 가지 펩티드는 수소 결합한 아미노산을 통해 한 쌍의 방향성 아미노산으로 나눠진 공통 배열을 가진다. 삽입하는 세로토닌에 알맞은 크기로 말이다.

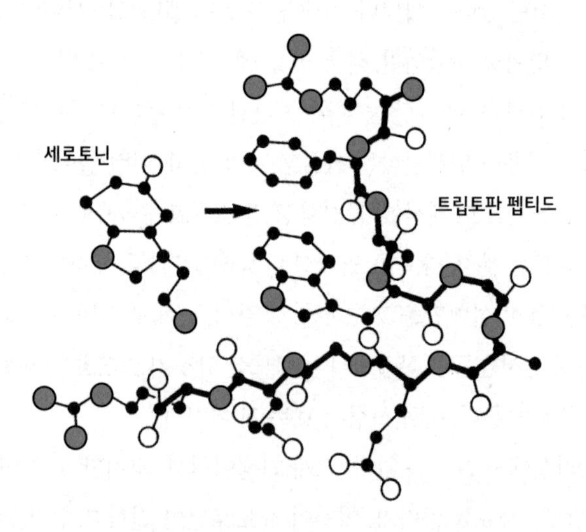

'분자 샌드위치.' 수초 염기성 단백질에 있는 트립토판 펩티드의 곁사슬과 페닐알라닌 사이에 삽입되는 세로토닌(Root-Bernstein & Westall, 1984c)

이런 특징을 '분자 샌드위치'라고 이름 붙였다(과학에서 유명해지는 비결은 새로운 단어를 만드는 거라고 말한 발생학 선생의 말을 따랐다!). 이는 두 빵(펩티드에 있는 방향성 잔기) 사이에 고기(세로토닌)를 채워 넣는 것과 같고, 더불어 어떤 종류의 빵에 어떤 종류의 고기가 들어가는지 약간의 규칙이 추가된다. 그렇다면 대부분의 호르몬에 있는 활성 부위라는 공통 특징을 지닌, 다양한 '샌드위치'를 식별할 수 있다.[1] 아마도 이는 수용체라는 자물쇠를 여는 열쇠처럼 작용할 것이다. 그럼 아미노산 짝짓기를 연구하는 2년 동안 나는 무엇을 했는가? 펩티드에서 세로토닌이 결합하는 장소와 펩티드 활동에서 신경 전달 물질을 조절하는 기제에 관한 논문을 썼다. 자, 이건 전형적인 사례인가?

이런 질문은 전략적인 것이다. 신경 전달 물질과 펩티드의 상호 작용은 곧 해결될 문제다. 아미노산 짝짓기는? 이건 내가 만든 문제다. 적어도 이 문제는 내가 실험실에서 사물을 새로운 방식으로 보도록 이끌었다. 가설에 이보다 많은 걸 요구하지 마라.

셋째 날

연구의 논리, 발견의 놀라움

프레게에서 시작해 괴델로 끝나는, 엄격한 체계를 정립하는 역사를 거친 형식 논리는 일상적 논증에 있는 원리들을 정제하고 특수화했다. 아직 엄격한 형식을 갖추지 못한 과학적 발견의 논리 (과학적 발견의 논리는 연역 논리가 품은 완전성이라는 희망을 붙들지 않는다)도 마찬가지로 일상적 발견의 논리를 정제하고 특수화해야 할 것이다. 여기서 엄밀한 의미에서 발견은 논증만큼이나 익숙한 과정이며 조금도 신비스럽지 않다는 점을 알아야 한다. 이런 사실을 염두에 두면 신비주의자로부터 과학적 창조성을 되찾게 될 것이다.

– 피터 카우즈(Peter Caws, 과학철학자, 1969)

임프의 일기: 경쟁

한 번에 여러 프로젝트를 진행하면 그 중 하나는 성공하기 마련이다. 나의 펩티드-신경 전달 물질 연구처럼 말이다. 1983~1986년은 대부분의 시간을 이 연구에 바쳤다(결국 논문도 출판했다). 하지만 아미노산 짝짓기 연구를 잊은 건 아니다. 마침내 이론을 만들어 논문을 출판했다. 물론 순조롭지는 않았다!

젠장, 내가 교황의 무오류성을 공격하는 거나 다름없다고 생각한 걸까! 심사위원들은 아미노산 짝짓기가 '중심 원리에 위배된다'며 논문을 통과시켜 주지 않았다. 내가 모르는 무언가가 있다면 말해 봐라! 내 논문의 첫 번째 문단을 읽어라, 바보들아! 나는 아미노산 짝짓기가 중심 원리를 위배한다고 **말했다**. 적어도 내가 세운 가설은 시험 가능하다. 빌어먹을! 어떤 심사 위원은 정치적이었다. 거부 이유가 '저자의 평판을 지키기 위해서'라고. 고맙지만 나 스스로도 잘할 수 있다. 세 번째 이유는 이랬다. '아미노산 짝짓기가 존재한다면 우리가 이미 목격했을 것이다.' 정말? 언제 봤는데? 네 번째 이유(완전히 틀린 건데)는 아미노산 짝짓기가 일어난다면 획득 형질도 대물림한다는 라마르크적Lamarckian 유전도 가능하다고 말했다. 라마르크적 유전이 없다면, 아미노산 짝짓기도 없다고 말이다. 이야! 결국 제임스 다니엘리는 호의적인 검토자 두 명(분자 생물학 '학회'에 한 번도 참석한 적이 없는 사람들)을 선택했고, 논문은 『이론 생물학지』에 발표되었다.[1]

이 논문이 누군가의 호기심을 자극하기를 바랐고, 처음에는 정말 그랬다. 하지만 어떤 실험도 진행되지 않았다. 사람들은 독창적인 생각을 연구하고 싶지 않아 한다. 적어도 생물학에서는. 그래서 내가 할 수 있는 실험을 했고 좋은 결과도 얻었다! 난 괴짜지만 그래도 동료가 있다. 내 이단적 행위에 한 소리 해 주고, 함께 경쟁하는 동료 말이다. 우선 소련에 있는 메클러L. B. Mekler. 그는 면역 조절 문제에서 단백질의 상보성까지 내 추론 방식을 따라 단백질-단백질로 정보가 이동할 가능성을 제시했다. 쿡N. D. Cook과 카우프만Walter Kauffman도 같은 방식을 따랐다. 내가 아는 한, 우리 말고 또 그런 사람이 있는지는 모른다. 1980년, 내 첫 논문 발표가 있기 2년 전에 메클러는 유전 암호의 상보성에 기초를 둔 특정 아미노산 짝짓기를 다루는 논문을 출판했다. 내가 메클러가 밝힌 구조를 분자 수준에 적용하자 믿기 어렵다고 받아들여지지 않았다. 그러고 나서 블랙록J. E. Blalock과 스미스는 메클레가 한 것과 똑같은 짝짓기를 다시 고안했다.[2]

내가 틀렸을까? 나는 틀린 대안을 선택한 걸까? 젠장, 고통스럽다. 하지만 나는 상호 작용에 있는 생리화학적 문제를 고민한 유일한 사람이고, 모형을 세우고 경계 조건을 정의한 단 한 사람이다. 내가 앞서 분석한 대안은 아직도 유효하다. 나는 내가 옳았음을 안다. 적어도 아미노산 짝짓기가 존재한다면 내가 생각한 구조가 맞지, 메클러-블랙록-스미스의 구조는 아니라는 점을 안다. 게다가 그라프스테인Daniel Grafstein은 나와

다른 가정에 기반을 둔 구조에서도 나의 짝짓기 구조를 재고안해 썼다.[3]

젠장! 왜 이런 식으로 생각할까? 실험만이 유일하게 중요한 것이다. 대조 실험을 충분히 실시하라. 모든 대안을 시험하라. 그럼 자연은 누가 맞는지 말해 줄 것이다. 아니면 뜻밖의 결과를 보여 줄 것이다. 그러니 다시 실험실로 돌아가자!

제니의 수첩: 몸은 마음의 일부

아리아나가 오늘밤에 전화해 준 것이 몹시 고마웠다. 나는 며칠 동안 아리아나에게 전화할까 고민했지만, 내 문제로 다른 사람을 부담스럽게 하고 싶지 않았다. 그렇지만 아리아나는 진정한 친구처럼 내게 용기를 주었다.

"임프가 몸이 안 좋아. 침대에 누워 있어. 의사를 보려고도 하지 않아. 자기는 의사를 믿기에 너무 많은 걸 안다나."

아리아나는 웃으며 말했다. "임프를 탓하지 마."

"뭐, 걱정은 안 돼. 지난 넉 달 동안 벌써 세 번째 몸져누운 거라는 사실만 빼면 말이야. 하지만 이게 다가 아냐." 나는 계속해서 말했다. "임프가 우울한 기분에 젖어 있거든. 아프기 전에 먼저 우울증이 도지는 것 같아. 자기 연구 말고는 아무 생각도 안 해. 쉬거나, 영화를 보거나, 친구랑 저녁이라도 먹으라고 말하면 내 입을 막아. 내가 연구를 방해라도 하는 것처럼. 아니면 연구에 제대로 몰두하지 못해서 짜증이 난 것처럼 행동해. 사소한 일에도 폭발할 거야.

어제가 바로 그랬어. 임프가 이런저런 새로운 연구 분야를 계획하고 설명하는 과학 정보 협회에서 보낸 설문지를 받았는데, 거기선 가장 최신 기술, 떠오르는 분야, 연구비가 가장 많이 나오는 분야, 아니면 가장 많은 지원을 받는 기관이라도 있는 분야, 가장 많이 인용되는 학술지를 가진 분야 등에 정통하도록 연구자를 키워야 한다고 주장하는 거야. 글쎄, 네가 봤다면 세상이 망하는 줄 알았을 거야! '젠장!' 임프가 소리쳤어. '이걸 요약하면 어떻게 하면 전문적으로 돈을 긁어모으는 얼빠진 추종자가 될 수 있나로군그래.' 임프는 자기도 그런 일과 관련해서 한 일이 있는 듯이 말하더라고. '내가 하려는 건 이런 게 아냐.' 임프가 또 소리쳤어. '이딴 허튼소리가 나에게까지 오다니! 그래서 나는 내 연구만 하는 거야. 난 돈이나 명성에 알랑거리고 싶지 않으니까. 하지만 이런 멍청이들이 대학에서 활개를 쳐! 얼마나 대단한지. 조 블로우Joe Blow는 『네이처』나 『사이언스Science』에 논문을 낸 적도 없는데 종신 재직권을 받았다니까. 교과서를 쓰는 게 정말로 연구에 기여하는 거야? 그걸로 지난 5년 동안 얼마나 많은 연구비를 쓴 거야? 돈, 명성, '유행하는 분야'에 들어가는 것, 이게 블로우 같은 사람이 바라는 전부지. 난 이런 쓰레기를 견디는 중개인이야.' 이게 임프가 우울한 이유야. 그래서 아픈 거고. 나도 가끔은 견딜 수 없다니까."

아리아나는 그저 웃기만 했다. "진정해, 제니." 아리아나가 말했다. "내가 너랑 임프를 안 지 한두 해니? 네가 임프를 처음 만났을 때, 그가 우울증을 앓고 있었니? 아니지. 만성질환이 있었니? 아니지. 스트레스와 긴장에 시달렸니? 그랬지. 그러니 임프는 보통 사람하고 똑같아. 결국에는 대처하는 방법을 찾을 거라고. 흔하디흔한 일이야."

"하지만 왜 나한테 화풀이하는 거야." 내가 물었다. "왜 이런 변덕을 부리냐고."

"왜 너한테 화풀이 하냐고?" 아리아나가 되물었다. "그거야 자신의 진짜 감정을 보여 줄 정도로 신뢰할 만한 유일한 사람이 너니까. 설사 그게 어두운 감정이라도 말이야. 이건 칭찬이야."

"놀리지 마." 내가 대답했다. "사실 나는 내가 진짜 걱정해야 할 게 있는 건 아닌지 궁금해."

"병원에 가야 할까 봐?" 아리아나는 잠시 멈춘 뒤 조심스럽게 말했다. "이렇게 생각해 봐. 의사 관점에서 인간을 관찰하면 몸-마음의 이분법이라는 게 터무니없어 보여. D. H. 로렌스David Herbert Lawrence나 아나이스 닌Anaïs Nin의 소설을 읽거나 성인용 영화를 보면 몸이 반응하잖아. 생각이란 게 몸으로 드러나는 거지. 임프가 토요일에 콘스탄스에게 물질과 관계 맺기에 대해서 말한 거 기억해? 자신의 머리, 심장, 위를 느껴 보라고 말이야.

"이걸 임프에게 적용해 보자. 임프의 동료 대부분이 임프가 하는 연구와 발견하기 프로젝트를 무모하고 불가능한 일로 생각하는데, 임프는 어떻게 해야 할까? 임프는 아슬아슬한 줄타기를 하고, 위험을 감수하고, 질문하고, 단순하고 일관성 있는 유형에 무수한 자료를 집어넣고 있어. 이건 용기가 필요한 일이야.[1] 때로는 흥분도 느끼고. 임프가 토요일에 보여 준 게 바로 이런 면이지. 임프는 공적인 일에 자신을 쓰기로 한 거야. 임프는 운동선수가 경쟁자나 자기가 오르려는 산에 도전하듯이 과학 공동체와 자연에 도전했어. 이건 즐거운 일이어서 몸에선 아드레날린이 솟구치고, 흥분이 넘쳐흐르고, 감각이 예민해져. 멋지지 않니?

하지만 기분은 가라앉고, 질문은 해결되지 않은 채로 남으며, 자료는 통합되지 않을 때가 있지. 그리고 몸은 마음 상태를 반영하니까, 점점 병들게 되는 거야. 몸 자체가 병들거나 정신 착란에 빠지거나. 내가 환자일 때는 내 상태를 진단할 수 없어. 나는 신체적으로 그리고 정신적으로 세계와 불화해. 이런 상황에서는 모든 것이 나를 방해할 뿐이야. 이미 처리 불가능한 자료 더미에 또 다른 자료를 추가하는 건 몸-마음에 필요 없는 거니까. 결국 몸-마음은 왜 이렇게 불균형하고 산만한 상태에 빠졌는지 궁금해 하기 시작하고 답을 찾아내려 해. 하지만 세상이나 자신을 탓하게 되지.

임프는 자기 프로젝트가 온당한지 의문에 빠진 것 같고, 그래서 자기 자신에게도 의문이 드는 거라고 생각해. 물론 임프는 인정하지 않겠지. 그래서 임프는 자기 무능력에 따르는 분노를 세상에다 풀고 있는 거야. 그게 임프가 신체, 정신적 좌절을 해소하는 방법일 테지. 안타깝게도 스트레스와 질병은 밀접히 연결돼. 부신피질자극 호르몬 같은 스트레스 호르몬이 증가하면 코르티코스테로이드도 증가하고, 코르티코스테로이드는 면역 반응을 감소시켜. 그래서 임프가 자주 아픈 거야. 아주 정상적인 일이지. 임프가 여러 날 동안 앉아서 빈 공간만 쳐다보고 있다면 걱정하지 않아도 돼. 임프가 스스로 극복했다는 표시니까."

"위로해 줘서 고마워." 나는 한숨을 쉬며 말했다. "하지만 임프가 이럴 때마다 정말 미워. 화나다가 무력해지기도 하고. 내가 괜찮은지도 걱정돼. 만약에 내가 학자로 성공했더라면, 임프가 저렇게 압박감을 느끼지 않았을 텐데. 내가 더 잘 대처했더라면…… 모르겠다. 내가 너무 부족한 것 같아."

"넌 지리학자랑 결혼했어야 했는데." 아리아나가 말했다.

난 도무지 무슨 말인지 이해되지 않았다. "왜?"

"왜냐하면 지리학자는 결점을 사랑하거든." 아리아나가 말했다. "제니, 너도 지쳤어. 농담도 심각하게 받아들이고.

다른 방향에서 생각하도록 노력해 봐. 너에게는 좋은 친구들이 있잖아. 난 콘스탄스와 함께 위대한 발견을 이루어 낸 과학자를 조사해 봤는데, 과학자 아내의 삶이 결코 쉽지 않더라. 예를 들어, 어떤 자료는 수많은 저명한 과학자가 과학 활동을 하면서 신체, 정신적 좌절에 시달렸다는 사실을 보여 줘. 파스퇴르가 1856년 내내 비대칭적 우주의 힘 실험에 실패만 거듭했다고 헌터가 말한 거 기억하지? 연구를 다시 시작할 수 있게 기운을 되찾는 데만 6개월이나 걸렸어. 파스퇴르의 친구 클로드 베르나르는 파리에서 보낸 6년 동안 연구 때문에 너무 우울해져서 고향으로 돌아가 시골 의사나 할까 심각하게 고민했지. 베르나르 없는 생리학을 생각이나 할 수 있겠니? 다윈은 몇 달 동안 연구에 집중하지 못하기 일쑤였고, 친구인 헉슬리와 틴들John Tyndall*도 과로하거나 새로운 생각이 떠오르지 않을 때면 주기적으로 좌절감을 겪었어. 멘델은 신경 쇠약을 호소했고, 수학자 바이어슈트라스Karl Weierstrass, 리만Bernhard Riemann, 야코비Jacob Jacobi는 너무 열심히 일해서 건강을 해치고 말았지. 마이클 패러데이는 연구를 위해 알아야 할 내용을 전부 기억해야 한다는 부담감에 자신의 작은 뇌를 혹사시킨다고 말했어. 그리고 5년 혹은 비슷한 주기로, 아주 거대한 종합적 연구를 마친 것처럼 무너질 것 같았다고도 했지.[2] 이런 사람들과 결혼해서 사는 건 정말 힘든 일일 거야. 사실, 앨버트 마이컬슨이 빛의 속도를 연구하던 초기에 신경 쇠약이 심해서 그의 첫 번째 부인은 마이컬슨을 정신병원에 집어넣으려 했다니까. 또 연구 결과에 낙담할 때마다 자살을 생각하는 멀러Hermann Joseph Muller**나 얼베르트 센트죄르지 같은 사람들이 동료라고 상상해 봐. 이런 사례는 얼마든지 더 있어.[3]

"이게 위로가 될 거라고 생각해?" 내가 물었다.

아리아나는 다시금 웃음을, 치유가 되는 웃음을 터뜨렸다. "내 말 다 안 끝났어. '좋은'이라는 게 적절한 단어라면, 이 모든 사례에도 좋은 점이 있어. 이런 우울과 좌절은 다 열심히 노력하는 성격과 관련 있는 거야. 남과 다르게 행동하는 건 쉬운 일이 아냐. 그저 남과 똑같다면 아무것도 창조할 수 없어."

---

* 존 틴들, 1820~1893. 아일랜드의 물리학자. 반자성, 미립자와 빛의 산란, 대기와 열복사, 박테리아 연구 등 여러 분야에 업적을 남겼으며, 영국 왕립 연구소 물리학 교수로 과학 대중화에도 힘썼다.

** 허먼 멀러, 1890~1967. 미국의 유전학자. 초파리에 X선을 쬐어 돌연변이를 유발할 수 있다는 사실을 입증했다. 이 발견으로 1946년에 노벨 생리의학상을 받았다.

"산을 오르지 않는 사람은 조난도 겪지 않는다, 이거지?"

"맞아. 대부분의 사람은 괴로움을 피하려고 해. 하지만 다른 기관처럼 뇌도 피로해져. 아인슈타인은 늘 이런 점을 말하고는 했는데, 심지어 시로 쓰기도 했지. '생각에 빠져 있는 건/ 뇌에 부담과 무리를 준다/ 모든 사람이 생각에 빠지진 않을 것이다/ 피할 수 있다면 말이다.'[4] 임프는 쉬운 길이라는 이유로 쉬운 길을 택하지 않으려 할 거야. 쉬운 건 결국에 가치 있는 것을 생산하지 못한다는 사실을 아니까. 따라서 임프는 아직 미개발인 곳이 나타날 때마다 몸소 부딪힐 거야. 난 알아. 나도 그랬으니까. 그러니 임프를 돕거나 아니면 견뎌낼 필요가 있어. 견뎌 낼 가치가 있는 누군가와 함께 있다는 사실을 행운이라고 생각해!"

"나는 스스로를 돌보면서 견뎌 내기도 하는데." 나는 이렇게 말하면서 죄책감을 느꼈는데, 아리아나가 눈치를 챘다.

"우리 모두가 할 수 있는 건 아니잖아. 그러니 내일 점심이나 같이 먹자. 다음에 내가 기분이 안 좋으면 그땐 네가 날 위로해 줘."

임프는 곧 인간성을 회복할 것이다. 불만스럽긴 해도, 그렇게 나쁜 사람은 아니다……. 나는 임프의 분노를 좀 더 유익한 쪽으로 돌릴 수 있을까 궁금해졌다. 리히터가 일부러 비합리주의-우연론자의 입장을 취하는 것처럼. 참, 우연한 발견을 보여 주는 고전적인 사례를 모은 목록이 어디 있더라?

대화록 : 발견의 확률(알렉산더 플레밍)

임프 좋아. 시작하자! 내 쉰 목소리하고 코 훌쩍거리는 건 그냥 넘어가 줘. 몸이 아픈 것도 우리가 약속한 운명이 오는 걸 방해할 순 없지! 리히터, 넌 발견이란 우발적 사건이 조장하는 비합리적이고 예측 불가능한 우연 게임이자 세렌디피티serendipity라는 땅에서만 할 수 있는 게임이라는 주장을 납득시켜야 해.

콘스탄스 잠깐만. 아예 처음부터 용어를 정의하는 게 좋을 것 같아. 너무 작은 사안에 얽매이는 짓이지만, 그래도 나중에 혼란스럽지 않게 해 줄 테니까. 세렌디피티는 우연이나 우발과 같은 말이 아냐. 라플라스의 확률론을 읽어 보면 우연은 우리가 전혀 모르는 요인이 통제하는 사건을 뜻해. 이건 통제 요인을 전부는 아니라도 일부 아는 사건을 뜻하는 확률과 반대되지. 우발은 예측하지 못하고, 의도하지 않은, 예기치 않은 사건을 뜻해. 우발에는 사고와 연결되는 부정적 의미가 있어. 사고를 예측하거나 예상할 수 있느냐는 문제는 명확하지 않은데, 그렇지 않다면…….

리히터 알았어, 알았어. 사고는 잊어버려. 그럼 세렌디피티는 뭐야?

콘스탄스 음, 세렌디피티를 이해하려면 '우발'을 이해해야 해. '세렌디피티'라는 단어는 소설가 호러스 월폴Horace Walpole이 1754년에 고안한 건데, 그는 『세렌디프의 세 왕자*The Three Princes of Serendip*』(세렌디프는 현재 스리랑카라 부르는 실론의 옛 이름이야)라는 동화를 읽고 나서 이렇게 썼어. "그 고귀한 분들은 여행하면서 **우발** 또는 **명민함**으로 늘 발견해냈다. 찾으려 하지 않은 것을."[1] 이게 바로 월폴이 정의한 세렌디피티야.

리히터 훌륭하군. 우발 또는 명민함! 이건 우리에게 전혀 도움이 안 되는데.

콘스탄스 핵심 문구는 '찾으려 하지 않은 것'이야. 이게 딱 맞는 말이지. 베르톨레와 파스퇴르에게도 적용되고.

아리아나 그럼 질문은 세렌디피티 같은 사건이 우연히 일어나느냐, 확률적으로 일어나느냐, 계획적으로 일어나느냐겠네. 그렇지?

콘스탄스 음, 사실 신경학자 제임스 오스틴James Austin이 그런 문제를 제기했었어.[2] 오스틴은 우연에 네 가지 유형이 있다고 말했지. 우연 1은 맹목적 행운blind luck으로 연구자가 자료를 넣거나 미리 준비한 게 아닌…….

<u>임프</u> 불가능해. 관찰은 이론을 통해 이루어진다는 거 몰라?

<u>콘스탄스</u> 우연 2는 이른바 '케터링 원리Kettering Principle'로, 행동이 놀라운 발견을 만든다고 주장한 제너럴 모터스General Motors 사社의 위대한 발명가 이름을 딴 거야. 활동적인 호기심은 뭔가 흥미로운 현상을 찾게 만든다는 거지.

<u>아리아나</u> 루이스 토머스도 같은 원리를 주장했어. 가설 세우기에서 벗어나 실제 연구에 돌입하게 되면 무언가가 나타난다고 말이야.[3]

<u>콘스탄스</u> 우연 3은 '파스퇴르 원리Pasteur Principle'로, 준비된 마음만이 예기치 못한 일상의 숭고함을 인식할 수 있다는 거야. 이건 자신이 연구하는 분야에서 중요한 문제가 무엇인지를 알아야 한다는 리히터의 생각과 연결돼. 그리고 마지막으로 우연 4는 '디즈레일리 원리Disraeli Principle'로, 독창적인 사람이 되거나 그렇게 행동하는 게 예상치 못한 현상이 나타나도록 한다는 거야. 나만의 독특한 방식으로 행동하는 게 필요하다는 말이지. 이건 발견은 특이하게 훈련받은 사람이 하는 거라는 제니의 생각과 연결돼.

<u>아리아나</u> 우연 1을 제외하고는 놀라운 발견을 이루는 데 연구자 개인의 역할이 중요하다는 점에 주목해 봐. 이건 적어도 발견의 확률을 높이는 전략이 존재한다는 점을 보여 줘. 할 말 있니, 리히터?

<u>리히터</u> 그래도 새로운 생각이 창안되는 방식에는 알 수 없는 비합리적 요소가 있어. 비합리적이라는 의미는 새로운 생각이 나타나는 걸 사전에 예측하거나 계획하는 방법이 없다는 것, 자료가 이론을 결정하지 못한다는 것, 모든 생각에는 자료나 시험된 이론에서 유도되지 않아 논리, 경험적 기초를 갖추지 못한 요소가 있다는 것, 설명할 수 없는 **잔여물**이 있다는 거야.[4]

아리아나 그건 네가 합리성의 정의를 양적이고 의미론적인 논리 형식으로 엄격히 한정했을 때만 그렇지.

임프 게다가 리히터, 네 주장은 그 자체로 과학적 설명에도 적용할 수 있어. 네 말은 합리적 사고는 이미 아는 것에만 적용된다로 환원돼. 무엇이든 아직 모르는 것에는 비합리적 사고가 필요하다는 거고. 따라서 네가 나처럼 모든 답은 두 가지 새로운 문제를 만든다는 점을 믿는다면, 증가하는 무지를 따라잡는 유일한 길은 더 비합리적이 되는 거야!

아리아나 양자 역학 연구자들이 선불교에 의지하는 것도 놀랄 일은 아니지!

헌터 리히터, 어떤 체계에서나 설명되지 않은 **잔여물**이 있어. 그건 논리적 일관성이나 설명력을 결정하는 기준이 되지 못해. 심지어 거의 완벽한 논리적 이론이라 볼 수 있는 열역학도 우리가 창밖으로 보는 정원처럼 가장 자연스러운 체계의 열역학적 특성을 세부적으로 기술하지 못해. 너무 복잡하거든. 정확히 계산하려면 고려해야 할 요소가 너무 많아. 우리가 찾는 게 가능한 한 많은 요인을 가능한 한 정확하게 설명하는 능력을 높이는 거라면, 완벽한 건 없어.[5]
이런 맥락에서 조금 전에 아리아나가 말한, 우리가 사용하는 논리 개념을 양적이고 의미론적인 논리 형식으로 제한하는 문제에 관해 논의하고 싶어. I. I. 라비Isidor Isaac Rabi,* 레오 실라르드, 엔리코 페르미가 핵물리학의 어떤 측면을 두고 논쟁하는 걸 읽은 적이 있어. 실라르드는 칠판에 수학적 논증을 적었지. 라비는 그 논증에 동의하지 않고 새로운 방정식을 적었어. 페르미가 말했지.

---

* 이지도어 라비, 1898~1988. 폴란드 출신의 미국 물리학자. 원자핵의 자기적 성질을 측정하는 핵 자기 공명법을 발명했다. 이런 공로로 1944년에 노벨 물리학상을 받았다.

"둘 다 틀렸네." 그러자 두 사람이 그걸 어떻게 입증하느냐고 반박했는데, 페르미는 다음과 같이 말했어. "직관일세." 이걸 본 젊은 박사 후 연구원인 미첼 윌슨은 실라르드와 라비가 웃음을 터뜨릴 거라고 생각했대. 하지만 그들은 웃지 않았지.[6] 난 우리가 왜 그들이 웃지 않았는가를 진지하게 생각해 봐야 한다고 생각해. 어째서 라비와 실라르드 같은 뛰어난 과학자들이 직관에서 나온 생각을 수학적 논증에 대한 타당한 비판이라고 받아들였을까?

그래서 지난주에 아리아나가 했던 질문이 떠올라. 즉, 직관은 비합리적인가? 좋은 질문이지. 우리는 우리가 이해하지 못하는 사고 과정을 '직관적'이라고 치부해 버리는 유명론에 빠져들어 간 게 아닐까, 그리고 이런 분류 욕구를 충족시키려고 모든 직관을 이해 불가능한 무엇으로 끌어내리는 게 아닐까? 난 우리가 이런 길로 가서는 안 된다고 봐.

콘스탄스 다른 길도 있지. 지난주에 나온 질문을 다시 생각해 보다가 라이너스 폴링이 강연에서 한 이야기를 읽었는데, 폴링은 복잡한 문제를 해결할 때 확률적 방법을 옹호하더라고.[7] 그런데 무작위성이라는 의미가 포함된, 현대 수학에서 사용하는 뜻으로 확률이란 단어를 쓴 게 아니라 모르는 지식에 다가가고자 기술적으로 인도되는 추측이라는 고대 그리스적 의미로 썼어.

임프 우리가 절대 가르칠 수 없는 '추측하기'인데.

리히터 나도 어떻게 할 수 있는지 이해가 안 가.

헌터 나 역시 그렇게 추측하는 방법을 몰라. 폴리아는 시도라도 했지만 말이야. 하지만 추측에 관한 논의를 확장해 보자. 페르미를 생각해 봐. 그가 뭐라고 했지? 세계는 그렇게 작동하지 않는다고 말했지. 페르미는 실라르드와 라비의 방정식을 내적 논리에 따라서가 아니라 자신이 물리학에 관해 아는 모든 사실과 연결 지어 평가한 거야. 페르미는 스스로에게 특정 질문을 넘어서는 다음과 같은 상위 질문을 했어. 이것이 물리적 체계가 기능하는 방식인가? 페르미는 아니라고 대답했지. 어떤 구체적 요소가 틀려서가 아니라 축적된 경험에 근거해서 체계는 일반적으로 그렇게 작동하지 않기 때문이라고. 라비와 실라르드가 제시한 방정식은 전개할 수 없다고.

따라서 직관이란 경험으로 생기는 비형식적 예측 유형이라고 정의할 수 있어. 이게 중요해. 라비와 실라르드는 페르미가 경험이 있기 때문에 귀담아 들은 거거든. 페르미는 전문가니까. 그리고 전문가란 보어의 말마따나 그 분야에서 일어날 수 있는 실수를 모두 겪은 사람이지. 또 직관은 "이미 이런 문제에 그런 접근법을 시도해 봤는데, 잘 되지 않았다"고 말하는 거야. 무언가가 왜 잘 되지 않는가를 말하는 건 매우 어렵지만, 잘 되지 않는 문제를 아는 건 잘 되는 문제를 아는 것만큼 가치 있어.

임프 그것도 우리가 과학 교육에 집어넣지 못한 내용이지. 선임자가 겪은 실수는 후임자가 시간을 절약하도록 해 줘. 하지만 우리는 이런 의미의 직관을 키우도록 장려하지 못했어.

리히터 우리에게 허락된 시간이 한정돼서 가르칠 없는 걸 수도 있잖아. 시간이 있었다면 어땠을까 하는 문제도 매우 흥미롭고 어떤 통찰을 줄지 모르지. 하지만 발견이란 비합리적이고 우연한 사건의 결과인지 아니면 계획의 결과인지 하는 문제에 집중하자. 난 헌터가 쓰는 전략을 이해했어. 넌 발생하는 어떤 생각이든 합리성의 영역으로 설명할 수 있다는 의미론적 게임을 하려는 거지. 그리고 우리가 일반론적으로 논의하는 한, 네가 원하는 대로 용어를 정의할 수 있어. 하지만 구체적 사례에 들어가서도 그렇게 할 수 있을지 의심스러워.

다시 한 번 말하지만, 내 입장은 해당 주제에 관한 경험 연구에서 확립된 거야. 인용할 수 있는 책과 논문도 많아. 하지만 난 사례 연구를 통해 토론하는 게 더 좋아. 모든 사람은 자기주장에 걸맞은 사례를 가진 것 같지만, 우연한 발견은 그런 사례 모두에서도 나타나지. 예컨대 해부학자 갈바니Luigi Galvani가 발견한 동물 전기, 물리학자 외르스테드Hans Christian Örsted가 발견한 전기와 자기의 연결성, 클로드 베르나르가 발견한 혈류의 신경 조절, 생리학자 샤를 리셰가 발견한 아나필락시스(사망을 초래하는 극단적인 알레르기 반응), 파스퇴르가 발견한 비대칭 발효—

헌터 흐음!

리히터 —그리고 미생물을 약화시켜 만든 면역법, 생리학자 민코프스키가 발견한 당뇨병에서 췌장이 하는 역할, 대부분의 비타민 발견, 굿이어Charles Goodyear가 발견한 고무 경화, 알프레드 노벨Alfred Bernhard Nobel이 발명한 다이너마이트, 화학자 퍼킨William Henry Perkin이 우연히 아닐린 염료를 처음으로 합성한 것, 미생물학자 알렉산더 플레밍이 발견한 라이소자임lysozyme과 페니실린, 실험물리학자인 뢴트겐이 발견한 X선, 베크렐이 발견한 방사능 등등. 이외에도 많지만 여기까지 할게.[8] 이 모든 세렌디피티한 사건을 두고 역사적 상상력이 꾸며 낸 것이라 말할 수 있을까!

헌터 꾸며 낸 게 맞지! 꾸며 냈거나 예기치 못함과 우발을 혼동한 결과지. 콘스탄스와 나는 한 주 동안 할 수 있는 대로 이런 발견들을 조사해 봤는데, 기존에 제시된 설명을 그대로 유지할 수 있는 사례는 거의 없었어. 그런데 리히터, 네가 순전히 우연한 발견이라고 보는 사례들을 우리에게 자세히 말해 주는 게 어때? 그럼 콘스탄스와 내가 이미 제시된 설명을 뒤집는 새로운 자료가 어떤 건지 알게 될 테니까.

리히터 그러지. 클로드 베르나르와 혈류의 신경 조절에서 시작해 볼게. 캐넌은 다음과 같이 말했어.

> 생명과학에서 일어나는 세렌디피티는 물리과학에서 일어나는 세렌디피티만큼 중대하다. 예를 들어 클로드 베르나르는 신경 섬유를 통과하는 충동이 열을 생성하는 화학적 변화를 일으킨다고 생각했다. 지난 세기 중엽에 수행한 실험에서 그는 자신의 이론에 따라 토끼 귀의 온도를 쟀고, 그 다음 충동을 전달하는 신경을 제거했다. 그렇다면 신경 충동이 없는 귀는 다른 쪽 귀보다 더 차가울 것이다. 하지만 베르나르는 놀라움을 금치 못했다. 귀는 오히려 더 뜨거웠던 것이다![9]

헌터 놀라운 발견이지만 우발적 발견은 아냐. 캐넌은 베르나르가 혈액 순환에 미치는 신경의 영향을 시험하고자 실험을 설계했다고 말했어. 그러니 여기에는 연구의 논리가 있는 거지. 베르나르는 "나는 이 결과를 예상했고, 그래서 이를 분명히 하고자 실험한 것이" 라고 생각할걸.

콘스탄스 맞아. 베르나르의 전기 작가들이 그 실험은 계획되었다는 점을 충분히 입증했어.[10]

리히터 좋아. 그럼 리셰는? 리셰는 『학자*Le Savant*』에서 아나필락시스를 우연히 발견했다고 말했어. 리셰는 말미잘의 독소가 동물에게 미치는 효과를 시험 중이었지. 그는 이전에 독소를 한 번 맞고 살아남은 동물에게 다시 독소를 주입했어. 독소에 맞서는 저항력이 강해질 거라고 기대하면서 말이야. 내가 보기에 리셰가 생각한 모형은 백신이야. 하지만 리셰는 한 번 살아난 적이 있는 동물에게 조금이라도 다시 독소를 투여하면 금방 죽는다는 점을 관찰하고 놀라. 너희들 중에 벌침에 알레르기가 있는 사람이라면 공감할 거야. 리셰는 너무 놀라서 처음에는 결과를 믿지 못했어. 리셰도 말했지만 분명히 이건 예상한 게 아니야.[11]

헌터 하지만 리히터, 그건 예상치 못한 거였지, 비논리적인 건 아니잖아. 이전에 동물에게 독소를 접종해서 저항력이 더 강해진 모습을 보았다면 독소 접종에는 합리적 근거가 있는 거야. 리셰가 면역학에 기반을 두어 추론했든 독성학에 기반을 두어 추론했든, 그의 과거 경험은 독소를 맞았던 동물은 저항력이 더 약해지는 게 아니라 더 강해진다고 믿게 만들었을 거야.

임프 그리고 아나필락시스는 아직도 의학, 사실상 알레르기학 전 분야에서 거대한 미스터리로 남아 있지. 그렇다면 리히터, 너는 놀라운 사건이 일어나기를 **예상**해야 한다는 거네, 안 그래? 그렇지 않으면 우리는 이미 그 현상을 이해한 거지. 논리는 어떤 놀라운 사건도 허용하지 않으니까, 맞지?

리히터 날 놀리는군.

임프 그럴지도. 하지만 내 말은 일리가 있는걸.

헌터 어쨌든 우리는 약화된 미생물을 사용해 백신을 발견한 파스퇴르도 똑같은 방식으로 다룰 수 있어. 백신 발견을 설명하는 표준 방식은 리히터가 말한 대로 우연이야.[12] 파스퇴르는 1879년에 닭 콜레라를 연구했는데, 콜레라균 배양액을 그대로 두고 휴가를 보내고 돌아와 배양액에 있는 독성이 약해졌다는 사실, 즉 닭에게 콜레라를 일으키지 못한다는 사실을 알게 돼. 그래서 파스퇴르는 다시 자연적으로 발생한 콜레라에서 새로운 배양액을 만들었고, 이걸 닭에게 주입했어. 역시나 닭은 콜레라에 걸리지 않았는데 반면 주입하지 않은 닭들은 병들었지. 따라서 파스퇴르는 오래되고 독성이 약해진 콜레라균 배양액은 닭에게 '면역력을 갖게' 한다는 사실을 알았어. 여기서 우연은 어디에 있을까?

콘스탄스 그렇지만—

헌터 파스퇴르가 휴가를 간 게 우연일까? 배양액을 보관하다 보면 그저 시간이 흘러 독성은 없어지곤 했듯이, 때로 파스퇴르는 그저 공기에 노출되었다는 이유로 독성이 없어진 배양액을 얻었을 거야. 나중에 파스퇴르는 이를 보여 주기도 했지. 그러니 파스퇴르가 휴가를 갔든 아니든 배양액은 결국 독성이 약해졌을 거야. 콜레라를 연구하는 사람이라면 다 이런 현상을 관찰했어.

콘스탄스, 설명이 더 필요하니?

콘스탄스 그래. 네 이야기는 완전히 틀렸어. 난 콜레라와 관련된 파스퇴르의 노트를 연구한 안토니오 카데두Antonio Cadeddu의 논문[13]을 어제 봤는데, 실험은 틀림없이 계획된 거여서 우연이 아니야. 우선 1879년 10월 28일, 즉 파스퇴르가 휴가에서 돌아온 후에도 독성이 약해진 콜레라균이 있는 플라스크는 생기지 않았어. 그리고 콜레라균 배양액이 있는 오래된 플라스크는 파스퇴르의 보조 연구원 에밀 루Emile Roux가 여름 동안 지키고 있었고.

아리아나 그래서 무슨 일이 일어났는데?

콘스탄스 내가 아는 한 다음과 같은 일이 일어났어. 파스퇴르는 휴가를 떠나기 전, 1879년 7월에 콜레라균 배양액을 만들었어. 루가 이 배양액을 관리했고. 그런데 몇몇 배양액이 산성을 띠었고, 이런 배양액에서 콜레라균은 생장하지 못했지. 루는 배양액이 독성을 가졌는지 보려고 닭 두 마리에게 이 산성 배양액을 주입했어. 닭들은 병들지 않았지. 8일이 지나고 루는 이 닭들에게 더 최근에 만든, 독성이 있는 배양액을 주입했어.

아리아나 그리고 닭들은 병들지 않았지.

콘스탄스 아니! 전혀 그렇지 않아. 이게 중요해. 닭 두 마리는 나흘 만에 죽었어. 그러고 나서 10월 28일에 두 번이나 접종한 닭 중 한 마리에서 뽑은 피를 '플라스크 X'라 이름 붙인, 독성이 있는 새로운 배양액을 만드는 데 사용했지. 그러니 실험은 여름이 지나 한참 후에 시작했고, 파스퇴르가 아니라 루가 한 거야. 게다가 기존의 신화적 설명이 말하는 결과는 나오지도 않았고. 물론 파스퇴르는 그의 표현대로 콜레라균을 '쇠약'하게 만들려고 애썼어. 10월에 진행한 실험은 쇠약하게 만드는 일이 가능하다는 사실을 보여 주었지. 하지만 여기서 곧 백신이라는 결론이 따라 나온 건 아냐. 그저 절반의 성공일 뿐이었지. 그래서 1879년 12월과 1880년 4월 사이에 파스퇴르와 루는 완전히 새로운 실험을 시도했어. 균을 섭씨 영하 38도로 냉동하고 아주 강력한 산성을 띤 배지에 넣어. 그러면서 그들은 예전에 만든 배양액을 살폈는데, '플라스크 X'를 포함해서 몇몇 배양액이 또 산성을 띠었지. 이 산성 배양액 중 일부는 닭을 죽게 했지만, 일부는 그러지 못했어. 2월까지 진행한 실험에서도 닭을 죽이지 못한 배양액은 여전히 독성이 있는 배양균을 다시 접종했을 때 닭을 구하지 못했어.

참, 파스퇴르가 닭뿐만 아니라 토끼와 기니피그에게도 실험했다는 사실을 추가해야겠다. 파스퇴르는 균을 한 동물에서 다른 동물로, 또 한 플라스크에서 다른 플라스크로, 플라스크에서 동물로, 동물에서 플라스크로 옮기며 실험했어. 심지어 종과 종 사이에도 옮겼지. 기니피그는 질병을 앓지 않은 개체도 질병을 옮길 수 있었어. 하지만 이런 실험에서 백신을 만들도록 도운 건 하나도 없었어. 그래도 분명히 연구가 가야 할 방향을 제시하기는 했지.

헌터 이후에 광견병 연구에서도 똑같은 방식의 실험이 성과를 냈지. 파스퇴르는 광견병 바이러스가 동물에서 동물로 전달되면서 약해진다는 사실을 발견했거든.

콘스탄스 맞아. 어쨌든 산酸 처리(파스퇴르는 산소의 존재와 비견되는 라부아지에의 산성 이론을 굳게 믿었지)만이 콜레라균을 약화시키는 특성을 갖는 게 분명했어. 그래서 산성도의 양과 산에 머무는 시간이 주는 효과를 연구하려고 수많은 산성 플라스크를 준비했고, (예를 들어 배지를 산소로 채우는 식으로) 다양한 방법으로 산성을 만들어 냈지. 3월 동안 파스퇴르는 두 종류의 산성 플라스크를 만들었어. 하나는 인공적으로 만든 것(이른바 'P' 종류), 다른 하나는 배양균을 여러 달 공기에 노출해서 자연적으로 만든 것(이른바 'X' 종류). 두 종류 모두 백신으로 기능할 수 있는 특성을 가졌지. 핵심 요소는 미생물을 오랜 시간 약한 산성을 띤 배지에 놓는 것으로 보여. 그러고 나면 배양액에 독성이 없어졌거든.

제니 하지만 애초에 파스퇴르가 연구를 시작한 이유가 뭐야? 파스퇴르는 뭘 찾으려 한 거야?

콘스탄스 카데두가 쓴 논문에는 그 점이 빠져 있어. 내가 찾아본 바에 따르면, 파스퇴르는 우두로 천연두를 막는 제너Edward Jenner의 종두법을 읽었고, 비슷한 방식으로 매독을 예방하려고 시도했어. 백신을 연구하기 오래전부터 말이야. 파스퇴르는 모든 사람이 다 아는, 한 번 병에 걸려서 살아난 사람은 다시는 그 병에 걸리지 않는다는 사실에 이미 주목했었지. 파스퇴르가 초기에 썼던 콜레라 실험 노트를 보면, 왜 어떤 닭은 콜레라에도 살아남고 어떤 닭은 그러지 못하느냐는 점에 강한 흥미를 표현하고, 모든 동물을 살릴 수 있는 방법이 무엇일까 추측하고 있어. 난 파스퇴르가 연구를 시작하기 전부터 백신을 만들려면 무엇을 해야 하는지 알았다고 생각해. 파스퇴르는 병을 일으킬 정도로 강력한 미생물과 이후에 발생할 병으로부터는 보호하지만 죽음에 이르게 할 독성은 없는 미생물을 만들어야 했어. 리셰가 말했듯이, 문제는 답을 정의해. 그 후 파스퇴르는 자신과 루가 생각할 수 있는, 미생물을 약화시킬 수 있는 어떤 방법이든 시도하며 모든 가능성을 열어 둔 거야.

제니 그럼 넌 우연이란 게 있다면, 그건 파스퇴르가 스스로 만든 거라고 보는 거네. 아니면 폴링이 말한 확률 원리에 따라 추측이 이루어질 방향을 알았다는 말이고.

아리아나 '대장' 케터링과 루이스 토머스 원리지.

콘스탄스 파스퇴르도 비슷한 말을 했어. "실험자가 품은 환상은 그가 지닌 가장 위대한 힘이다. 이 환상은 실험자를 안내하는 이미 형성된 생각이다."[14]

리히터 파스퇴르는 자신이 지닌 선개념이 무엇이었는지 말한 적이 없잖아. 그 기록도 역시나 불완전한 거 아냐?

콘스탄스 내가 알기로는 그래.

헌터 그건 파스퇴르 신화가 왜 생겼는지 설명하지. 자기 연구가 어떻게 발전해 갔는지 말하지 않아서 신화가 생긴 거야. 우리를 안내하는 건 노트밖에 없잖아. 이전의 역사학자들은 노트조차 보지 않은 거고.

콘스탄스 물론이지. 카데두는 파스퇴르 자신도 균을 약화시키는 과정이 어떻게 작동하는지 확신할 수 없었다고 말해. 그래서 파스퇴르는 1880년 초에 백신을 발명했다고 선언하지만, 사적으로나 공적으로 백신을 만드는 과정을 논의하는 건 거부했어. 개인적으로 나는 파스퇴르가 백신을 만드는 과정에 특허를 받고자 기다렸다고 생각해. 모두가 공유하는 과정은 특허를 받을 수 없거든. 파스퇴르는 자주 자기 연구 과정들에다 특허를 받은 뒤, 이를 출판하고서 특허를 공공에 넘기곤 했으니까. 요점은 파스퇴르가 역사학자들이 백신을 설명할 때 우연에 기대도록 떠밀었다는 거야. 물론 카데두의 논문이 나오기 전까지만.

리히터 젠장. 난 네가 퍼킨이나 외르스테드의 발견을 설명할 때도 똑같은 방식을 쓸 것 같은데.

헌터 그래. 바로 계획된 시험, 예기치 않은 결과라는 생각. 이런 방법은 캐넌이나 베버리지William Beveridge, 최근에는 오스틴 같은 사람이 목록화한 이른바 우연한 실험 거의 모두에 적용될걸.

임프 리히터, 아직 포기하지 마. 조사해 볼 만한 사례는 많잖아.

아리아나 민코프스키는 어때.

리히터 그래, 좋지. 나를 논박하는 재미로 토론하는 구나. 내가 아는 바, 민코프스키는 1889년에 지방을 소화하는 과정에서 기관이 어떤 역할을 하는지 연구하려고 개의 췌장을 제거했어. 그 뒤 개가 실험실 계단에다 오줌을 누었는데, 오줌에 파리들이 모였고 예민한 눈을 가진 실험실 보조가 이를 보고 궁금히 여겼지. 민코프스키는 오줌에 당이 포함되었다는 사실을 알았어. 그러니까 실험실 보조가 오줌에 파리가 꼬이는 모습을 우연히 관찰했기에 췌장과 당 물질대사가 연결된다는 사실을 알게 된 거야. 민코프스키는 우연히 당뇨병을 연구하는 실험 모형과 만난 거지. 그리고 오늘날 우리는 췌장에는 인슐린을 분비해 당 물질대사를 조절하는 랑게르한스섬 세포군이 있다는 사실을 알게 되었고.[15]

헌터 좋아. 하지만 이 명민한 실험실 보조의 이름을 아무도 모른다는 점하고, 왜 민코프스키가 오줌에 꼬이는 파리를 주의 깊게 봤어야 했는지 설명이 없다는 점은 이상하지 않아?

아리아나 더 중요한 건 이 발견은 리히터가 말한 대로 그저 무심하게 일어나지도 않았다는 점이지. 이름 모르는 실험실 보조는 적어도 파리가 모이는 모양을 보고 이상하다고 생각할 만큼 똑똑했어. 그리고 민코프스키는 그런 이상한 현상을 조사해야 한다고 생각할 만한 몇 가지 이유가 있었고. 이건 어떻게 설명할래? 오줌이 파리를 끌어들이는 건 당뇨병은 고사하고 이전의 어떤 질병에도 없는 징후였어! 여기에 네가 설명하지 않은 간극이 있어. 이 '우연한' 관찰로부터 어떻게 발견에 이르렀냐는 구멍 말이야.

임프 아! 더더욱 중요한 건 말이야, 당뇨와 췌장의 관련성을 발견하려면 민코프스키는 오줌에 있는 당을 찾아내야 했다는 거지. 민코프스키는 당을 찾는 방법을 어떻게 알았을까? 파리는 당 말고도 좋아하는 게 많아. 농장에 가 본 사람이라면 다 아는 사실이야! 그러니 파리와 오줌이라는 조합이 다른 어떤 방향성 물질 혹은 단백질성 물질이 아니라 당이 존재한다는 사실을 나타내는 중요한 표지라고 생각하게 만든 건 무엇일까?

리히터 모르지. 이미 죽은 사람 머릿속에 뭐가 떠올랐는지 내가 알 리 없잖아.

아리아나 그럴 필요 없어. 오랜 세월이 흐른 후 민코프스키 자신이 직접 어떻게 발견에 이르게 되었는지 설명했으니까. 먼저 민코프스키는 의학 박사이자 뛰어난 외과의였음을 알아야 해. 민코프스키는 췌장을 제거한 개를 반려동물로 직접 키웠다고 말했어. 그런데 아무리 개를 데리고 나가도 개는 집 안에서만 계속 오줌을 누었다는 거야. 의학 용어로 말하면 개는 비정상적으로 자주 배뇨하는 다뇨증이었지. 다뇨증에 있는 여러 증상 가운데 하나가 당뇨였어. 민코프스키는 의대 시절 지도 교수가 다뇨증인 경우에 오줌에 당이 있는지 시험하라고 가르친 내용이 떠올랐다고 말했어. 오줌에 당이 없다면 방광염이고, 당이 있다면 당뇨병이라고 거의 확신할 수 있다면서 말이야. 그래서 민코프스키는 의학적 진단의 표준 절차에 따라 개를 인간 환자라고 생각하고 오줌에 당이 있는지 시험했고, 당이 있음을 확인했지. 그 후 민코프스키는 개가 나타내는 증상이 모든 면에서 인간이 겪는 질병과 구별 불가능하다는 점을 보여 줄 수 있었어.[16] 여기에는 어떤 우연도 없어. 간단한 의학 논리에 따른 거니까. 단 하나 놀라운 점은 췌장을 제거했다는 점이 단지 지방의 물질대사만이 아니라 당의 물질대사에도 영향을 준다는 거지.

리히터 젠장, 그럼 민코프스키 신화는 어디에서 온 거야?

아리아나 확실하게 말하긴 어렵고, 아마 민코프스키가 당뇨병을 설명하는 동물 모형을 발표했을 때 처음에는 엄청난 회의주의에 부딪혔다는 사실에서 생겼을 거야. 췌장은 구불구불하고 분산된 기관이어서 그 전체가 어디에 위치해 있는지 쉽게 알 수 없었거든. 동시대의 가장 권위 있는 생리학자 클로드 베르나르도 췌장을 완전히 제거하는 수술은 불가능하다고 말할 정도였지. 민코프스키는 불가능한 수술 같은 건 없다고 답했지만—

임프 내 마음에 쏙 드는 사람이야!

아리아나 —민코프스키는 직접 시연까지 했어. 그런 민코프스키의 자신만만함과 권위를 존중하지 않는 성품이 결국 동료들 사이에서 평판을 떨어뜨리고 말았지. 사실 민코프스키가 아주 독창적인 연구 경력을 쌓아온 것처럼 보여도 학계에서 겨우겨우 살아남았어.[17] 그래서 좋은 자리를 잡거나 성공한 동료들이 민코프스키의 성격을 깎아내리려고 파리 이야기를 만든 것 같기도 해. 우리 모두 알잖아, 연구도 안 했으면서 다른 사람 몰래 논문에 자기 이름을 집어넣는 사람들 말이야. 분명히 재능 있는 대학원생이나 박사 후 연구원의 업적이지만…….

임프 그래, 그런 일이 있기는 하지.

제니 뭔가 다른 게 더 있지 않을까? 내가 발견하지 못한 걸 발견한 사람은 그저 운이 좋았던 거라고 치부하는 데서 얻는 위안 같은 게 있지 않을까?[18] 인간 본성이란 게 뛰어난 과학자처럼 똑똑하거나 통찰력이 있지 않다는 사실을 스스로 인정하는 게 쉽지 않잖아. 그래서 뛰어난 과학자가 위대한 혁신을 이루어 내면 자연스럽게 질투가 따라오지.[19] "와, 정말 대단한데!"라고 말한 뒤에 "운이 좋았어!"라고 말하지 않는 사람은 정말 단단한 사람일 거야.

리히터 개인적 감정이 들어간 건 아니겠지.

제니 물론 아니지. 난 그냥 이럴 수도 있지 않을까 상상해 본 거야.

리히터 그래……. 이럴 수도 있지 않을까 상상해 본다면, 플레밍이 발견한 라이소자임과 페니실린은 어떻게 생각해? 플레밍은 박테리아가 있는 접시에 우연히 콧물을 떨어뜨렸는데, 박테리아가 용해되는 모습을 보고 라이소자임을 발견했어. 페니실린은 우연히 생긴 오염 때문에 발견했고. 이 두 사례에서도 내가 틀렸다고는 말 못 할걸. 내가 최근 문헌들을 읽어 봤는데, 플레밍의 발견을 합리적으로 설명하는 사람은 없었어.[20]

임프 내가 설명하지!

리히터 그래, 임프. 넌 모든 것을 설명하겠지.

임프 그게 나야!

모두 라이소자임과 페니실린 사례를 자세하게 토론하는 거 괜찮지? 리히터 말이 맞아. 지금까지 제시된 일반적 설명으로는 부족해서 제니와 나는 이 문제를 해결하는 데 많은 노력을 들였어. 이번 주에 병상에 누운 참에 소일거리로 말이야.

제니, 당신이 시작하겠어? 난 좀 쉴게.

제니 물론. 먼저 라이소자임이 뭘까? 다들 알겠지만, 난 몰라서 라이소자임이 무엇인지부터 찾아봤어. 라이소자임은 효소, 즉 화학 반응을 하는 단백질로서 항균 작용을 해. 라이소자임은 모든 조직 및 눈물, 침, 콧물, 피를 포함한 몸 분비물, 달걀, 그 밖에도 많은 곳에 있어. 요컨대 라이소자임은 피부, 림프구, 항체와 함께 감염을 막는 몸의 주요한 방어 기제야.

그럼 됐지. 이제 표준적으로 제시된 설명을 말할게. 오염된 접시에 우연히 떨어진 방울 가설은 두 가지 설명에 기반을 두고 있고, 이와 더불어 플레밍의 연구를 재구성하는 데는 겉보기에 해결 불가능한 문제가 있어. 첫 번째 설명은 V. D.—

임프 '성병Veneral Disease?'

제니 —앨리슨V. D. Allison이 했어. 부디 아는 체하는 임프의 유머를 용서해 줘. 임프는 중요한 점을 지적한 거니까. 사실 V. D.에는 두 가지 의미가 있어. 플레밍은 에를리히Paul Ehrlich*의 '특효약', 즉 살바르산Salvarsan으로 매독을 치료하면서 명성을 얻었지. 그러니 'V. D.'라는 머리글자는 단지 플레밍의 보조 연구원이라는 이름 말고 성병과도 연결되어 있는 거야. 그리고 두 번째는 이런 말장난이 플레밍의 발견을 재구성하는 데 근본적인 역할을 해.

앨리슨의 설명부터 살펴보자. 접시가 오염되고 나서 라이소자임이 작용하는 모습을 볼 수 있었다고 말했으니까. 앨리슨은 당시 플레밍 실험실의 보조 연구원이었고, 1922년에 라이소자임을 발견했어. 앨리슨은 플레밍을 다음과 같이 묘사했지.

플레밍은 열흘이나 2주 이상 작업대 위에 놓여 있던 여러 개의 페트리 접시를 닦느라 저녁을 바쁘게 보냈다. 플레밍은 그 중 한 접시를 들고 오랫동안 바라보더니 내게 보여 주며 말했다. "이것 참 흥미롭군." 나는 자세히 들여다보았다. 접시는 명백히 오염 물

* 파울 에를리히, 1854~1915. 독일의 미생물학자, 면역학자. 매독을 치료하는 아르스페나인, 즉 살바르산을 발견했고, 세포에는 특정 항원과 결합하는 곁사슬이 있고, 이것이 면역 반응을 한다고 주장했다. 이런 공로로 1908년에 노벨 생리의학상을 받았다.

실험실에 있는 알렉산더 플레밍(런던 세인트메리병원 의과대학, 1909)

질로 보이는 크고 노란 미생물 군체colony, 群體로 뒤덮여 있었다. 하지만 주목할 만한 사실은 접시에는 어떤 미생물도 없는 넓은 영역도 생겼고, 자세히 보자 그 속의 미생물은 반투명한 유리처럼 변해 있었다. 그리하여 주변에는 유리 같은 미생물과 다 자랐을 때야 색을 띠는 일반적인 미생물 사이에서 분해가 시작되는 전이 단계가 보였다.

플레밍은 자기가 감기에 걸렸을 때 콧물을 조금 첨가해서 이 특별한 접시가 생겼다고 설명했다. 이 콧물은 미생물 군체가 없는 한 가운데에 있었다. 플레밍은 즉시 콧물에는 미생물을 용해하거나 죽이는 무언가가 있을 거라는 생각을 떠올렸다. (…) "정말 흥미로운데." 플레밍이 다시 말했다. "좀 더 상세히 연구해 봐야겠어." 플레밍은 분해된 미생물을 골라 그람gram법*으로 염색했다.

* 세균을 분리하려고 쓰는 염색법으로 세균을 특수 용액으로 처리한 뒤 알코올로 탈색할 때 탈색되면 그람 음성균, 되지 않으면 그람 양성균이다.

플레밍은 그것이 병원균이나 늘 보는 부패균(죽거나 썩은 물질에 사는)이 아니라 실험실 창문으로 들어올 수 있는 오염 물질인 그람 양성균gram positive, 陽性菌이라는 사실을 발견했다.[21]

<u>콘스탄스</u> 이건 파스퇴르 이야기랑 똑같은데.

<u>아리아나</u> 파스퇴르 이야기 중에 어떤 거? 신화? 아니면 헌터가 재구성한 거?

<u>제니</u> 잠깐만. (라이소자임을 발견한 시기에는 없었던) 플레밍의 보조 연구원 휴스W. Howard Hughes는 콧물을 우연히 떨어뜨렸다는 설명을 지지하는 증거를 전해 줘. 휴스도 실험실 내부 사정을 아는 사람이었지. 그는 플레밍이 자주 감기에 걸렸었다고 말했거든.

<u>아리아나</u> 아니면 알레르기?

<u>임프</u> 아마도. 곰팡이가 있는 곳에서 오래 일하면 뭐…….

<u>제니</u> 휴스는 다음과 같이 말했어. "어느 겨울날 [플레밍이] 박테리아 군체가 생장하는 배양 접시를 조사하면서 접시 일부에 콧물을 흘렸다. 이 군체는 플레밍이 심은 게 아니고 우연히 공기를 타고 생긴 것이었다. 그것들은 **오염 물질**이었다. 콧물을 맞은 군체는 녹아내렸다. 군체가 자란 다른 접시도 있어서 플레밍은 이 접시들에다 [후속 실험을 하려고] **하위 배양 접시**를 만들 수 있었다."[22] 따라서 이런 설명을 조합하면 네 가지 운을 알 수 있어. 첫째, 우연히 배양 접시를 오염시킨 특이한 미생물. 둘째, 플레밍이 우연히 그때 감기에 걸린 것. 셋째, 연구 중인 많은 접시 중에서도 우연히 라이소자임에 민감한 오염 물질이 있는 접시에 콧물을 떨어뜨린 것. 넷째, 오염 물질이 라이소자임에 극도로 민감한 몇 안 되는 미생물이었던 것. 이 정도면 표준적 설명을 합리적으로 지지한다고 말할 수 있겠지, 리히터?

리히터 그래.

임프 그럼 우리는 이런 설명을 믿어야 할까? 플레밍이 한 번도 아니고 두 번이나 우연히 접시를 오염시켰고, 게다가 이를 타당한 실험으로 이어 나가고 말이야. 너도 그렇게 했을까, 리히터?

리히터 난 못하지. 광기에 사로잡힌 천재들이나…….

아리아나 왜 이래, 리히터. 농담 좀 그만해. 앨리슨은 이런 사건을 타당한 실험으로 여기지 않았어. 너도 그럴 테고. 하지만 플레밍은 타당한 실험이라 여겼지. 그런 너하고 플레밍은 세계관과 사고 습관이 어떻게 다를까? 우연한 사건들에서 플레밍이 본 사실을 너는 왜 보지 못할까?

리히터 그건 내 문제가 아냐. 답이 있으면 알려 줘.

헌터 아니, 이건 네 문제**야**, 리히터. 네가 발견의 맥락과 정당화의 맥락을 구분하는 방식을 옹호한다면 말이야. 플레밍이 발견한 것, 그건 무엇을 **뜻**하지? 어떤 이론적 예상도 없다면, 무엇을 뜻하는지 알 수 있을까? 플레밍은 어떻게 자신의 콧물이 모든 박테리아를 용해하지 못한다는 사실을 알았을까? 플레밍은 어떻게 그런 현상이 pH나 삼투압이라는 화학적 효과가 아니라는 사실을 알았을까? 플레밍은 어떻게 전에 한 번도 본 적 없는 이 박테리아가 물에 녹지 않는다는 사실을 알았을까? 우연으로 설명하는 방식은 플레밍이 어떻게 라이소자임을 발견했는지가 아니라 어떻게 라이소자임으로 이끄는 문제를 발견했는지 설명한다고 보는 게 최선이야. 그리고 이 지점이 비합리주의 패러다임이 실패하는 곳이지. 발견의 맥락과 정당화의 맥락을 나누는 방식은 과학 연구를 이해하는 작업에 극복 불가능한 장벽을 만들거든. 이런 철학적 맥락에 따르면 관찰에서 어떤 의미도 얻을 수 없으니까.

리히터 나도 이런 진퇴양난에서 빠져나올 길이 없다는 건 인정해.

임프 이건 우리가 문제 전체를 다시 생각해야 한다는 점을 뜻해. 플레밍의 머릿속으로 들어가 보자. 그리고 이렇게 하면서 난 플레밍이 실험을 **계획했다**는 점을 보여 줄 거야. 그 증거는 플레밍이 쓴 노트와 라이소자임을 주제로 쓴 첫 논문에 있어.

제니 하지만 내가 말하기로 했잖아, 그렇지?

임프 그래, 맞아. 내가 또 충동적으로 뱉어 버렸네. 당신이 계속해.

제니 고마워. 한 인간으로서 플레밍에게 가장 주목할 만한 점은 언제나 게임을 좋아했다는 사실이야. 플레밍은 포커와 브리지부터 탁구, 퀴즈까지 거의 모든 게임을 즐기는 가정에서 자랐어. 봐야 할 환자가 없으면 비서들과 동전 게임을, 모임에서는 크로켓과 볼링, 브리지, 스누커를, 영국 소총수 의용군의 원로 구성원으로 사격과 수중 폴로를 즐겼지(플레밍은 아주 왜소한 사람이었는데, 자기 몸무게보다 40파운드나 더 나가는 짐을 들고서도 늘 다른 사람을 앞서 갔다고 해). 또 플레밍은 골프도 쳤는데, 일반적인 방식으로는 잘 안하고 스누커 큐대를 사용해서 하거나 게임을 더 재미있게 하는 익살맞은 규칙을 여러 개 만들어서 했어. 심지어 실내에서 할 수 있는 소규모 골프 게임을 '발명(발명이 적절한 단어라면 말이야)'하기도 했지. 당연히 플레밍은 아이들에게도 인기가 많았어.

헌터 리처드 파인먼이 자서전에서 자신에 대해 말한 것과 비슷하네. 언제나 놀이를 즐겼다고 말이야.[23]

제니 플레밍은 그림도 그렸어.

헌터 그것도 파인먼하고 똑같은데.

제니 플레밍은 첼시 예술가 클럽에서 유일하게 예술가가 아닌 회원이어서 회원 자격을 얻고자 그림을 그려 팔기도 했어.[24] 내가 보기에 썩 잘 그린 그림은 아니지만. 요점은 플레밍은 무엇이든 시도하는 사람이었고, 모든 걸 너무 진지하게 받아들이는 사람이 아니었다는 거야.

임프 플레밍이 그린 미생물 그림도 빼먹지 마. 플레밍은 미생물과도 함께 논 사람이야! 이걸 봐. 플레밍은 미생물에다 색깔을 발현시켜서 페트리 접시에다 '그린' 뒤 배양했어. 하루나 이틀 정도 지나면 발레리나, 영국 국기, 플레밍의 집, 아기를 먹이는 어머니, 세인트메리병원(플레밍이 런던에서 연구했던 곳)의 상징 등이 그려진 '그림'이 생기지. 자, 봐! 그리고 리히터, '그게 무슨 쓸모 있어?' 또는 '그래서 뭐?'라고 묻기 전에 요크 공작 부인이라고, 이제는 여왕이신 분이 1933년에 너보다 먼저 같은 질문을 했지. 플레밍은 이런 질문을 아주 재밌어 했어. 난 개인적으로 플레밍의 미생물 그림이 아주 중요하다고 생각해. 그런 그림을 그리려면 세균학을 얼마나 잘 알아야 하는지 생각해 봐. 박테리아가 얼마나 빨리 자라는지, 박테리아들이 동일한 배지에서 자라는지, 서로의 성장을 방해하는지, 어떤 조건에서 박테리아에 색을 발현시킬 수 있는지를 알아야 해. 또 그림을 그릴 배양균을 계속 보존해야 하고, 팔레트를 풍성하게 해 줄 새로운 배양균도 찾아야 하지.

아리아나 손과 눈이 협동도 해야지. 미생물 그림은 단숨에 그려야 하거든. 한 번 미끄러지면 그림을 망치고 말아.

임프 당연히 미리 계획하고 생각해 놔야지. 첫 '드로잉'은 색깔이 없는 멸균된 도구로 하니까 원하는 모양을 얻으려면 미리 결과를 생각해야 해.

리히터 그래, 플레밍은 숙련된 세균학자였지. 우리 모두가 당연하게 받아들이는 거잖아.

플레밍이 그린 '미생물 그림(Maurois, 1959)'

임프 하지만 연구라는 행위의 초점은 무엇이든 당연하게 여기지 않는 것이지 않아? 발견을 논의하는 대부분의 설명에 내가 동의하지 않는 주장 하나는 동일한 상황에 있었다면 누구나 똑같은 발견을 했을 거라고 말하는 거야. 우리는 모든 관찰자가 똑같은 현상을 관찰한다고 가정해.

아리아나 과학을 객관적 기획으로 보면 그렇게 돼.

임프 하지만 우리는 알지. 플레밍 실험실에 있는 다른 과학자(엘름로스 라이트, 앨리슨, 휴스)와 다른 실험실(파스퇴르, 리스터, 존 틴들의 실험실 등등)에서도 라이소자임과 페니실린의 존재를 나타내는 수많은 현상을 관찰했지만, 발견을 이루지는 못했다는 사실을 말이야. 왜 그럴까?

아리아나 그건 모두 서로 다른 성격, 그러니까 서로 다른 생각, 선개념, 기술, 욕구, 헌신, 경험을 갖기 때문이야.

임프 맞아. 네가 말했듯이, 내가 아는 게 내가 무엇을 보는지 결정하지.

리히터 나도 동의해. 관찰은 이론에 따라 방향 지어져.

아리아나 그럼 조금 더 깊이 들어가 보자. 우리가 누구는 발견하고 누구는 발견하지 못하는지 알고 싶다면, 그리고 모든 개인은 서로 다른 이론과 문제 집합을 갖는다면, 모든 개인은 자연에서 각기 다른 측면을 관찰할 거고 각기 다르게 해석할 거야.

콘스탄스 발견이란 설명 불가능하다거나 전적으로 심리에 달려 있다고 말하는 거야?

임프 그 반대로, 관찰자가 아는 것이 무엇인지 그리고 자신이 관찰한 현상을 이해하려고 할 때 습관적으로 어떻게 행동하는지 알아야 하며, 왜 다른 사람은 똑같은 현상을 관찰하지 못하는지 설명해야 한다는 뜻이야.

헌터 지난주에 논의한 파스퇴르와 비오, 미처리히처럼. 미처리히는 동형성에, 비오는 생기론에 전념한 것이 타르타르산염의 비대칭성을 인식하지 못하도록 한 반면, 파스퇴르는 물리적 속성의 거울상이라는 로랑의 형태론에 이끌려서 그런 관찰에 이를 수 있었던 거야. 로랑이 파스퇴르의 절친한 친구였다는 사실도 관련 있지. 때로는 내가 아는 **누군가가** 내가 **무엇**을 아는지 결정하니까.

리히터 그러니까 과학에서 설명 불가능한 문제를 이해하려고 성격이나 경험 같은 심리적 피난처를 이용하는 대신 합리적 조력자나 관리자를 동원하려는 거군. 평소 입장에서 영리하게 돌아선 거네.

임프 네가 플레밍이 어떻게 라이소자임과 페니실린을 발견했는지 이해할 수 있을 거라 믿지 않는다는 점은 여전히 굳건해.

제니 맞아, 플레밍이 게임을 좋아한다는 건 그의 연구에 드러나 있으니까.[25] 최근 과학사학자 귄 맥팔레인Gwyn Macfarlane은 플레밍 전기에서 이렇게 썼지. "플레밍은 놀이라는 대기에 있었을 뿐, 고차원적 사고라는 성층권으로 올라간 적이 없었다. 플레밍이 늘 자신의 연구를 두고 '나는 미생물과 논다네'라고 한 말은 그야말로 진실이었다. 그의 연구는 대개 게임이었고, 그는 모든 종류의 게임에서 즐거움을 느꼈다."[26]

플레밍은 페니실린을 발견했을 때 자신은 "그저 놀았을 뿐"이라고 다른 전기 작가에게 말하기도 했어.[27] 그리고 1945년 노벨상을 받은 직후 플레밍은 다시 이렇게 말했지. "전 미생물을 갖고 놀았습니다. 물론 이런 놀이에는 많은 규칙이 있습니다. (…) 하지만 지식과 경험이 쌓이면 규칙을 깨는 일이 즐거울 뿐더러 누구도 생각하지 못한 사실을 발견할 수도 있습니다."[28] 이렇게 플레밍은 게임하듯 연구를 했어.

자, 플레밍이 즐긴 게임은 그의 연구 프로그램을 뒷받침하는 '논리' 또는 아리아나가 말한 '생각도구'를 이해하는 근본 열쇠라는 게 우리가 하려는 주장이야. 재미를 이해하지 못하면 플레밍을 이해할 수 없는 거지.

콘스탄스 아주 반가운 말인데! 잘 알겠지만, 과학은 늘 진지한 활동으로 묘사되잖아. 하지만 놀이와 재미를 사랑하는 과학자도 많거든. 앨버트 마이컬슨은 왜 빛의 속도를 재는 실험을 하느냐고 물었을 때 처음에는 "과학의 가치와 지식에 대한 기여"라고 진부하게 답했다가 갑자기 말을 멈추고, 먼저 한 말을 취소했어. 그러고 나서는 웃으며 말했지. "진짜 이유는 엄청 재밌기 때문이에요!"[29]

마찬가지로 닐스 보어, 베르너 하이젠베르크 등이 있는 코펜하겐 학파는 "때로는 경박해질 지경에까지 이르는, 자연을 사색하는 일에서 즐거움을 얻기로 유명한" 모임으로 묘사되지. 어떤 방문자는 자연을 보는 외경심이 없는 데 화가 나서 보어에게 말했어. "당신네 학회는 진지한 주제는 논의하지 않는군요." 그러자 보어가 답했지. "그렇습니다. 당신이 방금 한 말도 논의하지 않지요."[30] 많은 과학자가 보어와 같은 생각일걸.[31] 과학자들이 1911년 7월에 발행한 『전기 화학지*Zeitschrift für Elektrochemie*』처럼 순전히 장난치는 논문으로 채운 잡지도 있는 걸.

임프 요즘도 그래. 『재현 불가능한 결과*Journal of Irreproducible Results*』라는 웃기는 학술지도 있잖아. 또 『생물학과 의학의 관점*Perspectives in Biology and Medicine*』이라는 잡지는 근본적으로 '진지하게 받아들여서는 안 되는' 유머 가득한 논문을 싣기도 하지.

리히터 진지하면 안 될 이유가 뭐야? 누군가는 분명히 목숨 걸고 자연에 질문을 던진다고.

아리아나 하지만 엄격함과 진지함이 필수는 아니라는 거지, 리히터.[32] 놀이 없이는 창조도 없어. 놀이 없이 어떻게 과학자, 음악가, 미술가, 역사학자, 의사가 가치 있는 걸 성취할 수 있겠어?

리히터 열심히 일하면 되지.

임프 놀이와 일은 반대되는 게 아냐! 재미를 느끼며 열심히 일할 수 있어! 아무튼, 길을 아주 잃어버리기 전에 다시 플레밍으로 돌아가자.

제니 계속할게. 플레밍은 미생물과 놀면서 예상한 현상을 보는 비상한 감각을 얻었을 뿐만 아니라 예상치 못한 현상이 나타나도록 구축하는 다양한 전략을 발전시키기도 했어. 앨리슨은 1922년, 플레밍의 실험실에 처음 왔을 때를 다음과 같이 회고했지. 플레밍은 "내가 심하게 깔끔하다고 놀려 댔다. 저녁마다 나는 '작업대'를 정리하고 더 이상 쓰지 않는 건 치워 버리곤 했기 때문이다. 플레밍은 내가 너무 세심하다고 말했다. 그는 배양균을 2주 혹은 3주에 이르기까지 방치하고서 그것들을 치우기 전에 우연히 예상치 못한 일이나 흥미로운 현상이 나타나는지 보려고 주의 깊게 들여다보았다. 플레밍이 얼마나 옳았는지는 나중에 입증되었다."[33]

리히터 핵심 단어는 '우연'이지.

임프 핵심은 우연이 나타나도록 **구축**하는 방법론이야. 플레밍은 자신을 비롯한 모든 사람이 세균학에 대해 아는 게 얼마나 적은지 이해할 정도로 명민했어. 그래서 자연이 자신을 가르치도록 한 거야. 앨리슨은 그러지 못한 거고.

언젠가 동물행동학자 콘라트 로렌츠Konrad Lorenz는 자신에 관해 이렇게 말했지. "햄릿에 반대하라. 내 방법에는 광기가 서려 있다!"[34] 그렇지! 좀스러울 정도로 늘 세심하게 모든 일을 계획에 따라 하다 보면, 내가 예상한 결과만 볼 수 있어. 그리고 내가 예상한 결과만 본다면, 그건 실험할 가치가 없는 거고. 따라서 예상치 못한 결과가 나타나는 조건이 형성되도록 시스템에 혼란을 불어 넣을 필요가 있어. 이게 플레밍과 로렌츠가 했던 일이지. 플레밍처럼 로렌츠도 많은 종류의 새, 물고기, 포유류, 파충류를 기르며 각각의 동물이 가진 습성을 알게 되었고, 그러고 나서 흔치 않은 행동도 관찰하게 된 거야. 로렌츠는 절대로 계획된 실험도 측정도 하지 않았어. 그래프 하나 발표한 적 없지. 하지만 로렌츠는 노벨상을 받았어! 그래서 동물행동학자 데즈먼드 모리스Desmond Morris(데즈먼드 모리스도 전형적인 과학자와는 거리가 멀었지)는 다음과 같이 말했지. "늘 조심스러운 사람들, 보수적인 과학자는 로렌츠 식의 '과학적 방법'이 무엇인지 세밀히 조사하더라도, 로렌츠의 경험에서 무엇을 배울 수는 없을 것이다."[35]

콘스탄스 왜 그럴까?

임프 내가 좋아하는 이야기를 들려줄게![36] 로렌츠의 연구 주제 중에 '의도 행동intention movement'이라는 게 있어. 말하자면 새가 날기 전에 하는 경보 신호로 머리를 까닥이는 행동 같은 거야. 로렌츠는 의도하지 않은 실험 덕분에 이 주제에 관심을 갖게 되었지. 로렌츠는 야생 까마귀가 자신의 손에서 생고기를 먹도록 훈련시킨 적이 있어. 농장에 있는 동물을 보러 돌아다니는 몇 시간 동안 까마귀에게 고기를 먹이곤 했는데, 로렌츠가 주머니에 손을 넣고 고기를 꺼내면 까마귀가 달려들어 부리로 고기를 채 가는 거야. 일종의 파블로프 식 훈련이 이루어진 거지. 어느 날 점심도 먹고 술에 얼큰하게 취한 로렌츠는 근처 울타리에서 소변을 보려고 했어. 한데 로렌츠가 주머니 같은 곳에 손을 넣어 고기처럼 생긴 그것을 꺼내는 모양이 눈에 띄자 까마귀가 또 다시 날아들어 굶주린 듯이 부리로 쪼아 댔지. 로렌츠는 아파서 비명을 질렀어. 하지만 나중에 로렌츠는 이 사건에서 깊은 인상을 받았다고 말했어. 의도 행동이 가진 중요성을 깨달았으니까.

헌터 의도 행동이라는 개념이 생생하게 드러나네.

제니 믿든 말든, 그게 우리 토론을 다음 요점으로 이끌어. 플레밍의 연구 스타일에 있는 또 다른 측면은 복잡한 현상을 보여 주는 간단한 방식을 고안하는 거야. 말하자면 뭔가에 달려들어 잡아채는 방식이라고 할까. 플레밍이 세인트메리병원에서 자신의 스승이자 상사 앨름로스 라이트한테 배운 거지.

리히터 잠깐만. 흥미로운 이야기긴 한데, 지금 말한 게 플레밍의 발견을 설명하는 데 정말 필요한 거야?

제니 이렇게 안 하면 안 믿을걸!

리히터 난 어떻게 해도 안 믿어.

제니 그럴 줄 알았어. 그래도 라이트에게 지도받은 플레밍 이야기로 돌아가자. 다른 사람들 말에 따르면 라이트는 뛰어난 기술자였대.

제1차 세계 대전 시기의 앨름로스 라이트(런던 세인트메리병원 의과대학)

임프 그랬지. 발견은 늘 안 보이는 사실을 보이게 하는 일이니까 피펫Pipette*을 이용해 혈액에서 림프구를 분리하는 방법처럼 라이트가 사용한 기술이 뭔지 알아보는 것도 의미 있을 거야. 불가능해 보여? 전혀 그렇지 않아! 일단 피펫에다 혈전을 놓으면 림프구는 유리벽으로 이동하고 거기 달라붙게 돼. 그러면 혈전을 불어 날려 버리고 림프구를 성장시킬 때 쓸 배지를 피

---

* 액체를 옮기거나 잴 때 쓰는 가는 관을 말한다.

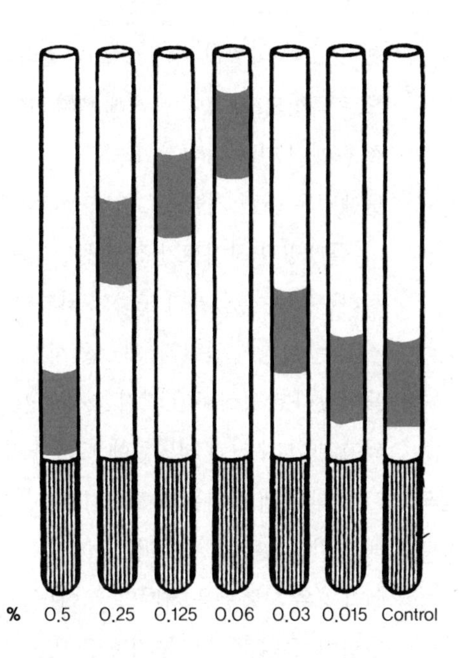

가스를 산출하는 박테리아 수를 세려고 라이트가 고안한 기술(Colebrook, 1954)

펫에다 빨아 넣을 수 있어. 기발하지! 또 라이트가 제1차 세계 대전 동안 수행한 가스 괴저병 연구도 보자.

제니 플레밍도 도왔던 연구지.

임프 문제는 그 연구가 환자에게 이로운지 나쁜지를 결정하고, 가능한 한 빠른 시간에 가능한 한 많은 살균제를 시험하는 것이었어. 이 작업을 하는 일반적인 방법은 피나 혈청 표본에 있는 박테리아 수를 세거나 아니면 배양균을 만든 뒤 그 수를 세는 거야. 두 방법 모두 어렵고 시간이 많이 들어서 라이트는 아주 빠른 측정 방법을 생각해 냈지. 가스 괴저병에서 혐기성 미생물은 가스를 산출하는데, 라이트는 이런 특징을 이용했어. 라이트는 시험관에 있는 배지에 혈청 표본을 넣고 관을 바셀린으로 막은 뒤, 바셀린이 배지에 닿을 때까지 아래로 밀어 넣었어. 그러고 나서 시험관을 정해진 시간, 정해진 온도에서 대조 시험관 여러 개와 함께 배양했지. 그럼 바셀린 마개가 밀려 올라간 거리가 산출된 가스의 양으로 측정되고, 그에 비례해 박테리아 수를 셀 수 있어. 단순하면서도 재기 넘치는 생각이지![37]

제니　플레밍은 이런 기술을 고안하는 일에 능하지는 않았어. 예를 들어, 플레밍과 라이트가 전쟁 동안 주목한 문제 중에 벤 상처를 치료하는 데는 살균제가 도움이 되지만 파편으로 찢긴 상처에는 듣지 않는 현상이 있었지. 왜 그럴까? 플레밍은 자신이 찢긴 상처에 들어갔다고 상상하며 찢긴 조직의 끝이 갈기갈기 조각나 있을 거라고 봤어. 우리가 지난주에 토론한 바로 그런 상상을 한 거야.

임프　그 반대로 벤 상처는 매끄럽지.

제니　내가 말하도록 해 주겠어?

플레밍은 시험관을 가져와서, 아! 플레밍이 유리로 생쥐, 강아지, 고양이, 유니콘 같은 조각 만들기도 좋아했다는 사실을 말해야겠네.[38] 또 그는 실험실에서 사용할 유리 도구를 만들기도 했어. 그래서 플레밍은 끝을 길게 늘여 뾰족하게 뻗는 시험관을 만들어서, 일반적인 시험관에 있는 한천 배지寒天培地*에 박테리아를 넣고, 특별히 만든 시험관에도 똑같이 한 다음 두 시험관 집합에 다양한 농도로 살균제를 첨가했는데, 시간이 지나자 내용물이 부풀어 오르기 시작했어. 그러고 나서 어떤 박테리아가 살아남는지 보려고 영양액을 추가했지. 그런데 일반적인 시험관에 있는 박테리아는 대개 죽었지만 뾰족한 시험관에 있는 박테리아는 생존했어. 살균제 농도와 상관없이 말이야.

임프　왜 그런지는 모르겠지만 뾰족한 시험관에 있는 박테리아는 포자

* 우뭇가사리에 육즙 따위의 영양분을 섞어서 굳힌, 반투명의 세균 배양기를 말한다.

를 형성했던 거야. 어쨌든, 이건 왜 국소성 살균제가 특정 상처를 치료할 때 쓸모가 없는지 설명해. 감염 유형이 아니라 상처의 구체적인 모양이 중요한 거지.[39]

제니 그리고 겉보기에 이런 경험은 라이트와 플레밍을 다른 중요한 결론으로 이끌었어. 나중에 플레밍은 세인트메리병원 동료 리들리Frederick Ridley에게 이렇게 말했지. "내가 1914~1918년 전쟁 동안 신참 의사일 때 말이야, 우리 선생님[라이트]은 백혈구와 혈청을 이용해서 박테리아를 죽이는 혈액의 힘에 굉장한 관심을 표하시더군. 하지만 난 알았지. 모든 생명에 있는 **모든 기관은** 제각기 효율적인 방어 기제를 갖고 있다는 사실을 말이야. 그렇지 않으면 유기체는 존재할 수 없어. 박테리아가 곧 침입해서 파괴해 버릴 테니까.[40]" 리들리는 이것이 후에 플레밍의 모든 연구를 이끈 기초 생각이라고 봤어.

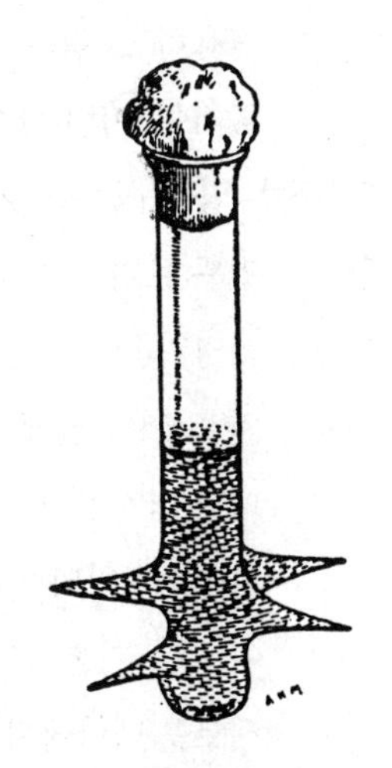

찢긴 상처를 치료하는 살균제의 효과를 시험하려고 플레밍이 만든 뾰족한 시험관 (Colebrook, 1954)

아리아나 다시 말하면, 플레밍은 자기 마음에 라이소자임이 들어올 자리를 마련해 놓고 기다렸기에 라이소자임을 발견했다는 거네.

제니 뭐, 그럴 수도 있고 아닐 수도 있고.

임프 그렇다는 건, 플레밍은 적절한 자리를 마련해 놓았기에 자신이 발견한 사실을 받아들일 수 있었다는 말이지. 아니라는 건, 아직 가설일 뿐인 보호 물질을 찾으려 했던 건 아니라는 말이고.

콘스탄스 그래서 세렌디피티라는 거지. 어떤 걸 찾으려 했다가 다른 걸 발견한 거니까. 베르톨레, 파스퇴르, 민코프스키 등등처럼.

임프 그리고 그런 인물들처럼 자신이 연구하는 분야에 만연한 독단적 사상에 반대했지. 20세기 초에 가장 유명한 면역학자 일리야 메치니코프Élie Metchnikoff는 플레밍이 실제 존재한다고 가정한 어떤 내적 보호 물질도 없다고 말했어. 피부는 물리적 장벽으로 작용하고, 림프구는 그 속으로 침투하는 어떤 것이든 죽인다고 말이야. 이런 관점에서는 다른 어떤 요소도 필요하지 않지.

아리아나 림프구는 눈, 코, 입, 귀 같은 인체에 난 구멍은 보호할 수 없잖아.

임프 언뜻 보기에 메치니코프는 그런 점은 고려하지 않은 것 같아. 플레밍과 라이트는 진지하게 고려했고. 전쟁 때문에 더 그랬지.

제니 임프, 그만 말해! 목이 점점 쉬고 있어. 나도 얘기할 수 있는 주제니까 내가 할 게.

라이소자임의 역사로 돌아가자. 놀이와 복잡한 현상을 간단히 보여 주는 기술적 능력, 전쟁 때문에 생긴 해결되지 않은 문제라는 새로운 맥락에서 플레밍이 무엇을 했는지 생각해 봐야 해.

가장 먼저 생각해 볼 점은 플레밍은 자신이 한 일에 스스로 무슨 말을 했느냐는 거야. 플레밍은 「조직과 분비물에서 볼 수 있는 박테리아적 요소에 관하여」라는 제목으로, 1922년 왕립 협회에서 자신의 연구를 공적으로 발표했어. 플레밍은 다음과 같이 썼지.

라이소자임은 극심한 코리자[감기]를 앓는 환자를 조사하면서 처음으로 알게 됐다. 매일 환자의 코 분비물을 혈액한천접시에서 배양했으며, 그렇게 감염시킨 첫 사흘 동안 가끔 포도상 구균 군체가 생겨난 걸 제외하고는 어떤 박테리아도 생기지 않았다. 나흘째부터 콧물로 만든 배양 접시는 24시간 동안 작은 군체를 수 없이 만들기 시작했는데, 조사해 보니 거대한 그람 양성 구균임이 드러났다…….[41]

임프 그럼 누가 환자고, 왜 그의 코 분비물을 배양한 거지?

제니 임프!

임프 말리지 마! 지금 정말 재미있단 말이야! 내일 말하지 못한대도 상관없어, 뭐 어때? 환자가 누군지는 확실해. 바로 플레밍 자신이야. 1921년 11월 플레밍은 실험실 노트에다 군체가 생긴 페트리 접시를 그리고는 '알렉산더 플레밍의 코에서 생긴 포도상 구균'[42]이라는 제목을 붙이지. 앨리슨이 말한 것처럼 플레밍은 감기에 걸렸던 거야. 이건 중요해.

다른 사실들도 주목해서 봐야 해. 첫째, 플레밍은 앨리슨과 휴스가 오염 물질이라고 주장한 박테리아를 일부러 분리했다고 말했어. 앨리슨도 휴스도 플레밍의 의도를 알지 못했지. 나는 플레밍이 그렇게 한 이유가 있다고 믿어. 그리고 앞으로 보겠지만 플레밍은 타당한 일을 했지. 둘째, 플레밍은 오염 물질 하나만이 아니라 다른 박테리아도 분리했어. 나머지는 모두 포도상 구균이었지. 이런 박테리아들은 라이소자임이라고 밝혀진 물질에 영향을 받지 않았어. 그 당시 플레밍은 이것들에 관심을 보이지 않다가, 라이소자임에 민감한 미지의 박테리아에 매혹되었지. 왜 그럴까? 잠시 뒤에 말해 줄게.

여기서 중요한 점은 플레밍에게는 어떤 박테리아가 흥미로운지 결정하는 몇 가지 기준이 있었다는 거야. 그러니 우리는 그 기준이 뭔지 알아야 해. 셋째, 연구에 결정적인 박테리아는 플레밍이 아주 심한 감기에 걸린 지 나흘째 되던 날에도 분리되지 않았어. 이것 역시 중요해. 플레밍은 박테리아 분리를 한 번만 한 게 아니라 여러 번 반복해서 했어. 이건 연구가 계획적이었다는 점을 나타내지. 그는 뭔가를 찾았던 거야.

다음으로 중요한 점은 플레밍이 자주 감기에 걸렸다는 사실이야.

그는 어린 시절에 사고로 코가 부러졌었는데, 그래서인지 만성적으로 코감기를 앓았어.[43]

제니 내가 이미 말한 거야.

임프 미안. 그래서 플레밍은 분명히 감기를 일으키는 게 무엇일까라는 질문에 몰두해 있었어. 나도 그래! 나도 스무 살 때 코가 부러졌었거든. 그 후로는 겨울마다 재채기와 콧물에 시달려. 이건 제니가 입증해 줄 거야.

리히터 그게 무슨 관련이 있기는 하니?

임프 당연하지! 지적이든 아니든 모든 실험에는 연구자의 동기와 개인적 관심이 필요해. 게다가 그런 요소들은 문제를 제시하고 실험의 방법을 제공하기까지 한다니까.

이제 재미있는 지점까지 왔어! 1921년 11월부터 1922년 초까지 플레밍이 쓴 모든 노트에서 라이소자임이라고 밝혀지는 물질에 관한 항목은 다 '박테리오파지' 연구라고 이름 붙여져 있어. 이건 오늘날 사람들이 '바이러스'라고 부르는 거야.

콘스탄스 좋아. 그래서 뭐?

임프 그래서 뭐라니! 헌터, 리히터, 아리아나. 정말 모르겠어? 허! 하나하나 알려줘야겠네. 바이러스, 즉 박테리오파지가 어떻게 발견되었는지 기억하는 사람 있어?

아리아나 미생물학자 펠릭스 데렐Félix d'Herelle이 1915년에 메뚜기 설사를 연구하면서 발견했지.

제니 임프, 나한테는 말 안했잖아! 당신이 말한 건 그저 설사지 **메뚜기** 설사는 아니었는데. 하여간 그런 사소한 연구가 중요한 결과를 낼 거라고 누가 생각했을까?

아리아나 데렐은 눈에 보이지 않는 물질, 알려진 어떤 박테리아보다 작고 장내 박테리아를 먹는 무언가를 발견했어. 동시에 미생물학자 프레더릭 트워트Frederick Twort도 박테리아를 죽이는 물질을 보고했지. 몇 년 후에 데렐은 이질 환자의 대변을 여과해서 또 한 번 박테리아를 먹는, 보이지 않는 물질을 분리해냈어. 데렐은 이를 '박테리오파지bacteriophage', 즉 박테리아를 먹는 존재라 이름 붙였지.[44]

임프 자, 내가 의도하는 바가 뭔지 아는 사람 있어? 내게는 퍼뜩 뭔가가 떠오르는데!

아리아나 음, 뭔가가 떠오르긴 하는데, 이걸 말하기가 좀 그런데.

임프 그래도 말해 봐!

아리아나 두 가지 말장난과 관련 있는데, 설사는 흔히 '물똥'이라 부르고 감기는 '물이 흐르는' 코를 만들지. 그러니까 둘 다 같은 원인에서 발생하는 게 아닐까?

임프 맞아! 물 흐르는 엉덩이, 물 흐르는 코.

리히터 농담이지?

임프 내 인생에 진지함이란 없어! 그러면 안 될 이유가 뭐야? 이건 아주 훌륭한 가설이라고. 즉, 박테리오파지가 장내 박테리아에 침입해서 설사를 일으킨다면, 코 박테리아에 침입에서 감기를 일으키지 못할 이유가 없지. 단순하게 추정한다면 말이야. 내 말은 플레밍이 거의 옳았다는 거야! 감기는 바이러스 때문에 **걸려**. 다만 박테리아가 아니라 숙주 조직으로 직접 침투하지. 그러나 당시에는 어느 누구도 그게 가능하다고 생각하지 않았어. 그래서 플레밍은 자신이 아는 사실로 함축적 유비를 형성하고자 한 거야.

제니 디드로는 이렇게 말했지. "생각은 서로를 일깨운다. (…) 왜냐하면 생각은 언제나 서로 연결되어 있기 때문이다." 플레밍의 생각을 이보다 더 잘 규정하는 게 있을까?

리히터 말도 안 돼! 파스퇴르의 '비대칭적 우주의 힘'을 설명한 헌터보다 더 말이 안 돼. 내가 장담하는데 넌 과학적 연구의 비합리성을 나보다 더 잘 입증할걸!

헌터 왜? 유비로 연구하는 게 뭐가 비합리적이야? 주어진 똑같은 사실로 임프와 아리아나는 동일한 결론에 이르렀잖아. 그리고 자신들의 통찰을 주고받을 수 있고, 우리는 그걸 이해할 수도 있어. 이건 합리적인 거 같은데.

리히터 아니, 임프가 사용한 유비는 직설적이고 우스꽝스럽고 웃겨.

임프 그러면 그냥 웃어! 난 그렇게 생각하니까! 과학적 생각이 발생하는 방식은 다른 생각이 발생하는 방식보다 더 진지해야 한다고 말한 사람은 없어. 왜 가설은 농담을 만드는 것처럼 만들면 안 되는 건데?

콘스탄스 음, 소설가 아서 케스틀러Arthur Koestler도 과학적 가설과 농담 사이에 유사한 구조가 있다고 말했지. 사실 너무 터무니없어서 농담처럼 보이는 가설도 많아. 예를 들어 1922년에 H. J. 멀러는 바이러스는 벌거벗은 유전자와 같다고 말한 적이 있어. 고생물학자 헨리 페어필드 오즈번Henry Fairfield Osborn은 멀러가 농담한다고 생각해서 유머 감각이 좋다고 칭찬하기도 했다니까. 그리고 J.J. 톰슨이 처음으로 아원자 입자, 전자의 발견을 발표했을 때, 나중에 유명한 물리학자들은 그때 톰슨이 강연에서 장난치는 줄 알았다고 말했지.[45]

헌터 그렇지. 하지만 우리는 누가 그런 농담을 했는지 다 알지!

콘스탄스 루이스 토머스도 웃음이 흥미롭고도 중요한, 놀라운 현상을 발견했음을 나타내는 확실한 징후라고 다음과 같이 말했지. "웃음소리와 더불어 누군가가 '하지만 그건 말도 안 돼'라고 말하는 게 들리면, 실험실에서 모든 일이 잘 되어 가고 있으며 뭔가 가치 있는 게 나타났다는 증거다."[46]

아리아나 창의적인 과학자 중에 말장난, 놀려 먹기, 짓궂은 농담을 하지 않는 사람이 있을까? 웃음은 우리 삶의 일부야. 요점은 언어와 생각, 개념을 갖고 노는 건 시인 못지않게 과학자에게도 중요한 일이라는 거지. 그리고 이런 놀이가 내놓는 결과는 혼란이나 진부함을 피하는, 엄밀하고 놀라운 결과야.

리히터 하지만, 젠장. 임프가 사용한 유비는 설득력이 너무 약해! 물 흐르는 엉덩이, 물 흐르는 코라니. 이건 명석한 추론에 어울리는 모형이 아냐.

헌터 그건 창의적 추론을 위한 모형이야. 새로운 방식으로 문제를 보게 한다면 유비의 설득력이 약한지 강한지 누가 신경 쓰겠어? 넌 스스로 중요한 건 가설이 아니라 가설의 시험이라고 주장했잖아, 그렇지?

아리아나 아, 그래! 리히터, 이걸 들어 봐.

가정들, 성급함, 조잡함, 공허함
흔히 과학이 마지못해 사용하는 것.
오늘 풋내기가 쌓아올린 코르크 더미는
곧 수영하는 사람이 무너뜨려 버릴 것이다.[47]

이건 시인 A. H. 클로Arthur Hugh Clough가 1840년에 쓴 시야. 네가 유비를 싫어할 수 있지만, 유비는 목적을 이루는 수단이라고.

콘스탄스 아하! 잠깐만! 여기 있네. 화학자 험프리 데이비Humphrey Davy 경도 1840년에 이렇게 말했어. "발견에 막 이르려 할 때, 상상력은 유비를 약하고 동떨어지게 만드는 새로운 사실과 기대가 발하는 광명에 현혹되는 일이 흔하다."[48] 데이비와 클로 사이에 어떤 연결성이 있지 않아?

<u>아리아나</u> 물론이지. 데이비가 클로에게서 과학을 수행하는 방법에 관한 생각을 얻었을 것 같지는 않지만, 클로는 데이비가 한 강연을 읽거나 들었을걸.

<u>리히터</u> 지금 논의는 모두 요점을 벗어났어.

<u>아리아나</u> 어째서? 1840년에 두 영국인이 똑같은 말을 서로 다르게 표현했고, 콘스탄스와 내가 그런 유사성으로 연결성을 만들어서? 이건 임프가 플레밍 연구를 설명하는 합리적 근거로 제시한 공통 유형을 인식하는 추론 방식인걸. 아니면 그런 연결성이—리히터, 내 말 끝까지 들어— 틀린 것으로 판명날 수 있으니까? 물론 그럴 수 있지. 그러면 안 돼?

청진기 발명이 어떻게 시작되었는지 알아? 라에네크René Théophile Hyacinthe Laënnec라는 의사는 1816년에 가슴을 두드리는 방법으로 심장 상태를 진단하기 어려울 만큼 뚱뚱한 젊은 여자 환자를 진료했어. 그는 소리가 나무 같은 단단한 물체를 통과해 이동하니까 누군가가 막대기의 한 쪽 끝을 긁으면 다른 쪽 끝에 귀를 댄 사람은 긁는 소리를 들을 수 있다는 사실을 생각해냈지. 곧 라에네크는 종이를 말아 막대기와 비슷한 모양을 만든 뒤, 종이 막대기의 한 쪽 끝을 여자의 심장에 대고 다른 쪽 끝은 자기 귀에다 댔어. 그러자 심장박동 소리가 전보다 크게 들렸지. 뭐, 라에네크는 자신이 생각한 유비가 틀린 거라는 사실은 결코 깨닫지는 못했지만.[49]

요점은 유비는 라에네크가 그전에는 시도하지 못한 걸 해 보게 만들었다는 거야. 중요한 건 **시도**니까. 그래야만 뭔가 놀라운 결과가 산출되거든. 그러니 그만 좀 뻣뻣하게 굴어, 리히터.

<u>콘스탄스</u> 아리아나 말이 맞아. 에디슨Thomas Edison이 한 발명도 틀린 전

기 이론에 기초를 두고 있어. 하지만 그게 발명을 막지는 못했지.

임프 그렇지. 중요한 건 논리가 올바르냐가 아니라 내가 전에 해 보지 않은 걸 시도하게 만드는 이유를 주느냐야. 그리고 헉슬리가 말했듯이, 옳은 사실을 찾은 다음에는 그게 틀렸다는 점을 입증하려고 분투해야 해. 오류에서 비로소 깨달음이 생기니까. 하지만 내 유비가 기반을 둔 증거와 그 증거에서 어떤 논증이 가능한지 알기도 전에 미리 내 유비를 판단하지 마.

설사 바이러스-감기 바이러스 유비는 보기보다 그렇게 터무니없지 않아. 우선 눈에 보이는 현상을 생각해 봐. 박테리아가 있는 접시에 콧물을 떨어뜨리는 행위는 박테리아 '잔디밭'에 구멍을 만드는 거야. 바이러스도 똑같지.

리히터 하지만 시간은 다르잖아. 라이소자임은 몇 분 안에 작용하고, 바이러스는 기온에 따라 30분에서 몇 시간까지 걸려.

임프 물론이지. 하지만 1921년에는 그런 사실을 몰랐어. 게다가 미지의 구균에 콧물을 첨가하기 전과 후에 플레밍이 한 행동을 달리 어떻게 설명할 수 있겠어? 우리는 플레밍이 자신의 실험 결과를 흥미롭냐 아니냐는 기준으로 평가했음을 알아. 왜냐하면 그는 이전에 분리한 박테리아는 무시했으니까. 박테리오파지 가설은 왜 플레밍이 노트에다 '박테리오파지'라는 이름을 붙였는지, 왜 박테리아에 콧물을 첨가했는지 설명해. 데렐과 트워트가 쓴 방법은 플레밍에게 가설적 바이러스를 어떻게 찾을 수 있는지, 그리고 정말 찾았을 때 어떻게 알아 볼 수 있는지 가르쳐 줬어.

그럼 다시 플레밍이 자기 콧물이 용해 작용을 한다는 사실을 관찰하고서 하루나 이틀 뒤에 무엇을 했는지, 노트에 '박테리오파지'라는 항목을 쓰고서 무엇을 했는지 살펴보자. 아직도 바이러스학에서 사용하는 고전적인 실험은 배양관에다 장내 박테리아를 키운 다음에 바이러스를 포함한 여과 물질을 넣고 배양하는 거야. 바이러스는 몇 분 내 혹은 즉시(바이러스 입자는 시계 태엽처럼 규칙적으로 복제되니까) 박테리아를 파괴하고, 배양액은 흐릿했다가 점점 깨끗해져, 순식간에!

자, 플레밍이 자기 코에서 분리한 박테리아를 콧물이 용해한다는 사실을 관찰한 다음날에 한 첫 실험이 무얼까? 그는 배양관에 박테리아를 키웠어. 다음날 박테리아를 추출하려고 새로운 콧물 표본을 여과하고서 박테리아가 있는 관에 여과 물질을 첨가한 뒤 배양했지. 무슨 일이 일어났을까? 갑자기, 거의 순식간에 흐릿했던 관이 깨끗해졌어![50] 동일한 효과를 비병원성 박테리아에서도, 콜레라균에서도 관찰했어. 이건 자신의 예상이 맞았기에 자기가 무엇을 찾는지 알고 계획된 과정을 밟아 나가는 사람이 하는 행동일까, 아니면 우연히 예상치 못한 수수께끼와 마주쳐 다음에 무엇을 할지 전혀 모르는 사람이 하는 행동일까? 난 플레밍이 다음에 무엇을 해야 할지 알았다고 생각해. 그는 실험에 '박테리오파지'라는 이름을 붙였고, 고전적인 박테리오파지 실험을 한 거야!

리히터 재미있는 이야기긴 한데, 핵심 사건을 빼먹었네. 넌 플레밍이 그 이상한, 라이소자임에 민감한 미세 구균을 코에서 분리했다고 말했지. 그건 불가능해. 콧물에는 라이소자임이 어마어마하게 많이 저장되어 있어. 미세 구균이 살아남을 수 없을 정도라고. 그러니 미세 구균은 우연히 발생한 오염 물질일 수밖에 없어. 역시 우연이 중요한 거야.

임프 그렇지 않아! 생각해 봐, 리히터! 미세 구균이 플레밍의 코에서 분리되든 우연히 발생한 오염 물질이든 그런 건 중요하지 않아. 결과는 똑같으니까. 코에 라이소자임이 있다면 미세 구균은 플레밍의 코에서 생존하지 못해. 미세 구균은 페트리 접시에서도 생존하지 못해. 플레밍이 이미 거기에다 콧물을 입혔으니까.

콘스탄스 그렇다면 그 실험 전체는 불가능하잖아! 실험은 우연히 일어날 수도 없고, 플레밍이 노트에 기록한 대로도 일어날 수 없어!

임프 내가 힌트를 주지. 임프의 원리가 또 하나 있어. 즉, 모든 역설의 뿌리에는 거짓 가정이 있다. 누구 이 말 설명해 줄 사람?

콘스탄스 음, 넌 지금 플레밍이 콧물을 잘못된 접시나 뭐 그 비슷한 데다 첨가했다고 말하는 거야? 그런 일은 이전에도 있었잖아.

리히터 그래서 우연 아니면 우발이라니까.

임프 정반대야! 네가 놓친 게 있어. 불가능하다는 생각을 던져 버리고 나면, 말이 되든 안 되든 간에 남은 게 정답일 거라는 사실이지. 그렇다면 플레밍이 **감기에 걸렸을 때** 그의 코에는 라이소자임이 없었던 게 아닐까?

헌터 그래도 문제가 있어, 임프. 넌 플레밍이 미세 구균을 없애려고 자기 콧물을 사용했다고 말했잖아.

임프 내 말 안 들었구나. 난 플레밍이 감기에 걸렸을 때 콧물에 라이소자임이 없었을지도 모른다고 말했어.

헌터 감기 걸렸을 때 나오는 콧물하고 보통 나오는 콧물하고 뭐가 다른데?

임프 그게 이번 주에 내가 고민한 문제지. 운 좋게도, 난 이 문제를 탐구할 동기와 실험 재료를 얻을 수 있을 만큼 심한 감기에 걸렸었어.

제니 임프를 봤어야 하는데! 며칠이나 재채기하면서 작은 유리병에다 분비물을 모으더라니까. 그러고는 어제 실험실로 가져갔어. 몹시 흥분하면서 말이야.

임프 그건 '가래 모으기Phlegming' 프로젝트였어! 왜 가래 모으기인지 몰라?* 뭐, 소화 연구보다 괜찮았어. 적어도 토사물이나 배변으로 연구하지는 않으니까.

제니 아이고 고마워라.

헌터 그래서?

임프 뭘 예상해, 리히터, 아리아나? 오랜 시간 끊임없이 분비 기관이나 신경을 자극하면 무슨 일이 생길까?

아리아나 캐넌이 한 고전적 연구가 있어.[51] 지속적인 자극이 있은 후에는 기관이 분비하는 일을 멈추지. 즉, 불응기가 생기고 그 다음 분비는 더 높은 수준에서 다시 시작해.

리히터 신경에서도 동일한 현상이 일어나.

임프 라이소자임 또는 단백질 분비도 마찬가지야. 내가 직접 라이소자임 함유량을 분석한 건 아니지만, 감기를 앓은 지 사흘째(그리고 이건 꼭 말해야 하는데, 난 나흘 동안 거의 쉼 없이 콧물을 흘렸어) 되던 날에 내 콧물의 단백질 농도, 그러니까 라이소자임 농도는 0이었어! 플레밍도 같은 일을 겪었을걸. 어떻게 생각해, 리히터? 아직도 말이 안 돼?

리히터 항히스타민제나 다른 약도 아예 안 먹었어?

임프 내 과학적 진실성을 의심하지 마!

리히터 그럼 네 말에 반대할 수 없겠군. 하지만 네 사례에도 입증하는 충분한 자료가 있는 건 아니잖아. 플레밍에게 적용하기에는 증거가 부족하지 않을까.

임프 그래. 하지만 내 가설을 그럴듯하게 만들고 우연 가설을 기각할 만큼의 자료는 있어. 설명 불가능한 사건에 의지하지 않고도 발

---

* '가래 모으기'라는 뜻의 Phlegming과 '플레밍'의 이름 Fleming의 영어 발음이 같다.

견의 전모를 설명할 수 있다고.

제니 하지만 지금처럼 계속 말하면 어떤 것도 설명하지 못할걸. 당신, 이제 목소리가 개구리처럼 다 쉬었어. 내가 할게.

알겠지만, 모든 일이 우연한 사건의 연속으로 이뤄지지 않는다면, 우연에 기댄 설명은 이치에 맞지 않아. 임프가 내게 소리쳤듯이(정확히는 꺽꺽댔지) 말이야. "계획된 행동 하나가 모든 사실을 뒤집어. 콧물을 배양한다면 그럴만한 이유가 있어야 해. 박테리아 배양액에 콧물을 떨어뜨린다면, 그게 오염 물질이든 아니든 그래야만 할 이유가 있어야 하는 거야!" 콧물이 박테리아를 용해한다면 아무 이유 없이 흥분을 느끼진 않겠지. 그러니 발견은 완전히 계획적이든가, 완전히 우연이든가 둘 중 하나야.

〈심한 감기를 앓는 동안 콧물에 포함된 단백질 함량〉

표본	단백질(㎎)/콧물[a](㎖)
정상인의 점액(3명 평균)	87.7
감기 1일차(오후1시)	5.3
감기 2일차(오전 10시)	7.6
감기 3일차(오전 10시)	0.8
감기 3일차(오후 9시)	0.6
감기 4일차(오전 10시)	1.2
감기 6일차(오전 10시)	90.0

a. 혈청 알부민을 기준으로 바이오라드(Biorad) 단백질 분석을 사용해 측정

리히터 좋아. 그 결론은 받아들이지. 하지만 또 지적하고 싶은 게 있는데, 어떤 자료 집합을 합리적 설명으로 제공할 수 있어도—

아리아나 분명히 비합리적 설명이겠지!

리히터 — 자료의 합리성이 옳음을 보장하지는 않아.

아리아나 비합리성도 마찬가지야!

헌터 결국 선택 기준의 문제야. 아인슈타인은 이론이 꼭 탐정 소설같다고 말했지. 우리는 내적으로 일관되고, 합리적 유형에 따르며, 우연이나 설명할 수 없는 사건에 문제 해결을 맡기지 않는 이론을 택해야 해.[52]

아리아나 바로 그거야. 또 미학적 이론을 택해야 하고.

임프 그게 전부는 아냐. 발견의 맥락과 정당화의 맥락이라는 논쟁 전체는, 두 맥락이 명확히 구별 가능하다는 거짓 전제에 기반을 둔다는 사실을 아느냐에 관한 문제야. 플레밍이 무엇을 했는지 봐. 그는 바이러스를 찾았고 바이러스의 작용을 시험하면서 그 대신에 라이소자임을 발견했어. 그는 바이러스가 감기를 일으킨다는 이전 가설이 틀렸음을 입증하지 않았고(그는 이 가설을 반증하지도 검증하지도 않았어), 단지 그걸 해결되지 않은 채로 포기하고 더 흥미로운 가능성을 탐구했어. 이 경우 바이러스 시험은 발견이야. 그 시험은 새로운 문제를 정의하고 문제를 해결했지. 따라서 플레밍의 발견은 우연, 역사, 심리(무엇이든)라는 비합리적 요소 때문에 이루어졌고, 이제는 갑자기 쿵하고 논리가 중요해지는 순간이 왔다고. 지금까지 설명 불가능한 발견의 맥락이라는 주제를 살폈다면 이제는 정당화의 논리를 살펴야 한다고 말할 수 없어. 발견의 맥락과 정당화의 맥락은 구별되지 않아. 두 맥락은 질문하고 답하고 다시 질문하는 끊임없는 과정을 구성하는 나눌 수 없는 부분이야.

제니 당신이 목소리를 잃기 전에 이 과정을 멈춰야겠어. 우리 잠깐 쉬자.

제니의 수첩 : 마음 공간에 있는 유형들

"정말 좋았어." 아리아나가 내게 속삭였다. "네가 과학의 역사를 그렇게 많이 알 줄은 몰랐는걸."

"아니야." 내가 말했다. "임프는 과학을 연구하고, 나는 역사를 연구하니까 같이 공부한 거지. 아무튼 임프는 휴식이 필요해. 커피 좀 같이 가져오자."

부엌에서 나는 콘스탄스가 임프에게 플레밍은 어떻게 라이소자임이 바이러스가 아니라는 사실을 알아냈는지 묻는 소리를 들었다. 임프는 내게 설명했듯이 콘스탄스에게 설명했다. 그 차이는 근본적으로 단순하다. 바이러스는 복제를 한다. 즉, 스스로를 복사하는 것이다. 그래서 바이러스를 적절한 박테리아 배양액에 두면, 바이러스는 수백만에서 수십억으로 늘어난다. 라이소자임 같은 효소는 복제를 하지 못한다. 따라서 라이소자임이 박테리아를 파괴한 후에 남는 라이소자임은 없다. 실제로 이 차이는 단순한 실험으로 보여 줄 수 있다. 박테리아 배양액에 바이러스나 라이소자임을 첨가하면 박테리아 배양액을 '단계적으로 희석'할 수 있다. 즉, 바이러스나 라이소자임 용액 1*ml*를 박테리아 배양액 99*ml*에 넣으면 바이러스나 라이소자임이 작용한다. 그런 다음 이 용액 1*ml*를 일단 새로운 박테리아 배양액으로 옮긴다. 1*ml* 용액이 바이러스라면 이 용액은 이전 배양액에서와 마찬가지로 새로운 배양액에서도 활동적일 것이다. 바이러스는 복제되기 때문이다. 그러나 효소나 화학 물질이라면 100배나 느리게 활동한다. 100배 만큼 희석되기 때문이다.

아리아나가 컵을 들고서 "임프!" 하고 갑자기 소리 질렀다. "제니가 네 목소리를 걱정하는 건 알지만 그래도 묻고 싶은 게 있어. 물 흐르는 코-물 흐르는 엉덩이 유비는 어떻게 고안한 거야?"

"흥미로운 질문이군." 임프가 말했다. "잠깐 생각해 볼게."

우리가 다시 모이자 임프가 말했다. "어디 보자. 순차적 방식이 아니긴 하지만 이렇게 말해야 좋을 것 같군. 내가 경험한 건 연상적 사고야. 첫째, 난 플레밍의 발견을 다루는 정보가 서로 잘 맞지 않는다는 문제를 알았어. 음, 이렇게 말하면 정확하지가 않네. 그 정보들은 다양한 방식으로 들어맞았어(우리가 오늘 시도한 방식처럼 말이야). 하지만 늘 불일치, 즉 빠진 조각 하나가 있었지.

시계나 그 비슷한 거라도 분해해 본 적 있어? 그걸 다시 조립하고 나면 남는 부품이 생긴단 말이야. 이게 나한테 일어난 일이었어. 남은 조각은 플레밍이 쓴 노트와 관련 있는 것이었지. 플레밍은 일부러 자신의 콧물을 배양했다고 말했어. 어째서? 그리고 라이소자임이 접시에 있었다면, 처음에 미세 구균은 어떻게 생장할 수 있었을까? 이런 질문들은 답이 없어 보이는 문제였지. 그리고 그 실험에는 '박테리오파지'라는 이름의 수수께끼도 있었고. 플레밍은 감기 바이러스가 아니라 라이소자임을 발견했어! 그럼 도대체 박테리오파지는 무엇과 관련 있는 거지? 나는 이렇게 서로 통합되지 않는 정보의 조각들을 가지고 있었어. 하지만 핵심 부품을 빼 버리면 아예 작동을 멈추는 시계와 달리, 나는 노트가 플레밍의 발견에 있는 핵심 부품이라는 확신이 없었어. 내가 맞추려는 퍼즐에 얼마나 많은 조각이 있는지 알 수 없었으니까!"

헌터가 고개를 세차게 끄덕였다. "이건 언젠가 우리가 깊이 토론해야 할 중요한 지점이군. 현실에서 내가 연구하는 지적 퍼즐에 맞는 조각과 맞지 않는 조각이 무엇인지 어떻게 알 수 있을까? 과학자들이 실제로 마주친 사태는 직접 분해한 시계가 아니라 다른 모든 기계에서 나온 부품과 섞인 시계 부품이야. 우리는 자연에 있는 모든 사실과 인공 사실을 갖고 있어. 이것들을 맞추기 전에 먼저 분류해야만 해. 과학은 쿤을 비롯한 사람들이 그저 퍼즐을 한데 모으는 활동이 아니야. 과학은 어떤 조각이 어떤 퍼즐에 맞는지 밝히는 작업이지. 이런 사실을 알고 나서야 제한된 방법으로나마 퍼즐을 맞출 수 있어. 그렇지 않다면 가능성은 거의 무한대가 되니까!"

"그렇지." 임프가 말했다. "원한다면 조각을 버리면서 어떤 조합이든 만들 수 있기 때문에 무한히 크거나, 아니면 외부 요소를 포함해 작업 유형을 형성하는 어떤 방식도 없기 때문에 무한히 작거나 둘 중 하나지."

"맞아!" 아리아나가 끼어들었다. "탐정 소설 독자들의 머리를 아프게 하는 요소를 생각해 봐. 셜록 홈스는 말했지. '수사 기술에서 가장 중요한 건 수많은 사실에서 부수 사실과 핵심 사실을 가려내는 것이다. 그렇지 않다면 에너지와 주의력이 모이기는커녕 흩어질 것이다.'"[1]

"바로 그거야." 임프가 말했다. "난 플레밍의 경우, 박테리오파지라는 조각이 퍼즐에 들어맞는다고 확신했어. 플레밍이 직접 그곳에다 놓은 거니까. 노트에다 거듭 박테리오파지를 쓰면서 그는 말했지. '이건 중요해. 그냥 넘겨 버리지 말자.' 당연히 나도 넘겨 버리지 않았지." 임프가 기침을 했다. "미안."

"좋아. 그 다음으로, 아니 사실 첫 번째로 한 일은 지난주에 말한 것처럼 스스로 플레밍이 되어 생각해 보는 거였어. 내가 실험실 작업대에서 연구하고 있다고 상상하며 플레밍이 무슨 생각을 할까 떠올렸지. 플레밍의 입장이 되어 그가 노트에다 그런 메모를 남기도록 이끈 게 무엇인지 알려고 했어.

어쨌든 나는 발견이란 무엇을 찾으려고 실험을 계획했다가 다른 걸 마주친 결과라는 헌터의 말을 마음 속에 품고 있었지. 그래서 마음속으로 되짚어가며 무엇을 찾다가 라이소자임을 발견했는지 나, 즉 플레밍에게 물었어. 노트에 적은 '박테리오파지'라는 제목의 중요성을 깨닫게 된 건 바로 이런 질문 덕분이었어. 나, 플레밍은 박테리오파지를 찾고 있었던 거야! 일단 보면 분명히 알 수 있어. 나는 답을 죽 갖고 있었으니까. 다만 올바른 질문을 하지 못했을 뿐!"

"올바른 질문이 중요하다는 리히터의 논지를 입증하기도 하네." 나는 분쟁을 피하려고 이렇게 말했다. 리히터가 끙 하는 소리를 냈다.

"그렇지!" 임프가 말했다. "그 다음에 왜 박테리오파지를 찾았는지 질문했지. 그때 갑자기 모든 것이 하나로 정리된 거야! 나는 플레밍이 걸린 감기(나도 감기에 걸려서 도움이 되었어), 박테리아에 쓰려고 콧물을 배양한 것, 실험을 '박테리오파지'라고 이름 붙인 것에 관한 모든 정보를 알았고, 그러자 바이러스에 관한 지식들이 떠올랐지. 장내에 있는 대장균이 바이러스의 침입을 받으면 장이 안 좋아진다는 사실을 말이야. 그렇게 되면 속되게 말해 엉덩이에서 '물'이 줄줄 흘러. 쾅! 이제야 모든 게 들어맞아! 엉덩이의 물, 물 흐르는 코, 둘 모두 바이러스 때문에 생기는 거야. 이보다 더 간단한 게 있을까?

"그래, 그건 윌슨이 쓴 소설 『머나먼 자오선에서의 만남*A Meeting at a Far Meridian*』에서 가져온 거잖아." 나는 놀리듯이 말했다. "똑같은 방식의 말장난이 주인공이 부닥친 문제를 해결하는 단서가 되지. 문이나 벽, 전자공학과 연관된 말장난으로 말이야.[2]

임프는 어깨를 으쓱했다. "소설 말고도 많아. 생물학자 랠프 루이스Ralph Lewis도 말장난으로 가설을 고안했어. 그는 곤충이 밀에 퍼뜨리는 맥각ergot, 麥角 곰팡이류에 대해서 연구했는데, 실험에서 곤충이 포자를 퍼뜨리게 할 수 없었지. 그래서 포자가 있는 자연 상태와 실험 조건 사이에 어떤 차이가 있는지 생각해 보고, 실험실에 있는 포자는 건조된 반면 곰팡이가 생산하는 포자는 단물이라는 액상 분비물에 넣어져 있다는 사실을 깨달았어. 루이스는 즉각 이렇게 생각했지. '꿀도 똑같지 않을까?' 사실 곰팡이가 만드는 단물은 당이 2.33몰 포함된 용액으로 꿀과 **똑같아**! 단물과 포자의 조합은 곤충을 끌어들여 포자가 곤충에 붙도록 하고 곰팡이가 발생할 때까지 충분히 오래 건조되지 않도록 해. 루이스는 이런 내용을 학위 논문에 썼지만, 물론 출판하기에는 적절치 않다고 생각했어.[3] 이렇게 말하지 못하는 비슷한 이야기가 많을 거야. 하지만 그렇다고 해서 이런 이야기가 거짓이거나 쓸모 없는 건 아니지."

헌터가 고개를 끄덕였다. "단어 유사성은 아레니우스에게도 중요했어. 19세기 동안 화학, 전기화학, 물리학 영역에 종사하는 다양한 사람이 '능동적', '비능동적'이라는 분자를 놓고 토론을 벌였지. 아레니우스는 처음으로 언어적 유사성이 통합된 물리학적 기초를 가질 수 있는지 연구한 사람이야. 그 공로로 노벨상을 받았고."[4]

아리아나는 만족하지 못하는 것 같았다. "네 설명은 아주 명확해, 임프." 아리아나가 말했다. "하지만 네 머릿속에서 진짜로 무슨 일이 일어나는지 알고 싶어. 모든 것이 갑자기 들어맞을 때 어떤 느낌이었어? 무슨 일이 **일어났어**?"

"조건이 하나 있어." 임프가 대답했다. "네가 오르가슴을 느낄 때 기분을 말해 주면 나도 말해 주지!"

"이런, 임프!" 얼굴이 빨개진 콘스탄스를 보며 내가 소리쳤다. 하지만 아리아나는 임프를 나무라는 걸 가로막았다. "아니, 임프가 요점을 짚었어. 내가 불가능한 질문을 한 거였어! 하지만 간접적인 것으로도 충분해. 소설가가 오르가슴을 묘사할 때는 정말로 느낀 걸 쓴다기보다 오히려 오르가슴을 경험한 독자들이 바라는 느낌을 얻도록 부분적으로만 묘사하거나 비유하잖아. 그럼 발견이나, 임프가 경험한 통찰이 아주 흔한 사건이지만, 오늘 저녁에 먹으려고 30분만에 닭을 해동시킬 방법을 궁리하는 것 같이 일상적인 사건에 비하면 사람들의 삶에서 제한적으로 일어나는 거라고 하자. 이때 우리 마음에도 네가 경험한 것이 떠오르게 할 수 있는 그런 공통의 경험은 있지 않을까?"

"너 정말 정신과 의사 아니지?" 임프가 빈정거렸다. "자, 내가 오르가슴을 말한 건 충격을 주거나 주제를 바꾸려고 그런 게 아냐. 네가 오랫동안 씨름하던 중요한 문제를 연구하다가 갑자기 섬광처럼 답이 떠오를 때 느끼는 기분은 아주 개인적이고, 아주 깊은 감정, 신체적 경험이야. 그건 거의 숭고에 가깝지."

"그게 과학자가 살아가는 이유야." 헌터가 차분하게 말을 보탰다. "아름다움 앞에서 전율을 느끼는 것. 찬드라세카르가 표현한 게 이런 전율이라고 생각해.[5] 이건 일생에 한두 번 경험하는 건데도 그 어떤 마약보다 훨씬 중독성이 강해."

"그거야!" 임프가 소리쳤다. "그 느낌을 느껴본 적이 있어서 알아!"

"너 그때 마약했었지." 리히터가 신랄하게 비꼬았다. "그게 많은 걸 설명해 주는데."

"안했어." 임프가 유쾌하게 웃으며 말했다. "좀 과장하자면 마약처럼 복잡한 분자를 입체 관점으로 보다가 느낀 감정이 마약한 거랑 같았어! 이 비유가 와닿지 않는 사람도 있겠지만 헌터와 리히터는 공감할걸. 아니면 헌터라도." 임프가 장난스럽게 말했다.

"나도 화학 모형의 입체 그림을 본 적이 있어." 콘스탄스가 끼어들었다. 그때 아리아나가 내게 기대 속삭였다. "리히터한테는 아예 공감 능력이란 게 없는 것 같아."

"글쎄." 웃지 않으려고 애쓰면서 내가 말했다. "나도 공감할 수 있게 책에 있는 예시를 들어 주겠어?"

임프가 적합한 사례를 찾아 말했다. "내가 '아하!' 하고 큰 깨달음을 느낀 건 입체 시각 장치 없이 이 분자 그림을 봤을 때야. 장치가 있으면 모든 게 3차원으로 보이는데, 그때 난 가난한 학생이라 두 이미지에다 카드를 세워 가른 뒤 코를 가까이 갖다 대고 각각의 눈에 하나의 이미지만 보이게 했어. 이런 방식으로는 이미지를 합치는 게 더 힘들지만, 내가 떠올리려 애쓰는 느낌과는 더 잘 일치해. 이게 잘 안 되면 다른 방법도 있어. 카드는 됐고 멀리 떨어진 사물에 초점을 맞춘 다음, 시선을 점점 그림 쪽으로 내려, 겹치는 중간 이미지에 다시 초점을 맞추면서 말이야. 아니면 먼저 눈을 사팔뜨기처럼 뜬 뒤에 중간 이미지에 초점을 맞춰 봐. 난 이런 방식이 더 잘될 때가 있어.[6] 해 봐, 제니."

내가 오른쪽 눈과 왼쪽 눈에 이미지를 하나로 일치시키려고 노력하는 동안 임프는 계속해서 말했다. "그림을 처음 보면 각각의 눈에는 독립된 두 이미지만 보여. 나는 두 이미지가 중첩될 거라는 사실을 머리로는 **알지만**, 잘 되지 않아. 그래서 이미지를 합치려 애쓰는 심리적 부담이 생기지. 분자 그림이 크다면 정말로 두통이 생기고 말걸!" 정말 그렇다!

헌터가 안다는 듯이 고개를 끄덕였다. "배가 아플 때도 있다니까."

"맞아." 임프가 말했다. "그러더니 커다란 두 이미지가 모이기 시작하는데, 젠장. 완전히 합쳐지지는 않아. 여기서 좌절하곤 했어. 어디에 초점을 맞춰야 할지 몰라서 이미지와 완전히 일치되지 않을 때가 있거든. 하

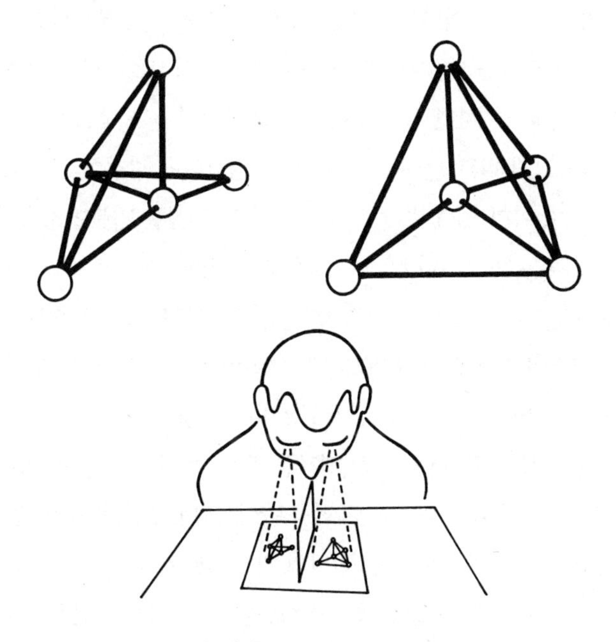

(위) 입체 그림, (아래) 보는 방향

지만 마침내 초점을 맞추는 제대로 된 방법을 찾아 이미지와 연결되고 나면 갑자기 변화가 일어나, 2차원 유형이 3차원이 되는 거야! 그때부터 안도의 한숨이, 이게 맞는다는 직감이 생기지. 이거다!

"나도 보여." 내가 소리쳤다. 이제 나도 일상의 숭고함에 관해 말할 수 있다! 우리 눈은 매일매일 평평한 두 이미지에서 3차원의 세계를 만들어 내는데, 이런 간단한 지각 훈련으로 그 과정이 어떤지 생각해 볼 수 있다. "너도 봐야 해, 아리아나!"

"멋지지?" 임프가 활짝 웃으며 말했다. "자, 이제 같은 종류의 정신-육체의 조화가 종이 위에 있는 선들을 보며 느끼는 몇 분 동안의 좌절감이 아니라, 근본적이라 확신하는 어떤 문제를 해결하는 일에 몇 주나 몇 달, 혹은 몇 년에 걸친 좌절감 끝에 일어난다고 생각해 봐. 비로소 해결했을 때의 그 기쁨, 해방감은 엄청나겠지!"

헌터가 고개를 끄덕였다. "그렇지. 파스퇴르가 타르타르산염에 있는 거울상을 발견했을 때, 크릭과 왓슨이 생명의 비밀을 풀었다고 외쳤을 때를 떠올려 봐! 아니면 우리가 이루어 낸 조그만 성취에 느끼는 기분을 떠올려 봐. 그게 바로 한 번도 느껴 보지 않았다면 간절히 느끼고 싶은 기분이고, 또 이미 느껴 봤다면 다시 느껴 보고 싶은 기분이지!" 리히터는 감상에 젖은 듯 보였다. 임프는 말을 계속했다.

"물론 분자를 입체화학적으로 보는 건 물 흐르는 코-물 흐르는 엉덩이라는 생각이 떠올랐을 때 무슨 일이 일어났는지 설명하는 완벽한 유비는 아니야. 입체상에서는, 두 가지 2차원 그림이 약간 다른 방향에서 같은 대상을 보여 줘. 나는 여러 생각을 품은 채 서로 다른 두 이미지를 비교하고, 중첩되는 아주 작은 지역을 찾아. 그런 게 있을 수도, 없을 수도 있지만 말이야. 오른쪽 눈은 하나의 관점으로 분자를 보고 왼쪽 눈은 분자를 180도로 돌려 각을 변형해서 보듯이, 두 이미지가 같은 관점에서 일치되지 않는 나쁜 상황이 발생하기도 해. 이런 방식으로는 이미지를 일치시킬 수 없어. 따라서 내 머리에 있는 생각의 집합들을 돌려 보고, 중첩이 가능한지 알고자 다양한 연결점의 조합을 시험할 필요가 있는 거야." 난 내 마음속에서 회전하는 생각의 집합들을 상상하려고 애쓰다가 머리가 아파지기 시작했다. "바로 이때 박테리오파지가 공통 요소라는 사실을 깨닫는 것처럼, 단서들이 자료 집합을 정렬하는 중요한 역할을 해. 그런 단서들은 중첩이 가능한 자리를 표시하고 따라서 중첩이 이루어지는 방향의 가짓수를 최소화해 주지.

이런 비유에는 중대한 한계가 또 있어. 입체적 시각은 두 자료 집합만을 통합할 수 있다는 것. 하지만 내 머릿속에서는 수많은 자료 집합, 즉 박테리오파지, 플레밍의 노트, 라이소자임이 지닌 속성, 발견을 설명하는 다른 자료, 해결되지 않은 문제 자료 등을 비교하지. 따라서 입체 그림은 n차원으로 된 머릿속에서 무슨 일이 일어나는가를 단순화한 유비야. 여기서 n은 분리된 자료 집합의 수로 n+1 차원의 그림을 산출하고자 중첩될 수 있어."

"그렇다면 n차원 벤다이어그램이 더 나은 모형일 수도 있지." 입체 이미지를 보며 아리아나가 말했다.

"더 나은지는 모르겠어." 임프가 대답했다. "서로 다르다는 건 분명해. 벤다이어그램에 있는 문제는 입체 그림을 보고 모든 것이 잘 들어맞을 때 느끼는 '아하!'라는 감정이 없다는 거야. 게다가 벤다이어그램은 최종 그림에 차원을 추가했다는 감각, 즉 전체는 부분의 합 이상이라는 감각을 주지 못해. 내 말은 우리 모두 전체 그림을 완성하기 전에 플레밍이라는 퍼즐의 조각들을 갖고 있는데, 전체 그림은 조각이 주지 못하는 정보를 준다는 거지.

여기에서는 벤다이어그램이 탐탁지 않아. 하지만 열역학 제2법칙에 따라 아마도 정신 영역과 물리 영역 사이에 유비 관계가 **있겠지**. 열역학 제2법칙은 질서를 이루려면 초과 에너지가 필요하다고 말해. 이 에너지 일부는 질서 잡힌 다른 부분들을 연결하는 결합체에 통합되고. 그리고 이 질서, 즉 '음의 엔트로피negative entropy'는 새로운 구조에 포함된 정보량을 측정하는 수단이야. 이런 의미에서 추가된 차원도 어떤 방식으로든 새로운 지각 체계에 있는 음의 엔트로피를 질적으로 측정하는 수단일 거야."

리히터는 임프의 마지막 말에 몽상에서 깨어나, 담뱃불을 비벼 끄더니 쏘아보았다. 그러나 리히터가 말하기 전에 헌터가 먼저 끼어들었다. "물리학자 브릴루앵Léon Brillouin이 쓴 『과학적 불확실성과 정보*Scientific Uncertainty and Information*』[7]를 읽어 봐. 브릴루앵은 정보 이론의 창시자인데, 정보란 국소적 조건에서 일어나는 엔트로피의 환원, 즉 무질서로 측정할 수 있는 요소라고 말했어. 따라서 이론은 무작위성이 줄어들도록 사실들을 질서지어서 정보를 만드는 거야."

"왜 이론을 만들 때 그렇게 에너지가 많이 드는지도 설명하겠군." 임프가 고개를 끄덕였다. "질서도를 높이려면 에너지를 그만큼 소비해서 상쇄할 필요가 있어, 그렇지? 사실 센트죄르지와 생물학자 파울 바이스Paul Weiss도 똑같은 말을 했었어.[8] 하지만 그들은 열역학과 계층적 조직 이론을 공평하게 연구했지."

"난 이 모든 논의가 아무 쓸모 없어 보여." 리히터가 한 방 날렸다. "무언가가 더 있을 줄 알았는데 말도 안 되는 이야기로 다 망쳤어."

"그래." 임프가 활짝 웃었다. "나는 늘 말도 안 될 때까지 생각을 밀어붙이지."

리히터는 머리를 흔들었다. "터무니없는 열역학말고도 넌 몇 가지 사안을 간과했어."

"좋은데. 난 내일은 생각할 게 아무것도 없으면 어쩌나 하고 걱정했거든!"

리히터가 한숨을 쉬었다. "난 네가 뭘 원하는지 알겠어. 위대한 인물들이 지닌 논리적 사고 방식의 유형을 만들고, 그 유형을 인식하자는 거지.

원리적으로는 할 만한 일이지만, 실제로는 욕 나오게 어려워. 특히 미학적 양식을 다루려 한다면 말이야.” 리히터는 얼굴을 찡그렸다. “하지만 여기에는 두 가지 중요한 문제가 있어. 첫째, 2차원 이미지에서 3차원 이미지로 옮겨갈 수 있다는 사실 자체가 그런 연결이 옳다는 걸 의미하지는 않아. 내가 보기에 넌 판화가 에셔Maurits Cornelis Escher가 탁월하게 그린, 3차원 환상으로서 입체적 대응물을 가진 불가사의한 2차원 이미지가 있다는 사실을 알고 있어.[9] 넌 그저 내가 틀렸다는 점만 말하고 싶어하는 것 같아. 무작위적으로 생성된 어느 두 자료 집합에 어떤 **중첩**이 생기는 건 당연한 거야. 둘째, 생각들이 타당하게 결합을 이루었다고 해도, 그게 가능한 최상의 결합인지 어떻게 알 수 있지? 넌 첫 번째 ‘유레카’에 만족해? 아니면 더 완전한 교차점을 찾을 거야? 네 성취를 평가하는 너의 규칙, 논리적 규칙은 뭐야?

“내가 뭐라고 말하겠어, 리히터? 네 말은 전적으로 옳아. 넌 ‘아하!’ 하는 느낌만으로 만족하지 않겠지. 넌 그걸 검사하고, 네가 찾아낸 최초 유형에서 유래한 근본적 연결점들이 새로운 유형에도 통합되는지 확실하게 알고 싶을 거야. 물론 대개는 그렇지 않을 테고. 따라서 넌 처음부터 다시 시작하겠지.

궁극적 중첩을 찾아낼 수 있느냐, 이게 과학의 역사 전부가 아니겠어? 각 세대는 이전 세대보다 중첩을 더 크게 이루었다는 사실을 입증해야만 할까? 개인적으로 나는 현재 있는 이질적 요소들과 결합하거나 몇몇 이미지와 통합되는 새롭고 재현 가능한 이미지를 제시했다는 데 만족해. 궁극적 종합은, 하! 내가 죽은 뒤에나 이뤄지겠지.”

“그게 너와 내가 다른 점이야.” 리히터가 대답했다. “넌 끝없는 애매성과 불완전성을 견딜 능력이 있지만, 난 혐오해.” 난 리히터가 깊이 묻어둔 자신에 관한 진실을 말했다는 인상을 받았다.

이런 말에 누가 토를 달 수 있을까? 대화는 지리멸렬해지고 아리아나와 나는 입체 이미지를 치웠다.

나는 임프를 입 다물게 하고, 토론을 시작하기 전에 차 두 잔을 더 가져왔다.

대화록 : 발견하기의 재미(알렉산더 플레밍)

제니 정말 계속할 수 있어? 창백해 보여.

임프 어찌나 재미있는지 피곤하지가 않아! 우연 대 계획이라는 주제를 완전히 해치워 버리자! 이제 플레밍이 발견한 페니실린을 설명해야겠어. 그러고 나면 남은 문제가 무엇이든 리히터와 헌터의 주장 사이에서 결론을 낼 수 있겠지. 하지만 내 목소리가 쉬고 있으니까, 제니에게 맡길 게.

제니 당신, 또 말하게 될 걸. 어쨌든 이야기를 시작하려면 페니실린의 우연한 발견이라는 주제가 플레밍 자신에게 기반을 두고 있다는 사실부터 말할 게. 그가 출판한 첫 번째 논문에 이런 설명이 있어.

> 포도상 구균 변종들을 연구하는 동안 많은 배양 접시를 실험실 작업대 한 쪽에 두고 이따금씩 살펴보고는 했다. 한데 이 접시들을 조사할 때는 공기에 노출할 수밖에 없어서 접시가 여러 미생물에 오염되곤 했다. 그러다가 널따란 곰팡이 군체가 포도상 구균 군체를 투명하게 용해하는 모습을 보았다.[1]

그 곰팡이는 푸른곰팡이인 페니킬리움 노타툼Penicillium notatum이었어(그렇다고 내가 한 주 전에야 알았다고 생각하지 마!). 이 곰팡이로 만든 물질이 수백만의 생명을 살린 페니실린이지. 하지만 동시대의 자료나 플레밍이 쓴 노트에 있는 항목에서도 인용한 구절을 확인해 주는 근거가 없다는 점에 주의해야 해. 또 플레밍의 저작집에서 발견을 언급하는 말은 16년이 지난 1944년에야 나와. 이때는 플레밍이 페니실린의 임상의학적 성공으로 이미 유명인이 되었을 때지.

콘스탄스 맞아. 나도 이번 주에 플레밍을 연구해 봤는데, 플레밍은 자기 발견을 말할 수 없었다는 사실을 알았어. 보조 연구원 해어Ronald Hare는 포도상 구균이 자라는 접시에 페니킬리움 곰팡이를 놓아도 박테리아를 죽일 수 없었다고 썼지. 페니실린은 유사 분열 과정에 있는 세포만 죽였으니까.[2] 일단 배양 접시에 있는 세포 군체가 눈에 보일 만큼 자랐다면 너무 늦은 거야. 병원성 박테리아가 이미 있는 곳에서 페니킬리움이 생장하지 못하는 경우는 흔해. 맥팔레인은 1940년에 이루어진 플레밍 연구를 재현하자 여러 연구자가 똑같은 사실을 발견했다고 보고했어.[3]

아리아나 포도상 구균을 배양하는 동시에 오염이 일어나는 게 가능해?

임프 아마 아닐걸. 해어와 콜쿤D. B. Colquhoun 그리고 플레밍 스스로 페니킬리움은 병원성 박테리아에 쓰기 전에 여러 날이 걸려 완전히 생장해야만 효과적인 항생제로 기능할 수 있다는 점을 보여 주었으니까. 그리고 이 경우 곰팡이는 박테리아를 첨가하기 전에 이미 플레밍 눈에 쉽게 띄게 돼.

헌터 그럼 플레밍은 일부러 오염된 접시에 박테리아를 넣었을 수도 있겠네.

콘스탄스 콜쿤이 말하는 바가 바로 그거야.[4] 반대로 해어는 플레밍이 설명한 일이 **정말로** 일어났다고 주장해.

아리아나 어떻게 그럴 수 있지?

콘스탄스 음, 너처럼 해어는 박테리아를 배양하는 동시에 접시가 오염되었다고 주장했어. 곰팡이는 상온에서 잘 자라는데, 박테리아는 체온에서 잘 자라. 해어는 플레밍이 배양 접시를 배양하지 못했다는 가설을 세웠어. 포도상 구균 계통을 구별하는 한 가지 방법은 이를 상온에서 생장시키는 거야. 체온에서 배양할 때는 포도상 구균이 가진 색이 나타나지 않거든.[5]

아리아나 플레밍이 미생물 그림에서 쓴 방식이잖아!

콘스탄스 어쨌든, 특히 기온이 내려가 추워지면 곰팡이가 자라기에 좋아. 따뜻해지면 박테리아가 자라기에 좋고. 이런 시나리오라면 우연한 발견이 가능할 수도 있어. 해어는 7월 27일에서 8월 6일까지는 화씨 56~64도 정도로 추웠다는 사실을 밝혀냈어. 그런 다음에는 75도 정도로 따뜻해졌고.

아리아나 이게 플레밍이 한 설명을 타당하게 해 줄 만큼 큰 차이인 거야?

콘스탄스 겉보기에는 그래. 해어는 실험으로 플레밍이 얻었던 것과 똑같은 접시를 만들었거든. 그리고 휴스도 그런 조건을 재현해서 같은 결과를 얻었지.[6]

리히터 그럼 플레밍의 발견은 하나의 우연이 아니라 삼중의 우연 덕분인 거네. 배양 접시에 페니킬리움 포자가 앉은 우연. 그렇게 포자가 앉은 특정 접시를 배양하는 데 실패했다는 우연. 결정적 결과를 가져온 완벽한 날씨라는 우연.

콘스탄스 그게 다가 아냐! 플레밍은 곰팡이가 박테리아를 죽이는 현상을 못 본 것 같아. 처음 접시를 조사하고는 소독제인 리졸 용기에 버리는데, 완전히 담그지는 않았지. 그러고 나서 동료 멀린 프라이스Merlin Pryce를 불러서 실험 결과를 보여 주려고 리졸 용기에 담근 접시를 꺼냈는데, 박테리아가 곰팡이 주변에서 반투명해진 것, 즉 용해된 것을 알아차려.[7]

리히터 이걸 설명해 봐, 임프!

임프 기꺼이 그러지. 해어는 훌륭한 세균학자기는 하지만, 역사적 감각은 좀 떨어지는 것 같아. 날짜(날짜에 주의해야 해, 제니가 늘 강조했어!)와 가정, 다시 말할 게(목소리 때문에 내 흥분이 전달되지 않네). 가정이 핵심이야! 그래서 제니와 나는 날짜와 가정들을 살펴보았고, 아직도 잘 들어맞지 않는 게 많다는 사실을 알았어. 그렇지, 제니?

제니 내가 아까도 말했지만, 첫 번째로 중요한 점은 플레밍의 실험실에서 무슨 일이 일어났는지 설명하는 동시대의 문헌이 없다는 거야. 플레밍도 실험실 노트에다 실험이나 우발적 사건은 기록하지 않았고, 관련된 편지도 없어. 학술지에 실린 논문 역시 없지. 기본적으로 플레밍을 포함해 어느 누구도 플레밍 실험의 중요성을 인지한 사람이 없는 거야. 따라서 실험실을 방문한 프라이스와 다른 연구자들이 그곳에서 무슨 일이 일어났는지 기억하는 건 1944년 이후, 그러니까 플로리Howard Florey와 체인Ernst Chain, 그 밖의 동료가 플레밍의 장난감을 기적의 약으로 탈바꿈한 뒤야. 그러니 우리는 그 당시 누구도 주목하지 않은 사건이 일어나고 적어도 16년이 지난 기억을 토론해야 해. 사실 플레밍이 처음으로 페니실린 접시를 보여 주었을 때, 그게 1928년 가을이라는 날짜 말고 접시가 뜻하는 바가 무엇인지 정확히 집어 냈던 사람은 없었어. 그러니 개인적 회상이든, 실험실 노트든 해어의 가설을 검증할 수 있는 방법은 없어.

그리고 플레밍의 노트에 관해서 알아야만 할 중요한 사실이 있어. 그 노트는 하나로 묶인 게 아니라 낱장을 끼웠다 뺄 수 있는 방식이었다는 거야. 게다가 쪽수는 기록 문서 연구원들이 모을 때까지도 순서대로 정리되어 있지 않았지. 따라서 페니실린 연구의 기원을 설명하는 기록이 없다는 사실은 두 요인 중 하나일 거야. 기록할 내용이 없어서 플레밍 스스로 항목을 써 넣지 않았거나 혹은 직접 페니실린 항목을 제거하거나 잃어버렸겠지.

콘스탄스 하지만 왜 그런 건데?

제니 음, 잠깐만 생각해 보자. 1945년에 플레밍은 갑자기 유명해졌어. 노벨상도 받았고. 1929년에는 발견이 우연히 이루어졌다고 설명하는 글을 썼어. 하지만 노트는 파스퇴르의 비대칭적 우주의 힘이라는 생각처럼 좀 괴짜 같은 생각으로 연구했다는 점을 보여줘. 하지만 그런 내용을 썼던 면의 쪽수를 써놓지 않았기 때문에 어디에 두고서 '잃어버린' 거지.

임프 아니면 어떤 이유로, 가령 연설문을 쓴다거나 검토한다거나 해서 그 부분을 가져갔다가 갖다 놓는 걸 잊거나 잃어버리거나, 엉뚱한 데 두거나, 누가 알겠어?

콘스탄스 혹은 전에 말한 대로 다른 유형의 실험인 것처럼 보이게 기록했을 수도 있고 말이야.

제니 재미있는 생각이네. 날짜를 고려할 때 염두에 두는 게 좋겠어. 예를 들어, 해어는 오염된 포도상 구균 접시가 1928년 7월 마지막 날에 만들어졌다고 생각했어. 플레밍은 8월 내내 휴가를 떠났고 이어 9월은 한동안 따뜻한 날씨가 계속되었지. 그래서 해어는 아마도 플레밍이 9월 첫째 주에 접시를 봤을 거라고 말했어. 여기서 문제가 생겨. 노트에서 곰팡이와 곰팡이가 박테리아에 미치는 효과를 쓴 항목은 10월 30일이야. 그럼 플레밍은 두 달 동안 무엇을 한 걸까? 문제는 또 있어. 노트에 기록된 실험은 포도상 구균 접시에 생긴 우연한 오염을 관찰한 게 아니라 분명히 곰팡이를 접시에 배양하고 곰팡이가 여덟 가지 다른 박테리아에 미치는 영향을 시험한 계획된 실험이었어.[8] 왜 최초로 한 관찰은 빠진 걸까? 그건 무엇이었고, 언제 일어난 걸까?

아리아나 아마도 처음에 플레밍은 자기 관찰이 지닌 중요성을 깨닫지 못해서 기록을 안 한 게 아닐까. 그냥 페트리 접시를 보관만 하다가 몇 주가 지난 뒤에야 중요성을 깨달은 거지. 파스퇴르도 그랬잖아. 미안하지만 나는 아직도 우리가 왜 해어가 더 구체적으로 밝힌, 플레밍이 직접 말한 발견의 이유를 받아들일 수 없는지 이해가 안 가. 라이소자임의 경우에는 플레밍이 발표한 내용을 받아들였잖아…….

임프 맞아. 하지만 생각해 봐. 라이소자임 이야기에서도 플레밍은 몇 가지 사실을 덮었어. 그는 박테리오파지를 언급하지 않았지. 하지만 공적으로 발표한 내용은 노트에 있는 판본과 일치했어. 그리고 두 판본이 그럴듯하다는 건 실험으로 쉽게 입증할 수 있었고. 페니실린의 경우, 플레밍이 제시한 설명은 노트에 쓴 내용과 맞지 않고 실험적으로도 의심을 품기가 불가능할 정도야. 게다가 해어가 재구성한 실험은 거의 일어날 법하지 않은 가능성을 나타내고. 난 차라리 탐정 소설가처럼 더 개연성 있는 불가능한 설명을 찾겠어!

리히터 왜 해어의 실험적 설명이 '의심을 품기가 불가능할 정도다'라는 건지 이해가 안 되는데, 설명해 줄래?

임프 하나는 있을 법하지 않은 사건들의 연결 때문에 그래. 난 어떤 사람이 흔하고 일상적인 사건을 새로운 관점에서 인식할 수 있다는 점에 반대하지 않아. 돌연히 새로운 질문을 할 수도 있는 거니까. 하지만 항생 물질을 찾고 있다는 사람이 마침 그때 휴가를 떠나고, 평소와 다른 날씨 조건이 그때까지 미지였던 페니킬리움에 민감한 포도상 구균 접시를 만들었다고? 말이 안 돼!

제니 해어가 제시한 연대기에는 문제가 더 있어. 우리가 해어의 설명을 받아들이면, 플레밍이 실험에 관해 노트에 쓰기까지 두 달이

1928년의 플레밍 실험실을 재구성(런던 세인트메리병원 의과대학)

나 지났다는 거야. 아리아나는 자신이 무엇을 봤는지 이해하지 못한 거라고 말했지. 그럴 수도 있어, 프라이스가 다음과 같이 말한 걸 빼면 말이야. "내가 깊은 인상을 받은 것은 [플레밍은] 그저 관찰하는 데 만족하지 않고 즉각 행동으로 옮겨 간다는 점이었다. 많은 사람은 이건 중요하다는 기분을 느끼면서 어떤 현상을 관찰한다. 하지만 그들은 놀라는 이상으로 더 나아가지 못한다. 그 후에는 그냥 잊어버린다. 플레밍은 절대 그러지 않았다."[9] 프라이스에 따르면 플레밍은 즉시 곰팡이 조각을 가져와 배양관에다 2차 배양을 했어. 그러니 9월 초라는 날짜가 맞는다면, 플레밍은 노트에다 어떤 결과라도 기록하기 두 달 전에 이미 페니킬리움 연구를 시작한 거지. 정말 이상해! 게다가 플레밍이 10월 30일에 한 실험은 이전 작업이 있었음을 나타내. 그럼 플레밍은 무엇을 하고 있었던 걸까?

리히터 아마 우연히 생긴 오염을 어떻게 재현할지 고심하지 않았을까. 페니킬리움 자체가 먼저 생장해 있어야 한다는 사실을 생각하는 데 오랜 시간이 걸렸을 거야.

임프 젠장! 그걸 생각하지 못했군!

제니 그건 별 관련 없어. 또 다른 측면에서 해어가 제시한 연대기가 틀렸다고 볼 만한 이유가 있어. 최초의 오염 접시를 묘사한 그림에 붙인 글이 있어. 정말 최초의 오염 접시가 맞는다고 생각하고 읽어 볼게. "포도상 구균이 자라는 접시에 곰팡이 군체가 생겼다. 2주가 지난 후 곰팡이 근처에 있는 포도상 구균 군체는 쇠퇴했다."[10] '2주가 지난 후'라고 플레밍은 말했어. 하지만 해어는 플레밍이 5주나 휴가를 갔다고 말했지. 이렇게 시간이 맞지 않아서 플레밍의 설명을 무시하거나 아니면 해어의 설명을 의심할 수밖에 없어.

헌터 하지만 이런 진술이 플레밍이 한 거라고 믿을 수 있는 거야? 페니킬리움이 포도상 구균보다 먼저 있어야 하는데, 그리고 플레밍이 그 반대로 말했다면…….

아리아나 음, 플레밍이 최초라고 확인한 페트리 접시는?

임프 그 페트리 접시가 어땠냐고? 제니, 우리 친구들에게 내가 슬라이드를 장치하는 동안 우리가 발견한 사실을 설명해 줘.

제니 알았어. 우리는 그 최초의 접시가 네 가지 다른 판본으로 있다는 걸 알았어. 말하자면 그 페트리 접시는 각각이 똑같은 걸 설명하지만 어떤 글에 들어 있느냐에 따라 약간씩 달라. 하나는 그림이고 나머지 세 개는 사진이야.

준비 됐어, 임프? 좋아. 첫 번째 판본은 플레밍이 1929년에 쓴 논문에서 복사한 사진이야. 거기에는 다음과 같은 제목이 붙었지. "페니킬리움 군체에 인접한 포도상 구균 군체가 용해되는 장면을 보여 주는 배양 접시 사진."[11] 이게 최초로 생긴 오염 접시라는 언급은 없어. 논문에서 접시를 언급하는 그 밖의 말은 접시 몇몇이 "다양한 미생물로 오염되었고, 곰팡이 균체 주위에 있는 포도상 구균 균체는 투명해져서 분명히 용해되고 있었다"[12]라고 말한 게 다야. 이 구절은 두 가지로 해석할 수 있어.

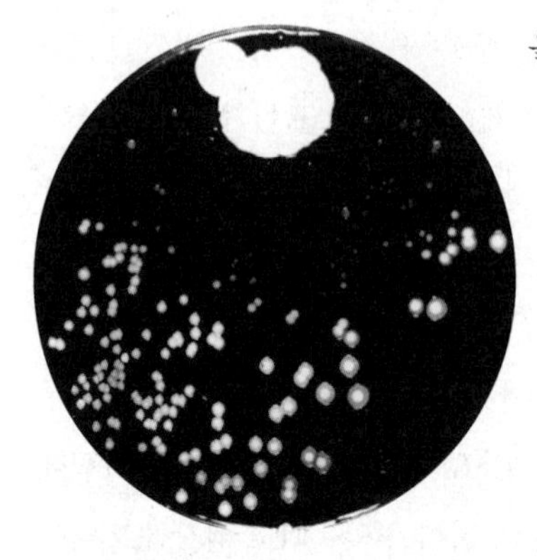

'최초'의 페니실린 접시 사진(런던 세인트메리병원 의과대학)

첫째, 사진은 플레밍이 관찰한 현상을 보여 주는 예시로 설명에 쓰고자 특별히 준비한 것이다. 둘째, 사진은 플레밍이 직접 관찰한 것이다. 요점은 플레밍의 논문에서는 사진에 있는 접시가 최초로 관찰한 접시인지 직접적인 언급이 없다는 거야.

아리아나 잠깐! 그러니까 네 말은 모든 사람이 플레밍이 집어넣은 사진이 최초로 관찰한 접시라고 가정하는데, 그게 아닐 수도 있다는 거지?

콘스탄스 난 플레밍이 어딘가에서 그게 최초의 접시**였다고** 말한 게 기억나는데!

제니 음, 플레밍이 그렇게 말했지만, 그건 아주 오랜 세월이 지난 후였어. 전기 작가 모루아André Maurois에게서 복사한 그림에는 다음과 같은 제목이 붙었지. '곰팡이의 항균 작용(페니킬리움 노타툼).'[13] 페니킬리움 노타툼이라는 명칭이 어떤 사실을 말해 주고 있는데, 플레밍은 1930년대 중반까지 미생물학자 찰스 톰Charles Thom이 제대로 확인해 줬는데도 자기가 본 곰팡이가 페니킬리움 루브룸P. rubrum이라고 생각했어. 그러니까 이 그림은 1930년 이후에 만든 거야.[14] 다른 증거(똑같은 형식으로 그린 그림)도 그림이 1944년 이

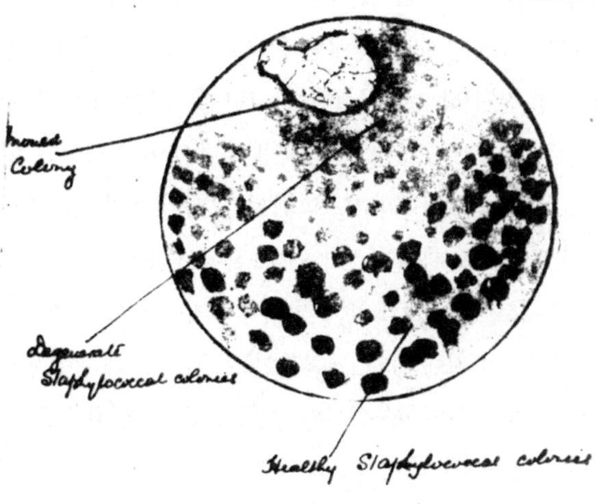

1944년경 플레밍이 그린 '최초'의 페니실린 접시(런던 세인트메리병원 의과대학)

후, 강연을 위해 준비되었음을 시사해. 플레밍의 연구 주제가 '유망해'졌을 때 말이야. 휴스에게서 복사한 사진에는 '페니실린 연구를 위한 배양 접시 사진'이라는 제목이 붙었어. 그리고 접시가 25년이나 되었다고 써 있지.[15] 타통에게서 복사한 또 다른 사진은 1945년 이후 대영 박물관에 기증된 접시를 찍은 사진이라고 하며, '페니실린을 관찰한 최초의 배양 접시'[16]라는 제목이 붙었어.

마지막으로, 플레밍 자신이 어떻게 페니실린을 발견했는지 밝힌 1944년 논문에 1929년 사진을 복사한 게 있어. 플레밍이 이 발견을 두고 "15년이나 지나서 어떤 사고 과정을 거쳤는지 말하는 것은 매우 어렵다"라고 쓰기는 하지만, 그럼에도 아주 분명하게 1929년 사진이 "포도상 구균 군체를 용해하는 곰팡이 군체가 있는 최초의 배양 접시"라고 묘사했지. 하지만 같은 논문에서 플레밍은 "잘 성장한 처음의 포도상 구균 군체에 무엇이 있었는지 이전 기억으로는 희미하다"[17]라고도 말했어. 그러니 우리는 여기서 문제에 부딪혀. 1944년까지는 1929년 사진이 최초로 생긴 오염을 보여 준다는 분명한 증거가 없는 거야. 우리가 포도상 구균 군체는 오염이 일어나기 전에 있었고, 곰팡이는 2주 후에나 관찰했다는 플레밍의 추가 진술을 받아들이면, 휴스가 재구성한 내용은 버려야 해. 발견은 플레밍이 설명한 대로는 불가능해.

리히터 그래서 네가 말하려는 게 뭔데?

임프 맥팔레인 법칙이라는 건데, 유명한 병리학자이자 왕립 협회 회원이고 가장 최근에 플레밍의 전기를 쓴 맥팔레인이 이렇게 말한 적이 있어. "경쟁하는 이론이 공존할 때, 그 이론들이 모두 동의하는 어떤 사안이 틀렸을 가능성이 높다."[18]

아리아나 바로 그거야. 내 경험상, 논쟁은 두 이론 중 어느 쪽도 진실에 부합하지 않을 때 일어나.[19]

콘스탄스 그럼 지금 경쟁하는 이론들이 모두 동의하는 점이 뭔데?

제니 모두 플레밍의 1929년 논문에 실린 접시가 우연히 오염된 거라는 점에 동의하지. 플레밍의 발견을 설명하려는 사람 모두(부스틴자, 콜쿤, 해어, 휴스, 맥팔레인) '최초' 접시를 논하는 데 집중했어. 하지만 그 접시가 최초 접시라는 직접적 증거가 없거나 뭐가 최초라는 건지 의문이 들어. 오염이 최초라는 거야, 페니실린의 작용이 최초라는 거야? 어떤 기록도 남기지 않았다는 걸 보면, 1944년에 플레밍도 몰랐을 가능성이 있어. 게다가 그 접시는 박테리아를 죽이는 곰팡이를 보여 주는 아주 명백한 사례기 때문에 플레밍 같은 전문가는 말할 필요도 없이 누구도 이를 지나칠 수 없고, 리졸 용기에 버릴 수도 없어! 우리에게는 다른 설명이 필요해. 명확하다기보다 무언가 애매모호한 것, 지나치기 쉬운 것을 설명해야 한다고.

콘스탄스 잘 모르겠어. 버려야 하는 건 접시뿐만이 아니라 플레밍이 나중에 제시한 설명까지라고 말하는 거야?

임프 아니, 내 말은 그것들을 재해석해야 한다는 거야. 가정은 마음대로 버리고 폐기할 수 있지만 리히터의 '법칙', 즉 모든 자료는 타당하며 사실, 인공 사실, 변칙 현상의 관점에서 설명해야만 한다는 걸 깨트릴 수 없으니까. 내가 하려는 건 어떤 사실을 인공 사실로 재범주화하고 이전 설명에서 무시되었던 사실을 전면에 내세우는 거야.

예를 들어, 멀린 프라이스가 플레밍의 실험실을 방문한 사건에는 주목할 만한 또 다른 특징이 있어. 모루아는 프라이스가 박테리아 연구를 하면서 "오래된 미생물 군체가 다양한 이유로 용해되는 모습을 봤다고 했다. 그는 아마 곰팡이[플레밍의 접시에 있는]가 산을 생성해 포도상 구균에 해로운 영향을 끼치는 게 아닐까 하고 생각했다. 그렇게 이상한 일은 아니었다"[20]라고 써. 난 '그렇게 이상한 일은 아니었다'라는 말을 강조하고 싶어. 1946년에 플레밍은 이렇게 말했어. "박테리아 길항 작용bacterial antagonism*은 아주 흔하고 잘 알려진 현상이라는 사실이 오늘날 우리가 알듯이 항생 물질 연구를 돕는다기보다 오히려 방해했다."[21] 그리고 의

---

* 글자 그대로 박테리아와 박테리아가 맞서 하나가 다른 하나의 작용을 저해하는 현상을 말한다.

사 파파코스타스Georges Papacostas와 가테Jean Gaté는 플레밍이 페니킬리움 연구를 한 바로 그해에 박테리아 길항 작용 사례들을 개관하는 책을 출판하기도 했지.[22] 그럼 프라이스가 무시해 버린, 흔히 일어나는 현상이라는 사실이 플레밍에게 왜 중요한 걸까, 리히터? 또 다시 해석 문제가 발생했지.

리히터 좋아. 그럼 플레밍이 엄청난 기대를 갖고 찾으려 한 게 뭘까?[23] 살균제?

임프 라이소자임이야! 난 플레밍이 라이소자임이 발생하는 새로운 원천을 찾았다고 생각해. 플레밍의 동료는 거의 모두 1928년 가을에 플레밍이 보여 준 곰팡이가 라이소자임을 생성한다는 인상을 받았어. 그들은 "플레밍이 부린 장난"이라고 말했고, 맥팔레인은 "플레밍은 처음에 그게 진짜라고 생각했다"[24]라고 썼어. 하지만 플레밍은 예전의 연구로 라이소자임이 포도상 구균에 어떤 영향도 미치지 않음을 알았을 거야. 그러니 이제 플레밍이 그 가능성을 어떻게 생각했을까? 곰팡이가 포도상 구균을 용해하니까 애초에 라이소자임이 아니라고 여기거나, 아니면 곰팡이가 포도상 구균 접시에 미치는 작용을 관찰하지 못하고서, 그전에 곰팡이가 보여 주는 몇 가지 흥미로운 작용을 관찰한 **후에** 포도상 구균에다 실험했을 수 있지. 따라서 나는 플레밍이 한 최초 관찰은 라이소자임 실험 때문에 생긴 결과였다고 봐.

콘스탄스 하지만 도대체 왜? 플레밍은 왜 7년 전에 발견해 놓고도 여전히 라이소자임의 원천을 찾은 거야?

임프 그 말은 발견을 인식하는 일은 과정이 아니라 사건이라고 고집하는 거야. 네가 앉지도 못한 채 새로운 현상을 관찰하고, 보고하고, 곧바로 또 다른 새로움을 찾는 일을 한다고 생각해 봐. 발견이란 이렇게 지속되는 과정이야. 발견은 관찰을 입증하는 일, 이전에 얻은 결과를 재해석하는 일, 가설을 재고하는 일, 시험을 더 확장하는 일, 경계 조건을 정하는 일, 새로운 사례에 대입해 보는 일, 현재 있는 지식을 통합하는 일, 쿤이 사용한 대로 정상 활동을 바꾸는 일, 새로운 문제를 정의하는 일, 응용하는 방법을 발명하는 일 등이 필요해. 플레밍과 동료들은 1930년에도 여전히 라이소자임에 관한 새로운 연구를 보고했어. 게다가 그 일을 즐기기도 했지. 예를 들어 1922년과 1928년 사이에 플레밍과 동료들은 인간의 콧물, 눈물, 가래, 조직, 기관, 피, 백혈구, 혈장, 혈청을 분석했어. 플레밍은 낚시하면서 꼬치고기의 알과 다른 여러 물고기의 알을 연구했지. 또 구할 수 있는 모든 새의 알도 조사했고, 말, 소, 닭, 오리, 거위, 런던 동물원에 있는 50여 종種 동물의 눈물을 모았지. 지렁이와 달팽이 점액은 물론이고, 튤립, 해바라기, 카네이션, 루핀, 미나리아재비, 딱총나무, 소리쟁이, 쐐기풀, 양귀비, 서양말냉이, 고광나무 꽃들을 갖고 실험했으며, 이 외에도 수많은 채소와 나무, 그것들의 뿌리와 줄기를 시험했어.[25] 이런 사례는 플레밍이 뭔가를 찾기 위해 거의 모든 곰팡이류를 연구했다는 사실을 드러내기에 모자람이 없지. 특히나 파파코스타스와 가테가 미생물이 서로에 대해 화학적 방어물을 갖추고 있다는 사실을 보여주는 책을 낸 뒤니까 말이야.

아리아나 이 모든 것이 라이소자임을 생성한단 말이야?

임프 그래.

아리아나 궁금한 게 있어. 지난 10년간 새로운 종류의 펩티드 항생 물질 세 가지가 분리되었잖아. 생물학자 보만Hans Boman이 나방에서 발견한 세크로핀cecropin, UCLA에 있는 레러Robert Lehrer가 포유류의 호중성 백혈구에서 발견한 디펜신defensin, 그리고 가장 최근에 생물학자 자슬로프Michael Zasloff가 개구리 피부에서 분리한 마게이닌magainin 말이야.[26] 난 플레밍이 이것들이나 아니면 우리가 아직 모르는 펩티드 항생 물질을 보았는데, 그걸 라이소자임으로 오해한 게 아닌지 궁금해.

임프 그럴 수도 있지. 플레밍은 자신이 발견한 물질이 단백질성이면서 항생 작용을 한다고 규정하는 것 이상의 일은 하지 않았으니까. 그가 얻은 결과에서 아주 흥미로운 두 번째 측면을 말해 줄게!

리히터 그럴듯하네. 하지만 페니실린으로 돌아가자. 페니킬리움이 우연히 발견된 거라는 점은 부정하지 않지?

임프 물론, 왜 그러겠어? 플레밍은 자기 손에 잡히는 물질, 자기 눈에 보이는 물질은 무엇이든 실험했으며 자신이 알든 모르든 발견하는 모든 박테리아에 마구잡이로 라이소자임 실험을 했어. 그게 플레밍의 연구 방식이야. 놀이지. 기억해?

아리아나 주의 깊게 계획된 무질서라고 부르고 싶네.

라이소자임 연구에 필요한 눈물을 모으는 모습. 1922년에 도드(J. H. Dowd)가 그린 그림. 실제로는 실험 참여자의 눈에 레몬즙을 떨어뜨려 눈물을 모았고, 달걀 흰자가 라이소자임을 얻는 주요 원천으로서 눈물을 대체했다(런던 세인트메리병원 의과대학).

임프 바로 그거야. 자, 플레밍이 라이소자임 작용을 하는 곰팡이를 연구했다면, 이건 모든 걸 설명해. 맞아. 플레밍의 배양균 일부가 **정말** 오염되었어. 플레밍은 그게 흥미롭다고 생각했고, 그 곰팡이를 배양했어. 하지만 이제는 빈칸이야. 그가 다음에 무엇을 했는지 알려 주는 기록은 없어. 플레밍이 제시한 설명은 불가능해. 그건 해어가 시도한 재구성과 모순 돼. 해어의 설명을 받아들여도 우리에게는 두 달간의 틈이 생겨. 대신에 이걸 해 보자. 플레밍의 말을 다시 인용해 볼게.

포도상 구균 변종들을 연구하는 동안 많은 배양 접시를 실험실 작업대 한 쪽에 두고 이따금씩 살펴보고는 했다. 한데 이 접시들을 조사할 때는 공기에 노출할 수밖에 없어서 접시가 여러 미생물에 오염되곤 했다. 그러다가 널따란 곰팡이 군체가 포도상 구균 군체를 투명하게 용해하는 모습을 보았다.[27]

이게 전부 사실이라 해도, 플레밍은 설명에 몇 단계를 빠트렸어. 그래, 플레밍은 적어도 하나의 접시에서 전에는 보지 못한 오염을 관찰했어. 즉, 페니킬리움 노타툼을. 그게 포도상 구균 접시였을까? 그럴 수도, 아닐 수도 있어. **그 당시** 플레밍은 포도상 구균 변종들을 연구하고 있다고 말했으니까.
다음으로 살펴볼 건? 난 플레밍이 처음으로 곰팡이를 알아챈 1928년 9월 중순과 첫 페니킬리움 실험을 기록한 10월 30일 사이에 무슨 일이 일어났는지 빈칸을 채워야 한다고 생각해. 곰팡이가 일시적 한파로 자라났다는 해어의 생각을 받아들일 수 있다고도 봐. 이건 말이 돼. 플레밍은 곰팡이를 배양균 중 하나에서 발견했고, 곰팡이 일부를 영양 한천을 사용해 새로운 페트리 접시

1944년 실험실에 있는 플레밍(베트만 기록 보관소)

로 옮기고 완전히 자라면 라이소자임 작용을 시험할 때 표준적으로 사용하는 세균인 미크로코쿠스 리소데익티쿠스Micrococcus lysodeikticus를 첨가했어. 결과는 약한 상관관계가 있었어. 페니실린이 미세 구균을 죽이기는 했지만 그리 효과적이지는 않았으니까.[28] 처음에 플레밍은 프라이스가 말한 대로 미세 구균의 용해(혹은 성장 방해)를 보지 못했고, 접시를 리졸 용기에 버렸어. 재실험에서도 플레밍은 약하게 작용하는 모습을 관찰했지. 그는 이 실험을 동료에게 보여 주었지만 그렇게 새로운 일도, 인상적인 일도, 기록을 남길 만한 일도 아니었어. 곰팡이를 가지고 하는 흔해 빠진 실험이었지. 2주가 이렇게 갔어.

그 다음, (프라이스가 말한 바에 따르면) 플레밍은 곰팡이가 미치는 작용을 관찰하면서 곰팡이 조각을 채취해 사부로 배지Sabouraud*

* 진균을 분리하거나 증식하는 배지를 말한다.

에다 배양했어. 사실 플레밍은 1944년에 자신의 발견을 재구성하면서 이와 똑같은 절차를 밟았다고 말했지. 이것도 말이 돼. 이 배양기를 완전히 생장시키는 데 2주 정도가 걸렸어. 이제 플레밍은 곰팡이가 라이소자임에 민감하다고 알려진 일련의 박테리아에 작용하는지 시험해서 곰팡이가 라이소자임을 분비하는지 검증하려고 대조군을 만들어. 지금까지는 표준적인 절차에 따른 거야. 다양한 대장균, 고초균, 포도상 구균을 모아서 첨가하기 전에 곰팡이를 5일 정도 생장시켜 10월 20일경 시험을 준비하지. 여기서 주목할 점은 플레밍은 리소데익티쿠스를 사용하지 않았다는 거야. (내가 추정하기에) 1929년 페니킬리움 논문에서 우리가 봤듯이 이미 그걸 사용해 봤던 것 같아. 10월 30일에 노트에다 이 실험의 결과를 기록했어. 너무 놀라운 현상을 보았기 때문이지. 곰팡이가 라이소자임에 조금도 반응하지 않는 포도상 구균을 포함한 병원균 전체에 영향을 미쳤던 거야! 플레밍은 접시 그림 옆에다 특별히 다음과 같은 사항을 써 넣어. "그러므로 곰팡이 배양기에는 포도상 구균에 작용하는 용균성 물질이 포함되어 있다."[29]

이제 물어보자. 해어가 주장한 대로, 분명히 곰팡이가 포도상 구균을 용해하는 모습을 9월 초에 처음으로 관찰했다면, 모두가 최초로 일어난 오염이라고 생각하는 그 아름다운 접시를 손에 쥐었다면, 이런 결론을 6주나 지난 후 다른 실험과의 맥락 속에서 기록한다는 게 이상하지 않아? 난 이상해. 난 10월 30일 실험은 노트를 통해 이해해야 한다고 봐. 즉, 그때가 첫 페니실린 실험이자, 예측 불가하고 흥미로운 무언가의 정체를 처음으로 인식한 날이지!

아리아나 그럼 이른바 최초의 접시는 뭐야?

임프 그건 아주 신중하게 준비한 입증 증거용 접시인데, 나중에 발표하면서 너무 단순화되었거나 15년이 지나서 기억이 흐릿해져 오해가 생긴 거야. 우리는 두 가지 사항을 잊고 있어. 첫째, 플레밍은 갑자기 일어나 "이것 봐!"라고 외칠 만큼 진기한 현상을 만드는 데 선수였다는 것. 우리가 정말로 이런 우연한 오염이 처음일 뿐만 아니라 결과를 발표하기 전 6개월 동안의 실험에서 관찰한 현상을 입증하는 **최상**의 실례였다고 믿을 수 있을까? 아니. 그렇지 않아. 난 접시는 세심하게 설계한 거라고 생각해. 그리고 둘째, 이른바 최초의 접시는 지금도 대영 박물관에 있다는 점을 기억해. 그건 플레밍이 접시를 비교적 빠른 시간 안에 포름알데히드로 고정했음을 뜻해. 안 그러면 곰팡이는 과도하게 생장했을 테니까. 플레밍이 그 접시가 중요하다는 사실을 알았다면 왜 노트에 기록하지 않았고, 왜 페니킬리움의 항생 작용에 관한 결론을 10월 30일에야 기입했을까? 또 그럴 리는 없지만 곰팡이로 연구한 적이 없다면, 접시를 포름알데히드로 보존할 수 있다는 걸 어떻게 알았을까?

아리아나 미생물 그림을 그리면서 알지 않았을까.

콘스탄스 알겠지만 플레밍은 자신의 관찰에서 우연이 한 역할에도 불구하고 이렇게 썼어. "포자가 한천 접시에서 자라지 않았어도 상관없다. '나는 항생 물질을 만들었다'."[30] 이건 플레밍이 곰팡이는 단지 어떤 산을 생성할 뿐이라고 생각했다는 프라이스의 말을 떠올리게 해. 사실 1947년에 W. M. 스콧이라는 사람이 플레밍과 동일한 관찰을 보고하지만, 그 후로 계속 연구하지는 않았어.[31] 임프, 넌 그저 현상을 이해하지 못하고 무슨 일이 일어났는지 알지 못하는 거 아냐? 해어의 설명을 따르더라도 말이야.

내가 이해하지 못하는 건 왜 플레밍이 라이소자임을 찾으면서 페니실린을 발견했다고 말하지 않았느냐는 거야. 정말로 그런 일이 일어났다면 말이야. 어째서 '최초의 접시'를 말하는 거야?

임프 음, 우선 1929년 논문을 자세히 읽어 보면, 플레밍은 소위 최초의 접시라는 걸 말하지 않아. 그는 그저 배양균이 오염되었다고만 말해. 그러고는 문제가 된 현상을 보여 주는 사진을 제시하지. 둘째, 난 네가 이미 안다고 확신하는데, 표현의 논리는 대개 발견의 논리와 일치하지 않아. 어느 누구도 동료 평가를 받는 논문에 자신이 어떻게 그런 결과를 얻었는지에 관해 쓰지 않아. 신경생리학자 앨런 호지킨Alan Hodgkin이 말했듯이, 많은 연구가 비웃음을 자아내는 '완전히 미친' 생각에서 시작되니까. 그래서 과학자들은 혼란을 주지 않을 만한 가장 설득력 있는 방식으로 자료를 전달하는 단순하고도 논리적인 설명을 택해.[32] 자기 지성에 의문을 부르느니 차라리 실제로 무엇을 했는지 빼 버리는 게 낫다는 거지!

내 발견을 설명하는 연구 논문을 쓰려고 고심 중이라 상상해 봐. 이렇게 말이야. "무작위로 라이소자임을 생산하는 유기체를 찾다가 실험실의 공기에서 흔하지만 정체불명인 곰팡이를 분리했다. 초기 실험에서 곰팡이가 라이소자임처럼 작용하는 것으로 보여 당시 연구 중이던 포도상 구균을 포함한 대조군을 만들었다. 그러자 정말 놀랍게도 곰팡이에게 예상치 못한 속성이 있음을 발견했다. 따라서 나는 곰팡이를 규정하고 식별하고자 추가로 연구할 수밖에 없었다. 후속 연구에서 곰팡이가 생산하는 물질이 라이소자임이 아니라 다음의 특징을 지닌 새로운 물질이라는 사실이 밝혀졌다……." 너무 복잡하고 에둘러 말하는 것 같아. 곰팡이가 병원균을 용해한다는 점을 말하면서 시작하는 게 더 낫지. 그게 새롭고도 가장 중요한 관찰이니까.

나는 개인적으로 다음과 같은 글이 좋아. "나는 미생물을 갖고 놀다가 어느 날 어떤 일이 일어나는 걸 보았고 그래서…….” 하지만 물론 그렇게는 안 쓰겠지. 과학자들이 논다고 말하면 안 되니까. 그래서 플레밍은 (모두가 그런 건 아니지만) 우리처럼 몰래 놀았지. 언젠가 센트죄르지는 새로운 탄수화물 파생 물질을 발견했는데, 그게 무엇으로 구성되었는지 몰라서 ‘이그노제ignose’라고 이름 붙였어. 여기서 ‘오제-ose’는 화학자들이 당糖이나 탄수화물을 지칭할 때 쓰는 어미야. 그리고 앞에 붙는 ‘이그노ignо-’는 ‘이그노스코ignosco’에서 따온 말로, ‘모른다’는 뜻이야. 그런데 『생화학지*Biochemical Journal*』의 편집자는 과학은 엄숙해야 한다며 센트죄르지의 논문을 돌려보냈어. 센트죄르지는 ‘신의 코godnose’라는 이름을 붙여 화답했지. 편집자가 어떻게 반응했는지 알 만할 거야.[33]

아무튼, 센트죄르지가 발견한 물질은 아스코르브산, 다시 말해 비타민 C로 밝혀졌고, 노벨상도 받았지. 이건 장난치고 농담할 수 있는 성격이 가치 있는 걸 산출한다는 사실을 보여 줘.

콘스탄스 그래, 좋아. 하지만 플레밍의 발견에 대한 네 설명이 정말 참일까?

임프 오, 신의 코여! 나의 물 흐르는 코여! 지금 중요한 건 그게 아냐. 난 주어진 어떤 자료라도 네가 자료를 선택하고, 재고, 조직하는 데 사용하는 가정 및 미학적 기준으로 결정하는 여러 대안적 설명과 양립한다는 사실을 보여 주려고 했어. 오늘 이후에 난 문제를 혼란스럽게 만드는 ‘사실’이라는 끔찍한 키메라를 꺼내지 않았으면 좋겠어. 가설이나 이론으로 정의되는 것 빼고는 사실이라는 건 존재하지 않으니까. 요컨대, 네 마음을 아프게 할지도 모르지만, 사실이란 건 맥락 의존적인 거야!

헌터 그 말을 들으니, 플레밍의 연구를 우연도 논리도 아닌 다른 방식,

즉 확률로 해석하는 게 가능하다는 생각이 들어. 이렇게 해 보자. 우리가 설명하려는 특정한 실험은 잊어버려. 그 대신에 실험의 맥락과 실험이 일어날 확률을 생각하는 거야. 분명히 플레밍은 염두에 둔 문제가 있었어. 당시 플레밍의 페니실린 연구를 보조한 스튜어트 크래독Stuart Craddock은 다음과 같이 회상했지. "[플레밍은] 내게 쓸모 있는 유일한 살균제는 조직을 파괴하지 않으면서도 미생물을 막는 것이어야 한다고 수백 번이나 말했다. 플레밍은 그런 물질을 발견하는 날, 감염 치료 전체가 바뀔 것이라고 말했다."[34] 따라서 플레밍은 자신이 무엇을 찾는지 알고 있었어. 파스퇴르가 말한 준비된 마음이었지. 리히터의 용어를 쓰자면, 플레밍은 해답을 인식하도록 돕는 문제 영역과 구체적 기준을 정의했던 거고. 이건 우연이 아니야. 따라서 이미 플레밍은 이런 문제를 염두에 두지 않은 세균학자보다 더 발견에 이를 확률이 높았던 거야.

플레밍이 연구하는 방식을 보자. 우리는 그가 미생물과 놀기 좋아하고, 때로 표준적인 관습에 있는 규칙을 깨뜨린다는 걸 알아. 플레밍은 다음과 같이 조언하곤 했어. "일상에서 벗어나는 것처럼 보이는 어떤 현상이나 사건을 절대로 무심히 두지 마라. 대개는 허위 경보인 경우가 많지만, 중요한 진실이 있을지도 모른다."[35] 그리고 그는 접시를 오랫동안 보관하고, 오염에 주목하고, 미생물 그림을 그리는 행동으로 이상한 일이 일어날 기회를 만들었지. 앨리슨이나 스콧과 비교하면 플레밍이 쓴 방법은 놀라운 발견을 얻을 확률을 높인 거야.

그리고 박테리아 길항 작용이 흔한 현상이었다는 사실을 보자. 콘스탄스, 네가 플레밍 이전에 다른 의사들도 이런 길항 작용을 이용하려 했다고 말하지 않았어?

콘스탄스 그래. 파스퇴르와 주베르, 틴들, 리스터Joseph Lister, 버든샌더스 등등 많지.[36] 하지만 실험에 성공한 사람도, 그나마 실험을 지속한 사람도 없었어.

헌터 그럼 플레밍은 수백 명의 세균학자 중에서 박테리아 길항 작용을 관찰한 유일한 사람이자, 길항 작용을 임상적으로 활용하고자 시도한 수십 명 중 한 사람이라 할 수 있겠지. 우리가 스스로 물어야 할 질문은 이거야. 다른 과학자는 해당 문제를 몇 번이나 연구했을까? 플레밍은 비슷한 현상을 몇 번이나 성과도 없이, 실험 기록도 하지 않고 연구했을까? 그리고 얼마나 많은 곰팡이류-박테리아 조합이 유사한 결과를 산출했을까? 페니킬리움은 포도상 구균 이외의 박테리아에 작용한다는 사실을 기억해 봐. 그럼 다른 곰팡이류는 다른 항생 물질을 생성하겠지.

이런 체계적 맥락에서 발견은 거의 필연적인 것처럼 보여. 우리를 혼란스럽게 하는 건 플레밍 연구에 있는 특정한 역사적 순간 때문이야. 따라서 우리가 발견은 과정이라는 임프의 지적을 받아들인다면, 우리가 설명해야 할 건 사건이 아니라 그 과정에서 플레밍이 한 역할이야. 즉, 우연 4번, 독창적으로 행동하라는 디즈레일리 원리를 떠올려 봐. 플레밍이 발견을 이루게 도운 특징은 무엇일까?

리히터 무슨 말이야?

헌터 유비해 볼게. 열역학 제2법칙을 생각해 봐. 흔히 사람들은 제2법칙이 계system는 무질서를 향해 간다는 점을 뜻한다고 말하지. 순진한 관찰자는 생명이 진화하는 걸 보며 질서도와 복잡성이 크게 증가하는 경향이 있다고 생각하고, 진화는 제2법칙과 모순된다는 결론을 내려. 물론 이건 헛소리야. 전체 계가 무질서를 향해 가는 한, 특정 부분은 질서를 향해 가는 경향이 있으니까. 사실

과학철학자이자 수학자 데이비드 호킨스David Hawkins와 빅토어 바이스코프는 주변 환경과 닿아 있는 어떤 따뜻한 물질은 질서도가 높아지는 경향이 있는데, 그 물질에 있는 질서는 환경이 열을 흡수함으로써 환경에 있는 질서도가 낮아져 과잉 보상을 받는다며, '열역학 제4법칙'을 제시하기도 했어.[37] 이 '법칙'은 별을 형성하는 기체에서 세포를 형성하는 분자에까지 모든 대상에 적용돼.

이 유비를 잘 봐. 우리는 한 명의 관찰자가 이룬 발견을 보며 그 사건이 '질서'인지 '무질서'인지 묻는 중이야. 우리는 그 사건이 합리적이라고 보기에는 너무 무질서하다고 결론 내릴 수도 있어. 하지만 모든 세균학자, 모든 오염, 다루는 모든 문제, 플레밍이 채택한 방법 등의 연구 체계라는 맥락에서, 그 특정 사건은 그럴듯할 뿐만 아니라 가능성 높은 사건이 되는 거지. 연구에서도 '제4법칙'이라는 게 있는 것처럼 말이야. 그런 때에 "연구 중인 하위 문제들이 충분히 다양하고, 기술을 개척하며, 관찰이 이루어진 어떤 문제 영역에서는 발견이 일어날 수밖에 없다."

임프 내가 보기에 핵심 단어는 '다양성'이야. 이건 단지 연구가 많이 이루어진다는 뜻이 아니라, 가능한 한 많은 사람이 똑같은 영역을 가능한 한 여러 방식으로 연구한다는 뜻이지. 그렇지 않으면 늘 하나마나한 결과만 얻게 될걸. 플레밍은 분명히 자신이 하는 연구에 다양성을 도입하는 방법을 고안했어.

아리아나 그러니까 파스퇴르의 능력이 결과야 무엇이든 놀라운 현상을 만드는 실험을 상상하는 데 있다면, 플레밍의 재능은 예상하지 못한, 일어날 법하지 않은 현상들이 꽃피는 조건을 만드는 데 있다는 거네.

헌터 맞아. 콘스탄스와 나는 체계적으로 조사하면 정말로 일어날 확률

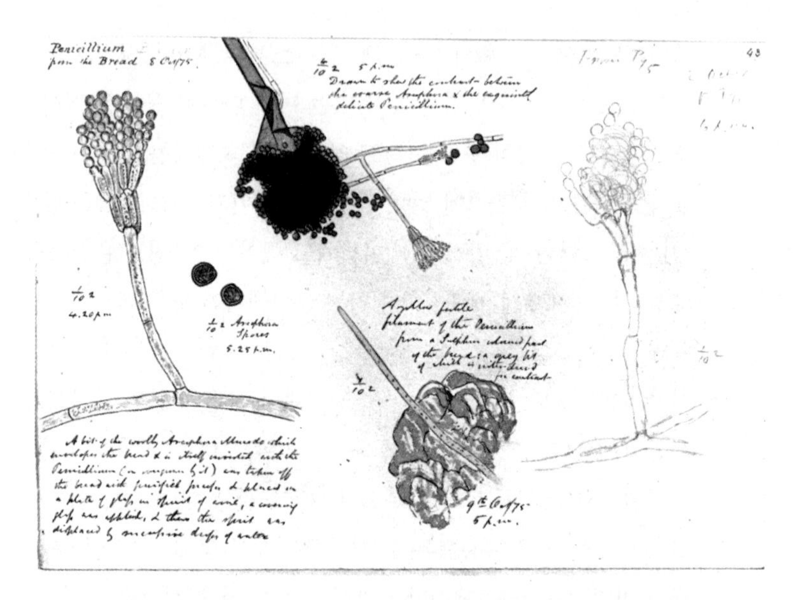

1875년 10월에 의사 조지프 리스터가 그린 페니킬리움 그림(잉글랜드 왕립외과대학)

이 높았다고 볼 수 있는 우연한 발견을 두 종류로 구분해 봤어. 첫 번째 종류는 플레밍이 한 것처럼 문제 지향적인 연구야. 여기서 연구자는 자신이 찾는 게 무엇인지 알지만 이를 어떻게 드러나게 할 수 있는지는 몰라. 이때 다양한 행동, '일상적인 관습에 대항한 투쟁'이 결국 결과를 산출해 내지.[38] 에디슨을 생각해 봐. 그는 자신이 만들려고 하는 사물의 속성이 뭔지 정확히 알았어. "나는 전기가 흐르면 밝게 빛나고 몇 달이나 끄떡없는 섬유나 필라멘트를 찾았다." 그러고 나서 자신이 고용한 노동자들이 그야말로 수천 수만의 섬유와 철사, 가는 실의 속성을 실험하게 했지. 제약 회사도 마찬가지야. 그들은 알맞은 약을 찾기 위한 분석법과 시험법을 계발한 뒤 수천 수만의 화학 물질을 실험해. 약물 후보군에는 생산의 경제성, 안전성, 투여 방법, 효과 지속 시간 통제 등 다른 기준을 추가로 실험하지. 사진을 정착시키거나 고무를 가황加黃하는 방법을 발견한 일도 이 범주에 들어 가.

이런 연구 방법에 있는 한계는 연구에 들이는 노동 강도가 높고 재료에 의존한다는 거야. 시간과 사람, 시험할 재료도 많아야 하고 성공했다는 사실을 알 수 있는 선험적인 기준도 있어야 해. 내가 아는 한 이건 전구나 항생제 같은 새로운 물품을 생산하거나 분리하는 데 사용할 수 있는 기술의 용도도 제한해. 요컨대 우리가 '기술자'라 부르는 사람들이나 쓰는 연구 방법이지, 무엇의 원인(예를 들어 암이나 심장 마비)이나 자기나 전기 같이 새로운 현상을 발견하려는 사람이 쓰는 건 아니야.

기초 과학자에게 더 흥미로운 건 확률 높은 발견이라는 두 번째 종류야. 이건 아주 많은 연구자가 아주 흔하게 하는 소위 세렌디피티(예상할 수 없었다는 의미에서)적인 관찰로, 연구자들은 그 관찰의 중요성을 머지않아 깨달아야 해. 콘스탄스가 이 두 번째 종류를 깊이 공부했어.

콘스탄스 그래. 이런 유형의 발견을 감지하는 핵심 요건(헌터와 내가 그 기준을 조금 바꾸기는 했지만)은 르네 타통의 『과학적 발견에 있는 이유와 우연』에서 제시되었어. 타통은 자신이 '심리적 우연'이라고 부른 개념과 '외재적 우연'이라고 부른 개념을 구별해야 한다고 말해. '심리적 우연'은 어떻게, 언제, 왜, 어떤 일련의 생각이 개인의 마음속에서 갑자기 통합되느냐를 말해. 타통은 발견에 있는 이런 심리적 측면이 모든 발견에서 변하지 않는 요소라고 생각했어.

임프 그건 우리가 파스퇴르와 플레밍에서 보았듯이, 우연이라고 하기 어렵지.

리히터 그건 네 의견일 뿐이고. 계속해, 친구.

콘스탄스 '외재적 우연'은 다시 관찰할 수 없을 만큼 특이하고 드문, 계획하지 않은 사건을 말해. 타통은 과학에서 외재적 우연이 작동한 사례는 거의 없다고 했어.

리히터 퍼킨이 한 아닐린 합성도? 뢴트겐이 한 X선 발견도?

헌터 하지만 리히터, 퍼킨에겐 완벽하게 논리적인 연구 프로그램이 있었어! 그는 아닐린 황산염을 사용해서 퀴닌을 합성하려고 했지. 하지만 그 대신에 나온 건 아닐린 염료였고. 얼마나 많은 화학자가 비슷한 일을 겪고서 자신이 얻은 결과물을 하수구에 버리는지는 신만이 알겠지. 아주 단순하고도 그럴만한 반응이지만. 퍼킨은 아닐린 염료를 만들어서 유명해진 게 아니야. 그걸 위해 퍼킨이 무엇을 했는지 생각해 봐.

콘스탄스 X선 발견도 높은 확률로 일어난 사건이야. 기본적인 사실은 뢴트겐이 물리학자 헤르츠Gustav Ludwig Hertz와 레나르트Philipp Eduard Anton Lenard가 수행한 몇 가지 실험을 재현하면서, (브라운관의 이전 형태인) 브룩스 음극선관을 작동시키자 근처에 있던, 바륨 시안화백금산염을 입힌 스크린에 형광 발광이 나타난다는 사실을 알았다는 거야. 뢴트겐은 두 사건을 연결하고서 더 깊이 조사한 끝에 음극선관에서 방출되는 무언가가 종이나 자신의 손 같은 견고한 물체를 통과하지만, 손의 뼈나 여러 금속에서는 그렇지 못하다는 사실을 보여 주었지. 뢴트겐이 X선이라 이름 붙인 음극선관의 방출물은 사진 건판을 흐리게 만들기도 해.

돌이켜 보면, 음극선관의 발명자 크룩스William Crookes도 형광 발광이 나타난다는 사실을 관찰했지만, 중요하게 생각하지 않았어. 물리학자 프리데릭 스미스Frederick Smith와 켈빈 경도 사진 건판의 흐려짐을 보았지만, 사진 건판 공장이 실수한 거라고 봤지. 심지어 켈빈 경은 제조 공장에 항의하려고 건판을 돌려보내기까지 했다니까! 이들 네 명은 몇 달 이내에 서로 같은 현상을 봤어.[39] 따라서 음극선관과 형광 스크린, 사진 건판을 가진 사람이라면 X선이 내는 효과를 관찰했을지도 몰라. 물론 켈빈 경과 스미스는 사진 건판 제조사가 문제는 공장이 아니라 그들에게 있다는 걸 납득시켜서 흐려짐이 생긴 원인을 추적했지만. 크룩스, 헤르츠, 레나르트, 그리고 또 얼마나 많은 과학자가 비슷한 문제에 직면했을까. 단순히 똑같은 장비를 사용했다는 이유로 말이야.

헌터 중요한 점은 퍼킨과 뢴트겐이 처음으로 예상하지 못한 관찰을 하면서 다음 네 가지를 했다는 거야. 하나, 현상을 흥미롭게 보았다는 점. 현상들에 주의를 기울이라는 플레밍의 조언과 통하지. 둘, 자기 연구를 그 현상을 조사하는 일로 바꾼 점. 지난주에 한 토론을 생각해 봐. 셋, 끈질기게 현상을 추적하면서 현상이 일어나는 원천을 규정한 점. 넷, 그 현상으로 무언가를 만든 점, 즉 현상을 해석하고 이용한 점.

콘스탄스 그렇지. 그리고 이런 유형에 잘 들어맞는, 높은 확률로 일어난 유사한 발견 사례는 많아. 귀가 축 늘어진 토끼가 고전적인 사례지.[40] 아니면 내가 좋아하는 사례로 펄서pulsar를 발견한 천체물리학자 조슬린 벨 버넬Jocelyn Bell Burnell에 관한 이야기도 그래.

제니 잠깐! 펄서가 뭔지 말해 주겠어?

콘스탄스 펄서란 규칙적인 주기로 전파를 방사하는 천체를 말해. 버넬 박사는 전파천문학자로 전파밴드에서 나오는 전자기 방사선에 초점을 맞추도록 설계된 도구를 이용해 연구했어. 늘 하는 관찰 과정에서 버넬과 동료들은 생각지 못하게 규칙적이고도 미약한 전파 신호를 포착했지. 그 신호는 너무 규칙적이라서 처음에 천문학자들은 잡음이라고 생각했어. 하지만 그럴 가능성은 곧 배제됐지. 다른 원인들도 체계적으로 배제해 나가며 이런 주기적 신호,

즉 펄스가 어디서 오는지 찾기 시작했어. 마침내 다른 전파천문학자들도 신호의 존재를 검증했고, 펄스가 가설상의 중성자별(중성자별은 일반적인 원자들이 더 이상 존재하지 않는, 즉 중성자인 빽빽한 상태로 붕괴하는 천체야)이 있을 때 예측되는 특징들을 보여 준다는 사실을 알게 돼. 여기서 버넬의 설명 중에 핵심 부분을 그대로 인용해 볼게.

그 발견은 전혀 예상하지 않은 것이었다. 나중에 우리는 다른 관측소에 있는 전파천문학자(그들이 누구고 어디인지는 말하지 않겠다)가 이미 여러 해 동안 오리온의 오른쪽 위치에서 북쪽 방향으로 오늘날 우리가 아는 펄서를 관찰했다는 사실을 알았다. 그는 [기록 장치에 있는] 펜이 이리저리 움직이는 걸 보았고 막 집에 돌아가려던 참에 장비가 고장 났다고 생각했다. 그래서 장비가 있는 책상을 발로 찼고 펜은 움직임을 멈췄다.[41]

임프 후에 그 사람은 차라리 자기를 발로 차버리고 싶었을 거야!

아리아나 진짜 재미있는데. 이건 세계를 보는 자신의 심적 모형에 맞지 않는 사실은 거부하는 게 인간 본성이라는 뜻이잖아.

헌터 맞아. 컴퓨터 소프트웨어를 연구하는 친구가 말해 준 건데, 매번 프로그램이 이상하게 작동할 때마다 하드웨어를 탓하는 동료가 있대. 반면 내 친구는 늘 다음과 같이 물으면서 문제에 접근해. 첫째, 그것은 재현 가능한가. 둘째, 어떤 조건에서 그러한가. 그러고 나서 내 친구는 왜 소프트웨어가 자기가 원하는 방식으로 작동하지 않을까 이해하려고 애써. 당연히 그 결과 컴퓨터 프로그램은 전과 다름없이 작동하지만, 프로그램이 어떻게 작동하는가에 관한 내 친구의 심적 모형이 변하지. 내 친구의 동료 같은 사람들이 지닌 문제는 세계 그 자체가 아니라 세계를 보는 자신의 모형을 선호하고, 그 둘 사이의 불일치를 무시하는 방식으로 생각한다는 거야. 그들은 물리적으로는 아니지만 마음에서 '기계를 발로 차버려'

임프 그게 바로 발견을 놓친다는 뜻이지!

제니 하지만 우리가 지난주에 봤듯이 그게 연구하면서 우회로 만들기를 거부한 건 아니잖아. 이런 사례는 무엇보다 현상 인식하기를 거부한 거지.

콘스탄스 맞아. 맥팔레인 버넷은 데렐의 『박테리오파지*Le Bacteriophage*』를 읽고 나서, 한 환자의 소변을 배양했어. 그리고 소변이 대장균에 심하게 오염되었다는 사실을 기록해. 대장균 군체들 사이에는 깨끗한 영역이 두 곳 있었는데, 맥팔레인은 곧 박테리오파지 때문에 이런 일이 생겼음을 알아차렸지. 그는 이렇게 말했어.

> 내게 깊은 인상을 준 것은 [30년 전] 코흐가 박테리아를 생장하는 젤리 같은 배지를 만든 이래로 소변 배양기에서 때때로 박테리오파지가 만드는 투명한 용균반plaque, 溶菌斑*이 생기는 현상을 관찰해 왔다는 사실이다. 하지만 이런 용균반이 중요하다고, 연구가 필요한 현상이라고 본 사람은 없었다. 경험 많은 과학자에게도 예상치 않은 현상의 중요성을 파악하기는 상당히 어려운 것이다.[42]

또 버넷은 자신은 적혈구 응집 반응을 관찰했으면서도 그 중요성을 몰랐다고 말했어. 해어와 심리학자 맥클리랜드David Clarence McClelland는 적혈구 응집 반응으로 바이러스와 항체를 판단하는

* 세균이 있는 배지에 박테리오파지를 넣으면 생기는 불투명하고 둥근 반점을 말한다.

표준적인 분석법을 만들었는데 말이야.[43] 그러니 버넷처럼 노벨상을 받은 최고의 과학자도 다른 사람(트워트나 데렐, 그 밖에도 많아)이 중요하다고 보는 걸 지나칠 수 있어. 타통과 아다마르는 저서에서 이 문제를 확장해서 논의했지.[44]

임프 아하! 바로 그거야! 내 뇌를 야금야금 갉아 먹던 구더기를 알았어. 뒤집어서 생각해야 해! 그러니까 놓친 발견만이 아니라 중복된 발견도 있다는 거지, 그렇지?

콘스탄스 물론이야. 과학사회학자 로버트 머튼Robert Merton이 한 고전적인 연구는 모든 발견의 대다수는 중복 발견이었음을 보여 줘. 그러고는 발견은 높은 확률을 따르는 과정이라고 아주 강력하게 주장했지.[45] 난 모두가 이런 사실을 알 거라 생각해. 예를 들어 열댓 명의 사람들이 몇 년 사이에 앞 다투어 열역학 제1법칙(에너지 보존 법칙)을 제시했잖아. 그리고 적어도 실험실 세 곳에서 겨우 몇 달 사이에 뇌에서 나오는 펩티드 호르몬을 처음으로 분리했고 말이야. 이런 사례는 그야말로 수천 가지일걸.

머튼은 누가 먼저 발견했는지, 누가 상을 받으며 누가 석좌 교수를 획득하느냐하는 우선성 논쟁에 관심을 가졌어. 이런 경쟁이 제임스 왓슨의 『이중나선』이나 과학저술가 니컬러스 웨이드Nicholas Wade의 『노벨상 투쟁*The Nobel Duel*』이 다루는 주제지.[46]

임프 모든 과학자가 똑같은 결론에 이르고 동시에 똑같은 대상을 포착한다면, 발견에는 논리가 있는 게 틀림없겠지!

제니 무슨 말인지 모르겠는데.

임프 좋아. 다른 걸 생각해 보자. 대부분의 발견이 우연이나 우발적 요소를 띤다고 해 봐. 셋이나 여섯, 혹은 열두 명의 과학자들(아니면 과학자 집단)이 거의 동시에 똑같은 결론에 이른다면, 그 우연이나 우발적 요소가 무엇이든 간에 셋이나 여섯 혹은 열두 명이 있는 실험실이 모두 동시에 조작하는 요소일 거야. 물론 이건 터무니 없는 생각이지! 반면에 우리가 대부분의 과학자가 동일한 이론적 가정을 지니고 동일한 일반 현상을 관찰해 논리적으로 동일한 결론에 이른다고 생각하면 동시 발견이 가능한 원인이 무엇인지 더는 신비롭지 않겠지.

리히터 오늘 초반에 네가 말한 것처럼 모두가 동일한 현상에 직면하는 건 아니라는 사실을 빼면 말이야. 라이트와 앨리슨은 라이소자임을 발견할 수 있었지만 그러지 못했지. 파스퇴르와 틴들, 스콧, 그 밖의 사람은 페니실린을 발견할 수 있었지만 그러지 못했고. 그러니 넌 양쪽 입장을 다 가질 수 없어.

제니 리히터 말이 맞아, 임프. 나폴레옹이 맞닥뜨린 상황을 똑같이 마주한 사람이 다 나폴레옹처럼 행동할까? 당신, 역사적 결정론이라는 문제를 논하고 싶진 않겠지, 안 그래?

임프 아냐, 그렇지 않아! 내 말을 제대로 이해시키지 못한 것 같네. 우선 리히터, 난 지금 공유하는 관찰을 말하는 게 아니라 공유하는 문제와 선개념을 말하는 거야. 동시에 발견을 이룬 사람들은 동일한 이론, 방법론적 의무를 가져야만 해. 그리고 둘째, 나폴레옹처럼 훈련받은 사람은 나폴레옹처럼 행동하지 않을까, 제니? 이때 발생하는 질문은 나폴레옹이 받은 훈련과 겪은 경험이 얼마나 독특한가겠지.

아리아나 과학자가 자연에서 새로운 사실을 이끌어 내려고 배운 요령이 얼마나 독특한가도.

제니 그럼 (물론 역사적 사료를 제외하고) 우연한 발견에 반대하는 주요 논증은 뭔가를 그냥 알 수 없고, 반드시 그걸 해석할 필요가 있다는 거군. 하지만 잘 정립된 문제나 원하는 현상을 보리라 예측하는 명확한 이론이 없으면 관찰을 해석할 수 없고.[47] 그리고 수많은 사람이 동일한 이론적 전망을 갖고 공통의 문제를 다루면, 동시에 같은 현상을 관찰할 가능성도 높다, 그거야?

임프 그렇지!

아리아나 무엇을 보고, 보지 못하느냐는 내 머릿속에 무엇이 들어 있느냐에 달렸어. 내 눈 앞에 무엇이 있느냐가 아니라! T. H. 헉슬리는 자신의 손자 줄리언 헉슬리Julian Huxley에게 이렇게 말했지. "똑같은 현상에서도 아주 많이 보는 사람과 아주 적게 보는 사람이 있단다."[48]

콘스탄스 그럼 우리가 2주 전에 이야기한 일상의 숭고함으로 돌아가는 거네. 센트죄르지는 "발견은 모든 사람이 보는 사실을 보는 것과 아무도 생각하지 못하는 사실을 생각하는 것으로 이루어진다"[49]고 말했지. 또 화이트헤드는 "중요한 모든 사실은 이를 발견하지 못한 사람이 이미 본 것이다."[50]

임프 아냐, 콘스탄스. 우리는 지금 전진**하고 있다고**! 난 우리가 보지 못한 무언가가 있음을 깨달았어. 그게 단지 보이지 않는다는 이유로 말이야. 우연한 발견을 나열한 리히터의 목록을 생각해 봐. 아니면 너와 헌터가 말한 확률 사례를 생각해 봐. 그것도 아니면 네가 아는 다른 우연한 발견을 생각해 봐. 그런 발견의 전체 집단에서 단일한 이론적 발견은 하나도 없어. 코페르니쿠스Nicolaus Copernicus도 갈릴레오도 뉴턴도 라플라스도 아인슈타인도 '우연히' 우주를 보는 새로운 개념에 도달하지는 않았어. 그렇지? 내 말이 맞지?

리히터 아니, 네 말은 틀렸어. 넌 경제학자 토머스 맬서스Thomas Malthus의 『인구론』을 읽은 다윈을 빼먹었어. 맬서스 없이는 진화가 일어나는 기제도 없어. 진화가 일어나는 기제 없이는 『종의 기원』도 없고.

콘스탄스 그건 정확하지 않아, 리히터. 다윈이 말한 기제, 자연 선택도 중복 발견이라 볼 수 있어. A. R. 월리스Alfred Russel Wallace*도 잉글랜드에서는 모르는 사람이 거의 없는 맬서스의 책을 읽고 나서 자연 선택을 생각했거든. 게다가 다른 여러 과학자도 자연 선택이라는 생각에 부분적으로 들어맞는 주장을 하기도 했고.[51] 다윈은 또 다른 이유에서 그다지 좋은 사례가 아니야. 다윈이 쓴 노트와 편지가 분명히 보여 주듯이, 1838년까지 진화를 일으키는 기제를 찾는 중이었어. 그러니 다윈이 예상치 못한 곳에서 단서를 찾았다고 말하는 건 아직 해결되지 않은 문제를 사실이라고 가정하는 거야. 다윈은 자신이 찾는 것을 발견했으니까.

임프 아주 단순한지만 실제로는 없는 이야기를 생각해 보자. 다윈이 비둘기를 육종하는 두 사람의 이야기를 들었는데, 한 사람이 "하지만 그건 **자연**스럽지 않아"라고 말하고, 다른 사람이 "**선택**은 육종가가 가진 특권이야"라는 대답을 듣고, 짠! '자연 선택'이라는 게 탄생했다고 말이야. 이제 사건들이 우연하게 합류하는 것처럼 보이지! 분명히 다윈에게는 사람들에게서 우연히 듣는 단어도, 순전히 무작위적인 기초에서 짝 지워진 것 같은 '자연'과 '선택'이라는 단어도 통제할 수 없었어.

리히터, 네가 인용한 다른 사례도 이것처럼 말이 안 돼. 원하지 않은 오염, 예상치 못한 날씨, 필요한 효과를 보여 주기에 적합한 상보적 미생물이 통제하는 플레밍의 발견, 오줌에 모여드는 파리라는 원하지 않은 현상이 통제하는 민코프스키의 발견, 상상할 수

* 앨프리드 월리스, 1823~1913. 영국의 박물학자. 아마존강 유역과 말레이군도를 탐험하며 다윈과 독립적으로 자연 선택론을 생각했다. 월리스가 보낸 편지로 이 사실을 알게 된 다윈은 월리스와 공동 논문을 발표했다.

도 없는 문제에 관한 뜻밖의 관찰까지. 도저히 믿을 수 없어! 넌 소위 우연으로 발견된 이론이 있다고 생각해?

콘스탄스 사실, 난 가능하다고 생각해.

임프 세상에! 넌 나 못지않게 짓궂구나. 그럼 우리 사이에서는 언쟁이 일어날 수밖에.

콘스탄스 음, 그러고 싶진 않아. 어쨌든, 내가 생각하는 사례는 존 돌턴 John Dalton*이 화학 결합을 설명하는 원자론을 고안한 일이야. 과학사학자 아널드 새크레이Arnold Thackray는 그 이론이 귀납이나 연역 논리가 아니라 (새크레이의 말을 따르면) '우연히' 만들어졌다고 주장했어. 기본적으로 새크레이는 돌턴이 기상학의 문제를 풀려고 연구를 시작했으며, 그 해결책을 화학에 응용할 수 있다는 사실은 나중에야 알았다고 주장해. 다시 말하면, 원자론을 고안한 건 의도하지 않거나 우연적인 거였지.[52]

헌터 아니, 난 동의하지 않아, 콘스탄스. 그건 의도적이었어. 돌턴에게는 자신이 염두에 둔 연구 프로그램이 있었어. 돌턴의 이론이 화학보다 기상학과 관련되었다는 사실은 상관없어. 돌턴은 그 둘을 연결해 생각했으니까. 그는 우리가 연구한 모든 사람처럼 우회로로 갔던 거야.

콘스탄스 하지만 돌턴도 그 이론이 '비합리적'[53]이었다고 말했는걸. 그는 돌턴이 뉴턴을 잘못 해석했고, 열소** 이론caloric theory을 받아들였으며, 증거 없이 서로 다른 기체에 있는 입자는 각기 다른 크

---

* 존 돌턴, 1766~1844. 영국의 화학자, 물리학자, 기상학자. 화학 반응과 화학물의 조성을 설명하고자 물질은 원자라는 쪼개질 수 없는 입자로 구성되며, 화학 반응은 원자와 원자의 결합법이 바뀌는 것이라고 주장했다.

** 열현상을 설명하고자 물체에 들어와 온도를 높인다고 가정한 가상 입자를 말한다.

기를 가질 거라고 가정했고, 이를 바탕으로 기상학의 다양한 측면을 설명할 수 있다는 결론을 내렸다고 했어. 실제로는 아니었지. 그리고 모든 것이 부적절한 실험에 기반을 두었다고도 주장했고.

아리아나 이건 라에네크의 청진기 사례를 되짚어 보게 하는데—

임프 질문은 '사실'이 무엇이냐는 거지—

헌터 자, 내가 가장 거슬리는 건 '뉴턴을 잘못 해석했다'거나 '열소 이론을 받아들였다'와 같은 진술이야. 그래서 뭐? 어떤 특정 맥락에서 뉴턴을 제대로 읽는 방식이 무엇인지 말할 수 있는 사람 있어? 돌턴이 클라우지우스Rudolf Julius Emanuel Clausius***보다 60년 앞서 실행 가능한 운동 이론kinetic theory을 고안하려면 무엇을 했어야 했는데? 아니면 기체 운동을 이해하는 어떤 시도도 하지 말아야 할까? 우리가 오늘날 믿지 않는 어떤 이론을 믿으려 열소 이론을 '비합리적'이라고 받아들이는 사람이 있어? 이런 규범적 평가는 어디에서 온 거야?

리히터 무슨 말이야?

임프 이런 뜻이겠지. 우연히 이론을 고안할 수 없다면, **모든** 발견은 우연히 할 수 없는 것이다. 어떤 관찰을 이치에 맞게 만들려면 어떤 이론 내에서 관찰을 해석해야만 하니까. 그리고 우리가 이전에 말했듯이, 중요한 발견만이 우리를 다시 생각하게 하고, 우리가 이미 이해한 사실을 어떻게 생각하는지 연구하도록 추동하지.

*** 루돌프 클라우지우스, 1822~1888. 독일의 물리학자. 열을 열소 같은 가상 입자가 아니라 열과 에너지의 관계로 기술하는 열역학에 공헌했으며, 열역학 제2법칙을 정립했다. 또 기체 분자의 운동으로 기체의 온도, 압력 등 기체의 성질을 설명하는 기체 운동론에도 기여했다.

아리아나 우리가 발견하기라는 항목 안에 너무 많은 과학적 과정을 포함하려 애쓴다는 뜻이지, 그렇지? 아마 우리는 발견의 논리라는 게 실제로는 발명의 논리라는 가능성을 진지하게 생각해야 할 거야. 파스퇴르와 플레밍에게, 아니면 새로 떠오르는 과학에서 새로운 기술을 발명하는 일이 얼마나 중요했는지 생각해 봐. 또 문제들의 발명, 문제들을 해결하는 이론의 발명을 생각해 봐. 리히터의 문제 유형을 돌이켜 보면 가장 필요한 건 종류를 발명하는 거지 관찰이나 우연이 아니야. 따라서 과학에 있는 모든 것은 정말로 계획된 것, 의도된 것이지. 때로 이런 연구가 예상한 결과 대신에 놀라운 결과를 산출한다는 점만 제외하면 말이야. 발견은 놀라운 발명의 하위 집합이지.[54]

헌터 좋아. 넌 내가 막 물으려던 질문에 답했어. 한데 우리가 흔히 발견이라 부르는 발명에는 놀랍지 **않은** 것도 있어. 예를 들어 화학자 멘델레예프Dmitry Ivanovich Mendeleev가 만든 주기율표를 생각해 봐. 주기율표는 누락된 많은 원소를 예측하고 그 원소들이 가진 속성을 정확하게 명시하는데, 역사학자들은 뒤이은 새로운 원소의 '발견'에만 신경 쓰지. 난 새로운 원소의 예측과 분리를 논하는 게 더 올바르다고 생각해. 이때 예측과 분리는 멘델레예프가 만든 주기율표라는 범주에 선험적으로 의존해. 그다음에야 과학자들은 적합한 특징을 지닌 대상을 적극적으로 찾으러 나서고. 요컨대 소위 발견이라는 건 예측이야.

리히터 놀라운 결과도 산출하잖아. 예를 들어, 다양한 동위 원소라든지.

제니 그래. 난 내가 이해한 대로 우리 논의를 기록하고 있는데, 명확히는 아니더라도 최소한 그럴듯하게 다음 사항들을 입증해야 할 것 같아. 먼저 우연한 발견의 사례라고 인용한 사례가 정말로 예상치 못한 결과, 놀라운 결과를 산출하는 합리적 연구 프로그램에 기반을 두고 있으며, 미리 계획된 경로를 우회하는 연구자가 필요한 건지. 둘째, 발견이 겉보기에 믿기 어려운 듯 보이는 이유가 실제로는 우연이 아니라 관찰이 어떻게 발생하는지에 관한 정보가 부족하기 때문인지. 셋째, 전부는 아니더라도 대부분의 우연한 발견이 적절히 훈련받은 해석자를 기다리는 확률 높은 사건인지, 아니면 특정한 선험적 문제로 정의되는 특징들을 가진 대상을 무작위로 찾다가 나온 결과인지. 넷째, 대부분의 발견에서 한몫하는 우연에 반대하는 추가 논증이란 많은 발견이 여러 과학자나 과학자 집단이 동시에 이루어 낸 결과라고 주장하는 것인지, 그리고 어떤 관찰도 이론(합리적 구조를 나타내는 이론)으로 해석하지 않으면 발견이 아닌 건지. 다섯째, 헌터가 말한 점에 덧붙여 어떤 발견은 이론적으로 옳은 예측을 검증하다가 나온 결과인지. 그렇다면 여섯째, 아리아나가 말한 입장, 즉 그건 발견도, 놀라운 결과도 아니며 우리는 발견을 이끄는 연구의 논리에 깔린 발명 과정을 설명해야 하는지. 그리하여 마지막으로 일곱째, 실제 연구에서 우리는 발견(또는 발명)의 논리와 시험(검증)의 논리를 구별할 수 없는지, 하나가 다른 하나에 통합된 구성 요소인지.

임프 좋은 생각이야. 넌 뭐 없어, 리히터? 우리 나태함을 일깨울 날카로운 논평 하나 해 줘.

리히터 그래, 특정 사례만 갖고는 끝도 없이 토론할 수 있겠지. 하지만 난 잘 모르겠어. 난 여기 있는 누구도 내 입장에 맞서는 설득력 있는 반대를 제시하지 못했다는 게 **놀라워**. 모든 발견과 발명이 전적으로 우연히 일어난다는 점을 입증함으로써 나한테 도전할 수도 있었어. 난 전적으로 그렇게 생각하지 않으니까. 난 어떤 발견에는 논리가 있다는 사실을 인정하고, 또 그런 논리를 어떻게 장려할 수 있는지 배워야 한다고 생각해. 요컨대, 난 더 이상 데우스엑스 마키나deus ex machina*적 발견처럼 우연히 얻어지는 생각을 지지하지 않아.[55] 예상치 못한 놀라운 발견이라는 사실을 수용하는 여지를 두는 한, 연구의 논리를 기꺼이 받아들이겠어.

임프 그렇다면 우리가 설명할 수 있지! 하지만 리히터가 뭐든 비판하는 역할을 벗었으니, 이제 내가 맡아야겠어. 우리는 지난주에 몇몇 주제를 논의했고, 발견의 확률을 높일 많은 방법을 제시했어. 핵심 변칙 현상을 식별하는 것, 베르톨레가 자신의 전문 지식을 새로운 맥락에 사용한 것, 파스퇴르가 맞든 틀리든 새로운 통찰을 부르는 양날로 된 가설을 만든 것, 플레밍과 로렌츠가 통제된 혼란을 창조한 것, 맘에 들든 그렇지 않든 플레밍과 라에네크가 유비를 사용한 것 등은 해결된 문제를 해결되지 않은 문제에 접목해 보는 행동이 문제를 해결하는 하나의 방식이라는 리히터의 말을 입증하는 거야. 우리는 올바른 이론이란 게 이론이 실험과 연결되어 있는 한 발견과는 무관하다는 점도 보았어.

이걸로 충분할까? 그렇지 않아! 우리가 일관성 있는 전체에다 합치시키지 못한 수많은 생각이 있어. 아직도 우리는 발견이나 발명의 과정을 이해하지 못한 거야. 이제 어디로 방향을 잡아야 할까? 헌터, 좋은 생각 있어?

헌터 지금 같은 방식으로도 배울 게 많다고 생각하는데. 난 네 명의 노벨상 수상자 즉, 반트 호프, 아레니우스, 오스트발트, 플랑크를 공부하고 있어. 그들이 물리화학이나 양자 이론 같은 새로운 분야의 선구자로서 어떻게 자리 잡았는지 이해하려고 말이야. 그들은 어떤 훈련을 받았을까? 그들은 동료들과 얼마나 다르고 서로와

* 고대 그리스 연극에서 쓰인 무대 기법의 하나. 아무 개연성 없이 갑자기 모든 문제를 해결하는 절대적 존재나 요소, 그런 상황을 뜻한다.

얼마나 비슷할까? 그들이 가진 '경험 법칙'은 무엇일까? 이런 질문을 탐구할 자료는 파스퇴르의 비대칭 연구, 반트 호프의 연구 또는 베르톨레의 질량 작용 이론이 있어. 그러니까 우리는 발견-발명 과정의 일반적 개요에다 구체적 살을 붙이고 어느 정도까지 개인이 통제할 수 있느냐를 밝히고자 이미 친숙한 개념들을 기반으로 삼을 수 있다는 거지.

아리아나 그럼 나머지 우리는 과학 활동을 과정으로 규정한 사람들을 찾아봐야겠네. 전기도 읽고, 동료와 대화도 해 보고…….

콘스탄스 피터 카우즈, 에롤 해리스, 니컬러스 맥스웰, 윌리엄 조지가 쓴 책들을 읽어 봐. 내가 간략한 도서 목록을 보내 줄까?

임프 좋지, 다른 건 없어? 그래. 이제 자야겠어. 다음 주에 보자.

임프의 일기: 예상하지 못한 연관성

쿤은 어딘가에서 발견은 과학을 어떻게 수행하느냐를 바꿔야 한다고 말했다. 발견의 중요성은 정상 과학 행위를 어느 정도 바꾸었나로 측정한다. 플레밍이 좋은 예다. 제2차 세계 대전 이전에 페니실린은 다른 박테리아의 성장을 방해하는 병원균을 죽이려고 한천 배지에 첨가하는 용도로만 썼다. 그렇게 하지 않으면 식별하기 어려운 박테리아를 분리하도록 돕는다. 그러니 발견하기의 일부는 해답을 올바른 문제와 연결하는 것이다. 언제나 쉽게 되는 건 아니다. 해답과 문제는 그것들이 만나기 전에 존재한다.

내 연구도 좋은 예다. 대부분의 면역학자가 타당하게 여기지 않는 문제를 해결하고자 단백질-단백질 정보 이동에 맞는 기제로서 아미노산 짝짓기를 고안했다. 그러고 나서 생화학자 스탠리 프루지너Stanley B.

Prusiner가 양이나 산양에게 스크래피scrapie라는 질병을, 인간에게 쿠루병kuru과 크로이츠펠트 야코프병Creuzfeld-Jakob을 일으키는 '프라이온prion*'[1]이라고 이름 붙인 바이러스성 단백질 입자가 나왔다. 프라이온은 복제도 한다! 어떻게? 아무도 모른다. 두 가지 가능성이 있다. 프루지너가 맞는다면, 단백질에서 단백질로 직접 복제가 일어나거나 단백질에서 RNA, RNA에서 단백질로 복제가 일어난다. 어느 방식으로든 내가 우세한 입장에 있고 중심 원리는 가망 없다!

물론 프루지너가 틀리다면……[2]

상관없다. 짝짓기 가설은 상보적 기능을 가진 펩티드 호르몬에도 적용할 수 있을 것처럼 보인다. 호르몬은 입체화학적으로 결정된 결합에 기반을 두어 서로의 활동을 규제한다. 살펴볼 만한 가치가 있다. 아리아나가 서로를 통제하는 두 가지 번식 호르몬을 말하지 않았는가? 물어봐야겠다.

다른 연구에서도 마찬가지로 해답을 발명하는 원리와 문제를 찾는 일을 고수했다. '분자 샌드위치'도 그랬다. 단일 단백질에서 일어나는 세로토닌 결합 자리를 해결하는 생각을 발명한 것이다. 몇몇 호르몬에 적용되는 생각지 못한 모형도 찾았다. 그런 다음 결과를 데이비드 펠턴David Felten에게 말하며 또 다른 가능한 응용법도 찾았다. "공전달이라는 문제 알지?" 데이비드가 물었다. "아니." 내가 말했다. 그래서 데이비드는 신경해부학자와 신경생리학자가 신경에서 이상한 점을 발견했다고 설명해 주었다. 모든 신경에는 신경 전달 물질이 있다. 처음에 연구자들은 모노아민이 세로토닌 같은 단순한 분자라고 생각했다. 하나의 신경에는

* 프라이온은 DNA, RNA 같은 유전 물질이 없는데도 전염이 가능한 단백질이다. 스크래피, 쿠루, 크로이츠펠트 야코프 병 모두 프라이온이 정상 조직을 붕괴시키는 신경 퇴행성 질환이다. 스탠리 프루지너는 프라이온을 발견한 공로로 1997년에 노벨 생리의학상을 받았다.

하나의 유형, 즉 세로토닌, 노르에피네프린, 도파민 등이 전달된다. 그 뒤에 연구자들은 펩티드, 즉 P물질과 브래디키닌[통증 전달 물질], 엔케팔린과 엔돌핀[자연의 아편]이 신경 전달 물질로 기능할 수 있음을 발견했다. 이상한 건, 이런 신경 전달 물질은 단일 신경에서 **쌍**을 이루어 공저장 및 공배출되며, 서로가 내는 생리적 효과를 조절했다. 왜 쌍을 이루는가? 그리고 왜 P물질-세로토닌, 엔케팔린-도파민 등 **특정** 쌍만이 생기는가?

"이게 공전달의 문제점이지." 데이비드가 말했다. "네게는 모노아민과 펩티드 쌍이 서로 어울리는 현상을 설명하는 이론이 있는 것 같아." 그리하여 내 '분자 샌드위치'를 공전달과 그 밖의 약물-펩티드 상호 작용에 적용해 보기 시작했다.[3]

간단하다. 해답은 시작일 뿐이다. 해답은 문제를 제기한다. 그게 바로 내가 찾는 것이다. 현재 있는 해답에 대한 새로운 질문. 누군가가 발견한 새로움을 응용하는 가장 넓은 영역을 찾아라. 이는 결국 자연이라는 거대한 영역에서 정처 없이 헤매는 일을, 가능한 한 가장 많은 수수께끼에 관한 지식을 요구한다.

그러니 어째서 우리가 가진 소중하지만 너무 제한된 통찰 말고, 우리를 당황스럽게 하는 문제를 토론하는 일에 더 많은 시간을 보내면 안 되는가? 과학에서 해결되지 않은 문제에 관한 지식, 그리고 그것이 문제라는 사실을 어떻게 아느냐에 관한 지식을 가르치는 일이 학생들의 머리에 욱여넣는 모든 '사실'보다 더 나은 교육이다. 우리에게는 탐구가 필요하다!

넷째 날

다양성에서 통일성 만들기

그는 몇 시간 정도 연구를 하고 나서 틀린 결론으로 판명 나고 말 생각을 자주 하곤 했다. 그는 이전 연구 주제로 촉발된 생각에서 시작해 그 생각이 틀렸다고 밝혀지면 또 만족할 때까지 다른 주제로 생각을 했고, 결국 옳은 결론에 이르렀다. 그는 대개 틀린 방향에서 시작했지만 결국 목적을 이루었다.

- J. J. 톰슨(Joseph John Thomson, 물리학자)이 스승인 오즈번 레이놀즈(Osborne Reynolds)에 대해 쓴 글(1937)

우선 나는 정확한 방법을 쓰지 않고 더듬더듬 거리며 전진했다. 나는 이 분야의 오래된 실험을 반복했고 내 머리를 스치는 생각들을 다른 사람에게 보여 주었다. (…)
나는 내가 우연히 만나는 주목할 만한 수백 가지 현상 중에서 어떤 빛이 비치기를 바랐다.

- 하인리히 헤르츠(Heinrich Hertz, 물리학자), (Taton, 1957)

세균학자 바서만August von Wassermann이 견지한 기본 가정은 옹호할 수 없고, 그의 초기 실험도 재현 불가능했다. 하지만 둘 모두 엄청난 어림셈법적heuristic* 가치를 지녔다. 이것이 진정으로 가치 있는 실험 사례다.

- 루트비히 플레크(Ludwig Fleck, 세균학자 · 과학철학자. 1979)

* 어떤 문제를 해결하는 논리적 절차 없이 경험과 직관 같은 제한된 인지 체계를 이용해 빠르게 판단하는 행동 전략.

임프의 일기: 테마들

전망이야 어찌됐든 스스로를 드러내는 무언가를 연구하느라 더듬거린다. 응용성, 연결성, 유형을 찾는다. 그래, 유형을! 나를 남다르게 해 주는 한 가지는 모든 것이 어떻게 들어맞는가를 인식하려는 욕망, 아니 내적 **필요**다! 원리, 알고리즘은 개인적 사실이나 독특한 해결책보다 훨씬 강력하다.

내가 이걸 언제 깨달았냐고? 10대 시절에. 그때도 난 내가 의사가 되고 싶지 않다는 사실을 알았다. 개체를 다루는 사람은 되고 싶지 않았다. 다윈처럼 개체들 간의 관계를 인식하는 사람이 되라. 파스퇴르를 모방하고 의사가 개인들에게 실행할 수 있는 일반적 치료법을 만들어라. 왜냐고? 누가 알겠나. 유전적 호기심? 전기, 위인전, 파스퇴르와 다윈을 다시 창조하는 신화 때문에? 최고를 따라 하려는 욕망? (이런 신화학이 그들이 동등하다고 설득하거나 동등하다고 만드는 데 필수적인가?)

하지만 해답을 싹 틔우는 것, 포괄적인 시각을 구체적 행동으로 만드는 것은 무엇인가? 모방, 범례가 아닐까. 이중나선이 과학의 전형처럼 선전되는 것. 그리고 거기에서 단순성, 아름다움, 기능성, 모형화, 상보성이 정제되는 것.

상보성. 이것이 내 주제다. 구조의 상보성은 기능의 상보성을 산출한다. 물리적 상보성은 기능적 상보성을 반영한다. 기능적 상보성은 물리적 상보성을 반영하고. (내가 언제 처음으로 보어의 글을 읽었지? 아니, 보어가 아니다. J. B. S. 홀데인이 쓴 『생물학자의 철학*Philosophy of a Biologist*』이다.)[1] 기능을 인식하는 것은 분자 기능이 다른 분자와 나누는 상호 작용으로 결정된다는 사실과 연결된다. 이런 사실을 배우기 전에도 이미 '중심 분자master molecule'*라는 생각은 받아들이지 않았다. 스무 살 때는 '홍역 바이러스는 홍역을 일으킨다'는 진술이 거짓임을 깨달았다. 홍역 바이러스는 오직 인간에게만 홍역을 일으킨다. 따라서 질병을 일으키는 건 홍역 바이러스가 아니라 바이러스와 숙주의 결합이다. 르네 뒤보에게서 가져온 생각이라고?[2] 상관없다. 중요한 건 원리다. 대입해서 추정하기. 일반화하기. "DNA는 생명의 비밀이다." 터무니없는 말! 단백질과 세포 구조 없는 DNA는 아무런 기능도 하지 못한다. 다시 상보성이 중요하다. 생화학자로서 내 연구 경력의 거의 전부다! "분자생물학의 기초 개념을 이해하지 못한다면 생화학을 연구할 수 없다……." (나 자신의 관점이 아니라 다른 관점을 이해하지 못한다면 선생이 될 수 없다!) 이런 주제를 연구하자. 새로운 분자를 분리하고 싶은가? 절대로! 아니다. 텅 빈 것을 목표로 삼자. 화살이 따라온다. 추측, 나의 선개념이라는 활에서 쏜 화살. 상보적 기능을 가진 분자는 구조적 상보성을 나타낼 것이라는 화살. 이른바 음양생물학. 시험은 놀랄 만큼 간단하다. 반대 방향으로 동일한 체

---

* DNA가 생명 현상을 관장하는 중심이라는 생각을 말한다.

계에 영향을 미치는 분자는 구조적 상보성을 띠면서 서로 결합할 것이다. 자물쇠와 열쇠처럼. 항체는 항원과 결합한다. 각각의 호르몬은 구조적으로 상보적인 호르몬을 가진다. 각각의 신경 전달 물질은 구조적으로 상보적인 신경 전달 물질을 가진다. 총체적 자기 규제 체계는 아주 단순한 화학적 지침에 기반을 둔다. 진화를 통해 정교화되고, 전문화되고, 변경되어 수용체 체계는 뒤얽히고 혼잡해졌으며, 세포는 특수화되고 경로는 복잡해졌다. 하지만 여전히 그 역사적 뿌리는 단순하다.

원리를 설명하는 건 늘 간단하거나 지나치게 단순하다. 그럴 수밖에 없다. 복잡성은 그저 단순한 과정의 가능한 모든 조합을 정교화한 것뿐이다. 수도사 세바스티앙 트뤼셰가 만든, 무한한 방향으로 배열된 부분색 타일처럼.[3] 삶은 진화한다. 하나의 유형은 다른 유형이 된다. 단순한 화학적 체계는 정교해진다. 그러나 늘 같은 원리를 통해 방향 지어진다.

이것이 내가 찾는 바다. 보편적이고 기초적이고 단순한 무엇. 단순한 건 틀린 거라며, 어느 누구도 중요하게 생각하지 않았기에. 그리하여 이것이 전 분야, 내가 개척하는 모든 분야가 내 소유인 이유다.

대화록: 과정을 모형화하기(야코부스 반트 호프)

임프 자, 오늘은 발명의 과정을 토론할 거야. 난 어림셈법적이고 반복적 요소가 포함된 확률 모형만이 유일하게 가능한 모형이라고 생각해. 결과적으로 어떤 중요한 결론에 이르는 직접적인 길은 없다고 봐.

제니 임프, 말이 너무 어려워! 네 선개념을 지도삼아 알려지지 않은 곳을 향해 가고, 그런 다음에 실수에서 배움을 얻어 네 생각을 정제한다는 말을 하려는 거야?

임프 난 단지 흥미를 유발하려고 했을 뿐이야.

리히터 바보 같이 말하지 마. 하지만 뭐, '반복적'이라는 단어를 사용한 것 빼고 기본적으로 네가 한 말은 옳아. 네가 수학적 유비를 사용했다면, 올바른 용어는 '회귀적'이야. 반복적 과정은 단지 매번 똑같은 작업을 그대로 따라하는 거야. 회귀적 과정은 이전 작업을 통해 다음에는 어떤 작업을 할까 결정하는 거고. 이미 다 아는 사실이잖아.

임프 넌 과정이 회귀적이며 우회로로 가득하다는 사실을 알 수 있겠지. 나도 그렇고. 하지만 우리가 과학을 가르치는 방식, 연구비를 지원하는 방식, 과학을 모형화하는 방식 어디에서 회귀적 우회로라는 걸 설명하지? 넌 학생들에게 과학자가 결론에 이를 때 겪는 오류와 계산 실수를 가르친 적이 있어? 물론 없겠지! 여기 결과를 표준화한 정리가 있다. 그리고 (신중하게 선택한) 이를 지지하는 증거가 있다. 애매모호함? 실수? 대부분의 교과서는 이런 것을 조금도 말하지 않아. 동료 평가도 마찬가지야! 네가 다음과 같은 글을 써서 연구비를 따낼 수 있다고 생각해 봐. "죽이는 생각이 떠올랐는데, 아직 직감 말고 다른 증거는 없다. 하지만 충분히 실험하고 실수해 본다면, 그게 원래 기대한 건 아니더라도 뭔가 중요한 사실을 발견하리라 확신한다." 어림없지!

자, 물론 우리 모두는 과학이 정말로 어떻게 작동하는지 알아. 하지만 우리가 그런 지식에 따라 **행동**해? 그 반대지! 우리는 다음과 같이 암묵적으로 가정하는 체계에 잠자코 순응해 왔지. 첫째, 놀라운 결과란 연구에서 중요하지 않은 측면이다. 둘째, 실제로 내가 해결하고자 준비한 문제를 해결할 확률은 높다. 하지만 역사적으로 보면, 이 둘 중 어떤 가정도 올바르지 않아. 그러니 우리가 생각한 모형이 무엇이든 아주 중요한 정책적 함의를 지닐 거야. 그리고 우리 통찰이 새롭지 않다고 밝혀진다면, 빌어먹을 정책 결정자들은 오래되고 잘 정립된 사실에 귀를 기울일 때가 온 거고!

헌터 물론이지. 연구 계획의 목적은 **어떤** 문제를 인식하고 해결하는 연구자의 능력을 최적화하는 거지, 특정 방법을 사용하여 특정 결론에 이르는 사람이 누군지 미리 결정하는 게 아냐. 우리에게는 예상하지 못한 결과를 구축하는 전략, 놀라운 관찰을 만드는 가설을 시험하는 방법, 예기치 않은 발견에 의문을 품는 방법을 통합하는 모형이 필요해.[1]

콘스탄스 음, 이건 내가 논하기에는 주제 넘을 수 있는데, 그래도 주제에 어울리는 것 같아서 한 번 말해 볼게. 처음에 난 토론 초반에 우리가 논의하지 않은, 약간 색다른 질문으로 시작했잖아. 난 물었지. 발견이란 무엇인가? 그건 발명과 어떻게 다른가? 그건 사건인가 과정인가? 어떤 사람이 위대한 발견자고, 어떤 사람이 그저 운이 좋았을 뿐인가? 이런 것들 말이야. 어쨌든, 난 발견이란 늘 발명이 필요한 과정이라고 결론 내렸고, 이 과정을 기술하는 모형을 발명했어.

임프 그거 특허 낼 수 있는 거야?

콘스탄스 농담이지? 하지만 그건 심각한 질문**인걸**. 왜 정보 처리에 쓰는 알고리즘은 저작권법으로 보호하면서 화학 물질을 처리하는 방법은 특허법으로 보호할까? 왜 컴퓨터 칩은 특허를 받지만 과학 이론이나 그런 칩을 만드는 컴퓨터 프로그램은 아닐까?

제니 주제에서 빗나가는 거 아냐?

콘스탄스 그렇지 않아. 이런 생각이 내 모형을 만들었으니까. 우리가 지난주에 토론했듯이, 모든 발견에는 분류학, 이론 등과 함께 발명이라는 요소가 있어. 이 모든 것은 지속하는 과정의 일부분이지. 그럼 어째서 이 과정에 있는 단 하나의 요소만 특허를 받을 수 있는 걸까? 어째서 한 사람만이 발견자나 발명자로서 일했다고 보는 걸까? 적절하게 형식화된 문제가 해답을 얻는 데 절반 이상이나 도움을 주었다면, 왜 문제 발명자는 그 공헌을 인정받을 수 없는 걸까? 같은 연구를 한 둘이나 그 이상의 연구자가 동시에 특허를 신청했을 때, 결과를 얻는 데 서로의 연구를 이용했다면(AIDS 항체 시험과 고온 초전도체 첫 생산이 그러한 사례지), 누가 특허를 받아야 할까? 어떤 사람이 이론을 고안해서 다른 사람이 새로운 기계를 만들 수 있게 했다면 누가 발명자일까? 나는 줄곧 이런 문제를 다루어 왔어. 법은 누가 정말로 발명을 했는지, 언제 발명했는지 늘 입증할 수 있다고 가정하지. 하지만 나는 그게 쉽지 않음을 보여 주는 수많은 사례를 봤어. 누가, 무엇을, 언제라는 건 명확하게 알아낼 수 없는 거야.

유명한 역사적 사례를 검토해 보자. 천왕성 발견을 연구한 대부분의 저자는 1781년에 윌리엄 허셜이 천왕성을 발견했다고 말하지.[2] 하지만 발견의 역사를 주의 깊게 들여다보면, 허셜이 한 주장은 미심쩍을 뿐만 아니라 무엇을, 언제 발견했는지도 정확하지 않아. 쿤의 말을 인용해 볼게.

1781년 3월 13일 밤, 천문학자 윌리엄 허셜은 자신의 일기에 다음과 같이 썼다. "제타 타우리Zeta Tauri 근처 구상에는 (…) 흥미로운 성운 혹은 혜성이 있다." 이런 언급은 일반적으로 천왕성 발견을 기록한 거라고 평가되나, 그렇게 볼 수 없다는 게 확실하다. 1690년과 허셜이 관찰한 1781년 사이에 똑같은 물체를 이미 관찰했으며 적어도 열 일곱 번이나 별이라고 기록도 되었다. 허셜이 그런 관찰자들과 다른 점은 망원경에 그 물체가 아주 커다랗게 보여 혜성일 수도 있다고 가정한 것이다! 3월 17과 19일에 수행한 두 번의 추가 관찰로 그 물체가 별들 사이를 움직이고 있다는 사실을 확인해 애초에 품었던 생각을 입증했다. 그 결과 유럽 전역의 천문학자들이 이 발견을 알게 되었고, 그 중 수학자들이 혜성의 궤도를 계산하기 시작했다. 몇 달 내 이런 모든 시도는 여전히 관찰과 일치하지 않았고, 천문학자 렉셀Anders Johan Lexell은 허셜이 관찰한 그 물체가 행성일지도 모른다고 말했다. 혜성의 궤도 대신에 행성의 궤도로 추가 계산을 하자 관찰과 일치했고, 결국 렉셀의 제안이 받아들여졌다. 그럼 1781년 어느 시점에서 천왕성이 발견된 걸까? 그리고 우리는 발견자가 렉셀이 아니라 허셜이라고 명확히 말할 수 있을까?[23]

내 경험상 대부분의 발견과 발명도 이런 특징을 지니고, 많은 개인은 이 과정에 있는 각기 다른 부분에 참여해. 산소의 발견, 열역학 제1법칙의 발명, DNA의 이중나선 발견이 좋은 사례지. 왓슨과 크릭은 노벨상을 받았어. 하지만 그들의 연구는 물리학자 브래그William Lawrence Bragg가 기여한 X선 결정학 기술의 발전, 생물물리학자 로절린드 프랭클린Rosalind Franklin이 X선 결정학 기술을 DNA에 적용한 일, 세균학자 에이버리Oswald Theodore Avery가 단백질이 아니라 DNA가 유전자를 포함한다는 사실을 입증한 일, 어윈 샤가프가 염기쌍 비율을 밝힌 일, 결정학자 제리 도너휴Jerry Donohue가 전해 준 올바른 염기 구조 지식, 윌킨스Maurice Wilkins가 DNA 구조를 결정학적으로 '입증'한 일, 분자생물학자 메셀슨Matthew Meselson과 유전학자 스탈Franklin Stahl이 DNA 복제가 일어나는 양식을 입증한 일 등에 의존해. 이런 의미에서 모든 발견은 어느 정도 공동 노력의 산물이야.

리히터 그럼 넌 위대한 과학자는 없다는 내 견해에 동의하는 거지. 우리

는 전임자가 우리에게 남긴 것을 기반으로 올라갈 수밖에 없어.[4]

콘스탄스 글쎄, 그것도 사태를 보는 하나의 방식이지. 내가 말하고자 하는 건 DNA 구조를 밝히는 전체 과정에서 왓슨과 크릭이 아주 작은 역할을 했다는 거야. 그들은 문제를 설정하지도, 기술을 발명하지도, 필요한 자료를 만들지도, 가설을 시험하지도 않았어. 그리고 그들이 제시한 올바른 가설은 그들 자신과 라이너스 폴링이 몇 번이나 틀린 가설을 내놓은 뒤에야 나왔지.

1952년에 라이너스 폴링이 제시한 DNA의 삼중나선 모형(런던 과학 박물관)

임프 그게 올바른 가설**이라면** 말이야! 이후 DNA 구조에는 적어도 세 가지 모형이 제시되었어. 각각의 모형은 이중나선과 상당히 달라.[5] 이중나선은 아주 근사하지. 하지만 중요한 문제가 있어. 복제가 일어나려면 이중나선은 어떻게 풀려야 할까? 이건 결코 해결되지 않았어.

리히터 감긴 것을 푸는 효소나 토포이소머라제topoisomerase* 등이 있겠지.

임프 그래. 하지만 내가 보기에 그건 불충분해. 그 과정에 있는 물리학적 측면을 설명하지 못하거든. 1000여 m나 되는 분자가 어떻게 몇 미크론밖에 안 되는 공간에서 풀릴

---

* DNA가 지나치게 꼬이거나 느슨해지지 않도록 가닥을 자르고 붙이는 효소.

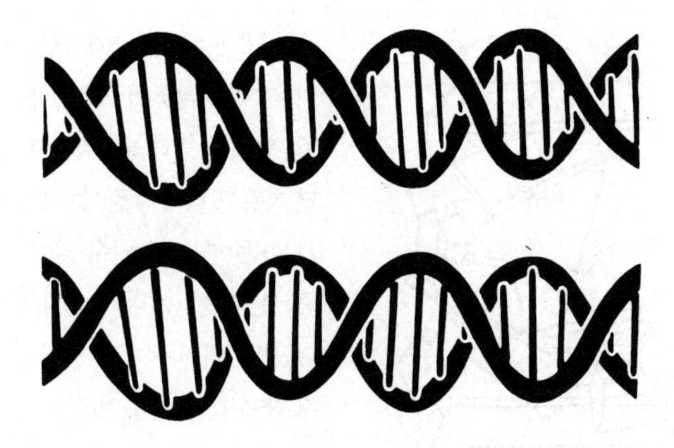

단순화한 '뒤틀린 지퍼' 모형(1976)과 비교되는 왓슨-크릭의 단순화한 DNA의 이중나선 모형(1953) (Rodley & Bates, 1976)

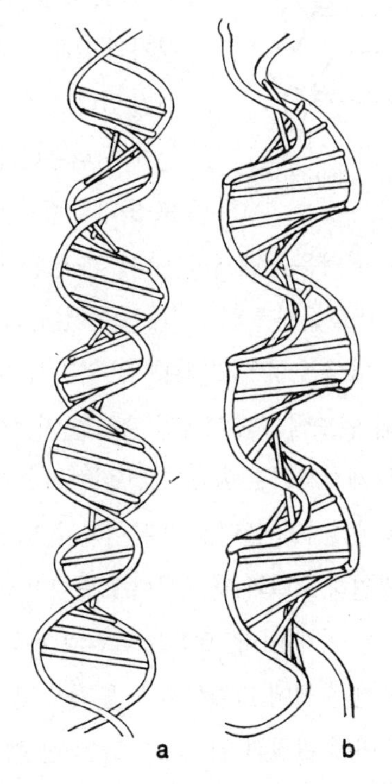

'뒤틀린 지퍼' 모형의 세부(Rodley & Bates, 1976)

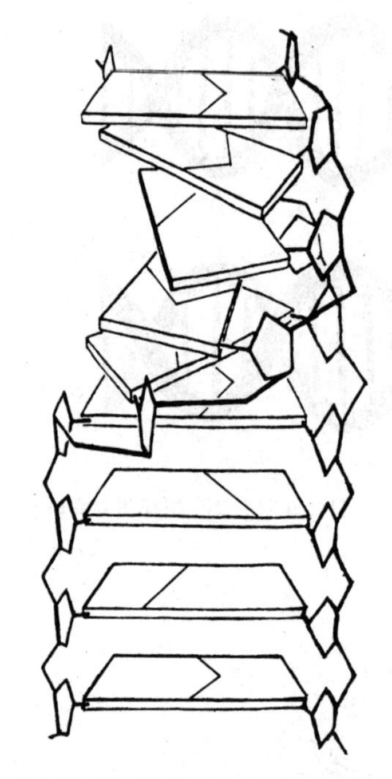
DNA의 시스 형태(Cyriax & Gäth, 1977)

수 있을까? 분자로 가득한 대혼란이 생기지 않겠어? 이중나선으로 된, 원형의 박테리아 염색체는 일단 자르고 나서야 풀 수 있는데, 내가 아는 한 이런 일이 일어난다는 증거는 없어. 게다가 분자 형태가 나선형이라면 복제가 일어날 때까지 풀린 상태로 유지하는 데 드는 에너지는 어디서 오지? 또 왜 함께 싸인 결정 구조로 된 DNA 분자들이 세포 속에 녹아 있는 단일 DNA 분자의 실제 구조와 어떤 식으로든 관련 있다고 믿어야 하는 거지?

문제가 너무나 많아. 왓슨과 크릭도 초기 논문에서 이런 문제 일부를 논의하고 어려움을 배제하는 다른 모형을 발명하려고 노력했지.[6] 하지만 결코 문제를 해결하지는 못했어. 독일에 있는 어떤 연구자들이 또 다른 모형을 발명했지만 엄밀히 검토하자 곧 반박되었고, 호주와 인도에서도 그동안 축적한 자료에 잘 들어맞는 유사한 모형을 제시하기도 했어. 그건 이른바 '나란히' 모형으로 이중나선처럼 생겼지만, 풀림 없이 분리될 수 있는 복잡한 '지퍼' 모양이었지. 당연히 크릭과 왓슨 이런 모형에 반대했고.[7]

하지만 요점은 이게 아냐. 요점은 발견의 과정은 새로운 관찰을 하거나 중요한 문제에 그럴듯한 답을 했다고 끝나는 게 아니라는 거야. 첫 번째 관찰과 첫 번째 그럴듯한 해답은 시작일 뿐이야. 연구는 답과 함께 비로소 시작해. 네가 만든 모형은 이런 과정을 담을 수 있어?

콘스탄스 당연하지. 그게 내가 모형을 발명한 한 가지 이유인걸. 난 내가 찾을 수 있는 발명과 발견의 과정을 설명하는 많은 모형(역사, 철학, 심리적 모형에서 컴퓨터 모형까지)을 검토했어. 하지만 모든 모형에는 중요한 문제가 있었지.[8] 바로 전부 방향이 정해져 있었다는 점. 즉, 문제에서 해답으로 가는 한 가지 방향은 있지만, 해답이 추가 문제를 제시하지는 못했지. 대부분의 모형은 심리학자 그레이엄 월리스Graham Wallas가 제시한 접근법에 기반을 두고 있었어. 다시 말해, 준비, 숙고, 설명, 검증이라는 순서.[9] 이런 모형들은 언제나 연구가 성공해 발견으로 끝이 나지만, 임프가 지적했듯이 여기에 딱 들어맞는 사례는 없어. 대부분의 연구는 성공적이지 않고 해답은 해결한 것보다 더 많은 문제를 만드니까.

아리아나 하지만 우리는 해답을 지향하는 곳에 살고 있어.

콘스탄스 개릿 하딘과 과학사학자 프리츠 하르트만Fritz Hartmann처럼 새로운 해답의 결과로 새로운 문제가 생기는 순환 모형을 제시한 사람도 많아.[10] 하지만 이런 모형도 만족스럽지는 않았어. 이 모형에는 사람이 없고 그저 알 수 없는 곳에서 일어나는 사고 과정만 있지. 아리아나는 이런 걸 인정하지 않을 거야. 그리고 어떤 모형도 생물학자 루트비히 플렉Ludwig Fleck, 토머스 쿤, 과학사회학자 배리 반스Barry Barnes, 그 밖의 사람이 제기한 새로운 발견이 어떻게 과학이라는 커다란 공동체에 통합될 수 있느냐는 질문을 다루지 않아. 단지 개인적으로 해답을 얻는 건 과학에 기여하는 게 아니잖아. 과학은 어떤 수준에서는 공공 지식이야.

이게 내가 모형을 발명한 이유야. 자, 각자에게 복사본을 하나씩 줄게. 여기에는 모형에 들어가는 네 가지 주요한 입력 값이 있어. 연구가 수행되는 문화적 맥락, 명문화된 과학, 진행 중인 과학, 그리고 이 세 가지와 연결되는 과학자 개인. 모든 개인은 물려받은 성향과 환경 경험이 섞여 형성된 독특한 존재라 할 수 있지.

난 과학에 있는 문화적 맥락을 골라내는 명시적 입력 값은 선정하지 않았어. 그 대신에 과학이라는 과정이 과학을 논의하는 경제 및 정치에서부터 교육 정책, 종교, 사회 조직이라는 특정한 맥락에 둘러싸여 있다고 가정했지. 예를 들어, 언어는 가능성과 한계를 제공할 수 있어. 지난주 토론과 임프의 물 흐르는 엉덩이, 물 흐르는 코라는 말장난을 생각해 봐. 비영어권 과학자가 '물이 흐르다'라는 말장난에 기반을 둔 생각을 할 수 있을까? 독일어, 프랑스어, 중국어에도 이와 똑같은 단어가 있을까? 내가 틀릴 수도 있겠지만 아마 없을걸. 또 정치를 생각해 봐. 유럽에서 1848년 혁명 시기에 열렬한 공화주의자로 활동한 병리학자 루돌프 피르호Rudolph Virchow는 유기체의 발생을 불특정한 하나의 세포에서 다양한 조직과 특수한 기관을 형성하는 성체, 즉 자기만의 기능을 다하면서도 국가를 위해서도 협력하는 개인이 발생하는 일에 비유했어. 많은 역사학자는 피르호가 헌신한 정치적 행위와 통치 조직 만들기가 그의 생물학 이론에 영향을 끼쳤다는 사실에 동의해.

아리아나 고생물학자 스티븐 제이 굴드Stephen Jay Gould가 변증법적 유물론에 심취한 사실과 그의 생물학 이론을 떼어 놓을 수 없는 것처럼 말이지. 사상을 통해 과학자가 왜 그런 주제를 택했는지 알 수 있다는 거군.

콘스탄스 다음은 명문화된 과학이야. 이건 쿤이 말한 '정상 과학'과 같아. 교과서에 나온 설명, 표준 기술, 합의된 정의와 실험적 가치, 유도 및 종합할 수 있는 이론들. 우리가 이미 아는 거지.

임프 우리가 이미 안다고 **생각하는** 거지!

콘스탄스 그래, 맞아. 세 번째 입력 값은 '진행 중인 과학'이야. 지금까지

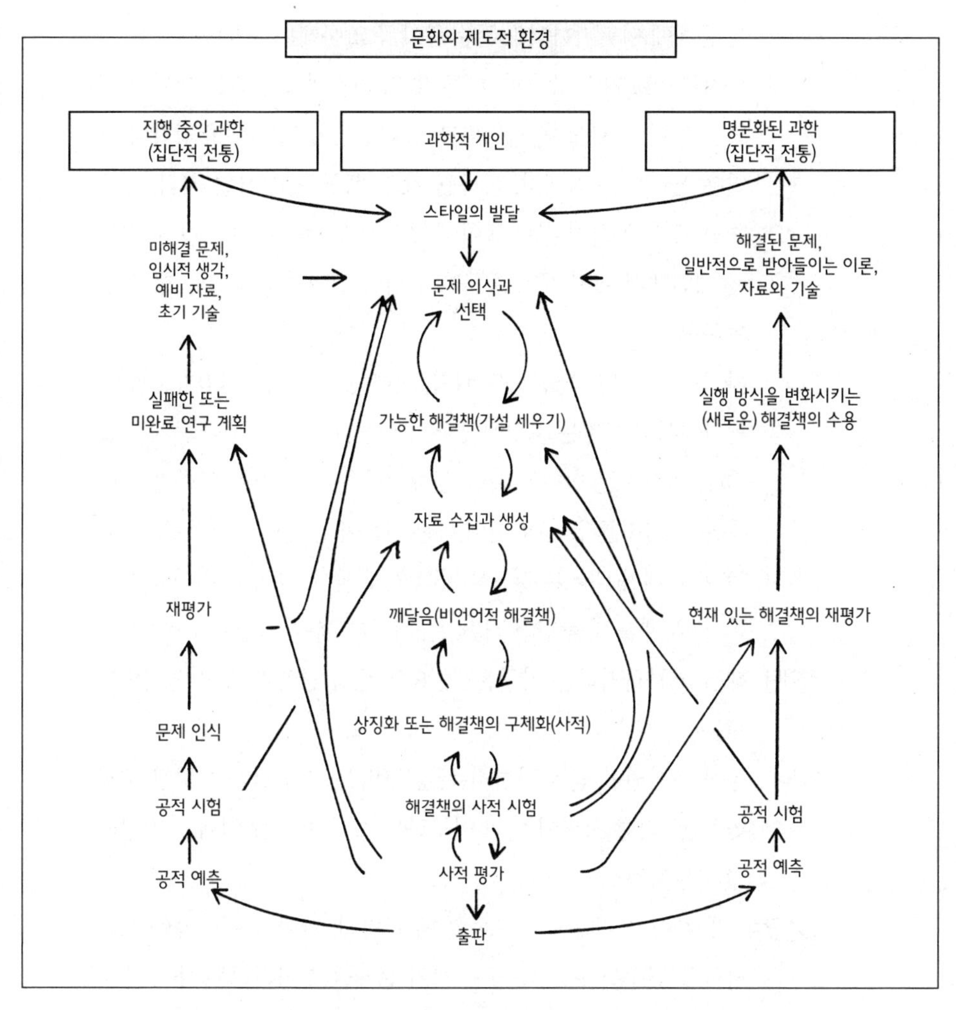

콘스탄스가 제시한 과학적 발명 과정 모형

내가 읽은 책들에서는 이런 종류의 과학을 거의 언급하지 않았어. 하지만 이 과학도 연구를 추동하는 일부분이야. 이 과학은 우리가 알고 싶고 알려고 하는, 하지만 아직 이해하지는 못하는, 정의 문제 및 기술 문제에서부터 다양한 이론을 통합하고 명문화하는 문제에 이르기까지 모든 유형의 주요 문제를 지칭해.

마지막으로 가장 중요한, 다른 세 입력 값과 연결되는 과학자 개인이 있어. 베르톨레, 파스퇴르, 플레밍에서 보았듯이, 각각의 개인은 물려받은 잠재력, 획득한 기술, 성향, 명문화된 지식, 진행 중인 과학, 문화적 편향 등이 혼합된 매우 독특한 존재야. 이것들은 개인에게 어떤 특정한 문제 집합을 인식하고 해결할 힘을 부여하지.

자, 문화적 맥락, 명문화된 과학, 진행 중인 과학, 성격의 혼합 어딘가에서 과학자는 자신에게 흥미로운 괴리와 간극, 즉 문제를 발견해. 과학자는 만나는 모든 문제에서 자신이 깊이 연구할 하나 혹은 두 가지를 뽑는데, 이때 다른 기준이 들어오게 되지. 즉, 사회는 이 문제가 내놓은 결과를 가치 있게 볼까? 문제가 내게 흥미로운가? 문제를 다룰 만한 시간, 돈, 에너지, 자원, 기술이 있을까?

리히터 해결 가능한지라는 기준은? 중요한 문제 영역과 깊이 연결되는지는?

임프 종신 재직권을 받을 만한지는? 연구비를 많이 받을 유망한 주제인지는? 다른 사람이 이미 연구하는 주제인지는? 얼마나 경쟁해야 하는지는?

콘스탄스 때로 이런 기준들은 충돌할 게 분명해. 과학자는 다양한 고려 사항을 견주어 보고, 문제를 하위 문제들로 정리하는 등의 행동을 하겠지. 이미 존재하는 자료, 기술, 이론은 무엇인지? 즉시 다루어야 할 하위 문제는 무엇이고, 그 중에서도 무엇을 첫 번째로 다루어야 하는지? 이 모든 질문은 임프가 말한 대로 피드백이라는 회귀적 과정을 통해 일어나. 과학자는 한 장소에서 출발하여 한 방향으로 향하지만, 그 길이 막혔다는 사실을 깨닫거나 더 매혹적인 우회로를 발견하거나 틀린 가설이 흥미로운 결과로 이끈다는 걸 알 수도 있어. 폴리아는 어림셈법 사고가 유용하다고 말했어. 해답이 나올 때까지 수백 번 반복해 보면, 어느 순간 섬광같이 통찰이 솟을 때가 있다고 말이야.

아리아나 이 모든 게 한 개인의 마음속에서 일어난다는 말이지?

콘스탄스 맞아. 네가 뭘 묻고 싶은지 알겠어. 허셜-렉셀이나 왓슨-크릭과 같은 발견을 어떻게 설명할 수 있냐는 거지? 잠깐만 기다려. 곧 알게 될 거야.

나머지 과정을 빠르게 말해 볼게. 과학자는 연구가 실패인지, 아니면 출판, 담화, 편지, 그 밖의 수단을 사용해 공적으로 발표할 만한지를 결정하기 전에 자신이 얻은 결과를 개인적으로 시험해. 이때 그 밖의 자료와 이론을 알기에 또는 독특한 평가 기준을 활용하기에 다른 과학자들이 검토한 그 '문제-자료-해답' 묶음을 인정하거나, 거부하거나, 변경하거나, 추가로 시험하지.

헌터 또는 해석하거나 더 자세히 설명하기도 하지. 새로운 이론을 발명하면서 그 이론에 있는 모든 함축을 인식한다고 생각하면 곤란해. 플랑크는 흑체 복사를 기술하는 방정식의 해답을 고안했지만, 그 해답이 양자를 말한다는 사실을 인식한 건 아인슈타인과 이론물리학자 에렌페스트Paul Ehrenfest야.[11] 마찬가지로 아인슈타인은 $E=mc^2$이라는 방정식을 썼지만, 수십 년간 핵분열과 핵융합이 실제로 일어날 가능성은 부정했어.[12] 발견은 과학적 실천의 일부일 때만 발견인 거야. 그리고 실천은 다른 유형과 새로운 연결성을 만들어 최초의 발견을 수정하지.

리히터 어째서 잘못된 관찰, 즉 과학 공동체가 재현할 수 없는 관찰은 발견이 될 수 없느냐는 내 질문의 답은 그럴듯해. 하지만 친구, 아리아나의 질문에도 답해야 할 거야.

콘스탄스 그래. 사실 너와 헌터가 해 준 말이 내가 하려는 말로 옳게 이끌었어. 너도 알겠지만, 각 과학자는 내가 개요를 그린 개인적 과정을 통해 명문화된 지식과 진행 중인 과학에 새로운 요소를 추가하며 기여해. 많은 과학자가 이루어 낸 중요한 발견이나 발명을 살펴본다면, 똑같은 모형을 연구자 집단 전체가 겪는 과정을 설명하는 일에도 사용할 수 있어. 클로드 베르나르가 지적했듯이, 과학자 개인은 전체 과정에서 한 부분에 전문화되어 있지.[13] 변칙 현상을 보거나 발명해서 그 중요성을 입증하는 자료를 모으고 동료들에게 해답을 찾는 게 의미가 있다는 점을 납득시키는 사람도 있고, 관련 자료를 모으는 데 필요한 새로운 기술을 발명하는 것처럼 하위 문제를 해결하는 사람도 있고, DNA 발견에서 폴링, 왓슨, 크릭처럼 해답을 고안하는 사람도 있고, 해답을 시험할 방법을 발명하는 사람도 있고, 렉셀, 아인슈타인, 다윈처럼 전임자들이 얻은 결과에서 새로운 문제와 새로운 가능성을 인식하고 재정식화하는 사람도 있어. 따라서 과학자는 개인으로서 발명 과정 전체를 겪지만, 그가 하는 기여는 더 큰 과정에서 한 단계 전진한 결과일 뿐이거나 다른 어떤 개인적 과정과 연결되는 결과일 수 있지. 이건 모두 개인이 연구하는 문제 유형(리히터가 말한 문제 유형)이 무엇이냐에 달려 있어.

리히터 기발하군. 하지만 네가 간과한 문제가 있어. 예를 들어 네가 말한 피드백의 방향은 매우 독창적이지만, 가설을 세우거나 결과를 발표하지 않고도 끝없는 반복에 빠지지 않도록 막는 게 있어? 잘 이해가 안 돼.

임프 나는 이해가 잘 되는데! 리히터, 결과가 말이 안 된다거나 틀릴까 봐 무섭다거나 모든 자료를 다 얻기 전에 가설을 세우는 건 소용없다고 연구를 다 마친 후에 갑자기 멈춰서 논문을 쓰지 않는 학생을 본 적 있잖아? 아니면 스스로 흡족할 만큼 문제를 해결했지만 답을 알자마자 흥미를 잃어서 굳이 발표하고 싶지 않다는 사람 본 적 있잖아?

헌터 물리학자 에토레 마요라나Ettore Majorana 이야기를 해 줄게. 페르미에 따르면 마요라나는 하이젠베르크가 연구하기 전에도 하이젠베르크의 원자론을 연구했대. 그런데 스스로 만족스러운 결과를 얻었어도 결코 출판하지 않았지.[14] 또 연구가 너무 충격적이어서 공개하는 게 괜찮은지 의문을 품기도 했고. 어떤 이탈리아인 수사는 수학자 보여이János Bolyai, 로바쳅스키Nikolai Lobachevsky, 가우스Carl Friedrich Gauss보다 100년 앞서 비유클리드 기하학의 정리들을 전개했다고 하지만, 자신이 얻은 결과에 동의하지는 않았다고 해. 가우스는 겁이 많아서 동료가 발표할 때까지 종교적 교리에 반하는 어떤 결과도 발표하지 못했지. 연구자만의 문제도 있어. 예를 들어 자신 역시 수학자인 보여이의 아버지는 보여이에게 건강과 행복, 경력을 망치기 전에 연구를 중단하라고 간청했지.[15] 수많은 발견을 막은 조언도 있지. 물리학자 볼프강 파울리Wolfgang Pauli는 제자 크라머르Kramer에게 전자 스핀 연구를 출판하지 말라고 지시했고,[16] 물리학자 커트 멘델스존Kurt Mendelssohn의 지도 교수는 좀머펠트Arnold Sommerfeld의 원자론과 불일치한다는 이유로 기체 축퇴에 관한 발견을 발표하지 말라고 했어.[17] 그 결과 발견이 다른 사람의 공으로 넘어 갔지.

콘스탄스 쿤이 지적하는 문제도 그거야. 과학은 지적 활동일 뿐만 아니라 사회적 현상이기도 하다는 거. 과학에 어떤 영향을 주려면 과학자가 무엇을 어떻게 연구하는지 바꿀 필요가 있어.

제니 그건 천재는 고립되어 혼자 연구한다는 대중적 관념(소설가 싱클레어 루이스Sinclair Lewis가 쓴 『애로스미스*Arrowsmith*』에 나오는 이상적 관념)이 신화라는 뜻이지.

헌터 꼭 그렇지는 않아. 발명자는 독특한 시각으로 세계를 보려고 주류에서 벗어나야 하면서도 동료들에게 영향을 주고자 사회 속으로 들어가기도 해.[18]

아리아나 심리학자 제롬 브루너Jerome Seymour Bruner는 창의성을 '유효한 놀라움'이라고 정의해. 이건 우리가 '발견하기'라는 용어로 뜻하는 바와 같아.[19]

헌터 그렇지. 아인슈타인을 생각해 봐. 아인슈타인은 물리학 공동체에서 주변 인물이었지만, 자신이 생각하는 바를 관철하고자 사회, 정치적 측면을 조정하는 데 능숙했어. 모든 위대한 혁신자가 그렇게 성공적으로 사회적 기술과 소통의 기술을 구사하는 건 아니야. 멘델, 헤라패스John Herapath, 워터스톤John James Waterston, 물리학자 J. 윌러드 깁스J. Willard Gibbs를 떠올려 봐. 그리고 다윈도.

제니 멘델과 다윈은 알아. 하지만 나머지는 누구야?

헌터 헤라패스와 워터스톤은 20세기 영국의 물리학자로 각각 클라우지우스보다 먼저 열의 운동 이론을 고안했어. 하지만 두 사람이 제출한 논문 모두 터무니없다는 이유로 왕립 협회가 게재를 거절했지. 여러 어려움을 겪고 두 사람은 조직화된 과학에 등을 돌려, 그들이 제시한 생각은 그저 잊혀 버렸어.[20] 깁스는 많은 사람이 19세기의 가장 위대한 인물이라고 평가하는 미국의 과학자지만, 멘델만큼이나 무시당한 사람이야. 그는 자신이 얻은 중요한 결과들을 수학으로 기술했는데, 너무 복잡해서 아인슈타인을 포함한 물리학자들은 깁스의 논문이 어렵다고 불평했지. 게다가 깁스는 이런 논문들을 유럽에서는 거의 알려지지 않은 『코네티컷 과학 아카데미 회보*Transactions of the Connecticut Academy of Sciences*』에다 발표했어. J. C. 맥스웰과 빌헬름 오스트발트가 그의 연구를 지지하지 않았더라면, 깁스의 연구는 무시당하고 나중에야 재발견되었을 거야. 반트 호프와 막스 플랑크는 오스트발트가 깁스의 논문에 관심을 두기 이전부터 좀 더 알기 쉬운 형식으로 깁스의 연구 결과를 다시 고안하기도 했지.[21]

그게 바로 내가 다윈을 언급한 이유야. 다윈에게 자기 생각을 발표하게끔 자극한 윌리스가 없었다고, 다윈의 생각을 누구나 들을 수 있도록 전파하고 다닌 헉슬리가 없었다고 생각해 봐. 중요한 생각을 고안하는 일만으로는 충분하지 않아. 과학 공동체가 그 생각에 관심을 보이도록 해야 해.[22] 그건 유전자 구조처럼 우리가 누구나 아는 중요한 문제를 다룬다면 쉬운 일이지. 하지만 우리가 멘델이나 아인슈타인이어서 문제와 함께 해답까지 고안해야 한다면 너무 어려운 일이야. 우리는 동료들이 생각조차 해본 적 없는 문제에 따르는 충격적인 해답을 받아들이도록 설득할 필요가 있어!

콘스탄스 뉴턴과 다윈이 자신의 생각을 세상에 내놓았을 때, 그 후로 영원히 그 생각을 기르고 보호하느라 애써야만 한다는 걸 알지 못했다는 말이 생각나네.

아리아나 그리고 실제 부모와 똑같이, 어떤 과학자들은 자신의 생각을 키우기에 적합하지 못한 사람일지 몰라. 이건 우리가 개인에게 너무 많은 걸 기대한다는 뜻이지. 즉, 우리는 과학자들이 기술, 이론적으로 천재며 사회적으로도 의사소통에 능한 사람이기를 기대하지.

제니 하지만 그 점이 어떤 악습이 일어날 가능성을 말하는 거 아냐? 발견이 부분적으로 사회적 기능을 가진다면, 사실 아무것도 없는데 중요한 사실을 발견했다는 환상을 심도록 공공의 의견(심지어는 과학 공동체까지)을 조작할 수 있는 거 아냐?

리히터 N선과 중합수가 그런 사례지. 최근에 노벨상 수상자들 사이에서

도는 불미스러운 이야기가 있어. 연구비를 받으려고 증거가 없는 데도 발견을 했다고 선언하고, 아랫사람이나 경쟁자의 공을 가로채고, 자신의 결과를 널리 알려 줄 홍보 회사를 고용하고, 미래에 쓸모가 전혀 없는 연구를 정당화하려고 터무니없는 응용법을 제시하는 사람들이 있다는 거야.

아리아나 미디어에 종사하는 사람들은 자기들이 이용당하는 데 불만을 가지기 시작했대. 이건 농담이고, 내가 말한 요점으로 돌아가자. 난 우리가 과학 활동에서 성격이 하는 역할을 좀 더 이해할 필요가 있다고 생각해. 우리에겐 두 가지 선택권이 있어. 과학자가 발견의 전체 과정(연구비 따기와 문제 해결만이 아니라 의사소통하고 협력하는 일까지 포함한)을 더 효과적으로 다루도록 훈련하거나, 아니면 발견의 전체 과정을 다양한 측면(멘델, 헤라패스, 워터스톤 같은 사람이 자신의 이단적 사상을 전개하게 허용하고 헉슬리, 맥스웰, 오스트발트 같이 자신이 들은 내용을 확인하는 사람들이 팀을 이루어 협력하는 것 등)에서 전문화하는 거야.

임프 좋은 생각이야. 우리가 논의한 과학자 대부분이 팀을 이루어 일하지 않았다는 사실을 빼면 말이야. 그들은 독립적이고, 탐험가여서, 남에게 의존하지 않지. 도움도 바라지 않아. 콘스탄스가 제시한 모형을 통해서 어떻게 살아야 하는가에 대한 감각을 갖는 게 더 유용할 거야. 독립적으로 산다는 건 반대, 거절, 낙담에 놀라거나 모욕으로 받아들이지 않는 거지.

내가 과학사를 읽으면서 배운 가장 가치 있는 교훈은 내가 연구하는 방식이 특이해 보이지만, 과거에 유명한 과학자들에게는 일상적 방식이라는 점, 동료들이 내 작업에 관심을 보이도록 만드는 건 원래 어렵다는 점이야. 그러니 성공한 과학자들이 쓴 돈키호테적 탐구 방법으로 내 연구 전략을 찾을 수 있는 거지.

헌터 그래서 1880년에 물리화학을 세운 세 과학자, 즉 J. H. 반트 호프, 스반테 아레니우스, 빌헬름 오스트발트를 살펴보는 게 중요해(잘난 척하려고 하는 말은 아냐). 막스 플랑크도 중대한 기여를 했고. 이 네 명은 모두 노벨상을 받았고 독립적 탐구자라고 보기에도 충분하지. 내가 생각하기에 이들은 리히터가 그 존재를 의심하는 위대한 인류를 대표하는 것 같아. 합리적 이유라기보다 정치적 이유에서 말이야.

리히터 그게 무슨 뜻이야?

헌터 우리가 과학적 탁월함을 대표하는 인물로 누군가를 제시할 때마다 네가 질겁한다는 뜻이지. 넌 파스퇴르, 다윈, 아인슈타인이 능력에서 다른 사람들과 질적으로 다르다는 생각을 폄하하고 싶어 해. 분명히 넌 본받을 만한 가치가 있는 천재나 모범을 따르기에는 우리가 너무 닮고 닮았다고 생각하는 것 같아. 민주주의 시대니까, 그렇지? 재능이란 오직 기회를 반영할 뿐이고, 그런 기회가 주어진다면 누구라도 과학에 중요한 기여를 할 수 있다고 말이야. 넌 한 명의 선구자가 자기 시대의 편견과 독단에 맞서 싸운다는 신화를 평범한 과학자를 찬미하는 일로 바꾸려 하지.[23] 난 아니야. 우리가 존경하는 과학자, 그들의 이름으로 특정 현상을 지칭하고, 교과서 제목으로도 쓰는 과학자들은 뭔가 **달라**. 능력과 잠재력은 공평하게 분배되지 **않아**. 우리 모두가 중요한 생각을 할 수 있는 건 아니야.[24]

리히터 하지만 넌 우리가 시간을 거슬러 가서 과학자 개인을 없애버린다면 그가 얼마나 유명하든 과학의 경로 자체는 바뀌지 않는다는 사실을 부정할 수 없을걸. 동시발견이라는 현상이 있기에 과학적 진보는 불가피해.[25]

헌터 아니, 미안하지만 난 그걸 받아들일 수 없어. 과학의 역사를 자세히 들여다봐, 리히터. 우리가 여기서 무엇을 논하고 있지? 헤라패스, 워터스톤, 클라우지우스가 아니라면 누구야? 다윈과 월리스가 아니라면 누구야? 파스퇴르, 플레밍이 아니라면 누구야? 넌 이들이 혁신을 이루기 전에 수많은 기회가 흘러가 버렸다는 사실을 간과하고 있어. 소수, 아주 소수의 과학자만이 위대한 일반화를 산출할 수 있는 폭넓은 지식과 경험, 지적 기술을 갖고 있어. 미안하지만 수천 명의 과학자는 이들의 발끝에도 미치지 못하고, 하나나 둘, 아니면 한줌만이 겨우 이들을 따라잡을 수 있을 뿐이야. 너무나 보잘것없어! 다르게 연구하고 행동하고 생각하는 한 줌의 과학자를 없애 버리면 모든 노력이 무너지겠지.[26]

리히터 하지만 넌 여기 앉아서 그런 과학자들을 어떻게 키울 수 있는지 토론하고 있잖아. 마음을 정하라고. 그런 과학자를 키울 수 있어, 없어? 그렇게 비범한 사람들은 유전의 결과야 아니면 환경의 산물이야? 난 다른 사람보다 더 성공할 수 있는 발견의 전략이 있다는 점에 기꺼이 동의해. 하지만 오직 천재들만 성공할 수 있다면 그런 전략은 아무 쓸모 없어!

제니 "당신은 기술만이 아니라/ 천재성도 얻을 수 있다네/ 사려 깊은 모방을 통해." 1792년에 과학자 토머스 영Thomas Young은 노트에다 화가 조슈아 레이놀즈 경Sir Joshua Reynolds의 이 말을 인용했지. 나도 이 말이 맞는다고 생각해. 리히터, 넌 늘 문제를 이것이냐 저것이냐는 구도로 밀고 가려 해. 왜 둘 다는 안 돼? 태어날 때부터 특이한 동시에 천재성을 얻고자 노력해서 비범한 과학자가 되지 못할 이유가 있어? 작가 사무엘 스마일스Samuel Smiles가 제창한 자기 개선의 철학이 마이클 패러데이, 발명가 조지 스티븐슨George Stephenson, 그 외 산업 혁명기의 수많은 발명자를 만들지 못할 이유가 있어? 우리가 천재라고 부르는 사람들의 훈련 방식과 연구 방법을 모방해서 천재가 되지 못할 이유가 있어?

리히터 난 잘 모르겠어. 네가 대답해 줘.

헌터 왜 그래, 리히터. 얼렁뚱땅 넘어가지 마. 뭐 젠체하는 걸지도 모르지만, 내가 공부한 수많은 물리화학자는 아주 어린 시절부터 최고가 되려고 가장 뛰어난 과학자를 모방하기도 하고, 도제식으로 수련받기도 하고, 제니가 말했듯 반트 호프나 아인슈타인처럼 스스로 연습하기도 했어. 반트 호프가 10대 시절에 몰두한 일은 저명한 과학자들의 전기를 찾아 읽는 거였지. 스물 다섯 살 때 거의 200명 가까이 되는 과학자의 전기를 읽었어. 반트 호프는 교과서의 제목으로 등장하는 과학자와 그저 주석에만 나오는 과학자는 정신적 특징과 연구 방식이 다르다고 주장했지.[27] 오스트발트는 『위대한 인간*Great Men*』이라는 책에서 이와 똑같은 주제를 논했어.[28] 사실 이건 우리가 도제 관계를 놓고 토론할 때 중점적으로 다루는 거잖아?

아리아나 그만하면 됐어, 헌터. 이제 요점으로 들어가자. 나, 헌터, 콘스탄스는 지난주에 반트 호프, 아레니우스, 오스트발트의 연구에서 성격, 교육, 도제 관계 사이에 있는 관련성을 공부했어. 우리는 그들이 수행한 훈련, 사고방식, 연구에 사용한 기술에 자리한 공통점을 찾았지. 근본적으로 콘스탄스가 모형화한 과정을 통해 알 수 있는, 이들이 사용한 방식은 19세기 과학에 나타난 가장 중요한 문제에 도달해. 우리가 살펴본 한 가지 사례는 어떻게 반트 호프와 동료 조세프 아실 르 벨Joseph Achille Le Bel이 동시에 사면체 탄소 원자라는 개념에 이르게 되었느냐 하는 거야. 내가 생각하기에 어떤 이론으로 나아가게 영향을 미치는 요소는 성격과 훈련, 경험 사이에서 일어나는 상호 작용이지.

헌터 또 아주 밀접히 연결된 동시 발견이 서로 동등하지 않다는 사실도

스무 살의 야코부스 헨리쿠스 반트 호프
(Bischoff, 1894)

알았지. 리히터, 넌 과학에서 과학자 개인을 빼도 상관없으며 그래도 과학의 경로를 바꿀 수 없다고 말했어, 과연 그런지 보자고.

임프 가 보자!

헌터 먼저, 반트 호프를 이해하는 일에 중요한 전기적 사실에서 시작할게.[29] 반트 호프는 1852년 네덜란드 로테르담에서 태어났어. 초등학교와 중학교 시절에는 음악, 수학, 물리학에 뛰어났지. 음악으로 많은 상을 받기도 했지만, 고등학교에서는 화학에 큰 홍미를 느껴 이쪽으로 진로를 정했어. 네덜란드에는 화학 교수직이 아주 적었기 때문에, 반트 호프의 부모는 기술 전문 대학인 델프트폴리테크닉대학에 가도록 설득하지. 결국 반트 호프는 그곳에서 응용화학, 우리가 화학공학이라 부르는 분야를 공부했어. 젊은 반트 호프는 지역의 설탕 공장에서 일한 경험 덕분에 자신이 원하는 건 이게 아니라는 사실을 깨달았어. 그럼에도 델프트에서 보낸 2년은 반트 호프라는 사람을 만드는 데 중요한 시기였지. 그는 19세기 자연철학자 윌리엄 휴얼William Whewell이 쓴 『귀납 과학의 역사*History of the Inductive Sciences*』와 『귀납 과학의 철학*Philosophy of the Inductive Sciences*』, 철학자 이폴리트 텐Hippolyte Taine이 쓴 『지성에 관하여*On Intelligence*』, 철학자 오귀스트 콩트Auguste Comte가 쓴 『실증 철학 강의*Course of Positive Philosophy*』 등을 읽었지. 그리고 아까 말한 것처럼 수백 명에 달하

는 과학자의 전기를 읽으면서 자극을 받았고.[30]
특히 콩트는 반트 호프에게 지속적인 영향을 주었어. 그는 1901년에 오스트발트에게 편지를 쓰지. "내가 철학자라면, 난 콩트에 가까운 사람 같아."[31] 제니가 설명할 수 있겠지만, 콩트의 철학은 실증주의로서, 직접 관찰 불가능한 모든 가설과 개념을 피하고 형이상학을 거부하며 진정한 과학은 수학밖에 없다고 말하는 사조야. 실증주의를 더 논의하지 않는 대신 내가 동의하지 않는 콩트의 말을 하나 해 줄게. 기본적으로 콩트는 지식을 사다리라고 생각했는데, 수학이 제일 위에 있고 사회과학과 역사가 제일 아래에 있다고 보았어. 각 학문 분과는 그 위에 있는 분과가 사용하는 과학적 장치를 획득함으로써 사다리 위로 올라가. 이건 환원주의적 철학의 기원이라 할 수 있을 거야. 콩트는 물었어. 화학에는 무슨 문제가 있는가? 콩트는 답했지. 베르톨레는 수학자가 아니라 물리학자로 훈련받았다. 베르톨레의 『평형 화학 소론*Essay on Statical Chemistry*』("화학 개념의 체계화를 위한 인간 정신의 힘을 보여 주는 비교 불가능한 기념비적 저작")이 수학의 언어로 쓰였다면, 정말 그랬다면, 진정으로 과학적인 화학을 가졌을 거다![32]
10대 소년인 반트 호프는 콩트의 말을 가슴에 새겼어. 그는 2년 만에 델프트대학의 3년 과정을 마치고 수학을 공부하러 레이던 대학으로 옮기지. 열 아홉 살인 반트 호프는 자신이 무엇을 해야 하는지 깨달았어. 그건 베르톨레의 『평형 화학 소론』을 수학적 관점에서 재기술하는 일. 하지만 안타깝게도 그는 수학적 훈련이 자기와 맞지 않는다는 사실을 알았어. 수많은 내용을 기계적으로 외워야 했고 자신의 바람과 전혀 상관없는 표준화된 교육 과정을 억지로 이수해야 했거든. 반트 호프는 어머니에게 "전 인간 취급을 받지 못하는 것 같아요"라고 불평하기도 했어. "그저 지식을 얻는 부속에 지나지 않는다고 할까요. 모든 것이 '객관적'이에요. 최근에 아주 감동적인 바이런 경의 시詩에 사로잡히지 않았더라면, 저는 곧 과학이라는 생기 없는 곳에서 쪼그라들고 말았을 거예요."[33] 반트 호프는 자신의 결심을 지켜나가는 게 얼마나 어려운지 알았지.

아리아나 표준 교육 과정 내에서 혼자 힘으로 공부하는 일도 아주 힘들었을 거야. 여기서 난 아주 중요한 점을 강조하고 싶어. 바로 반트 호프는 시를 읽을 뿐만 아니라 시를 **쓰기도** 했다는 사실. 창의적 교육 방식을 다루는 연구에서는 공통적으로 창조적 과정을 일찍 경험하는 게 중요하다고 말해. 시, 음악, 그림, 공예, 발명, 과학 아무거나 좋아. 스스로 무언가를 창조하는 행위는 전통에 맞서 자신을 시험하는 걸 두려워하지 않는다는 주장이고, 세계를 보는 나만의 견해를 표현하는 거야. 그런 시도가 위험해도 불구하고 말이야. 시인 윌리엄 카를로스 윌리엄스William Carlos Williams는 자신의 두 주인, 의학과 시를 두고 이렇게 말했지. "하나는 다른 하나를 키운다."[34]

헌터 맞아. 최근에 노벨 화학상을 받은 로알드 호프만도 자신이 쓴 시와 연구가 서로 관련 있다는 말을 했어.[35]

콘스탄스 험프리 데이비처럼 화학자이자 시인인 연구자가 있다는 전통 덕분에 화학자는 잘못된 길에 들어선 시인이라 불린다는 점도 기억해.[36]

헌터 어쨌든, 시만으로는 반트 호프를 지탱하기에 모자랐어. 그는 본Bonn에 있는 화학자, 아우구스트 케쿨레August Kekulé와 함께 연구하려고 한 해 뒤에 레이던대학을 떠나고 말아. 라플라스가 중력 끌림 이론을 화학 물질의 질량 작용에 적용하려고 할 때 원자의 모양을 모른다는 큰 장애물이 있었다는 거 기억하지? 원자 간의 아주 작은 거리에서도 원자의 모양은 중력장을 상당히 변화시켜. 콩트, 퀴비에, 휴얼, 케쿨레, 파리의 아돌프 뷔르츠Charles Adolphe Wurtz 모두 화학자가 마주한 가장 중요한 문제로 원자 모양을 꼬집었어. 케쿨레는 분자 구조에 가장 정통한 학자로 알려져 있었으니, 그에게 가는 건 당연했지.

콘스탄스 그래. 하지만 화학은 베르톨레와 반트 호프 사이에서 수많은 변화가 일어났다는 걸 잊지 마. 한 가지는 질량 작용을 연구하는 전통이 실질적으로 쇠퇴했다는 거야.[37] 반트 호프가 파리나 베를린에서 공부했다면 베르톨레의 연구를 비웃도록 교육받지 않았을까. 분명히 그는 친화성을 중력 끌림으로 유비하는 방식을 배우지 못했을 거야. 화학은 베르셀리우스Jöns Jakob Berzelius*가 제안한 전기화학적 이원 끌림 이론으로 옮겨갔고, 이것도 1860년 이후에는 화학자 아보가드로Amedeo Avogadro가 내놓은 가설이 다시금 지지받자 공격을 받았지. 아보가드로는 동일한 온도와 압력에서 동일한 부피를 가진 기체는 동일한 숫자의 분자를 포함한다고 가정했어.

제니 같은 기체가 가진 동일한 부피야, 아니면 어떤 기체라도 상관없다는 거야?

헌터 어떤 기체라도 상관없어. 그게 아보가드로의 통찰력이 지닌 아름다움이지. 즉, 여기에 명확한 거라고는 하나도 없다!

콘스탄스 수십 년간 논쟁이 벌어졌다는 건 확실해. 한 가지 논쟁은 아보가드로는 수소와 산소 같은 기체가 2원자 분자고, 질소 같은 기체는

---

* 옌스 베르셀리우스, 1779~1848. 스웨덴의 화학자. 베르셀리우스는 전기 분해로 화합물을 산성 성분과 염기성 성분이라는 이원 구조로 나누었고, 산성은 양극에, 염기성은 음극에 끌린다는 이원론을 주장했다.

1원자 분자라고 생각했다는 점에 있었어. 그런데 베르셀리우스가 주장한 것처럼 화학적 끌림이 전기적으로 일어난다면, 산소처럼 전기화학적으로 음성인 2원자 또는 수소처럼 전기 음성인 2원자는 어떻게 결합할 수 있을까? 같은 전하는 밀어내는 데 말이야.

하지만 중력 끌림 이론으로는 되돌아갈 수 없어. 원자가valency*라는 현상이 규명되었으니까. 산소의 원자가는 2로, 이는 흔히 다른 2원자와 함께(H_2O) 두 가지 결합을 이루기 때문이고, 탄소의 원자가는 4로, 흔히 다른 4원자와 함께(CH_4, 메탄처럼) 네 가지 결합을 이루기 때문이지.

화학자 뷔르츠같이 아보가드로 가설을 지지한 많은 화학자는 베르톨레와 라플라스가 가정한, 서로의 주위를 행성처럼 도는 원자 모형으로는 원자가를 설명할 수 없다고 지적했어. 왜 하나 또는 열 가지가 아니라 둘이나 네 가지의 '행성'이 있는 걸까? 원자가 매 시간 회전하고 있다면 어떻게 결합하여 분자를 형성하는 걸까? 어떤 화학자, 예컨대 케쿨레는 원자란 실재하지 않지만 유용한 경험적 장치라고, 따라서 이 모든 외견상의 모순은 다 가상적이라고 말하기까지 했지.

요점은 반트 호프가 정말 특이한 방식으로 훈련받았다는 거야. 너무 과장하지만 않는다면 이건 많은 혁신가, 특히 헌터가 연구한 물리화학자에게 나타나는 공통 면모라고 봐. 그들은 오래되고 낡은 전통을 새로운 기술과 결합하거나 오래된 접근법을 새로운 문제를 푸는 데 다시 사용했어. 그들이 자신의 성격과 명문화된 과학, 진행 중인 과학을 혼합하는 방식은 아주 특이했지.

* 어떤 원자가 다른 원자와 맺는 결합의 수.

헌터 지금부터 살펴보자. 반트 호프는 케쿨레와 연구하려고 위트레히트를 떠나 본에 도착해서 그곳에 아주 매혹되었어. 그는 부모님께 이렇게 편지를 쓰지. "레이던에서는 환경, 도시, 사람 모든 것이 산문이었어요. 하지만 본에서는 모든 것이 시입니다."[38] 실험실은 활기에 넘쳤지. 케쿨레가 여섯 개의 탄소 원자와 여섯 개의 수소로 구성된 고리 모양의 화합물인 벤젠의 구조를 두고 오랫동안 논쟁을 벌였거든. 탄소는 4원자가기에 다른 여섯 원자와 결합할 수 있는데, 수소는 1원자가라는 점에서 문제가 촉발되었어. 어떤 구조가 벤젠과 거기서 파생된 물질을 가장 잘 설명할까? 많은

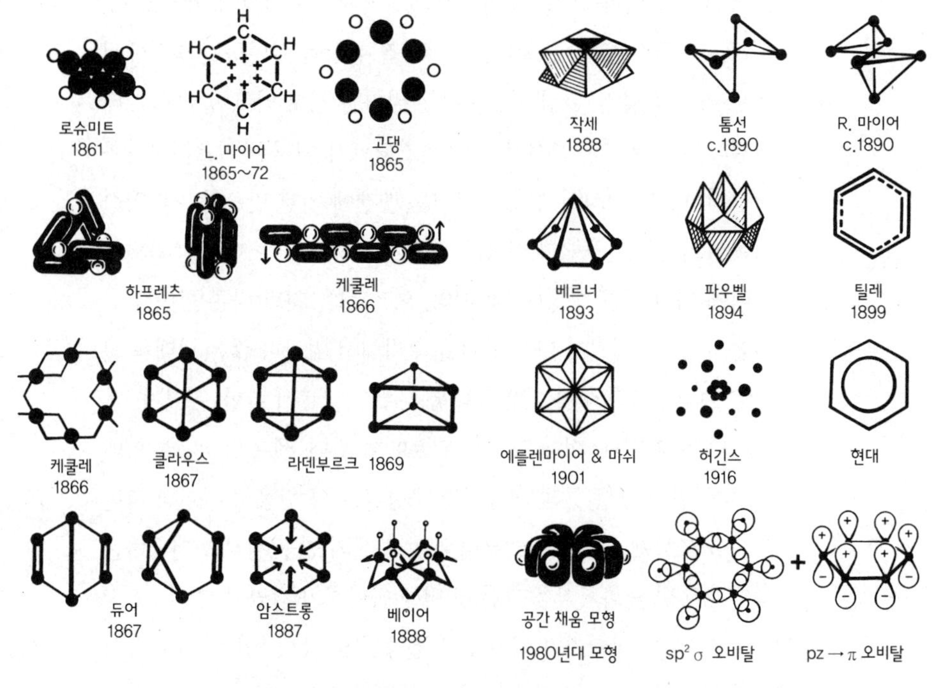

1861~1980년의 벤젠(C_6H_6)모형(Cooper et al.,1986; Koeppel, 1975; Levere, 1975에 기초함)

모형이 제시되었지(사실 지금도 계속되고 있고). 콘스탄스, 내가 가져온 여러 모형 그림을 보여 줘.

리히터 대부분은 타당하지 않겠지.

콘스탄스 오, 아니야. 이런 저런 과학자 집단은 1865년부터 제시된 모든 모형이 다 타당하다고 생각했어. 그리고 케쿨레가 제시한 공명 모형은 1930년대까지도 사용되었지.

리히터 이상하군. 하나만 작동할 수 있다면 왜 여러 모형이 퍼져 나갔지?

헌터 대답하기 어려운 문제야. 각각의 모형은 결합에 약간씩 다른 견해를 표현하고 원자가와 화학 반응성에도 다른 설명을 제시하거든. 이건 부분적으로 어떤 모형이 좋다고 생각할 때, 왜 그러한 시각적 표현을 받아들이는지 과학자 자신에게 물어야 할 문제라고 봐. 이 모형들은 또 다른 문제, 즉 이성질 현상을 설명하는 방식에서도 조금씩 달라. 이성질체는 같은 원자가 서로 다른 방식으로 배열되어 이루어진 화합물이야. 파스퇴르가 연구한 타르타르산과 라세미산도 이성질체지. 케쿨레는 벤젠에 치환 반응하는 다양한 이성질체를 연구했어. 새로운 원자가 벤젠 고리 어디에 추가되느냐에 따라 다른 속성(파라, 메타, 오르토)을 지닌 다른 형태를 얻을 수 있어. 게다가 다른 원자를 추가해서 얼마나 많은 형태를 얻었느냐에 따라 내가 어떤 형태를 다루고 있는지 밝힐 수 있지. 즉, 하나는 파라para 형태, 둘은 오르토ortho 형태, 셋은 메타meta 형태야. 이런 연구를 통해 케쿨레는 구성 요소와 반응성 사이의 관련성을 조사했고, 그리하여 케쿨레는 자신의 연구 결과를 기술하는 이차원 반응 화학식을 그린 첫 번째 화학자가 되었지.

아리아나 케쿨레는 화학자가 되기 전에 건축가였다는 사실, 그래서 도식적으로 사고하는 습관이 있었다는 걸 언급해야 해.

헌터 맞아. 그때는 유기화학에서 다양한 기술이 유용할 수 있다는 점

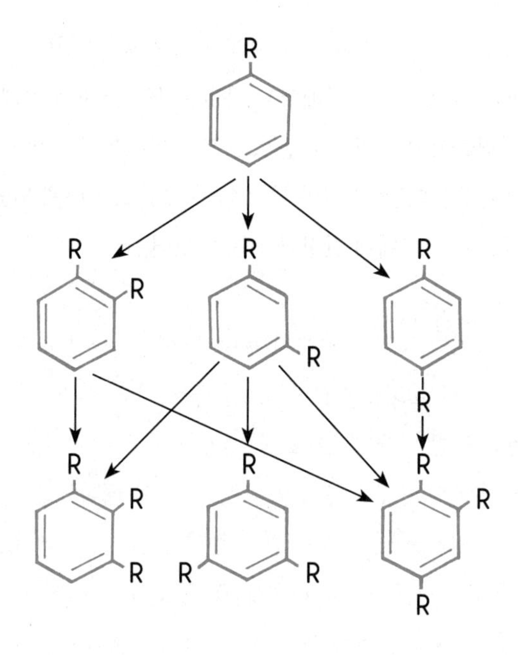

케쿨레가 고안한 '반응 다이어그램'을 보여 주는 벤젠 치환 반응

을 보여 준 흥미로운 시기였지. 하지만 또 다시 불행이 반트 호프의 실험실과 교실에 닥쳐와. 지나칠 정도로 자신만만했던 케쿨레는 반트 호프에게 화학은 이제 막다른 길에 들어섰으며 "새로운 진보가 일어날 가능성도 없다"라고 말한 거야.[39] 남은 건 이제 세부 사항을 정리하는 일뿐이라고.

임프 오래된 '닫힌 분야closed field'의 오류라 할 수 있지. 그렇지, 리히터?

아리아나 반트 호프는 이런 말에 개의치 않을 정도로 똑똑했어. 그는 물리학자 발터 카우프만이 '이단자의 믿음'이라고 부른 걸 실천했지. 즉, 내가 직접 볼 때까지 믿지 않는다는 태도.[40]

헌터 막스 플랑크가 견지한 철학도 그랬어.[41] 하지만 권위적이고 수직적인 독일 대학에서 일반적인 태도는 아니었지. 자신을 가르친

지도 교수가 불가능하다고 생각한 일을 할 수 있다고 결론 내린 오스카 민코프스키, 알베르트 아인슈타인, 스반테 아레니우스 같은 사람들과 마찬가지로 반트 호프도 어려움에 처했어. 케쿨레의 실험실에 들어간 지 얼마 되지 않아 그곳을 떠나게 되었을 때, 반트 호프는 부모에게 간절한 편지를 썼어.

수천 가지 기억과 이곳에서 보낸 두 학기가 시문[모래 폭풍]처럼 저를 몰아쳤고, 모든 것이 생기를 잃었어요. 사람들이 제 뒤에서 수근댄 말들이 생각났어요. 전 실험실에서 제일 어렸고 유일하게 장뇌camphor 연구를 반대했지요. 전 낯선 대학에 있을지라도 스스로 연구하고 싶었어요. 하지만 사람들은 저더러 바보, 돈키호테 과학자, 괴짜라고 놀려 댔어요. 증오와 질투가 그들을 영리하게 했고 그들에게는 동료, 능력, 나이가 있어요.[42]

아리아나 이와 동시에 일어난 또 다른 사건에서 반트 호프가 마주친 어려움과 그의 정신력에 관한 깊은 통찰을 얻을 수 있지. 케쿨레 실험실에서 보조로 일한 젊은 여자(케쿨레는 예쁜 여자를 좋아했어)가 기계 고장으로 시안화칼륨이 터져 나와 사망한 일이 있었어. 반트 호프는 심한 충격을 받고 영어로 바이런 풍의 비가悲歌를 썼는데, 그건 분명히 자신의 처지를 노래한 거나 마찬가지였어. 반트 호프는 "그대의 적敵은 많고도 강하다"라고 쓰며, 근시안적 편견에 맞서 족쇄를 부수는 공동의 싸움에 그 여자를 참여시켰지. 그녀는 여성이라는 성별 때문에 혁명가가 됐고, 반트 호프는 사람들 속에 들어가지 못했기 때문에 혁명가가 된 거야. "그대의 머리에는 저항할 수 없는 야성적 생각이 흘러넘친다." 이 두 젊은 이단자는 무리로부터 떨어져 독립적으로 행동하고 사고했어. 어떤 사물의 질서에도 만족하지 않으면서 말이야. 그들은 동료들의 예상을 넘어서는 무언가를 성취하고자 투쟁했어. "위대하게 살든가 죽든가."[43]

케쿨레 폰슈트라도니츠(Bugge, 1930)

헌터 반트 호프가 맞닥뜨린 편견은 그의 다짐을 굳게 했고, 과학에 접근하는 방식을 동료들과 다르게 만들었어. 동료들에게 연구 목적이란 사실을 모으는 거였지. 동료들은 케쿨레가 만든 도식의 세부사항을 채우는 일을 주로 했어. 하지만 반트 호프는 관찰은 단지 시작일 뿐이라고 생각했어. 당시에 그는 이렇게 썼지. "사실은 기초이자 근간이다. 상상은 건축 재료고, 가설은 시험해야 할 설계도며, 진리 혹은 실체는 건축물이다."[44]

임프 그렇지!

헌터 반트 호프를 매혹시킨 건 생각이지 실험이 아니었어. 그의 연구 보조 샤를 판 데벤터르Charles van Deventer는 몇 년 후 다음과 같이 말했지. "반트 호프는 타당함, 확실함을 가치 있게 생각했지만, 생각 그 자체가 지닌 일반적 형태에 매료되었다. 그리고 그가 제시한 증거는 자신의 생각을 모형화하고 완성 짓기보다(이런 일은 다른 사람에게 남겨두었다), 뒤집어지지 않는 튼튼한 기초적 구성 요소로서 자리매김하려는 목적을 띠었다."[45]

아리아나 세상에는 두 종류의 과학자가 있어. 두 종류의 조각가가 있는 것처럼 말이야. 조각에는 조각물에 점토를 추가하는 방식으로 형태를 창조하는 사람과 구성 요소 안에서 숨겨진 형태를 보며 원치 않는 부분을 깎아 덜어 내는 방식으로 형태를 창조하는 사람이 있지. 이건 반트 호프와 조제프 르 벨의 차이점을 알아보는 아주 유용한 방식이야. 반트 호프는 형태가 지닌 아름다움을 드러내려고 과도한 부분을 덜어 내는 사람이고, 르 벨은 모든 사실을 적절한 장소에 배치하려 하고, 조각이 전부 들어맞지 않으면 좌절하며 사실을 추가하는 사람이었지. 당연히 여기서 우리가 하려는 작업은 성격과 발명 스타일 사이의 연관성을 확립하려는 거야. 무엇을 하고 어떻게 그 일에 착수할지 결정하는 사람은 어떤 사람일까.

헌터 그래서 반트 호프와 르 벨을 비교하는 일이 중요해. 그들은 반트 호프가 케쿨레 실험실에서 파리에 있는 뷔르츠 실험실로 옮겼을 때 만났어. 내가 처음에 말했듯이, 뷔르츠는 원자 모양이 화학이 마주친 가장 중요한 문제라고 지적한 사람이야. 뷔르츠는 베르톨레-파스퇴르 학파 출신으로서 대부분의 이성질체를 설명하는 일에 화학 이론이 무능력하다는 사실에 당혹스러워 했지. 물론 케쿨레는 치환으로 얻은 다양한 벤젠을 기술할 수 있었지만, 2차원 반응 다이어그램은 파스퇴르의 타르타르산염과 라세미산 사이에 있는 차이까지 설명하지는 못했어.

아리아나 그리고 뷔르츠는 문제가 무엇인지 깨닫는 시각적 상상력, 예술가적 성향이 풍부한 사람이었지.

헌터 뷔르츠는 제자들에게 새롭고 근본적인 생각이 필요하다고 말했어.[46] 그때쯤 반트 호프가 파리에 도착했고, 원자 모양 문제를 해결하고자 했지. 르 벨은 이미 뷔르츠의 실험실에서 연구하고 있었고.

아리아나 이건 매우 흥미로운 발견(발명이라는 단어가 더 좋을지도)이야. 해답이 문제를 정식화하고 자료를 모으기에 앞서 이미 나왔지만, 반트 호프와 조제프 르 벨이 인식한 연관성을 그 이전엔 어느 누구도 몰랐으니까.

제니 다시 설명해 줘. 해답이 이미 있는데, 왜 아무도 몰랐다는 건지—

헌터 단순히 어느 누구도 모든 정보를 동시에 머릿속에 담지 못한다는 이유 때문이야. 우리는 과학자들이 모든 문헌을 읽고 이해할 거라고 오해하지. 100년 전에는 과학 문헌이 별로 없었으니까 가능한 거지, 사실은 그렇지 않아. 과학자들도 우리처럼 관심 가는 주제를 읽는 데 그쳐.

콘스탄스 게다가 푸앵카레는 "발명은 선택이다"라고 말했지. 과학자 개인은 무엇을 선택할까?

임프 그 말은 성격과 경험이 동등하게 발명에 기여한다는 뜻이야. 본성과 양육이 균형을 이루는 거지!

헌터 물론이지. 반트 호프와 파스퇴르를 비교해 봐. 난 파스퇴르가 비대칭 화합물에 관해 발표한 논문 전부와 미발표 연구를 거의 읽어 봤는데, 파스퇴르의 관심은 구체적으로 두 가지 문제에 있었어. 단일 분자에 얼마나 많은 대칭, 비대칭 형태가 존재하는가. 그리고 비대칭 형태는 어떻게 산출되는가. 1860년에 출판한 강연록에서 비대칭 분자(사면체형, 와선형, 나선형)를 설명하는 생각을 논의하긴 했지만, 일반 모형이 얼마든지 비대칭이라는 사실을 설명할 수 있다는 점을 제시하는 데로 넘어가진 못했어.[47] 파스퇴르는 비대칭성이라는 수수께끼에만 스스로를 제한하면서 이성질 현상과 원자가, 그리고 반트 호프가 의문을 품었던 분자 구성 요소에 있는 그 밖의 측면을 무시했지.

콘스탄스 알겠지만, 역사적으로 3차원 분자 모양을 기술하는 이론을 고안하는 일에는 세 요소가 필요했어. 첫째, 실제로 3차원 원자가 존재한다는 믿음. 둘째, 화합물을 다루는 실험, 개념적 모형을 통합하기. 셋째, 원자가를 설명하기.[48] 파스퇴르는 뒤의 두 가지를 논의하지 않았기 때문에 관련 문제를 해결할 가능성이 없었어.

헌터 맞아. 더불어 입체화학을 기술하는 완전한 이론을 구성하려면 두 가지가 더 필요했다고 봐. 바로 이성질 현상과 광학활성을 설명하는 일. 반트 호프는 1870년에 이 다섯 가지 문제가 하나의 상위 문제가 지닌 여러 측면이라는 사실을 인식한 유일한 사람이야. 이제 반트 호프가 이 모든 요소가 잘 들어맞을 거라고 생각한 이유를 말해 볼게.

제니 르 벨은? 그는 그렇게 생각하지 않았어?

헌터 그래. 르 벨이 제안한 이론은 반트 호프 만큼 일반적이지는 않았어. 반트 호프가 처음이지.

내가 공부한 바에 따르면 다음과 같은 일이 일어났어. 반트 호프는 분자를 2차원 반응 모형으로 기술하는 케쿨레의 이론을 숙지하고, 또 원자가와 원자 모양에 관한 해결되지 않은 문제를 안고 본을 떠났어. 광학 이성질체에 관한 문제 역시 마음에 품고 있었을 거야. 그 때문에 파리로 가는 계획을 세웠으니까. 하지만 반트 호프는 먼저 위트레히트로 돌아가 젖산의 세 가지 형태를 규정한 화학자 요하네스 비슬리체누스Johannes Wislicenus의 논문 몇 편을 읽었어.[49] 한 가지 형태는 편광을 왼쪽으로, 다른 하나는 오른쪽으로 회전시키고, 나머지 하나는 광학적으로 불활성인 동시에 우회전성과 좌회전성 형태로 분리되지 않았지. 다시 말하면, 젖산은 파스퇴르의 라세미산 같은 라세미 혼합물이 아니었어. 파스퇴르의 용법을 따르면, 우회전성, 좌회전성, 대칭 형태가 있는 거지. 문제는 젖산의 세 가지 형태를 산출하도록 케쿨레 식의 2차원 배열을 그리기가 어렵다는 데 있었어. 그런 건 작동하지 않았지. 그래서 비슬리체누스는 원자는 '공간 속에' 3차원 유형으로 배열해 있어야 한다고 제안해.[50] 반트 호프는 산책하다가 탄소 원자가 사면체 모서리에 위치한 4원자가를 가진다고 가정한다면 문제가 해결될 수 있다는 생각이 번쩍 들었어.[51]

아리아나 깨달음!

헌터 그래. 하지만 여기서 나는 내가 이전에 말한 점을 강조하고 싶어. 그러니까 이런 제안이 처음이 아니라는 점을. 사면체 배열은 1808년에 화학자이자 물리학자 윌리엄 하이드 울러스턴William Hyde Wollaston, 1860년에 파스퇴르, 1862년에 화학자 알렉산드르 부틀레로프Alexandr Butlerov, 1865년에 공학자 마르크 고댕Marc Gaudin, 1867년에 케쿨레, 1869년에 화학자 파테르노Emanuele Paterno가 이미 제안했었어.[52] 반트 호프는 분명히 이들 중 몇 사람을 알았을 거야. 하지만 이들의 제안은 난점들로 가득했지. 울러스턴의 제안은 이성질체와 광학활성을 다루기에는 너무 일렀고, 파스퇴르의 제안은 그저 여러 제안 중 하나였을 뿐, 원자가나 반응 생성물을 다루지 못했어. 고댕의 제안은 대칭성에 있는 순전히 미학적 아름다움만 고려했고, 관련된 화학 문제는 다루지 않았지.[53] 케쿨레의 제안도 파스퇴르와 마찬가지로 어림셈법으로 추정한 여러 제안 중 하나였을 뿐이야. 그는 3차원 원자가 있다는 걸 믿지 않았어.[54] 난 부틀레로프나 파테르노의 이론에 있는 한계를 말해 줄 만큼 잘 알지 못하지만, 이들의 이론도 비슷한 성격을 지녔다고 생각해. 지금 말한 사람 중 누구도 동료들에게 자신의 생각이 가진 유용성을 설득시키는 방식으로 이론을 제안하지 않았다는 점은 확실하지.

요점은 반트 호프야말로 사면체 탄소 원자가 다섯 가지 하위 문제 모두를 동시에 해결하는 방책이라고 제안한 유일한 사람이며,

그런 원자가 실제로 있다는 사실을 입증하려고 했다는 거야.

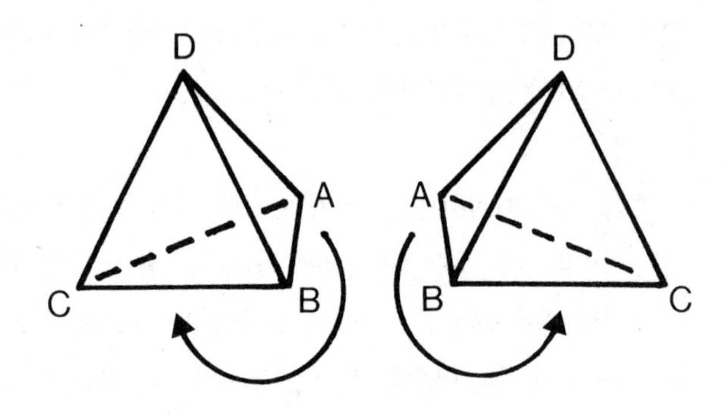

우회전성과 좌회전성(거울상) 비대칭을 보여 주는 거울상 사면체

콘스탄스 나는 반트 호프가 지나온 다양한 배경이 크게 도움이 되었다고 봐. 그는 네덜란드에서도 후미진 곳에 있는 학교에서 공부했고, 유럽에서는 이미 베르톨레 전통이 수명을 다했다는 사실을 몰랐어. 여전히 실제 원자에서 **화학적** 속성을 결정하는 요소는 모양이라고 믿었지. 이렇게 그가 겪은 기나긴 방황이, 여행의 시간이 각각의 중요한 주제를 한데 모을 수 있는 직접 경험을 준 거야. 따라서 탄소 원자가 네 모서리 각각에서 원자가를 지닌 사면체라고 제안했을 때, 그는 자신의 가설이 이성질체, 광학활성, 반응 다이어그램, 그 밖의 나머지 문제에 관해 관찰한 모든 현상을 설명한다는 사실을 입증할 수 있었던 거지.

아리아나 한 가지 틀에서 보면 조리 있는 설명이지. 반트 호프가 제시한 생각에서 유일하게 새로운 점은 그가 고안한 유형, 즉 구성 요소의 배열과 그로부터 끌어내는 예측이야.[55]

리히터 그게 이론가가 하는 일의 정수지. 하지만 반트 호프는 요즘 같으면 자기 생각을 발표하지 못했을 거야. 이제는 새로운 자료가 없

탄소 원자의 사면체 모형을 고안한 반트 호프. 동료이자 화학자 에른스트 코헨이 그린 그림. 그림에 있는 문구는 다음과 같다. "활성, 이성질체/ 책상을 떠나지 마라/ 대담하게 펜을 잡아라/ 사면체를 스케치하라(레이던 부르하버 박물관)."

으면 발표를 못하니까. 대부분 이론 학술지가 그렇지.

임프 지구물리학자 투조 윌슨Tuzo Wilson도 그 점을 말하더군. 난 최근에 윌슨이 연구의 기쁨에 대해 쓴 글을 읽었는데, 그도 모든 면이 기쁘지는 않았더라고. 윌슨은 아주 중요한 논문을 게재하지 못한 적이 있어. 수학도, 새로운 자료도 없고 이미 인정받은 교의와 모순된다는 이유로. 그러니까 쓸모 없는 사변이라는 평가지, 안 그래?[56]

리히터 계속 말해 봐.

헌터 뭐, 반트 호프가 발표할 수 없었는지 아니면 발표하려는 시도를 하지 않은 건지 모르지만, 그는 사비를 들여 자기 이론을 출판해서 읽어 주길 바라는 과학자들에게 배포했어.[57]

아리아나 몇 사람이라도 읽기는 했네. 요즘 사람들이 개인적으로 배포한 과학 논문을 진지하게 받아들이기는 해?

헌터 수학자 라마누잔Srinivasa Ramanujan이 남긴 수수께끼를 생각해 봐. 알려지지 않은 수학 천재들이 사는 인도의 작은 도시에는 얼마나 많은 괴짜가 있을까? 뭔가 가치 있는 게 나타나리라는 기대에 내 책상에 굴러다니는 우스개를 평가하는 노력은 얼마나 가치 있을까?

제니 알았어. 그럼 르 벨은 뭐했어?

헌터 르 벨에 관해서는 반트 호프만큼은 잘 몰라. 그는 화학의 역사에서 안개처럼 흐릿한 인물이야. 르 벨은 광학활성을 연구하는 파스퇴르 전통 내에서 훈련받은 듯한 돈 많은 아마추어였지. 그가 연구한 탄소 원자 형태는 구조식도 쓸모 없고 원자가 문제도 제기하지 않는 지점에서 시작해.[58] 그 결과 르 벨도 반트 호프와 같은 사면체 모형을 고안했지만, 여러 문제 중 일부에만 자신의 이론을 적용할 수 있었어. 예를 들어, 르 벨은 탄소 원자의 4원자가를 사면체의 모서리에 위치시키지 않았어. 반대로, 탄소를 결합하는 원자가 스스로를 체계적으로 배열한다고 주장했어. 이건 고댕이 몇 년 전에 제안한 생각으로, 그는 내적 구조가 아니라 힘의 균형이 그런 배열을 만드는 원동력이라고 봤지.

아리아나 다시 말하면, 르 벨이 경험한 훈련의 차이가 이론에 반영되었다는 거야. 또, 르 벨은 반트 호프와 달리 지적 뚝심이 부족했는데, 이런 성격도 르 벨의 이론에 반영되었지. 그는 사면체 탄소 원자라는 생각에 완전히 전념하지 못했어.

헌터 그것도 그가 겪은 훈련 때문이야. 파스퇴르와 로랑을 따라 르 벨은 결정체의 모양을 결정하는 요소는 이를 구성하는 분자의 모양이라 생각했어. 그러니 사면체 분자는 입방체 형태로 결정화되어야 했지. 하지만 르 벨은 두 가지 탄소 화합물, 즉 사브롬화탄소, 사요오드화탄소가 예외적으로 쌍축으로 결정화되었다는 사실을 발견해. 그는 사면체에서 쌍축 결정을 구축하는 방식을 상상할 수 없었고, 따라서 탄소 원자가 사면체라는 생각을 부정하지. 그는 뭔가가 부착된다고 보는 대신에 원자가 사변형 피라미드로 스스로를 배열할 수 있다고 제안했어. 하지만 안타깝게도, 피라미드 모형은 틀렸다고 판명날 수밖에 없는 예측을 내놓아. 예를 들어 피라미드 모형은 비대칭이며, $CH_2R_1R_2$ 형태(R_1과 R_2는 수소를 제외한 서로 다른 두 원자)라는 광학적으로 활성인 물질을 허용하는데, 사면체 모형에서는 이런 식으로 광학적으로 활성인 이성질체가 존재할 수 없어. 르 벨은 별 소득 없이 이런 물질을 분리하느라 허송세월했지.

스무 살의 샤를 아실 르 벨(Bischoff, 1894)

제니 하지만 반트 호프가 옳다는 점을 입증하는 데 도움이 되었잖아? 내 말은, 우리가 과학이란 많은 일을 시도하고 제대로 되지 않은 결과들을 제거하는 과정으로 본다면, 르 벨이 한 기여는 반트 호프만큼 중요한 게 아니냐는 거지. 그가 다른 가능성들을 제거해 준 거니까.

리히터 재미있군. 넌 지금 이론의 타당성은 내적 시험이 아니라 다른 이론과 비교하는 데서 생긴다고 주장한 거야. 난 이런 식의 상대주의에 동의하지 않아. 하지만 서로 비교하며 시험해야 할 다양한 가설 집합을 만들어 낸다는 생각은 아주 흥미로워. 이건 우리가 어떻게 과학자를 훈련시켜야 하느냐를 말하는 문제는 아니지만 우리 토론에서 계속 나오고 있어.

아리아나 이건 적어도 병원에서 의사를 어떻게 훈련시키느냐라는 문제와 관련 있어. 최고의 진단의학자는 처음 진단할 때 구체적인 가설을 가능한 한 다양하게 설정해 놓고, 체계적으로 하나씩 이 가설들을 배제해 나가는 사람이지.[59]

콘스탄스 역사학자와 과학철학자들은 '복수가설 방법'이라는 논제로 이 문제를 논의하기도 했지.[60]

리히터 좋아. 하지만 내가 말하려는 요점은 과학자들은 '올바르게' 되도록 훈련받는다는 점이야. 우리, 특히 나는 틀리는 걸 혐오해. 그런데 다양한 가설(대개는 틀린 가설이겠지만)을 비교하는 일에는 자료 평가가 필요할 거야. 또 가설 하나가 다른 가설을 시험하는 대조군으로 쓰일 수도 있지. 그렇다면, 그 결과는 무엇일까?

아리아나 아니면 원인은? 가설의 다양성은 훈련의 다양성이야. 다시 말하지만 어떻게 생각하고 무엇을 생각하느냐는 어떤 사람이 지닌 배경을 통해 결정돼. 르 벨은 하나의 연구 전통에 의존하는 행동에는 단점이 있다는 사실을 보여 줬어. 어떤 전통에 고착되는 건 과학자를 망칠 수 있어.

콘스탄스 이 토론의 시작점, 동시 발견이라는 현상으로 돌아가자. 난 반트 호프와 르 벨 사례에서 본 모습이 전형적이라고 말하는 게 중요하다고 생각해. 쿤은 1840년 동안 헬름홀츠, 마이어, 리비히, 모어, 그 밖의 수많은 연구자가 이룬 에너지 보존 법칙의 동시 발견을 분석하고서 이른바 동시 발견자들에 대해 다음과 같이 썼지.

> 이상적인 동시 발견의 사례는 둘 이상이 동시에 같은 현상을 발표해도 다른 사람의 연구는 전혀 모르는 것이지만, 에너지 보존 법칙의 발견에서 그런 일은 일어나지 않았다. (…) 심지어 두 명 이상이 같은 현상을 말하지도 않았다. 발견에 이를 때까지 그들이 발표한 논문에서 문장이나 단락을 따로 떼어 내 비교해 봐도 단편적 유사성을 넘어서는 부분은 거의 없다. 예를 들어, 모어가 옹호한 열역학 이론을 리비히가 논한 전기 모터의 내적 한계와 유사하게 만들려면 인용을 아주 교묘하게 해야 했다. 에너지 보존 법칙 선구자들의 논문에서 겹치는 구절을 다이어그램으로 만들면 미완성한 십자말풀이와 같으리라. 다행히도 어떤 다이어그램에서도 가장 근본적인 차이가 무엇인지 알 필요가 없다.[61]

제니 그럼 동시 발견은 신화라는 말인가?

콘스탄스 그렇게까지 말해야 할지는 모르겠어. 하지만 확실한 건, 동시 발견의 경우에도 과학이 나아가는 경로에 영향을 미치지 않으면서 단순히 한 연구자가 다른 연구자를 대체할 수 없다는 거야. 그러니까 제대로 들여다보면 월리스의 이론은 다윈과, 르 벨의 이론은 반트 호프와 다르고, 화학자 로타르 마이어의 주기율표도 멘델레예프와 달라. 세멘스토프A. Sementsov가 왜 우리가 르 벨과 마이어 대신에 반트 호프와 멘델레예프를 기억하는지에 대해 했던 말이 떠올라.[62] 반트 호프와 멘델레예프는 자기 이론을 전적으로 믿었어. 어떤 개별적 사실이 이론에 맞지 않으면 아리아나가 말했듯이 그 사실을 빼 버릴 정도였지. 그들은 이런 사실이 후에 인공 사실로 판명될 거라 말했고, 정말로 그랬지. 멘델레예프는 주기율표에다 존재한다고 확신하는 원소 자리를 남겨 놓았어. 하지만 르 벨과 마이어는 자료가 지닌 신성함에 집착해 매력적이지도 않고, 궁극적으로 틀린 유형을 만들었지. 르 벨은 맞든 맞지 않은 모든 자료를 자신의 모형에 집어넣으려 했고, 마이어는 특정 원소가 존재한다는 증거가 없기 때문에 빈칸을 남겨 놓지 않았어.

아리아나 그러니까 사람은 자신의 생각이 지닌 순수성을 신뢰해야 하는 거야.

임프 그리고 그 이론을 일반화해야지! 우리가 전에 말했듯이 알고리즘적 해결책을 만들어야 해. 반트 호프가 비슬리체누스의 젖산 문제를 해결하는 데만 그치지 않았다는 점에 주목해 봐. 그는 문제 하나를 해결하고자 자신이 고안한 답이 다른 모든 사례에도 적용 가능해야 한다고 주장했어. 이건 정말 중요한 교훈이야. 나도 이 교훈에 영향을 많이 받았어. 몇 년 동안 생화학자 아서 파디Arthur Pardee와 연구한 적이 있는데, 그는 효소의 피드백 제어 기제로서 작용하는 다른 자리 입체성allosteric을 고안했는데도 노벨상을 받지 못해 좌절했었지. 그에겐 이런 일이 여러 번 일어났어. 하지만 그가 고안한 개념이 중요하다는 점은 분명했지. 파디의 동료(이름은 잊었어)는 파디에게 일반화하는 재능이 없다고 말했어. 파디는 "내가 본 이 특정 사례는 틀림없이 유사한 체계에 모두 작용한다"라고 말하지 못했거든. 반대로 피드백 제어 문제에 관해 이렇게 말할 수 있는 사람, 그리고 이를 입증한 사람, 즉 모노, 야코프, 그리고 신경과학자 샹주Jean-Pierre Changeux는 정당하게 발견자로서 인정받았지.[63]

제니 음, 난 아직도 반트 호프-르 벨 이야기에서 얻는 가장 흥미로운 교훈은 그저 현재 있는 자료와 개념을 사용해서 무언가 새로운 모형을 고안할 수 있다는 점, 새로움은 원리를 조직하는 바에 따라 생길 수 있다는 점이라고 생각해. 역사학자나 사회과학자는 이 교훈을 알아야 해. 우리 역사학자들은 자료에 파묻혀 있으면서 자료를 통합하는 유형을 탐구하지 않아. 그럼 뭘 하냐고? 밖으로 나가 아무도 손대지 않은 문서를 찾으려 하지! "깊이 생각하는" 대신에 "사료를 찾아라."

리히터 그래? 그럼 이론가로 나서 봐.

임프 아니면 나처럼 거대 문제를 숙고하는 일에 일주일에 하루 정도는 바치든가.

제니 15분 있다가 하는 건 어때? 커피 한 잔 마시면서 쉬자.

제니의 수첩: 반증 가능성

아리아나가 부엌으로 따라와 낮은 목소리로 물었다. "오늘 리히터 왜 그래? 평소처럼 부정적이지가 않네."

나는 고개를 끄덕였다. "나도 알아. 지난밤에 임프하고 리히터 이야기를 했어. 남을 도발하는 토론법이 정도를 넘었다고 생각했거든. 사실 임프는 그런 토론을 좋아해. 열띤 토론이 통찰을 만든다고 말이야. 어쨌든 임프는 리히터가 개인적 필요 때문에 발견하기 프로젝트에 참여한다고 생각해. 리히터가 출판한 논문 목록을 검색해 봤는데, 언뜻 보면 리히터는 대학원을 졸업하자마자 지금도 여전히 인용되는 아주 중요한 논문들을 발표했어. 하지만 그 이후로는 똑같은 생각을 그저 반복해서 재활용만하더라고. 아직 마흔 살도 안 됐는데 말이야. 그래서 임프는 그가 자신의 능력이 소진됐다고 노심초사할 거라고 추측해."

"그게 리히터가 가진 불만을 정말로 설명할까."

"리히터에게는 갈등이 있어." 내가 계속해서 말했다. "한편으로는 발견의 확률을 높이는 어떤 방법이 있을 거라고 보지 않아. 왜냐하면 그건 그가 지난 10~15년의 인생을 낭비했다는 뜻이니까. 다른 한편으로는 나머지 20년 동안 지적 무력감에 떨어지지 않기를 바라. 그래서 우리가 무언가 유용한 걸 제안해 주기를 기대하는 거지. 임프는 그의 호전성이 이런 내적 혼란에서 생겼다고 봐."

"아마도." 아리아나가 고개를 끄덕였다. "하지만 그렇다고 리히터의 옹고집을 용서할 수 없어."

"그래. 그래도 오늘은 조용한 걸 보면 우리가 제대로 하고 있다는 뜻 아닐까." 우리는 커피를 날랐다.

그때 리히터가 벌컥 질문했는데, 눈은 고양이처럼 반쯤 감겨 있었으나 정신은 또렷이 깨어 있는 듯 보였다. 그 모습이 세미나에서 잠에 빠지곤 하던 교수님 한 분이 생각났다. 그건 우리의 착각이었다. 갑자기 빵! 교수님은 눈을 뜨고서 예리하고 정확한 질문으로 미처 준비하지 못한 발표자를 찔렀다. "내가 놓친 게 있을 거라고 생각합니다." 교수님은 늘 이렇게 말하며 시작했다. 하지만 교수님은 놓친 게 없었다. 나는 리히터도 교수님처럼 백일몽의 기술을 터득한 게 아닐까 싶었다. 발표자의 말은 웅웅거리며 스스로가 걸리고 말 그물을 짠다.

"말해 봐, 헌터." 리히터가 말을 꺼냈다. "금세기 중반에 고정된 공간적 원자가라는 개념이 행성 운동하는 원자를 설명하는 중력 끌림 이론을 없애 버렸다면, 어떻게 러더퍼드와 보어는 연구해 나간 거지?" 모두 잠잠해졌다.

"음," 헌터가 웃으며 대답했다. "또 철학적 문제를 제기하는군. 내 답은 철학적인 게 아니라서 만족스럽지 않을지도 모르지만, 답은 이래. 러더퍼드와 보어는 화학 문제에 관해 알지 못했거나(그들은 물리학자니까)

아니면 무시한 거야."

"두 사람 다 잠깐 멈춰 봐." 내가 끼어들었다. "지금 우리 앞에서 이 문제로 토론할 거면, 논점이 뭔지 자세히 설명부터 해 줘."

"그래야지." 헌터가 말했다. "근본적으로 리히터는 반증주의라 불리는 철학적 문제를 제기한 거야, 그렇지?"

리히터가 고개를 끄덕였다. "반증주의의 주요 주창자는 칼 포퍼야.[1] 포퍼는 1930년대 이전에 어떤 과학적 추측도 입증하기가 불가능하다는 사실을 깨달았어. 우리는 가능한 모든 자료를 손에 넣을 수 없으니까. 그 다음에 이루어지는 관찰이나 실험은 가설을 기각하는 자료를 산출할 뿐이야. 따라서 과학에서 어떤 현상을 입증하려는 시도는 의미가 없어. 예를 들어, 관찰로는 모든 백조가 하얗다는 가설을 입증할 수 없지. 검은 백조를 관찰할 수도 있으니까. 한데 모든 백조는 하얗다는 진술은 검은 백조를 찾음으로써 기각하거나 반증할 수 있지. 그리하여 포퍼는 과학이 연구하는 대상은 귀납법으로 입증하는 방식이 아니라 가능한 한 신속하게 기각하거나 반증해야 한다고 주장했어. 그래야만 새롭고 더 나은 가설을 구성할 수 있으니까. 포퍼는 과학은 추측과 논박을 통해서만 진보한다고 말했어. 말하자면 생각에 작용하는 자연 선택이라고 할까. 더 엄격한 시험을 거칠수록 과학적 진리에 더 빠르게 다가갈 수 있다는 거지.

난 이런 철학적 태도를 그리 좋아하지 않아. 입증하는 방식보다 반증하는 방식이 더 낫다는 말을 이해할 수 없거든. 포퍼 이전에 뒤앙과 푸앵카레가 주장했듯이 과학을 떠받치는 기초 생각은 경험적이 아니라 정의적이고 그래서 공리적이야.[2] 게다가……."

"잠깐." 내가 말했다. "미안하지만, 난 처음 듣는 거라서. 과학의 기초 생각이 공리적이라는 게 무슨 말이야?"

"'한스 콜베 대 반트 호프'라는 아주 유명한 사례를 생각해 봐." 헌터가 말했다. "콜베hans kolbe는 독일의 화학자로 원자가 있다는 사실을 지지하는 직접적 관찰 증거나 '긍정적' 증거가 없다는 이유로 원자의 존재를 부정했어. 반트 호프가 사면체 탄소 원자 이론을 발표한 후에 콜베는 과학 역사상 가장 통렬하게 반트 호프를 공격했지. 콜베는 그때 위트레흐트 수의과 대학에서 연구 중인 반트 호프가 대학 마구간에서 페가수스Pegasus를 빌려 타고 화학을 망쳐 버릴 만큼 자유분방한 상상의 나래를 펼쳤다고 비난했어![3] 이건 공리의 충돌을 보여 주는 완벽한 사례야. 반트 호프의 화학은 원자가 존재한다고 가정하지만, 콜베는 그렇지 않아. 이는 유클리드와 비유클리드 기하학에 있는 차이와 같고, 서로 다른 결과로 향하게 되지."

나는 이해가 되지 않았다. "좋아. 하지만 원자가 존재한다는 사실을 거부하면, 화학을 어떻게 연구하는데?"

"아무 문제 없어." 헌터가 답했다. "그 대신에 '등가물等價物'이라는 개념을 사용하면 되니까. 너한테 1g의 탄소가 있다고 하자. 이에 맞는 산소 등가물은 모든 탄소 입자가 아니라 덩어리인 탄소와 결합하는 데 필요한 일정 그램(g)의 산소가 되겠지. 아니면 세기말에 오스트발트와 뒤앙이 제안한 '에너지주의energeticism'*라는 화학에 대한 열역학적 접근법을 사용할 수도 있어. 이건 원자 없이 열 반응과 엔트로피 등을 규정하는 방정식을 사용해 기술하는 방법이야. 물론 이런 대안적 공리 집합에는 한계가 있지만 아주 흥미로운 결과가 나오기도 해."

"요점은 말이야," 리히터가 말했다. "공리를 입증하거나 반증할 수 없다는 거야. 단지 공리로 유도 가능한 결과를 통해 그 유용성을 판단할 수 있을 뿐이지. 문제는 그런 판단을 어떻게 하냐는 거지만."

임프가 말했다. "여기에는 또 다른 문제가 있어. 반증주의는 발견의 맥

---

* 에너지를 물리적 구조와 변화의 근본 요소로 생각하는 입장을 말한다.

락과 정당화의 맥락을 구별하는 데 바탕을 둬. 추측 다음에 논박이지. 하지만 우리가 이 자리에서 토론한 많은 사례처럼 시험이 곧 발견이라면 반증 가능성이라는 생각은 무용해져. 파스퇴르는 자신의 비대칭적 우주의 힘 가설을 반증하지 않고 비대칭 발효를 관찰하게 이끈 실험을 만드는 데 이용했지. 플레밍은 곰팡이류가 라이소자임을 생산한다는 추측을 반증하지 않고 항생 물질을 찾는 경험적 전략으로 이용했어. 그러니 입증과 반증은 자연을 탐구하는 일과 아무 관계가 없어. 가설은 생식력이 있으면 만나고 쇠잔하면 헤어지는 정부와 같아. 가설에 생산력이 있는 한 무엇을 생산하느냐는 상관없는 거야."

리히터는 이에 동의하지 않았다. "언제나처럼 넌 사례를 과장해서 말하고 있어. 명제와, 명제를 논리적으로 시험하는 행위는 분명히 명문화된 과학을 산출하는 데서 주요한 역할을 해. 하지만 명문화된 과학은 새로운 통찰력을 생산하는 일이 드물지. 요점은 이거야. 반증을 구성하는 요소는 무엇인가? 라카토슈, 하비, 쿤은 모든 이론의 경험적 요소들은 날 때부터 반증된다고 지적해.[4] 증거는 늘 어떤 이론과도 모순될 수 있어. 그러니 순진한 반증주의는 지지할 수 없는 거야.

"그럼 모든 이론은 언젠가 시험하는 동안 틀린 이론으로 밝혀지기 때문에, 시험으로는 이론이 틀린지 옳은지 알 수 없고, 경쟁하는 다른 이론과 어떻게 비교 가능한지만 알 수 있다는 말이야?" 내가 물었다.

리히터는 퉁명스럽게 고개를 끄덕였다. "이 문제는 헌터 때문에 나온 거야. 우리는 모순된 자료를 언제 무시하고 언제 무시하면 안 되는지 알아야 해. 그럼 내 질문은 이래. 러더퍼드-보어의 원자 사례에서는 왜 모순이 무시된 걸까?"

"다른 사례에서는 왜 무시될까?" 헌터가 곰곰이 생각하고서 말했다. "난 그 질문이 해답이 주는 이득과 해답이 만드는 문제 사이의 균형을 맞추는, 일종의 비용-이익 분석이라고 봐. 보어의 관점에서 살펴보자. 핵심은 다음과 같아.[5] 1897년에 J. J. 톰슨은 전자를 발견했어. 그리하여 원자는 양전하를 띠는 물질과 음전하를 띠는 물질로 구성된다고 생각했지. 이를 기술하는 작업 모형은 전자(건포도)를 양전하 물질(밀가루 반죽)에 섞는 것처럼, 건포도 푸딩 모양이야. 그 후 1912년에 러더퍼드는 양전하 물질이 잔뜩 확산된 구름 같은, 음전하를 띤 전자들에 둘러싸여 아주 빽빽한 핵 속에 모여 있다는 점을 입증했어. 러더퍼드는 전자는 태양의 궤도를 도는 행성과 같다고 말했지. 보어는 이런 모형이 궤도가 양자화될 때에만 안정되며, 양자화된 궤도의 에너지 준위는 발머, 리먼, 파셴, 브래킷이 수소를 높은 온도로 가열하여 산출한 일련의 스펙트럼선에 대응된다는 점을 입증했어. 요컨대 보어가 생각한 원자는 1923년경의 원자가 지닌 물리적 속성을 아주 잘 설명했어.

"하지만 화학적 속성은 아니지." 리히터가 말했다. "행성 궤도로 탄소 원자의 사면체 원자가를 설명할 수 없어. 양자화되든 아니든 말이야."

"맞아." 헌터가 인정했다. "쉽지 않지. 하지만 원자가의 일반적 문제는 설명 가능해. 궤도를 도는 자유로운 전자의 수는 원자가의 수를 정확히 예측해. 이건 지나치기 쉬운, 공간 속에서 전자가 국소화되는 현상에 관한 문제야. 여기서 나는 보어가 유기화학을 연구한 게 아니라는 점을 강조해야겠어. 보어는 물리학자로서 말했고, 물리학 학술지에다 발표했으며, 물리학적 문제를 다뤘어. 슈뢰딩거가 원자를 설명하는 양자 역학 모형을 고안하기 전까지 보어의 모형이 최선이었지. 즉, 가장 적은 가정으로 일관성 있게 더 많은 증거를 설명했다는 뜻이야. 누구도 그게 완벽하다고는 말하지 않았어. 그리고 100번째 문제를 해결하지 못한다고 아흔아홉 가지 문제를 해결하는 모형을 버리는 행동은 바보짓이잖아."

"100번째 문제를 해결하는 이론이 없다면 그렇지." 리히터가 말했다.

"반트 호프의 이론도 그랬어. 반트 호프의 이론은 보어가 설명하는 스펙트럼선을 설명하지 못했지, 그렇지? 이건 모든 사실에 빠짐없이 동의를 이끌어 내는 이론보다 아름다고 유용한 이론이 더 중요하다는 점을 말해." 임프가 말했다.

헌터가 고개를 끄덕였다. "마이어의 법칙이란 게 있지. 사실이 이론에 맞지 않으면, 사실을 무시하라.[6] 적어도 사실이 재평가되거나 인공 사실로 입증될 때까지. 이건 반증주의가 일상적인 과학 활동에서 잘 작용하지 않는 또 하나의 이유야. 예를 들어, 파인먼과 겔만Murray Gell-Mann이 1958년에 베타붕괴에 관한 이론을 내놓았을 때, 이 이론은 당시 널리 인정받던 자료와 완전히 모순되었어. 하지만 기존 자료들 모두 나중에 틀린 것으로 밝혀져 재검토되었고 새로운 이론에 대한 합의가 이루어졌지.[7]

반트 호프의 사면체 탄소 원자를 생각해 봐. 이건 쌍축 결정 형태가 존재하기 때문에 반증(적어도 르 벨은)되었을 뿐만 아니라, 화학자 마르셀린 베르틀로Marcelin Berthelot도 1866년에 (반트 호프의 생각보다 7년 앞서서) 방향족 탄화수소 스타이렌styrene이 광학적으로 활성이라고 주장하는 자료를 발표했어. 반트 호프의 이론에 따르면 스타이렌은 비대칭적이지 않고, 따라서 광학적으로 활성일 수 없었지.[8] 그렇다면 베르틀로의 관찰이 틀렸거나 반트 호프의 이론이 틀렸거나 둘 중 하나야. 이건 파스퇴르가 라세미산을 관찰하게 이끌었던 과정과 같은, 이론 대 관찰이 대립하는 또 하나의 사례지. 하지만 이 경우에 적어도 반트 호프에게는 놀라운 결과란 없었어. 그는 스타이렌을 준비해서 광학 활성이 스타이렌계 장뇌라 불리는 오염 물질 때문에 일어난다는 사실을 입증했거든.[9] 베르틀로는 격분해서 자신의 실험 방법을 바꾸지 않고 반트 호프의 결과를 재현하고자 했지만 처음의 결과를 다시 보았을 뿐이야."[10]

"내가 그 결과를 믿어야만 볼 수 있는 거지." 아리아나가 웃으며 말했다.

"바로 그거야." 헌터가 동의했다. "어떤 사람의 평가를 인도하는 이론 없이 재현 가능한 결과가 인공 사실인지 아닌지 어떻게 알 수 있느냐는 거야. 이론이 가능한 것으로 받아들여지기 전까지 누가 이론을 시험하고 이전의 자료를 재평가하는 작업을 할까? 그러니 리히터가 이전에 말한 대로, 우리는 자신의 가설을 사실인 양 대우하고 가설의 한계를 보여 주기 전에 먼저 정당화하고자 애써야 해."

리히터가 입술을 오므리며 앓는 소리를 냈다. "그렇다고 해도 검은 백조가 누군가의 추측을 반증하는지, 아니면 단순히 경계 조건을 만드는 건지 알 수 없는 거잖아. 내가 전에 말했듯이, 모든 진술에는 제약이 있어.[11] 포퍼와 동료들은 분류학적 가능성을 간과한 듯이 보여. 과학자는 백조를 하얀색으로 정의하고 검은색 백조를 새로운 범주에 넣어서 외견상의 변칙 현상을 처리할 수 있거든. 과학자는 검은색 백조가 우리가 말하는 일반적인 백조가 아니라서 '백조'라고 하는 분류군과는 관련 없다고 주장할 수 있어."

임프가 동의하며 고개를 끄덕였다. "이런 어려움이 왜 최근 연구에서 과학자들이 자신이 얻은 결과를 반증하려 시도하지 않는지 설명하겠지."

아리아나가 흥미롭다는 반응을 보이며 말했다. "다시 말하면, 생의학을 연구하는 방법으로서 반증 가능성에 관해 피터 메더워가 말한 이 모든 철학적 문제는 허튼소리라는 말이지, 그렇지?[12] 이론을 뒷받침하는 명확한 증거가 있을 수 없듯이, 이론을 반증하는 명확한 증거도 없으니까. 하나의 반례가 가설을 반증한다는 입장은 현실에서 지지 불가능해. 클로드 베르나르가 어느 날에는 한 가지 결과를, 다른 날에는 또 다른 결과를 산출하는 실험으로 이를 명확히 보여 줬지."

"맞아." 임프가 짓궂은 웃음을 띠며 말했다. "메더워가 자신이 얻은 실험 결과나 버넷과 예르네가 얻은 결과를 반증하려고 애썼다는 사실 알지? 한데 반증에 유용한 생각으로는 노벨상을 받지 못해. 결과를 입증하는 생각을 찾아야 하는 거야."

"그렇지." 헌터가 동의했다. "초전도성을 발견한 물리학자 베른트 마티아스Bernd Matthias가 생각나네. 그는 첫 열 두 가지 실험은 그 현상이

가능하지 않다는 점을, 그 다음 실험 한 가지는 그 현상이 가능하다는 걸 입증하고자 설계했다고 말했지.[13]"

"난 더 재밌는 사례를 알아." 콘스탄스가 말했다. "데이튼 C. 밀러Dayton C. Miller라는 물리학자가 있는데, 그는 빛의 속도를 재는 마이컬슨-몰리 실험Michelson-Morley experiment을 재현했어. 그 실험은 공간을 가득 채우고 있다고 상정한 '에테르ether'가 빛의 속도에 미치는 영향을 재려고 설계했지만, 에테르라는 게 없다는 사실을 입증했지. 빛의 속도는 불변해. 그런데 1925년에 밀러는 빛의 속도가 불변하지 **않는다고** 주장했어. 어째서 이 긍정적 결과가 부정적 결과를 반증하지 못한 걸까?"[14]

이에 리히터가 답했다. "그건 분명히 이론을 시험하는 일이 긍정, 부정적 결과와 무관하기 때문이야. 모든 부정적 결과는 다른 이론에서는 긍정적 결과가 되고, 모든 긍정적 결과는 다른 관점에서는 아무런 가치도 없어. 게다가 어떤 이론적 진술이나 실험도 개별적으로 평가하지 못해. 우리는 결과들이 모인 체계에 비추어 진술들의 체계를 평가해. 밀러가 얻은 결과는 상대성 이론 전체를 흔든다고 물리학자를 납득시키는, 그런 이유들이 모인 체계가 아닌 한 진지하게 받아들일 수 없어. 단일한 실험과 기술로 이런 일은 불가능하지."[15]

"하지만 이 문제를 좀 순진한 시각으로 봐 보자." 내가 말했다. "넌 입증이나 반증을 명백하게 해 주는 실험은 없다고, 혹은 이론들을 구별해 주는 실험은 없다고 말한 것 같아. 맞아? 그럼 내가 고등학교에서 배운 '세상을 바꾼 실험'은 다 뭐야?"

"잠깐만." 헌터가 끼어들었다. "지금 그 말은 너무 많은 점을 혼동하고 있어. 이론들을 구별하는 방법이 없는 건 아냐. 예를 들면, 이론들에서 겹치지 않는 예측들을 끄집어 낸 뒤, 한 이론에서 그런 예측에 부합하지만 다른 이론에서 부합하지 않는 실험 결과를 보면 전자를 선호하게 되겠지. 하지만 네가 '결정적 실험'에 대해 말한 건 적절해. 그런 실험은 존재하지 않으니까.[16] 되돌아보면 이른바 결정적 실험이 사실은 결정적이지 않았다는 사례가 많아. 예컨대 헤르츠는 광학이나 음향학에서 볼 수 있는, 정상파를 입증하는 실험으로 전파가 있다는 사실을 많은 과학자에게 납득시켰지. 그리고 몇 년 뒤, 더 이상 문제로 다루어지지 않을 때쯤 헤르츠가 얻은 결과는 탐지기로 사용한 도구가 만든 인공 사실이라는 점이 드러나.[17] 마찬가지로 용액 속에 자유 이온이 존재한다는 사실을 입증한 오스트발트와 물리학자 발터 네른스트Walther Hermann Nernst의 실험도 이후에 이뤄진 연구에서 그렇게 쉽게 결과가 나오지 않는다는 점이 드러났어.[18]

"정말 그렇다면!" 임프가 소리쳤다. "옳으냐 그르냐는 결과만을 내도록 실험을 설계하는 일이 얼마나 좋을지 생각해 봐. 하지만 실험이 명쾌하게 옳으냐 그르냐는 답을 내놓는 일은 드물지. 그런 답을 내놓는다 해도, 우리는 늘 실험에 쓰인 기술이 뭔지 걱정해야 해. 스키너 상자는 쥐가 단 한 가지 방식으로만 반응하고, 다른 방식에는 허둥지둥하게 만들잖아. 그러니 기술 자체에 있는 한계도 시험해야 하고, 이런 시험에 있는 한계는 또 기술로 결정되지. 그리고 그렇게 무한히 이어져. 내가 왜 그럴까 궁금해 하는 문제는 곧 다른 사람을 괴롭히는 문제인 거잖아, 안 그래?"

난 미심쩍어 하며 머리를 흔들었다. "우리가 연구하는 주제가 모두 주관적인 것이라면 그렇겠지. 하지만 분명히 과학은 진보하잖아. 그럼 어떻게 그럴 수 있는 건데?"

콘스탄스는 계속 끼어들려고 했는데, 내가 질문하자 마침내 기회를 얻었다. "지금 우린 너무 논리적 기준에만 한정되어 토론하는 것 같아. 좀 별로야. 대학원 시절에 다양한 역사학자, 철학자, 과학사학자가 제시한 이론 선택 기준을 모은 적이 있는데, 조금 난잡해도 꽤 정확하다고 생각해. 과학자가 새로운 결과와 이론을 평가하고자 사용하는 기준에는 적어도 네 가지 범주가 있어.[19] 첫 번째는 논리적 기준으로 오컴의 면도날,

과학적 혁신의 평가 기준

논리적 기준

불필요한 요소를 가정하지 않는 통합된 생각을 제공하는가
논리적이고 내적인 일관성을 갖추었는가
논박 가능한가
응용할 수 있는 영역이 한정되어 있는가
이전에 확립된 이론과 법칙에 부합하는가

경험적 기준

관찰로 입증 가능한 예측과 설명을 하는가
회의주의자도 입증을 위한 관찰을 재현할 수 있는가
사실, 인공 사실, 변칙 현상으로 관찰을 해석하는 기준을 제공하는가

사회학적 기준

공동체가 인식하는 문제, 역설, 변칙 현상을 해결하는가
문제를 해결하는 모형(패러다임)을 제시하는가
새로운 문제를 제기하는가
과학자가 생각하는 법과 연구하는 법을 바꾸는가
교과서와 훈련 방식을 바꾸는가

역사학적 기준

역사적으로 새로움을 보여 주는가
전임자가 세운 기준을 만족하거나 능가하는가 또는
그 기준이 인공 사실이었음을 보여 주는가
이전 이론이나 관찰을 시험한 역사를 통합하는가

미학적 기준

아름다움과 조화로움을 드러내는가
실험과 결과 전달에서 기술적 능력을 나타내는가
해석이 필요한가

내적 일관성, 논리적 시험가능성, 경계성이야. 우리 모두 이 기준에 익숙하지. 두 번째는 경험적 기준으로 실험가능성, 자료와의 일관성, 재현 가능성, 사실이나 인공 사실의 관점에서 모든 자료를 설명하는 능력이야. 이

기준도 익숙해. 세 번째는 사회학적 기준이야. 여기에 동의하지 않는 사람도 있겠지만, 이 기준을 뒷받침할 만한 증거는 충분하다고 생각해. 사회학적 기준은 새로운 결과나 이론이 아는 문제를 해결하는가, 새로운 문제 집합을 제기하는가, 현재 있는 문제를 다루기에 알맞은 새로운 도구를 제공하는가, 문제를 해결하는 모형이나 패러다임(아마 '알고리즘적 해결책'이라는 용어를 더 선호하겠지만)을 제공하는가, 다른 과학자들의 문제 해결 능력에 이로운, 새로운 정의, 개념, 기술을 제공하는가. 요컨대, 사회학적 기준은 근본적으로 쿤의 기준과 같아. 즉, 새로운 과학은 '정상' 과학의 새로운 유형을 만듦으로써 과학을 수행하는 방식을 바꾸는가? 과학자에게 과학을 수행하는 새로운 방식을 제공하지 않는다면, 해당 이론을 받아들이기는 힘들어. 이것이 대부분의 과학자가 아무것도 주지 않는 이론보다 차라리 틀린 이론을 선호하는 이유지.

마지막으로 역사학적 기준이 있어. 이 기준은 과학은 어떻게 진보하느냐라는 제니의 질문과 연관돼. 가장 중요한 요건은 새로운 이론이 전임자가 설정한 모든 기준을 만족하거나 능가하느냐, 또는 그 모든 기준이 인공 사실임을 보여 주는가 하는 거야. 다시 말해, 새로움은 과거와 관련되고 비교하여 시험되지. 그래서 새로운 과학은 예전 과학이 한 모든 일을 하되, 더 잘해야 해. 또 이전 이론이 수집한 모든 자료를 설명해야 해. 철학적으로 말하면 이전 이론을 시험해 획득한 인식론적 지위가 축적되는 거지. 그리고 이미 존재하는 타당한 모든 과학 이론과도 일관적이어야 해. 예를 들어, 진화론은 열역학과 중요한 접점에서 서로 모순되지 않지. 이해가 가지?"

아리아나가 힘차게 고개를 끄덕였다. "네 말은 헌터가 보어의 원자로 우리에게 말하려던 점을 잘 요약한 것 같아. 특히 네 가지 기준에서 균형을 맞춰야 한다는 사실을 생각한다면 말이지. 물리학 이론이 일련의 화학적 문제를 설명하지 못한다는 이유로 원자에 관한 물리학 이론을 버리지는 않을 거야. 물리학 이론에 상응하는 화학이론이 물리학적 문제를 설명하지 못하고, 물리학 모형이 생산적으로 새로운 문제를 제기하고 해결하도록 돕는다면 말이야.

하지만 불만도 있어. 난 평가 범주에 미학적 기준도 들어가야 한다고 생각해. 그래서 다섯 가지 **전형**적 기준을 만드는 거야. 난 사람들이 공리적 가정을 선택할 때 드러나는 차이를 설명하는 유일한 방법은 그들의 취향이 다르다는 사실을 인정하는 거라고 봐. 원자가 없는 실증주의적 자연을 선호하는 사람이 있고, 작은 기계들로 가득 찬 기계적 우주를 선호하는 사람이 있지. 신이 주사위 놀이를 한다고 믿는 사람이 있고, 믿지 않는 사람이 있지. 자연이 조화롭고 대칭적이기를 바라는 사람이 있고, 혼란스럽기를 바라는 사람이 있지. 그러니 왜 과학자가 그런 공리를 선택(또는 획득)했는가를 이해하려면 그들이 아름답고, 조화롭고, 일관적이고, 우아하다고 생각하는 게 무엇인지 알아야 해. 미적 감각이 없다면 이런 일을 할 수 없는 거야."

리히터는 믿지 못하겠다는 듯 머리를 흔들었다. "넌 모든 토론마다 네가 좋아하는 걸 집어넣는 놀라운 능력이 있어. 그저 너만의 장기를 보여 준 거겠지만 내가 가톨릭적이라 부르는 그런 절충적 과학관이 현실에서 어떤 의미를 지니는지 깨달아야 해. 우리는 과학적 진리를 획득하지 못할 뿐만 아니라 그 일 자체가 불가능하게 돼. 우리는, 뭐라고 불러야 할까? 미학? 역사? 공통의 합의? 아무튼 그런 기준에 대한 입증과 반증을 모두 포기할 수밖에 없다고."

"그리고 불일치도!" 임프가 끼어들었다. "그게 내가 지적하고 싶은, 반증주의에 있는 주요한 실수지. 보어의 원자가 분명하게 보여 주는 건 과학 이론은 왜 이론을 받아들이는가 또는 거부하는가 뿐만 아니라 왜 이론을 잠정적으로만 받아들이는가 또는 거부하는가를 설명해야 한다는 점이야. 보어가 반복해서 말했듯이 모든 진술은 동시에 질문으로도 해석 가능하지."

"그럼 넌 규약주의자의 관점을 옹호하는 거야?" 콘스탄스가 망설이듯 말했다. 예컨대 과학철학자 하레Rom Harré처럼 말이야. 그는 귀납주의와 반증주의 모두 자연에 대한 진술이 참 아니면 거짓이라는 잘못된 가정을 한다고 주장했지. 그 대신에 하레는 참도 거짓도 아닌, 즉 경제적이냐, 새로운 지식을 산출하느냐, 중요한 문제를 해결하기에 유용하느냐 등의 규약으로 다루어야 한다고 제안했어. 그렇다면 어떤 이론도 완벽할 필요가 없고, 실험이 하는 역할은 특정 이론이 맞느냐 틀리냐가 아니라, 이론의 잠재력이나 한계를 보여 주는 것이 되지.[20]"

헌터가 동의했다. "이론은 성공적으로 통합하는 실험과 개념이 많으면 많을수록 더 경제적이고, 계시적이고, 유용하기 마련이야. 이론과 실험의 불일치는 이론을 반증한다기보다 다른 가능성을 제시하는 거지."

"아니면 실험 자체가 잘못되었거나 잘못 해석되었든지." 임프가 덧붙였다. "전자의 전하 값이 이를 예측하는 이론의 변화에 따라 변했다고 주장하는 논문도 있어.[21] 사람들은 다른 값을 관찰해도 예상과 맞지 않으면 보고하지 않아. 관찰은 이론에 의존하고 이론은 관찰에 의존해. 이론과 관찰은 함께 진화하는 공생 관계에 있는 거야.

하지만 실험의 목적은 설명에 있다는 하레에 말에는 동의하지 않아. 어떤 실험(플레밍의 페니실린 접시 같은)은 분명히 설명적이지만, 다른 실험(콧물 속에 있는 박테리오파지를 찾는)은 탐구적이지. 베이컨은 실험을 '결과'와 '계몽의 빛'으로 구분했어. 후자만이 놀라운 발견을 약속하는 거야."

리히터는 토론의 방향이 마음에 들지 않는 듯했다. 우리가 내린 결론은 매우 난잡해서, 리히터는 같은 말을 반복했다. 우리를 진리로 이끄는 확신은 어디에 있는지? 대안 이론이 동시에 존재하는 일을 막는 방법은 무엇인지, 각각의 대안 이론에는 서로 다른 지지자가 있는지? 그게 우리가 지금까지 토론한 내용 아닌지? 임프가 벤젠에는 복수 모형이 있음을 지적했다. 벤젠 모형은 동등하지 않은 동시 발견이라며, 물리학자는 유기화학자가 받아들이지 못하는 이론을 고안했다며, 베르틀로는 반트 호프의 결과를 자신이 가진 선개념에 맞지 않기 때문에 거부했다며.

대화는 10분 남짓 왔다 갔다 계속 이어졌다. 우리 모두 동의하는 한 가지 사항은 과학적 결과와 이론이 어떻게 평가받는지를 설명하는 현 시도는 불완전하며, 우리가 놓친 가장 중요한 요소는 어떻게 찬성과 반대가 동시에 가능한가를 설명하는 것이다. 난 이 작은 모임이 괜찮은 시험 사례라고 말하고 싶다.

대화록: 전체적 사고(야코부스 반트 호프)

임프 다시 시작하자! 어디서부터 시작할까?

제니 우리가 동시 발견이란 게 정말로 동일하냐 아니냐는 주제로 빠진다면 헌터와 아리아나가 물리화학을 세운 인물 연구prosopographical에 관해 말하기로 했던 것 같은데. 그 얘기 하는 게 어때?

임프 내가 전문 용어를 썼다고 복수하는 거야? 말해 봐. 인물 연구가 뭐야?

제니 한 집단에 속한 사람들의 유사성과 차이를 밝히는 전기적 연구를 말해.

아리아나 그게 우리가 지금 하고 있는 일이지. 우리가 기본적으로 찾는 질문, 상대가 누구냐, 무엇을 아느냐, 어떤 방식으로 생각하느냐라는 질문에 맞는 답은 형식적 훈련만큼이나 발견을 이루는 데 중요해. 게다가 아레니우스, 반트 호프, 오스트발트, 플랑크를 비교해 보면 각자 다른 학파에 속하지만, 그들이 연구하고 생각하는 방식은 비슷하다는 사실을 알 거야. 우리는 이런 공유하는 연구 방식이 오늘날의 과학자를 훈련하는데, 그들을 막 떠오르는 중요한 문제들의 핵심에 두는 데 굉장히 유용하다고도 생각하지.

헌터 요컨대, 우리는 임프가 추구하는 연구 전략을 찾았어.

임프 그거 좋네! 그럼 이제 네가 말하기로 약속한 세 번째 관계, 즉 양육과 천재, 다시 말하면 훈련과 창의성 사이의 관계를 논의해 볼까?

리히터 솔직히 말하면, 나는 반트 호프가 탄소 원자 문제를 해결한 것 같은 깨달음을 주제로 토론하고 싶은데. 어째서 문제 하나 해결하려고 수년을 보내다가 갑자기, 어떤 알림도 없이, 답이 나타나는 걸까? 아까 말한 대로 자신을 문제의 핵심에 둘 수 있지만, 예측 불가능하고 비합리적인 통찰이 나타날 때까지 빈둥거리며 기다려야 한다면 핵심이 무슨 소용이야?

헌터 한 번에 하나씩 하자. 깨달음은 아직 네게 나타나지 않은 것처럼 네가 당장 설명할 수 있는 게 아냐. 먼저 준비가 필요해. 그리고 아리아나와 내가 아직 깨달음이라는 문제를 이해하지도 못했어.

리히터 깨달음은 문제의 핵심이야.

헌터 어쨌든, 지금 이 오후에 논해야 할 문제도 충분히 많아. 왜 깨달음은 다음 주에 해야 하냐고? 머리가 터질 것 같아서지! 이번에는 네 스스로 문제를 해결해 봐, 리히터.

자, 반트 호프, 아레니우스, 오스트발트, 플랑크에 대해 논해 보자. 먼저 알아야 할 게 있어. 반트 호프와 마찬가지로 아레니우스와 오스트발트는 지적으로 베르톨레의 계승자야. 둘 다 베르톨레와 사제지간이고, 그들이 다루는 문제와 이론도 베르톨레 전통에 있지. 하지만 플랑크는 아니야. 그는 완전히 물리학 이론의 전통 안에서 훈련받았어. 이 차이는 나중에 중요해져. 반트 호프, 아레니우스, 오스트발트는 '이온주의자Ionist'라고 알려져 있어. 용액 속에서 일어나는 열역학 이론을 고안하는 그들의 연구는 염류는 용해될 때 이온화*된다는 아레니우스의 생각에 기반을 두었거든.[1] 아레니우스가 제시한 생각은 화학자들이 용액 속에서 어떻게 화학 반응이 일어나는지를 비교적 완벽하게 이해하게 하는 근본적 통찰을 제공했어. 또 반트 호프가 기체 행동을 기술하는 물리 법칙을 용액에 적용하도록 이끌었지. 따라서 그 생각은 화학자들이 이용할 수 있는 강력한 수학 이론을 제공한 거야. 반면에 플랑크는 염류의 해리를 가정하지만 이온화는 포함하지 않은(즉, 전하를 띠지 않는) 용해에 관한 대안적 열역학 이론을 제안해. 이제 보겠지만, 플랑크가 이온화를 간과한 건 그가 화학적 훈련을 받지 못했기 때문이야. 르 벨처럼 제한된 훈련이 제한된 이론을 낳은 또 하나의 사례지.

이 네 명은 모두 만년에도 과학에 중요한 기여를 했어. 반트 호프는 사면체 탄소 원자를 스물 두 살에, 용액에 관한 첫 열역학 이론은 서른 다섯 살에 고안했으며, 마흔 살에는 암석학에 대한 실험, 이론적 기반을 세웠고, 쉰 살 후반에는 효소 반응 속도론에 기초적인 통찰을 제공했지.[2] 그가 연구 분야를 계속 바꿨다는 점에 주목해 봐. 아레니우스와 오스트발트도 똑같거든. 아레니우스는 이온 해리**를 스물 다섯과 스물 아홉 살 사이에 고안했고, 서른 일곱에 우리가 '온실 효과'라 부르는 현상을 예측했으며, 마흔 살에 면

* 원자나 분자가 전자를 잃거나 얻어 양(+)전하 또는 음(-)전하를 띤 이온이 되는 현상.

** 소금, 즉 염화나트륨(NaCl)을 물에 녹이면 소금물은 전류가 통하는 전해질이 된다. 이는 소금이 염소 이온(Cl^-)과 나트륨 이온(Na^+)으로 분리되기 때문이다. 그래서 전압을 걸어 주면 음극으로 나트륨 이온이, 양극으로 염소 이온이 이동해 전류가 흐른다. 이렇게 화합물이 양이온과 음이온으로 분리되는 현상을 이온 해리라 한다.

역화학이라는 분야를 개척했고, 쉰 살에 우주론과 기상학에 중요한 공헌을 했지.[3] 오스트발트는 스무 살과 서른 살에 질량 작용에서 화학에 대한 일반 이론으로 옮겨 갔고, 마흔 살에 촉매 작용 연구를, 쉰 살에 에너지론(열역학을 화학에 적용하는 특이한 신실증주의적 분야)을, 예순 살에 색채 이론을 연구했지.[4] 플랑크는 고전적인 열역학을 다루는 논문으로 연구 경력을 시작해서 양자론을 세우는 데 공헌하는 일로 마감했어.[5]

아리아나 중요한 점은 이들이 그저 운이 좋은 사람은 아니라는 사실이지. 이토록 다양한 분야에서 성공한 건 그들이 발견의 확률을 높이는 방법을 알았다는 사실을 나타내.

헌터 이들이 택한 전략 중 하나는 별로 성과도 없고 해결하기도 불가능해 보여서 전임자들이 포기한 문제를 연구하는 거야. 반트 호프와 오스트발트, 아레니우스는 질량 작용 문제를 연구하는 것으로 경력을 시작했어. 이건 특이한 일이지. 역사학자들은 이 시기에 질량 작용 문제를 연구하는 사람은 거의 자취를 감췄다고 보고했거든.[6] 왜 그러냐면 일단 평형 상태를 연구하는 건 매우 어려워. 대부분 반응은 순식간에 완료되니까. 특히 전해질, 즉 염류가 있을 때는 말이야. 또 탄소 화합물을 합성하는 문제를 다루는 유기화학은 빠르게 발전해서 무기화학을 모르는 화학자에게 수많은 기회를 제공하기도 했고.

리히터 요컨대 과학에는 문화적 대물림이 있다는 거군. 이 과학자들은 서로 다른 지적 계통에 있잖아.

헌터 맞아. 명문화된 과학과 진행 중인 과학의 관점에서 그렇지. 게다가 그들은 동료들과 달리 다양한 과학적 기술을 혼합하기도 했어

아리아나 과학적 기술만이 아냐! 그들은 기량과 흥미, 결과까지도 특이했어. 내가 개인적으로 좋아하는 오스트발트를 보자.[7] 그는 1853년

대학생 빌헬름 오스트발트(바이올린을 들고 서 있는 사람), (베를린 독일 과학 아카데미)

에 라트비아에서 태어났고, 예술품이나 공예품 등을 자가제작하는 가정에서 자랐어. 10대 시절에 폭죽을 직접 만들었고, 상자형 사진기의 판으로 쓰는 콜로디온collodion*을 만들었으며, 그림을 그리려고 자신만의 물감을 혼합하고, 새로운 방식의 전사 인쇄법(염료를 옮기는 과정으로 그림을 그리는 방법)을 고안하기도 했지. 그는 이온주의자 중에서도 중요한 실험 과학자였고, 새로운 기술과 장치를 만드는 최고의 발명가였어. 대개 과학은 취미로 했고 피아노와 비올라를 연주했으며 수학에도 뛰어났지. 그는 자연과학을 가르치는 중고등학교로 유명한 레알김나지움Realgymnasium을 졸업하고, 1872년에 타르투에 있는 도르파트대학교에 입학했어.

---

* 알코올과 에테르에 니트로셀룰로오스를 녹여 만든 점액질 용액으로, 증발하면 얇고 투명한 막이 생겨 사진 감광막에 사용한다.

부모님은 반트 호프처럼 오스트발트가 공학을 공부하길 바랐어. 하지만 그는 어느 한쪽에도 마음을 붙이지 못하고 방황하며 미술과 음악을 하는 친구를 사귀고 철학을 공부하는 데 시간을 보냈지. 역시 반트 호프처럼 콩트의 실증주의에 매료되었고, 이후에는 에른스트 마흐가 정초한 신실증주의에 가담했어. 하지만 오스트발트가 대학의 정규 학기가 끝나도록 졸업하지 않자 아버지가 단호하게 반대하고 나서 결국 화학 학위를 받기로 했지.

임프 자크 모노하고도 닮았네. 모노는 박사 과정을 음악으로 할지 생물학으로 할지 결정하지 못했고, 캘리포니아 공과 대학에 다닐 때도 초파리 유전학을 연구하는 대신에 바흐 연구회를 조직하고 지역 오케스트라에서 연주회 활동을 하는데 많은 시간을 쏟았지. 그는 파스퇴르를 따라갈지 베토벤을 따라갈지 결정하지 못했었어![8]

헌터 드문 일은 아냐. 플랑크도 비슷한 딜레마에 처한 적이 있어. 정확히는 전문 피아니스트가 될지, 문헌학자가 될지, 물리학자가 될지, 삼자택일의 상황에 처했지. 그가 음악 선생님에게 음악을 직업으로 하면 어떻겠느냐고 물었더니 선생이 이렇게 답했대. “그런 질문을 할 정도라면 다른 일을 해야지.”[9] 직업을 고를 때 참 유용한 조언이야!

리히터 좋아, 하지만 이런 일화는 그들이 발견의 과정을 어떻게 조작했는지 아무것도 말하는 바가 없잖아.

아리아나 그렇지 않아, 리히터. 이건 그들이 어떻게 연구 스타일을 확립해 갔는지 말해 준다고. 플레밍의 연구를 이해하려면 그의 성격, 수완, 관심사를 알아야 했잖아. 아레니우스, 반트 호프, 오스트발트, 그 밖의 누구라도 마찬가지야.

리히터 스타일이라. 그럼 우리가 예술가인 거야?

아리아나 어떤 의미에선 우리 모두 예술가지. 자연을 보는 새로운 방식을 창조하며, 개인적 스타일도 창조하니까. 스타일이란 문제들이 명문화된 과학의 전통 안에 있든 또는 전통을 가로지르든 개인이 다루는 문제 유형들의 독특한 합류 지점으로, 그 문제들을 연구하려고 선택하는 (실험, 이론적) 기술과 선택한 문제에 맞는 용인 가능한 해결책을 규정하는 데 사용하는 기준으로 정의돼. 모든 개인은 독특한 스타일을 지녀.[10] 나, 임프, 콘스탄스, 리히터를 비교해 봐. 그럼 이제 스타일이 뭔지 알겠지! 바로 우리 자신만의 것, 우리 자신이 가진 수완, 관심사, 능력으로 제한된 것, 그리고 우리의 성격과 개인적 경험으로 형성된 것이 스타일이야.

콘스탄스 생화학자 다비드 나흐만존David Nachmansohn도 같은 말을 했어. 그는 얼마 전에 이렇게 말했지. "기질, 감정, 예술적 경험, 철학, 정치적 참여는 성격의 중요한 부분을 형성한다. 과학자도 인간이기에 이런 모든 요인이 그들의 반응 및 사고방식을 결정하며 과학적 생각과 견해, 동기, 태도를 형성하는 근본 요소로 작용한다. 특별한 과학 분야에 대한 지식만으로는 그 지식이 아무리 단단하고 심오하다 해도, 오직 도구를 제공할 뿐이다. 이 도구로 성취 가능한 결과는 성격을 형성하는 복잡한 요인들에 좌우된다."[11]

아리아나 그렇지. 다른 과학자도 비슷한 말을 많이 했어. 오늘 헌터와 내가 보여 주려는 점은 과학에서 스타일(성격과 지식의 합일)이라는 개념이 얼마나 중요한가야.

헌터 아레니우스는 아주 좋은 사례지(『애로스미스』에서 과로하고 폭음하는 인물 '손데리우스'의 원형이라니까). 아레니우스는 오스트발트하고는 전혀 다른 사람이야. 아레니우스가 오스트발트와 처음 만났을 때, 오스트발트는 아내에게 다음과 같은 편지를 썼대. 아레니우스는 "실험보다 사변에 상당한 재능이 있어. 난 주로 실험하는 사람이니까 우리 둘이 합치면 좋을 거야."[12] 사실 아레니우스는 색다른 배경을 가지고 있었어. 그도 과학과 수학에 재능이 넘치는 젊은이였지만, 반트 호프나 오스트발트처럼 미술이나 문학적 재능은 없었지. 이게 성격 문제인지는 모르겠지만, 그래도 경제학이 아레니우스의 경험을 형성하는 역할을 했다는 점은 확실해. 아레니우스의 아버지는 부유한 사람이 아니어서 웁살라 대학에서 교직원으로 일하며 받는 월급으로는 가족을 부양하기 어려웠대. 그래서 부동산 중개인도 겸했지. 아레니우스는 아버지와 함께 회계를 보곤 했고, 그래서 숫자를 다루는 비상한 능력이 발달했지. 또 자연스럽게 근검절약하는 법과 공리주의 철학을 배우게 되었고. 아레니우스의 아들은 이런 경험이 후에 아레니우스가 과학자로서 연구하는 습관을 형성했다고 말했어. "아버지는 시험관, 유리병 등 아주 단순한 도구로 연구했다. 아버지는 실험 장치를 남용하는 걸 걱정스럽게 보았고, 머리를 쓰는 대신에 도구로 장난을 치고 있는 건 아닌지 살폈다. 더불어 어린 시절부터 아끼고 절약해 왔기에 삶의 모든 분야에서 문제를 해결하는 가장 경제적 방식을 택하려고 했다. 아버지는 아주 단순한 도구로 훌륭한 결과를 얻었다."[13]

임프 그 말을 들으니 아레니우스와 센트죄르지에게는 공통점이 있군. 도구보다 머리의 힘을 우선한다는 점 말이야.[14]

콘스탄스 베이어도 마찬가지야. 그는 케쿨레와 함께 아주 작고 좁은 다락방에서 연구했고, 연구 초반에는 돈도 장비도 거의 없었지. 나중에는 정교한 장비를 살만한 능력이 있는데도 쓸 만한 시험관보다 조금이라도 더 복잡한 장비는 모두 거절했대.[15] C. T. R. 윌슨도 똑같아. 그는 아레니우스보다 더 가난하게 자라서 집에서나 실험실에서나 한 푼이 아쉬웠지. 그는 발명할 때 5파운드 이상은 쓰지 않았다고 해.[16]

하지만 검소함을 보여 주는 가장 재미있는 사례는 존 레일리 경이야. 레일리는 부잣집에서 자랐는데도 아버지가 일찍부터 돈보다 사상과 기술을 더 가르쳤지. 예컨대, 어린 레일리는 아버지에게 용돈을 전혀 받지 못했고 아버지가 직접 돈을 내주었지. 그래서 레일리는 올이 다 나갈 때까지 옷을 입고, 새 소총을 사지 않고 구식 장총으로 사냥을 나가고, 동네 술집에서 빵을 먹고 맥주를 마시는 데 만족했어. 이건 분명히 독립하고자 하는 그의 방식이었을 테지만 연구 스타일과도 상응하는 면이 있어. 레일리는 아주 단순한 장치 이외에 다른 기구는 사용하지 않았지. 그를 보는 사람들은 레일리가 늘 일급의 결과를 얻는다는 사실은 차치하고, 레일리가 어떤 결과라도 손에 넣는다는 점을 보고 놀랐다니까.[17]

헌터 오스트발트도 그랬어. 대학에서 제대로 된 장비를 갖고 연구하지 않았지만, 무엇이든 고안하고 구축하는 기술 덕분에 늘 충실히 연구를 진행했지. 장비가 없다면 만들어 썼고. 과학의 주변부에 있는 미약한 존재였던 오스트발트는 혁신을 이루어 나갔어. 오스트발트는 자서전에서 자신이 베를린 같은 과학 중심지에 있었다면, 분명히 다른 모든 화학자들이 따라간 유기화학의 유행에 휩쓸렸을 거라고 말했지.[18]

아리아나 노벨상 수상자와 받지 못한 동료를 가르는 요인 하나는 좋지 못한 상황에서 최상의 결과를 이루어 내는 능력이야. "나는 머물 곳도, 돈도, 장비도, 보조도 없다. 그 대신 내 머리와 단순한 도구로 연구해 나갈 뿐이다." 실패하는 유형은 자원이 없어서 아무것도 못한다고 내내 한탄만 하는 사람이지.

리히터 정신적 자원! 장비는 생각하지 못하고, 돈은 발명하지 못해.[19]

콘스탄스 뭐, 장비와 돈은 그런 정신적 자원을 가진 사람을 돕겠지, 안 그래? 여기서 사람들이 어떻게, 어디서 훈련받느냐는 문제로 돌아가 보자. 분명히 내가 논하려는 많은 발명자는 네가 기대한 대로 훈련받지 않았어. 성공한 발명가 중에는 공학 학위조차 없는 사람도 있다니까. 이런 점은 미국 항공 우주국NASA, National Aeronautics & Space Administration이 적극적으로 '주변인'을 찾는다는 사실로도 잘 알려져 있지.[20] 또 깜짝 놀랄 만한 발명은 가망 없어 보이는 후미진 곳에서 발생할 때가 있단 말이야. 이런 설명을 얼마나 이해할지 모르겠지만, 내 친구 중에는 파사데나에 있는 제트 추진 실험실에서 고장 허용 컴퓨터 체계(우주선에는 동시에 작동하는 컴퓨터 다섯 대가 있는데, 그중 한두 대라도 고장이 나면 우주선은 지면으로 고꾸라지고 말지)를 설계한 사람이 있어. 그 컴퓨터 체계에 오링O-ring*과 동일한 발상을 사용하지 않은 게 안타깝지만. 어쨌든, 그 친구는 체코슬로바키아에서 태어났는데, 자기 고향 사람 안톤 슬로보다Anton Sloboda가 소련에서 거부한 부품으로 컴퓨터를 만들도록 체코 정부에 임명되고나서, 처음으로 고장 허용 컴퓨터 체계를 발명했다고 해. 슬로보다는 세 가지 구성 요소가 있다면 그 중 하나는 고장 날 게 확실하다는 사실을 알았기 때문에 많은 부품이 고장 나도 작동할 수 있는 체계를 구축하는 법을 생각해 내야 했지. 대부분의 사람은 이런 게 어떻게 가능하냐고 말하겠지만, 정말 가능하긴 해. 기발한 생각이 있다면 말이야. 아마 슬로보다는 MIT로 갔을걸. 어쨌든, 이렇게 나쁜 상황에서도 뭔가 중요한 걸 만들어 내는 사람이 있다니까.[21]

임프 그래, 그렇지! 왜 전에는 이런 생각을 못했을까? 고장 허용이라고! 오늘날 과학에 있는 문제가 뭐지? 우리가 점점 옹졸해진다는 거

* 알파벳 O자 모양으로 생긴 고무 부품으로, 여러 개로 나뉜 본체를 합체할 때 이음새를 메우는 역할을 한다.

지! 우리는 모든 일이 계획되고 조직되기를 원해. 어떤 실수도, 오류도, 애매모호함도 용납하지 않지. 완벽성! 학생은 계산에서 실수하거나 질문에 틀린 답을 하면 감점을 받아. 동료 평가는 참이 아닌 결과가 발표되지 않도록, 성공할 가망이 없는 계획이 연구비를 받지 않도록 애쓰지. 실수를 저지르지 마라. 흔하게 반복되는 말이야. 하지만 파스퇴르, 플레밍, 심지어 우리 자신을 생각해 봐. 사람들은 완벽하지 않고 완벽할 수도 없어. 이게 진화론이 말하는 교훈이라고! 진화에는 불완전함, 실수, 돌연변이가 필요하니까.

이걸 과학에 적용해 보자. 우리는 오류를 저지르지 않는 과학자가 오류가 전혀 없는 과학을 하리라 바라서는 안 돼. 오류를 없애는 유일한 방법은 이미 아는 사실을 해 보고 또 해 보고 또 해 보는 일밖에 없으니까. 우리가 하는 추측은 대개 틀릴 거라는 사실, 우리가 하는 실험은 별로 가치가 없을 거라는 사실, 우리가 하는 연구는 실수투성이라는 사실을 깨달아야만 하는 거야. 넘어지고 깨지는 일 없이 중요한 결과를 얻을 수는 없어. 컴퓨터로 말하자면 위대한 프로그래머를 만드는 요소는 완벽한 코드가 아니라 오류 수정이지. 우리는 이제 불가능한 완벽을 추구하지 말고, 고장 난 부품을 어떻게 하면 최상으로 사용할 수 있을까를 배워야 해.

헌터 그건 이른바 체계 이론을 살펴보자는 뜻이겠네. 내가 옳게 기억한다면, 50년대에 수학자 폰 노이만John von Neumann이 고장 날 수 있는 부품으로도 작동하는 체계를 설계하는 이론 논문을 썼었지. 슬로보다도 아마 그 논문을 읽어 봤을걸. 그게 우리에게 단서가 될 지도 모르겠군.

리히터 아니면 진화론을 적용하면 어때? 선택 기준이 있는 다양성의 축적은 비적응적인 형질을 제거하잖아.

제니 폴링과 푸앵카레가 진화론을 적용하는 방식을 옹호했었지, 그렇지? 많은 시도를 해 보고 유망한 걸 선택하라. 하지만 많이 시도하는 것도 많은 생각에다, 폭넓은 경험에다, 풍부한 자원이 필요한 거잖아.

임프 우리에겐 더 많은 에우로카테eurokates를, 더 적은 스테노카테stenokates를 만드는 게 필요하다는 뜻이지!

제니 무슨 말이야? 어디서 그런 단어가 나와?

임프 나만의 특이한 경험에서! 스테노카테는 아주 제한된 장소에 적응한 유기체를 말해.

아리아나 의학에서 말하는 '스테노시스stenosis', 즉 혈관의 협착과 어원이 같네.

임프 댐을 건설할 때 시어 같은 물고기나 작은 물고기를 보존하려 했지만 다른 곳에서는 다시 살지 못한 예가 있어. 반면에 에우로카테는 호모 사피엔스처럼 폭넓은 장소에서 살 수 있는 유기체를 말해. 이런 식으로 생각해 보자. 과학자에게서 그들이 활동하는 데 필요한 실험 장비, 보조, 연구비 기관 등을 빼앗는다면 어떤 일이 벌어질까. 더 이상 과학을 할 수 없겠지. 과학자들은 그들에게 장소를 제공하는 고도로 발달된 체계가 있기에 생존할 수 있는 거야. 그럼 이제 다윈, 파스퇴르, 앨름로스 라이트, 플레밍, 센트죄르지, 아인슈타인을 생각해 보자. 난 이들이 어느 장소, 어느 시간에 있든 과학을 했을 거라고 봐. 이들은 자기만의 실험실을 만들었을 거야. 실험실이 이들을 만드는 게 아니라! 이들에게는 생각을 고안하는 능력이 있고, 과학에 필요한 기술이 있어.

헌터 거기에 오스트발트도 넣어야지. 정말로 그는 거의 사전 준비도 없이 자기 실험실을 만들었고, 당시에 누구보다 더 많은 물리화학적 기술을 발명했으니까. 그러고도 끊임없이 연구에 쓸모 있는 새롭고 더 나은 방법을 찾았지. 이건 아리아나와 내가 이온주의지에 관해 말하고자 하는 바와 직접적으로 관련있어. 오스트발트가 아레니우스를 처음 만났을 때 한 말을 들어 봐. "아레니우스는 아직도 많이 어렸지만, 모든 걸 이해하고 설명하고 싶어 했다."[22] 오스트발트는 학위 논문에 이렇게 썼어. "현대 화학은 개혁이 필요하다."[23] 요즈음 학위 논문에 이런 구절이 있다고 상상해 봐! 반트 호프는 첫 책을 쓰게 된 계기를 이렇게 말했지. "어렸을 때 나는 구조와 화학 속성 사이의 관계를 알고 싶었다. 구조식은 화학적 작용의 전체를 표현하리라고 말이다."[24] 그는 유기화학과 무기화학, 기술, 약학, 식물화학, 생리학, 동물학의 원리를 알고자 하는 모든 과학자를 겨냥하여 책을 썼어.[25] 이들은 정말로 드문, 아주 폭넓은 사상가였지. 화학의 일부나 전체만이 아니라 과학 자체가 이들의 주제였어. 이들의 목적은 반트 호프의 친구 빌럼 휘닝Willem Gunning이 '일반 과학'이라고 부른 것, 또는 오스트발트가 일반 화학(다른 모든 과학 분과를 조직화하는 보편 화학)이라 부른 것을 정립하는 거였지.

제니 하지만 그런 과학을 어떻게 발명할 건데?

아리아나 독특한 훈련이 필요하지. 이 과학자들이 연구하고 가르친 주제들을 보자. 반트 호프는 대학원 시절에 화학, 광물학, 물리학, 수학을 공부했어. 반트 호프는 위트레흐트 수의과 대학 같이 유명하지 않은 곳에서 공부했기 때문에, 일류 대학이 아니래도 그곳에서 수학, 물리학, 약화학, 유기화학을 가르쳤지. 그러고 나서 스물 여섯 살에 암스테르담대학에 화학, 광물학, 지질학을 가르치는 정교수로 부임했고.[26] 그가 어떻게 유기화학, 열역학, 지질학, 해양학에 기여했냐고? 그는 이 모든 분야를 배우고 연구했으니까. 오스트발트도 역시 대학원 시절에 화학, 물리학, 수학을 공부해서 과학에 폭넓게 기여했고, 젊은 강사로서 이 모든 분야를 가르쳤지. 아레니우스도 예외가 아냐. 학부생 때 과학의 거의 전 영역을 공부했고, 대학원생 때는 화학과 물리학을 연구했으며, 아직 졸업도 안했는데 전기화학과 기상학에 관한 논문을 발표했지. 또 물리학, 화학, 면역학에서 진보를 성취할 사람에게 근본적인 가르침을 제공했고. 이렇게 이온주의자들은 한 분야의 전문가라기보다 총체적 과학자야.

헌터 이런 배경이 100년 전에 얼마나 드물었는지 강조하고 싶어. 그때도 이미 전문화가 과학에 퍼지기 시작했거든. 물리학과 화학에는 전문지가 생겼지. 영국의 물리학자 올리버 로지Oliver Lodge는 물리학과 화학 사이에 있는 영역을 '주인 없는 땅'(여기는 새로운 방식으로 두 분야를 통합하는 건 고사하고 두 분야를 이해할 능력조차 없는 평범한 과학자들이 연구를 단념하는 곳이야)이라고 불렀어.[27] 독일의 물리학자이자 생리학자 에밀 두 보이스라이몬트Emil Heinrich Du Bois-Reymond는 그런 간극을 깨닫고, 1882년에 물리학과 화학에 다리를 놓을, 수학에 기반을 둔 새로운 과학을 만드는 게 필요하다고 역설했어.[28] 유기화학자 리하르트 빌슈테터는 두 보이스라이몬트가 그린 미래상을 실현할 가능성이 있다는 사실을 알긴 했어도, 하나 이상의 과학에 통달하고자 애쓰는 불쾌함(그가 쓴 단어에 따르면) 때문에 힘들었고, 결국 물리학을 포기했다고 말했어. 후에 빌슈테트는 자신이 반트 호프, 아레니우스, 오스트발트가 이끄는 흥미로운 과학 발전에 참여하기는커녕 이해조차 할 수 없었음을 알았지.[29]

안타깝게도 빌슈테트는 진부했어. 오스트발트는 대부분의 화학자가 아주 간단한 물리화학 방정식도 이해하지 못한다고 몇 년이나 개탄했어. 반면에 많은 물리학자(대표적인 사례로는 J. J. 톰슨과 러더퍼드 경, 닐스 보어)는 화학에 대해 실질적으로 아는 것이 없었지. 플랑크도 그랬고. 물리학과 화학이 만나는 곳에서 이들의 통찰력은 작동이 멈췄던 거야.

제니 하지만 그냥 많은 내용을 안다는 사실만으로 충분하지 않잖아? 난 여러 분야에서 학위를 받은 사람들을 아는데, 자신의 지식을 일관성 있게 통합하는 사람은 못 봤어.

콘스탄스 "누군가의 머릿속에 있는 다양한 생각은 결코 만나지 않기에 평화롭게 공존할 수 있다."[30] 내가 말한 건 바로 이거야. 데카르트, 뉴턴, 라이프니츠, 다윈, 헬름홀츠 같은 사람이 날 놀라게 하는 한 가지는 그들은 모든 사실을 조화로운 전체로 종합하려 했다는 점이야. 헬름홀츠는 개별 사실을 기억하는 능력이 없어서 일반 법칙을 발명하고자 했어. 그에게 문제에 있는 개별 사실과 해답은 아무 의미가 없었지. 그런 건 기억하지 못하니까. 헬름홀츠는 그 아래에 놓인 원리를 찾았어. 따라서 다른 과학자가 그저 어떤 자료 집합을 설명하는 일에 만족한다면, 헬름홀츠는 여전히 불만족스러워 했지.[31] 푸앵카레도 마찬가지야. 개별 정리들은 아무 의미가 없었고, 오직 논증의 규칙만이 의미있었지.[32] 푸앵카레는 그가 이해할 수 있기까지 스스로 모든 것을 발명하고 재발명했어.

헌터 플랑크의 철학은 다음과 같이 요약할 수 있어. "나 스스로 만족스러울 때."[33] 현실에서 대부분의 과학자는 폭넓게 사고하는 통합자로서 훈련받지 못했어. 이런 과학자들은 스스로 만족스러움을 느끼는 방식으로 훈련한 독학자야.

콘스탄스 근본적으로 보면 앨버트 마이컬슨과 로버트 밀리컨, 엔리코 페르미도 물리학을 스스로 훈련한 거 아냐? 에디슨과 마르코니 Guglielmo Marconi는 분명히 자가 훈련을 한 사람들이고.[34]

헌터 각각의 인물은 자연을 이해하는 자기만의 독특한 방식이 있다는 점을 보여 주지. 이건 아주 중요해. 게다가 아리아나가 이온주의자들의 전기를 읽고, 그들이 자기 연구에 대단히 중요한 생각을 스스로 고안했다는 점을 발견했어. 명백히 그들은 진짜 실현되지 않을지라도, 자연에서 일관성과 통합성을 찾으려 했지. 예컨대 파스퇴르의 비대칭적 우주의 힘이나 플레밍의 항생 물질 같은 거대한 생각이. 반트 호프의 제자 샤를 판 데벤터르는 반트 호프의 간절한 소망을 다음과 같이 말했어. "암스테르담 실험실에서는 평범하게 일어나는 일이란 없다. 공기 중에는 뭔가 신비스럽고 께름칙한 요소가 있다. 이 음험한 무언가는 (늘 성공이 따르지 않기 때문에 누군가는 미신이라고 부를) 믿음, 반트 호프 선생님의 믿음이다. 물리적 현상과 화학적 현상이 연결된다는 선생님의 근본 생각은 참이었다."[35]

오스트발트도 화학 물질에 있는 모든 속성은 어떤 점에서는 다른 모든 화학 물질의 기능일 수도 있다고 가르치다가 갑작스러운 깨달음을 얻어 똑같은 미신에 이르렀지.[36] 플랑크도 열역학 제1법칙이 "인간과 독립적으로 절대적 타당성을 보유한 신성한 계명처럼" 자신을 일깨웠다고 썼고,[37] 플랑크는 이와 맞먹는 보편성을 지닌 제2법칙을 발전시키는 데 인생을 바치겠다고 결심해.

<u>콘스탄스</u> 아! 그건 바로 테마Themata야!

<u>리히터</u> 테마가 뭔데? 과학에 있는 스티그마타stigmata, 그러니까 과학의 성흔聖痕인 거야?

<u>콘스탄스</u> 뭐, 완전히 같지는 않아. 하지만 테마를 마음을 찢고 태우는 특별한 상처, 특이한 상징이나 흔적으로 정의한다면 얼추 비슷해. 테마는 분명히 다른 사람과 다른 방향으로 나를 이끄는 무엇이야. 한데 사실 이 용어는 제럴드 홀턴이 우주가 어떻게 작동하는지를 다루는 "검증 불가능하고 반증 불가능한, 그럼에도 완전히 자의

적이지 않은 가설"이라는 의미로 사용했어.[38] 비트겐슈타인과 맥스웰은 이런 종류의 포괄적이고 미학적인 기준("신은 우주와 주사위 놀이를 하지 않는다"와 같은)이 과학에서는 아주 근본적인 거라고 말했지.[39] 이런 테마는 구체적인 결과가 없어도 특정한 방향으로 과학 연구를 이끄는 요소야. 홀턴은 테마가 "현상과, 동어반복적인 분석 명제와 직접적으로 연결되지 않고, 발전해 가는……. 우리 생각에서 나온 개념의 모든 결론을 지지하는, 약동하는 힘의 원리를 지닌 지속적인 주제와 연결되는 요소"라고 말했어. 홀턴은 "테마는 특정 유형의 천재를 나타내는 표지, 특히 야성적인 마음을 가진 천재를 나타내는 표지"라고 생각했어. 이렇게 말할 때 그는 테마에 이끌린 아인슈타인에 관해 쓰는 중이었지.[40]

임프 그렇군! 점진적 변화나 단속 평형*에 대한 진화론자의 믿음이 테마의 예겠네, 그렇지? 아니면 동일과정설에 대한 지리학자들의 믿음이나. 동일과정설을 믿는 연구자들은 동일한 힘이 동일한 강도로 이 세계를 창조하는 데 작용했다는 걸 입증하거나 반증할 수 없어. 단지 그렇게 가정해야 말이 되기 때문이지.

투조 윌슨(그는 물리학과 지질학을 모두 훈련한 최초의 캐나다 과학자야)이 최근에 한 말이 생각나. 그는 스스로를 '전체적 사상가'라고 불렀어. 그는 다음과 같이 아주 인상적인 말을 했지. "난 지질학회에서 '전 베네수엘라의 지질에 관해 아무것도 모릅니다. 거기 가본 적이 없으니까요'라는 말을 들었다. 이 말을 듣고 우스웠다. 다른 지질학자가 읽지도 못하고 이해하지도 못한다면 베네수엘라의 지질에 관한 연구 보고서를 쓰는 게 무슨 소용일까? 지

---

* 진화 과정은 점진적 변화가 아니라 끊겼다 이어지는, 급격히 변화했다가 긴 안정기를 맞는 단속적 변화라는 관점.

구 전체가 이해 가능해야 하는 데 말이다."[41] 이게 테마가 무엇인지 말하는 것 같지 않아? 전체적 사고, 모든 현상이 몇 가지 명료한 원리로 일관성 있게 결합하는 게 테마가 아닐까?

콘스탄스 그게 바로 발명가들이 가진 생각이지. 오즈번 레이놀즈는 모든 공학이 통합될 수 있다는 굳건한 신념을 갖고 있었어.[42] 물리학자 부크민스터 풀러Buchminster Fuller는 자신을 "사려 깊은 종합자"라고 불렀지.[43] 기술사학자 토머스 휴스Thomas Hughes는 에디슨, 스페리, 테슬라, 드 포레스트 같은 '영웅적인 발명가'들은 개별 사실보다 발명의 전체 체계를 다룬다고 말했어.[44]

헌터 현대에 들어와 전문화, 분권화는 혁명적인 발전이 일어나는 걸 거의 불가능하게 만들었어.[45] 이론물리학자 존 휠러John Wheeler는 젊은 학자들이 소득 없는 나날을 견딜 여력이 없기 때문에 물리학의 거대 문제를 다루지 않는 현실을 지적했어. 그들에게 필요한 건 종신 재직권이야. 그래서 휠러는 70대에도 거대 문제를 다루는 일을 소명으로 생각했다고 말했지. 휠러는 어디든지 갔고, 누구와도 대화를 나눴고, 일이 진전될 가능성이 있으면 어떤 질문이라도 했지. 설사 그렇게 하는 게 바보 같아 보여도 말이야. 그는 '한물간 사람'만이 이런 일을 할 수 있다고 말해. 자신이 안 하면 누가 하겠냐면서.[46]

리히터 하지만 한 과학자가 이루어 낸 위대한 연구가 보통 서른 다섯 살 이전에 정립된다면, 한물간 노인이 다룰 수 있는 거대 문제가 있을까?

아리아나 더 중요한 사실은 좁게 사고하는 습관이 있다면, 현재 종사하는 분야와 체계에서 좁게 사고할 수밖에 없다면, 노인이 되어서 그런 습관을 깰 수 있을까?

임프 아니면 네가 나처럼 젊다면, 아무도 네게 거대 문제를 제기하라고 하지 않아도 과학을 계속할 수 있겠어?

제니 그럼, 일찍부터 독립적이며 전체적으로, 테마를 갖고 연구할 수 있는 기회가 탐구자와 혁명가를 만드는 데 중요하다는 거군.

헌터 달리 말하면 전체적으로 훈련받아야 전체적 사상가가 될 수 있다는 거지.

이온주의자들에게도 이는 분명한 사실이야. 세 명 모두 자신의 잠재력을 알아보는 사람의 지도를 받으며 연구했고 상상력을 마음껏 발휘할 자유도 있었지. 물론 어려움이 없었던 건 아냐. 아인슈타인이 일궈 간 혁명성을 그 윗사람들은 보지도 알지도 못했다는 건 어느 정도는 정말이거든. 문제는 '본체Bonze(또 이상한 단어를 써서 미안하지만)'에게 일부 있어. '본체'는 중을 뜻하는 중국어가 독일식으로 변형된 건데, 거만하고 다른 사람 말은 듣지 않는 관료주의적인 사람을 뜻해.[47]

임프 계속 말해 봐!

헌터 그래. 어떤 점에서 케쿨레는 본체였어. 반트 호프에게 화학에는 아직 완성하지 못한 세부 사항을 연구하는 일 말고는 아무것도 없다고 말했으니까. 웁살라대학의 아레니우스 지도 교수도 마찬가지였어. 아레니우스에게 화학자 클레베Per Teodor Cleve 아래에서 베르셀리우스의 발자국을 좇든가, 물리학자 탈렌Tobias Robert Thalen 아래에서 물리학자 옹스트롬Anders Jöns Ångström의 생각을 변주하는 일 중에 하나를 하라고, 그러지 않을 거면 떠나라고. 아레니우스는 이 말을 그대로 따랐어.[48] 플랑크의 지도 교수는 케쿨레가 반트 호프에게 한 말을 그대로 했어. 물리학은 죽었으니 다른 연구를 해라.[49] 과학에 대한 헌신을 시험하는 걸까!

하지만 이들은 지도 교수에게 사랑받으려고 하지 않았어. 도리어 대학원생인데도 거대하고 '불가능'한 문제를 다루겠다고 고집을 부렸지. 반트 호프는 당시 유기화학에서 중대하지만 해결되지 않은(어떤 사람은 해결 불가능하다고 본) 분자 구조를 이해하고 싶었어. 사면체 탄소 원자가 그가 제시한 답이지. 그가 박사 학위를 받으러 네덜란드로 돌아왔을 때, 학위를 받기에는 너무 논쟁적이고 이론적이니까 사면체 탄소 원자로 논문을 쓰지 말라는 조언을 들었어. 레일리 경은 워터스톤이 이루어 낸 운동론에 관한 발견이 인정받지 못하는 장면을 보고는, 젊은 과학자가 아주 새로운 생각을 과학 공동체에 발표할 때는 진지하고 단단한 평판을 얻은 뒤에 해야 한다고 말했지.[50] 그래서 반트 호프는 별 문제 없이 학위를 받을 수 있도록 평범한 실험 연구를 하며 평판을 쌓아 나갔어. 그는 박사 학위를 받은 후에도 거의 1년 반 동안 실업 상태로 있다가 위트레흐트 수의과 대학에 자리를 잡아.

제니 레일리의 조언이 통했네!

헌터 그렇기도 하고 아니기도 해. 아레니우스도 다른 방식으로 평판을 쌓으려 했지만 좋지 않은 결과만 얻었거든. 당과 녹말 복합체를 주제로 강의하던 시절, 아레니우스를 가르친 화학 교수였던 웁살라대학의 페르 클레베는 복합체의 분자량을 밝히는 건 '불가능'하다고 말했어. 아레니우스는 박사 학위 연구로 그 주제를 선택했는데 말이야. 클레베는 한 치도 양보하지 않았지. 아레니우스도 단호했기에 스톡홀름 호그스콜라대학으로 가서 물리학자 에리크 에들룬드Erik Edlund, 화학자이자 해양학자 S. O. 페테르슨Sven Otto Pettersson과 함께 자신의 급진적 생각을 전개하게 돼. 분자량 문제는 완벽히 해결하지 못했지만, 아레니우스가 연구에 쓴 기술, 즉 전해질 전도성은 이온 해리에 기반을 둔 화학적 전해질 이론으로 발전하지. 하지만 안타깝게도 호그스콜라대학은 학위를 줄 수 없었기 때문에 학위 논문을 심사받으려고 웁살라대학으로 돌아갈 수밖에 없었어. 심사위원은 아레니우스의 연구가 학위를 받기에는 충분하다 해도, 사강사로 활동하기에는 부족하다고 평가했어. 아레니우스는 에들룬드, 페테르슨과 연구하기 1년 전, 대부분의 기간을 실업 상태로 지냈는데, 오스트발트의 도움으로 스웨덴 왕립 과학 아카데미의 승인을 받아 5년간 연구 여행 장학금을 받을 수 있었지.[51]

오스트발트는 내가 아까 말했듯이 대학원생 때 이미 화학의 전 분야를 개혁하는 일에 착수했어. 운이 좋았는지 스승 카를 슈미트Carl Schmitt는 오스트발트의 천재성을 알아보고 그가 하는 거라면 뭐든지 도움을 주었지. 오스트발트가 헬름홀츠, 분젠, 키르히호프와 비견되는 인재라는 추천서를 써 주기까지 했다니까. 하지만 별 소용은 없었어. 오스트발트는 반트 호프처럼 가정 교사를 하다가 후보 두 명이 거절하는 덕에 결국 도르파트에 있는 중등학교에 임용되지. 여기서 오스트발트는 『일반 화학 교본*Textbook of General Chemistry*』을 집필하기 시작해.[52]

플랑크 역시 취업 문제를 겪었어. 플랑크는 첫 순수이론물리학자였는데, 그 이전에는 대부분의 연구자가 실험물리학을 했거든. 플랑크는 실험을 전혀 하지 않았지. 그는 자서전에서 자신이 키엘Kiel에서 자리 잡을 수 있었던 건 아버지의 연줄이 있었기 때문이라고 썼다니까.[53]

임프 과학의 후미, 과학의 벽지에 성원을 보내야겠군! 다른 곳에서도 혁신가와 규약에 얽매이지 않는 사람이 꽃필 수 있을까?

아리아나 에들룬드, 휘닝, 슈미트 같이 특이한 과학자를 지도하는 사람도 있어야지. 창의적인 사람은 언제나 불가능해 보이는 거대한 문제와 씨름하며 목적 자체가 자신이 이미 아는 것과 알고자 하는 것의 간극을 채우는 과정을 인도하도록 해. 내 친구인 예술가 톰 반

산트Tom van Sant는 이걸 '도약과 채우기leap and fill'라고 불러. 이런 창의적 방법이 이미 알려진 문제의 한계를 넘어서게 밀어붙이지. 창의적인 과학자는 그 과정에서 생기는 애매모호함을 다루는 놀라운 능력이 있어. 하지만 다른 사람들 눈에는 그저 미친 짓이야. 왜냐하면 최초의 도약은 하나 이상의 테마가 미지의 현상으로 이끌어 주리라는 추측에 불과하니까. (우리의 테마를 합칠 수 있을까?) 그러니 그저 이런 사람들을 믿고 이들이 성공할 기회를 줄 필요가 있어.

리히터 아니면 실패할 기회를 주든가.

임프 리히터, 그건 그들이 알아서 할 일이야!

헌터 하지만 탐구하려면 먼저 갖춰야 할 게 있어. 바로 독립이야. 반트 호프는 두 가지 방식으로 독립을 쟁취했어. 1877년에 암스테르담 대학이 주립 대학으로 승격될 때, 학과장이었던 휘닝은 스물 여섯 살 반트 호프에게 일반(그러니까 전임) 교수 자리를 약속하지(교수될 준비 됐나?). 기회가 온 거야! 게다가 반트 호프는 지역 낙농업을 위해 우유 분석(지방 함량 분석 등)을 해서 자신이 원하는 연구라면 무엇이라도 할 수 있는 돈을 긁어모았어.[54]

아레니우스도 반트 호프 못지않은 여유를 얻었지. 그가 받은 5년간의 연구 여행 장학금은 유럽에 있는 누구와도 함께 연구를 할 만큼 풍족했거든. 이렇게 긴 여행은 당시에는 흔한 일이어서 아레니우스가 편지를 보낸 사람들은 모두 흔쾌히 와도 좋다고 말했지. 전해질 해리 전문가 오스트발트와 물리학자 프리드리히 콜라우슈Friedrich Kohlrausch, 기체 해리를 연구하는 루트비히 볼츠만Ludwig Boltzmann, 반트 호프 등등. 이들의 연구에서 나타나는 공통 주제를 짜 맞추려면 각자 맺은 친분 관계를 그려 봐야 해.

오스트발트와 플랑크는 처음에 그다지 상황이 좋지 않았어. 하지만 형편없는 곳에 따로 떨어져 있다는 점이 좋아하는 주제를 연구할 자유를 주었지. 그곳에는 아양을 떨어야 할 본체도 없었으니까. 특허 사무소에서 근무한 아인슈타인처럼, 주어진 업무만 이행한다면 나머지 시간에는 무엇이든 할 수 있었어.

임프 오늘날 한 사람의 경력을 평가하는 기준, 즉 출판, 위원회 구성원, 외부 연구비, 지도 학생, 편집인, 외부 학회 등과 무관하게 연구할 수 있는 거지.

헌터 우리와는 다르지. 하지만 이런 체계가 유토피아라고는 생각하지 않는 게 좋아. 일단 교수직을 얻는 일이 너무 어렵고, 지금처럼 정치 공작도 필요하니까.[55] 그래도 일단 그 사회에 들어가기만 하면, 하고 싶은 연구를 막는 장애물은 없지. 돈도 많이 받고 그걸 연구에 마음대로 사용할 수 있고. 본체가 압박을 준다면, 케임브리지나 파리, 베를린으로 옮길 수도 있어. 그럴 수 없다면 지방에 눌러 앉아도 돼. 어쨌든 연구는 계속 할 수 있으니까.

리히터 그래. 우리 모두가 꿈꾸는 거지. 그런데 이게 다 무슨 소용이야? 어째서 개인적이고 제도적인 사소한 정보들의 혼합탕을 알아야 하는 거지?

아리아나 분명히 말하지만 사소하지 않아! 헌터, 반트 호프와 전환적 사고라는 논점을 말해 주겠어? 그래야 리히터가 이해할 수 있을 것 같아.

헌터 알았어.

아리아나와 내가 이온주의자가 이뤄 낸 다양한 발견을 검토하면서 찾아낸 한 가지는, 우리 모두가 하는 거지만 깨닫진 못하는 거야. 우리는 한 분야에서 얻은 정보를 다른 분야에 적용할 때가 있고, 한 가지 목적으로 계발한 기술을 다른 목적에 쓸 때가 있지.

아리아나 실제로 우리는 한 가지 방식의 사고에서 다른 방식의 사고로 전환해. 숫자를 그림으로, 장치를 관념으로 전환하듯이. 난 이걸 '전환적 사고'라고 부르겠어. 이용 가능한 정신적 기술, 사고 도구가 다양할수록 생각을 전환하는 방식도 더욱 늘어나고, 문제를 해결할 가능성도 높아져.

리히터 그렇게 이해하기 어려운 표현은 들어 본 적이 없는데.

헌터 잠깐만, 리히터. 이상하게 들릴 수 있어도 이해할 수 없는 사고는 아냐. 우리가 지금 토론하는 내용으로 실례를 보여 줄 수도 있어. 반트 호프가 발명한 용액의 열역학이 한 가지 사례지. 반트 호프는 암스테르담으로 가기 전에, 화학적 친화성을 이해하는 물리학적 기초를 제공하는, 베르톨레-라플라스 문제를 해결하는 데 사면체 탄소 원자를 적용하려고 애썼어. 하지만 완벽하게 실패하고 말았지.[56] 자세히 말할 필요는 없고, 다만 현미경을 이용한 연구가 유효하지 않았어. 반트 호프는 암스테르담에 도착하고서 자신의 관점을 뒤바꿔, 화합물의 집합적 속성을 연구하고자 화합물에 있는 물리학, 화학적 속성이 지닌 관련성에 '초자연적 믿음demonic belief'을 이용하기 시작했어. 그는 질량 작용, 온도와 압력에 따른 반응 속도 등을 연구했지. 반트 호프는 마침내 무명 과학자 프리드리히 호르슈트만Friedrich Horstmann과 레오폴드 파운들러Leopold Pfaundler가 쓴 흥미로운 논문을 읽게 되는데, 두 과학자는 파리에서 반트 호프의 스승 뷔르츠, 뷔르츠의 동료 르뇨Henri Victor Regnault와 연구를 진행한 사람들이었어. 아마 뷔르츠가 반트 호프에게 이들의 논문을 소개하지 않았을까. 반트 호프처럼, 두 사람도 훈련받고 연구하면서 수학, 물리학, 화학을 결합하려고 했던 독특한 과학자였지. 두 사람은 근본적으로 온도, 부피, 압력 같은 열역학적 변수들 각각에 대응하는 유사한 요소가 있다면 열역학 법칙을 기체에서 수용액으로 확장할 수 있다고 주장했어.

암스테르담에 있는 반트 호프의 실험실(Jorissen & Reicher, 1912)

처음 두 변수는 기체와 액체 체계와 똑같으니까 간단하지만 문제가 되는 요소는 압력이야. 일정 온도에서 기체의 압력은 부피가 변화함에 따라 달라져. 그렇지만 액체는 달라. 대부분의 액체는 압축할 수가 없어. 호르슈트만은 성분 분해라는 현상이, 우리가 사용하는 용어로는 액체 속에서 고체를 용해하는 현상이 유사한 요소를 찾는 데 핵심이라고 생각했어.[57]

이와 동시에, 즉 1884년에 반트 호프는 미처리히(파스퇴르에게 영감을 준, 타르타르산에 대한 잘못된 보고를 한 바로 그 사람)가 쓴 논문을 우연히 보게 돼. 미처리히는 다양한 염류의 결정체를 기압계에 놓으면, 결정체가 수증기를 흡수해 기압계 압력이 내려간다는 걸 입증했어. 하지만 그 결과 생기는 친화성이 너무 미약해서 반트 호프는 이런 사실을 믿지 않았지.[58] 반트 호프는 염류를 용해해서 더 직접적으로 염류와 물 사이의 친화성을 측정할 수 있는 방법이 있는지 궁금해했어.

제니 그럼 두 가지 문제 영역, 즉 열역학 이론의 확장과 친화성 측정이 동일한 하위 문제로 이어지는 거네. 물속에 용해된 염류를 어떻게 측정하는가, 맞지?

헌터 맞아. 반트 호프는 실험실에서 나와 집으로 가면서 식물학자 동료 더 프리스Hugo de Vries와 우연히 만났어. 더 프리스는 반트 호프에게 두 문제를 해결하는 데 필요한 단서를 주었지.[59]

콘스탄스 좀 이상한데. 더 프리스는 1900년대에 멘델 법칙을 재발견한 사람이잖아? 유전학자가 열역학과 친화성이랑 무슨 관계가 있는 거지?

헌터 음, 사실 아레니우스 방정식으로 파리에서 생기는 온도 유발 돌연변이율을 기술할 수 있어. 이게 H. J. 멀러가 한 연구지.[60] 하지만 일반적으로 유전학은 열역학과 관련이 없기는 해. 더 프리스는 우리가 토론한 주요 과학자들처럼 과학적으로 한 주제에만 흥미를 느낀 사람이 아니야. 1880년에는 주로 식물생리학, 특히 세포가 퉁퉁하지 않게, 식물이 시들지 않게 하는 삼투압을 연구했지.

제니 삼투압?

헌터 그게 더 프리스가 반트 호프에게 한 질문이지.[61] 네 질문을 피하려는 게 아니라 반트 호프가 연구하기 전에는 그 사실을 아는 사람이 없었어. 관찰 가능한 현상이었는데도 말이야.

삼투압 현상은 1748년에 물리학자 J. A. 놀레Jean Antoine Nollet가 처음 보고했어. 그가 왜 이런 실험을 했는지는 잘 모르겠지만, 놀레는 유리 실린더에 레드 와인을 채워 넣고 동물의 방광으로 입구를 봉했어. 그런 뒤 실린더를 물속에 담그면, 방광 주머니가 떠질 때까지 부풀어 올라. 물속에 있는 뭔가가 방광 주머니를 거쳐 실린더를 통과하면서 실린더 내의 압력을 높이고 방광을 팽창시키는 거지. 이와 동시에 레드 와인은 한 방울도 물 밖으로 새지 않아. 방광이 반투막 같은 역할을 하는 거야.[62]

임프 아마 놀레는 몸에 있는 피나 우리가 마신 와인이 왜 소변으로 배출되지 않는지 궁금증을 해결하고 싶지 않았을까. 우리도 농축된 염용액에 있는 식물 세포나 노른자위로 비슷한 실험을 하잖아. 와인이라고 안 될 것 없지.

제니 우리가 믿을 수 있게, 언제 한 번 보여 줘.

헌터 놀레부터 더 프리스까지 삼투압에 대한 연구는 계속 이어져 왔고, 그 현상을 설명하는 다양한 이론이 제기되었어. 의사이자 식물학자 R. J. 뒤트로셰René Joachim Dutrochet는 서로 친화적인 두 액체는 막을 통해 끌어당긴다고 제안했지. 유스투스 리비히와 화학자 토머스 그레이엄Thomas Graham은 반투막 자체가 어떤 용액 속에서 무언가와 친화적이면서, 다른 용액에서는 그렇지 않기에 비

J. A. 놀레의 반투막 실험(1748)

대칭적인 인력을 만든다고 제안했고.

더 프리스는 등장성isotonicity이라는 현상을 발견했기에, 어떤 관점에도 동의하지 않았어. 그는 염용액이 든 실린더를 같은 농도의 다른 염용액에 담그면 막에 어떤 삼투압도 가해지지 않는다는 사실을 보여 주었어. 이를 두 용액이 서로에 대해 등장성이 있다고 말해. 똑같은 현상을 다양한 액상 약에서 볼 수 있지. 등장성은 염류나 당류 유형에 독립적이기 때문에, 뒤트로셰의 화학적 친화성 이론은 받아들일 수 없어. 게다가 등장성은 막 유형(동물 방광, 창자, 식물 세포막)과도 독립적이기 때문에, 막에 대한 용액의 화학적 친화성은 아무 관련 없어. 리비히-그레이엄 이론은 말할 것도 없고.[63]

더 프리스는 반트 호프에게 이 주제를 다룬 가장 최신작이자 종합편인 식물학자 빌헬름 페퍼Wilhelm Pfeffer의 『삼투 연구*Osmotic Investigations*』를 소개해 줬고, 반트 호프에게 이 문제를 어떻게 생각하느냐고 물었어.[64] 반트 호프는 곧 자신에게 필요한 정보가 무엇인지 깨달았지. 즉, 용질에 대한 용매의 친화성을 직접 측정할 수 있는 방법이 필요했던 거야.

제니 여기서도 휠러의 '누구에게 아무 거라도 물어라' 하는 문제 해결법이 통한 거네. 반트 호프는 물리화학에 있는 문제를 해결하고자 자신의 통찰력을 생리학으로 옮긴 거야. 이건 학제 간 사고, 전체적 사고지. 화학은 어떻게 표현되든 화학이고.

헌터 맞아. 반트 호프는 자신이 연구하는 주제와 관련 있는 자료나 기술을 얻을 수 있다면 누가 어떤 분야에서 연구한 내용인지는 개의치 않았어.

콘스탄스 멘델과 다윈도 그랬어. 다윈이 보낸 서신을 생각해 봐. 그는 정보를 제공하는 세계의 누구와도 편지를 교환했고, 농업 종사자,

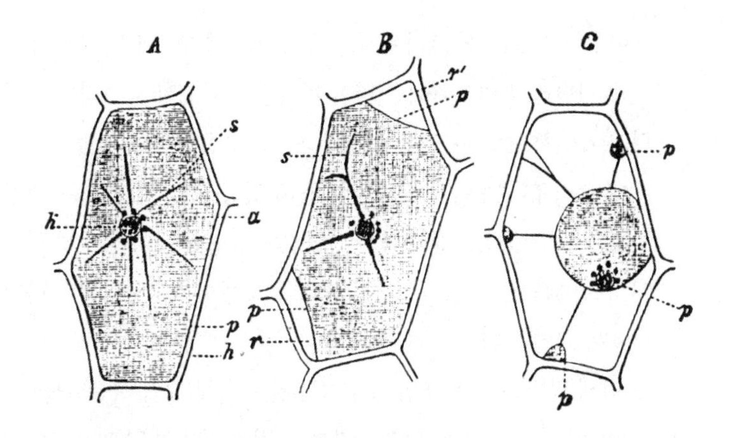

저장성, 등장성, 고장성* 용액이 식물 세포(왼쪽에서 오른쪽)에 미치는 효과에 대한 더 프리스의 관찰(1880년경)

비둘기 육종가, 양치기 등 인위 선택의 사례를 보여 주는 누구와도 교제하며 19세기 잉글랜드의 계급 장벽에 도전했지.

헌터 반트 호프도 학적 장벽을 뛰어넘었지. 반트 호프의 연구에서 핵심 요소는 페퍼가 자신의 책에서 소개한 폴란드의 독학자 마우리츠 트라우베Mauritz Traube가 고안한 거였어. 트라우베는 대학에 자리 잡지는 않았지만, 남는 시간에 자신이 꾸민 작은 실험실에서 꾸준히 연구한 인물로, 헤라패스와 워터스턴과 마찬가지로 당시 무시받았어.[65]

임프 '하버드에 있었더라면 잘나갔을 텐데'라는 거지.

헌터 글쎄, 하지만 다행히도 트라우베는 끈기 있게 연구하는 사람이었고, 적어도 페퍼만은 깊은 인상을 받았지. 페퍼의 관심을 끈 연구는 세포벽과 막이 어떻게 구축되는가를 설명하는 트라우베의 이

* 저장성은 낮은 농도의 용액, 등장성은 같은 농도의 용액, 고장성은 높은 농도의 용액을 말한다.

론이었어. 1864년에 트라우베는 세포 간의 접점에서 두 물질이 침전돼 단단하고 반투과적인 막이 형성된 결과로서 세포벽이 생긴다고 제안했어.[66] 이 또한 부정확하지만 유용한 이론이었지. 3년 후에 트라우베는 이런 침전을 이용해 인공 막을 만드는 두 가지 방법을 보고했어.[67] 첫 번째는 타닌산에 젤라틴 덩어리를 넣는 거야. 그럼 타닌산은 젤라틴과 반응해 물에는 반투과성이지만 타닌산에는 그렇지 않은 막을 만들어.

두 번째 방법은 감청색 염료가 가득 찬 튜브를 페릭 시안화물ferric cyanide이 있는 욕조에 담그는 거야. 그러면 튜브의 열린 부분에서 시안화구리라는 반투막이 형성되지. 안타깝게도 젤라틴-타닌산에서 생기는 막과 시안화구리에서 생기는 막은 손상되기 쉬워서 삼투압을 측정하는 데는 쓸모가 없었어. 어쨌든 그게 트라우베가 목적한 바는 아니었지.

약재상의 아들이자 화학과 식물생리학에 정통했던 페퍼는 트라우베의 실험을 아주 흥미롭게 생각했어.[68] 그는 삼투압을 측정하고자 트라우베의 실험을 다음과 같이 변형했지. 유약을 칠하지 않은 다공성의 항아리에다 페로시안화칼륨 용액을 채워 황산구리 용액에 담가. 그럼 두 용액은 천천히 항아리 벽을 관통하고, 그들이 만나는 곳에서 반투과성의 침전물을 만들지. 이건 트라우베의 막과 같지만 이제는 튼튼하게 고정되어 있어. 아주 우아하고도 간단한 방법이지.

그러고 나서 페퍼는 항아리에 압력을 재는 압력계를 넣고, 페로시안화칼륨 용액으로 채운 다음 삼투압을 밝히기 위해 황산구리 용액에 담갔어. 이를 통해 오늘날 과학자들은 아주 높은 삼투압도 측정할 수 있는 표준화된 삼투압계를 만드는 방법을 알게 되었지.[69]

리히터 하지만 기술의 중요성은 그걸로 무엇을 하느냐에 있지 발명에 있지 않아.

헌터 페퍼는 바보가 아냐. 그는 곧 자신이 얻은 결과가 친화성을 측정하는 데 사용 가능하다는 점을 알았고, 이 친화성에는 아주 큰 가치가 있었지. 하지만 자신은 그런 함의를 연구하는 물리학적 배경이 부족하다고 느껴 열역학의 원로 루돌프 클라우지우스에게 갔어. 그런데 클라우지우스는 페퍼가 시연을 해도 그 결과를 믿지 않았고 연구를 거부했지.[70]

콘스탄스 그럴 만해. 클라우지우스는 자기 연구 외에 다른 사람의 연구에 관심을 보인 적이 거의 없거든.[71]

헌터 맞아. 클라우지우스는 1884년에 아레니우스가 그의 운동론을 이온 해리에 적용한 일에 어떤 논평도 해 주지 않았어.[72] 하지만 어리고 무명인 반트 호프는 클라우지우스가 하지 않은, 페퍼와 아레니우스를 종합하는 작업을 하지. 반트 호프에게 페퍼가 얻은 결과는 하나의 계시였어. 반면 미처리히의 기압 연구는 1% 용액에서 염이 물을 끌어당기는 인력으로 대기압의 1/200에 해당하는 압력이 생긴다는 결과를 얻었어. 페퍼는 대기압의 2/3에 해당하는 압력을 측정했고,[73] 이건 반트 호프가 예상한 수치와 더 잘 맞았지. 하지만 반트 호프는 우리가 잘 아는, 자료에서 생기는 모순에 직면해.

아리아나 정말로 모순이라고는 할 수 없어. 클로드 베르나르가 말했듯이, 타당한 두 자료 집합을 받아들이고 서로 다른 결과를 낳는 조건의 차이를 밝힐 수 있으니까. 그게 바로 반트 호프가 한 일이야. 그는 미처리히가 증기압을 측정했다는 사실을 깨달았어. 페퍼는 삼투압을 측정했던 거고. 이것들에 어떤 관련이 있을까?

반트 호프가 한 일은 뭘까? 방정식을 쓰는 거? 실험하는 거? 아니. 그는 **생각했지!** 그는 같은 용액으로 증기압과 삼투압을 모두 측정할 수 있는 상상 속의 체계를 고안했어. 일종의 심적 모형을. 물리학자가 어떤 체계를 이해하고자 고안하는 다양한 모형들은 그 사람의 마음속에서 완벽하게 내면화되지.

제니 그게 일반적인 거야?

아리아나 모든 물리학자가 그런 건 아니겠지만, 뛰어난 물리학자들은 내면화를 잘 해. 아인슈타인은 자신의 사고 과정을 다음과 같이 말했어. "말하고 쓰는 언어들은 내 사고 기제에서 어떤 역할도 하지 않는다. 내 사고가 사용하는 요소인 심리적 실체들은 '자발적으로' 재생산되고 조합되는 특정 상징과 명확한 이미지들이다……. 앞에 언급한 요소들에는 시각적 유형과 육체적 유형이 있다. 관습적인 단어나 그 밖의 상징(아마 수학적인)은 부차적으로만 쓰인다."[74] 숫자도 단어도 아닌 상상과 느낌, 바로 이게 핵심이야. 광파를 타면 어떤 기분일까 느끼는 것, 빛의 속도로 떨어지는 엘리베이터에 있다면 어떤 일이 일어날까 상상하는 것.

리히터 하지만 수학적으로 기술된 부분으로만 소통할 수 있잖아.

아리아나 그건 우리가 사고를 표현하는 적합한 방법을 계발하지 못했을 때뿐이지.

헌터 나도 동의해. 리히터의 지적을 받아들여도(아리아나와 내가 곧 논박하겠지만) 대부분의 복잡한 물리학적 문제는 수학 없는 소위 순수 이성으로 해결 가능해.[75] 실제로 파인먼과 다이슨은 아인슈타인이 후기에 한 대부분의 연구가 실패로 끝난 이유는 그가 방정식만을 꾸미려 해서 심적 모형과 시각적 감각, 운동 감각적 직관을 잃어버렸기 때문이라고 설명했지.[76] 내 물리학자 친구들은 상대성 이론이나 초끈 이론 등을 가르칠 때 가장 난감한 건 수학이 아니라(수학적으로 뛰어난 대학원생은 많아), 수학적으로 재능 있는 학생들이 사고 실험을 하지 못하고, 4, 5차원을 상상하지 못하며, 방정식을 물리학적 조건으로, 물리학적 조건을 방정식으로 번역하지 못한다는 점이라고 해. 학생들이 미적분학이나 선형대수에서 배운 내용을 물리학에다 접목하지 못하는 건, 그들이 수학과 함께 수학으로 기술되는 과학에 있는 질적 측면을 배우지 못하기 때문이야. 방정식은 그들에게 어떤 내용도 의미하지 않아.[77]

아리아나 그래서 반트 호프에게 직업적으로 배운 기술과 취미로 습득한 기술 모두가 중요한 거야. 기억해. 그는 상상력이 넘치고, 한 번도 본 적 없는 원자의 3차원 이미지를 고안하는 능력을 갖췄어. 또 사면체 탄소 원자에서 보듯 자신의 심적 모형을 물리학적 모형으로 변환할 수도 있었지. 그가 쓴 시는 감각인상을 단어로, 그리고 이미지와 느낌으로 변환하는 연습을 한 거나 마찬가지지. 그는 네덜란드어, 독일어, 프랑스어, 영어로 시를 지은 것처럼 수학의 언어로 유창하게 대화하고 수학의 언어를 창조했으며, 수학식을 다른 언어로도 번역할 수 있었어. 게다가 그의 학문 편력은 생소한 물리학, 화학, 생리학의 문제들과 기술들을 접하는 계기가 됐고, 테마에 이끌리는 전체적 사고는 어떻게 하면 모든 현상을 통합할 수 있는지 이해하려는 마음에 불을 댕겼어. 놀라운 점은 이런 일이 가능했다는 사실이지. 헌터와 내가 너희들에게 전하고 싶은 건 이런 거야. 즉, 반트 호프는 어떻게 그 모든 현상을 통합했을까.

헌터 다르게 말하면, 아리아나와 나는 반트 호프가 창의적 과정을 폭넓게 경험한 일이 세계가 어떻게 작동하느냐에 관한 독특한 감각, 우리가 직관이라고 부르는 습관화된 행동과 이해의 유형을 계발하는 역할을 했다고 생각해.

아리아나 그리고 반트 호프는 문제를 푸는데서 수학이 아니라 이 직관을 이용했어. 아, 물론 반트 호프가 제시한 열역학적 생각들은 논문에서 방정식의 형태로 표현되었지만, 우리는 그가 말한 내용과 그가 방정식을 도출하려고 사용한 이미지에서 수학을 사용해 문제를 풀지 않았음을 알 수 있지. 그 결과 우리는 숫자나 방정식 없이 반트 호프가 경험한 사고 과정 전체를 볼 수 있어.

사실 맨 처음으로 일어난 일은 숫자가 사라지는 거야. 숫자는 문제를 제기하지만, 문제 자체는 아냐. 미처리히와 페퍼가 얻은 값의 가치와 사용 방법이 서로 다르다는 사실 외에 어떤 값을 얻었느냐는 중요하지 않아. 진짜 문제는 일종의 관계, 실험 절차 사이에 있는 관계지. 자료는 이 절차와 관련해서만 의미를 가지니까. 그러니 우리가 따져볼 건 실험 장치 안에서 무슨 일이 일어나느냐, 이것이 내가 장치를 이해하고자 수행하는 심리적 조작과 어떻게 관련되느냐 하는 거야.

헌터 바로 그거야. 중요한 모든 일은 바로 여기, 머릿속에서 일어나고 있지, 도구 바깥은 아냐. 이걸 학생들에게 이해시키기는 어려워.

임프 우리 같은 선생들도 반쯤은 문제야. 과학을 하면서 자료를 해석하기 전에 각각의 기술이 어떻게 적용되었는지, 그 한계와 이론적 기초는 무엇인지 알아야 한다고 주장하는 사람을 딱 한 명밖에 보지 못했어. 나머지 선생은 그저 이렇게 말했지. "여기 자료가 있고, 해석이 있다. 그럼 알 수 있다."

헌터 안타깝게도 그것으로는 부족하지. 이론은 언제나 현실을 추상화하고 단순화하며, 측정 도구는 정확하지 않으니까. 이 두 가지가 정확하게 상응하는 일은 거의 없어서 원 자료는 이론을 시험하기에 적절하지 않은 경우가 흔해. 머릿속에 있는 모형은 현실을 반영하는 거울로서 한계가 있다는 점을 이해해야 하지. 이와 관련된 반트 호프의 사례를 들어 볼게. 이 사례는 르뇨가 만든, 압력을 측정하는 압력계 사용에 관한 일화인데, 기억하겠지만 르뇨는 호르스트만과 파운들러를 가르쳤고, 두 사람은 반트 호프가 삼투압 문제를 풀 때 사용한 열역학적 생각을 제시한 사람들이지. 르뇨를 관찰한 뒤앙은 그의 행동을 다음과 같이 기술했어.

> 연구 보조가 수은 기둥의 높이를 확인하여 르뇨에게 보고했고, 르뇨는 이를 알맞게 수정했다. 이는 연구 보조가 실수했다고 생각하기 때문이 아니다. 오히려 그 반대다. 보조가 실수했다고 생각했다면 르뇨는 수정하지 못했을 것이다. 이미 측정값을 얻은 진짜 압력계에 더 가깝도록 르뇨가 자신의 계산을 적용한, 이상적이고 상징적인 압력계를 만들고자 실제 관찰한 측정값을 또 다른 측정값으로 대체했다. 이상적인 압력계는 압축 불가능한 유체, 그 부피가 기온과 동일하며 높이와 독립적으로 자유표면의 모든 지점이 기압에 종속되어 있는 유체로 채워져 있다. 하지만 이 [이상적] 압력계는 실험의 목적에 비추어 충분히 정확하기에 쓰지 않을 수 없다. 따라서 새 이상적 압력계를 생각해냈으며 [이상적 압력계를 만드는] 모든 변경 사항은 모두 수정 작업에 들어간다.[78]

아리아나 마찬가지로, 반트 호프가 마주친 문제도 자료를 생산하는 기술들을 제대로 비교할 수 있게 하는, 기술에 있는 방법론적이고 이론적인 전제를 밝히는 일이었어. 르뇨처럼 반트 호프는 미처리히와 페퍼의 자료 사이에 있는 물리학적 연관성을 구체화하는, 이상적인 증기압-삼투압 측정 장치를 발명해야 했어. 물리적 관계를 이상적으로 표현하는 게 필요했지.

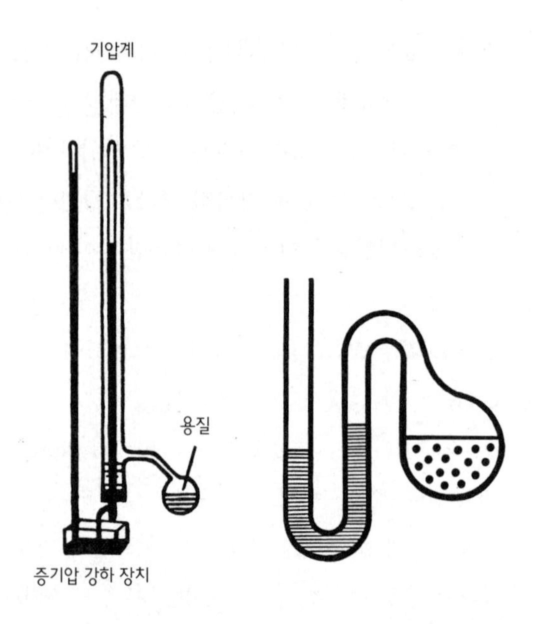

(왼쪽) 미처리히가 사용한 것과 같은 증기압 강하 장치, (오른쪽) 추상화

그럼 어떻게 그걸 했을까? 전환적 사고를 이용하는 거야. 그는 처음에는 문제를 숫자 형태로 나타내고서 그 다음 그림으로 전환한 뒤, 마음속에서 그림을 조작해 다시 방정식이나 말로 바꾸었어. 아인슈타인이 한 방식과 똑같지. 이렇게 해 보자.

자, 내가 반트 호프라고, 반트 호프의 성격과 역량을 갖고 있다고 상상해 봐. 그럼 뭘 하겠어? 나는 실험 장치를 생각하겠지. 미처리히는 증기압을 어떻게 측정했을까? 페퍼는? 나는 분자 속에서 어떤 일이 벌어지는지 시각화할 거야. 미처리히의 결정체는 기체상에서 수증기를 흡수하고, 그들의 친화성은 물 분자 일부를 빨아들여 액체상으로 내려가. 그렇지 않으면 증발 때문에 표면은 제멋대로 상승할 거고. 반트 호프는 우리가 논의한 다른 과학자들이 그랬듯이 이런 힘을 **느꼈을까**? 누가 알겠어? 하지만 반트

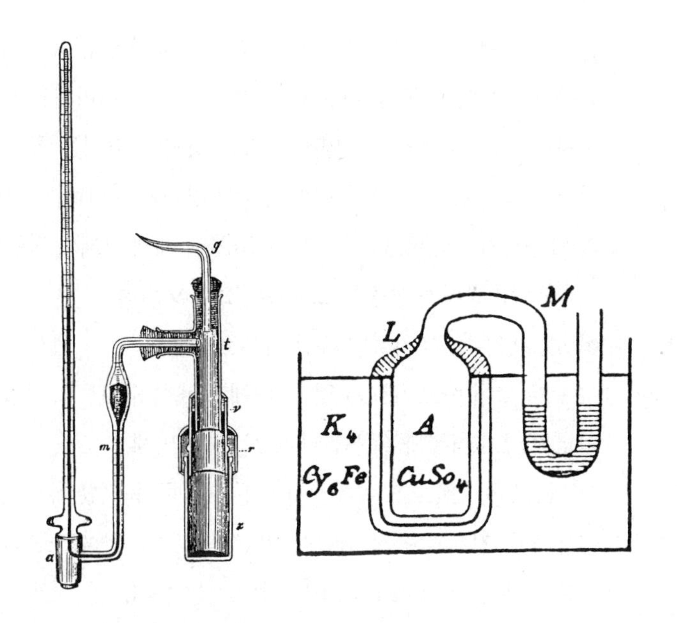

(왼쪽) 페퍼가 만든 삼투압계(1878), (오른쪽) 추상화(Arrhenius, 1903)

호프는 분명히 페퍼의 결정체는 염분자와 친화적이기에 물을 반투막으로 끌어내려 다른 쪽의 막을 희생해 막의 한 면에서 압력이 증가한다고 생각했어. 체계가 머릿속에서 작동하기 시작했던 거지.

나, 반트 호프는 현실이 너무 복잡하기에 추상화를 해. 물리법칙은 유사한 상황에서 어느 장치에나 적용되어야 해. 나는 각 체계에서 특이하고 근본적이지 않은 요소는 모두 제거하지. 미처리히가 만든 장치는 아래쪽에 용질-용매가 있고, 위쪽에는 수증기가 있는 상자로 만들어, 압력계처럼 압력을 측정하는 장치로 추상화해. 페퍼가 만든 삼투압계는 한쪽에 물이 채워진 채 반투막을 통해 수직으로 나눈 상자로 추상화해. 왼쪽에는 용질이 있고 오른쪽으로는 갈 수 없는 압력 측정 장치야. 여기서도 근본적이지 않은 요소를 빼고는 모두 제거해. 다음으로 내가 만든 추상화에서 공통되는 부분을 찾아. 나는 내 마음속에 있는 이미지들을 통합하지. 임프가 플레밍을 설명하며 그런 것처럼. 겹치는 곳이 인식되기 시작하고, 어떤 추상화된, 상상의 장치가 나타나. 아직도 그리 단순하지가 않아. 나는 측정 장치(물리 체계 자체와 관련이 없는)와 측정 장치가 산출한 도식화된 표상을 버려.

리히터 이 모든 말은 그저 가설일 뿐인 허튼소리야.

헌터 그 모든 말이 반트 호프가 몇 년 뒤에 발표한 수치들을 산출했고, 이로써 그가 어떻게 결론에 이르렀는지 설명해.[79]

그 다음은? 반트 호프는 자신이 만든 체계에 유명한 기체 법칙을 적용해서, 기체와 용질 압력을 비교하는 수정 값을 도출하려해. 그는 기체 법칙 PV=RT, 즉 P는 압력, V는 부피, R은 기체 상수, T는 켈빈으로 표현하는 절대 온도에서 미처리히가 얻은 값과 페퍼의 자료를 집어넣고 비교해. 이때 처음으로 놀라운 결과를 얻었지. 페퍼는 섭씨 0도에서 1% 당용액은 수은 49.3cm에 달하는 압력(2/3 대기압)을 가한다고 보고했어. 따라서 $1cm^2$당 그램(g) 수로 나타낸 압력은 49.3×1022야. 1% 용액에서 사탕수수 당 1g이 차지하는 부피가 $34,200cm^3$인데, 이는 사탕수수 당의 분자량이 342기 때문이야. 기온은 273켈빈 온도고. 방정식을 치환하면 R값은 84,200이고, 기체에 대해 R값은 84,700이야. 거의 동일하지.[80] 그러니 용액에 있는 용질이 가하는 삼투압은 기체상에 있는 동일한 화합물이 가하는 기체압과 동등해.

제니 무슨 말인지 모르겠어. 그리고 아까 어떤 방정식도 사용하지 않는다고 했잖아.

헌터 미안, 습관이라서. 그냥 수학적 번역을 보았다고 생각해.

아리아나 방정식이나 숫자가 없어도 설명할 수 있어. 이렇게 해 보자. 이상화된 삼투압-증기압 장치가 평형에 도달했다고 상상해 봐. 즉, 서로 대립하는 반응에는 균형이 있다는 거야. 이건 파운들러가 통찰한 거지. 반투막을 가로질러 오른쪽에서 왼쪽으로 가는 물의 양은 왼쪽에서 오른쪽으로 가는 양과 똑같아. 다시 말해, 막을 넘나드는 물의 순수 양은 0이야. 물리학적으로 이는 평형을 뜻하고, 막을 가로지르는 물의 흐름은 삼투압에 기여하지 못해. 따라서 우리는 삼투압의 원인을 고려할 때 물의 존재를 무시할 수 있지. 그럼 다시 추상화를 하게 된 거야. 우리는 체계에서 물을 제거했어. 이제 무엇이 남았을까? 마치 기체처럼 이상화된 상자를 떠다니는 용질, 용해된 화합물이 남았지!

헌터 다시 반트 호프의 결론은 다음과 같아. 삼투압은 "용질이 용액의 부피와 동등한 부피에 있는 기체로 있을 때, 그 용질이 가하는 기체 압력과 동일하다."[81] 놀라운 점은 이런 체계에서 엄청난 삼투압이 생길 수 있다는 거야. 오스트발트는 17% 암모니아 용액이 섭씨 0도에 있는 순수한 물에 대해 224대기압을 가한다고 계산했어.[82] 이걸 상상하려면 대기압이 해수면에서 $1in^2$(제곱인치) 당 15lb(파운드)라는 걸 고려해야 해. 우리는 거기에 추가적으로 $1in^2$ 당 30lb로 자동차 바퀴에 바람을 넣고, 자전거 바퀴는 그 두 배를 넣어. 오스트발트는 100배나 큰 압력(잠수함이 심해에서 받는 압력)도 논의했지. 그러니 클라우지우스가 페퍼를 탐탁지 않게 보았을 때, 그가 이유 없이 딱딱하게 군 건 아냐. 물리적 실재에 대한 감각이 그를 의심하게 만든 거지.

임프 그가 심해어를 안다고 해도 말이야, 그런 높은 삼투압을 만들 수 있어야 하잖아.

제니 그렇지. 하지만 네가 방금 말한 걸 실제로 할 수는 없지? 물을 뽑아 내고 뭐 그런 일들 말이야.

헌터 그래. 모든 것은 아리아나가 보여 줬듯이 다 머릿속에서 일어나는 일이야. 새로운 건 아니지. 물리학자는 이런 일을 수 세기 동안 해 왔으니까. 갈릴레오는 서로 묶인 채 함께 떨어지는 두 물체와 그 물체 사이를 잘라 떼어 놓는 실험을 상상한 적이 있어. 가속도는 무게 때문에 생기니까 아리스토텔레스가 말했듯이 두 물체의 가속도는 갑자기 변할까, 아니면 갈릴레오가 믿듯이 이전과 똑같은 속도로 떨어질까? 열역학 법칙은 이상기체에 가역적으로 작용하는, 마찰이 없는 피스톤을 상상해 만든 거야. 르뇨가 자신의 압력계를 수정할 수 있었던 건 참에 가까운 일련의 유용한 허구를 이용했기 때문이지.

사실 반트 호프는 마찰력이 없는 상상의 피스톤과 비슷한, 단순한 삼투압 피스톤을 고안해서 열역학 법칙을 용액으로까지 확장했어. 반트 호프가 고안한 피스톤은 기체의 압력과 부피를 바꾸는 대신에, 반투막을 통과하는 흐름을 조작하여 용질의 삼투압과 부피를 변경했지. 그는 클라우지우스가 기체 법칙을 도출하고자 한 가역적 조작을 자신이 만든 가상의 피스톤 체계에 그대로 적용했고, 용액에서도 그와 동등한 법칙을 얻었어. 그 결과 용액의 열역학적 속성을 기술하는 방정식을 도출했으며, 이는 클라우지우스가 정립한 기체 방정식과 완전히 동일해. 이 엄청난 성취는 아직도 모든 물리화학 이론을 지탱하는 기초야.

아리아나 그래, 하지만 왜 반트 호프가 방정식의 시인이라고 생각하는지 우리에게 말해 줄래?

헌터 알았어. "옳게 표현된 방정식은 시詩다." 이건 내 실험실 문에 붙인 문구야. 아리아나와 내가 공동으로 연구한 목적이 있어서 반트 호프가 한 도출 작업을 자세히 말하지는 않았는데, 그게 너희들이 진짜로 알아야 할 사실을 못 보게 한 것 같아. 바로 반트 호

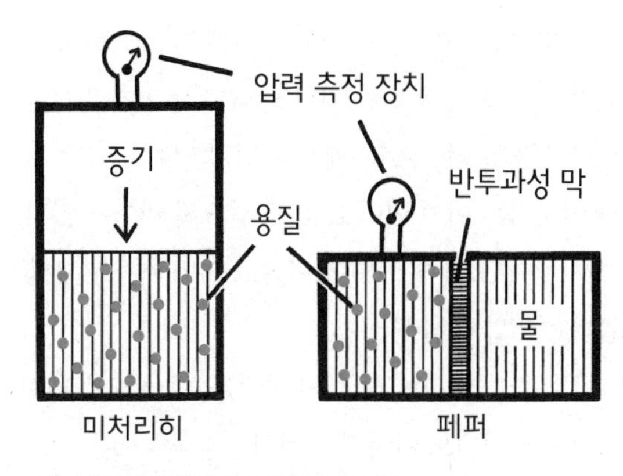

미처리히와 페퍼가 만든 장치의 추상화

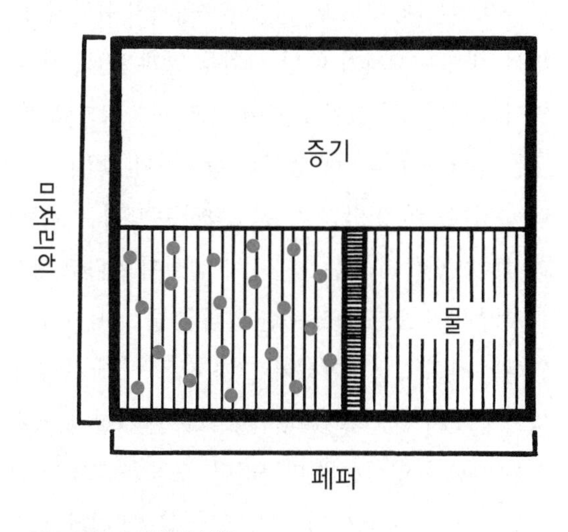

위 그림을 축약한 추상화

프가 원하는 결과를 만드는 방식에 있는 탁월한 아름다움과 단순성을 말이야. 용액에 적용되는 열역학 법칙을 도출한 일은 정말 하나의 시나 다름없어. 그는 먼저 성격을 규정했어, 즉 압력, 부피, 온도의 성격을. 다음으로 이 요소들이 스스로 제 길을 가게 해서, 우리가 요소들의 한계와 가능성을 깨닫도록 만들었고, 요소들의 다양한 조합을 연구할 수 있게 요소들을 짝 지워 무대에 올렸지. 그리하여 훌륭한 시나 연극의 구조에 있는 숨겨진 관계가 드러나게 한 거야. 여기에는 과잉된 언어도, 잘못된 언어도, 우리와 어긋나는 어떤 언어도 없어. 강요된 언어도 없지. 그저 앉아서 그 시를 읽으며 얼마나 경이롭고 우아하며 명확한지, 얼마나 아름다운지 알게 될 뿐이야.

아리아나 반트 호프가 지닌 시 쓰기 능력, 언어 상징에 대한 감각이 수학이라는 언어에도 이어지는 거지.

헌터 그렇지. 내가 대학원생일 때 프린스턴대학에 떠도는 이야기가 하나 있었는데, 어느 날 유명한 수학자가 유럽에서 1년을 보내고 와서 아끼는 제자가 떠난 사실을 알게 됐대. "아무개에게 무슨 일이 일어났나?" 그가 물었어. 그러자 동료가 말했지. "오, 그 친구는 수학자가 되기에 충분한 상상력이 없었네. 그래서 시를 쓰러 나갔지." 여기 담긴 시를 모략하는 생각은 제쳐놓고, 나는 아리아나가 만들려 하는 연관성에 진실이 있다고 생각해.

하지만 반트 호프가 도출한 법칙은 중요한 지점에서 틀린 곳이 있다는 사실도 말해야겠어. 그가 지은 '시'에는 각운이 맞지 않아 망가진 곳이 한군데 있어. 반트 호프는 자신이 도출한 모든 방정식을 자료와 일치하게 만들려면 '오차'를 고쳐야 한다는 사실을 알았지만, 왜 오차가 있는지 그 단서는 발견하지 못했지. 어딘가에서 그의 심적 이미지는 자연과 정확하게 대응하지 않은 거야. 아주 절망스러운 상황이지. 그가 아는 사실은 자신의 이론에 따라 예측 가능한 결과보다 용액 속에 있는 대부분의 염류에는 더 많은 분자가 있다는 게 전부였어. 반트 호프는 이런 사실이 이론에 있는 결점인지, 자료에 있는 문제인지, 예측하지 못한 현상을 보여 주는 증거인지 가려낼 수 없었어.[83]

플랑크가 이런 결과를 보고 표출한 반응이 참 재밌어. 다시 말하지만 그는 수학적 순수주의자로 절대 실험 같은 건 해본 적이 없어. 또 화학을 공부하지도 않았고. 그는 모든 걸 실험과 상관없이 타당한 일련의 방정식으로 환원하려고 했지. 따라서 플랑크는 완전히 다른 방식으로 전체 문제에 접근했어. 1886년에 오스트발트는 플랑크에게 반트 호프의 결과를 소개했고, 플랑크는 엔트로피를 고려해 그 결과를 재도출했지. 플랑크는 반트 호프가 '오차'라고 생각한 지점에 이르러 잠시 머뭇거렸어. 그가 보기에 이 결과는 너무 꼴사나웠고 열역학 법칙에 맞는 어떤 정당화도 없었어. 플랑크는 무엇을 했을까? 그는 자신의 테마에 충실해 열역학이 우주를 설명하는 데 모자람이 없다고 보았고, 대담하게도 화학자가 말하는 분자량은 틀렸다고 선언했어. 용액에는 화학자가 생각한 것보다 더 많은 분자가 있어야 하고, 이런 분자는 분명히 해리된다고.[84] 플랑크는 해리가 어떻게 일어나는지, 그 화학적 함축은 무엇인지 추측하지 않았어. 그는 그저 방정식의 순수성을 주장하는 일에만 관심 있었지.

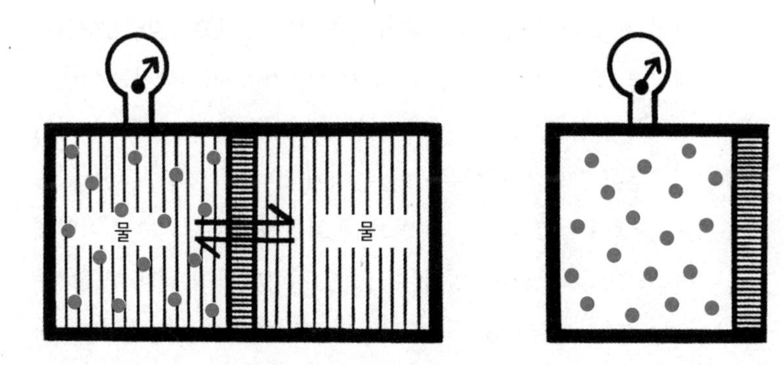

용액에 있는 용질이 가하는 압력이 그 용질이 같은 부피에서 기체로서 가하는 압력과 동등하다는 것을 보여 주는 마지막 추상화

임프 개인적 스타일이 각각의 과학자가 동일한 발견에 이르는 길과 그런 다양한 결과를 발표하는 형식에 작용한다는 또 하나의 사례네.

헌터 그점은 플랑크가 한 해리에 관한 진술을 공동 발견자 아레니우스의 진술과 비교하면 더 분명해져. 1886년 후반에 플랑크가 반트 호프의 방정식을 재도출하는 연구를 하던 때와 거의 동시에, 아레니우스는 몇 년 전 갑작스러운 깨달음을 얻어 다른 방식으로 '오차' 문제를 해결하려 했어. 우리가 오늘날 아는 바에 따르면, 아레니우스의 지적 배경과 스타일은 플랑크와 전혀 달라. 그는 현실주의자야. 아레니우스는 원자가 화학 반응을 하는 입자로서 존재한다고 생각했지. 방정식은 이런 입자들이 무엇을 하는지, 어떻게 생겼는지, 어떻게 작용하는지 기술해야 했어. 그에게는 용액 속에 반트 호프가 기대하는 것보다 더 많은 입자가 있다는 사실로는 불충분했어. 아레니우스는 궁금했지. 왜 그럴까? 어떻게 그렇게 될까?

그는 해리는 분자량으로 예측하는 것보다 더 많은 용질 입자를 생산한다는 사실을 입증했어. 염은 나트륨과 염소로 분해되지, 그렇지? 그러니 이온으로 해리되는 일이 더 많을수록, 삼투압에 대한 반트 호프의 '오차'값도 더 커지는 거야. 여기까지는 아레니우스와 플랑크 모두 일치해. 더불어 아레니우스는 이런 해리된 입자들이 전하를 띤 이온이며, 용액에 있는 이온의 수는 반응 속도, 용액이 얼고 끓는 점의 변화 등 화합물이 화학적으로 어떻게 반응하느냐와 상관이 있다는 사실도 입증했어. 요컨대 아레니우스는 반트 호프의 열역학적 접근과 완전히 통합 가능한 화학 작용에 관한 이온 해리 이론을 제시한 거지.

플랑크는 아레니우스가 내린 결론을 받아들일 수 없었어. 그 결론은 자신이 도출한 법칙에 있는 물리학 원리를 넘어서는 거였으니까. 플랑크와 아레니우스는 논쟁을 벌였고, 오스트발트가 중재자로 개입했지. 오스트발트도 이온 해리를 지지하는 실험 결과를 제시했는데, 그 결과는 각각의 이온주의자들이 맨 처음 찾은 통합된 일반 화학이었으며, 물리학과도 성공적으로 통합 가능한 첫 번째 수학적 화학 이론이었어.[85]

아리아나 그리고 이 과정에서 이들은 반트 호프가 예증하는 통합적이고 전환적인 사고 방식을 보여 주지. 아레니우스는 일반 방정식을 찾고자 자료를 조정하고 이를 화학적 상호 작용의 물리적 행동을 설명하는 방식으로 해석했어. 즉, 플랑크와 달리 아레니우스는 모든 방정식을 실제 원자와 시험 가능한 화학적 함축에 영향을 미치는 물리화학적 과정으로서 해석했어. 오스트발트는 방정식과 물리 모형, 시각화한 발명, 개요, 청사진 사이를 넘나들었고, 물리학적 장치를 구축했으며, 실험을 수행하고, 더 많은 값들을 생산해 내며 동일한 과정을 반복했지. 새로운 기술을 발명할 때마다 새로운 문제가 생겨났고 수, 이미지, 모형, 자료, 방정식, 언어, 생각을 한 영역의 지식에서 다른 영역의 지식으로 옮겼어. 플랑크는 음악가로서 위대한 물리학자이자 음악가인 헬름홀츠의 연구에 의지했고, 헬름홀츠가 발명한 공명기(단일 주파수에서 소리를 흡수하고 방출하는 음악 도구)를 이용했어. 더 작은 공명기라 할 수 있는 원자의 물리적 속성을 이해하려고 말이야. 이는 플랑크의 흑체복사 이론의 기초를 이루지.

이 모든 걸 다 살펴볼 수는 없지만 요점은 이들이 계발한 모든 기술과 관심사, 스스로 만든 지식의 여러 갈래들은 결국 테마에 이끌리면서 총체적 연구 스타일을 실행함으로써 통합된 전체로 한데 모였다는 거야. 그리고 이건 존경받아 마땅한 과학에 대한 기여이며, 지금도 따를 만한 가치가 있지.

리히터 그래, 잘 알았어. 어떤 사람이 아는 것과 획득한 기술이 그가 인식하고 다루는 문제의 범위를 결정한다는 점은 맞아. 그건 명백한 사실이야. 난 기꺼이 동시 발견은 서로 교환 가능하지 않다는 점을 인정하겠어. 좋아. 또 특정 개인을 없애버리면 역사의 경로가 바뀔 거라는 말도 옳은 것 같아. 여전히 의문이 있지만. 그런데 가장 중요한 건 다시 비합리성이라는 유령이 제기되었다는 거야. 넌 반트 호프가 불현듯 일어난 통찰로 사면체 탄소원자라는 생각에 이르렀고, 아레니우스는 예기치 않은 깨달음으로 이온 해리를 고안했으며, 오스트발트의 테마는 그에게 번뜩이는 영감을 주었다고 말했어. 이것들이 중요한 사건이라면 우리는 아직도 발견과 발명의 기초를 이해하지 못하는 거야, 그렇지 않겠어? 넌 우리를 발견자의 입장에 세웠지. 하지만 무엇을 위해? 우리는 아직도 그저 결정적 지점에 머무르고만 있어.

아리아나 넌 지금까지 우리가 성취한 걸 과소평가하는 것 같아. 너 스스로 많은 발견이 우연히 일어나지 않는다는 점에 동의했어. 우리가 그 모든 면면을 설명할 수 없어도, 이미 설명한 내용에서 중요한 사실들을 배울 수 있잖아.

헌터 분명히 그렇지. 하지만 리히터의 말도 맞아. 깨달음도 문제 중 하나고, 우리가 아직까지 해결하지 못했으니까. 난 이번 주에 아레니우스의 통찰력까지 설명할 계획이었는데, 그러기는 어려울 것 같네. 내가 아까 말했듯이 깨달음이라는 주제는 다음 토요일에 토론하면서 우리가 어디까지 해결 가능한지 보는 게 어떨까? 특히 리히터가 할 말이 궁금해. 깨달음은 우리가 가는 길을 어지럽게 하는 조각이 아니라 모든 사실을 일관적으로 만드는 주제일 거야.

임프 물론이지! 또 몇 가지 사안을 다시 생각하게 만들기도 하고. 난 깨달음을 경험해봤지만 어떻게, 왜 그런 일이 일어나는지는 몰라. 다음 주에 알아보자.

제니의 수첩: 오래된 지식을 새롭게 보기

리히터와 콘스탄스는 조용히 소곤대며 함께 나갔다. 나는 몇 가지 물어보려고 리히터를 불렀다. 아리아나는 문을 여는 헌터를 불러 세웠다. "트라우베가 고안한 반투막에 관해 물어보고 싶은 게 있는데."

헌터가 아리아나 옆에 앉았다. "물어봐."

"젤라틴, 그러니까 최소한 일부 젤라틴은 동물 조직, 특히 결합 조직을 끓여서 만든 거잖아, 그렇지?" 아리아나가 말했다. "이건 단백질이잖아. 그리고 트라우베는 타닌산으로 젤라틴을 처리해서 반투막을 만들었고."

"그게 트라우베가 쓴 두 가지 방법 중 하나지."

"그럼, 들어 봐. 며칠 전에 미생물학자 폴 드 크루이프Paul de Kruif가 쓴 『왜 그들은 살아 있는가*Why Keep Them Alive*』라는 책을 띄엄띄엄 읽다가 강의할 때 쓸 만한 일화를 봤어(콘스탄스가 용인할 만한 출처는 아니지만 그래도 유용해).[1] 드 크루이프는 1920년에 화상 환자를 치료한 에드워드 데이비슨Edward Davidson에 대해 썼어. 결합 조직에 화상을 입으면 뭐가 생기는지 알아? 단순하게 말하면 젤라틴이 생겨. 그럼 데이비슨이 어떤 치료법을 생각해 냈을까? 바로 타닌산이야![2] 드 크루이프는 이것을 기적의 치료법이라고 썼어. 타닌산은 거무스름한 딱딱한 피부, 즉 '딱지'를 만들어서 상처를 봉합하고, 통증을 없애서 데이비슨의 기록에 따르면 많은 환자의 생명을 살렸다는 거야."

헌터는 세차게 고개를 끄덕였다. "네가 무슨 말을 하려는지 알겠어. 그러니까 데이비슨의 타닌산 치료법이 트라우베의 반투막과 동일한 반투막(근본적으로 보면 인공 피부)을 만든 건지 알고 싶은 거지? 재미있는 생각이야.[3] 그건 분명히 시험 가능해. 하지만 데이비슨의 치료법을 정말로 재현할 수 있는지 생각해 봤어? 타닌산은 유독성이잖아."

아리아나도 고개를 끄덕였다. "정맥에 주사하면 그럴 수 있지. 1940년에 타닌산에 독성이 있다는 사실을 입증했고, 그건 데이비슨의 치료법에 반대하는 주요 근거로 사용됐어. 자신만의 화상 치료법을 고안한 여러 의사는 데이비슨이 죽고 나서 몇 년 뒤 화상 환자가 타닌산 때문에 생긴 간 손상으로 사망했다고 데이비슨을 비방했지.[4] 난 여기에 의문이 드는데, 심한 화상으로 죽은 환자들은 타닌산 치료를 받든 받지 않든 간 손상이 오곤 했거든. 게다가 약리학적 지식에 따르면, 타닌산을 어떻게 추출하느냐, 어떻게 사용하느냐에 따라 차이가 생겨(정맥 주입은 국소적 용법이 아니고 흡수율도 달라). 그리고 우리는 차를 마실 때마다 타닌산을 섭취하고 있고."

우리가 이런 이야기를 나누는 동안 임프는 자기 연구를 하러 갔다가 책 한 권을 들고 나왔다. "맞아! 타닌산을 가진 식물은 많아. 나무껍질(동물 가죽에 타닌을 먹이는 무두질을 할 때 쓰지)에도 많고, 과일에도 많지. 타닌을 말하니까 내가 좋아하는 과학자, 얼베르트 센트죄르지의 일화가 생각나는군. 과일에 상처가 났을 때 갈색이나 검은색으로 변하는 현상을 보고 다른 사람은 그러지 못했지만 센트죄르지는 비타민 C를 분리했다고 말한 거 기억나? 어떤 이유인지 타닌 무두질을 기억해 두고 있었는데, 타닌산으로 만든 단단하고 검은 '딱지'를 들으니까 이런 구절이 떠올라. '이 산화는 일부 폴리페놀의 산화 덕분에 생긴다. 과산화수소 형성을 수반하는 이런 반응을 설명하고자 제시된 복잡한 화학 기제가 있다. 나는 간단한 실험으로 발효[우리가 효소라고 부르는 것을 통해]로 폴리페놀이 그에 상응하는 퀴논quinone이라는 화합물이 되는 것이 일어난 일의 전부라는 점을 보여 줄 수 있다. 그렇다면 이는 손상된 표면에 타닌을 먹여 색소를 형성하고, 상처를 봉합하며, 박테리아를 죽이는 것이다. 이런 체계는 식물에게 크나큰 생존 가치가 있다.'[5] 그러니 식물은 아주 오래전부터 상처를 봉합하려고 타닌을 사용해 온 거야!

"비타민 C도 상처 치료에 필요한 거야?" 내가 물었다.

"그 반대지." 임프가 대답했다. "비타민 C는 타닌 반응을 **지연시켜**. 바나나 껍질은 아드레날린 및 노르아드레날린(카테콜아민)과 관련 있는 고도의 페놀성 화합물이고, 비타민 C 함량은 낮아서 검은색으로 변해. 레몬과 라임 같은 과일은 비타민 C가 높고 페놀성 화합물은 낮아서 상처가 생겨도 갈색이나 검은색으로 변하지 않고. 센트죄르지가 비타민 C를 분리하게 이끈 현상이 바로 이거야. 레몬주스는 바나나의 반응을 지연시켜."

"아, 그래." 내가 말했다. "그래서 갈변을 막으려고 과일과 아보카도를 갈 때 레몬주스를 함께 넣으라는 거구나."

"일상의 숭고함이지." 임프가 활짝 웃었다.

하지만 헌터는 뭔가 꺼림칙한 표정이었다. "pH(산성의 증가)도 산화를 막을걸. 그런데 카테콜아민을 언급하니까 다른 색깔 반응이 어렴풋이 생각 나. 카테콜아민은 색깔 있는 화합물을 형성하는 산화를 일으키지 않잖아?"

"그렇지!" 아리아나가 소리쳤다. "도파민, 아드레날린(아니면 에피네프린), 노르에피네프린, 이것들은 멜라닌을 만드는 물질대사 전구체지."

"멜라닌이 뭔데?" 내가 물었다.

"피부를 갈색으로 만드는 색소야." 아리아나가 설명했다. "또 흑색종, 즉 피부암을 일으키기도 해. 그리고 뇌에는 뉴로멜라닌neuromelanin이란 것도 있어. 왜 뇌에 멜라닌이 있는지, 그 화학적 구조가 무엇인지 아는 사람은 없지만."

임프는 자기 이마를 찰싹 때렸다. “맞아, 맞아! 내가 얼마나 멍청한지! 사실 이 모든 요소가 내 연구와 관련 있는 거였어!” 그는 방을 왔다 갔다 했다. “카테콜아민은 멜라닌을 형성하지 못하고 발색단이라는 다른 산화 생성물을 만들어. 노르에피네프린은 pH7(몸의 pH)에서 몇 분 만에 분홍색으로 변하지. 커다란 수수께끼 하나는 카테콜아민이 신경에 축적되어 있을 때 어떻게 몸에서 산화가 일어나는 걸 막느냐는 거야. 그 답으로 ATP를 포함한 복합체가 제시되었고 단백질과도 연결되었지.[6] 첫 번째 단서는 다음과 같아. 분석이나 조직 배양액에 카테콜아민을 쓰는 모든 사람은 늘 산화를 막으려고 비타민 C를 첨가해. 이게 표준 절차지. 어째서? 비타민 C를 포함한 노르에피네프린은 pH7이어도 며칠 동안이나 존속되기 때문이야. 어떻게 그렇게 되는 걸까? 아마도 비타민 C가 노르에피네프린이 산화되지 않도록 보호하겠지. 두 번째 단서는 다음과 같아. 2년 전에 로체스터대학교 의과대학의 동료에게서 비타민 C가 도파민과 노르에피네프린을 분비하는 신경 말단에 축적되는 것 같은 기이한 관찰을 했다는 말을 들었어. 이는 식물과 금속에 있는 것과 동일한 항산화 물질이지만 이번에는 신경 말단에서도 관찰한 거야. 생각해 봐! 우리는 여기서 센트죄르지가 말한 폴리페놀-비타민 C의 산화 환원 체계를 볼 수 있어.”

“잠깐만.” 헌터가 눈살을 찌푸렸다. “내가 기억하기에 pH7 수용액에서 비타민 C는 몇 분 만에 산화되는데. 각각의 물질이 아주 빠르게 산화한다면 두 화합물을 가려낼 수 없어. 몇 시간이나 며칠 동안 지속된다면 몰라도. 말이 안 돼.”

“맞아!” 임프가 말했다. “말이 안 되지. 누구도 반응 속도에는 관심을 기울이지 않았어. 산화에서 노르에피네프린을 보호하려면 뭔가가 결합되어야 하는데, 비타민 C라고 왜 안 되겠어? 우리는 용액에서 그것들이 서로를 보호한다는 사실을 알아. 신경에서도 마찬가지고. 한쪽의 반응

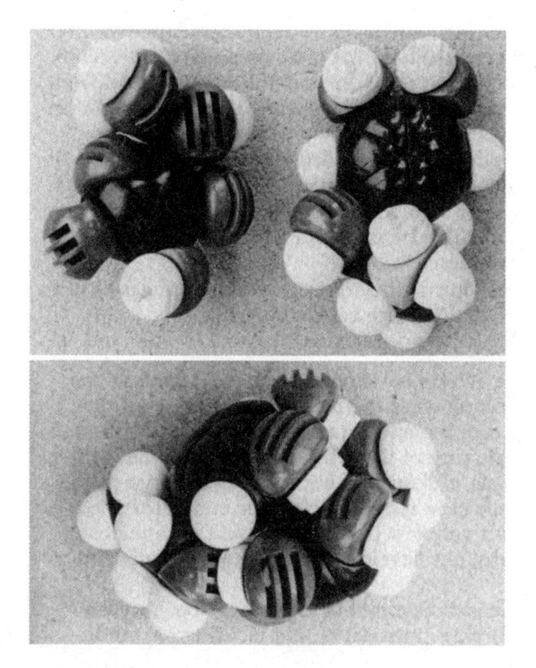

(위 왼쪽) 아스코르브산(비타민 C), (위 오른쪽) 노르에피네프린(노르아드레날린), (아래쪽) 노르에피네프린이 결합한 아스코르브산 복합체

집단이 다른 쪽의 반응 집단과 결합된다면 어느 집단도 산화되지 않을 수 있어. 그것들은 안정적인 복합체가 되는 거지.

"이게 당신의 그 상보성이라는 생각에서 나온 또 다른 사례인가?" 내가 물었다. "아주 작은 분자는 서로 연결되는 거야?"

"바로 그거야! 뭐, 이전 사례와 마찬가지로 이상하게 보이겠지만." 임프가 기뻐하며 대답했다.

"좋아." 내가 말했다. "하지만 이게 타닌산이랑 화상 치료와 무슨 관련이 있는 거야? 다른 주제로 넘어간 거야?"

"아니야, 아니야! 같은 주제지만 시각을 달리 한 거야. **모르겠어**? 총체적 사고라고! 똑같은 원리로 똑같은 행위자가 서로 다른 방식으로 상호 작용하는 거야. 내 책 어디 있어? 여기 있네! 센트죄르지가 한 말을 들어 봐.

오늘 한 연구를 되돌아보며 나는 바나나, 레몬, 인간, 이 모든 존재가 기본적으로 똑같은 체계로 호흡[그 밖에도 많다!]하지만, 그 모습은 서로 다른 방식으로 나타난다고 생각했다. 식물처럼 우리도 폴리페놀과 아스코르브산[비타민 C] 산화 체계를 갖고 있다. 하지만 자연은 일석이조를 노릴 만큼 영리해서 특별한 목적에 따라 다양한 종에서 체계의 하나 혹은 다른 하나를 강조한다. 마치 바나나에 있는 폴리페놀과 레몬에 있는 아스코르브산을 강조하듯이. 나는 이를 수평적 조직화라고 부르고 싶다. 이로써 우리는 다양한 종에서 동일한 계열의 물질이나 반응을 이용한다는 사실을 발견하며 이로부터 앞으로 나아갈 수 있다.[7]

이제 알겠어? 비타민 C는 식물에서 페놀을 포함한 타닌 반응을 통제하는 동시에 똑같은 화학 물질이 동물의 신경에서도 나타나는 거야. 따라서 동일한 반응, 동일한 통제가 나타나고 다양한 목적에 쓰이도록 적응되어 있어. 아마 비타민 C는 멜라닌의 합성율도 통제할지 몰라."

헌터는 여전히 납득이 안 되는 모양이었다. "재미있는 생각이긴 한데, 카테콜아민-비타민 C 복합체를 입증하는 증거가 있어?"

"왜 이래, 헌터. 나보다 더 잘 알잖아. 네가 찾기 전까지 어떤 증거도 없다는걸! 지금 증거를 찾을 수는 없으니까, 아예 증거를 만들면 어떨까?" 임프는 이렇게 말하고 다시 자기 공부를 하러 갔다.

나는 아리아나와 헌터에게 말했다. "뭐, 시간이 좀 걸릴 테니까, 저녁 때까지 있지 않을래?" 둘 다 동의했다. 그러고 나서 임프가 다시 나타났다.

"모형이야!" 임프가 기쁜 듯이 소리치고서 원자를 표상하는 다양한 모양의 검은색, 붉은색, 하얀색, 파란색 플라스틱 조각이 가득 찬 큰 박스를 가지고 와서 앉았다. "공간 채움 모형CPK model*을 생각해 봐. 폴링은 모형화가 사고하는 방식이라고 말했지.[8] 그러니 우리도 모형으로 사고해 보자! 자, 헌터 내가 노르에피네프린을 만들테니, 넌 비타민 C를 만들어."

그리하여 저녁 시간은 밥을 먹고 모형 만드는 일을 하며 보냈다. 임프와 헌터는 분자 모형을 다양한 모양으로 꺾고, 치고, 당기고, 밀고, 매만지며 어떻게 해야 모형이 잘 들어맞는지 알려고 비틀고 또 바꿨다. 그러면서 이런 수수께끼 같은 말도 했다. "파이와 파이가 중첩되는 결합을 최대화하는 방법이 있을까?" "이 수산기水酸基는 어떻게 생각해?" 그렇게 여러 번 묻고 나서 그들은 결국 각각의 분자에 맞도록 반응하는 모든 집단을 '묶는' 노르에피네프린-비타민 C 복합체 모형을 만들었다. "이건 잘 작동할 거야." 임프가 말했다. "산화 반응이 일어나는 곳이 없으니까."

"적어도 그럴 능력이 없는 거지." 헌터가 고쳐 말했다. "물론 너도 알겠지만, 우리가 한 일은 가설을 고안한 거야. 그리고 우리가 (적외선이나 자외선 분광기를 써서) 시험관에서 똑같은 걸 본다고 해도 신경 속에 이런 복합체가 있다는 사실을 입증하는 일과 달라."

"알아." 임프가 대답했다. "하지만 동일한 세포에 동일한 소낭이 있다면, 동일하게 기능한다는 사실을 입증할 가능성이 있는 거잖아……."

헌터는 아리아나의 생각에 더 관심이 있는 듯 보였고, 저녁 시간 내내 그 점에 대해 이야기했다. "내가 보기엔 말이야," 아리아나가 말했다. "데이비슨의 연구를 다시 볼 필요가 있을 것 같아. 그 연구는 아주 단순하니까. 의학은 점점 복잡해지고 있고. 난 핵 전쟁이나 샌프란시스코 지진, 해

* 원자를 구로 묘사해 원자들 간의 결합 관계를 보여 주는 3차원 분자 모형.

가 바뀔 때 발생한 화재 같은 일이 일어난다면(그럴 리 없겠지만) 무슨 일이 벌어질까 하는 생각을 하게 돼. 주요 병원에 있는 고급 도구들이 사라지고 전문 의학 지식도 같은 운명에 처하지 않을까. 임프가 스테노카테와 에우로카테를 나눈 방식과 일맥상통해. 즉, 대부분의 의사가 건강 관리에 힘쓰기는 하지만 아주 소수만이 건강과 관련된 지식을 발명하고 재창조하지. 무서운 일이야. 그러니 비상시에 사용할 간단한 기술을 개발하는 게 어떨까?"

헌터가 동의했다. "군대도 관심 있게 보겠지. 전장에서 상처에 피부이식술을 하지는 못하니까. 그런 시설도 없고. 타닌산 연고, 아니면 그와 똑같은 원리에 기반을 둔 독성이 덜한(독성이 있다고 한다면) 연고만이 유용하겠지." 나는 과학자가 발견을 이룰 때 필요한 요소가 무엇이냐는 토론 초반에 나온 몇몇 내용을 이해하기 시작했다. 어딘가에 쓸모가 없었다면 누구도 아리아나의 통찰을 주의 깊게 보지 않았을 것이다.

몇 분 후에 헌터는 또 다른 생각을 말했다. "데이비슨의 치료법을 의학적 관심을 갖고 보기에 너무 구식이라 해도, 반투막을 만드는 화학 반응과 반투막에 깔린 근본 기제를 연구하는 일에 여전히 유용할 수 있어. 내가 잘 아는 분야는 아니지만, 1870년에 나온 식물학 논문과 1920년에 나온 의학 논문에서 얻은 통찰이 누구나 아는 상식이 될 가능성은 낮다고 봐. 그리고 아리아나가 말했듯이 그런 지식의 아름다움은 단순성에 있지. 알겠지만, 우리가 그런 막을 달걀에 있는 알부민 같은 물질을 이용해 만들 수 있다면, 새로운 종류의 인공 막을 만드는 충분한 정보를 얻고, 반응이 일어나는 자리도 설명 가능할 거야. 이는 의학에서도, 산업에서도, 실험실에 있는 분자체에서도, 심지어는 물을 정수하는 일에서도 쓸 수 있어. 페퍼가 했듯이 자기나 여러 플라스틱 용기 같은 다공성 물질에 끼워 넣을 수도 있고. 무궁무진한 가능성이 있지……"

친구들은 서로 협력할 수 있는 여러 방식을 논의하면서 함께 집을 나셨다. 임프는 아직도 자기가 만든 모형을 갖고 씨름했는데, 아마 아침까지 그럴 모양이었다. 영감에 사로잡히면 늘 그랬으니까. 아주 흥미로우면서도 지치는 하루였다.

나는 내가 배운 지식끼리의 연결성을 깨달을 때, 갑자기 새로운 의미를 획득할 내용이 얼마나 많이 있을지 궁금해졌다. 잠을 못 이룰 것 같다.

다섯째 날

통찰과 착오

나는 매순간 내가 풀려는 문제들을 생각했고,
나의 뇌는 자고 있을 때조차 문제들을 생각했다. 왜냐하면
내가 일어나는 순간이나 한밤중에, 문제를 해결하는 답이 나왔기
때문이다. 나의 뇌는 "네가 자는 동안 작용할 거야"라고 말하며
막힌 장을 뚫어 내는 변비약처럼 답을 찾았다.

– 얼베르트 센트죄르지(Albert Szent-Györgyi, 1963)

임프의 일기: 깨달음

번뜩이는 통찰. 그래, 지금으로부터 4년 전이었다.

아미노산 짝짓기를 논의하려고 구스타프에게 갔을 때였다. 그와 나눈 대화는 신선했다. 그는 아직 안 해봤다면 어서 해 보라고 말했다. 구스타프도 관심을 보이는 이유가 따로 있었다. 그는 EAE[실험적 자가 면역성 뇌척수염experimental autoimmune encephalomyelitis. 몸의 면역 체계가 스스로를 공격하는, 다발성 경화증 같은 인간 질병을 연구하기 위한 동물 모형이다]를 시험하기 위한 펩티드를 만든 적이 있다. 교과서는 한 목소리로 EAE는 수초 염기성 단백질에 대한 자가 면역 반응으로 생긴다고 말한다. 하지만 구스타프와 동료들은 동물에다 수초 염기성 단백질을 아무리 주입해도 EAE가 발생하지 않는다는 사실을 발견했다. 실제로는 그 반대다. 많은 양을 주입할 경우 면역 반응은 억제된다. 왜 그럴까?

구스타프는 교과서는 핵심 요소를 빼놓는 경우가 흔하다고 말했다. 이른바 항원 보강제adjavant라는 것을. 그 분야의 모든 사람은 항원 보강제가 필요하다는 사실을 알지만, 질병 유도를 설명할 때 이를 무시한다고 했다. 그래서 항원 보강제가 뭐냐고 물었다. "면역 보강제 말이야." 세상에. 몰리에르의 의사 같다. 수면제에 수면 유도 작용이 있어 잠들게 하듯이, 항원 보강제는 면역을 보강하기 때문에 면역 반응성을 높인다는 것이다. 이걸 언제 배울까?

이 경우에 항원 보강제는 박테리아 세포벽이나 박테리아 세포벽에 있는 화학적 구성 요소다. 구스타프는 자신이 수초 염기성 단백질에 있는 가장 작은 활성 펩티드를 발견한 것처럼, 누군가가 EAE를 유도하는 활성 보조 요소(무라밀 디펩티드)를 찾았다고 말했다. 그것이 쌍을 이루는지 궁금한가? 그는 활성 유도 물질inducer은 항원 보강제와 펩티드의 복합체라고 생각했다. 이것이 내 이론에 들어맞을 가능성은 낮지만, 아무렴 어떤가. 물론 내 이론과는 맞지 않는다. 그러나 나는 왜 잘 알려진 각각의 펩티드나 항원 보강제를 변경하면 활성과 불활성으로 바뀌는지 설명하는 복합 모형을 고안할 수 있다.

모형은 좋다. 하지만 펩티드 단독으로 활성이지 않을 때, 어떻게 항원 보강제-펩티드 복합체는 활성이 될까? 모든 생각이 다 가능하다고 해보자. 펩티드의 효소성 저하를 막으면 면역 반응을 더 자극할 수 있다(그러면 EAE를 유도하는 단백질을 많이 주입하는 일도 가능하다. 많이 주입하면 할수록, 이용 가능한 면역 체계도 많으리라). 복합체에 면역 반응을 이끌어 낼 수도 있다(그러면 어째서 자가 면역은 수초 염기성 단백질에서만 유도되는가? 정말 그런가? 정상 세포에는 모든 수초 염기성 단백질과 연결되는 박테리아 세포벽이 없다. 화학적으로 유사한 것은 어떤가?) 몇 주간 오락가락했지만, 모형은 잘 작동했고 이용 가능한 자료를 설명했다. 하지만 왜 그런지는 이해할 수 없었다. 좌절감이 들었다! 그러나 좋은 교훈이었다. 그 이전에는 자가 면역을 생각해 본 적이 없었다.

엄청난 날이었다. 나는 아직도 그때를 느낄 수 있다. 의자에 앉아 커다란 창을 통해 바다 위로 해가 지는 모습을 보고 있었다. 등을 기댄 채 구스타프가 하는 말을 들었다. 지루했고, 도움도 안 됐다. 황금빛이 방안을 따뜻하게 만드는 걸 알아차리며 잠이 왔다. 피곤해 눈이 감겼다. 눈꺼풀 안으로 빨간색 아지랑이가 들어왔다. 구스타프는 여전히 무슨 말인가 하고 있었다. 그의 말이 내 마음속에 어떤 이미지를 만들었던가? 모르겠다. 하지만 이전의 대화에서 무언가가 솟아났다. "누가 보조 물질이 단독으로 면역 반응을 유도한다고 말하지 않았어?" 내가 물었다. "물론이지. 우리는 결핵균을 가진 실험용 루이스 쥐에서 EAE를 유도했어. 이것이 결핵을 일으킨다는 건 우리 모두 알고 있지." 별로 중요한 건 아니었다. 그러나 내 마음의 눈에는 항원 보강제와 항원이 빙빙 돌다가 결합하고 분리되는 모습이 보였다. 각각은 따로따로, 그리고 함께 면역 반응을 유도하고 있었다.

이것이 나를 깨웠다. 모든 것이 제자리로 들어왔다. 안도감이 찾아왔고 지난 몇 달간의 긴장이 사라졌다. 엄청난 흥분이 밀려왔다! 구스타프가 뭔가를 말하고 있었지만 들리지 않았다. 온전히 내 자신에게, 앎이라는 따뜻한 붉은 빛에 집중했다. 이것이다!

항원 보강제는 항원 보강제가 아니었다. 항원 보강제는 자신만의 면역 반응을 이끌어 낸다. 자신만의 항원을 만들어 낸다. EAE를 유도하는 건 수초 염기성 단백질이 아니다. 내가 생각한 복합체도 아니다! 그것은 자기만의 면역 반응을 이끌어 내는 항원 **쌍**이다! 복합체는 이 쌍이 어떻게, 왜 자가 면역 반응을 유도하는지를 이해하는 열쇠다. 그 논증 방식은 다음과 같다(후험적으로, 그 당시 즉각적으로 떠오른 문제로 정의한 기준 유형에 잘 들어맞는 논증으로, 논리적이지도 언어적 추론도 아닌, 그저 이미지로). ① 두 항원은 화학 구조에서 상보적이다(결합으로 입증된다). ② 각 항원은 자신만의 항체를 이끌어 낸다(혹은 T세포에 있는 무엇이든). ③ 항체는 화학적으로, 구조적으로 항원에 상보적이다(1900년대 에를리히 이후로 잘 알려진 사실). ④ 따라서 이것이 핵심인데, 화학적으로 상보적인 항원들의 쌍을 통해 발생하는 항체도 상보적이다. 한 항체가 다른 항체를 공격한다. 똑같은 일이 T세포에 있는 결합 단백질에도 적용된다. 면역 체계에서 비롯하는 자가 면역성은 스스로와 싸운다! 이는 자가 면역성을 완전히 새로운 관점에서 사고하는 것이다.[1]

분석해 보자. 우리는 단일 질병은 단일 원인으로 생긴다는 독단에 사로잡혀 있었다. 항원 보강제는 면역학적으로 항체와 다르다는(더 일반적이지만 그렇게 중요하지 않다는) 언어적 착각에 사로잡혀 있었다. 복합체 모형에서 복합체를 상보성의 결과물이 아니라 단일한 존재자로 보는 착각에 사로잡혀 있었다. 이 모든 숨겨진 가정이 우리와 이 분야에 있는 모든 사람을 막다른 곳으로 데려갔다.

물론 깨달음은 출발일 뿐이다. 그 뒤 수초 염기성 단백질에서 면역 반응은 항원 보강제와 교차 반응하지 못한다는 사실을 검증했다. 다른 실험적 자가 면역 질병에는 모두 이중 항원 유도가 필요하다는 사실을 알았다. 결합은 모형마다 이루어진다는 사실을 입증했다. 가장 놀라운 점은 이와 관련된 현상, 즉 면역 복합체와 혈관 주위 세포 침윤을 설명하는 이론을 알게 되었다. 처음에 이런 것은 생각지도 못했다. 너무 좁은 관점으로 문제를 잘못 정의했었다.

그리고 놓친 발견도 있었다. 바로 앞에 있었지만 몰랐다. 아무 의문도 가지지 않는 선개념 때문이다. 수초 염기성 단백질을 다루는 자료들을 검토했고, 세로토닌이 결합되는 자리를 언급하는 문헌을 찾았다. 그리하여 자리의 구조를 밝히려고 했다. 수초 염기성 단백질에 있는 세로토닌 결합 자리를 위한 모형은 무라밀 디펩티드와 같았다. 무엇을 함축하는가. 무라밀 디펩티드는 결합 자리에서 세로토닌과 결합하며, 따라서 세로토닌처럼 작용할 것이다. 기억하라. 하지만 박테리아 세포벽에서 나온 분해 산물은 신경 전달 물질처럼 작용할 수 있는가? 서로 다른 크기와 분자량, 다른 모양 때문에? 말이 안 된다. 던져 버려라. 더 좋은 걸 알고 있잖아. 리세르그산 디에틸아미드lysergic acid diethylamide, LSD도 세로토닌 결합 자리에서 결합하지만, 세로토닌처럼 작용하지는 않는다! (새로운 생각. 왜 박테리아에 감염되면 고열을 앓을 때 환영을 볼까? 세로토닌은 정신을 통제하고 무라밀 디펩티드는 열을 일으키는 것이다.)

반트 호프와 똑같은 사건이 일어났다. 그에게 서로 다른 젖산 형태를

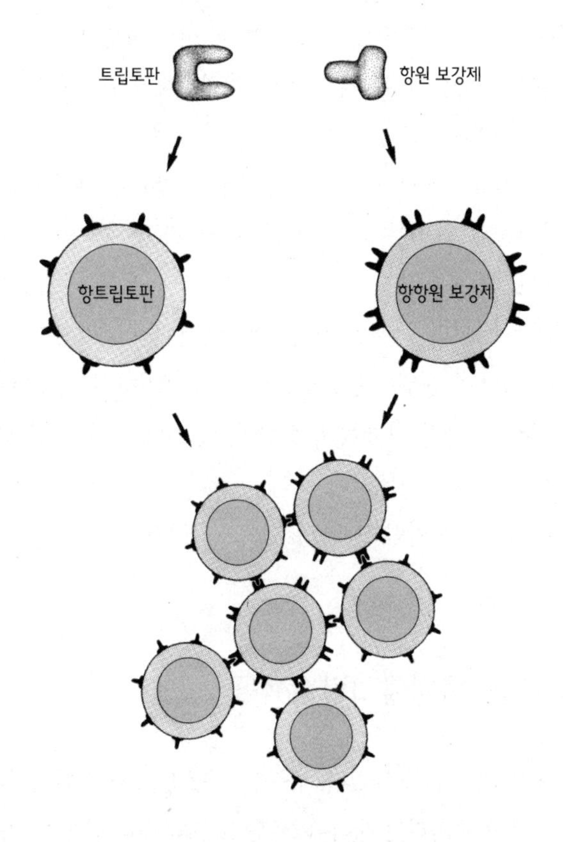

실험적 알레르기성 뇌척수염을 일으키는 두 항원 사이의 상보성에 관한 임프의 깨달음. 각각의 항원은 림프구에 상보적인 '항체'를 발생시키고, 그 결과 림프구들은 상보성을 띤다. 이 상보적 림프구는 항원만이 아니라 서로를 공격한다(Westall & Root-Bernstein, 1983).

다룬 비슬리체누스의 논문은 문제를 해결하는 열쇠가 되었다. 파펜하이머J. R. Pappenheimer, 카르노프스키M. L. Karnovsky, 크뤼거J. M. Krueger는 포유류의 소변에 있는 수면 유발 요인은 무라밀 디펩티드라고 말해 주었다.[2] 수면은 세로토닌 대사 경로를 통해 통제된다. 이는 왜 많은 박테리아 감염이 졸음과 연관되어 있는지 설명한다. 우물쭈물할 시간이 없었다. 구스타프와 나는 『랜싯*The Lancet*』 학술지에 이런 연결성에 관해 쓴 글을 투고했다.[3] 실버만과 카르노프스키는 대식 세포에 있는 동일한 수용체를 두고 무라밀 디펩티드와 세로티닌이 서로 경쟁한다는 점을 보여 줌으로써 이를 검증했다. 우리는 결합을 화학적으로 연구했다.[4] 빙고! 여전히 한걸음 앞서고 있었다.

이것이 열쇠다. 함정에 사로잡히기 쉬우면, 자신이 무엇을 받아들일 수 있고, 받아들일 수 없는지를 규정하는 암묵적 규칙을 발명하라. 다수 의견에 기반을 둘 필요 없다. 그저 상식, 흔히 쓰는 용법, 과거 경험, 언어 구조에 기반을 두어라. 하지만 발견과 깨달음은 놀라운 것. 그때는 암묵적 규칙(졸음이나 잠을 부르는 게 무엇일까?)을 포기하거나 내 뒤에 서 있는 사실을 봐야 한다. 불가능한 일을 상상하는 방법이 우리 선개념 뒤에 있는 중요한 사실을 보는 열쇠다.

그러나 의식적으로 이런 선개념을 깨뜨릴 수 있는가?

제니의 수첩: 종이에 그린 유형들

콘스탄스 이야기를 하고 싶다. 나는 왜 콘스탄스가 창의적이라고 말하기에는 너무 학구파라는 생각이 들까? 노트와 인용 목록이 가득 들어 있는 박스 때문에? 성격, 특히 그 온순함 때문에(이렇게 말할 사람은 나뿐이지만!)? 아니면 정보를 모으거나 조합하는 일은 새로운 이론을 고안하는 일보다 덜 창의적이라는 내 선개념 때문에? 콘스탄스는 다시금 우리를 놀라게 했다. 토요일에 여러 권의 책과 한 무더기의 사진을 들고 와 책상 위에 쏟아 놓는 것이다. "아리아나, 벌써 와 있었구나. 난 네가 이 자료들을 좋아할 것 같은데, 어때?"

"이거 다 맞는 거야?" 아리아나가 웃으며 말했다.

"대개는." 콘스탄스가 대답했다.

"여기 와서 이것 좀 봐." 아리아나가 나를 불렀다.

난 이미 아리아나의 어깨 너머로 보고 있었다. "봤던 거야?" 물론. 그건 두 달 전, 미술관에 전시된 애니 베전트의 책에서 본 괴이하고 이상한 주기율표였는데, 이번 것은 크룩스라는 과학자가 만든 주기율표였다. 크룩스는 뢴트겐이 X선을 발견할 때 사용했던 관을 발명한 사람이다.

콘스탄스는 자신이 가져온 자료, 150여 가지의 틀린 주기율표와 400여 가지의 유효한 주기율표를 설명했다. 그중 20여 가지는 멘델레예프가 만든 것이며, 비교적 최근인 1980년대에 만든 것도 있고, 대개는 현대에 들어와 주기율표를 고안한 에드바르트 마주어스Edward Mazurs[1]의 책에 있는 것들이었다. "창의적인 상상력이 보이지 않니?" 아리아나가 말했다. "원소 집합들이 미리 정해진 순서에 따라 특정한 주기성을 나타내고 있어. 정말 놀라워."

"대부분은 우리가 받아들이는 패러다임에 속하거나 아니면 버려야 할 것들이지." 임프가 덧붙였다. 임프는 리히터와 함께 부엌에서 우리 쪽으로 왔다.[2]

"아니면 동일한 패러다임에 속하는 서로 다른 사례라고 생각할 수도 있지 않을까?" 콘스탄스가 물었다.

"그렇지 않아." 아리아나가 대답했다. "이 표들은 열 명의 화가는 동일한 풍경을 보고 서로 다른 그림 열 점을 그리지만, 열 명의 과학자에게 동일한 문제를 주면 모두 동일한 답에 이른다는 오랜 격언이 얼마나 거짓인지를 보여 줘. 이제 내게 예술가들처럼 과학자들이 자신의 연구에서 상상력이 풍부하지 않다거나, 해결책이 다양하지 않다는 걸 설득할 수 있겠어?"[3]

"좋지." 리히터가 콘스탄스의 소장품을 보며 말했다.

"그건 지난주에 토론한 거 아냐?" 콘스탄스가 물었다. "넌 입증도 반증도 가능하지 않다면, 여러(지금은 아주 많지) 가설이나 이론이 동시에 존재할 수 있는지 물었지."

리히터는 다양한 표를 주의 깊게 살피면서 날짜와 이름에 주목해 비교했다. 그는 아리아니가 고집스럽게 주장하는 미학, 창의성, 시각적 사고, 유형 형성이라는 개념에 끌려가길 거부했다. 그는 애매모호하게 대답했고, 자리에 앉아 우리가 대화하는 풍경을 아주 주의 깊게 보았다.

대화록: 통찰과 착오(스반테 아레니우스)

임프 모두 준비 됐어? 오늘은 깨달음이 뭔지 밝혀 유레카 행동Eureka act을 찬양하고 뒤늦은 깨달음이 미래를 예견하는 통찰을 준다는 희망을 가져 보자고!

리히터 임프, 여기서는 네 변덕스러움이 도움이 되지 않아. 이번 주제는 심각한 거야.

이 주제를 생각하면 두 가지 문제(그리고 하나 더)가 있어. 첫째, 난 개인적으로 '깨달음'이란 걸 경험해 본 적이 없어. 그게 무엇이든 말이야. 내 동료들도 그렇고. 난 대부분의 해답은 한걸음 한걸음씩 지루하게 나아가는 과정을 거친 후에 생긴다고 봐. 반트 호프, 오스트발트, 아레니우스는 모두 깨달음을 얻은 경험이 있다고 말했지만, 베르톨레, 파스퇴르, 플레밍을 토론할 때처럼 그런 애매모호한 용어는 쓰지 말아야 해. 그러니 난 콘스탄스가 제시한 모형에서 깨달음이라는 개념의 효용성과 역할을 모르겠어. 두 번째, 친구(노먼은 알지?)가 깨달음을 경험했는데, 나중에 보니 그게 틀린 것이었다고 말하더라.

콘스탄스 존 에클스도 그런 말을 했지.

임프 에클스의 말을 그렇게 귀담아 들을 필요는 없어. 난 나 자신을 조사했으니까. 에클스는 번뜩이는 통찰을 겪고, 몇 가지 실험을 거친 후에 이를 입증하고 결과를 발표했지. 그러고 몇 년 뒤에 자기가 틀렸다고 말했어. 하지만 이건 이야기의 일부일 뿐이야. 또 몇 년 뒤에 에클스는 처음 떠올린 생각이 어떤 조건에서는 타당하고 다른 조건에서는 그렇지 않다는 사실을 알게 되었거든.[1] 이건 경계 조건의 문제지. 요점은 맞든 틀리든 간에 에클스가 얻은 통찰은 그를 올바른 방향으로 이끌고 갔다는 거야. 우리가 이런 일에서 얻을 수 있는 교훈은 생각을 평가하는 기준은 옳음이 아니라 연구자가 가보지 못한 영역으로 데려가는 능력에 있다는 거지.

리히터 계속할게. 셋째, 나는 그런 드문 통찰은 사전에 알 수도 없고 통제도 불가능하다는 생각이 들어. 우리가 예측하거나 조작하지 못하는 뭔가를 토론하는 이유가 뭐지?

임프 바로 그런 이유에서 유전학자가 돌연변이를 연구하는 거야. 즉, 어떤 조건에서 돌연변이가 일어나는지, 그런 조건을 어떻게 만들어 낼 수 있는지 밝히려고 하지. 순전한 무작위성에서 확률을 알아내려고 말이야.

리히터 그럴지도.

제니 우리가 그런 일을 해낼 수 있다면 정말 멋지겠지. 그런데 난 조금 다른 종류의 문제를 제기하고 싶어. 지난주에 콘스탄스가 언급한 몇 가지 책들을 훑어 봤는데, 우리가 뭘 깨달음이라고 부르는지

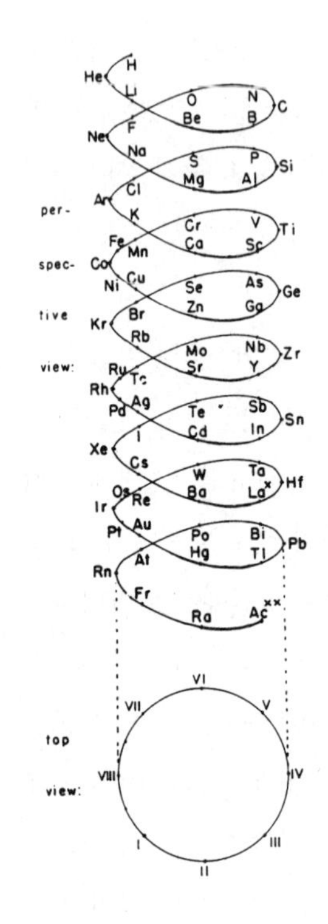
He H
Li O N C
F Be B
Ne Na S P Si
Mg Al
Ar Cl
per-
K Cr V Ti
Fe Mn Ca Sc
spec-
Co Cu Se As Ge
Ni Zn Ga
tive
Kr Br
Rb Mo Nb Zr
view:
Ru Tc Sr Y
Rh Ag Te Sb Sn
Pd Cd In
I
Xe Cs
W Ta Hf
Os Re Ba La×
Ir Au
Pt Po Bi Pb
Hg Tl
At
Rn Fr
Ra Ac××
VI
VII V
top
VIII IV
view:
I III
II

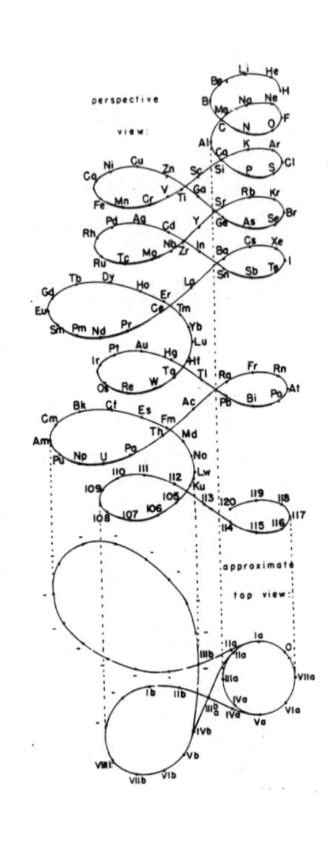
perspective
view:
approximate
top view:

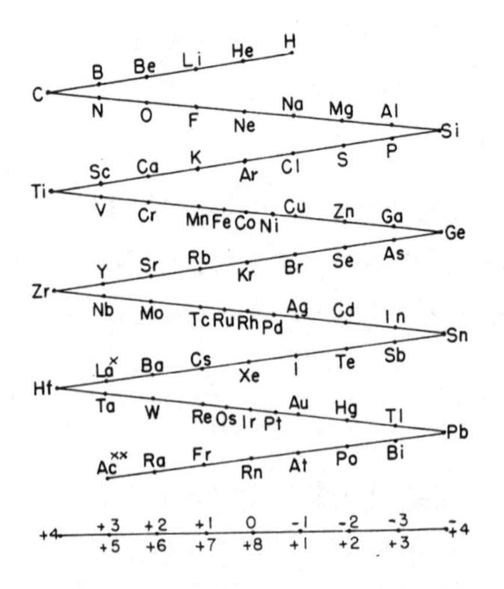
H He Li Be B C
N O F Ne Na Mg Al Si
Sc Ca K Ar Cl S P Ti
V Cr Mn Fe Co Ni Cu Zn Ga Ge
Y Sr Rb Kr Br Se As Zr
Nb Mo Tc Ru Rh Pd Ag Cd In Sn
La× Ba Cs Xe I Te Sb Hf
Ta W Re Os Ir Pt Au Hg Tl Pb
Ac×× Ra Fr Rn At Po Bi
+4 +3 +2 +1 0 -1 -2 -3 -+4
+5 +6 +7 +8 +1 +2 +3

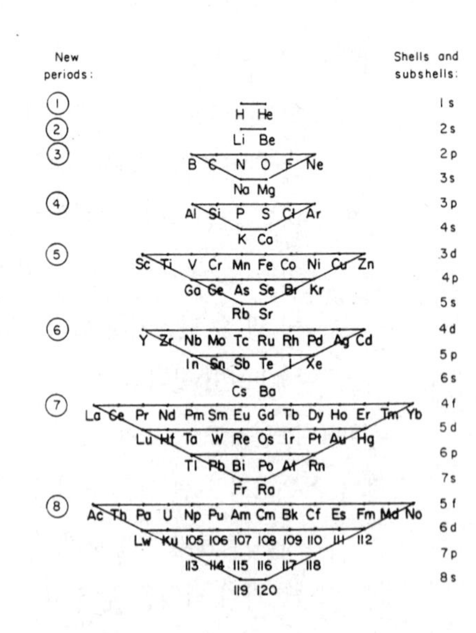
New
periods:
Shells and
subshells:
1 H He 1s
2 Li Be 2s
3 B C N O F Ne 2p
Na Mg 3s
4 Al Si P S Cl Ar 3p
K Ca 4s
5 Sc Ti V Cr Mn Fe Co Ni Cu Zn 3d
Ga Ge As Se Br Kr 4p
Rb Sr 5s
6 Y Zr Nb Mo Tc Ru Rh Pd Ag Cd 4d
In Sn Sb Te I Xe 5p
Cs Ba 6s
7 La Ce Pr Nd Pm Sm Eu Gd Tb Dy Ho Er Tm Yb 4f
Lu Hf Ta W Re Os Ir Pt Au Hg 5d
Tl Pb Bi Po At Rn 6p
Fr Ra 7s
8 Ac Th Pa U Np Pu Am Cm Bk Cf Es Fm Md No 5f
Lw Ku 105 106 107 108 109 110 111 112 6d
113 114 115 116 117 118 7p
119 120 8s

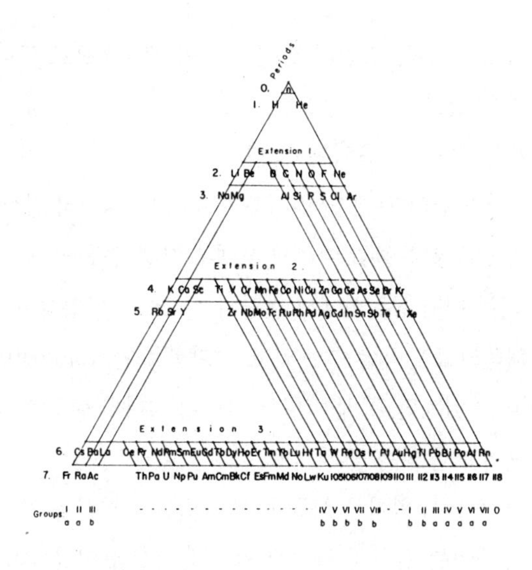

지난 120년 동안 450여 방식으로 변주된 주기율표 중 다섯 가지{(Mazurs, 1959/1977), 앨라배마대학교의 허락을 받아 게재함}

명확하지 않다고 느꼈어. 내가 아는 뜻은 그레이엄 월리스가 쓴 『사고의 기술*Art of Thinking*』에서 오랜 준비 끝에 갑자기 문제를 해결하는 상황에 '깨달음'이라는 단어를 사용한 거야.[2] 그는 중요한 모든 문제가 이런 방식으로 해결될 수 있다고 썼지. 아서 케스틀러는 깨달음을 '유레카 행동'이라고 불렀어. 그래, 아르키메데스Archimedes가 목욕탕에서 뛰쳐나와, "유레카! 답을 찾았어!"라고 외친 일화 말이야.[3] 또 어떤 사람들은 정신의 번쩍임, '번뜩이는 통찰력'이라고 부르기도 해. 하지만 이런 예들은 꼭 드물고 우연한 사건을 뜻하는 말로 들려.[4] 그리고 더 혼란스러운 건 꿈이나 몽상, 예상치 않은 직관도 깨달음의 사례로 들어간다는 거야. 그럼 우리 토론에서는 뭘 포함해야 하지?

아리아나 다 하면 안 돼? 깨달음이든 꿈이든 뭐든, 그런 일이 다른 발견 과정과 다르다고 가정해야 할 이유가 있어? 전체적으로 생각하면서 그런 일은 일반적 발견 과정이 개별적으로 드러난 거라고 보면 안 될까?

<u>콘스탄스</u> 어떤 식으로 작용하는 건데?

<u>아리아나</u> 그건 방침의 문제지. 발견을 이루어 내는 여러 방식을 전부 무한히 길게 목록화할 때까지 쪼개고 쪼갤 수도 있고, 아니면 근본이 되는 어떤 통일성에서 발견하는 방법의 다양성이 유래하는지 이해하려고 노력할 수도 있고. 차이점을 인식하는 방법은 누구나 배울 수 있지만, 천재는 다른 사람이 지나친 현상에 숨겨진 유용한 연결성을 찾을 줄 알지.

<u>헌터</u> 그래. 좋은 수학자는 사물 사이에 있는 유사성을 인식하고, 위대한 수학자는 유사성 사이에 있는 유사성을 인식한다고 하지. 난 아리아나의 말이 우리 토론이 가야 할 방향이라고 봐. 하지만 또 하나의 숨겨진 가정을 말해야겠어. 즉, 이 주제에 관해 내가 읽어 본 거의 모든 책의 저자는 깨달음이든 꿈이든 뭐든, 이런 것들은 케스틀러가 말했듯이 '행위', 즉 특정 시간에 일어난 사건이라고 서술해. 우리도 깨달음을 이런 방식으로 논해야만 할까?

<u>콘스탄스</u> 음, 난 그렇게 보지 않아. 나도 깨달음을 한 단계, 한 단계씩 거쳐 가는 과정으로 보지만 반드시 따로따로 분리된 건 아니라고 생각하거든. 하지만 내 관점에 따르면, 어떤 사람이 이전에 있던 과정을 모두 거치지 않았다면 깨달음이란 건 일어날 수 없지.

그런데 난 지금 당장 깨달음과 관련된 실제적인 질문 몇 가지에 답할 수 있어. 리히터가 말했듯이, 모두가 깨달음을 경험하는 건 아니지만 경험하는 사람도 많지. 그게 내가 만든 모형을 제시하는 이유야. 플랫Washington Platt과 베이커Ross Baker라는 두 화학자는 동료들 중 83%가 무의식적 직관에서 통찰을 얻었다고 주장했는데, 그중 7%만이 그런 영감이 늘 옳았다고 했어. 반면, 나머지

화학자는 자신이 얻은 직관의 10~90%는 틀렸다 말했다고 보고했어.[5]

리히터 신뢰성이 없다는 말이잖아.

헌터 글쎄. 그래도 난 총 시간의 10%만 일해서 중요한 문제를 해결하는 기술을 가지면 좋겠는데. 아마 내가 쓰는 평균 시간보다 더 나을 테니까!

콘스탄스 계속해 볼게. 수학자 마예Edmond Maillet가 만든 설문지에 응답한 수학자 예순 아홉 명 중에 두 명만이 꿈을 통해 수학 문제를 해결한 적이 있고, 그런 현상을 경험한 사람에 대해 들어 봤다고 말했어. 다섯 명은 사소한 논증을 꿈으로 계산한 적이 있다고 했고, 나머지는 어떤 문제도 해결하지 못했대.[6]

리히터 그런 일을 기대하는 사람도 없을 거야. 마흐와 크릭은 꿈이란 정신이 생산하는 쓰레기라고 말했지.[7]

임프 잠깐만! 약리학자 오토 뢰비Otto Loewi는 어때? 그는 신경에서 심장박동 속도를 통제하는 화학 물질이 나온다는 사실을 어떻게 입증할지 고민했었어. 1903년에 그런 일을 하는 물질이 있다는 가설을 세웠거든. 1920년 어느 날 밤, 뢰비는 자신의 생각을 시험할 방식을 고안했다는 확신을 느끼며 꿈에서 깨어났어. 그는 바로 실험 절차를 메모하고 다시 잠에 들었지. 일어났을 때는 알아볼 수 없을 만큼 휘갈겨 쓴 메모를 보았지만. 물론 다시 생각도 나지 않았고. 다음날 밤, 그는 똑같은 꿈을 꾸었고 바로 일어나서 옷을 입고 실험실로 직행해 실험을 진행했어. 실험은 성공했어! 이걸 정신의 쓰레기라고 부를 수 있을까?[8]

콘스탄스 저드슨도 몇 년 전에 똑같은 경험을 한 과학자를 보고했지.[9] 그리고 다른 누구보다도 더 많이 초전도 소자를 발견한 베른트 마티아스는 그 대부분을 잠을 통해 발견했다고 말했어.[10]

리히터 그래? 그래 봤자 손가락에 꼽을 만한 사례 아닌가.

콘스탄스 하지만, 리히터. 이것도 우연한 발견이라는 문제와 비슷해. 도대체 얼마나 많은 사례가 있어야 너를 납득시킬 수 있는 거지? 케쿨레는 벤젠 고리를 불 앞에 앉아 몽상하는 순간에 떠올렸고, 반트 호프, 아레니우스, 오스트발트는 이미 말했고, 다윈은 1844년에 마차를 타고 가다 다양성이 얼마나 중요한지 번뜩이는 통찰로 깨달았지. 월리스는 1858년에 고열로 앓아 누우면서 갑자기 몇 해 전에 맬서스의 책을 읽은 일이 떠올랐고, 선택은 최적자만이 생존하게 만든다는 점을 알았어. 앙페르, 가우스, 푸앵카레(그 밖에도 여러 명 있어)는 모두 휴식을 취하거나 잠을 자고 있을 때 비슷한 일을 겪었다고 말했고.[11] 물리학자 로버트 R. 윌슨Robert R. Wilson은 무의식으로부터 갑자기 완성된 생각이 나타나는 일은 보편적인 현상이라고 주장하지. 윌슨은 이렇게 말했어. "이건 마치 체했다가 구토를 하는 현상과 같다. 나는 그렇게 될 걸 이미 알았고, 그렇게 되자 만족과 기쁨이 찾아왔다."[12]

리히터 다시 무의식이 중요해지는군.

콘스탄스 무의식은 내 말의 요점이 아냐.

리히터 나한테 중요하다는 거야.

콘스탄스 문제는 이런 일이 얼마나 전형적으로 일어나느냐는 거지. 내가 공부한 저명한 과학자 대부분은 깨달음 사례를 보여 주지만, 플랫과 베이커, 마예가 인터뷰한 사람들은 그렇지 않아.[13]

임프 그건 창조적인 과학자는 다른 과학자들이 하지 못하는 사고방식에 집중하는 요령을 계발한 사람이라는 점을 시사해.

헌터 내가 하고 싶은 말이 그거야. 콘스탄스가 말한 모든 사례에서 우리가 간과하는 한 가지는, 과학자는 깨달음으로 해결한 문제를 연구하는 데 몇 달, 몇 년을 바쳤다는 점이지. 그들은 통찰이 나타날 확률을 높이려고 몇 가지 기초적인 기술을 사용했다고 했어. 예를 들어, 화학자 립스컴William Nunn Lipscomb은 자는 동안에도 뇌가 문제를 생각하게 준비시키려고 늦게까지 연구에 몰두했다고 했지.[14]

폴링도 똑같이 깨달음이 생기도록 자신의 뇌를 훈련시켰다고 했어. 그는 습관적으로 침대에 누워 잠을 청할 때 자신이 해결하고 싶은 문제를 생각하고, 그날 하루에 저지른 실수를 검토했대. 바로 이것이 깨달음을 준비시키는 거지. 여기 문제가 있다. 그리고 잘 해결되지 않는 요소가 있다. 해답은 이렇게 문제 영역을 잘 정의해야만 나오는 거야. 폴링은 몇 주간 매일 밤마다 이런 일을 하며 꿈꾸는 동안 고안한 모든 답을 여과하는 지시를 마음에 새기고, 적합한 설명을 의식 속으로 끌어 올렸어. 그리고 분명히 그 지시에는 실행 가능한 해결책을 인식하는 일련의 기준도 포함되었지. 폴링은 이 기준을 정교화하지 않았어. 단지 문제를 생각하는 일을 멈췄지. 즉, 연구를 포기하는 거야.[15] 바로 그때, 답이 나타나. 폴링은 다음과 같이 말했어.

몇 주나 몇 달이 흐르고, 갑자기 문제에 맞는 답을 표상하는 생각이, 답의 단초가 내 무의식 속으로 들어왔다.
이런 훈련으로 무의식은 마음속으로 들어오는 많은 생각을 검토하고 문제와 관계없는 요소들을 없앴다. 마침내 수천, 수만의 생각을 조사하고 제거한 뒤에 무의식은 문제와 관련 있는 중요한 생각을 인식했고, 이것이 의식 속으로 떠올랐다.[16]

콘스탄스 푸앵카레도 직관이라는 무의식적 과정을 두고 똑같은 말을 했어. 한데 푸앵카레와 폴링이 한 말 중에 빼먹은 게 있어. 아리아나가 좋아할 텐데, 둘 다 타당한 답을 선택하는 일은 미학적 결정이라고 했다는 거지. 가령 보통 과학자들이 "이런 실험 결과와 관찰을 통해 우리는 어떤 결론을 받아들여야 하는가?"라고 묻는 대신에 폴링은 "이 질문에 대해 어떤 생각들(복수라는 점에 유의해)이 가능한 한 일반적이고 미학적으로도 만족스러우며, 이런 실험 결과와 관찰을 통해서도 제거되지 않는가?"[17]라고 물었어. 푸앵카레는 미학적 추론과 무의식적 사고를 동일시해서 선택과 발명의 수단으로 의식적 추론보다 위에 두기까지 했지.[18]

리히터 또 무의식이군.

콘스탄스 그렇지만 푸앵카레는 자신의 깨달음에 반대하기도 했어. 그는 가능한 모든 생각의 조합(폴링이 말한 수천 수만 가지의 생각)을 만들고, 시험하고, 그것들에 있는 아름다움을 비교하고, 가장 최선의 답만을 의식적 사고로 밀어 올리는 잠재 의식을 우리가 믿을 수 있겠냐고 물었어. 우리 말고 다른 모든 사람이 이런 사실을 알까?[19]

임프 믿기 어려울 뿐 아니라 우리가 깨달음에 대해 아는 사실과도 달라. 내가 겪은 일을 말해 주지. 난 무의식 같은 건 생각하지 않고 모든 걸 밖으로 드러내려고 해. 경험상 우리 의식은 그런 일을 하지만, 곧 막다른 지점에 다다르지. 문제를 해결하는 다른 방법을 생각할 수 없어.

모든 깨달음의 시작은 **포기**야. 우리는 문제와 이에 답하는 일에 쓰일 기준을 족쇄처럼 들고 다니는데, 거기에서 벗어나려고 하지 않아. 우연히 열쇠를 발견하면 자물쇠를 열 수 있어. 한데 보통 열쇠는 내 앞에 있기 마련이야. 다만 그걸 지나칠 뿐이지.

아리아나 자유롭게 풀어 놓으면 어딘가에 도착한다는 거지. 그런데 깨달음, 번뜩이는 통찰, 꿈 등등에 있는 공통 요소는 뭘까? 이것들은 전부 느슨해져 있을 때 일어나잖아, 그렇지? 몸이 아플 때, 잠에 빠져 있을 때, 꾸벅꾸벅 졸릴 때, 걸을 때, 휴가 갔을 때, 일하지 않을 때, 다른 일을 생각할 때. 이건 중요한 단서이지 않을까. 수많은 보고서에 따르면 해답이 나타날 때 사람들은 문제를 해결하려고 한 게 아니라 다른 일을 생각하고 있었대.

리히터 아니면 아무것도 생각하지 않고 있거나.

아리아나 그렇다면 가설(나만의 독창적 가설은 아니지만)은 이거야. 깨달음은 논리적 능력의 간섭 행위가 없을 때 생기는 게 아닐까?[20] 기다려, 리히터! 아직 안 끝났어.

이건 놀라운 결과라는 발견 개념으로 돌아가는 건데, 그럼 깨달음이라는 문제는 다음과 같은 단순한 질문으로 환원돼. 즉 나는 스스로를 놀라게 할 수 있는가?

리히터 조현병자가 되라는 건가!

아리아나 그건 근본적으로 무의식-의식의 구별을 가정하고 있어. 난 이런 구별에 반대해. '마음의 눈'과 관련된 다른 가능성을 논의해 보자. 우리는 보고 싶은 현상을 보고, 이미 짜인 논리적 틀, 보통은 명문화된 과학 연구로 얻는 틀에다 관찰한 모든 현상을 맞추려 해. 하지만 논리적 틀이 불충분할 때는 무슨 일이 일어날까? 둘 중에 하나야. 관찰이 무의미하다고, 관찰이 가져오는 결과가 불가능하다고 거부하거나 아니면 명문화된 규칙들 내에서는 상상 불가능하기에 아예 관찰 결과를 상상하지도 못하겠지.

콘스탄스 푸앵카레는 수학자 펠릭스 클라인Félix Klein의 수학적 스타일을 논하면서 그에 맞는 사례를 제시했어.

> 그는 함수론에서 가장 추상적인 질문을 연구하는 중이었다. 즉, 주어진 리만Riemann 면에서 언제나 특이성을 갖는 함수가 존재하느냐를 밝히려 했다. 위대한 독일의 기하학자는 무엇을 했을까?

그는 리만 면을 특정 법칙에 따라 변화하는 전기 전도성을 가진 금속면으로 대체했다. 그리고 그것의 끝을 한 배터리의 두 극과 연결했다. 그럼 전류가 통하고, 면에 이 전류가 분포하는 현상은 특이성을 가진 함수를 정의해 이는 [문제를] 명확히 설명하는 방식이 된다.

의심할 여지없이 클라인 교수는 자신이 개요만 제시할 수 있다는 사실을 잘 알았다. 그럼에도 그는 주저하지 않고 이를 발표했고 답을 찾을 수 있을 거라 믿었으며, 엄격한 증명이 아니라 해도 최소한 어떤 도덕적 확신을 갖고 있었다. 논리학자라면 경악스러워하며 이런 신념을 거부했을 것이다. 아니 정확히 말하자면 거부할 일이 없었을 것이다. 논리학자는 이런 신념을 아예 생각조차 못하기 때문이다.[21]

제니 그럼 아리아나, 네가 말하는 점은 논리 규칙이 어떤 사람이 자료를 조합하거나 해석할 수 있는 가능한 방법을 제약한다는 거네.

아리아나 맞아. 논리 규칙은 유형이야. 어떤 유형에서든 가능성들은 제약을 받으며 사전에 인식 가능한 거야. 스스로를 놀라게 하는 유일한 방법은 불가능한 일을 생각하는 거지.

헌터 그게 아레니우스가 노벨상 연설에서 말한 바지. "불가능하다고 생각하는 일이 과학의 진보에는 가장 중요합니다."[22] 이미 받아들인 규칙을 포기할 때, 예상치 못한 일들이 생길 수 있으니까.

아리아나 바로 그거야! 그게 플레밍-로렌츠-델브뤼크Max Delbrück가 사용한 '통제된 너저분함limited-sloppiness'이라는 접근법이고, 또 그건 어째서 깨달음이 그저 책상에서만 일하지 **않을** 때, 논리적으로 세심하게 서술된 연구 논문을 읽지 **않을** 때, 실험하지 않을 때 일어나는지 설명해. 내가 아는 논리 규칙으로 연구한다면, 난 그저 쉬운 방식으로만 문제를 해결할 수 있을 거야. 하지만 임프가 말했듯이 깨달음은 잘 아는 길이 원래 목적지로 이끌지 않을 때에만 일어나. 우리에겐 뜻하지 않은 길이 필요한 거야. 그러니 이미 아는 큰길, 패러다임, 명문화된 사고 유형은 버려야 해. 논리적 구속을 벗어나야 불가능한 해결책을 상상할 수 있으니까.

제니 깨달음을 그렇게 설명하는 건 스노가 『탐구』에서 했던 말과 똑같아. 문제가 도통 안 풀린 과학자가 실험실을 나와 집으로 돌아가 아내와 담소를 나눠. 그러고는 말하지. "나는 일상으로 돌아왔고 내 생각은 연구로 향하지 않았으나, 아내 오드리Oudrey의 눈을 보는 순간 안개 속을 뚫고 말도 안 되게, 갑자기 어떤 생각이 번뜩였다."

리히터 적어 둬야겠어.

제니 "그 생각은 내가 지금까지 해 온 희망 없는 시도와 전혀 관련이 없었다. 나는 모든 길을 탐험하고 사고했지만, 이는 새로웠고 믿기에는 너무 혼란스러워 종이에다 써 놓고 이해하려고 애썼다."[23] 미첼 윌슨도 『머나먼 자오선에서의 만남』에서 비슷한 말을 했지.[24]

리히터 이 모든 게 아주 좋은 예시긴 한데, 뭔가 잊은 점이 있어. 바로 깨달음을 기술하는 게 아니라 **설명**한다고 했다는 거지. 그러니 내게 모형을 제시하고, 그게 어떻게 작동하는지 말해 줘야 해.

콘스탄스 음, 케스틀러와 정신의학자 로덴버그A. Rothenberg가 붙인 '이연 현상bisociation, 二連 聯想'이라는 개념은 어때?[25] 이들은 서로가 동급으로 취급되는 데 몸서리를 치겠지만, 난 깨달음이라는 주제에 관해선 별 차이가 없다고 보거든. 근본적으로 이들은 겉보기에 모순적인 두 가지 생각을 한 데 모아 종합을 이룰 수 있다고 주장해. 마치 헤겔의 변증법 같은 거지. 로덴버그는 이연 현상을 서로 반대 방향을 보는 두 얼굴을 가진 로마의 신에서 따와 '야누스적 사고'라고 불러. 그는 아인슈타인의 연구를 사례로 제시하는데, 사실 난 그게 올바른지 의심스러워. 로텐버그는 물리학자나 역사학자로 훈련받은 적이 없으니까.

리히터 나만 회의주의자가 아닌 것 같아서 기쁘군. 넌 두 생각의 엇갈림이라느니 야누스적 사고라느니, 아니면 뭐라고 부르든 이것들 모두 터무니없다는 사실을 깨달은 거지. 내가 해야 할 일은 그저 두 가지 모순된 생각을 가져다가 이것들이 양립 가능하다는 점을 보여 주고, 그러면 짠! 하고 천재가 되는 거겠네. 이렇게 단순하다니. 우리는 이제 집에 가서 변증법적으로 사고하기만 하면 되겠어.

아리아나 리히터, 또 시작이야. 조롱 좀 그만해!

리히터 '함축' 게임을 해 보자. 아리아나가 "발명은 선택이다"라는 푸앵카레의 격언을 말해 줬잖아. 그저 새로운 방식으로 생각들을 결합하는 것만으로는 부족해. 생각들을 결합하는 데는 어느 누구도 해 본 적 없는 무한한 방식이 있기 마련이야. 그렇지 않다면 할 필요가 없지. 과학의 목적은 생각들을 새롭고도 의미 있는 방식으로 결합하는 데 있으니까. 깨달음이든 아니면 다른 어떤 방식을 통해서든.[26]

임프 그게 바로 변증법적 사고가 유용한 이유야, 리히터. 최종 산물이 아니라 과정을 강조하며, 겉보기에 모순된 생각들에 있는 연관성을 종합하는 능력은 놀라운 결과를 내놓으니까. J. B. S. 홀데인이나 생물학자 리처드 르원틴Richard Lewontin이 쓴 책을 읽어 봐.[27]

리히터 실제로 어떻게 하는지 잘 모르겠는데. 그런 건 사실 지나고 나서야 아는 건데, 현실의 과학자는 "이 두 가지 생각과 관찰은 모순된다. 나는 이들을 종합할 수 있는 관점을 찾을 것이다"라고 말하잖아?

헌터 물론 그렇지. 네가 계속 지적했듯이, 역설, 모순, 변칙 현상들은 다음 발견이 어디에 놓여 있는지 말해 주지. 왜? 왜냐하면 우리는 그것들이 반드시 잘 맞아야 한다는 점을 알고 있지만, 사실 맞지 않기 때문이지. 때로는 다른 관점을 찾는 행위 자체가 문제를 해결하기도 하고.

콘스탄스 그럼 깨달음을 게슈탈트 전환이라고 말한 쿤의 모형이 유용하지 않을까.[28]

임프 아니, 절대 그렇지 않아. 난 처음부터 이 주제를 생각해 왔는데, 게슈탈트 전환은 자연스럽게 일어나는 거야. 다른 모습을 지각하지 못하게 막는 논리 규칙을 만들 수는 없어. 우리는 단순히 하나를 보고 그 다음에 다른 하나를 보는 식으로 왔다 갔다 해. 이렇게 모양이 바뀌는 건 실제로 그림을 응시하고 있을 때만 일어나. 그리고 머릿속에 새로운 모양이 새겨지면 예전 모양으로는 되돌아갈 수 없지.

헌터 그게 변칙 현상이지. 쿤은 변칙 현상이 하는 주요 역할이 이론 변화를 이끄는 것이라 보았지만, 자신이 게슈탈트에 맞닥뜨리면 이를 무시했어. 그건 너저분하니까. 새로운 이론을 고안하는 이유는 언제나 무언가를 설명하거나, 일련의 생각과 관찰을 일관성 있게 만들려 해서야. 그때 어딘가에는 공약 불가능한 부분, 즉 내적 모순이나 비일관성, 불일치가 생기게 마련이지. 두 가지 다른 모양을 똑같이 잘 기술하는 한 가지 방식은 없어. 한 가지 모양을 기술하면서 어떤 요소는 배제하는 방식이 있고, 모든 요소를 통합하는, 각각의 모양을 기술하는 또 다른 방식이 있지. 아니면 그런 방식이 기술하는 모양이 내적으로 불일치해 요소들이 어그러질 수도 있고. 이게 참이 아니라면, 어떻게 쿤은 일단 새로운 패러다임이 고안되면 옛 패러다임을 고수하는 사람은 떨어져 나갈 거라고 주장할 수 있을까? 열소설이 정말로 열의 운동 이론과 동등하다면, 하나가 다른 하나에 대해 가진 이점은 뭐지?

콘스탄스 융통성이 조금 없는 것 같아, 헌터. 내 말은, 어떤 사람이 두 가지 이미지, 가령 오리와 토끼를 본다면 차이를 관찰하는 일은 다른 차이를 예측한다는 거야. 추가 실험은 하나의 이미지를 선택하는 데 필요한 자료를 더해 줄 수 있지. 그 동물이 날아다니는가? 깡총깡총 뛰는가?

임프 난 헌터 의견에 동의해. 동일한 자료가 두 가지 동등한 이론을 정의한다면, 이론을 고안할 이유가 뭐냐는 문제는 여전히 남지. 게슈탈트 전환에서 두 이미지는 이미 존재하지만, 과학에서 새로운 이론은 고안되기 전까지 존재하지 않는 거야. 네가 우리에게 보여 준 주기율표를 다시 봐. 자료에는 어떤 특정한 유형을 결정하거나 제시하는 본질적인 요소가 없어. 물론 주기성은 있지만, 구체적인 유형은 아니지. 게슈탈트 이미지와 달리, 두 번째 유형은 첫 번째에 들어 있지 않아. 아니 다시 말할게. 그 밖의 **유형들**은 첫 번째에 들어 있지 않아. 이건 명확히 해야 할 다른 요소를 강조하는 거야. 즉, 세계는 이것이냐 저것이냐가 아니야. 세계는 너무 복잡다단해. 게슈탈트 모형은 이를 설명하지 못해.

헌터 그럼 내가 제안 하나 할게. 지금까지 우리가 무시한 사실 하나는 푸앵카레는 깨달음의 과정에서 준비라는 역할을 강조했다는 점이야. 해답을 찾으려고 수많은 시간을 허비하지 않고서 번뜩이는 영감을 얻은 사람은 없어. 그러니까 핵심은 그 사람이 이미 아는 것이 무엇이냐에 있는 거지. 아레니우스가 이온 해리를 연구한 경로가 바로 이 점을 잘 보여 줘.

임프 반론할 사람 있어? 없으면 계속해, 헌터

헌터 알았어. 내 노트를 잠깐 보자.

아레니우스는 1883년 5월 17일에 깨달음을 경험했어.[29] 깨달음이 일어난 년도와 날짜를 기억한다는 건 그에게 이 경험이 얼마나 흥분되는 일이었는지 보여 주지. 그 전까지 아레니우스는 대부분의 시간을 스톡홀름에 있는 에들룬드의 실험실에서 여러 유형의 염용액에서 얼마나 많은 전류가 전도되는지 측정하는 작업에 보냈어. 이 작업은 특히 아레니우스처럼 실험보다 자기만의 방식으로 문제를 생각하는 데서 재미를 느끼는 사람에게는 지루할 정도로 반복적인 일이었어. 지난주에 아레니우스가 다당류의 분자량이라는 '불가능한' 문제를 해결하고자 이 연구를 시작했다고 말한 걸 기억할 거야. 그는 답을 찾지 못했지만, 여러 유형의 분자, 당, 염, 알코올 등등이 각기 특이적인 전기 전도성을 지녔음을 깨달았지. 프리드리히 콜라우슈와 루돌프 렌츠Rudolf Lenz가 한 연구 외에는 이 주제에 관한 정보가 거의 없어서 아레니우스는 맹렬하게 연구에 돌입했고, 화합물의 전기적 본성을 이해하는 작업이 화학의 전 분야에 새롭고 기초적인 통찰을 불러오리란 점을 확신했지.[30]

1876년 학생 시절의 스반테 아레니우스
(스톡홀름대학 도서관)

임프 아레니우스는 젊고 그 분야의 신참이었으니까.

헌터 반트 호프와 오스트발트도 그랬지. 그게 전형적이긴 해도 전부는 아냐.

콘스탄스 케쿨레가 깨달음을 경험한 건 교과서 쓰는 일에서 벗어나 잠시

1880년경의 에리크 에들룬드(스톡홀름대학 도서관)

휴식을 취할 때였어. 그러니 깨달음은 주로 과학자가 모든 사실을 조리 있게 한데 모으려 할 때 일어나는 게 아닐까.[31] 다윈과 월리스를 생각해 봐.

헌터 그것도 흥미로운 지적이야. 분명히 아레니우스는 모든 걸 한데 모으려 애썼으니까. 어쨌든 아레니우스에 대해 더 말해 볼게.

아레니우스가 연구할 때는 콜라우슈와 렌츠보다 더 나은 점이 있었어. 그는 에들룬드가 발명한 측정 장치를 사용했거든. 에들룬드가 만든 장치는 측정 범위도 넓었고 콜라우슈가 사용한 장치보다 정확성도 더 높아서, 아레니우스는 훨씬 많은 묽은 용액에서 전도성을 연구할 수 있었지.[32]

아레니우스는 콜라우슈와 렌츠에게서 각각의 화합물에는 독특한 전도성이 있다는 사실을 배웠어. 문제는 얼마나 정확하게 화합물을 구별할 수 있느냐 하는 거였지. 아레니우스는 몇 달간 실험하면서 희석도가 극도로 높으면 구별이 불가능하다는 점을 깨달아. 화합물은 집단별로 나누어졌지. 왜 그럴까?

모든 실험에는 추가 자료가 쓸모 없는 단계가 있어. 그때는 자료가 무엇을 의미하는지를 이해해야 해. 아레니우스는 5월 초에 그 단계에 도달했어. 그는 자신에게 말했지. "실험은 충분히 했다. 이제는 생각할 때다."[33] 아레니우스는 웁살라에 있는 집에 휴가를 떠나기로 해. 부모님 집의 2층 자기 방 침대에서 자정이 지나도록 매섭게 생각에 몰두한 아레니우스를 떠올려 봐. 그때 그는 염용액에서 벌어지는 내부 작용에 대한 첫 번째 통찰을 얻어.

한데 아레니우스와 그 전에 대화를 나눠 봤다면, 그가 교착 상태에 빠졌다는 사실을 알게 될 거야. 그가 가진 자료 일부는 잘 들어맞았지만, 나머지는 그렇지 않았지. 잘 들어맞은 건 낮은 농도에서는 용액 속에 염류가 많으면 많을수록 용액에는 더 많은 전기가 전도된다는 점이었어. 이건 뭐 놀랄 일이 아니지. 그럼 염류의 양이 0이라면 전도성도 0일 거야. 이것도 당연해. 문제는 농도가 특정 수준 이상으로 올라가면 전도성은 정점을 찍고서 점점 감소한다는 거야. 이건 이상한 현상이지. 특히 패러데이와 다른 전기화학자들이 용액 속에 있는 각각의 이온(그러니까 전하를 띤 분자)이 운반하는 전기량은 동일하다고 주장했거든.[34] 염류가 전하를 지닌다면, 즉 이온으로서 작용한다면, 어째서 염류를 더 추가하는 일이 전도성을 줄어들게 할까? 염류가 용액 속에서 이온화되는 요소가 아니라면, 어째서 전도성은 넓은 범위의 희석도에 걸쳐 염류 농도에 비례하는 걸까? 결국 아레니우스는 전기량은 염류에 있는 분자마다 운반하는 거라고 생각해.

여기서 바로 엄청나게 놀라운 일이 일어나. 아레니우스는 적어도 희석도가 높은 용액에서는 모든 염 분자가 동일한 전기량을 운반할 거라 예상했어. 하지만 그렇지 않았지. 분자 전도성, 즉 각각의 분자가 운반하는 전기량은 최저 농도에서도 최대로 올라갔어. 그리고 이 수치는 아레니우스 이전 연구자들이 예상한 분자 전도성에서 2~3배나 높은 거였지. 다시 말해, 염류가 적으면 적을수록 전도성은 더 높아져 염 분자는 분자량으로 예상할 수 있는 것보다 2배 이상이나 많은 전하를 운반해. 아레니우스는 그야말로 깜짝 놀랐고 혼란스러워했지.

아레니우스가 학위 논문을 쓰던 1880년경의 오토 페테르손 실험실(스톡홀름대학 도서관)

제니 나도 그래. 논의를 따라가기가 쉽지 않은걸.

헌터 그럼 아레니우스가 전기 현상을 설명하려고 쓴 다양한 모형을 보여 줄게. 각각의 모형은 일련의 가정에 바탕을 두고, 이 가정들은 후속 실험이나 모형을 통해서만 드러나. 이전에 내가 제시한 사례처럼 궁극적으로 해답은 베르톨레에게서 나오니까 여기서 시작해 볼게. 전기 분해(전기력으로 화학 물질을 분해하는 일)에 관한 첫 번째 역학적 모형은 1805년에 베르톨레의 제자 그로투스Theodor von Grotthuss가 제시했고, 그 후 모든 모형을 뒷받침하는 근거로 이용되었어. 아레니우스의 모형이 나오기 전까지 말이야.[35] 그로투스는 음이온과 양이온은 번갈아서 한 전극을 다른 전극으로 잇는 사슬을 형성한다고 제안했지. 그로투스 모형의 난점은 일단 화합물이 분해되면, 남아 있는 모든 분자는 전하가 지닌 척력이 없어진다는 거야. 이게 무엇을 의미하는지 알겠어?

험프리 데이비는 1807년에 이와 아주 유사한 모형을 발표했고, 몇 년 후에 베르셀리우스가 이 모형을 수정했지. 안타깝게도, 이

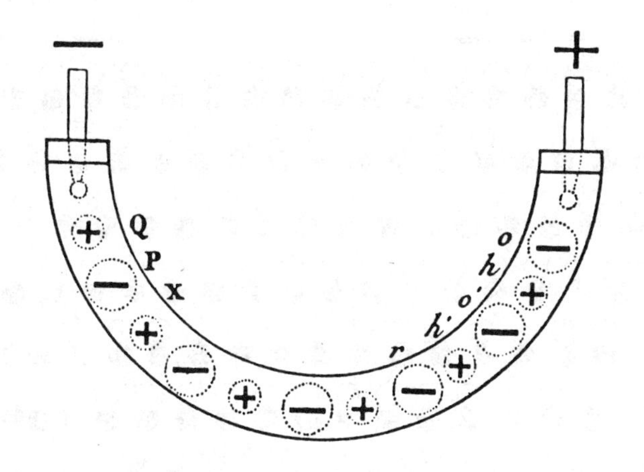

그로투스의 전기 분해 모형(1806년경)

들은 이온의 배치와 양이온 사슬과 음이온 사슬이 생기는 현상을 설명하지 못했어. 그건 불가능해 보였거든. 1858년에 물리학자 히토르프Johann Wilhelm Hittorf가 새로운 모형을 고안하고서야 전하 문제는 해결되었지. 히토르프 모형에서는 양이온과 음이온이 한 줄로 늘어선 분자를 따라 교환되며 한쪽 끝에선 양이온이, 다른 쪽 끝에선 음이온이 방출돼.[36] 하지만 어떤 모형에서도 농도가 전도성에 어떤 영향을 미치는지 설명하지 않았어. 그러니 아레니우스에게 이런 모형은 쓸모가 없었지.

농도가 주는 영향을 설명하는 모형은 딱 한 가지 있었어. 이른바 '클라우지우스-윌리엄슨 가설Clausius-Williamson hypothesis'이야.[37] 클라우지우스와 화학자 알렉산더 윌리엄슨Alexander William Williamson은 용액에서 벌이지는 다양한 화학 반응을 운동론에 따라 설명했지. 용액 속에서 운동하는 분자는 이따금 순간적으로 해리가 일어날 만큼 충분한 에너지를 지닌 채 서로 부딪혀 각자 지닌 부분들을 교환한다고 말이야.

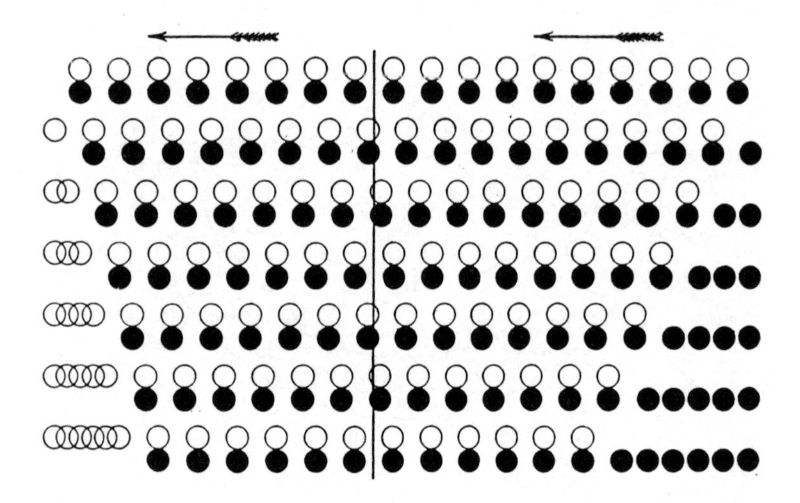

히토르프의 전기 분해 모형(1858)

따라서 이온화된 염 분자는 서로 무작위로 부딪히면서 부분들을 교환한 결과로 한 전극에서 다른 전극으로 전하를 나르는 거야. 그로투스-히토르프가 제시한 역학적 모형처럼 직선 방식이 아니라 무작위로 변화하는 방식으로 말이야.

이 모형은 이전에 비해 두 가지 장점이 있어. 첫째로 아주 적은 전류일지라도 전류가 어떻게 전기 분해로 생길 수 있는지 설명해. 분자가 운동 에너지 때문에 이미 해리되며 재구성 중이라면 아주 작은 힘이라도 재결합을 막을 수 있어. 게다가 이 모형은 농도에 따라 전도성이 감소하는 현상도 설명해. 용액 속에 있는 염 분자가 적을수록 분자 사이에서 일어나는 충돌도 적으므로 전도성도 약해지는 거지.

임프 하지만 왜 높은 농도에서 전도성이 감소하느냐는 설명하지 못하잖아.

리히터 그리고 그건 분자 전도성 역시 아레니우스가 관찰한 바처럼 증가

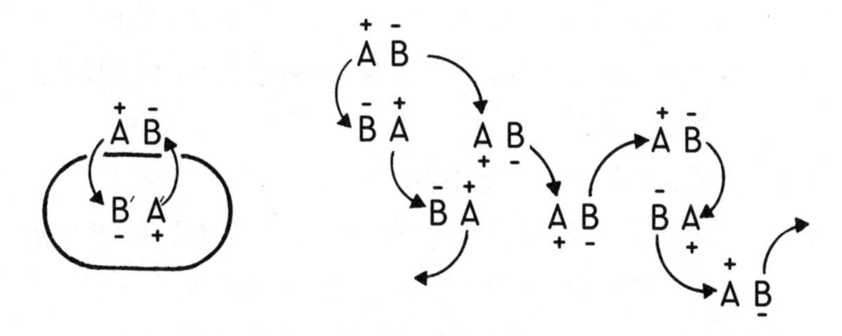

클라우지우스-윌리엄슨 가설에 기반을 둔 아레니우스의 전기 분해 운동 모형 (Arrhenius, 1884)

하는 게 아니라 감소한다고 예측하지.

헌터 그게 바로 아레니우스가 마주친 문제야. 서로 무작위로 부딪히는 이온이 전하를 운반한다면 용액 속에 있는 이온의 수는 0에 가까워지고, 따라서 (비례하든 반비례하든) 전도성도 그래야만 해. 그리고 임프가 말했듯이 농도가 증가함에 따라 전도성이 감소해야 할 이유는 없어. 그럼 문제가 뭘까?

아리아나 글쎄, 아마 뭔가가 빠지지 않았을까. 아레니우스는 모두가 지나친 무언가를 인식해야겠지.

제니 아, 알았다! 답은 용매야! 지난주에 토론한 반트 호프처럼 말야.

헌터 역사학자 말고 과학자 하지 그래? 너보다 소질 있는 학생도 드물어.

제니 과학을 더 잘할지도 모르지. 한데 역사학자와 과학자의 소질이 다르다고 생각하는 거야?

헌터 미안. 과학 우월주의가 또 도지고 말았어.

네 말이 맞아. 그 모형은 용매를 무시했어. 그게 바로 아레니우스에게 떠오른 통찰이었지. 아레니우스는 베르톨레와 그 제자들, 특히 노르웨이 화학자 카토 굴드베르그Cato Guldberg와 페테르 보게Peter Waage의 글을 읽었어.[38] 그들은 용질에 대한 용액의 친화성을 무시해서는 안 된다고 말했지. 그때 번뜩이는 통찰이 찾아와. 이온들은 서로 부딪힐 뿐만 아니라 용매 분자와도 부딪힌다는 걸 깨달은 거야.

임프 다시 말해 용매(물)는 전해질이기도 하다는 거지.

헌터 그렇지. 아주 약하다 해도 전해질이야. 그래서 어떤 일이 일어났을까? 아레니우스는 근본적으로 사태를 다르게 보기 시작해. 클라우지우스와 윌리엄슨에게 전류는 서로 부딪히며 부분들을 교환하는 이온이 운반하는 거야. 아레니우스에게 전류는 이온 수화물을 형성하기 위해 물 분자와 부딪히는 이온이 운반하는 거지. 이제 아레니우스는 극도로 높은 농도와 낮은 농도에서 나타나는 염의 변칙적인 행동을 설명하고자 질량 작용 효과를 도입할 수 있었어. 극도로 높은 농도에서 이온 분자는 상당 시간을 같은 분자와 재조합하는 데 소모해 전류를 운반하는 일이 제자리걸음이지만, 극도로 희석된 상태에서 대부분의 염 분자는 물과 함께 수화물을 형성하기 위해 분해되지. 염 분자가 적으면 적을수록 이런 수화물이 형성될 가능성은 높아져.

그 결과 각 염 분자는 해리되어 두 이온, 즉 하나는 음전하를, 다른 하나는 양전하를 띤 이온이 생겨. 염 농도가 감소함에 따라 비比전도성은 증가하기 때문에, 아레니우스는 전도성이라는 관점에서 활성 분자는 수화물로서 형성된 거라고 결론 내렸지. 따라서 아레니우스에게 암모니아는 물과 복합체를 형성하기 전까지는 부도체야.

$$NH_3 + H_20 \rightleftharpoons NH_4^+ + OH-$$

또 아레니우스는 자신의 통찰에 화학적 함축이 있다는 사실을 알

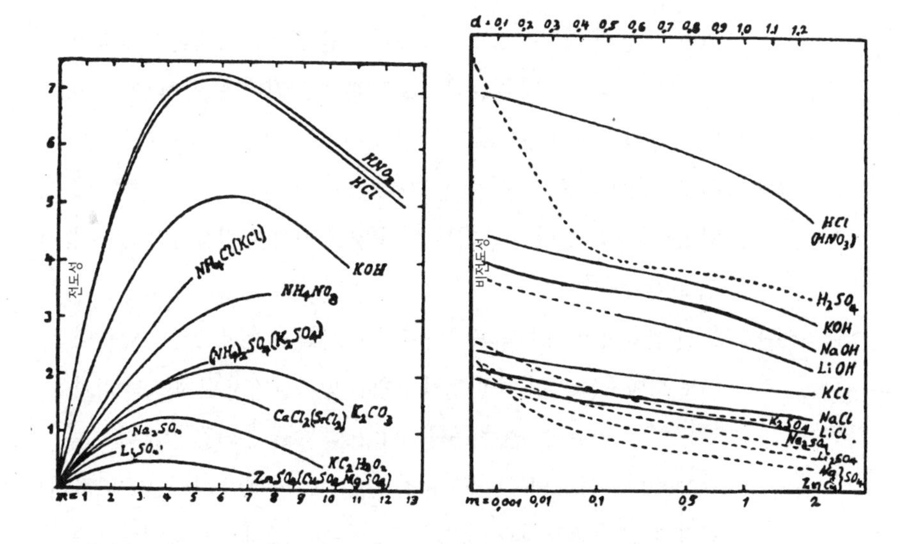

(왼쪽) 전기 전도성 대 농도, (오른쪽) 비(比)(분자) 전도성 대 농도(Kohlrausch, 1888)

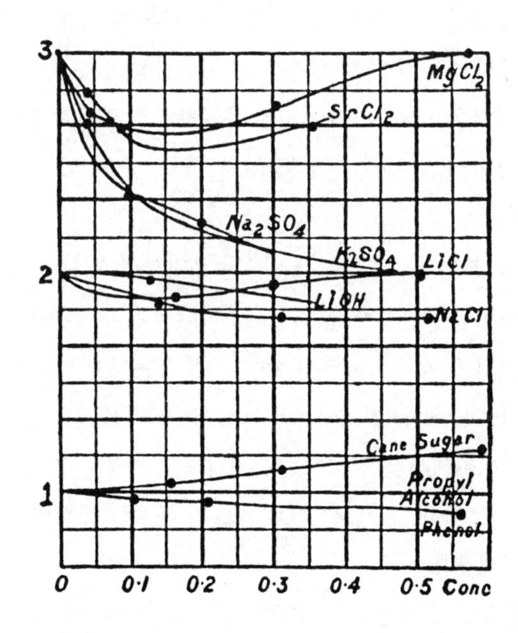

비(분자) 어는점 내림에 관한 라울(Francois Marie Raoult)의 자료(Arrhenius, 1903)

았어. 예컨대 베르틀로는 암모니아는 순수한 비수화물인 형태일 때 화학 반응을 하지 않는다고 보고했지. 그러니까 암모니아는 어떤 물질과도 결합하지 않고, 전기를 전도하지도 않는다는 거지.[39]

제니 라부아지에와 베르톨레에 관해 토론할 때도 비슷한 말을 하지 않았어? 순수한 산이나 염기는 물에 넣기 전까지 반응하지 않는다고 말이야.

헌터 그건 정확히 19세기적 표현이야. 물리화학자 루이스G. N. Lewis 이래로 화학자들은 더 이상 그런 표현을 받아들이지 않지만, 우리가 토론하는 목적에는 얼추 부합하지. 요점은 물에 담긴 암모니아는 화학적 반응성이 아주 높고, 분자 반응성은 용액이 희석됨에 따라 증가해. 분자 전도성과 마찬가지로 말이야. 그래서 아레니우스는 전기적으로 활성인 분자는 화학적으로도 활성이라고 제안했어. 그 결과 화학 반응에 관한 전기 화학 이론은 다른 분야, 예를 들어 전기 분해, 화학적 친화성, 반응 속도, 총괄성, 질량 작용과도 연결돼. 아레니우스는 자신의 생각을 다양하게 적용할 수 있는 방식을 고심하느라 많은 밤을 지새웠다고 말했지.[40]

임프 그랬겠지!

헌터 그가 실제로 얼마나 성공했는지는 불명확해. 학위 논문을 보면 분명히 활성과 불활성 분자가 무엇이냐는 문제에 관해 혼란스러워한 면이 보이니까. 하지만 1887년에 그는 현대적인 형태의 이온 해리(용액 속에서 염류가 자유 이온으로 해리되는 일) 개념을 썼고, 그리하여 어째서 염 용액에는 분자량으로 설명할 수 있는 양보다 더 많은 분자가 있느냐는 반트 호프의 문제를 해결했지. 그것들은 해리된 거였어.[41]

콘스탄스 잠깐만. 그게 깨달음, 그러니까 갑작스러운 통찰과 무슨 관련이 있어?

헌터 방금 말했는데.

콘스탄스 아, 미안한데, 이해를 못했어. 그러니까 내 말은 방금 네가 얘기해 준 이야기는 우리가 토론해 온 다른 발견 사례와 구조적으로 다르지 않은 것 같은데.

헌터 맞아. 다만 몇 달이나 몇 년에 걸쳐 일어나는 대신에, 잠자리에서 몇 시간만에 일어난, 잊지 못할 밤이라는 점만 제외하면 말이야. 아주 매력적으로 들리지 않아?

나는 깨달음을 묘사하는 이런 낭만적 방식이 사람들을 기만한다고 생각해. 우리는 깨달음이 각기 다른 발견에서 이루어진다고 보지만, 그렇지 않아. 깨달음은 모든 발견이 이루어지는 과정에 있는 하나의 단계야. 이 점에서는 콘스탄스가 옳아. 발견은 때로 작고, 거의 알아차리기 힘든 일련의 통찰을 수반해. 이는 여러 해가 지나 생각과 실천에 주요한 변화를 만드는, 많은 발견 과정을 거쳐 축적한 소소하게 놀라운 사실들이지. 어느 날 연구가 중대한 난관에 봉착하면 압력이 쌓이면서 갑자기 억눌렸던 에너지가 방출되는데, 바로 그때 발견이 일어나는 진원지를 확인할 수 있어. 그러니 본질적으로 우리는 (깨달음의 보편성에 관한 리히터의 질문 때문에) 분리되지 않은 요소를 분리되었다고 생각하는 용어의 함정에 갇혀 있는 거야. 리히터, 기분 나빠하지 마. 넌 어떤 문제는 인공 사실이며 틀린 가정을 제거할 때까지 해결할 수 없다고 지적했지. 인공 사실 문제는 우리가 인정하는 것보다 훨씬 더 흔하다고도 주장했고. 그러니 우리는 네 주장과 우리의 가정을 시험한 거고, 부족한 점이 있다는 사실을 발견했어. 좋아. 그럼 이제 우리는 통찰이라는 현상을 새로운 방식으로 보게 된 거야.

리히터 그래? 난 확신이 안 드는데. 넌 깨달음이라는 수수께끼를 해결했다고 주장했어. 하지만 네가 실제로 한 건 질문과 그 경계 조건을 재정식화한 게 다야. 여기까진 좋지만, 이제는 임프의 연구와 재검토가 필요해. 그 과정은 어떻게 작동해? 그 가정은 어디서 왔어? 네 모형은 어디에 있어?

아리아나 나는 먼저 깨달음을 구성하는 요소가 정확히 무엇인지부터 분명히 이해하고 넘어가는 게 좋다고 생각해. 그래야 이 주제를 둘러싼 개략적인 부분에 동의할 수 있으니까.

모든 발견에 있는 깨달음에서 핵심 요소는 변칙 현상이나 미해결 문제라고 생각해. 이런 문제를 해결하려면 엄청난 노력(몇 년간 노력을 퍼부은 다윈이나 푸앵카레처럼)이 필요하고, 이런 준비 기간에 시도하는 해결책은 실패로 돌아가기 일쑤지. 그래서 연구자들은 문제 주변을 우회하며 문제가 어디로 가는지 지켜 봐. 잠을 자고, 휴가를 떠나고, 산책을 하고, 어딘가로 떠나 문제로부터 멀어지는 거지.

그럼 무슨 일이 일어날까? 바로 이게 중요해. 내가 말할 수 있는 건 콘스탄스가 보여 준 사례는 다음 두 가지 중 하나로 규정할 수 있다는 거야. 잊고 있었던 뭔가가 갑자기 생각나거나 가보지 않은 길을 가는 것. 왜 이것뿐일까? 그건 우리가 현상들을 구획하고 용어를 구축하며 위계를 세우기 때문이지. 우리는 패러다임 안에서 받은 교육과 선호하는 테마에서 뽑아 낸, 받아들일 수 있는 해답이 무엇이냐에 관한 선개념을 갖고 있어. 이런 규칙, 유형, 선개념, 즉 이런 구획화를 이전에 지나친 이질적인 생각과 만나도록 깨부술 필요가 있어.

리히터 의식적으로? 아니면 무의식적으로?

아리아나 뭐가 다른데? 자동차를 운전하거나 자전거를 타는 건 의식적인 행동이야? 처음 배울 때야 그렇겠지. 계속해서 지금 뭘 해야 하는지 생각해야 하니까. 하지만 충분히 연습하고 나면 자연스러워져(이것도 오해의 소지가 있는 말이지만). 날 때부터 자전거나 자동차를 운전할 줄 아는 사람은 없어. '자연스러움'은 반응 유형이 단단히 자리 잡아 더 이상 새로운 유형이 없을 때만 가능한 법이야.

똑같은 방식으로 발견하는 법도 의식적으로 배울 수 있지만 그 다음에는 습관이 돼. 바로 이것이 폴링 같은 사람이 연습으로 획득한 능력을 설명해. 폴링은 매일 밤마다 스스로 준비해서 어디에도 없는 답을 갖고서 깨어났어. 폴링은 내가 첼로를 어떻게 연주하는지, 테니스공을 어떻게 치는지 아는 것보다 자신이 어떻게 연구하는지 잘 알지 못했어. 하지만 그게 발견 과정을 신비롭게 만들지는 않았고, 배움을 통해 수정할 수도 있었지.

리히터 하지만 넌 무엇을 어떻게 가르칠 것이냐는 문제를 계속 피하고 있어. 난 네가 답을 잘 모른다는 생각이 드는데.

헌터 음, 우린 이미 지난주에 네 방식으로는 깨달음을 이해할 수 없다고 말했잖아. 우리는 그저 과정을 기술할 수 있을 뿐이고, 실제로 어떻게 작동하는지는 설명 못해.

제니 임프가 플레밍의 라이소자임 연구를 갑자기 이해하게 되었을 때 사용한 입체 시각 비유는 어때?

리히터 불충분해. 뭐, 거기에도 몇몇 요소들, 즉 유형에 있는 연결 가능한 정보, 놀라운 결과, 정보 범위의 추가 등이 있지만, 케스틀러가 말한 이연 현상과 너무 똑같아. 두 가지 관련 없는 요소를 함께 모으면 하나의 발견을 얻게 된다는 현상 말이야.

임프 잠깐만, 리히터. 2차원에서 3차원으로 넘어가 산출할 수 있는 결과는 몇 가지 조합에 불과해. 그러니 분명히 케스틀러-로텐버그식의 방법보다 더 엄격한 거야.

리히터 인정해. 하지만 네 모형도 의미를 갑자기 전환하는 것을 허용하지 않아. 그저 이미지를 만드는 한 가지 방식일 뿐이지. 그 점에서는 쿤의 게슈탈트 전환이 더 나은 모형이야. 적어도 그건 자료 집합이 하나의 관점에서 어떤 의미를 지니며 다른 관점에서는 또 어떤 의미를 지닐 수 있는지 보여 주니까. 하지만 어떤 모형도 우리가 지금까지 토론한, 발견에서 가장 중요한 요소인 과학자들이 생산하는 해답의 엄청난 다양성을 허용하지 못해. 우리는 어떻게 하나의 이미지에서 다른 이미지를 얻는지 설명해야 할 뿐 아니라 왜 그렇게 다양한 이미지가 동시에 존재하는지, 왜 어떤 이미지도 새로운 이미지가 갑자기 나타날 가능성을 보여 주지 않는지 알아야 해.

제니 그냥 우리가 보지 못할 뿐이지 실제로는 가능한 게 아닐까.

아리아나 리히터, 적어도 우리가 문제를 재정의하는 일에서는 현재 있는 문헌에서 시도한 작업보다 더 멀리 나아갔어. 네 말에 따르면, 가장 중요한 고비를 넘은 거야. 네가 답을 갖고 있지 않다면, 기운 내서 조금 더 가야 하지 않겠어?

임프 아니. 네가 처음에 내가 지각 없고 경솔하다고 뭐라고 하긴 했지만, 우리가 방금까지 토론한 내용으로 볼 때 계속 진지하게 분석하기보다 조금 쉬는 시간이 필요한 거 같아. 우리에게 필요한 건 더 많은 말장난, 재미, 게임 아니겠어!

제니 우리 자신을 놀라게 하는 새로운 방법이 필요한 거지. 머리를 더 굴리려면 그동안 커피 한 잔 마시자.

제니의 수첩: 깨달음을 모형화하기

많은 과학 연구에서 흔히 직접적 접근은 어떤 결과도 산출하지 못하는 경우가 흔하다. 말하자면 연구자는 뒤에서 접근할 필요가 있다.

- 나오미 미치슨(Naomi Mitchison, 소설가)

나의 아버지 J.J. 톰슨은 어느 정도의 위기는 좋은 것이며 필요하기까지 하다고 말씀하셨다.

- G. P. 톰슨(George Paget Thomson, 물리학자)

우리는 깨달음이라는 주제에서 막다른 길에 다다랐음을 인정했다. 하지만 어느 누구도 멈추고 싶어하지 않았다. 모두들 일어나서 몸을 쭉 펴고, 어떤 친구는 강아지처럼 하품을 하며 무력감에서 벗어나려 했다. 콘스탄스와 나는 커피를 가지러 갔다(이런 게 아직도 여자의 일이다). 임프와 리히터, 헌터는 자신의 수용체 단백질을 흉내 내는 펩티드를 포함해, 어떤 호르몬을 암호화하는 상보적 DNA 가닥을 논하는 최근 논문의 가치와 약점에 대해 토론했다.[1] 그건 우리가 유전 암호를 어떻게 이해하느냐와 관련 있었다. 호르몬에 관해 좀 아는 아리아나는 반만 듣고는 뭔가를 끼적거렸다(낙서라고 할 수 있을지 모르지만). 아리아나가 몇 분 만에 휙휙 그려낸 드로잉과 캐리커처는 한 달이나 숙고한 내 생각보다 훨씬 나았다. 아리아나는 말했다. 어떤 사람은 그저 선을 통해 사고한다고. 나는 그 사람은 그저 재능을 가진 거라고 말했다.

이날 일어난 일은 이렇다. 내가 커피를 준비할 때 아리아나는 점을 무작위로 배열해서 그것들을 선으로 연결했다. 그건 아리아나가 달리 그릴 게 생각나지 않을 때 하는 일이었다. 아리아나는 점으로 놀라운 모양을 만들어 냈다. 마치 과학자들이 원소들에 관한 자료로 진기한 주기율표를 뽑아내듯 말이다. 그러자 어떤 생각이 불현듯 떠올랐다. "알았다!" 내가 소리쳤다. 나는 흥분했다. "깨달음을 기술하는 모형이 생각났어. 깨달음이라는 과정 자체를 보여 줄 수 있을 것 같아. 앉아 봐, 모두." 친구들은 나를 미친 사람처럼 쳐다봤다. 물론 친구들에게 나는 문제를 해결할 만한 사람으로 보이지 않았겠지만, 이런 것도 발견하기의 놀라움 아니겠는가.

나는 노트 한 귀퉁이를 찢었다. "너희 모두 이걸 봤을지 모르지만, 이런 방식으로 사용할 수 있다는 건 몰랐을 거야. 친숙한 대상이 갑자기 낯설어 보이는 현상. 다양한 해답에 대한 의식적 정교화, 올바른 해답을 인지하지 못하게 하는, 논리 규칙에 대한 무의식적 가정. 놀라운 결과, 일상의 숭고함, 게슈탈트 전환을 일으키는 요소들. 오늘 콘스탄스가 보여 준 주기율표. 이 모든 것들을 굴려서 뭐가 나오는지 봐!"

나는 아리아나의 낙서를 보고서 어떻게 깨달음이 일어났는지 간단히 설명했다. "갑자기 아리아나가 두어 달 전에 보여 준 수학 퍼즐이 생각났어. 그걸 뭐라고 부르는지 모르지만, 정사각형 안에 아홉 개의 점이 있고 그 점들을 다섯 개의 직선으로 연결하는 퍼즐 말이야.

"그렇군!" 아리아나가 소리쳤다. "내가 왜 그걸 생각 못했을까."

"왜냐하면 나머지 우리처럼 우회로나 측면을 보지 않고 직접적으로 해답을 얻으려 했기 때문이지." 임프가 말했다.

"하지만 내가 정말로 문제를 남김없이 해결하려는 건 아냐." 내가 말했다. "나는 그저 문제와 문제에 맞는 해답에 필요한 기준을 깨닫고자 해. 하지만 이 일을 완수할 수 있으리라 기대하지 않고 넘어서야 할 선개념도 없어."

"아니면," 헌터가 말했다. "그 퍼즐이 아리아나에게 너무 익숙한 거라서 의식적으로 그걸 생각해 본 적이 없을 수도 있지. 제니에겐 새롭고, 매혹적이고, 문제적이겠지만 말이야."

"좋아." 리히터가 끼어들었다. "그런데 퍼즐의 목표는 다섯 개가 아니라 네 개의 선으로 문제를 해결하는 거야. 그리고 연필을 떼지 않아야 하고, 어떤 선도 두 번 이상 갈 수 없어."

"잠깐." 아리아나가 짜증스럽게 말했다. "이 통찰이 누구의 것이지? 너

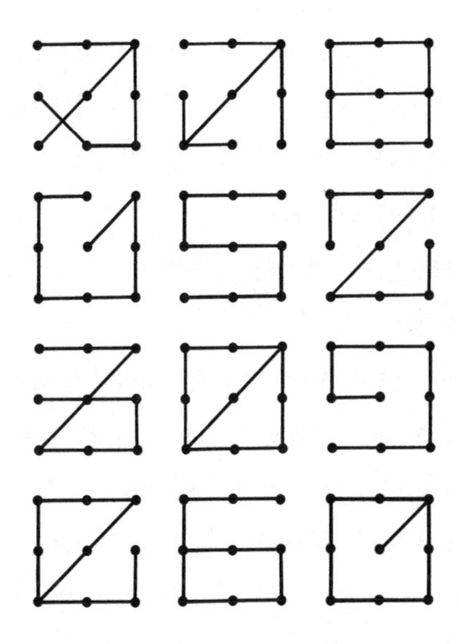

아홉 개 점 문제에 대한 다섯 개 선 해답

야 아니면 제니야? 제니가 규칙을 정하게 내버려 둬." 리히터가 한숨을 쉬며 입을 다물었다. 이제 우리가 틀린 걸 주장하더라도 그의 잘못은 아니다.

나는 계속해서 말했다. "리히터가 말한 규칙은 잊어버려. 점을 다섯 개의 선으로 연결하는 데는 이유가 있어. 내가 생각하는 대로 해 보자. 펜을 들어도 되고 선을 두 번 지나도 상관없어. 내 마음속에 무엇이든 떠오르게 해. 그리고 내가 어디로 가는지 알더라도 모르는 척 해. 그건 내가 기대한 게 아니니까. 이건 깨달음이 지닌 특성 중 하나지, 그렇지? 예상치 못한 사실과 만나는 거 말이야." 리히터를 빼고 모두가 그림을 그리기 시작했다. 1~2분 정도 지나고 나서 멈추라고 말했다.

"이제 그만. 어떻게 됐는지 보자. 자, 지금 우리는 누구는 종이에서 펜을 떼고, 누구는 떼지 않고 등 여러 방법으로 열 몇 개의 해답을 찾아냈어. 물론 더 많은 답이 있겠지. 하지만 상관없어. 몇 분 전에 나를 때린 건 우리가 이런 해답의 다양함을 이미 보았다는 거야. 바로 주기율표에서.

"그래." 콘스탄스가 고개를 끄덕였다. "벤젠 고리에서도 보았지."

"DNA 구조를 설명하는 여러 모형과 내가 연구한 다양한 배열의 유전 암호도 그렇고." 임프가 덧붙였다.

아리아나는 허셜과 지각하기의 기술을 토론할 때, 토성을 묘사하는 여러 가지 방식을 상기시켰다.

"다수의 해답이 공존해." 내가 강조했다. "해답의 성질에 관해 일반적 합의는 있지만 세부 사항은 달라. 이 게임은 과학자들이 자료를 갖고 하는 일과 유사해. 얼마나 많이 연결할 수 있느냐, 어떻게 연결할 수 있느냐는 엄격한 규칙에서 어떤 가능성들이 있는지 살피는 거지! 그리고 게임은 벤젠 모형이나 DNA 모형 사이에서 선택하는 일과 마찬가지로 내가 선호하는 선택 기준이 무엇이냐로 결정 돼. 예를 들어, 종이에서 펜을 떼지 말라는 지시는 일관성을 추구하는 기준으로 해석할 수 있지. 임프는 늘 가설을 최소화하고 우리가 아는 내용이 무엇인지 확실히 하라고 말했어. 가령 세로토닌 수용체가 세로토닌 길항제에 관해 우리가 아는 내용과 상응하는지 말이야. 이건 모두 잘 들어맞아야 해. 역사에서도 똑같은 문제가 있어. 우리가 별개의 가설로 모든 사실을 설명한다면 어떤 일이 벌어질까 상상해 봐. 아마 우리는 어디에도 이르지 못하고, 어떤 연결도 지을 수 없고, 어떤 원리도 얻을 수 없을걸. 그러니 가능한 한 최선의 일관성을 찾아야 해."

헌터는 동의하며 고개를 끄덕였다. "또는 내가 방정식을 다룬다면, 나는 내 방정식이 물리적 연산과 관련해 대칭적이거나, 아니면 시간에 따라 비가역적인 반응을 다룬다면 비대칭적이기를 바랄 수 있지."

"다시 말하면," 내가 말했다. "내 모형은 왜 과학자들이 미학적 기준을 이용하는지 설명할 수 있어." 나는 아리아나를 향해 웃어 보이고 리히터가 발끈하기를 기다렸다. 하지만 리히터는 그러지 않았다. "리히터, 반론 안 해?"

"자제하는 중이야. 난 미학적 혹은 논리적 기준을 일관성(규칙을 적용하는 내적 일관성, 단순성 등등)이라 부를 수 있는지 잘 모르겠어. 하지만 나 역시 과학자들이 고안하는 해답이 왜 그렇게 다양한지 궁금하니까 지금은 옥신각신하고 싶지 않아. 이 문제에 관해 답이 있다면 계속 얘기해 줘."

"이미 하는 중이야. 좋아. 가능성들을 생각해 보자. 예를 들어 내가 펜을 들 수 없다면, 맨 위에 있는 세 가지 모형은 제거해야 할 거야. 대칭성을 원한다면 다른 모형들을 함께 묶어 치워야겠지. 선을 교차할 수 없다면, 역시 그 밖의 답을 걸러야 하고, 그렇지? 따라서 일련의 자료에 맞는 다양한 해답이 있고, 이 답들을 판별하는 작업은 푸앵카레와 폴링이 했듯이 과학 외적인 미학적 기준을 사용해야 해. 우리가 게임을 하려고 고안한 각각의 규칙은 이런 미학적 기준 중 하나를 나타내는 거야. 목표는 올바른 답을 찾는 게 아니라 폴링이 말했듯이, 불가능한 답을 제거하는 거지."

아리아나는 아주 흥분한 듯 보였다. "그리고 홀턴의 테마처럼 우리가 복잡한 답보다 간단한 답을, 비대칭적 답보다 대칭적 답을 선호한다고 말하는 것 말고 이런 기준을 정당화하는 논리적 방법은 없어. 이 기준들은 미지의 대상을 확률적으로 탐구하도록 안내하면서 탐구의 한계도 정해."

"그건 미학적 규칙을 형성하는 데는 문화도 한몫한다는 점을 보여 줘." 내가 말했다. "미국 사람이 일본 음악보다 유럽 음악을 선호한다는 점에 그냥 그래 왔다는 사실 말고는 어떤 선험적 이유도 없어. 사실 일본에서 자란 미국인, 조상이 일본인인 후손들은 일본 음악을 선호하는 경우가 흔하잖아. 이건 모든 문화, 언어, 분석 방법에는 어떤 잠재력뿐 아니라 한계도 있다는 점을 뜻해. 콘스탄스가 플레밍의 물 흐르는 엉덩이, 물 흐르는 코라는 말장난을 논할 때 지적한 거지.

"좋아. 다음 단계는 새로운 미학적 도전을 고안하는 거야. 종이에서 펜을 떼지 않고 네 개의 직선만을 사용해 아홉 개의 점을 연결해 보자. 다시 가능한 한 일관성 있게 문제를 해결해야 해." 이번에 리히터는 건성으로 답을 그려 나갔다.

하지만 콘스탄스는 어려워했다. 조금 있다가 콘스탄스가 물었다. "이거 가능하기는 해?"

"물론." 아리아나가 대답했다.

"당연하지." 몇 초 있다가 임프도 대답했다. "이걸 푸는 데는 요령이 있어."

"속임수를 쓰면 안 돼!" 아리아나가 소리쳤다. "이게 바로 발견에 관한 토론을 할 때 생기는 문제야. 우리는 의미 없는 단어를 너무 많이 사용한다니까. 속임수로 문제를 풀지 마. 사전 연습으로 암묵적 규칙을 고안하고, 그래서 사전 연습 말고 어떤 정당화도 없다는 걸 깨달음으로써 문제를 풀어야 해."

"그게 뭔데?" 콘스탄스가 물었다.

아리아나가 미소 지었다. "아홉 개의 점을 규정하는 모양이 뭐지?"

"상자지." 콘스탄스가 대답했다. "당연한 거 아냐?"

"당연하지. 넌 그게 필연적으로 참이 아니라는 점을 알고서 문제를 풀어야 해. 과학에서 당연한 답은 틀린 경우가 많아. 임프가 내가 풀려는 퍼즐에 조각이 얼마나 있느냐를 규명해야 한다고 반복해서 말한 거 기억해 봐. 점은 전체 모양을 완성하는 걸까, 아니면 더 큰 모양의 부분일까?"

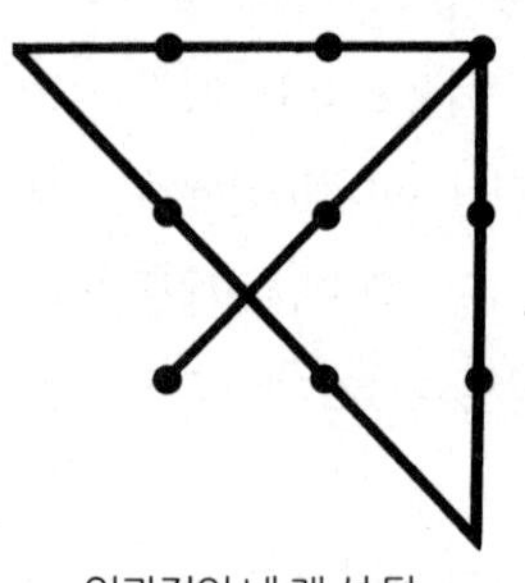

일관적인 네 개 선 답

"아, 알았다." 조금 있다가 콘스탄스가 말했다. "상자 밖으로 나갈 수 있어!"

"놀라운데!" 아리아나가 크게 웃었다. "이제 뭔지 알겠지. 상자 안에서 다섯 개의 선을 그리는 문제를 잘 풀었어. 그래서 너는 같은 기준으로 네 개의 선을 그리는 문제를 풀 수 있다고 가정한 거야. 하지만 불가능해. 제니의 말이 전적으로 맞아. 바로 이게 과학자에게 늘 일어나는 일이야. 우리는 문제를 푸는 패러다임을 배워서 최선을 다해 해답을 찾아. 패러다임에 속하지 않는 문제까지도 말이야. 하지만 패러다임에 있는 숨겨진 가정에 의문을 품어 이렇게 획득한 논리적 조작을 포기하고 나서야 패러다임에 저항하는 문제를 풀 수 있고, 스스로를 놀라게 할 수 있어."

"그래서 이 모형이 깨달음을 기술하는 좋은 모형인 거야." 내가 덧붙였다. "모형은 왜 과학자들이 그렇게 자주 헛되이 문제를 풀다가 잠시 포기하고 쉬는 중에 갑자기 답을 인식하는지를 설명해. 내가 작동하기를 바라는 패러다임에 의식적으로 들어가 있는 한, 나는 스스로를 문제에 적합하지 않는 논리 상자에 가두는 셈이야. 답이 무엇이어야 하느냐는 지레짐작을 포기하고 나서야, 답을 얻는 방법을 통제할 수 있다는 생각을 철회하고 나서야 우리 마음은 임프가 입체시 비유로 한 일을 할 수 있어. 즉, 유형이 저절로 형성되는 일을."

"음, 난 문제 풀기를 완전히 무의식적 마음으로 넘겨야 하는지 확신이 들지 않아." 아리아나가 말했다. "우리는 자기 뇌를 특정 방식의 사고를 하도록 프로그램했다고 말한 폴링의 말을 받아들이면서, 임프가 옹호하는 게임을 하며 의식적으로 문제 푸는 법도 배울 수 있어. 그러다 어떤 장애에 부딪히면, 문제 풀기를 멈추고 내가 가진 선개념과 가정들을 한 번에 하나씩 조사하는 거야. 그것들을 포기하고 변경하면 어떤 일이 생기는지 알려고 말이야. 별 연관 없어 보이는 대상이 유용한 유비를 제공해 주는지도 살펴봐야 해. 알겠지만, 문제를 이해하게 하는 건 자료가 아니라 내가 받아들이는, 내 마음속에 있는 그 무엇이지.

"재미있군." 헌터가 말했다. "그건 여러 가지를 설명할 수 있을 거야. 예를 들어, 머리 겔만이 전하 스핀의 보전이 어째서 중입자(무슨 뜻인지 몰라도 돼)의 긴 수명을 설명하지 못하는가를 강연할 때 해 준 이야기가 있어. 요점은 이 문제를 제기한 사람은 모두 전하 스핀의 값 I가 1/2의 배수여야 한다고 가정했다는 거야. 그래서 겔만은 왜 그런 값이 작용하지 않는지 예시를 들려고 'I=5/2라고 가정 합시다'라고 말하려던 참에 어떤 까닭인지 'I=1이라고 가정 합시다'라고 말해 버렸어. 이건 상상도 할 수 없는 거였지! 이전에 겔만은 이런 가정이 얼마나 말이 안 되는지 지적하기도 했는데, 갑자기 이 값이 문제를 해결한다는 사실을 깨달았지. 어느 누구도 정수 값을 고려해 본 적이 없었어. 겔만이 말한 바에 따르면 정수 값은 불가능하다는 '미신'이 팽배했거든.[2] 하지만 아리아나가 말한 대로 자리에 앉아서 체계적으로 '불가능한' 또는 '만약 이렇다면 무슨 일이 일어날까'를 가정해 보는 사람이 있지. 그런 사람들이 성공하기도 하고.

"같은 논증이 과학자가 자기 분야에서 처음으로 달성하는 많은 발견이 왜 제니 같은 신참내기, 처음으로 진지하게 과학적 추론을 시작한 사람이 해내는지 설명해. 신참내기가 하는 사고는 아직 습관에 따른 게 아니니까. 모든 것이 새롭고 왜 이건 되고 저건 안 되는지를 포함해 의식적으로 사고하는 일이 필요하지."

임프가 계속해서 말했다. "자신의 연구 분야를 다시 사고하는 사람은 다른 선개념을 가지고 시작할 가능성이 크고, 또 스스로 자신의 길을 개척하며 배운 사람(우리가 만나곤 하는 독학자)일 거야. 말이 나와서 하는 건데, 상자 밖으로 나가면 다섯 개의 선 문제에 또 다른 답이 가능하다는 사실 알고 있어?" 임프는 세 가지 답을 그려 보았다.

"연구와 다시 생각하기." 나는 기도처럼 따라하며 말했다. "이제 내가 이 퍼즐을 유비로 인식했을 때 얼마나 흥분했는지 알겠지. 모든 것이 갑자기 제자리를 찾았어."

"물론," 콘스탄스가 말했다. "이해할 수 있어. 그런데 난 유비라는 게 정확히 뭔지 모르겠어. 내 말은, 일반적인 뜻은 알겠지만—"

"그럼 자세히 설명해 볼게." 내가 말했다. "먼저 정의를 제시해 볼게. 점은 측정점이고, 선은 측정점을 연결하는, 즉 이런 측정점을 연결하는 증거에 기반을 둔 예측된 선이지. 선이 형성하는 유형은 가설을 나타내고 선이 예측하는 측정 점을 찾아 가설을 시험할 수 있어. 근본적으로 이 선들은 증거를 어디서 찾아야 하는지, 그 증거가 현재 있는 증거와 어떻게 연결되는지 말해 줘. 이해 되니?"

콘스탄스는 헌터를 향해 돌아섰다. "반트 호프가 뭐라고 말했지? 사실은 기초다……?"

"사실은 기초이자 근간이다. 상상은 건축 재료고, 가설은 시험해야 할 설계도며, 진리 혹은 실체는 건축물이다."[3]

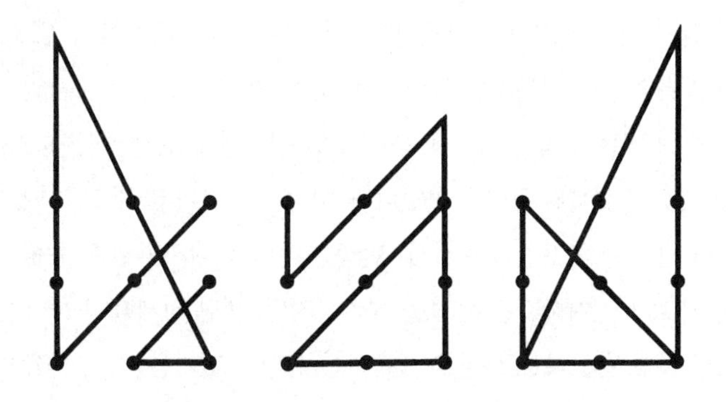

네 개 선 해답이 제시하는 새로운 다섯 개 선 해답

"그게 내가 염두에 두고 있는 거야." 내가 말했다. 나는 이런 과정이 얼마나 의식적인지 궁금했다. 문제와 그 해답에 적용하는 기준은 의식적이다. 모든 자료에도 그런 걸까? 아니면 시험을 해봐야 하는 걸까? 아니다. 자료 대부분이 잘 들어맞는다는 점을 즉각 알게 될 것이다. 나는 이론을 정교화하는 동시에 시험한다. 콘스탄스의 모형에 있는 순환처럼 말이다. "이 정의에 따라 우리가 풀었던 다섯 개의 선 문제에 제시한 다양한 해답을 재해석해 보자. 우리가 내놓은 열 다섯 가지 답에서 무엇을 선택할래? 분명히 아홉 개의 측정점만 있는 한, 선택은 미학적 기준으로 이뤄질 거야. 그렇지, 아리아나? 추가 시험은 아주 소수의 가능성만을 제거하겠지. 많은 유형이 같은 방식으로 자료가 존재한다고 예측하니까. 사실 일련의 기준 집합 안에서 가능한 해답 모두를 정교화하고 나서야 대안적 설명 사이의 차이를 시험하는 적절한 방식을 만들 수 있어."

임프는 조바심이 나서 더는 기다릴 수 없는 모양이었다. "그렇다고 하더라도 내가 가진 가정을 점검하는 데 실패해서 가능한 해답을 고안하지 못할 수도 있지. 우리는 네 개의 선 해답이 우리를 다시 생각하게 해서 새로운 답을 고안할 때까지 다섯 개의 선 해답을 대부분 안다고 착각해.

하지만 이것이 과학적 방법을 기술하는 표준적 설명에 무슨 일을 하는지 알지? 엉망진창으로 만들잖아! 귀납은 문제를 해결할 수 없고, 얼마나 많은 해답이 있는지도 말해 주지 못해. 연역은 내가 유형을 얻은 후에만 현재 있는 측정점 사이에 무엇이 있는지 말해 주기 때문에 불충분하고. 그러니 잘못된 유형을 얻었다면, 연역은 쓸모가 없어. 그럼 맨 처음에 어떻게 유형을 고안하는 걸까? 반증은 아냐. 왜냐하면 많은 유형은 동일한 자료가 존재한다는 사실을 예측하지만, 해답 전체를 반증하는 데 필요한 자료가 있다는 사실을 예측하는 유형은 없거든. 이건 과학을 아나키스트적 접근으로 보는 파이어아벤트가 어떤 잘못을 저질렀는지 말해 줘. 그는 무엇이든 하라고 조언했지. 하지만 젠장, 어떤 유형 **없이** 예측 가능한 측정점의 수를 생각해 봐. 어떤 계열 또는 유형과 닮은 것 없이도 수십 억 개의 측정점을 볼 수 있다니까!"

"그리고," 아리아나가 흥분하며 덧붙였다. "그건 왜 켈빈, 마이컬슨, 케쿨레, 버넷 같은 사람이 자기 분야가 이제 끝에 다다랐다고 주장했는지 설명해. 주어진 어떤 유형 안에서(즉, 어떤 개념적 가정 안에서)는 끝에 도달하는 게 **가능하니까**. 하지만 끝에 다다랐다는 건 단지 그 분야에 접근하

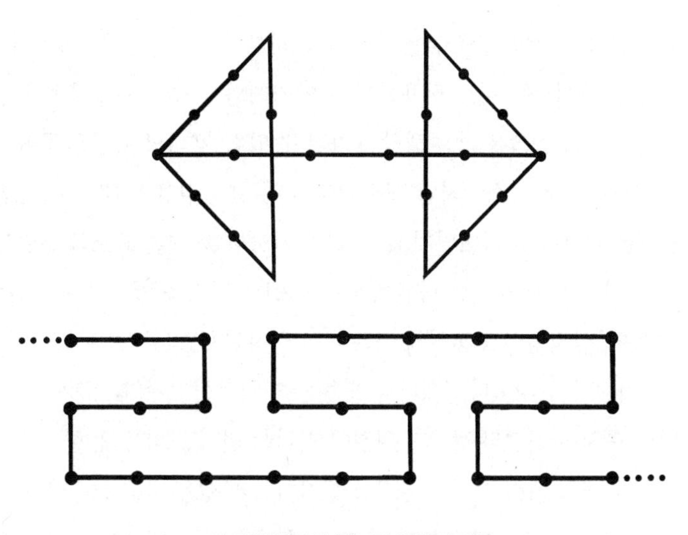

다양한 해답이 주는 점 연결의 제한

는 특정한 방식이 수명을 다했으니 이제 새로운 가정들이 필요하다는 뜻이야. 아인슈타인 식의 사고 방법이지. 모든 것은 가정 안에 있는 거야!"

"다른 한편으로는," 헌터가 조심스럽게 말했다. "제니의 모형은 이전에 논의한 이론 만들기와 선택에 관한 수많은 설명을 통합하기도 해. 그러니 새로움에 관해서는 더 말하지 말자. 내가 되는 대로 생각해 본 게 있는데, 브릴루앵은 몇 년 전에 새로운 이론은 관찰 가능한 양(제니의 측정점)을 보존하려고 옛 이론과 중복되는 반면에 관찰 불가능한 양, 즉 특정한 유형의 선에서는 불일치한다고 말했어. 따라서 새로운 이론은 현재 있는 이론만큼 또는 더 낫게 관찰 가능한 요소를 설명하는 증거를 산출해야 할 뿐만 아니라 관찰 불가능한 요소(가령 가정이나 미학적 기준)와 관련된 다른 모든 측정점도 잘 설명해야 해.[4]

이런 방법론적 의무에 따라, 제니의 모형은 쿤이 말한 정상 과학(말하자면 두 측정점 사이에서 예측한 선을 밝히는 입증 또는 발전 과학)이라는 개념도 통합한다고 봐. 동시에 점 모형은 급작스러운 패러다임 전환이 특징인 쿤의 게슈탈트 전환 개념을 대체할 수 있어. 답이 두 개 이상의 복수로 존재하는 것도 허용하지. 푸앵카레와 뒤앙이 주장했듯이, 어떤 한정된 자료 **집합**은 많은 해답을 가질 수 있어. 제니의 모형은 쿤이 기술한 과학에서 본질적이지만 게슈탈트 모형(변칙 현상은 패러다임 전환을 일으킨다는)에 잘 들어맞지 않는, 관찰 가능한 또 다른 요소를 통합해. 이 경우 나는 상자 경계선 바깥에 있는 어떤 측정점을 발견했다고 추정할 수 있어. 삼각형의 모서리에 있는 어떤 측정점을.

아리아나가 동의했다. "제니의 모형은 미학적이고 사회학적인 기준에 따라 무엇이 최선의 답인지 의견이 갈리는 현상도 허용해. 한 과학자가 세계에 대해 이미 자신이 옳다고 생각하는 모형을 갖고 있으면, 누군가 단지 그 모형 바깥에 있는 또 다른 요소를 통합할 수 있다고 해서 쉽게 마음을 바꾸지는 않을 거야, 그렇지? 이건 콘스탄스가 헬름홀츠를 두고 말한 점이지. 헬름홀츠는 특정 해결책이 어떻게 더 일반적 원리를 예시하는지 이해하지 못했기 때문에 그 해결책에 만족하지 못하는 경우가 흔했다고 말이야. 이게 모형에서 빠진 부분이지. 우리는 아직(가능하긴 하지만 아직도 못했어) 전체적 사고라는 생각을 통합하지 못했어. 해답을 찾는 과정에서 다음과 같이 말할 수 있는 기준이 있어야 해. '가장 최선의 해답은 가능한 한 많은 자료 집합 사이에 있는 관련성을 보여 주는 것이다'."

"그럼 우리가 그린 그림이 의미하는 바가 도대체 뭐야?" "음, 다섯 개의 선 해답 중에 하나는 닫힌 상자라는 거지. 이건 다음과 같이 말하는 거랑 똑같아. '중요한 모든 것은 이 경계 안에 있다.' 다른 한편으로 S자 형태의 다섯 개의 선 해답은 다른 다섯 개의 선 해답과 긴 사슬을 형성하도록 연결할 수 있어. 이건 다른 자료 집합에도 적용되는 패러다임적 가능성을 주지."

"또는," 임프가 끼어들었다. "다음과 같이 바꿔 말할 수 있어. 상자는 특정한 해답이지만, S자 모양은 모든 자료 집합에 적용되는 알고리즘이라고.”

“네 개의 선 해답에는 하나의 연결점만 있어.” 아리아나가 계속 말했다. “두 가지 네 개의 선 해답을 함께 놓으면 체계는 닫히게 돼. 아주 제한적인 적용이지. 이연 현상과 야누스적 사고에도 똑같은 제약이 있어. 이건 단지 두 가지 생각을 종합하고 반대를 섞는 문제가 아냐. 가능한 한 많은 자료점이나 자료 집합을 연결하는 유형을 찾는 거야.”

“하지만 바로 그곳에서 네가 주장하는 미학이 어려움에 처해.” 리히터가 말했다. “네 개의 선 해답이 더 간단할지 모르지만, 몇몇 다섯 개의 선 해답은 통합이라는 더 큰 가능성을 제시하거든. 결국 넌 기준들이 서로 충돌하는 일을 겪게 될걸. 그때 뭘 선택할래?”

“과학적 논쟁이 다 그런 거 아냐?” 헌터가 물었다. “자료 자체가 아니라 자료를 평가할 때 우리가 사용하는 기준을 두고 논쟁하잖아.”

아리아나는 잠시 생각에 빠졌다. “이 경우에는 어떤 기준 집합도 아냐. 임프는 플레밍의 페니실린 연구를 논하면서 이용 가능한 이론이 모두 불충분하다면 새 이론을 고안할 때가 된 거라고 말했어. 과학의 목적이 가능한 한 일관된 지식을 만드는 거라면, 단순성과 정확성이 충돌할 때는 내가 가진 가정을 점검할 시기야. 문제를 더 명쾌하게 해결하는 답을 찾는 거지. 독립적 자료 집합이나 변수를 더 적게 요구하면서 자료 집합과 이론을 통합하는 답을. 물리학자가 통합된 장이론을 고안해 성취하려는 게 바로 이거지. 우리는 그런 과학적 변화를 모형화할 수도 있어. 우선 다섯 개의 선에서 네 개의 선을 얻으려면 상자 밖으로 나갈 수 있다는 사실을 깨달아야 해. 세 개의 선 해답도 있지. 이건 거의 무한한 상자 집합을 통합할 수 있어.”

“지금까지는 분명하군.” 리히터가 말했다. “다른 가정에 의문을 품어라, 점은 기하학적으로 무한하지 않다고 말하라. 약간 기울어진 채로 점을 통과하는 선은 무한으로 가기 전에 만날 것이다."

"또는," 임프가 말했다. "선들이 무한에서 만나는 비유클리드 기하학을 가정하는 거지. 그럼 선들은 평행할 수 있어."

콘스탄스는 고개를 저었다. "하지만 그건 진짜 답이 아냐. 불가능해."

"그게 과학에서 재미있는 점이야." 헌터가 말했다. "상상력이 일을 하게 내버려 두고, 잠시 뒤에 진짜를 찾는 거지. 가령 아인슈타인의 사고 실험을 생각해 봐. 난 두 개의 선 해답은 상상조차 할 수 없지만 퍼즐에는 한 개의 선 해답도 있어."

"내가 맞춰 보지," 임프가 말했다. "아홉 개의 점이 구체 주변에 나선형으로 선 하나가 교차하는 무한히 큰 구체나 튜브에 있다고 상상해 봐. 구체는 무한히 크기 때문에 그 선은 직선으로 보일 거고, 따라서 선 하나는 아홉 개의 점 전부를 통과하지. 그렇다면 무한한 수의 점을 통과할 거고."

"아니면 n차원으로 정사각형을 구획하고 그곳에 원 하나가 통과하도록 만들 수도 있어." 헌터가 끼어들었다. "오래 전에 수학자 피아지오Henry Piaggio가 다음과 같이 썼듯이. '행성의 궤적을 좇는다면/ 크리스토펠Elwin Bruno Christoffel*의 기이한 기호에 맞닥뜨리리라/ 당신이 보는 궤도는/ 이를 데 없이 직선으로 뻗는다/ 다섯 겹의 공간에 있는 표면에서.'[5] 제니가 모은 오행시 중에서 뽑아 봤어."

아리아나는 별로 깊은 인상을 받지 못한 것 같았다. "그렇게 멋 부리며 말할 필요 없어." 아리아나가 말했다. "폴 맥크레디Paul MacCready(스미소니언 박물관에 있는 글라이더와 익룡 모형을 만든 사람)가 물리적으로 실현 가능한 한 개의 선 해답을 제시했어. 그는 종잇조각을 계속 구겨 그때마다 연필로 구멍을 낸다면 연필이 아홉 개의 점 모두를 통과할 거라고

---

* 엘빈 크리스토펠, 1829~1900. 독일의 수학자, 물리학자. 아인슈타인의 상대성 이론이 가정하는 휘어진 공간을 기술하고자 크리스토펠 기호(Christoffel Symbol)를 도입했다.

말했지. 확률적으로 생각하면 말이야."[6]

나는 갑자기 또 좋은 생각이 났다. "아! 그럼 선 없는 해답도 있겠네."

"불가능해." 임프가 웃었다.

"아니야, 난 지금 진지해." 내가 말했다. "우리가 공간을 가지고 게임한다면, 그러니까 가정들에 질문을 던지고 새로운 규칙을 고안하는 등의 작업을 한다면, 4차원 정육면체는 왜 안 되겠어!"

"도대체 4차원 정육면체를 어떻게 그릴 건데?" 리히터가 물었다.

"매들린 렝글Madeleine L'Engle이 쓴 어린이 과학 소설 『시간의 주름*A Wrinkle in Time*』 읽어 봤을 거야. 과학적으로 타당한 내용은 아니지만, 어디에서 오든 생각은 생각이니까. 렝글은 두 점 사이에 있는 가장 짧은 거리는 선이 아니라 공간을 접어 두 점을 만나게 하는 거라고 상상했지. 그러니까 단순히 모든 점이 한 지점에 모이도록 종이접기처럼 종이를 접을 수도 있지 않을까?" 이건 놀라울 정도로 쉬운 답이었다.

"그래," 리히터가 내게 눈짓하며 말했다. "나도 동의해. 하지만 그게 발견과 어떤 관련이 있지?"

"잠깐 리히터, 이 **자체**가 발견이야!" 아리아나가 화를 내며 말했다. "이건 이번 주 내내 우리가 토론한 모든 가설을 정교화하는 대안 가정들을 체계적으로 심사숙고한 거라고.

아니면 네 말뜻은 그게 수학이나 물리학이 아니라 생물학에서 일어나는 발견과 어떤 관련이 있냐는 거야? 혹시 브로노우스키의 글을 읽어 본 적 있어? 브로노우스키는 생물학과 물리학 이론에 있는 유일한 차이는 물리학자가 더 놀이를 즐긴다는 사실밖에 없다고 말했지.[7] 물리학적 현상은 잘 정립되었기 때문에, 물리학자들은 개념적 토대와 가정을 갖고 놀 수 있어. 그들이 가진 개념은 점점 비현실적으로 가는 아홉 개의 점 문제에 대한 해답처럼 비현실적일 수 있어. 갑자기 제니가 아주 간단하고도 현실적인 모형, 접힌 종이를 생각해 내기 전까지 말이야. 이건 물리학자들에게는 '초끈 이론'이 아닐까. 어떤 분야에서나 유형 형성은 유형 형성이야. 하지만 생물학자로서 너와 나는 유형에 있는 요소가 무엇인지 이해하는 데 시간을 허비했을 뿐 진화론과 몇몇 다른 영역을 제외하면 아직 개념적 토대를 갖고 놀지 못했어. 이게 우리의 시각이 협소한 이유일 거야. 우리 용기를 시험할 가능성을 상상하는 것, 우리 지평을 넓히는 것만으로는 충분하지 않아."

"상상력 만세!" 임프가 외쳤다.

리히터는 동의하며 고개를 끄덕였다. "우리에게는 사용할 수 있는 원리가 몇 개 없어(아니면 원리라는 이름을 받을 가치가 있는 게 몇 개 없거나). 어떤 개념적 전복은 그렇게 부적절한 건 아니겠지."[8]

콘스탄스는 화난 듯 보였다. "물리학과 생물학의 차이로 돌아가자. 난 개념적 놀이의 수준이 생물학과 물리학의 유일한 차이점이라는 데 동의할 수가 없어. 우리가 고려해야 할 다른 지점(예를 들면, 역사성이나 목적론이라든지)이 있을 거야. 그 과정이 모든 과학자에게 동일하더라도 필요한 요소는 다 다르겠지. 또 역사적 발전 과정도 다를 거고."

"잠깐만." 내가 말했다. 나는 이 토론을 또다시 주도하려고 했다. "아직 모형 얘기를 끝맺지 못했어. 아홉 개의 점 퍼즐에는 과학적 발견과, 특히 깨달음에 전형적으로 나타나는 측면이 적어도 하나 있어. 바로 문제에 대한 해답 전체를 인지하거나 인지하지 못하거나 둘 중 하나라는 거야. 디드로가 말했듯이, 사고의 일부라는 건 없어. 추정으로 다섯 개의 선 해답에서 네 개의 선 해답을 산출할 수는 없어. 또 네 개의 선 해답으로 속임수를 써서 세 개의 선, 한 개의 선, 0개의 선 해답을 만드는 일도 불가능해. 따라서 한 단계 한 단계씩 전진하지 못해. 어느 순간이 되면 내가 가진 가정들에서 출발해 전체를 다시 생각해야 하거나, 아니면 영원히 상자에 갇히게 되지. 쿤의 게슈탈트 모형이나 임프의 입체시 모형처럼 전부 아니면 전무야."

"사실," 임프가 말했다. "당신 모형은 내 것과 섞여 있어. 점이 반드시 평면에 있을 필요가 없고 3차원이나 n차원에 있다고 해 봐. 그럼 몇몇 경우에서 서로 분리된 일련의 점들(또는 서로 다른 유형들)이 다음 차원으로 도약할 수 있게끔 적절한 위치에 놓여 있을 경우에 한해, 새로운 해답이 나올 수 있어. 우리가 하고 있는 일이 바로 이거야." 나는 불현듯 내 통찰을 나 혼자서만 차지하게 두지 않을 거라는 생각이 들었다. "보트리올로지! 보트리올로지Botryology는 수학자 I. J. 굿Irving John good이 만든 용어인데, 과학에서 일련의 대상에 있는 '논리적 덩어리'를 정의하고 찾아내는 작업을 의미해.[9] 과학은 보트리올로지적 게임이야."

리히터는 코웃음을 쳤다. "분류학적 작업이잖아. 이미 좋은 단어가 있는데 왜 새로운 말을 만드는 거지?"

"분류라는 작업이 대상의 관찰 가능한 속성을 보는 외재적인 것이 아니라 논리적 추상이라는 점을 강조하기 위해서야." 임프가 대답했다. "메시지, 논리적 덩어리, 나의 발명은 내가 기꺼이 이를 받아들인다는 가정에 의존해. 그리고 나는 네가 어떤 가정을 다른 가정보다 더 선호할 선험적 이유는 없다는 점에 동의할 거라고 생각해. 둘 사이를 구별할 수 있는 방법을 고안하기 전까지 말이야."

"그러니 우리는 과학은 끊임없는 시험으로 제약을 받으며, 세계를 설명하는 모든 상상을 정교화하는 작업이라고 결론 내릴 수 있어." 아리아나가 말했다.

"가능성의 정교화는 진행 중인 과학을 드러내며 시험, 이론, 기술은 명문화된 과학을 드러내지." 임프가 덧붙였다.

"그리고 조정자-교환수-발명가로서의 개인적 성격도 드러내." 내가 말했다.

"그럼," 콘스탄스가 의심스러워하며 말했다. "사회적 맥락이 받아들일 수 있는 문제와 미학적 기준에 대한 한계를 정하는 거야? 난 좀 혼란스러운데. 이것들 중 어떤 유비나 모형이 옳은 거지? 우리에겐 두 가지가 있잖아. 하나는 플레밍의 통찰을 설명하는 임프의 입체시 모형. 다른 하나는 제니의 수학 퍼즐 모형. 우리는 어느 모형을 사용해야 해?"

"둘 다 사용해야지." 임프가 답했다. "그리고 둘 다 아니기도 해. 그게 요점이야. 우리는 **유일한** 답을 찾는 게 아냐. 우리는 가능한 모든 답을 원해. 바로 그때 게임이 시작되니까! 부상 중인 과학에서 가장 안 좋은 일은 너무 일찍 합의에 이르는 거야.[10] 그럴듯한 답을 얻자마자 연구를 멈추는 건 너무 안이한 행동이지. 이것이 쿤과 게슈탈트 전환, 그리고 케스틀러-로덴버그의 이연 현상과 야누스적 사고에서 일어난 일이야. 반대로, 처음으로 얻은 답은 다른 가능한 답이 많다는 사실을 뜻해.

그렇다면 마침내 우리는 깨달음과 놀라운 발견을 모형화하는 방식을 생각해낸 거야. 아직 시작일 뿐인 답이지만." 나는 이 말을 듣고 화가 났다. 내가 한 게 아무것도 없다는 건가? "이제 우리는 그 과정에 있는 모든 가능한 방식을 생각해서 중요한 측면을 전부 설명하고 올바른 답에서 중복되는 영역을 정의해야 해.[11] 그리고 우리가 얻은 답들을 시각적으로 잘 묘사해서 다양한 흥미와 배경을 가진 사람들이 이용할 수 있도록 해야 하고. 물론 리히터, 넌 그림을 좋아하지 않겠지만. 왜 적절한 언어와 수학 모형이 있는데도 시각 모형을 고집하는 걸까?"

"그건 맥스웰이 견지한 철학이야." 헌터가 말했다. "그는 물리학적 삽화(역학적 모형이나 다이어그램)가 방정식보다 훨씬 강건하고 생생하다고 생각했지. J. 윌러드 깁스도 그랬어. 하지만 둘은 다른 과학자는 그 반대로 생각한다는 사실을 알았지. 그래서 그들은 과학적 결과는 가능한 한 여러 방식(언어, 도표, 수학 등)으로 표현되어야 한다고 주장했어.[12]

"이런 표현 방식 모두가 다른 방식으로 전환 가능하다는, 지난주에 논의한 사안도 강조하고 싶어." 아리아나가 덧붙였다.

헌터가 계속 말했다. "이건 단순히 사람들이 가진 서로 다른 스타일,

즉 한편에 있는 논리, 분석, 수학적 스타일, 다른 한편에 있는 시각, 모형, 기하학적 스타일을 인식하는 문제야.[13] 각 유형의 사람들은 자신들이 잘 아는 스타일대로 문제를 제기하기 마련이지.

나는 모호함이 새로운 이론을 구성하는 중요한 일부라는 지적에도 동의해. 물리학자 드 브로이Louis de Broglie는 개념이 정교하고 엄밀해질수록 적용 가능한 범위는 더 협소해질 거라고 충고했지. 천문학자 에딩턴Arthur Stanley Eddington은 우리가 최종 해답을 피해야 한다고까지 말했어. 왜냐하면 하나의 해답이 명문화되고 나면 그 답과 유사한 계열을 더 조사해서 배울 수 있는 건 없으니까.[14] 상자가 너무 강고해지면 그 분야에 접근하는 일은 쇠퇴하는 거지."

난 그때 토론을 귀담아 듣고 있지 않았다(녹음기가 있어서 다행이다). 나는 너무 미쳐 있었다. 내가 제시한 모형이 너무 자랑스러웠는데 임프가 그걸 망치려 했다. 사람들이 갈 때까지 기다릴 수가 없었다.

"흐음," 콘스탄스가 말을 꺼냈다. "그건 내가 늘 이상하게 생각한 점을 설명하는군. 쿤은 몇 년 동안 '패러다임'이 무엇을 의미하는지 제대로 정의하지 못한 일을 두고 비판받았어. 어떤 사람은 토머스 쿤이 『과학혁명의 구조』에서 다양한 의미로 사용한 패러다임을 직접 세 보니 150가지는 된다고 말하기도 했지. 반대로 나는 늘 쿤이 명료한 의미를 제시했다면, 아무도 그 책을 인용하지 않았을 거라고 생각했어. 다양한 의미는 각각의 독자가 자신에게 유용한 의미를 선택해 쿤 자신이 예상하지 못한 방식으로 다른 생각과 연결하게 해 주잖아. 사실 호주의 생물학자 구스타프 노살Gustav Victor Joseph Nossal은 새로운 이론은 똑똑한 사람들이 얼마든지 허점을 찾아낼 수 있을 만큼 모호하지만, 그런 비판적 행동 진보에 방해가 된다고 말한 적이 있지.[15]

"그렇지." 아리아나가 동의했다. "우리는 발견보다 비판이 더 쉽다는 걸 알아. 그러니 우리는 새로운 발견을 그 결점이 아니라 가능성으로 판단하는 법을 배워야 해.

"벤저민 프랭클린Benjamin Franklin*은 '그게 무슨 쓸모가 있나요?'라며 새로운 생각을 비판하는 사람에게 이렇게 답했지. '아기는 무슨 쓸모가 있습니까?'"[16]

토론이 내 심통한 마음을 꿰뚫는 것 같았고, 임프를 탓할 수 없다는 생각도 들었다. 나는 엄마가 새 아기를 시샘하듯 내 생각을 시샘했다. 하지만 누군가가 주는 최고의 칭찬은 이를 성숙하게 만들 수 있다. 생각은 너무나 빨리 자신만의 삶을 살아가고 창시자의 통제를 벗어난다. 오해, 오적용, 전환 역시 그런 과정의 일부다. 난 여전히 창시자고 모두 그걸 안다. 헌터가 말했듯이, 발견은 누군가 그걸 이용하기 전까지는 발견이 아니다. 내가 품은 화가 사라졌다. "그럼 이제 우리는 뭘 해야 되는데?" 내가 물었다.

콘스탄스는 주저하다 말했다. "하나 더 말해도 될까? 나도 네가 제시한 깨달음 모형이 이론과 자료를 설명하는 일에 유용하다고 생각해. 모형에 깔린 기초 가정은 이미 어떤 유형을 가진 사람은 그걸 다른 유형으로 대체하기 싫어한다는 거지. 암묵적 규칙이나 유형은 대안을 인식하거나 고려하지 못하게 해. 새로운 이론을 수용하는 과정을 다룬 연구는 전에 없던 생각이나 결과(예를 들어 다윈의 자연 선택, 지질학의 대륙 이동, 화학의 원자론)는 사회학자 버나드 바버Bernard Barber가 '지식에 대한 저항'이라고 부른 일에 처한다는 사실을 보여 주지.[17]

이런 저항은 테마와 선개념의 충돌로 일어나는 것 같아. 예를 들어, M. J. 머호니는 심리학자들에게 일흔 다섯 편이나 되는 익명의 원고를 보

---

* 벤저민 프랭클린, 1706~1760. 미국의 정치가, 발명가, 과학자, 사상가. 미국 건국의 아버지며, 번개가 전기라는 사실을 발견해 피뢰침을 발명했다. 그 밖에도 물리학, 기상학, 해양학 등 다방면에 기여했다.

낸 적이 있어. 그 원고는 모두 같은 서론에, 같은 방법론에 같은 참고 문헌으로 이루어져 있고, 유일하게 결론만 달랐어. 하지만 심사 위원이 가진 이론적 입장에 일치하거나 모순되도록 조정했지. 머호니는 심사 위원이 지닌 이론과 일치하는 원고는 거의 추천을 받은 반면, 불일치하는 원고는 추천받는 일이 드물다는 점을 발견했어.[18] 마찬가지로 과학사학자 폴 포먼Paul Forman은 독일과 영국에서 처음으로 상대성 이론이 수용된 방식의 차이를 연구한 후 다음과 같이 결론 내렸지. '반응은 대개 사전에 품은 기대, 예측, 편견을 통해 조건화된다. 사람들, 물리학자들은 자신들이 원하는 현상을 보는 경향이 있으며 원하지 않는 현상은 보지 못한다'."[19]

임프가 또 끼어들었다. "그건 사기를 잘 치려면 이미 어떤 이론을 신봉하는 공동체에 그 이론이 예측하는 결과를 보여 주는 작업이 필요하다는 사실을 보여 줘. 그들은 이론에 있는 결함을 보지 못해. 결함을 찾으려 하지도 않으니까. 결과는 자신들이 가진 기대와 딱 들어맞아야 하지. 어떤 과학 공동체가 가진 기대와 모순되는 자료 및 이론으로는 사기를 칠 수 없어. 그걸 믿는 사람은 아무도 없을 테니까! 따라서 검토자는 반대로 해야 하는 거야. 자신의 기대에 들어맞는 결과는 의심하고, 모순되는 결과는 호의적으로 고려해야 해."

"우리 토론에서 내가 전하려는 요점은," 리히터가 말했다.

임프가 계속 말했다. "잠깐, 지금은 각자의 주장을 비평하지 말자. 하루 종일 여기 있을 거야? 이미 늦었어. 사실 그 다음 토론을 하기도 늦었고. 어쨌든, 난 제니가 옳다고 생각해. 즉, 우리가 여기서 어디로 가고 싶어 **하는지** 묻는 거 말이야. 동료 평가? 과학적 새로움의 수용? 사기? 이것들도 큰 주제지. 개인적으로 나는 발견 기계의 가능성을 연구하는 인공 지능 실험실에서 나온 문헌을 다루고 싶어. 아직 아무도 손대지 않았으니까. 발견 과정을 설명하는 좋은 모형은 인공 지능 연구에 어떤 의미를 갖고 있을까.

"아니면 과학적 창의성이라는 과정이 일반적인 창의적 과정과 유사한지, 유사하지 않은지를 밝히는 작업은 어때? 유형 형성, 미학, 시각적 사고와 같은 범용 기술을 가르칠 때 예술을 이용하는 법을 배우는 것도 좋고. 교육학과 인지심리학에 엄청난 영향을 줄지 몰라." 아리아나가 말했다.

"아!" 내가 끼어들었다. "너무 욕심 부리지 말자! 좋은 연구 프로젝트는 답보다 더 많은 문제를 만들잖아. 임프, 친구들에게 너무 많은 과제를 주지 마. 2주 뒤면 가을 학기 강의 준비를 해야 하는 사람도 있고, 이 토론이 재밌기는 하지만 영원히 할 수는 없으니까. 적어도 나는 더 못할 것 같아."

"나도 그래." 헌터가 덧붙였다. "안타깝게도 다음 여름에도 강의가 있거든. 그럼 제안 하나 할게. 난 우리 역시 지금까지 토론한 내용을 조리 있게 모아서 체계화할 필요가 있다고 생각해. 그러니 각자가 토론에서 얻은 가장 중요한 측면을 정리해서 그 실천적 함축이 무엇인지를 논하는 보고서를 쓰는 게 어때? 예를 들어, 난 과학의 구조에 혁명을 일으키지 않고서도, 거대과학에 힘들게 도전하지 않고서도 탐사 연구를 장려하는 합리적 방법을 내놓는 과학 정책에 대해 고심해 왔거든. 그래서 이와 관련된 질문을 다루는 소논문인 「탐사 연구에 있는 장애물과 장려책」을 썼는데, 괜찮다면 모두에게 보내 줄게."

"그래, 보내 줘." 리히터가 말했다. "그리고 그 논문에 답변하도록 해 줘. 넌 발견의 과정이 어떻게 작동하는지 하고 싶은 말을 다 했으니까 그렇게 확신을 가질 만한 내용인지 보겠어. 넌 우리가 가진 자료를 이해 가능한 모든 방식으로 정교화해야 한다고 말했지. 좋아. 지난 토론 때부터 난 내 방식대로 준비해 와서(제니가 한 것처럼 자료를 재유형화하는 방식으로) 이제 내 이야기를 할 차례인 것 같아. 지금처럼 이사람 저사람 말하는 방식이 아니라 통합된 보고서로 말할게. 내 관점을 제시할 테니 받아들이든가 버리든가 해."

"좋지." 임프가 말했다. "나도 내 방식대로 모든 내용을 정리해 보고 싶었어. 발견의 확률을 높이는 전략을 '발견 매뉴얼'이라는 제목으로 요약할 거야. 그게 내가 너희들을 초대한 이유니까."

아리아나도 찬성했다. "나도 개인적 성격의 중요성과 과학자가 실행하고, 지각하는 주제를 결정하는 요인으로서 다양한 '생각도구'를 정리해볼게. 또 이를 인식하는 데 필요한 교육 원칙을 제시하고."

나는 못하겠다고 손사래를 쳤다. "고맙지만 보고서 쓰는 거 난 빼 줘. 난 너희를 위해 대화록이랑 메모랑 슬라이드랑 그림을 정리하는 일만 할게. 난 자료나 보는 게 편해. 콘스탄스, 넌 할 거야?"

"아, 난 되게 바쁜데. 다음 달까지 처리해야 할 특허 업무가 있거든. 사실 내가 예상한 것보다 더 토론에 시간을 많이 썼어. 물론 재미는 있었지만. 그럼 나는 과학 연구를 하는 도구로서 역사와 철학이 하는 역할, 또는 할 수 있는 역할을 논해 볼게. 우리는 사람들이 오래된 자료, 이론, 철학적 기준 등을 사용하는 사례(이것도 내가 예상한 것보다 많이)를 많이 접했지. 그래서 이 분야의 전문화는 메워야 할 간극을 만들었던 것 같아. 뭐, 잘 해볼게.

"좋아! 그럼 다 된 거지." 임프가 밝게 웃었다. "이거 흥분되는데! 3주면 충분한가? 나도 끝나고 참석해야 할 회의가 두 개나 있으니까, 마지막 토론(다음 여름까지)은 셋째 주 토요일에 하자. 잊지 마! 우리 모두 위험을 무릅쓸 필요가 있어. 자료를 그 한계까지 밀어붙여 봐. 겁내지 말고!

"네가 원하는 대로 해 주지." 리히터가 엄포를 놓았다.

여섯째 날

보완적 관점

멕시코 시에라[물고기]는 등지느러미에
'XVII-15-IX'로 배열되는 개수의 가시를 지녔다.
이를 세는 건 어려운 일이 아니다. (…) 원한다면,
시에라를 D. XVII-15-IX; A. II-15-IX로 기술할 수 있을 뿐더러
살아 헤엄치고, 잡아서 부려 놓고, 마침내 먹기까지 하는 존재로도
볼 수 있다. 여기서 어느 한 가지 방법이 부정확하다고 볼 이유는 없다.
가시를 셀 때 다른 접근법도 사용하기 때문에 별로 거리낄 게 없다.
아마도 두 방법을 모두 사용하면 하나만 사용했을 때보다
더 완전하고 정확한 묘사가 가능할 것이다.
– 존 스타인벡(John Steinbeck, 소설가)과 애드워드 리케츠(Edward Ricketts, 해양생물학자) 공저, 『코르테즈의 바다』(1941)

생물학자로서 우리는 모든 수준(단계)에 대한 생각을 지녀야만 한다.
그래야 내가 어디에 있는지, 무엇을 말하는지 알 수 있다.
만일 창조자라는 존재가 있다면 그는 양자 역학자도, 분자화학자도
생리학자도 아닐 것이다. 그는 이 모든 것을 아는 사람이다.
마찬가지로 우리 역시 모든 것을 조금이라도 알아야 한다.
– 얼베르트 센트죄르지(Albert Szent-Györgyi, 생리학자, 1966)

제니의 수첩: 비대칭성과 고장 허용

토요일에 모임이 없으니까 이상했다. 한 주가 지나야 다시 만난다. 그래도 중간에 만나기는 했다. 콘스탄스만 빼고. 콘스탄스는 정말로 바쁜 모양이었다.

너무 흥분해서 아무것도 기록하지 못했다. 리히터는 며칠 밤을 들러 한 시간씩 얘기하고 갔다. 그는 보고서 내용은 숨긴 채 말해 주지 않았다. 그동안 리히터에게는 말로 다 못할 과학적 생각이 떠올랐나 보다(정말 행복해 보였다). 임프가 리히터에게 그 생각이 어떻게 발전할지 말할 수 없을 거라고 경고하긴 했지만 말이다. 유기체를 고장 허용 체계로 보는 사고 방식이 있다. 이는 콘스탄스에게서 고장 허용 컴퓨터 체계를 발명한 사람의 이야기를 듣고 떠오른 것이다. 이런 생각은 유용하다. 또 파스퇴르의 연구를 다시 보니 외견상 파스퇴르는 결정학자가 가능할 법한 대칭적 형태를 모두 목록화했어도, 어느 누구도(적어도 파스퇴르가 예비 연구를 위해 참조한 모든 문헌에서) 가능할 법한 **비대칭성**의 형태를 체계화하지 않았다는 사실을 알았다.

리히터와 임프는 이것이 논의할 가치가 있는 사안이냐 아니냐를 두고 크게 논쟁을 벌였다(요즈음 임프가 화를 잘 낸다). 임프는 우리가 대칭 형태를 안다면, 비대칭 형태도 아는 거라고 생각하는 듯 보였다. 게다가 프랙털fractal(그게 무엇이든)이 형태에 관한 모든 문제를 해결할 텐데, 어쩌자고 시간을 낭비하겠는가? 하지만 임프보다 수학을 더 잘 아는 리히터는 그런 생각에 동의하지 않았다. 그는 대칭 형태를 띤 모든 사물은 비대칭 형태로 분해될 수 있으며, 그 결과 우주를 뒷받침하는 기초는 대칭성이 아니라 비대칭성일지도 모른다고 지적했다. 우리는 화학 반응이 대개 대칭적 화합물을 형성하는 것과 같은 대칭성을 많이 봤다. 우리는 집합적 속성으로 대칭성을 띤 비대칭적 하위 단위의 모임을 합성할 수도 있다. 언급한 사례 일부는 내가 아직 이해하지 못하는, 불규칙적인 폴리오미노 타일과 관계가 있다. 리히터는 임프와 나에게 표준적 대칭 유형 및 고전 수학에 있는 플라톤적 가정에 맞지 않는 사건과 관찰을 다루는 카타스트로피 이론catastrophe theory과 퍼지 집합fuzzy set이라는 새로운 수학에 관해 강의했다. 새로운 테마가 우리의 상상력에 새로운 우주를 열어 주었다.

내게는 모든 것이 낯설었지만, 자연의 완전성을 논하는 18세기 철학자들이 떠올라 흥미로웠다. 자연에 있는 모든 요소는 대칭적이고 조화로울까(시계 태엽 같은 우주)? 아니면 세계의 자연적 질서와 아름다움으로서 비대칭성과 불완전성을 제시하는 새로운 미학적 기준을 고안해야 할까? 리히터는 후자의 입장을 채택한 것 같다. 아리아나가 여기에 어떤 반응을 보일지 궁금하다.

내가 느낀 점을 말하자면 나는 내 점 모형에 관해 생각했다. 점 모형은 과학적 발견에 있는 근본적인 모든 과정을 표현한다. 나는 점 모형을 통해 이전에 듣거나 알았던 사례를 이해할 수 있었다. 그래서 나는 임프의 다음 말에 개의치 않는다. 모든 가능한 해답을 정교화할 필요가 있으면서도, 그 중에서 선택해야만 한다고. 다른 사람들이 원하는 도식을 선택하게 두어라. 나는 나만의 것을 선택하겠다!

대화록: 보고서

임프 아, 리히터! 또 늦었어. 늘 닥쳐야 준비하는군.

리히터 내가 사회적 관습을 잘 지키리라고 기대하지 마.

임프 절대 안 해! 생각이 먼저고, 나머지는 아무래도 좋아.

계획이 있어. 리히터가 말했듯이 우리 각자는 누구의 방해도 없이 자신만의 보고서를 발표할 거야. 발표 후에 논평과 질문을 할 거고. 간단하게 하자. 발표 내용이 아무리 재미있어도 긴 하루가 될 거야.

순서는 이렇게 하자. 아리아나가 먼저 하겠다고 자원했어. 그 다음은 콘스탄스. 둘은 누가 발견을 이뤄 내는지, 혁명적 과학자가 지닌 교육, 직업, 테마, 철학, 역사적 특징은 무엇인지 논의할 거야. 리히터, 너는 우리가 말한 모든 내용을 거꾸로 뒤집어서 회의주의자만이 발견자가 될 수 있다는 점을 보이고, 우리 주장을 통합하는 틀을 만들어야 해. 다음으로 헌터는 미지를 개척하는 연구에 끼어드는 제도와 사회적 장애물, 장려책을 논할 거야. 거대과학을 멀리하고, 개인적이고도 독특한 탐구에 쓸모 있는 조직화된 프로그램을 원하는 사람을 어떻게 도울 수 있을까? 그리고 마지막을 장식하는 나는 무지의 황야에서 살기 위한 개인적 전략을 익살맞게 발표할 거야.

시작해, 아리아나.

아리아나의 보고서:
누가, 어떻게 발견하는가? 과학과 성격 그리고 미(美)

과학자에게 필요한 특별한 감수성은 좀 더 복잡하다. 과학자는 언어와 그 의미를 강렬하게 자각하며 연구를 시작한다. 시인이 지닌 언어 친화성은 언어의 소리, 감정, 리듬에 민감하게 만든다. 과학자는 언어를 정확성을 이끄는 도구로 사용한다. 과학자는 새로운 물리학적 개념을 표현하고자 새로운 단어를 고안한다. 과학자는 유비를 통해 언어적 합리화를 시도한다. 즉, 이것이 어떻게 이렇게 되는지 설명하고, 유사한 요소들을 하나로 일반화한다.
과학자는 역학 모형, 공간의 3차원 배열이라는 관점에서 도식적으로 생각한다. (…) 과학자는 마음속에 있는 3차원 그림을 실체처럼 생생하게 지각한다. 2차원 페이지에 작성된 공식과 방정식은 3차원적 의미를 띤다. 과학자는 3차원을 '그림을 보는' 것처럼 읽는다. (…) 어떤 사람이 언어적 감수성과 함께 특별한 공간적 상상력을 지니지 않는다면, 그는 (과학에서도) 음악 감상을 하면서 음을 구별할 줄 모르는 사람과 다름없다. 반면, 언어와 공간적 감수성을 모두 가진 사람은 인문학의 경우 언어 영역에, 시각 예술의 경우 공간 영역에 자신의 상상력을 한정할 수밖에 없다면 금방 지루해할 것이다.
자신의 능력이 정점에 달했을 때 일하는 방식에 익숙한 사람은 능력이 반밖에 차지 않았을 때는 어떤 일도 끈기 있게 하지 못한다. 그렇다면 언어와 공간적 감수성을 모두 가진 진정한 과학자는 그러고 싶다 해도 다른 사람처럼 되기는 힘들다는 사실을 안다.[1]
– 미첼 윌슨(Mitchell Wilson, 물리학자 · 발명가 · 소설가 · 기술사학자)

내가 하고 싶은 말은 간단하다. 내가 성취할 수 있는 것은, 내가 누구며 무엇을 아느냐에 따라 결정된다는 것이다. 사실과 기술을 속속들이 안다고 해서 과학자가 되는 건 아니다. 기술자와 발견자가 다른 점은 상상력이다. 상상력을 계발하는 유일한 방식은 이를 사용하는 훈련을 하는 것뿐이다. 요컨대 창의적이고 싶다면, 창의성을 훈련해야만 한다. 내가 '생각도구'라 부르는 것, 즉 유형 형성, 시각적 사고(3차원을 넘어 4차원, n차원까지), 모형화(정신적으로도 물질적으로도), 연극하기(내가 연구하는 대상이 되기), 운동 감각적 사고(체계가 어떻게 기능하는지 느끼기), 수동적 조작, 미학(자연에 있는 아름다움을 감각해서 이미지, 소리, 방정식, 언어로 표현하기)을 완벽히 익혀야 한다. 마음과 감각도 지각하고 상상하도록 훈련해야 한다. '마음의 눈'과 '천리안'도 마찬가지다. 표준 과학 교육에서 이런 생각도구를 훈련하는 과정은 거의 없다.

생각도구는 '전환적 사고transformational thinking', 즉 어떤 형식으로 표현된 문제(가령 숫자)를 해결하기 쉬운 다른 형식의 문제(가령 언어, 심상 등)로 바꾸는 능력과 연결되기 전까지는 쓸모 없다. 전환적 사고는 문제를 해결하고자 언어, 이미지, 모형을 마음속에서 조작하고, 해답을 다른 과학자와 소통할 수 있는 형식(방정식, 다이어그램, 실험 프로토콜 등)으로 번역할 수 있다. 분명히 이런 전환적 사고를 하려면 훈련이 필요하다. 오늘날 학생들에게 가르치는 양보다 더 많이. 그리고 전환적 사고는 '상관적 능력(전환적 사고를 하는 데 필요한, 상호 작용하는 마음의 기술)'이 없다면 불가능하다. 시적 비유를 고안하는 법, 관찰한 현상을 그리는 법, 상상한 장면을 모형화하는 법, 수학적 문제를 해결하는 법은 과학자가 이런 기술들이 서로 어떤 관련을 맺으며, 좋은 결과를 내려면 어떻게 이용해야 하는지 알고 나서야 도움이 된다.

따라서 나는 어떤 사람이 성취한 결과는 그 사람의 성격을 드러내는 결과라고 생각한다. 즉, 그 개인을 정의하는 재능, 기술, 경험, 욕망, 목적이 축적된 성격이 표현되는 것이다. 나는 처음부터 과학을 하는 방법과 과학을 하는 사람은 분리될 수 없다는 생각이 새로운 게 아니라고 말했다. 동물학자이자 생리학자 폴 베르Paul Bert는 한 세기 전에 클로드 베르나르에 관해 "그의 순수하고 조화로운 삶에는 가장 중요한 목적에서 벗어나 있는 건 아무것도 없었다. 클로드 베르나르는 문학과 예술, 철학에 매혹된 생리학자였으나 그 고귀한 열정 때문에 무언가를 잃어버리지는 않았다. 반대로 그것들은 베르나르가 원하는 과학을 전개하고 또 이를 가장 완벽하게 구현하는 데 도움을 주었다."[2] 뒤앙, 사턴, 쿠비, 나흐만존, 홀턴은 모든 과학자의 천재성에 있는 원리를 일반화했다.[3] 예를 들어 홀턴은 아인슈타인의 "나는 자연의 작은 조각이다"라는 말에 이렇게 주석을 달았다. "이 과학자에게는 정신과 생활방식, 자연법칙 사이에 상호 연관이 있다. (…) 한편에는 천재 과학자의 사고방식과 행동 방식이, 다른 한편에는 현대과학의 풀리지 않는 제1문제가 있는 것이다."[4]

이런 마음과 자연의 상호 연관은 어떻게 일어나는 걸까? 산타아고 라몬 이 카할은 과학자의 개인적 스타일은 생애 초기에 형성된다고 말했다. "내 경험상 어린 시절에 하는 놀이는 본질적으로 삶을 준비하는 과정이며 유아의 뇌 발달을 촉진한다. 또 취미와 오락은 미래에 의지하게 될 도덕, 지적 능력을 만든다."[5] 마찬가지로 비트겐슈타인과 홀턴은 위대한 연구자를 규정하는 테마의 기초는 유치원에서 형성된다고 생각했다.[6] 결국 지식이 무엇으로 구성되느냐, 지식이 구조화되고 분할되는 방식은 무엇이냐, 아름다움과 진리가 무엇으로 이루어져 있느냐는 개념을 맨 처음 형성하는 곳이 중요하다. 이런 의미에서 유치원에서 대학원까지의 교육 과정은 한 사회와 지식을 이해하는 방식을 구체화한다. 교육 과정에 있는 암묵적 규칙을 통해 어떤 기술과 생각이 가치 있는지, 지식은 통합 가능한지 아니면 쪼개질 수밖에 없는지 교훈을 얻을 수 있다. 미래의 성취를 결정하는 생각도구, 테마, 행동, 유형을 배우는(또는 배우지 않는) 학생들은 이런 교훈을 실천한다.

그렇다면 위대한 연구자를 이해하려면, 장차 위대한 연구자를 기르려면 과학적 훈련뿐 아니라 인간 존재를 형성하는 교육, 기술, 철학, 윤리, 놀이, 취미, 열정을 이해해야 한다. 심리학자 거스리Edwin Guthrie의 『어린이의 조숙 연구*Contributions to the Study of Precocity in Children*』와 심리학자 고어츨Victor Goertzel의 『세계적 인물은 어떻게 키워지는가*Cradles of Eminence*』 같은 몇 안 되는 연구가 있긴 하지만, 여전히 유명한 과학자들의 어린 시절과 청소년기가 어떠했는지 잘 모른다.[7] 어떤 두 연구자는 불만스러운 투로 이렇게 말했다. "우리는 그들이 무엇을 했는지 안다. 그러나 그들이 어떤 사람인지는 모른다."[8] 더 나쁜 사실은 우리가 그들이 어떤 사람인지 안다 해도, 이를 무시한다는 점이다. 전기 작가와 과학사학자(또 철학자와 교육가)는 과학자의 삶에서 비과학적인 부분을 과학에 대한 이해나 교육과 상관없는 요소라고 생각해 왔다.[9] 과학은 객관적이고 따라서 맥락이나 성격과 무관하다고 흔하게 인식되었다. 이런 관점은 틀린 것이다. 우리는 과학자가 창조한 과학을 이해하려면 먼저 그를 인간 존재로서 이해해야 한다. 그런 다음에야 헌터가 반복해서 강조한, 상상력 풍부한 과학자를 기르는 새롭고 적합한 교육을 고안할 수 있다.

탁월한 과학자와 역사에 흔적을 남기지 못한 과학자 사이에 있는 개인, 교육적 특징은 무엇일까? 그저 평범한 과학자를 논의하면서 시작해 보자. 우리 대부분은 육체 활동과는 거리가 멀고, 지적이며, 활동을 싫어하고, 두꺼운 안경을 쓰고, 책에 둘러싸여서 보통 사람과는 대화가 통하지 않는 과학자의 이미지를 가진 채 자란다. 안타깝게도 이런 고정관념에 딱 들어맞는 과학자가 여전히 있다. 여러 심리학 연구는 과학자, 정확히 말하면 남성 과학자(여성 과학자에 대한 심리학 연구는 거의 없다)를 일반적으로 자율성의 추구, 연구에 좁고 깊게 몰두하는 것, 합리적 통제에 대한 추구, 애매모호함을 배척하는 것, 공평함과 남성성을 존중, 감정에 빠지는 행동을 기피, 순수미술, 시, 문학에 대한 무지, 사회적 관계에 흥미가 없는 것, 가정생활에 소홀히 하는 것, 사람보다 일을 중시하는 것, 이야기를 만들거나 가상적 상황을 상상하는 능력이 없는 것으로 규정할

수 있다는 점을 보여 준다.[10]

그러나 가장 뛰어난 성취를 이룬 과학자는 이런 고정관념에 맞지 않는다. 많은 연구는 창의적인 과학자와 기술자는 어렸을 때부터 폭넓은 지적 호기심을 드러냈고, 성인이 되어서도 미술, 음악, 문학에 깊은 관심을 가졌다고 보고했다.[11] 예를 들어 심리학자 이더슨Bernice Eiduson은 과학자 집단에서 가장 뛰어난 성과를 낸 사람들(이더슨은 1958년에 40명의 과학자 집단을 연구했다. 그중 네 명은 노벨상을 받았고, 두 명은 노벨상 후보에 여러 번 올랐으며, 한 명은 과학 고문 자리에 올랐다)은 그보다 성공하지 못한 동료와는 다른 태도를 지녔다고 말했다. 이더슨이 '과학의 신사'라고 칭한 이런 특이한 사람들은 "자신의 연구에서 시간과 에너지, 노력을 거두지 않아도 신체적으로, 감정적으로 더 큰 지적 영역으로 스스로를 확대할 수 있는 것 같았다."[12] 그들은 미술, 음악, 문학, 정치, 사회적 문제에도 과학 못지않게 참여했다. 그들은 몸과 마음 모두에서 에너지가 넘치는 사람이었다. 그들은 과학에 기여할 뿐만 아니라 인간 지식을 더 넓게 통합하는 일에도 힘을 보탰다. 또 이더슨은 그들이 전형적인 과학자가 아니었고, 자신이 하는 역할을 색다르게 인식한다고 말했다. "이 사람들은 과학을 진보와 진보하는 속도, 개인의 내적인 지적 동기에 해로운 영향을 주지 않고도 독특하게 수행할 수 있는 일이라 생각했다."[13] 그들은 독립적인 연구자였다.

과학의 역사는 탁월한 과학자의 모습이 우리가 평균적인 과학자의 심리를 분석해 알게 된 모습보다 이더슨이 말한 '과학의 신사'와 더 부합하다는 점을 보여 준다. 예를 들어, 1893년에 라몬 이 카할은 스스로에게 "누가 발견을 이루는가?"라고 물었다. 좁은 영역을 탐구해 아무도 모르는 주제에서 높은 성취를 이룬 사람? 편집광적 천재?

명석한 선생이 주의 깊게 가르칠 가치가 있는 학생은 처음 보기에는 완고하고 안하무인 같지만 허영심 없고, 상상력 넘치고, 문학, 미술, 철학 등 몸과 마음을 이완시키는 모든 것에 에너지를 바치는 사람이다. 이들을 멀리서 지켜보는 사람에게는 언뜻 자신의 에너지를 낭비하는 듯 보이겠지만, 사실 자신을 확장하고 강화하는 중이다. (…) 지적 자질은 말할 것도 없다. 보통의 정신과 넘치는 상상력을 가진 신참에게는 뛰어나지만 변덕스러운 능력보다 조화를 이끌어 내는 조정 능력이 훨씬 더 가치 있다. 연구자는 이런 자질을 모두 가져야 한다. 즉, 탐구를 이끄는 예술가적 기질과 더불어 수, 아름다움, 사물의 조화에 대한 영감을 지녀야 한다.[14]

당연히 라몬 이 카할의 답은 개인적 의견을 표명한 것, 더 정확히 말하면 자신을 묘사한 것이다. 그러나 카할은 그보다 몇 년 전에 유전학자 프랜시스 골턴Francis Galton이 『영국의 과학자들*English Men of Science*』이라는 유명한 책에서 논한 자질을 한 문단으로 요약해 놓았다.[15] 왕립 학회에서 가장 뛰어난 회원들을 연구한 골턴은 성공한 과학자는 기계와 음악에 끌릴 뿐만 아니라 실천적이며, 끈기 있고, 독립적이고, 호기심 많고, 육체 및 정신적으로 에너지가 넘친다고 말했다. 유명한 수학자의 손자 뫼비우스P. J. Möbius도 자신의 연구에서 뛰어난 수학자를 이와 비슷하게 기술했다.[16] 그리고 빌헬름 오스트발트 역시 『위대한 인간』에서 마찬가지 방식으로 과학적 천재를 묘사했다.[17] 그가 논의한 모든 사람, 데이비, 패러데이, 리비히 등은 자신이 기여한 과학의 범위와 깊이에서 비할 데 없이 폭넓은 자질과 경험을 가졌다.

좀 제한적이긴 하지만 생각도구라는 내 주제와 크나큰 관련성을 가진 인물은 반트 호프가 연구한 과학자들이다. 헌터는 10대 시절의 반트 호프가 성공한 과학자를 특징짓는 행동 유형을 찾고자 수많은 전기를 읽었다고 말했다. 반트 호프는 1878년에 암스테르담 대학의 정교수로 임용되었다. 반트 호프는 "과학에서의 상상력"이라는 제목으로 취임 연설을 했다.[18] 연설에서 반트 호프는 "상상력은 과학 연구를 수행하는 능력과 함께 그런 능력을 계발하는 데도 중요한 역할을 한다"고 주장했다. 이런 확신은 반트 호프의 음악, 시적 성향과 결합되어 그가 "이런 [상상하는] 능력이 유명한 과학자에게서 연구가 아닌 다른 방식으로도 표현되었는지 조사하도록" 추동했다. 그 결과 "200여 개의 전기를 조사해 실제로 그런 경우가 많다는 사실을 발견했다."[19] 코페르니쿠스는 그림을 그리고 시를 번역했다. 갈릴레오는 10대 시절에 미술가가 되려고 했고, 일생 동안 시를 썼다. 뉴턴 역시 그림을 그리고 시를 썼다. 케플러Johannos Kepler는 음악가이자 작곡가였고, 박물학자 라세페드Bernard Germain de Lacépède와 허셜도 마찬가지다. 험프리 데이비는 시인 콜리지Samuel Taylor Coleridge에게 시를 잘 쓴다고 칭찬을 듣기도 했다. 반트 호프가 모은 표본 중 25%는, 특히 근대 초기에 가장 중요한 이론가들은 거의 예외 없이 과학과 관련 없는 창의적인 활동에 참여했다.

반트 호프가 짠 목록에다 우리가 논의한 인물도 덧붙일 수 있다. 파스퇴르는 어린 시절에 재능 있는 화가였다. 파스퇴르의 첫 번째 실험에 영향을 미친 화학자 오귀스트 로랑도 화가이자 음악가였다. 반트 호프의 스승이었던 뷔르츠도 화가였고, 케쿨레는 건축가로 훈련받았다. 반트 호프 자신도 숙련된 기술과 심적 이미지의 도움이 없었다면 사면체 탄소 원자가 내놓는 결과를 이해하지 못했을 것이다. 이 사람들이야말로 가장 창의적이며 성공한 과학자의 전형일까? 특별히 중요한 과학자는 개인적으로 가진 기술, 흥미, 활동 성향에서도 특별할까? 그렇다면, 탁월한 과학자는 어떻게 해서 이런 형질을 습득했고, 이런 형질은 어떻게 매일매일 수행하는 연구의 성공과 연관되는 걸까?

이런 질문에 답하기 위해, 나는 탁월한 과학자에게서 예술가적 성향이 발생하는 빈도를 밝히는 역학적 연구를 하고자 한다. 내가 제시하는 표는 정확하기보다 되는 대로 불완전하게 연구한 결과물이다.

먼저 목록은 19~20세기의 과학자와 공학자로 한정했음에 주의하라. 르네상스와 계몽주의 시기의 인물로도 똑같은 목록을 만들 수 있지만, 그렇게 놀랍지 않은 목록일 것이다. 그때는 오늘날처럼 지식이 수천 가지로 전문화되지 않았기 때문이다. 말하려는 요점은 옛날의 르네상스 남성(그리고 오늘날에는 새로운 르네상스 여성)은 오늘날에도 살아 있다는 것이다.

나는 이것이 매우 불완전한 목록이라는 점도 강조한다. 가령 지리학자는 거의 조사하지 않았다. 나의 지리학자 친구들을 볼 때 그들 모두 숙련된 제도공, 미술가, 장인임을 확신하지만 말이다. 지리학자는 지표면 아래에 있는 3차원 구조를 상상하고자 풍경의 세부적 특징을 이용하고 시간이 지남에 따라 그런 구조를 산출하는 일련의 과정을 고안한다. 이런 일을 잘 하려면 여러 정신적 기술에 통달해야만 한다.

더 중요한 건 예술가적 재능의 증거를 찾는 문제다. 언젠가 버널은 어떤 사람이 전문가 수준으로 시를 짓고 그림을 그린다는 사실을 고백한다면 과학 경력을 망치게 될 거라고 말했다.[20] 피아노를 연습하느라 매일매일을 낭비했다고 말하는 과학자는 없다! 예를 들어, 윌리엄 브래그가 그림을 그리고, 물리학자 리제 마이트너Lise Meitner가 피아노를 연주하며, 슈뢰딩거가 태피스트리를 짠다는 사실은 아주 가까운 가족만이 알고 있었다. 따라서 나는 예술가적 재능이 없으면 뛰어난 연구 결과도 없다고 주장할 수 없고, 그런 재능 없이도 위대한 과학자를 언급해야겠다. 그래서 목록을 만들었다. 하지만 예술가적 재능이 없는 과학자들도 폭넓은 과학 훈련을 받았으며, 자신이 연구하는 분야에 관한 대중서를 쓸 정도로 학식이 있다는 점을 놓치지 마라. 읽어 보면 안다.

전형적인 유형은 여기까지 하자. 나는 현대의 노벨상 수상자, 그들의 뛰어난 동료들, 19세기의 위대한 선조보다 더 흥미로운 집단은 없다고

뛰어난 과학자와 발명가 중에서 예술가적 성향을 가진 과학자 목록(*은 노벨상 수상자)		
과학자 이름	직업	참고 문헌
〈화가, 판화가, 스케치 화가〉		
*에이드리언 에드가(1889~1977)	생리학자	Haldane, 1961
루이스 아가시(1807~1873)	생물학자	Lurie, 1960
에밀 아르강(1879~1940)	지질학자	DSB[a]
제임스 H. 오스틴(1925~)	신경학자	Austin, 1978
*프레더릭 밴팅(1891~1941)	생리학자	Jackson, 1943
요셉 발크로프트(1872~1947)	생리학자	Franklin, 1953
카를 벨라(1895~?)	세포생물학자	Goldschmidt, 1956
샤를 벨(1774~1842)	해부학자	DSB
샤를 H. 베스트(1899~1978)	생리학자	Parergon, 1947
빌헬름 폰 베졸트(1837~1907)	기상학자	Albers, 1975
F. 보여이(1775~1856)	수학자	DSB
*테오도어 보베리(1862~1915)	세포생물학자	Baltzer, 1967
*윌리엄 브래그(1862~1942)	물리학자	사적 대화[b]
*로렌스 브래그(1890~1971)	물리학자	Jeffreys, 1960
리처드 브라이트(1789~1858)	의사	Chance, 1940
윌리엄 브로크던(1787~1854)	발명가	Wilkinson, 1971
레이첼 F. 브라운(1898~1975)	화학자	Baldwin, 1981
에른스트 브뤼케(1819~1892)	생리학자	Cranefield, 1966
헤르베르트 부제만(1905~)	수학자	Dembart, 1985
오토 부칠(1848~1920)	생물학자	Goldschmidt, 1953
월리스 H. 캐러더스(1896~1937)	화학자	Smith et al., 1985
조지 W. 카버(1864~1943)	발명가	Holt, 1943
아서 케일리(1821~1895)	수학자	Bell, 1937
장 마르탱 샤르코(1825~1893)	신경학자	Parergon, 1947
카를 쿤(1852~1914)	동물학자	Goldschmidt, 1956
하비 쿠싱(1869~1939)	외과의사	Cushing, 1944
조르주 퀴비에(1769~1832)	해부학자	Negrin, 1977
제임스 드와이트 데이나(1813~1895)	지리학자	Viola et al., 1986
C. D. 달링턴(1903~1981)	생물학자	D. Lewis, 1982
프란츠 T. 도플라인(1873~1924)	원생동물학자	Goldschmidt, 1956

a.『과학인명사전(*Dictionary of Scientific Biography*)』
b. 당사자나 제3자와 대화해 얻은 정보

F. C. 돈데르스(1818~1889)	생물학자	Bowman, 1891
에밀 두 보이스라이몬트(1818~1896)	생리학자, 물리학자	Cranefield, 1966
피에르 뒤앙(1861~1916)	물리학자	Taton, 1957
펠릭스 뒤자르댕(1801~1860)	생물학자	Snyder, 1940
앨프리드 에저턴(1886~1959)	공학자	Hill, 1960
*H. 폰 오일러켈핀(1873~1964)	생화학자	DSB
마이클 패러데이(1791~1867)	물리학자, 발명가	Williams, 1965
*리처드 파인먼(1918~1988)	물리학자	Grobel, 1986
*알렉산더 플레밍(1881~1955)	미생물학자	Maurois, 1959
*하워드 플로리(1898~1968)	화학자	Williams, 1984
로절린드 프랭클린(1920~1958)	결정학자	Sayre, 1975
오토 프리슈(1904~1979)	물리학자	Frisch, 1979
로버트 풀턴(1765~1815)	발명가	Hindle, 1981
조지 가모우(1904~1968)	물리학자	Gamow, 1966
패트릭 게디스(1854~1932)	생물학자	Geddes, 1895
에드윈 S. 굿리치(1868~1946)	해부학자	DSB
*로제 기유맹(1924~)	생리학자	사적 대화
프랜시스 세이모어 헤이든(1818~1910)	의사	Zigrosser, 1955
에른스트 헤켈(1834~1919)	생물학자	Haeckel, 1899~1904
프리드리히 G. J. 헨레(1809~1885)	해부학자, 생리학자	DSB
샤를 앙리(1859~1926)	물리화학자	Arguelles, 1972
존 허셜(1792~1871)	천문학자	DSB
*시릴 힌셜우드(1897~1967)	물리화학자	R. V. Jones, 1971
빌헬름 히스(1831~1904)	해부학자	Parergon, 1947
토머스 호지킨(1798~1866)	의사	Parergon, 1947
조지프 D. 후커(1817~1911)	식물학자	Hilts, 1975
토머스 H. 헉슬리(1825~1895)	생물학자	J. Huxley, 1935
플레밍 젠킨스(1833~1885)	공학자	Hilts, 1975
카를 G. 융(1875~1961)	정신분석학자	Jung, 1979
아우구스트 쿤트(1839~1894)	물리학자	Cahan, 1987
R. -T. -H. 라에네크(1781~1826)	의사	Lyons et al., 1978
오귀스트 로랑(1808~1853)	화학자	Partington, 1964
조지프 J. 리스터(1786~1869)	물리학자	Godlee, 1917
조지프 리스터 경(1824~1912)	의사	Godlee, 1917
*오토 뢰비(1873~1961)	생리학자	Lembeck and Giere, 1968
*콘라트 로렌츠(1903~)	동물행동학자	Lorenz, 1952

찰스 라이엘(1797–1875)	지리학자	Bailey, 1962
*앨버트 A. 마이컬슨(1852~1931)	물리학자	Livingston, 1973
사무엘 모스(1791~1872)	발명가	Hindle, 1981
요한 H. J. 뮐러(1809~1875)	물리학자	DSB
*H. J. 멀러(1890~1967)	유전학자	Carlson, 1981
*빌헬름 오스트발트(1853~1932)	물리화학자	Walden, 1904
제임스 패짓(1814~1895)	외과의사	Paget, 1901
윌리엄 파커(1823~1890)	해부학자	Hilts, 1975
루이 파스퇴르(1822~1895)	물리학자, 생물학자	Wrotnowska, n.d
로저 펜로즈(1931~)	수학자	Liversidge, 1986
에프렘 랙커(1913~)	생화학자	사적 대화
*S. 라몬 이 카할(1852~1934)	신경해부학자	Ramon y Cajal, 1937
*T. W. 리처즈(1868~1928)	물리화학자	Hartley, 1929
존 A. 뢰블링(1806~1869)	공학자	Hindle, 1984
오그덴 루드(1831~1902)	물리학자	DSB
카운트 럼포드(1753~1814)	공학자, 물리학자	G. Thomson, 1961
F. F. 런지(1795~1867)	화학자	Ritterbush, 1968
율리우스 폰 작스(1832~1897)	생물학자	Nemec, 1953
막시밀리안 잘츠만(1862~?)	안과의사	Sugar and Foster, 1981
데이비드 사무엘(1922~)	물리화학자	사적 대화
아서 슈스터(1851~1934)	물리학자	Crowther, 1968
루트비히 슈바르츠(1822~1894)	천문학자	Moebius, 1900
E. A. 샤피셰이퍼(1850~1935)	생리학자	RCP archives
코르넬리우스 발리(1781~1873)	발명가	Edgerton, 1986
윌리엄 윌리엄슨(1816~1895)	생물학자	Hilts, 1975
프리드리히 뵐러(1800~1882)	화학자	Jaffe, 1957
로버트 윌리엄스 우드(1868~1955)	물리학자	DSB
샤를 아돌프 뷔르츠(1817~1884)	화학자	DSB
토머스 영(1773~1829)	물리학자	Peacock, 1855
〈조각가〉		
*로버트 홀리(1922~)	생화학자	사적 대화
*살바도르 루리아(1912~)	바이러스학자	Luria, 1984
프랭크 말리나(1912~1981)	공학자	Reonardo
제임스 클럭 맥스웰(1831~1879)	물리학자	사적 대화
폴 M. L. P. 리셰(1849~1933)	병리학자	Monro, 1951

C. 파예트 테일러(1894~)	공학자	C. F. Taylor, 1987
조르주 위르뱅(1872~1938)	물리학자	Jaffe, 1957
로버트 R. 윌슨(1936~)	물리학자	Crypton, 1986
〈제도사〉		
*루이스 W. 앨버레즈(1911~)	물리학자	Alvarez, 1987
*조지 비들(1908~)	생물학자	사적 대화
마크 이점바드 브루넬(1806~1859)	공학자	Ferguson, 1977
존 피치(1743~1798)	발명가	Hindle, 1981
에미 클리에네베르거노벨(1892~)	세균학자	Klieneberger-Nobel, 1980
벤저민 H. 라트로브(1764~1820)	발명가	Hindle, 1981
*라이너스 폴링(1901~)	물리화학자	사적 대화
*윌리엄 램지(1852~1916)	물리화학자	Travers, 1956
율리우스 폰 작스(1832~1897)	생물학자	Ritterbush, 1968
F. E. 슐체(1815~1873)	생물학자	Goldschmidt, 1956
윌리엄 손턴(1761~1828)	발명가	Hindle, 1981
존 틴들(1820~1893)	물리학자	Crowther, 1968
제임스 와트(1736~1819)	발명가	Baynes and Pugh, 1981
〈건축가로 훈련받은 과학자〉		
제임스 듀어(1842~1923)	물리학자	Crowther, 1968
오토 한(1879~1968)	화학자	Spence, 1970
아우구스트 케쿨레(1829~1896)	화학자	DSB
벤저민 H. 라트로브(1764~1820)	발명가	Hindle, 1981
니콜라이 A. 로바셰프스키(1793~1856)	수학자	Bell, 1937
아서 슈스터(1851~1934)	물리학자	Crowther, 1968
윌리엄 손턴(1761~1828)	발명가	Hindle, 1981
존 틴들(1820~1893)	물리학자	Brock et al., 1981
〈사진가〉		
해롤드 에저턴(1903~)	전기공학자	MIT archive
파울 에렌페스트(1880~1933)	물리학자	Clark, 1984
글래디스 A. 에머슨(1903~)	생화학자	Yost, 1959
*하워드 플로리(1898~1968)	화학자	사적 대화
레오폴드 가도스키 주니어(1900~1983)	발명가	Hodges, 1987
리처드 골드슈미트(1878~1958)	유전학자	Goldschmidt, 1956
존 허셜(1792~1871)	천문학자	DSB

에미 클리에네베르거노벨(1892~)	세균학자	Klieneberger-Nobel, 1980
*로베르트 코흐(1843~1910)	세균학자	Lagrange, 1938
*가브리엘 리프만(1845~1921)	물리학자	DSB
레오폴드 마네스(1899~1964)	발명가	Hodges, 1987
제임스 클럭 맥스웰(1831~1879)	물리학자	Sherman, 1981
*빌헬름 오스트발트(1853~1932)	물리화학자	W. Ostwald, 1926/1927
S. 라몬 이 카할(1852~1934)	신경해부학자	Ramon y Cajal, 1937
레일리 경(1842~1919)	물리학자	Crowther, 1968
*빌헬름 뢴트겐(1845~1923)	물리학자	Nitske, 1971
헨리 로스코(1833~1915)	화학자	Roscoe, 1906
어니스트 러더퍼드(1871~1937)	물리학자	Wilson, 1983
E. A. 샤피셰이퍼(1850~1935)	의사	사적 대화
〈직조, 직물공〉		
빌헬름 폰 베졸트(1837~1907)	기상학자	Albers, 1975
헬렌 호그(1905~)	천문학자	Yost, 1959
에미 클리에네베르거노벨(1892~)	세균학자	Klieneberger-Nobel, 1980
*에르빈 슈뢰딩거(1887~1961)	물리학자	Wessels, 1983
〈목공, 금속공, 그 밖의 공예가〉		
*루이스 앨버레즈(1911~1988)	물리학자	Alvarez, 1987
베치 앵커존슨(1929~)	물리학자	Ancker-Johnson, 1973
조셉 바크로프트(1872~1947)	생리학자	Franklin, 1953
윌리엄 M. 베일리스(1860~1924)	생리학자	Bayliss, 1961
*게오르그 폰 베케시(1899~1972)	생리학자	Ratliff, 1974
월터 B. 캐넌(1871~1945)	생리학자	Cannon, 1945
윌리엄 카펜터(1813~1885)	생리학자	Hilts, 1975
존 에반스(1823~1908)	지리학자	Hilts, 1975
마이클 패러데이(1791~1867)	물리학자	Williams, 1965
윌리엄 퍼거슨(1808~1877)	해부학자	Hilts, 1975
존 피치(1743~1798)	발명가	Hindle, 1981
로절린드 프랭클린(1920~1958)	결정학자	Sayre, 1975
윌러드 J. 깁스(1847~1903)	물리학자	Wheeler et al., 1947
존 에드워드 그레이(1800~1875)	동물학자	Hilts, 1975
윌리엄 그로브(1811~1896)	물리학자	Hilts, 1975
존 헨슬로우(1796~1861)	식물학자, 지질학자	Hilts, 1975

로랜드 힐(1795~1879)	통계학자	Hilts, 1975
토머스 헨리 헉슬리(1825~1895)	생물학자	Hilts, 1975
윌리엄 S. 제본스(1835~1882)	통계학자	Hilts, 1975
찰스 F. 케터링(1876~1958)	발명가	Boyd, 1957
아우구스트 쿤트(1839~1894)	물리학자	Cahan, 1987
유스투스 리비히(1803~1873)	화학자	Willstätter, 1965
키스 루카스(1879~1916)	생리학자	Thomson, 1937
존 윌리엄스 모클리(1907~1980)	기상학자, 컴퓨터 과학자	Stern, 1980
*바버라 매클린톡(1902~1983)	유전학자	Keller, 1983
*빌헬름 오스트발트(1853~1932)	물리화학자	W. Ostwald, 1919
루이 파스퇴르(1822~1895)	의사, 면역학자	Vallery-Radot, 1912
C. 페인 가포슈킨(1900~1979)	천문학자	Haramundanis, 1984
*윌리엄 램지(1852~1916)	물리화학자	Travers, 1956
오즈번 레이놀즈(1842~1912)	물리학자	Crowther, 1968
존 버든샌더스(1828~1905)	생리학자	Hilts, 1975
찰스 휘트스톤(1802~1875)	물리학자	DSB
존 A. 휠러(1911~)	물리학자	Bernstein, 1985
〈현악기 제작자〉		
버지니아 아프가(1909~1974)	의사	Speert, 1980
제임스 듀어(1842~1923)	물리학자	Crowther, 1968
제임스 퍼거슨(1808~1877)	해부학자	Hilts, 1975
카를 R. 쾨니히(1832~1901)	물리학자	DSB
조셉 나기바리(1936~)	생화학자	Stewart, 1984
찰스 휘트스톤(1802~1875)	물리학자	DSB
〈음악가〉		
*루이스 앨버레즈(1911~1988)	물리학자	Alvarez, 1987
버지니아 아프가(1909~1974)	의사	Speert, 1980
J. L. 아우겐브루거(1722~1809)	의사	DSB
오스월드 T. 에이버리(1877~1955)	미생물학자	Dubos, 1976
*게오르그 폰 베케시(1889~1972)	생리학자	Ratliff, 1974
에우제니오 벨트라미(1835~1899)	수학자	DSB
솔로몬 버슨(1918~1972)	면역학자	Overbye, 1982
루트비히 볼츠만(1844~1906)	물리학자	Broda, 1983
여노시 보야이(1802~1860)	수학자	DSB
막스 보른(1882~1970)	물리학자	Infeld, 1941
나다니엘 보우디치(1773~1838)	수학자	Marmelszadt, 1946

오토 부칠리(1848~1920)	생물학자	Goldschmidt, 1956
월터 B. 캐넌(1871~1945)	생리학자	Cannon, 1945
월리스 H. 캐러더스(1896~1937)	화학자	Smith et al., 1985
월리스 D. 카펜터(1813~1885)	생리학자	Hilts, 1975
피터 A. 캐러더스(1935~)	물리학자	Broad, 1984
*언스트 체인(1906~1979)	화학자	Clark, 1985
존 H. 커티스(1909~1977)	수학자	Todd, 1980
*루이 드 드브로이(1892~)	물리학자	Gamow, 1966
제임스 듀어(1842~1923)	물리학자	Crowther, 1968
F. C. 돈데르(1818~1889)	생물학자	Bowman, 1891
밀드레드 S. 드레셀하우스(1930~)	전기공학자	Dresselhaus, 1973
파울 에렌페스트(1880~1933)	물리학자	Clark, 1984
*만프레드 아이겐(1927~)	화학자	폴리도르 레이블에서 녹음
*알베르트 아인슈타인(1879~1955)	물리학자	Clark, 1984
글래디스 A. 에멀슨(1903~)	생화학자	Yost, 1959
에드워드 프라이먼(1926~)	물리학자	사적 대화
오토 프리슈(1904~1979)	물리학자	Frisch, 1979: Peierls, 1981
클라우스 푸치스(1911~)	물리학자	Frisch, 1979
일리에 가뉴뱅(1891~1949)	지리학자	DSB
레오폴드 고도프스키 주니어(1900~1983)	발명가	Hodges, 1987
리처드 골드슈미트(1878~1958)	유전학자	Goldschmidt, 1956
찰스 마틴 홀(1863~1914)	금속공학자	Garrett, 1963
마이클 헤이델버거(1888~?)	화학자	Heidelberger, 1977
*베르너 하이젠베르크(1901~1976	물리학자	사적 대화
헤르만 폰 헬름홀츠(1821~1894)	물리학자	J. Thomson, 1937
프리드리히 G. J. 헨레(1809~1885)	해부학자, 의사	DSB
캐롤라인 허셜(1750~1848)	천문학자	DSB
윌리엄 허셜(1738~1822)	천문학자	DSB
리하르트 헤르트비히(1850~1937)	생물학자	Goldschmidt, 1956
*게르하르트 헤르츠베르크(1904~)	화학자	사적 대화
제임스 진스(1877~1946)	물리학자	사적 대화
에드워드 제너(1749~1823)	의사	Marmelszadt, 1946
윌리엄 S. 제본스(1835~1882)	통계학자	Hilts, 1975
알렉산더 케네디(1847~1928)	공학자	Hill, 1960
카를 루돌프 쾨니히(1832~1901)	물리학자	DSB

레오폴드 크로네커(1823~1891)	수학자	Bell, 1937
R.-T.- H 라에네크(1781~1826)	의사	Marmelszadt, 1946
칼 래슐리(1890~1958)	심리학자	사적 대화
오귀스트 로랑(1808~1853)	화학자	Partington, 1964
자크 러브(1859~1925)	생물학자	Marmelszadt, 1946
C. 롱게히긴스(1923~)	화학자	사적 대화
에이다 러브레이스(1815~1852)	수학자	Huskey, 1980
카를 루트비히(1816~1895)	생리학자	Marmelszadt, 1946
찰스 라이엘(1797~1875)	지리학자	Bailey, 1962
에른스트 마흐(1838~1916)	물리학자	Mach, 1943
레오폴드 마네스(1899~1964)	발명가	Hodges, 1987
*굴리에모 마르코니(1874~1937)	발명가	Jolly, 1972
존 윌리엄스 모클리(1907~1980)	기상학자, 컴퓨터 과학자	Stern, 1980
*바버라 매클린톡(1902~1987)	유전학자	Keller, 1983
알렉시우스 마이농(1853~1920)	심리학자	사적 대화
리제 마이트너(1879~1968)	물리학자	Frisch, 1970
*앨버트 A. 마이컬슨(1852~1931)	물리학자	Livingston, 1975
*자크 모노(1910~1976)	생물학자	Judson, 1979
조셉 나기바리(1936~)	생화학자	Stewart, 1984
롤프 네반리나(1895~1980)	수학자	Lehto, 1980
*빌헬름 오스트발트(1853~1932)	물리화학자	W. Ostwald, 1926/1927
리처드 오언(1804~1892)	해부학자	Hilts, 1975
제임스 패짓(1814~1899)	의사	Hilts, 1975
C. 페인가포슈킨(1900~1979)	천문학자	Haramundanis, 1984
*막스 플랑크(1858~1947)	물리학자	DSB
윌리엄 잭슨 포프(1870~1939)	화학자	Read, 1947
J. H. 프리스틀리(1883~1944)	식물학자	Armytage, 1957
조지프 프리스틀리(1733~1804)	화학자	Jaffe, 1957
*로널드 로스(1857~1932)	생물학자	Megroz, 1931
벨라 시크(1877~1967)	미생물학자	Riedman, 1960
막스 슐체(1825~1874)	생물학자	Snyder, 1940
호머 스미스(1895~1962)	생리학자	Smith, 1953
레이먼드 스멀리언(1919~)	수학자	Johnson, 1987
아르놀트 좀머펠트(1868~1951)	물리학자	사적 대화
아서 M. 스콰이어(1916~)	화학공학자	Bowser, 1987
안토닌 스보보다(1907~1980)	전기공학자	Oblonsky, 1980

조지프 J. 실베스터(1814~1897)	수학자	Bell, 1937
에드워드 텔러(1908~)	물리학자	Frisch, 1979
*악셀 휴고 테오렐(1903~1982)	생리학자	Dalziel, 1982
발터 티링(1927~)	물리학자	사적 대화
조르주 우르바인(1872~1939)	물리학자	Jaffe, 1957
폴 어반(1905~)	물리학자	사적 대화
*J. H. 반트 호프(1852~1911)	물리화학자	Cohen, 1912
볼데마르 포크트(1850~1919)	물리학자	Voight, 1911
빅토어 바이스코프(1909~)	물리학자	Cole, 1983
에드먼드 B. 윌슨(1856~1939)	생물학자	Muller, 1943
토머스 영(1773~1829)	물리학자, 발명가	Peacock, 1855
〈작곡가〉		
J. L. 아우엔브루거(1722~1809)	의사	Marmelszadt, 1946
테오도르 빌로트(1829~1894)	외과의사	Kern, 1982
리처드 빙(1909~)	심장병학자	디스타 레이블에서 녹음
알렉상드르 P. 보로딘(1833~1887)	화학자	DSB
윌리엄 허셜(1738~1822)	천문학자	DSB
B.-G.-E.라세페드(1756~1825)	동물학자	DSB
알렉시우스 마이농(1853~1920)	심리학자	사적 대화
*앨버트 A. 마이컬슨(1852~1931)	물리학자	Livingston, 1973
*로널드 로스(1857~1932)	생물학자	Megroz, 1931
벨라 시크(1877~1967)	미생물학자	Riedman, 1960
발터 티링(1927~)	물리학자	사적 대화
〈시인〉		
E. N. 안드라데(1887~1971)	물리학자	Church & Buzman, 1945
루트비히 볼츠만(1844~1906)	물리학자	Broda, 1955
볼프건그 F. 보여이(1775~1856)	수학자	Moebius, 1900
러셀 브레인 경(1895~1966)	생리학자	Sergeant, 1980; Brain, 1962
제이콥 브로노우스키(1908~1974)	수학자	Church & Buzman, 1945
에른스트 브뤼케(1819~1892)	생리학자	Cranefield, 1966
알란 C. 버튼(1904~)	생리학자	Burton, 1975
조지 W. 카버(1864~1943)	발명가	Holt, 1943
오귀스탱 루이 코시(1789~1857)	수학자	Bell, 1937
마리 퀴리(1867~1934)	물리화학자	Curie, 1940

험프리 데이비(1778~1829)	화학자	Davy, 1840
제임스 듀어(1842~1923)	물리학자	Crowther, 1968
로렌 아이슬리(1907~1977)	인류학자	Gordon, 1985
조제프 푸리에(1768~1830)	물리학자	Herival, 1975
요한 볼프강 폰 괴테(1749~1832)	박물학자	Gordon, 1985
*프리츠 하버(1868~1934)	화학자	Willstätter, 1965
오토 한(1878~1968)	물리화학자	Spence, 1970
J. B. S. 홀데인(1892~1964)	유전학자	에딘버러 기록 보관소
윌리엄 R. 해밀턴(1805~1865)	수학자	Bell, 1937
존 허셜(1792~1871)	천문학자	DSB
*아치볼드 V. 힐(1886~1977)	생물학자	Hill, 1960
*로알드 호프만(1937~)	화학자	Gordon, 1985
미로슬라프 홀룹(1923~)	면역학자	Gordon, 1985
줄리언 S. 헉슬리(1887~1975)	생물학자	Church & Buzman, 1945
알렉산더 케네디(1847~1928)	공학자	Hill, 1960
멜빈 코너(1946~)	인류학자	사적 대화
소피아 코발레프스카야(1850~1891)	수학자	Koblitz, 1983
R.-T.-H. 라에네크(1781~1826)	의사	Marmelszadt, 1946
J.-J. L. 드 랑랄드(1732~1807)	수학자	Van't Hoff, 1878
앨런 라이트맨(1948~)	천문학자	Gordon, 1985
에티엔 루이 말뤼스(1775~1812)	물리학자	Van't Hoff, 1878
마거릿 미드(1901~1978)	인류학자	Mead, 1972
그레고르 멘델(1822~1884)	유전학자	Iltis, 1932
헤르만 민코프스키(1864~1909)	물리학자	Santillana, 1955
S. H. 묄러(1798~1856)	수학자	Moebius, 1900
*H. J. 멀러(1890~1967)	유전학자	Carlson, 1981
*발터 네른스트(1864~1941)	물리화학자	Hiebert, 1983
윌리엄 오들링(1829~1921)	화학자	DSB
로버트 오펜하임(1904~1967)	물리학자	Gordon, 1985
막스 폰 페텐코퍼(1818~1901)	화학자, 역학자	DSB
앨프리드 프링스하임(1859~1917)	생물학자	Willstätter, 1965
*윌리엄 램지(1852~1916)	물리화학자	Travers, 1956
윌리엄 J. M. 랭킨(1820~1872)	공학자, 물리학자	Rankine, 1874
*샤를 리셰(1850~1935)	생리학자	DSB
앨프리드 A. 롭(1873~1936)	물리학자	Rayleigh, 1943
*로널드 로스(1857~1932)	생물학자	Megroz, 1931

카를 F. 쉼퍼(1803~1867)	생물학자, 지리학자	DSB
에르빈 슈뢰딩거(1887~1961)	물리학자	사적 대화
*찰스 셰링턴(1857~1952)	생리학자	Macfarlane, 1984
제임스 J. 실베스터(1814~1897)	수학자	DSB
올가 타우스키 토드(1905년경~)	수학자	Dick, 1981; 사적 대화
*J. H. 반트 호프(1852~1911)	물리화학자	Cohen, 1912
*셀먼 A. 왁스먼(1888~1973)	세균학자	Waksman, 1954
*리하르트 빌슈테터(1872~1942)	화학자	Willstätter, 1965
해롤드 A. 윌슨(1874~1964)	물리학자	Rayleigh, 1943
로버트 윌리엄스 우드(1868~1955)	물리학자	DSB
〈극작가〉		
클로드 베르나르(1813~1878)	생리학자	DSB
오토 뷔칠리(1848~1920)	생물학자	Goldschmidt, 1956
엘리 가크네빈(1891~1949)	지질학자	DSB
리처드 골드슈미트(1878~1958)	생물학자	Goldschmidt, 1956
*프리츠 하버(1868~1934)	화학자	Goran, 1967
소피아 코발레프스카야(1850~1891)	수학자	Koblitz, 1983
*샤를 리셰(1850~1935)	생리학자	DSB
〈소설가〉		
에릭 T. 벨(1883~1960)	수학자	필명 존 테인
그레고리 벤퍼드(1941~)	천체물리학자	『아티팩트』, 1985 등
어윈 샤가프(1905~)	생화학자	Chargaff, 1978
J. B. S. 홀데인(1892~1964)	유전학자	J. B. S. Haldane, 1937; 1976
프레드 호일(1915~)	천체물리학	Asimov, 1985; Hoyle, 1966
소피아 코발레프스카야(1850~1891)	수학자	Koblitz, 1983
앙투안 A. 라부아지에(1743~1794)	화학자	DSB
제임스 V. 매코널(1925~)	생물학자	Asimov, 1985
토머스 맥마흔(1943~)	생물역학자	『맥케이의 벌』, 1979 등
마거릿 미드(1901~1978)	인류학자	Mead, 1972
S. 위어 미첼(1829~1914)	의사	Zigrosser, 1955
존 R. 피어스(1910~)	공학자	필명 J. J. 카플링
찰스 리히터(1900~)	지질학자	사적 대화
T. B. 로버트슨(1884~1930)	화학자	Robertson, 1931
시드니 로젠(1916~)	천문학자	『죽음과 블린츠』, 1985

칼 세이건(1934~)	천체물리학자	『콘택트』, 1985
B. F. 스키너(1904~)	심리학자	『월든 2』, 1948
호머 W. 스미스(1895~1962)	생리학자	Smith, 1935
C. P. 스노(1905~1980)	물리학자	Snow, 1934/1958 등
앨프리드 W. 스튜어트(1880~947)	화학자	필명 J. J. 코닝턴
레오 실라르드(1898~1964)	물리학자	Szilard, 1961
플로렌스 반 스트라텐(1913~)	기상학자	Yost, 1959
카를 포크트(1817~1895)	생리학자	『인명사전』
파울 A. 바이스(1898~)	생물학자	Weiss, 1964
노버트 위너(1894~1964)	사이버네틱스학자	Wiener, 1959; MIT 기록 보관소
미첼 윌슨(1913~)	물리학자	Wilson, 1969
로버트 윌리엄스 우드(1868~1955)	물리학자	DSB

생각한다. 그들은 미술가, 작가로서 미술과 문학에서 현재 유행하는 조류가 무엇인지 잘 알았다. 그들의 그림과 조각은 수많은 화랑에 걸렸고, 시들은 책으로 엮였다. 그들이 쓴 소설은 사회 비판, 미스터리에서 사랑 이야기, 과학소설에 이르기까지 모든 장르에 걸쳐 있다. 그들은 훌륭한 재즈 음악가이기도 하고, 빌로트, 보로딘, 허셜, 마이농, 마이컬슨, 로스 같은 동료들이 만든 곡을 연주하려고 오케스트라를 조직했다. 그들은 우리를 위해(때로는 서로를 위해) 클로드 베르나르, 소피아 코바레프스카야, 샤를 리셰가 쓴 진지한 희곡뿐만 아니라 과학을 다룬 희비극적인 연극을 공연했다. 게다가 뛰어난 운동가, 유명한 퍼즐과 게임을 만든 발명가, 마술사도 있다.

게임, 퍼즐, 마술이 나오니 잠시 이와 연관된 다른 얘기를 하겠다. 가장 창의적인 과학자는 자기 분야를 속속들이 탐구할 뿐 아니라 말 그대로 이를 **즐긴다**. 파인먼은 식당에서 접시 던지는 학생을 보고 갑자기 어떤 문제를 떠올렸다. 플레밍은 게임에 중독적으로 몰두하는 사람이었고, 로렌츠는 '정신 나간' 방법으로 연구를 했다. 이렇게 놀이라는 측면도 내가

과학자 이름	직업
*스반테 아레니우스(1859~1927)	물리화학자
*닐스 보어(1885~1962)	물리학자
찰스 다윈(1809~1882)	박물학자
*파울 에를리히(1854~1915)	생리학자
*빌럼 에인트호번(1860~1927)	생리학자
*에밀 피셔(1852~1919)	화학자
J. S. 홀데인(1860~1936)	생물학자
*죄르지 드 헤베시(1885~1966)	화학자
S. D. 푸아송(1781~1840)	수학자
*I. I. 라비(1898~1988)	물리학자
*어니스트 러더퍼드(1871~1937)	물리학자
*J. J. 톰슨(1856~1940)	물리학자
*로절린 앨로(1921~)	의학 물리학자

작성한 목록에 등장하는 많은 남성(여성은 아닐 수도 있지만)을 규정한다. 그들의 친구와 전기 작가는 그들을 '어린아이'같다거나 심지어는 '미성숙'하다고 평한다. 패러데이, 골턴, 에를리히, 아인슈타인, 파인먼, 머리 겔만, 제임스 왓슨, 칼턴 가이듀섹, 그 밖의 많은 사람이 이런 평을 받았다. C. D. 달링턴은 말했다. "과학에서 일어난 위대한 발견에는 흔히 발견자의 어린아이 같은 성품이 필요했다. 선구자와 탐구자들의 모임에는 어떤 감정 발달이 결여되어 있는 경우가 흔하다."[21] 나는 이런 사람들은 어린아이의 시각으로 세상을 바라보며 순수한 경탄을 부르는 겸손과 흥분으로 가득 차 있다는 헉슬리에 말에 동의한다. "어린아이처럼 사실 앞에 앉아라. 모든 선개념을 버려라."[22] 센트죄르지는 이에 동의하며 다음과 같이 말했다. "나는 사물을 단순하게 바라본다. 아이처럼 너무 복잡한 생각은 하지 않으며 꾸밈없는 사물에 관해 질문한다. 사람들은 흔하게 볼 수 있는 무언가가 기적과 같다는 점을 이해하지 못한다. 내게 가장 위

대하고 흥분되는 기적은 내가 주변에서 매일 보는 사물들이다."[23] 파스퇴르는 말했다. "궁금해 하고 질문하는 방법을 아는 것은 발견에 다가가는 첫 단계다."[24] 이런 과학자들은, 뉴턴의 말을 빌리자면 자신이 광대무변한 미지의 바다 가장자리에서 놀고 있는 어린아이와 같다는 사실, 우주의 아주 작은 부분만을 안다는 사실을 기꺼이 인정한다(젠체하지만 능력은 없는 동료들은 그러지 못한다). 깊은 질문이 필요한 건 복잡한 현상이 아니라 가장 단순하고 소박한 현상이다. "지식은 자신이 많이 배웠다는 교만이고, 지혜는 더 이상 아는 것이 없다는 겸손이다."[25]

요컨대, 가장 창의적인 과학자는 가능한 한 폭넓은 생각과 창조적 기술로써 탐구하며 놀고자 하는, 이 우주에 관해 어린아이 같은 호기심을 품은 사람이다. 그들은 다른 사람의 통찰을 재창조하고, 그리하여 콘스탄스가 보여 준 대로 복잡한 발견의 과정을 자신만의 방식으로 찾는다. 그들은 물리적 세계를 인식하고 조작해 자신의 마음속에서 재창조한다. 그들은 직접적으로, 개인적으로 경험하는 다양한 현상에 있는 공통 유형을 찾아 과학을 보는 전체적 시각을 계발한다. 이런 경험은 그들의 성격을 형성하고, 성격은 그들이 만드는 과학의 토대를 형성한다. 이 과정 전체에서 그들은 자신의 연구 스타일을 정의하는 생각도구를 발달시킨다. 나는 그런 연결성을 밝혀내려고 한다.

과학사학자 브룩 힌들Brooke Hindle은 발명가 새뮤얼 모스Samuel Morse와 로버트 풀턴 Robert Fulton의 창조 과정을 연구한 『모방과 발명*Emulation and Invention*』에서 예술 훈련이 독창적 발명 스타일에 영향을 준다는 사실을 잘 보여 주었다.[26] 두 사람은 발명가로 전직하기 전에 명망 높은 예술가였다. 기술사학자 유진 퍼거슨Eugene Ferguson은 이 주제를 광범위하게 연구하여 '그림으로 하는 사고' 또는 '마음의 눈'을 이용하는 방법이 수백 년 동안 기술적 사고를 지탱한 근본적 측면이라고 주장했다.[27] 물리학자이자 과학사학자 아서 I. 밀러Arthur I. Miller는 그런 사고방식이 현대 물리학의 본질적 특징이라고 말했다.[28] 과학사학자 노마 에머튼Norma Emerton은 타당한 과학적 개념으로서 형태라는 요소를 재해석하는 연구를 했다.[29] 심리학자 하워드 그루버Howard Gruber는 다윈의 생각을 이끈, 가지를 뻗은 나무와 덤불과 같은 심상이 하는 역할을 연구했다. 과학사학자 셜리 로Shirley Roe는 심상이나 개념을 떠올리는 방식에 따라 과학자들은 똑같은 표본을 보고도 서로 다른 해석을 내린다고 말했다. 동물학자이자 소설가 제프리 라파지Geoffrey Lapage와 필립 리터부시는 생명 과학이 발전하는 데 예술이 폭넓은 영향을 끼쳤다고 말했다.[30] 기본적으로 이런 연구들이 전하는 교훈은 라몬 이 카할이 제시한 것과 같다. 즉, 예술은 쓸모 있는 관찰법과 생각을 개념화하는 방식을 가르친다.

> 연구가 [과학]과 관련된 대상이라면, 관찰은 스케치와 함께 시작된다. 다른 이점은 제쳐놓고 무언가를 그리는 행위는 주의력을 단련하고 강화하며, 연구하는 현상 전체를 다루도록 도와 일반적 관찰에서 간과하기 쉬운 세부 사항에 집중하게 한다. (…) 모든 위대한 관찰자는 스케치하는 능력이 뛰어났다.[31]

이와 동일한 주장은 아주 많다.[32] 내 요점은 미술을 연습하는 일은 관찰, 추상화, 유형 인지, 유형 형성과 같은 과학적으로 유용한 기술을 얻는 원천이라는 것이다.[33] 이는 우리가 앞선 토론에서 분명하게 말한 내용이다.

하지만 르네 타통은 실험과학자는 탁월한 관찰자를 넘어서는 사람이라고 말했다. 그는 공학자이자 장인이며, 정교한 장치를 발명하고 조립하고 다루는 꼼꼼한 노동자이기도 하다.[34] '생각하는 손'을 훈련하는 일이 목공, 금속공, 유리공, 은세공, 전기공과 같은 기술에 유용하듯, 이런 기술의 일부는 미술을 통해 계발할 수 있다. 월터 캐넌은 자신의 실험에 있는 독창성이 어린 시절에 배운 목공 기술에서 유래한다고 썼으며, 내 목록에 있는 과학자(조셉 바크로프트, 폰 베케지, 아우구스트 쿤트, 오스트발트, 찰스 위트스톤)의 전기를 쓴 작가들은 예술과 공예를 다양하게 경험한 일이 성공 요인이었다고 분석했다. 로절린드 프랭클린, 바버라 매클린톡, 세실리아 페인가포슈킨, 로버트 R. 윌슨, 존 휠러는 실험실만큼이나 기계 공장에 익숙한 사람들이다. 이런 기술은 그렇게 드문 것도 아니다. 골턴은 뛰어난 과학자들이 다양한 수공예 기술을 보유했다는 사실을 발견했으며, 또 목공예, 유리공예, 야금, 전기공학 도구를 잘 다룬 공학자 테일러David W. Taylor가 조사한 바에 따르면 화학과 공학 분야에서는 기술 습득이 연구에서 성공할 확률과 상관관계가 있었다.[35]

그렇다. 나는 기술이란 다른 분야로 전환되는 거라고 생각한다. 그러나 내 믿음을 과장하지는 않겠다. 모든 과학자가 실험과학자는 아니며, 시각적으로 사고하는 모든 사람이 예술가이거나 장인이지도 않다. 기술을 배울 수 있는 다른 방법도 있다. 특히 19세기 교육학자 요한 페스탈로치Johann Heinrich Pestalozzi와 오늘날 심리학자 루돌프 아른하임Rudolf Arnheim이 옹호한 시각적 사고에 기반을 둔 교육 과정이 그 예다.[36] 이런 교육 과정이 지닌 효과는 아인슈타인을 통해 입증되었다. 아인슈타인은 열다섯 살에 취리히 연방 공과대학 입학시험에 낙방하고, 스위스 아라우에 있는 칸톤고등학교를 졸업했다. 1802년에 세워진 칸톤고등학교는 언어와 수학적 사고에 앞서 '시각적으로 이해하는 모든 방식'을 가르쳐야 한다는 페스탈로치의 이념을 구현한 곳이다. 시간이 지날수록 그런 이념이 옅어지긴 했지만, 페스탈로치가 품은 철학은 아인슈타인이 1895년 입학했을 때도 여전히 유지되었다. 홀턴이 지적했듯이, 아인슈타인에게 그곳은 전환점이었다. 그 시기에 아인슈타인은 고도로 시각적이며 비언어적인 사고 실험을 처음으로 고안했으며, 자신의 시각-운동 감각적 사고방식을 이해하고 함양하게 도와주는 스승을 만났다.[37]

이렇게 본래 가진 능력과 공식적인 교육 과정이 결합되는 일은 아주 중요하다. 이는 지난 토론에서 나눈 과학적 결과는 서로 다른 소질을 가진 사람들에게 닿기 위해 가능한 한 여러 방식으로 소통되어야 한다는 점을 강조한다. 우리의 교육 과정은 언어나 방정식에 역점을 두어 아인슈타인이나 반트 호프 같은 사람을 잘라 내는 게 아닐까? 언어나 방정식으로 사고하는 사람은 그림이나 느낌으로 사고하는 사람을 이해하지 못하는 걸까? 과학자 중에서 언어와 방정식으로 사고하는 사람이 대다수라면, 이들이 자신들에게 맞는 교육 과정을 만들면서 다른 유형으로 사고하는 사람들은 놓친 게 아닐까?

나는 각 질문에 대한 답이 '그렇다'라고 생각한다. 심리학자 앤 로Anne Roe는 개인적으로 겪은 이런 몰이해를 이야기한 적이 있다. 로가 기술한 어떤 과학자(아마 그녀의 남편, 조지 게이로드 심슨George Gaylord Simpson일 것이다)는 ("마치 자가 제작한 영화를 보듯이") 숲이 지질학적 시간 동안 진화해가는 이미지를 떠올리고 바라보면서 식물이 진화한 역사를 연구하는 능력이 있었다. 로는 그때 '어안이 벙벙했다'라고 썼다. 다른 과학자도 로에게 비슷한 이야기를 들려줬다. 로는 말했다. "나는 인정할 수밖에 없었다. 나는 내가 듣고 싶은 말을 들었을 때 의심하기도 했지만, 그들의 정신은 우리와 다른 방식으로 작동하는 것 같았다."[38] 로는 그런 현상에 관심을 갖고 더욱 깊게 연구했다. 1951년에 로는 미국 국립 과학원, 미국 철학 학회에서 활동하는 예순 네 명의 과학자 중에서 스물 네 명은 구체적인 3차원 이미지를, 여덟 명은 기하학적 이미지를 사용했고, 여덟 명은 시각적 상징을 조작해 사고했고, 다섯 명은 방정식으로 연구했고, 스물 한 명은 언어적 사고를, 네 명은 운동 감각적 느낌을 사용했고, 서른네 명은 이미지 없이 사고했다고 보고했다. (분명히 이 과학자 중 일부는 한 가지 이상의 사고방식을 사용했을 것이다.)[39] 좀 더 최근에 인지과학자 로저 셰퍼드Roger Shepard와 심리학자 베라 존스타이너Vera John-Steiner는 과학 연구에서 시각적 사고가 지닌 또 다른 측면에 관한 자료를 모아 논의했다.[40] 그들에 따르면 분명히 다양한 사고방식이 있으며, 시각, 운동 감각적 사고 역시 언어, 기호적 사고와 마찬가지로 타당하고 유용하다(따라서 과학과 공학을 교육하는 과정에 반드시 필요하다).[41] 결과적으로 우리 교육 과정은 이런 다양한 사고방식을 자극할 수 있도록 바뀌어야 한다.

하지만 예술과 과학 사이에는 시각, 관찰, 조작적 기술의 계발보다 더욱 깊은 관련성이 있다. 또 아름다움을 감상하는 방식과 연결된 문제도 있다. 라몬 이 카할은 자신의 연구를 이끈 동기를 다음과 같이 썼다.

> 자기애라는 교만을 제외하면, 신경학이라는 정원은 연구자를 장엄함과 비할 데 없는 예술적 감정으로 옴짝달싹 못하게 했다. 그곳에서 내 미학적 본능은 완전한 만족을 느꼈다. 밝은 색깔의 나비를 찾는 곤충학자처럼, 나의 주의력은 회색 물질, 섬세하고 우아한 형태의 세포의 정원에서 신비로운 영혼의 나비를 찾아 헤맸다.[42]

다른 과학자가 쓴 비슷한 글을 또 인용하겠다. C. T. R. 윌슨은 노벨상 수상 연설에서 이온화된 입자의 궤적을 추적하는 구름상자를 생각해 낸 것은, 과학보다 미학과 더 깊은 관계가 있다고 말했다.

> 1894년 9월에 나는 스코틀랜드 산에서 제일 높은 벤 네비스 정상에 있는 실험실에서 몇 주를 보냈습니다. 그곳에서 태양이 산을 감싸고 있는 구름 위에서 빛날 때 경이로운 광학 현상을 볼 수 있었습니다. 특히 태양을 둘러싼 색깔 고리(코로나)나 정상에 드리워진 그림자, 안개와 구름(광륜)이 매우 흥미로워 실험실에서

이를 재현하고 싶었습니다.[43]

동물행동학자이자 미술가이자 시인인 콘라트 로렌츠는 말했다. "한 번 자연의 아름다움에 빠져든 사람은 다시는 거기에서 벗어날 수 없다. 그는 분명히 시인이나 자연학자가 되거나, 날카로운 눈과 예민한 관찰력을 지녔다면 둘 다 될 것이다."[44] 푸앵카레는 말했다. "과학자는 쓸모 있다는 이유로 자연을 연구하지 않는다. 그저 자연을 연구하는 일이 기뻐서, 아름다움이 좋아서 연구할 따름이다. (…) 지적인 아름다움은 지성을 확고하고 강하게 만들어 준다."[45] 뒤앙, 하디, 디랙, 베버리지, 다비드 힐베르트, 헤르만 와일, 베르너 하이젠베르크, 찬드라세카르, 윌리엄 립스컴, 양전닝, 도널드 크램, 그 밖의 많은 과학자도 같은 의견을 표명했다. 이 주제로 다시 토론을 하기보다, 예술사학자 주디스 웩슬러Judith Wechsler가 쓴 『과학에 나타난 미학*On Aesthetics in Science*』과 미학자 딘 커틴Dean Curtin이 편집한 제16회 노벨상 회의록인 『과학의 미학적 차원 *The Aesthetic Dimension of Science*』 그리고 생물학자 C. H. 워딩턴Conrad Hal Waddington이 쓴 『현상 뒤편에*Behind Appearance*』를 읽어 보라.[46] 이 책들은 단지 예술만이 아니라 과학도 아름다운 유형, 단순성, 우아함, 조화를 추구한다는 증거를 보여 준다.

다시금 이런 설명에 빠진 요소는 과학에서 드러나는 미학이 어디서 기원하느냐다. 과학에 있는 미학은 예술에 있는 미학과 어떻게 같고 어떻게 다를까? 나는 개인적으로 과학과 예술은 동전의 양면이라고 생각한다. 청각 연구의 권위자 게오르그 폰 베케시Georg von Békésy는 과학과 예술이 실질적으로 동일하다고 생각했다. 그는 미술가와 음악가에 둘러싸여 성장했고 그 자신 피아니스트이기도 했다. 베케시는 실험실에서 예술과 고고학을 연구하는 일에 많은 시간을 보냈다. 심리학자 플로이드 라틀리프Floyd Ratliff는 베케시의 이런 면이 자신의 과학 연구를 위해 의도적으로 선택한 행동이라고 설명했다.

> 이는 모든 일을 잘 해내려는 베케시의 욕구에 바탕을 두었다. 베케시가 과학자로서 탁월한 성과를 내고자 맨 처음 한 생각은 그저 단순하게 오랫동안 일하자는 것이었다. 하지만 그의 동료들도 오랫동안 열심히 일한다는 점을 깨달았다. 그래서 베케시는 낡은 규칙, 8시간 자고 8시간 일하고 8시간 쉬는 일과를 따르기로 했다. 하지만 여기에다 '헝가리인식 변화'를 가미했다. 쉬는 방식에는 여러 가지가 있으니, 자신의 판단력과 연구 성과를 높일 수 있는 방식으로 쉬고자 했던 것이다. 이미 큰 관심을 두던 예술 공부가 이런 가능성을 높여 주는 휴식의 방식이라 생각했다. (…) 자신의 주의력을 과학에서 예술로 돌림으로써 베케시는 정신을 새롭게 일신하고 그 기능을 날카롭게 벼렸다. 예를 들어, 그는 늘 자신의 연구와 그가 공부하는 다른 사람의 연구가 지닌 질에 관심이 있었다. 하지만 질을 어떻게 알 수 있는가? 그는 이런 질문을 아는 사람 모두에게 물었다. 예술에 대한 관심과 함께 미술품 수집이 나날이 늘어가자 미술 상인에게도 이 질문을 하게 되었다. 그 대답은 이랬다. "답은 딱 하나입니다. 끊임없이 비교하고, 비교하고, 또 비교하라." 이는 후일 베케시가 예술과 과학 모두에 적용하여 질을 평가하는 기본적 방법이 되었다. 과학에서는 끊임없이 비교하는 방법이 오랜 시간 동안 높은 가치를 지닌 연구를 보증하는 방법이 되었다(적어도 베케시에게는).[47]

아름다움, 조화, 일관성, 통찰, 우아함, 일상의 숭고는 한 가지 개념이 아니며, 모든 분야에 똑같이 적용되는 걸까? 그렇다면 미적 감각은 과학자가 지닌 가장 중요한 자질이 아닐까? 나는 그렇다고 생각한다.

하지만 생각도구의 기원이라는 연구를 시각 예술과 조형 예술, 여러 공예에 한정해서는 안 된다. 베케시처럼 많은 과학자는 음악가이기도 했다. 음악도 과학 교육에서 중요한 역할을 한다. 음악적 성향과 수학적 재능 사이에 연관성이 있다는 사실은 유명하다. 그러나 나는 이런 사실이 제대로 이해받지 못했다고 생각한다. 막스 플랑크, 헤르만 폰 헬름홀츠, 그 밖의 수리물리학자처럼 뛰어난 음악가인 루트비히 볼츠만은 수학적 스타일과 음악적 스타일을 비교한 적이 있었다. 수학자는 음악에 있는 화성과 리듬 유형 못지않게 명확한 규칙에 따라 기호를 구성하며, 수학과 음악 모두에서 작성자의 목소리가 밝게 빛난다. 따라서 볼츠만은 말했다. "음악가는 몇 소절을 듣고 나서 자신 속의 모차르트, 베토벤, 슈베르트를 알아본다. 마찬가지로 수학자는 몇 쪽을 읽고 나서 자신 속의 코시, 가우스, 야코비, 헬름홀츠, 키르히호프를 알아본다. 프랑스인 저자는 글에서 극도로 우아한 형식미를 나타내고, 영국인, 특히 맥스웰은 극적 감각을 드러낸다." 볼츠만은 자주 인용되는 어떤 구절에서 맥스웰의 작업을 하나의 음악으로서 기술했다.

> 예컨대, 기체의 동역학 이론에 관한 맥스웰의 회고를 모르는 사람이 있을까? (…) 처음에 속도 변화는 장대하게 전개된다. 그런 다음 한쪽은 상태방정식으로, 다른 쪽은 중심 장에 있는 운동 방정식으로 들어간다. 더 높게 치솟을수록 공식은 혼돈에 빠진다. 갑자기 우리는 "N=5로 두어라"라는 4박자 드럼 소리를 듣는다. 악마 같은 V(두 분자의 상대 속도)는 사라지고, 음악에서도 여태까지 베이스를 지배해 온 음이 갑자기 사라진다. 마치 마술사의 손길로 해결 불가능한 문제가 풀리듯이 (…) 왜 이러저러한 치환이 일어나는가를 물어야 할 때는 아니다. 이런 과정에 빠져들지 못한다면 논문은 제쳐 둬라. 맥스웰은 주석을 단 음악을 작곡하

> 지는 않았다. (…) 예기치 않은 절정처럼, 최후에 도달할 때까지 하나의 결과 뒤에 재빨리 잇따르는 또 다른 결과를 겪고 나서야, 이동 계수가 나타나는 동시에 열평형 조건에 도달한다. 그럼 끝이 난 것이다![48]

이런 묘사가 볼츠만이 일반인에게 자신이 수학을 할 때 무엇을 느끼는지 보여 주는 단순한 유비라고 보는 건 쉬운, 아주 쉬운 일이다. 우리는 이런 느낌을 간과하지 말아야 한다. 이것도 연구의 일부다. 결과적으로 나는 볼츠만의 글이 유비에 그치지는 않는다고 생각한다. 볼츠만은 실제로 경험했다. 볼츠만은 수학적 논제를 읽을 때 정말 음악을 들었으며, 이는 그에게만 일어난 일도 아니다. 수학자 필립 데이비스Philip Davis와 로이벤 허시Reuben Hersh의 다음과 같은 말을 들어 보라. (둘이 경험한 일을 한 사람이 경험한 것으로 말하겠다.)

> 분석 자료를 가지고 연구를 할 때, 나는 이것이 완성되지는 않았으나 자꾸만 반복되는 비수학적 사고, 음악적 주제와 함께 여러 책에서 본, 같은 유형을 지닌 기억의 잔해와 섞여 있다는 점을 알았다. (…) 몇 년 동안이나 이 자료를 연구하지 못한 내 일정에 무언가가 싹 텄다. (…) 몇 주 간이나 연구하면서 자료를 예열하고자 검토했다. 그런 시간이 지나자 나는 처음에 떠올랐던 수학적 이미지와 멜로디가 다시 돌아와 놀랐고, 문제를 성공적으로 해결했다.[49]

마찬가지로 뛰어난 바이올리니스트이자 시벨리우스 예술원 학장이었던 핀란드의 수학자 롤프 네반리나Rolf Nevanlinna는 말했다. "음악은 내 인생의 동반자였다. 음악은 내가 분석할 수 없는 신비로운 방식으로 내 연구와 함께 했다."[50] 알루미늄을 정제하는 전기 분해 과정을 발명한 찰스 마틴 홀Charles Martin Hall도 안 풀리는 문제가 있을 때마다 피아노 앞으로 달려가곤 했다고 말했다. "그런 바람과 마음을 갖고 피아노를 치면서, 홀은 끊임없이 연구를 생각했고, 그리하여 더 명쾌한 방식으로 생각할 수 있게 되었다."[51] 수학자 라그랑주도 음악이 있을 때 연구가 더 잘된다고 말했다.[52]

우리가 여기서 논의한 건 공감각, 즉 색깔에서 '맛'을 느끼는 현상처럼 한 감각이 다른 감각을 일으키는 공감각과 유사하다. 데이비스와 허시가 묘사한 것, 볼츠만, 홀, 네반리나가 경험한 것은 일종의 '공감각적 과학'(한 번에 여러 가지 방식으로 아는 것)이라고 할 수 있다. 공감각적 과학은 전환적 사고의 기초며 대상이나 생각을 시각, 언어, 수학, 운동 감각, 음악적 방식에 따라 상호 교환적으로 또는 한꺼번에 살펴보는 능력의 핵심이다.

음악은 무엇을 아는 방식이 아니라고 반대할 수 있지만, 나만 그렇게 주장하는 것이 아니다. 인지과학자 더글라스 호프스태터Douglas Hofstadter는 『괴델, 에셔, 바흐』에서 순수 수학과 음악, 미술에는 논리적 관계가 있다고 설명했다.[53] 실상 수학자이자 음악가, 시인 조지프 실베스터Joseph Sylvester는 이런 유사성에 주목하여 다음과 같이 물었다.

> 음악은 수학적 감각으로, 수학은 음악적 근거로 기술할 수 있지 않은가? 음악과 수학의 정신은 동일하다! 따라서 음악가는 수학을 느끼고, 수학자는 음악을 생각한다. 음악은 꿈이고, 수학은 일하는 삶이다. 각각은 인간 지능이 완전함에 도달할 때 서로 정점에 달하며 미래의 모차르트-디리클레, 베토벤-가우스와 같은 인물로 꽃핀다. 이미 헬름홀츠라는 천재이자 노동자가 보여 준 그런 결합을![54]

리히터는 이 모든 게 한낱 꿈일 뿐이라고 부르짖었다. 나는 그렇게 생각하지 않는다. 음악학자 제이미 카슬러Jamie Kassler는 과학에서 사용하는 음악 모형과 유비의 역사를 논하는 글을 썼으며, 음악과 과학의 조합이 좋은 성과를 낸 사례를 여럿 열거했다.[55] 나는 의학에서 물리학에 이르기까지 모든 분야에서 더 많은 사례를 찾아냈다.[56] 음악에는 과학적으로 흥미로운 속성이 많다는 점을 알게 되었다. 그런 문제에서 가장 중요한 부분은 수학적 형식 대부분이 둘 이상이나 통계적으로 유의미한 수보다 적은 대상에서 일어나는 상호 작용을 동시에 기술할 때는 부정확하다는 점이다. 예컨대 크레브스 회로Krebs cycle*만큼이나 간단한 생화학 체계에 적용하고자 편미분 방정식에 맞는 완전한 해답을 찾는 일은 현대 컴퓨터로도 얻기가 쉽지 않다. 반면, 언어적 형식은 한 번에 하나의 목소리로 제한된다. 그것이 뇌가 해석할 수 있는 전부다. 복수의 주제를 가진 소설은 기껏해야 때로는 중요한 국면이나 사건에서 서로 만나면서 이야기라는 직물 속의 씨줄과 날줄에서 나타나고 사라지는 분리된 가닥으로 짜일 뿐이다. 독자가 만드는 연결성은 해커들이 말하듯, '실시간'이 아니라 나중에 이루어진다. 나는 우리 모두가 이를 경험했으리라 확신한다.

하지만 음악에서는 동시에 여러 주제를 말하는 목소리를 들을 수 있고, 이들의 조화와 충돌은 하나의 목소리가 다루지 못하는 의미와 효과를 만든다. 가령 한 번에 하나의 악기만 연주하면서 교향곡이 내는 효과를 만들어 보라. 이는 불가능하다. 생리학적 항상성, 배발생, 생태 균형, 날씨와 같은 많은 자연 체계는 개별 부분을 분석하는 일반 기술을 사용해서는 이해하지 못하는, 집단적으로 상호 작용하는 요소들이 많다. 이

* 유기체가 에너지를 얻는 세포 호흡의 한 과정을 말한다.

런 통합 체계를 연구하려면 (코드, 화성, 진행, 유형처럼) 음악에서 배울 수 있는 사고 스타일이 필수적이다. 사실 음악 자체는 이런 체계를 모형화하는 최적의 기술, 내가 호르몬 생리학을 연구할 때 다루었던 생각을 제공한다. 우리가 음조를 평가하는 일에만 관심을 둔다면 정상적인 번식 생리학의 '교향곡'이라는 말이 어떻게 들릴까? 일상의 주기에 있는 조화로운 리듬을 만드는 조성과 템포는 얼마나 다양할까? 어떤 병리적 상태를 드러내는 불협화음을 감지할 수 있을까? 이런 모든 질문은 흥미롭다.

음악은 다른 많은 형식의 의사소통과 분석에도 유용하다. 음악학자 지그문트 레바리에Siegmund Levarie는 "음악은 질과 양을 정밀하고도 자연스럽게 조합하는 일에서 독특한 분야다. 그 결과 감각 인상을 평가하고 조화를 경험할 수 있다"라고 썼다.[57] 화학자 로버트 모리슨Robert Morrison은 "인간의 청각은 유형을 인식하는 놀라운 힘을 지녔지만 숫자로 된 자료에서 유형을 찾아내는 도구로서 청각은 무시되었다"라고 말했다.[58] AT&T 벨 연구소의 조셉 메즈리치Joseph Mezrich는 "우리 귀에는 위대한 컴퓨터가 있다"라는 말에 동의했고,[59] 제록스 사社는 자료를 소리로 전환하는 방식이 복잡한 자료를 분석하는 작업을 촉진하는지 연구했다.[60] 자료를 음악적으로 분석하는 최근의 작업은 양자 상태, 화학 물질의 적외선 스펙트럼, DNA 배열, 분류학, 경제 현상의 유형, 심지어 소변 검사에까지 확장되었다.[61] 이것은 분명히 시작일 뿐이다.

계속하자면 끝도 없다. 아쉽게도 생각의 원천으로서 퍼즐과 게임은 다루지 못했고, 놀이라는 주제는 논의하지도 못했다. 스포츠, 게임, 공예 같은 신체적 활동은 운동 감각적 추론을 계발할까? 시, 소설, 희곡 등을 쓰는 일은 개념적 사고를 하는 능력을 함양할까? 명확한 표현은 명확한 사고를 만들기에 발명가에게는 능숙한 언어 기술이 있어야 한다는 주장에는 더 많은 논의가 필요하다. 은유적 사고, 언어, 이미지, 숫자, 음악 사이를 넘나드는 전환적 사고도 마찬가지다. 이런 기술이 하나라도 없다면 연구자는 얼마나 제약을 받을까? 이건 흥미로운 주제다. 이 주제로 책을 쓸 수도 있다. 다른 논의를 더 하기 전에 지금까지 말한 내용을 요약하겠다.

첫째로는 한 가지 사실을 분명히 하고자 한다. 내가 말한 모든 주장에도 불구하고 나는 예술가적 성향이 있어야만 성공적인 과학자가 된다는 가설을 옹호한 건 아니다. 반대로 나는 더 제한된 가설을 제시했다. 즉, 일상생활에서 자신의 호기심과 상상력을 적극 이용하는 사람은 과학을 연구하는 스타일에서도 이런 특성이 드러난다는 점이다. 그들은 전통적으로 훈련받은 과학자와는 질적으로 다른 과학적 결과를 낸다. 과학을 연구하는 방식에 여러 가지 독특한 스타일이 있다는 건 당연한 사실이다. 반트 호프는 상상력 넘치며 시적인 연구 스타일을 지닌 험프리 데이비, 자기 자신과 사실에 입각한 연구를 하는 화학자 보클랭Louis Nicolas Vauquelin 그리고 화학자 콜베를 대조했다.[62] 오스트발트는 『위대한 인간』에서 과학자를 대개 존재하는 대상에 관심을 두는 고전적 과학자와 미지의 대상을 탐구하는 낭만주의자로 나누었다.[63] 과학사학자 갈런드 앨런Garland Allen은 토머스 헌트 모건Thomas Hunt Morgan(예술가적 기질과는 거리가 먼 고전주의자)과 동물학자이자 유전학자 윌슨Edmund Beecher Wilson(뉴욕 최고의 아마추어 첼리스트였던 낭만주의자)의 생물학 연구 스타일에 있는 차이를 논의했다.[64] 브룩 힌들은 브루클린 다리를 설계한 시각예술가 존 로블링John Roebling과 동시대에 활동한, 시각적 사고를 하지 않는 발명가 존 에츨러John Etzler 사이에 있는 차이를 지적했다.[65] 스스로를 몸치, 귀머거리, 그림에 무지하다고 말한 의학물리학자 로절린 앨로Rosalyn Yalow는 '체스 명인이자 바이올리니스트'인 면역학자 솔로몬 버슨Solomon Berson과 협업해 의미 깊은 수학적 결과물을 냈다(버슨은 핵심 생각에 뛰어난 기여를 했다).[66] 프리먼 다이슨은 상상력이 넘치고 추상적이며 통합적 사고 스타일을 가진 아인슈타인과, 사실적이고 구체적이며 다각화된 사고 스타일을 가진 러더퍼드를 비교했다(러더퍼드는 청소

넌기에 사진에 몰두한 것만이 유일한 예술적 경험이었다).[67] "아인슈타인은 전자를 비선형 장이론에 따라 파동의 모임으로 이해했고, 러더퍼드에게 전자는 여전히 입자로서 자기 앞에 있는 숟가락을 보듯 쉽게 볼 수 있는 존재였다."[68] 다이슨은 반트 호프와 콜베가 서로를 이해하지 못한 것처럼, 러더퍼드와 아인슈타인 역시 마찬가지였다는 사실을 보여 주었다.[69]

문제의 핵심은 과학 연구란 이론과 실험 못지않게 개인이 겪은 경험에서도 영향을 받는다는 점이다. 사적 지식과 공적 지식이 결합해 과학을 만든다. 우리가 무엇을 어떻게 바라보느냐가 우리가 보는 대상을 결정한다. '마음의 눈'은 '천리안'을 통제한다. 따라서 우리가 조작하는 생각도구는 우리가 이해하며 창조하는 것의 경계를 설정한다.

여기서 오해하지 말아야 할 사안이 있다. 나는 보클랭과 데이비, 콜베와 반트 호프, 러더퍼드와 아인슈타인이 모두 필요하다고 생각한다. 나는 하나의 스타일이 다른 스타일보다 더 낫다고 주장하지 않는다. 예술가적 기질과 거리가 먼 노벨상 수상자 목록을 보라. 내가 주장하고자 하는 건 단일한 연구, 훈련, 선택 방식은 우리에게 필요한 과학적 양식의 다양성을 산출하지 못한다는 사실이다. 사실을 지향하고, 상상력을 멀리하는 고전주의자를 양성하는 건 너무 쉽다. 그들은 명문화된 과학, 정상 과학을 집중해서 반복적으로 연습하고 무엇을 발견하는 능력보다 정보를 얻는 능력으로 보상받는다. 그들은 아주 좁은 분야를 탐구하며, 이것이 후에 우리가 입증 과학, 개발 과학이라 부르는 형태로 변한다. 그들은 스스로 경험했을 때만 우주를 다르게 지각할 수 있다는 점을 인식한다.

그런데 현재 과학 교육을 개선하려는 시도는 어렸을 때부터 더 많은 사실만 계속 주입하는 데 맞춰져 있다. 교과서는 점점 방대해지고 있지만 그건 배워야 할 원리가 많아서가 아니라 자료가 더욱더 쌓이고 있기 때문이다. 이건 말이 안 된다. 이론과 단절된 사실을 이해하는 일은 불가능할 뿐만 아니라 상상력 없이 이론을 이해하는 일, 놀이를 통해 계발되는 폭넓은 세계 경험 없이 상상력을 기르는 일은 불가능하다. '무언가를 아는 상태'는 '방법을 이해하는 상태'가 아니다. 방정식이 현실에서 표상하는 게 무엇인지 이해하지 못하고서 방정식을 푸는 일은 쓸모 없는 짓이다.

따라서 우리가 개척자와 탐험가를 키우고자 한다면, 전문화로는 충분치 않다는 사실을 받아들여야 한다. 사실들은 언제라도 얻을 수 있다. 필요한 건 사실에 의미를 부여하는 생각도구를 가르치는 일이다. 과학 교육이 생각도구를 가르치지 않는다면 개척자가 되고자 훈련하는 사람들은 이미 생각도구를 가르치고 구현하는 다른 영역, 즉 미술, 공예, 문학, 연극, 게임, 퍼즐, 개념을 도구로 쓰는 놀이로 옮겨 갈 것이다. 그들은 그곳에서 창조하고 재창조하는 법을 배워 자신만의 방식으로 세계를 이해하게 되리라.

내 생각이 충격적으로 들리는가? 그럴 수도 있다. 하지만 이렇게 생각하는 사람은 많다. 과학 고문이자 MIT의 총장이었던 제롬 위즈너Jerome Wiesner는 창의적인 과학자와 공학자를 어떻게 길러 내느냐에 관해 다음과 같이 말했다.

> 일반적으로 경험을 창의적이고 비관습적인 방식으로 해석하는 능력을 함양하고 자극해야 한다. 특히 문제를 해결하는 활동에서 그렇게 해야 한다. 유아와 청소년기에 새로운 생각과 비관습적인 행동 유형을 너무 자주, 쉽게 비판하지 말고 널리 용인하는 일은 아주 중요하다. (…) 우리는 아무 관련 없어 보이는 사실과 생각에 있는 비유, 직유, 은유를 찾고 사용하는 습관과 기술을 기르도록 장려해야 한다. 일찍부터 이런 능력을 계발하면서 새로운 생각과 통찰을 탐색하는 개인적이고 비형식적인 과정에 있는 특

> 성과 유용함을, 생각들에 있는 차이와 결과를 검증하는 엄격하고 정교한 방법을, 통합된 지식을 만드는 체계적 방식을 명확하게 이해시켜야 한다.
>
> 성숙한 개인에게 그의 성격, 자질에 적합하고 지식을 보완하며 관심 있게 보는 문제와 연구, 다른 사람에게 접근하는 개인적 '스타일'을 기르도록 도와야 한다. 이런 '스타일'은 그가 어떤 문제를 정의하고 거기에서 가능성 있는 해결책을 생각해 내는 정신적 습관의 혼합이다. 더 근본적인 의미로는 개인적이며 상상력 넘치게 놀면서 연구에 접근하는 방식과, 형식적이고 엄격한 추론을 사용해 연구 결과를 '생산적'일 뿐만 아니라 '창의적'으로 확립하고 확장하는 방식 사이에 있는 겉보기의 모순을 해결하는 습관을 반영한다.[70]

금속공학자이자 과학사학자인 MIT의 명예 교수 시릴 스탠리 스미스는 다음과 같이 말했다.

> 나는 내가 과학자에게 필요한 교육이라고 생각한 분석적이고 양적인 접근법이 불충분하다는 사실을 깨달았다. 분석적 원자론은 의심할 여지없이 사물을 이해하는 데 필수적인 요건이며, 지난 4세기 동안의 과학이 이룩한 성취는 모든 역사의 위대한 인물들이 이룩한 성취와 어깨를 나란히 한다. 하지만 이를 인정하더라도 쉽게 측정할 수 없는 요인들에서 발원하는 거대하고 복잡한 체계가 있다는 사실을 받아들여야 한다. 이를 연구하려면 불확실해도 어쩔 수 없이, 모든 곳에서 의미를 찾는 예술가적 접근이 필요하다.[71]

수리물리학자 미첼 파이겐바움Mitchell Jay Feigenbaum도 이에 동의한다. 그는 카타스트로피 이론과 같은 새로운 형식의 수학을 사용하여 우주의 구조를 이해하려는 수학자다. 그는 다음과 같이 말했다.

> 인간이 세계를 속속들이 알 수 없다는 건 명백한 사실이다. 예술가가 하는 일은 자신이 중요하다고 생각하는 아주 작은 부분만 알 수 있다는 점을 인정하고, 그것이 무엇인지 살펴보는 작업이다. 그리하여 그들은 내 연구를 대신한다. (…) 나는 구름을 어떻게 묘사하는지 정말 알고 싶었다. 하지만 저기에 밀도가 높은 이런 조각이 하나 있고, 그 옆에는 밀도가 높은 저런 조각이 있다고 말하면서 그저 자세한 정보를 늘려 가는 일이 전부였다. 나는 이런 방식이 옳지 않다고 생각한다. 이는 인간이 구름을 인식하는 방식이 아니며 예술가가 인식하는 방식도 아니다.[72]

미술과 공예는 과학자와 기술자에게 유용하다. 개인적 표현에 있는 가치와 양식의 원천일 뿐만 아니라 비논리적이지만 세계를 인식하고, 질서를 세우고, 이해하고, 묘사하는 법을 배우도록 돕는 상당히 합리적인 생각도구다. 따라서 미술과 공예에 녹아 있는 생각도구를 다루는 법, 통합하는 법을 가르치지 않는 교육 체계는 지적으로 한계가 있는 학생을 배출할 수밖에 없다. 난 이를 하나의 도전으로 본다. 이는 문화를 예술과 인문주의, 과학과 기술로 양분하는 서양식 교육 방식에 대한 전체적 도전이며, 방정식으로 나타낼 수 없는 건 지식이 아니라고 보는 객관주의-환원주의에 대한 도전이다. 사적 지식은 공적 지식 못지않게 창의적인 과학자와 기술자를 길러 내는 일에 중요하다. 탁월한 과학자와 기술자는 그들의 삶과 연구를 통해 세상에는 두 문화가 아니라 하나의 문화만 있다고 말하며, 최상의 과학과 기술은 인간 활동의 모든 면면에 친숙하여 통합할 줄 아는 정신을 가진 개인이 이루어 낸다. 인간이 어떻게 유형을 형성하면서 인식하고, 은유 · 유비 · 추상화를 사용하고, 미적 감각을 계발하고, 연극하고, 조작하고, 모형화하고 운동 감각적으로 사고하는지(그리고 전환적 사고, 즉 공감각적 과학을 통해 어떻게 이런 생각도구와 관련을 맺고 있는지) 이해하기 전까지는 왜 창의적인 사람이 창의적인지, 창의적인 사람을 키우려면 어떻게 훈련해야 하는지 알지 못할 것이다.

답은 하나다. C. H. 워딩턴의 조언을 주의 깊게 들어라. "세계의 급박한 문제를 해결할 수 있는 방법은 순수한 기술자, 과학자, 예술가 중 어느 하나가 되기를 거부하고 그 **모두**가 되는 데 있다. 오늘날 인간은 전부가 되든가 아니면 아무것도 되지 않기를 선택해야 한다."[73]

대화록: 토론

임프 토론을 시작하기 좋은 주제군! 누가 먼저 논평하겠어? 제니?

제니 나는 발견자의 아이다움에 몇 가지 얘기를 더 하고 싶어. 이걸로 자신을 옹호하려 하지는 마, 임프! 나는 아이들이 아주 티 없는 시선으로 겉치레, 위선, 의미 없는 허례허식을 꿰뚫어 본다는 사실을 알아. 아이들은 벌거벗은 임금님을 보지만 어른들은 보지 못하는 동화도 있잖아. 이걸 보면 왜 혁명적인 과학자는 어린아이 같은지 알 수 있지. 그는 동료들을 향해 말해. 이봐! 저 사람은 아무것도 안 입었다고! 이렇게 어린아이 같은 관찰은 단순명쾌함, 거침없음과 연결되어 있어. 아이들은 말해. "엄마! 저 뚱뚱한 여자 좀 봐요! 저렇게 살찐 사람은 처음 **봐요!**" 여자가 정말 뚱뚱하다 해도 다 큰 우리는 부끄러워하며 조용히 하라고 채근하지. 우리는 보고도 보지 않은 척, 아무 말도 하지 않는 행동을 '성숙'의 지표로 보니까. 우리 모두는 학계에 있거나 있었으니까 '상아

탑'에서 저 사람은 얼마나 떳떳하게 행동할까, 얼마나 우리를 불편하지 않게 할까?라며 성숙도를 재는 시험을 한다는 사실을 잘 알고 있겠지. 발견을 연구하는 첫 단계가 어느 누구도 주목하지 않고 인정하지 않는 흠을 인식하는 데 있다면, 그 흠이란 아마 발견자에겐 사회적 미성숙이 필요하다는 점일 거야.

이런 사실로 두 번째 사안을 지적할게. 아리아나, 넌 과학자들이 겸허하다고 얘기했지. 하지만 난 이에 동의하지 않아. 그저 이 토론회에 있는 사람들을 봐. 난 여기서 겸손보다 자기 확신에 넘치는 커다란 자아만 보여.

아리아나 미안, 잘 이해가 안 돼. 내가 과학자들이 겸허하다고 말했을 때, 그건 자연에 대해 그렇다는 의미였어. 자연을 존중하지 않는 사람은 과학자가 아냐. 자연을 존중하는 것과 동료 과학자를 존중하는 것은 다른 거고. 자연은 언제나 옳지만, 과학자는 그렇지 않지. 이건 과연 누구를 따를 것이냐 하는 문제야.

또 네가 말한 첫 번째 사안은, 그래 우리가 전문화라 부르는 사회화가 과학 공동체 내에서 우리가 따라야 할 지위와 역할을 가르치고, '권위자'는 자기 지위를 존중하지 않는 사람을 싫어한다는 점은 사실이야.

임프 뭐 비판할 거 없어, 리히터?

리히터 난 그저 아리아나가 말하는 과학과 예술의 '강제 결혼'에 수긍이 안 갈 뿐이야.[1] 원한다면 기름이랑 물이랑 섞을 수야 있지. 하지만 금방 분리되잖아.

아리아나 그건 유화제가 없을 때나 그렇지. 난 기름과 물에도 화학적 친화성이 있다고 생각해. 리히터, 싫다면 이 토론에 참여하지 않아도 돼. 하지만 싫다고 해서 의미가 없다고 주장하지는 마.

임프 정곡을 찔렀어. 콘스탄스는 할 말 있어?

콘스탄스 일부러 그런 건 아니겠지만 난 아리아나가 잘못 이해하고 있는 점을 고쳐 주고 싶어. 과학자들이 쓰는 시각적 사고, 조작 기술, 미학적 기준 등에 관해 아리아나가 말한 내용은 공학자와 발명가에게도 그대로 적용할 수 있어. 심지어 이들은 자기 자신을 연구 대상으로서 상상해 보기까지 하지. '대장' 케터링은 보통 쓰는 분석적 접근법이 아니라 자신을 디젤 엔진에 있는 피스톤이라고 상상하면서 문제를 해결했잖아.[2] 토머스 휴즈는 '영웅적 발명가'(토머스 에디슨, 니콜라 테슬라, 앰브로지 스페리, 리 드 포레스트 같은 사람들)들에 있는 공통 특성이 혼자만의 은유와 유비를 사용하는 거라고 주장했어. 휴즈는 "은유적 사고로 기계, 장치, 공정을 만드는 일은 언어 창작과 유사하지만, 그런 흥미로운 가능성을 논하는 일은 거의 없다. 이는 언어에 관심을 갖는 사람이 기술에도 주의를 기울이는 경우가 드물기 때문이다"라고 말했지.[3]
마찬가지로 박물학자이자 지리학자 알렉산더 훔볼트Alexander Humboldt는 지리학 논문에 자연에 드리워진 베일을 거두는 시의 신 그림을 서문에 첨부한 적이 있지. 영국의 공학자 알렉산더 케네디Alexander Kennedy 경은 말했어. "현대인은 이 모든 것이 시가 아니라 과학이라고 주장하는가? 아니다. 이것은 (단순한 단어가 마치 베토벤 교향곡처럼 사람의 마음을 휘젓는) 시詩다. 하지만 우리 중 누군가가 어디서 과학이 끝나고 시가 시작하는지 말할 수 있을까. 이런 문제에 우리는 극도로 무지하지 않은가? 시적 시각은 과학이 평범한 사람의 상식을 앞지르듯이 과학을 앞지를 수 있지 않은가?"[4]

아리아나 반트 호프도 전적으로 동의할 거야.[5] 나도 그렇고!

임프 또 말할 사람 있어? 좋아. 그럼 네 차례야, 콘스탄스.

콘스탄스의 보고서: 과학에 대한 과학사와 과학철학

역사의 가장 유용한 용도는 오늘을 사는 교훈을 가르친다는 헤로도토스Herodotos와 마키아벨리Niccoló Machiavelli, 몽테뉴Michel De Montaigne와 라이프니츠Gottfried Wilhelm Leibniz의 말에 참으로 동의한다.[1]

- 클리퍼드 트루스델(Clifford Truesdell, 수리물리학자 · 과학사학자)

점점 많은 과학자가 문화적 진공상태에서 훈련받는다. 이제 역사, 철학, 문학, 예술에 풍부한 지식을 가진 과학자는 드물며, 과학자 스스로 "그런 건 죽 한 그릇보다 가치 없다"라고 치부한다.[2] 역사나 철학에 바탕을 두지 않고 과학 활동을 하는 건 그리 놀라운 일이 아니게 되었다. 지난 세기 동안 과학사와 과학철학은 독립적인 분과 학문으로 발전했으며, 과학자가 아닌 전문가들이 과학을 논한다. 따라서 그들은 실제 과학자의 활동에 대해서는 말을 아낀다. 그저 과학자가 실제로 무엇을 하는지 모른다는 이유로 말이다.[3]

대개 과학자는 역사학자와 철학자를 무시한다. 과학자가 온전히 객관적인 방식으로 연구하려는 시도는 때로 극단에 이른다. 예를 들어 최근 연구는 과학 논문에 인용된 95%의 논문이 5년 이내에 발표된 것이라 한다.[4] 10년도 더 된 연구를 인용하는 경우는 매우 드물고, 실제로 10년이나 지난 연구 결과를 신뢰할 수 있는지 의구심을 표하는 과학자나 발명가도 있다. (르블랑에서 소다를 만드는 공정이 고안된 지 200년이나 흘러도 여전히 작동한다는 사실에 화학공학자는 깜짝 놀랄 것이다.) 나는 '새로운' 결과가 사실은 과거 특허에 포함된다는 점을 알리는 업무를 많이 해서, 많은 과학자가 자신들에게 남은 일이 없다는 두려움에 빠지지 않으려고 전임자들의 연구를 알고 싶어 하지 않는다는 결론을 내렸다.

해석을 둘러싼 철학적 문제를 논하는 문헌과 과학 방법론에 관한 일반적인 질문(이는 구체적인 수학, 실험적 기술의 문제와는 거리가 멀다)도 아주 드물다. 나는 과학자를 철학적으로 훈련하자고 제안하는 연구를 본 적이 없고, 과학철학 과정을 이수한 과학자는 딱 한 사람 보았다. 물론 과학사를 훈련하자는 제안도 드물다. 반면, 과학과 철학, 과학과 방법론은 아무 상관없다는 말은 수없이 들었다. 그런 말은 대개 다음과 같은 형식을 띤다.

> 실험과학자와 과학이론가는 과학 이론의 구조를 구축하고자 실험 관찰, 수학적 연역, 실험적 검증이라는 방법을 사용한다. 상식이나 추상적 방법에 관한 철학, 일반 과학사, 특정 이론의 역사에 기반을 두어 어떤 과학 이론을 찬성하거나 반대하는 논증은 과학적으로 그다지 중요하지 않다.[5]

마찬가지로 물리화학 분야에서도

> 역사, 특히 오래된 역사는 필요 없다. 왜냐하면 화학의 발전은 플로지스톤과 같은 끊임없는 오류의 연속으로 점철되었기 때문이다. (…) 초기 개척자가 겪은 분투는 복잡한 여러 문제가 명쾌하게 정리된, 현대 양자 역학의 관점에서 더 쉽게 이해할 수 있다.[6]

초기 과학사의 대가 조지 사턴George Sarton은 다음과 같이 말했다.

> 과거를 돌이켜 봤자 스티븐슨, 에디슨, 마코니처럼 훌륭한 방식으로 특정 문제를 해결하도록 오늘날의 스티븐슨, 에디슨, 마코니 같은 사람을 도와줄 수 있는 요소는 별로 없을 것이다. (…) 이런 사람들에게 기분 전환이 아니라면 역사를 공부하는 일은 바람

직하지 않다. (…) 언젠가 기술자 한 사람이 역사 따위에 관심 없다고, 그건 전부 '헛소리'라고 말했을 때, 그에게 뭐라 해 줄 말이 없었다.[7]

이게 정말 사실일까? 매일 마주치는 모든 문제에 대해 존재론적이고 인식론적인 질문을 던지지 않고서는 과학자로서 관찰하고, 귀납과 연역 추론을 하고, 실험하는 등의 일을 할 수 없다는 인식은 없는 걸까? 경험 법칙은 유행이 지났기에 이제 우리는 과거의 성공(그리고 실패)에서 아무것도 배울 게 없다고 생각하는 걸까? 과학자가 매일 실험실에서 수행하는 실험이 (『화학 교육지Journal of Chemical Education』를 벗어나) 그 분야의 역사를 해체하는 하나의 역사적 사건이라는 자각은 없는 걸까? 그렇게 쉽게 과거를 버리려는 사람은 자신이 미래에 차지할 역사적 위치가 시시할지도 모른다는 사실을 보지 못하는 걸까? 즉, '실수'를 저지른 자로서 플로지스톤처럼 거의 100여 년 동안 무시될지도 모른다는 생각을 못하는 걸까?[8] 언뜻 보면 그렇기에 현대 과학자는 전임자들의 방법론적 성공과 실패에서 배움을 얻지 않고 이를 무시한다. 아마 그들은 과학은 과거를 파괴함으로써 진보한다는 토머스 쿤의 말을 믿으리라.[9]

나는 우리 토론에서 역사와 철학이 폭넓게 이용되는 현장을 보고 놀랐다. 센트죄르지는 과거에 얻은 위대한 결과를 살피는 방법은 새로운 연구의 시작이라며 옹호했다. 피터 디바이도 똑같이 주장했다. 굴드베르그, 보게, 파운들러, 호르슈트만, 반트 호프는 이런 접근법으로 베르톨레의 생각을 재발견해 성공을 거두었다. 로타르 마이어와 그 밖의 많은 교과서의 저자들(오스트발트의 스승, 카를 슈미트도 포함해)과 교사들은 동시대의 두드러진 문제를 조망하려고 역사를 이용했다. 반트 호프는 과학을 연구하는 자신의 상상적 접근 방식을 정당화하고자 과학사를 공부했고, 훈련하며 목표를 설정하는 일에서 콩트의 실증주의에 큰 영향을 받았다. 헌터는 파스퇴르의 후원자인 비오가 아니라 파스퇴르가 라세미산의 비대칭성과 비대칭적 발효라는 현상을 발견한 일은, 비오의 생기론 철학이 파스퇴르가 설계한 유형의 실험을 배제했기 때문이라고 말했다. 미처리히는 내가 지적했듯이, 분자의 비대칭성을 관찰하지 못하게 막는 이론적 선개념을 지녔다. 우리는 흔히 어떻게 해야 실험을 가장 최선으로 고안하고 해석할 수 있느냐는 클로드 베르나르의 철학적 통찰에 의지한다. 플랑크와 오스트발트 역시 에른스트 마흐와 피에르 뒤앙 같은 동시대 인물처럼 신실증주의 철학에 기반을 두어 연구했다. 또 플랑크의 전기 작가 한스 캉그로Hans Kangro는 연구 주제를 확장하고 정의하는 데 역사적 접근법을 이용하는 건 이론가들이 전형적으로 쓰는 방식이었다고 말했다. 임프나 헌터, 아리아나는 50~100년이 된 생각 조각을 짜 맞춰 새로운 통찰력을 얻을 수 있다고 했는데, 이는 우리가 대답하지 못한 질문이나 잃어버린 자료를 찾으며 50~100년이 된 오래된 연구들을 읽는 방식이 새로운 문제를 찾는 한 가지 방법임을 알려 준다. 임프는 연구의 기초는 자료의 문제가 아니라 수용 가능한 이론이 무엇으로 이루어지느냐는 프랜시스 크릭의 말처럼 방법론적 논쟁이라고 했다. 크릭은 과학에는 독단, 우연, 시험 불가능한 생각이 설 자리가 없다고 말했다. 이는 철학적 문제다.

나는 알고 싶다. 과학에 대한 역사와 철학은 과학 활동을 하는 데 유용하면서 근본적인 요소기까지 할까? T. H. 헉슬리는 그렇다고 생각했다. "지식을 증진하는 일에 자신을 바치는 지식인의 죄는 연구 결과를 기다리면서 지나치게 조급해하는 태도와 함께 전임자의 경험이 기록된 역사와 철학을 참조하지 않는 것이다."[10] 헉슬리만이 아니다. 1858년에 파스퇴르는 프랑스의 과학 교육을 책임지는 정부 관료에게 역사적 방법이 모든 과학을 가르치는 통합적 부분이 되어야 한다고 충고했다. 역사는 "발견자의 정신을 형성해 지성을 안내한다. (…) 아낌없는 노력 없이는 영속하는 어떤 것도 만들 수 없다는 점을 보여 준다. (…) 겸허한 습관을 지니고, 위대한 인물을 초자연적이고 도달 불가능한 능력을 지닌 반신반인이 아니라 우리 모두가 가진 성실과 헌신, 미덕을 가진 사람으로 숭배할 수 있게 한다."[11] 괴테는 더 간단명료하게 말했다. "과학의 역사는 과학 그 자체다." 오스트발트는 말했다. "과학의 역사는 (…) 그저 **연구하는 수단**이다. 역사는 과학적 정복에 필요한 **방법**을 제공하지만, 그런 방법을 적용하지 않고서 발달하지는 않는다."[12]

요컨대, 19세기에는 과학을 어떻게 수행하는지를 배우는 수단으로서 역사를 공부하는 일이 그다지 드물지 않았다. 예컨대 오스트발트는 자신의 신념을 여러 방식으로 실행에 옮겼다. 화학과 전기 화학의 역사에 관한 많은 글을 썼고, 「클라시커*Klassiker*」라는 연재물을 만들어 화학에 대한 뛰어난 기여를 보존하고 똑똑한 사람들을 불러 모아 그렇게 기여한 사람들을 소개하게 했다(반트 호프, 아인슈타인, 램지 등). 또 자신의 학생들에게 역사와 철학의 방법론을 가르치는 일이 오스트발트가 생각한 교육의 핵심이었다. 오스트발트의 제자 알빈 미타슈Alwin Mittasch는 촉매 작용에 있는 중요한 문제를 제기하고 해결하는 작업에 화학의 역사를 아는 것이 유용하다는 점을 입증하는 논문을 썼고, 물리화학자 F. G. 도난Frederick George Donnan은 과학철학을 공부하는 것이 화학의 진보에 필수적이라고 주장했으며, 화학자 와일더 밴크로프트Wilder Bancroft는 방법론적 교훈을 얻고자 과학의 역사를 공부했다.[13]

괴테와 오스트발트만이 과학의 역사가 과학 그 자체라고 생각한 건 아니다. 앙리 푸앵카레는 "수학의 미래를 보는 진정한 방법은 수학의 역사와 현 상태를 아는 것이다"라고 썼다. 피에르 뒤앙은 물리학을 연구하는 역사적 방법론은 이론에 인식론적 기초를 제공하는 논리적 분석과 동등하다고 보았다. 아레니우스는 새로운 이론이 오래된 과학에 역사적으로 깊이 뿌리내리고 있다는 점을 입증하면 할수록, 역사를 일시적 일탈로 보는 오해가 사라질 거라고 생각했다. 다시 말해, 이들은 과학은 과거를 지우는 혁명의 연속으로 진보한다고 주장한 쿤과 I. 버나드 코헨과는 정반대의 입장에 서 있다. 푸앵카레, 뒤앙, 아레니우스, 플랑크와 그 밖의 동료들이 제시한 사상은 너무나 새로워서 이들은 자신의 이론에 있는 진화적 성격과 이미 확립된 과학을 성공적으로 통합한다는 점을 강조했다.[14]

이들은 1913년에 최초의 과학사 학술지 『아이시스*Isis*』를 창간해 과학사에 중요한 역할을 했다. 아레니우스, 오스트발트, 푸앵카레는 서른 네 명으로 구성된 '후원 회원'에 속했다. 여기에 수학사학자 모리츠 칸토어Moritz Benedikt Cantor, 수학자 토머스 히스Thomas Heath, 생물학자 자크 러브Jacques Loeb, 수학자 지노 로리아Gino Loria, 화학자 윌리엄 램지William Ramsay, 의사학자 카를 주드호프Karl Sudhoff와 같은 유명한 과학자들도 참여했다. 또 이들과 관심을 공유하는 화학과 물리학의 전임자와 동료들, 즉 베르틀로, 뒤마, 뒤앙, 빌슈테터 등이 있었다.

그 밖의 여러 유명한 과학자도 과학사에서 영감과 지식을 얻었다. 라이프니츠는 과학사를 "각각의 사람에게 자신만의 것을 주며 명예를 좇도록 자극할 뿐만 아니라, 유용한 사례를 통해 방법론을 일깨움으로써 발견의 기술이 번창하게 한다"고 평했다. 아다마르에 따르면 수학자 쥘 드라크Jules Drach와 에바리스트 갈루아Evariste Galois 역시 수학의 역사를 비슷한 관점으로 바라보았다. 그들은 수학 연구 결과를 자신이 발표한 그대로 보는 걸 좋아했는데, 교과서는 "발견자의 개인적 특질을 숨겨 놓기 때문이다. 그들은 가능한 한 많은 방식의 발견법을 알고자 했다. 반대로 대부분의 연구자는 오직 자신만의 방법만 알려고 한다." 영국의 수학자 오거스터스 드 모르간Augustus de Morgan도 다음과 같이 유사한 점을 지적했다. "성공으로 안내하는 자신만의 연구 방식을 가진 사람이 **있다면**, 그는 낮은 단계의 문제에서 점점 높은 단계로 진화해 가는 흥미로운 방식을 목격했을 것이다."[15] 이 과정은 오직 역사를 통해서만 접근할 수 있다.

라이프니츠, 드라크, 갈루아, 드 모르간이 성공한 까닭은 발견을 이루는 다양한 방법을 인식했기 때문일까? 확실히 그렇다고 말할 수는 없다. 하지만 이들이 어떤 결과를 성취했다는 사실만으로 만족하지 않았다는 점은 흥미롭다. 이들은 결과가 어떻게 생겼는지, 스타일과 연구 결과가 어떻게 결합되었는지 이해하고자 했다. 이들은 발견하는 방법에 더 통달할수록 새로운 문제를 제기하고 해결하는 능력도 더 증가했다. 또 임프가 여러 번 지적했듯이, 어떤 사람이 문제와 자료를 인식하는 방법을 많이 알면 알수록 발견이나 발명을 성취할 가능성도 커진다. 과거의 위대한 인물들이 이룬 발견을 재창조하며 그들처럼 생각하는 법을 배우는 방식은 훌륭한 자기 훈련이다. 그리고 탁월한 과학자가 되는 훈련에서 자기 주도적 학습은 우리 토론에서 말했듯이 아주 중요한 요소다.

과거 인물만 과학사를 이용한 건 아니다. 현대의 많은 연구자도 과학사에 대한 지식에서 문제와 자료를 끌어오고 다른 사람들도 그렇게 하도록 장려한다. 과학철학자 쿠즈네초프Vladimir Kuznetsov는 촉매 작용 분야의 역사를 다루는 에세이에서 이런 식의 접근법을 옹호했다. 역학과 과학사 모두에서 국제적 명성을 얻은 클리퍼드 트루스델은 연구 방법을 배우고자 자신이 '달인에 관한 연구'라고 부른 방식을 이용했다. 트루스델은 물리학자 제임스 F. 벨James F. Bell의 실험 고체 역학 연구 및 1960년대에 물리학자 콜먼Bernard Coleman과 수학자 놀Walter Noll이 수행한 연구는 오래된 결과를 새로운 문제에 적용하는 성공적 시도라고 평가했다. 예를 들어 콜먼과 놀은 J. 윌러드 깁스의 고전적인 열동역학 연구를 재해석하여 열역학의 새로운 분야를 만들었다.[16]

그 밖의 연구자들도 역사적 방법으로 성공을 거두었다. 투조 윌슨은 하와이섬에 대한 19세기 연구가 현대에 보고된 자료와 모순된다는 사실을 깨닫고, 지질학에 중대한 기여를 했다. 윌슨은 동료들이 그랬던 것처럼 과거의 연구를 부정확한 자료로 치부해 버리지 않고 고려해야 할 중요한 사실로 받아들였다.[17] 이는 해양열점이라는 개념을 도출하는 계기가 되었다. 생리학자 챈들러 브룩스Chandler Brooks와 분자생물학자 앨프리드 머스키Alfred Mirsky는 미래에 쓰일 새로운 생각과 자료의 주요 원천으로서 오래된 생물학 연구를 재발견하고 재고하자고 말한 제2의 센트죄르지였다. 브룩스는 "지금이야말로 생물학자가 역사, 즉 생각 발전의 역사를 공부할 때다"라고 말하기까지 했다.[18] 진화생물학자 에른스트 마이어Ernst Walter Mayr, 마이클 기셀린Michael Ghiselin, 스티븐 제이 굴드의 책과 논문을 읽어 본 사람이라면 이들이 진화론의 역사에 대한 지식을 연구에 이용했다는 사실을 알게 될 것이다.

과학사를 이용하는 방법을 조금 다른 이유, 우리가 '전체적 사고'라고 부른 것을 훈련한다는 이유에서 옹호하는 과학자도 있다. 아리아나가 말했듯이, 노벨상 수상자들이 공통적으로 가진 의견은 과학의 진보를 이루려면 여러 분야에 대한 폭넓은 훈련과 그 분야에 있는 개념과 자료를 통합하는 능력이 필요하다는 것이다. 하지만 과학이 너무 빨리 발전해 여러 분야에서 일어나는 발전을 좇기는커녕 자신만의 전문성을 계속 다지는 일도 벅차다는 게 문제다. 전체적 사고는 어떻게 훈련할 수 있을까?

우선 과학 문헌의 성장만 보는 사람들은 과학 이론이 체계화하고 통합하는 부수 과정을 인식하지 못한다. 일단 어떤 일반 이론 또는 수용 가능한 모형을 제시하면(DNA의 이중나선 모형 같은) 연구자 대부분은 구체적인 연구는 더 이상 읽지 않거나 인용하지 않는다.[19] 이제 여러 중요한 과학자가 수년에 걸쳐 밝혀 온 복잡한 특성들을 학생들은 매우 짧은 시간에 습득한다. 어떤 의미로 과학의 역사는 어떻게 그런 통찰에 도달했느냐의 역사다. 따라서 에른스트 마이어는 과학사는 과학자를 좀 더 폭넓게 훈련하는 훌륭한 수단이라고 말했다.

코넌트처럼 나 역시 어떤 분야의 역사를 공부하는 것이 그 분야의 개념을 이해하는 최선의 방식이라 생각한다. 개념들이 작동하는 방식을 어렵게 조사해야만, 하나씩 하나씩 반박된 과거의 잘못된 가정을 배워야만, 즉 과거의 실수를 배워야만 철저하고도 완전하게 이해할 수 있다. 과학에서는 스스로 저지른 실수뿐만 아니라, 다른 사람이 저지른 실수의 역사로도 배울 게 있다.[20]

화학자 안나 해리슨Anna Harrison도 명문화된 과학(사실, 도표, 결과)을 가르치는 표준 방식이 그다지 올바르지 않다며, 같은 점을 지적했다.

나는 어렵다기보다 모험적인 요소가 없다는 사실 때문에 과학 교육을 우려한다. 물리화학에서든, 다른 어떤 분야에서든 학생들과 정직하게 게임할 필요는 없다고 생각한다. (…) 교실에서는 깔끔한 전개식을 가르치고 이 식은 하나에서 다른 하나로 곧바로 이어진다고 말한다. 어떻게든 이는 과학이 발전해 온 방식이라고 이해된다. 실상은 그렇지 않다. 과학은 아주 엉뚱한 방식으로 발전한다. 교과서 쓰기에 능한 사람은 과학 발전에 있는 모든 조각을 모은 후에, 이를 줄 세워 과학은 한 방향으로 발전하는 것처럼 만들 수 있다. 실상은 그렇지 않다. 이를 추적하는 작업은 즐거운 일이다.[21]

따라서 해리슨은 과학자를 합당하게 훈련시키려면 사실만이 아니라 과학이 수행되는 과정에 대한 지식도 가르쳐야 한다고 주장한다.

그렇다면 역사는 과학을 이해하는 데 필수다. 푸앵카레가 말했듯이, 과학은 건축과 같다. 구조물이 올라가면 비계로 벽과 아치를 지탱해야 한다. 구조물이 다 지어지면, 비계는 제거되고 마침내 건물은 스스로 선다. 이것이 과학에 객관성과 무한함을 주는 방식이다. 다 지어진 건물이 안정적인 한, 어떻게 그 건물이 세워졌느냐는 상관없는 문제다. 하지만 푸앵카레는 건물이 어떻게 세워졌느냐는 설명에 비계를 포함하지 않는다면, 학생이 건물이 올라가는 과정을 어떻게 이해할 있느냐고 경고한다.[22]

과학자가 과학을 건축하는 과정에 있는 주관적 요소(구조물을 지지하는 변덕스럽고 사적인 비계)들을 드러내지 않는다면, 과학의 구조를 어떻게 세우느냐는 지식은 피라미드 건설처럼 신비로운 일이 될 것이다. 안타깝게도 그런 신비를 퍼뜨리는 사람은 많다. 파스퇴르, 플레밍, 다윈이 얻은 깨달음을 '설명'할 때 우연이라는 비합리적 신으로 도피하는 방식이 용인된다. 연구 결과가 유래한 기원을 언급하지 않고서 합리성이라는 영원하고 객관적인 요소로 나타내는 방식도 허용된다. 비계는 허물어지고 노동자는 잊힌다. 우리는 과거를 무시하지 말라는 T. H. 헉슬리의 경고를 어겼으며 후에 대가를 치르게 된다.

하지만 철학에 주의를 기울이라는 헉슬리의 또 다른 충고는 어떠한가? 몇몇 뛰어난 과학자는 이 조언을 따랐다. 과학자 대부분이 가진 과학철학에 대한 반감에도 불구하고 아인슈타인은 다음과 같이 썼다.

> 평범한 과학자는 어떻게 자신이 지식에 관한 이론을 가졌다는 자각에 이를까? 이런 분야에서 해야 할 더 가치 있는 연구가 있지 않을까? 나는 여러 동료 교수에게 이런 질문을 들었다. 아니 더 정확히 말하면 그들이 이렇게 느낀다는 사실을 알았다.
> 나는 이런 의견을 공유할 수 없다. 나는 내가 가르치며 만난 재능 있는 학생들, 그러니까 명민하며 독자적으로 판단할 줄 아는 학생들이 지식에 관한 이론에 많은 관심을 품고 있다는 사실을 알았다. 그들은 과학의 목적과 방법이라는 주제로 토론하곤 했으

> 며, 그런 논의가 중요하다는 관점을 강하게 옹호했다.
>
> 사물을 질서 잡는 데 유용하다고 판명 난 개념은 쉽게 권위를 가져, 우리는 그 개념의 기원을 잊어버리고 변경 불가능한 사실로 받아들인다. 그러면 개념은 '필수 개념', '선험적 상황' 등등의 이름이 붙는다. 과학의 진보는 이런 오류를 막는 데 있다. 따라서 친숙한 개념을 분석하는 것, 그 개념이 정당화되는 조건과 유용성, 조금씩 발전해 가는 방식을 입증하는 건 게으른 놀이가 아니다…….[23]

아인슈타인 세대의 주요 물리학자와 수학자들, 보어, 하이젠베르크, 플랑크, 폰 라우에, 에딩턴, 밀리컨, 슈뢰딩거, 러셀, 화이트헤드, 진스, 페랭, 푸앵카레, 리그나노, 스머츠, 민코프스키, 웨일, 브리지먼 등은 철학적 문제에 관해 논의했고, 따라서 아인슈타인의 말은 거짓이 아니다.

오해하지 마라. 아라아나가 말했듯 과학과 철학 사이의 관계가 그 자체로 흥미롭긴 해도 철학은 이런 물리학자들이 가외로 관심을 가졌던 문제에 그치지 않는다. 철학은 그들이 이론을 구성하고 평가하는 데도 영향을 미쳤다. 내가 토론회 초반에 언급한, 독일과 영국에서 일어난 양자 역학의 생성과 수용을 연구한 폴 포먼의 연구를 보면 철학적 신념이 양자 역학을 이해하는 일에 큰 역할을 했다는 사실을 알 수 있다. 과학사학자 메리 조 나이Mary Jo Nye 역시 세기의 전환기에 프랑스에서 물리학과 철학이 연결되었음을 보여 주었다. 또 우리는 반트 호프가 제시한 사면체 탄소 원자를 받아들이는 데서 철학의 역할을 보았다. 원자를 형이상학적 개념으로 생각하는 사람들은 공간을 채우는 원자라는 이론을 받아들이지 못했다(발상 자체를 하지 못했다).[24] 필립 프랑크, 알렉산더 코이레, 에드워드 보링, 로버트 코헨도 유사한 여러 사례를 보여 준다.[25]

대개 물리학자나 물리학을 공부한 철학자가 과학철학 논문을 썼지만,

과학철학은 물리과학자에게만 유용한 학문은 아니다. 생물학자도 연구에 철학이 중요하다는 사실을 알았다. 예를 들어, 라몬 이 카할은 다음과 같이 말했다.

> 연구자에게 철학 공부는 무엇보다 좋은 준비 운동이며, 탁월한 정신적 훈련이기도 하다. 유명한 과학자들이 철학에서 과학으로 왔다는 점을 상기하라. 연구자는 철학적 독단(열다섯 살이나 스무 살에 이르면 바뀌는 신념)에 빠지기보다 진리와 비판적 판단의 기준을, 유연성과 지혜를 얻는 훈련을, 겉보기에 엄정한 과학적 체계의 확실성을 묻는 법을 배워 자신의 상상력을 펼칠 수 있게 된다.[26]

클로드 베르나르, 피터 메더워, 자크 모노, 존 에클스도 라몬 이 카할과 같은 견해를 공유했다.[27] 또 메더워, 모노, 에클스는 과학 실험을 수행하는 방식을 서술한 칼 포퍼의 저작에 깊은 영향을 받은 글을 쓰기도 했다. 예를 들어 에클스는 개인적으로는 괴로울지라도 자신이 좋아하는 이론이 반증되는 일은 유익하다는 점을 알아야 한다고 주장했다. 그는 포퍼 이전에 푸앵카레도 비슷한 말을 했다는 사실을 알았다. "자신의 가설을 포기해야 하는 물리학자는 그런 일에서 기쁨을 느껴야 한다. (…) 발견으로 가는 뜻하지 않은 기회를 얻은 것이기 때문이다. 버려진 가설은 아무 의미도 없는 것인가? 아니, 오히려 사실인 가설보다 더 많은 일을 할 수 있다. 결정적 실험을 하게 되는 계기가 될 뿐더러 그 가설이 만들어지지 않았다면 실험은 순전히 우연에 맡겨져 아무것도 얻지 못했으리라."[28]

J. S. 홀데인과 크리스티안 보어(닐스 보어의 아버지)는 호흡에 관한 공동 연구를 해석하는 일뿐만 아니라 해석의 차이를 만드는 철학적 견해(특히 생물학에서 목적론적 개념이 하는 역할)를 두고 다투었다.[29] (악명에도 불구하고 목적론은 생명과학이 발전하는 데 중요한 역할을 했다.)[30] 홀

데인의 아들 J. B. S. 홀데인은 조셉 니덤Joseph Needham을 포함한 다른 생물학자와 함께 영국에서 가장 유명한 변증법적 유물론의 옹호자였다. 그들이 문제와 기술을 선택할 때 철학이 끼친 영향은 명백하다.[31]

사실 생명의 기원을 화학적 원시 '수프'와 같은 비생기론적 이론으로 설명하는 방식을 처음으로 고안한 사람들이 J. B. S. 홀데인과 변증법적 유물론 안에서 연구한 소련 과학자 A. I. 오파린Alexander Ivanovich Oparin이라는 점은 의미심장하다.[32] 생기론자는 이런 가능성을 생각할 수 있었을까? 또 프랜시스 크릭이 물리학에서 생물학으로 전환한 주요 이유는 "무신론자로서 생기론적 환상이라는 성스러운 곳에 불경한 빛을 던지고 싶었기 때문"이다. 위대한 분자생물학자들은 슈뢰딩거가 쓴 작지만 다분히 철학적인 책 『생명이란 무엇인가』를 읽고, 자신의 연구 분야를 생물학으로 바꾼 사람들이었다. 크릭, 모노, 프랑수아 자코브와 같은 분자생물학의 정초자들도 이런 전통에 자신만의 철학적 기여를 보탰고, 최근에는 에른스트 마이어, 리처드 레빈, 리처드 르원틴 같은 진화생물학자도 같은 일을 했다.[33]

나는 어떤 과학 분야가 처음 나타날 때 철학적 토론이 벌어진다는 사실에 깊은 인상을 받았다. 갈릴레오는 역학과 운동이라는 '새로운 두 과학'을 세울 때 방법론을 다루는 글을 썼고, 클로드 베르나르는 실험생리학의 정초자로서 방법론을 다루는 글을 썼다. 헉슬리는 철학자 허버트 스펜서Herbert Spencer가 그랬던 것처럼 자연 선택이라는 새로운 이론을 옹호하는 철학, 방법론적 논문을 썼다. 물리화학의 탄생은 뒤앙이 방법론을 다루는 논문을 쓰게 했고, 오스트발트와 여러 사람은 에너지주의 운동을 일으켰다. 금세기 첫 20년 동안 우주를 이해하는 새로운 기초를 다지는 일에서 이론물리학자에게 철학적 문제는 과학적 문제만큼이나 중요했다(보어와 아인슈타인의 논쟁을 생각해 보라). 분자생물학자는 자신의 새로운 과학을 만들려 할 때 철학적 문제를 주의 깊게 논해야 했다.

그렇다면 과학을 보는 새로운 방식은 지식을 보는 새로운 방식을 만드는가? 과학의 개척자는 동시에 철학의 개척자인가? 물리학자 레옹 로젠펠트Léon Rosenfeld는 그렇다고 말했다.

> 과학의 많은 개척자에게 공통적으로 나타나는 전통은 과학적 사고의 본성과 과학적 진리의 기초에 관한 철학적 반성이 실제 자연법칙의 발견이라는 성취와 결합된다는 점이다. 이런 결합은 연구가 성공하는 데 인식론적 고려가 결정적 역할을 하며 연구의 결과는 다시 지식에 관한 깊은 고찰로 이끈다는 의미에서 중요하다.[34]

개척자는 자연과 지식의 경계를 동시에 탐구한다. 따라서 과학에 일어난 각각의 '혁명'(아니면 우리가 지식을 조직하는 유형에 일어난 중대한 전환)은, 우리가 이 단어를 그대로 받아들인다면 철학, 방법론적 격변을 동반한다. 사실 새로운 '과학에 대한 과학'을 만드는 프로젝트는 그 통찰을 인식론과 공유할 수 있다. 나는 아주 흥미로운 가능성을 발견했다. 이를 깨달으려면 어떻게 새로운 과학과 새로운 사고방식이 함께 나타날 수 있는지 더 깊이 파헤쳐야 한다.

예를 들어 리히터가 토론 초반에 말한, 생의학에서 해결되지 않은 문제 목록(암이란 무엇인가, 약은 어떻게 작용하는가, 치료는 어떻게 일어나는가 등등)을 생각해 보라. 우리는 그 문제가 너무 어려워서 해결되지 않은 건지, 문제를 다루는 데 적합한 철학이 없어서 해결되지 않은 건지 물어 볼 필요가 있다. 난 여기서 모든 발견에는 이데올로기적 기초가 있다고 말한 정신의학자 이아고 갤드스톤Iago Galdston의 오래된 논문이 생각난다. 의사학자 지거리스트Henry Ernest Sigerist는 이렇게 말했다. "난 개인적으로 암은 순전히 생물학과 실험의 문제만은 아니라 어느 정도는 철학적 문제라고 생각한다. (…) 모든 실험은 철학적 준비를 요구한다. 많은 암 연구는 철학적 배경 없이 수행되었고, 그래서 쓸모 없다."[35] 이런 문장을 쓴 건 1932년인데, 암은 여전히 해결되지 않은 문제다. 이건 쓸모 없는 설명 방식(가령 병 하나에는 하나의 인과적 행위자가 있다는 방식)에 빠져 있기 때문이 아니겠는가?

과학사학자 A. C. 크롬비Alistair Cameron Crombie는 역사의 어느 시기에나 철학은 수용 가능한 해답의 범위를 한정지어 왔다고 주장했다. "지배적인 지적 담론은 특정 질문만을 수용 가능하게 하며, 특정 설명만을 설득력 있게 만들어 나머지 시도는 배제했다. 그런 질문과 설명은 이미 잘 확립된 것이며, 어느 연구에서나 인용되며, 연구하는 적절한 방법이기 때문이다. 그것들은 발견 가능하다고 생각한 대상이 발견되었을 때 만족스러운 설명을 준다."[36] 에벌린 폭스 켈러는 바버라 매클린톡이 중심 원리나 다름없는 '중심 분자' 이론을 극복하고자 할 때 맞닥뜨렸던 어려움에 대해 논의하면서 같은 점을 지적했다.[37] 중심 분자 이론은 유전학과 분자 생물학을 지배했으며(아직도 지배하며), 오랜 세월 동안 다른 사람들이 매클린톡의 통찰을 공유하지 못하게 만들었다. 그러니까 역사적으로 말해 잘못된 방법론, 인식론적 틀에서 제기되었기에 해결이 불가능해 보이는 문제가 있다. 베르너 하이젠베르크는 다음과 같이 말했다. "우리가 관찰하는 대상은 자연 그 자체가 아니라 우리가 질문하는 방법에 드러난 자연이다."[38] 자연에 대해 질문하는 행동만으로는 충분하지 않다. 우리는 또 자연을 질문하는 우리의 방법에 대해 질문해야 한다.

나는 과학철학을 과학자에게 도움이 되는 실행 가능하며 유익한 연구 주제라 보며, 과학적 훈련을 받지 않은 사람이 수행하는 따로 떨어진 학문 분야가 아니라 과학 연구에 통합되는 일부라고 생각한다. 트루스델은 다음과 같이 말했다. "과학철학은 수학 연구를 하거나 과학자를 길러 내는 일을 즐기기는커녕 이론물리학 교과서에 있는 내용을 이해하지 못하는 노쇠한 과학자나 철학 교사를 보호해서는 안 된다."[39] 오히려 브릴루앵이 말했듯이, "과학의 철학적 배경은 아주 진지하고도, 끊임없이 논의되는 문제며, 과학을 더 잘 이해하기 위해 중요한 분야다."[40] 마지막으로 아인슈타인은 말했다. "인식론 없는 과학(이를 상상할 수 있다면)은 원시적이며 뒤죽박죽이다."[41]

내 보고서의 주요 내용은 여기까지다. 임프는 우리가 과감한 주장을 하고 자신의 관점에서 중요한 문제와 가능성을 끌어내 보라고 격려했다. 나는 이런 일에 익숙하지 않지만 최선을 다했다.

과학의 역사와 철학에서 얻을 수 있는 중요한 교훈은 과거에 대한 지식과 방법론에 대한 질문이 우리가 발견하는 대상을 결정한다는 점이다. 따라서 과학자들은 제니가 잘 보여 줬듯이, 닫힌 상자에 갇히지 않도록 다양한 철학, 패러다임, 전통을 보존해야 한다. 다양한 전통과 철학은 미래의 중요한 문제를 정의하고 다루는 일에 필요하다. 권위에 대한 복종에 뒤따르는, 훈련과 의견의 획일성은 과학이 맞닥뜨릴 크나큰 골칫거리가 될 것이다. 유일한 해독제(더 적합한 비유로는 백신)는 다음 연구비가 어디서 올 것이냐가 아니라 자신이 연구하는 분야의 기원과 발전에 관심을 가진 과학자, 현재보다 과거를 배우려는 과학자, 푸앵카레, 뒤앙, 버널, 니덤, 홀턴, 마이어 같은 과학자를 길러 내는 일이다. 이런 사람들 없이는 새로운 테마가 얼마나 생겨날지, 과학에 있는 전체적 주제를 어떻게 다룰지 알 수 없다.

나는 또 우리가 과학을 분석하는 방식에 완전한 전환이 일어나야 한다고 본다. 역사학자, 철학자, 과학자는 대개 명문화된 해답만을 과학에 있는 가장 중요한 측면으로 여긴다. 그래서 『객관성의 칼날*The Edge of Objectivity*』, 『해결의 기술*The Art of the Soluble*』, 『해답의 탐구*The Search for Solutions*』 같은 제목의 책들이 무수히 나오는 것이다. 나는 과학을 보는 이런 관점은 낡았다고 생각한다. 조지 월드는 말했다. "과학자를 만드는 요소는 해답이 아니라 질문이다. (…) 과학은 점점 더 의미 있는 질문을 하는 것이다. 해답은 우리를 새로운 질문으로 데려갈 때 중요하다."[42] 따라서 과학에서 가장 흥미롭고 중요한 측면은 문제를 푸는 능력이 아니라 문제를 제기하는 독특한 능력에 있다. 이것이 리히터가 토론 초반부터 우리에게 보여 주려 한 측면이며, 아인슈타인과 보어 그리고 수학자 마크 칵Mark Kac과 스타니스와프 울람, 그 밖의 여러 사람이 과학의 절반은 올바른 질문으로 시작한다는 점을 강조한 이유다. 과학자들이 어떻게 이런 질문을 하는지 이해할 때 비로소 우리는 어떻게 과학을 하는지 알 수 있다. 그렇다면 나는 과학을 다루는 책의 제목을 대담하게 '질문의 탐구The Quest for Questions'라고 짓고 싶다. 우리는 '추측과 논박Conjectures and Refutations'보다 '수수께끼와 놀라움Riddles and Surprises'을 더 분석해야 한다.

자, 이게 내가 할 수 있는 도발의 전부다.

대화록: 토론

임프 브라보! 네 마지막 요점은 정말 적절했어. 우리는 교육 제도를 거꾸로 뒤집어야 해. 지금까지는 공인된 방식으로 이미 해결된 문제에 답하는 법만 가르쳤지, 스스로 새로운 문제를 제기하는 법은 가르치지 못했어. 수치스러운 일이야!

아리아나 호기심을 일깨우지도 못했고.

콘스탄스가 말한 과학자-역사가 및 과학자-철학자 목록에 관해 한마디 할게. 과학자에게 역사와 철학이 중요한 이유를 설득력 있게 논증하는 내용을 듣고서 나는 내 목록에 '상관적 재능'이라는 요소를 추가해야 한다는 생각이 들었어. 특히 역사-철학적 과학자가 내가 작성한 비예술가적 목록에 있다는 사실이 흥미로워.

아마 이건 더 자세한 설명이 필요한 또 다른 스타일이 아닐까. 실대로 말하면, 콘스탄스의 보고서에 좀 놀랐어. 나는 인문학(예술과는 다른)에 열정을 지닌 내 동료들이 과학에 필요한 기술을 습득하는 일은 잘 못한다고 생각했거든. 쿤이 이걸 하나의 일반 원리로서 제시했다고 생각해.[1] 다시 말해, 이런 흔치 않은 '과학의 신사'는 흥미로운 변칙 현상을 드러낼 수도 있다고 말이야.

콘스탄스 그럴 수도 있겠지. 하지만 오토 뢰비는 과학자보다 거의 예술사학자나 다름없었다는 점을 덧붙여야겠네. 루이 드 브로이는 방사선공학을 알게 된 제1차 세계 대전 전까지 중세역사학자가 되려고 노력했고, J. B. S. 홀데인이 받은 단 하나의 학위는 서양고전학이었지. 그러니 적어도 두 열정이 양립불가능한 건 아냐.[2]

헌터 염두에 두어야 할 중요한 사안은 미래의 과학자를 양성하는 거야. 제니가 토론 내내 상기시켜 주었듯이, 왜 우리는 과학자가 되는 데 필요한 기술과 역사학자가 되는 데 필요한 기술이 다르다고 생각할까? 어느 분야에서나 뛰어난 능력은 과학 분야에서도 탁월한 성취를 얻을 거라는 표지이지. 게다가 콘스탄스, 네가 말한 사례는 과학에서 이른 시기에 하는 훈련은 나중에 명성을 얻는 데 필요한 전제 조건이 아니라는 점을 드러내. 이건 과학 교육을 지배하는 현재 흐름에 역행하는 관찰이지.

콘스탄스 독일과 스칸디나비아의 위대한 과학자 대부분은 김나지움에서 언어, 고전, 역사를 배웠다는 전통을 생각하면, 네가 말한 점이 명백한 사실이라고 생각할 수 있지.

리히터 하지만 김나지움에서 **다른 분야**를 배웠을 수도 있잖아. 오늘날 학생들이 배우는 설익은 지식이 아니라 어떻게 공부해야 하는지를 배웠을 수도 있어.

임프 그리고 다른 사람의 역사, 철학적 관점을 평가하는 법도 배웠을 수 있지. 그럼 이제 리히터의 보고서를 들어 보자. 내가 제대로 이해했다면 리히터는 우리와 다른 새로운 관점을 제시할 테니까.

리히터의 보고서: 과학의 진화

오늘날 활동하는 과학자는 선택과 교육이라는 체계가 만들어 낸 결과물이다. 다양한 사회, 경제적 환경과 함께 그들이 현대 과학의 기초를 세운 사람들이 차지한 위치와 다른 위치를 점해야 한다는 점은 놀랄 일이 아니다. 예전에 과학을 공부하겠다는 결정은 아주 소수만이 하는 개인적 선택이었고, 능력이 없어도 쓸데없는 소명 의식에 젖어 택하고는 했다. 과학은 후원자를 얻을 수 있는 부자가 하는 학문이었다. 오늘날 과학은 직업이다. 과학 교육 내에서 이뤄지는 선택 과정은 한편으로는 기술적 효율성과 산업에 따라, 다른 한편으로는 사회적 순응에 따라 결정된다.

– J. D. 버널(John Desmond Bernal, 결정학자 · 과학사학자)

관행을 따르지 않는 행동이 가벼울지라도 미국보다 더 처벌이 심한 곳은…… 없다.

– 어윈 샤가프(Erwin Chargaff, 생화학자)

나는 과학의 미래를 위협하는 가장 큰 요소는 순응, 다시 말해 의견, 행동, 방향에 대한 순응이라고 생각한다. 과학은 반대할 때만 진보한다. 따라서 아리아나와 콘스탄스 다음에 나의 보고서를 발표하는 게 적절하다. 이제 보겠지만, 나는 새로운 철학적 접근이 중요한 문제를 해결하는 데 필수 요건이라는 콘스탄스의 말에 전적으로 동의한다. 낡은 자료와 이론은 다시 갱신될 수 있다. 나의 보고서는 이런 처방에 맞는 사례 연구다. 보고서를 구상할 때 콘스탄스에게 빚을 졌다. 보고서를 구성하는 전체 틀이 나만의 것이라 해도 콘스탄스는 사례를 제공해 주었다. 설사 의견은 다를지라도 우리의 스타일은 상보적이다.

반면 아리아나의 접근법은 도움이 되지 않았다. 똑똑한 척, 예술가연하는 태도는 아무 성과도 내지 못한다. 우리는 우리 뇌 안에서 무슨 일이 일어나는지 알 수 없다. 자기 성찰하는 행동은 마음을 방해할 뿐이라서 단지 내가 지금 성찰한다는 사실만 알 수 있을 뿐이다. 비언어적 사고 같은 미지의 내적 과정과 예술가적 재능 같은 외적 표현을 연결하는 방식은 터무니없다. 사람은 그런 인문주의적 헛소리 없이도 과학을 잘할 수 있다. 나는 수수께끼 같은 정신 기제에 의지하지 않고도 그런 과정을 분석할 수 있다.

그럼에도 아리아나는 내가 무시한 어떤 사안을 주목하게 했다. 비록 아리아나와 의견이 다르지만, 아리아나의 자료는 아주 독특하면서도 심오한 해석과 양립하며 깨달음을 준다. 나는 성공한 과학자 대부분은 특별한 방식으로, 다시 말해 주제들이 특별하게 조합된 방식으로 훈련받았다는 사실에 흥미를 느꼈다. 아리아나가 말한 비현실적인 '생각도구'는 신경 쓰지 마라. 절충주의 그 자체는 주목할 만한 이념이다. 창조적인 과학자는 다르다. 더불어 나는 어떤 문제에서든 과학자가 고안한 이미지가 다양하다는 사실에 놀랐다. 임프가 가져온 여러 가지 DNA 모형, 수많은 벤젠 고리 모형, 콘스탄스가 보여 준 주기율표, 임프가 재배열한 유전 암호 등이 그 예다.

하지만 아리아나가 시각 유형의 다양성을 강조했다면, 나는 논리적 해답의 다양성을 강조한다. 호이, 비오, 로랑, 파스퇴르, 미처리히는 결정 형태와 화학적 속성 사이에 관련성을 두고 다른 견해를 가지고 있었다. 각각의 이론은 특정한 문제 하나(원자 형태, 동형성, 비대칭, 발효)를 해결하는 데 유용했지만, 다른 문제의 답을 막았다. 반응 속도에 영향을 미치는 온도 효과를 기술하는 '아레니우스 방정식'은 다수의 형태를 거치지만, 각각의 형태는 어떤 때는 강화되고 다른 때는 약화된다. 과학사학자 돕스B. J. T. Dobbs는 뉴턴이 중력을 설명하고자 복수의 이론을 이용했다는 자료를 모았다.[1] 빛이 지닌 입자-파동의 이중성은 어느 이론으로도 해결되지 않았다. 아인슈타인이 상대성 이론을 고안한 이후로, 물리학자들은 대안 이론을 만들어 왔다. 계속 이런 사례를 말하는 대신, 단지 다양한 해답(상보적 해답)이 존재한다는 점이 드문 일이 아니라는 사실을 말하고 싶다. 그동안 이런 사실을 무시했다. 객관성과 입증 가능한 참이라는 과학의 수사학에 홀린 역사학자들은 과학에서 언제나 나타나는 다양한 의견을 인지하지 못했다.[2] 과학자들은 각각의 문제에는 오직 하나의 답만 있으며, 이 답은 수학적으로 증명 가능한 공식이어야 한다고 훈련받았다(나도 그렇게 가르쳤다). 우리는 눈이 먼 거나 다름없다. 과학적 문제에 대한 해답은 종착점이 아니라 시작이다. **하나**의 답이란 없고, 답들의 집합만이 있다. 폴링이 말했듯이, 연구의 목적은 **유일한** 답을 찾는 게 아니라 불가능한 답을 제거하는 것이다. 합의는 과학 발전에 필수적이지 않다. 반대야말로 과학 발전에 필요하다.

말하나마나 나 역시 과학을 시작할 때 다양성도 반대도 생각하지 못했다. 사실 과학에 대한 패러다임적 견해는 둘 다 배제한다. 나는 쿤과 다른 과학철학자를 따라 어떤 분야에 있는 과학자라도 동일한 문제, 기술, 해답, 기준을 공유한다고 생각했다. 게다가 현재 용인되는 패러다임에서 훈련받은 과학자는 변칙 현상을 찾아내고 이를 교정할 수 있다고 생각했다. 역사적으로 볼 때 이는 사실이 아니다. 새로운 DNA, 벤젠 모형, 주기율표, 상대성 이론, 양자 역학 등을 고안한 사람은 주변적 인물이었고, 정식 훈련을 받지도 않았다. 예를 들어 새로운 DNA 모형을 주창한 주요 인물은 독일인과 인도에 있는 소규모 집단으로 그들 중 오직 한 사람만이 DNA를 연구한 전문가였다. 그리고 이 분야에 전혀 경험이 없는 호주인

온도-의존 방정식 개요			
미분 형식	적분 형식	K에 대한 식	주창자
$\frac{d \ln k}{dT} = \frac{B+CT+DT^2}{T^2}$	$\ln k = A' - \frac{B}{T} + C \ln T = DT$	$k = AT^c e^{-(B-DT^2)/T}$	Van't Hoff, 1898; oden-stein, 1899
$\frac{d \ln k}{dT} = \frac{B+CT}{T^2}$	$\ln k = A' - \frac{B}{T} + C \ln T$	$k = AT^c e^{-B/T}$	Kooij, 1893; Trautz, 1909
$\frac{d \ln k}{dT} = \frac{B+DT^2}{T^2}$	$\ln k = A' - \frac{B}{T} + DT$	$k = Ae^{-(B-DT^2)T}$	Schwab, 1883; Van't Hoff, 1884; Spohr, 1888; Van't Hoff & Reicher, 1889; Buchböch, 1897; Wegscheider,1899
$\frac{d \ln k}{dT} = \frac{B}{T^2}$	$\ln k = A' - \frac{B}{T}$	$k = Ae^{-B/T}$	Van't Hoff, 1884; Arrhe-nius, 1899; Kooij, 1893
$\frac{d \ln k}{dT} = \frac{C}{T}$	$\ln k = A' + C \ln T$	$k = AT^c$	Harcourt & Esson, 1895; Veley, 1908; Harcourt & Esson, 1912
$\frac{d \ln k}{dt} = D$	$\ln k = A' + DT$	$k = Ae^{DT}$	Berthelot, 1862; Hood, 1885; Spring, 1887; Veley, 1889; Hecht & Conrad, 1889; Pendelbury & Seward, 1889; Tammann, 1897; Remsen & Reid, 1899; Bugarszky, 1904; Perman & Greaves, 1908

K. J. 레이들러와 미국 화학 학회의 허락을 받아 재현함

도 있었다. 알아챘겠지만 이중나선 모형이 기원한 미국이나 영국에는 아무도 없었다.[3] 동물처럼 생각 역시 사회적 영역이 있는 것이다.

나는 또 다른 선개념도 버려야 했다. 예전에 나는 어떤 이론이 한 번 폐기되면 영원히 폐기되는 거라 생각했다. 쿤, 라카토슈, 그 밖의 과학

의 성장을 관찰한 사람들은 과학자는 최선의 이론에 있는 최선의 모형을 선택해야 하며, 실제로도 그렇게 하고 있으며, 나머지는 역사의 쓰레기 더미에 던져 버린다고 말했다.[4] 쿤이 보기에 낡은 이론을 주장하는 과학자는 그 분야에서 쫓겨난 사람이다. 포퍼와 라카토슈는 논리적 분석은 최선의 이론 또는 가장 유망한 연구 프로그램을 밝힐 수 있어야 한다고 말했다.[5] 알겠지만 나 역시 이런 견해를 설득력 있게 생각했다. 이는 과학을 깔끔하게 정돈한다고 여겼다. 하지만 이는 오래된 이론의 끈질긴 생존력과 유용성, 그리고 베르톨레의 이론처럼 소멸해가는 듯하지만, 죽지 않는 연구 프로그램을 설명하지 못한다. 이건 그냥 예외인가 아니면 사실은 많은 대안 이론이 현재 쓰이고 있는 것인가? 그 답은 아주 중요하다. 오래된 이론이 죽지 않는다면, 과학이 발전하는 방식에 관한 우리 믿음도 버려야 하기 때문이다.

언뜻 보면 오래된 이론은 죽지 않거나, 아니면 적어도 모든 이론이 죽는 건 아니다. 콘스탄스가 지적했듯이 과학은 과거를 버리지 않는다. 오래된 지식은 갱신되고, 다시 연구된다. 사례를 들어 보자. 얼마 전 『네이처』에 발표된 1865년 케쿨레의 벤젠 공명 모형을 입증하는 논문은 우리가 대학에서 가르치는 분자 궤도 모형보다 더 정확할지 모른다.[6] 30년 전에 제시된 라이너스 폴링의 바나나 모양을 띤 sp2+p 혼성 이중 결합 모형은 우리가 그동안 사용해 왔던 물리학자 휘켈Erich Hückel의 시그마-파이 궤도 모형을 대체하는 중으로 보인다.[7] 호이브너Otto Heubner가 100년 전에 제시한, 송과선이 사춘기를 억제한다는 이론은 최근에 얻은 실험 결과를 설명하고자 부활했다.[8] 아직 어떤 해답도 충분하지 않다. 우리가 고려해야 할 요건은 최선의 답이란 우리의 기준이 무엇이냐에 달려 있다는 점이다. 그리고 역사적으로 이런 기준은 늘 변해 왔다.

나는 이런 점을 전혀 예기치 않았기에 반대, 다양성, 이론의 생존이란 개념에 우려를 느꼈다. 왜 과학에서 보어의 원자론 같이 반증 가능한 이론이 받아들여지느냐는 문제도 마찬가지였다. 틀린 걸 알면서도 왜 수용하는 걸까? 이런 변칙 현상은 '과학은 진리'라는 나의 신념을 뒤흔들었다. 과학이 진리라면 답은 **유일해야** 한다. 틀린 이론은 분명히 수용되지 않을 것이다. 그렇다면 왜 이미 충분한 답이 있는데 또 답을 만드는 걸까? 왜 오래된 답을 끊임없이 재평가하는 걸까? 과학에서 이런 다양성이 하는 기능이 뭘까? 이런 다양성을 제거하고 하나의 올바른 답만 얻을 수 있을까? 나는 이런 문제를 인식하는 다른 방식을 찾기 시작했다.

그러자 제니가 우리에게 제시한 모형과 같은 인식적 전환, 재유형화가 일어나 내 모든 질문에 하나씩 답을 했다. 과학은 진화적 과정으로 발전한다. 이는 틀린 답과 옳은 답 사이에서 일어나는 혁명적인 게슈탈트 전환이 아니라 모든 가능한 종류의 답을 산출하는 시행착오의 방법이다. 이 답들 각각은 중요한 문제, 설명되지 않은 자료라는 특정한 맥락에서만 평가되며, 그런 맥락에서 최선의 해답이 선택된다. 이는 호이-비오-로랑-파스퇴르-미처리히 사례가 주는 교훈이다. 단일한 이론은 화학 결정학의 모든 측면을 설명하기에 충분하지 않다. 깨달음을 설명하는 제니의 모형은 그 과정을 전형적으로 보여 준다. 어떤 사람은 네 개의 선, 세 개의 선, 한 개의 선, 선 없는 답으로 옮겨 가기 전에 모든 가능한 다섯 개의 선 해답을 만들 수 있다. 그럼 그는 자신이 보기에 가장 적합한 답을 선택한다.

나는 선택 기준이 논리적이냐, 경험적이냐, 미학적이냐, 역사적이냐, 사회학적이냐를 두고 논쟁하고 싶지 않다. 이 다섯 가지 유형은 우리 토론에서 논의되었고 몇몇 기준은 실망스러웠다.[9] 다만 선택 기준이라는 요소가 존재하고, 이는 개인마다 다르다고 말하는 것으로 충분하다. 과학자는 다섯 가지를 전부 사용해야 한다. 어느 사건에서든 서로 다른 선택 기준, 즉 일련의 선택 기준은 개인마다 다른 해결책을 선호하게 한다. 따라서 어느 지점에서는 한 가지 이상의 해답이 가능할 수 있다. 마찬가지로 보어의 원자 행성 모형 같은 틀린 이론은 보어가 꾸민 영역에서 경쟁하는 더 나은 이론이 없을 경우 번성할 수 있다. 심지어 문제 영역을 구별한 채 다룬다면, 유기화학자가 물리학자와 토론하지 않는다면, 반트호프의 사면체 탄소 원자와도 경쟁하지 않는다. 따라서 발견은 임프가 강조했듯이 맥락 의존적이다. 이런 결론은 처음에 내가 거부했던 것이지만 과학 발전의 진화론적 모형을 받아들인다면 불가피한 결과다.

진화 모형에는 가장 중요한 세 가지 요소를 전제해야 한다. 진화 과정에는 선택이 작용할 다양성, 생각과 실행자의 차별적 생존을 이끄는 선택 인자가 필요하다. 과학은 이런 모형에 잘 맞는다. 하지만 내가 스펜서 철학을 새롭게 제시하는 게 아니냐는 반론을 막고자 더 자세히 얘기하겠다.

과학 같은 문화적 구성물에도 진화론을 적용할 수 있는가? 이론적으로는 가능하다. 오스트발트, 푸앵카레, 플랑크 등은 이런 생각을 지지했고, 허버트 스펜서도 마찬가지였다. 난 이들이 쓴 글을 옹호하지는 않지만, 이들은 그 가능성을 예견했다. 더 최근의 연구자들은 진화론을 문화에까지 확장할 수 있다고 주장한다. 여기에는 줄리언 헉슬리, L. A. 화이트Leslie A. White, 자크 모노, 랠프 제라드Ralph Gerard, L. L. 카발리스포르차Luigi Luca Cavalli-Sforza, 데이비드 린도스David Rindos, 조너스 소크, 윌리엄 더럼William Durham, 찰스 럼스덴Charles J. Lumsden, E. O. 윌슨 같은 생물학자와 사회생물학자가 있다. 이들이 서로의 방법론에 관해 모두 동의하는 건 아니지만, 확장이 가능하다는 점에는 일치한다.

이런 생각을 뒷받침하는 아주 기초적인 근거는 이렇다. 줄리안 헉슬리는 "생물학자는 생물 진화의 과정을 이해하고자 유전자 전달의 기제를 연구한 일이 얼마나 유익했는지 안다. 생물학자는 인간의 역사 과정을 이해하는 데 문화 전달의 기제를 연구하는 일도 똑같이 유익하다고 말할 수 있다"라고 주장했다.[10] 그럼 이런 연구를 시작하기에 과학사보다 좋은 분야가 있을까? 빌헬름 오스트발트는 다음과 같이 올바르게 말했다. “과학사는 인간성의 발전을 규제하는 법학 연구에 유용한 최고의 재료를 제공한다. 이런 방식의 인간 연구는 가장 단순한 조건에서도 지각 가능하도록 세밀히 연구한 자연과학과 물리과학의 일반 법칙을 위배하지 않는다. 이런 조건을 쉽게 찾을 수 있는 곳이 과학사다.”[11] 칼 포퍼도 이에 동의했다. “지식의 성장은 과학 지식의 성장을 연구하면 가장 잘 알 수 있다.”[12] 게다가 포퍼의 동료 도널드 캠벨Donald Campbell은 포퍼의 반증주의를 ‘자연 선택’을 통해 생각이 선택적으로 제거되고 보존되는, 진화적 모형에 바탕을 둔 인식론을 향한 첫걸음으로 해석한다.[13] 나는 이를 인위 선택으로 보는 방식을 선호한다. 인간의 사고 과정이 하는 일이기 때문이다.

과학에 대한 혁명적 견해를 표명한 토머스 쿤조차 『과학혁명의 구조』에서 혁명은 과학의 진화를 일으키는 기제라는 역설적인 진술로 끝맺는다(굴드와 르원틴도 그렇다).

> 유기체의 진화와 과학적 생각의 진화를 연결하는 유비는 극단적으로 밀고 나갈 수 있다. 하지만 이 절 마지막의 주제와 관련해서 이 유비는 완벽하게 들어맞는다. 혁명의 해소라고 기술된 과정은 미래의 과학을 수행하는 가장 적합한 방식을 두고 과학 공동체 내의 갈등으로 일어나는 선택 과정이다. 정상 연구 시기를 통해 분리되는 이런 혁명적 선택이 연속하여 내놓는 결과는 우리가 현대의 과학 지식이라 부르는 경이롭게 적응된 도구 집합이다. 발전하는 과정에서 연속하는 단계들은 명확한 표현과 전문화의 증가로 규정된다. 그리고 우리가 생물학적 진화가 그랬을 거라고 가정하듯이, 전체 과정은 설정한 목표가 주는 이득 없이, 영구히 고정된 과학적 진리 없이, 과학적 지식의 발전에 있는 각 단계가 더 나은 범례가 될 수 있다.[14]

쿤은 과학을 하는 다양한 양식이 어디서 오는지, 누가 어떻게 만드는지는 말하지 않았다. 또 진화는 반드시 단일한 최선의 해결책으로 이끌지 않는다는 사실을 간과했다. 헌터의 역사가 보여 준 요점, 아리아나의 연구가 강조한 요점은 늘 다양성이 있었다는 점이다. 이는 아주 중요하다. 나는 이를 밀고 나가 쿤의 경고와 달리 그 한계까지 가보고 싶다. 즉, 진화론은 임프의 '과학에 대한 과학'을 위한 기초를 제공한다고 주장하겠다.

그렇게 하려면 진화 과정의 일반적 특성을 고려하는 작업이 필요하다. 첫째, 어떤 개체군에 있는 구성원 사이에는 다양성을 만드는 무작위적인 기제(기제들)가 있어야 한다. 둘째, 개체 사이에 있는 차이는 유전 가능해야 한다. 셋째, 모든 개체가 번식할 수 없는, 즉 동일하게 번식하지 못하는 무작위적이지 않은 선택 과정이 있어야 한다. 이 세 가지 기준은 그 환경에 있는 개체군의 적응성을 높인다. 지리적 고립은 부분적으로 개체군이 서로 다른 조건에서 적응하고 교잡하게 해 종種 분화를 낳는다. 동일한 적소適所, niche에서 일어나는 종 간 경쟁은 반드시 덜 적합한 종이 절멸하는 계기가 된다. 따라서 어떤 개체군은 다른 개체군을 배제하면서 번식한다. 그렇다면 진화에 있는 전제 조건 하나는 새로운 적소가 끊임없이 생기고, 아개체군subpopulation이 고립되는 환경 변화가 있다는 것이다. 정적인 환경에 사는 동질적 개체군은 진화하지 못한다. 이는 조금 단순하기는 하지만 꽤 정확한 말이다. 다른 조건도 있다. 역사를 돌이켜 보면 진화하는 것은 다윈이 계통을 묘사할 때 그린 나무 같은 이미지를 산출해야 한다. 물론 수많은 가지는 절멸로 사라진다.

다음으로 우리는 생물학적 진화 기제에 맞는 문화적 유사물이 필요하다. 나는 이를 일찍이 랠프 제라드와 L. L. 카발리스포르차가 한 비교 연구에 기초해 다음과 같은 표에 정리했다.[15] 문화에서 진화하는 대상은 생각, 믿음, 언어, 도구, 사고와 행동 습관, 일 · 생산 · 발명을 조직하는 유형 등이다. 변이는 무작위적 돌연변이가 아니라 성적 재조합으로 일어난다. 사람들은 자신만의 재능, 생각, 습관, 도구의 혼합을 대물림한다. 변이가 일어나는 또 다른 가능성은 정보가 이동할 때 생기는 '복제 오류'다('전화' 게임을 생각하면 된다). 정보가 이동하는 과정에서 생각에 변화가 생긴다(번역자에게 영어를 다른 언어로, 그 다음에 다시 영어로 옮기면 무슨 일이 일어나는지 물어 보라). 생각이 한 맥락에서 다른 맥락으로 번역되는 과정에서 생기는 의미상 작은 차이는 새로운 생각을 낳는다. 마찬가지로 생각, 습관, 조직 선호 등은 서로 다른 문화에 속하는 구성원이 협동하거나 충돌할 때 생기는 잡종으로 변화할 수 있다. 또 개인은 하나의 문화권이 아니라 여러 문화권에 있는 요소를 물려받을 수 있다. 문화 진화에서는 라마르크적 유전도 가능하다. 개인이나 집단은 의식적으로 문화 유형을 더 적합하게 바꿀 수 있다(그 반대도 가능하다. 셰이커 교도를 생각해 보라).

어떤 측면에서 문화의 전달은 생물학적 형질의 전달보다 더 복잡하다. 문화 전달에서 성향 같은 요소가 대물림될 때 유전학은 어떤 역할을 하겠지만, 아리아나가 올바르게 지적했듯이(아리아나에게 동의한다!) 유전학은 문화 진화를 설명하는 데 충분하지 않다. 게다가 교육과 학습(능동적 문화 전달), 흉내 내기(수동적 문화 전달. 어떤 사람이 무엇을 흉내 낼 때는 지식 전달을 의도하지는 않는다)도 고려해야 한다. 카발리스포르차는 교육에 있는 세 가지 주요 기제를 논의했다. 부모-자식(일대일 관계), 선생-학생(일대다 관계), 사회적 압력(다대일)이 그 예다. 그는 이런 요소가 실제로는 더 복잡하다는 점을 보여 줬다.[16]

선택압도 고려해야 한다. 생물 진화와 문화 진화에는 '최적자 생존'이라 부르는 개념이 있다. 최적자 생존을 결정하는 요인은 다양하다. 생물학적 적합도는 생존하고 번식하는 능력으로 측정한다. 문화에서 적합도는 규정하기가 훨씬 어렵다. 번식 연령까지 생존해 번식하는 능력은 분

생물 진화와 문화 진화 비교		
	생물	문화
무엇이 진화하는가	유기체의 유전자형, 개체군의 유전적 구성	생각, 믿음, 도구, 조직 유형, 활동
변이	유전적 돌연변이, 교배	유전적 돌연변이와 교배? 문화적 교배, 오류 전달, 번역
전달	유전자	유전자? 가르치기/배우기(능동적), 흉내 내기(수동적)
선택	자연 선택과 인위 선택	환경, 사회, 문화, 제도, 개인
고립	지리적 고립	지리, 사회, 제도적 고립
적소 창출	환경 변화	사회, 제도적 환경

* Gerard(1956)와 Cavalli-Sforza(1981)의 자료에 기반을 두어 작성

명히 인간 개체군에서 과학을 뒷받침하는 요소지만, 획득한 지식, 기술, 성격 등과 같은 다른 형질이 더 중요할 수도 있다. 선택 요인의 범위는 아주 넓다. 경쟁, 경제적 요인, 사회적 관습, 제도적 위계, 개인적 충돌 등은 문화적 적응성을 결정하는 능동적 요인이다. 내가 여기서 말하는 건 개인의 생물학적 생존이 아니라 자신의 문화적 유산을 전달하는 능력이다. 과학자의 경우, 이는 성공적인 과학자를 기르고 미래의 과학 연구에 영향을 미치는 능력이다.

지리적 고립, '유전적 흐름', 이주, 개체군 구성을 바꾸는 기타 결정 요인으로 생기는 유전적 부동과 유사한 현상이 있는지도 고려해야 한다. 제라드와 카발리스포르차는 이 주제에 관해 다양한 문화적 유사 현상을 논의했다. 예를 들어, 고립도 문화에 있는 지리적 결정 요인이 될 수 있다. 개인이나 집단은 사회적으로, 제도적으로 고립되고 배척되기 때문이다. 게다가 유전자에 우성과 열성이 있는 것처럼, 문화를 전달하는 개인도 우성이나 열성이 될 수 있다. 하지만 이때 우성은 무익한 생각을 제거

한다는 뜻을 함축할 필요가 없다. 지리학자 찰스 라이엘Charles Lyell은 라마르크의 진화론이 명백한 실패라고 공격했지만, 라마르크의 생각은 다윈에게 전해져 다시 연구되었다. 따라서 틀리거나 폐기된 생각은 열성인 형질을 지닌 것처럼 보여도 한 세대에서 다음 세대로 전달 가능하며 새롭고도 흥미로운 조합을 만들어 낼 수 있다.

마지막으로 지적하고 싶은 점은 문화 진화가 유전적 요소와 반드시 엮일 필요는 없기 때문에 생물 진화보다 훨씬 빠른 시간에 발생할 수 있다는 사실이다. 어떤 개인은 대중 매체나 기술을 통해 일생 동안 수백만의 자손에게 새로운 생각, 일의 양식, 도구를 전달해 그들의 삶을 바꿀 수 있다. 에디슨의 전구, 라이트 형제의 비행기, 파스퇴르의 백신, 월리스 캐러더스의 나일론, 맨해튼 프로젝트가 가져온 결과를 생각해 보라. 반대로 보수적인 문화는 비순응적인 개인이 문화 생산 도구(가령 연구, 출판, 교육 등)에 접근하지 못하도록 해 이후의 진화를 막을 수 있다. 이는 순응성을 강조하는 우리 사회에서 실제로 가능한 일이다. 순응성의 한계가 너무 협소하면, 새로운 진화 방향을 이끌어 가는 '돌연변이'는 쉽게 제거되고 문화적 재생산은 멈추고 만다.

여기까지 말하면 충분히 이해했으리라 본다. 문제는 과학이 문화 진화를 대표하는 적합한 특징을 갖고 있느냐다. 나는 그렇다고 생각한다.

무엇이 진화하는가? 이론과 설명, 도구와 장치, 그리고 이것들을 사용 및 발명하는 방식을 훈련하며 장려하는 조직, 연구 유형(쿤이 정상과학과 혁명과학을 나눈 것이나, 탐사 연구와 입증 연구를 나눈 우리 방식으로 생각해 보라), 개인이 수행하는 연구 프로그램, 과학 언어, 즉 언어, 수학, 아리아나의 말을 따르면 시각까지. 요컨대, 우리가 과학 분과라 부르는 것을 구성하는 모든 요소가 진화한다. 이것들은 자연에 있는 개별적 개체군에 상응한다.

분과와 그곳에 있는 여러 구성 요소가 진화한다는 증거가 있는가?

물론이다. 모든 과학은 두 가지 뿌리, 자연 철학과 자연사에 바탕을 둔다. 두 뿌리는 수천 가지 전문화된 분야로 나뉘고, 각 분야에는 그에 맞는 도구를 쓰는 특유의 실행자가 있으며, 독특한 학술지를 발간하고, 독특한 모임을 연다. 게다가 이런 다양성을 진화적 나무 그림으로 그릴 수 있다(그렇게 진행되어 왔다).[17] 분과 내에서 일어나는 특정한 발전 과정 역시 제럴드 홀턴이 「과학의 성장을 이해하기 위한 모형Models for Understanding the Growth of Science」이라는 수필에서 그린 것처럼(나무 그림이 가능하다는 점을 의식적으로 알지 못하더라도), 진화적 나무로 모형화할 수 있다. 그는 수없이 많은 시간과 연구자를 포함하는 연구 프로그램의 발전에 맞는 두 가지 사례를 들었다. 하나는 음향 충격파 연구, 다른 하나는 자기 공명 연구다. 두 사례는 모두 진화적 발전에서 볼 수 있는 분기 구조를 드러낸다.[18]

사실 전체 과학과 그 하위 분과의 성장은 생물학적 개체군과 마찬가지로 S자형 성장 법칙을 따른다.[19] 개인적 연구 프로젝트가 진화적 나무 모형을 따를 때도 있다. 한 생각이나 실험은 다른 생각이나 실험으로 이끈다. 이런 생각 중 일부는 더욱 발전되어 예상치 않은 방향으로 가지를 쳐 나간다. 그 밖의 생각은 흥미도 통찰도 자금도 말라 폐기(절멸)되거나 또는 경쟁을 거쳐 실현 불가능해지고, 타당하지 않은 연구가 될 것이다. 어느 분야에서나 실행자들은 기술과 장치를 두고 경쟁한다. 어떤 시기에는 특정 기술의 사용 방식이 변화해 지배적이 되고, 그럼 나중 사람은 이에 굴복하는 모습을 볼 수 있다.[20] 새로운 분과는 전에 없던 실험 및 수학적 기술과 함께 탄생하고 이로써 제약을 받는 경우가 흔하다.[21] 요점은 어떤 과학이라도 선형적으로 발전하지 않는다는 것이다. 우리가 토론에서 말한 예기치 않은 우회로는 발전 과정에 있는 중요한 요소며, 이는 진화적 기제로 설명 가능하다.

사실 이는 철학자 스티븐 툴민Stephen Toulmin이 주장한 바다. 그는 과학에 나타나는 새로움이란 자연에 있는 새로움과 마찬가지로 전혀 기대하지 않은, 뜻밖의 기원을 가진다고 말했다.[22] 두 사례를 비교해 보자. 유기체에게 단열 효과를 주는 깃털은 파충류 피부에서 기원했다고 한다. 그렇다면 나무에 사는 파충류에서 원형적 깃털을 가진 개체는 공기 저항이 증가하여 활공 시간이 길어지는 적응적 이득을 얻었을 것이므로 더 멀리 더 안전하게 도약했을 것이다. 따라서 깃털이 없는 개체보다 더 잘 생존했을 것이다. 마침내 충분히 커진 깃털은 하늘을 나는 일도 가능하게 했다. 마찬가지로 원자 번호는 그저 원자의 순서를 지정하려고 할당한 것이었다. 어느 누구도 수소의 '하나임oneness'과 산소의 '여덟임eightness'이 어떤 의미를 가진다고는 생각하지 않았다. 하지만 멘델레예프의 주기율표와 양자 역학은 이 숫자를 대단히 중시한다. 그 숫자는 화학 작용을 예측한다. 이것이 토론에서 우리가 본 전형적 상황이다. 파스퇴르의 비대칭적 우주의 힘, 플레밍의 박테리오파지 가설 같은 생각은 하나의 이유에서 고안되었다가 예상하지 못한 다른 형태로 변화되어 생존했다.

이는 생물 진화와 문화 진화가 동일하다는 말이 아니다. 적어도 한 가지 차이는 말할 수 있다. 자연에서는 잡종 교배가 드물게 일어나지만 과학에서는 새로운 분과와 연구 프로그램을 형성할 때 늘 일어난다. 가령 물리학과 생물학은 분자생물학에 유용하도록 통합될 수 있다. 핵자기공명 같은 물리학 개념은 화합물의 속성을 연구하는 기술과 의학 영상 장치로 전환될 수 있다. 과학적 나무에서 이전에 갈라진 가지들이 재결합하는 일은 과학자와 역사가들이 과학의 역사에서 가장 중요하게 생각하는 사건이다.

전달은 어떤 양식으로 이루어질까? 헌터와 콘스탄스가 보여 준 '과학 가계도'를 생각해 보라. 세대에서 세대로 전해지는 과학적 재능이 유전학적으로, 도제 관계로, 그 둘의 조합으로 전달되는지, 아니면 성공적인

POLY-NEUROPATHIES	DEPOSITION DISORDERS			AGING OF THE BRAIN
	SULFATED MUCO POLYSACCHARIDES	LIPIDS	POLY GLUCOSANS	

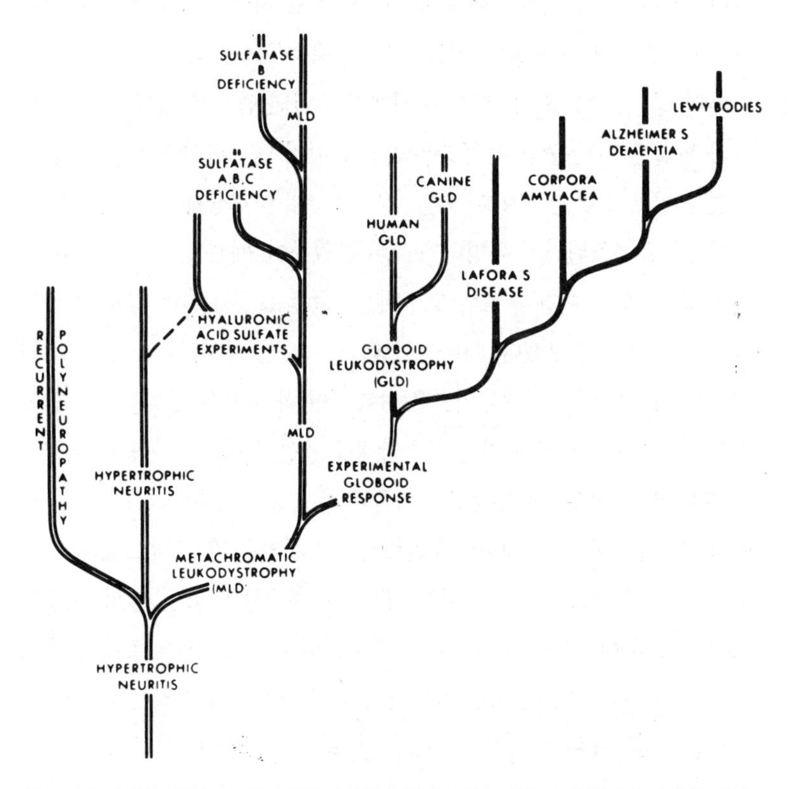

1950~1975년경 제임스 A. 오스틴이 수행한 연구의 진화. 가장 초기 연구인 비대성 신경염은 아래에 위치한다. 예상하지 않은 결과가 새로운 분야의 연구로 확산되고, 몇몇 연구는 성과가 없어 폐기되었다{Austin(1977), 콜롬비아대학 출판부의 허락을 받아 게재함}.

과학자가 지닌 형질이 전달되는 양식이 존재하기는 하는지? 관련 문헌을 읽으면서 나는 (물론 유전은 누가 성공적으로 도제 관계를 이행하는지 잘 예측하지만) 유전학 모형보다 도제 관계 모형이 자료를 더 잘 설명한다는 생각이 들었다. 개인에서 개인으로 전달되는 태도, 문제, 기술은 베르톨레와 라플라스에서 시작된 물리화학자의 '계보'에서 잘 드러난다. 또 라마르크적 진화에 들어맞는 사례도 볼 수 있다. 패러데이, 다윈, 아인슈타인은 스스로 훈련하여 적응적 형질을 습득했고, 이를 후대에 물려주었다. 그렇다면 우리는 진화적 체계에 있는 또 하나의 기초 요소를 얻었다. 즉, 적응적 형질을 전달하는 수단은 교육과 학습이다.

전달 양식은 다양성을 만드는 기제가 없다면 쓸모가 없다. 모든 과학자가 똑같은 이론을 갖고 똑같은 방법에 따라 연구한다면, 어떤 사람도 발견을 이루지 못할 것이다(혹은 모두 다 똑같은 현상을 발견할 것이다). 헌터, 임프, 콘스탄스가 분명하게 보여 주었듯이, 베르톨레, 파스퇴르, 플레밍, 반트 호프, 아레니우스, 오스트발트는 동료들과 달리 서로 다른 방식으로 폭넓게 훈련했다. 게다가 헌터가 지적한 것처럼 그들은 오래된 이론과 새로운 이론, 문제, 기술을 동료들이 하지 않은 방식으로 혼합했다. 우리가 이런 지식과 기술의 혼합체를 유전적 형질의 혼합과 동등하게 본다면(이 경우에는 명문화된 과학과 진행 중인 과학이라고 부르는 영역에 있는 전통을 통해 대물림된 혼합체), 각 개인은 말 그대로 문화적 잡종이다. 각 개인은 동료들과 다른 생각을 머릿속에 담고 있다. 노새가 당나귀나 말과 다르듯이, 레오폰leopon*이 표범이나 사자와 다르듯이 말이다. 아리아나의 연구는 이런 차이가 성공한 과학자에게 있는 전형적 요소임을 보여 준다. 그들이 마음속에 다양하게 혼합된 생각도구를 지니고 있는지는 여러분의 선택에 맡겨 둔다.

다양성이 생기는 또 다른 원천도 있는데, 두 가지만 언급하겠다. 첫째는 실험이다. 이론을 옹호할 수 없게 하는 자료는 그 이론을 정당화하려고 계획된 실험으로 생기는 결과가 흔하다. 따라서 실험은 예기치 않은

* 수컷 표범과 암컷 사자를 교배시켜 나온 동물이다.

결과를 만들고, 예기치 않은 결과는 과학의 자료 기반을 다양화하여 새로운 이론이 생기는 일을 가능하게 한다.[23] 이미 많은 사례를 보았으니 더 말하지는 않겠다. 실험 없이 세렌디피티적 결과는 없을 것이며, 이론화도 중단된다고 말하는 걸로 충분하다. 둘째는 '복제 오류'다. 이는 생물학에서 DNA를 복제할 때 생기는 실수를 말한다. 문화에서는 어떤 생각이나 기제, 사회적 관습을 오역하거나 오해하는 경우다. 우리는 이런 사례도 많이 보았다. 라에네크는 나무 조각이 소리를 전달하는 방식과 청진기가 작동하는 방식을 잘못 유비했다. 새크레이와 홀턴은 돌턴이 뉴턴 물리학을 오해하고 오용한 사례, 열소 이론 등에 관해 논의했다. 내가 제대로 기억한다면, 여기 모인 사람들은 내가 이런 사례들을 지지하지 않는다고 생각할 것이다. 그럼에도 오류와 어떤 한 분야에서 다른 분야로 생각을 잘못 적용하는 일은 과학에서 새로운 생각을 탄생시킬 수 있고, 실제로 그렇다. 우리가 나중에 선택 과정을 겪는 다양한 생각과 발명을 창조하는 데 관심이 있다면, 이런 오류를 반갑게 여겨야 한다. 오류를 장려하기까지 하는 사람이 있느냐는 모르겠다. 나는 일부러 우둔해지는 게 합리적이거나 생산적이라고 생각하지 않는다.

좋다. 이제 우리는 문화적 잡종, 예기치 않은 관찰, 현재 있는 지식에 대한 오해로 유전적 다양성과 동등한 것이 생긴다는 사실을 알았다. 하지만 그 자체로는 불충분하다. 잡종이나 돌연변이 형태가 번식력이 풍부하다면, 다른 사람에게 그 지식의 혼합체가 전달될 것이다. 그런데 어떤 과학자는 이 지점에서 실패하고 만다. 멘델, 헤라패스, 워터스톤, 그 밖에도 많은 사람이 그랬다. 자신을 만든 생태계에 적응하지 못하는 과학자도 있다. 아인슈타인, 반트 호프, 아레니우스, 오스트발트가 연구자와 선생으로서 자리를 얻을 때 겪었던 어려움을 생각해 보라. 그들은 번식할 수 없었던 시기가 있었다. 즉, 학생들, 동료들, 제도, 출판 등과 멀리 떨어졌다. 마침내 번식하는 수단에 다가갈 수 있었을 때도 그저 과학 공동체 주변부에 머물렀다.

나는 이런 사실이 중요하다고 생각한다. 과학 공동체에서 주변적 인물이 되는 것(연구비를 못 받거나 발표하지 못하는)은 제도적 맥락에서는 부적응이다. 하지만 주변으로 밀려나면 새로운 과학적 종의 원형을 만드는 계기가 되기도 한다. 이는 새로운 생각, 발명, 연구 유형을 생산하는 사람들을 주요 과학 중심지의 특징인 거센 경쟁으로부터 보호해 준다. 배제의 경험은 뛰어난 과학자가 최고 위치에 있는 선도자에게 도전하기에 앞서 원숙해질 기회를 줄 수도 있다. 지리적 고립이 새로운 종이 탄생하는 데 필수적인 것처럼 문화 진화에서도 고립은 종분화가 일어나기 위해 필요하다.

사실 50년도 더 전에 호주의 물리화학자 T. B. 로버트슨T. Brailsford Robertson은 과학의 지형학은 흥미로운 주제라고 말했다.[24] 어느 누구도 이런 말을 진지하게 받아들이지 않은 것 같지만, 진지하게 다루었어야 했다. 헌터가 첫 번째 토론에서 지적했듯이, 대부분의 노벨상 수상자는 주요 기관에서 연구했지만(또는 그런 기관을 만들었지만), 주변부 기관에서 더 많은 연구를 하거나 시작했다. 파리에서 스트라스부르와 릴이라는 지방 도시로 밀려난 파스퇴르를 생각해 보라. 세인트메리병원에서 연구한 플레밍도 마찬가지다. 이런 현상은 특히 물리화학의 정초자들에서 분명하게 나타난다. 새로운 과학에서 가장 영향력 있는 이론가와 실험과학자로 굴드베르그와 보게, 파운들러, 호르슈트만, 반트 호프, 아레니우스, 오스트발트, J. 윌러드 깁스를 꼽는다면, 공통적으로 무엇을 볼 수 있는가? 굴드베르그와 보게는 오슬로에 있는 왕립 육군 사관학교와 크리스티아니아대학에서 연구했다. 파운들러는 인스부르크대학에서 연구했다. 반트 호프는 델프트 과학기술학교, 레이덴과 위트레흐트 대학에서 훈련받았고, 위트레흐트 수의과대학에서 연구했다. 아레니우스는 웁살라대학과 스톡홀름 호그스콜라에서 훈련받았다. 오스트발트는 타르투에 있는 도르파트대학에서 공부했고, 그곳에서 사강사로 일했으며, 그 다음 레알슐레에서 교편을 잡았고, 마지막으로 3년 후에 리가 과학기술학교에서 교수직을 얻었다. J. 윌러드 깁스는 예일대학교에서 공학을 공부했다. 콘스탄스는 당시 이 학교들은 과학에서 국제적 명성을 얻지 못한 학교라고 말했다. 호르스트만이 과학 연구의 중심지였던 하이델베르크대학교에서 훈련받고 임용되었다. 하지만 그는 조교수 이상으로 올라가지 못했는데, 아마 과학 교수들 중에서 유일하게 이론가였기 때문이리라. 따라서 그 또한 제도권에서는 주변 인물이었다고 볼 수 있다.

내가 제시한 목록을 현대 과학의 현주소와 대조해 보자. 『과학 인명 사전』과 화학자 J. R. 파팅톤James Riddick Partington이 쓴 『화학의 역사*History of Chemistry*』를 길잡이 삼으면, 1860~1880년대 물리(특히 열역학)와 화학 연구(특히 무기화학과 전기 분해 연구)의 중심지는 독일의 하이델베르크, 뷔르츠부르크, 라이프치히, 본, 베를린과 스위스의 취리히, 프랑스의 파리, 러시아의 상트페테르부르크였다. 이 도시들에는 헬름홀츠, 클라우지우스, 베르틀로, 멘델레예프 같은 인물을 교수진으로 보유한 대학이 있었다. 하지만 물리화학 이론은 이 대학들에서 발원하지 않았다.

사실 프랑스 같은 개별 국가에서 물리화학의 발전을 살펴보면, 파리라는 과학 중심지보다 지방에서 주요한 발전이 일어났다. 라울, 뒤앙, 사바티에 등은 파스퇴르와 마찬가지로 중앙 집권화 및 관료화된 파리지앵들의 세계에서, 명성은 없지만 자유는 있는 주변 기관으로 밀려났다.[25] 물리화학자 페랭Jean Baptiste Perrin은 물리화학이라는 분야가 생긴지 20년이나 지난 1910년에야 파리지앵의 장벽을 깨뜨릴 수 있었다. 소르본대학에서 페랭만을 위한 자리를 만든 것이다.

종분화는 지리적 고립만이 아니라 새로운 종이 서식하는 새로운 적소가 있어야 한다. J. D. 버널과 랠프 제라드는 새로운 지식이 대학에 들어

가는 속도는 새로운 직위가 생기거나 오래된 제도적 구조가 바뀌는 속도에 달려 있다고 말했다.[26] 제라드는 과학에서 일어나는 혁신은 제도적 구축과 밀접히 관련된다는 가설을 세웠다. 우리는 토론에서 이런 사례를 보았다. 프랑스 과학 아카데미가 연구소로 재조직되고, 이후 나폴레옹이 이집트 위원회를 세운 일은 체계에 새로운 피를 수혈한 것과 같았다. 베르톨레는 이집트에서 두 해(1789~1800)를 보내면서 질량 작용을 고안했고, 젊은 조제프 푸리에Joseph Fourier는 열분석 이론을 전개했으며, 말뤼스는 빛에 대한 물리 실험을 진행했고, J. B. 세이Jean Baptis Say는 경제학에서 세이의 법칙(공급이 스스로 수요를 창출한다는 법칙)을 만들었으며, 로제타석Rosetta Stone이 발견되었다. 그동안 파리에서는 라플라스가 자신의 업적에 중요한 논문을 썼고, 프루스트Joseph Proust는 화학에서 일정 성분비의 법칙을 발견했고, 라마르크는 자신만의 진화 이론을 고안했다. 이들은 과학에서 가장 들뜬 시기를 보냈다. 이는 우연일까, 아니면 프랑스 과학의 제도적 구조가 변화한 결과일까?

똑같은 방식으로 적소가 확산해 물리화학이 탄생하는 일을 가능하게 했다. 처음에 물리화학은 어느 과학 중심 기관에서도 제도화되지 못했다. 새롭게 설립된 대학이나 새로운 학과를 설립하기에 충분하도록 성장한 대학에서 이 첫 세대의 직위가 생겨났다. 반트 호프는 암스테르담 대학교가 세워져 자리를 얻었다. 아레니우스는 노벨 물리화학 연구소의 첫 번째 소장이었다. 깁스는 예일대학에서 새롭게 만든 수리물리학과의 학과장이 되었다. 영국에서는 토머스 카넬리Thomas Carnelly와 F. G. 도난이 1880~1890년대에 대학 개혁 운동의 일환으로 새로운 대학이 설립되던 시기에 던디, 애버딘, 리버풀 등의 도시에서 물리화학을 포함한 최초의 화학과를 만들었다.[27] 미국에서도 같은 일이 일어났다. 물리화학은 캘리포니아 공과대학 같은 새로운 대학이나 하버드, 콜롬비아, 코넬 같이 화학 프로그램을 개혁하거나 확장 중이던 오래된 기관에서 생겨났다.[28]

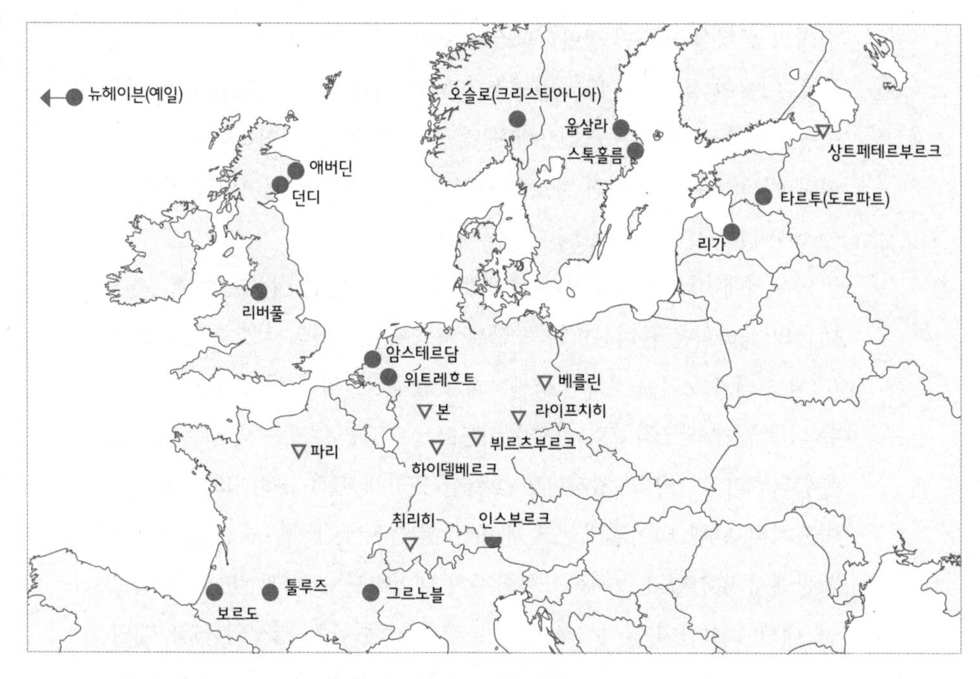

유럽에 있는 물리화학 연구 중심지(▽)와 1875~1890년에 물리화학이 발원한 곳(●)을 표시한 지도

사실 세계적 지도력을 가진 미국의 과학이 어떻게 탄생했느냐를 연구한 로버트 브루스Robert Bruce는 1862년에 토지 무상불하 대학법Morill Land Grant Act에 따른 대학의 팽창, 탈 중심화, 다원주의가 결합한 것이 혁신을 가능하게 한 핵심 요소였다고 지적했다.[29]

물리화학을 부상하게 만든 요인은 일반 과학에서도 그대로 적용된다. 미국에서 대학 분과로서 공학이 도입된 건 하버드, 예일, 펜 같이 원래 있던 대학이 아니라 랜셀러 과학기술대학교(1824년 설립)와 오하이오 공과대학(1828년 설립)같이 새로운 대학이 설립되면서부터다. 세기가 바뀔 즈음에 생화학이라는 새로운 과학이 들어온 것도 대학이 의학 교육과정을 개혁하고 새로운 기관들을 설립하면서부터다. 코펜하겐에 있는

칼버그 실험실(1875년 설립), 파스퇴르 연구소(1888년 설립), 리스터 연구소(1891년 설립), 록펠러 연구소(1901년 설립), 리버풀대학교(1902년 설립), 덴마크 혈청 연구소(1903년 설립), 새 캘리포니아대학교(1872년 설립)에서 1904년에 생긴 자크 러브의 생리학 실험실, 카이저 빌헬름 연구소(1911년 설립) 등이 그렇다.[30]

19세기에 미국과 독일의 생리학과 의학도 동일한 현상을 보여 준다. 미국의 생리학은 물리화학과 똑같은 기관에서 자신의 적소를 발견했다(적어도 내가 보기엔 강력한 상관관계가 있다). 거의 모든 경우에 생리학은 더 폭넓게 재조직화되거나 새로운 프로그램을 만드는 중이던 의학에 통합되었다.[31] 독일의 생리학도 동일한 유형에 따라 1868~1890년에 라이프치히, 뮌헨, 하이델베르크, 베를린, 본 등지에서 새롭게 설립된 독립 기관에서 발전했다.[32] 과학사회학자 벤데이비드Joseph Ben-David에 따르면, 대학과 기관이 급격히 팽창해 불러온 탈 중심화, 경쟁의 심화, 대학 간에 일어나는 학생과 교수의 자유로운 넘나듦이 과학이 성공하는 데 중요한 요소였다.[33] 체계가 확장을 멈추고, 관료화, 중앙집권화되자 더 이상 독일은 생리학과 의학에서 세계적 관심을 끌 만한 기여를 하지 못하게 되었다. 이는 독일에서 생리학자의 수가 줄었다는 말도, 출판하는 논문의 수가 줄었다는 말도 아니다. 반대로 상급 직위가 제한되어 점점 더 많은 과학자가 사강사(박사 후 과정)에 오래 머물러 자신의 연구와 의견을 개진할 자유가 줄었다는 뜻이다. 이런 상황은 오늘날에도 마찬가지다. 연구에 대한 새로운 생각과 전략을 발산할 수 있는 수단이 없다. 과학사회학자 츨로크조버Abraham Zloczower가 말했듯이, 발견의 증가는 과학 기관들에 내재한 확장과 변화의 능력에 따라 제한된다.[34] 늘 변화하는 환경을 강조하는 진화 모형은 이런 결론과 완전히 양립한다.

메리 조 나이 역시 프랑스 과학의 세계적 지위가 하락하고 성장의 중심이 파리에서 지방으로 이동한 현상을 연구하며 같은 결론을 내렸다.

미국에 있는 물리화학(1890~1910)과 생리학(1890~1920) 중심 기관			
기관	설립	새로운 화학 프로그램	새로운 생물학 또는 의학 프로그램
물리화학과 생리학			
하버드대학교	1636	1912[a]	1871, 1923
예일대학교	1701	1878[b]	–
컬럼비아대학교	1754	1898[a]	1891
미시건대학교	1817	–	1881, 1923
토론토대학교	1827	1887[c]	1887
위스콘신대학교	1848	1905[a]	1907[d]
코넬대학교	1865	1890, 1898[a]	1898[d]
존스홉킨스대학교	1876	–	–
캐이스웨스턴(응용과학대학)	1880	–	–
스탠퍼드대학교	1885	–	–
시카고대학교	1890	–	–
물리화학			
매사추세츠 공과대학	1861	1903[a]	
캘리포니아대학교 버클리 캠퍼스	1872	–	
캘리포니아 공과대학(스루프)	1891	–	
생리학			
펜실베이니아대학교	1740		1875
세인트루이스대학교	1832		1903[d]
워싱턴대학교(세인트루이스)	1853		1899[d], 1914[a]
록펠러 연구소	1901		–
메이요 의료원	1915		–
캘리포니아대학교 로스앤젤레스 캠퍼스	1919		–

* 출처: Dolby(1977), Geison(1987), Servos(1979), 68~70, 149쪽
a. 실험실 설립 또는 조직 b. J. 윌러드 깁스 직위 창설 c. 온타리오 지방에서 대학 연맹법 통과 d. 의과대학 설립

프랑스 파리의 지배력은 오랫동안 개혁가들을 좌절시켰고 탁월한 과학자들이 파리라는 메카에 자리 잡아 과학에 경직성, 과도

한 전문화를 불러왔으며 교육과 연구 기관 사이의 경쟁도 없애 버렸다는 점은 사실이다. 프랑스에는 대학 기관에 역동적 네트워크가 없고, 우둔한 문외한들과 옹졸한 천재들이 점유한 파리 때문에 창조성을 잃었다. 어떤 집단 내의 지위 차이가 순응성을 높인다는 현대 사회 심리학의 결론은 프랑스에서 일어난 중앙집권화, 엄격한 학적 위계가 과학 공동체 내에서 독창성을 확보하려는 내적 충동을 억제했을 거라는 점을 시사한다.[35]

내가 전에 말했듯이, 불변하는 환경에 사는 커다란 개체군은 극도로 느리게 진화한다. 그곳에는 이용할 만한 '돌연변이'도 없고, 개체군 구성을 바꾸는 선택압도 없다.

전반적인 변화의 속도가 어떻든 개체군에 있는 개체는 자원을 두고 경쟁한다. 자원을 가진 개체는 자신의 영역을 보호하고, 자원이 없는 개체는 어떻게 이를 획득할 수 있을까 고심한다. 새로운 생각에 표출하는 저항(그리고 동료 평가라는 체계 자체)은 자원을 보호하고 통제하는 수단이며 세력권 투쟁이다. 더 흥미로운 건 과학에서 종種 간 경쟁에 상응하는 요소가 무엇이냐는 점이다. 새로운 종이 어떤 생태계에 들어 올 때, 종간 경쟁, 즉 세력권 다툼이 일어난다. 문화에서는 분과 사이에 있는 자리와 자원을 둘러싸고 인접 분과의 수행자들이 벌이는 경쟁이나 새로운 잡종 분과의 침입에 저항하는 일이 이에 해당한다. 두 현상은 모두 반트 호프, 아레니우스, 오스트발트의 연구에 따라 물리화학이 탄생한 사건을 규정한다. 이런 경쟁이 처음으로 드러나는 현장은 새로운 과학 내부에서부터 시작한다. 물리화학은 휘닝, 반트 호프, 오스트발트가 말한 '일반화학'(나머지 과학 분과를 조직하는 분과)이었나, 아니면 물리학과 화학 사이에 끼인 새로운 전공일 뿐이었나? 독일과 미국에서 새로운 분야를 실행하는 사람들은 기관 내에서 적소 공간을 두고 경쟁하는, 대안 분과 프로그램을 제시했다. 양국에서 새로운 전공으로서 물리화학을 옹호한 사람들은 20년 후에 종합적 지식인generalist을 몰아냈다. 겉보기에 이미 전문화된 과학 체계(아리아나가 주목한 것)에서 종합적 지식인을 대규모로 훈련시키고 자리를 만드는 것이 너무 어려워서 그랬던 것 같다.[36]

인접 과학, 예컨대 무기화학에서도 경쟁은 있었다. 배위화학의 정초자 알프레트 베르너Alfred Werner는 물리화학 논문이 급격히 많아지고, 무기화학자가 더 이상 필요하지 않다는 이유로 1904년에 『무기화학지 *Zeitschrift für anorganischer Chemie*』의 편집인에서 사퇴했다.[37] 새로운 물리화학은 면역학자와 생리학자의 저항에도 부딪혔다. 1901년에 의사이자 세균학자 토르팔트 마센Thorvald Madsen은 아레니우스에게 면역 반응을 연구하는 데 도움을 달라고 부탁했다. 폰 베링Emil Adolf Von Behring, 파울 에를리히, 그 밖의 다른 면역학자는 항체-항원 반응에 골머리를 썩었다. 항체는 효소처럼 항원을 쪼개어 파괴하는가? 항체는 화학 반응으로 항원을 무력화하는가? 항체는 항원과 가역적으로 결합하는가? 아레니우스와 마센은 물리화학적 방법으로 그 반응이 가역적이라는 사실을 입증했다. 에를리히는 이런 결론과 결론을 내는 작업에 사용한 기술을 받아들이지 않았고, 물리화학은 면역학과 관계 없다고 주장했다.[38]

마찬가지로 영국과 프랑스에서 생리학을 침범하기 시작한 물리화학자들은 극심한 저항에 부딪혔다. 영국에서는 1913년에 생화학자 프레더릭 가울랜드 홉킨스Frederick Gowland Hopkins가 생명이라는 주제에 물리화학적 접근이 가하는 영향이 너무 커져서, 어떤 조치를 취하지 않으면 생리학의 기반이 되어야 할 유기화학이 밀려날 수 있다고 생리학자들에게 경고했다. 그는 생리화학의 기초로서 유기화학을 복귀시키려는 매우 성공적인 운동을 전개하는 데까지 나아갔다.[39] 빅토르 앙리Victor Henri와 에밀 테루앵Emile Terroine처럼 물리화학 기술을 훈련받은 프랑스의 생리학자들도 똑같은 저항을 겪었다. 고전적으로 훈련받은 생리학자는 물리화학자들이 생리학 문제에 접근하는 것을 부정하는 쓸모 없는 행동을 했다.[40] 투조 윌슨은 1920년대에 자신이 지리학과 물리학을 결합하려 했을 때 똑같은 텃세를 경험했다고 말했다.[41]

요컨대 다음과 같은 일이 일어난 것이다. 잡종을 만드는 자와 종합적 지식인은 과학 연구의 성격을 바꾸고, 분과의 경계선을 재정의하며, 훈련에 필요한 조건을 변경해 현재 있는 적응을 절충한다. 그들은 저항을 부르는데, 이는 지적 적소 공간에서 생기는 경쟁의 자연스러운 결과다. 새로운 분과의 탄생, 오래된 지식의 재고는 늘 철학적 혁신을 동반한다는 콘스탄스의 말이 옳다면, 과학에서 일어나는 모든 주요한 발전은 이런 적소 공간을 재정의하게 만들고, 따라서 저항에 부딪히게 된다고 예상할 수 있다. 이건 나의 예측이다.

적소는 무엇으로 이루어져 있는가? 이건 어려운 질문이다. 나는 많은 철학적 설명에 따라 적소란 순수하게 지적인 기준으로 정의된다고 생각한다. 즉, 적소는 해결되지 않은 문제와 여러 가지 해답으로 채워져 있다. 이런 정의가 적절한지는 확신할 수 없다. 적소는 개인적이고 사회적인 요인으로도 정의 가능하기 때문이다. 어떤 생각을 평가하는 일은 동시에 그 생각을 제시한 사람의 평가도 동반한다. 과학적 문제를 해결하는 도구(아리아나가 말하는 도구가 아니라 장비, 연구비, 도서관, 학생과 동료 등 더 전통적인 도구)에 접근하는 것은 문제 해결과 밀접한 관련이 있다. 문제 해결은 도구를 이용하는 방식에 달려 있다. 요컨대 나는 벤다이어그램 모형에 따라 적소를 미해결 문제, 문제 해결을 위해 현재 가진 기술, 문제 해결을 위해 이용 가능한 자원, 특정 문제를 해결하는 데 놓인 장애물과 유인책, 경쟁의 원천, 보상 체계 등을 포함한 다양한 요소가 복잡하게 겹쳐진 장소로 본다. 따라서 과학적 적소도 많은 요소로 정의되는 생태계의 적소와 동일하다. 여기에는 논리, 경험, 사회, 역사, 그리고 아리아나의 생각을 존중한다면, 미학적 요소 역시 있으리라.

자, 이제는 내 입장이 타당하다는 점을 인정하거나 부정하거나 둘 중 하나다. 분명히 내 입장을 구체화하는 일에는 많은 노력이 필요하다. 내 보고서는 다윈이 1884년에 쓴, 종의 기원을 설명하는 이론의 개요를 문화에다 적용한 것이다. 내게 다윈처럼 15년간 아무 방해 없이 연구할 시간을 준다면 '문화의 기원'을 쓸 수도 있으리라.

그러지 못한다면 최소한 정당하지 않은 비판만은 막고 싶다. 우리가 바라는 한 가지 원칙은 모든 자료를 타당하게 받아들이고, 겉으로 보이는 모순을 설명하는 이론을 고안하는 것이다. 그렇다면 가장 중요한 모순이 있다. 바로 과학혁명이다.

쿤은 과학이 과거의 이론을 무효화하는 갑작스러운 관점의 변화, 즉 혁명을 통해 진보한다고 주장했다.[42] I. B. 코헨은 이런 과학혁명이 여러 가지 방식으로 일어났다고 기록했다.[43] 갑작스러운 변화, 과거와의 단절이 실제로 있다는 주장을 인정해 보자. 그렇다면 얼마나 정확하게 그 변화를 인식하고, 또 어떤 관점에서 인식하는가? 이것이 문제의 핵심이다. 내가 보기에 코헨의 책에서 가장 주목할 만한 측면은 코페르니쿠스에서 아인슈타인에 이르기까지 모든 혁명적 변화에서 정작 당사자는 이를 혁명이라 보는 것을 거부했다는 사실이다.[44] (나는 메스머Franz Mesmer*와 프로이트Sigmund Freud**처럼 혁명가 지위를 얻고자 무엇이든 하려고 했던 사기꾼은 무시한다.) 왜 과학에서는 혁명을 바라보는 개인과 공적 인식 사이에 차이가 있을까?

---

* 프란츠 메스머, 1734~1815. 메스머는 독일의 의사로 모든 생명에는 '동물자기'라는 눈에 보이지 않는 자연적 힘이 있는데, 이 힘이 질병을 치료한다고 주장했다. 많은 사람이 메스머의 방법을 검증했으나 증거가 나오지 않았다.

** 지그문트 프로이트, 1856~1939. 프로이트는 오스트리아의 정신분석학자로 정신분석학의 창시자다. 그러나 프로이트가 제시한 정신분석 이론은 대개 개별 환자와 진행한 사례 연구에서 비롯되어, 불완전한 데다 반증이 불가능해 과학 이론으로는 다루지 않는다.

핵심은 과학에서 유행하는 스타일에 있다. 우리는 우리 시대를 포함해 어떤 특정 시대의 과학을 무엇이 가장 유행하는가로 규정하며 시대에 뒤처진 것, 나쁜 취향은 무시한다. 그렇다면 사고 실험을 하나 해 보자. 너는 아레니우스나 아인슈타인이다. 너는 주류 과학에서 벗어나 다른 과학자가 보기에 해결이 어렵고 관심도 못 받는 문제를 연구하는 중이다. 너의 연구 원천은 75년이나 된 베르톨레의 질량 작용 개념, 아직 물리학계에서 받아들이지 않는 패러데이-맥스웰의 힘의 장 개념이다. 너는 전도성을 측정하는 에들룬드식 방법이나 비유클리드 기하학처럼 특이한 기술을 이용한다. 요컨대 너는 아는 사람 없이 무시되어 온 연구 전통에 서 있다. 너는 모든 사람이 구식인 데다 중요하지도 않다고 생각하는 근본 질문을 다루고자 낡고, 특이하고, 인기 없는 자료를 이용한다. 한데 너는 변칙 현상을 발견하고 이를 해결한다. 그리하여 너는 네가 연구하는 분야를 재유형화하고 이를 발표한다. 과학 공동체는 이를 어떻게 보겠는가? 내게는 이것이 혁명으로 보인다. 새로운 유형은 전혀 알지 못한 곳에서 생겼고, 전에 있던 유형과 닮은 부분도 없다. 네가 사용한 자료와 네가 다룬 문제에 익숙하지 않은 사람들에게 네 생각은 혁명이다. 그런 사람들은 네 생각을 경험해 본 적이 없다. 갑자기 그들은 안다고 생각한 모든 사안을 다시 검토해야만 한다. 이는 쿤의 게슈탈트 전환, 혹은 제니의 퍼즐 모형에 들어맞는다. 새로운 생각을 고안한 사람을 제외한 거의 모든 사람에게는 그 생각이 어디서 기원했는지 수수께끼다. 하지만 이런 인식 전환에도 논리적 기원이 있다.

결론은 명확하다. (쿤의 양자혁명 연구처럼) 무슨 일이 있어났느냐는 내적 역사를 재구성하려는 역사학자는 과학자 개인의 관점(이 경우 플랑크의 관점)에서는 어떤 혁명도 없었다는 사실을 발견한다.[45] 새로운 생각은 콘스탄스가 말한 회귀 과정처럼 하나의 문제가 하나의 해답으로, 그리고 또 다른 문제로 이끌면서 천천히 진화하며, 오직 소수만이 성과를 낸다. 새로움은 현재 있는 생각을 정교화하거나 잡종한 결과며, 혁신은 전통에서 나온다.[46] 이것이 과학자가 자신이 한다고 보는 일이다.

그러나 외부나 사회적 역사를 재구성하는 역사학자는 반대 상황을 보게 된다. 즉, 준비도 하지 않은 과학 공동체에 예기치 않은 새로움이 갑자기 나타나는 것이다. 이는 사회학적 규모로 일어나는 엄청난 사태다. 바로 이것이 쿤이 『과학혁명의 구조』에서 보여 준 현상이다. 진화생물학과 마찬가지로 과학의 역사에도 굴드와 르원틴이 말한 '단속평형론'(역사적 기록에 따르면 안정된 상태와 갑작스러운 도약이 번갈아 나타나 진화가 일어나는 현상) 같은 현상을 설명해야 하는 문제가 있다. 일단 우리가 종분화가 일어나는 지형학을 이해한다면, 이런 도약은 겉으로 보기에만 그렇다는 사실을 알 수 있다. 유기체나 생각에서 새로운 종이 점진적으로 진화하는 현상은 중심 과학이라는 주요 개체군이 쿤이 말한 '정상과학'이라는 역동적 평형에 도달해 있는 동안, 어둠에 싸인 고립 속에서 일어난다. 우리가 시공간에서 급속하게 변화하는 이 고립된 과정을 밝히지 못한다면, 과학이라는 영역에서 새로운 종이 갑자기 출현해 이미 적응한 종이 사는 적소를 두고 다투는 모양만 유일한 기록으로 남을 것이다. 따라서 단속평형론 대 점진론의 문제, 진화 대 혁명이라는 문제는 관점이라는 요소를 고려하지 않은 데서 생기는 거짓 문제다.

이제 단순한 믿음을 넘어 사실을 말하겠다. 내가 제시한 진화 모형이 옳다고 해 보자. 그럼 여러 가지 흥미로운 결론이 뒤따른다. 먼저 우리는 이른바 과학적 방법이라는 개념을 다시 생각해야 하며 단일한 진리라는 개념을 포기해야 한다. 과학은 문제 하나에 답 하나를 발견한 뒤, 입증과 반증을 통해 진보하지 않으며 거대하고 단선적인 패러다임 및 모든 과학자가 연구에 사용하는 연구 프로그램을 고안하여 진보하는 것도 아니다. 과학은 예전이나 지금이나 과학자가 가능한 한 여러 가지 방식으로 문제를 정식화하고, 상상 가능한 다양한 해결책을 내놓고, 그런 다음에 과학자 개인이 자신이 매일하는 연구에 적용하는 논리, 경험, 사회, 역사, 미학적 기준에 맞는 문제-해답 쌍을 선택하는 사적인 발견 과정이다. 단일한 문제-해답 쌍은 모든 과학자가 지닌 욕구를 만족하지 못하며, 자연의 모든 측면을 기술하지도 못한다. 과학자 각각은 명문화되고 명문화되지 않은 과학의 다양한 혼합체를 물려받았기 때문이다. 따라서 얻어야 할 건 합의가 아니라 생각할 수 있는 가능한 한 많은 방식으로 자연을 기술하는 것이다. 이는 보어가 옹호한 상보적 관점이라 할 수 있다. 그렇게 하지 않으면 우리는 미래에 유용할 엄청난 진화적 가치를 지닌 생각을 놓치고, 100년이나 지나야 검증 가능한 케쿨레의 벤젠 고리 같은 생각을 묵살해 버릴 것이다. 더 나쁘게는 금방 잠재력을 소진해 버려 해당 분야를 축소시키거나 그다지 흥미롭지 않은 문제만 제기하는 독단적 믿음을 선택하고 주장할지도 모른다.

둘째로, 내 모형에서는 현재 있는 적소 안에서만 훈련하고 연구하는 사람들은 발견을 이루지 못한다는 결론이 따라 나온다. 그들은 임프가 말한 스테노카테다. 그들은 좁게 정의된 지식과 연구 영역 안에서는 아주 적응적이며, 현존하는 연구와 교육 유형을 정교화하고 세련되게 만들지만, 지금 있는 적소를 넘어 진화하는 능력은 없다. 따라서 내가 이전에 말한, 정적인 환경에 있는 동질 개체군은 평형에 이른다는 진술이 중요하다. 전통에 지나치게 집착하는 행동은 발전에 방해가 된다. 획일적 교육 과정으로 과학을 가르치지 말고, 과학자가 되기 위한 귀찮은 과정, 시험, 업적에 매몰되지 않으며, 교육 과정을 체계화하지 말아야 한다. 그렇게 하지 않으면 새로운 과학자는 나머지 모든 과학자와 별 다를 바 없이 훈련되어 과학이 진화하기 위해 필요한 다양성을 잃게 될 것이다. 로버트슨은 거대한 중심 과학 기관으로 연구가 몰리는 '중심화 경향'은 과학의 "급속한 발전을 가로막는 심각한 장애"가 되어 "편견과 구분하기 어려운 획일적 사상"으로 전락한다고 경고했다.[47] 물리학자 레오폴드 인펠트Leopold Infeld와 루트비히 플렉도 똑같이 경고했다.[48] 요점은 다음과 같다. 우리가 과학자를 복제할 수 있다면, 복제한 과학도 만들 수 있다. 복제물은 경제적인 생산 방식이지만, 소련이나 일본에서 드러나듯 연구와 사고 유형이 처참할 정도로 획일적이다. 이런 국가는 수많은 과학자를 배출했지만 혁신적 과학자는 많지 않았다. 과학은 결코 조립 라인처럼 조직할 수 없다. 산업과 달리 과학은 균질성이 아니라 다양성을 최대화하고자 분투해야 한다. 임프가 말했듯이, 우리는 오늘날 과학계에 넘쳐나는 스테노카테가 아니라 에우로카테(빠르게 변하는 과학을 잘 이용하는 적응적 개인)를 만들어야 한다.

셋째, 우리는 과학과 기술에 연구비를 제공하는 단일 원천, 즉 정부에 의존하는 일을 멈춰야 한다. 연구비의 원천이 하나고 연구비 지급 결정이 관료적이라면 독특한 과학자가 나올 가능성은 거의 없다. 우리가 독특한 과학자를 육성하고자 한다면, 과학과 기술에 재정적 지원을 하는 기반(정부, 지방, 민간, 기부, 벤처 기업 등)을 가능한 한 확장해야 하며 연구비를 제한 없이 자유롭게 사용할 수 있어야 한다. 우리는 프로젝트가 아니라 사람에 투자해야 한다. 우리는 중심 과학 기관에서 연구하는 사람과 주변 기관에서 연구하는 과학자에게 동등하게 투자해야 한다. 또 최신 유행하는 연구와 함께 인기 없는 주제에도 투자해야 한다. 다시 말해, 우리는 다원주의와 경쟁(진화의 핵심)을 장려하고 서로 다르게 훈련받은 수많은 연구자가 다양한 문제를 해결하도록 만들어야지, 성공만을 계획해서는 안 된다. 클리퍼드 트루스델은 피터 원리에 따르는 필연적 결과에 다음과 같이 말했다. 즉, 완벽하게 조직화된 어떤 체계는 붕괴 직전에 놓인다. 그 체계는 어떤 변화도 견디지 못한다. 그러나 과학은 변화다. 따라서 과학은 조직화될 수 없으며, 오로지 발전하든가, 발전하지 못하든가 둘 중 하나다.

넷째, 우리는 과학을 선택하는 기준을 진지하게 다시 생각해야 한다.

어떤 개체군이 음식을 얻는 능력, 여러 도구를 만드는 능력, 가능한 한 갈등을 최소화하는 능력에 따라 구성원을 선택하는 방식은 완전히 합당하다. 그 개체군이 별다른 변화 없이 자기 자리를 효과적으로 유지하는 게 목적이라면 말이다. 그러나 반복해서 말하지만 과학은 변화, '실재하는 놀라움'이라서, 그런 기준에 따라 과학자를 선택하는 건 터무니없는 짓이다. 개척자는 좋은 성과를 내는 농업가나 산업가가 아니다. 그들은 수렵채집인이다. 그들은 자신에게 필요한 도구를 만들거나 발견한다. 따라서 사업을 평가하듯 그들을 평가해서는 안 된다. 그들은 지도 위에 빈 곳을 채우고 분과 사이에 있는 황무지를 개간하여 길을 만드는 솜씨로 평가받아야 한다. 그들은 등에 짊어지고 온 물건의 실제 가치가 아니라 그들이 발견할 잠재적 자원에 따라 평가받아야 한다. 더 정확히 말해 우리는 과학자를 그들이 얻은 연구비, 생산한 논문 수, 그들의 직위와 이름이 가진 위세에 따라 평가하는 일을 멈춰야 한다. 과학자를 평가하는 가장 중요한 기준은 그의 연구가 우리가 소중히 여기는 신념을 위협하느냐다.

다섯째, 현 기관은 좀 더 유연해져야 한다. 나는 과거에 과학에서 일어난 위대한 진보는 과학 기관의 확장과 재조직화와 함께 했다고 말했다. 그러나 경제가 기하급수적으로 계속 성장할 수 없고, 과학 기금과 과학자의 수도 무한정 늘어날 수 없기 때문에, 더 이상 현재 있는 기관에 의존하거나 성장을 자극하고자 새로운 기관을 설립할 수 없다. 우리가 현재 있는 기관을 변화시키고자 적극적으로 행동하지 않는다면, 과학은 늙은이가 젊은이에게 자리를 양보할 때까지 기다리다가 침체할 것이다. 나는 내가 불가능한 일을 요구하고 있음을 안다. 하지만 반드시 거쳐 가야 할 과정이다. 우리는 잡종 교배, 성장 호르몬, 비료, 병충해 방지제를 사용하는 데 익숙하지 않은 사람이 보면 믿기 어려운 결과물을 산출하는 동식물 육종가를 모방해야 한다. 우리는 열 여덟이나 스물이라는 나이에 벌써 전공을 강요하기보다 현재 있는 기관에 활기를 북돋는 새로운 과학적 잡종을 만들어야 하고, 이런 잡종(조너스 소크는 이런 사람을 '괴짜'라 불렀다)에 맞는 적소를 고안해야 한다. 우리는 잡종이 설파하는 이설을 장려하고, 필요하다면 인공적 고립을 만들어 주고, 스스로 잘 자랄 수 있는 적소를 찾거나 만들도록 돕고, 상상력이 없는 동료나 자만한 관료들의 공격에서 보호하여 이들이 번영할 수 있는 조건을 만들어야 한다. 그리하여 우리는 그중에서 성공하는 소수만을 받아들여야 한다.

요컨대 과학자와 발명가가 융성할 수 있는 조건을 연구해야 하고, 이런 조건을 인공적으로 만들어야 한다. 우리는 과학자가 종의 진화가 일어나는 생태적 결정 요인을 연구하는 방식과 똑같이 과학자를 연구하는 새로운 과학에 대한 과학을 고안해야 한다. 이런 과학을 고안하지 못한다면, 한 세기 전에 농업이 맞닥뜨린 상황에 마주하게 될 것이다. 즉, 현재 있는 땅, 작물, 종자를 착취하여 주기적 기근에 시달리는 것이다. 최근에 발견과 발명이 일어나는 숫자가 줄어들고 있다는 임프와 콘스탄스의 자료는 정확하다. 우리는 이미 기근을 목격하는 중인지도 모른다.

결론적으로 몇 가지 예측해 보자. 모든 이론은 시험 가능하며 내 이론도 마찬가지다. 당연히 최근 부상 중인 다른 과학을 역사적으로 연구함으로써 내가 한 많은 주장을 시험할 수 있다. 물리화학에 관해 내가 묘사한 진화적 그림은 전형적인가? 주변지에서 생긴 잡종은 그 밖의 과학의 기원일까? 제도에 관해 논의한 내용은 어디서나 똑같이 적용될까? 철학자들은 이런 종류의 역사적 검증을 '회고적 예측retrodiction'이라 한다.[49] 하지만 나는 앞을 보는 게 좋다. 그러니 미래를 보고 몇 가지 예측을 하겠다.

첫째, 위대한 발명과 발견은 경제가 팽창하여 뛰어난 괴짜들을 포용할 만큼 제도적 성장과 재구성을 지원할 수 있는 국가에서 일어날 것이다. 둘째, 이런 괴짜들은 오래된 이론과 새로운 이론, 자료, 기술을 결합하고 분과 학문의 경계를 넘나드는 훈련을 받을 것이다. 셋째, 그들은 새롭지만 주변적인 기관에서 훈련받거나 이미 확립된 분과가 있는 기관보다는 새롭게 부상하는 분야에서 연구할 것이다. 넷째, 순응주의자와 불관용적 문화나 제도를 가진 곳보다 교육과 이념의 다원주의, 지적 자유, (유전적 '돌연변이'에 해당하는) 독특한 행동을 장려하는 문화(좀 더 축소된 규모로는 제도)에서 발명가와 발견자가 더 많이 탄생할 것이다. 다섯째, 과학에서 일어나는 어떤 위대한 혁신에 선행하는 기간은 엄청나게 다양한 답 중에서 가장 적합한 답을 선택하는 숙고의 시기로 규정될 것이다. 여섯째, 합의는 현재 어떤 연구도 이뤄지지 않는 명문화된 분야에서만 일어날 것이다. 이 여섯 가지 예측은 쿤, 라카토슈, 포퍼, 핸슨, 그 밖의 다른 어떤 과학 분석가가 말한 내용에서 논리적으로 따라 나오지 않으므로 우리 이론 사이에 있는 차이를 합당하게 시험하도록 해 줄 것이다.

대화록: 토론

임프 이 깐깐한 회의주의자가 마지막에야 우리 모두를 압도하는군!

아리아나 이런 추론을 왜 자주 안 보여 줬는지 뭐라고 해야겠는데.

리히터 하지만 회의주의 없이는 이런 입장에 도달할 수 없었어. 내게 이런 길을 보여 줄 수 있는 권위자가 있을까?

아리아나 그런 권위자는 많아. 네게 경고했을 텐데! 그런데 한 가지 문제가 있어. 누군가가 주변 인물이라는 점을 어떻게 알지?

리히터 쉽게 답할 수 있는 문제가 아냐.

임프 그럼 내 개인적 경험으로 미루어 말해 주지. 네가 신경과학 학회에 제출하기 위한 초록 양식을 받았어. 그런데 250가지나 나뉜 세부 항목에서 너의 분야를 기술하는 단 하나의 항목도 찾지 못하면, 넌 주변 인물인 거야. 혹은 『사이언스』에 논문을 투고했는데 편집부에서 심사 위원을 해 줄 전문가를 찾아도 네가 그 분야의 개척자여서 아무도 없을 때 넌 주변인이지. 또 네가 연구하는 주제가 미국 국립 보건원과 미국 국립 과학 재단이 관리하는 연구비 신청서에 없을 때 주변인이지.

헌터 아니면 네가 가진 다학제적 배경과 능력에 걸맞는 일자리가 없을 때도 그렇지. 요점은 주변성이라는 건 과학의 현 상태를 배제하고는 정의할 수 없다는 거야.

리히터 맞아. 안타깝게도 내 이론에는 몇 가지 애매한 점이 있어. 일부는 정의 문제지. 주변성 혹은 정체 상태란 무엇인가? 솔직히 말해서 나는 내 생각에 확고한 경계 조건을 설정하지 못했어. 그건 부분적으로는 데이터베이스가 거의 구축되지 않아서야. 그렇지 콘스탄스?

콘스탄스 하지만 그렇게 보잘것없지는 않아. 영국에서 전파천문학이 시작된 과정을 논의한 에지David Edge와 멀케이Michael Mulkay의 연구는 진화 모형에 들어맞아.[1] 이와 관련된 모든 사람은 이른바 잡종이나 다름없었고 주변부에 있는 과학 기관에서 연구했지. 또 과학철학자 로널드 기어리Ronald Giere와 데이비드 헐David Hull은 과학의 다양한 사회, 인식론적 측면을 설명하려고 진화적 유비를 사용해 논하는 책을 준비 중이야.[2]

제니 리히터, 네가 읽어야 할 역사학자들의 책도 있어. 폴 콜린버Paul Colinvaux는 『국가의 운명: 역사에 관한 생물학적 이론*The Fates of Nations: A Biological Theory of History*』에서 선사 시대부터 오늘날까지 벌어진 전쟁을 진화적으로 해석해.[3] 그는 적소라는 개념만을 사용하지만, 너와 콜린버 사이에는 공통점이 있어. 그리고 로더릭 자이덴버그Roderick Seidenberg는 『역사 후 인간*Post-Historic Man*』에서 점점 복잡성이 증가하는 사회에서는 네가 경고한, 사람들을 합의에 따르는 정체 상태로 떠미는 압력이 강해진다고 주장해.[4] 그는 커다란 조직체를 보존하려는 욕구가 결국 뛰어난 사람이 활동하는 일을 막는다고 예측하지. 즉, 혁신의 종말이 오는 거야.

콘스탄스 또 생각과 문화 체계 간에 일어나는 경쟁도 절멸하지. 바로 이것, 즉 절멸이 진화론을 이용하는 너의 보고서에 빠져 있는 요소야. 이 개념이 필요하다고 생각하지 않니?

리히터 물론이지. 네가 제안해 줄래?

콘스탄스 음, 플로지스톤이나 열소 이론, 아리스토텔레스와 드리슈의 엔텔레키entelechy(배발생을 추동하는 힘), 눈에서 광선이 배출된다는 중세적 개념, 모든 화학적 반응은 가장 많은 일을 만드는 방향으로 일어난다는 베르틀로의 이론, 단백질이 유전 정보를 운반한다는 믿음(1850년에서 거의 1950년대까지 지배적이었던 이론) 같은 '죽은' 이론을 왜 언급하지 않는 거지? 과학의 역사적 발전을 보여 주는 이런 근본 가지들은 결국 막다른 길에 다다랐다는 이유로 교과서에서도 빠졌어.

임프 막다른 길에 다다랐지만, 새로운 '종'으로 자라날 싹이지. 똑같은 방식으로 왜 (유리한 돌연변이나 유전자의 새로운 조합처럼) 생각들은 생존하기에 앞서 여러 번 발생(복수 발견이라고 할 수도 있지)하는지 설명할 수 있어. 콘스탄스는 사면체 탄소 원자라는 생각이 70년이나 된 오랜 개념이었으며, 반트 호프가 실행 가능한 형태로 만들기까지 예닐곱 번까지 재발명되었다고 말해 주었지. 리스터, 파스퇴르, 버든샌더스는 플레밍, 왁스먼, 그 밖의 후계자들이 현대적 항생제를 만들도록 이끈 미생물의 작용을 이미 관찰했었어. 멘델과 워터스톤을 재발견한 일도 그렇지. 이런 예들은 변이만으로는 충분치 않다는 점을 보여 줘. 즉, 재조합이나 돌연변이가 일어난 개체는 반드시 자신이 얻은 새로운 형질이 살아남고 표현되기에 적합한 적소에 적응해야 해. 따라서 새로운 생각이나 관찰이 어떤 맥락에서 실패했다는 사실은 이것이 실행 가능한 발전의 원천이 되지 못할 거라는 예측을 보증하지 못해.

헌터 좋아. 하지만 잠깐 **나도** 회의주의자 역할을 해 보지. 리히터, 너는 왜 진화적 분석을 하려는 거야? 이건 우리 모두가 이미 아는 사실 아냐? 네가 말했듯이, 쿤도 자기 책에서 과학의 진화를 논의했고, 우리도 과학을 가르칠 때 은유로서 진화를 사용해. 그러니 너만의 독창성은 어디 있는 거야? 내 말은, 최근에 마틴 하위트가 천문학의 역사를 분석한 작업을 생각해 봐. 그는 발견에는 일곱 가지 특징이 있다고 결론 내렸어.

1. 가장 중요한 관찰적 발견은 상당한 기술적 진보의 결과다.
2. 새롭고 강력한 기술이 적용되면 조금 뒤에 아주 심원한 발견이 뒤따른다.
3. 새로운 도구는 금방 발견을 이루는 능력이 소진된다.
4. 새로운 현상은 해당 분야와 다른 방면에서 훈련한 연구자가 발견하는 경우가 흔하다.
5. 새로운 현상의 발견은 군사적 용도로 설계된 장비를 사용한 경우가 많다.
6. 새로운 현상을 발견하는 데 사용하는 도구는 관찰자 자신이 만들어 그 한 사람만 사용하는 경우가 흔하다.
7. 새로운 현상의 관찰적 발견은 우연히 일어나는 경우가 흔하다. 이는 예기치 않은 발견을 추구하고 이해하려는 의지와 운이 결합한 것이다.[5]

나는 약간만 바꾸면 우리가 살펴본 많은 연구가 하위트가 내린 결론에 잘 맞는다는 점에 동의할 거라 생각해. 분명히 우리 시대의 많은 과학자는 다학제적이고 자신의 전문 분야가 아닌 곳에서 연구를 하지. 많은 기술과 이론은 한 분야에서 다른 분야로 이동 가능하고, 파스퇴르와 플레밍처럼 자신만의 기술과 장비를 이용하여 중대한 관찰을 이루어 낸 사람도 많아. 그런데 누구도 자신이 바라는 걸 찾지는 못해. 따라서 문제는 진화적 체계가 이런 특징을 촉진하느냐 마느냐, 아니면 이런 특징을 이해하고자 진화적 정식화가 정말 필요하느냐 하는 거야.

리히터 네가 제시한 혼란스러운 질문을 좀 나눠 봐야 할 것 같아. 첫째는, 왜 진화적 분석을 하느냐고? 그건 과학이 은유적 의미에서 진화와 비슷하다는 점을 인식하는 일과 과학에 진화적 기제가 작동한다는 주장은 완전히 다르기 때문이야.

콘스탄스 그래. 다윈이 중요한 건 종이 진화하다는 사실을 알아차린 게 아니라 진화가 일어나는 기제를 발견한 거니까.

리히터 두 번째 이유는 진화에 관한 종합 이론은 문화 진화를 완전히 설명하지 못했기 때문이야. 관련 문헌을 읽어 봐. 인류학자와 사회학자는 그들의 관점이 인류를 설명하는 한, 마치 다윈 이전 사람인 것처럼 살 수 있어. 사실 그들이 생산하는 문화에 관한 모든 정의는 인류를 자연과 구별해 기적, 즉 신이 아니라면 건널 수 없는 간극을 만들지. 나는 이를 거부해. 인류는 진화해. 문화는 인류와 함께 진화하고. 따라서 오늘날 우리가 가진 문화는 진화의 결과물이야. 이를 이해하려면 진화 과정을 알아야 하지. 과학의 진화는 이런 과정을 연구하는 출발점이고.

네가 제시한 두 번째 사안은, 그래, 우리는 이미 내가 말한 모든 내용을 알고 있어. 분명히 그렇지. 다윈이 말한 모든 사실은 다윈 이전에 누군가 말했던 거야. 하지만 다른 사람들은 이를 조직화하는 원리를 발견하지 못했어. 중요한 점은 우리가 아는 것이 아니라 어떻게 아는지, 그것(설명뿐 아니라 예측과 추론을 하는 원리와 기제에 대한 진술. 우리는 이론에 있는 새로운 요소, 적어도 자료를 질서 잡고 기본 원리를 적용하는 방식을 제외하고는 이론들을 잊어버릴 수 있어)이 무엇을 의미하는지 하는 거야. 그것은 또 이론에 앞서 축적한 관찰과 원리들을 설명해야 해. 이론을 평가하는 역사적 기준과 같지. 그러니 내가 하는 말이 익숙할 거야. 그래야만 하고. 문제는 누군가가 내 이론과 통합 이론 못지않게 모든 요점을 망라하는 이론을 만들었냐는 거야.

이건 세 번째 논점, 하위트의 원리로 이어져. 하위트가 말한 특징은 대개 독특하게 훈련받은 사람이 한 분야에서 다른 분야로 정보를 이동하고, 이를 잡종 교배할 때 발견이 이루어진다는 말로 요약돼. 그런 분야 내에서 최초 혁신은 빠르게 일어나고, 가장 적응적인 연구와 사고방식이 퍼지는 거지. 그 후에는 주변부를 제외하고 새로운 혁신이 생길 기회가 거의 없어. 이건 사실이야. 전부 내 이론에 포함돼.

하지만 이런 점 때문에 나는 하위트가 내린 일부 결론이 불만스러워. 하위트는 이론을 싫어해(내 아픈 곳을 찌르지). 그는 이론이 방대한 발견을 겨우 절반 가까이만 예측한다는 사실을 알았어. 난 이게 그렇게 나쁜 성적이라고 생각하지 않아. 게다가 그는 대부분의 '우연한' 발견은 틀린 이론을 시험한 결과로 생겼다는 사실을 무시했지. 따라서 하위트가 작성한 공통 특징 목록에 이론 시험을 추가해야 해. 설사 그 이론이 틀렸다고 밝혀지더라도 말이야.

나아가 새로운 기술은 군사적 발전에 기반을 두었다는 사실에 산업적 발전도 추가해야 해. 심원한 통찰들(베르톨레, 파스퇴르의 통찰, 대부분의 열역학)은 과학자가 해결 불가능한 문제가 있고 이론이 없다는 사실을 아는 산업 기술에 대한 지식을 가졌기 때문에 가능했어. 또 어떤 새로운 도구가 한 분야 내에서 발견을 이루어 내는 능력을 소진하는 한, 발견을 자극하는 가장 중요한 요인은 한 분야에서 다른 분야로 도구 다루는 법을 이전하는 것, 즉 잡종화야. 전기 분해 도구를 분자량 문제에 적용한 아레니우스나, 분광 광도 측정법을 화학에서 천문학으로 도입한 일을 생각해 봐. 핵자기공명 기술은 화학에서 더는 놀라운 발견을 산출하지 못했지만, 생리학과 의학에서는 아주 흥미로운 결과를 냈지. 따라서 장비는 발견을 이루어 내는 힘을 잃어버리지 않아. 힘을 잃는 건 사람이지. 사람들은 도구를 새로운 상황에 적용하고, 도구로 새로운 현상을 연구하기보다 과거 연구를 구체화하려고만 해. 더불어 내 경험에 따르면(물론 제한된 경험이지만) 크고 비싼 장비를 갖춘 시설의 책임자는 이를 독점한 채로 '외부인'이 사용하는 걸 꺼려하지. 내부인이 해당 분야를 정점에 올려 놀 가능성이 거의 없다 해도 장비에 접근하는 권한을 얻으려면 내부인의 지위를 입증해야만 해. 그러니 이건 기술적 문제가 아니라 사회학적 문제야. 처음에는 설립자들이 크고 비싼 장비를 사용하게 한 다음, 이를 국가 시설로 돌려서 선착순에 따라 자격 있는 과학자라면 분야를 막론하고 이용하게 만들어야 해. 당연히 말도 안 되는 실험을 할 수도 있겠지. 하지만 놀라운 발견을 이룰 확률은 올라갈 거야.

임프 네 주장은 탐사 과학에 있는 장애물과 장려책을 논하는 헌터의 보고서를 맛보기로 설명하는 거랑 같아. 그런데 먼저, 네가 제시한 예측 중에 적어도 하나는 시험할 기회가 있다는 점을 말하고 싶어. 소련이 과학에 가하는 통제를 분권화해서 혁신을 장려하는 그때, 영국 대학 기금 위원회는 과학 분과를 세 가지 수준으로 분류하는 제안서를 채택하려고 고심했어. 최고 수준에서는 박사 학위 소지자가 수행하는 주요 연구, 두 번째 수준에서는 학사와 석사 학위 소지자가 하는 중요하지 않고 값싼 연구, 세 번째 수준에서는 연구가 아닌 입문 교육이야. 대학 기금 위원회가 이렇게 분류한 이유는 변변치 못한 기관에 있는 이류, 삼류 연구자에게 연구비를 '낭비'하고 있다고 생각했기 때문이지.[6]

헌터 반트 호프가 있던 위트레히트 수의과대학, 아레니우스가 있던 스톡홀름, 오스트발트가 있던 타르투, 플레밍이 있던 세인트메리병원 같은 기관이 그렇지.

임프 내가 발견하기 프로젝트를 시작할 때 지적했듯이, 확고한 역사, 철학적 관점 없이 정책을 만들면 과학이라는 과정이 위험에 빠질 수 있어. 그러니 말해 봐, 헌터. 리히터가 말한 과학의 진화적 본성이 옳다면, 과학에 있는 독특한 잡종과 '괴짜'가 어떻게 과학을 번영하게 만들 수 있는 거야?

헌터의 보고서: 탐사 연구에 있는 장애물과 장려책

과학자로서 우리는 세계에 있는 자원은 한정되어 있다는 사실을 인정해야 한다. 모든 분야에서 비용 효율과 이익의 최대화에 민감해야 한다. 현 체제에 있는 중대한 난점은 과학자를 연구가 아닌 연구비 따는 사람으로 전락시킨다는 사실이다. 레오 실라르드는 스스로 연구의 진보를 이루려면 강제로 따를 수밖에 없는 동료 평가 체계에 따라 글 쓰고, 검토하고, 지도하는 데 들이는 노력을 중단해야 한다고 말하기 25년 전에 이미 이 문제를 알았다. 우리는 점점 그 날에 다가가는 중이다. 우리가 과학혁명의 꿈을 여전히 품고 있다면, 과학과 과학자를 지원하는 기제를 혁신해야 할 때다.

- 로절린 S. 앨로(Rosalyn Sussman Yalow, 의학물리학자)

연구 계획서를 작성하는 일은 언제나 괴롭다. 나는 늘 레오 실라르드가 말한 계율에 따라 살고자 한다. "그럴 필요가 없다면 거짓말하지 마라." 그래야만 했는데, 나는 내가 따르지 못할 말과 계획들로 빈칸을 채웠다. 오후에 실험실에서 나와 집으로 가면, 그 다음 날에는 무엇을 할지 몰랐다. 밤 동안에 무엇을 할지 생각나기를 바랐다. 그러할진대, 1년 동안 무엇을 할지 어찌 말할 수 있으랴?

- 얼베르트 센트죄르지(Albert Szent-Györgyi, 생리학자)

과학에 있는 자유는 사라져 가고 있으며, 우리는 국가 주도의 러시아식 체계, 반대 없는 일치로 가는 중이다.

- 어빈 H. 페이지(Irvine H. Page, 의학 박사)

나는 앞서 발표한 세 편의 보고서를 흥미롭게 들었다. 특히 리히터의 진화 모형이 나의 관찰과 일치해 놀라웠다. 리히터는 내가 하려는 논의가 무엇인지 잘 이해할 것이다.

내가 논하려는 주제는 연구를 개척하고 탐사하는 데 놓인 장애물과 장려책이다. 나이, 교육, 고용 상태, 연구비, 장비, 조직, 계획, 동료 평가는 발견의 과정에 어떤 영향을 줄까? 이런 요소 중 어떤 것도 발견자(자신의 무지를 두려워하지 않고 과학의 최첨단을 탐사하는 드물고도 창의적인 사람)를 육성하는 일보다 중요하지 않다. 돈도, 장비도, 시설도, 연구 승인 기관도, 동료 평가 위원회도 아닌 사람만이 발견과 발명을 할 수 있다. 나는 우리가 이 근본 사안을 이해할 때까지 과학 정책은 탐사 연구에 방해가 된다고 생각한다. 과학이 우리가 바라는 것처럼 급속도로 진보하려면, 장애물은 제거하고 적절한 장려책으로 대체해야 한다. 이 보고서는 이런 장려책이 어떤 형태일지를 간략하게 다룬다.

먼저 우리가 토론에서 만났던 개척자들의 면면을 묘사하고 싶다. 나는 여러분이 서로 다른 유형의 과학자(개척자와 탐구자, 발전하는 유형, 입증자, 공리주의자, 기술자, 고전주의자와 낭만주의자, 아테네주의자와 멘체스터주의자, 아폴로주의자와 디오니소스주의자)가 있다는 사실에 동의할 거라 생각한다.[1] 자신에게 닥친 거친 장애물을 떼어 다른 사람이 광을 내도록 해 주는 반트 호프는, 오스트발트의 미국인 제자이자 "90% 이상 해결된 문제보다 더 나를 기쁘게 하는 건 없다"[2]라고 말한 와일더 밴크로프트와 다른 종류의 사람이리라. 그리고 이 두 사람은 열역학 제2법칙을 완전하게 수학화하고 공리화하는 목적을 가진 플랑크 같은 사람과도 다르리라. 아리아나가 말했듯이, 과학이 진보하려면 이런 모든 유형의 사람이 필요하다. 따라서 첫 번째 요점은 이렇다. 단일한 방식의 과학 교육과 조직화, 고용, 연구비 지원은 우리에게 필요한 과학적 유형의 다양성을 생성하고 유지하지 못한다. 특히 내가 집중하고 싶은 문제는 개척자와 독창적인 괴짜를 육성하는 방식이다.

교육이 먼저다. 어떤 교육이 개척하는 과학자를 만들까? 다양한 교육이다. 아리아나도, 콘스탄스도, 리히터도 나와 같은 점을 말했다. 내 관찰에 따르면 다양한 교육만이 확실한 방법이다. 3년 전에 미국 국립 과학 아카데미는 1983년 노벨상 수상자를 치하하는 자리를 마련했다. 그곳에서 전년도 수상자인 경제학자 바실리 레온티에프Wassily Wassilyovich Leontief, 경제학자이면서 심리학자와 컴퓨터 프로그래머로 전환한 허브 사이먼Herb Simon, 바이러스학자 데이비드 볼티모어David Baltimore, 물리학자 머리 겔만 등이 연설했다. 그들 모두는 사전 협의도 없었는데, 물리학자 루이스 브랜스콤Lewis Branscomb의 다음과 같은 말로 요약할 수 있는 똑같은 메시지를 전달했다. "가장 극적인 진보는 이전에 약하게 연결된, 여러 분과에서 쓰는 도구와 생각에 통달하며 자신의 연구를 새롭게 부상한 수학에 기반을 두어 전개하는 사람들이 만든다."[3] 실험과학자에게는 수학적 이론가와 다소 다른 도구가 필요하다는 사실을 제외하면, 베르톨레, 파스퇴르, 반트 호프, 아레니우스, 플레밍이 받은 훈련이 바로 이런 것이다. 분자생물학이나 지리물리학이라는 분야를 세운 사람들은 말할 필요도 없다. 이들 중 어떤 과학자도 현존하는 전문화된 교육 유형 내에서 훈련받지 않았다. 이들은 전문 지식이 아니라 고도로 훈련받은 절충적 방법으로 과학의 모습을 바꾸었다.

이런 과학자들이 주는 교훈은 과학적 진보는 어느 누구도 기다려 주지 않는다는 점이다. 과학이라는 지도는 끊임없이 변한다. 발견자와 발명가는 자신이 무엇을 발견하거나 발명할지 사전에 알 수 없으며, 따라서 작고 좁은 분야의 훈련이나 지식이 필요한 게 아니라 가능한 한 신체, 정신적 도구를 폭넓게 확보하고, 자기 주도적 학습으로 이끄는 능력과 욕구가 필요하다. 이론물리학자 셸던 글래쇼Sheldon Lee Glashow가 말했듯이, "물리학에서 성공을 거두는 사람은 스스로 움직이며 자신이 원하는 것을 배웠다."[4] 그들이 스승에게 배우는 내용은 이미 확립된 지식이 아니라, 과학적 탐구에 있는 애매모호함과 혼란을 다루는 법이다. 따라서 그들은 과학이 변하면 변하는 대로, 그 변화에 맞추기 위해 어떻게 재훈련을 해야 하는지 안다.[5]

독창적 과학자는 특정 주제에 관한 다양한 학설을 아는 사람이다. 이런 인식은 자기 주도적 학습에서, 원래 전체적 사고를 선호해서, 아니면 반트 호프와 아레니우스의 경우처럼 이른바 방랑 기간에 여러 경험을 했기 때문에 생길 수 있다. 어떤 주제에 접근하는 다양한 방법을 일찍 알면 알수록 젊은 연구자가 해당 분야의 핵심에 놓인 근본 모순, 역설, 변칙 현상을 알아 볼 가능성도 커진다. 따라서 폭넓고 독립적인 연구자를 기르려면 교육 체계에 두 가지 변화가 필요하다. 즉, 대학생과 대학원생은 과학을 보는 대안 관점을 계발하고자 자기 분야가 아닌 곳에서 1년 이상을 보내야 하며, 그 분야에 있는 일반 문제에 접근하는 이론, 기술적 방식과 중요한 문제 목록을 개관하는 연습을 해야 한다. 폴링은 학위 심사 동안 학생들에게 이런 문제와 논제 목록을 방어하도록 요구하는 글을 썼다. 나는 이런 문제에다 유럽 국가에서 흔하게 볼 수 있는 P. B. I.partly baked ideas, 즉 반만 익은 생각*이라는 개념을 추가하겠다. 이런 생각을 조사하는 작업은 반농담식으로 말해 미지의 영역으로 떠나는 여행이며, 독립적 생각을 장려하고 학생의 상상력과 용기를 시험하는 방식이다.[6] 요점은 지식에 접근하는 독단적 방식을 예방하는 일이 현 교육 체계에 아주 중요하다는 것이다.

우리가 독창적인 과학자를 알아보고 장려할 수 있다면, 그들과 함께 무엇을 해야 하는가? 역사적으로 보아 성공한 탐구자는 일찍부터 독립적으로 연구할 기회가 있었다. 나는 '독립적'이라는 단어로 오늘날 박사 연구원이나 박사 후 연구원이 하듯이 지도 교수의 방침에 따라 수행하는 '독립적' 연구를 뜻한 게 아니다. 이런 연구에서는 문제, 기술, 평가 방법이 모두 지도 교수의 것이다. 나는 젊은 연구자가 스스로 문제를 정하며 연구를 수행하는 기술을 배우고 고안한다는 것을 뜻했다. '일찍'이라는 단어로는 스물두 살(이보다 더 어릴 수도 있다)이나 연구자가 뒤늦게 과학계에 들어왔을 경우 박사 학위 연구 초년기를 뜻했다. 우리가 토론한 탐구자들은 20대에 독립적인 연구자가 될 기회를 얻었으며, 대학원을 졸업하고 얼마 안 되어 제도적 속박에서 벗어났다. 사례는 아주 많다. 다윈, 맥스웰, 줄, 플랑크, 이온주의자들, 아인슈타인, J. J. 톰슨, E. O. 로렌스, 맨해튼 프로젝트에 속한 연구자 대부분, 도브잔스키, J. B. S. 홀데인, H. J. 멀러, 제임스 왓슨 등은 20대부터 위대한 연구를 시작했는데, 그렇게 독립할 자원이 있었거나(다윈, 아인슈타인, 홀데인) 30대에 정교수직을 얻었다.[7] 예를 들어 톰슨은 스물 여덟 살에 러더퍼드를 대신해 캐번디시 연구소 소장에 올랐고, 로렌스는 캘리포니아대학교에서 가장 어린 정교수였다. 마찬가지로 금세기 초기에 독일에서 카이저 빌헬름 연구소

---

* 나중에 입증될 지 모를 창의적 사변, 추측, 유비 등을 말한다.

가 설립되었을 때 연구소 소장은 한 명의 예외를 제외하면 마흔 살 아래였다. 생화학자 오토 바르부르크Otto Warburg는 20대에 카이저 빌헬름 연구소 소장 자리에 올랐다.

일찍부터 시작할 기회가 왜 중요한 걸까? 젊은 과학자는 늙은 과학자보다 더 혁신적일까? 그렇다는 의견을 널리 받아들이는 게 사실이다. 프린스턴에 고등학문 연구소가 세워졌을 때 바르부르크와 당시 카이저 빌헬름 연구소의 젊은 소장인 화학자 프리츠 하버Fritz Haber는 누구를 소장으로 임명해야 할지 조언해 달라는 부탁을 받았다. 하버가 동의한 바르부르크의 대답은 다음과 같았다. "그 문제는 과학자를 원하느냐 아니며 전성기를 넘어선 노인을 원하느냐에 달려 있습니다."[8] 소진된 창조성은 '노인'이 가진 지혜가 벌충한다고 주장하는 과학자도 많지만, 과학에서 창의성이 넘치는 시기는 젊을 때라는 점에는 대개 동의한다.[9] 따라서 젊은 과학자에게 가능한 한 많은 시간과 자유를 주는 일은 빠르면 빠를수록 좋다.

"그런 주장이 전제하는 가정이 뭐야?"라고 말하는 임프의 투덜거림이 들리는 듯하다. "먼저 네가 전제하는 가정을 점검하라!" 나이라는 게 정말로 발견과 발명을 결정하는 요인일까? 물리학에는 서른 살까지 아무런 발견도 이루지 못했다면, 영영 발견을 해내지 못한다는 신화가 있다.[10] 여기에는 두 가지 이유가 있다. 하나는 나이든 과학자는 행정 의무, 동료 평가, 규정, 연구비 신청에 진이 빠진다는 사실이다. 제임스 왓슨이 말했듯이 "뭔가 중요한 연구를 하려면 일이 거의 없어야 한다."[11] 더 성가신 건 과학자는 마흔 살 정도가 되면 창조력이 소진된다는 널리 퍼진 믿음이다.[12] 예를 들어, 생물학자 영J. Z. Young은 "새로운 유형과 새로운 연결성이 더 이상 쉽게 형성되지 않는 한계가 있는 것 같다. 나이가 들수록 뇌의 무작위성은 소진된다. 뇌는 실험을 보고도 아무런 통찰을 얻지 못하며 규칙에 묶인다. 잘 훈련받은 사람이 지닌 확고한 규칙은 이미 경험한 상황에 효과적으로 적용될 수 있지만, 새로운 상황에서는 그러지 못한다[13]"고 말했다. 제니가 제시한 과학 모형에 따르면, 젊은 과학자일 때 우주를 보는 방식을 명문화해 놓고는 그런 유형에 갇히고 만다. 그런데 나이가 들면 정신도 반드시 경직되는 걸까?

이와 관련한 가설에서 핵심은 예외 사례를 찾는 일이다. 두 가지 예외 사례가 있다. 늦은 나이에 과학을 시작한 과학자와 늦은 나이에도 여전히 중요한 기여를 한 과학자. 윌리엄 허셜은 늦은 나이에 과학을 시작한 과학자다. 처음으로 과학 논문을 썼을 때가 마흔 살이었다. 루이 드 브로이는 스물 여섯 살에 물리학 공부를 시작했고, 로버트 밀리컨은 스물 여덟 살에 물리학을 진지하게 배웠다. 레오폴드 인펠트는 서른 살에 처음으로 독립 연구를 시작했다. 프랜시스 크릭은 제2차 세계 대전으로 물리학 공부를 할 수 없게 되어 서른 다섯에야 나선형 회절 이론을 다루는 중요한 논문을 써서 처음으로 과학에 주요한 기여를 했다. 1년 뒤에 크릭은 왓슨과 함께 DNA 구조의 문제를 해결했다. 크릭은 그 후에 박사 학위를 받았다.[14] 우리가 가진 신화에 따르면 이들은 과학에 공헌하기에는 너무 늙었다. 따라서 나는 통제 요인은 나이가 아니라 그 분야에서 보낸 햇수라고 생각한다. 서른이나 마흔 살 정도에 성공한 과학자 대부분은 이미 정교수였지만, 이들은 신출내기였다.

나이에 관한 두 번째 예외 사례도 내 생각을 입증한다. 상당한 수의 과학자는 쉰이나 예순에 이르러 중요한 발견을 했다. 베르톨레, 파스퇴르, 플레밍, 플랑크, 오스트발트, 막스 델브뤼크, 세이모어 벤저, 레오 실라르드, 라이너스 폴링, 도널드 크램은 40대 이후에 과학에 주요한 공헌을 했다. 어떤 발견이 인정받는 통찰이 되기까지는 10년이라는 세월이 걸리기 때문에, 이 모든 과학자가 60대에 이르러서야 중요한 연구를 했다는 사실에 누구나 동의하리라 생각한다.

이 과학자들이 지닌 공통점은 무엇인가? 내가 조사한 모든 경우에서 중년을 넘어서도 생산적으로 활동하는 연구자들은 정기적으로 연구하는 분야를 바꿨다. 그 결과 그들은 새로운 주제를 택해 늘 신출내기로 되돌아오곤 했다. 즉, 이미 익숙해진 연구 방식과 사고 유형을 깨트리는 것이다. 벤저는 이렇게 말했다. "과학을 재미있게 하는 가장 좋은 방법은 훈련받지 않은 주제를 택하는 것이다."[15] 이런 과학자들을 살펴보자.

수브라마니안 찬드라세카르가 대표적이다. 그는 1933년에 블랙홀 연구로 경력을 시작해, 1937년에 별의 분포를, 40대에 왜 하늘이 푸른지를, 50대에 자기장에서 난류가 나타내는 행동 연구를, 60대에 회전하는 물체의 안정성을, 70대에 상대성에 관한 일반 이론을, 80대에 다시 블랙홀을 연구했다. 어떤 사람은 다음과 같이 말했다. "이른바 '찬드라 스타일'에 관해 말하면 천문학자들은 피곤해 했다. 그들은 어떻게 그가 주제를 자주 바꿀 수 있는지, 마흔이면 이미 정점을 지나갔다고 보는 분야에서 예순셋에 블랙홀이 사라질 때 무슨 일이 일어나는지 연구하기 시작하는지 이해하지 못했다."[16] 그러나 역시 주제를 자주 바꾼 센트죄르지는 충분히 이해했다. "어떤 대상을 10~20년 정도 연구한 사람은 분위기를 바꿀 필요가 있다. 신선하지 않은 주제에서는 볼 만한 게 없다."[17] 실라르드는 다음과 같이 말했다. "어떤 사람이 한 번 문제를 지나치며 그에 맞는 답을 놓치면, 다음에도 답을 찾을 가능성은 거의 없다."[18] 30~40대에 제니가 말한 상자 중 하나를 닫아 버리는 행동은, 어떤 사람이 전보다 더 협소한 가능성만을 보고, 전보다 더 제한된 틀 내에서 똑같은 실수와 오류를 반복한다는 뜻이다. 따라서 나이든 과학자에게 창의력이 떨어지는 현상은 생리적 쇠락이나 정신의 경직, 다른 어떤 책임감에 떠밀린 게 아니라 용기, 즉 자신이 존경받는 분야의 전문 지식을 포기하고 다른 사람보다 더 목소리를 내지 못하는 분야에 들어가는 용기를 내지 못해서다.[19]

과학자들은 자신의 명성에 금이 갈 위험을 무릅쓰지 못하는 듯 보인다. 한 번이라도 성공해 본 사람은 실패를 두려워한다. 중년에 이르러 연구를 그만둔 어떤 노벨상 수상자는 비공개 인터뷰에서 이런 점을 말했다. 그는 자신의 경험을 말하지 않고, 내가 제임스 왓슨이라 상상해 보라고 했다. 내가 무언가 중요한 주제를 연구하면 동료가 말한다. "그는 예전 연구와 똑같은 성취를 이루어야 할 거야. 하지만 평생에 그에 버금가는 성취를 다시 이룰 가능성은 거의 없지. 그러니 조금은 우울하지 않겠어?"[20] 왓슨도, 왓슨을 두고 이러쿵저러쿵하는 사람도 40대 이후에는 어떤 연구도 하지 않았다. 누군가에게 불가능한 기준을 들이미는 행동은 또다시 무언가를 성취하는 일을 방해한다. 많은 과학자는 자신이나 다른 사람이 그렇게 한다는 사실을 인정하지 않고 이런 태도에 굴복해 버린다.

찬드라세카르는 나이든 과학자가 변함없이 생산성을 유지하는 데 방해가 되는 또 다른 장애물이 있다고 말했다. 그것은 오만이다.

> 얼마나 많은 젊은 과학자가 성공하고 유명해진 후에도 살아남는가? 양자 역학을 개척한 1920년대의 위대한 과학자들(디랙, 하이젠베르크, 파울러)도 스스로를 다스리지 못했다. 맥스웰이나 아인슈타인을 보라. (…) 적당한 말이 없기는 하지만 사람들은 자연을 보며 특별한 오만함을 드러낸다. 이런 사람들은 대단한 통찰을 가졌고 심오한 발견을 이루어 낸다. 그러고 나서 자신이 한 분야에서 크게 성공한 요인은 과학을 연구하는 자신만의 특별한 방식 덕분이며, 무조건 옳은 시각이라고 생각한다. 그러나 과학은 이를 허용하지 않는다.[21]

과거에 이룬 성공은 어떤 과학자가 위대한 연구를 수행할 능력이 있다는 사실을 나타낼 뿐이지 그가 또다시 그런 일을 해낼 통찰력, 에너지, 겸손이 있다는 사실을 말하지 않는다. 꾸준한 발견자와 발명가는 끊임없이 활동하는 사람이며, 과거의 성공에 만족하지 않고 미지의 영역을 탐구하려는 열망을 갖고 있다. 베르톨레는 마흔일곱 살에 나폴레옹과 함께 여정을 떠나고자 프랑스에서 얻은 모든 직위를 버리고 떠났다. 파스퇴르는 새로운 분야를 전혀 몰라도 결정학에서 발효, 자연 발생, 세균 이론, 백신학으로 넘나들었다. 뒤마가 파스퇴르에게 누에를 죽이는 미립자병에 관해 물었을 때, 파스퇴르는 "전 누에에 대해 아무것도 모릅니다"라고 말했다. 그러자 뒤마는 "그게 더 낫습니다! 생각은 자신만의 관찰에서 나오는 것이니까요."[22] 피터 디바이도 비슷한 이야기를 했다. 디바이는 1936년에 쌍극자 모멘트, 전자 회절과 기체에서 일어나는 X선 회절 연구로 노벨상을 받고 얼마 지나지 않아 중합체 연구를 맡게 되었다. "제2차 세계 대전이 발발하고 나서, 벨 연구소의 R. R. 윌리엄스가 코넬대학으로 와 중합체 분야를 연구하자며 부추겼다. 나는 '중합체에 대해 아는 게 없고, 한 번도 생각해 본 적도 없다'라고 말했다." 윌리엄스의 대답은 뒤마가 파스퇴르에게 한 말과 같았다. "그게 우리가 바라는 바요."[23] 이런 대답은 디바이의 철학이 되었다. "연구자에게 이미 대학 내에서 이루어 낸 성과를 산업에도 적용할 것이지 묻지 말아야 한다. 이는 무의미한 일이다. 대신에 충분한 지적 능력을 지닌 연구자에게 새로운 문제를 어떻게 다룰지 느낌이 오는가 물어야 한다. 문제의 구체적 본성은 중요하지 않다.[24] 오스트발트, J. B. S. 홀데인, 프리츠 하버, 맥팔레인 버넷도 이에 공감했다.[25]

신출내기가 되는 걸 두려워하지 않는 성향과 함께 동료와는 다른 연구 습관도 평생에 걸친 발견과 관계가 있다. 최근의 연구는 수십 년 동안 연구하며('장기적이고 영향력이 높은 과학자') 과학에 중요한 공헌을 한 과학자들은 보통 서너 가지 문제를 동시에 연구하며, 연구 중에 발생한 문제를 탐구하고, 끊임없이 연구의 초점을 바꾼다는 점을 보여 준다. 대부분의 과학자는 한두 가지 문제에 오랫동안, 대개 수십 년간 집중한다. 한 가지 문제에 몰두하는 방식이 역효과를 낳는 건 아니다. 탁월한 과학자들은 해결하는 데 많은 해가 걸리는 중요한 문제를 일찍부터 발견해 연구하기도 한다. 맥스 퍼루츠가 연구한 헤모글로빈이 그렇다. 하지만 이런 과학자들은 보통 중년에 이르러 과학에 단 하나의 중요한 공헌을 세운다. 이후에 그들은 자신의 연구를 정교화하는 일만 하거나 다른 사람의 연구를 감독하는 일을 하는 경우가 많다. 따라서 어떤 분야에 중요한 혁신을 이루어 그 분야에 머무르는 상태와 이후 또 다른 혁신을 이루는 상태 사이에는 부적 상관관계가 있다. 어떤 분야에 대해 하나의 통찰을 제시하는 건 일반적인 일이다.[26] 우리 토론에서 논의한 모든 과학자는 평생에 걸쳐 연구했으며 영향력이 높았다. 내가 제시하는 도표에서 볼 수 있듯 그들은 자주 연구 초점을 바꿨고 동시에 여러 주제를 연구했다. 이를 젊은 시절에 거대한 발견 하나를 이루고 후속 연구는 하지 못한 뛰어난 과학자들의 출판 유형과 비교해 볼 수 있다. 또 여기에 '평균적인' 과학자의 출판 유형도 포함했다.

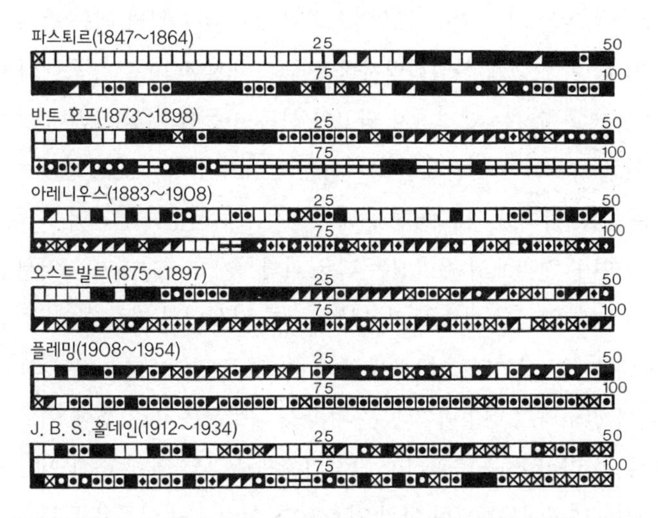

여러 과학자의 출판 기록을 시각적으로 정리한 도표. 각 개인의 출판 목록에서 한 칸은 문헌 하나다. 기호는 다양한 연구 분야를 나타낸다(X는 연구와 관련 없는 문헌이다). 이 집단은 여러 해 동안 여러 분야에서 중요한 공헌을 한 과학자들의 출판 기록이다.

비교는 과학 경력 내내 창조성을 발휘한 과학자는 탐구적이고 다방면에 걸친 연구 스타일을 지녔다는 사실을 보여 준다. 생의학 연구자와 화학자에 대한 연구는 많은 특허권과 '발견'(물론 명확하게 정의되지는 않았지만)의 성과를 이룬 사람은 여러 전문 지식이나 기술을 결합하고 다른 연구 집단과도 자주 교류했다는 점을 보여 준다.[27]

평생에 걸쳐 연구하고 영향력이 높은 과학자와 짧은 기간 연구하고 영향력이 낮은 과학자 사이에는 흥미로운 차이점이 또 하나 있다. 평생에 걸쳐 연구하고 영향력이 높은 과학자는 행정 업무를 거의 하지 않았으며, 행정 업무를 할 때면 대개 불만을 품었다. 단 하나의 중요한 발견을 한 과학자와 영향력이 낮은 과학자는 행정 업무를 하는 데 많은 시간을 쓴다. 행정 업무 때문에 창의적 연구를 하는 시간을 뺏겨(많은 사람이 이에 불만을 토로한다) 짧은 기간 연구하고 영향력이 낮은 과학자가 되는 건지, 과학에 기여할 만한 생각이 없어 행정 업무에서 자신의 존재 이유를 찾기에 짧은 기간 연구하고 영향력이 낮은 과학자가 되는 건지는 확실하지 않다. 그런데 산업화학자를 연구한 내용에 따르면, 특허권을 많이 생산한 화학자는 행정가가 되고자 하는 마음을 거의 드러내지 않고, 특허권을 생산하지 못한 **모든** 화학자는 행정가가 되고 싶어 한다는 사실은 아주 흥미롭다.[28] 이를 어떻게 해석할지는 여러분께 맡긴다.

이런 연구 결과에서 재미있는 점은 과학자가 60~70대가 되어서도 영향력이 높은 연구를 산출할 가능성을 서른 다섯이나 마흔 살에 알 수 있을지 모른다는 점이다(20대 중반에 박사 학위를 받았다고 가정하자). 평생에 걸쳐 연구하고 영향력이 높은 과학자 대부분은 마흔 살에 이르러 적어도 논문 다섯 편을 출판하며 각각의 논문은 1년 안에 10회 이상 인용되어, 10~15년에는 100회 이상 인용된다. 이런 과학자들은 논문 유형도 다양하다. 장기간에 걸쳐 연구하는 과학자들은 행정 업무에 거의 흥미를 보이지 않는다(찬드라세카르나 파인먼을 생각해 보라). 행정 업무를 해야 하면 파스퇴르가 그랬듯이 짧게만 하고 금방 그만둔다. 또 반트 호프와 오스트발트처럼 학술지의 편집인을 하는 경우도 드문데, 대개는 새로운 생각을 부양하는 개인적 방편으로서 일을 맡는다. 일반적으로 생산적인 과학자는 자기 분야의 나머지 사람을 이끄는 독창적인 생각에 골몰하느라 바쁘다. 따라서 논문 유형(탐사적 또는 좁은 주제에 초점을 맞추는)과 연결되는 과거에 이룬 성과(그 분야에 미친 영향으로 평가하는) 및 행정에 느끼는 흥미(아니면 행정적 흥미가 없는 것)는 여러 분야에 공헌하는 성공적이며 평생에 걸쳐 연구하는 과학자와 한 가지 주요 분야에만 공헌하는 과학자를 가르는 차이점이다.[29]

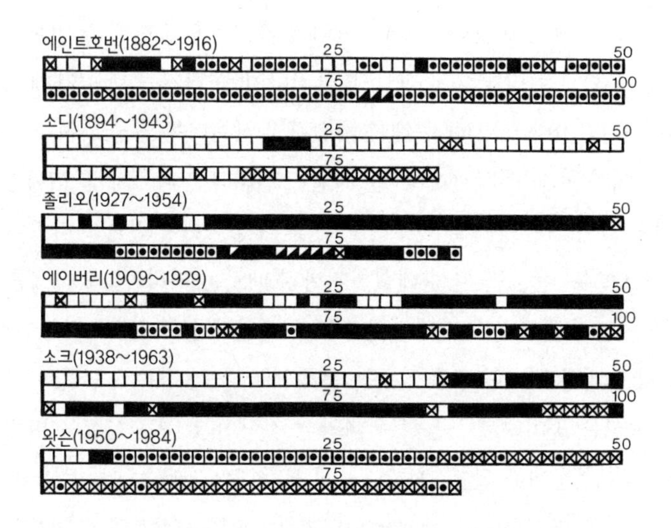

단 하나의 중요한 공헌을 한 과학자들의 출판 기록

이제 장기간에 걸쳐 성공적으로 연구를 수행할 가능성이 높은 과학자를 식별할 수 있다고 하자. 그렇다면 그게 맞는다는 사실을 어떻게 뒷받침할 것인가? 시간과 계획이라는 문제에서 시작해 보자. 우리가 늘 보았듯이, 발견은 놀라운 사건으로 계획할 수 있는 현상이 아니다. 하지만 나는 놀라운 사건을 만들어 내는 조건은 계획 가능하다고 생각한다. 이런 믿음을 한 번 제거된 적이 있던, 어떤 과학적 전통에서 가져왔다. 어빈 랭뮤어는 다음과 같이 말했다. "발견이란 계획이 아니다. 하지만 발견을 이끌게 연구를 계획할 수는 있다. (…) 유용한 결과가 생길 가능성을 높이도록 실험실을 조직해 유연성과 자유를 함양하는 것이다. (…) 우리는 진정한 자유를 통해 계획으로는 얻지 못하는 무언가를 이룰 수 있다는 사실을 경험으로 안다."[30]

과학적 탐구에서 자유가 중요한 이유는 통찰에 이르는 방법과 관련 있다. 파스퇴르와 플레밍의 연구 스타일, 로렌츠의 '광기'와 델브뤼크의 '너저분함'을 생각해 보라. 이들은 여러 영역에서 연구한 대표 인물이며, 수많은 우회로를 만들었다. 화학자, 물리학자, 수학자는 한 문제에만 골몰(총 시간의 10% 미만)해 문제를 해결하지 않는다는 연구도 여럿 있다. 1912년에 수학자 페르Henry Fehr는 자신이 인터뷰한 과학자 중 75%는 별로 관련 없는 다른 문제를 연구하고 있을 때 중요한 발견을 했다고 보고했다.[31] 90%는 문제를 다시 해결하기까지 때로는 여러 번 그 문제를 접어 두는 일이 필요하다고 생각했다(다시 해결하지 못하는 문제도 많다). 화학자를 대상으로 한 후속 연구는 문제 해결을 잘 하는 사람들이 그 성공 가능성을 높이려고 사용하는 다양한 전략이 있다는 사실을 밝혔다. 60%는 일단 문제를 접고 다른 연구에 몰두했다. 45%는 아무것도 하지 않는 휴식을 취했다(가령 여행을 떠나거나). 47%는 잠자리에 들기 전에 계속해서 문제를 검토한다고 말했다. 15%는 운동이나 다른 신체 활동을 한다고 말했다. 14%는 자리에 앉아 흡연한다고 말했다(이것도 휴식으로 분류할 수 있겠지만). 몇몇 사람은 커피나 술을 마신다고 말했다.[32] (물론 과학자 대부분은 통찰력을 강화하고자 하나 이상의 전략을 쓴다.) 요점은 문제를 제일 잘 해결하는 사람은 통찰이란 논리적 쳇바퀴에서 벗어나

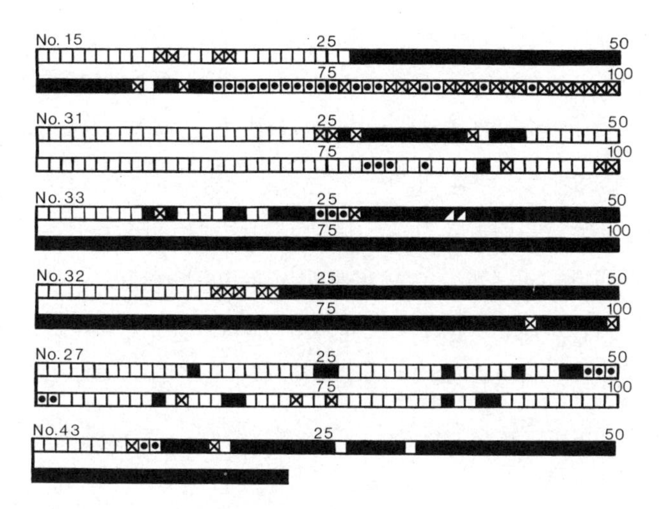

짧은 기간 연구하고(10년 이하) 영향력이 높은 연구(15년 동안 100회 이상 인용된 한두 편의 논문). 이 집단에는 노벨상 수상자와 노벨상에 여러 번 지명된 두 사람이 포함되었다.

다른 가능성을 제시하는 직관을 허용할 때 생긴다는 사실을 안다는 것이다. 또 그들은 문제를 해결하려는 마음이 그 문제가 해결 가능하다는 점을 보장하지 않는다는 사실도 안다. 푸앵카레, 아다마르, 그 밖의 사람들은 올바른 정보, 통찰, 문제의 재정식화가 일어날 때까지 기다리는 시간이 필요하다고 말했다.

이런 사실은 탐사 과학에서 어떤 과학자를 가치 있는 문제에 배정해 억지로 해답을 내도록 할 수 없다는 사실을 말해 준다. 오히려 통찰을 이끌어 내려 계획하는 일, 돌파구를 만드는 일은 대개 실패하고 만다(암과 심장병에 맞선 '전쟁'이 가져온 음울한 결과를 생각해 보라). 이는 J. J. 톰슨이 설명하려고 한 연구의 심리학을 이해하는 문제와 관련된다.

> 어떤 사람에게 연구하라고 월급을 준다면, 월급을 주는 사람과 받는 사람은 그 해 말에 그저 돈을 낭비한 게 아니라는 성과를 보

고 싶을 것이다. 하지만 일류급에 해당하는 유망한 연구에서는 이런 방식으로 결과가 생기지 않는다. 눈에 보이는 어떤 성과도 없이 시간만 가기 쉽고, 그럼 당황한 임금 노동자는 해가 갈수록 눈에 보이는 성과를 내 월급 받는 것을 정당화하는 더 아래 수준에 있는 일을 하려고 한다. 그렇다. 내가 원하는 건 일류급 연구지만, 어떤 사람에게 그 연구를 하라고 돈을 지불한다면, 이는 다른 종류의 연구를 추동하는 셈이 되어 버린다. 원하는 연구를 시키는 유일한 방법은 돈을 지불하고 기쁘게 연구할 수 있도록 충분한 여유를 주는 것이다.[33]

아인슈타인도 이와 똑같은 말을 했다.[34] 아인슈타인은 이론가가 연구하기에 가장 좋은 장소는 특허청이 아니라 의무는 적고 사색할 시간은 넘치는 등대라고 말했다. 집이나 사적인 실험실에서 최고의 업적을 거둔 다윈, 야콥 헨레Friedrich Gustav Jacob Henle, 생리학자 테오도어 슈반Theodor Schwann, 에밀 두 보이스라이몬트, 라몬 이 카할, 로베르트 코흐, J. S. 홀데인, 그 밖의 많은 과학자도 이에 동의하리라.[35] 안타깝게도 화학 물질을 구입하고, 동물 실험을 하고, 실험실을 만들어야 하는 사람이 지켜야 할 규정 때문에 오늘날에는 이런 조건을 만드는 일이 불가능하다.

분명히 시간은 근본 요소다. 문제는 얼마나 많은 시간이 필요하며, 그 시간을 어떻게 써야 하느냐다. 내 동료들은 연구에서 성과를 내려면, 일주일 내내 하루 14시간을 실험실에서 보내야 한다고 말한다. 이건 프로테스탄트적인 노동 윤리다. 하지만 아리아나가 말한 베케시라면 이렇게 말하리라. 8시간 연구하고, 8시간 여가를 보내고, 8시간 자라. 베케시는 창의력이 풍부한 과학자 중에서 이례적인 사람이 아니다. 러더퍼드와 J.J. 톰슨을 포함한 캐번디시 연구소 연구자들은 오전 10시 이후에 일을

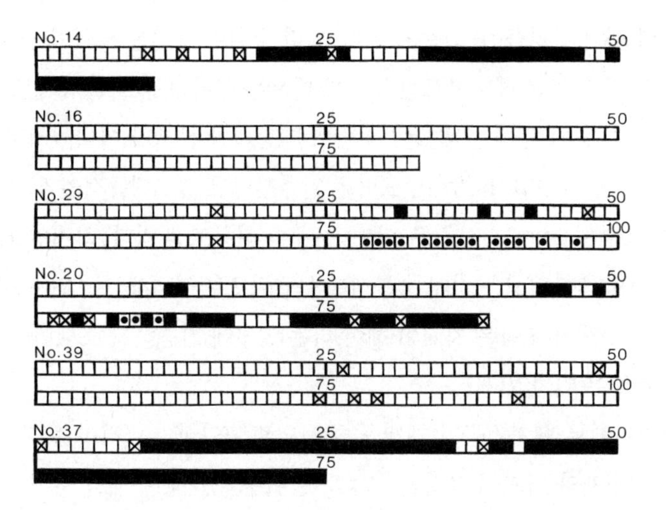

영향력이 낮은('평균') 과학자들의 출판 기록. 짧은 기간 연구하고 영향력이 높은 과학자, 짧은 기간 연구하고 영향력이 낮은 과학자가 다루는 주제 및 주제를 바꾸는 수는 평생에 걸쳐 연구하고 영향력이 높은 과학자와 유의미하게 차이가 난다(P>0.05).

시작해 오후 6시 전에 끝내기가 다반사였다. 생리학자 A. V. 힐Archibald Vivian Hill은 실험실 문에 다음과 같은 표어를 걸어 놓았다. "너무 많이 일하는 것보다 적게 일하는 게 더 낫다."[36] 예일대학의 총장 아서 해들리Arthur Hadley는 일 잘하는 사람은 "조금은 게으르고 훌륭한 양심을 가진 사람이다. 이런 사람은 그저 일자리를 얻고자 일하지 않고 가치 없는 주제에는 시간을 허비하지 않으려 한다. 그러나 심사숙고한 끝에 무언가 가치 있는 일을 찾으면, 양심에 따라 노력하고 성과를 내려한다. 이런 성격이 위대한 업적을 만들었다."[37] 따라서 실험실이나 사무실에서 보내는 시간 자체가 아니라 탐구하고, 게으름 피우고, 생각하고, 여유를 즐기는 '자유로운' 시간이 필요하다.

게으름이라는 개념을 명확히 논의해 보자. 창의적인 과학자는 그가 가진 통찰력에 비하면 게으르다고 할 수 없다(다윈과 크릭은 스스로를 게으르다고 말했지만!).[38] 그들은 어떤 문제가 다룰 만한 가치가 있는지, 그 문제의 해답을 찾을 수 있는지 안다. 게다가 얼마나 많은 노력이 필요한지도 안다. 크릭은 헤모글로빈 구조를 다루는 학위 논문을 쓸 수 없었다. 그가 보기에 이 문제는 과학이 맞닥뜨린 중대한 문제가 아니었기 때문이다. 그 답은 지엽적이었고, 크릭은 일반적이고 알고리즘적인 답을 바랐다. 크릭은 DNA 구조 같은 더 큰 문제를 다루고 싶었다. 하지만 40년 전만 해도 대학원생은 거대한 문제를 독립적으로 생각해서는 안 된다고 여겼다. 그래서 크릭은 자신이 해야 하는 연구에 집중하지 못했다. 우리에게는 좋은 일이었다!

마찬가지로 핵자기공명 개념을 공동으로 고안한 I. I. 라비는 다양한 무기 결정체의 자기 수용성을 측정하는 아주 어려운 문제를 학위 논문의 주제로 삼았다. 그 프로젝트는 현재 있는 기술을 사용하더라도 여러 해가 걸릴 수밖에 없었다. 역시 스스로를 '게으른' 사람이라고 생각한 라비는 실험을 더 쉽게 할 수 있는 방법을 생각하려고 몇 주를 보내기로 결정하고, 방법이 생각나지 않는다면 포기하기로 마음먹었다. 그 문제는 그만큼 노력할 가치가 있었다. 그래서 라비는 심사숙고했다. 라비는 통찰력 있는 실험법을 찾으면서 우리가 테니스 경기 문제를 다루었듯이 문제를 다루었다. 물론 몇 주 뒤에 라비는 실험실에 들어가지 않고서도 실험을 해낼 수 있는 방법을 생각했다. 그가 생각해낸 해결책은 너무도 간단해서 6주 만에 이전 연구보다 더 많은 결정체의 자기 수용성을 측정할 수 있었다.[39]

일주일 중 어느 하루 오후에만 '거대 문제'를 연구하는 과학자도 있다. 그들은 통찰이 생기도록 강제할 수 없음을 안다. 실험실에서 시간을 보내면 실험 결과가 산출되겠지만, 좋은 생각이 떠오르지는 않는다. 필요할 때 자유롭게 휴식을 취하고, 문제를 바꿔 연구하고 자신의 직감을 따르는 행동이 통찰을 얻는 근본 방법이다. 따라서 우리가 계획해야 할 요소는 결과가 아니라, 한 사람의 시간을 자신의 연구 상황과 해당 분야에서 이용 가능한 기회에 맞게 제공하는 자유다.

연구비와 장비 측면에서 탐사 과학자에게 필요한 건 무엇일까? 우리 대부분은 과학이 진보할수록, 연구는 반드시 더 복잡해지고 비싸진다고 생각한다. 그래서 거액의 돈을 비싼 장비와 대규모 인원이 재직하는 거대 연구소에 쏟아 붓는다. 하지만 우리가 기억하는 지난 세기의 위대한 탐구자들은 돈이 통찰을 불러온다는 주장을 믿지 않았다. 라몬 이 카할은 1923년에 다음과 같이 썼다. "현재 스페인 실험실에는 막대한 돈이 들어와 다른 국가에 있는 뛰어난 학자들의 부러움을 사고 있다. 하지만 그곳에서는 아무런 결과도 나오지 않았다. 정치인과 교육 기관은 두 가지 주요 사실을 모르고 있다. 스스로를 연구자라고 선언한다고 진짜 연구자가 되는 것은 아니다. 또 발견을 이루는 주체는 사람이지 과학 장비와 넘쳐나는 도서관이 아니다." 그는 우리가 다음과 같은 근본 진리를 깨달아야 한다고 말했다. **"과학 연구에서 수단은 그리 중요하지 않다. 사람이야말로 중요한 모든 것이다."**[40]

여기서 문제가 되는 건 판잣집의 자유로움과 호화 저택의 사치를 동시에 누릴 수 있느냐는 점이다.[41] 물론 대학의 부총장에게는 연구비, 간접비, 체육 시설이 핵심이다. 화려한 외관을 가진 새 과학 연구소는 캠퍼스에 잘 어울려 부모들이 많은 등록금을 내도록, 졸업생들이 기부금을 내도록 이끈다. 대학은 멋진 사무실, 수많은 직원, 잦은 비즈니스 출장에 예산을 지출한다. 그러나 연구자는 흥미롭지만 위험이 커서 자금이 지원되지 않는 연구와 안전하지만 놀라운 발견을 할 가능성이 없는 연구 사이에서 결정을 내릴 때마다 돈의 우상 앞에 무릎을 꿇어야 하는 불쾌한 입장에 처한다. 종신 재직권과 실험실 유지가 매년 갱신되는 보조금 연장에 달려 있다면, 자기 보존의 욕구를 과학적 감각보다 우선하게 된다. 대학이 번영할수록 과학은 죽어 가는 것이다.[42] 다시 본론으로 돌아가자.

선구자이자 혁신자인 과학자 대부분은 현 체제에 굴복하지 않았다. 거의 모든 주요한 발견은 별난 생각이나 그때까지 누구도 진지하게 생각한 적 없던 '불가능한' 문제를 해결하려는 시도에서 일어났다. 우리는 토론에서 위대한 과학자들이 결과를 얻고서도 동료들을 납득시키기가 얼마나 어려웠는지 보았다. 그 어려움이 중요한 결과를 얻는 데 필요한 연구비를 받는 일이었다고 상상해 보라! 나중에 밝혀졌듯이, 사전에 동료들의 인정을 받은 발견은 거의 없었다. 그 결과 과학자들은 현재 있는 자원이나 심지어 사비에 의존해야 했고, 따라서 적절한 지원을 받고 시설이 좋은 곳에서 연구를 수행했던 발견이나 발명은 거의 없었다. 이런 쟁점, 즉 돈, 시설, 장비를 따로따로 논의해 보자.

제2차 세계 대전까지 대부분의 과학자는 얼마간 재정적으로 독립해 있었다. 라부아지에, 다윈, J. 윌러드 깁스, 한스 드리슈와 공동으로 연구한 동물학자 쿠르트 헤르프스트, J. A. 르 벨, 레일리, 홀데인, 그 밖의 많은 과학자는 부유한 '아마추어'였다. 생화학자이자 바이러스학자 노먼 피리Norman Pirie는 케임브리지대학에서 그와 함께 연구한, 적어도 열 명 중 일곱 명의 과학자는 재산을 물려받아 그 점이 "그들에게 안도감과 독립심을 주었다"라고 생각했다.[43] 위대한 생물학자와 면역학자(나는 여기에 플레밍, 코흐, 라몬 이 카할도 포함한다)들은 생계를 유지하고자 잠시 의사로 일하기도 했다. J. J. 톰슨, 앨름로스 라이트, 아레니우스 등 사실상 거의 모든 주요 생화학자는 그로서 연구비, 트리니티 연구비(6년간 무조건적으로 수여되고 여행에도 사용할 수 있다), 록펠러 재단 연구비 같이 다른 어떤 조건도 없는 지원금을 받았다. 어느 누구도 이들에게 무엇을 언제 어디서 연구하는지 묻지 않았다.

기관이 수여하는 연구비도 서로 다르게 영향을 미친다. J. J. 톰슨은 과학자의 가장 좋은 친구는 "여유 있는 은행 예금 잔고"라고 말했지만, 자신의 은행 계좌는 자신이 통제했지, 기관의 통제를 받지 않았다고 강조했다(각 회계 연도 말에 누구 손으로 그 돈이 사라질까).[44] 그 돈은 필요할 때 쓰도록 매년 저축할 수도 있었다. 유전학자 리처드 골드슈미트Richard B. Goldschmidt는 베를린 카이저 빌헬름 연구소를 연구자의 천국이라며 다음과 같이 묘사했다. "무한한 공간, 기술적 도움, 보조, 다국어가 가능한 비서, 최상의 장비, 이 모든 혜택을 관료제의 간섭 없이, 물품 처리 전표나 구매 부서의 승인 없이 이용하는 완전한 자유가 실현된 세계 최고의 실험실이다. 내 시간은 온전히 나만의 것이었고, 나는 어디든지 자유롭게 가고 연구에 필요하다면 연구비와 월급을 마음대로 쓸 수 있었다."[45] 그 후 골드슈미트는 U. C. 버클리로 이직했는데, 그곳에서 미국 관료 사회가 동전 하나하나, 물품 하나하나를 철저히 감시하고 남은 돈은 모조리 가져간다는 사실을 알게 되었다.

요점은 이들에게 돈은 연구를 위한 보조 도구이면서 원하는 대로 사용할 자유가 있었다는 사실이다. 돈이 조건이 되고 감시 대상이 될 때, 돈은 부담이자 짐이다. 물리학자 러스텀 로이Rustum Roy는 성공한 동료 과학자 스무 명을 조사했는데, 그들은 발표한 논문 수, 대학원생 지원 등을 복잡한 함수로 산정해 경쟁적인 연구비 체계가 장기간 지원하는 연구비로 바뀐다면 현재 받는 돈의 25%를 삭감해도 상관없다고 말했다.[46] 따라서 과학자가 바라는 건 돈 그 자체가 아니라, 마음껏 탐구할 수 있는 안전한 토대와 연구 가능성을 바꿀 수도 있게끔 자유롭게 돈을 사용하는 것이다. 현 체제에서 낭비는 끊임없는 출장, 검토, 갱신, (그리고 이런 것이 없을 때도) 들쑥날쑥한 연구비, 관료 기관이 정치권과 대중의 소망에 따라 연구비 지원 대상을 자주 바꾸는 행태 등이 만드는 불안정 때문에 생긴다.

따라서 나는 과학자들이 어쩔 수 없어서 또는 공무원을 피하려고 적은 돈으로 연구한다는 사실을 알았다. 그들은 독창성이란 많은 돈보다 훨씬 강력하다는 사실을 보여 준다. 1840~1850년에 파스퇴르, 뷔르츠,

베르틀로, 클로드 베르나르가 이용한 장비는 완전히 부적합한 것이었다.[47] 반트 호프, 아레니우스, 오스트발트는 모두 실험 장비를 제대로 갖추지 못한 하급 기관에서 연구했다. 플레밍의 실험실은 아주 비좁아서 나중에 의사들이 쉬는 공간으로 바뀌었는데, 침대 겸 소파가 겨우 두 개 들어갈 정도였다. 이곳에서 동시에 두 명, 때로는 세 명의 의사가 연구했다.[48] 내분비학자 샐리Andrew Victor Schally는 사람들로 붐비고 제대로 된 장비도 없는 재향군인회 병원에서 뇌 펩티드를 분리했다.[49]

우리가 논의한 혁신적 과학자 중에서 값비싼 장비로 연구한 사람은 없다. 파스퇴르는 직접 만든 장비를 사용했고 아레니우스, 오스트발트, 플레밍도 마찬가지였다. 반트 호프는 "숙련된 물리학자가 예비 실험에서만 사용하는" 장비로 전이점轉移點을 측정했다고 한다.[50] 하워드 플로리가 1939년에 페니실린을 정제하고 추출하는 방법을 연구하는 데 받은 최초의 연구비는 겨우 25파운드였다.[51] 생리학자 스탈링Ernest Henry Starling이 생리학 실험을 할 때 사용한 장비는 너무 원시적이어서 오토 뢰비 같은 전문가는 이런 장비로도 결과를 얻어 낸 일에 놀라워했다.[52] 밴팅과 생리학자 베스트Charles Herbert Best가 인슐린을 분리할 때는 은행 잔고에 고작 200달러밖에 없었고 월급도, 직업도 없었다. 그들은 친구와 함께 살았다. 오히려 넉넉한 연구비를 지원받은 연구자들은 문제를 진척시키지 못한다.[53] 어니스트 러더퍼드가 캐번디시 연구소에서 진행한 연구는 대개 어떤 장비를 만들려고 풍선껌과 여러 가지 끈 등 잡다한 물건을 즐비하게 늘어놓은 책상에서 이루어졌다. 그리고 캐번디시 연구소에서 가장 독창적이었던 C. T. R. 윌슨은 장비에 5파운드 이상 투자하지 않았다고 한다.[54] 이전에 콘스탄스는 베이어, 레일리, 뢴트겐은 값싸고 임시방편인 장비를 사용했기에 놀라운 결과를 얻었다고 말했다.[55] 1930년에 핵물리학자 E. O. 로렌스Ernest O. Lawrence는 겨우 몇 달러로 최초의 아원자 입자가속기(사이클로트론)를 만들었고, 두 번째 형태를 만드는 데는 100달러가 채 안 들었다.[56] 1938년에 화학자 오토 한Otto Hahn은 책상에서 실험 가능한 장치를 사용해 원자를 분리했는데, 이는 너무 간단해서 어디서나 쓰이는 부품들로 조립할 수 있었다.[57] 물리학자 도널드 글레이저Donald Glaser는 연구 시설도 이용할 수 없고 주요 핵 연구 기관으로부터 연구비도 지원받지 못하자 대학에서 주는 750달러라는 푼돈으로 최초의 거품상자bubble chamber를 만들었다.[58]

이런 일은 아주 흔해서 G. P. 톰슨, 버넷, 라몬 이 카할은 적절한 연구비도 없고 아마추어적 기술만 있는, 제대로 된 장비를 갖추지 못한 실험실에서 가장 중요한 발전이 일어나는 것이 과학적 진보에 있는 '사실'이라고 결론 내렸다.[59] 내가 언급한 사람은 모두 노벨상을 받았다는 사실도 말해 두고 싶다. 플레밍이 과학의 '궁전'에서 연구하는 것을 두고 경고한 말은 울림이 크다. "나는 너무 세련되고 정교한 장치를 갖고 노는 데만 정신이 팔려 아무것도 생산하지 못하는 연구자들을 안다." 성공적인 연구자에게 "그 궁전은 (…) 보통 실험실이 된다. 궁이 이기면 연구자가 지고 마는 것이다."[60]

혁신적 실험은 거의 언제나 단순한 실험이고, 단순한 실험은 값싸다. 어떤 바보라도 5만 달러어치의 장비를 가지고 연구할 수 있다. 영리한 사람은 그저 시험관과 피펫 몇 개만으로도 실험하는 방법을 생각해낸다. 분자 모형화가 그 예다. 파스퇴르는 코르크 마개로 결정체 모형을 만들었고, 반트 호프는 판지로 만들었다. 폴링은 종이에 그림을 그리고 접어 알파 나선 모형을 만들었다.[61] 이후에 폴링은 코르크를 고무호스에 끼워 넣어 더 '복잡한' 작업 모형을 만들었다. W. L. 브래그는 켄드루와 퍼루츠를 좇아 빗자루 손잡이에 나선형으로 못을 박아 모형을 만들었다. 왓슨과 크릭은 판지로 만든 DNA 염기 모형으로 연구를 시작했다.[62] 오늘날에도 그런 재료로 모형을 만든다면 좋은 모형이 있는데 왜 쓰지 않느냐는 비판을 듣는다. 즉, 왜 분자 당 몇 천 달러나 하는 CPK 조립 세트, 기계

공작실에 가면 있는 맞춤 막대, 공 모형, 또는 값비싼 컴퓨터 모형을 쓰지 않느냐는 것이다. 하지만 나는 값비싼 도구가 파스퇴르를 비롯한 연구자들이 자신의 생각을 고안하는 데 도움이 되었을 거라 생각하지 않는다.

최신 장비는 다른 이들에게 방해가 되었듯이 그들을 방해할 수 있다. 르 벨이 자료에 너무 집착해서 사면체 탄소 원자에 관해 오류를 범했다는 사실을 기억하라. 브래그, 켄드루, 퍼루츠는 X선 자료에 과도하게 주의를 기울이는 바람에 단백질의 기본 구조를 오해했다. 폴링은 콜라겐 구조에 관한 자료를 잘못 해석했다.[63] 복잡성과 정확성은 통찰이 생기는 걸 막을 수도 있다. 과학은 모든 가능한 세계를 정교화하고, 계속 증가하는 관찰과 시험을 통해 그 한계를 정하는 작업이라는 아리아나의 정의를 받아들인다면, 우리는 정확성이 수행하는 역할이란 한계 정하기라는 점을 알아야 한다. 하지만 한계를 정하기 전에 먼저 정교화부터 해야 한다.

탐구를 통한 발견을 만드는 요소는 무엇을, 어떻게 배치할지 아는 것이며, 이에는 단순성과 아름다움을 찾는 마음과 더불어 깊이 있는 통찰이 필요하다. 탐사 과학이 연구하는 대상은 반트 호프가 그랬듯이 생각에 있는 거친 부분을 재단하고 다른 사람이 그 부분을 닦을 수 있게 허용하는 것이다. 즉, 뢴트겐, 한, 글레이저처럼 그런 작업이 존재한다는 사실을 보여 주는 것이다. 정확성은 나중에 획득할 수 있다.[64]

요약하자면 위대한 과학 탐구자를 육성하는 조건(리히터가 말한 발견의 생태학)은 다음과 같다.[65] 개인적 수준에서 개척자에게는 다음과 같은 요소가 필요하다.

- 새롭게 부상하는 과학 분야와 수학, 실험 기술과 관련한 발전을 폭넓게 아는 것
- 평범한 사람들과 다르게 (신체, 정신적) 도구를 사용하도록 자신을 훈련할 수 있는 기회

- 일찍부터 독립 연구를 시작할 수 있는 기회
- 어디에도 고용되지 않은 상태. 과학자가 여가 시간에 놀이를 즐기고 생각할 수 있도록 최소한의 의무만 있는 것
- 재정적 독립성. 이는 생계를 유지하는 것(밥 굶을 걱정을 하는 과학자는 좋은 연구를 하기 어렵다)과 연구비를 받는 것(위원회는 대개 탐사 연구가 놀라운 결과를 산출한다는 단순한 이유로 연구를 승인하지 않는다) 모두 해당한다. 부분적으로 이런 요구 조건은 장기적 지원금과 조기에 종신 재직권을 부여하는 제도적 뒷받침으로 충족 가능하다.
- 동시에 여러 문제를 다루는 다양한 분야에 종사함으로써 최대한의 연구 다양성을 성취하는 것
- 분야를 자주 바꾸는 것(5~10년마다)
- 한 분야에서 쓰는 기술과 이론을 다른 분야에 적용하는 것
- 장비, 실험 절차, 해석에서 단순성과 경제성을 성취하는 것

이런 요구 사항 중 일부는 제도적 뒷받침과 협력이 필요하다. 따라서 과학 기관은 의사 조지 버치George Burch가 '벤처 연구venture research'[66]라 부른 것을 실행하는 법을 배워야 한다. 벤처 과학을 실행하는 지침은 다음과 같다.

- 프로젝트가 아니라 사람을 지원하라. 탐구자는 자신이 무엇을 어떻게 찾을지 알지 못한다. 사전에 계획한 실험과 자연을 바라보는 관점을 바꾸지 못하는 결과는 애써 연구할 가치가 없다. 예기치 않은 결과와 우회로를 함양하는 유일한 방법은 추측과 실수를 장려하고, 미지의 대상을 탐구하려는 사람을 찾아 그가 무엇이든 연구하게 내버려두는 것이다. 내 경험상 이런 사람은 대학원 말기에 이르렀을 가능성이 많다. 그들은 지도 교수의 연구가 아니라 자신만의 프로젝트를 수

행하고 싶어 한다. 그들은 독립적이고 독단에 반대하며 자기 주도, 자기 평가적이고, 에너지가 넘치며 폭넓게 훈련받았다.

- 탐사 연구에 쓰는 연구비를 소규모로 운용하라. 이미 보았듯이, 이런 연구는 대개 값이 싸고 단순하며 (연구에 돌입하면) 신속히 이루어지고 집단보다 개인이 수행한다. 연구자(연구자들이 아닌 연구자 개인)는 무언가를 발견하거나 못하거나 둘 중 하나다. 발견하지 못한다면, 다른 문제로 넘어간다. 목적은 과학자 개인이 가능한 한 많은 연구를 실행하게 하는 데 있지, 제국을 건설하는 데 있지 않다. 많은 생각을 가진 과학자는 그저 이를 여러 가지 단순한 방식으로 시험해 보고 싶어 한다.
- 탐구자에게 많은 시간을 주어라. 연구비는 연구자가 무언가 새로운 것을 발견하거나 발명하고 이를 독자적으로 발전할 만큼 충분한 시간 동안 지원되어야 한다. 어떤 통찰이 생겼어도 연구비가 6개월이나 1년 정도밖에 안된다면 연구할 사람은 없다. 5년이 채 안 되는 기간도 부당하고 10년은 되어야 한다. 너무 많은 탐사 프로젝트가 생각보다 빠르게 정당화되거나 되지 않거나 해서 죽고 만다.
- 과학자에게 자유를 많이 주어라. 연구비를 주면서 규정상 또는 제도상의 조건을 달아서는 안 된다. 성공적인 탐사 과학자는 자주 분야를 바꾸고 스스로 재훈련하기 때문에 제도권과 맺은 소속도 바꾸어야 할 때가 있다. 이는 다시 한 번 말하지만 프로젝트나 기관이 아니라 사람에게 투자하라는 말이다.
- 추가 탐사를 장려함으로써 성공적인 탐구자에게 보상을 해라. 이전에 말했듯이 나는 독특한 연구 유형과 이전에 거둔 성공을 통해 마흔에서 마흔 다섯 살까지도 성공적인 탐사 과학자를 식별 가능하다고 생각한다. 이런 과학자들은 10여 년간 지원되는 최소 연구비로 시작했을 것이다. 성공적인 과학자는 탐구에 몰두하고, 다방면으로 연구하

고, 분야를 바꾸는 연구 스타일을 촉진하기 위해 경력을 시작할 때부터 평생 지원되는 연구비를 받아야 한다. 분야를 바꾸고 작은 규모로 후학을 양성하고 행정 의무를 지지 않는 장려책도 있어야 한다. 다시 말하지만, 이런 연구비는 거액일 필요 없다. 이 돈의 목적은 그저 매년 혹은 2년마다 연구비를 신청해야 하는 불가피함에서 벗어나게 해 주는 것이다. 물론 탐구자가 상당한 액수의 연구비가 필요한 연구를 하려한다면 일반적 경로를 이용할 수도 있다. 요컨대 우리는 성공으로 보상받는 만큼 보상하는 법을 배워야 한다.

- 연구비 일부를 자유롭게 쓰도록 하라. 우리가 동료 평가를 통해 거대 프로젝트에 연구비를 지원하는 현 체제를 유지한다면, 적어도 매 연구비의 15%는 주요 연구자가 재량으로 쓸 수 있도록 해야 한다. 어떤 과학자가 특정 연구비를 받을 만한 가치가 있다면, 분명히 탐사 과학에 쓰일 종자돈을 받을 만한 가치가 있는 것이다. 이것이 센트죄르지, 실라르드, 디바이, 그 밖의 과학자들이 의존해야 했던 수단보다 더 낫다.
- 탐사 연구의 주제는 입증 또는 개발 연구에 사용하는 동료 평가와는 다른 방식으로 평가해야 한다. 우리가 보았듯이, 탐사 연구는 독특한 규칙을 갖고 있다. 따라서 탐사 연구가 내놓는 결과와 그 실행자는 다른 방식으로 평가해야 한다. 학술지에는 탐사 결과를 보고하는 특별한 부문을 만들어야 한다. 그곳에서는 미해결 문제, 부정적 결과, 모순, 독단에 반하는 가설을 중요하게 논의해야 한다. 동료 평가 위원회는 그 결과들이 얼마나 우상 파괴적이고 독립적이냐, 얼마나 새로운 문제를 많이 고안하고 새로운 현상을 많이 발견하느냐에 따라 평가해야 한다. 그 기준은 "제대로 작용하는가?"가 아니라 "작용하든 안 하든 놀라운 결과를 산출하는가?", "사실로 드러나면 해당 분야를 재고해야 할 정도인가?"여야 한다. 동료들은 탐구자들이 현재 있는 적소에 얼마나 잘 맞느냐가 아니라 자신이 안다고 생각하는 사실에 관

해 얼마나 불편함을 느끼게 하느냐에 따라 탐구자를 판단하는 법을 배워야 한다.

- 탐사 연구에 쓰일 소규모 기금을 만들어라. 이런 연구는 돈, 인력, 시설을 놓고 거대과학과 경쟁할 필요가 없다. 탐사 연구에는 대단하지 않지만 아주 다른 조건이 필요하다. 도움이 적거나 없는 소규모 프로젝트도 기꺼이 연구하려는 사람이 연구하게 하라. 결국 그는 적은 비용으로도 대규모 실험실 못지않은 결과를 낼 것이다.
- 마지막으로 탐사 연구에 최적인 기관들에서 탐사 연구가 발전하도록 장려해야 한다. 다방면에 걸친 배경, 적은 자원으로도 연구할 수 있는 능력을 갖추고 주류 과학에서 상대적으로 독립적인 소규모 대학, 비주류 대학, 교육 기관은 성공을 막는 극복하기 어려운 장애가 아니라 혁신을 촉진하는 요소다.

한마디로 요약하면 이렇다. 발견과 혁신을 부양하고자 한다면, 도박을 걸어야 한다. 그리고 도박을 하려면, 가능성을 다루는 법을 배워야 한다. '잭팟'을 터뜨리려면 얼마간 돈을 잃는 것쯤은 감수해야 한다.

자, 이제 커다란 질문이 있다. 과학의 현 체제는 탐사 발견을 산출하는 조건을 어느 정도로 육성하고 있을까? 또 현 체제는 탐사 발견이 발전하는 걸 어느 정도로 방해하고 있을까? 상황은 암울하다. 연구비를 생각해 보라. 오늘날 거액의 연구비를 받는 사람은 누구인가? 중요한 혁신을 이루어 낼 수 있는 사람들인가? 서른 살도 안 된 과학자인가? 분야를 넘나드는 성공적인 문제 해결자인가? 하! 독립적으로 연구 가능한 지원금을 받는 서른 살 이하의 과학자를 찾아 봐라. 우리가 찾을 수 있는 사람은 7~8년 동안 학위에 매진하는 박사 과정생 수천 수만이나 3~4년, 5년짜리 갱신 불가능한 자리에 머물러 있는 박사 후 과정생 뿐이다. 내가 보기에 이들은 지나치게 많은 교육을 받았고, 편향되었으며, 자기 분야밖에 모르는 기술자다. 제임스 왓슨은 노골적으로 이렇게 말했다. "너무 긴 시간 동안 공부하면 과학자로서 자신을 죽이고 만다. 그렇기에 어떤 방식으로든 스무 살이 되기 전에 과학을 할 수 있는 자리로 집어넣는 방법이 쓸모 있다."[67] 하지만 주위를 둘러보라. 특히 우주과학이나 화학처럼 느리게 성장하거나 성장을 멈춘 분야일 경우, 자기만의 실험 집단을 갖춘 마흔 살 이하의 젊은 과학자는 놀랄 만큼 없다.[68] 리히터의 모형이 예측하듯이 정체 상태가 있는 것이다.

그렇다면 현 체제에서는 언제 어디에서 자유와 독립성이 실현될까? 피터 디바이는 다음과 같이 말했다. "자유와 독립성은 전혀 충족되지 않는다. 정말로 독립했다는 느낌은 오로지 엄청나게 부자여서 '나하고는 아무 상관없어'라고 말하는 사람에게만 가능하다." 즉, 개인적 자유를 얻고자 직업이 부여하는 일상적 보상을 기꺼이 포기하는 사람만 가능하다.[69] "나는 교육 체계가 부과하는 의무에도 내가 하고 싶은 연구를 했다"라고 생리학자 줄리어스 액설로드Julius Axelrod는 말했다. 그는 크릭과 마찬가지로 자신만의 성과를 올린 다음에 박사 학위를 받았다(마흔네 살에 받았다).[70] 액설로드도 다른 뛰어난 과학자처럼 윌리엄 제임스가 '문어발 박사'라고 부른 부류를 벗어난 사람이다. J. B. S. 홀데인은 서양고전학 학사만 받았고, 컴퓨터 단층촬영법을 발명해 노벨상을 받은 앨런 코맥Allan Cormack과 전기공학자 고드프리 하운스필드Godfrey Hounsfield는 과학 분야의 고급 학위를 받은 적이 없다. 이들은 스스로 기회를 만들었다. 얼마나 많은 발견자가 현 체제를 보고 이를 에둘러 갈 수 있는 방법이나 그 안에서 자유를 얻는 기회를 몰라 길을 잃어버리는가?

그리고 어떤 분야에 들어간 지 10년 안에 대단한 통찰을 내놓지 못하면 영원히 아무 결과도 내놓지 못한다는 '신출내기 효과'는 어떠한가? 현 체제에서 박사 학위를 받고 10년 안에 종신 재직권을 얻으면 아주 운 좋은 것이다. 이는 그 분야에서 최소한 15년은 버텨야 한다는 뜻이다. 더 심각한 점은 내 동료들이 말하길 한 가지 연구 주제에 집중해 해당 학과에 '정착'하지 못한 젊은 과학자는 대학에 자리는 얻어도 종신 재직권은 얻기 힘들다고 한다. 우리는 평생에 걸쳐 영향력이 높은 연구를 할 가능성이 높은 사람을 뽑으면서도 그런 사람이 딜레탕트dilettante나 종합적 지식인(리히터가 쓴 단어를 빌리면)이 될까 두려워한다. 그래서 다음과 같은 점에 주목해야 한다. 즉, 우리는 변화를 촉진할 수도, 막을 수도 있다. 우리는 재능의 피라미드를 평준화하지도 별난 행동을 통제하지도 말아야 한다. 그 결과는 사고의 획일화를 낳기 때문이다. 과학은 그런 식으로는 생존하지 못한다.

위험에 처한 사람은 젊은 과학자만이 아니다. 오늘날에는 분야를 바꾸려 하는, 이미 명성을 얻은 영향력이 큰 과학자도 상황이 좋지 않다. 물리학자가 별 고민 없이 생물학으로 이동하던 시절은 지났다. 심지어 유전학에서 신경생물학으로 가는 일도 신경단백질의 유전적 발현 같은 관련 문제를 연구하지 않고서는 못마땅하게 생각하기 십상이다. 예를 들어 과거에 성공적으로 여러 번 연구 분야를 바꾼 생화학자 로버트 홀리Robert Holley는 그렇게 할 때마다 너무 힘들었다고 털어놓았다.[71] 동료 평가 위원회는 연구비를 승인하기 전에 해당 분야에 전문 지식을 갖추기를 점점 더 강하게 요구한다. 미지의 분야에는 전문가가 없기 때문에 이런 요구는 부당하다. 물론 나이든 과학자가 연령을 이유로 차별 당할 수도 있다. 누구나 마흔 살이 지난 과학자는 한물갔다고 생각하니까 말이다. 이런 근시안적 시각을 가진 위원회는 창의적인 과학자를 그가 이미 최고의 업적을 남긴 분야에만 머무르게 종용한다는 사실을 알아야 한다. 위원회는 과학자들이 이런 상황을 타개하게 두지도 않는다. 더 이상 과학자 개인을 믿지 못하기 때문이다. 그가 얼마나 뛰어나고 성공적이든 상관없다. 따라서 파스퇴르, 아레니우스, 반트 호프, 디바이 등이 보여 주었던 분야 바꾸기라는 특징은 오늘날에는 불가능하다. 과학은 패배자다. 골드슈미트는 이렇게 말했다. "미네르바는 자신의 얼굴을 가리고 쥐를 잡는 올빼미를 추방한다."[72]

현 체제가 하는 또 다른 어리석은 짓은 어떤 연구 프로그램이 실현 가능하다는 점을 입증할 때만, 즉 핵심 발견을 이뤄 냈을 때만 연구비를 지원한다는 것이다. 이런 방식으로 연구비를 지원하는 행태가 안전하다는 건 분명하다. 우리는 그곳에 뭔가 발전할 만한 주제가 있다는 사실을 안다. 그러나 이런 정책은 예기치 않은 발명이나 놀라운 발견(과학에서 무엇보다 중요한 것)을 산출하기 어렵다. 반대로 이런 정책은 이러지도 저러지도 못하는 상황을 만든다. 즉, 일단 연구비를 받고서 무엇을 발견하거나 발명해야 하지만, 연구비가 없으면 어느 것도 발견하거나 발명할 수 없다. 우리 모두는 훌륭한 과학자가 이런 딜레마를 어떻게 피하는지 안다. 그들은 지원받은 프로젝트의 돈을 정말 필요하다고 생각하는 연구에다 돌려서 연구를 마친 다음, 출판하지 않은 결과를 다음해의 연구비 신청에 이용한다.[73] 이런 행동이 부정직해 보인다면 이는 체계가 부정직함을 요구하기 때문이다.

과학을 재정적으로 지원하는 방식은 퇴보했다. 기초를 다지지 않고 즉각적인 성과만 바란다. 일의 순서가 거꾸로 된 것이다. 이런 상황에서 보상은 장려책이 아니라 낭비가 되고 만다. 우리는 일을 원래대로 되돌릴 수 있는지도 걱정하지 않는다.

안타깝게도 이런 정책이 내놓는 결과는 대개 눈에 보이지 않는다. 그 결과는 오로지 일어나지 **않은** 일로만 측정할 수 있기 때문이다. 누구도 미국 국가 과학 재단이나 미국 국립 보건원이 연구비 지원을 거부한 연구 프로그램이 지원한 연구 프로그램보다 더 생산적이지 못한지 알려고 하지 않는다. 이런 체계의 효율성을 분석하려는 사람도 없다. 그저 우리는 많은 사람이 갖가지 논문을 발표하고 어떤 발견을 이루어 내는 사람이 있으니까 잘 돌아간다고 가정한다. 하지만 우리는 임프가 말했듯이,

현 체제가 제대로 작동하지 않는다고 가정할 수도 있다.

오늘날 뢴트겐이 X선을 발견하고, 리제 마이트너, 오토 한, 프리츠 스트라스만Fritz Strassmann이 원자 핵 분열이 존재한다는 사실을 보고한다고 상상해 보라. 무슨 일이 일어날까? 먼저 현 체제에서 이들이 얻은 결과를 더 연구하려 한다면, 연구비가 끊길 위험에 처하리라. 그 결과는 이미 계획한 연구 프로그램을 우회해 얻은 성과이기 때문이다. 이들이 우회로를 연구하게 해달라고 연구비 기관에 요청하는 동안 또 몇 개월이 지나가 버릴 것이다. 반대로 이들이 그 특이한 결과를 더 연구하기 전에 현재 지원받고 있는 연구를 끝마친다면, '특종'을 빼앗기거나 흥미를 잃어버릴 것이다. 둘째, 연구하려면 추가 연구비를 신청해야 하는데, 그 과정에서 몇 년이 걸릴 수 있고, 한 푼도 지원받지 못할 수 있다. 뢴트겐이 얻은 결과는 처음에 거의 아무도 믿지 않았고 마이트너-한-스트라스만의 연구는 당시 원자 구조에 갖고 있던 신성불가침한 신념에 위배되는 것이었다. 셋째, 이들의 연구를 재현하거나 후속 연구를 하려는 다른 연구자들도 현재 지원받는 연구를 포기하고 새로운 연구비를 신청해야 한다. 장비가 많이 필요하지 않은 단순하고 기술적으로도 편리한 현상만이 신속히 재현되고 효율적으로 후속 연구가 뒤따를 수 있다. 현재 있는 제약 조건에서 이는 몇 달, 몇 년이 걸릴지 모른다(AIDS 연구를 준비하는 데 얼마나 많은 해가 흘렀는지 생각해 보라!). 이를 역사적 시간이라는 틀과 비교해 보자. 두 경우에서 결과는 발표된 지 며칠 안에 재현되고 입증된다. 몇 주 안에 세계 최고의 물리학자들이 실험 보고서와 이론 논문을 발표한다. 오래된 농담이 말하듯, 과학자 한 명이 1시간 안에 하는 일을 이제는 위원회가 12개월에 걸쳐 한다. 그런데도 우리는 체계가 효율적이라고 말한다!

아이러니한 건 교과서를 쓰거나 과학의 역사를 형성한 생각들을 말할 때는 뢴트겐, 마이트너, 한, 스트라스만이 한 연구를 주로 거론한다는 점이다. 그렇다면 어째서 이런 사람들이 자기 연구를 수행하지 못하게, 자신이 얻은 결과가 즉각적인 영향을 미치지도 못하게 하는 체계를 만든 걸까?

이건 나만의 의견이 아니다. 수학자 워런 위버Warren Weaver, 리처드 골드슈미트, 레오 실라르드는 30년 전에 연구비를 지원하는 방식을 바꾸지 않는다면 우리는 혁명가들을 잃어버릴 거라고 경고했다. 오늘날에도 로절린 옐로, 라이너스 폴링, 하워드 테민, 루이스 토머스, 클리퍼드 트루스델이 똑같이 경고했다.[74] 과학 연구 학회인 시그마 Xi는 '과학에 대한 새로운 의제'에서 대부분의 과학자가 진정으로 혁신적인 연구, 다학제 간 연구, 비주류 연구가 존재하는지, 현 체제에서 이런 연구가 지원을 받을 수 있는지 회의적으로 여긴다고 보고했다.[75] 멜란비, 심소니, 슐츠 등의 과학 전문가는 『미네르바』와 같은 학술지에 거대 기관, 관료 조직, 계획 연구, 연구에 경영경제학의 회계법을 적용하는 방식, 그 밖의 연구를 자극한다고 보는 흔한 방식들이 효과적이지 못할 뿐만 아니라 과학자 개인이 과학자로서 기능하는 능력을 파괴한다고 주장하는 논문을 썼다.[76] 이들은 과학이란 무질서해야 효과적이라고 생각한다. 루이스 브랜스콤과 앨빈 와인버그Alvin Weinberg처럼 거대과학을 지지하는 과학자들도 과학에서 새로움을 만들어 내는 개인적이며 학제를 넘나드는 연구가 전문화, 부문화, 관료제화에서 살아남을 수 있는지 공공연하게 걱정한다.[77] 요컨대 우리는 돈을 절약해야 한다는 점에 의견을 같이 하면서도 과학에서 가장 소중하고 귀중한 자원, 즉 창의적인 인간을 놀라울 정도로 낭비하는 체계를 만들었다.

이것이 내가 걱정하는 점이다. 거대과학은 아주 강력해지고, 부유해지고, 더 많은 인력을 갈망하고, 교육 정책을 설정하고, 관료화되어 독립적인 과학자가 설자리를 빼앗았다. 지난 세대의 개척자들은 이미 이런 상황을 목도했다. 데즈먼드 모리스는 자서전에서 자신은 인정받은 분야에만 머무르는 전문가에서 벗어나고자 애쓰고, "애초부터 반항적인 생각을 억누르는 자기 검열"을 애통해 했다고 썼다. 모리스는 "고인류학자 루이스 리키Louis Leakey와 생물학자 앨리스터 하디Alister Hardy 같은 반항 정신은 슬프게도 과학에서 희귀한, 사라지는 종이 되었고, 변화는 더욱더 어려워졌다"라고 말했다.[78] 죽기 얼마 전, 바바라 매클린톡은 자신이 사라져 가는 종의 일원이 되었다는 사실을 깨달았다. "나는 이제 내가 현대 과학자로 분류되는지 또는 멸종의 길을 가는 동물인지 알 수가 없다."[79] 줄리어스 액설로드는 미국 국립 보건원의 관료주의에 맞서 싸우면서 자신이 오늘날까지 살아남을 수 있을지 몰랐다고 말했다.[80] 물리학자 루이스 앨버레즈Luis Alvarez도 자신이 요즘 시대의 젊은이였다면 물리학자가 되지 못했을 거라고 말했다. 자신은 조금씩 땜질하듯이 연구하는 데, 지금은 더 이상 그럴 수 없기 때문이다.[81] 이런 이유로 레오 실라르드는 물리학에서 생물학으로 옮겨 갔다.[82] 이제는 어디로 갈 수 있을까? 오늘날 다윈이나 아인슈타인에게 어떤 일이 생길지 생각해 보라. 다윈이 생물학을 재편하는 20년간의 프로그램을 현재 학계 안에서 실행할 수 있을까? 부유한 아마추어의 말을 듣는 사람이 있을까? 특허청에서 발표한 아인슈타인의 논문을 읽는 사람이 있을까? 특허청은 이런 직원을 해고하지 않을 수 있을까?

나는 이제부터라도 이런 (학습하고 사고하는 방식에서, 개인적이고 독특한 방식으로 연구한다는 점에서, 과학의 탈 조직화를 도모한다는 점에서) 희귀하고 가치 있는 과학자들을 양성하지 않는다면, 미래에는 위대한 과학자도, 혁신도 나오지 않으리라 생각한다. 체계가 더 커지고 강력해질수록, 부족한 자원을 사이에 둔 경쟁으로 선택압이 증가하고 집단에 따라야만 할수록, 체계에 맞서 싸우고자 괴짜 과학자에게 의지하기는 어렵게 된다. 점점 더 많은 괴짜 과학자는 망각 속에 버려진 멘델, 헤라패스, 워터스톤의 길을 따라가게 될 것이다.[83]

그런 위험한 상황은 이미 나타나기 시작했다. 우리가 끊임없이 근본적으로 새로운 개념과 새로운 현상을 다시 비축하지 않는다면, 현 지식에 있는 함축과 가능성을 더 작게 정교화하는 일에만 빠지게 될 것이다. 첫 토론 때 말했듯이 이런 일은 벌써 일어났다. 사람들은 점점 똑같은 일만 한다. 『사이언스』와 『네이처』에 발표된 논문을 보면 당혹스럽다. 놀라운 발견은 거의 없기 때문이다. 연구자들은 기초 과학보다 현재 있는 지식을 기술적으로 응용하는 일에 몰두한다. 유전공학은 이름처럼 과학이 아니라 공학이다. 하지만 많은 분자생물학자는 여기에만 온 신경을 다 바치는 듯 보인다. 컴퓨터 과학에서 현재 전개되고 있는 거의 모든 체계 구조와 기술은 이미 1956년에 있던 것이다! 트랜지스터와 통합회로를 빼면, 우리는 여전히 30년 전에 있는 것과 다름없다. 사실 이건 거의 모든 분야에 해당한다. 세계를 재유형화하는 일을 위협하는, 충격적이고도 받아들이기 힘든 새로운 통찰은 어디에 있을까? 그런 통찰이 발표되는 일을 쥐도 새도 모르게 효과적으로 막고, 그럼으로써 그런 과학을 주창하는 사람들의 경력을 파괴하는 힘이 실재하는가?

나는 과학이 획일성, 순응성, 연관성을 강조하다가 소멸할까 두렵다. 획일성은 모두가 똑같은 추론 방식으로 똑같은 답을 내도록 배우는 대중 교육이 강제한다. 순응성은 재정을 틀어 쥔 행정가와 입법가가 거대한 집단을 조정하고 무지한 군중을 달래고자 강제한다. 연관성은 즉각적이고 응용 가능한 결과를 입증할 필요성이 강제한다. 우리는 과학에서 일어난 위대한 혁신은 정부가 주도하는 프로그램이 아니라, 이해를 찾는 과정에서 호기심을 충족하려는 개인에게서 온다는 사실을 잊고 있다. 또 거의 모든 분야에서 응용 가능한 결과는 바라던 물건이나 치료법을 만들려는 직접적 시도가 아니라 그런 결과를 염두에 두지 않은 기초 연구에서 발생한다는 사실도 잊었다.

결론적으로 나는 개럿 하딘이 다윈을 기념하며 썼던 다음과 같은 말을 인용하고 싶다. "우리는 일부러 이단자를 만들 수 없지만, 그런 사람들이 저절로 생기게끔 하는 조건을 만들 수는 있다. 우리는 가치 있는 소수자들이 이단적이고 창의적인 사고의 필수 요소인, 책임에서 벗어난 자유를 누린다는 사실을 알아야 한다."[84] 우리 역시 리처드 파인먼이 학생들에게 권고했듯이 스스로 생각하고 독립하는 데 필요한, 책임에서 벗어난 자유를 쟁취해야 한다.[85] 괴짜 과학자와 탐구자를 저해하는 체계가 아니라 육성하는, 과학의 새로운 체계를 만들어야 한다.

대화록: 토론

임프 훌륭해! 요약하자면 우리에게는 새로운 슬로건이 필요하다는 거군. '탐욕을 추구하는 자유'가 아니라 진짜 자유를 달라!

제니 헌터가 묘사한 금권 정치나 악인 정치가 아니라 프랑스 혁명의 주동자들이 꿈꿨던 능력 우대 정치를 추구하는 거지. (아주 재미있는 단어들이야!) 금권 정치는 돈, 땅, 권력을 소유한 자가 통치하는 국가야. 악인 정치는 악덕한 자가 통치하지. 내가 들은 바에 따르면, 좋은 생각도 없고 창의성도 소진해 버린 사람들이 과학을 통제한다고 해. 실제로 발견하고 발명하는 사람들은 시간도 없고 행정가가 되고 싶어 하지도 않으니까. 행정가는 자신의 금고에 돈과, 사무실에 아랫사람을 채워 넣어 권력을 과시하게 해 주는 사람을 좋아해. 과학을 할 수 없으니까(역사, 의학, 법으로 대신하지) 과학을 어떻게 하는지 말함으로써 사회적 지위를 유지하려는 거지.

헌터 피터 원리를 생각해 봐. 우리는 좋은 과학자는 또 좋은 과학 행정가일 거라 가정해. 물론 일부는 그럴 수도 있겠지. 하지만 휘닝, 에들룬드, 그 밖의 동료들처럼 창의적이지 않았지만 창의성이 정말로 중요하고 필요하다는 사실을 깨달은 사람을 무시하면 안 돼. 우리가 모방해야 할 인물은 그런 사람이니까.

리히터 동의해. 하지만 세상은 이제 더 이상 단순하지 않아. 난 네가 말하는 단순한 통찰, 단순한 실험이 여전히 가능한지 의문이 들어. 우리는 엄청나게 많은 지식과 기술을 축적해 왔어. 이제 발견할 만한 사실은 남아 있지 않은 것 같아. 그러니까 내가 첫 번째 토론에서 주장했듯이 발견하는 속도는 점점 느려지고 있으며, 문제는 점점 더 다루기 어려워지고 있어.

헌터 내 경험상으로는 그 말에 동의하지 않아. 지난 몇 년 동안 이루어진 멋진 실험과 이론이 있는걸. 최근에 의사들은 심장 절개 수술 후 오래된 설탕에 심장을 포장하면 수술 후 감염을 예방하거나 치료에 도움을 준다는 사실을 보고했어. 설탕이 젤리가 녹지 않게 하는 작용과 똑같은 방식으로 심장에 작용하는 것이겠지.[1] 이런 실험은 지난 2세기 동안 의사라면 누구나 어느 때든 할 수 있는 실험이었지. 그런데 왜 안했을까? 또 다른 사례가 있어. 캘리포니아 공과대학에 다니는 한 대학원생은 왜 모래가 특유의 방식으로 움직이는지 알고 싶었지. 이건 주사위를 사용해 입방체가 단 세 가지 운동, 미끄러지기, 튀기, 구르기만을 할 수 있다는 사실로 모형을 세워야 하는 복잡한 문제야. 하지만 이렇게 해서 가능성을 한정하면 문제를 다루기 쉽게 만들 수 있지. 그럼 다시 한 번 묻자. 왜 그 전에는 이런 생각을 못했을까?

같은 맥락에서 내가 아는 어떤 화학 교수에게는 **화합물의** 주기율표를 고안하느라 동분서주하는 제자(그것도 학부생 제자)가 있어. 여기에 값비싼 장비는 필요하지 않아. 그저 도서관과 머리만 있으면 충분하지. 유일하게 어려운 문제는 여러 가지 가능성을 기록하려면 4차원 혹은 그 이상을 고려할 필요가 있다는 점이야.[2] 지난 100년 동안 누구나 이런 일을 할 수 있었지. 또 (임프가 말해 주었는데) 생물에 작용하는 화합물을 가리는 복잡한 분석 절차와 카테콜아민을 분석하는 바나나 조각처럼 자연적으로 발생하는 효소에 기반을 둔 새로운 일련의 시험 전체를 고안하는 데 싫증나도록 애쓴 사람들이 있어. 천문학에서는 앙투안 라베이리 Antoine Labeyrie라는 프랑스인이 지구에 있는 망원경으로 우주에 있는 별을 선명하게 보지 못하는 '해상 한계'를 극복하는 방안을 고안했지. 그가 만든 '스페클 간섭법speckle interferomentry'이라는 기술은 희미하게 빛나는 별빛에 초점을 맞추지 못하는 망원경의 한계를 이용해, 반점 같은 '스페클' 각각을 찍은 다음 전산 처리를 통해 한 곳으로 초점을 맞추는 거야.[3] 이것이 천문학 장치의 전부는 아니겠지만, 어떻게 망원경으로 우주를 볼 수 있는지 이해하려고 노력한다는 건 확실하지!

리히터, 이런 사례로 말하려는 결론은 우리는 오늘날 사고를 대신하는 난해한 수학과 실험 기술에 숙달하도록 과학자를 혹사시키고 있다는 거야. 학생들에게는 우리가 만든 가장 정교한 해답을 반복해서 가르치고, 정교함이 모든 과학에 있는 특성이라 기대하게 만들지. 그러면 학생들은 너처럼 언쟁을 벌이기 시작해. 바로 그곳이 문제가 시작되는 지점이야. 단순한 답은 100년 전에 비해 더 희귀해지지 않았어. 단순한 답을 생각하고 인식하지 못하게 막는 요인은 단순한 건 이미 전부 발견되었고 복잡한 것만 남았다는, 그리고 복잡한 문제에는 복잡한 답이 필요하다는 부당한 관념이지. 하나도 사실이 아니야!

임프 학생들에게 잘못 가르친 게 또 있어. 콘스탄스가 지적했듯이 과학은 비계 없이, 오류도 없이, 무모한 상상의 도약 없이, 천천히 벽돌을 쌓듯 발전한다고 가르친 것. 그 결과 학생들은 배운 대로 연구란 작은 벽돌로 하나씩 하나씩 분해 가능한 단계로써 나아가는 작업이라 생각해.
우주를 탐험하는 데 필요한, 완전히 자급자족하는 폐쇄 환경인 바이오스피어 II를 조성하는 연구를 예로 들어 보자. 최근에 정부 지원을 받는 기관의 구성원이 이 프로젝트에 관해 비판하는 글을 읽었어. 그 사람은 바이오스피어 연구 집단은 너무 멀리 갔으며 "상당히 많은 문제"에 부딪혔다고 생각했지. "나는 한 번에 1m씩 가야할 때 너무 멀리 도약하는 걸 보고 깜짝 놀랐다."[4] 정부 지원 기관은 다음 두 가지를 주장했어. 첫째, 이미 해답이 명백한 문제만 다룬다. 둘째, 연구의 유일한 목적은 문제를 해결하는 것이다. 난 여기에 전적으로 반대해. 나는 연구에 있는 가장 중요한 목표는 문제를 제기하는 것이며, 답이 명확하지 않은 문제라도 연구할 가치가 있다고 생각하거든. 바로 이것이 놀라운 발견이 생기는 방식이니까.

헌터 안타깝지만 답을 찾는 사람과 문제를 제기하는 사람의 우선 순위가 같은 일은 드물어. 워런 위버는 록펠러 재단 위원회의 이사를 만난 자리에서 "일급 과학자를 지원하는 아주 융통성 있게 쓸 수 있는 장기 연구비를 제안했다. 그런 프로그램에 대해서 발표하고 난 뒤, 뛰어난 기업가인 이사 한 명이 '연구비를 받으면 정확히 뭘 하겠다는 건지 이해가 안 되는데요'라고 말했다. 그러자 과학자인 다른 이사가 대답했다. '뭘 할 건지 알면 연구비가 필요하지도 않지요!'."[5]

임프 좋아. 그러니까 연구할 만한 가치가 있는지 알려고 연구한다는 거지. 그럼 이제 내 보고서를 읽어 볼게!

임프의 보고서: 발견을 위한 전략 매뉴얼

나는 실험실에서 1개월이나 1년을 보내는 것보다 도서관에서 1시간만 투자하면 새로운 지식을 얻을 수 있는 과학 문헌을 거의 읽지 않았다. 내가 찾는 건 사실이 아니라 **새로운** 사실이었다. (…) 과학 연구자는 인간 지식이라는 지도에서 (비어 있는) 이런 장소에 이끌린다. 그리고 필요하다면 빈 곳을 채우고자 기꺼이 일생을 바치려 한다.

- 얼베르트 센트죄르지(Albert Szent-Györgyi, 생화학자 · 생리학자)

과학에서 유일하게 흥미로운 분야는 무슨 말을 하는지 아직 모르는 곳이다.

- I. I. 라비(Isidor Isaac Rabi, 물리학자)

단 한 번도 위험한 생각을 하지 않는 숨 막히는 학계에서 성장하느니 유명해진 나를 상상하는 게 더 낫다.

- 제임스 D. 왓슨(James Dewey Watson, 분자생물학자)

혁신적인 과학자는 하는데 그저 그런 과학자는 하지 않는 행동이 뭘까? 그들 사이에 다른 점은 뭘까? 나는 유명한 과학자가 유명하지 않은 과학자보다 더 똑똑하다고 생각하지 않는다. 또 성공한 과학자가 동료들보다 더 옳다고도 보지 않는다. 나는 과학의 설계자란 단지 더 호기심 있고, 우상을 파괴하고, 끈질기고, 쉽게 우회로를 만들고, 거대하고 근본적인 문제를 다루려는 사람이라고 믿는다. 가장 중요한 사실은 그런 사람에게는 지적 용기, 대담함이 있다는 것이다. 그들은 자기 능력의 한계까지 밀고나가 붙잡을 수 있는 것 이상으로 손을 뻗는다. 그들이 자라면 과학이 자란다. 따라서 그들은 더 자주 성공하고 급격히 성장하지만 그만큼 실패도 잦아 움츠러들기 십상이다. 하지만 실패조차도 관습적이고 안전한 과학자가 이루는 성공보다 더 과학의 한계를 잘 정의하며 따라서 그런 개척자는 과학에 더 잘 기여한다. 내가 제기하고 싶은 문제는 이것이다. 무지의 가장자리에서 어떻게 최고로 잘 살아남을 수 있을까? 우주의 탐구자가 미지의 세계에서 살아남으려면 어떤 전략과 전술을 써야 할까?

도움이 될지 모르겠지만 이 질문에 답하려 한다. 즉, 명제, 원리, 게임, 데디에의 '경험 법칙'을 말하려 한다. 베이컨이 말한, 지식을 사는 발견이라는 화폐를 만들려 한다. 하지만 변증법적 체계에 따라 각각의 조언은 그 반대 명제와 함께 균형을 이룰 것이다. 모순과 함축, 서로 뒤섞인 상보성이 있을 것이다.

그전에 먼저 몇 가지 경고를 해야겠다. 이 원리들은 전략이지 발견과 발명을 만드는 오류 불가능한 알고리즘이 아니다. 체스나 전쟁에서 쓰는 유용한 전략과 비슷하다. 이를 사용하려는 사람은 언제 어떻게 적용 가능한지 알아야만 한다(토론 초반에 분명히 설명되었기를 바라지만). 전략과 전술 목록을 그저 안다는 사실만으로는 자연을 성공적으로 탐구하는 데 필요한 이해를 줄 수 없다. 바이올린 연주법을 읽었다는 사실만으로 바이올린을 켤 수 없는 것과 마찬가지다. 어떻게 카네기홀에 입성할 수 있는지 묻는 바이올린 연주자에 관한 오래된 농담처럼, 과학자도 어떻게 스톡홀름에 입성할 수 있는지 물을지 모른다. 그 답도 똑같다. 연습, 연습, 연습!

또 나는 이 원리들이 모든 과학자를 위한 게 아니라는 사실을 강조하고 싶다. 이 원리는 거대과학에는 쓸모 없을 수도 있고, 특히 개발 중인 연구나 입증 중인 연구에는 적용되지 않는 원리도 많다. 더불어 이 원리들은 직업적 성공을 빠르게 이루는 일에 유용한 전략이 아니다. 파스퇴르, 반트 호프, 아레니우스, 센트죄르지 같은 사람들이 거쳤던 외롭고 절망스러운 길과 과학자로서 첫 10여 년을 보낼 때 여기저기 옮겨 다닐 수밖에 없었던 아인슈타인을 기억하라. 어느 누구도 현재 있는 신념 체계, 연구 전통, 권력 구조에 도전할 수 없으며, 과학 공동체에서 환영힐 거라 기대하지도 못한다. 또 그런 집단을 깨고 나오는 데(헌터가 말한 괴짜 과학자가 되는 사람) 성공하지 못하는 사람도 있으며 개인적으로, 사회적으로 그곳의 구성원으로 남는다. 어떤 사람이 성취하는 결과는 그가 얼마나 기꺼이 희생하느냐에 달려 있다.

현실에 안주하는 사람, 과학에서 얻은 현 지위에 만족하는 사람, 학술지 편집자, 미국 국립 과학 재단 소속 위원회, 35개 학과의 장과 50개 대학의 총장이 되려는 욕망을 가진 사람들, 요컨대 파스퇴르, 멘델, 다윈, 맥클린톡, 퀴리, 맥스웰, 아인슈타인, 파인먼이 절대로 하지 않은 일을 하는 사람들에게 내 보고서는 쓸모 없다. 이 토론회에 참석하길 거부한 과학자들에게 이렇게 말해 주고 싶다.

> 좁게 훈련하라. 작게 생각하라. 점점 커지며 나아가라.
> 모험하지도 마라. 아무것도 잃지 마라. 우연히 발견하라.
> 주관적이 아니라 객관적이 되라. 오류를 저지르지 마라.
> 열정이 아니라 유행을 좇아라. 비판하지 마라.
> 발표한 논문은 성공으로 측정된다(즉, 직업적 성공).
> 연구비를 타는 것과 동료와의 협동은 정신의 활기를 대신한다.

이밖에도 많지만, 이 조언만으로도 괜찮은 생각을 얻을 수 있으리라. 그리고 앞으로 다가올 생각들도 알 수 있을 것이다! 하지만 어느 누구에게도 이런 조언은 필요하지 않기에, 나는 더 재미있는 생각, 즉 개척하는 연구에 유용한 전략을 논하겠다.

- **영의 원리**Young's principle: **쓸모 없는 재능이나 기술을 갖추지 마라.** 처

음 시작하면서 과학자로서 경력을 쌓고자 대단히 폭넓게 스스로 훈련하기는 어렵다. 토머스 영은 이렇게 썼다. "원하지 않는 자질이나 가벼운 부담만을 주는 능력을 보유하는 건 불가능하다."[1] 삶의 경험 그 자체처럼 제대로 깊이 있게 배우고, 배움의 폭이 넓을 때만이 통찰을 얻을 수 있다. 우연은 미리 준비된 마음을 선호한다. 따라서 스테노카테가 아니라 에우로카테가 돼라.

- **케터링의 원리**Kettering's principle: **행동이 결과를 만든다.** 경험에는 두 종류가 있다. 하나는 직접 경험, 다른 하나는 간접 경험이다. 언제나 선호할 만한 것은 전자다. 케터링은 말했다. "나는 무언가에 앉으면서 비틀거렸다는 사람을 들어본 적이 없다."[2] 일단 행동하면 어떤 일이든 일어난다. 프랜시스 베이컨의 말을 빌리자면 "사자 꼬리를 꼬면 꼴수록" 더 많이 포효하는 법이다. 탐구자는 탐구로써 훈련해야 한다.
- **디즈레일리의 원리**Disraeli's principle: **별나게 행동해야 우연한 발견에 다가간다.**[3] 다르게 행동하려면 달라져라. (하지만 다른 사람이 진지하게 받아들이지 않을 정도로 별나게는 행동하지 마라!) 무언가 독특한 현상을 발견하고 발명할 확률은 경험, 취미, 기술, 지식, 철학, 목적이 독특할수록 증가한다.
- **트루스델의 조언**Truesdell's advice: **달인에게 배워라.**[4] 독특해지는 가장 유용한 방법은 탐구의 달인을 모방하는 것이다. 그들의 경험을 배워라. 별난 연구 스타일에 통달할수록, 중요한 문제를 제기하고 해결할 가능성도 올라간다. 이미 콘스탄스가 이 주제를 놓고 인상 깊은 논의를 펼쳤기 때문에 더 말하지 않겠다.
- **폴링의 원리**Pauling's principle: **많이 시도하라.** 훈련처럼 과학 문제를 탐색하는 일도 폭넓다. 하나만 보는 사람은 하나만 알 수 있다. 따라서 폴링은 성공의 열쇠가 시행착오에 있다고 생각했다. "수많은 생각을 떠올리고 가장 나쁜 생각을 버려라."[5] 물론 좋은 생각과 나쁜 생각을

어떻게 구별하느냐는 문제가 있지만, 이는 많은 사람이 옹호하는 조언이다. 예를 들어 리셰는 다음과 같이 말했다.

> 잘 모르는 장소에서 물고기를 잡으려는 낚시꾼은 강의 여러 지점에 낚싯대를 던져 봐야 한다. 마찬가지로 모든 방식의 실험을 해 보는 일이 필요하다. 그 중 하나는 좋은 성과를 낼지도 모른다. 하지만 그렇게 하려면 실험 하나에 너무 오래 매여서는 안 된다. 처음에 얻은 개략적 인상으로도 즉각적 결과를 주는지 알 수 있다. (…) 결과가 아무것도 없다면, 포기하고 시간을 아껴야 한다. 하지만 성공적이라면, 첫 성공만으로는 부족하다. 그 다음에 더 완벽한 기술을 요구하면서 긴 시간을 들여 연구를 계속한다.[6]

다시 말해 완전히 몰두할 만한 가치가 있는 연구 대상을 찾기까지 해당 분야를 탐색한다.

- **소크의 조언**Salk's advice: **"가슴이 뛰는 연구를 하라!"**[7] 연구하고 싶은 문제를 발견하는 기쁨은 사랑에 빠지는 일이나 모험을 떠나는 일과 같다고 말하는 과학자들이 있다. 조너스 소크는 젊은 과학자에게 자신이 연구하는 주제와 감정적 관계를 맺고, 이런 관계에 헌신하라고 조언했다. 발견과 발명은 아르바이트가 아니다. 결실을 얻고자 한다면 연구와 함께 살아야 한다. 센트죄르지가 말했듯이, "나 자신을 객관적으로 돌아보면, 나는 이른 아침에 일어나 조바심 내며 실험실로 달려갔다. 오후에 작업대로 돌아왔을 때도 연구는 끝이 나지 않았다. 나는 매순간 내가 풀려는 문제를 생각했다. 왜 그랬을까? (…) 그래야만 했다. 그렇게 하지 못하면 우울했다."[8] 그러니 극지방을 탐험하는 아문센Roald Amundsen이나 피어리Robert Edwin Peary같이 위험에도 개의치 않고 자신을 바칠 수 있는 목표를 찾아야 한다.

- **문제 선택의 원리**The principle of Problem choice: **크게 생각하라**. 연못을 탐험해서 유명해진 사람은 없다. 과학도 마찬가지다. 연구 프로그램은 예기치 않은 결과를 많이 산출하는 측면과 분기점이 충분해야 한다. 뛰어난 발견자와 발명자는 대개 가장 크고, 중요한 문제들의 체계를 해결하려고 했다. 피터 메더워는 말했다. "중요한 발견을 이루고 싶은 과학자라면 중요한 문제를 연구해야 한다. 지루하고 시시한 문제는 지루하고 시시한 답만 산출할 뿐이다. 문제가 그저 '흥미로운' 것으로는 충분치 않다. 흥미로운 문제는 많다……."[9] 따라서 흥미롭고도 과학의 지도를 바꿀 수 있는 문제를 찾아라.
- G. P. **톰슨의 원리**G. P. Thomson's principle: **중요성은 어려움과 상관없다**. 큰 문제를 다루는 건 에베레스트 산을 오르는 일과 같다고 말할 수 있다. 이런 모험은 아무나 할 수 있는 게 아니라고, 어리석은 짓은 하지 말라고 말이다. 톰슨은 "많은 사람이 연구 주제를 선택할 때 너무 겸손해진다. 그들은 정말 흥미로운 문제는 아주 어려울 거라고 회피한다. 이는 잘못된 생각이다. 연구의 어려움은 흥미나 중요성과 아무 상관없다."[10] 우리가 여러 번 보았듯이, 적절한 질문을 하면 산은 흙 두둑이 될 수 있다. 샤를 리셰는 다음과 같이 말하며 동의를 표했다. "사실 쉽지만 별 소득 없는 문제와 가치 있는 어려운 문제 사이의 구별은 실재한다기보다 이론적이다. 실험자에게 독창적인 생각이 있다면, 그는 이를 드러낼 수단을 찾고 하위 문제를 근본 문제로 바꿀 것이다. 반대로 그저 그런 사람이라면, 근본 문제를 사소한 문제로 축소해 버리리라."[11] 따라서 어려운 문제 체계를 푸는 열쇠를 제공하는, 쉬운 하위 문제를 찾고 나의 문제를 가장 넓은 맥락에 두어라. 성공적인 개척자가 하는 첫 번째 일이 이것이다.
- **문제 형성의 원리**The principle of Problem formulation: **문제를 형성하는 일은 대개 그 해답보다 더 근본적이다**. 아인슈타인과 인펠트에 따르면 해

답은 "그저 수학 혹은 실험 기술의 문제일 수 있다. 새로운 문제와 가능성을 제기하는 일, 오래된 문제를 새로운 각도로 보는 일은 창조적인 상상력을 요구하고 과학의 진정한 진보로 작용한다."[12] 우리는 이전 토론에서 이런 질문을 탐색하는 다양한 전략을 논의했으니, 가장 중요한 요소만 상기하겠다. 즉, 독특한 해답이 아니라 알고리즘을 보장하는 문제를 탐구하라. 다룰 만한 하위 문제가 형성될 때까지 문제 영역을 논리적으로 연결된 하위 문제 '나무'로 나누어라. 각각의 하위 문제를 적절히 연구할 수 있는 기술을 선택하라. 이미 제시된 답이 있는 문제에 유비해 문제를 해결할 수 있다고 가정하고서 시작하라(새로운 문제는 없다!). 아는 것에서 모르는 것을 추론하라.[13]

- **잃어버린 열쇠 수수께끼**The lost key conundrum: **잘 모르는 곳을 대담하게 탐구하라.** 문제를 어디서 찾을 수 있는가? 답이 미리 존재하지 않는 곳이다. 어두운 골목에서 열쇠를 잃어버린 술 취한 사람 이야기를 생각해 보라. 순찰하던 경찰이 가로등 아래 길모퉁이에서 무엇을 찾아 더듬거리는 취객을 보았다. "이봐요! 지금 거기서 뭘 하는 거요?" "열쇠를 찾고 있어요." "어디서 잃어버렸는데요?" "골목에서요." "그런데 왜 가로등 아래서 찾아요?" "골목은 너무 어두워서 안 보이니까요." 이 술 취한 사람처럼, 많은 과학자는 이미 잘 알려진 영역에서 연구 프로젝트를 선정하려고 한다. 그들은 아무것도 모르고 허우적대는 일을 두려워하는 것이다. 피터 메더워는 이들을 '자신의 무지를 사랑하는 자'라고 불렀다. 최고의 과학자 모두가 미지의 세계를 탐험하는 건 아니다. 로스앨러모스 연구소의 이론물리학 학장 피터 캐러더스는 다음과 같이 말했다. "새로운 지식을 만드는 위치에 있는 사람에게는 특별한 긴장이 있다. 늘 균형을 벗어난다. 어렸을 때 나는 이런 문제로 깊이 고심했다. 마침내 나는 내가 무엇을 하는지, 어디로 가는지 너무나 명확히 이해했다면, 아주 흥미로운 주제만 연구하지는 않았을 거

라는 사실을 깨달았다."[14] 텅 빈 곳을 두려워하지 마라.

- **개척 충동**The pioneering urge: **과학의 개척자는 새로움을 낳는 가장 풍부한 원천이다.** '잃어버린 열쇠 수수께끼'에 따르면 불빛 아래서 열쇠를 찾는 무리가 있다. 자연을 이해하는 열쇠가 무작위로 퍼져 있다고 가정한다면, 내가 어둠 속에서 열쇠를 발견할 가능성은 더 올라간다. 그곳을 탐색하는 유일한 사람이 나기 때문이다. "나는 내가 미국의 서부 개척자 대니얼 분Daniel Boone이 아닐까 생각했다"라고 존 휠러는 말했다. "누가 그에게 가까이 접근하면, 그는 자기가 있는 곳이 붐비는 듯 느껴져서 다른 곳으로 이동했다."[15] 로버트 홀리 역시 자신은 새로운 영역을 개척하길 좋아했고, 다른 과학자가 이 영역을 발전시키고 있다는 점이 확실해지면 곧바로 떠났다고 말했다.[16] 패러데이의 연구 방법을 기술한 드 라 리브De la Rive의 말을 빌리면 탐사 과학자는 "이미 밟아 다져진 길은 가지 않는다."[17] 그러니 계속해서 움직이고, 전문가가 없는 황무지나 급격한 변화를 겪고 있는 분야를 찾아 나서라. 경쟁이 없다는 건 탐구할 시간과 장소가 증가한다는 점을 의미한다.[18]
- **센트죄르지의 조언**Szent-Györgyi's advice: **낡은 지식을 새롭게 하라.**[19] 풍부한 생각이 흘러나오는 또 다른 원천은 이전에 경작했지만, 지금은 포기한 분야다. 각각의 새로운 이론은 이전에 발견하거나 발명한 모든 결과를 다시 생각하고 다시 정식화하기를 요구한다. 따라서 콘스탄스가 잘 기록했듯이, 어떤 분야의 역사를 돌아보는 일은 놀라운 발견을 산출할 수 있다.
- **메더워의 조언**Medawar's advice: **예상에 도전하라.** 피터 메더워는 특정한 연구에 있는 잠재적 놀라움을 평가하는 기준을 제시했다. "어떤 실험이 누군가의 관점을 바꾸지 못한다면, 그걸 왜 해야 하는지 모르겠다."[20] 새로운 이론에도 역시 똑같은 말을 할 수 있다. 즉, 그 이론이 독특하지 않다면 중요하지도 않으리라.

- **파스퇴르의 방법**Pasteur's method: **이론과 자료 사이에 있는 모순을 찾아라.** 헌터가 우리에게 명확히 보여 주었듯이, 발견의 가능성을 보여 주는 유용한 지표는 이론과 자료 사이에 있는 모순이다. 둘 중에 하나는 반드시 틀릴 것이므로, 이 불일치를 조사하면 무언가를 배울 수 있다.
- **베이컨의 원리**Bacon's principle: **진리는 혼란보다 오류에서 더 빨리 나온다.** 놀라운 발견을 이루고자 센트죄르지가 추천한 또 다른 방법은 새롭고 거대한 이론을 고안한 뒤 이를 반박해 보는 일이다. 이 조언은 과학자는 기꺼이 오류를 받아들이고 때로는 오류를 열망하기까지 한다는 전제에 바탕을 둔다. 그렇지 않은 사람도 있지만 말이다. 발견과 발명에 장애가 되는 가장 큰 문제는 실패와 실수를 두려워하는 것이다. 객관성이라는 신화는 개인의 무오류성이라는 신화로 이어진다. 항상 옳은 결과를 내는(그리하여 오류가 없는 연구를 발표하는) 과학자는 견실하다는 칭찬을 받는다. "견실하다고?" C. P. 스노가 쓴 소설 속 등장인물은 말한다. "그들은 프릿이 결코 틀린 적이 없기 때문에 견실하다고 말한다. 나는 그가 한 번이라도 옳은 걸 한 적이 있는지 알고 싶다."[21] 오류를 저질러 본 적이 없는 과학자는 과학에 아무런 기여도 하지 못한다. 훌륭한 과학자에 관한 다음과 같은 말에 주목하라. "아인슈타인과 뉴턴을 포함한 모든 과학자는 옳은 만큼 틀릴 때도 있었다."[22] "상상력 넘치는 연구자들과 마찬가지로 베이어도 이론에서 오류를 범하곤 했다."[23] "의학 학위를 받은 첫 두 해 동안 [클로드 베르나르의] 과학적 성취는 오류의 연속이다."[24] "버널이 내놓은 생각 중 많은 것이 옳았지만 틀린 것도 많았다."[25] "폴링은 경솔하다고 할 정도로 무모했다. (…) 그가 내놓은 많은 생각은 틀린 것이었다."[26] 괴테는 말했다. "사람은 노력하는 한 오류를 범한다." 그러니 무모해져라. 오류를 저질러라.
- **델브뤼크의 원리**Delbrück's principle: **충분히 너저분하면 예기치 않은 일**

이 일어나지만 너저분하지 않으면 무슨 일이 일어났는지 모른다.[27] 오류를 두려워하는 일은 너저분함을 두려워하는 일과 상관있다. 많은 과학자는 모든 변수를 통제하고 모든 측정값을 정확히 만들려 애쓰다가 좌절하고 만다. 이런 방식은 발전하는 연구와 입증하는 연구에는 미덕일지 모르나 탐구자에게는 죄악이다. 플레밍은 1950년대에 페니실린을 생산하는 티끌 하나 없는 스테인리스 강철 공장을 걸으며 이렇게 말했다. "여기서는 아무것도 **발견**할 수 없겠군!"

- **데인튼 경의 원리**Lord Dainton's principle: **역설을 찾아라**. 연구자들이 공유하는 또 다른 오류는 이해하지 못하는 결과를 무시하는 처사다. 내가 아는 젊은 과학자들은 대개 무언가를 이해할 수 없거나 역설적 결과(또는 권위 있는 인물이 퍼뜨리는 허튼소리)에 마주치면, 자신들이 무슨 일이 일어나는지 이해하지 못할 만큼 멍청하기 때문이라고 생각한다. 자신을 믿어라. 이해가 안 될 때 과학이 시작된다. 데인튼 경은 말했다. "젊은이에게 가장 좋은 조언은 가치 있는 새로움을 만드는 상상력 넘치는 과학자는 현재 통용되는 이론에 맞지 않는 관찰을 한다는 것이다. **역설을 찾으라**는 좋은 좌우명이다……."[28] 보어는 더 간결하게 말했다. "역설 없이 진보도 없다."[29]
- **베르나르의 원리**Bernard's principle: **모든 자료는 타당하다**. 모순과 역설을 찾는 하나의 방법은 "서로 반대되는 것처럼 보일지라도 모든 자료는 타당하다"라는 클로드 베르나르의 격언을 상기하는 것이다. 이 말은 실험에 있는 가장 흥미로운 측면이 드러나는 사례에서 분명하다. 각각의 결과가 재현 가능하다면, 그 결과가 산출되는 조건이 충분히 정의되지 않은 것이다. 타당한 조건을 정의하는 문제는 놀라운 결과를 산출한다. 이론이 실패하는 경계선을 나타내기 때문이다. 따라서 모순을 포용하라.
- **임프의 제1원리**Imp's first principle: **모순 놀이를 하라**. 안타깝게도 자연

은 명령에 따라 늘 모순과 역설을 산출할 정도로 친절하지 않다. 이런 어려움을 피해가는 한 가지 방법은 스스로 모순과 역설을 고안하는 것이다. 반대를 주장함으로써 무언가를 배울 수 없다면 명백히 참인 것도 무조건 옳은 것도 없다.

- **임프의 제2원리**Imp's second principle: **함축 놀이를 하라.** 문제를 찾아내는 또 다른 전략은 모든 생각을 그 한계까지 밀어 붙이는 것이다. 그러면 적어도 그 생각의 타당성과 결합한 조건을 발견하고, 잘하면 이론과 기술이 실패하는 조건도 발견할 수 있다. 그 후에는 재미있는 일이 시작된다!
- **맥팔레인의 법칙**Macfarlane's law: **"충돌하는 이론이 여럿 공존할 때는 모든 이론이 동의하는 지점이 틀릴 가능성이 높다."**[30] 맥팔레인의 법칙은 어떤 모순이나 역설에 기반을 둔 구체적 문제를 찾아내는 전술을 제공한다. 그것은 당연하게 생각하는 명백한 사안이 어려움을 만드는 원천이라는 점이다. 따라서 명백한 사안을 지나치지 말고(명백하지 않을 수 있다), 늘 숨겨진 가정을 점검하라(옳은 가정이었다면 숨을 필요가 없었으리라!).
- **쿤의 원리**Kuhn's principle: **혁명은 변칙 현상을 인식하는 일에 뒤따른다.** 문제에 관해 앞서 말한 모든 원리는 과학에서 일어나는 혁명은 변칙 현상을 인식하는 일에 뒤따른다는 쿤의 원리에 포함된다. 따라서 과학 공동체가 무엇을 바라는지 알기 위해 스스로 훈련한 다음, 그 기대에 맞지 않는 예기치 않은 조각을 찾을 수 있다. 알렉산더 플레밍은 이렇게 말했다. "특이해 보이는 어떤 현상이나 사건도 그냥 넘어가지 마라. 거짓 경보가 아니라 중요한 진리일 가능성이 많다."[31] 슬로안-케터링 암 연구소의 소장 로버트 굿Robert Good도 비슷한 말을 했다. "몇 년 동안 나는 학생들에게 기회주의가 진정으로 과학을 하는 방법이라고 가르쳤다. 뭔가 잘 맞지 않는 현상에 관심을 기울이면 잘 들어

맞는 현상을 찾으려 할 때보다 더 쉽게 발견을 이루어 낼 수 있다."[32] 따라서 눈가리개를 벗어버리고 우회로로 들어가라.

- **페르미의 경고**Fermi's admonition: **답을 추측할 수 있을 때까지 문제를 해결하려고 하지 마라.** 우회로는 이전에 갔던 길이 있다는 사실을 전제한다. 단순하게 들릴 수도 있지만, 마음속에 목표를 정해 놓지 않고서 연구를 시작하는 것은 아무 의미 없다. 이는 연구에 접근하는 폴링의 확률적 방식과 폴리아의 어림셈법 방식의 기초다. 미지의 대상에 제기하는 추측을 따라가며 놀라운 발견에 눈을 열어 놓아야 한다. 그런데 페르미는 어떤 문제의 답을 정의하는(구체적인 답이 아니라 예상 가능한 답의 크기나 모양을 정의하는) 추측만을 따라가야 한다고 경고했다. 1000 또는 100만 단위에서 측정되는 수치인가? 이차함수인가 쌍곡선함수인가? 사전에 이런 사항을 모르면, 알 수 없는 곳에서 영원히 헤매고 아무것도 얻지 못한다. 길은 무한하기 때문이다.
- **다윈의 의견**Darwin's opinion: **"사변 없이 훌륭하고 독특한 관찰은 나오지 않는다."**[33] 미지의 현상과 관련한 예상은 사변으로만 형성 가능하다. 따라서 다윈과 리셰의 다음과 같은 조언을 따라라. "가설을 세울 때는 대담하고, 이를 입증할 때는 엄격하라"[34]
- **그림의 법칙**Grimm's law: **급조한 규칙이라도 이상적이고 완전한 완결성을 가진 법칙으로 확대될 수 있다.** 대담하게 사변을 펼치는 한 가지 방법은 임프의 제2원리("실패할 때까지 밀고 나가라")보다 논리적으로 앞서는 그림의 법칙을 이용하는 것이다. 그림의 법칙은 대개 부정적 의미로 쓰인다. 하지만 나의 제1원리와 연결하면 이를 뒤엎을 수 있다. 나는 모든 관찰과 모든 생각은 연구자가 사소한 것을 보편적인 것으로 확장한다면, 자연의 광대한 영역에 빛을 비춰 줄 수 있다고 생각한다. 이런 의미에서 나는 그림의 법칙을 문제 선택의 원리, 즉 크게 생각하라, 전체적으로 생각하라, 일상의 숭고함으로 될 수 있는

모든 현상을 상상하라에서 따라 나오는 필연적 결과로서 이용한다.[35] 다음과 같이 말한 센트죄르지를 모방하라. "나는 시험관 반응을 가능한 한 폭넓은 철학적 개념과 결합하는 아주 무모한 이론을 만들었다……."[36] 우주에 존재하는 모든 모래 알갱이를 확장하라.

- **헉슬리의 원리**Hexley's principle: **언제나 아름다운 이론은 거칠고 잔인한 현실로 말미암아 파괴된다.** 제한 없는 그림의 원리와 오류의 신성함을 말하는 베이컨의 원리는 모든 이론에 결점이 있으며 모든 관찰에 한계가 있다는 사실을 인식함으로써 누그러지고 만다. 얼마 안 되는 결과와 이론만이 평생 지속되고, 일부는 몇 년밖에 가지 않으며, 대개는 며칠 내 사라진다. 위대한 과학자는 자기만의 거품을 만들면서 스스로 이를 터뜨려 버리기도 한다. 패러데이는 거대한 이론에서 가장 작은 사실을 무성하게 부풀릴 때는 그만큼 엄격하고 단호한 자기비판을 동반한다고 말했다. 그는 "언제나 어떤 주장을 교차 검증했다."[37] 자기비판은 과학자의 절친한 친구다. 머릿속에 떠오른 어떤 생각을 좋아하게 된 후에 다른 사람이 그 생각을 연구하는 모습을 보느니 그 생각이 떠나기 전에 죽여 버리는 게 더 낫다.
- **아레니우스의 원리**Arrhenius's principle: **불가능한 것이 과학의 진보에 가장 중요한 요소다.** 중요한 문제를 찾는 또 다른 전략은 과학 공동체가 불가능하다고 생각해 입증하지 못하는 대상을 입증하는 것이다. 폴라로이드와 랜드 카메라를 발명한 에드윈 랜드Edwin H. Land는 이렇게 말했다. "누군가 할 수 있는 일이라면 하지 마라. 중요하면서도 불가능한 일이 아니라면 시작하지 마라. 명백하게 중요한 일이라면 그 의의를 두고 걱정할 필요 없다. 거의 불가능한 일이라면 시도하는 사람이 없을 것이므로 성공하는 사람은 자신만의 영역을 만들 수 있다."[38] 핵물리학자 프레데릭 졸리오퀴리Frederic Joliot-Curie는 이 점을 더 간결하게 표현했다. "이론에서 실험으로 갈수록 노벨상은 다가온다."[39] 요

컨대 자신이 종사하는 분야의 독단과 선개념에 대담히 질문하라. 현재 있는 경계에 도전하라. 무엇이 가능한지 결정하는 권위자는 인간의 의견이 아니라 자연이다.

- **보어의 원리**Bohr's principle: **"우리 모두는 당신의 이론이 이상하다는 사실을 안다. 서로 의견이 갈리는 지점은 그 이론이 옳은 것으로 판명 날 정도로 이상하냐다."**[40] 특정 문제를 해결하는 일이 가능하냐는 질문은 그 답의 이상함과 관련된다. 언젠가 닐스 보어는 볼프강 파울리 너무 합리적이라고 비판했다. 프리먼 다이슨은 이런 비판을 원리로 격상시켰다.

> [새로운 이론]이 충분히 이상하지 않다는 반론은 지금까지 급진적인 방식으로 기초 입자를 다루는 시도에만 적용했다. 특히 아주 괴상한 시도들에 적용했다. 『물리학 비평*The Physical Review*』에 투고된 대부분의 괴상한 논문은 게재 불가 판정을 받았는데, 이는 논문이 이해하기 불가능해서가 아니라 반대로 이해가 가능했기 때문이었다. 이해하기 불가능한 논문은 대개 발표되었다. 위대한 혁신은 대개 혼란스럽고 불완전한 형태로 나타난다. 발견자는 절반만 이해하고 나머지 모든 사람은 수수께끼에 빠진다. 처음 봤을 때 이상하게 보이지 않는 사변에는 희망이 없다.[41]

그래서 루이스 토머스는 과학에서 엄청난 사건이 일어났다는 표지는 "희열에 찬 웃음소리에 뒤이어 욕을 하듯 '그건 불가능해'라고 외치는 소리가 날 때다"라고 말했다.[42] 누군가 생각하지 못하는 사물이 없다면 생각할 가치가 있는 사물은 없다.

- **모노의 원리**Monod's principle: **정확성은 상상력을 자극한다.** 이상함은 애매모호함이어선 안 된다. 자크 모노는 많은 사람이 너저분한 생각

과 규칙 깨기를 과학의 창조성과 동일시한다고 지적했다. 그는 반대로 "아주 엄격한 과학적 정확성이 대담한 사변을 이끄는 열정을 보증하고 자극한다"라고 말했다.[43] 따라서 제안하려는 생각이 무모할수록, 통용되는 과학 기술을 사용해 단단히 자리 잡기도 더 쉽다.

- **G. P. 톰슨의 조언**G. P. Thomson's advice: **양적으로 측정하지 마라. 눈으로 보여 줘라.**[44] 개발 또는 입증 연구와 반대되는 탐사 연구의 목적은 새로운 현상이 지닌 특성을 상세히 기술하는 게 아니라, 그 현상이 존재한다는 사실을 드러내 보이는 것이다. 정확도는 중요하지 않다. 가설은 질적으로 시험되어야 한다. 센트죄르지가 비타민 C를 분리한 일을 생각해 보라. 산화 억제 활동을 분석하는 표준 절차는 2~3시간이나 걸린다. 센트죄르지는 미지의 화합물을 발견하고, 이 화합물을 분리하고자 몇 천 번의 분리와 시험을 시행했다. 지금 말하는 건 그가 분리한 화합물을 시험하는 일에 소요한 인년man-year(혹은 '사람년')이지, 분리 그 자체에 필요한 시간을 센 게 아니다. 그러니 센트죄르지가 제일 먼저 한 일은 가장 단순한 산화 반응, 즉 생물학 수업 때 배우는 과산화 효소 반응을 찾는 것이었다. 이 실험은 준비하는 데 몇 분, 결과를 해석하는 데는 몇 초밖에 걸리지 않는다. 측정할 것도 없다. 발색 반응만 보면 된다. 하지만 센트죄르지에게는 그걸로 충분했다. 결국 그는 자신만의 산화 억제 반응을 발견했다.[45] 뢴트겐이 X선이 존재한다는 사실을 보여 준 사례도 마찬가지다. X선이 있다는 건 뢴트겐 부인의 손뼈가 찍힌 사진으로 충분했다. 뢴트겐은 양적 측정을 하지 않았고, 원인을 알아보려고도 하지 않았다. 따라서 자연을 탐구할 때는 먼저 '무엇'을 설명하고 '어떻게', '얼마나' '얼마나 자주'는 나중으로 미뤄라.
- **게오르게의 전략**George's strategy: **조건을 가능한 넓은 범위로 다양화하라.**[46] 자연이 어떤 현상을 드러내면 연구자는 아주 다양한 조건을 만

들어 더 많은 현상을 말하게 해야 한다. 왜 그래야 할까? 원자의 핵 구조는 러더퍼드가 대학원생을 시켜 광각에 있는 금박에서는 알파 입자가 다시 튕기지 않는다는 사실을 입증했을 때 발견했기 때문이다. 그런 일이 일어날 거라고 예상하지 못했다.[47] 펄서는 무엇을 발견하리라고 전혀 기대하지 않고서 일련의 제어 장치로 하늘을 조사하다가 발견했다.[48] 링거액은 때마침 누군가 "왜 다른 염류가 아닌 염화나트륨인가? 왜 수돗물이 아니라 증류수인가?"라는 질문을 했기 때문에 발명할 수 있었다. 보지 않는다면 놀랄 수 없다. 과학의 역사는 기꺼이 사물의 측면을 보고 우회로를 택한 사람이 놀라운 발견을 이룬다는 사실을 입증한다. 따라서 그저 재현 가능한 현상을 발견했다는 이유만으로 탐사를 포기하지 마라. 진정한 탐사 연구는 바로 거기에서부터 시작하니까.

- **랭뮤어의 원리**Langmuir's principle: **완전히 뒤집어 생각하라.**[49] 세렌디피티도 계획도 과학자가 지닌 욕망에 협력하지 않을 때가 있다. 그런 자연의 반항을 이점으로 활용하라. 원하는 결과가 나오지 않을 때는 바람직하지 않은 요소가 끼어들었기 때문이다. 연구 자체를 뒤집어라. 즉, 바람직하지 않은 요소를 일부러 더 늘려 그 나쁜 효과를 강화하라. 물리학자 한스 가이거Hans Geiger와 발터 뮐러Walter Müller는 우주선을 측정하면서 '가짜 같은', '제 길에서 벗어난' 방전 전류를 골라냈다. 그들은 이런 '잡음'이 어디서 생기는지 추적하고자 이를 증폭했다. 이것이 가이거 계수기의 시작이다.[50] 고장 허용 컴퓨터의 하드웨어와 소프트웨어를 개발한 알기르다스 아비지에니스Algirdas Avižienis와 안토닌 스바보다Antonin Svaboda는 모든 사람이 오류를 교정하는 완벽한 체계를 설계하려 한다는 사실을 깨닫고서야 문제 대부분을 해결했다. 그들은 정반대, 즉 모든 체계는 고장이 날 수밖에 없고, 그럼 어떻게 체계에 이런 실수를 허용하도록 설계할 수 있느냐를 질문한 것이다.[51]

따라서 문제를 완전히 뒤집으면 유익하고도 놀라운 발견을 산출한다.

- **타통의 원리**Taton's principle: **연구를 다양화한 사람이 종합적 발견을 할 수 있다.**[52] 헌터는 베르톨레, 파스퇴르, 반트 호프를 통해 많은 과학자가 동시에 다양한 분야를 탐구하고 그곳에서 교차점을 찾음으로써 중요한 문제를 해결한다는 사실을 보여 주었다. 이는 리히터가 말한 진화적 의미로는 적응적 전략이다. 연구가 예기치 않은 가지로 뻗어나가고 예측할 수 없는 결과와 잡종을 만들기 때문이다. 사실 어떤 문제는 다른 문제에 비추어서만 해결할 수 있다. 물리화학자 만프레드 아이겐Manfred Eigen은 실제로 이런 전략이 어떻게 작동하는지 보여 준다. 그는 대개 해결하기 '불가능한' 문제를 연구했다. 예를 들어 (1/1000 미만 속도로 반응이 평형에 도달하는) '엄청나게 빠른' 화학 반응을 어떻게 측정하느냐는 문제에 골몰했다. 헌터가 몇 주 전에 말했듯이 이런 반응 대부분에는 전해질이 필요하다. 아이겐은 음파 탐지 실험을 하며 바닷물에서 일어나는 소리 흡수 같이 겉보기에 관련 없는 주제도 일일이 추적하는 전체적 사상가였다. 바닷물은 대개 완전한 전해질(이온화된 염류)로 이루어져 있으며, 기온층 사이의 경계에서 많은 소리를 흡수한다. 어떻게? 그때 갑자기 두 문제가 합쳐진다. 즉, 소리의 진동수는 화합물이 결합하고 분리하는 속도를 측정하는 데 쓸 수 있을지 모른다. 여기서 엄청나게 빠른 화학 반응을 측정하는 완화 기법이 유래했다.[53] 따라서 아이겐은 인접 분야를 연구하고자 "측면을 보았다"라는 이유로 성공할 수 있었다. H. J. 멀러는 이런 사실이 자신의 연구에 얼마나 잘 들어맞았는지 동료들에게 다음과 같이 물은 적이 있다. "우리 유전학자들은 세균학자, 생리화학자, 물리학자인 동시에 동물학자, 식물학자여야 할까? 그렇다."[54]
- **신출내기 효과**The novice effect: **무지는 축복이다.** 학제 간 관점을 촉진하는 또 다른 방법은 극복해야 할 도전으로서 무지를 기꺼이 받아들

이는 것이다. 이미 헌터는 어떤 분야로 막 이동한 젊은 과학자와 어떤 분야를 거의 혹은 전혀 훈련받은 적 없는 나이든 과학자가 수많은 발견을 이루어 냈다는 놀라운 사실을 보여 주었다. 파스퇴르와 그가 고안한 질병의 세균 이론이 아주 적절한 사례다. 루이스 앨버레즈가 고안한 운석 충돌로 생긴 대멸종 이론도 마찬가지다. 앨버레즈는 이렇게 말했다. "나는 나의 연구로 오래도록 기억될 것이다. (…) 내가 예순 여섯 살이 될 때까지 전혀 몰랐던 분야에서 말이다. 그 분야는 바로 지질학이다."[55] 앨버레즈는 자신이 그 분야를 몰랐던 점이 발견의 핵심이라고 말했다. 그가 사용한 기술(이리듐 측정)은 이미 이전 연구자들이 시도해 별 소득이 없었기 때문이다. "운 좋게도 이전 연구자들이 한 작업을 알지 못했다. 알았어도 신경 쓰지 않았으리라 생각한다."[56] 결과와 이론은 너무나 자주 사실과 독단으로 변해 대안 결과와 이론은 미처 성장하기도 전에 버려진다. 따라서 외부적 관점이 필요하다. 피터 캐러더스는 여기저기를 두리번거리라고 조언했다. "다른 분야에 있는 동료가 제기하는 문제가 중요한 단서를 얼마나 많이 제공하는지 알면 깜짝 놀랄 것이다. 이는 각 분야가 대단히 발전하고 깊어져 다음 골짜기가 보이지 않기 때문이다. 바로 그곳이 전체를 조망할 수 있는 교차점이다."[57] 따라서 분야를 변화시켜라. 즉, 언덕을 오르고 인접한 골짜기에 무엇이 있는지 보라!

- **버넷의 조언**Burnet's advice: **"실험할 때 가능한 한 전부 자기 손으로 한다."**[58] 인접한 언덕을 오를 때는 스스로 직접 관찰해야 한다. 많은 과학자가 모든 실험을 실험실 엔지니어와 박사 후 과정에게 맡긴다. 그러나 헌터와 아리아나가 명확히 보여 주었듯이, 준비된 마음만이 변칙 현상에 주목하고 그 중요성을 알 수 있다. 각 개인은 특정한 관찰에 부합하는 성격, 명문화된 과학, 진행 중인 과학, 문화적 편향이 뒤섞인 존재다. 스스로 관찰하지 않으면 발견은 일어나지 않는다. 절대

로 연구를 남에게 맡기지 마라.

- **플랑크의 원리**Planck's principle: **"스스로 확신할 때까지 하라"**[59] 자신의 실험을 직접 한다는 말은 자신만의 사고를 한다는 뜻이기도 하다. 다른 식으로는 사고할 길이 없다고 스스로 만족할 때까지 아무것도 받아들이지 마라. 이는 결국 스스로 훈련해야 한다는 말이다. 독학자가 되어 스스로 택한 주제를 자기만의 방식으로 연구하라. 무엇을 하든, 모두가 받아들인다는 이유로 어떤 생각을 받아들이지 마라. 패러데이는 "나는 직접 보기 전에는 어떤 주장도 사실로 인정하지 않았다"라고 말했다.[60] 파인먼은 "나는 '전문가'가 하는 어떤 말에도 관심이 없었다"라고 말했다. "나는 모든 걸 직접 계산했다."[61] 아인슈타인도 상수 값을 공표한 표를 멀리하면서 똑같은 말을 했다.[62] 이들은 스스로 할 수 있을 때까지는 어떤 것도 이해한 게 아니라고 경고한다. 이해란 개인적 과정이며 가르칠 수 없다.
- **오컴의 면도날**Occam's razor: **단순성을 찾아라.** 늙은 탐구자처럼 개척하는 과학자는 가볍게 여행해야 한다. 아인슈타인은 다음과 같이 말했다. "가능한 한 단순하게 하라. 그보다 더 단순한 게 없게 하라." 그걸로 충분하다.
- **센트죄르지의 원리**Szent-Györgyi's principle: **자연은 검약적이다.** 단순성의 법칙과 검약의 법칙은 서로 연결된다. 대상이나 개념을 불필요하게 늘리지 말고 오히려 이들의 조합을 탐구하라. 센트죄르지가 충고했듯이 사과, 바나나, 인간은 체계의 각기 다른 측면을 강조하는 동일한 화학 원리에 따라 동일한 화학 물질을 활용한다.[63] 자연은 이렇게 검약적 방식으로 짜여 있다.
- **베이트의 원리**Bate's principle: **간단한 해답은 복잡한 문제를 자세히 이해했을 때만 떠오른다.**[64] 단순성을 인식하고 이용하는 기술은 암벽을 오르는 일만큼 어렵다. 신출내기가 보기에 아이젠, 피톤, 자이젠 등 등

산 도구가 필요한 깎아지른 절벽이 경험 많은 산악가에게는 사다리만 있으면 그만인 식은 죽 먹기로 보일 수 있다. 이처럼 암벽 오르기가 쉽다고 판단할 수 있는 능력은 충분한 기술이 있을 때만 가능하다. 이는 테니스 경기 문제가 주는 교훈이기도 하며, 반트 호프가 동료들이 다양한 해답(분자 비대칭성, 원자가, 동형 등)이 필요한 많은 문제라고 생각한 사안이 사실은 간단한 답(즉, 원자의 모양)을 가진 문제 하나의 여러 측면이라는 점을 알았을 때 느낀 교훈이다. 각각의 경우에서 단순성은 그저 단순하게 만든다고 되는 게 아니라 원리를 이해하는 일이 필요하다. 따라서 단순성을 단순화와 혼동하지 마라.

- **디랙의 원리**Dirac's principle: **아름다움을 찾아라.**[65] 아리아나가 보고서에서 명확히 말했듯이 과학자는 예술가 못지않게 열광적으로 아름다움을 구하는 사람이다. 흔히 이는 현실의 추악함을 간과하거나 무시한다는, 또는 이를 꿰뚫어 본다는 점을 뜻한다. 더불어 이는 마이어의 법칙을 따른다는 점을 뜻한다.
- **마이어의 법칙**Maier's law: **자료가 이론에 맞지 않으면, 자료를 무시하라.**[66] 언젠가 하이젠베르크는 아인슈타인에게 몇몇 이론을 포기한 적이 있다고 말했다. "좋은 이론은 관찰 가능한 양에 바탕을 두어야 하기" 때문이다. 그런데 아인슈타인은 다음과 같이 대답해 하이젠베르크를 놀라게 했다. "그렇지 않습니다…… 사실 관찰한 현상이 어림셈법으로 유용하다고 교묘히 말할 수도 있지만, 관찰 가능한 양 하나에만 근거를 두어 이론을 구성하는 일은 완전히 잘못된 방식입니다. 현실에서는 정반대의 일이 일어납니다. 우리가 무엇을 관찰할지 결정하는 요인은 이론이라는 말입니다."[67] 따라서 자신이 아는 자료에만 파묻히지도, 그 정확도에 깊이 의존하지도 말아야 한다. 크릭은 왓슨과 함께한 DNA 연구를 다음과 같이 자평했다. "DNA 연구에는 왜 실험 자료를 **최소한**으로 써야 하는지를 설명하는 타당한 이유(그 이유

는 단지 미학의 문제가 아니었고 연구를 재미있는 게임이라고 생각했기 때문도 아니었다)가 있었다. 우리는 브래그, 켄드루, 퍼루츠가 실험 자료 때문에 **잘못된 길**로 갔다는 사실을 알았다. 따라서 **우리**는 어떤 시간에 얻은 모든 실험 증거를 **버릴** 준비가 되어야 한다. 잘못된 길로 갈 수 있기 때문이다."[68]

- **아가시의 법칙**Agassi's law: **이론을 뒷받침하는 모든 자료가 믿을 만하지는 않다.**[69] 아가시의 법칙은 마이어의 법칙을 보완한다. 삶과 마찬가지로 과학에서도 우리는 자신이 가진 선개념에 맞는 자료를 믿는 경향이 있다. 심지어 우리 욕망에 맞추어 자료를 왜곡하기도 한다. 그렇게 해서 우리는 다른 해석이 더 나을지도 모르는 증거에 기반을 두어 틀린 이론을 구성한다. 안타깝게도 약화시키기에 가장 까다로운 자료는 의심할 이유가 없는 자료다. 최근에 과학적 사기가 빈발하게 일어나는 현상을 주의 깊게 본 사람이라면, 그 모든 일이 과학 공동체가 기대하는 바에 맞추려고 거짓 자료를 꾸며 내는 일에서 발생했다는 사실을 알 것이다. 교훈은 분명하다. 자신이 가장 믿는 자료를 의심하라. 아리아나의 말을 빌리면 '이단자의 믿음'을 지녀라.
- **리히터의 규칙**Richter's rule: **새로운 이론은 현재 있는 모든 자료를 사실이나 인공 사실로 설명해야 한다.** 마이어와 아가시의 법칙에는 또 다른 보완 규칙이 필요하다. 그렇지 않으면 우리는 어느 이론에나 맞는 자료를 집어 선택할 수 있다. 이런 규칙하에서 이론은 어떤 자료가 인공 사실이라 무시할 수 있는지, 왜 그런지를 정하는 경계 조건을 명시적으로 설정해야 한다.

아, 제니가 내 옆구리를 찌른다. 좋다. 이 정도면 충분하다. 나는 이런 전략을 사용하는 구체적 방법도 목록화했는데, 너무 상세해서 우리가 논의하는 목적에 맞지 않는 것 같다.[70] 지금 말한 목록으로도 족하리라.

결론은 무엇이냐? 여러분은 이제 내가 여기서 우리가 성취한 생각이 얼마나 중요한지 따져보고 싶은 만큼, 우리 논의를 너무 심각하게 보지 말았으면 한다는 사실을 잘 알리라. 결국 과학은 아주 잘 통제된 형식의 놀이며, 더 이상 재미가 없으면 다른 게임을 찾아야 할 때가 온 것이다. 이런 정신에서 발견하기 프로젝트 동료들에게 「괴짜 되는 방법」이라는 시를 바친다.

> 폭넓게 훈련하라. 크게 생각하라. 크게 도약하며 전진하라.
> 모험 없이 얻는 것은 없다. 논리를 죽이는 직관에 따라라.
> 무지를 껴안아라. 분야를 바꿔라. 독학자가 되라.
> 오류를 저질러라. 바보 같은 질문을 해라. 유일한 사실을 피하고 행동하라
> 어린아이처럼 행동하라. 단순하게 생각하라. 머리와 꼬리를 근본적으로 뒤바꿔라.
> 늘 시도하라. 부정하지 마라. 실패할 때까지 밀고 가라.
> 사변을 펼쳐라. 연결 지어라. 호기심을 따라라.
> 미학적으로 뛰어난 테마를 지녀라.
> 괴짜가 되라. 독단에 도전하라. 불가능한 것을 하라.
> 꿈을 꿔라. 더 나은 걸 상상하라. 시를 짓듯 이론을 만들어라.
> 사건을 예측하라. 실험하라. 절대로 남에게 맡기지 마라.
> 정확성과 회의주의를 추구하라. 비판은 좋은 것.
> 연극하라. 추상화하라. 유형을 형성하고 인식하라.
> 모형화하라. 느껴라. 은유와 유비를 만들어라.
> 어림셈법, 확률 규칙은 안내자다.
> 고집스럽게 계속하라. 그래도 편집증에 빠지지는 마라.
> 애매모호함, 이상함, 타당하지 않은 목표를 추구하라.

먼저 웃어라. 오해하라. 존중은 나중에.
즐겁게 일하라. 재미있게 연구하라. 독립을 갈구하라.
자유를 찾아라. 자기만족을 추구하라. 책임에서 벗어나라.
이것들을 실천하면 생각도 못한 놀라움을 발견하리라.
오른쪽 길에서 왼쪽으로 우회하라. 낡은 독단은 고쳐진다.
그러니 이제 모두 좋은 생각을 시작하라.
발견하기와 발명하기보다 더 나은 삶은 없다!

대화록: 토론

임프 하! 여기에 모든 걸 요약했어! 해 줄 말 있어?

리히터 일부러 반대를 위한 비판을 해 보지. 난 네가 제시한 많은 원리가 서로 모순된다고 봐. 더 일관성 있게 만들 수 없어?

임프 물론 가능하지! 그러면 중요한 요소를 모두 잃어버리겠지만. 난 정교하고 이상적인 과학 방법론을 만들려고 하지 않았어. 단지 과학자가 실제로 연구할 때 나타나는 수많은 애매모호함을 다루는 방법을 알리고 싶을 뿐이지. 그러니까 나는 한 단계씩 밟아가는 절차가 아니라 자기 조절적으로 미지의 분야에 들어가는 항상적 전략과 전술 **체계**를 주려고 했어. 그런 조절 **체계**에 늘 반대되는 체계가 함께 균형을 이룬다는 점은 유감이지만, 그럴 수밖에 없지.

리히터 좋아. 하지만 넌 스스로 자신의 충고, 즉 '문제를 근본적으로 뒤집어라'를 실천하지 못했어. 균형을 맞춰 보자. 가령 넌 불필요한 우회로는 어떻게 피할 거지? 난 에른스트 마이어가 작성한 성공적이지 못한 전략 목록이 더 유용한 것 같아. 마이어는 두 영역에 걸쳐 있는 문제는 다루지 말라고 했어. 어떤 영역에도 잘 확립된 이론은 없으니까. 19세기 유전학자들이 연구 가능한 이론을 발전시키는 일에 실패한 건 유전과 배발생 이론을 동시에 정식화하려고 시도했기 때문이야. 그렇게 결합한 문제에 있는 복잡성은 유전 문제의 단순성을 숨겼지. 분야를 성공적으로 결합하는 일은 한 분야가 다른 분야를 연구하는 모형을 줄 때만 가능해. 따라서 면역계에 있는 기억을 마음에 있는 기억을 연구하는 모형으로서 사용하는 일은 삼가야 해. 우리는 아직 자기-비자기 지각 같이 면역학적 기억이 하는 기본 기능도 이해하지 못했으니까.

또 마이어는 다음과 같은 목록을 빈약한 연구 전략이라고 보았어. 즉, 일반 문제 영역을 하위 문제로 나누지 못하는 전략, 수없이 많은 사례를 정교화해 이미 인정된 원리를 반복해서 입증하는 전략, 결과를 설명하거나 이론을 시험하는 일에 결과를 활용하는 시도 없이 관찰만 기록하는 전략, 반직관적인 결과에 직면한 어떤 연구 프로그램을 그 논리적 결론에 이르기까지 이끌고 나가지 못하는 전략, 끝난 연구 프로그램을 버리지 못하는 전략, 대안적 설명을 고려하지 못하는 전략, 자연 법칙을 너무 이르게 정식화하는 전략, (이건 동의하지 않아. 여기서 마이어는 과학의 진보에서 단순화와 오류가 하는 역할을 놓친 거야.) 틀린 이론이라도 옳은 관찰에 기반을 둘 수 있다는 점을 인정하지 못하는 전략.[1]

나도 몇 가지 전략을 추가할게. 현재 있는 문헌에 압도돼 아무것도 못하는 전략, '오래된 관찰'을 무시하는 전략, 대안 이론을 조사하기도 전에 너무 이르게 한 가지 이론을 고수하는 전략(쉽게 말하면 가능한 한 선택권을 널리 열어 놓지 않는 전략), 한 가지 방법이나 입증 기술에 지나치게 의존하는 전략, 특히 실험과학자가 범하는, 이론을 무시하는 전략, 가설과 결과의 타당성을 위해 경계 조건을 이론적으로 정의하거나 실험적으로 식별하지 못하는 전략, 연구에 있는 오류나 모순을 인정하지 않는 무능력, 그것('그것'이 무엇이든)이 존재한다면 이미 찾아냈을 거라는 믿음, 절대로 자료 너머로 향하지 않는 따라서 함축을 일반화하거나 시험하지 못하는 전략.

여기까지 할게. 요점은 무엇을, 왜 연구하는지 주목하는 것만큼 무엇을, 왜 연구하지 않는지도 관심을 기울여야 한다는 거야.

콘스탄스 나는 우리가 그 점을 어느 정도 설명했다고 생각해, 리히터. 잊지 마, 헌터와 나는 왜 어떤 사람(파스퇴르나 플레밍)은 발견을 이루어 내는데 어떤 사람(미처리히, 비오, 앨리슨 등)은 못하는지를 이해하려고 많은 시간을 연구했어. 이게 중요한 질문임은 분명해.

임프 난 내 보고서에서 네가 내린 결론의 많은 부분을 암시했어. 또 내가 지은 시의 첫 구절에도 있고. 하지만 내가 또 이런 안내서를 쓴다면 그 때는 네 조언을 염두에 둘게. 그때까지는 확실한 건 아니지만 내가 말한 전략을 반대로 한다면 비적응적인 전략을 채택하는 걸 거야.

제니 물론 당신이 반대도 일말의 진실을 담고 있는 깊은 진리를 갖고 있지 않다면 말이지. 농담이야, 임프! 우리 이제 쉬자. 오늘 너무 긴 하루였잖아. 7시에 걸리버에서 저녁 식사 예약해 놨어. 이제 다시 각자의 길로 돌아가야 하니까.

어서 가자!

후기

지금 글을 쓰는 사람은 새로운 물리 이론을 세우려하는 수많은 위대한 시도를 지켜보았다. 그는 이런 발명들이 얼마나 많이 실패하고 성공했는지, 나중에 얼마나 변경되고 교정되었는지 기억할 수 있는 위치에 있다.

- 레옹 브릴루앵(Léon Brillouin, 물리학자. 1964)

우리는 늘 대안 설명 사이에서 아슬아슬하게 줄 탄다. 우리는 일생을 바쳤지만 어디로도 데려가지 않는 거대 프로젝트에, 근본적으로 의미 없는 짧은 연구에 (…) 겁을 낸다.

- 엘리아자르 립스키(Eleazar Lipsky, 의사 · 소설가. 1959)

흔들리지 않는 무게 추는 무게를 잴 수 없다. 흔들리지 않는 사람은 삶을 살 수 없다.

- 어윈 샤가프(Erwin Chargaff, 생화학자, 1978)

임프의 일기: 애매모호함

전술과 전략은 발견에 모두 필요하다. 하지만 발견에는 심리적 측면도 있다. 애매모호함, 불일치, 모순을 다루는 것. 감정적으로 판단하는 것 말이다.

과학을 하면서 가장 어려운 부분은 자연을 속속들이 이해할 수 없다는 점이다. 스노는 발견하기와 사랑에 있는 특성을 비교했다. "갑자기 무의식이 통제권을 잡는다. 어떤 것도 나를 막을 수 없다. 나는 늙은 어머니 자연Old Mother Nature을 복종하게 만들었다는 사실을 안다. 그리고 말한다. '잡았다, 이 여우 같은 것.' 나는 그녀를 내가 원하는 곳에 데려간다. 그리고 아무런 적의가 없다는 걸 보여 준다. 나는 그녀를 애정 어린 손길로 꼬집는다."[1] 그렇다. 하지만 스노는 결국 늙은 어머니 자연이 나를 거부하고 애원하게 만든다는 사실은 말하지 않았다! 이건 너무 절망스러운 일이다.

아미노산 짝짓기가 좋은 예다. 마침내 생리적 체계에서 기능하는 두 가지 가능한 사례를 찾았다. 피브리노겐 응집과 생식 호르몬 통제다. 둘리틀Doolittle은 작은 펩티드가 피브리노겐 응집을 방해한다는 사실을 발견했다. [피브린은 혈전을 형성하는 일에 관여하는 혈액 단백질이다.] 결합 장소는 모른다. 아미노산 짝짓기 가설에 따라 예측한 것이다. 또 다른 작은 펩티드(피브리노 펩티드 A)에 있는 한 장소에서 결합 시험을 했고, 잘 작동했다.[2] 안타깝게도 똑같은 기술로 결합 장소를 찾기에 피브리노겐은 너무 크다. 더 나쁜 건, 피브로넥틴 등을 이용해 원인에 접근하는 연구는 작동할지도 모른다는 점이다. 힘들다.

LHRH[황체형성 호르몬-방출 호르몬]길항제에 관한 문헌을 읽으면 오르츠R. J. Orts, 브루오트Bruot, 사틴Sartin이 BPART[소과 송과체 반재생성 트리펩티드][3]에 대해 연구한 문헌을 찾을 수 있다. BPART는 LHRH의 생리적 활동을 방해한다. 둘 모두 송과선에 있고 고환에 작용한다. 정확히 아미노산 짝짓기다. 이것들은 결합할까? 그렇다![4] 서로 특이적으로 결합한다. '분자 샌드위치'보다 훨씬 더 특이적이다. 믿기 어려운 사실이다. 모든 펩티드 호르몬은 펩티드 길항제(항호르몬, 항신경 전달 물질)와 화학적으로 상보적이지 않을까. 상호 결합을 통해 분리도 가능하리라. 상보적인 수용체 체계도 있을 것이다. 완전히 항상적인 통제 체계다. 아주 흥미롭다.

게다가 LHRH-BPART 쌍은 메클러-블랙록-스미스 가설로는 예측할 수 없지만, 내 음성 제어로는 가능하다. 발전한 것 아닌가?

틀렸다! 내가 연구를 마치자마자 보스트K. L. Bost와 블랙록은 자신의 가설에 따라 ACTH[부신피질자극호르몬, 일명 '스트레스'호르몬]에 상보적인 배열 순서를 합성했고, 당연히 서로 결합했다![5] 당연히 그들은 내 가설을 시험하지도, 내 결론을 인용하지도 않았다. 사실 제어할 요소는 단 하나였다. 더 나쁜 건 상보적 배열은 내 가설이 예측하는 배열과 70%나 동일했지만, 더 퇴보한 거라는 점이다. 그게 중요한가? 그들이 수행한 시험은 얼마나 뛰어난가? 그 반대로 ACTH 수용체에 대한 항체를 주장하는 건 ACTH의 상보적 배열을 안다고 주장하는 것이다! 이는 DNA의 반대 가닥이 수용체 배열을 암호화한다는 뜻이다! 게다가 두 가지 단백질의 **선형적** 배열이 블랙록의 결과가 제시하는 것처럼 3차(3차원으로 접히는) 상보성을 지닌다면, 단백질 접힘이라는 미해결 문제를 이해할 길이 열린다. 상보적 아미노산 배열은 상보적 접힘 구조를 만드는 것이다.

이 모든 결과가 사실일까? 늙은 어머니 자연이 결국에 나를 좌절시키려고 안달나게 하는 게 아닐까? 아니면 어머니 자연이 블랙록과 밀고 당기기 게임을 하는 걸까? 아니면 우리 둘하고도? 애원하는 자가 누구인가?

한 가지는 확실하다. 중심 원리에 도전하는 게 얼마나 무모했는지와 상관없이, 예상하지 못한 결과라는 성과를 얻었다. 나는 내가 원하는 곳에 도달했다. 지식의 경계에! 이제 실제로 '발견하기 안내서'가 얼마나 유용한지 잘 알았으리라. 그리고 발견에도 그만의 한계가 있다.

제니의 수첩: 결론은 질문이다

말할 필요도 없이 여러 번의 토론과 일기, 메모를 베끼고, 편집하고 정리하는 데 몇 달이 걸렸다. 친구들에게 내용을 교정받아야 하는 문제도 있었다. 운 좋게도 친구들은 우리 토론의 정확한 모습을 보여 준다는 취지로 거의 고치지 않았다(조금 꺼림칙해 하는 사람도 있었지만). 오늘은 마침내 모든 원고를 임프의 책상에 갖다 놓았고, 임프는 출판사에 가져가기 전에 한 번 더 꼼꼼히 살펴보았다. "벌써 확인했어." 내가 말했다.

임프는 운동화를 신고 있었다. 본래 모습인 활기 가득한 임프로 돌아와 있었다. "어떻게 생각해?" 그가 물었다.

"어린아이가 하는 장난 같지." 내가 말했다. "농담이야. 사실 아주 중요한 점이 있다고 생각해. 특히 나는 우연한 발견이라는 현상이 연구의 논리에서 발생하는 예기치 않은 놀라운 결과라는 재해석(이 점이 연구 전략을 찾는 당신의 작업을 더 그럴듯하게 해 주었지)이 흥미로웠어. 그래서 정당화의 맥락과 발견의 맥락이 동일할 수도 있다는 생각이 들었지. 그건 내가 과학적 방법과 결정적 실험의 역할에 대해 배운 내용과 달랐어. 즉, 가설을 설정하고 시험을 한다는 통념, 입증과 반증이라는 통념과는 달랐어. 그 대신에 우리는 복수의 가설이 생성되고 그 모든 가설에는 결함이 있다고 주장했지. 이 가설들은 과학적 실천을 변화시키는, 각 개인이 지닌 저마다의 기준에 따라 평가받아. 그럼 이런 복수 가설은 어디에서 올까? 귀납? 연역? 추론? 다시 한 번 우리는 이미 인정받는 독단을 거부했지. 우리는 가설이란 문제(자료와 이론 사이의 불일치)를 통해 생성되고 이 불일치에 내재된 기준에 따라 정의된다고 결론 내렸어. 귀납과 연역은 입증하고 반증하기 위한 방법이지 문제를 생성하는 방법이 아니니까 과학적 사고를 기술하려면 새로운 방법을 고안해야 해. 우리는 과학적 발견을 설명하는 초점은 독특한 자료, 이론, 문제, 개인적 성향의 결합체인 과학자 개인이어야 한다는 점에 동의했지.

이렇게 과학에 대한 이해를 재유형화하는 일은 혁신이 일어나는 맥락을 제공해. 과학은 점점 증가하는 시험과 관찰의 축적으로 성공적으로 좁혀진, 현상에 맞는 가능한 모든 설명을 정교화하는 것이라는 아리아나의 정의. 물론 다양한 생각도구, 전환적 사고, '공감각적 과학'도 정의에 포함되지. 발견 과정을 설명하고, 새로움을 평가하는 근본 기준, 연구를 안내하는 테마를 기술한 콘스탄스의 모형. 과학적 훈련을 보완하는 요소로서 도제 관계와 독학을 강조한 헌터의 주장. 또 새로운 과학을 형성할 때 분과와 전통을 다양하게 섞는 것이 높은 생산력을 낳는다는 사실. 마지막으로 혁신을 이끄는 장려책, 모험적 연구라는 개념까지. 그리고 리히터가 말한 문제 유형(나는 서로 다른 문제가 얼마나 많은지, 그 각각의 문제를 해결하려면 얼마나 다양한 방법이 있어야 하는지 생각해 본 적 없었어)과 과학 발전을 기술하는 진화 모형. 패러다임적 독단을 고수하기보다 반대를 표하는 행위가 탐사 과학이라는 당신의 주장. 그리고 고장 허용이라는 생각(이런 생각에는 이미 익숙하지만!). 더 일반적으로 말하면 나는 전체적 사고, 유형 형성, 추측하기, 틀린 가설, 우회로를 염두에 두기, 직관 및 어떤 주제를 보고 생기는 느낌을 계발하기라는 주제가 흥미로웠어. 이 정도면 잘 요약한 건가?

임프는 일어나서 기지개를 켰다. "당신이 말한 깨달음 모형을 빼먹었잖아." 임프는 내 자존심을 부드럽게 만져 주었고 우리 둘 다 그걸 알고 있었다. 그다지 즐거운 일은 아니었다.

"글쎄. 다시 생각해 봐. 나는 우리(리히터가 가장 수고했지만)가 모든 내용을 일관성 있게 맞추었다는 점이 놀라워. 궁금한 건 다른 집단의 사람이 모였다면 결론이 달라졌을까 하는 거야. 아리아나나 리히터가 바빠서 못 왔다면 어떻게 되었을까."

"나도 그 점을 생각했어." 임프가 준비 운동을 하고서는 대답했다. "물론 다른 방식으로 창조적 종합이 일어났겠지. 아니면 그런 종합이 일어나지 않았을 수도 있고. 우리는 분절되고 따로 떨어진 이미지만 보는, 코끼리 다리를 만지는 맹인 같았을지도 모르지.[1]

하지만 나는 어떤 과학자 집단이든 우리가 한 것과 중첩되는 그림을 그렸을 거라고 생각해. 서로 강조하는 요소가 달라도 말이야. 철학자가 역사가와 동일한 질문에 초점을 맞출 거라 기대할 수 없지. 또 이론물리학자가 우리와 동일한 관점에서 과학을 보리라 기대할 수도 없고. 우리가 사회학자나 인류학자라면, 각자 다른 시각을 가졌을 거야. 하지만 철학자, 역사학자, 심리학자, 이론과학자, 실험과학자가 모두 만나는 곳이 있어(나는 그 공통 지대를 만들 수 있다고 생각해). 우리는 주어진 자료에 따라 가능한 해답의 유형이 무엇인지 한계를 정할 수도 있어. 그리고 그 중에서 자료를 의미 있게 조직할 수 있는 더 흥미로운 방식들이 있겠지. 이렇게 시작하는 거야."

"시작? 아직도 안 끝났어?"

"안 끝났어." 임프가 웃으며 말했다. "더 중요한 건 하지도 않았는데."

"그게 뭔데?"임프는 잠시 생각하더니, 크게 웃으며 말했다. "우리가 풀지 못한 모든 문제, 잇지 못한 모든 연결, 묻지 않은 모든 질문!" 그는 진심이었다. "우리가 여기서 성취한 것, 아니면 성취한 게 있는지 여부는 아무래도 상관없어. 중요한 건 오직 어떤 효과를 미쳤는가 하는 거야. 아리아나와 콘스탄스가 했을 일에 대해, 리히터의 창의성에 대해, 헌터가 연구를 가르치고 수행하는 방식에 대해, 학생들이 어떻게 과학을 하는지에 대해, 아니면 당신의 경우는 역사겠지. 또 연구비에 대해, 연구하는 자유에 대해, 과학을 위해 우리가 양성하는 사람에 대해. 우리는 사람들이 이런 주제를 다르게 생각하도록 만들었나? 이게 중요해. 그리고 이건 우리가 제어할 수 없는 문제이기도 하지."

임프는 계속해서 말했다. "당신이 나의 대답, 나의 깊은 희망을 알고 싶다면, 그건 이 원고가 수십 년 동안 혼자서 과학을 변화시키고자 노력하는 또 하나의 다윈과 퀴리에게, 보잘것없는 자리에서도 더 나은 미래를 꿈꾸는 반트 호프와 매클린톡에게, 과학자로서 자신을 탐탁지 않게 생각하는 분과에 자리한 아레니우스에게, 특허청에서 홀로 연구한 아인슈타인에게, 인도에 있는 작은 마을에서 스스로 훈련하는 라마누잔에게가 닿기를 바랄 뿐이야. 우리가 여기서 말한 내용 그리고 한 것이 이들이 자신만의 방식으로 과학을 계속하도록 힘을 준다면, 우리는 중요한 일을 해낸 거야. 우리가 이전에는 생각하지 못한 연구를 하는 하나의 전략, 생존에 유용한 하나의 전술이라도 줄 수 있다면, 그게 전부야. 우리가 이들만이 유일하게, 그토록 어렵게 연구를 해야 한 사람이 아니라는 확신을 줄 수 있다면, 계속 싸워나갈 용기를 얻을 수 있을 거야."

"아니면 이런 사람들이 있다는 현실을 알고서 직접 교육에 나섰던 또 다른 휘닝, 에들룬드, 슈미트를 도울 수 있겠지." 내가 덧붙였다.

"맞아. 혹은 (크게 생각하면!) 억만장자 박애주의자를 일깨울 수도 있겠지! 록펠러 연구소와 맥아더상 연구비는 진정으로 창의적인 과학자들이 필요하다고 썼던 과학자들의 책과 에세이를 읽고 영감을 받아 설립한 것이니까." 임프가 잠깐 멈추었다가 다시 말했다. "하지만 난 그저 한 사람을 돕는 일로도 만족해. 누가 알겠어? 작은 것이 세상을 바꾸는 법이잖아." 그렇게 말하고서 그는 문을 나섰다.

어떤 위원회가 전통을 몰아내는 일을 묵인하리라고 기대하기는 어렵다. 오직 개인만이, 한 집단을 책임질 필요가 없는 개인만이 그런 일을 할 수 있다. 이제 돈에서 자유로운 사람, 자유로운 학자는 사라지고 있으니, 최상의 창조성을 발휘하기에 필요한 독립성과 무책임성이라는 조건을 어디서 찾을 수 있을까?

- 개릿 하딘(Garrett Hardin, 생물학자 · 과학사학자, 1959)

우리가 택한 체계가 무엇이든 체계는 혁명가에게 관대해야 하고, 착한 사람에게 주는 상 같은 건 없어야 한다. (…) 학생들이 스스로 생각할 수 있게 훈련하지 않는다면(그들 스스로 생각하게 허락하지 않는다고 말하는 방식이 더 공정하리라), 나중에 우리가 주는 어떤 기회도 아무 소용이 없을 것이다.

- W. W. C. 토플리(William Whiteman Carlton Topley, 의사, 1940)

과학자가 스스로 조직을 이룰 때, 학계, 대학, 사회, 정부가 과학에 내린 선고를 존중하고 지키기 시작할 때, 그때가 위험이 닥치는 순간이다. 그런 날이 와서는 안 된다!

- 클리퍼드 트루스델(Clifford Truesdell, 수리물리학자 · 과학사학자, 1984)

감사의 글

이 책을 나의 아내 미셸과 부모님, 모린과 모르트께 바친다. 그들은 필요한 모든 지원을 내게 주었다. 그런 도움이 없었다면 이 책을 쓰지 못했을 것이다. 또 왜 과학이 아니라 과학사를 연구하는지 알고 싶어 했던 나의 형제 릭에게도 바친다. 이 책이 그 답이다.

책을 쓰면서 여러 단체에 도움을 받았다. 이 책의 단초는 대학원에서 시작되었고, 그곳에서 댄포스와 휘팅 장학금의 지원을 받았다. 좀 더 연구를 진척시키고 내용의 큰 부분을 완성할 수 있던 건 맥아더상 연구비 덕분이었다.

나의 아내 미셸, 부모님, 짐 앳킨슨, 티모시 페리스, 마이클 기셀린, 모트 그린, 대니얼 케블즈, 데이비드 린도스, 헬렌 사무엘스, 아트 유윌러는 책 전부 또는 일부를 읽고 논평해 주었다. 모두에게 감사드린다. 다른 사람들도 알게 모르게 많은 도움을 주었다. 알기르다스 아비지에니스, 돌턴 딜런, 에드 프리먼, 스콧 길버트, 앨런 킹맨, 토머스 쿤, 제이 라스트, 돈 맥에크론, 데이비드 사무엘, 아놀드 세이드, 시릴 스탠리 스미스, 톰 반 산트에게 도움받았다. 우정을 보여 주고, 시간을 내 주고, 흥미롭게 봐

주고, 대화해 준 모든 사람에게 감사드린다.

조너스 소크와 아트 유윌러는 연구할 공간을 제공해 주어 특히 감사드린다. 제임스 보너가 그랬듯이 고인이 된 제임스 다니엘리와 데이비드 펠턴은 여기에 인용한 별난 이론과 실험을 이해할 수 있도록 도와주었다. 그렇지 않았다면 감히 이런 작업을 할 수 없었을 것이다. 프레드 C. 웨스트올은 수많은 무모한 실험을 함께 했고, 자신의 귀중한 경험을 나누어 주어 특별히 감사드린다.

또 원고, 희귀 서적, 사진을 찾을 수 있게 도와준 사서와 기록물 담당자들에게 깊이 감사드린다. 제럴드 게이송은 파스퇴르의 원고를 소개해 주었고, 마리 로르 프레보스트는 파리 국립 도서관에 있는 파스퇴르 문서로 안내해 주었다. 귄 맥팔레인은 대영 박물관에 있는 플레밍 문서에 대한 지식을 친절하게 나누어 주었다. 구스타프 아레니우스는 스반테 아레니우스의 여러 혈연과 만날 수 있도록 주선해 주었다. 수십 명의 사람이 탁월한 과학자가 지닌 음악적, 미술적 성향에 관한 정보를 제공해 주었다.

여러 초고를 타이핑해 준 바버라 로빈슨과 색인을 만들어 준 마샤 와이즈에게도 감사드린다.

마지막으로 이렇게나 특이한 책을 기꺼이 출판해 준 하버드대학 출판부의 앙겔라 폰 데어 리페에게 감사드린다.

이렇게 많은 빚을 져서, 각종 비판, 오류, 오기 및 누락, 편집상의 문제에 보통보다 무거운 책임감을 느낀다. 또 이 책에 등장하는 인물은 살았든 죽었든 어떤 특정 인물을 나타내지 않는다. 실제 인물을 언급하기도 하지만 여섯 명의 주요 인물은 온전히 허구다.

주

서문 : 사실과 허구에 대하여

1. Bernal, 1939, xv
2. Beveridge, 1950/1957, 219쪽을 보라
3. Bernal, 1954, 5쪽에서 인용
4. Snow, 1934/1958, 258~260쪽
5. Tolstoy, 1899/1984, 99쪽
6. Goldsmith, 1980, 230쪽에서 인용
7. Bernard, 1927/1957, v에서 인용
8. Weisskopf, 1977, 410쪽
9. Chesterton 1924/1956, 3쪽

준비 : 과학에 대한 과학을 향하여

제니의 수첩 : 개구쟁이의 이상

1. Bronowski, 1958, 60쪽
2. Snow, 1934/1958, 13쪽
3. Arthus, 1943, 373쪽을 보라
4. Snow, 1934/1958, 258~260쪽을 보라

임프의 일기 : 불만족

1. Poincare, 1905, 14쪽
2. Truesdell, 1984, 91쪽
3. Huxley, 1956, 33~69쪽
4. Szent-Györgyi, 1961, 49쪽

제니의 수첩 : 문제가 되는 영역 정의하기

1. 『학문의 진보(2권)』, Moulton & Schifferes, 1960, 133쪽에서 인용
2. McConnell, 1969, 251~252쪽에서 인용; Weber, 1973, xv-xvi
3. Judson, 1980, 3쪽에서 인용
4. Winkler, 1985에서 인용
5. Pauling, 1961, 46쪽
6. Harwit, 1981, 9쪽
7. Ritterbush, 1968, iv

임프의 일기 : 아무도 신경 쓰지 않아

1. Klemm, 1977, x를 보라

대화록 : 새로움 얻기

1. Richet, 1927, 129쪽; Alvalez, 1932; G. P. Thomson, 1957, 11쪽; Feldman & Knorr, 1960, 12쪽; Hilts, 1984, 142쪽; Lightman, 1984; Lehman, 1953
2. Sadoun-Goupil, 1977, 6, 48, 103~108쪽
3. Herold, 1962; Crosland, 1967; Sadoun-Goupil, 1977, 43~47쪽
4. La decade egyptienne, 1799~1801, I: 10~14, 78, 80, 83, 129, 221, 293, 295, 296쪽, Ⅱ : 5, 9, 32, 59, 99, 100, 128, 166, 167, 232, 264쪽, Ⅲ : 290, 292, 298쪽
5. Guerlac, 1959; Edelstein, 1971
6. Science Digest, Dec, 1984
7. Berthollet, 1791
8. Berthollet, 1789; Lemay, 1932; Haynes, 1938, 13~17쪽; Musson & Robinson, 1969, 8장
9. Gillispie, 1957
10. Buonaparte, 1859, V, no. 3952
11. Lowinger, 1941, 1, n. 3에서 인용
12. Coleby, 1938, 39~47쪽을 보라; Duncan, 1962, 189~194쪽
13. Bartlett, 1976, 000
14. Holmes, 1962, 108쪽
15. Kuhn, 1962/1970, 52~61쪽
16. Gillispie, 1957, 170쪽
17. Vandermonde et al., 1786; C. S. Smith, 1968, 275~348쪽
18. Lavoisier, 1789, 54~55쪽
19. Berthollet, 1791, 12쪽
20. 같은 책, 1~10쪽
21. Baume, 1773, 22쪽; Laplace and Lavoisier, 1783; Guerlac, 1976
22. Lavoisier, 1789, 54쪽
23. Laplace, 1784, xii~xiii
24. Laplace, 1796, 196~197쪽
25. Duncan, 1962; Smeaton, 1963, 60~61
26. Berthollet, 1795
27. Crosland, 1967, 103, 235쪽; Court, 1972
28. La Decade Egyptienne, 1799, Ⅱ : 99~100쪽; Berthollet, 1800
29. Berthollet, 1801a, 4~5쪽; Berthollet, 1803, 1쪽
30. Berthollet, 1801a; Berthollet, 1803, 1쪽
31. Kuhn, 1962/1970

제니의 수첩 : 과학자와 예술

1. Tuchman et al., 1986
2. Besant, 1908
3. Tuchman et al., 1986, 264쪽에서 Duchamp, "Disks Bearing Spirals Made for Anemic Cinema"
4. Sekuler & Levinson, 1977, 61쪽을 보라
5. Vitz & Glimcher, 1984, 27~29쪽
6. M. Gardner, 1986; M. Gardner, 1959; M. Gardner, 1961; M. Gardner, 1977; Golomb, 1954

첫째 날 : 문제에 대한 문제

임프의 일기 : 문제 발견하기

1. Crick, 1958; Crick, 1970
2. Feynman, 1985, 166쪽; Wald, 1966, 27쪽; Cannon, 1932, 61쪽

대화록 : 과학은 어떻게 성장하는가?

1. Cannon, 1932, 61쪽
2. Kuhn, 1977, 340~352쪽; Schilpp, 1974, 1174~1180쪽에서 Popper; Schilpp, 1974, 925~957쪽; Miller, 1983, 231쪽; McConnell, 1983, 145~173쪽에서 Gombrich

3. Bronowski, 1978; C. S. Smith, 1981; J. Miller, 1983, 214쪽
4. Hoffmann, 1987/1988; Weisskopf, 1980; Chandrasekhar, 1988
5. Ossowska & Ossowski, 1935/1964, 65쪽; Walentynowicz, 1982를 보라; Price, 1963; Goldsmith & Mackay, 1964; Weinberg, 1967; Shils, 1968
6. Poincare, 1913/1946, 201쪽을 보라; Thomson, 1937, 62쪽; Needham, 1929, 251쪽
7. Zuckerman, 1977, 96~143쪽
8. Szent-Györgyi, 1961, 47쪽
9. Krebs, 1967, 1441쪽을 보라
10. Dedijer, 1966, 275쪽
11. Beveridge, 1950을 보라
12. Feldman & Knorr, 1960, 4쪽을 보라
13. Bush, 1960, 23쪽; Holton, 1975, 216~217쪽; Vijh, 1987, 9쪽
14. Brinkman et al., 1986을 보라; Thomsen, 1986, 245쪽을 보라
15. Wilde, 1931, 43쪽
16. Thomsen, 1986, 26~27쪽에서 인용
17. Price, 1963, 1~32쪽; 또한 Ben-David, 1960; Harwit, 1981, 13~54쪽; Russel et al., 1977, 330~331쪽을 보라
18. Parkinson, 1963, 193쪽
19. I. Cohen, 1985
20. American Chemical Society, 1976; Modern Photography, 1987; Popular Photography, 1987
21. Ramo, 1987; Kanigel, 1987, 50쪽
22. Zuckerman, 1977, 45, 84, 90, 171쪽
23. Beaver, 1976
24. Mellanby, 1974
25. Szilard, 1961
26. Weber, 1973, 3n에서 인용
27. Dyson, 1958
28. M. Wilson, 1972, 29~30쪽
29. Bernard 1927/1957, 41쪽을 보라
30. Millikan, 1950, 29쪽; M. Wilson, 1954, 407쪽; Brillouin, 1964, 46쪽; Kirchner, 1984를 보라
31. Schachman, 1979, 364쪽을 보라
32. Burnet, 1968, 65쪽을 보라
33. Mellanby, 1967; Mellanby, 1974; Weiss, 1971; Ziman, 1969를 보라
34. Gray, 1962; Braun et al., 1988; Nolting & Feshbach, 1980
35. Selye, 1977, 287쪽
36. Szent-Györgyi, 1966, 68쪽
37. Glass. Kneller, 1978, 39쪽에서 인용; Burnet, 1968, 11~12쪽; 또한 Crick, 1967; Badash, 1972를 보라
38. Carmichael, 1930, 14~15쪽; Peacock, 1979, 54쪽
39. Meadows, 1972, 283쪽
40. Millikan, 1950, Xiii에서 인용
41. 같은 책
42. Snow, 1934/1958, 168쪽
43. Benet, 1942
44. Wilson, 1961, 101쪽
45. Russel et al., 1977; Meadows, 1972; Armytage, 1957, Higgs, 1985를 보라

제니의 수첩 : 함축, 모순

1. Diderot, 1796/1966, 202쪽
2. Schaffner, 1980을 보라; Burnet, 1963; Jerne, 1976

대화록 : 연구 가치가 있는 문제는 무엇인가?

1. Weissmann, 1985, xviii; Thomas, 1983, 151쪽
2. J. Maxwell, 1875, 357쪽
3. Krebs and Shelly, 1974, 17쪽
4. Arthur Yuwiler, 사적 대화
5. Willstatter, 1958, 56쪽
6. Crick, 1974, 766쪽
7. Hull, 1974; Hempel, 1966; Poincare, 1913/1946; Duhem, Lowinger 1941에서 인용; Carmichael, 1930
8. Valery, 1929, 26쪽
9. Ramon y Cajal, 1947, 75쪽을 보라; Bancroft, 1928, 170쪽

10. J. J. Thomson, 1937, 16쪽; G. P. Thomson, 1957, 11쪽; 또한 Crowther, 1968, 250쪽; Mach, 1943, 367쪽
11. Richet, 1927, 44쪽; Burnet, 1968, 30쪽; Medawar, 1979, 17쪽; 또한 Osborne, 1927, 309쪽; Ramon y Cajal, 1947, 75~76쪽
12. Szent-Györgyi, 1966; 또한 Brooks, 1966, 11~12쪽을 보라
13. Carmichael, 1930, 182~183쪽을 보라; Poincare, 1913/1946; Lowinger, 1941
14. Bernard, 1927/1957, 177쪽
15. Krebs and Shelley, 1975, 95쪽
16. Heisenberg, 1958, 35쪽
17. Livinston, 1973, 286쪽에서 인용; 또한 Thomson 1957, 9쪽을 보라; Beveridge, 1980; Koestler, 1976, 95쪽; Lowinger, 1941, 126~127쪽
18. Halmos, 1968에서 변용
19. Truesdell, 1984, 594~639쪽을 보라
20. Judson, 1979, 20~21쪽에서 인용
21. Root-Bernstein, 1982c를 보라
22. Planck, 1958
23. Danielli, 1966
24. Polya, 1962
25. Szent-Györgyi, 1966을 보라; Ramon y Cajal, 1947, 120쪽; Medawar, 1979, 13쪽
26. Carlson, 1981, 246쪽을 보라; Szent-Györgyi, 1966, 116~117쪽; Rayleigh, 1942, 99쪽; Feynman, 1985; M. Wilson, 1972, 360쪽; Koestler, 1976, 111ff
27. Beveridge, 1950, 40쪽
28. Hardin, 1959, 84쪽에서 인용
29. Holton, 1973, 355쪽
30. Judson, 1984, 248쪽
31. I. Cohen, 1982, 248쪽
32. Price, 1963을 보라; Weinberg, 1967

임프의 일기 : 독단 거부하기

1. Watson, 1965, 297~298쪽
2. Lehninger, 1970, 632~633; Temin, 1981; Fraenkel-Conrat, 1979, 47쪽
3. Crick, 1958
4. Judson, 1979, 337쪽에서 인용
5. Foster, 1899, 231쪽
6. Judson, 1979, 337쪽에서 인용
7. Crick, 1970, 562쪽
8. Crick, 1967을 보라
9. Keller, 1983, 5~8, 172~179쪽을 보라; Keller, 1958, 170~172쪽
10. Chargaff, 1974, 778쪽; 또한 Chargaff, 1978, 106~107을 보라; Chargaff, 1963

둘째 날 : 계획인가, 우연인가?

임프의 일기 : 대안 가설

1. Mekler, 1969를 보라; Mekler, 1980; Ildis, 1980; Blalock and Smith, 1984
2. Root-Bernstein, 1982a

대화록 : 계획

1. Hull, 1974를 보라; Reichenbach, 1938; Braithwaite, 1955; Popper, 1959; Hempel, 1966; Feyerabend, 1981; Kneller, 1978, 68~95쪽
2. Feyerabend, 1961
3. Schiller, 1917
4. Hanson, 1961
5. Cannon, 1945를 보라; Nicolle, 1932; Beveridge, 1950; Dale, 1948; Burnet, 1968; Medawar, 1967
6. Koestler, 1976을 보라
7. Polya, 1962, 1쪽
8. Poincare, 1913/1946, 438쪽

9. Bernard, 1927/1957, 166쪽
10. Perkin, 1923, 71쪽에서 인용
11. Halacy, 1967, 12~14쪽에서 인용
12. Maxwell, 1974a, 1974b; 또한 Kneller, 1978, 80~87쪽을 보라
13. Polanyi, 1958
14. Hanson, 1958/1961; Caws, 1967; Maxwell, 1974a, 1974b
15. Harris, 1970; Gutting, 1973; 또한 Kneller, 1978, 89~91쪽
16. Nickles, 1980
17. Mullin, 1962를 보라
18. R. Vallery-Radot, 1901/1919, 86쪽에서 인용
19. 같은 책, 83쪽
20. Pasteur, 1922, I: 19~30쪽
21. Bernal, 1953, 182쪽
22. Biographical material and background from Dagognet, 1967; Dubos, 1950; Dubos, 1960; Duclaux, 1920; Geison, 1974; R. Vallery-Radot, 1884; R. Vallery-Radot, 1901/1919; R. Vallery-Radot,1954; R. Vallery-Radot, 1968
23. Pasteur 1860을 보라; Bernal, 1953; Mauskopf, 1976; Kottler, 1978; Roll-Hansen, 1972
24. Mauskopf, 1976
25. Melhado, 1980, 114쪽을 보라
26. 같은 책, 86쪽
27. Lowinger, 1941, 107쪽을 보라
28. Ritterbush, 1968, 38쪽
29. George, 1936, 84쪽
30. Root-Bernstein, 1985
31. Goldsmith, 1980, 225~226쪽
32. Dubos, 1950, 26, 96쪽; P. Vallery-Radot, 1954; Wrotnowska, n. d.; Perreux, 1962
33. Partington, 1964, 376~377쪽을 보라
34. Root-Bernstein, 1985
35. Nye, 1980
36. Franks, 1981
37. Langmuir, 1953/1986
38. Pasteur, 1860
39. R. Vallery-Radot, 1901/1919, 39쪽
40. Watson, 1968, 126쪽
41. R. Vallery-Radot, 1884, 24쪽

제니의 수첩 : 사적 지식

1. Debye, 1966, 81쪽
2. Rae, 1972, 316을 보라
3. Keller, 1983, 197~207쪽; Keller, 1986; Goodfield, 1981, 63쪽
4. Knudtson, 1985, 66~72쪽; Salk, 1983, 7쪽
5. Polanyi, 1967, 16쪽
6. Judson, 1980, 6쪽에서 인용
7. Hadamard, 1945, 142~143쪽
8. Ulam, 1976, 17쪽
9. A. Roe, 1951; A. Roe, 1953, 141ff

대화록 : 우연

1. R. Vallery-Radot, 1901/1919, 70ff; Duclaux, 1920, 40ff; Bernal, 1953, 200ff; Kottler, 1978, 90쪽; Geison, 1974, 355ff
2. Gassman et al., 1985를 보라
3. Dubos, 1950, 106`107쪽; 또한 Dubos, 1960, 34~35쪽을 보라
4. Bernal, 1953, 207쪽; Kottler, 1978, 90쪽; Duclaux, 1920, 44~46쪽; R. Vallery-Radot, 1900, 73~74쪽
5. Pasteur, 1922, Ⅱ : 18, 21, 129~120쪽; Pasteur, 1949, 345~348쪽
6. Pasteur, 1922, Ⅰ : 314~344쪽
7. Land, 1973, 163쪽을 보라
8. Pasteur, 1922, Ⅰ : 329~344, 360~363, 369~380쪽; Kottler, 1978
9. Pasteur, 1922, Ⅰ : 157쪽.
10. P. Vallery-Radot, 1968, 10쪽; R. Vallery-Radot, 1901/1919, 71쪽
11. Papiers Pasteur(이하 PP), Corresp., 11: 432~433쪽, 6: 254~258쪽; Pasteur, 1922, Ⅰ : 413~465쪽;

Pasteur, 1940, 326n; P. Vallery, 1968, 10~13쪽, 주석; R. Vallery-Radot, 1901/1919, 73쪽
12. PP, Corresp., 6: 257v, 258쪽
13. Prevost, 1977, 101쪽; Pasteur, 1922, Ⅰ: 391~405쪽; R. Vallery-Radot, 1901/1919, 81쪽; PP, Ⅰ: 70쪽
14. Pasteur, 1922, Ⅰ: 329~344, 360~363, 369~380쪽; PP, Registres de Laboratoire, 6: 17~55, 153쪽
15. Pasteur, 1940, 326쪽
16. Pasteur, 1940, 325n, 335쪽
17. R. Vallery-Radot, 1884, 30~31쪽
18. PP, Cours de Chime, Faculte des Sciences de Lille, 19v, 20쪽
19. PP, Corresp., 11: 437, 437v
20. PP, Registres de Laboratoire, 1857, cahier 2: 44, 70쪽
21. Taton, 1957, 138~141쪽
22. Root-Bernstein, 1983e, 387쪽
23. Chevreul, 1858; PP, Ⅲ: 403쪽
24. Pasteur, 1922, Ⅱ: 21쪽
25. 같은 책., Ⅰ: 314~344쪽
26. PP, Ⅲ: 406쪽
27. Pasteur, 1922, Ⅱ: 21쪽
28. Dubos, 1950, 106~107쪽; Dubos, 1960, 34~35쪽; Bernal, 1953, 207쪽; Kottler, 1978, 90쪽; Geisom, 1974, 350쪽; R, Vallery-Radot, 1885, 73~74쪽; P. Vallery-Radot, 1968, 52쪽
29. PP, Ⅲ: 396, 405v, 406쪽
30. Pasteur, 1922, Ⅱ: 129~130쪽
31. 같은 책., Ⅰ: 369~380쪽
32. Elstein er al., 1978
33. Nickles, 1980을 보라
34. Nagel & Newman, 1960, 12쪽을 보라
35. Thomson, 1937, 28쪽
36. Huxley, 1882, 173~174쪽; 또한 Bernard, 1927/1957, 40쪽을 보라
37. Medawar, 1969, 33쪽
38. Hardy, 1874, Chap. 5
39. Bliss, 1982를 보라
40. Judson, 1980, 69쪽에서 인용; 또한 Ramon y Cajal, 1947, 83쪽을 보라
41. Goldschmidt, 1956, 150~175쪽을 보라; Willsatter, 1965, 65쪽
42. Bernard, 1927/1957, 31쪽

제니의 수첩 : 마음의 눈

1. R. Jones, 1978/1979, 41쪽에서 인용
2. Pearl, 1923, 85~89쪽; Root-Bernstein, 1983c
3. McCain & Segal, 1978, 25~26. fig. 1.을 보라; Kirchner, 1984
4. Shaler, 1909; Rapport & Wright, 1964, 43~47쪽
5. Bibby, 1960, 111쪽
6. R. Jones, 1978/1979, 41쪽에서 인용
7. Margenau & Bergamini, 1964, 112쪽
8. Frisch, 1979, 72쪽
9. Gregory, 1916, 86쪽에서 인용
10. J. Thomson, 1937, 226쪽
11. Root-Bernstein, 1958를 보라; Root-Bernstein, 1987c; Goldschmidt, 1956, 18쪽; Ramon y Cajal, 1947, 134~135쪽; Zigrosser, 1955/1976, 14~15쪽

임프의 일기 : 놀라운 결과

1. Root-Bernstein, 1983b; Root-Bernstein, 1984b; Root-Bernstein & Westall, 1984c; Root-Bernstein, 1987a

셋째 날 : 연구의 논리, 발견의 놀라움

임프의 일기 : 경쟁

1. Root-Bernstein, 1982a, 1982b

2. Meckler, 1969; Meckler, 1980; Cook, 1977; Kauffmann, 1986; Blalock & Smith, 1984
3. Grafstein, 1983

제니의 수첩 : 몸은 마음의 일부

1. Lipsky, 1959, 248쪽을 보라; Taton, 1957, 44쪽
2. Olmsted & Olmsted, 1961, 53쪽을 보라; Olby, 1966, 106~107쪽; Gregory, 1916, 6쪽; Clark, 1968, 84~91, 161~162쪽; Bell, 1937, 421ff
3. Michelson in Livingston, 1973, 111~115쪽; Muller in Carlson, 1981, 174~175쪽; Szent-Györgyi in Wilson, 1972, 10쪽; 다른 사례: Metchnikoff in Dekruif, 1926, 208ff; Banting in Bliss, 1982, 106ff; Bohr, Born, and Pauli in Heilbron, 1985, 391쪽; Archibald Couper, Ignaz Semmelweis, Ludwig Boltzmann, Wallace Carothers in Dictionary of Scientific Biography
4. Forman, 1981, 24쪽

대화록 : 발견의 확률

1. Cannon, 1945, 68쪽에서 인용; 그리고 Austin 1978, 부록 A에서 인용
2. Austin, 1978
3. Judson, 1980, 69쪽에서 인용
4. Krebs & Shelley, 1975, 22쪽에서 Karl Popper
5. 같은 책에서 Manfred Eigen
6. M. Wilson, 1972, 14쪽
7. Pauling, 1961, 46쪽; 또한 Smith, 1910, 142쪽을 보라
8. Cannon, 1945를 보라; Dale, 1948; Beveridge, 1950, 37~55쪽; Shapiro, 1987; Hannan er al., 1987
9. Cannon, 1945, 71쪽
10. Olmsted & Olmsted, 1952/1961, 83ff; Holmes, 1974
11. Richet, 1927
12. Duclaux, 1896/1920, 280~285쪽을 보라; R. Vallery-Radot, 1901/1919, 392쪽; Cannon, 1945, 72쪽; Dubos, 1950, 327쪽
13. Cadeddu, 1985
14. Pasteur, 1880; 또한 Ramon y Cajal, 1893/1951, 139쪽을 보라
15. Cannon, 1945, 72쪽; Bliss, 1982, 26n; Beveridge, 1957, 38쪽; Dale, 1948, 453쪽
16. Houssay, 1952, 112~116쪽; Bliss, 1982, 26쪽
17. Houssay, 1952
18. Eiseley, 1965를 보라
19. Snow, 1934/1958을 보라; Lipsky, 1959
20. Maurois, 1959; Hare, 1970; Hughes, 1974; Macfarlane, 1984
21. Maurois, 1959, 109~110쪽에서 인용
22. Hughes, 1974, 41~42쪽
23. Feynman, 1985를 보라
24. Macfarlane, 1984, 246쪽
25. 같은 책, 146쪽
26. 같은 책, 263쪽
27. Bustinza, 1961, 181쪽
28. Macfarlane, 1984, 246쪽에서 인용
29. Hardin, 1959, 134쪽에서 인용
30. Thomsen, 1986a, 27쪽
31. Moulton & Schifferes, 1960, 244쪽; Judson, 1980, 4쪽; Weber, 1973, v, 203쪽; Debye, 1966, 82~84쪽; Feynman, 1985; Read, 1947; Escarpit, 1969, 258쪽
32. Hill, 1960, 200쪽을 보라; A. Taylor, 1966, 55쪽
33. Maurois, 1959, 109쪽에서 인용
34. Morris, 1979, 60쪽에서 인용
35. 같은 책
36. 같은 책, 60~62쪽
37. Colebrook, 1954, 70~103쪽
38. Macfarlane, 1984, 73쪽

39. Colebrook, 1954, 74쪽
40. Maurois, 1959, 114쪽에서 인용
41. Fleming, 1922, 306쪽
42. Macfarlane, 1984, 98쪽
43. Hughes, 1974, 41쪽을 보라; Macfarlane, 1984, 15~16쪽
44. Judson, 1979, 48~49쪽을 보라
45. Carlson, 1981, 128~129쪽; J. Thomson, 1937, 341쪽
46. Judson, 1980, 69쪽에서 인용
47. Fowles, 1969, 183쪽에서 인용
48. Davy, 1840, 352쪽
49. Moulton & Schifferes, 1960, 300쪽
50. Macfarlane, 1979, 98~100쪽
51. Cannon, 1945
52. Einstein & Infeld, 1938, 36쪽

제니의 수첩 : 마음 공간에 있는 유형들

1. Doyle, n.d., 407('The Reigate Puzzle')쪽; 또한 같은 책, 467~468('The Naval Treaty')쪽을 보라
2. M. Wilson, 1961, 233~234쪽
3. R. Lewis, 1944, 22~24쪽; R. Lewis, 1945
4. Root-Bernstein, 1980, 369~374쪽을 보라
5. Lipscomb, 1982, 7쪽
6. Young, 1987을 보라
7. Brillouin, 1964
8. Szent-Györgyi, 1955, 64쪽; Weiss, 1970; Weiss, 1971
9. Patterson, 1988을 보라

대화록 : 발견하기의 재미

1. Fleming, 1929a, 226쪽
2. Hare, 1974
3. Macfarlane, 1984, 246쪽
4. Colquhoun, 1975
5. Macfarlane, 1984, 118쪽
6. Hare, 1974; Hughes, 1974, 52쪽
7. Macfarlane, 1984, 119~120쪽
8. 같은 책, 120쪽, 4a 접시
9. Maurois, 1959, 125쪽에서 인용
10. 같은 책, 192쪽 그림
11. Fleming, 1929a, 그림 1
12. 같은 책, 226쪽
13. Maurois, 1959, 192쪽 그림
14. Macfarlane, 1984, 141쪽
15. Hughes, 1974, 50쪽
16. Taton, 1957, 96쪽 그림
17. Fleming, 1944
18. Macfarlane, 1984, 253쪽
19. Bernard 1927/1957, 39쪽을 보라
20. Maurois, 1959, 125쪽
21. 같은 책, 129~130쪽에서 인용
22. 같은 책, 162쪽
23. Medawar, 1979, 90쪽
24. Macfarlane, 1984, 117쪽
25. 같은 책, 108쪽; Ludovici, 1952, 100~101쪽
26. Maugh, 1987
27. Fleming, 1929a, 226쪽
28. 같은 책, 표2
29. Macfarlane, 1984, 4번 접시
30. Maurois, 1959, 131쪽에서 인용
31. Scott, 1947
32. Goldsmith, 1980, 144쪽을 보라; Hodgkin, 1977, 1쪽; Medawar, 1964, 7~12쪽; Holton. 1986, vii
33. Szent-Györgyi, 1966, 111~128쪽
34. Maurois, 1959, 131쪽에서 인용
35. 같은 책, 109쪽에서 인용
36. Taton, 1957, 113쪽을 보라; Macfarlane, 1984, 31, 136쪽
37. Weisskopf, 1977, 409쪽
38. Taton, 1959
39. 같은 책, 62n을 보라; Brown, 1977, 723쪽; Price, 1975, 144~148쪽
40. Barber & Fox, 1958
41. Judson, 1980, 69쪽에서 인용
42. Burnet, 1968, 53~54쪽
43. 같은 책, 126쪽
44. Taton, 1957; Hadamard, 1941

45. Merton, 1957
46. Watson, 1968; Wade, 1980; Kuhn, 1977, 또한 66~104쪽을 보라
47. Harris, 1970, 323~324쪽을 보라
48. Huxley, 1900, II : 464쪽
49. Szent-Györgyi, 1955
50. Hardin, 1959, 84쪽에서 인용
51. Eiseley, 1979를 보라
52. Thackray, 1965/1966; Thackray, 1966; 또한 Greenaway, 1966을 보라
53. Holton, 1973, 385~386쪽
54. Caws, 1969를 보라; Weiss, 1969
55. Judson, 1980, 69쪽에서 Lewis Thomas를 보라

임프의 일기 : 예상하지 못한 연관성

1. Prusiner, 1982; 또한 Root-Bernstein, 1983a
2. Taubes, 1986을 보라
3. Root-Bernstein & Westall, 1984c; Root-Bernstein, 1987a

넷째 날 : 다양성에서 통일성 만들기

임프의 일기 : 테마들

1. J. S. Haldane, 1931
2. Dubos, 1965
3. C. Smith, 1987을 보라

대화록 : 과정을 모형화하기

1. Carmichael, 1930을 보라
2. Hanson, 1967, 334~336쪽을 보라; Harwit, 1980
3. Kuhn, 1977, 171~172쪽
4. Schilling, 1958을 보라
5. Bates et al., 1977; Rodley et al., 1976; Cyriax & Gäth, 1978; Sasisekharan & Pattabiraman, 1976; Stokes, 1982, 1986a, 1986b
6. Watson & Crick, 1953, 128~129쪽
7. Crick et al., 1979
8. Brillouin, 1964, 37~41쪽; Torrance, 1965, 663~665쪽; Beveridge, 1980, 6, 55~56쪽; Bernard, 1927/1957, 24쪽; Lowinger, 1941, 35~37쪽에서 Duhem; Fleck, 1979, 94쪽; Michael, 1977, 156~165쪽
9. Wallas, 1926
10. Hardin, 1959, 122쪽; Krebs & Shelley, 1975, 90쪽
11. Kuhn, 1979
12. Clark, 1984, 293~302쪽
13. Bernard, 1927/1957, 25쪽
14. Fermi, 1954, 47쪽
15. Singer, 1981, 42~43쪽; Davis & Hersh, 1981, 220쪽
16. Thomsen, 1980, 11쪽
17. Mendelssohn, 1973, 140~141쪽
18. Hardin, 1959, vi, 292쪽을 보라
19. Bruner, 1962
20. Brush, 1976
21. Root-Bernstein, 1980을 보라
22. Rabkin, 1987을 보라
23. Molland, 1985, 224~225쪽을 보라
24. Szent-Györgyi, 1961, 48~49쪽을 보라
25. Molland, 1985를 보라
26. Russell, 1930을 보라; Robertson, 1931, 32~33쪽; Osler, 1951, 1쪽; Truesdell, 1984, 91쪽
27. Van't Hoff, 1878/1967
28. W. Ostwald, 1909
29. E. Cohen, 1912를 보라; E. Cohen, 1961을 보라; W. Ostwald, 1899; Walker, 1914; Jorissen & Reicher, 1912
30. E. Cohen, 1912, 1~20쪽; E. Cohen, 1961, 949~950쪽
31. Korber, 1969에서 Van't Hoff가 Ostwald에게 1901년 7월 27일에 보

낸 편지
32. Comte, 1869, Ⅲ: 31~36쪽
33. E. Cohen, 1912, 27쪽에서 인용
34. W. C. Williams, 1984; 또한 Whitaker, 1969를 보라; Root-Bernstein, 1987c
35. Hoffmann, 1987; Hoffmann, 1988a
36. Read, 1947, 212쪽
37. Holmes, 1962; Lindauer, 1962
38. E. Cohen, 1961, 951쪽에서 인용
39. Van't Hoff, 1930b, 4쪽
40. Kaufmann, 1961
41. Kangro, 1975, 7쪽을 보라
42. E. Cohen, 1912, 55쪽에서 인용
43. E. Cohen, 1912, 63~66쪽에서 인용
44. E. Cohen, 1912, 54쪽에서 인용
45. Walker, 1914, 265쪽에서 인용
46. Wurtz, 1869, 182~183쪽
47. Pasteur, 1860
48. Miller, 1975, 1쪽
49. E. Cohen, 1912, 79쪽을 보라; Snelders, 1974
50. Sementsov, 1955를 보라; Snelders, 1973; Snelders, 1974
51. Van't Hoff, 1874; Van't Hoff, 1904
52. Snelder, 1973, 266쪽; Larder, 1967
53. Miller, 1975를 보라
54. Snelder, 1973, 271쪽을 보라; Kekul?, 1867
55. Sementsov, 1955를 보라; Snelder, 1974
56. Shropshire, 1981, 130쪽
57. Van't Hoff, 1874
58. Snelder, 1973, 272~275쪽을 보라
59. Elstein et al., 1978을 보라
60. Gruber, 1980; Lauden, 1980; Bancroft, 1928, 172쪽을 보라
61. Kuhn, 1977, 70쪽
62. Sementsov, 1955, 99~100쪽
63. Judson, 1980, 581~582쪽을 보라

제니의 수첩 : 반증 가능성

1. Popper, 1958; Popper, 1962; 또한 Kneller, 1978, 48~67쪽을 보라
2. Lowinger, 1941, 143~146쪽을 보라
3. E. Cohen, 1912, 127ff; Van't Hoff, 1877/1967
4. Lakatos, 1963; Harvey, 1978, 739; Kuhn, 1962; 또한 Kneller, 1978을 보라
5. Gamow, 1966을 보라
6. Dedigier, 1966, 275~276쪽
7. Kirchner, 1984; Feyman, 1985, 253~254쪽
8. Van't Hoff, 1876a
9. Van't Hoff, 1876b, 1876c
10. Snelder, 1974; E. Cohen, 1912, 118~119쪽
11. Lowinger, 1941, 125쪽
12. Medawar, 1969; 또한 Bucj, 1975를 보라; Beveridge, 1980, 56~57쪽
13. Matthias, 1966
14. A. M. Taylor, 1966, 32쪽
15. Quine, 1951을 보라; Harré, 1981, 18~19쪽
16. Lowinger, 1941, 134~135쪽을 보라
17. J. J. Thomson, 1937, 396쪽
18. W. Ostwald & Nernst, 1889; Travers, 1956, 91쪽; Dolby, 1976
19. Root-Bernstein, 1984a를 보라
20. Harré, 1981, 19쪽
21. Kirchner, 1984; 또한 Feyman, 1985, 342~343쪽

대화록 : 전체적 사고

1. Ladenburg, 1905; Harrow, 1927, 122쪽; Root-Bernstein, 1980, 4~6쪽
2. E. Cohen, 1912; Eugster, 1971
3. Reisenfeld, 1931; Walker, 1933; Snelders, 1970
4. W. Ostwald, 1926; Walden, 1904; Körber, 1974
5. Planck, 1949; Knagro, 1975
6. Fox, 1974; Holmes, 1962; Lindauer,

1962
7. W. Ostwald, 1919를 보라; Walden, 1904; Körber, 1974
8. Judson, 1979, 356~357쪽을 보라
9. Meissner, 1951, 113쪽에서 인용
10. Root-Bernstein, 1980을 보라
11. Nachmansohn, 1972, 1쪽
12. G. Ostwald, 1953, 35쪽에서 인용
13. Garret, 1963, 186쪽에서 인용
14. Szent-Györgyi, 1966a, 120; 1966b
15. Perkin, 1923, 70쪽
16. Crowther, 1968, 28쪽
17. 같은 책, 63~64쪽
18. Walden, 1904, 30~40쪽
19. Mellanby, 1974, 75쪽을 보라
20. Waldrop, 1982
21. A. Avizienis, 사적 대화
22. G. Ostwald, 1953, 53쪽
23. Walden, 1904, 28쪽에서 인용
24. Van't Hoff, 1894, 7쪽
25. Van't Hoff, 1878~1881, 13쪽
26. E. Cohen, 1912, 112~125쪽; Jorissen & Reicher, 1912, 25~26쪽
27. Lodge, 1885, 723쪽을 보라
28. W. Ostwald, 1887, 1~2쪽; H. Jones, 1913, 203쪽
29. Willstätter, 1965, 44쪽
30. Mach, 1926/1976, 129쪽
31. Willstäter, 1965, 37쪽을 보라
32. Poincaré, 1913/1946, 385쪽
33. Kangro, 1975, 8쪽에서 인용
34. Livingston, 1973을 보라; Millikan, 1927; Fermi, 1954
35. Jorissen & Reicher, 1912, 34쪽에서 인용; Walker, 1913, 264~265쪽을 보라
36. W. Ostwald, 1919, Ⅰ: 117쪽; 또한 Walden, 1904를 보라
37. Planck, 1949, 14쪽
38. Holton, 1973, 13쪽
39. Wittgenstein, 1969를 보라; N. Maxwell, 1974a, 1974b
40. Holton, 1973, 191, 192쪽
41. Shropshire, 1981, 129에서 인용
42. Crowther, 1969, 249쪽
43. Papanek, 1971, vii
44. T. P. Hughes, 1985, 21쪽
45. J. Bernstein, 1978, 55쪽을 보라; Rabi, 1970, 92쪽; Weisskopf, 1972, 144~145쪽; 또한 Gregory, 1916, 36쪽을 보라
46. Overbye, 1984, 185쪽에서 인용
47. Goldschmidt, 1956, 132쪽.
48. Reisenfeld, 1931; Walker, 1933; Root-Bernstein, 1981
49. Meissner, 1951
50. Brush, 1976, 186쪽
51. Reisenfeld, 1931; Walker, 1933; Root-Bernstein, 1981
52. W. Ostwald, 1919를 보라; Walden, 1904
53. Planck, 1949, 21쪽
54. Jorissen & Reicher, 1912, 30~35쪽
55. Forman, 1974를 보라; Goldschmidt, 1956; Sachse, 1928; Medelssohn, 1973, 40, 132쪽
56. Van't Hoff, 1878~1881; van't Hoff, 1894, 5~7쪽; Walker, 1913, 263쪽
57. Horstmann, 1903
58. Van't Hoff, 1894, 6~7쪽
59. Arrhenius, 1912b, 86쪽
60. Carlson, 1981을 보라
61. Arrhenius, 1912b, 85쪽
62. KriKorian, 1975; Bünning, 1975
63. KriKorian, 1975; Root-Bernstein, 1980, 295~297쪽
64. Arrhenius, 1912b, 86쪽
65. KriKorian, 1975, 49쪽
66. Traube, 1864
67. Traube, 1867
68. Rudolph, 1976; Bünning, 1975, 1~38쪽
69. KriKorian, 1975, 50~52쪽
70. E. Cohen, 1912; Robinson, 1974, 557쪽
71. Daub, 1971, 308~310쪽

72. Clausius가 1884년 6월 23일 Arrhenius에게 보낸 편지
73. Van't Hoff, 1894, 8쪽
74. Hadamard, 1945, 142~143쪽
75. George, 1936, 235, 253~264쪽을 보라
76. Dyson, 1979, 75~76쪽
77. Bronowski, 1978을 보라; Root-Bernstein, 1984d
78. Lowinger, 1941, 109~110쪽에서 인용
79. Van't Hoff, 1894, 8쪽
80. W. Ostwald, 1891, 116쪽
81. Van't Hoff, 1884
82. W. Ostwald, 1891, 116쪽
83. Van't Hoff, 1884; 1886
84. Planck, 1887a, 1887b
85. Root-bernstein, 1980을 보라; Drennan, 1961; H. Jones, 1913

제니의 수첩 : 오래된 지식을 새롭게 보기

1. De Kruif, 1936
2. Davidson, 1924
3. Root-Bernstein, 1982d
4. McClure와 Lam, 1940; McClure et al., 1944
5. Szent-Györgyi, 1966, 65쪽
6. Litwack & Kritchevsky, 1964, 330쪽
7. Szent-Györgyi, 1966, 66~67쪽
8. Judson, 1980을 보라

다섯째 날 : 통찰과 착오

임프의 일기 : 깨달음

1. Westall & Root-Bernstein, 1983; Root-Bernstein & Westall, 1986b; Westall & Root-Bernstein, 1986
2. Krueger et al., 1982
3. Root-Bernstein & Westall, 1983
4. Silverman et al., 1986; Root-Bernstein & Westall, 1986b; Root-Bernstein Westall, 근간

제니의 수첩 : 종이에 그린 유형들

1. Mazurs, 1957/1974
2. Kuhn, 1977, 410쪽을 보라
3. Root-Bernstein, 1984f를 보라

대화록 : 통찰과 착오

1. Eccles, 1948; Eccles, 1970; Krebs & Shelley, 1975, 95쪽
2. Wallas, 1926
3. Koestler, 1964, 101~120쪽
4. Taton, 1959, 74쪽
5. Platt & Barker, 1931
6. Hadamard, 1945, 8~20쪽을 보라
7. Mach, 1926/1976, 116쪽; Crick & Mitchison, 1984
8. Loewi, 1960; Loewi, 1965
9. Judson, 1980, 7쪽
10. Matthias, 1966, 41쪽
11. Darwin, 1958 120~121쪽을 보라; Wallace, 1950, Ⅰ: 361~363쪽; Ramon y Cajal, 1947, 61쪽; Judson, 1980, 6~7쪽; Mach, 1926/1976, 116쪽; Axelrod, 1981, 30쪽; Koestler, 1976, 117쪽; Hadamard, 1945, 15~16쪽; Ostwald, 1919, Ⅰ: 117쪽; Willstätter, 1965, 70쪽; J. J. Thomson, 1937, 82쪽; M. Wilson, 1972, 53쪽; Mendelssohn, 1973, 133쪽
12. R. Wilson, 1966, 54~55쪽
13. Hadamard, 1945, 10쪽을 보라
14. Judson, 1980, 6쪽을 보라
15. Pauling, 1963, 47쪽; 또한 Shropshire, 1981, 159쪽을 보라
16. Pauling, 1963, 47쪽
17. 같은 책, 46쪽
18. Poincaré, 1913/1946, 390~392쪽
19. 같은 책, 392~393쪽; 또한 Broad,

1984, 60쪽에서 인용한 Carruthers를 보라
20. Hadamard, 1945, 33쪽을 보라; Ramon y Cajal, 1947, 42쪽; Koestler, 1976, 169쪽; J. J. Thomson, 1937, 82쪽
21. Poincaré, 1913/1946, 211쪽
22. Arrhenius, 1902/1966
23. Snow, 1934/1958, 99쪽
24. M. Wilson, 1961
25. Koestler, 1976; Rothenberg, 1979
26. Poincaré, 1913/1946을 보라
27. J. B. S. Haldane, 1939; Levins & Lewontin, 1985
28. Kuhn, 1962; Kuhn, 1970; Kuhn, 1977
29. Reisenfeld, 1931, 13쪽을 보라; Arrhenius, 1912; Arrhenius, 1913
30. Arrhenius가 1881년 6월 14일과 1881년 6월 22일에 J. A. Bladin에게 보낸 편지
31. Cackowski, 1969를 보라; Wotiz & Rudofsky, 1984
32. Root-Bernstein, 1980, 46~60, 153~160쪽
33. Arrhenius, 1912, 353쪽
34. Faraday, 1839~1855, par. 662~64쪽
35. Partington, 1964, 25쪽
36. 같은 책, 1964, 663~668쪽
37. Clausius, 1857; Williamson 1851; Partington, 1964, 668~670쪽; Arrhenius, 1884a
38. Kauffman,1972; Kauffma, 1976; Lund, 1965
39. Arrhenius, 1884b
40. Arrhenius, 1913; Reisenfeld, 1931, 13쪽
41. Root-Bernstein, 1980; Bernstein, 1978

제니의 수첩 : 깨달음을 모형화하기

1. Bost et al., 1985
2. Weisburd, 1987, 299쪽
3. E. Cohen, 1912, 54쪽
4. Brillouin, 1964, 44쪽
5. George, 1936, 244쪽
6. Tom van Sant의 허가를 받음
7. Bronowski, 1958, 65쪽
8. Silverman, 1986을 보라
9. Good, 1962, 120~132쪽
10. Cairns-Smith, 1974, 54~55쪽을 보라
11. 같은 책, 57쪽을 보라
12. Maxwell, Rukeyser, 1942, 439쪽에서 인용; Gibbs, 1873
13. Poincaré, 1913/1946, 211~213쪽을 보라; J. J. Thomson, 1930, 179쪽; Snow, 1934/1958, 133~134, 260~261쪽
14. De Broglie, Moulton & Schifferes, 1960, 550쪽; Eddington, Weber, 1973, 109쪽; George, 1936, 29쪽을 보라
15. Beveridge, 1980, 35쪽에서 인용
16. R. Vallery-Radot, 1900, 83쪽을 보라
17. Barber, 1960; Krebs, 1966을 보라; Frankel, 1979; Shinn, 1980
18. Mahoney, 1976; Gordon, 1977을 보라; Peters & Ceci, 1982
19. Forman, 1979, 11쪽

여섯째 날 : 보완적 관점

아리아나의 보고서 : 누가, 어떻게 발견하는가? - 과학과 성격 그리고 미(美)

1. M. Wilson, 1972, 11~12쪽
2. Bernard, 1927, xix에서 인용
3. Lowinger, 1941, 1, n. 3에서 Duhem; Sarton, 1941, 128; Kubie, 1953/1954; Nachmansohn, 1972, 1쪽
4. Holton, 1973, 366~374쪽
5. Ramon y Cajal, 1937, 29쪽

6. Holton, 1975, 210쪽
7. Guthrie, 1921; Goertzel & Goertzel, 1962
8. Williams-Ellis & Willis, 1954, 181쪽
9. Crowther, 1968, 서문을 보라
10. Forbes, 1987을 보라; Michael, 1977; Mitroff, 1974; Mcpherson, 1964; McClelland, 1962; Eiduson, 1962; Snow, 1959; Deutsch & Shea, 1957; Roe, 1953
11. Michael, 1977, 147쪽을 보라; Thurstone, 1964, 15쪽; Kock, 1978, 103~123쪽
12. Eiduson, 1962, 258쪽
13. 같은 책, 260쪽
14. Ramon y Cajal, 1893
15. Galton, 1874
16. Möbius, 1900
17. W. Ostwald, 1909
18. E. Cohen, 1912; Van't Hoff, 1878/1967
19. Van't Hoff, 1878, 12쪽
20. Bernal, 1939, 85~6쪽
21. Galton, 1892/1972, 20쪽에서 인용
22. L. Huxley, 1900, I: 235쪽
23. Szent-Györgyi, 1961, 49쪽
24. Dubos, 1959, 95쪽에서 인용
25. Gregory, 1916, 56쪽
26. Hindel, 1981
27. Ferguson, 1977
28. A. Miller, 1984
29. Emerton, 1984
30. Gruber, 1978; S. Roe, 1981, Lapage, 1961; Ritterbush, 1968
31. Ramon y Cajal, 1947, 36ff
32. Root-Bernstein, 1984를 보라
33. Baltzer, 1967을 보라; Zigrosser, 1955/1976; John-Steiner, 1985
34. Taton, 1957, 42쪽
35. Cannon, 1945, 34~45쪽; Hilts, 1975; Taylor, 1963
36. Fergusson, 1977, 832쪽을 보라
37. Holton, 1973, 370~376쪽
38. A. Roe, 1958, 141~142쪽
39. A. Roe, 1951
40. Shepard, 1982; John-Steiner, 1985
41. H. Gardner, 1983
42. Ramon y Cajal, 1937, 36~47쪽
43. Rayleigh, 1942, 99쪽에서 인용
44. Lorenz, 1952, 12쪽
45. Poincaré, 1913/1946, 365~368쪽
46. Wechsler, 1978; Curtin, 1982; Waddington, 1969
47. Ratliff, 1974, 15~16쪽
48. Curtin, 1982, 26~27쪽에서 인용
49. Davis & Hersh, 1981, 310~311쪽
50. Lehto, 1980, 112쪽
51. Garrett, 1963, 13쪽
52. Garrison, 1948, 190쪽
53. Hofstadter, 1979
54. Sylvester, 1864, 613n
55. Kassler, 1982; Kassler, 1984
56. Root-Bernstein, 1987을 보라; L'Echevin, 1981; Marmelszadt, 1946; Gamow, 1966, 80~83쪽
57. Levarie, 1980, 237쪽
58. Peterson, 1985, 348쪽에서 인용
59. 같은 책, 349쪽에서 인용
60. 같은 책, 349쪽을 보라
61. 같은 책; Brandmüller & Claus, 1982, 302쪽; Boxer, 1987; Schwarz, 1988
62. Van't Hoff, 1878~1967
63. W. Ostwald, 1909
64. Allen, 1978, 3, 21쪽
65. Hindle, 1984
66. Overbye, 1982를 보라
67. D. Wilson, 1983, 28쪽을 보라
68. Dyson, 1982, 49쪽을 보라
69. Rubin, 1980을 보라
70. Wiesner, 1965, 531~532쪽
71. C. Smith, 1978, 9쪽
72. Gleick, 1984, 33~34쪽에서 인용
73. Waddington, 1972, 36쪽

대화록 : 토론

1. Weisburd, 1987, 300쪽을 보라
2. Rae, 1972, 316쪽을 보라
3. Hughes, 1985, 22쪽.
4. Hill, 1962, 43
5. Van't Hoff, 1878/1967, 18쪽

콘스탄스의 보고서 : 과학에 대한 과학사와 과학 철학

1. Truesdell, 1984
2. Read, 1947, xx
3. Home, 1983을 보라
4. Carter, 1974, 25쪽을 보라
5. Lowinger, 1941, 164쪽
6. E. Wilson, 1986, 70쪽
7. Sarton, 1952, 7쪽; George, 1936 서문을 보라; Goldschmidt, 1960, 29쪽; Rosenthal-Schneider, 1980, 27쪽
8. John Ferguson, in Read, 1947, 298~299쪽
9. Kuhn, 1977
10. T. Huxley, 1887, 237쪽
11. L. Pasteur, 1858b, 1858c
12. W. Ostwald, 1912, 3쪽
13. Mittasch, 1926; Donnan, 1930; Bancroft, 1928; 또한 Farber, 1966을 보라
14. Poincaré, 1913/1946; Arrhenius, 1908, v-vi; 또한 Lowinger, 1941, 9~10, 161~161쪽
15. Leibniz, Truesdell, 1984, 586쪽에서 인용; Hadamard, 1945, 11쪽; de Morgan, Richard, 1987, 7쪽에서 인용
16. Truesdell, 1984, 450~452쪽; 또한 Kuznetsov, 1966
17. T. Wilson, 1981, 129~130쪽
18. Brooks, 1966, 11~12쪽; 또한 Brooks & Cranefield, 1959를 보라; Mirsky, 1966, 37쪽
19. J. B. S. Haldane, 1969
20. Mayr, 1982, 20쪽
21. Shropshire, 1981, 55~56쪽에서 인용
22. Poincaré, 1913/1946, 463쪽
23. Holton, 1973, 서문에서 인용
24. Forman, 1974를 보라; Nye, 1974; Forman et al., 1975
25. Frank, Koyre, Boring & Cohen in Frank, 1954
26. Ramon y Cajal, 1947, 65쪽.
27. Medawar, 1967; Medawar, 1969; Monod, Beveridge, 1980, 56~57쪽에서 인용; Eccles, 1970; 또한 Buck, 1975를 보라
28. Poincaré, 1913/1946, 134쪽
29. J. S. Haldane, 1931
30. Cannon, 1944, 108~115쪽을 보라; Waife, 1960; Agass, 1984
31. J. B. S. Haldane, 1939; Wersky, 1978을 보라
32. Bernal, 1967, 199~251쪽
33. Crick, 1967; Monod, 1969; Monod, 1971; Levins & Lewontin, 1985
34. Rosenfeld, 1970, 239쪽
35. Sigerist, Galdston, 1939에서 인용; 또한 Yonge, 1985/1986을 보라
36. Crombie, 1984, 14쪽
37. Keller, 1983, 172~179쪽; Keller, 1985, 170~172쪽
38. Heisenberg, 1958, 58쪽
39. Truesdell, 1984, ix
40. Brillouin, 1964, ix
41. Rosenthal-Schneider, 1980, 27쪽에서 인용
42. Wald, 1961

대화록 : 토론

1. Kuhn, 1977, 155~156쪽
2. Loewi, 1960, 4~5쪽을 보라; Gamow, 1966, 81쪽; Clark, 1968, 57쪽

리히터의 보고서 : 과학의 진화

1. Donovan, 1977, 75쪽을 보라
2. L. Laudan, 1977을 보라; L. Laudan, 1982

3. Stoke, 1982를 보라; Stoke, 1983; Lakatos, 1976
4. Kuhn, 1959; Lakatos, 1976
5. Popper, 1959; Popper, 1962; Lakatos, 1976
6. Cooper et al, 1986
7. Palke, 1986
8. Kolata, 1984
9. Root-Bernstein, 1984를 보라
10. J. Huxley, 1956, 3~4쪽
11. W. Ostwald, 1912, 서문
12. Popper, 1959, 15쪽
13. Campbell, 1974
14. Kuhn, 1959, 172~173쪽
15. Gerard, 1956; Cavalli-Sforza, 1986
16. Cavalli-Sforza, 1986; Cavalli-Sforza & Feldman, 1981
17. Margenau & Bergamini, 1964, 86~99쪽
18. Holton, 1973, 416~420쪽
19. Harwit, 1981을 보라; Holton, 1973, 42~421쪽; Salk & Salk, 1981
20. Rabin, 1987을 보라
21. Borell, 1987을 보라
22. Toulmin, 1961, 113~114쪽
23. Burnet, 1968, 36쪽
24. Robertson, 1931, 68~71쪽
25. Nye, 1986
26. Bernal, Goldsmith, 1980, 179쪽에서 인용; Gerard, 1957
27. Morton, 1969; Root-Bernstein, 1980
28. Servos, 1979
29. Bruce, 1987
30. Kohler, 1982를 보라; Fruton, 1972, 9~13쪽
31. Geison, 1987
32. Frank, 1987, 32쪽
33. Ben-David, 1960
34. Zloczower, 1960
35. Nye, 1977, 375~376쪽
36. Hiebert, 1978; Servos, 1982
37. Kauffmann, 1966, 678쪽
38. Ehrlich, 1899; Ehrlich, 1904
39. Hopkins, 1913
40. Terroine, 1959/1965, 500쪽
41. T. Wlson, 1981, 118쪽
42. Kuhn, 1959; Kuhn, 1977
43. I. Cohen, 1985
44. 같은 책
45. Kuhn, 1978
46. Schon, 1963을 보라; Kuhn, 1977
47. Robertson, 1931, 68~69쪽
48. Infeld, 1941, 299쪽; Fleck, 1979, 82쪽
49. Root-Bernstein, 1981; Root-Bernstein, 1984

대화록 : 토론

1. Edge & Mulkay, 1976
2. Giere, 1988; Hull, 1988
3. Colinvaux, 1980
4. Seidenberg, 1950
5. Harwit, 1981, 18~22쪽
6. Turney, 1987

헌터의 보고서 : 탐사 연구에 있는 장애물과 장려책

1. Ostwald, 1909b를 보라; Dyson, 1982; Szent-Györgyi, 1972
2. Bancroft, 1928, 170
3. Branscomb, 1986, 4쪽
4. Fisher, 1984, 28쪽에서 인용
5. Broad, 1984를 보라
6. Pauling, 1950를 보라; Wise, 1962, 9쪽
7. M. Wilson, 1972, 169쪽을 보라
8. Goran, 1967, 144~115쪽에서 인용
9. Richet, 1927, 128~129쪽을 보라; Alvarez, 1932, 24쪽; Lehman, 1953; G. P. Thomson, 1957, 11쪽; Feldman & Knorr, 1960, 12쪽; Watson, in 1979, 40~45쪽; Beveridge, 1980, 101쪽; Davis & Hersch, 1981, 62쪽; Hilts, 1984, 142; Lightman, 1984
11. Lightman, 1984를 보라

12. Judson, 1979, 20쪽에서 인용
13. 같은 책, 44~45쪽을 보라
14. Beveridge, 1980, 101쪽에서 인용
15. Harwit, 1981, 65쪽을 보라; Millikan, 1950, 123; Infeld, 1944; Judson, 1979
16. Robert Langridge, 사적 대화
17. Tierney, 1984, 1쪽
18. Szent-Györgyi, 1966, 119쪽
19. Szilard, 1966, 28쪽
20. Root-Bernstein, 1984를 보라
21. Subject 15, in Eiduson, Scientist Project Interviews
22. Tierney, 1984, 5~6쪽에서 인용
23. Pasteur, 1920~1939, VI: 447쪽
24. Debye, 1966, 80쪽
25. 같은 책, 83쪽
26. W. Ostwald, 1909; J. B. S. Haldane, 1963, 32~39쪽; Haber, in Goran, 1967, 108~109쪽; Burnet, 1968, 35쪽 Root-Bernstein, 근간을 보라
27. Pelz & Andres, 1966, 54~79쪽; Andrew, 1979; Finkelstein et al., 1981
28. McPherson, 1964, 417쪽
29. Root-Bernstein, 근간
30. Halacy, 1967, 12~14쪽에서 인용
31. Fehr, 1912
32. Platt & Baker, 1931
33. Rayleigh, 1942, 199~200쪽에서 인용
34. Dukash & Hoffmann, 1979, 57쪽을 보라
35. Rothschuh, 1973, 201, 223쪽을 보라
36. Lusk, 1932, 48~49쪽에서 인용
37. 같은 책, 49쪽에서 인용
38. L. Huxley, 1927, 36쪽을 보라; Judson, 1979, 41쪽
39. Bernstein, 1978을 보라
40. Ramon y Cajal, 1947, 108, 107쪽; Osler 1972, 3쪽을 보라
41. Shropshire, 1981, 79~80쪽을 보라
42. Weaver, 1968을 보라; Debye, 1966, 84쪽; Truesdell, 1984, 457쪽
43. Wersky, 1978, 22쪽에서 인용
44. J. J. Thomson, 1937, 125쪽
45. Goldschmidt, 1960, 305쪽
46. Roy, 1979
47. Richet, 1927, 154쪽
48. Ludovici, 1952, 129쪽
49. Wade, 1981
50. Van Deventer, Walker, 1912, 265쪽에서 인용
51. Macfarlane, 1984, 171쪽
52. Loewi, 1960, 10쪽
53. Bliss, 1982, 74쪽
54. Crowther, 1968, 28쪽
55. 같은 책, 63~64쪽을 보라; Nitske, 1971, 275~276쪽
56. Margenau & Bergamini, 1964, 132~133쪽
57. Clark, 1984, 298쪽
58. Weber, 1973, 48쪽
59. Thomson, 1957, 10쪽; Burnet, 1968, 83쪽; Ramon y Cajal, 1947, 107; Taylor, 1987을 보라
60. Macfarlane, 1984, 231쪽에서 인용
61. Judson, 1980, 121쪽
62. Perutz, 1987
63. Judson, 1979, 113, 41쪽
64. Thomson, 1957, 10쪽을 보라
65. Root-Bernstein, 1988; Vijh, 1987; Mellanby, 1974
66. Burch, 1976
67. Judson, 1979, 45쪽에서 인용; 또한 Wilson, 1972, 103쪽을 보라
68. Eugene Levy, Greenberg, 1986, 88쪽에서 인용
69. Debye, 1966, 84쪽
70. Shropshire, 1981, 53쪽
71. 저자와 사적 대화
72. Goldschmidt, 1949, 226쪽
73. Debye, 1966, 84쪽을 보라; Szent-Györgyi, 1972, 955쪽
74. Weaver, 1968; Goldschmidt, 1949; Szilard, 1961; Yalow, 1986;

Shropshire, 1981, 162쪽에서 Pauling; 같은 책, 62~63쪽에서 Temin; Thomas, 1974, 134~140쪽; Truesdell, 1984
75. Sigma Xi, 1987
76. Goldschmidt, 1949를 보라; Weaver, 1958, 178쪽; Wilson, 1954, 423쪽에서 Conant; Schultz, 1980, 645쪽; Cottrell, 1962, 393쪽; Shimshoni, 1965, 448쪽; Hardin, 1959, 296쪽; Mellanby, 1974, 82쪽; Yalow, 1986
77. Branscomb, 1986; Weinberg, 1967; 또한 Kadanoff, 1988을 보라
78. Morris, 1981, 100, 286쪽
79. Keller, 1983, 207쪽에서 인용
80. Axelroad, 1981, 25~29, 47~57쪽
81. Alvarez, 1987; 또한 Oldendorff, 1972를 보라
82. Szilard, 1966, 26쪽
83. Truesdell, 1984, 402쪽을 보라
84. Hardin, 1959, 294쪽
85. Feynman, 1985, 346쪽

대화록 : 토론

1. 『사이언스 뉴스』, 1985년 8월 24일, 125쪽
2. Thomsen, 1987, 87쪽
3. Bates, 1984를 보라
4. Weisberg, 1987
5. Weaver, 1958, 173쪽; 또한 Fleck, 1979, 86쪽을 보라

임프의 보고서 : 발견을 위한 전략 매뉴얼

1. Peacock, 1855, 97~98쪽에서 인용
2. Austin, 1978, 72쪽에서 인용
3. 같은 책, 78쪽에서 인용
4. Truesdell, 1984, 440ff
5. Pauling, 1977
6. Richet, 1927, 121~122쪽
7. 저자와 사적 대화
8. Szent-Györgyi, 1961, 48쪽
9. Medawar, 1979, 13쪽
10. G. P. Thomson, 1957, 9쪽
11. Richet, 1927, 132~133쪽
12. Einstein & Infeld, 1938
13. Poyla, 1952를 보라; Polya, 1954; Danielli, 1966; Root-Bernstein, 1982
14. Broad, 1984, 54쪽에서 인용
15. Overbye, 1984, 177~178쪽에서 인용
16. 저자와 사적 대화
17. Agassi, 1971, 173쪽에서 인용
18. J. T. Wilson, 1981, 122쪽을 보라
19. Szent-Györgyi, 1963; Szent-Györgyi, 1966
20. Medawar, 1979, 94쪽
21. Snow, 1934/1958, 213쪽
22. M. Wilson, 1961, 205쪽
23. Willstätter, 1965, 56쪽
24. Olmsted & Olmsted, 1961, 55쪽
25. Goldsmith, 1980, 227쪽
26. Judson, 1979, 41쪽
27. Beveridge, 1930, 65쪽을 보라; Merton, 1975, 335쪽
28. Dainton, 1987, 17쪽
29. Thomsen, 1986, 27쪽에서 인용
30. Macfarlane, 1984, 253쪽
31. Maurois, 1959, 109쪽에서 인용
32. Beveridge, 1980, 30쪽에서 인용
33. Hardin, 1959, 102쪽에서 인용
34. Richet, 1927, 123쪽
35. G. P. Thomson, 1961/1968, 129~131쪽
36. Szent-Györgyi, 1966a
37. George, 1936, 289쪽; 또한 G. P. Thomson, 1961/1968, 128~132쪽을 보라
38. Gamow, 1966
39. Judson, 1980, 81~85쪽
40. Jaffe, 1957, 207쪽을 보라
41. Trenn, 1986
42. Avižienis, 저자와 사적 대화
43. Taton, 1957; Eiseley, 1979, 74쪽을 보라
44. Judson, 1980, 78~80쪽

45. Judson, 1979, 49쪽에서 인용; 또한 Poincaré, 1913/1946, 4쪽
46. W. Alvarez, 1987, 251쪽
47. 같은 책, 253쪽
48. Broad, 1984, 60쪽에서 인용
49. Burnet, 1963, 86~87쪽
50. Kangro, 1975, 8쪽에서 인용
51. Agassi, 1971, 23쪽에서 인용
52. Feynman, 1985, 255쪽
53. Infeld, 1944
54. Burnet, 1963, 86~87쪽을 보라
55. Szent-Györgyi, 1963/1965, 467쪽; 또한 Tyndall, 1872, 44, 108쪽; Agassi, 1971, 31쪽
56. Agassi, 1971, 13쪽에서 인용
57. Chakravarty, 1987, 83쪽에서 인용
58. Weber, 1973, 63쪽에서 인용
59. Dyson, 1958, 79~80쪽에서 인용
60. 같은 책, 80쪽
61. Thomas, 1974, 140쪽
62. Monod, 1969, 2쪽
63. Szent-Györgyi, 1963; Szent-Györgyi, 1966
64. Bates, 1984
65. Dirac, 1963; 또한 Curtin, 1982, 36쪽을 보라
66. Maier, 1960
67. Heisenberg, 1971, 62~63쪽
68. Judson, 1979, 113쪽에서 인용
69. Agassi, 1975, 127~154쪽
70. Root-Bernstein, 근간

대화록 : 토론

1. Mayr, 1982, 832~834, 843, 848쪽
2. Root-Bernstein & Westfall, 1984e
3. Orts et al., 1980a; Orts et al., 1980b
4. Root-Bernstein & Westfall, 1986c
5. Bost et al., 1985

제니의 수첩 : 결론은 질문이다

1. Atkinson, 1985를 보라

후기

임프의 일기 : 애매모호함

1. Snow, 1951, 320쪽

참고 문헌

미출간 자료 출처

이런 책에는 아마도 입증을 위한 광범위한 자료는 필요하지 않을 것이다. 이 책의 결론을 시험하는 유일한 방법은 매일매일 수행하는 과학과 경험을 해석하는 틀을 제공함으로써 결론이 독자의 경험과 얼마나 공명하는지에 달려 있다. 그럼에도 현대 학문은 인정받는 권위에 따른 정당화 없이는 아무것도 쓸 수 없는 스콜라철학의 제2기로 접어들었기에, 이런 현대 학문의 요구를 만족시키려고 최선을 다했다.

이 책에 등장하는 인물들이 옹호하는 주장과 입장을 뒷받침하는 글을 어디서나 찾을 수 있지만, 대화의 상당 부분은 사적인 의견 교환과 프린스턴대학, 소크 생물학 연구소, 캘리포니아 브렌트우드의 재향 군인 병원, 캘리포니아대학, 로스엔젤레스대학, 맥아더 연구원 회의, 각종 협회에서 만난 과학자와 과학사학자들과 나눈 토론에서 비롯했다. 특히 중요하고 흥미로운 관점을 알려 준 사람들은 「감사의 글」과 후주에 언급했다.

또 나는 고인이 된 버니스 이더슨(UCLA, 신경정신의학연구소)과 보조 모린 번스타인Maurine Bernstein, 헬렌 와츠 슐리히팅Helen Watts Schlichting이 수집한 비공개 인터뷰, 심리 실험 결과, 참고 문헌, 인용 자료에서 큰 도움을 받았다. 이더슨 박사는 1959년에 마흔 명의 과학자를 연구한 정보를 모으기 시작해, 1969년과 1978년에 각각의 과학자를 다시 시험하고 인터뷰했다. 이더슨 박사는 이 연구에 기반을 두어 다수의 논문을 발표했고, 아직 연구할 주제가 많이 남아 있었는데도 사망하기 전에 해당 자료를 사용하도록 허락해 주었다. 이더슨 박사가 연구한 과학자 중 네 명은 1959년 이후에 노벨상을 받았고, 두 명은 후보에 여러 번 올랐으며, 한 명은 대통령의 과학 고문이 되어 아주 흥미롭다. 이렇게 뛰어난 과학자가 있는 반면 과학을 하는 동안 논문을 스물 다섯 편 이상도 발표하지 못한 사람과 이름을 드날리지 못한 과학자도 같은 숫자로 존재한다. 따라서 이더슨 박사가 한 연구는 나 자신의 생각과 경험 못지않게 귀중한 견해와 일화를 전해 주는 원천이었다.

자신의 이력서 사본을 보내 준 제임스 왓슨과 조너스 소크에게도 감사드린다. 나는 이 자료를 탁월한 과학자의 발표 기록을 연구하는 데 활용했다. 다른 발표 기록은 왕립 학회와 미국 국립 과학 아카데미에 있는 전기와 회고록 같은 일반 자료에서 참고했다.

다양한 원고도 활용했다. 대부분은 파리 국립 도서관에 있는 루이 파스퇴르의 서신과 실험실 노트다. 나는 참고 문헌에서 이것들을 **파스퇴르 문서**라는 제목으로 목록화했고, 출간된 자료가 없을 경우에 이를 인용했다. 파스퇴르가 주장한 비대칭적 우주의 힘 가설과 이 가설이 파스퇴르가 이뤄 낸 여러 발견에 미친 영향을 지지하는 증거를 얻고자 1840~1895년도 미출간 서신, 1848~1860년도 미출간 문서(vols. 1~3), 1853~1865년도 실험 대장(vols. 5~25), 강의 노트, 화학 강의, 1856년 릴 대학 이학부를 조사했다.

알렉산더 플레밍의 문서는 주로 런던 대영 박물관에 있다. 런던 세인트메리 병원 의과 대학 시청각 부서는 엄청나게 많은 사진과 관련 자료를 정리해 놓았다. 안타깝게도 내가 플레밍의 발견을 연구할 즈음 그의 부인이 사망했다. 부인이 남긴 유언은 현재까지도 검인 중이다. 플레밍 관련 문서를 인용하고 복사하려면 이사회의 승인이 필요한데, 책을 완성하기 전까지 새로운 이사회가 임명되지 않았다. 그래서 나는 출판된 자료와 귄 맥팔레인이 쓴 플레밍 전기에 언급된 자료만 인용했다. 그럼에도 나는 후속 연구자가 내가 재구성한 원고를 본다면 제대로 기술했다고 평가하리라 확신한다.

J. H. 반트 호프의 문서는 레이던 부르하버 박물관에 있다. 문서담당자와 나눈 서신에 따르면 그 문서에는 실험실 노트가 없고 이름 없는 편지가 포함되어 있다고 한다. 이에 나는 반트 호프의 전기 작가들이 모르는 내용은 인용하지 않았다. 반면에 스반테 아레니우스를 논의할 때는 스톡홀름 스웨덴 왕립 과학 아카데미에 보관된 서신을 포함한 많은 원고와 아레니우스 가족이 보관 중인 자서전 원고 『레브나스론드*Levnadsröon*』를 인용했다. 스웨덴어로 된 자료를 번역해 준 파멜라 반 아타Pamela van Atta에게 감사드린다. 이런 도움이 없었다면 자료를 인용할 수 없었을 것이다.

출간 자료 출처

Abelson, P. H. 1965. "Relation of Group Activity to Creativity in Science," *Daedalus* 94: 603–614.

Adrian, Edgar Lord. 1961. "Creativity in Science," *Proceedings of the Third World Congress of Psychiatry*. Toronto: University of Toronto Press, McGill University Press. 1: 41–44.

Agassi, Joseph. 1975. *Science in Flux*. The Hague: Dordrecht.

—— 1979. "Art and Science," *Scientia* 114: 127–140.

—— 1984. "A Holomechanical Model for Research in the Life Sciences," *Journa of Social and Biological Structures* 7: 75–79.
Albers, Josef. 1975. *Interaction of Color*, rev. ed. New Haven, Conn.: Yale Uni versity Press.
Alverez, Luis W. 1987. *Adventures of a Physicist*. New York: Basic Books.
Alvarez, W. C. 1932. "The Influence of Dr. Cannon's Work upon Medical Though and Progress," pp. 10–25 in *Walter Bradford Cannon*. Cambridge, Mass.: Har vard University Press.
American Chemical Society Editors. 1976. "Most Important Chemical Discov eries of the Past Century," *Chemical and Engineering News* 6 (April).
Ancker-Johnson, Betsy. 1973. "Physicist," *Annals of the New York Academy o Sciences* 208: 23–28.
Armytage, W. H. G. 1957. *Sir Richard Gregory: His Life and Work*. New York St. Martin's.
Arrhenius, Svante. 1884a. "Über die Gültigkeit der Clausius-Williamsonschei Hypothese," *Berichte der deutschen chemische Gesellschaft* 15: 49–52.
—— 1884b. "Recherches sur la Conductibilité galvanique des Electrolytes," *Bi hang till Kungliga Vetenskaps-Akademiens Handlingar*, nos. 13 and 14.
—— 1886. "On the Conductivity of Mixtures of Aqueous Acid Solutions," *Repor of the British Association for the Advancement of Science* 56: 310–312.
—— 1887a. "Letter on Electrolytic Dissociation," *Sixth Circular of the Britisl Association Committee for Electrolysis* (May).
—— 1887b. "Försök att beräkna dissociationen (aktivitetskoefficienten) hos vatten lösta kroppar" [Investigation of the calculation of dissociation (activit coefficient) of dissolved substances in water], *Öfversigt öfver Kunglige Veten skaps-Akademiens Förhandlingar*: 405.
—— 1887c. "Über die Dissoziation der in Wasser gelösten Stoffe," *Zeitschrif für physikalische Chemie* 1: 631–648.
—— 1887d. "Über die Einwirkung des Lichtes auf das elektrische Leitungs ver mögen der Haloidsalze des Silbers," *Zeitschrift der Wiener Akademie de Wissenschaft* 96: 831.
—— 1887e. "Über das Leitungsvermögen der phosphoreszierenden Luft," *Wei demanns Annalen der Physik und Chemie* 32: 545.
—— 1888. "Erik Edlund: Nécrologue," *Lumière électrique* 29: 632–633.
—— 1892. "Gültigkeit der Beweises von Herrn Planck für die van't Hoff-sch Gesetz," *Zeitschrift für physikalische Chemie* 9: 5.
—— 1903. "Development of the Theory of Electrolytic Dissociation (Nobel Lec ture, 1903)," pp. 45–58 in *Nobel Lectures: Chemistry, 1901–1921*. Amsterdam Elsevier, 1966. Also in *Popular Science Monthly* 55 (1904): 385–396.
—— 1907. *Theories of Chemistry*. London: Longmans, Green.
—— 1912a. "Electrolytic Dissociation," *Journal of the American Chemical So ciety* 34: 353–364.
—— 1912b. *Theories of Solutions*. New Haven, Conn.: Yale University Press.
—— 1913. "Aus der Sturm- und Drangzeit der Lösungstheorien," *Chemiscl Weekblad* 10: 584–599.
Arthus, Maurice. 1921/1943. "Maurice Arthus' Philosophy of Scientific Investi gation" (preface to Arthus, *L'Anaphylaxie à l'Immunité*), trans. H. E. Sigerest *Bulletin of the History of Medicine* 14: 365–390.
Ashton, S. V., and C. Oppenheim. 1978. "A Method of Predicting Nobel Prize winners in Chemistry," *Social Studies of Science* 8: 341–348.
Asimov, Isaac, ed. 1985. *Great Science Fiction Stories by the World's Grea Scientists*. New York: Donald Fine, Inc.
Atkinson, J. W. 1985. "Models and Myths of Science: Views of the Elephant,' *American Zoologist* 25: 727–736.

Austin, J. H. 1978. *Chase, Chance, and Creativity: The Lucky Art of Novelty.* New York: Columbia University Press.
Axelrod, Julius. 1981. "Biochemical Pharmacology," pp. 25–37 in *The Joy of Research*, W. Shropshire, ed. Washington, D.C.: Smithsonian Institution Press.
Badash, Lawrence, 1972. "The Completeness of 19th Century Science," *Isis* 63: 48–58.
Bailey, Edward. 1962. *Charles Lyell.* London: Thomas Nelson.
Baker, Robert A., ed. 1969. *A Stress Analysis of a Strapless Evening Gown.* Garden City, N.Y.: Doubleday.
Bancroft, Wilder D. 1928. "The Methods of Research," *Rice Institute Pamphlet* 15: 167–285.
Barber, Bernard. 1961. "Resistance by Scientists to Scientific Discovery," *Science* 134: 596–602. Also in Barber and Hirsch, 1962, 539–556.
—— and Renée C. Fox. 1958. "The Case of the Floppy-Eared Rabbits: An Instance of Serendipity Gained and Serendipity Lost," *American Journal of Sociology* 64: 128–136. Also in Barber and Hirsch, 1962, 525–538.
—— and Walter Hirsch, eds. 1962. *The Sociology of Science.* New York: Free Press.
Barrett, J. T. 1986. *Contemporary Classics in Clinical Medicine.* Philadelphia: ISI Press.
Barringer, Herbert, George Blanksten, and Raymond Mack, eds. 1965. *Social Change in Developing Areas: A Reinterpretation of Evolutionary Theory.* Cambridge, Mass.: Schenken.
Barron, Frank. 1958. "The Psychology of Imagination," *Scientific American* 199 (September): 150–166.
Bates, R. H. T. 1984. "Notes for the Seminar 'Image Processing for Industry, Agriculture and Science.'" Unpublished ms.
Baum, Harold. 1982. *The Biochemists' Songbook.* New York: Pergamon Press.
Baynes, K., and F. Pugh. 1981. *The Art of the Engineer.* Woodstock, N.Y.: Overlook Press.
Beaver, Donald de B. 1976. "Reflections on the Natural History of Eponymy and Scientific Laws," *Social Studies of Science* 6: 89–98.
Bell, Charles. 1870. *Letters of Sir Charles Bell.* London: John Murray.
Bell, Eric T. 1937/1961. *Men of Mathematics.* New York: Simon and Schuster. Reprint, New York: Dover.
Bell, J. F. 1973. "The Experimental Foundations of Solid Mechanics," in Flügge's *Encyclopedia of Physics*, vol. VIa, ed. C. Truesdell. Berlin: Springer-Verlag.
Ben-David, Joseph. 1960. "Scientific Productivity and Academic Organization in Nineteenth-Century Medicine," *American Sociological Review* 25: 828–843. Also in Barber and Hirsch, 1962, 305–328.
Benét, Stephen Vincent. 1942. "Schooner Fairchild's Class," pp. 286–300 in *Selected Works of Stephen Vincent Benét.* New York: Holt, Rinehart and Winston.
Bernal, J. D. 1953. *Science and Industry in the Nineteenth Century.* London: Routledge and Kegan Paul.
—— 1939/1967. *The Social Function of Science.* Reprint, Cambridge, Mass.: MIT Press.
—— 1967. *The Origin of Life.* Cleveland, Ohio: World.
Bernard, Claude. 1927/1957. *An Introduction to the Study of Experimental Medicine*, trans. H. C. Greene. New York: Macmillan. Reprint, New York: Dover.
Bernstein, Jeremy. 1978. *Experiencing Science.* New York: Basic Books.
—— 1985. "Retarded Learner [John Archibald Wheeler]," *Princeton Alumni Weekly* (9 October): 28–31, 38–42.

Bernstein, R. S. 1979. "Svante Arrhenius and Electrolytic Dissociation—A Revaluation," pp. 201–212 in *Selected Topics in the History of Electrochemistry*, George Dubpernell and J. H. Westbrook, eds. Princeton: The Electrochemical Society.
Berthelot, Marcelin. 1866. *Comptes rendus* 63: 518.
—— 1876. *Comptes rendus* 82: 441.
Berthollet, C. L. 1789. *Annales de Chimie* 2: 163–173.
—— 1791. *Elémens de l'art de la teinture*. Paris. English ed., trans. William Hamilton. London: Stephan Couchman, 1791.
—— 1795. "Débats," *Séances des Ecoles Normales*, 4 vols. Paris: L. Reynier. I: 205, 311, 423; II: 188, 369; III: 107, 356; IV: 99, 320.
—— 1800."Observations sur le Natron," *Journal de Physique*, 51: 5–9.
—— 1801a. *Recherches sur les lois de l'affinité*. Paris. English ed., trans. M. Farrell. Baltimore: Philip Micklin, 1809.
—— 1801b. "Nouvelle Leçons (en continuant) Chemie," vol. IX, pp. 5–48 in *Séances des Ecoles Normale. Paris: L'Imprimerie du Cercle-Social.*
—— 1803. *Essai de statique chimique*. Paris: Demonville et Soeurs.
Besant, Annie, and C. W. Leadbeater. 1908. *Occult Chemistry*. London: Theosophical Publishing House.
Beveridge, W. I. B. 1950. *The Art of Scientific Investigation*. New York: Norton.
—— 1980. *Seeds of Discovery*. New York: Norton.
Bibby, Cyril. 1960. *T. H. Huxley: Scientist, Humanist, and Educator*. New York: Horizon Press.
Bingham, Roger. 1984a. "Outrageous Ardor: Carleton Gajdusek," in Hammond, 1984, 11–22.
—— 1984b. "Tuzo Wilson: Earthquakes, Volcanoes, and Visions," in Hammond, 1984, 189–196.
Biology and the Future of Man. 1976. Proceedings of the international conference held at the Sorbonne. Paris: Universities of Paris.
Bischoff, C. A. 1894. *Handbuch der Stereochemie*. Frankfurt: Bechhold.
Bishop, George. 1965. "My Life among the Axons," *Annual Review of Physiology* 27: 1–17. Reprinted in *The Excitement and Fascination of Science*. Palo Alto: Annual Reviews, Inc.
Blackwell, Richard J. 1969. *Discovery in the Physical Sciences*. Notre Dame, Ind., and London: University of Notre Dame Press, 1969.
Blalock, J. E., and E. M. Smith. 1984. "Hydropathic Anti-complementarity of Amino Acids Based on the Genetic Code," *Biochemical and Biophysical Research Communications* 121: 203–207.
Bliss, Michael. 1982. *The Discovery of Insulin*. Chicago: University of Chicago Press.
Bonner, James. 1959. "Creativity in Science," *Engineering and Science* 22: 13.
Bonner, John Tyler. 1964. "Analogies in Biology," pp. 251–255 in J. R. Gregg and F. T. C. Harris, eds., *Form and Strategy in Science*. Dordrecht: Reidel.
Bost, K. L., E. M. Smith, and J. E. Blalock. 1985. "Similarity between the Corticotropin (ACTH) Receptor and a Peptide Encoded by an RNA That Is Complementary to ACTH mRNA," *Proceedings of the National Academy of Sciences* 82: 1372–1375.
Boutelier, Glenn D., and A. H. Ullman. 1980. "Finding Your Chemical Roots—a Chemical Genealogy," *Educational Chemistry* 17: 108–109.
Bowman, William. 1891. "In Memoriam F. C. Donders," *Proceedings of the Royal Society* 49.
Bowser, Hal. 1987. "Maestros of Technology," *Invention and Technology* (Summer): 24–30.

Boxer, S., ed. 1987. "Play the Right Bases and You'll Hear Bach," *Discover* (March): 10–12.
Braithwaite, R. B. 1955. *Scientific Explanation*. Cambridge, England: Cambridge University Press.
Brandmüller, Josef, and Reinhart Claus. 1982. "Symmetry: Its Significance in Science and Art," *Interdisciplinary Science Reviews* 7: 296–308.
Brannigan, A. 1982. *The Social Basis of Scientific Discoveries*. Cambridge, England: Cambridge University Press.
Branscomb, Lewis M. 1986. "The Unity of Science," *American Scientist* 74: 4.
Braun, T., W. Glänzel, and A. Schubert. 1988. "The Newest Version of the Facts and Figures on Publication Output and Relative Citation Impact of 100 Countries, 1981–1985," *Scientometrics* 13: 181–188.
Brillouin, Leon. 1961. "Thermodynamics, Statistics, and Information," *American Journal of Physics* 29: 326–327.
—— 1964. *Scientific Uncertainty and Information*. New York: Academic Press.
Brinkman, W. F., et al. 1986. *Physics through the 1990s*. Washington, D.C.: National Academy of Sciences.
Broad, William J. 1984. "Tracing the Skeins of Matter [interview with Peter A. Carruthers]," *New York Times Magazine* (May 6): 54–62.
Brock, W. H., N. D. McMillan, and R. C. Mollan, eds. 1981. *John Tyndall: Essays on a Natural Philosopher*. Dublin: Royal Dublin Society.
Broda, Engelbert. 1983. *Ludwig Boltzmann*, trans. L. Gay. Woodbridge, Conn.: Oxbow Press.
Bronowski, Jacob. 1958. "The Creative Process," *Scientific American* 199: 59–65.
—— 1978. *Origins of Knowledge and Imagination*. New Haven, Conn.: Yale University Press.
Brooke, J. H. 1976. "Charles-Adolphe Wurtz," in *Dictionary of Scientific Biography*, C. C. Gillispie, ed. New York: Scribner's. Vol. 14, pp. 529–532.
Brooks, Chandler M. 1966. "Trends in Physiological Thought," pp. 9–13 in *The Future of Biology*. New York: New York University Press.
—— and Paul F. Cranefield, eds. 1959. *The Historical Development of Physiological Thought*. New York: Hafner.
Brooks, W. K. 1902. "The Lesson on the Life of Huxley," p. 710 in *Smithsonian Institution Report, 1900*. Washington, D.C.: Government Printing Office.
Brown, J. Douglas. 1965. "The Development of Creative Teacher-Scholars," *Daedalus* 94 (Summer): 615–631.
Brown, Ronald A. 1977. "Creativity, Discovery and Science," *Journal of Chemical Education* 54: 720–724.
Bruce, Robert V. 1987. *The Launching of Modern American Science, 1846–1876*. New York: Knopf.
Bruner, Jerome S. 1962. "The Conditions of Creativity," pp. 1–30 in *Contemporary Approaches to Creative Thinking*, H. E. Gruber, G. Terrell, and M. Wertheimer, eds. New York: Atherton Press.
Brush, Stephen G. 1974. "Should the History of Science Be Rated X?" *Science* 183: 1164–1172.
—— 1976. "John J. Waterston," in *Dictionary of Scientific Biography*, C. C. Gillispie, ed. New York: Scribner's. Vol. 14, pp. 184–186.
Buck, Carol. 1975. "Popper's Philosophy of Science for Epidemiologists," *International Journal of Epidemiology* 4: 159.
Bünning, Erwin. 1975. *Wilhelm Pfeffer*. Stuttgart: Wissenschaftliche Verlagsgesellschaft.
Buonaparte, Napoleon. 1859. *Correspondance*. Paris: Plon, 1859.

Burch, George E. 1976. "On Venture Research," *American Heart Journal* 92: 681–683.
Burnet, F. M. 1963. *The Integrity of the Body*. Cambridge, Mass.: Harvard University Press.
—— 1968. *Changing Patterns: An Atypical Autobiography*. Melbourne: Heinemann.
—— 1972. "Immunology as a Scholarly Discipline," *Perspectives in Biology and Medicine* 16: 1.
Burton, Alan C. 1975. "Variety—the Spice of Science as Well as Life: The Disadvantages of Specialization," *Annual Review of Physiology* 37: 1–12.
Bush, Vannevar. 1960. *Science, the Endless Frontier*. Washington, D.C.: National Science Foundation.
Cackowski, Z. 1969. "A Creative Problem Solving Process [Kekulé's invention of the Benzene ring]," *Journal of Creative Behavior* 3: 185–193.
Cadeddu, Antonio. 1985. "Pasteur et le choléra des poules: révision critique d'un récit historique," *History and Philosophy of the Life Sciences* 7: 87–104.
Cahan, David. Unpublished. "The Magician from Schwerin: August Kundt's Art of Experimental Physics."
Cairns-Smith, A. G. 1974. "The Methods of Science and the Origins of Life," pp. 53–58 in K. Dose et al., eds., *The Origin of Life and Evolutionary Biochemistry*. New York: Plenum.
Campbell, Donald T. 1974. "Evolutionary Epistemology," in *The Philosophy of Karl Popper*, ed P. A. Schilpp. La Salle, Ill.: Open Court. Vol. 1, pp. 411–463.
Cannon, Walter B. 1932. "Closing Remarks," pp. 59–65 in *Walter Bradford Cannon*. Cambridge, Mass.: Harvard University Press.
—— 1945/1965. *The Way of an Investigator*. New York: Hafner.
Carlson, Elof Axel. 1981. *Genes, Radiation, and Society: The Life and Work of H. J. Muller*. Ithaca, N.Y.: Cornell University Press.
Carmichael, R. D. 1930. *The Logic of Discovery*. Chicago: Open Court Publishing.
Carter, G. 1974. *Peer Review, Citations, and Biomedical Research Policy*. Santa Monica, Calif.: Rand Corporation.
Cavalli-Sforza, Luigi L. 1971. "Similarities and Dissimilarities of Sociocultural and Biological Evolution," pp. 535–541 in *Mathematics in the Archeological and Historical Sciences*, ed. F. R. Hodson, D. G. Kendall, and P. Tautu. Edinburgh: Edinburgh University Press.
—— 1973. "Models for Cultural Inheritance: I, Group Mean and Within-Group Variation," *Theoretical Population Biology* 4: 42–55.
—— 1986. "Cultural Evolution," *American Zoologist* 26: 845–855.
—— and M. W. Feldman. 1981. *Cultural Transmission and Evolution: A Quantitative Approach*. Princeton, N.J.: Princeton University Press.
Caws, Peter. 1965. *The Philosophy of Science: A Systematic Account*. Princeton, N.J.: Van Nostrand, 1965.
—— 1969. "The Structure of Discovery," *Science* 166: 1374–1380.
Chagnon, N. A., and W. Irons. 1979. *Evolutionary Biology and Human Social Behavior: An Anthropological Perspective*. North Scituate, Mass.: Duxbury Press.
Chakravarty, S. N. 1987. "The Vindication of Edwin Land," *Forbes* (May 4): 83.
Chance, Burton. 1940. "Richard Bright, Traveller and Artist—with Illustrations," *Bulletin of the History of Medicine* 8: 909–933.
Chandrasekhar, S. 1987. *Truth and Beauty: Aesthetics and Motivations in Science*. Chicago: University of Chicago Press.
Chargaff, Erwin. 1963. *Essays on Nucleic Acids*. New York: Elsevier.
—— 1968. Review of Watson's *Double Helix*, in *Science* (March 29).

—— 1971. "Preface to a Grammar of Biology," *Science* 172: 637–642.
—— 1974. "Building the Tower of Babble," *Nature* 248: 776–778.
—— 1978. *Heraclitean Fire: Sketches from a Life before Nature.* New York: Rockefeller University Press.
Chesterton, G. K. 1924/1956. *Tales of the Long Bow.* New York: Sheed and Ward.
Chevreul, M. E. 1858. Book review, *Journals des savants* (August): 507–527.
Church, Richard, and M. M. Buzman, eds. 1945. *Poems of Our Time, 1900–1942.* London: J. M. Dent.
Claparède and Flournoy. 1945. "Inquiry into the Working Methods of Mathematicians," trans. J. Hadamard, in Hadamard, 1945, 136–141. Original publication in *L'Enseignement Mathématique* 4 (1902); 6 (1904).
Clark, Ronald W. 1984. *Einstein: The Life and Times.* New York: Abrams.
—— 1985. *The Life of Ernst Chain: Penicillin and Beyond.* New York: St. Martin's.
Clausius, Rudolf. 1857. "Electricitätsleitung in Elektrolyten," *Annalen der Physik* 101: 338–360.
Cohen, Ernst. 1912. *Jacobus Henricus van't Hoff: Sein Leben und Wirken.* Leipzig: Akademische Verlagsgesellschaft.
—— 1933. "Kamerlingh Onnes Memorial Lecture," in *Memorial Lectures Delivered Before the Chemical Society, 1914–1932.* London: The Chemical Society. Vol. 3, pp. 91–107.
—— 1961. "J. H. van't Hoff," pp. 948–958 in *Great Chemists,* trans. R. E. Oesper. New York: Interscience.
Cohen, I. Bernard. 1982. "Uncovering Discovery [review of Brannigan, 1982]," *Nature* 297: 248.
—— 1985. *Revolution in Science.* Cambridge, Mass.: Harvard University Press.
Cole, K. C. 1983. "Victor Weisskopf: Living for Beethoven and Quantum Mechanics," *Discover* (June): 49–54.
Cole, Stephen. 1979. "Age and Scientific Performance," *American Journal of Sociology* 84: 958–977.
Colebrook, Leonard. 1954. *Almroth Wright: Provocative Doctor and Thinker.* London: Heniemann.
Coleby, L. J. M. 1938. *The Chemical Studies of P. J. Macquer.* London: George Allen and Unwin.
Colinvaux, Paul. 1980. *The Fates of Nations.* New York: Simon and Schuster.
—— 1982. "Towards a Theory of History: Fitness, Niche and Clutch of *Homo sapiens,*" *Journal of Ecology* 70: 393–412.
Colquhoun, D. B. 1975. "Alexander Fleming," *World Medicine* (January 29): 41–43.
Comroe, J. H., and R. D. Dripps. 1976. "Scientific Basis for the Support of Medical Research," *Science* 192: 105–111.
Comte, Auguste, 1869. *Cours de philosophie positive,* 3d ed. Paris: Balliere. 6 vols.
Cook, Norman D. 1977. "The Case for Reverse Translation," *Journal of Theoretical Biology* 64: 113–135.
Cooper, D. L., J. Gerratt, and M. Raimondi. 1986. "The Electronic Structure of the Benzene Molecule," *Nature* 323: 699–701.
Court, S. 1972. "The *Annales de Chimie,* 1789–1815," *Ambix* 19: 113–128.
Cranefield, Paul. 1966. "The Philosophical and Cultural Interests of the Biophysics Movement of 1847," *Journal of the History of Medicine 21: 1–7.*
Crick, F. H. C. 1958. "On Protein Synthesis," Symposium of the Society for Experimental Biology, *The Biological Replication of Macromolecules* 12: 138.
—— 1967. *Of Molecules and Men.* Seattle: University of Washington Press.

—— 1968. "The Origin of the Genetic Code," *Journal of Molecular Biology* 38: 367–379.
—— 1970. "Central Dogma of Molecular Biology," *Nature* 227: 561–563.
—— 1974. "The Double Helix: A Personal View," *Nature* 248: 766–769.
—— 1981. *Life Itself: Its Origin and Nature*. New York: Simon and Schuster.
——, J. C. Wang, and W. R. Bauer, 1979. "Is DNA Really a Double Helix?" *Journal of Molecular Biology* 129: 449–461.
—— and Mitchison, G. 1983. "The Function of Dream Sleep," *Nature* 304: 111–114.
Crombie, A. C. 1984. "What Is the History of Science?" *Times Higher Education Supplement* (March 2): 14–15.
Crosland, Maurice. 1967. *The Society of Arcueil*. London: Heinemann.
Crowther, J. G. 1968. *Scientific Types*. London: Barrie and Rockliff.
Curie, Eve. 1937. *Madame Curie*, trans. V. Sheean. Garden City, N.Y.: Garden City Publishing Co.
Curtin, Deane W., ed. 1982. *The Aesthetic Dimension of Science: 1980 Nobel Conference*. New York: Philosophical Library.
Cyriax, B. and R. Gäth. 1978. "The Conformation of Double-Stranded DNA," *Naturwissenschaften* 65: 106–108.
Dagognet, Francois. 1967. *Methodes et doctrine dans l'oeuvre de Pasteur*. Paris: Presses Universitaire de France.
Dainton, Lord. 1987. "Hunt the Paradox and Fate May Smile," *The Scientist* (July 13): 17.
Dale, Henry. 1948. "Accident and Opportunism in Medical Research," *British Medical Journal* (September 4): 451–455.
—— 1954. *An Autumn Gleaning: Occasional Lectures and Addresses*. London: Pergamon Press.
Dalziel, K. 1982. "Axel Hugo Theodor Theorell," *Biographical Memoirs of Fellows of the Royal Society* 29: 585–621.
Danielli, James F. 1966. "What Special Units Should Be Developed for Dealing with the Life Sciences and What Specializations of Program Are Most Likely to be Needed in the Future?" pp. 90–98 in *The Future of Biology*. New York: SUNY Press.
Darlington, C. D. 1969. *The Evolution of Man and Society*. New York: Simon and Schuster.
Darwin, Charles. 1958. *The Autobiography of Charles Darwin, 1809–1882*. New York: Norton.
Daub, Edward E. 1971. "Rudolf Clausius," in *Dictionary of Scientific Biography*, C. C. Gillispie, ed. Vol. 3. New York: Scribner's.
Davidson, E. C. 1925. "Tannic Acid in the Treatment of Burns," *Surgery, Gynecology and Obstetrics* 41: 202–221.
Davis, Philip J. and Rueben Hersh. 1981. *The Mathematical Experience*. Boston: Birkhauser.
Davy, Sir Humphrey. 1840. "Parallels between Art and Science," *The Collected Works of Sir Humphrey Davy*, John Davy, ed. London: Smith and Cornhill. Vol. 8, pp. 306–308.
De Beer, Gavin R. 1953. "Glimpses at Some Historical Figures of Modern Zoology," in *Science, Medicine and History*, E. A. Underwood, ed. London: Oxford University Press. Vol. 2, pp. 233–242.
Debye, Peter. 1966. Interview, pp. 77–86 in *The Way of the Scientist*. New York: Simon and Schuster.
La Décade Egyptienne, Journal Litteraire et d'Economie Politique. 1798–1801. 3 vols. Cairo: Imprimerie Nationale. Reprinted as the first 3 vols. of S. Bous-

tany, ed., *The Journals of Bonaparte in Egypt, 1798–1801,* 10 vols. Cairo: Al-Arab Bookshop, 1971.
Dedijer, Steven. 1966. Interview, pp. 266–277 in *The Way of the Scientist.* New York: Simon and Schuster.
De Kruif, Paul. 1926. *Microbe Hunters.* New York: Harcourt Brace.
—— 1936. *Why Keep Them Alive?* New York: Harcourt Brace.
Delaunay, Albert. 1959. *Journal d'un Biologiste.* Paris: Plon.
Dembart, Lee. 1985. "An Unsung Geometer Keeps to His Own Plane," *Los Angeles Times* (July 14), section 4, p. 3.
Deutsch and Shea, Inc. 1957. *A Profile of the Engineer: A Comprehensive Study of Research Relating to the Engineer.* New York: Industrial Relations Newsletter, Inc.
Dick, Auguste. 1981. *Emmy Noether, 1882–1935,* trans. H. I. Blocher. Boston: Birkhauser.
Dirac, P. A. M. 1963. "The Evolution of the Physicists' Picture of Nature," *Scientific American* (May): 45–53.
Dixon, Bernhard. 1973. *What Is Science For?* London: Collins.
"Dr. Crypton." 1986. "Fermilab: Where Science Is Art," *Science Digest* (February): 35–44, 74.
Dolby, R. G. A. 1976. "Debates over the Theory of Solution . . ." *Historical Studies in the Physical Sciences* 7: 297–404.
—— 1977. "The Transmission of Two New Scientific Disciplines from Europe to North America in the Late Nineteenth Century," *Annals of Science* 34: 287–310.
Dolman, Claude E. 1978. "Reflections on Fleming," *Chemistry* 51: 6–10.
Donnan, F. G. 1930. "Science and Philosophy: A Proposed International Conference," *Nature* 125: 857.
Donovan, Arthur. 1987. "Explaining Scientific Change: Theoretical Claims and Historical Cases," *Isis* 78: 75–76.
Doyle, Sir Arthur Conan. n.d. *The Complete Sherlock Holmes.* Garden City, N.Y.: Doubleday.
Drennan, O. J. 1961. "Electrolytic Solution Theory: Foundations of Modern Thermodynamic Considerations," Ph.D. dissertation, University of Wisconsin.
Dresselhaus, Mildred S. 1973. "Electrical Engineer," *Annals of the New York Academy of Sciences* 208: 17–22.
Dubos, René. 1950. *Louis Pasteur: Free Lance of Science.* Boston: Little, Brown.
—— 1960. *Pasteur and Modern Science.* Garden City, N.Y.: Doubleday.
—— 1965. *Man Adapting.* New Haven, Conn.: Yale University Press.
—— 1976. *The Professor, the Institute, and DNA.* New York: Rockefeller University Press.
Duclaux, Emil. 1896/1920. *Pasteur: Histoire d'un Esprit.* Paris: Sceaux. English ed. trans. E. F. Smith and F. Hedges, *Pasteur: The History of a Mind.* Philadelphia: W. B. Saunders.
Duhem, Pierre. 1899. "Une science nouvelle: la chimie physique," *Revue philomathique de Bordeaux et du Sud-Ouest*: 205–219; 260–280.
Duncan, A. M. "Some Theoretical Aspects of Eighteenth Century Tables of Affinity," *Annals of Science* 18 (1962): 177–194; 217–237.
Dyson, Freeman J. 1958. "Innovation in Physics," *Scientific American* 199: 74–82.
—— 1979. "The World of the Scientist—Part II," *The New Yorker* (August 13): 64–88.
—— 1982. "Manchester and Athens," pp. 41–62 in *The Aesthetic Dimension of Science,* E. W. Curtin, ed. New York: Philosophical Library.

Eccles, John C. 1958. "The Physiology of Imagination," *Scientific American* 199: 135–146.
—— 1970. *Facing Reality: Philosophical Adventures by a Brain Scientist*. New York: Springer-Verlag.
Edelstein, S. 1971. "The Role of Chemistry in the Development of Dyeing and Bleaching," pp. 288–289 in *The Journal of Chemical Education: Selected Readings in the History of Chemistry*, A. Ihde, ed. New York: Journal of Chemical Education.
Edge, David O., and Michael J. Mulkay. 1976. *Astronomy Transformed—The Emergence of Radio Astronomy in Britain*. New York: Wiley.
Egerton, Judy. 1986. *British Watercolors*. London: The Tate Gallery.
Ehrlich, Paul. 1957. "Physical Chemistry versus Biology in the Doctrines of Immunity [1899]," in *Gesammelte Arbeiten*, F. Himmelweit, ed. Berlin: Springer-Verlag. Vol. 1, p. 414.
Eiduson, Bernice. 1962. *Scientists: Their Psychological World*. New York: Basic Books.
—— and Linda Beckman, eds. 1973. *Science as a Career Choice: Theoretical and Empirical Studies*. New York: Russell Sage Foundation.
Einstein, Albert, and Leopold Infeld. 1938. *The Evolution of Physics*. New York: Simon and Schuster.
Eiseley, Loren. 1965. "Darwin, Coleridge, and the Theory of Unconscious Creation," *Daedalus* 94 (Summer): 588–602.
Elstein, A. S., L. S. Schulman, and S. A. Sprafka. 1978. *Medical Problem Solving: An Analysis of Clinical Reasoning*. Cambridge, Mass.: Harvard University Press.
Emerton, Norma E. 1984. *The Scientific Reinterpretation of Form*. Ithaca, N.Y.: Cornell University Press.
Escarpit, Robert. 1969. "Humorous Attitude and Scientific Inventivity," *Impact of Science on Society* 19: 253–258.
Eugster, Hans P. 1971. "The Beginnings of Experimental Petrology," *Science* 173: 481–489.
Ewald, P. P. 1972. "Carl Heinrich Hermann," in *Dictionary of Scientific Biography*, C. C. Gillispie, ed. New York: Scribner's.
Faraday, Michael. 1839–1855. *Experimental Researches in Electricity*. London: Quaritch. 3 vols.
Farber, Eduard. 1966. "From Chemistry to Philosophy: The Way of Alwin Mittasch (1869–1953)," *Chymia* 11: 156–178.
Feldman, Arnold S., and Klaus Knorr. 1960. *American Capability in Basic Science and Technology*. Princeton, N.J.: Center of International Studies.
Feleki, László. 1969. "Keeping Laughably up with Science," *Impact of Science on Society* 19: 259–268.
Ferguson, Eugene S. 1977. "The Mind's Eye: Nonverbal Thought in Technology," *Science* 197: 827–836.
Fermi, Laura. 1954. *Atoms in the Family*. Chicago: University of Chicago Press.
Feyerabend, Paul K. 1961. "Comments on Hanson's 'Is There a Logic of Scientific Discovery?'" pp. 35–37 in *Current Issues in the Philosophy of Science*. New York: Holt, Rinehart and Winston.
—— 1975. *Against Method: Outline of an Anarchist Theory of Knowledge*. Atlantic Highlands, N.J.: Humanities Press.
—— 1981. *Rationalism and Scientific Method: Problems of Empiricism*. Cambridge, England: Cambridge University Press. 2 vols.
Feynman, Richard P. 1985. *"Surely You're Joking, Mr. Feynman!"* New York: Norton.

Field, George B. 1981. "Theoretical Physics," pp. 65–78 in *the Joy of Research,* W. Shropshire, ed. Washington, D.C.: Smithsonian Institution Press.
Fisher, Arthur. 1984. "The Charm of Physics: Sheldon Glashow," pp. 24–35 in *A Passion to Know: Twenty Profiles in Science,* A. L. Hammond, ed. New York: Scribner's.
Fleck, Ludwig. 1979. *Genesis and Development of a Scientific Fact.* Chicago: University of Chicago Press.
Fleming, Alexander. 1922. "On a Remarkable Bacteriolytic Substance Found in Secretions and Tissues," *Proceedings of the Royal Society* 93: 306.
—— 1924. "On the Antibacterial Power of Egg-white," *Lancet* 1: 1303.
—— 1926. "A Simple Method of Removing Leucocytes from Blood," *British Journal of Experimental Pathology* 7: 231.
—— 1929a. "On the Antibacterial Action of Cultures of a Penicillium, with Special Reference to their Use in the Isolation of *B. influenzae,*" *British Journal of Experimental Pathology* 10: 226–236.
—— 1929b. "Lysozyme—a Bacteriolytic Ferment Found Normally in Tissues and Secretions," *Lancet* 1: 217.
—— 1932. "Lysozyme," *Proceedings of the Royal Society of Medicine (Section of Pathology)* 26: 1.
—— 1944. "The Discovery of Penicillin," *British Medical Bulletin* 2: 4.
—— and V. D. Allison. 1925. "On the Specificity of the Proteins of Human Tears, *British Journal of Experimental Pathology* 6: 87.
Forbes, Peter. 1987. "Muse in a Test Tube," *The Scientist* (December 14): 24.
Forman, Paul. 1974. "The Financial Support and Political Alignment of Physicists in Weimar Germany," *Minerva* 12: 39–66.
—— 1979. "The Reception of an Acausal Quantum Mechanics in Germany and Britain," pp. 1–49 in *The Reception of Unconventional Science* (AAAS Selected Symposium No. 25), S. H. Mauskopf, ed. Boulder, Colo.: Westview Press.
—— 1981. "Einstein and Research," pp. 13–24 in *The Joy of Research,* W. Shropshire, ed. Washington, D.C.: Smithsonian Institution Press.
——, J. L. Heilbron, and S. Weart. 1975. "Physics circa 1900," *Historical Studies in the Physical Sciences* 5: 5–185.
Foster, Michael. 1899. *Claude Bernard.* London: T. Fisher Unwin.
Fowles, J. 1969. *The French Lieutenant's Woman.* New York: Signet.
Fox, Robert. 1974. "The Rise and Fall of Laplacian Physics," *Historical Studies in the Physical Sciences* 4: 89–136.
Fraenkel-Conrat, Heinz. 1979. "Comments," p. 47 in *The Origins of Modern Biochemistry: A Retrospect on Proteins,* P. R. Srinivasan, J. S. Fruton, and J.T. Edsall, eds. Annals of the New York Academy of Sciences, vol. 325.
Frank, Robert G. 1987. "American Physiologists in German Laboratories, 1865–1914," pp. 11–46 in *Physiology in the American Context, 1850–1940,* G. Geison, ed. Baltimore, Md.: William and Wilkins.
Frankel, Henry. 1979. "Continental Drift Theory," pp. 50–89 in *The Reception of Unconventional Science* (AAAS Selected Symposium No. 25), S. H. Mauskopf, ed. Boulder, Colo.: Westview Press.
Franklin, Kenneth J. 1953. *Joseph Barcroft, 1872–1947.* Oxford: Blackwell Scientific.
Franks, Felix. 1981. *Polywater.* Cambridge, Mass.: MIT Press.
French, A. P., ed. 1979. *Einstein: A Centenary Volume.* Cambridge, Mass.: Harvard University Press.
Friedman, Bruno. 1969. "The Editor Comments," *Impact of Science on Society* 19: 223–224.
Frisch, O. R. 1970. "Lise Meitner," *Biographical Memoirs of the Fellows of the Royal Society* 16: 405–420.

—— 1979. *What Little I Remember*. Cambridge, England: Cambridge University Press.
Fruton, Joseph F. 1972. *Molecules and Life: Historical Essays on the Interplay of Chemistry and Biology*. New York: Wiley.
The Future of Biology. 1965. A symposium sponsored by Rockefeller University and SUNY. New York: SUNY Press.
Gaffron, Hans. 1970. "Resistance to Knowledge," *The Salk Institute Occasional Papers* 2: 1–61.
Galdston, Iago. 1939. "The Ideological Basis of Discovery," *Bulletin of the History of Medicine* 7: 729–735.
Galton, Francis. 1892/1972. *Hereditary Genius: An Inquiry into Its Laws and Consequences*. Reprint, Gloucester, Mass.: Peter Smith, 1972.
—— 1874/1970. *English Men of Science: Their Nature and Nurture*. London: Macmillan. Reprint, Frank Cass.
Gamow, George. 1966. *Thirty Years That Shook Physics*. New York: Doubleday.
Garard, Ira D. 1969. *Invitation to Chemistry*. New York: Doubleday.
Gardner, Howard. 1983. *Frames of Mind: The Theory of Multiple Intelligences*. New York: Basic Books.
Gardner, Martin. 1959. *Mathematical Puzzles and Diversions*. New York: Simon and Schuster.
—— 1977. "Mathematical Games," *Scientific American* 236 (January): 110–121.
—— 1986. "Puzzles and Science," in *Puzzles Old and New*, brochure accompanying exhibit of puzzles organized by the Craft and Folk Art Museum of Los Angeles.
Garfield, Eugene. 1970. "Citation Indexing for Studying Science," *Nature* 227: 669–671.
Garrett, Alfred B. 1963. *The Flash of Genius*. Princeton, N.J.: Van Nostrand.
Gassmann, E., J. E. Kuo, and R. N. Zare. 1985. "Electrokinetic Separation of Chiral Compounds," *Science* 230: 813–814.
Geison, Gerald. 1974. "Louis Pasteur," in *Dictionary of Scientific Biography*, C. C. Gillispie, ed. New York: Scribner's.
——, ed. 1987. *Physiology in the American Context, 1850–1940*. Baltimore, Md.: William and Wilkins.
George, William H. 1936. *The Scientist in Action: A Scientific Study of His Methods*. London: Williams and Norgate.
Gerard, Ralph. 1957. "Problems in the Institutionalization of Higher Education: An Analysis Based on Historical Materials," *Behavioral Science* 2: 134–146.
——, E. Kluckhohn, and A. Rapoport. 1956. "Biological and Cultural Evolution: Some Analogies and Explorations," *Behavioral Science* 1: 6–34.
Gernand, H. W., and W. J. Reedy. 1986. "Planck, Kuhn, and Scientific Revolutions," *Journal of the History of Ideas* 47: 469–485.
Gibbs, J. W. 1928. "Graphical Methods in the Thermodynamics of Fluids," in *The Scientific Papers of J. Willard Gibbs*. New York: Longmans Green, 1928. Vol. 1, pp. 1–32.
Giere, R. N. 1988. *Explaining Science: A Cognitive Approach*. Chicago: University of Chicago Press.
Gilbert, G. K. 1886. "The Inculcation of Scientific Method by Example, with an Illustration Drawn from the Quarternary Geology of Utah," *American Journal of Science* 31: 286–299.
Gillispie, C. C. 1957. "The Discovery of the Leblanc Process," *Isis* 48: 152–170.
——, ed. 1970–1977. *Dictionary of Scientific Biography*. New York: Scribner's.
Gingerich, Owen, ed. 1975. *The Nature of Scientific Discovery*. Washington, D.C.: Smithsonian Institution Press.

Gleick, James. 1984. "Solving the Mathematical Riddle of Chaos [interview with Mitchell Feigenbaum]," *New York Times Magazine* (June 10): 31–71.
Goertzel, V., and M. G. Goertzel. 1962. *Cradles of Eminence*. Boston: Little, Brown.
Goldschmidt, Richard. 1949. "Research and Politics," *Science* 109: 219–227.
—— 1953. "Otto Bütschli, Pioneer of Cytology (1848–1920)," in *Science, Medicine and History*, E. A. Underwood, ed. London: Oxford University Press. Vol. 2, pp. 223–232.
—— 1956. *Portraits from Memory: Recollections of a Zoologist*. Seattle: University of Washington Press.
—— 1960. *In and Out of the Ivory Tower: The Autobiography of Richard B. Goldschmidt*. Seattle: University of Washington Press.
Goldsmith, Margaret. 1946. *The Road to Penicillin: A History of Chemotherapy*. London: Lindsay Drummond.
Goldsmith, Maurice. 1965. "Toward a Science of Science [interview with J. D. Bernal]," *Science Journal* (March): 88–92.
—— 1980. *Sage: A Life of J. D. Bernal*. London: Hutchinson.
—— and A. Mackay, eds. 1964. *The Science of Science*. London: Souvenir Press.
Golomb, S. W. 1954. "Checkerboards and Polyominoes," *American Mathematical Monthly* 61: 675–682.
Good, Irving, J. 1962. "Botryological Speculations," pp. 120–132 in *The Scientist Speculates*, I. J. Good, ed. New York: Basic Books.
Goran, Morris. 1967. *The Story of Fritz Haber*. Norman, Okla.: University of Oklahoma Press.
Gordon, Bonnie B., ed. 1985. *Songs from Unsung Worlds: Science in Poetry*. Boston: Birkhauser.
Gordon, Michael. 1977. "Evaluating the Evaluators," *New Scientist* (February 10): 342–343.
Grafstein, Daniel. 1983. "Stereochemical Origins of the Genetic Code," *Journal of Theoretical Biology* 105: 157–174.
Gray, George W. 1962. "Which Scientists Win Nobel Prizes," pp. 557–565 in *The Sociology of Science*, B. Barber and W. Hirsch, eds. New York: Free Press.
Greenaway, F. 1966. *John Dalton and the Atom*. London: Heinemann.
Gregg, J. R., and F. T. C. Harris, eds. 1964. *Form and Strategy in Science*. Dordrecht: Reidel.
Gregory, Richard. 1916. *Discovery, or the Spirit and the Service of Science*. London: Macmillan.
Grobel, Lawrence. 1986. "The Remarkable Dr. Feynman," *Los Angeles Times Magazine*, vol. 2, no. 16 (April 20): 14–19.
Grotthuss, C. J. D. von. 1806. "Memoire sur la décomposition de l'eau et des corps qu'elle tient en dissolution à l'aide de l'électricité galvanique," *Annales de chimie et de physique* 58: 54–74.
Gruber, Howard. 1978. "Darwin's 'Tree of Nature' and Other Images of Wide Scope," pp. 120–140 in *On Aesthetics in Science*, J. Wechsler, ed. Cambridge, Mass.: MIT Press.
—— 1980. "The Evolving Systems Approach to Creative Scientific Work: Charles Darwin's Early Thought," pp. 113–130 in *Scientific Discovery: Case Studies*, T. Nickles, ed. Dordrecht: Reidel.
Guerlac, Henry. 1959. "Some French Antecedents in the Development of the Chemical Revolution," *Chymia* 5: 77–81.
—— 1976. "Chemistry as a Branch of Physics: The Collaboration of Lavoisier and Laplace," *Historical Studies in the Physical Sciences* 7: 240–276.
Guldberg, C. M., and P. Waage. 1879. "Chemische Affinität," *Journal für praktische Chemie* 19: 1–46.

Guthrie, Leonard G. 1921. *Contributions to the Study of Precocity in Children.* London: Eric G. Millar.
Gutting, Gary. 1943. "Conceptual Structures and Scientific Change," *Studies in the History and Philosophy of Science* 4 (November): 212–216.
Guye, Philippe. 1903. "Editorial Introduction," *Journal de chimie physique* 1: 1–6.
Hadamard, Jacques. 1945. *The Psychology of Invention in the Mathematical Field.* Princeton, N.J.: Princeton University Press.
Haeckel, Ernst. 1904/1974. *Kunstformen der Natur.* Leipzig: Verlag des Bibliographischen Institutes. Reprint, New York: Dover.
Halacy, D. S., Jr. 1967. *Science and Serendipity: Great Discoveries by Accident.* Philadelphia.
Haldane, J. B. S. 1939. *The Marxist Philosophy and the Sciences.* New York: Random House.
—— 1976. *The Man with Two Memories.* London: Merlin Press.
Haldane, J. S. 1931. *The Philosophical Basis of Biology.* Garden City, N.Y.: Doubleday, Doran.
Hallpike, C. R. 1985. "Social and Biological Evolution, I: Darwinism and Social Evolution," *Journal of Social and Biological Structures* 8: 129–146.
Halmos, P. R. 1968. "Mathematics as a Creative Art," *American Scientist* 36: 375–389.
Hannan, P. J., R. Roy, and J. F. Christman. 1988. "Chance and Drug Discovery," *ChemTech* 18: 80–83.
Hanson, N. R. 1958. *Patterns of Discovery: An Inquiry into the Conceptual Foundations of Science.* Cambridge, England: Cambridge University Press.
—— 1961. "Is There a Logic of Discovery?" pp. 20–35 in *Current Issues in the Philosophy of Science.* New York: Holt, Rinehart and Winston.
—— 1967. "An Anatomy of Discovery," *Journal of Philosophy* 64: 321–352.
Hardin, Garrett. 1959. *Nature and Man's Fate.* New York: Holt, Rinehart and Winston.
Hardy, Thomas. 1874. *Far From the Madding Crowd.* London: Smith Elder.
Hare, Ronald. 1970. *The Birth of Penicillin.* London: George Allen and Unwin.
Harré, Rom. 1981. *Great Scientific Experiments.* Oxford: Phaidon.
Harris, E. E. 1970. *Hypothesis and Perception: The Roots of Scientific Method.* London: George Allen and Unwin.
Harrow, Benjamin. 1927. *Eminent Chemists of Our Time,* 2d ed. New York: Van Nostrand.
Hartley, Harold. 1933. "Theodore William Richards Memorial Lecture," in *Memorial Lectures Delivered before the Chemical Society, 1914–1932.* London: The Chemical Society. Vol. 3, pp. 131–163.
Harwit, Martin. 1981. *Cosmic Discovery: The Search, Scope and Heritage of Astronomy.* Brighton: Harvester Press.
Hawkins, D. T., W. E. Falconer, and N. Bartlett. 1978. *Noble Gas Compounds: A Bibliography, 1962–1976.* New York: IFI/Plenum.
Haynes, William. 1938. *Chemicals in the Industrial Revolution.* Princeton, N.J.: Princeton University Press.
Heath, A. E. 1947. "Analogy as a Scientific Tool," *Rationalist Annual*: 51–58.
Heidelberger, Michael. 1977. "A 'Pure' Organic Chemist's Downward Path," *Annual Review of Microbiology* 31: 1–12.
Heilbron, J. L. 1985. "Artes compilationis [review of J. Nehra and H. Rechenberg, *The Historical Development of Quantum Theory*]," *Isis* 76: 388–393.
Heisenberg, Warner. 1958. *Physics and Philosophy.* New York: Harper and Brothers.

—— 1970. *The Physicist's Conception of Nature*, trans. A. J. Pomerans. Westport, Conn.: Greenwood Press.
—— 1971. *Physics and Beyond: Encounters and Conversations*. New York: Harper and Row.
Hempel, C. G. 1966. *Philosophy of Natural Science*. New York: Prentice-Hall.
Henderson, Lawrence J. 1925. *The Order of Nature*. Cambridge, Mass.: Harvard University Press.
—— 1927/1957. Introduction to Claude Bernard, *An Introduction to the Study of Experimental Medicine*. New York: Macmillan. Reprint, New York: Dover.
Herival, John. 1975. *Joseph Fourier: The Man and the Physicist*. Oxford: Clarendon Press.
Herold, J. Christopher. 1962. *Buonaparte in Egypt*. New York: Harper and Row.
Hesse, Mary B. 1966. *Models and Analogies in Science*. Notre Dame, Ind.: University of Notre Dame Press.
Hiebert, Erwin N. 1971. "The Energetics Controversy and the New Thermodynamics," pp. 67–86 in *Perspectives in the History of Science and Technology*, D. H. D. Roller, ed. Norman, Okla.: University of Oklahoma Press.
—— 1978. "Nernst and Electrochemistry," pp. 180–200 in *Selected Topics in the History of Electrochemistry*, G. Dubpernell and J. H. Westbrook, eds. Princeton, N.J.: Electrochemical Society.
Higgs, Edward. 1985. "Counting Heads and Jobs: Science as an Occupation in the Victorian Census," *History of Science* 23: 335–349.
Hill, A. V. 1927. "Obituary: Professor W. Einthoven," *Nature* 120: 591.
—— 1960/1962. *The Ethical Dilemma of Science*. New York: Rockefeller Institute Press; London: Scientific Book Guild.
Hilts, Philip J. 1984. "Robert Wilson: Lord of the Rings," pp. 139–147 in *A Passion to Know: Twenty Profiles in Science*, A. L. Hammond, ed. New York: Scribner's.
Hindle, Brooke. 1981. *Emulation and Invention*. New York: New York University Press.
—— 1984. "Spatial Thinking in the Bridge Era: John Augustus Roebling versus John Adolphus Etzler," *Annals of the New York Academy of Sciences* 424: 131–148.
Hinshelwood, Cyril. 1965. "Science and Scientists," *Nature* 207: 1055–1061.
Hittorf, W. 1853–1859. "Über die Wanderungen der Ionen," *Annalen der Physik* 89: 177–211; 98: 1–34; 103: 1–56; 106: 337–411.
Hodges, Laurent. 1987. "Color It Kodachrome," *Invention and Technology* (Summer): 47–53.
Hodgkin, Alan L. 1977. *The Pursuit of Nature: Informal Essays on the History of Physiology*. Cambridge, England: Cambridge University Press.
Hoffmann, Roald. 1987. "Plainly Speaking," *American Scientist* 75 (July–August): 418–420.
—— 1988a. "How I Work as Poet and Scientist," *The Scientist* (March 21): 10.
—— 1988b. "Nearly Circular Reasoning," *American Scientist* 76 (March–April): 182–185.
Hofstadter, D. R. 1979. *Gödel, Escher, Bach*. New York: Basic Books.
Holmes, F. L. 1962. "From Elective Affinities to Chemical Equilibria: Berthollet's Law of Mass Action," *Chymia* 8: 105–145.
—— 1974. *Claude Bernard and Animal Chemistry*. Cambridge, Mass.: Harvard University Press.
Holt, Rackham. 1943. *George Washington Carver*. Garden City, N.Y.: Doubleday Doran.
Holton, Gerald. 1973. *Thematic Origins of Scientific Thought: Kepler to Einstein*. Cambridge, Mass.: Harvard University Press.

—— 1975. "Mainsprings of Scientific Discovery," pp. 199–217 in *The Nature of Scientific Discovery*, O. Gingerich, ed. Washington, D.C.: Smithsonian Institution Press.

—— 1978. *The Scientific Imagination: Case Studies*. Cambridge, England: Cambridge University Press.

—— 1986. "Foreword," pp. i–xii in *Contemporary Classics in the Physical, Chemical and Earth Sciences*. Philadelphia, Pa.: ISI Press.

Hopkins, Frederick G. 1913. "The Dynamic Side of Biochemistry," *Nature* 92: 213–223.

Horstmann, A. F. 1903. *Abhandlungen zur Thermodynamik chemischer Vorgänge*, J. H. van't Hoff, ed. Leipzig: Wilhelm Engelmann, 1903.

Houssay, B. A. 1952. "The Discovery of Pancreatic Diabetes: The Role of Oscar Minkowski," *Diabetes* 1 (March–April): 112–116.

Hoytink, G. J. 1970. "Physical Chemistry in the Netherlands after van't Hoff," *Annual Review of Physical Chemistry* 21: 1–16.

Hughes, Thomas P. 1985. "How Did the Heroic Inventors Do It?" *Ameican Heritage of Invention and Technology* (Fall): 18–25.

Hughes, W. Howard. 1974. *Alexander Fleming and Penicillin*. London: Priory Press.

Hull, David L. 1974. *Philosophy of Biological Science*. New York: Prentice-Hall.

—— 1988. *Science as a Process: An Evolutionary Account of the Social and Conceptual Development of Science*. Chicago: University of Chicago Press.

Huskey, V. R., and H. D. Huskey. 1980. "Lady Lovelace and Charles Babbage," *Annals of Computing* 2: 299–329.

Huxley, Aldous. 1956. *Tomorrow and Tomorrow and Tomorrow*. New York: Harper and Brothers.

Huxley, Julian. 1956. "Evolution, Cultural and Biological," p. 3–25 in *Current Anthropology*, W. L. Thomas, Jr., ed. Chicago: University of Chicago Press.

Huxley, Leonard. 1900. *Life and Letters of Thomas Henry Huxley*. New York: Appleton. 2 vols.

—— 1927. *Charles Darwin*. New York: Greenberg.

Huxley, T. H. 1899. "On Science and Art in Relation to Education," in *Collected Essays*. New York: Macmillan. Vol. 3, pp. 160–188.

—— 1935. *Diary of the Voyage of the H.M.S. Rattlesnake*, ed. Julian Huxley. London: Chatto and Windus.

Ildis, R. G. 1980. "The Principle of Cross-Stereo-Complementarity and the Symmetry of the Genetic Code," *Mendeleev Chemistry Journal* (English translation) 25: 431–434.

Jackson, A. Y. 1943. *Banting as an Artist*. Toronto: Ryerson Press; Boston: Bruce Humphries, Inc.

Jaffe, Bernard. 1957. *The Story of Chemistry*. New York: Premier Books.

James, William. 1987. "The Ph.D. Octopus [1903]," pp. 67–74 in *Essays, Comments, and Reviews*. Cambridge, Mass.: Harvard University Press.

Jerne, Neils K. 1976. "The Immune System: A Web of V-Domains," *The Harvey Lectures* 70: 93–110.

Jewkes, John, David Sawers, and Richard Stillerman. 1958. *The Sources of Invention*. London: Macmillan.

John-Steiner, Vera. 1985. *Notebooks of the Mind: Explorations of Thinking*. Albuquerque, N.M.: University of New Mexico Press.

Jolly, W. P. 1972. *Marconi*. London: Constable.

Jones, Harry C. 1913. *A New Era in Chemistry*. New York: Van Nostrand.

Jones, R. V. 1971. "Sir Harold Hartley, F.R.S.: An Appreciation . . ." *Notes and Records of the Royal Society of London* 26: 1–3.

—— 1978/1979. "Through Music to the Stars: William Herschel, 1738–1822," *Notes and Records of the Royal Society of London* 33: 37–56.
Jorissen, W. P. and L. T. Reicher. 1912. *J. H. van't Hoff's Amsterdamer Periode, 1877–1895.* Helder, Holland: C. der Boer.
Judson, Horace F. 1979. *The Eighth Day of Creation: Makers of the Revolution in Biology.* New York: Simon and Schuster.
—— 1980. *The Search for Solutions.* New York: Holt, Rinehart and Winston.
—— 1984. "Behind the Painted Mask: The Unexpected Legacy of Claude Lévi-Strauss," *The Sciences* (March–April): 26–35.
Kadanoff, Leo P. 1988. "The Big, the Bad, and the Beautiful," *Physics Today* (February): 9–10.
Kangro, Hans. "Max Karl Ernst Ludwig Planck," in *Dictionary of Scientific Biography*, C. C. Gillispie, ed. New York: Scribner's.
Kanigel, Robert. 1987. "One Man's Mousetraps," *New York Times Magazine* (May 17): 48–54.
Kassler, Jamie C. 1982. "Music as Model in Early Science," *History of Science* 20: 103–139.
—— 1984. "Man—A Musical Instrument: Models of the Brain and Mental Functioning before the Computer," *History of Science* 22: 59–92.
Kaufmann, Walter A. 1961. *The Faith of a Heretic.* Garden City, N.Y.: Doubleday.
Kekulé, August. 1861–1866. *Lehrbuch der organische Chemie.* Erlangen, Germany.
Keller, Evelyn Fox. 1983. *A Feeling for the Organism: The Life and Work of Barbara McClintock.* San Francisco: W. H. Freeman.
—— 1984. "Barbara McClintock: The Overlooked Genius of Genetics," pp. 121–126 in *A Passion to Know: Twenty Profiles in Science*, A. L. Hammond, ed. New York: Scribner's.
—— 1985. *Reflections on Gender in Science.* New Haven, Conn.: Yale University Press.
Kirchner, Helmut O. 1984. "Fashions in Physics," *Interdisciplinary Science Reviews* 9: 160–171.
Klemm, W. R., ed. 1977. *Discovery Processes in Modern Biology.* Huntington, N.Y.: R. E. Krieger.
Klieneberger-Nobel, Emmy. 1980. *Memoirs.* New York: Academic Press.
Kneller, George F. 1978. *Science as a Human Endeavor.* New York: Columbia University Press.
Knight, D. M. 1967. *Atoms and Elements: A Study of Theories of Matter in England in the Nineteenth Century.* London: Hutchinson.
Knudtson, Peter M. 1985. "S. Ramon y Cajal: Painter of Neurons," *Science 85* (September): 66–72.
Koblitz, Ann Hibner. 1983. *A Convergence of Lives: Sofia Kovalevskaia, Scientist, Writer, Revolutionary.* Boston: Birkhauser.
Kock, Winston E. 1978. *The Creative Engineer: The Art of Inventing.* New York: Plenum.
Koeppel, Tonja A. 1975. "Significance and Limitations of Stereochemical Benzene Models," pp. 97–113 in *Van't Hoff—Le Bel Centennial* (American Chemical Society Symposium Series, Vol 12), B. O. Ramsay, ed. Washington, D.C.: American Chemical Society.
Koestler, Arthur. 1976. *The Act of Creation.* London: Hutchinson.
Kohler, Robert. 1982. *From Medical Chemistry to Biochemistry: The Making of a Biomedical Discipline.* Cambridge, England: Cambridge University Press.
Kohlrausch, F. 1885. "Über die Lietvermögen einiger Elektrolyte in ausserst verdünnter Lösung," *Annalen der Physik* 26: 161–226.

—— 1888. "A Review of the Present Condition of the Theory of Electrolysis of Solutions," *The Electrician* 21: 466–467, 504–507.
Kohn, Alexander. 1969. "The Journal in which Scientists Laugh at Science," *Impact of Science on Society* 19: 259–268.
Kolata, Gina. 1984. "Puberty Mystery Solved," *Science* 223: 272.
Körber, H.-G. 1969. *Aus dem Wissenschaftlichen Briefwechsels Wilhelm Ostwalds*, Part 2. Berlin: Akademie-Verlag.
—— 1974. "C. W. W. Ostwald," in *Dictionary of Scientific Biography*, C. C. Gillispie, ed. New York: Scribner's.
Kottler, Dorian. 1978. "Louis Pasteur and Molecular Dissymmetry," *Studies in the History of Biology* 2: 57–98.
Kovalevskaya, Sofya. 1978. *A Russian Childhood*, trans. B. Stillman. New York: Springer-Verlag.
Krebs, Hans A. 1966. "Theoretical Concepts in Biological Sciences," pp. 83–95 in *Current Aspects of Biochemical Energetics*, N. O. Kaplan and E. P. Kennedy, eds. New York: Academic Press.
—— 1967. "The Making of a Scientist," *Nature* 215: 1441–1445.
—— and J. H. Shelley, eds. 1975. *The Creative Process in Science and Medicine*. Amsterdam: Excerpta Medica.
Krikorian, A. D. 1975. "Excerpts from the History of Plant Physiology and Development," pp. 9–97 in *Historical and Current Aspects of Plant Physiology: A Symposium Honoring F. C. Steward*. Ithaca, N.Y.: Cornell University Press.
Krueger, J. M., J. R. Pappenheimer, and M. L. Karnovsky. 1982. "Sleep-Promoting Effects of Muramyl Peptides," *Proceedings of the National Academy of Sciences (USA)* 79: 6102–6106.
Kubie, L. S. 1953/1954. "Some Unsolved Problems of the Scientific Career," *American Scientist* 41: 596; 42: 104.
Kuhn, T. S. 1962/1970. *The Structure of Scientific Revolutions*. Chicago: University of Chicago Press.
—— 1977. *The Essential Tension*. Chicago: University of Chicago Press.
—— 1978. *Black Body Theory and the Quantum Discontinuity, 1894–1912*. Oxford: Clarendon.
Kuznetsov, V. I. 1966. "The Development of Basic Ideas in the Field of Catalysis," *Chymia* 11: 179.
Ladenburg, Albert. 1905. *Lectures on the History of the Development of Chemistry since the Time of Lavoisier*, trans. L. Dobbin. Edinburgh: The Alembic Club.
Lagrange, Emile. 1938. *Robert Koch: Sa vie et son oeuvre*. Paris: Legrand.
Laidler, Keith J. 1985. "Chemical Kinetics and the Origins of Physical Chemistry," *Archive for the History of the Exact Sciences* 32: 43–75.
Lakatos, Imre. 1963. "Proofs and Refutations," *British Journal of the Philosophy of Science* 14: 1–25, 120–139; 221–245.
—— 1976. "Review of S. Toulmin's *Human Understanding*," *Minerva* 14 (Spring): 128–129.
Land, Barbara. 1973. *Evolution of a Scientist: The Two Worlds of Theodosius Dobzhansky*. New York: Thomas Y. Crowell.
Lapage, Geoffrey. 1961. *Art and the Scientist*. Bristol: John Wright and Sons.
Laplace, P. S. de. 1784. *Théorie du mouvement et de la figure élliptique des planetes*. Paris: P.-D. Pierres.
—— 1796. *Exposition du système du monde*. Paris: Imprimerie du Cercle-Social.
—— and A. Lavoisier. 1783/1920. *Memoire sur la chaleur*. Paris. Reprinted, Gauthier-Villars.

Larder, D. F. 1967. "Historical Aspects of the Tetrahedron in Chemistry," *Journal of Chemical Education* 44: 661–666.
Laudan, Larry. 1977. *Progress and Its Problems*. Berkeley: University of California Press.
—— 1982. "Two Puzzles about Science: Reflections on Some Crises in the Philosophy and Sociology of Science," *Minerva* 20: 253–268.
Laudan, Rachel. 1980. "The Method of Multiple Working Hypotheses and the Development of Plate Tectonic Theory," pp. 331–344 in *Scientific Discovery: Case Studies*, T. Nickles, ed. Dordrecht: Reidel.
Lavoisier, Antoine L. 1789. "Note of Mr. Lavoisier on Tables of Affinities," pp. 45–55 in Richard Kirwan, *Essay on Phlogiston and the Constitution of Acids*. London: Johnson.
Lehman, Harvey C. 1953. *Age and Achievement* Princeton, N.J.: Princeton University Press.
Lehninger, Albert L. 1970. *Biochemistry*. New York: Worth Publishers.
Lehto, Olli. 1980. "Rolf Nevanlinna," *Suomalainen Tiedeakatemia Academia Scientiarum Finnica Vuoskirja* (Yearbook): 108–112.
Lemay, Pierre. 1932. "Berthollet et l'emploi du chlore pour le blanchiment des toiles," *Revue d'Histoire de la Pharmacie* 78.
L'Engle, Madeleine. 1962. *A Wrinkle in Time*. New York: Farrar, Straus, and Giroux.
Levarie, Siegmund. 1980. "Music as a Structural Model," *Journal of Social and Biological Structures* 3: 237–245.
Levere, T. H. 1975. "Arrangement and Structure—A Distinction and a Difference," pp. 18–32 in *Van't Hoff—Le Bel Centennial* (American Chemical Society Symposium Series, vol. 12), B. O. Ramsay, ed. Washington, D.C.: American Chemical Society.
Levi-Montalcini, Rita. 1988. *In Praise of Imperfection: My Life and Work*, trans. Luigi Attardi. New York: Basic Books.
Levins, Richard, and Richard Lewontin. 1985. *The Dialectical Biologist*. Cambridge, Mass.: Harvard University Press.
Lewis, D. 1982. "Cyril Dean Darlington," *Biographical Memoirs of Fellows of the Royal Society* 29: 114–157.
Lewis, Ralph. 1944. "The Field Inoculation of Rye with Claviceps Purpurea (Fr.) Tul.," Ph.D. dissertation, Department of Botany, Michigan State College of Agriculture and Applied Science (now Michigan State University).
—— 1945. "The Field Inoculation of Rye with Claviceps Purpurea," *Phytopathology* 35: 353–360.
Lightman, Alan P. 1984. "Elapsed Expectations," *New York Times Magazine* (March 25): 68.
Lindauer, M. W. 1962. "The Evolution of the Concept of Chemical Equilibrium from 1775 to 1923," *Journal of Chemical Education* 39: 384.
Lipscomb, William N. 1982. "Aesthetic Aspects of Science," pp. 1–24 in *The Aesthetic Dimension of Science*, D. W. Curtin, ed. New York: Philosophical Library.
Lipsky, Eleazar. 1959. *The Scientists*. New York: Appleton-Century-Crofts.
Litwack, G., and D. Kritchevsky. 1964. *Actions of Hormones on Molecular Processes*. New York: Wiley.
Livingston, D. M. 1975. *The Master of Light: A Biography of Albert A. Michelson*. New York: Scribner's.
Lodge, Oliver. 1885. "On Electrolysis," *Report of the British Association for the Advancement of Science* 55: 723–772.

Loewi, Otto. 1958. "A Scientist's Tribute to Art," pp. 389–392 in *Essays in Honour of Hans Tietze*, Ernst Gombrich, ed. New York: Gazette des Beaux Arts.
—— 1960. "An Autobiographical Sketch," *Perspectives in Biology and Medicine* 4: 3–25.
—— 1965. *The Workshop of Discoveries*. Lawrence, Kans. University of Kansas Press.
Lorenz, Konrad. 1952. *King Solomon's Ring*. New York: Crowell.
—— 1971. "Knowledge and Freedom," pp. 231–261 in *Hierarchically Organized Systems in Theory and Practice*, ed. P. Weiss. New York: Hafner Press.
Lowinger, Armand. 1941. *The Methodology of Pierre Duhem*. New York: Columbia University Press.
Ludovici, L. J. 1952. *Fleming: Discoverer of Penicillin*. London: Andrew Dakers.
Lund, E. W. 1965. "Guldberg and Waage and the Law of Mass Action," *Journal of Chemical Education* 42: 548–550.
Luria, Salvadore E. 1984. *A Slot Machine, A Broken Test Tube: An Autobiography*. New York: Harper and Row.
Lusk, Graham. 1932. "The Life of a Professor," pp. 45–56 in *Walter Bradford Cannon*. Cambridge, Mass.: Harvard University Press.
Lyons, Albert S., and R. Joseph Petrucelli. 1978. *Medicine: An Illustrated History*. New York: Abrams.
Macfarlane, Gwyn. 1984. *Alexander Fleming: The Man and the Myth*. Cambridge, Mass.: Harvard University Press.
Mach, Ernst. 1926/1976. *Erkenntnis und Irrtum*, 5th ed. English edition, *Knowledge and Error: Sketches on the Psychology of Enquiry*, trans. T. J. McCormack and P. Foulkes. Dordrecht: Reidel.
—— 1943. *Popular Scientific Lectures*, trans. T. J. McCormack. 5th ed. La Salle, Ill. Open Court.
Mahoney, Michael J. 1976. *Scientist as Subject: The Psychological Imperative*. Cambridge, Mass.: Ballinger.
Maier, N. R. F. 1960. "Maier's Law," *American Psychologist* 15: 208–212.
Mansfield, Richard S., and Thomas V. Busse. 1981. *The Psychology of Creativity and Discovery: Scientists and Their Work*. Chicago: Nelson-Hall.
Margenau, Henry, and David Bergamini. 1964. *The Scientist*. New York: Time-Life Books.
Marmelszadt, Willard. 1946. *Musical Sons of Aesculapius*. New York: Froeben Press.
Maslow, Abraham H. 1966. *The Psychology of Science: A Reconnaissance*. New York: Harper and Row.
Matthias, Bernd. 1966. Interview, pp. 35–45 in *The Way of the Scientist*. New York: Simon and Schuster.
Maugh, Thomas H. 1987. "Frog Leads Researcher to Powerful New Antibiotics," *Los Angeles Times* (xxx), section 1, pp. 1 and 24.
Maurois, André. 1959. *The Life of Sir Alexander Fleming, Discoverer of Penicillin*, trans. G. Hopkins. New York: E. P. Dutton.
Mauskaupf, Seymour. 1976. "Crystals and Compounds: Molecular Structure and Composition in Nineteenth-Century French Science," *Transactions of the American Philosophical Society* 66: 55–80.
Maxwell, James Clerk. 1875. "On the Dynamical Evidence of the Molecular Constitution of Bodies," *Nature* 11 (March): 357–359; 375–377.
Maxwell, Nicholas. 1974. "The Rationality of Scientific Discovery: Part I, The Traditional Rationality Problem," *Philosophy of Science* 41: 123–153. "Part II, An Aim-Oriented Theory of Scientific Discovery," 247–295.

Mayr, Ernst. 1982. *The Growth of Biological Thought: Diversity, Evolution, and Inheritance*. Cambridge, Mass.: Harvard University Press.
Mazurs, E. G. 1957/1974. *Graphic Representations of the Periodic System during One Hundred Years*. University, Ala.: University of Alabama Press.
McCain, Garvin, and Erwin M. Segal. 1973. *The Game of Science*, 2d ed. Monterey, Calif.: Brooks/Cole.
McClelland, David C. 1962. "On the Psychodynamics of Creative Physical Scientists," pp. 141–174 in *Contemporary Approaches to Creative Thinking*, H. E. Gruber, G. Terrell, and M. Wertheimer, eds. New York: Atherton Press.
McClure, Roy D., and C. R. Lam. 1940. "Problems in the Treatment of Burns: Liver Necrosis as a Lethal Factor," *Southern Surgery* 9: 223.
—— and H. Romence. 1945. "Tannic Acid and the Treatment of Burns: An Obsequy," *Annals of Surgery* 121: 454–460.
McConnell, James V. 1969. "Confessions of a Scientific Humorist," *Impact of Science on Society* 19: 241–252.
—— 1985. "Learning Theory," pp. 250–263 in *Great Science Fiction Stories by the World's Great Scientists*, I. Asimov, ed. New York: Donald Fine.
McConnell, R. B., ed. 1983. *Art, Science and Human Progress*. London: John Murray.
McPherson, J. H. 1964. "Prospects for Future Creativity Research in Industry," pp. 414–423 in *Widening Horizons in Creativity*, C. W. Taylor, ed. New York: Wiley.
Medawar, Peter B. 1964. "Is the Scientific Paper a Fraud?" pp. 7–12 in *Experiment*, D. O. Edge, ed. London: British Broadcasting Corporation.
—— 1967. *The Art of the Soluble*. London: Methuen.
—— 1969. *Induction and Intuition in Scientific Thought. Philadelphia: American Philosophical Society.*
—— *1979. Advice to a Young Scientist*. New York: Harper and Row.
Meadows, A. J. 1972. *Science and Controversy: A Biography of Sir Norman Lockyer*. Cambridge, Mass.: MIT Press.
Meige, Henry. 1925. *Charcot Artiste*. Paris: Masson.
Meissner, Walter. 1951. "Max Planck, the Man and His Work," *Science* 113: 75–81.
Mekler, L. B. 1969. "On Specific Selective Interaction between Amino Acid Residues of Polypeptide Chain," *Biofizika* 14: 581–584. In Russian.
—— 1980. "A General Theory of Biological Evolution: A New Approach to an Old Problem," *Mendeleev Chemistry Journal* (English translation) 25: 333–360.
Melhado, Evan M. 1980. "Mitscherlich's Discovery of Isomorphism," *Historical Studies in the Physical Sciences* 11: 87–123.
Mellanby, Kenneth. 1967. "A Damp Squib," *New Scientist* 33: 626–627.
—— 1974. "The Disorganization of Scientific Research," *Minerva* 12: 67–82.
Mendelssohn, Kurt. 1973. *The World of Walther Nernst: The Rise and Fall of German Science, 1864–1941*. Pittsburgh: University of Pittsburgh Press.
Merton, Robert K. 1957. "Priorities in Scientific Discovery: A Chapter in the Sociology of Science," *American Sociological Review* 22: 635.
—— 1961. "Singletons and Multiples in Scientific Discovery: A Chapter in the Sociology of Science," *Proceedings of the American Philosophical Society* 105: 470–486.
—— 1975. "Thematic Analysis in Science: Holton's Concept," *Science* 188: 335–338.
Meyer, Lothar. 1883. *Die modernen Theorien der Chemie*. Breslau: Maruschke and Berendt.

Michael, William B. 1977. "Cognitive and Affective Components of Creativity in Mathematics and the Physical Sciences," pp. 141–172 in *The Gifted and the Creative: A Fifty-Year Perspective,* J. C. Stanley, W. C. George, and C. H. Solane, eds. Baltimore, Md.: Johns Hopkins University Press.
Miles, Ashley. 1982. "Reports by Louis Pasteur and Claude Bernard on the Organization of Scientific Teaching and Research," *Notes and Records of the Royal Society of London* 37: 101–118.
Miller, Arthur I. 1984. *Imagery in Scientific Thought: Creating Twentieth-Century Physics.* Boston: Birkhauser.
Miller, Jane A. 1975. "M. A. Gaudin and Early Nineteenth Century Stereochemistry," pp. 1–17 in *Van't Hoff—Le Bel Centennial,* ed. O. B. Ramsay. Washington, D.C.: American Chemical Society.
Miller, Jonathan. 1983. *States of Mind.* New York: Pantheon.
Millikan, Robert Andrews. 1927. *Evolution in Science and Religion.* New Haven, Conn.: Yale University Press.
—— 1950. *The Autobiography of Robert A. Millikan.* New York: Prentice-Hall.
Mitroff, Ian I. 1974. *The Subjecive Side of Science: A Philosophical Inquiry into the Psychology of the Apollo Moon Scientists.* New York: American Elsevier.
Mitchison, Dick, and Naomi Mitchison. 1978. *The Two Magicians.* London: Dennis Dobson.
Mitchison, Naomi. 1975. *Solution Three.* New York: Warner Books.
Mitscherlich, Eilhardt. 1844–1847. *Lehrbuch der Chemie,* 4th ed. Berlin: E. S. Mittler. 2 vols.
Modern Photography. 1987. "150 Years of Photography" (September): 36–41.
Möbius, P. J. 1900. *Die Anlage zur Mathematik.* Leipzig: J. U. Barth.
Molland, A. George. 1985. "Discovering Western Science [review of D. Boorstin's *The Discoverers*]," *Isis* 76: 224–227.
Monod, Jacques. 1969. *From Biology to Ethics.* San Diego: Salk Institute.
—— 1971. *Chance and Necessity.* New York: Knopf.
Moore, Ruth. 1966. *Niels Bohr: The Man, His Science, and the World They Changed.* New York: Knopf.
Morris, Desmond. 1962. *The Biology of Art.* New York: Knopf.
Morton, R. A. 1969. *The Biochemical Society: Its History and Activities, 1911–1969.* London: The Biochemical Society.
—— 1979. *Animal Days.* New York: Bantam Books.
Moulton, F. R., and J. J. Schifferes, eds. 1960. *The Autobiography of Science,* 2d ed. Garden City, N.Y.: Doubleday.
Muller, H. J. 1943. "E. B. Wilson—An Appreciation," *American Naturalist* 77: 5–37, 142–172.
Mullin, A. A. 1962. "The Logic of Logic," p. 364 in *The Scientist Speculates,* I. J. Good, ed. New York: Basic Books.
Musson, A. E., and E. Robinson. 1969. *Science and Technology in the Industrial Revolution.* Manchester, England: Manchester University Press.
Nachmansohn, David. 1972. "Biochemistry as Part of My Life," *Annual Review of Biochemistry* 41: 1–28.
Nagel, Ernest, and James R. Newman. 1960. *Gödel's Proof.* New York: New York University Press.
Needham, Joseph. 1929. *The Skeptical Biologist.* London: Chatto and Windus.
Negrin, Howard. 1977. "Georges Cuvier: Administrator and Educator," Ph.D. dissertation, New York University.
Nemec, B. 1953. "Julius Sachs in Prague," in *Science, Medicine and History,* E. A. Underwood, ed. London: Oxford University Press. Vol. 2, pp. 211–216.
Neufield, Arthur N. 1986. "Reproducing Results," *Science* 234: 11.

Nickles, Thomas, ed. 1980. *Scientific Discovery, Logic, and Rationality*. Dordrecht: Reidel. Vols. 56 and 60 of Boston Studies in the Philosophy of Science.
Nicolle, Charles. 1932. *Biologie de l'Invention*. Paris: Alcan.
Nitske, W. Robert. 1971. *The Life of Wilhelm Conrad Roentgen, Discoverer of the X-Ray*. Tucson, Ariz.: The University of Arizona Press.
Nolting, L. E., and Feshback, M. 1980. "R and D Employment in the USSR," *Science* 207: 493–503.
North, J. D. 1976. "James Joseph Sylvester," in *Dictionary of Scientific Biography*, C. C. Gillispie, ed. New York: Scribner's.
Novak, B. J., and G. R. Barnett. 1956. "Scientists and Musicians," *Science Teacher* 23: 229–232.
Nye, Mary Jo. 1972. *Molecular Reality: A Perspective on the Scientific Work of Jean Perrin*. London: MacDonald.
—— 1974. "Gustav Le Bon's Black Light: A Study in Physics and Philosophy in France at the Turn of the Century," *Historical Studies in the Physical Sciences* 4: 163–196.
—— 1977. "Nonconformity and Creativity: A Study of Paul Sabatier, Chemical Theory, and the French Scientific Community," *Isis* 68: 375–391.
—— 1980. "N-Rays: An Episode in the History and Psychology of Science," *Historical Studies in the Physical Sciences* 11: 125–156.
—— 1986. *Science in the Provinces: Scientific Communities and Provincial Leadership in France, 1860–1930*. Berkeley: University of California Press.
Oblonsky, Jan G. 1980. "Eloge: Antonin Svoboda, 1907–1980," *Annals of Computing* 2: 284–298.
Øhrstrøm, Peter. 1985. "Guldberg and Waage on the Influence of Temperature on the Rates of Chemical Reactions," *Centaurus* 28: 277–287.
Ölander, A., et al. 1959. Arrhenius centennial volume, *Kungliga Svenska Vetenskapsakademiens Årsbok* 5.
Oldendorff, Wiliam H. 1972. "Science Education," *Science* 176: 966.
Olmsted, J. M. D., and E. H. Olmsted. 1961. *Claude Bernard and the Experimental Method in Science*. New York: Collier Books.
Oppenheimer, Jane M. 1967. *Essays in the History of Embryology and Biology*. Cambridge, Mass.: MIT Press.
Oppenheimer, Robert. 1956. "Analogy in Science," *American Psychologist 11: 127–135.*
Orts, R. J., B. C. Bruot, and J. L. Sartin. 1980. "Inhibitory Properties of a Bovine Pineal Tripeptide, Threonylseryllysine, on Serum Follicle-Stimulating Hormone," *Neuroendocrinology* 31: 92–95.
——, T.-H. Liao, J. L. Sartin, and B. C. Bruot. 1980. "Isolation, Purification and Amino Acid Sequence of a Tripeptide from Bovine Pineal Tissue Displaying Antigonadotropic Properties," *Biochemica Biophysica Acta* 628: 201–208.
Ossowska, Maria, and Sanislaw Ossowski. 1935/1964–65. "The Science of Science," *Minerva* 3: 72–82.
Ostwald, Grete. 1953. *Wilhelm Ostwald, mein Vater*. Stuttgart: Berliner Union.
Ostwald, Wilhelm. 1875. "Über die chemische Messenwirkung des Wassers," *Journal für praktische Chemie* 12: 264–270.
—— 1876. "Volumische Studien. I. Ueber das Berthollетsche Problem," *Poggendorf's Annalen* 8: 154–168.
—— 1884. "Notiz über das elektrische Leitungsvermögen der Säuren," *Journal für praktische Chemie* 30: 93–95.
—— 1887. "An die Leser," *Zeitschrift für Physikalische Chemie* 1: 1–2.
—— 1891. *Solutions*, trans. M. M. Pattison-Muir. London: Longmans, Green.
—— 1899. "Jacobus Henricus van't Hoff," *Zeitschrift für physikalische Chemie* 31: v–xviii.

—— 1905/1907. *Kunst und Wissenschaft*. Leipzig: Veit. English edition, *Letters to a Painter on the Theory and Practice of Painting*, trans. H. W. Morse. Boston: Ginn.
—— 1909. "Svante August Arrhenius," *Zeitschrift für physikalische Chemie* 69: v–xx.
—— 1909/1912. *Grosse Männer*. Leipzig: Akademische Verlag. French edition, *Les grands hommes*, trans. M. Dufour. Paris: Flammarion.
—— 1912. *L'Evolution de l'electrochimie*. Paris: Félix Alcan.
—— 1926–1927. *Lebenslinien: Eine Selbstbiographie*. Berlin: Klasing. 3 vols.
—— and W. Nernst. 1889. "Freie Ionen," *Zeitschrift für physikalische Chemie* 3: 11.
Outram, Dorinda. 1984. *Georges Cuvier*. Manchester, England: Manchester University Press.
Overbye, Dennis. 1982. "Rosalyn Yalow: Lady Laureate of the Bronx," *Discover* (June): 40–48.
—— 1984. "Messenger at the Gates of Time: John Wheeler," pp. 177–186 in *A Passion to Know: Twenty Profiles in Science*, A. L. Hammond, ed. New York: Scribner's.
Paget, James. 1901. *Memoirs and Letters of Sir James Paget*, Stephen Paget, ed. London: Longmans, Green.
Palmaer, Wilhelm. 1930/1961. "Svante Arrhenius," in *Buch der Grossen Chemiker*, ed. G. Bugge. Berlin: Verlag Chemie. Vol. 2, pp. 443–462. English edition, trans. and abbreviated by R. E. Oesper, pp. 1094–1109 in *Great Chemists*, E. Farber, ed. New York: Interscience.
Palmer, W. G. 1965. *A History of the Concept of Valency to 1930*. Cambridge, England: Cambridge University Press.
Papanek, Victor. 1971. *Design for the Real World: Human Ecology and Social Change*. New York: Pantheon.
Parergon. 1940, 1942, 1947. Evansville, Ind.: Mead Johnson.
Parkinson, C. N. 1962. "Parkinson's Law in Medical Research," *New Scientist* 13: 193–195. Also in Baker, 1963/1969, 189–195.
Partington, J. R. 1964. *A History of Chemistry*. London: Macmillan.
Pasteur, Louis. 1905/1922. "Recherches sur la dissymmétrie moléculaire des produits organiques naturels." English trans., *Researches on Molecular Asymmetry* (Alembic Club Reprints, no. 25). Edinburgh: Alembic Club. *Oeuvres*, 1922, vol. 1, pp. 314–344.
—— 1920–1939. *Oeuvres de Pasteur*, Pasteur Vallery-Radot, ed. Paris: Masson. 7 vols.
—— 1940–1957. *Correspondance, 1840–1895*, Pasteur Vallery-Radot, ed. Paris: Flammarion. 4 vols.
Patterson, John W. 1988. "Knotty Problems," *Science News* 133 (March 19): 179.
Pauling, Linus. 1952. "Use of Propositions in Examinations for the Doctor's Degree," *Science* 116: 667.
—— 1963. "The Genesis of Ideas," in *Proceedings of the Third World Congress of Psychiatry, 1961*. Toronto: University of Toronto Press, McGill University Press. Vol. 1, pp. 44–47.
—— 1977. "Linus Pauling: Crusading Scientist," transcript of broadcast of NOVA, no. 417, J. Angier, executive producer. Boston: WGBH-TV.
—— 1981. "Chemistry," pp. 132–146 in *The Joys of Research*, W. Shropshire, Jr., ed. Washington, D.C.: Smithsonian Institution Press.
Payne-Gaposchkin, Cecilia H. 1984. *Cecilia Payne-Gaposchkin: An Autobiography and Other Recollections*. Cambridge, England: Cambridge University Press.
Peacock, George. 1855. *Life of Thomas Young*. London: John Murray.

Pearl, Raymond. 1923. *Introduction to Medical Biometry and Statistics*. Philadelphia, Pa.: Saunders.
Peierls, Rudolf. 1981. "Otto Robert Frisch," *Biographical Memoirs of Fellows of the Royal Society* 28: 283–306.
Perkin, William Henry. 1933. "Baeyer Memorial Lecture," *Memorial Lectures Delivered before the Chemical Society, 1914–1932*. London: The Chemical Society. Vol. 3, pp. 131–163.
Perreux, Gabriel. 1962. *Pasteur au pays d'Arbois*. Dole: Presses Jurassiennes.
Perutz, Maurice F. 1987. "I Wish I'd Made You Angry Earlier," *The Scientist* (February 23): 19.
Peters, D. P. and S. J. Ceci. 1982. "Peer Review Practices of Psychological Journals: The Fate of Published Articles Submitted Again," *Behavioral and Brain Science* 5: 187–255.
Peterson, Ivars. 1985. "The Sound of Data," *Science News* 127: 348–350.
Pfaundler, Leopold. 1876. "Horstmann's Dissociationstheorie und die Dissociation fester Körper," *Berichte der deutschen chemische Gesellschaft* 9: 6.
Pfeffer, W. F. P. 1877. *Osmotische Untersuchungen: Studien zur Zellenmechanik*. Leipzig: Englemann.
Planck, Max. 1887a. "Über das Princip der Vermehrung der Entropie: Dritte Abhandlung—Gesetze des Eintritts beliebiger thermodynamischer und chemischer Reactionen," *Wiedemann's Annale der Physik* 32: 462–503. *Physikalische Abhandlungen und Vorträge*. Braunschweig: Vieweg, 1958. I, 232–273.
—— 1887b. "Über die molekulare Konstitution verdünnter Lösungen," *Zeitschrift für physikalische Chemie* 1: 577–582. (*Physikalische Abhandlungen*, I, 274–279).
—— 1890. "Über den osmotischen Druck," *Zeitschrift für physikalische Chemie* 6: 187–189. (*Physikalische Abhandlungen*, I, 327–329).
—— 1892. "Erwiderung auf einen von Herrn Arrhenius erhobenen Einwand," *Zeitschrift für physikalische Chemie* 9: 636–637. (*Physikalische Abhandlungen*, I, 433–434).
—— 1949. *Scientific Autobiography and Other Papers*, trans. Frank Gaynor. New York: Philosophical Library.
—— 1958. "Phantom Problems in Science," in *The Development of Modern Science*, G. Schwartz and P. W. Bishop, eds. New York: Basic Books. Vol. 2, pp. 956–965.
Platt, W., and R. A. Baker. 1931. "The Relationship of the Scientific 'Hunch' to Research," *Journal of Chemical Education* 8: 1969.
Plauche, W. C., and J. C. Edwards. 1988. "Images and Emotion in Patient-Centered Clinical Teaching," *Perspectives in Biology and Medicine* 31 (Summer): 602–609.
Poincaré, Henri. 1913/1946. *The Foundations of Science: Science and Hypothesis; The Value of Science: Science and Method*, trans. G. B. Halsted. Lancaster, Pa.: Science Press.
Polanyi, Michael. 1958. *Personal Knowledge: Towards a Post-Critical Philosophy*. Chicago: University of Chicago Press.
Polya, George. 1962. *Mathematical Discovery: On Understanding, Learning, and Teaching Problem Solving*. New York: John Wiley. 2 vols.
Popper, Karl. 1958. *The Logic of Scientific Discovery*. London: Hutchinson.
—— 1962. *Conjectures and Refutations: The Growth of Scientific Knowledge*. New York: Basic Books.
Popular Photography. 1987. "Fifty Innovations That Changed the World" (January): 52–57.
Porter, J. R. 1972. "Louis Pasteur Sesquicentennial," *Science* 178: 1249–1254.

Prévost, Marie-Laure. 1977. "Manuscrits et correspondance de Pasteur à la Bibliothèque Nationale," *Bulletin de la Bibliothèque Nationale* (Paris) 2 (September): no. 3, 99–107.
Price, Derek J. 1956. "The Exponential Curve of Science," *Discovery* 17: 240–243.
—— 1963. *Little Science, Big Science*. New York: Columbia University Press.
—— 1975. *Science since Babylon*, enl. ed. New Haven, Conn.: Yale University Press.
Prusiner, Stanley B. 1982. "Novel Proteinaceous Infectious Particles Cause Scrapie," *Science* 216: 136–144.
Quine, W. V. O. 1951. "Two Dogmas of Empiricism," *The Philosophical Review* 60: 20–43.
Rabi, I. I. 1970. *Science: The Center of Culture*. New York: World Publishing.
Rabkin, Yakov M. 1987. "Technological Innovation in Science: The Adoption of Infrared Spectroscopy by Chemists," *Isis* 78: 31–54.
Rae, John B. 1973. "Charles Franklin Kettering," in *Dictionary of Scientific Biography*, C. C. Gillispie, ed. New York: Scribner's.
Ramo, Simon. 1987. "Why We're behind in Technology," *Los Angeles Times* (March 15), section 4, p. 5.
Ramon y Cajal, Santiago. 1937. *Recollections of My Life*, trans. E. H. Craigie and J. Cano. Cambridge, Mass.: MIT Press.
—— 1951. *Precepts and Counsels on Scientific Investigation: Stimulants of the Spirit*, trans. J. M. Sanchez-Perez. C. B. Courville, ed. Mountain View, Calif.: Pacific Press Publishing Association.
Rankine, W. J. M. 1874. *Songs and Fables*. London: Macmillan.
Rapport, Samuel, and Helen Wright. 1964. *Science: Method and Meaning*. New York: Washington Square Press.
Ratliff, Floyd. 1974. "Georg von Békésy: His Life, His Work, and His 'Friends,'" pp. 9–27 in *The George von Békésy Collection*, Jan Wirgin, ed. Malmö: Allhems Förlag.
Rayleigh, Lord. 1942. *The Life of Sir J. J. Thomson, O.M.*. Cambridge, England: Cambridge University Press.
Read, John. 1947. *Humour and Humanism in Chemistry*. London: G. Bell and Sons.
Reichenbach, Hans. 1938. *Experience and Prediction*. Chicago: University of Chicago Press.
Rensberger, Boyce. 1984. "Margaret Mead: An Indomitable Presence," pp. 37–46 in *A Passion to Know: Twenty Profiles in Science*, A. L. Hammond, ed. New York: Scribner's.
Rich, Alexander, and Norman Davidson, eds. *Structural Chemistry and Molecular Biology*. San Francisco: W. H. Freeman.
Richards, Joan L. 1987. "Augustus de Morgan, the History of Mathematics, and the Foundations of Algebra," *Isis* 78: 7–30.
Richet, Charles. 1927. *The Natural History of a Savant*, trans. Sir Oliver Lodge. London: J. M. Dent.
Riedman, Sarah R. 1960/1974. *The Story of Vaccination*. New York: Rand McNally, 1960. Folkestone, England: Bailey Bros. and Swinfen.
Rindos, David. 1985. "Darwinian Selection, Symbolic Variation, and the Evolution of Culture," *Current Anthropology* 26: 65–87.
Ritterbush, Philip C. 1968. *The Art of Organic Forms*. Washington, D.C.: Smithsonian Institution Press.
—— 1970. "The Shape of Things Seen: The Interpretation of Form in Biology," *Leonardo* 3: 305–317.

—— 1972. "Aesthetics and Objectivity in the Study of Form in the Life Sciences," pp. 25–60 in *Organic Form: The Life of an Idea*, G. S. Rousseau, ed. London: Routledge and Kegan Paul.
Robertson, T. Brailsford. 1931. *The Spirit of Research*, J. W. Robertson, ed. Adelaide: F. W. Preece and Sons.
Robinson, Gloria. 1974. "Wilhelm Friedrich Philipp Pfeffer," in *Dictionary of Scientific Biography*, C. C. Gillispie, ed. New York: Scribner's.
Rodley, G. A., R. S. Scobie, R. H. T. Bates, and R. M. Lewitt. 1976. "A Possible Conformation for Double-Stranded Polynucleotides," *Proceedings of the National Academy of Sciences (USA)* 73: 2959–2963.
Roe, Anne. 1951. "A Study of Imagery in Research Scientists," *Journal of Personality* 19: 459–470.
—— 1953. *The Making of a Scientist*. New York: Dodd, Mead.
Roe, Shirley Ann. 1981. *Matter, Life, and Generation: Eighteenth-Century Embryology and the Haller-Wolff Debate*. Cambridge, England: Cambridge University Press.
Roll-Hanson, Nils. 1972. "Louis Pasteur—A Case Against Reductionist Historiography," *British Journal of the Philosophy of Science* 23: 347–361.
Root-Bernstein, R. S. 1980/1981. "The Ionists: Founding Physical Chemistry, 1872–1890." Ph.D. dissertation, Princeton University. Ann Arbor, Mich.: University Microfilms.
—— 1982a. "Amino Acid Pairing," *Journal of Theoretical Biology* 94: 885–894.
—— 1982b. "On the Origin of the Genetic Code," *Journal of Theoretical Biology* 94: 895–904.
—— 1982c. "The Problem of Problems," *Journal of Theoretical Biology* 99: 193–201.
—— 1982d. "Tannic Acid, Semipermeable Membranes, and Burn Treatment," *Lancet* (November 20): 1168.
—— 1983a. "Protein Replication by Amino Acid Pairing," *Journal of Theoretical Biology* 100: 99–106.
—— 1983b. "The Structure of a Serotonin and LSD Binding Site of Myelin Basic Protein," *Journal of Theoretical Biology* 100: 373–378.
—— 1983c. "Mendel and Methodology," *History of Science* 21: 275–295.
—— and F. C. Westall. 1983d. "Sleep Factors: Do Muramyl Peptides Activate Serotonin Binding Sites?" *Lancet* (March 19): 653.
—— 1983e. "Galileo: Seeing and Perceiving," *Science News* 124: 387.
—— 1984a. "On Defining a Scientific Theory," pp. 64–94 in *Science and Creationism*, Ashley Montagu, ed. Oxford: Oxford University Press.
—— 1984b. "Molecular Sandwiches as a Basis for Structural and Functional Similarities of Interferons, MSH, ACTH, LHRH, Myelin Basic Protein, and Albumins," *FEBS Letters* 168: 208–212.
—— and F. C. Westall. 1984c. "Serotonin Binding Sites: Structures of Sites on Myelin Basic Protein, LHRH, MSH, and ACTH," *Brain Research Bulletin* 12: 425–436.
—— 1984d. "Creative Process as a Unifying Theme of Human Cultures," *Daedalus* 113 (Summer): 197–219.
—— and F. C. Westall. 1984e. "Fibrinopeptide A Binds Gly-Pro-Arg-Pro," *Proceedings of the National Academy of Sciences (USA)* 81: 4339–4342.
—— 1984f. "On Paradigms and Revolutions in Science and Art," *Art Journal* (Summer): 109–118.
—— 1985. "Visual Thinking: The Art of Imagining Reality," *Transactions of the American Philosophical Society* 75: 50–67.

——, F. Yurochko, and F. C. Westall. 1986a. "Clinical Suppression of Experimental Allergic Encephalomyelitis by Muramyl Dipeptide 'Adjuvant,'" *Brain Research Bulletin* 17: 473–476.
—— and F. C. Westall. 1986b. "Complementarity between Antigen and Adjuvant in the Induction of Autoimmune Diseases—A Dual Antigen Hypothesis," *Journal of Inferential and Deductive Biology* 2: 1–37.
—— and F. C. Westall. 1986c. "Bovine Pineal Antireproductive Tripeptide Binds to Luteinizing Hormone–Releasing Hormone: A Model for Peptide Modulation by Sequence Specific Peptide Interaction?" *Brain Research Bulletin* 17: 519–528.
—— 1987a. "Catecholamines Bind to Enkephalins, Morphiceptin, and Morphine," *Brain Research Bulletin* 18: 509–532.
—— 1987b. "Harmony and Beauty in Biomedical Research," *Journal of Molecular and Cellular Cardiology* 19: 1–9.
—— 1987c. "Tools of Thought: Designing an Integrated Curriculum for Lifelong Learners," *Roeper Review* 10: 17–21.
—— 1988. "Setting the Stage for Discovery," *The Sciences* (May–June): 26–35.
—— 1989a. "Who Discovers and Invents," *Research Technology Management* 32 (Jan.–Feb.): 43–50.
—— 1989b. "Strategies of Research," *Research Technology Management* 32 (May–June): 36–41.
—— and F. C. Westall. In press. "Serotonin Binding Sites, II: Muramyl Dipeptide Binds to Serotonin Binding Sites on Myelin Basic Protein, LH-RH, and MSH-ACTH," *Brain Research Bulletin*.
——, M. Bernstein, and H. W. Schlichting. Submitted. "Identification of Long-Term, High-Impact Scientists with Notes on Their Methods of Working," *Minerva*.
Roscoe, H. E. 1906. *The Life and Experiences of Sir Henry Enfield Roscoe*. New York: Macmillan.
Rosenthal-Schneider, Ilse. 1980. *Realty and Scientific Truth: Discussions with Einstein, von Laue, and Planck*. Detroit: Wayne State University Press.
Ross, Ronald. 1910. *Philosophies*. London: Murray.
—— 1928. *Poems*. London: E. Mathews and Marrot.
Rothenberg, Albert. 1979. *The Emerging Goddess: The Creative Process in Art, Science and Other Fields*. Chicago: University of Chicago Press.
Roy, Rustum. 1979. "Proposals, Peer Review, and Research Results," *Science* 204: 1154–1156.
Rubin, Lewis P. 1980. "Styles in Scientific Explanation: Paul Ehrlich and Svante Arrhenius on Immunochemistry," *Journal of the History of Medicine* 35: 397–425.
Rudolph, G. 1976. "Moritz Traube," in *Dictionary of Scientific Biography*, C. C. Gillispie, ed. New York: Scribner's.
Rukeyser, Muriel. 1942. *Willard Gibbs*. Garden City, N.Y.: Doubleday, Doran.
Russell, A. S. 1930. "The Necessity for Genius in Scientific Advance," *The Listener* (May 28): 949.
Russell, C. A. 1971. *A History of Valency*. New York: Humanities Press.
——, N. G. Coley, and G. K. Roberts. 1977. *Chemists by Profession*. Milton Keynes, England: Open University Press.
Sadoun-Goupil, Michèlle. 1977. *Le Chimiste Claude-Louis Berthollet, 1748–1822: Sa vie—son oeuvre*. Paris: J. Vrin.
Sahlins, Marshall, and Elman Service, eds. 1960. *Evolution and Culture*. Ann Arbor, Mich.: University of Michigan Press.
Salk, Jonas. 1983. *Anatomy of Reality*. New York: Columbia University Press.

Sanchez-Perez, J. M. 1947. "Some Reminiscences of S. R. Cajal: A Farewell Tribute," *Bulletin of the Los Angeles Neurological Society* 12 (March): 1.
Sarton, George. 1941. "The History of Medicine versus the History of Art," *Bulletin of the History of Medicine* 10: 122–135.
Sasisekharan, V., and N. Pattabiraman. 1976. "Double Stranded Polynucleotides: Two Typical Alternative Conformations for Nucleic Acids," *Current Science* 45: 779–783.
Schachman, Howard K. 1979. "Summary Remarks: A Retrospect on Proteins," pp. 363–373 in *The Origins of Modern Biochemistry: A Retrospect on Proteins*, P. R. Srinivasan et al., eds. Vol. 325 of Annals of the New York Academy of Sciences.
Schaffner, Kenneth F. 1980. "Discovery in the Biomedical Sciences: Logic or Irrational Intuition?" pp. 171–205 in *Scientific Discovery: Case Studies*, T. Nickles, ed. Dordrecht: Reidel. Vol. 60 of Boston Studies in the Philosophy of Science.
Scherr, George H., ed. 1983. *The Best of the Journal of Irreproducible Results*. New York: Workman.
Schilleer, F. C. S. 1917. "Scientific Discovery and Logical Proof," in *Studies in the History and Methods of the Sciences*, C. Singer, ed. Oxford: Clarendon Press.
Schilling, Harold K. 1928. "A Human Enterprise," *Science* 127: 1324–1327.
Schilpp, P. A., ed. 1974. *The Philosophy of Karl Popper*. La Salle, Ill.: Open Court Press. 2 vols.
Schoenfeld, A. H. 1979. "Explicit Heuristic Training as a Variable in Problem-Solving Performance," *Journal for Research in Mathematics Education* 10: 174–187.
Schon, Donald A. 1967. *Invention and the Evolution of Ideas*. London: Social Science Paperbacks. Formerly published as *Displacement of Concepts*. London: Tavistock, 1963.
Schultz, Theodore W. 1980. "The Productivity of Research: The Politics and Economics of Research," *Minerva* 18: 644–651.
Schwartz, Joel. 1988. "Musical Urinalysis," *Omni* (February): 33.
Science Digest. 1984. "America's Top 100 Young Scientists" (December): 40–71.
Scott, W. M. 1947. "Alexander Fleming," *Veterinary Record* 59: 680.
Sekular, Robert, and Eugene Levinson. 1977. "The Perception of Moving Targets," *Scientific American* 236 (January): 60–73.
Selye, Hans. 1977. "Biological Adaptations to Stress," pp. 266–288 in *Discovery Processes in Modern Biology*, W. R. Klemm, ed. Huntington, N.Y.: Krieger.
Sementsov, A. 1955. "The Eightieth Anniversary of the Asymmetrical Carbon Atom," *American Scientist* 43: 97–100.
Sergeant, Howard, ed. 1980. *Poems from the Medical World*. Lancaster, England: MTP Press, 1980.
Servos, John W. 1979. "Physical Chemistry in America, 1890–1933: Origins, Growth, and Definition." Ph.D. dissertation, Johns Hopkins University.
—— 1982. "A Disciplinary Program That Failed: Wilder D. Bancroft and the *Journal of Physical Chemistry*, 1896–1933," *Isis* 73: 207–232.
Shaler, Nathaniel. 1909. *The Autobiography of Nathaniel Southgate Shaler*. Boston: Houghton Mifflin.
Shankland, Robert S. 1973. "Karl Rudolph Koenig," in *Dictionary of Scientific Biography*, C. C. Gillispie, ed. New York: Scribner's.
Shapiro, Gilbert. 1987. *Skeleton in the Darkroom: Stories of Serendipity in Science*. New York: Harper and Row.
Shelley, Mary. 1818/1981. *Frankenstein*. London. Reprint, New York: Bantam Books.

Shepard, Roger N., ed. 1982. *Mental Images and Their Transformations.* Cambridge, Mass.: MIT Press.
Sherman, Paul D. 1981. *Colour Vision in the Nineteenth Century.* Bristol, England: Adam Hilgar.
Shimshoni, Daniel. 1965. "Israeli Scientific Policy," *Minerva* 3: 441–456.
Shinn, Terry. 1980. "Orthodoxy and Innovation in Science: The Atomist Controversy in French Chemistry," *Minerva* 18: 539–555.
Shropshire, Walter, ed. 1981. *The Joys of Research.* Washington, D.C.: Smithsonian Institution Press.
Sigma Xi. 1987. *A New Agenda for Science.* New Haven, Conn.: Sigma Xi.
Silverman, D. H. S., J. K. Krueger, and M. L. Karnovsky. 1986. "Specific Binding Sites for Muramyl Peptides on Murine Macrophages," *Journal of Immunology* 136: 2195–2201.
Silverman, William A. 1986. "Subversion as a Constructive Activity in Medicine," *Perspectives in Biology and Medicine* 29: 385–391.
Singer, I. M. 1981. "Mathematics," pp. 38–46 in *The Joy of Research,* W. Shropshire, ed. Washington, D.C.: Smithsonian Institution Press.
Smeaton, W. A. 1963. "Guyton de Morveau and Chemical Affinity," *Ambix* 11: 55–64.
Smith, Alexander. 1910. *Introduction to Inorganic Chemistry.* New York: Century.
Smith, Cyril Stanley, ed. 1968. *Sources for the History of the Science of Steel, 1532–1786.* Cambridge, Mass.: MIT Press.
—— 1981. A Search for Structure: Selected Essays on Science, Art, and History. Cambridge, Mass.: MIT Press.
—— 1987. "The Tiling Patterns of Sebastien Truchet and the Topology of Strucural Hierarchy," *Leonardo* 20: 373–385.
Smith, Homer William. 1935. *The End of Illusion.* New York: Harper and Brothers.
—— 1953. *From Fish to Philosopher.* Boston: Little, Brown.
Smith, John K., and David A. Hounshell. 1985. "Wallace H. Carothers and Fundamental Research at DuPont," *Science* 229: 436–442.
Smith, T. F., and H. J. Morowitz. 1982. "Between History and Physics," *Journal of Molecular Evolution* 18: 265–282.
Snelders, H. A. M. 1970. "Svante August Arrhenius," in *Dictionary of Scientific Biography,* C. C. Gillispie, ed. New York: Scribner's.
—— 1973. "The Birth of Stereochemistry: An Analysis of the 1874 Papers of J. H. van't Hoff and A. J. Le Bel," *Janus* 60: 261–278.
—— 1974. "The Reception of J. H. van't Hoff's Theory of the Asymmetric Carbon Atom," *Journal of Chemical Education* 51: 2–7.
Snow, C. P. 1934/1958. *The Search.* New York: Scribner's.
—— 1966/1967. *Variety of Men.* New York: Scribner's.
Snyder, E. E. 1940. *Biology in the Making.* New York: McGraw-Hill.
Sommer, Jack. 1987. "A New Agenda for Science," *American Scientist* 75 (March–April): 223–224.
Speert, Harold. 1980. *Obstetrics and Gynecology in America: A History.* Chicago: American College of Obstetricians and Gynecologists.
Spence, R. 1970. "Otto Hahn," *Biographical Memoirs of the Fellows of the Royal Society* 16: 279–314.
Steinbeck, John, and Edward F. Ricketts. 1941/1971. *Sea of Cortez.* Mamaroneck, N.Y.: Paul P. Appel.
Stent, Gunther S. 1978. *Paradoxes of Progress.* San Francisco: W. H. Freeman.
Stern, Nancy. 1980. "John William Mauchly: 1907–1980," *Annals of the History of Computing* 2: 100–103.

Stewart, David M. 1984. "The Secret of Stradivari," *American Way* (October): 179–182.
Stokes, T. D. 1982. "The Double Helix and the Warped Zipper—An Exemplary Tale," *Social Studies of Science* 22: 207–240.
—— 1983. "The Side-By-Side Model of DNA: Logic in a Scientific Invention," Ph.D. dissertation, University of Melbourne.
—— 1986. "Reason in the *Zeitgeist*," *History of Science* 24: 111–123.
Storr, Anthony. 1972. *The Dynamics of Creation*. New York: Atheneum.
Sugar, H. S., and C. C. Foster. 1981. "Maximilian Salzmann: Ophthalmic Pioneer and Artist," *Survey of Ophthalmology* 26: 28–30.
Sweeley, C. C., J. F. Holland, D. S. Towson, and B. A. Chamberlin. 1987. "Interactive and Multi-Sensory Analysis of Complex Mixtures by an Automated Gas Chromatography System," *Journal of Chromatography* 399: 173–181.
Sylvester, Joseph. 1964. "Algebraical Researches Containing a Disquisition on Newton's Rule for the Discovery of Imaginary Roots," *Philosophical Transactions of the Royal Society of London* 154: 579–666.
Szent-Györgyi, Albert. 1957. *Bioenergetics*. New York: Academic Press.
—— 1960. *Introduction to a Submolecular Biology*. New York: Academic Press.
—— 1963. "On Scientific Creativity," *Proceedings of the Third World Congress of Psychiatry, 1961*. Toronto: University of Toronto Press, McGill University Press. Vol. 1, pp. 47–50.
—— 1966a. "In Search of Simplicity and Generalizations (50 Years of Poaching in Science)," pp. 63–76 in *Current Aspects of Biochemical Energetics*, N. O. Kaplan and E. P. Kennedy, eds. New York: Academic Press.
—— 1966b. Interview, pp. 111–128 in *The Way of the Scientist*. New York: Simon and Schuster.
—— 1972. "Dionysians and Apollonians," *Science* 176: 966.
Szilard, Leo. 1961. *The Voice of the Dolphins*. New York: Simon and Schuster.
—— 1966. Interview, pp. 23–34 in *The Way of the Scientist*. New York: Simon and Schuster.
—— 1978. *Leo Szilard: His Version of the Facts*. S. Weart and G. Szilard, eds. Cambridge, Mass.: MIT Press.
Taton, René. 1957. *Reason and Chance in Scientific Discovery*, trans. A. J. Pomerans. New York: Philosophical Library.
Taubes, Gary. 1986. "The Game of the Name is Fame: But Is It Science?" *Discovery* 7 (December): 28–52.
Taylor, Alfred M. 1966. *Imagination and the Growth of Science*. London: John Murray.
"[C. F.] Taylor Sculpture Is Unveiled." 1987. MIT *Tech Talk*, April 1: 7.
Taylor, Philip L. 1987. "Lessons from the Michelson-Morley Experiment," *The Scientist* (July 13): 11.
Temin, Howard M. 1981. "Oncology and Virology," pp. 58–64 in *The Joys of Research*, W. Shropshire, ed. Washington, D.C.: Smithsonian Institution Press.
Terroine, Emile F. 1959. "Fifty-five Years of Union between Biochemistry and Physiology," *Annual Review of Biochemistry* 28: 1–15.
Thackray, Arnold. 1965/1966. "Documents Relating to the Origins of Dalton's Chemical Atomic Theory," *Memoirs and Proceedings of the Manchester Literary and Philosophical Society* 108, no. 2.
—— 1966. "John Dalton—Accidental Atomist," *Discovery* (September): 28–34.
Thomas, Lewis. 1974. *Lives of a Cell*. New York: Bantam Books.
—— 1983. *Late Night Thoughts on Listening to Mahler's Ninth Symphony*. New York: Viking Press.

Thomsen, Dietrick E. 1980. "A Dozen Participants in Search of a History," *Science News* 118: 10–12.
—— 1986a. "Going Bohr's Way in Physics," *Science News* 129: 26–27.
—— 1986b. "Physics to the End of the Century," *Science News* 129: 245.
—— 1987. "A Periodic Table for Molecules," *Science News* 131: 87.
Thomson, George P. 1957. *The Strategy of Research*. Southampton, England: University of Southampton Press.
—— 1961/1968. *The Inspiration of Science*. Oxford: Oxford University Press. Reprint, New York: Anchor Books.
Thomson, J. J. 1930. "Tendencies of Recent Investigations in the Field of Physics," *The Listener* (January 29): 177–179, 210.
—— 1937. *Recollections and Reflections*. New York: Macmillan.
Thomson, Keith S. 1983. "The Sense of Discovery and Vice Versa," *American Scientist* 71: 522–524.
Tierney, John. 1984. "Quest for Order: Subramanyan Chandrasekhar," pp 1–8 in *A Passion to Know: Twenty Profiles in Science*, A. L. Hammond, ed. New York: Scribner's.
Todd, John. 1980. "John Hamilton Curtiss, 1909–1977," *Annals of the History of Computing* 2: 104–110.
Tolstoy, Leo. 1984. *Resurrection*, trans. Vera Traill. New York: New American Library.
Topley, W. W. C. 1940. *Authority, Observation and Experiment in Medicine: The Linacre Lecture, 1940*. Cambridge, England: Cambridge University Press.
Torrance, E. Paul. 1965. "Scientific Views of Creativity and Factors Affecting its Growth," *Daedalus* 94 (Summer): 663–681.
Toulmin, Stephen. 1961. *Foresight and Understanding: An Inquiry into the Aims of Science*. New York: Harper.
Traube, Moritz. 1864. "Experimente zur Theorie der Zellbildung," *Medicinische-Zentrallblatt* 39.
—— 1867. "Experiment zur Theorie der Zellbildung und Endosmose," *Archive für Anatomie und Physiologie*: 87–165.
Trautz, M. 1930. "August Friedrich Horstmann," *Berichte der deutschen chemische Gesellschaft* 63: 21a–86a.
Travers, Morris. W. *A Life of Sir William Ramsay*. 1956. London: Edward Arnold.
Truesdell, Clifford. 1984. *An Idiot's Fugitive Essays on Science*. New York: Springer-Verlag.
Tsilikis, J. D. 1959. "Simplicity and Elegance in Theoretical Physics," *American Scientist* 47: 87–96.
Tuchman, Maurice, et al. 1986. *The Spiritual in Art: Abstract Painting, 1890–1985*. New York: Abbeville Press.
Turney, Jon. 1987. "Research Tier Plan Splits U.K. Scientists," *The Scientist* 1 (June 15): 1–2.
Tyndall, John. 1872. *Faraday as Discoverer*. New York: Appleton.
—— 1897. *On the Study of Physics: Fragments of Science—A Series of Detached Essays, Addresses and Reviews*. 6th ed. New York: Appleton. 2 vols.
Ulam, S. M. 1976. *Adventures of a Mathematician*. New York: Scribner's.
Valéry, Paul. 1929. *Introduction to the Method of Leonardo da Vinci*, trans. T. McGreevy. London: J. Rodker.
Vallery-Radot, Pasteur. 1954. *Pasteur inconnu*. Paris: Flammarion.
—— 1968. *Pages illustrés de Pasteur*. Paris: Hachette.
Vallery-Radot, Réné. 1884. *M. Pasteur: Histoire d'un savant par un ignorant*. Paris: J. Hetzel.

—— 1901/1919. *La Vie de Pasteur*. Paris: Flammarion. English edition, *The Life of Pasteur,* trans. R. L. Devonshire. London: Constable.
—— 1912. *Pasteur dessinateur et pasteliste (1836–1842)*. Paris: A. Marty, E. Paul.
Van't Hoff, Jacobus H. 1873. "Über eine neue Synthese der Propionsäure," *Berichte der deutschen chemische Gesellschaft* 6: 1107.
—— 1874a. "Beiträge zur Kenntniss der Cyanessigsäure," *Berichte der deutschen chemische Gesellschaft* 7: 1382; 1571.
—— 1874b. *Voorstel tot uitbreiding der tegenwoordig in de scheikunde gebruikte structuur-formules in de ruimte . . .* Utrecht: J. Greven. Other editions: *La Chimie dans l'espace,* Rotterdam: P. M. Bazendijk, 1875; *Lagerung der Atome in Raume,* Braunschweig: F. Vieweg, 1877; *Chemistry in Space,* Oxford: Clarendon Press, 1891.
—— 1876. "Die Identität von Styrol und Cinnamol, ein neuer Körper aus Styrax," *Berichte der deutschen chemische Gesellschaft* 9: 5.
—— 1878/1967. "Imagination in Science," trans. Georg F. Springer, *Molecular Biology, Biochemistry, and Biophysics* 1: 1–18.
—— 1878–1881. *Ansichten über die organische Chemie*. Braunschweig: Vieweg.
—— 1884. *Etudes de dynamique chimique*. Amsterdam: F. Muller.
—— 1886a. "L'equilibre chimique dans les systèmes gazeux ou dissous à l'état dilué," *Archives Néerlandaises* 20: 239–302.
—— 1886b. "Lois de l'equilibre chimique dans l'état dilué," *Kungliga Svenska Vetenskaps-Akademiens Handlingar* 21, no. 17.
—— 1887/1929. "Die Rolle des osmotischen Drucks in der Analogie zwischen Lösungen und Gasen," *Zeitschrift für physikalische Chemie* 1: 481–508. English version trans. James Walker, pp. 5–42 in *The Foundations of the Theory of Dilute Solutions*. London: Alembic Club.
—— 1888. "Dissociationstheorie der Elektrolyte," *Zeitschrift für physikalische Chemie* 2: 781–786.
—— 1894. "Wie die Theorie der Lösungen entstand," *Berichte der deutschen chemische Gesellschaft* 27: 6–19.
—— 1901/1966. "Osmotic Pressure and Chemical Equilibrium (Nobel Lecture, 1901)," pp. 5–10 in *Nobel Lectures: Chemistry, 1901–1921*. Amsterdam: Elsevier.
—— 1903a. "Lebensbericht [A. Horstmann]," in *Ostwald's Klassikern der Exakten Naturwissenschaften*, no. 137. Leipzig: Engelmann.
—— 1903b. *Physical Chemistry in the Service of the Sciences*, trans. A. Smith. Chicago: University of Chicago Press.
Vaughn, M. K., et al. 1980. "Effect of Synthetic Threonylseryllysine (TSL), a Proposed Pineal Peptide, on Reproductive Organ Weights and Plasma and Pituitary Levels of LH, FSH, and Prolactin in Intact and Castrated Immature and Adult Male Rodents," *Neuroendocrinology Letters* 2: 235–240.
Vijh, Ashok K. 1987. "Spectrum of Creative Output of Scientists: Some Psychosocial Factors," *Physics in Canada* 43: 9–13.
Viola, H. J., and C. J. Margolis, eds. 1986. *Magnificent Voyagers: The U.S. Exploring Expedition, 1838–1842*. Washington, D.C.: Smithsonian Institution Press.
Vitz, Paul C., and A. B. Glimcher. 1984. *Modern Art and Modern Science: The Parallel Analysis of Vision*. New York: Praeger.
Waddington, C. H., ed. 1972. *Biology and the History of the Future*. Edinburgh: Edinburgh University Press. Chicago: Aldine-Atherton.
—— 1975. *The Evolution of an Evolutionist*. Edinburgh: Edinburgh University Press.

Wade, Nicholas. 1981. *The Nobel Duel*. New York: Anchor Press.
Waife, S. O. 1960. "In Defense of Teleology," *Perspectives in Biology and Medicine* 4: 1–2.
Waksman, Selman A. 1954. *My Life With the Microbes*. New York: Simon and Schuster.
Wald, George. 1958. "Innovation in Biology," *Scientific American* 199 (September): 100–113.
—— 1961. "Foreword," in G. Ames and R. Wyler, *Biology: An Introduction to the Science of Life*. New York: Golden Press.
—— 1966. "On the Nature of Cellular Respiration," pp. 27–32 in *Current Aspects of Biochemical Energetics*, N. A. Kaplan and E. P. Kennedy, eds. New York: Academic Press.
Walden, Paul. 1904. *Wilhelm Ostwald*. Leipzig: Wilhelm Engelmann.
Waldrop, M. M. 1982. "NASA Looks for Thomas Edisons," *Science* 218: 870–871.
Walentynowicz, Bohdan, ed. 1982. *Polish Contributions to the Science of Science*. Dordrecht: Reidel.
Walker, James. 1914. "Van't Hoff Memorial Lecture," in *Chemical Society Memorial Lectures*. London: Gurney and Jackson. Vol. 2, pp. 255–271.
—— 1933. "Arrhenius Memorial Lecture," in *Chemical Society Memorial Lectures*. London: Chemical Society. Vol. 3, pp. 109–130.
Wallace, Alfred Russell. 1905. *My Life: A Record of Events and Opinions*. London: Chapman and Hall.
Wallas, Graham, 1926. *The Art of Thought*. New York: Harcourt, Brace.
Watson, J. D. 1965. *Molecular Biology of the Gene*. New York: W. A. Benjamin.
—— 1968. *The Double Helix*. New York: Atheneum.
—— and F. H. C. Crick. 1953. "The Structure of DNA," *Cold Spring Harbor Symposia on Quantitative Biology* 18: 123–131.
The Way of the Scientist: Interviews from the World of Science and Technology. 1966. New York: Simon and Schuster.
Weaver, Warren. 1968. "The Encouragement of Science," *Scientific American* 199: 170–178.
Weber, R. L., compiler, and E. Mendoza, ed. 1973. *A Random Walk in Science*. New York: Crane, Russak. London: Institute of Physics.
Weinberg, Alvin. 1967. *Reflections on Big Science*. Cambridge, Mass.: MIT Press.
Weisberg, Louis. 1987. "Unorthodox Science Fuels Biosphere Space Trial," *The Scientist* (May 18): 7.
Weiss, Paul A. 1964. "Life on Earth (by a Martian)," *The Rockefeller Institute Review* 2, no. 6, pp. 8–14.
—— 1971. "The Growth of Science: Knowledge Explosion?" pp. 134–140 in *Within the Gates of Science and Beyond: Science in Its Cultural Commitments*. New York: Hafner.
—— 1969. "'Panta' rhei'—And So Flow Our Nerves," *American Scientist* 57: 287–305.
——, ed. 1971. "The Basic Concept of Hierarchic Systems," pp. 1–44 in *Hierarchically Organized Systems in Theory and Practice*. New York: Hafner Press.
Weisskopf, Victor. 1972. "The Significance of Science," *Science* 176: 138–146.
—— 1977. "The Frontiers and Limits of Science," *American Scientist* 65: 405–411.
—— 1980. "L'art et la science," *CERN* (March): 31–52.
Weissmann, Gerald. 1985. *The Woods Hole Cantata: Essays on Science and Society*. New York: Raven Press.

Wells, D. B., H. D. Humphrey, and J. J. Coll. 1942. "The Relation of Tannic Acid to the Liver Necrosis Occurring in Burns," *New England Journal of Medicine* 26: 629–636.
Wersky, G. 1978. *The Visible College: The Collective Biography of British Scientific Socialists of the 1930s*. New York: Holt Rinehart and Winston.
Westall, F. C., and R. S. Root-Bernstein. 1983. "An Explanation of Prevention and Suppression of Experimental Allergic Encephalomyelitis," *Molecular Immunology* 20: 169–177.
—— 1986. "The Cause and Prevention of Post-Infectious and Post-Vaccinal Encephalopathies in Light of a New Theory of Autoimmunity," *Lancet* (August 2): 251–252.
Whitaker, Paul F. 1969. *More than Medicine*, R. N. Whitaker, ed. New York: Carlton Press.
White, Leslie A. 1959. *The Evolution of Culture*. New York: McGraw-Hill.
—— 1975. *The Concept of Cultural Systems*. New York: Columbia University Press.
Wiesburd, Stefi. 1987. "The Spark: Personal Testimonies of Creativity," *Science News* 132 (November 7): 298–300.
Wiesner, Jerome B. 1965. "Education for Creativity in the Sciences," *Daedalus* (Summer): 527–537.
Wilde, Oscar. 1931. *The Picture of Dorian Gray*. New York: Modern Library.
Wilkinson, Lise. 1971. "William Brockedon, F.R.S. (1787–1854)," *Notes and Records of the Royal Society of London* 26: 65–72.
Williams, L. Pearce. 1965. *Michael Faraday*. London: Chapman and Hall.
Williams, Trevor I., ed. 1976. *A Biographical Dictionary of Scientists*, 2d ed. New York: Wiley-Interscience.
—— 1984. *Howard Florey: Penicillin and After*. Oxford: Oxford University Press.
Williams, William Carlos. 1984. *The Doctor Stories*, compiled by Robert Coles. New York: New Directions.
Williams-Ellis, A., and E. C. Willis. 1954. *Laughing Gas and Safety Lamp*. New York: Abelard-Schuman.
Williamson, Alexander W. 1851. "Theory of Aetherification," *Chemical Gazette* 9: 294.
Willstätter, Richard. 1965. *From My Life: The Memoirs of Richard Willstätter*, trans. L. S. Hornig. New York: W. A. Benjamin.
Wilson, David. 1983. *Rutherford: Simple Genius*. London: Hodder and Stoughton.
Wilson, E. Bright. 1986. "One Hundred Years of Physical Chemistry," *American Scientist* 74: 70–77.
Wilson, Mitchell. 1954. *American Science and Invention*. New York: Bonanza Books.
—— 1961. *Meeting at a Far Meridian*. Garden City, N.Y.: Doubleday.
—— 1972. *Passion to Know*. Garden City, N.Y.: Doubleday.
Wilson, Robert R. 1966. Interview, pp. 46–55 in *The Way of the Scientist*. New York: Simon and Schuster.
Winkler, Karen J. 1985. "Historians Fail to Explain Science to Laymen, Scholar Says," *Chronicle of Higher Education* (August 7): 7.
Wise, Mervyn E. 1962. "Dutch pbis," pp. 9–11 in *The Scientist Speculates*, I. J. Good, ed. New York: Basic Books.
Wittgenstein, Ludwig. 1969. *On Certainty*, trans. D. Paul and G. E. M. Anscombe. Oxford: Blackwell.
Wotiz, J. H., and S. Rudofsky. 1984. "Kekulé's Dreams: Fact or Fiction?" *Chemistry in Britain* 20: 720–723.

Wrotnowska, Denise. n.d. "Pasteur's First Vocation," *Organorama* 2(6): 17–21.
—— 1981. "Pasteur: Première recherches sur la fermentations (1855–1857)," *Clio Medica* 15: 191–199.
Wurtz, Adolphe. 1869. *A History of Chemical Theory*, trans. Henry Watts. London: Macmillan.
Yalow, Rosalyn. 1986. "Peer Review and Scientific Revolutions," *Biological Psychiatry* 21: 1–2.
Yonge, Keith A. 1985/1986. "The Philosophical Basis of Medical Practice," *Humane Medicine* 1: 25–29; 2: 26–32.
Yost, Edna. 1959. *Women of Modern Science*. New York: Dodd, Mead.
Young, Donn C. 1987. "Viewing Stereo Drawings," *Science* 235: 623.
Zigrosser, Carl, ed. 1955–1976. *Ars Medica: A Collection of Medical Prints Presented to the Philadelphia Museum of Art by Smith-Kline Corporation*. Philadelphia, Pa.: Philadelphia Museum of Art.
Ziman, J. 1969. "Information, Communication and Knowledge," *Nature* 224: 318–324.
Zimmerman, David R. 1973. *Rh: The Intimate History of a Disease and Its Conquest*. New York: Macmillan.
Zloczower, Abraham. 1960. "Career Opportunities and Scientific Growth in Nineteenth Century Germany with Special Reference to the Development of Physiology." M.A. thesis, Hebrew University, Jerusalem.
Zuckerman, Harriet. 1977. *Scientific Elite: Nobel Laureates in the United States*. New York: Free Press.

찾아보기

ㄹ

ㅁ

ㅂ

ㅈ

ㅊ

ㅋ

ㅌ

ㅍ

ㅎ